普通高等教育"十一五"国家级规划教材

有机化学

（第二版）

鲁宗贤　杜洪光　主编

科学出版社

北京

内 容 简 介

本书为普通高等教育“十一五”国家级规划教材，是国家基础课程教学基地（北京化工大学）教材之一。

本书共 17 章。在内容编排上，采用脂肪族和芳香族混合编写体系，将分散在各章的有机化合物命名、构造、构型和构象集中，进行系统讲述；强化官能团反应和反应机理；对四大光谱进行了简要的介绍；适当地介绍了有机化学学科的新成就。另外，每章后均附有习题。

本书可作为综合性院校和高等理工院校化工、应用化学、高分子材料、生物、制药工程、环境工程等专业本科生的有机化学教材，也可作为其他专业的教学参考书。

图书在版编目（CIP）数据

有机化学/鲁崇贤，杜洪光主编. —2 版. —北京：科学出版社，2009
普通高等教育“十一五”国家级规划教材
ISBN 978-7-03-022043-1

Ⅰ. 有…　Ⅱ. ①鲁…②杜…　Ⅲ. 有机化学-高等学校-教材　Ⅳ. O62

中国版本图书馆 CIP 数据核字（2009）第 058848 号

责任编辑：杨向萍　陈雅娴/ 责任校对：刘小梅
责任印制：张　伟/ 封面设计：耕者设计工作室

科学出版社 出版
北京东黄城根北街 16 号
邮政编码：100717
http://www.sciencep.com

北京九州迅驰传媒文化有限公司 印刷
科学出版社发行　各地新华书店经销
*
2003 年 8 月第　一　版　开本：787×1092　1/16
2009 年 8 月第　二　版　印张：32 3/4
2022 年 11月第十六次印刷　字数：773 000

定价：69.00 元

（如有印装质量问题，我社负责调换）

第二版前言

《有机化学》第一版自2003年8月出版以来，承蒙广大读者的厚爱，6年间共印刷5次，2004年被评为北京市高等教育精品教材。第二版被评为普通高等教育“十一五”国家级规划教材。使用过第一版教材的教师和学生给本书提出了一些意见，如某些内容取材不当，印刷和排版有不妥之处。近年来有机化学在理论和应用上也有很大的进展，为了适应有机化学的新发展，同时配合有机化学国家级精品课程的建设，作者对第一版教材进行了较全面的修订。

本次修订的指导思想包括：精简繁杂和不适用的内容，突出理论和基本反应，达到少而精的目的；根据我们的教学实践，本书仍以脂肪族和芳香族混编体系为主线进行编写；注重教学内容安排，利于教师的启发性教学和学生的主动学习。

本次修订的内容包括：①将紫外吸收光谱、红外吸收光谱、核磁共振谱和质谱精简到一章——有机化合物的波谱，以精简内容加强应用性；②将有机反应中几个重要的反应机理进行重写和加强；③删除有机物的分离和鉴别章节，有关内容分散到各章中；④精简部分章节中的繁杂内容。

本书由鲁崇贤、杜洪光任主编。参加修订编写的有：鲁崇贤（第1、3、13、16、17章），杜洪光（第2、10、11、12章），王涛（第4、14、15章），赵邦蓉（第5章），田红（第6、7章），于景华（第8、9章）。全书由鲁崇贤统稿。

由于时间仓促，编者水平有限，书中不妥之处在所难免，敬请读者批评指正。

编　者

2009年5月

第一版前言

进入21世纪，科学技术日新月异，人类将从工业经济步入到知识经济时代，这种转变对高等教育提出了新的要求。为了培养适应新世纪经济发展需要的优秀人才，教育部组织实施了“高等教育面向21世纪教学内容和课程体系改革计划”。根据该计划的要求和我校建设“高校工科化学教学基地”的需要，我校对有机化学教学体系和教学内容进行了改革。在经过教学实践的基础上，编写了这本适用于应用化学、高分子材料、材料科学与工程、生物工程、制药工程和环境工程等专业的有机化学新教材。

编写本教材的指导思想是：为培养高素质的创新人才，加强基础，加强内容的更新，加强分析手段的介绍。在脂肪族和芳香族混编体系中，重点系统介绍各类官能团反应和反应机理，以使培养出来的学生具有较强的分析问题、解决问题和创新的能力。具体来说，其突出点如下：

一、加强基础，提高起点。有机化合物的命名、构造、构型和构象是有机化学最基本的内容，涉及各类有机化合物，一般的教科书都分散到各章进行讲述。为了使学生对这部分内容有个系统深入的理解，以便在后续各章反复应用，我们集中于两章进行阐述。

二、强化官能团反应和构效规律。本书采用脂肪族、芳香族混合编写体系。考虑到各类化合物的制备内容，大多数在各类官能团反应中涉及，所以为了避免重复，不再另立专节进行介绍。重点内容以各类官能团反应为主线，详细介绍各类官能团的结构和反应之间的关系，分析各类官能团反应的规律和实际应用。

三、加强波谱分析方法的介绍和应用。本书分四章详细地介绍了四种波谱，以加强学生对各类官能团谱图的认识和波谱分析方法的应用，使学生能够利用波谱分析来指导有机化合物的合成。

四、适当介绍学科前沿。对近几年迅速发展起来的有机化学领域的科研成果，例如C_{60}、固相合成等做出了较完整的介绍。

本书内容共分7篇21章。第1篇包括有机化学总论等3章。第2篇包括有机化合物的物理性质和波谱分析5章。第3篇含烃和卤代烃的化学性质4章。第4篇为有机含氧化合物4章。第5篇包括有机含氮化合物和杂环化合物2章。第6篇为氨基酸、蛋白质、核酸、萜类和甾族化合物1章。第7篇包括有机化合物的来源和合成，分离和鉴别2章。

本书由鲁崇贤、杜洪光任主编。参加编写的有：鲁崇贤（第1、3、16、19、20章），杜洪光（第2、13、14、15章），田红（第9、10章），王涛（第4、17、18、21章），于景华（第11、12章），赵邦蓉（第5、6、7、8章）。全书由鲁崇贤统稿。

北京化工大学有机化学教研室全体教师经过教学实践对本教材初稿提出了一些修改意见。北京化工大学张黯教授仔细审阅了全稿，提出了许多具体意见。对张黯教授的热情关怀和细心指导，谨致衷心的谢意。本教材的编写还得到了北京化工大学化新教材建设基金的资助，在此表示感谢。

本书被北京市教育委员会评为2002年北京市高等教育精品教材立项项目。

由于编者水平有限，书中难免会有疏漏、错误和不妥之处，敬请同行和读者批评指正。

编　者

2003年2月

目　　录

第1章　绪　　论

1.1　有机化合物和有机化学

有机化合物广泛存在于自然界中。

在《神农本草经》一书中就记载有几百种重要药物，其中大部分是植物，它们含有复杂的有机化合物。1769～1785年，人们相继从葡萄汁中取得了酒石酸，从柠檬汁内取得了柠檬酸，从酸牛奶内取得了乳酸，从尿内析离了尿素。1805年，从鸦片中取得生物碱——吗啡。在对这些有机化合物进行组成和结构方面的研究时，拉瓦锡(A. L. Lavoisier)用燃烧实验发现：所有的有机化合物燃烧后都生成二氧化碳和水，说明这类有机物内含有碳、氢。某些有机化合物在没有空气的情况下进行燃烧时也产生二氧化碳和水，说明这类有机物内含有碳、氢、氧。有些有机化合物燃烧时还产生含氮化合物，说明这类有机物内含有碳、氢、氧和氮。研究还发现，这些来自动植物中的化合物与来自矿物质中的化合物在性质上有很大的差别，前者比较不稳定，加热时即进行分解。于是拉瓦锡将这些来自有生命的动植物中的化合物称为有机化合物，以区别来自无生命的矿物质中的化合物——无机化合物。1806年，伯齐利厄斯(J. Berzelius)首先引用"有机化学"以区别于矿物质的化学——无机化学。在当时这些来自有生命的动植物中的化合物在实验室里还未能合成出来，因而产生了"有机物只能从生物体内分离出来，而不能从实验室合成得到"的"生命力"学说。这种学说曾在较长时间内阻碍了有机化学的发展。直到1828年韦勒(F. Wöhler)从氰酸铵合成尿素，1845年科尔柏(H. Kolbe)合成乙酸，1854年贝特洛(M. Berthelot)合成油脂等，"生命力"学说才彻底被否定。历史事实告诉我们，最早有机化合物来自于动植物，也可以说动植物是有机化合物最丰富、最早的来源。动植物再生率很快，可长期地源源不断地提供有机化合物供人类研究和应用。但由于从动植物中得到的有机物结构和组成比较复杂，当时分析手段还比较落后，无法得到纯的化合物，也无法了解它们的结构和性能，因此这些来自动植物的有机化合物，还未得到充分的研究和利用就被淹没在迅速发展的以煤焦油和石油为原料的合成化合物中。

1845年，从煤焦油中发现了苯、甲苯、萘等芳香族化合物，并以这些化合物为原料合成了成千上万种药品、染料等，这些染料大多比天然染料鲜艳，因而改变了人们一直从动植物体内获取有机物，并进行加工改进以满足人们生活需要的思路，而大量以从煤焦油中得到的芳香族化合物为原料进行有机合成，来获取各种各样的化合物。当时煤焦油是芳香族化合物的主要来源。煤焦油是由煤制备焦炭时的一种副产物，产量很低，其产率只相当于煤的3%，而煤焦油中芳香族化合物的粗制品含量更低，只相当于煤的0.3%，因而远远满足不了有机合成工业的需要。到了20世纪40年代，某些国家研究出由石油加工来制取芳香族化合物的方法，并逐渐取代了煤焦油，作为芳香族化合物的主要来源。石油在炼油厂经加工可获得汽油、煤油等各种石油产品，用来作为动力燃料。石油在石油化工厂经过裂解等一系列反应可得到乙烯、丙烯、丁烯、丁二烯等，再经过铂重整和芳构化可获得苯、甲苯、二甲苯等。从这些石油化工原料出发可合成千万种产品，包括西药、染料、化肥、香料以及许多高分子材料，如纤维、橡胶、塑料等。这些产品涉及人们日常生活的方方面面。当今人们的物质生活中，已经离不开这些有机化合物。可以说整个 20 世纪，是以煤和石油为原料的化学工业发展的鼎盛时期，而从动植物体内获取有机物的途径已渐渐被人们忽视。但是，石油和煤是经过千万年的埋藏才生成的，现在正以惊人的速度被消耗着，是无法补充的，加之化学工业带来的环境污染也将限制它的发展和利用。

人类赖以生存的三类物质：油脂、碳水化合物和蛋白质来自于动植物体，是含氧、含氮的有机化合物，它们除可食用外，在人们生活的其他方面也具有广泛的应用，在 21 世纪必将得到更加广泛的研究和应用。

有机化合物就是含碳的化合物。有机化学就是碳化合物的化学。或者表述更详细一些，有机化学就是研究有机化合物的结构、性质和合成的学科。

1.2　有机化合物的分子结构

原子间相互结合的强烈吸引力称为化学键。两个或多个原子通过化学键可形成千万种化合物，所以对化学键本质的认识一直是化学家们孜孜不倦地研究和探讨的核心课题。

最初，化学家根据正电与负电相互吸引的原理，提出了原子可带正电荷也可带负电荷，带正电原子与带负电原子可通过静电吸引力结合成化合物。例如，在气相存在的 NaCl 分子，就是带正电荷的 Na^+ 与带负电荷的 Cl^- 相互吸引而形成的。这种依靠正、负电荷吸引而形成的化学键称为离子键。离子键理论在无机化合物中得到广泛的应用，但在解释有机化合物的性质和形成时却遇到困难，也无法解释 H_2、O_2、N_2 等同核双原子分子的形成。19 世纪末，随着电子的发现和对原子结构的初步认识，路易斯(Lewis)在 1916 年提出共价键的概念。他认为原子间共享一对电子形成化学键，共享两对和三对电子形成双键和叁键。原子间共享电子是为了填满原子最外层的轨道以形成类似惰性气体原子的稳定电子层结构。他把这种原子间共享电子对形成的化学键称为共价键。通常用一条短横线表示原子间成键的一对电子，即一个共价键。例如：

$$H\cdot + H\cdot \longrightarrow H:H \quad 即 \quad H—H$$

$$H\cdot + \cdot\ddot{\underset{\cdot\cdot}{F}}: \longrightarrow H:\ddot{\underset{\cdot\cdot}{F}}: \quad 即 \quad H—F$$

$$4H\cdot + \cdot\dot{\underset{\cdot}{C}}\cdot \longrightarrow H:\overset{H}{\underset{H}{\ddot{\underset{\cdot\cdot}{C}}}}:H \quad 即 \quad H—\overset{H}{\underset{H}{\overset{|}{\underset{|}{C}}}}—H$$

但是，为什么原子间共享电子对就可促使两原子结合在一起形成化学键呢？这一难题直到 1927 年海特勒(Heitler)和伦敦(London)把量子力学的成就应用到最简单的 H_2 分子上时，才得以圆满的解决。

电子、原子、分子等微观粒子，具有波动性和微粒性，描述它们运动规律的方程是薛定谔(Schrödinger)方程。用薛定谔方程来描述微观物体的运动,如分子中电子的运动,一般程序是先将分子中电子的坐标和原子核的坐标标出,写出它们的动能和势能算符,从而得到哈密顿(Hamilton)算符 H,再代入薛定谔方程中进行求解,得到波函数 ψ 和对应的能量 E。由于至今尚无法严格求解含有一个以上电子的体系,因此只能做出一些近似假设来简化计算,近似求得 ψ 和 E。不同的假设代表不同的物理模型。一种理论认为:形成化学键的电子只处在连接此化学键的两原子间的区域内运动,这就是价键理论。另一种理论认为:形成化学键的电子遍布在整个分子区域内运动,这就是分子轨道理论。下面分别介绍这两种理论。

1.2.1 价键理论

1. 氢分子

在一般条件下,两个氢原子会很快地结合,形成氢分子。实验测得两个氢原子结合能为 436kJ · mol^{-1},氢分子中两个氢原子间的平均距离(H—H 键的键长)为 0.74Å。用量子力学理论如何来解释这一实验结果呢?

用量子力学理论来解决 H_2 问题时,首先必须写出 H_2 体系的薛定谔方程,重要的是找出哈密顿算符的具体形式。图 1-1 为 H_2 分子中两个电子(用 1、2 代表)和两个氢核(用 a、b 代表)的坐标图。r_{a1}、r_{b1} 为电子 1 与两核的距离,r_{a2}、r_{b2} 为电子 2 与两核的距离,r_{12} 为两电子间距离,R 为两氢核之间的距离。考虑到原子核的质量比电子质量大得多(相差 1836 倍),电子的运动速率又远远超过核的移动速率,所以在建立 H_2 分子体系的薛定谔方程时,是假定两个氢核固定在相距为 R 的位置上,近似地把电子运动状态看成与核运动无关。这样在哈密顿算符中只包括电子 1 和 2 的动能算符和电子与核之间、电子与电子之间、核与核之间的位能项,而不出现核的动能算符。解出来的波函数只反应电子运动状态。

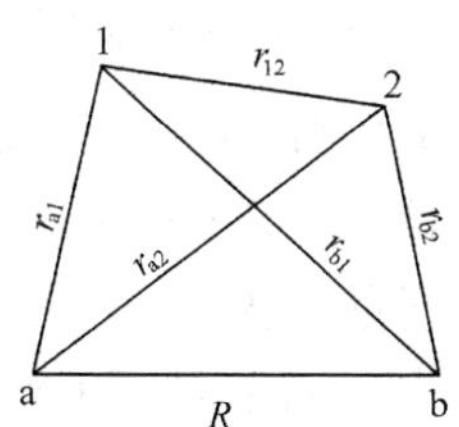

图 1-1 H_2 分子中的坐标及变量

这是一个两个核固定在 a、b 位置上,两个电子快速运动的双电子体系。描述此体系的薛定谔方程无法严格求解,只能采用近似方法进行求解。最方便的近似方法是变分法。

用变分法进行近似求解时,关键问题是如何选择试探函数。

价键理论选择试探函数是这样考虑的:对 H_2 分子来讲,当两个氢原子相距较远时,即 R 很大,第 1 个电子基本上在核 a 周围运动,第 2 个电子基本上在核 b 周围运动,这时整个 H_2 分子体系的波函数可写为

$$\psi_1 = \phi_a(1) \cdot \phi_b(2) \tag{1-1}$$

但该表达式并不能反映两个氢原子互相接近而形成 H_2 分子时的情形。当两个氢原子很接近时,电子 1 可以到核 b 周围运动,电子 2 也可以到核 a 周围运动,即发生电子交换。这时整个 H_2 分子体系的波函数可写为

$$\psi_2 = \phi_a(2) \cdot \phi_b(1) \tag{1-2}$$

ψ_2 代表另一个极端,即电子 2 在核 a 周围运动,电子 1 在核 b 周围运动,二者相距较远。

ψ_2 同样不能反映形成 H_2 分子的情形。可以想象，H_2 分子实际状态是处在 ψ_1 和 ψ_2 之间的某个中间状态。因此，可将 ψ_1 和 ψ_2 进行线性组合，即

$$\psi = C_1\psi_1 + C_2\psi_2 \tag{1-3}$$

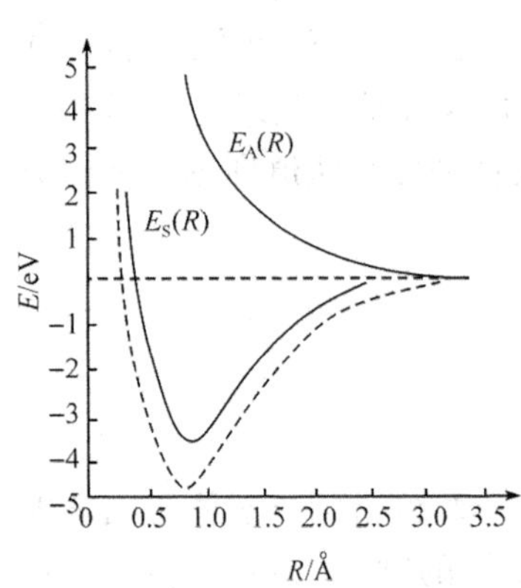

图 1-2 两个氢原子核间距离与形成氢分子体系的能量关系

用线性组合成的波函数 ψ 作为试探函数，代入 H_2 分子体系薛定谔方程中进行求解，便得到逼近 H_2 分子体系的真实波函数及其最低能量。经过比较麻烦的计算得出 E_S 和 E_A 与 R 的关系曲线，如图 1-2 所示。

由图 1-2 可见，$E_S(R)$ 曲线在 $R=0.87\text{Å}$ 处有一个能量最低点，它比两个孤立的氢原子的总能量（坐标上所定的能量零点，相当于 $R\to\infty$ 时的能量值）还要低。说明两个氢原子接近到 0.87Å 时，就可形成稳定的 H_2 分子，这就是吸引状态。$E_A(R)$ 曲线的形状说明当两个氢原子接近时，若电子处在 ψ_A 轨道中不会形成稳定的 H_2 分子，而必然回到能量较低的两个孤立的氢原子状态，这就是排斥状态。在吸引状态，$E_S(R)$ 曲线中，最低点的能量值为 302.4kJ · mol^{-1}，是 H_2 分子结合能的计算值。与前面介绍的 H_2 分子结合能的实验测定值 436kJ · mol^{-1} 相差较大，但它毕竟能定性说明两个氢原子相互接近时可以形成 H_2 分子的原因。

两个氢原子相互接近时，可以出现吸引状态形成稳定的 H_2 分子，也可以出现排斥状态而不能形成稳定的 H_2 分子，其原因与电子自旋有关。当两个氢原子相互接近时，如果它们的电子自旋是反平行的，原子间的相互作用是吸引的，体系能量随核间距离缩小而降至最低值，即形成化学键，形成稳定的 H_2 分子。反之，如果它们的电子自旋是平行的，原子间的相互作用是排斥的，不能形成化学键，得不到稳定的 H_2 分子。这就对化学键（共价键）的形成是由于“共享一对电子”的理论有了更深入的认识。

用量子力学处理 H_2 分子的结果，得到相应于两个能级 E_S 和 E_A 的波函数 ψ_S 和 ψ_A，分别描述 H_2 分子的基态和两个氢原子的相斥态。常用波函数的平方来描述电子出现的概率大小即电子云密度。因此，ψ_S^2 和 ψ_A^2 各自描述 H_2 分子基态和两个氢原子相斥态的电子云密度，如图 1-3 所示。

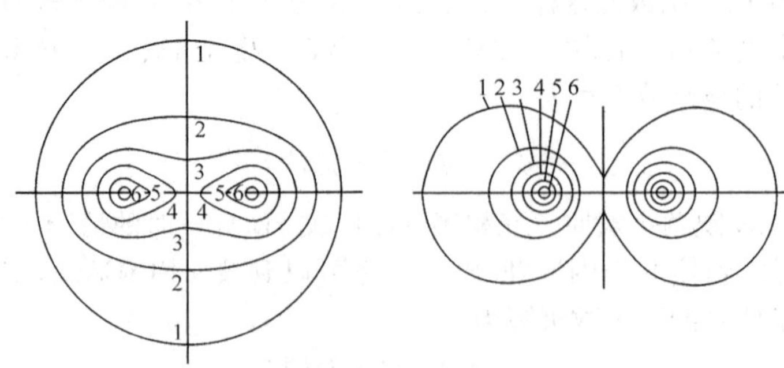

图 1-3 H_2 分子的两种状态的电子云密度示意图

从图 1-3 中可看出，形成 H_2 分子基态的电子云分布在核间区域密度较大，这是由两个氢原子原来的 1s 轨道上电子云重叠所致。在相斥态则相反，两个氢原子的电子云重叠部分很少。因此，可以认为两个原子间若要形成稳定的化学键，它们的电子云需尽可能地实现最大重叠。

2. 杂化轨道理论

(1) 甲烷分子结构——sp^3 杂化。杂化轨道概念是价键理论的自然引申。价键理论的核心是两个自旋反平行的未成对电子进行最大程度的重叠，形成一个能量比两个孤立原子的能量还要低的化学键。基于这一理论，考虑到碳的化合物是四价的实验事实，提出碳原子在化合过程中为了使形成的化学键强度更大，更有利于体系能量的降低，趋向于将原有的原子轨道进一步线性组合成新的原子轨道，这种线性组合就称为杂化，线性组合成的原子轨道(或杂化后的原子轨道)称为杂化轨道。例如 CH_4 分子，碳原子为了形成 4 个 C—H 化学键，必须将 2s 轨道上一个电子激发到空的 2p 轨道上，从而形成 $(1s)^2(2s)^1(2p_x)^1(2p_y)^1(2p_z)^1$ 的电子构型。这个激发过程所需要的能量较小(约 402kJ · mol^{-1})，完全可以被成键后放出的巨大能量所补偿。这时候，4 个轨道若单独直接形成化学键，从电子云的重叠程度来看，对整个体系的能量降低还不是最有利的，而且根据碳原子的 4 个键是等同的实验事实，必须消除 s 轨道和 p 轨道之间的明显区别，也就是必须把这两种轨道混合起来，即把 1 个 2s 轨道、3 个 2p 轨道($2p_x$、$2p_y$、$2p_z$)线性组合(杂化)成 4 个等同的杂化轨道，常用 sp^3 表示这种杂化轨道。这四个杂化轨道图形完全一致，只是它们的空间取向不同。sp^3 杂化轨道图形及空间取向如图 1-4 所示。

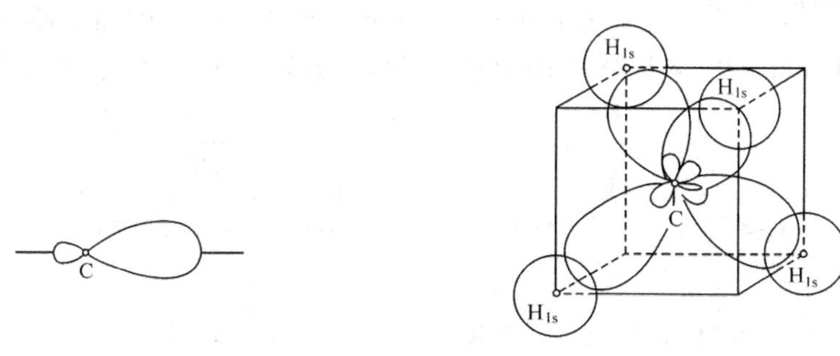

图 1-4 碳原子 sp^3 杂化轨道图形及空间取向

每个 sp^3 杂化轨道中含有 1/4s 轨道成分，3/4p 轨道成分。从 sp^3 杂化轨道图形来看，杂化后的原子轨道沿一个方向更集中地分布，形成一头大一头小，当与其他原子轨道成键时，重叠部分增大，成键能力增强。由于碳原子中 4 个 sp^3 杂化轨道大头一瓣指向四面体的 4 个顶角，因此当 CH_4 形成时，4 个氢原子的 1s 轨道沿 4 个顶角与 4 个 sp^3 杂化轨道进行重叠形成 4 个 C—H 共价键，其键角∠HCH 为 109.5°。这些均与实验结果完全符合。

原子在结合成分子的过程中，根据原子的成键要求在周围原子的影响下，可将原子轨道进行不同类型的线性组合或进行不同类型的杂化，形成不同的杂化轨道。

(2) 乙烯分子结构——sp^2 杂化。在乙烯($H_2C=CH_2$)分子中，一个碳原子和另一个碳原子及两个氢原子相连，这时碳原子只需用1个2s轨道和2个2p轨道（如$2p_x$、$2p_y$）杂化成3个等同的sp^2杂化轨道。每个sp^2杂化轨道包含1/3s轨道成分，2/3p轨道成分。碳原子就是用这3个sp^2杂化轨道构成乙烯分子骨架。sp^2杂化轨道的形状和空间分布如图1-5所示。

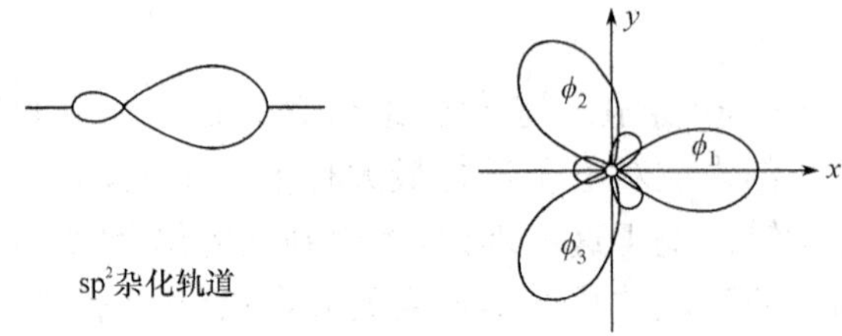

图1-5　碳原子sp^2杂化轨道形状和空间分布

从sp^2杂化轨道形状和空间分布图可看出，sp^2杂化轨道和sp^3杂化轨道一样，电子云分布也是集中在一个方向，形成一头大一头小，其空间分布是3个sp^2杂化轨道的对称轴经过碳原子核，处在同一个平面内，互成120°角，余下1个未杂化的p轨道垂直于该平面。

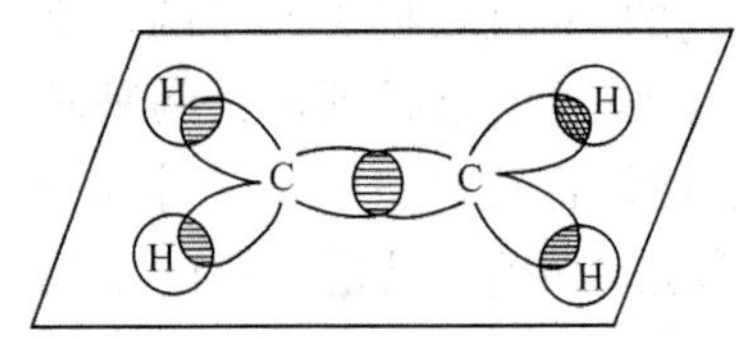

图1-6　$CH_2=CH_2$中的σ键

在形成乙烯分子时，两个碳原子各用1个sp^2杂化轨道进行“头顶头”重叠形成1个共价键σ键；2个碳原子还分别用2个sp^2杂化轨道与2个氢原子1s轨道重叠形成2个C—H共价键。这样，6个原子的5个共价键σ键共处一个平面内（图1-6）。两个碳原子余下的p轨道互相平行，进行另一种重叠——侧面重叠，形成另一种共价键π键。从这可看出，乙烯分子中的碳碳双键，一条是σ键，一条是π键（图1-7）。

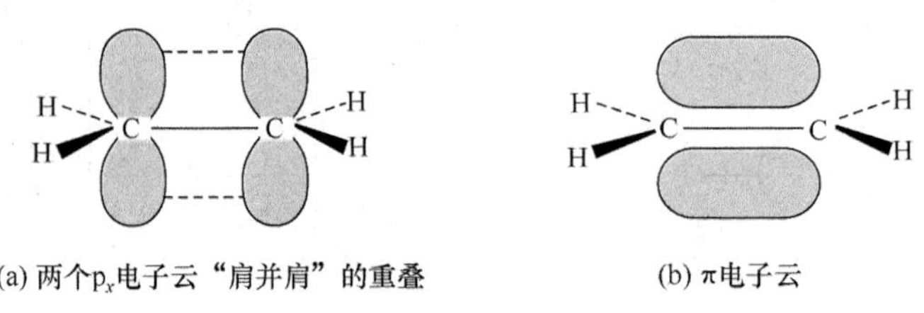

图1-7　$CH_2=CH_2$分子中的π电子云

（3）乙炔分子结构——sp杂化。在乙炔分子（H—C≡C—H）中，1个碳原子只与另1个碳原子和1个氢原子相连。碳原子成键时，1个2s轨道和1个2p轨道（如$2p_x$）线性组合成2个等同的新的原子轨道或杂化成2个等同的杂化轨道。每一条sp杂化轨道包含1/2s轨道成分，1/2p轨道成分。碳原子用这2条sp杂化轨道构成乙炔分子骨架。sp杂化轨道形状和空间取向如图1-8所示。

由图1-8可见，sp杂化轨道的电子云分布也是集中在一个方向，形成一头大一头小。其空间分布是2个sp杂化轨道的对称轴经过碳原子核，处在同一条直线上，互成180°角。余下的2个未杂化的p轨道互相垂直且垂直于分子所在的直线。在形成乙炔分子时，每

(a) sp杂化轨道　(b) C的两个sp杂化轨道空间取向

图 1-8 碳原子 sp 杂化轨道形状和空间取向

个碳原子分别用一个 sp 杂化轨道进行“头顶头”重叠形成 C—C 共价键（σ 键），还分别用 1 个 sp 杂化轨道与氢原子的 1s 轨道重叠形成 C—Hσ 键（图 1-9）。每个碳原子上还有两个未杂化的 p 轨道，进行侧面重叠形成两个 π 键（图 1-10）。可以看出，乙炔分子中碳碳叁键有一条是 σ 键，两条是 π 键。

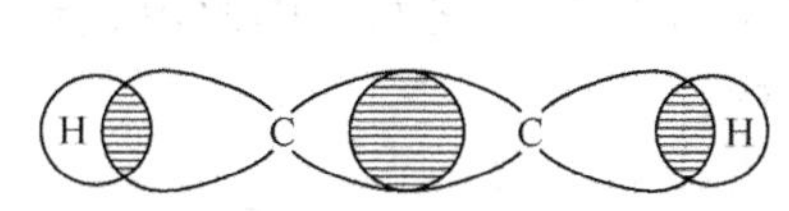

图 1-9 碳原子 sp 杂化轨道，氢原子 1s 轨道及它们的重叠

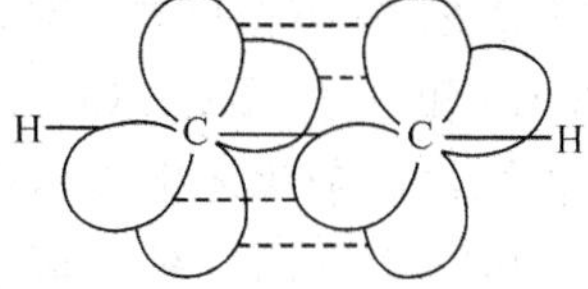

图 1-10 CH≡CH 中的 σ 键和 π 键

从以上讨论可看出，原子轨道杂化后形成的杂化轨道一般均与其他原子形成较强的 σ 键。从以下的例子中可看出杂化轨道中也可存在孤对电子，但不会以空的杂化轨道形式存在。

例如 H_2O 分子，在 H_2O 分子中氧原子基态的电子构型是 $(1s)^2(2s)^2(2p)^4$。在 2s 和 2p 轨道上共有 6 个电子，当进行 sp^3 杂化时，形成 4 个等同的 sp^3 杂化轨道，其中有 2 个 sp^3 杂化轨道各填入一对电子，还有 2 个 sp^3 杂化轨道各填入 1 个电子。这样，当氧原子用含有 2 个未成对电子的 sp^3 杂化轨道与氢原子的 1s 轨道重叠时，就形成 2 个 O—H 键，其夹角为 109.5°，与实验值 104.5°比较接近。

又如 NH_3 分子，在 NH_3 分子中氮原子基态的电子构型是 $(1s)^2(2s)^2(2p)^3$。在 2s 和 2p 轨道上共有 5 个电子，当 1 个 2s 轨道和 3 个 2p 轨道（p_x、p_y、p_z）进行 sp^3 杂化时，形成 4 个等同的 sp^3 杂化轨道。有一对电子占据一个杂化轨道，而余下的 3 个未成对电子则各占据其余 3 个杂化轨道。当这 3 个杂化轨道与 3 个氢原子的 1s 轨道重叠时，形成了 3 个 N—H 键，其键角∠HNH 为 109.5°，与实验值 108°比较接近。

3. 共振论

共振论是鲍林（Pauling）于 1931 年提出的，是描述分子价键结构的一种电子结构理论。

如果一个分子可以用两个或两个以上的路易斯结构表示，而这些路易斯结构中各原子核的位置没有改变，它们的差别仅仅是电子（一般是 π 电子和未共用电子）的排列不同，而且其中任何一个路易斯结构都不能圆满地描述这个分子的性质。在这种情况下，共振论认为：在这些路易斯结构之间存在共振（用双箭头⟷表示）。这些路易斯结构称为共振结构，这样的分子称为共振分子。共振分子是所有这些共振结构组成的共振杂化体。共振分子应该用共振杂化体表示，用任何一个共振结构单独地表示共振分子都是不确切、不恰当的。每个共振结构贡献的大小取决于该共振结构的稳定性。例如，甲酸根负离子 $HCOO^-$ 可以用两个路易斯结构表示：

$$\left[H-C\begin{matrix} {}^{\nearrow\!\!\!\!=}O \\ \searrow O^- \end{matrix} \longleftrightarrow H-C\begin{matrix} {}^{\nearrow}O^- \\ \searrow\!\!\!\!= O \end{matrix} \right]$$

共振结构Ⅰ　　共振结构Ⅱ

共振杂化体

不论Ⅰ还是Ⅱ，单独表示甲酸根负离子的结构都是不合适的。因为在Ⅰ或Ⅱ中，碳氧键都是不相同的，一个是 C═O 双键，另一个是 C—O 单键。而实验测得甲酸根负离子中的两个碳氧键是相同的，键长都是 0.126nm，介于分子 $H_2C═O$ 中的C═O 双键键长 0.120nm 和分子 $H_3C—OH$ 中的 C—O 单键键长 0.143nm 之间。因此，只能用共振结构Ⅰ和Ⅱ的共振杂化体来表示甲酸根负离子的结构。

苯可写出下面 5 种共振杂化体：

(苯的5种共振结构式，以 ⟷ 相连)

一般说来：

(1) 在共振杂化体中，共价键多的共振结构比共价键少的共振结构能量更低、更稳定，对共振杂化体贡献更大。例如：

$$CH_2═CH—CH═CH_2 \longleftrightarrow \overset{+}{C}H_2—CH═CH—\overset{-}{\ddot{C}}H_2 \longleftrightarrow \overset{-}{\ddot{C}}H_2—CH═CH—\overset{+}{C}H_2$$

5个共价键，贡献大　　4 个共价键，贡献小

(2) 在共振杂化体中，没有电荷分离的或有电荷分离但电负性较大的原子带负电荷的共振结构较稳定，对共振杂化体贡献大。例如：

$$H_2C═O \longleftrightarrow H_2\overset{+}{C}—\overset{-}{\ddot{O}} \longleftrightarrow H_2\overset{-}{\ddot{C}}—\overset{+}{O}$$

贡献大　　贡献较小　　贡献很小，忽略不计

所以，甲醛实际上只是由 $CH_2═O$ 和 $\overset{+}{C}H_2—\overset{-}{O}$ 组成的共振杂化体。又例如，丙烯醛 $CH_2═CH—CH═O$，可写出如下共振结构：

$$\underset{Ⅳ}{CH_2═CH—\overset{-}{\ddot{C}}H—O^+} \longleftrightarrow \underset{Ⅰ}{CH_2═CH—CH═O} \longleftrightarrow \underset{Ⅱ}{CH_2═CH—\overset{+}{C}H—\ddot{O}^-}$$

$$\updownarrow \qquad\qquad\qquad\qquad \updownarrow$$

$$\overset{-}{\ddot{C}}H_2—CH═CH—O^+ \qquad\qquad \underset{Ⅲ}{\overset{+}{C}H_2—CH═CH—\ddot{O}^-}$$

贡献很小，可忽略不计　　贡献最大　　贡献较小

所以，丙烯醛实际上是由共振结构Ⅰ、Ⅱ和Ⅲ组成的共振杂化体。

当一个分子可以用两个或两个以上的路易斯结构(也称共振结构)表示时，真实的分子结构是所有这些路易斯结构组成的共振杂化体。每个共振结构都有能量，若以能量最低稳定性最大的共振结构作为标准，则共振杂化体(分子的真实结构)与能量最低的共振

结构之间的能量差称为共振能。共振能是真实分子由于电子离域而产生的共振结构所降低的能量。共振能越大，共振稳定作用也越大，说明该真实分子比能量最低的共振结构更稳定。

在有机化学中，对于共轭分子，共轭和共振这两种说法实际上是相同的，是一个问题的两种不同表示法。共轭、共振和离域，共轭能、共振能和离域能其含义也都是相同的，所以共振能也像共轭能一样可通过实验测得。

1.2.2 分子轨道理论

1. 原子轨道和分子轨道

(1) 原子轨道(简称为 AO)。描述原子中单个电子运动状态的波函数 ϕ 称为原子轨道。原子轨道是一个电子空间坐标(笛卡儿坐标系中是 x、y、z，在球极坐标系中是 γ、θ、ϕ)的函数。由于电子等微观粒子具有波粒二象性，轨道或单电子波函数所描述的(或隐含的)是一个电子的空间分布或在空间出现的概率。

在空间某点处原子轨道值的平方 ϕ^2 表示在该点附近电子出现的概率密度 ρ。

$$\phi^2 = \rho$$

ϕ^2 值越大，电子在空间某点处出现的概率密度越大。可以计算出在空间许多不同点处电子概率密度。用密度不同的点表示计算值的大小，从而得到电子云的图像，也就是原子轨道的图像。例如，能量最低的 1s 轨道，其图像是以原子核为中心的球体。

(2) 分子轨道(简称为 MO)。描述分子中一个电子运动状态的波函数 ψ 称为分子轨道，它也是一个电子空间坐标的函数。由于分子是由多个原子组成的，因此分子轨道中电子运动遍及分子中所有原子。分子轨道是多中心的，而原子轨道是单中心的。除此之外，分子轨道和原子轨道并无本质上的区别。

2. 分子轨道理论

分子轨道是分子中单个电子运动的波函数。分子轨道是如何构成的呢？这就是分子轨道理论所要讨论的问题。可以这样想象：在由 a、b 组成的分子中，单个电子运动到原子核 a 附近时，分子轨道近似于原子轨道 ϕ_a；同样，单个电子运动到原子核 b 附近时，分子轨道近似于原子轨道 ϕ_b。由于整个分子轨道具有部分原子轨道 ϕ_a 和 ϕ_b 的特征，因此常采用分子中各原子的原子轨道线性组合作为分子轨道。这就是常用的原子轨道线性组合的分子轨道法。例如：

1) H_2 分子

两个氢原子相互接近时，它们的原子轨道 1s 轨道波函数相加组成一条分子轨道 ψ_1，相减组成另一条分子轨道 ψ_2，这就是原子轨道的线性组合。

$$\psi_1 = \phi_1 + \phi_2$$

$$\psi_2 = \phi_1 - \phi_2$$

ϕ_1、ϕ_2 分别为氢原子 1 和氢原子 2 的原子轨道。

在 ψ_1 中两个氢原子的原子轨道同相位重叠，重叠结果使两个氢原子核之间电子密度增加,能量较低,两个氢原子间形成一个共价键,所以 ψ_1 为成键的分子轨道。在 ψ_2 中两个氢原子的原子轨道反相位重叠,正负抵消的结果使两个氢原子核间的电子密度减小,能量较高,形成排斥态,不能形成共价键,所以 ψ_2 为反键的分子轨道(图 1-11)。

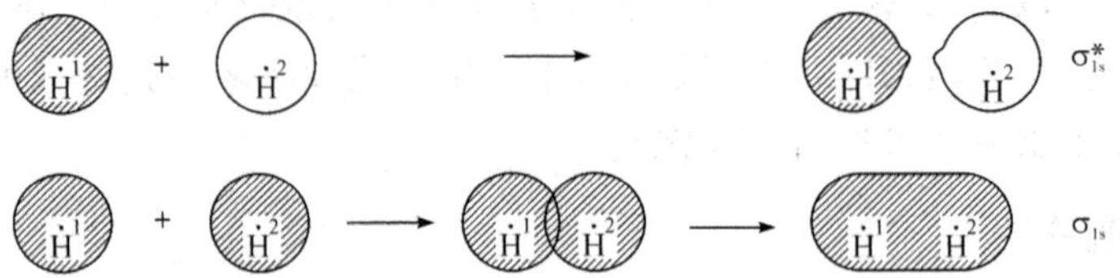

图 1-11　氢分子轨道示意图

在 H_2 分子中,两个氢原子的 1s 电子占据成键的分子轨道且自旋反平行;而反键轨道没有电子占据,是空的轨道。

2) 同核双原子分子

A、B 为两个相同的原子,当它们相互接近时,它们的原子轨道也进行重叠形成分子轨道。

(1) A、B 两个原子的 2s 轨道 $\phi_{2s,A}$ 和 $\phi_{2s,B}$ 通过相互作用形成一对分子轨道 $\psi_1(2s)$、$\psi_2(2s)$。

$$\psi_1(2s) = \phi_{2s,A} + \phi_{2s,B}$$
$$\psi_2(2s) = \phi_{2s,A} - \phi_{2s,B}$$

$\psi_1(2s)$中两个 2s AO 同相位重叠,在 A、B 两原子核间电子密度增加,是成键分子轨道,能量较低。$\psi_2(2s)$中两个 2s AO 反相位重叠,在 A、B 两原子核间电子密度减小,是反键轨道,能量较高。在 $\psi_1(2s)$和 $\psi_2(2s)$分子轨道中,连接两原子核间的直线是二重对称轴——C_2 轴,围绕 C_2 轴旋转,电子云分布是圆柱形对称的,所以它们所形成的键都是 σ 键。成键轨道用 σ 表示,反键轨道用 σ^* 表示(图 1-12)。

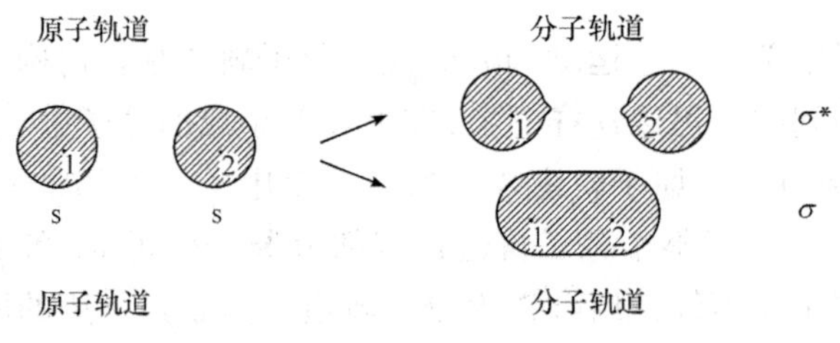

图 1-12　两个相同 2sAO 形成 MO 示意图

(2) A、B 两原子的 $2p_x$ 轨道沿着 x 轴相互接近时,通过相互作用,形成一对分子轨道 $\psi_1(2p_x)$和 $\psi_2(2p_x)$。

$$\psi_1(2p_x) = \phi_{2p_x,A} + \phi_{2p_x,B}$$
$$\psi_2(2p_x) = \phi_{2p_x,A} - \phi_{2p_x,B}$$

$\psi_1(2p_x)$中原子轨道是同相位重叠,为成键分子轨道;$\psi_2(2p_x)$中原子轨道是反相位重叠,为反键分子轨道。这对分子轨道对连接两原子核的直线 C_2 轴,其电子云的分布也是圆柱形对称的，也是 σ 分子轨道，如图 1-13 所示。

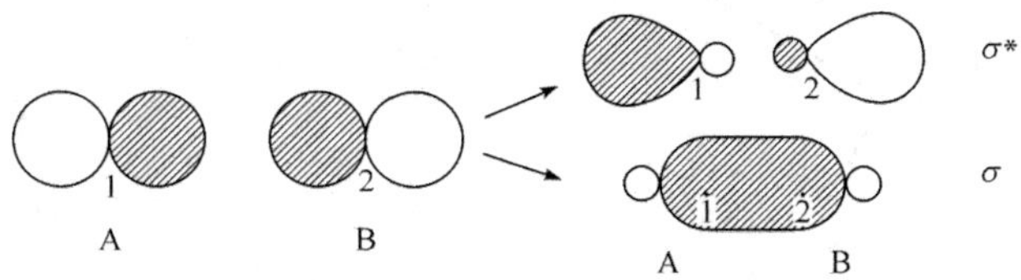

图 1-13 两个 $2p_x$ AO 形成 σMO

(3) A、B 两原子以其 $2p_z$ 轨道沿 x 轴接近，通过两个 $2p_z$ 轨道的相互作用，也形成一对分子轨道 $\psi_1(2p_z)$ 和 $\psi_2(2p_z)$，如图 1-14 所示。其中 $\psi_1(2p_z)$ 是成键分子轨道，$\psi_2(2p_z)$ 是反键分子轨道。这对分子轨道对连接两原子核的二重对称轴 C_2 轴，其电子云分布都是反对称的，这种分子轨道称为 π 分子轨道。π 分子轨道是 2 个 $2p_z$ 轨道沿着 x 轴进行侧面重叠，它们的有效重叠不如相应的 σ 分子轨道。因此，成键的 π 分子轨道的能量高于相应的成键 σ 分子轨道；而反键的 π^* 分子轨道的能量低于相应的反键 σ^* 分子轨道的能量，如图 1-15 所示。两个 $2p_z$ 轨道沿 y 轴相互接近形成分子轨道的情况与此相同。

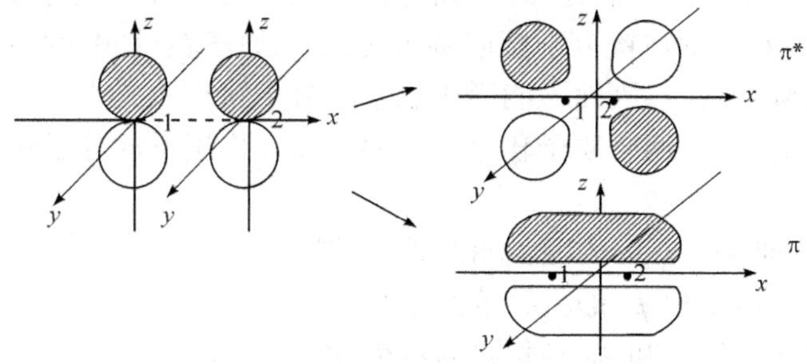

图 1-14 $2p_z$-$2p_z$ AO 相互作用

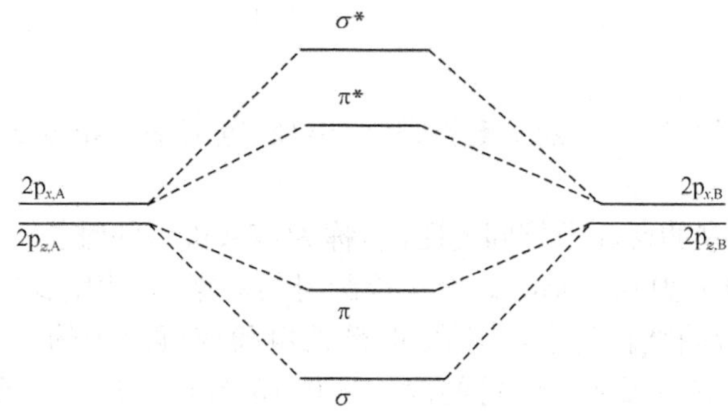

图 1-15 σMO 和 πMO 能级图

3) 不同核双原子分子

A、B 为两个不相同的原子，它们组成分子轨道时，情况与此类似。原子 A 的原子轨道 ϕ_A 的能量比原子 B 的原子轨道 ϕ_B 能量高，它们相互作用形成一对分子轨道，其能级的分裂情况如图 1-16 所示。

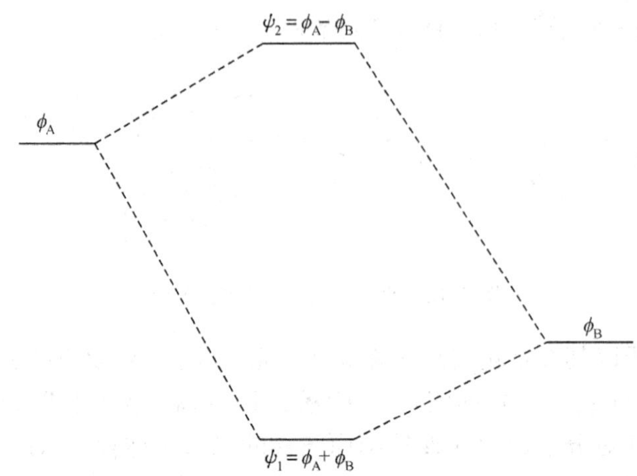

图 1-16　不同核双原子 A、B 的能级分裂图

由图 1-16 可以看出，成键的分子轨道比较接近于低能值的原子轨道 ϕ_B，即成键的分子轨道中含有较多的组分 ϕ_B，且成键分子轨道的能值比原子轨道 ϕ_B 的能值更低。反键分子比较接近于高能值的原子轨道 ϕ_A，其能值比原子轨道 ϕ_A 的能值更高。两个原子轨道 ϕ_A、ϕ_B 的能量差越大，则成键分子轨道 ψ_1 的能量与原子轨道 ϕ_B 的能量更接近，就是说在成键过程中能量降低很少，因而不能形成稳定的分子轨道。

从以上讨论可看出，若两个原子轨道 ϕ_A 和 ϕ_B 相互作用形成分子轨道，必须满足三个条件：

(1) 能量相近，即 ϕ_A 和 ϕ_B 的能量相差越小越好；

(2) 最大重叠，即 ϕ_A 和 ϕ_B 的重叠越大越好；

(3) 对称性相同，即 ϕ_A 和 ϕ_B 有相同的对称性。

1.2.3　共价键的性质

1. 键长

先介绍三个常用的术语，分别是键长、共价半径、范德华(van der Waals)半径。

1) 键长

用共价键连接起来的两原子核间的距离，称为该共价键的键长。例如，实验测得乙烷分子中C—C单键的键长为 0.154nm。由实验测得的数据，表明键长在不同分子中保持着接近相等的数据，这说明键长是个恒定值，但键长也随成键原子的杂化不同而略有差异。例如，CH_2═CH_2 分子中 C_{sp^2}—H 键的键长为 0.1086nm，CH_3—CH_3分子中 C_{sp^3}—H 键的键长为 0.1093nm，前者比后者短。可认为前者的碳为 sp^2 杂化，其中 s 轨道成分占 1/3；后者的碳为 sp^3 杂化，其中 s 轨道成分占 1/4；前者 s 轨道成分比后者多，s 轨道成分多，相应的键长就短。

2) 共价半径

通过实验可测得各种共价化合物的键长，从中可求出它们的平均值，即得到共价键键长数据。根据键长数据可得到原子的共价半径。例如，实验测得 C—C 单键的键长为

0.154nm，取该值的一半 0.077nm，即为碳原子的共价半径。同样，由 Cl—Cl 键的键长 0.198nm 可得到氯原子的共价半径为 0.099nm。有了各种原子的共价半径，可计算出不同原子共价键的键长。例如，已知碳原子和氯原子的共价半径分别为 0.077nm 和 0.099nm，则 C—Cl 键的键长为 0.077nm＋0.099nm＝0.176nm。在 CCl_4 分子中实验测定 C—Cl 键的键长为 0.177nm，与计算值很好地符合。

3）范德华半径

分子间相距较远时，会相互吸引，而当分子靠近时又会相互排斥。当分子接触到一定距离使其吸引和排斥达到平衡，此时体系能量最低。这时相邻分子相互接触的原子间的距离即为该两原子的范德华半径之和。范德华半径比共价半径大。键长、共价半径和范德华半径可用图 1-17 表示。

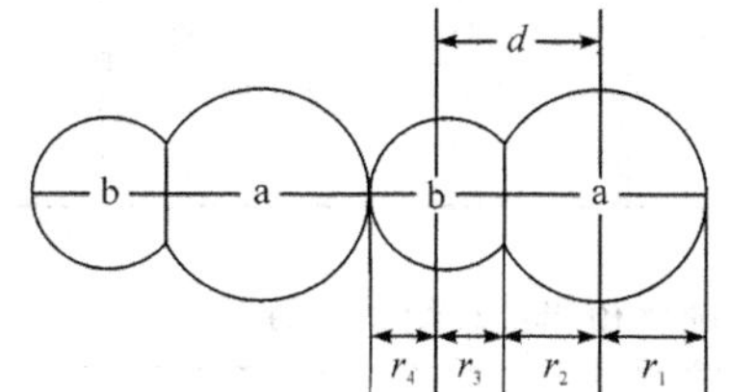

图 1-17 键长、共价半径和范德华半径

表 1-1～表 1-4 列出一些重要的共价键的键长、范德华半径和共价半径数据。

表 1-1 几个脂肪烃分子中的键长（单位：nm）

化合物	C—C	C═C	C≡C	C—H
CH_3—CH_3	0.153			0.1093
CH_2═CH_2		0.1339		0.1086
CH≡CH			0.1205	0.1058
CH_3—CH_2—CH_2—CH_3	0.1539			0.1100
CH_3—CH═CH—CH_3	0.154	0.1339		
CH_3—C≡C—CH_3	0.147		0.120	0.109
CH_2═CH—CH═CH_2	0.1483	0.1337		0.108*
CH≡C—CH═CH_2	0.1448	0.134	0.120	0.107*

* 指末端 CH_2 基中的 C—H 键的键长。

表 1-2 C—C 单键的键长（单位：nm）

键型	键长	键型	键长
sp^3-sp^3		**sp^2-sp^2**	
CH_3—CH_3	0.1534	CH═CH—CH═CH_2	0.1483
CH_3—CH_2—CH_3	0.154	CH_3—CH═CH—CH═O	0.146
金刚石	0.1544	**sp^2-sp**	
sp^3-sp^2		CH_2═CH—C≡CH	0.1446
CH_3—CH═CH—CH_3	0.154	CH_2═CH—C≡N	0.1426

续表

键　型	键　长	键　型	键　长
CH_3—C₆H₅ (苯基)	0.152	O═CH—C≡CH	0.1445
sp^3-sp		**sp-sp**	
CH_3—C≡CH	0.1459	CH≡C—C≡CH	0.1379
CH_3—C≡N	0.1458	CH≡C—C≡N	0.1378
CH_3—C≡C—C≡N	0.1458	N≡C—C≡N	0.1380

表 1-3　某些原子或基团的范德华半径(单位:nm)

原子或基团	范德华半径	原子或基团	范德华半径	原子或基团	范德华半径	原子或基团	范德华半径
H	0.12	N	0.15	O	0.14	F	0.135
CH_3	0.20	P	0.19	S	0.185	Cl	0.180
苯环厚度的1/2	0.170					Br	0.195
						I	0.215

表 1-4　原子的共价半径(单位:nm)

H							He
0.037							—
Li	Be	B	C	N	O	F	Ne
0.152	0.111	0.088	0.077	0.070	0.066	0.064	—
Na	Mg	Al	Si	P	S	Cl	Ar
0.186	0.160	0.143	0.117	0.110	0.104	0.099	—
K	Ca	Ga	Ge	As	Se	Br	Kr
0.231	0.197	0.122	0.122	0.121	0.117	0.114	0.111
Rb	Sr	In	Sn	Sb	Te	I	Xe
0.244	0.215	0.162	0.140	0.141	0.135	0.133	0.130
	C	N	O	P	S		
双键	0.067	0.060	0.056	0.100	0.094		
叁键	0.060	0.055	0.052	—	—		

2. 键能和键离解能

1) 键能

双原子分子的键能为1mol气态双原子分子离解为气态原子时所吸收的能量，或者为两个气态原子(A和B)形成1mol气态分子(A—B)时所放出的能量。例如，在25℃时，1mol气态 H_2 分子离解为氢原子时吸收的能量是436.0kJ，则H—H键的键能为436.0kJ·mol^{-1}。

对于多原子分子(气态)，完全离解为组成它的全部原子(气态)时所吸收的能量即等于这个分子中全部化学键键能的总和，由此可算出某些化学键的平均键能。例如，实验测得：

$$CH_4(g) \longrightarrow C(g) + 4H(g) \qquad \text{吸热} \quad 1656.8\text{kJ} \cdot \text{mol}^{-1}$$

CH_4 分子有 4 个 C—H 键，所以 C—H 键的键能是 1656.8/4＝414.2(kJ·mol^{-1})。对于多原子分子来说，键能是个平均值。

利用共价键键能数值可计算化学反应的反应热。例如，1mol 甲烷燃烧时所放出的热量计算如下：

$$CH_4(g) + 2O_2(g) \longrightarrow CO_2(g) + 2H_2O(g)$$

这个反应相当于：

破坏 4 个 C—H 键　吸热　4×414.2＝1656.8(kJ)
破坏 2 个 O═O 键　吸热　2×498.3＝996.6(kJ)
生成 2 个 C═O 键　放热　2×803.3＝1606.6(kJ)
生成 4 个 O—H 键　放热　4×464.4＝1857.6(kJ)
净结果(燃烧热)　放热　810.8kJ

2) 键离解能和自由基

多原子分子中，断裂其中一个键所吸收的能量称为该键的离解能。例如，实验测得 25℃时，1mol 甲烷(气态)离解成甲基自由基(气态)和 H 原子(气态)时吸收的能量为 439.3kJ，则 H_3C—H 键的离解能为 439.3kJ。在烷烃分子中，处在不同碳原子上的 C—H 键的离解能是不同的。例如：

$$CH_3{-}H \longrightarrow CH_3\cdot + H\cdot \qquad \Delta H = 439.3\text{kJ} \cdot \text{mol}^{-1}$$
$$CH_3CH_2{-}H \longrightarrow CH_3CH_2\cdot + H\cdot \qquad \Delta H = 410.0\text{kJ} \cdot \text{mol}^{-1}$$
$$CH_3CH_2CH_2{-}H \longrightarrow CH_3CH_2CH_2\cdot + H\cdot \qquad \Delta H = 410.0\text{kJ} \cdot \text{mol}^{-1}$$
$$(CH_3)_2CH{-}H \longrightarrow (CH_3)_2CH\cdot + H\cdot \qquad \Delta H = 397.5\text{kJ} \cdot \text{mol}^{-1}$$
$$(CH_3)_3C{-}H \longrightarrow (CH_3)_3C\cdot + H\cdot \qquad \Delta H = 389.1\text{kJ} \cdot \text{mol}^{-1}$$

这就是说，除了甲烷外，断裂伯碳原子(1°碳原子)上的 C—H 键吸收的能量大于断裂仲碳原子(2°碳原子)上的 C—H 键所吸收的能量，后者又大于断裂叔碳原子(3°碳原子)上的 C—H 键所吸收的能量。即形成各类自由基所需要的能量由大到小次序如下：

$$CH_3\cdot > 1° > 2° > 3°$$

这就意味着，由甲烷形成甲基自由基时需要吸收的能量较多，即甲基自由基所包含的能量较多，其次是异丙基自由基 $CH_3\dot{C}HCH_3$，叔丁基自由基 $(CH_3)_3C\cdot$ 所包含的能量最少。以下图示形象地表示各自由基形成所需的能量大小：

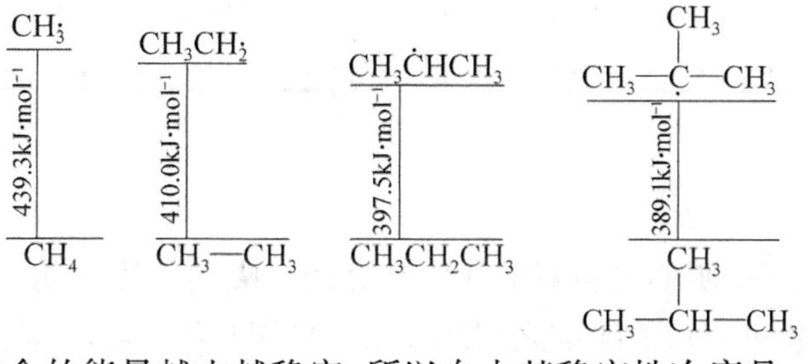

CH_3 | 439.3kJ·mol⁻¹ | CH_4

CH_3CH_2 | 410.0kJ·mol⁻¹ | $CH_3—CH_3$

$CH_3\dot{C}HCH_3$ | 397.5kJ·mol⁻¹ | $CH_3CH_2CH_3$

$CH_3—\dot{C}(CH_3)—CH_3$ | 389.1kJ·mol⁻¹ | $CH_3—CH(CH_3)—CH_3$

显然，自由基包含的能量越少越稳定，所以自由基稳定性次序是

$$\begin{array}{c} CH_3 \\ | \\ CH_3-C\cdot \\ | \\ CH_3 \end{array} > CH_3-\overset{\bullet}{C}H-CH_3 > CH_3CH_2\cdot > CH_3\cdot$$

$$3^\circ > 2^\circ > 1^\circ > CH_3\cdot$$

表 1-5、表 1-6 给出一些共价键化合物的键能和离解能。

表 1-5　共价键的键能(平均键能,单位:$kJ\cdot mol^{-1}$)

H	C	N	O	F	S	Cl	Br	I	
436.0	414.2	389.1	464.4	568.2	347.2	431.8	366.1	298.3	H
	347.3①	305.4②	359.8③	485.3④	272.0	338.9	284.5	217.6	C
		163.2		272.0		192.5			N
			196.6	188.3		217.6	200.8	243.3	O
				154.8					F
					251.0	255.2	217.6		S
						242.7			Cl
							192.5		Br
								150.6	I

注:① C═C 610.9,C≡C 836.8;② C═N 615.0,C≡N 891.2;③ C═O 736.4(醛)、748.9(酮)、803.3(二氧化碳);④ 在 CF_4 中。

表 1-6　共价键的离解能(单位:$kJ\cdot mol^{-1}$)

	H	F	Cl	Br	I	OH	NH_2	CH_3	CH_3CH_2	$(CH_3)_2CH$	$(CH_3)_3C$	C_6H_5
CH_3	439.3	460.2	355.6	297.1	238.5	389.1	355.6	376.6	359.8	359.8	351.5	426.8
CH_3CH_2	410.0	451.9	334.7	284.5	221.8	382.8	343.1	359.8	343.1	338.9	330.5	410.0
$CH_3CH_2CH_2$	410.0	447.7	338.9	284.5	221.8	384.9	343.1	361.9	343.1	334.7	330.5	410.0
$(CH_3)_2CH$	397.5	445.6	338.9	284.5	223.8	389.1	343.1	359.8	338.9	330.5	318.0	401.7
$(CH_3)_3C$	389.1	460.2	338.9	280.3	217.6	289.1	343.1	351.5	330.5	318.0	297.1	389.1
C_6H_5	464.4	527.2	401.7	336.8	272.0	464.4	426.8	426.8	405.8	401.7	389.1	481.2
$C_6H_5CH_2$	368.2		301.2	242.7	200.8	338.9	297.1	318.0	301.2	297.1	292.9	376.6
$CH_2═CH—CH_2$	359.8		284.5	225.9	171.5	326.4		309.6	292.9	292.9	280.3	
CH_3CO	359.8	497.9	338.9	276.1	205.0	447.7		338.9	318.0	309.4	301.2	391.2
CH_3CH_2O	435.1					184.1		347.3	343.1			422.6
$CH_2═CH$	460.2		376.6	326.4				418.4	401.7	397.5	376.6	431.0
H	436.0	568.2	431.8	366.1	298.3	497.9	447.7	439.3	410.0	397.5	389.1	464.4

3. 键角

分子中,同一个原子所形成的两个共价键之间的夹角称为键角。例如 H_2O 分子中,同一个氧原子形成的两个 O—H 键之间的夹角∠HOH 为 104.5°,即 H_2O 分子的键角为 104.5°。同样,CH_4 分子中键角∠HCH 为 109.5°,乙烯分子中键角∠H—C═C 为 120°,

乙炔分子中键角∠H—C≡C 为 180°。从这些烃分子中的键角数据可看出，碳原子轨道杂化状态直接影响键角的大小。表 1-7 为一些键角的实验值。

表 1-7 一些键角的实验值

分 子	键 角		分 子	键 角	
金刚石	C—C—C	109.5°	CH_2═C(CH_3)—CH_3	C═C—C	124.5°
CH_4	H—C—H	109.5°			
CCl_4	Cl—C—Cl	109.5°	CH_3—C(H)═O	C—C═O	122°
$CHCl_3$	Cl—C—Cl	112°			
$CH_3CH_2CH_3$	C—C—C	111.5°	CH≡CH	H—C≡C	180°

4. 共价键的极性和可极化性

1）共价键的极性

（1）元素的电负性。原子是由原子核和电子组成的。电子又分为内层电子（非价电子）和外层电子（价电子）。原子核及内层电子两者在一起称为原子实。原子实对外层电子的吸引能力，就是元素的电负性。表 1-8 列出一些元素的电负性。电负性数值大的原子具有强的吸引电子的能力。一般来说，原子核越小，具有的正电荷越多，吸引电子能力越强，电负性越大。

表 1-8 某些元素的电负性（近似值）

H 2.1	C 2.5	N 3.0	O 3.5	F 4.0
	Si 1.8	P 2.1	S 2.5	Cl 3.0
				Br 2.8
				I 2.6

在元素周期表同一周期中，越往右边的元素，吸引电子的能力越强，电负性越大；在同一族中，越往下的元素吸引电子的能力越弱，电负性越小。

同一元素的电负性随杂化状态的不同而有显著差异。例如，sp^3 杂化的碳原子电负性为 2.48，sp^2 杂化的碳原子电负性为 2.75，而 sp 杂化的碳原子电负性为 3.29。可见，杂化轨道中 s 成分所占比例越多，元素的电负性越大。

（2）共价键的极性。当两个原子形成共价键时，就发生电子密度的重新分配。形成共价键的两个原子相同时，由于吸引电子的能力相等，电子对平均分布在两个原子之间，这样的共价键是非极性共价键。例如，H—H 和 Cl—Cl 中的共价键就没有极性。

如果形成共价键的两个原子电负性不等，由于这两个原子吸引电子的能力不同，电子对不能平均分布在两原子之间，而是偏向于电负性较大的原子一方，使其带部分负电荷，另一个原子带部分正电荷。这种由于电子分布不匀而呈现极性的共价键称为极性共价键。可以用箭头来表示极性共价键，也可以用 $\delta-$ 和 $\delta+$ 来表示构成极性共价键的原子的带电情况。例如：

$$\mathrm{H}\longrightarrow\mathrm{Cl}\quad \text{或}\quad \overset{\delta+}{\mathrm{H}}-\overset{\delta-}{\mathrm{Cl}}$$

没有共用电子对的离子键(一般两原子电负性相差在1.7以上)和非极性共价键是化学键的两个极端情况,极性共价键位于两者中间,并且成键原子间电负性差异越大,键型则越接近离子键。

共价键的极性大小主要取决于成键两原子电负性值之差,与外界条件无关,是永久的性质。共价键的极性由偶极矩来度量。

极性共价键中电荷分布是不均匀的,正电中心与负电中心不能重合,这样就构成了一个偶极。正电中心或负电中心的电荷值(q)与两个电荷中心之间的距离(d)的乘积,称为偶极矩(μ)。

$$\mu = qd$$

偶极矩的单位用deb(德拜,1deb=3.336×10^{-30}C·m)表示。偶极矩有方向性,用符号 $+\!\!\rightarrow$ 表示,箭头表示从正电荷到负电荷的方向,偶极矩的大小表示一个键或一个分子的极性大小。

(3) 分子的极性。在两个原子形成的分子中,键的极性就是分子的极性。在多原子组成的分子中,分子的极性是分子中每个键的极性的向量和,分子的偶极矩是分子中各个键的偶极矩的向量和。例如:

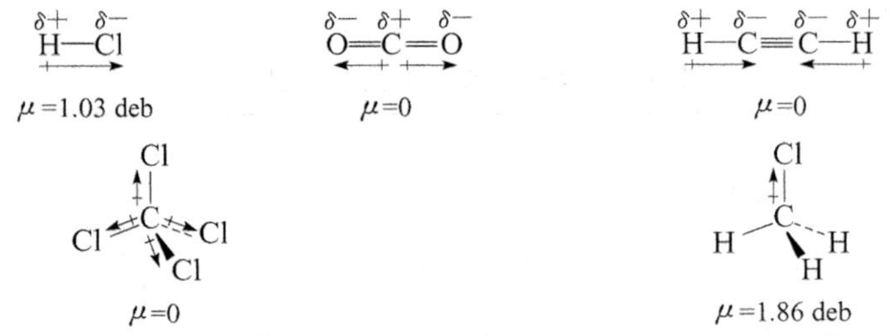

$\overset{\delta+}{\mathrm{H}}-\overset{\delta-}{\mathrm{Cl}}$　μ=1.03 deb

$\overset{\delta-}{\mathrm{O}}=\overset{\delta+}{\mathrm{C}}=\overset{\delta-}{\mathrm{O}}$　μ=0

$\overset{\delta+}{\mathrm{H}}-\overset{\delta-}{\mathrm{C}}\equiv\overset{\delta-}{\mathrm{C}}-\overset{\delta+}{\mathrm{H}}$　μ=0

CCl_4　μ=0

CH_3Cl　μ=1.86 deb

键的极性影响化学反应活性,分子的极性还影响化合物的沸点、熔点和溶解性等性质。

2) 共价键的可极化性

在外界电场的作用下,共价键中的电子分布可发生相应的变化,即共价键的极性可发生改变,这种变化能力称为共价键的可极化性。共价键的可极化性用共价键的可极化度来度量,它表示成键电子被成键原子核电荷约束的相对程度。可极化度除了与成键原子的体积、电负性和键的种类有关外,还与外界电场强度有关。成键原子的体积越大,电负性越小,对成键电子的约束越小,键的可极化度就越大。例如,碳卤键的可极化度为C—I>C—Br>C—Cl>C—F;π键比σ键易极化。外界电场越强,共价键的可极化度就越大。成键电子和原子核总是处在运动中,使键产生瞬时偶极矩,所以不论共价键有无极性,均有一定的可极化度。

共价键的可极化度只有在分子进行反应时才能表现出来,因此它在化学反应中对分子的反应性能起着重要作用。

1.3 共 轭 分 子

1.3.1 丁二烯共轭分子结构

有一类有机化合物分子，从结构上看是单键双键交替出现，这类分子称为共轭分子。例如 1,3-丁二烯、苯等，1,3-丁二烯分子结构如下：

```
                                          H          H
H    H H    H                    H         \        /
 \   | |   /                      \         C——C
  C=C—C=C                          C——C             \
 /         \                      /        \          H
H           H                    H          H
```

可以看出，每个碳原子用 3 个 sp^2 杂化轨道构成 3 个 σ 键，组成分子骨架，这样 4 个碳原子、6 个氢原子、9 个 σ 键在同一平面内，每个碳原子上还有 1 个未杂化的 $2p_z$ 轨道，它们都垂直于上述平面。如何用分子轨道理论来处理这类共轭分子呢？

在 1,3-丁二烯分子中，每个碳原子提供 4 个价电子即 2s、$2p_x$、$2p_y$、$2p_z$，每个氢原子提供 1 个价电子即 1s 电子，共有 22 个电子。丁二烯的分子轨道就是由 22 个原子轨道所组成的，即由 22 个原子轨道线性组合成丁二烯的分子轨道。但丁二烯分子是平面形的，即所有原子都处在同一平面内，设此平面为 xy 平面，4 个碳原子的 $2p_z$ 轨道恰好垂直于这个平面。这样，就可将丁二烯的分子轨道分成两类：一类是由碳原子与碳原子间 2 个 sp^2 杂化轨道以“头顶头”重叠形成的C—Cσ 键、碳原子和氢原子间的 sp^2 杂化轨道与 1s 轨道重叠形成的C—Hσ 键，这 9 个 σ 键都在分子所在的平面（xy 平面）内；另一类是由 4 个碳原子的 4 个 $2p_z$ 轨道侧面重叠形成的 π 键，这种由 3 个以上原子形成的 π 键称为大 π 键或共轭 π 键。显然，这两类轨道对于分子所在平面（xy 平面）的对称性是不同的，前者是对称的，后者是非对称的。再者这两类轨道的电子之间无相互作用，因而可将这两类轨道分开处理：前者可用定域轨道的模型来描述，即成键电子对集中在两原子间的键轴区域内运动；后者可用非定域分子轨道来描述，即电子的成键作用是由于电子在遍及分子整体的轨道中运动。根据这一分析就建立了简单的分子轨道理论即休克尔（Hückel）分子轨道理论，又称 HMO 理论。

休克尔理论：假定原子中各原子核、内层电子及定域 σ 键组成了 π 电子运动的“骨架场”，每一个 π 电子在骨架及其余 π 电子的有效势场中运动。由此，可写出一个 π 电子的哈密顿算符 H 及其薛定谔方程：

$$H\Psi = E\Psi$$

式中，H 代表 1 个 π 电子的哈密顿算符；Ψ 为描述 1 个 π 电子运动的波函数，即 π 分子轨道。

利用变分法求解上述方程时，要选择 1 个试探函数代入上述方程中进行求解，以获得逼近丁二烯分子共轭体系的真实波函数及其对应的能量值。

π 分子轨道的试探函数一般选择为所有碳原子的 $2p_z$ 轨道的线性组合。对于丁二烯则为

$$\Psi = C_1\phi_1 + C_2\phi_2 + C_3\phi_3 + C_4\phi_4 \tag{1-4}$$

式中，$\phi_1,\cdots,\phi_4$ 分别代表 C^1 至 C^4 的 $2p_z$ 原子轨道；$C_1,\cdots,C_4$ 为组合系数。

将式(1-4)代入薛定谔方程进行求解，可得到如下结果：

$$\begin{cases} E_1=\alpha+1.618\beta \\ E_2=\alpha+0.618\beta \\ E_3=\alpha-0.618\beta \\ E_4=\alpha-1.618\beta \end{cases} \tag{1-5}$$

$$\begin{cases} \psi_1=0.3717\phi_1+0.6015\phi_2+0.6015\phi_3+0.3717\phi_4 \\ \psi_2=0.6015\phi_1+0.3717\phi_2-0.3717\phi_3-0.6015\phi_4 \\ \psi_3=0.6015\phi-0.3717\phi_2-0.3717\phi_3+0.6015\phi_4 \\ \psi_4=0.3717\phi_1-0.6015\phi_2+0.6015\phi_3-0.3717\phi_4 \end{cases} \tag{1-6}$$

这就是 4 个碳原子的 $2p_z$ 原子轨道线性组合成的 4 个 π 分子轨道及其对应的能级值。在 4 个能级值中，α 是个常数，代表碳原子原子轨道上电子的电离能。β 也是常数，但为负值，所以 4 个能级由低到高的顺序是 $E_1<E_2<E_3<E_4$。在 4 个 π 分子轨道中，例如 $\psi_1=0.3717\phi_1+0.6015\phi_2+0.6015\phi_3+0.3717\phi_4$，表示第一个 π 分子轨道由 4 个碳原子的 $2p_z$ 原子轨道($\phi_1\sim\phi_4$)组成，0.3717 表示在组成 ψ_1 分子轨道时第一个碳原子的原子轨道的贡献，余者类推。在 ψ_1 π 分子轨道中，4 个组合系数(4 个碳原子的原子轨道对组成 ψ_1 分子轨道的贡献值)都是正值，这表示 4 个碳原子的 $2p_z$ 原子轨道组成 ψ_1 分子轨道时位相相同(原子轨道波函数都是正号)，在键轴上任 2 个碳原子间没有电子概率为零的节点，说明电子填入这个分子轨道时在遍及 4 个原子轨道中运动，任 2 个碳原子间都起成键作用，所以这是 4 个分子轨道中能量最低的分子轨道。在 ψ_4 分子轨道中，ϕ_1 贡献值是正值，ϕ_2 贡献值是负值，ϕ_3 贡献值是正值，ϕ_4 贡献值是负值，即 $C^1\sim C^2$、$C^2\sim C^3$、$C^3\sim C^4$ 间都存在电子概率为零的节点，这样在 C^1 至 C^4 原子间的 3 个键轴上都不起成键作用，所以这是 4 个分子轨道中能量最高的分子轨道。在 ψ_2 分子轨道中，C^1 与 C^2、C^3 与 C^4 原子间位相相同，起成键作用，而 C^2 与 C^3 原子间位相相反，不起成键作用，所以这是个能量高于 ψ_1 的分子轨道。在 ψ_3 分子轨道中，C^1 与 C^2、C^3 与 C^4 原子间位相相反，不起成键作用，而 C^2 与 C^3 间位相相同，起成键作用，所以这是个能量高于 ψ_2 而低于 ψ_4 的分子轨道。图 1-18 表示 4 个 π 分子轨道及其相应的能级图。

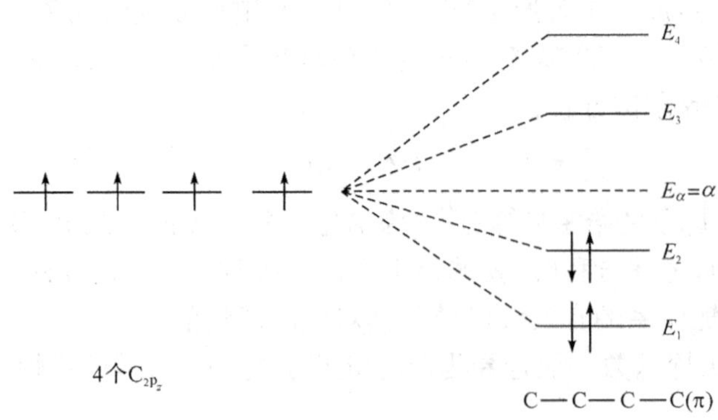

图 1-18　丁二烯分子轨道能级图

4 个 π 电子填入能量较低的 E_1 和 E_2 能级中。当 4 个 π 电子(或者说碳原子上的 $2p_z$ 电子)转入到 E_1 和 E_2 能级的 π 分子轨道 ψ_1 和 ψ_2 中时,就形成包含 4 个碳原子的大 π 键或共轭 π 键。在丁二烯分子的 4 个 π 分子轨道中,ψ_2 为填满电子的最高能量的分子轨道,ψ_3 为最低能量的空轨道。在化学反应中,主要是这两种轨道参与变化,即最高占有电子的分子轨道和最低未占有电子的空轨道,这两类轨道又合称为前线轨道。从丁二烯分子轨道图形(图 1-19)可看出,丁二烯分子的前线轨道(ψ_2 和 ψ_3)两端碳原子上的电荷密度都比中间的大,故按成键的最大重叠原理,同步的加成反应容易发生在 1,4 位置上。当然,从空间效应来看,也有利于在两端起反应。

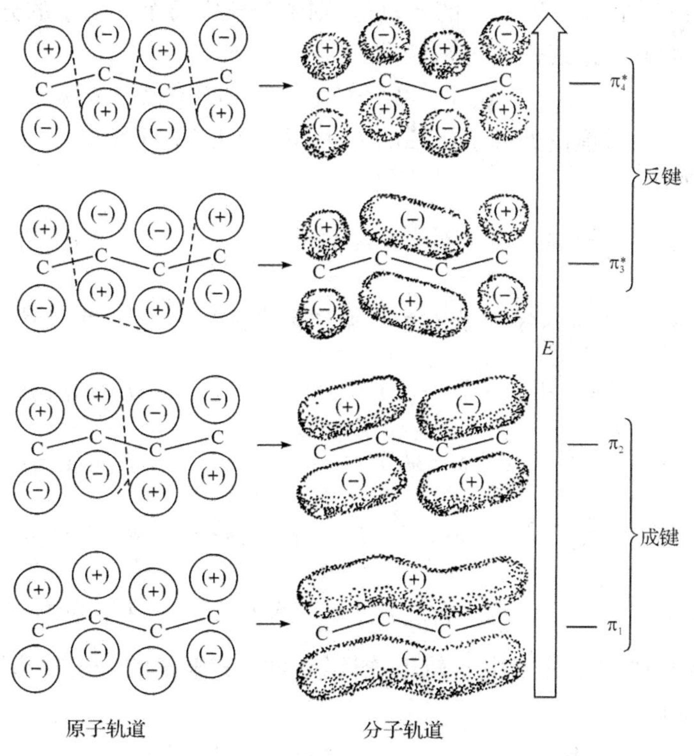

图 1-19 丁二烯分子轨道图形

1.3.2 苯的共轭分子结构

根据苯的元素组成和相对分子质量可知,苯是由 6 个碳原子和 6 个氢原子组成的分子,近代物理实验证明苯分子中的 6 个碳和 6 个氢都在同一平面上,各键角(∠C—C—C 或∠C—C—H)都是 120°,碳碳键的键长均为 0.140nm,碳氢键的键长均为 0.108nm,这说明碳原子在构成苯分子时采用的是 sp^2 杂化轨道。即碳原子采用 sp^2 杂化轨道互相形成 6 个 C—Cσ 键,并与 6 个氢原子的 s 轨道形成 6 个 C—Hσ 键。这样每个碳原子上还余下一个 p 轨道和一个 p 电子,这 6 个 p 轨道垂直于碳原子核所在的平面且相互平行,如图 1-20 所示。

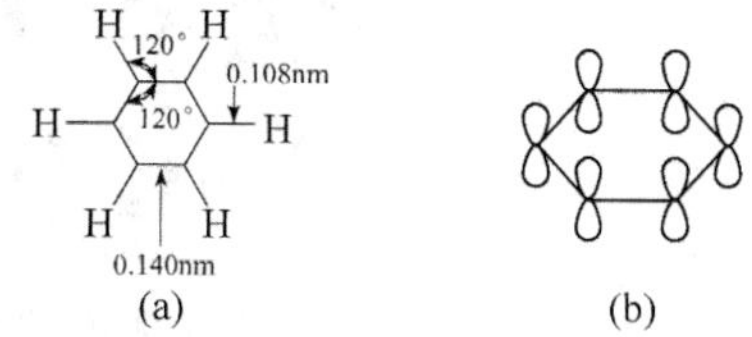

图 1-20 苯分子的形状(a)和苯分子中 6 个 p 轨道(b)

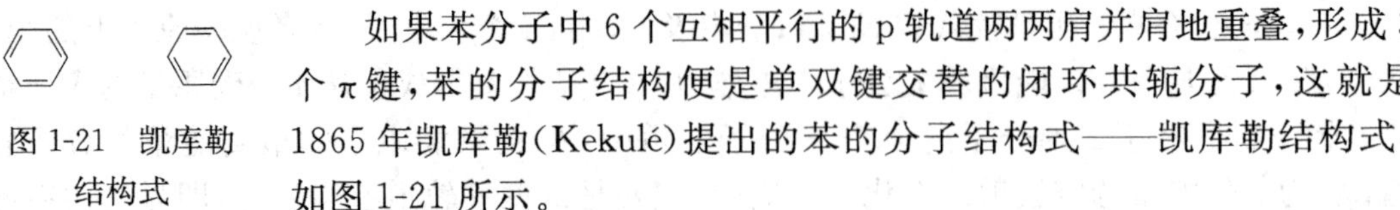

图 1-21　凯库勒结构式

如果苯分子中 6 个互相平行的 p 轨道两两肩并肩地重叠，形成 3 个 π 键，苯的分子结构便是单双键交替的闭环共轭分子，这就是 1865 年凯库勒(Kekulé)提出的苯的分子结构式——凯库勒结构式，如图 1-21 所示。

但是凯库勒结构与苯的实际结构不符，因为苯分子中无单键和双键之分，且碳碳键的键长均是 0.140nm。如何解释这一矛盾呢？分子轨道理论给予了准确的解释。

分子轨道理论认为：苯分子中 6 个平行的 p 轨道，不是两两重叠形成 3 个 π 键，而是相互重叠形成包括 6 个碳原子和 6 个 p 轨道的大 π 键。

若以 ϕ_1—ϕ_6 分别代表 C^1—C^6 的 p 轨道，则苯分子中每个 π 电子的分子轨道 $\psi_{j(j=1\sim6)}$ 可用 6 个碳原子的 p 轨道线性组合来表示：

$$\psi_{j(j=1\sim6)}=C_1\phi_1+C_2\phi_2+C_3\phi_3+C_4\phi_4+C_5\phi_5+C_6\phi_6$$

用类似于分子轨道理论处理丁二烯的方法，可得到苯分子中 6 个 π 电子的分子轨道及其能量，结果如下：

$$\psi_1=\frac{1}{\sqrt{6}}(\phi_1+\phi_2+\phi_3+\phi_4+\phi_5+\phi_6) \qquad E_1=\alpha+2\beta$$

$$\psi_2=\frac{1}{\sqrt{12}}(2\phi_1+\phi_2-\phi_3-\phi_4-\phi_5+\phi_6) \qquad E_2=\alpha+\beta$$

$$\psi_3=\frac{1}{2}(\phi_2+\phi_3-\phi_5-\phi_6) \qquad E_3=\alpha+\beta$$

$$\psi_4=\frac{1}{2}(\phi_2-\phi_3+\phi_5-\phi_6) \qquad E_4=\alpha-\beta$$

$$\psi_5=\frac{1}{\sqrt{12}}(2\phi_1-\phi_2-\phi_3+\phi_4-\phi_5-\phi_6) \qquad E_5=\alpha-\beta$$

$$\psi_6=\frac{1}{\sqrt{6}}(\phi_1-\phi_2+\phi_3-\phi_4+\phi_5-\phi_6) \qquad E_6=\alpha-2\beta$$

从计算出的结果可画出苯分子中 p 轨道线性组合图，π 电子的分子轨道图及其相应的能级图，如图 1-22 所示。

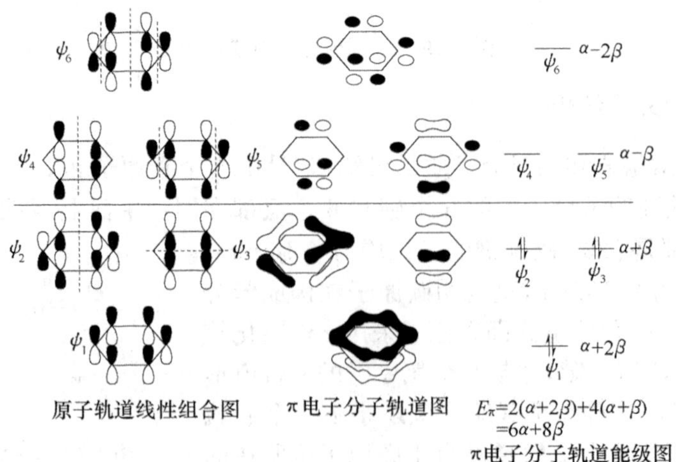

图 1-22　苯的 π 电子分子轨道和轨道的能级

从图 1-22 中可看出：

(1) 在 p 轨道线性组合图中，若相邻原子的 p 轨道组成分子轨道，组合系数的符号相同就表示相邻原子间无电子概率为零的节面，相邻原子间是成键作用，在 π 电子分子轨道图中描绘出的是成键的分子轨道图；若组合系数的符号相反，就表示在相邻原子间有电子概率为零的节面，相邻原子间是反键作用。在 π 电子分子轨道图中，描绘出的是反键分子轨道。从 6 个 p 轨道线性组合成的 6 个 π 电子分子轨道图中可见，ψ_1 中无节面，相邻原子间都是成键作用，ψ_1 是成键分子轨道。ψ_6 中有 3 个节面，相邻原子间都是反键作用，ψ_6 是反键分子轨道。ψ_2、ψ_3 中均有 1 个节面，相邻原子间的成键作用大于相邻原子间的反键作用，ψ_2、ψ_3 都是弱的成键分子轨道。由于 ψ_2、ψ_3 分子轨道能量相等，因此 ψ_2、ψ_3 是一对简并轨道。ψ_4、ψ_5 均有 2 个节面，相邻原子间的成键作用小于相邻原子间的反键作用，ψ_4、ψ_5 都是弱的反键分子轨道，二者也是一对简并轨道。因此，在 6 个 π 电子的分子轨道中，ψ_1、ψ_2、ψ_3 是成键分子轨道，ψ_4、ψ_5、ψ_6 是反键分子轨道。

(2) 在 π 电子分子轨道能级表达式中，α、β 均为常数。α 代表碳原子轨道上电子的电离能，即原子轨道的能级。β 是负值，所以 π 电子分子轨道能级由低到高的顺序是

$$E_1 < E_2 < E_3 < E_4 < E_5 < E_6$$

(3) 处于基态时，6 个 π 电子占据 3 个成键轨道，而 3 个反键轨道是空的没有电子占据，所以苯分子的电子云是由 3 个成键轨道叠加而成的。叠加的结果：电子云均匀地对称地分布在碳原子核所在的平面上下，其形状好像两个"救生圈"分置在原子核平面的上下(图 1-23)。

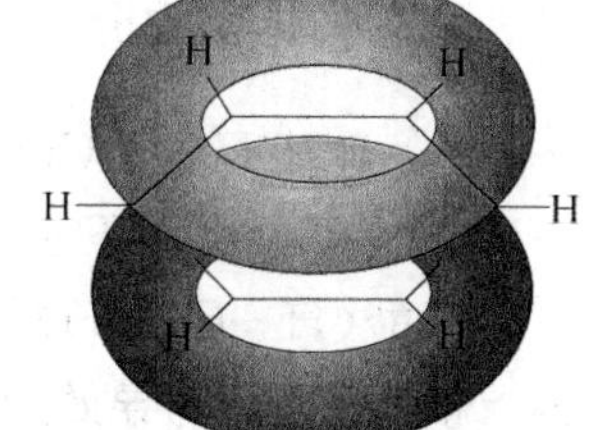

图 1-23 苯分子中的 π 电子云

1.4 电子效应

电子效应又称极性效应。有机分子大多是以共价键相结合的分子。由于组成分子的原子的电负性不同，对电子的吸引力也有差异，故共价键的电子对不会均等地分布在两原子之间，而是偏向于电负性较大的原子，使整个分子电子云分布不均匀。分子中电子云不均匀分布，势必产生正电荷中心和负电荷中心，从而引起有机分子具有不同类型的反应。这种由于电子云分布不均匀而引起分子性质的变化，称为电子效应。电子效应分为诱导效应和共轭效应两类。下面分别介绍这两类电子效应。

1.4.1 诱导效应

在分子中引进一个原子或基团，可使分子中电子云密度分布发生变化，这种变化不仅发生在直接相连部分，而且沿着分子链影响整个分子的电子云密度分布。这种因某一原子或基团的极性而引起分子中 σ 键电子云分布发生变化，进而引起分子性质变化的效应称为诱导效应。例如，氯乙酸（Cl—CH_2COOH）的酸性（pK_a = 2.86）比乙酸（H—CH_2—COOH）的酸性（pK_a = 4.74）强，就是由氯原子的诱导效应引起的。现以氯乙酸为例，说明氯原子的诱导效应。

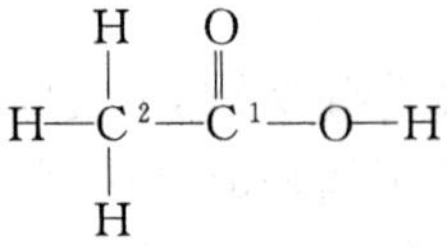

$$\underset{\displaystyle\text{H}}{\overset{\displaystyle\text{H}}{\text{H—}\overset{|}{\underset{|}{\text{C}}}{}^{2}}}\text{—}\overset{\displaystyle\text{O}}{\overset{\|}{\text{C}}}{}^{1}\text{—O—H}$$

乙酸(比较标准)

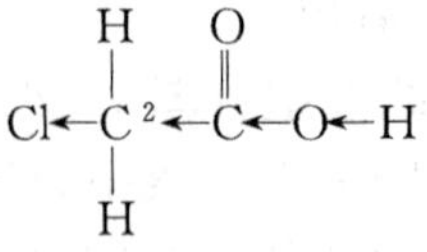

$$\text{Cl}\leftarrow\underset{\displaystyle\text{H}}{\overset{\displaystyle\text{H}}{\overset{|}{\underset{|}{\text{C}}}}}{}^{2}\leftarrow\overset{\displaystyle\text{O}}{\overset{\|}{\text{C}}}\leftarrow\text{O}\leftarrow\text{H}$$

氯乙酸

氯原子的电负性(3.0)比氢原子的电负性(2.1)大,氯原子吸电子能力比氢原子强,所以在氯乙酸分子中Cl—C键上σ电子向氯原子方向偏移(偏移用直箭头←表示),使C^2原子变得较正。氯原子的这种吸电子作用,通过C^2原子影响C^1原子,再通过C^1原子影响O原子,结果在氯乙酸分子中O—H键σ电子"偏向"O原子,从而有利于氢原子的电离,使酸性增强。显然,氯原子的诱导效应是吸电子的(吸电子诱导效应用−I表示,即−I效应)。根据卤素的电负性大小(或吸电子大小),卤素吸电子诱导效应的顺序是

	F	>	Cl	>	Br	>	I
电负性	4.0		3.0		2.8		2.6

在有机化合物分子中,具有−I效应的原子或原子团,除卤素外还有$—\overset{+}{N}R_3$、$—NO_2$、—CN、—COOH、—COOR、—CHO、—COR、—OH、—OR等。其中−I效应强的有$—\overset{+}{N}R_3$、$—NO_2$、—C≡N和F原子。

甲酸(H—COOH)的酸性($pK_a=3.77$)比乙酸(CH_3—COOH)的酸性($pK_a=4.74$)强,说明甲基的诱导效应与氯原子相反,是推电子的(+I效应)。

$$\text{H—}\overset{\displaystyle\text{O}}{\overset{\|}{\text{C}}}\text{—O—H}\qquad\qquad \text{CH}_3\rightarrow\overset{\displaystyle\text{O}}{\overset{\|}{\text{C}}}\rightarrow\text{O—H}$$

对于烷基,推电子诱导效应的顺序如下:

$$(CH_3)_3C— > (CH_3)_2CH— > CH_3CH_2— > CH_3—$$

在讨论原子或基团诱导效应的方向时,都以H原子作为比较标准。一个原子或基团X取代H—Cabc分子中的H原子后,如果X—Cabc分子中的Cabc部分带部分正电荷(常用δ+表示)或正电荷增大,则X的诱导效应就是吸电子的(−I效应)。相反,一个原子或基团Y取代H—Cabc分子中的H原子后,如果Y—Cabc分子中的Cabc部分带部分负电荷(常用δ−表示)或负电荷增大,则Y的诱导效应就是推电子的(+I效应)。

$\overset{\delta-}{X}\leftarrow\overset{\delta+}{Cabc}$	H — Cabc	$\overset{\delta+}{Y}\rightarrow\overset{\delta-}{Cabc}$
X(−I效应)	比较标准	Y(+I效应)

诱导效应是以静电诱导方式沿着分子链由近而远地传递下去,在分子链上不会出现正负交替现象,而且随着距离增加,诱导效应明显减弱。

表1-9给出一些脂肪酸和卤代脂肪酸的pK_a,从中可看出−I效应和+I效应对酸性的影响。

表 1-9 脂肪酸和卤代脂肪酸的 pK_a(25℃水溶液)

酸	pK_a	酸	pK_a
CH_3COOH	4.74	CH_3COOH	4.74
FCH_2COOH	2.59	$ClCH_2COOH$	2.86
$ClCH_2COOH$	2.86	$Cl_2CHCOOH$	1.26
$BrCH_2COOH$	2.90	Cl_3CCOOH	0.64
ICH_2COOH	3.18		
$CH_3CH_2CH_2COOH$	4.82	$HCOOH$	3.77
$CH_3CH_2CHClCOOH$	2.84	CH_3COOH	4.74
$CH_3CHClCH_2COOH$	4.06	CH_3CH_2COOH	4.84
$CH_2ClCH_2CH_2COOH$	4.52	$CH_3(CH_2)_nCOOH(n=2\sim7)$	4.82～4.95

从表 1-9 可看出:①CH_3COOH 分子中 α-H 被电负性不同的卤素取代,卤素电负性越大,卤代酸酸性越强;②卤素原子越多,酸性越强;③卤素原子离羧基越近,酸性越强。

1.4.2 共轭效应

1. 共轭 π 键类型

根据共轭 π 键中的原子数(n)和电子数(m),可将共轭 π 键(Π_n^m)分为 4 类:

1) 正常共轭 π 键

原子数和电子数相等($n=m$)的共轭 π 键称为正常共轭 π 键。例如 1,3-丁二烯($CH_2=CH-CH=CH_2$),其分子中参加共轭的原子是 4 个碳原子,组成共轭 π 键的电子是 4 个 p 电子,为 Π_4^4。

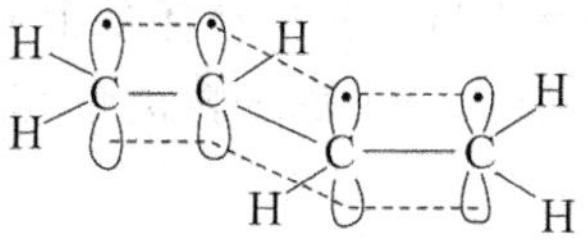

1,3-丁二烯中共轭π键

$CH_2=CH-CH=CH_2$

1,3-丁二烯的结构式

又如苯(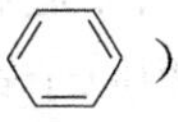)分子中的 6 个原子,6 个电子组成共轭 π 键 Π_6^6。

2) 多电子共轭 π 键

电子数多于原子数($m>n$)的共轭 π 键称为多电子共轭 π 键。例如氯乙烯($CH_2=CH-\ddot{C}l$)、烯丙基负离子($CH_2=CH-\bar{\ddot{C}}H_2$),其分子中参加共轭的电子是 4 个,原子是 3 个,为 Π_3^4。

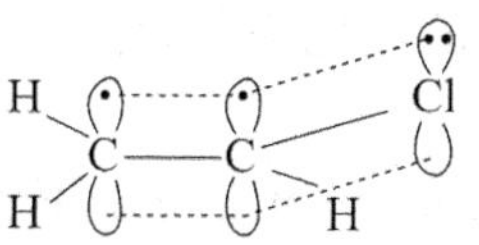

$CH_2=CH-\ddot{C}l$中共轭π键

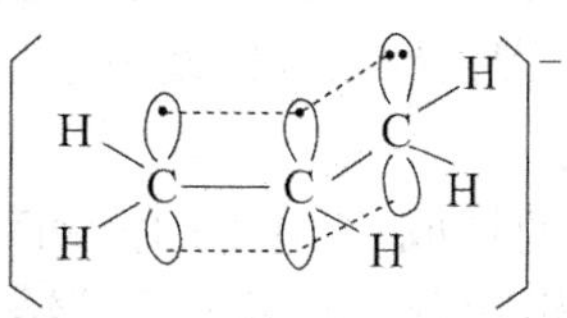

$CH_2=CH-\bar{\ddot{C}}H_2$中共轭π键

一般来说,当双键或叁键碳原子上连接带有孤对电子的原子(如 F、Cl、O、N 等)或带有负电荷的基团时,这样的分子或负性基团就含有多电子的共轭 π 键,如乙烯基醚

(CH_2═CH—$\ddot{O}$—R ，Π_3^4)、氯苯(⟨苯环⟩—$\ddot{Cl}$ ，Π_7^8)、苯胺(⟨苯环⟩—$\ddot{N}H_2$，Π_7^8)等。

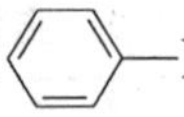

3) 缺电子共轭 π 键

电子数小于原子数($m<n$)的共轭 π 键称缺电子共轭 π 键。例如烯丙基正离子(CH_2 ═CH—$\overset{+}{C}H_2$)，其分子中参加共轭的电子是 2 个，原子是 3 个，为 Π_3^2。

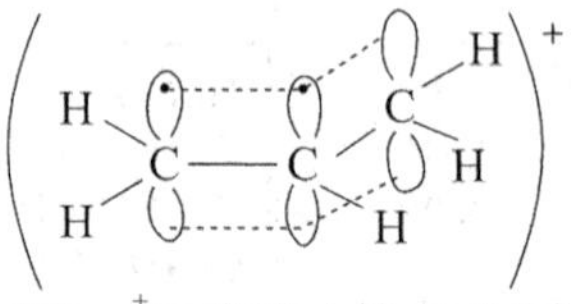

CH_2═CH—$\overset{+}{C}H_2$离子中缺电子共轭π键

4) 超共轭

丙烯 CH_2 ═CH—CH_3 分子中，甲基 CH_3 中的 C—H 键 σ 轨道可与 C ═C 双键的 π 轨道重叠形成 σ-π 共轭，这种共轭称为超共轭。

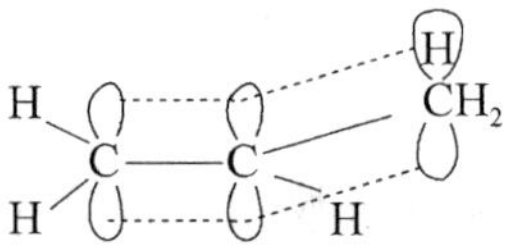

σ-π 共轭实质上是甲基 CH_3 中的 1 个 sp^3 杂化轨道(其中容纳了 H 原子)与形成 π 键的 2 个 p 轨道进行部分的、不完全平行的重叠，这种重叠当然是很少的。在丙烯 CH_2 ═CH—CH_3 分子中由于 C—C 单键的转动，CH_3 中 3 个 C—H 键的 σ 轨道都有可能与 C ═C 双键中的 π 轨道重叠，参与超共轭。所以，CH_2 ═CH—CH_3 分子中有 3 个 C—H 键 σ 轨道参与超共轭。CH_3—CH_2—CH ═CH_2 分子中有 2 个 C—H 键 σ 轨道参与超共轭。CH_3—CH ═CH—CH_3 分子中有 6 个 C—H 键 σ 轨道参与超共轭。

2. 共轭 π 键的形成条件

从上面讨论的共轭 π 键类型，可给出共轭 π 键的形成条件。即以 σ 键相连的 3 个或 3 个以上的原子，如果满足以下两个条件，就能形成共轭 π 键：①这些原子都在同一个平面内；②每个原子有一个 p 轨道，这些 p 轨道互相平行。这两个条件保证了所有的 p 轨道能够达到“肩并肩”最大程度的重叠。

3. 共轭效应

在分子中由于共轭 π 键的形成而引起分子性质的改变称为共轭效应。共轭效应主要表现在分子的能量、键长的改变以及分子反应性的变化等方面。

1) 键长均匀化

由于共轭 π 键的形成，π 电子的流动范围增大，一对 π 电子不再局限于两个原子间，而是扩展到参加共轭的所有原子上。其结果是按经典方法写出单双键交替排列的结构式时，单键要比典型值缩短，双键要比典型值增长，即发生键长均匀化。例如，在 CH_2 ═CH—CH ═ CH_2 分子中 C—C 单键的键长是 0.148nm，比典型的 C—C 单键键长 0.154nm 短；在 CH_2 ═CH—Cl 分子中 C—Cl 键的键长是 0.169nm，比典型的 C—Cl 单键的键长 0.177nm 短；在苯分子中 6 个 C—C 键键长相等，分不出单键和双键的差别。

2）共轭能

共轭 π 键的形成，增大了 π 电子的活动范围，使体系能量降低，分子稳定。例如，共轭分子 $CH_2=CH-CH=CH_2$ 的能量比两个不共轭的 $CH_2=CH_2$ 分子的能量总和要低，所低的数值称为 1,3-丁二烯（$CH_2=CH-CH=CH_2$）共轭分子的共轭能。

共轭能可通过测定有机化合物的氢化热从实验中得到。烯烃的氢化热是指 1mol 烯烃催化加氢生成烷烃所放出的能量。例如，$CH_2=CH_2$ 分子中无共轭 π 键，实验测得 $CH_2=CH_2$ 分子的氢化热为 137.2kJ · mol^{-1}。

$$CH_2=CH_2+H_2 \longrightarrow CH_3-CH_3 \qquad \Delta H=-137.2\ \text{kJ}\cdot\text{mol}^{-1}$$

$CH_2=CH-CH=CH_2$ 分子中有共轭 π 键，实验测得其氢化热为 238.9kJ · mol^{-1}。

$$CH_2=CH-CH=CH_2+2H_2 \longrightarrow CH_3-CH_2-CH_2-CH_3 \qquad \Delta H=-238.9\text{kJ}\cdot\text{mol}^{-1}$$

则 $2\times137.2-238.9=35.5$(kJ · mol^{-1})就是 $CH_2=CH-CH=CH_2$ 分子的共轭能。

表 1-10、表 1-11 给出烯烃的氢化热和超共轭能及共轭二烯烃的氢化热和共轭能。

表 1-10 烯烃的氢化热和超共轭能

烯　烃	氢化热/kJ · mol^{-1}	超共轭能/kJ · mol^{-1}
$CH_2=CH_2$	137.2	0
$CH_3-CH=CH_2$	125.9	11.3
$CH_3-CH_2-CH=CH_2$	126.8	10.4
顺-$CH_3-CH=CH-CH_3$	119.7	17.5
反-$CH_3-CH=CH-CH_3$	115.5	21.7
$CH_3-C(CH_3)=CH_2$	118.8	18.4
$CH_3-CH=C(CH_3)-CH_3$	112.5	24.7
$CH_3-C(CH_3)=C(CH_3)-CH_3$	111.3	25.9

表 1-11 共轭二烯烃的氢化热和共轭能

共轭二烯烃	氢化热/kJ · mol^{-1}	共轭能/kJ · mol^{-1}
$CH_2=CH_2$	137.2	0
$CH_2=CH-CH=CH_2$	238.9	35.5
$CH_3-CH=CH-CH=CH_2$	226.4	48.0
$CH_2=C(CH_3)-CH=CH_2$	223.4	51.0
$CH_2=C(CH_3)-C(CH_3)=CH_2$	225.4	49.0

4. 吸电子共轭效应和推电子共轭效应

在1,3-丁二烯($CH_2=CH-CH=CH_2$)共轭分子中,参加共轭的4个原子都是碳原子,因而该分子在静态时,共轭π键电子云的分布是均匀的,即在分子平面的上下各有一片流动的电子云。

但是当1,3-丁二烯分子中一个端碳原子被一个杂原子如氧或氮代替,即得到化合物$CH_2=CH-CH=O$、$CH_2=CH-C\equiv N$。这些分子仍是单、双(或叁)键交替的共轭分子。在共轭分子$CH_2=CH-CH=O$中,由于氧原子电负性较强,把羰基($>C=O$)中的π电子拉向氧原子,引起了整个共轭体系中的π电子按照下面弯箭号所表示的方向移动——弯箭号从双键到与双键相连接的原子上和/或从双键到单键。

$$\overset{\delta+}{C}H_2=\overset{\delta-}{C}H-\overset{\delta+}{C}H=\overset{\delta-}{O} \quad 和/或 \quad \overset{\delta+}{C}H_2=CH-CH=\overset{\delta-}{O}$$

这是分子在静态时发生的电子云的移动。这种移动是由于电负性较强的氧原子参加的共轭效应引起的。从π电子转移的情况来看:①共轭效应在共轭链上传递产生正负交替现象;②共轭效应的传递不因共轭链的增长而减弱。

在$CH_2=CH-CH=O$共轭体系中,羰基$>C=O$的共轭效应是吸电子的——吸电子共轭效应,用$-C$表示。类似的共轭分子有丙炔醛$CH\equiv C-CH=O$、苯甲醛$C_6H_5-CH=O$等。

同样,在丙烯腈$CH_2=CH-C\equiv N$分子中,由于氮原子电负性(3.04)大于碳原子的电负性(2.55),氰基($-C\equiv N$)中的π电子拉向氮原子,引起了整个共轭体系中的π电子向氮原子方向转移:

$$\overset{\delta+}{C}H_2=\overset{\delta-}{C}H-\overset{\delta+}{C}\equiv\overset{\delta-}{N} \quad 和/或 \quad \overset{\delta+}{C}H_2=CH-C\equiv\overset{\delta-}{N}$$

所以氰基的共轭效应也是吸电子的——吸电子共轭效应,即$-C$效应。

氧原子和氮原子处在同一周期,氧原子电负性(3.44)大于氮原子电负性(3.04),氧原子吸引π电子能力比氮原子强,所以$>C=O$的$-C$效应大于$-C\equiv N$。

当$C=C$双键或$C\equiv C$叁键直接和带有孤对电子的原子或基团相连时,这些带有孤对电子的原子或基团和$C=C$双键或$C\equiv C$叁键发生多电子共轭或p-π共轭。共轭效应使孤对电子向$C=C$或$C\equiv C$方向转移。例如:

$$CH_2=CH-\ddot{C}l: \qquad R-\ddot{O}-CH=CH_2$$

所以在$CH_2=CH-Cl$分子中氯原子的共轭效应是推电子的——推电子共轭效应,用$+C$表示。在$R-O-CH=CH_2$分子中,氧原子(或者$-OR$基)的共轭效应也是推电子的,也是$+C$效应。F、Cl、Br、I 4个原子的$+C$效应,由强到弱的顺序是

$$-\ddot{\underset{..}{F}}: > -\ddot{\underset{..}{Cl}}: > -\ddot{\underset{..}{Br}}: > -\ddot{\underset{..}{I}}:$$

这是因为这些原子在与碳原子 2p 轨道共轭时所用的 p 轨道大小不同，氟是在第二周期，是用 2p 轨道与碳原子的 2p 轨道共轭，因而它们的大小相近，重叠得较多，共轭作用较强。而氯在第三周期，是用 3p 轨道与碳原子的 2p 轨道共轭，由于两个 p 轨道的大小相差较大，重叠较少，共轭作用较小。同样，—OR 基与—SR 基的＋C 效应大小为—OR>—SR。

推电子共轭效应(＋C 效应)的强弱顺序，除了由参加共轭的原子轨道大小相近这一因素决定外，还与原子对“孤对电子”约束的能力有关。原子对“孤对电子”约束能力越弱，＋C 效应越大。这样对下面一些原子或基团的＋C 效应的强弱顺序就易理解了。

Ⅰ $-\ddot{N}R_2 > -\ddot{O}R > -\ddot{F}:$　　　Ⅱ $-\ddot{O}:^- > -\ddot{O}R > -\ddot{O}R_2^+$

在顺序Ⅰ中氮、氧、氟是同属第二周期的元素，它们都采用 2p 轨道参与共轭，而约束“孤对电子”的能力氮最弱，氧次之，氟最强，所以对于＋C 效应有如上顺序。对于顺序Ⅱ是容易理解的，带负电荷的氧，约束“孤对电子”的能力最弱，带正电荷的氧约束“孤对电子”的能力最强，中性氧原子介于二者之间。

1.5 有机化合物的分类

有机化合物一般是按照它们的分子结构来进行分类的。有机化合物的分子结构包括两个方面：一是碳与碳相连的方式，相连成链或相连成环，这是碳的骨架结构；二是与碳相连的官能团。所谓官能团是指代表一类化合物结构特征和决定其性质的原子或原子团。官能团相同的属于一类化合物，不同的属于不同类的化合物。

1.5.1 按碳骨架分类

按碳骨架，可将有机化合物分为四类。

1) 链状化合物(又称脂肪族化合物)

碳与碳相连成链状的化合物。如果该类化合物中只包含碳碳单键(C—C)和碳氢单键(C—H)者称为饱和烃或烷烃；如果分子中含有碳碳双键(C═C)者称为烯烃；含有碳碳叁键(C≡C)者称为炔烃。烯烃和炔烃又总称为不饱和烃。例如：

$CH_3—CH_3$	$CH_3CH_2CH_3$	$CH_3CH═CH_2$	$CH_3C≡CH$
乙烷	丙烷	丙烯	丙炔

2) 脂环族化合物

在分子中碳与碳相连成环状结构的化合物，如环己烷、环己烯等。

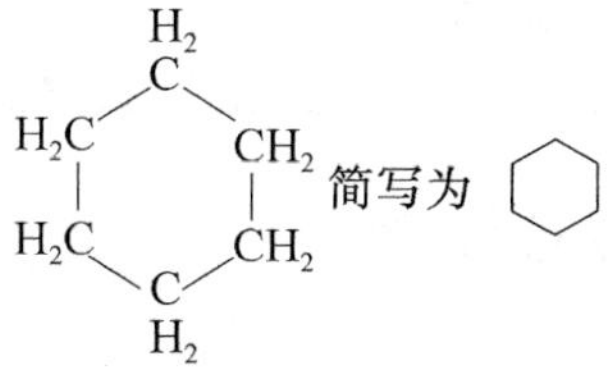

H_2C—CH_2 环状结构（H_2C 六元环）简写为 ⬡

环己烷

HC═CH 环状结构（H_2C 六元环）简写为 ⬡

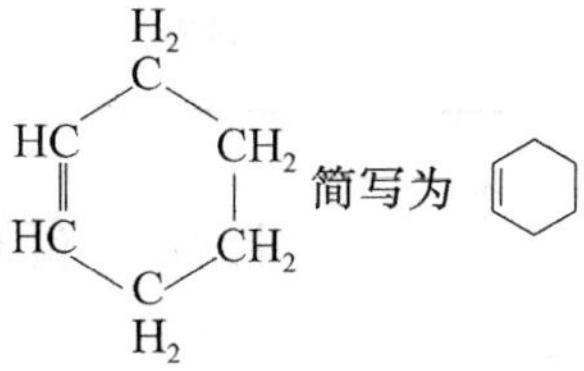

环己烯

3）芳香族化合物

分子中含有苯环结构的化合物，如苯、甲苯、萘等。

苯 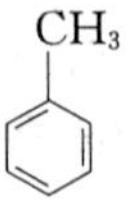　　甲苯 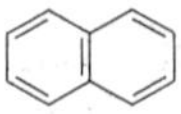　　萘

4）杂环化合物

分子中含有环状结构，但环中除含有碳原子外，还含有氧、硫、氮等杂原子，如糠醛、噻吩、吡啶等。

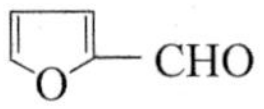

糠醛 　　噻吩 　　吡啶

1.5.2　按官能团分类

在碳骨架分类的基础上，再按照官能团分类。例如，链状化合物或脂环族化合物中含有原子团—OH（羟基）者称为醇：

$CH_3CH_2—OH$　　$CH_2═CH—CH_2OH$　　

乙醇　　烯丙醇　　环己醇

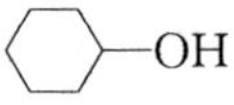

芳香族化合物中含有羟基—OH 者称为酚：

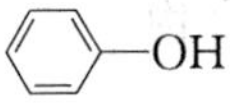

苯酚 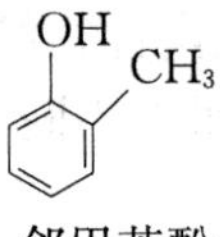　　邻甲苯酚 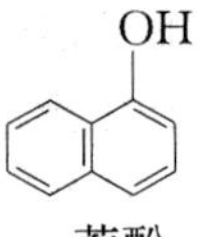　　α-萘酚

表1-12给出一些重要的、常用的官能团。

表1-12　一些常用的重要的官能团

官能团	名　称	官能团	名　称
$>C═C<$	双键	$—\overset{O}{\overset{\Vert}{C}}—$	酮基（羰基）
$—C≡C—$	叁键	$—\overset{O}{\overset{\Vert}{C}}—OH$	羧基
—OH	羟基	—CN	氰基
—X（F、Cl、Br、I）	卤原子	$—NO_2$	硝基
—O—	醚键	$—NH_2$（—NHR、$—NR_2$）	氨基
$—\overset{O}{\overset{\Vert}{C}}—H$	醛基	$—SO_3H$	磺酸基

1.6　有机反应分类

有机反应主要发生在各类有机化合物的官能团上，使官能团的共价键断裂，生成新的化合物。有的也发生在与官能团相连的原子上，断裂原有的共价键生成新的化合物。无论哪种情况，发生反应时都发生共价键的断裂。根据共价键断裂的两种方式：均裂、异裂，将有机反应分为均裂反应和异裂反应两大类，此外还有协同反应。

1.6.1 均裂反应

共价键断裂时成键的一对电子平均分给成键的两个原子或基团，称为均裂反应。例如：

$$A \cdot\!\!\!\!\!\mid \cdot B \longrightarrow A\cdot + B\cdot$$

$$2Cl\cdot + CH_2{=}CH{-}CH_2 \cdot\!\!\!\!\!\mid \cdot H \longrightarrow CH_2{=}CH{-}CH_2{-}Cl + HCl$$

上例中 A—B 键的断裂、$CH_2{=}CH{-}CH_2{-}H$ 中—CH_2—H 键的断裂都是均裂，生成的原子或基团都带有一个单个电子，这种带有单个电子的原子或基团称自由基(或游离基)。均裂反应即发生共价键均裂生成自由基的反应，也称为自由基反应。自由基反应一般在光、热或自由基引发剂的作用下进行，没有明显的溶剂效应，不受酸、碱等催化剂的影响。

1.6.2 异裂反应

共价键断裂时成键的一对电子完全为某原子或基团所占有而生成正离子、负离子或分子者，称为异裂反应。例如：

$$A:B \longrightarrow A^+ + B^-$$

$$(CH_3)_3C{-}Br \longrightarrow (CH_3)_3C^+ + Br^-$$

叔丁基溴中碳溴键(C—Br)异裂生成叔丁基正离子和溴负离子。这种由反应物分子通过异裂生成离子的反应称为离子反应。离子反应一般为酸、碱或极性溶剂所催化。生成的离子是很活泼的活性中间体。

离子反应又根据反应试剂(常称进攻试剂)的不同，分为亲电反应和亲核反应。如果试剂在反应过程中从反应物中与之反应的原子上接受一对电子并与之共有，这种试剂称亲电试剂，如 H^+、Cl^+、BF_3、$AlCl_3$ 等。由亲电试剂进攻有机物发生的反应称亲电反应。乙醚与三氟化硼生成乙醚-三氟化硼络合物的反应就是亲电反应。如果试剂在反应中把自身的一对电子给予反应物中与之反应的原子并与之共用，这种试剂称亲核试剂，如 $H\ddot{O}^-$、$:\bar{N}H_2$、$:\bar{C}N$、$H_2\ddot{O}$、$\ddot{N}H_3$ 等。溴乙烷在碱性条件下的水解，就是亲核反应。

$$H\ddot{O}^- + CH_3CH_2:Br \longrightarrow CH_3CH_2OH + Br^-$$

1.6.3 协同反应

在有机化学反应中，反应物旧键的断裂和产物新键的形成是同时发生的反应称为协同反应。因此，协同反应要经过一个环状中间体。例如，丁二烯与乙烯生成环己烯的反应就是经过一个六元环中间体的协同反应。

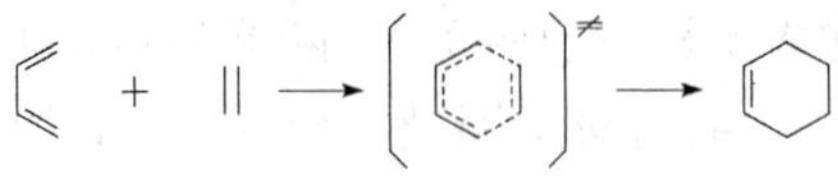

1.7　有机活性中间体

在有机反应中,从反应物到产物一般要经过若干步骤,并产生中间体。中间体非常活泼,所以一般称之为活性中间体。

在有机反应中,根据共价键断裂的方式不同,会生成不同的活性中间体。共价键均裂生成自由基,共价键异裂生成碳正离子、碳负离子。它们都是活性中间体。

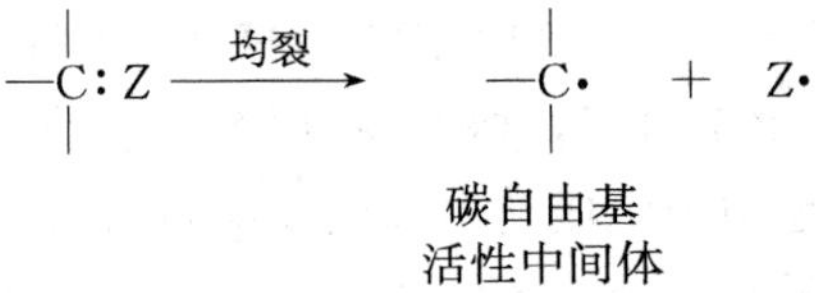

均裂　碳自由基活性中间体

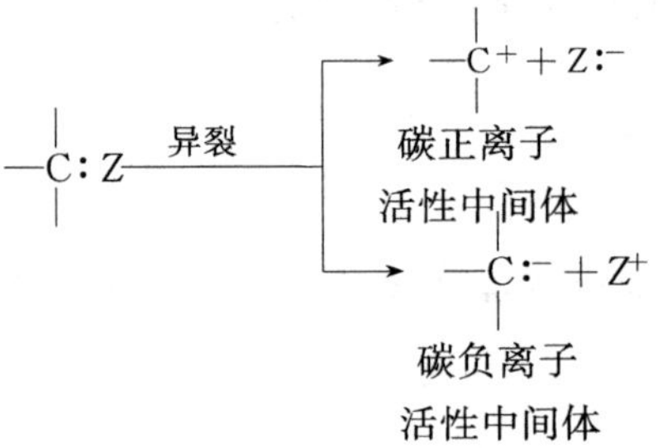

异裂　碳正离子活性中间体　碳负离子活性中间体

1.7.1　自由基

甲基自由基 $CH_3\cdot$、烯丙基自由基 $CH_2=CH-CH_2\cdot$、苄基自由基 $C_6H_5-CH_2\cdot$ 等都是在反应中产生的自由基活性中间体,其带有单个电子的碳的价电子层有 7 个电子,由于电子未配对,倾向于获得电子,因此自由基具有亲电性。甲基等简单自由基的构型是平面形的,即带有未配对电子的碳原子成键时用 sp^2 杂化轨道。3 个 sp^2 杂化轨道与其他 3 个原子的轨道形成 σ 键,组成一个平面,键角约为 120°,未配对的电子处于垂直该平面的 p 轨道中。根据实验测定,三氟甲基自由基 $\cdot CF_3$ 中未配对电子所处的轨道有 s 成分,因而认为未配对电子处在 sp^3 轨道中,$\cdot CF_3$ 自由基的构型为三角锥形。

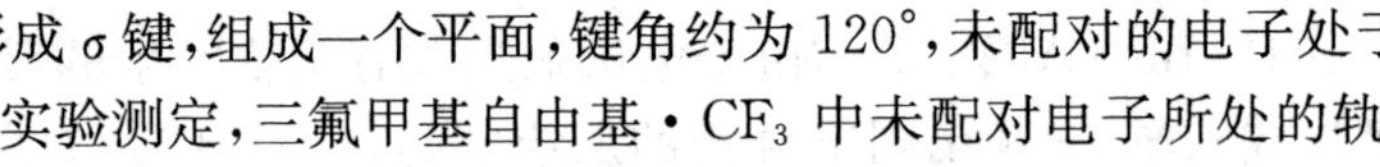

甲基自由基　烯丙基自由基　三氟甲基自由基

1.7.2　碳正离子

异丙基正离子 $CH_3\overset{+}{C}HCH_3$、叔丁基正离子 $(CH_3)_3C^+$ 等是大家熟知的碳正离子。在碳正离子中,带有正电荷的碳的价电子层只有 6 个电子,是缺电子活性中间体,是寻找电子的试剂,即碳正离子是亲电试剂。

简单的碳正离子构型是平面形的。缺电子的碳原子以3个sp^2杂化轨道与3个其他原子相连形成3个σ键，这样缺电子的碳和以σ键相连的原子处在同一个平面内，2个σ键的键角约为120°，缺电子碳原子有1个空的p轨道垂直于上述平面。

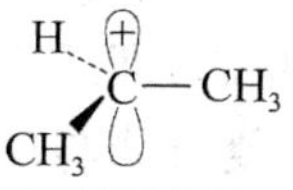

异丙基正离子 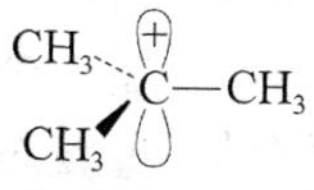　　叔丁基正离子

在碳正离子中，空p轨道的两瓣位于平面的上面和下面，这样亲核试剂就可从平面的上面或下面进攻碳正离子活性体进行化学反应生成产物。

1.7.3 碳负离子

三价碳原子上带有负电荷的物种称碳负离子活性中间体，如甲基负离子、苄基负离子等。在碳负离子中，带负电荷碳的价电子层有8个电子，其中有一对是成对电子，所以碳负离子是亲核试剂。简单的碳负离子构型是三角锥形。带负电荷的碳原子以3个sp^3杂化轨道与3个其他原子通过σ键相连。第4个sp^3杂化轨道带有一对电子，如构型Ⅰ和Ⅱ所示。

Ⅰ　　Ⅱ

碳负离子
三角锥形结构

构型Ⅰ和Ⅱ通过“翻转”可以迅速转变。

1.8 反应速率、活化能

1.8.1 阿伦尼乌斯方程

阿伦尼乌斯(Arrhenius)方程是根据实验结果总结出来的一个经验公式，表明温度对反应速率常数的影响。它的指数表示式为

$$k = Ae^{-E/RT} = PZe^{-E/RT}$$

式中，k为反应速率常数；T为反应温度；R为摩尔气体常量；E为活化能；A为频率因子；P为概率因子(或取向概率)；Z为碰撞因子；$e^{-E/RT}$为能量概率。

从阿伦尼乌斯方程可看出：反应速率与反应物浓度、反应温度和反应物的活化能直接相关。反应物浓度越大，碰撞机会越多，反应越快。但不是所有碰撞都是有效的，只有在一定取向时的碰撞才有效，才能引起反应。从能量概率可知，只有吸收了足够能量的分子，即活化分子，才能在碰撞中起反应。这就是说，对于进行反应的分子必须供给最低的活化能。反应速率与能量概率关系很大，温度每升高10℃，反应速率将提高一倍左右。

在讨论化学反应速率上，活化能是一个重要的概念。在碰撞理论中活化能被定义为：发生有效碰撞的分子较一般分子所高出的能量。利用阿伦尼乌斯方程，可测出不同温度时的反应速率常数，从而计算出反应的活化能。

1.8.2 过渡状态理论

过渡状态理论又称为活化复合物理论。该理论认为：化学反应不是只通过分子间的简单碰撞就能完成的，而是要经过一个中间的过渡状态，即反应物分子在相互接近的碰撞中，先被活化，形成活化复合物(过渡态)。这个活化复合物与反应物间成动态平衡。活化复合物分解得反应产物。例如：

$$\underset{\text{反应物}}{A+B—C} \rightleftharpoons \underset{\text{过渡态}}{[A\cdots B\cdots C]} \longrightarrow \underset{\text{反应产物}}{A—B+C}$$

在A，B—C反应体系中，A接近B—C分子中B原子引起反应时，B和C之间的共价键的键长开始变长，键的强度开始减弱，B—C键开始断裂；与此同时，A和B之间的共价键开始形成。旧键开始断裂时吸收的能量较多，新键开始生成时放出的能量较少，放出的能量不足以补偿吸收的能量，所以随着反应的发生，体系能量开始升高(图1-24直观地说明了反应体系能量与反应进程的关系)。反应进程继续前进，旧键进一步断裂，新键进一步生成，体系能量随着升高。当反应进程前进到T点时，体系的能量达到极大，此时体系称过渡态。由于过渡态处于能量曲线上的极大位置，因此是不稳定的，是分离不出来的，其结构也不能直接测定。到达过渡态后，反应继续沿着反应进程前进，能量逐步下降，最后B—C共价键完全断裂，A—B共价键完全生成，得到产物A—B和C，反应完成。如果反应沿着反应进程后退，能量也下降，最后B—C共价键重新生成，A—B共价键重新断裂，又恢复为反应物A和B—C，反应没有发生。

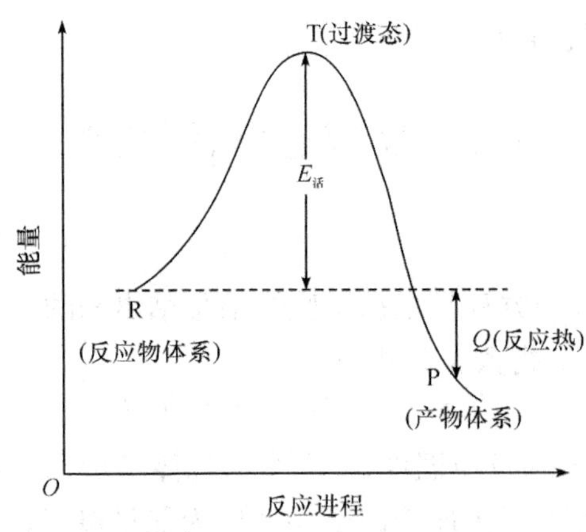

图1-24 能量-反应进程图

在图1-24中，T和R之间的能量差称为活化能，用$E_{活}$表示。R和P之间的能量差是反应热。因为P点能量较低，所以上述反应是放热反应，放出的热量等于Q。

从图1-24可看出，从反应物转变为产物要经过过渡态，即要克服一个高度等于活化能的能垒。活化能大，能垒高，反应物越过过渡态困难，反应就慢；反之，活化能小反应就快。所以活化能是决定反应速率的主要因素。

一般说来，在常温下活化能小于$40kJ\cdot mol^{-1}$的反应，进行就快；大于$120kJ\cdot mol^{-1}$

的反应，进行就慢。

习　　题

1-1　简要解释下列术语：

(1) 有机化合物　(2) 杂化轨道　(3) 键长　(4) 键能　(5) 键角
(6) 诱导效应　(7) 共轭效应　(8) σ 键　(9) π 键　(10) 共振杂化体
(11) 均裂反应　(12) 异裂反应　(13) 协同反应　(14) 活性中间体

1-2　指出下列化合物中碳原子的轨道杂化状态：

(1) $HC\equiv C-CH=CH-CH_3$　　(2) $H_2C=C=CH_2$

(3) 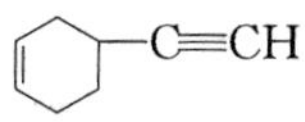 (cyclohexene ring)—$C\equiv CH$　　(4) $H_3C-CH_2-\overset{\overset{O}{\|}}{C}-CCl_3$

(5) $CH_2=CH-\overset{+}{C}H_2$　　(6) $CH_3-CH=CH-\dot{C}H_2$

(7) 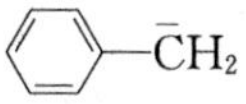 (benzene ring)—$\bar{C}H_2$

1-3　键能和键的离解能是否为同一概念？

1-4　解释下列数据的差异：

	C—H 键长/nm	C—H 键能/kJ · mol^{-1}
CH_3-CH_3	0.1093	410.0
$CH_2=CH_2$	0.1086	460.2
$CH\equiv CH$	0.1058	506.3

1-5　下列化合物是否有极性？若有，请以 ⟼ 标明偶极矩方向。

(1) H—Br　(2) 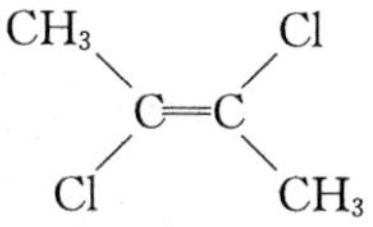 $(CH_3)(Cl)C=C(Cl)(CH_3)$（CH_3 与 Cl 在上方，Cl 与 CH_3 在下方）　(3) $(CH_3)(Cl)C=C(CH_3)(Cl)$（CH_3、CH_3 在上方，Cl、Cl 在下方）

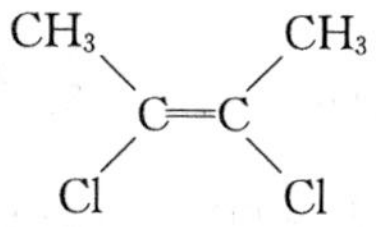

(4) CH_2Cl_2　(5) CH_3OH(O 为 sp^3 杂化)　(6) CH_3OCH_3(O 为 sp^3 杂化)

1-6　将下列各化合物按酸性排序：

(1) $HOCH_2CH_2COOH$ (A)　CH_3CH_2COOH (B)　$HOOCCH_2\underset{}{\overset{Cl}{|}}CHCOOH$ (C)　$HOOC\overset{HO}{\overset{|}{C}}H\overset{Cl}{\overset{|}{C}}HCOOH$ (D)

(2) $CH_3\overset{F}{\overset{|}{C}}HCOOH$ (A)　$CH_3\overset{Cl}{\overset{|}{C}}HCOOH$ (B)　$\overset{Br}{\overset{|}{C}}H_2CH_2COOH$ (C)　$CH_3\overset{Br}{\overset{|}{C}}HCOOH$ (D)　$CH_3\overset{OH}{\overset{|}{C}}HCOOH$ (E)

1-7　下列各组化合物氢化时，哪一个的氢化热较高？

(1) $(CH_3)_2C=CH_2$　　$(CH_3)_2C=CHCH_3$

(2) 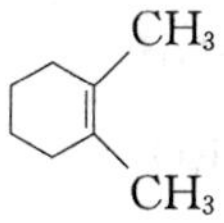 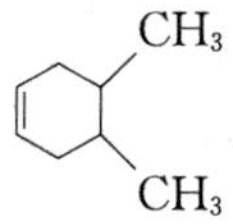 1,2-二甲基环己烯（CH_3、CH_3）　　3,4-二甲基环己烯（CH_3、CH_3）

(3) 反-2-己烯　　顺-2-己烯

(4) 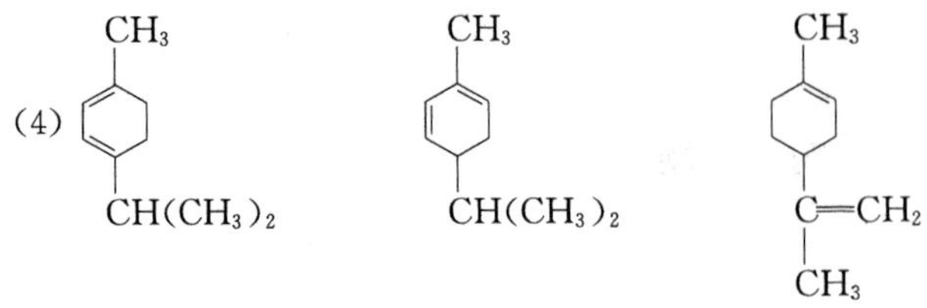

1-8 下列分子中各存在哪些类型的共轭？

(1) $CH_2=CH-CH=CH-CH_3$ (2) $CH\equiv C-CH=CH-CH_2Cl$

(3) $CH_3-CH=CH-\overset{+}{C}H-CH_3$ (4) $CH_3-CH=CH-\dot{C}H-CH_3$

(5) $BrCH=CH-\overset{-}{\ddot{C}}(CH_3)-CH_3$

1-9 下列各对化合物中哪一个更稳定？简述理由。

(1) 1-甲基环己-1,3-二烯 与 2-甲基环己-1,3-二烯（环状结构式） (2) 环己烯基碳正离子（结构式，两种）

(3) $CH_3-CH=C=CH_2$ $CH_2=CH-CH=CH_2$

(4) $CH_3CH_2CH_2C\equiv CH$ $CH_3CH_2C\equiv CCH_3$

(5) $CH_3CH_2CH_2C\equiv CH$ $CH_3CH=CHCH=CH_2$

1-10 将下列碳正离子按稳定性增大的次序排列，并说明理由。

(1) $CH_3\overset{+}{C}HCH_3$ (2) $CH_2=CH\overset{+}{C}H_2$ (3) $CH_3CH_2\overset{+}{C}H_2$ (4) $Cl_3C\overset{+}{C}HCH_3$

1-11 给出下列结构的共振结构式，并指出哪个贡献最大。

(1) $CH_2=CH-\overset{+}{C}H_2$ (2) 苯（结构式） (3) 环己二烯酮负离子（结构式）

(4) $CH_2=CH-CH=O$ (5) $CH_2=CH-OCH_3$ (6) 环己二烯基$-\overset{+}{C}H_2$（结构式）

1-12 判断下列共振结构式的正误，说明理由。

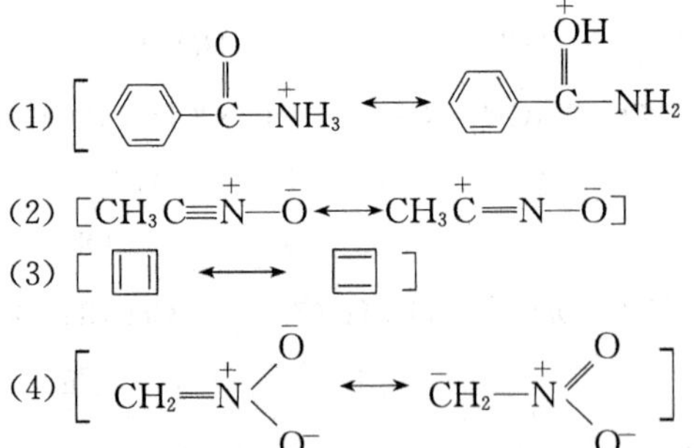

1-13 下列物种哪些是亲电试剂？哪些是亲核试剂？

(1) H^+ (2) Cl^+ (3) H_2O (4) $\overset{-}{C}N$ (5) $C_2H_5\ddot{O}H$

(6) $CH_3\overset{+}{C}H_2$ (7) $CH_3\overset{+}{C}O$ (8) $\overset{+}{N}O_2$ (9) $\ddot{N}H_3$ (10) $C_2H_5\overset{-}{O}$

(11) $\overset{-}{O}H$ (12) $\overset{-}{C}H_2CHO$

第 2 章　有机化合物的命名

一个物质可以有几个名称，但是一个名称只能表示一种物质，这样才不会引起混乱。因此，有机化合物的命名必须是每一个名称只对应一个确定的结构。有机化合物的命名，常用的有三种方法，即习惯命名法、衍生物命名法和系统命名法。另外，某些有机物还有俗名。在介绍这些命名法之前，先介绍基的概念和命名以及次序规则。

2.1　基的概念和命名

从结构出发，命名中的基被区别为基（单价基）、亚基（双价基）和次基（三价基）。

2.1.1　基

一个分子从形式上消除一个单价原子或基团后，剩余部分为单价基，简称基。

1. 烃基

从烃分子中去掉一个氢原子后剩下的基团称为烃基。烃基包括以下几类：

1）烷基

从烷烃分子中去掉一个氢原子后剩下的基团，称为烷基。例如：

CH_3— 甲基（Me）　　CH_3CH_2— 乙基（Et）

简单的烷基通常用习惯命名法来命名，比较复杂的烷基用系统命名法命名。

（1）烷基的习惯命名法。从直链烷烃链端碳原子上去掉一个氢原子形成的烷基，称为正某（烷）基。例如：

$CH_3CH_2CH_2$—　正丙基（*n*-Pr）　　$CH_3CH_2CH_2CH_2$—　正丁基（*n*-Bu）

具有 $\underset{\displaystyle CH_3}{CH_3\underset{|}{C}H(CH_2)_n}$— （$n$=0，1，2，3）构造特点的基，称为异某（烷）基。例如：

$(CH_3)_2CH$—	$(CH_3)_2CHCH_2$—	$(CH_3)_2CHCH_2CH_2$—	$(CH_3)_2CHCH_2CH_2CH_2$—
异丙基（*i*-Pr）	异丁基（*i*-Bu）	异戊基	异己基

此外，为了尊重习惯，国际纯粹与应用化学联合会（International Union of Pure and Applied Chemistry，简称 IUPAC）同意保留下列 4 个烷基的习惯命名：

$CH_3CH_2CH(CH_3)$—	$(CH_3)_3C$—	$CH_3CH_2C(CH_3)_2$—	$(CH_3)_3CCH_2$—
仲丁基（*s*-Bu）	叔丁基（*t*-Bu）	叔戊基	新戊基

（2）烷基的系统命名法。选择带有自由价碳原子的最长碳链作为主链，根据主链中碳原子数目称为“某基”。从自由价碳原子开始定为 1 位，将主链碳原子顺序编号，在“某基”的名称之前写出所具有的支链的位次与名称。例如：

$\overset{3}{C}H_3\overset{2}{C}H_2\overset{1}{C}H(CH_3)$—	$\overset{4}{C}H_3\overset{3}{C}H_2\overset{2}{C}H_2\overset{1}{C}H(CH_3)$—	$\overset{6}{(CH_3)_2C}H\,\overset{5}{C}H_2\overset{4}{C}H_2\overset{3}{C}H_2\overset{2}{C}H_2\overset{1}{C}H_2$—
1-甲基丙基(仲丁基)	1-甲基丁基(不能叫仲戊基)	5-甲基己基(不能叫异庚基)

2) 烯基和炔基

从烯烃或炔烃分子中去掉一个氢原子后剩下的基团,称为烯基或炔基。例如:

$CH_2{=}CH$—	$CH_3CH{=}CH$—	$\overset{3}{C}H_2{=}\overset{2}{C}H\overset{1}{C}H_2$—	$CH_2{=}C(CH_3)$—
乙烯基	丙烯基	烯丙基(2-丙烯基)	异丙烯基

$CH{\equiv}C$—	$CH_3C{\equiv}C$—	$CH{\equiv}CCH_2$—
乙炔基	1-丙炔基	2-丙炔基

$\overset{4}{C}H_2{=}\overset{3}{C}H\overset{2}{C}H{=}\overset{1}{C}H$—	$CH{\equiv}CCH{=}CH$—	$CH_3CH{=}CHC{\equiv}C$—
1,3-丁二烯基	1-丁烯-3-炔基	3-戊烯-1-炔基

3) 单环脂环烃基

从单环脂环烃环上去掉一个氢原子后剩下的基团,称为环某烃基。例如:

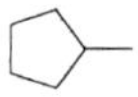

CH_3—

环戊基 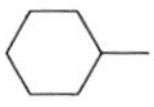　环己基 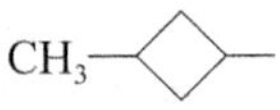　3-甲基环丁基 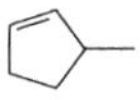　2-环戊烯基 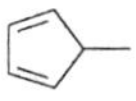　2,4-环戊二烯基

4) 芳香烃基

从芳烃环上去掉一个氢原子后剩下的基团,称为芳香烃基。例如:

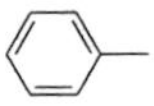

CH_3—

苯基(Ph) 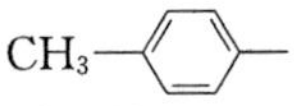　4-甲基苯基(或对甲基苯基) 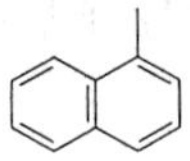　1-萘基 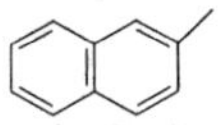　2-萘基

从单环芳烃的支链上去掉一个氢原子后剩下的基团,常作为取代的链烃基来命名。例如:

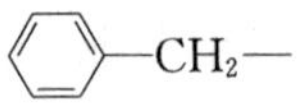

—CH_2—	—CH_2CH_2—	—$CH{=}CH$—	—$C{\equiv}CCH_2$—
苯甲基(又称苄基)	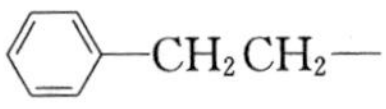 2-苯基乙基	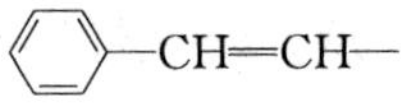 2-苯基乙烯基(或苯乙烯基)	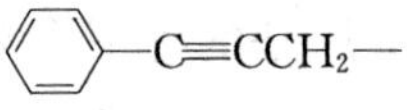 3-苯基-2-丙炔基

2. 烃氧基

在烃基名称之后加词尾"氧基"来命名。例如:

CH_3O—	CH_3CH_2O—	$(CH_3)_2CHO$—	$(CH_3)_3CO$—	$CH_2{=}CHCH_2O$—
甲氧基	乙氧基	异丙氧基	叔丁氧基	烯丙氧基

3. 其他基

$H{-}\overset{O}{\overset{\|}{C}}{-}$ (简写为 HCO—)	$CH_3\overset{O}{\overset{\|}{C}}{-}$ (简写为 CH_3CO—)	$Cl{-}\overset{O}{\overset{\|}{C}}{-}$ (简写为 ClCO—)
甲酰基	乙酰基	氯甲酰基

—NH_2	—$NHNH_2$	—SH	—$CH_2N(CH_3)_2$	—CH_2COOH
氨基	肼基	巯基(硫羟基)	*N*,*N*-二甲基氨甲基	羧甲基

2.1.2 亚基

一个分子从形式上消除两个单价或一个双价的原子或基团后，剩余部分称为亚基。例如：

—CH_2— 亚甲基；CH_3CH— 1,1-亚乙基；—$\overset{1}{C}H_2\overset{2}{C}H_2$— 1,2-亚乙基(或二亚甲基)；$CH_3CHCH_2$— 1,2-亚丙基

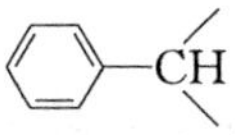

苯亚甲基(或亚苄基) 　亚环己基 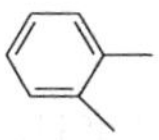　邻亚苯基 　亚氨基

2.1.3 次基

一个分子从形式上消除三个单价的原子或基团后，剩余部分称为次基。命名中的次基限于三个价集中在一个原子上的结构。例如：

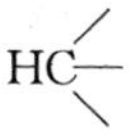

HC≡ 次甲基；CH_3—C≡ 次乙基；苯次甲基；N≡ 次氨基

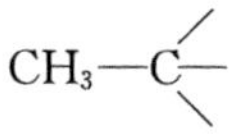

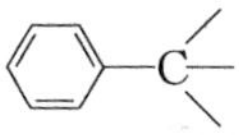

2.2 次序规则

次序规则(sequence rule)是排列原子或基团次序的几项规定，主要内容如下：

(1) 将各种取代基的原子按其原子序数大小排列，大者为“较优”基团。若为同位素，则质量高的定为“较优基团”。用“>”表示“优于”。例如：

$$I > Br > Cl > S > P > F > O > N > C > D > H > :(孤对电子)$$

(2) 如果两个基团的第一个原子相同，则比较与之直接相连的几个原子的原子序数。比较时，按原子序数排列，先比较各组中最大者，若仍相同，再依次比较第二、第三个。例如：

—CH_2Cl > —CH_3 (Cl,H,H > H,H,H)；　—CH_2Cl > —CHF_2 (Cl,H,H > F,F,H)

若仍相同，则沿取代链逐次比较，直至能比较出二者的次序为止。例如：

—$CH_2CH_2CH(CH_3)_2$ > —$CH_2CH_2CH_2CH_3$　(C,C,H>C,H,H)

(3) 含有双键或叁键基团，可以认为连有两个或三个相同原子。例如：

—$\overset{1}{C}H=\overset{2}{C}H_2$　C^1(C,C,H),C^2(C,H,H)；　—$\overset{1}{C}\equiv\overset{2}{C}H$　C^1(C,C,C),C^2(C,C,H)

—CHO　C(O,O,H)；　—C≡N　C(N,N,N)

因此，—C≡CH > —CH=CH_2；—CHO >—CN。

芳环按凯库勒结构处理。例如：

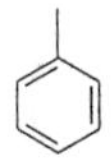

（苯基）　相当于　$—CH—\underset{(C)}{\overset{|}{C}}—CH—$

因此，$C_6H_5— > —CH(CH_3)_2$。

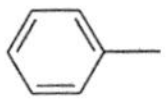

2.3　有机化合物的俗名和习惯命名法

2.3.1　有机化合物的俗名

在有机化学发展初期，人们还不清楚化合物的结构，往往根据有机化合物的来源、存在或某些特性给予一定名称，其中有些名称至今仍然采用。例如：

$HCOOH$	$HOCH_2CH_2OH$	CH_3COOH
蚁酸	甘醇	醋酸
$HOCH_2CH(OH)CH_2OH$	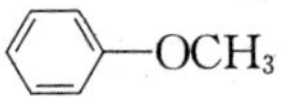 $C_6H_5—OCH_3$	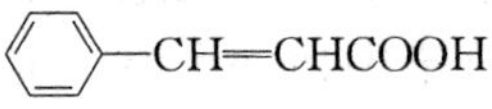 $C_6H_5—CH=CHCOOH$
甘油	茴香醚	肉桂酸

2.3.2　有机化合物的习惯命名法

1. 烃的习惯命名

用正、异、新等形容词表示碳链的结构，或用伯、仲、叔、季等形容词标明官能团所在碳原子的结构；有机物分子中碳原子的数目从 1～10 分别用天干甲、乙、丙、丁、戊、己、庚、辛、壬、癸表示，10 以上用数字十一、十二、……表示；用词尾标明化合物的类别。习惯命名法简单，但它只能用于下列物质的命名。

将直链烷烃称为正某烷。例如：

$CH_3CH_2CH_2CH_2CH_3$	$CH_3(CH_2)_{10}CH_3$
正戊烷	正十二烷

对于带支链的烷烃，IUPAC 只同意保留下列 4 个烷烃的习惯命名：

$(CH_3)_2CHCH_3$	$(CH_3)_2CHCH_2CH_3$	$(CH_3)_2CHCH_2CH_2CH_3$	$C(CH_3)_4$
异丁烷	异戊烷	异己烷	新戊烷

在石油工业中，用作测定汽油辛烷值的基准物质之一的异辛烷 $(CH_3)_2CHCH_2C(CH_3)_3$（辛烷值定为 100），是一个商品名称或俗名，不属于上述习惯名称。

只有个别烯烃才有习惯名称。例如：

$CH_3—\overset{\overset{CH_3}{|}}{C}=CH_2$　异丁烯　　　$CH_2=CH—\overset{\overset{CH_3}{|}}{C}=CH_2$　异戊二烯

2. 卤代烃、醇和胺的习惯命名

卤代烃、醇和胺的习惯命名是按照烃基的名称来命名的。例如：

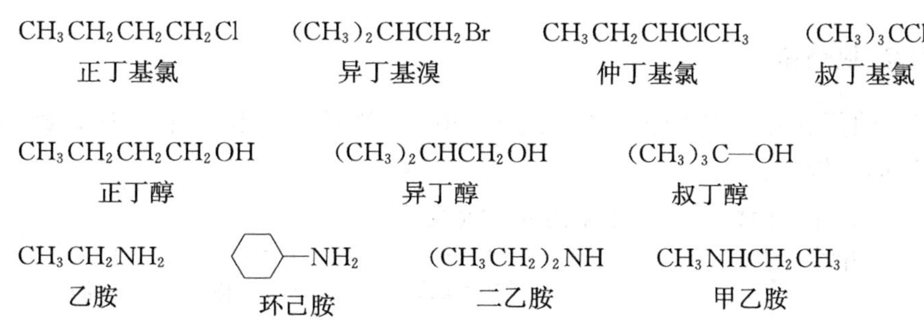

$CH_3CH_2NH_2$ 乙胺　　环己胺　　$(CH_3CH_2)_2NH$ 二乙胺　　$CH_3NHCH_2CH_3$ 甲乙胺

3. 醚和酮的习惯命名

醚和酮的习惯命名分别是按照氧原子和羰基碳原子所连接的两个烃基的名称来命名的，在次序规则中优先的烃基写在后面，分别称为某(基)某(基)醚和某(基)某(基)酮。例如：

$CH_3OCH(CH_3)_2$ 甲基异丙基醚　　$CH_3CH_2OCH{=}CH_2$ 乙基乙烯基醚　　$CH_3CH_2OCH_2CH_3$ (二)乙(基)醚

$CH_3COCH_2CH{=}CH_2$ 甲基烯丙基酮　　$CH_3COCH_2CH_3$ 甲(基)乙(基)酮　　$CH_3CH_2CO-C_6H_{11}$ 乙基环己基酮

4. 醛和酸的习惯命名

醛和酸的习惯命名是从相应的伯醇的名称衍生出来的。例如：

$(CH_3)_2CHCHO$ 异丁醛 $\longleftarrow$ $(CH_3)_2CHCH_2OH$ 异丁醇 $\longrightarrow$ $(CH_3)_2CHCOOH$ 异丁酸

$(CH_3)_3CCHO$ 新戊醛 $\longleftarrow$ $(CH_3)_3CCH_2OH$ 新戊醇 $\longrightarrow$ $(CH_3)_3CCOOH$ 新戊酸

2.4 有机化合物的衍生物命名法

衍生物命名法是把同系列化合物看成是由它们最简单的同系物衍生而来加以命名。衍生物命名法用得较少，只有少数几类化合物可以用这种命名法。

2.4.1 烷烃

把烷烃看作是甲烷的烷基衍生物，将烷基取代最多的碳原子作为母体碳原子，在次序规则中优先的烷基排在后面。例如：

$CH_3CH(CH_3)CH_2CH_3$ 二甲基乙基甲烷

$CH_3CH_2C(CH_3)_2CH(CH_3)_2$ 二甲基乙基异丙基甲烷

$(CH_3)_2CHC(CH_3)(CH_2CH_3)CH_2CH(CH_3)_2$ 甲基乙基异丁基异丙基甲烷

2.4.2　烯烃、炔烃和醇

将烯烃、炔烃和醇分别看作是乙烯、乙炔和甲醇的烃基衍生物，在次序规则中优先的烷基排在后面。例如：

$CH_3CH{=}CH_2$	$CH_3CH{=}CHCH_3$	$(CH_3)_2C{=}CH_2$
甲基乙烯	1,2-二甲基乙烯 （对称二甲基乙烯）	1,1-二甲基乙烯 （不对称二甲基乙烯）
$CH_3C{\equiv}CH$	$CH_3C{\equiv}CCH_3$	$CH_3C{\equiv}CCH_2CH_3$
甲基乙炔	二甲基乙炔	甲基乙基乙炔
CH_3CH_2OH	$(CH_3)_2CHOH$	$CH_3CH_2CH(CH_3)OH$
甲基甲醇	二甲基甲醇	甲基乙基甲醇

衍生物命名法能够清楚地表示出分子构造，但是对于复杂的物质，由于涉及的烃基比较复杂，常难以采用这种方法命名。

2.5　脂肪族化合物的系统命名法

根据 IUPAC 制定的命名方法，中国化学会结合汉字特点，于 1960 年制订了《有机化学物质的系统命名原则》，1980 年经增补修订为《有机化学命名原则》。系统命名法是一种普遍适用的命名方法，对于比较复杂的化合物均采用系统命名法命名。

2.5.1　基本方法

有机化合物系统命名的基本方法分为四步：选定母体化合物、确定取代基的位次及不同取代基的列出顺序、写出名称、确定构型。

1. 选定母体化合物

1）确定主官能团

含有两个或两个以上不同官能团的化合物称为混合官能团化合物。命名混合官能团脂肪族化合物时，通常按表 2-1 中官能团列出顺序确定化合物中的主官能团。习惯上把排在前面的官能团确定为主官能团，把排在后面的官能团看成取代基。命名时根据主官能团确定此化合物的类别。例如：

$ClCH_2CH_2OH$　　$HOCH_2CH_2COOH$　　$CH_3COCH_2CH_2CHO$

主官能团分别为—OH、—COOH 和—CHO，分别称为醇、酸和醛。

表 2-1　确定主官能团优先顺序表

官能团名称	官能团结构	化合物类别
羧基	—COOH	羧酸
磺基	$—SO_3H$	磺酸
烷氧酰基（酯基）	—COOR	酯

卤甲酰基	—COX	酰卤
氨基甲酰基	$—CONH_2$	酰胺
氰基	—C≡N	腈

续表

官能团名称	官能团结构	化合物类别
甲酰基(醛基)	HCO—或—CHO	醛
羰基	—CO—	酮
羟基	—OH	醇、酚
巯基	—SH	硫醇、硫酚
氨基	$—NH_2$	胺
炔基	—C≡C—	炔烃
烯基	$\gt C=C \lt$	烯烃
烷氧基	—OR*	醚
卤原子	—X(F,Cl,Br,I)*	卤代烃
硝基	$—NO_2^*$	硝基化合物

* 在命名时只能把这几个基团作为取代基。

2）选择主链

选择含有主官能团在内的、取代基数目最多的最长碳链为主链。

3）确定母体化合物

根据主链碳原子的数目和主官能团确定母体化合物。例如，$ClCH_2CH_2OH$、$HOCH_2CH_2COOH$和 $CH_3COCH_2CH_2CHO$ 命名时，母体化合物分别为乙醇、丙酸和戊醛。

2. 确定取代基的位次及不同取代基的列出顺序

1）给主链碳原子编号、确定取代基的位次

从最靠近主官能团的一端开始，用阿拉伯数字 1,2,3 等给主链碳原子依次编号，读 1 位、2 位、3 位等，确定主链上取代基的位次。编号应首先使主官能团碳原子所在位置最小，在有几种编号的可能时，应当选定使取代基符合“最低系列”原则的那种编号。

所谓“最低系列”指的是碳链以不同方向编号，得到不同编号的系列，则顺次逐项比较各系列的不同位次，最先遇到的取代基位次最小者，定为“最低系列”。例如：

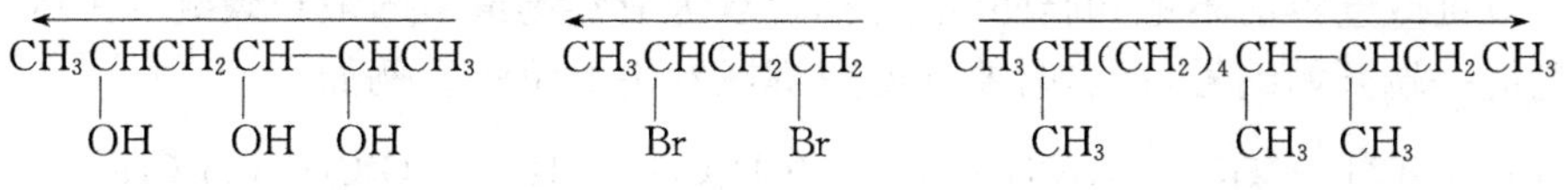

$CH_3CH(OH)CH_2CH(OH)—CH(OH)CH_3$（编号方向 ←）
2,3,5-己三醇
（不叫 2,4,5-己三醇）

$CH_3CH(Br)CH_2CH_2Br$（编号方向 ←）
1,3-二溴丁烷
（不叫 2,4-二溴丁烷）

$CH_3CH(CH_3)(CH_2)_4CH(CH_3)—CH(CH_3)CH_2CH_3$（编号方向 →）
2,7,8-三甲基癸烷
（不叫 3,4,9-三甲基癸烷）

2）确定不同取代基列出顺序

主链碳原子上其他支链和官能团全部作为取代基。当含有多个不同的取代基时，这些取代基列出顺序符合“取代基排列顺序原则”，即根据“次序规则”，优先基团后列出。例如：

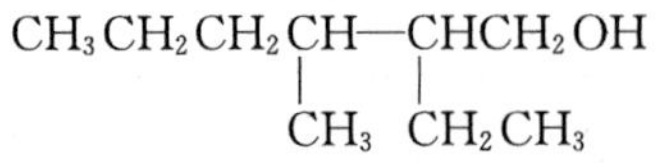

```
CH3CH2CH2CH—CHCH2OH            CH3CHCHCH2COOH
          |   |                    |  |
         CH3  CH2CH3               Cl CH2CH3
```

3-甲基-2-乙基-1-己醇 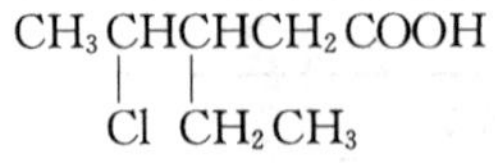　　3-乙基-4-氯戊酸

3. 写出名称

在写出化合物名称时，把取代基的名称放在母体化合物名称的前面，在取代基名称的前面标明它所在的位置，之间加一条短横线“-”分开。相同取代基合并，在取代基前面、短横线后面用二、三、四等数字标明相同取代基的数目，同时取代基的位次必须逐个标明，表示位次的阿拉伯数字间用逗号“,”分开。前一取代基名称与后一取代基位次号间也用短横线分开。在不发生混淆时，可以省去位次号。例如：

$(CH_3)_3CCH_2CH_2CH(CH_3)CHO$　　$CH_3CH(OH)C(CH_3)_2COOH$

2,5,5-三甲基(-1-)己醛　　2,2-二甲基-3-羟基(-1-)丁酸

4. 确定构型

如果在化合物的分子结构中表明了构型，则在名称最前面要标明顺、反或 Z、E 或 R、S 构型，存在多种构型时还须标明位置（见 3.5）。

2.5.2　脂肪烃的系统命名

1. 烷烃

烷烃无官能团，选择含支链最多的最长碳链为主链，主链按最低系列原则编号，不同支链按在次序规则中优先基团后列出的原则排列。例如：

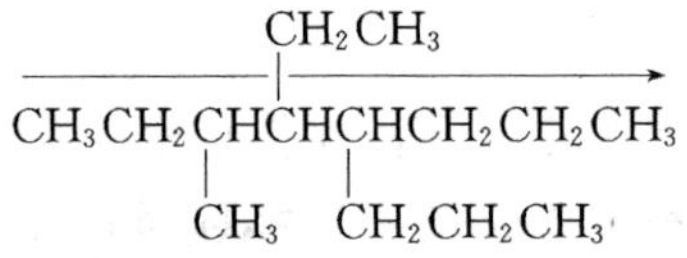

```
          CH2CH3                      CH3CH2CH—CHCH2CH2CH3
 ---------|----------->                     |   |
CH3CH2CHCHCHCH2CH2CH3                 CH3CH  CHCH3
        |   |                             |   |
       CH3  CH2CH2CH3                    CH3  CH2CH3
```

3-甲基-4-乙基-5-丙基辛烷 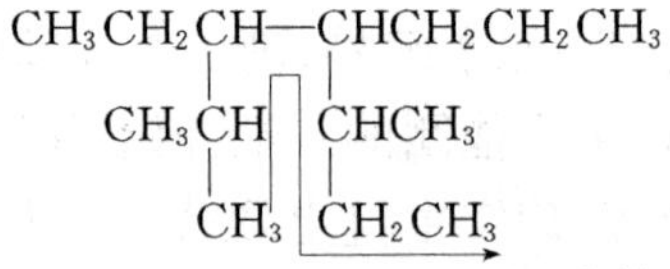　　2,5-二甲基-3-乙基-4-丙基庚烷

2. 不饱和脂肪烃

只含有双键或叁键的不饱和脂肪烃，选择含双键或叁键最多的最长碳链为主链，从靠近双键或叁键一端开始编号，命名时要标明双键或叁键的位置。例如：

$CH_3CH_2CH{=}CHCH_2CH_2CH_3$　　$(CH_3CH_2)_2CHCH{=}C(CH_3)CH_2CH_3$

3-庚烯　　3-甲基-5-乙基-3-庚烯

$CH_3CH{=}CHCH{=}CHCH{=}CH_2$　　$CH_3(CH_2)_8C{\equiv}CCH(CH_3)CH_2CH_3$

1,3,5-庚三烯　　3-甲基-4-十四碳炔

对于同时含有双键和叁键的不饱和脂肪烃，以“烯炔”命名，把“烯”字放在“炔”字前面。选择含双、叁键最多的最长碳链为主链，链的编号循最低系列原则给双键或叁键以尽可能低的数字，一般不考虑双键、叁键所在的位次大小。但当双键、叁键处在相同的位次，即编号尚有选择时，优先给双键最低位次。例如：

$CH_3CH{=}CHC{\equiv}CH$　　3-戊烯-1-炔

$CH{\equiv}CCH_2CH{=}CH_2$　　1-戊烯-4-炔

$CH{\equiv}CCH{=}CHCH{=}CH_2$　　1,3-己二烯-5-炔

$CH_3C{\equiv}CCH(C_2H_5)CH_2CH{=}CH_2$　　4-乙基-1-庚烯-5-炔

$CH{\equiv}CCH(CH_3)CH{=}CHCH{=}CH_2$　　5-甲基-1,3-庚二烯-6-炔

2.5.3 脂肪烃衍生物的系统命名

1. 单官能团化合物

1）卤代烷和硝基烷

选择连有卤素原子或硝基的最长碳链为主链，把支链和卤素或硝基看作取代基，根据主链中含碳原子数目称做“某烷”。主链上碳原子的编号遵循最低系列原则，并尽可能使支链位次最小，遵循取代基排列顺序原则。例如：

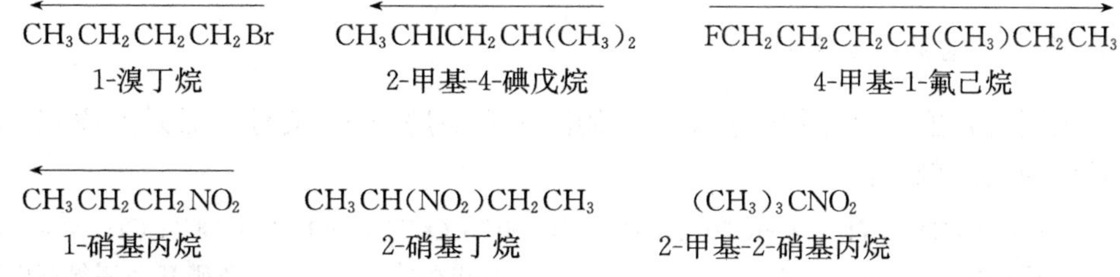

2）醇、醛、酮、羧酸

选择含有官能团的最长碳链为主链，从靠近官能团的一端开始编号。给主链编号有两种方式：一种是用 1，2，3，…表示；另一种是用 α，β，γ，…表示，把与官能团相连的碳称为 α-碳，依此类推。在醛和羧酸分子中，官能团—CHO、—COOH 总是在链端，故命名时不必标明它们的位次。而酮的羰基位于碳链中间，除丙酮和丁酮外，其他酮在命名时要标明羰基的位次。例如：

$CH_3CHOHCH_2CH(CH_3)_2$　　4-甲基-2-戊醇

$(CH_3)_3CCH_2CH_2CH_2OH$　　4,4-二甲基-1-戊醇

$HOCH_2CH_2OH$　　乙二醇（俗名：甘醇）

$(CH_3)_2CHCH_2CHO$　　3-甲基丁醛（β-甲基丁醛）

$(CH_3)_2CHCOCH_2CH_3$　　2-甲基-3-戊酮

$HOOCCH_2CH_2CH(CH_3)CH_2COOH$　　3-甲基己二酸（β-甲基己二酸）

3）羧酸衍生物

羧酸衍生物包括酰卤、酸酐、酯和酰胺。去掉羧酸分子中的羟基后剩余的基团称为酰

基。酰卤、酰胺的名称是酰基名加上卤素名、胺名。酰胺分子中氮上的氢原子被烃基取代后所生成的取代酰胺，称为 *N*-烃基某酰胺。例如：

CH_3CH_2COCl 丙酰氯　CH_3CONH_2 乙酰胺　$CH_3CONHCH_3$ *N*-甲基乙酰胺　$HCON(CH_3)_2$ *N*,*N*-二甲基甲酰胺(DMF)

酸酐可以看成两分子羧酸失去一分子水后的生成物。如果两分子羧酸是相同的，为单酐，命名时在羧酸名称后加"酐"字；如果两分子羧酸是不同的，为混酐，命名时把简单的酸放在前面，复杂的酸放在后面，加上"酐"字；二元酸分子内失水形成环状酸酐，命名时在二元酸的名称后加"酐"字。通常可以把酸酐名称中的"酸"字省略。例如：

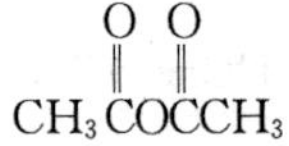

$CH_3COOCOCH_3$ 乙(酸)酐　$(CH_3)_2CHCOOCOCH(CH_3)_2$ 异丁酸酐　$CH_3COOCOCH_2CH_3$ 乙(酸)丙(酸)酐　丁二酸酐

酯的名称是酸名加上醇名再加"酯"字并去掉"醇"字。例如：

$CH_3COOC_2H_5$ 乙酸乙酯　$CH_2(COOC_2H_5)_2$ 丙二酸二乙酯　$(CH_3)_2CHCOOCH_2CH_2CH_3$ 异丁酸正丙酯

4）胺

简单的胺用习惯命名法，在烃基后加"胺"字。比较复杂的胺的命名是把氨基作为取代基，以烃为母体。例如：

$(CH_3)_2CHCH_2CH(NH_2)CH_2CH_3$ 2-甲基-4-氨基己烷　$(CH_3)_2CHCH(CH_3)N(CH_2CH_3)_2$ 2-甲基-3-(二乙氨基)丁烷　$H_2N(CH_2)_6NH_2$ 1,6-己二胺

2. 混合官能团化合物

命名混合官能团化合物应遵循主官能团优先顺序原则、编号最低系列原则和取代基排列顺序原则。例如：

$CH_3CHBrCH_2OH$ 2-溴丙醇　$CH_2{=}CHCHOHCH_3$ 3-丁烯-2-醇　$CH_3CH_2COCH_2CHO$ 3-戊酮醛　$CH_3OCH_2CH(NO_2)COOH$ 2-硝基-3-甲氧基丙酸

2.6　脂环族化合物的系统命名法

2.6.1　单环脂环族化合物的系统命名

1. 不带支链的单环脂环烃

单环脂环烃包括单环烷烃、单环烯烃和单环炔烃。不带支链的单环脂环烃的命名，是根据环碳原子的数目和官能团分别称为环某烷、环某烯和环某炔。例如：

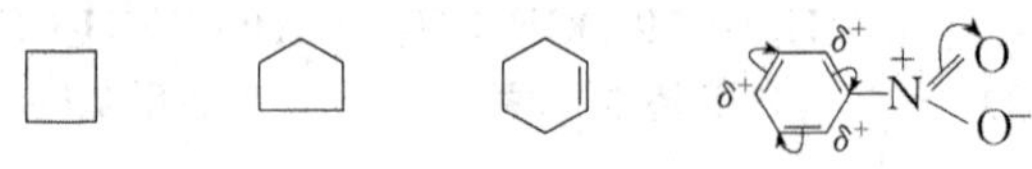

环丁烷　环戊烷　环己烯　环十二碳炔

2. 带简单支链和/或官能团的单环脂环族化合物

命名方法类似于脂肪族化合物。命名时应遵守确定主官能团的优先顺序原则、对环碳原子编号符合最低系列原则和取代基排列顺序原则。例如：

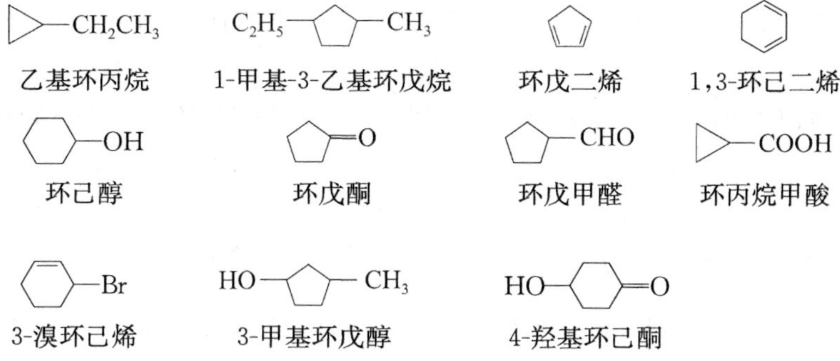

乙基环丙烷　1-甲基-3-乙基环戊烷　环戊二烯　1,3-环己二烯

环己醇　环戊酮　环戊甲醛　环丙烷甲酸

3-溴环己烯　3-甲基环戊醇　4-羟基环己酮

3. 带复杂支链的单环脂环族化合物

命名时把环作为取代基。例如：

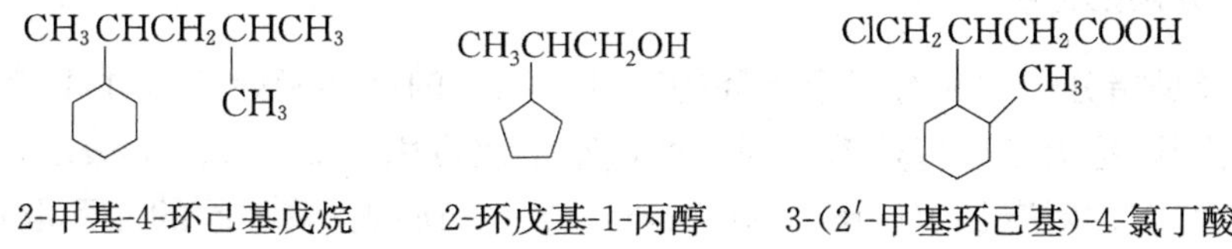

2-甲基-4-环己基戊烷　2-环戊基-1-丙醇　3-(2′-甲基环己基)-4-氯丁酸

2.6.2 双环脂环族化合物的系统命名

1. 螺环化合物

两个环共用一个碳原子组成的双环化合物，称为螺环化合物。共用的碳原子称为螺原子。环的编号是从小环中与螺原子相邻的一个碳原子开始，沿小环经过螺原子编到大环，把每个碳原子编号，使主官能团位次尽可能小，并使其他支链或取代基的位次尽可能小。命名时根据环中碳原子总数和主官能团称为螺某某，将取代基位次号和名称写在“螺”字之前，再把与螺原子相连的两个环的碳原子数(不计螺原子)按由小到大的次序写在方括号中，数字之间用下角圆点隔开，方括号放在“螺”字后。例如：

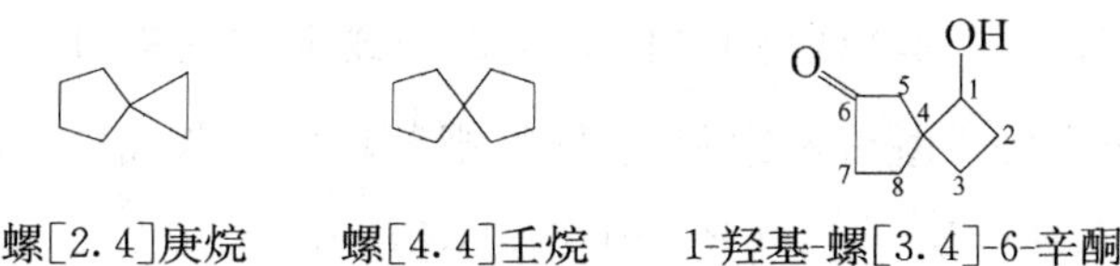

螺[2.4]庚烷　螺[4.4]壬烷　1-羟基-螺[3.4]-6-辛酮

2. 桥环化合物

两个环共用两个碳原子组成的双环化合物，称为桥环化合物。共用的碳原子称为桥头碳原子。环的编号是从一个桥头碳原子开始，沿着最长的桥到另一个桥头碳原子，再继续从这个桥头碳原子沿着次长桥编号，回到起始桥头碳，以此类推，使主官能团位次尽可

能小，并使其他取代基的位次尽可能小。命名时，根据环中碳原子总数和主官能团称为二环某某。将取代基位次号和名称写在“二环”字之前。两个桥头碳原子之间所有桥的碳原子数(扣除桥头碳原子)，从大到小写在方括号内，数字之间用下角圆点隔开，方括号放在“二环”字后。例如：

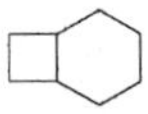

二环[4.2.0]辛烷 　　二环[2.2.1]庚烷 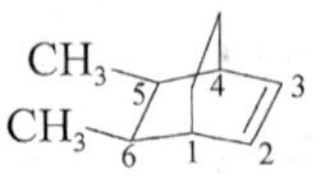　　5,6-二甲基二环[2.2.2]-2-辛烯

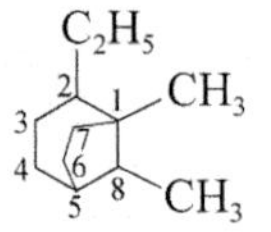

1,8-二甲基-2-乙基二环[3.2.1]辛烷 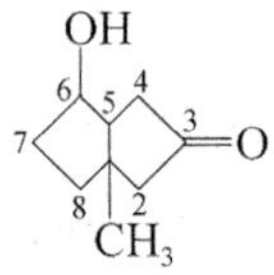　　1-甲基-6-羟基二环[3.3.0]-3-辛酮

2.7　芳香族化合物的系统命名法

2.7.1　单环芳烃的命名

单环芳烃是指分子中含有一个苯环的芳烃。简单的单环芳烃命名时，以苯环为母体，烷基作为取代基，称为某烷(基)苯。环上取代基位次可用 1、2、3、4、5、6 表示；二元取代物也可用“邻”、“间”、“对”或 *o*-(ortho)、*m*-(meta)、*p*-(para)表示；相同的三元取代基还可用“连”、“偏”、“均”表示。例如：

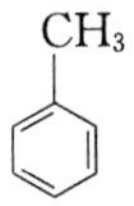

甲苯 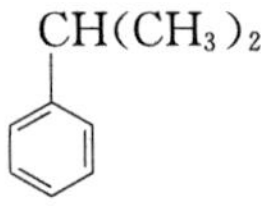　　异丙苯 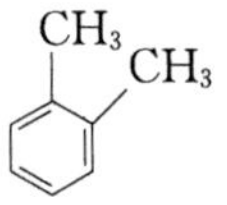　　1,2-(或邻或 *o*-)二甲苯 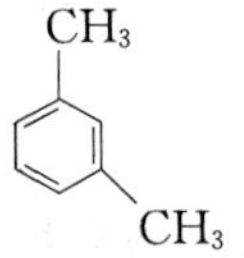　1,3-(或间或 *m*-)二甲苯 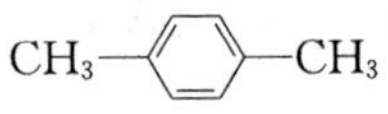　1,4-(或对或 *p*-)二甲苯

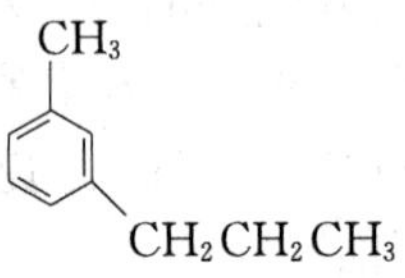

1-甲基-3-丙基苯 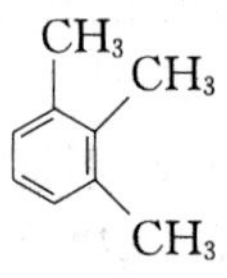　　1,2,3-(或连)三甲苯 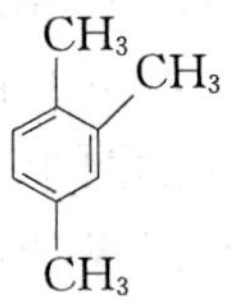　1,2,4-(或偏)三甲苯 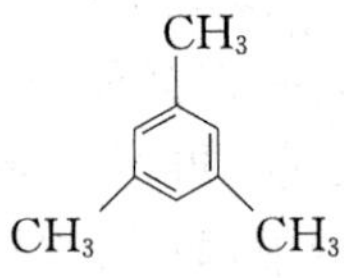　1,3,5-(或均)三甲苯

当苯环上连有复杂的烷基或不饱和烃基时，把苯环作为取代基。例如：

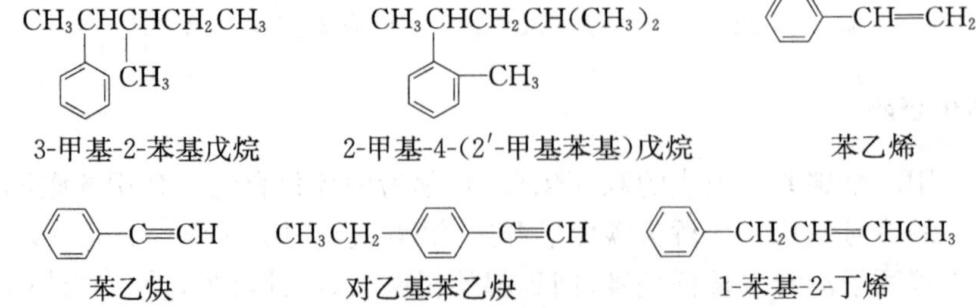

3-甲基-2-苯基戊烷　　2-甲基-4-(2′-甲基苯基)戊烷　　苯乙烯

苯乙炔　　对乙基苯乙炔　　1-苯基-2-丁烯

2.7.2 多环芳烃的命名

多环芳烃是指分子中含有两个或两个以上苯环结构的烃。

1. 多苯代脂肪烃和多苯代脂环烃

以脂肪烃或脂环烃为母体，将苯环看成取代基。当苯环上有取代基时，分别对苯环进行编号。例如：

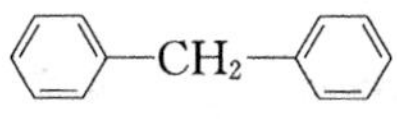

二苯甲烷

1,2-二苯乙烯

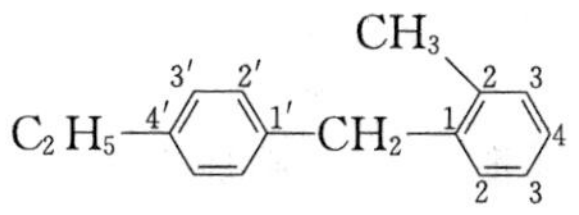

2-甲基-4′-乙基二苯甲烷

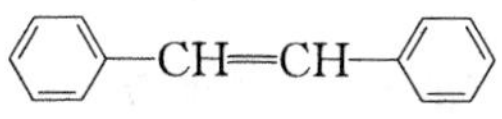

2. 联苯类芳烃

联苯类芳烃的命名是以联苯为母体，支链作为取代基。编号时从与单键相连的碳原子开始，分别对两个苯环进行编号。例如：

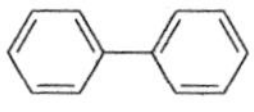

联(二)苯

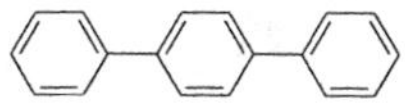

对联三苯

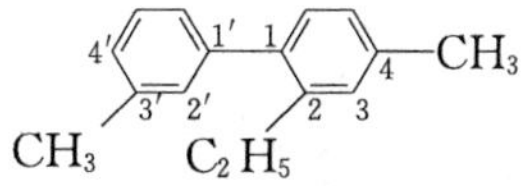

3′,4-二甲基-2-乙基联苯

3. 稠环芳烃

由两个或两个以上的苯环通过共用两个相邻的碳原子稠合而成的芳烃，称为稠环芳烃。简单的稠环芳烃给予特定的名称，每种稠环上取代基编号有所不同。例如：

萘

1-甲基萘
或α-甲基萘

2-甲基萘
或β-甲基萘

2-甲基-6-乙基萘

蒽

2-甲基蒽
或β-甲基蒽

1-甲基-2-乙基-6-丙基蒽

菲

4-甲基-2-乙基菲

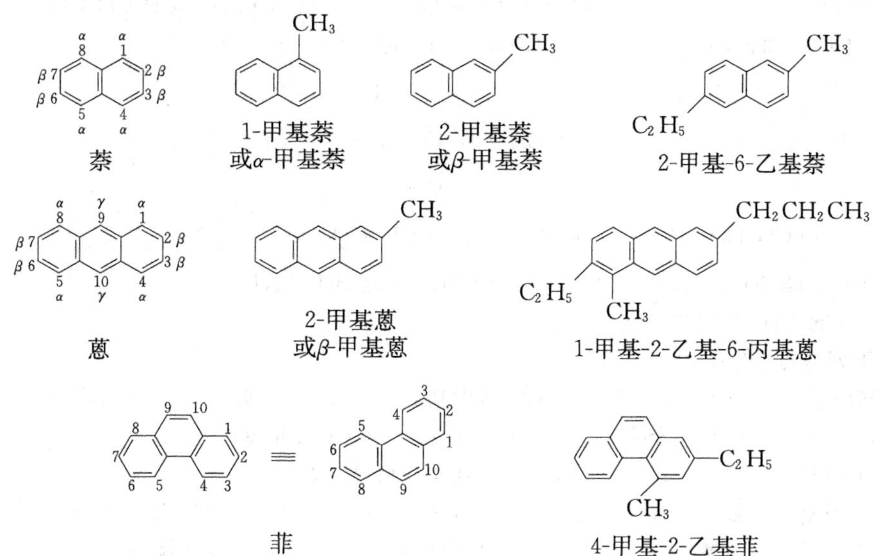

2.7.3 芳烃衍生物的命名

芳烃衍生物的命名有以下两种方式：

以芳烃为母体，其他官能团如卤素、硝基等作为取代基进行命名。例如：

Cl　　NO_2　　NO_2 CH_3　　NO_2 —Br

氯苯　　硝基苯　　邻硝基甲苯　　2-硝基-4′-溴联苯

把芳烃作为取代基，放在化合物类别之前进行命名。例如：

OH　　OH NO_2　　CHO　　SO_3H　　COOH　　NH_2

苯酚　　2-硝基苯酚　　苯甲醛　　苯磺酸　　苯甲酸　　苯胺

CH_2CH_2COOH　　Cl　Cl—　—OCH_2COOH　　SO_3H　Br—　—Br

3-(1′-萘基)丙酸　　2,4-二氯苯氧乙酸　　2,7-二溴-9-菲磺酸

习　　题

2-1　命名下列基：

(1) $CH_3CH_2CH_2-$　(2) $(CH_3)_2CHCH_2-$　(3) $CH_3CH_2CH(CH_3)-$

(4) $(CH_3)_3C-$　(5) $CH_2=CHCH_2-$　(6) $CH_3C\equiv C-$

(7)　(8) $-CH_2-$　(9)

(10) PhO—　(11) CH_3CH_2CO-　(12) $-CH_2CH_2CH_2-$

(13) $(CH_3)_2CHCH(CH_3)CH(CH_3)-$　(14) $(CH_3)_2CHCH_2CH(CH_3)CH_2-$

(15) CH_3-　(16) $CH_3C\equiv CC(CH_3)=CH-$

(17) $-CH(CH_3)CH_2-$　(18) $-C\equiv CCH(CH_3)-$

(19) $CH_3CH_2C(CH_3)_2O-$　(20) $-CH_2CH(CH_3)CH_2COOH$

(21) $-CH_2CH(CH_3)CH_2OH$

2-2　写出下列基的构造式：

(1) 异丙基　(2) 仲丁基　(3) 叔戊基　(4) 新戊基　(5) 异戊基

(6) 正戊基　(7) 乙烯基　(8) 苄基　(9) 2-甲基戊基

(10) 1-甲基-1,3-丁二烯基　(11) 4-甲基-4-戊烯-2-炔基

(12) 2-甲基-3-乙基-2,4-环戊二烯基　(13) 2,4-二甲基苯基　(14) 叔丁氧基

(15) 3-苯基-1-丙烯基　(16) 烯丙氧基　(17) 2,4-二氯苯氧基

2-3　用习惯命名法命名下列化合物：

(1) $CH_3CH_2CH_2CH_3$　(2) $(CH_3)_2CHCH_2CH_3$　(3) $C(CH_3)_4$

(4) $(CH_3)_3CCH_2CH_3$　(5) $(CH_3)_2C=CH_2$　(6) $CH_2=C(CH_3)CH=CH_2$

(7) $CH_3CHClCH_3$　(8) $(CH_3)_3C-Br$　(9) $CH_3CHOHCH_2CH_3$

(10) $CH_2=CHCH_2OH$　(11) $CH_3OC(CH_3)_3$　(12) $CH_3CH_2OCH(CH_3)_2$

(13) $(CH_3CH_2CH_2)_2O$　(14) $(CH_3)_2CHCHO$　(15) $(CH_3)_3CCHO$

(16) $CH_3CH_2COCH_3$　(17) $CH_3CH_2COCH_2CH=CH_2$

(18) $CH_3CH_2COCH=CH_2$　(19) $CH_3CH_2CH_2CH_2COOH$

(20) $(CH_3)_3CCOOH$　(21) $CH_3CH(NH_2)CH_2CH_3$

(22) $(CH_3CH_2CH_2)_2NH$　(23) $(CH_3)_2CHN(CH_3)CH_2CH(CH_3)_2$

2-4 用衍生物命名法命名下列化合物：

(1) $CH_3\underset{\underset{CH_2CH_3}{|}}{\overset{\overset{CH_2CH_3}{|}}{C}}CH(CH_3)_2$　(2) $CH_3-\underset{\underset{CH_2CH(CH_3)_2}{|}}{\overset{\overset{CH(CH_3)_2}{|}}{C}}-C(CH_3)_3$

(3) $CH_3CH_2CH=CHCH_3$　(4) $CH_3\underset{\underset{CH_2CH_3}{|}}{C}HCH=CH-C_6H_{11}$（环己基）

(5) $CH_3CH_2C\equiv CCH_2CH_3$　(6) $CH_3CH_2CH_2C\equiv CCH(CH_3)_2$

(7) $CH_3\underset{\underset{OH}{|}}{\overset{\overset{CH_2CH_3}{|}}{C}}CH_2CH_2CH_3$　(8) $CH_3CH_2CH_2\underset{\underset{OH}{|}}{\overset{\overset{C\equiv CCH_3}{|}}{C}}CH_2CH=CH_2$

2-5 用系统命名法命名下列烷烃：

(1) $CH_3C(CH_3)_2CH(CH_3)CH_3$　(2) $(CH_3)_2CHCH(C_2H_5)CH(CH_3)_2$

(3) $CH_3CH_2\underset{\underset{CH_3}{|}}{\overset{\overset{CH_3}{|}}{C}}CH_2\underset{\underset{CH_3}{|}}{C}HCH_3$　(4) $(CH_3)_3C\underset{\underset{CH_3CHCH_2CH_3}{|}}{\overset{\overset{C_2H_5}{|}}{C}}CH_2CH(CH_3)_2$

(5) $(CH_3)_2CHCH_2CH_2\underset{\underset{CH(CH_3)_2}{|}}{\overset{\overset{CH_3CHCH_2CH_3}{|}}{C}}CH_2CH_2CH(CH_3)_2$

(6) $CH_3CH_2C(CH_3)_2\underset{\underset{C_2H_5}{|}}{C}H-\underset{\underset{\underset{\underset{CH_3}{|}}{C}H-\underset{\underset{CH_3}{|}}{C}HCH_3}{|}}{C}H(CH_2)_3CH_3$

(7) 新己烷　(8) 二甲基乙基丙基甲烷

(9) 乙基异丁基仲丁基叔丁基甲烷　(10) 甲基异戊基新戊基叔戊基甲烷

2-6 用系统命名法命名下列不饱和脂肪烃：

(1) $CH_2=CH\underset{\underset{CH_3}{|}}{C}H-\underset{\underset{CH_3}{|}}{C}HCH_3$　(2) $CH_3CH_2CH_2\underset{\underset{C_2H_5}{|}}{C}HCH=\underset{\underset{CH(CH_3)_2}{|}}{C}CH(CH_3)CH_2CH_2CH_3$

(3) $CH_3CH=\underset{\underset{C_2H_5}{|}}{C}CH_2\underset{\underset{C_2H_5}{|}}{C}HCH_3$　(4) $CH_2=CH\underset{\underset{CH_3CH_2}{|}}{C}=\underset{\underset{CH=CHCH_3}{|}}{C}CH=CHCH(CH_3)CH_2CH_3$

(5) $(CH_3)_3CCH_2C\equiv CCH_2CH_3$　(6) $CH_3\underset{\underset{C_2H_5}{|}}{C}HCH_2CH_2\underset{\underset{CH_2CH_3}{|}}{C}HC\equiv CH$

(7) $CH\equiv CCH_2\underset{\underset{CH_3}{|}}{C}HCH=CH_2$　(8) $CH_3CH=\underset{\underset{C(CH_3)_3}{|}}{C}-C\equiv CCH_3$

(9) $CH\equiv CCHCH_2CH{=}CHCHCH_2CH_2CH_3$ 　$CH(CH_3)_2$　$CH_2CH{=}CH_2$　(10) $CH_3C{=}CHCHCH{=}C{=}CHCH_2CH_3$　$HC\equiv C$　$CH{=}CH_2$

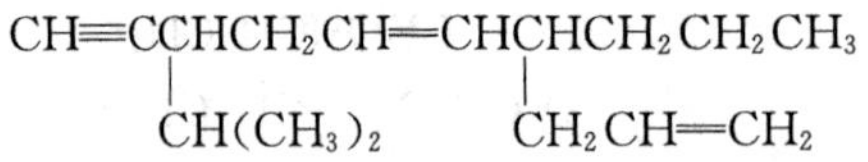

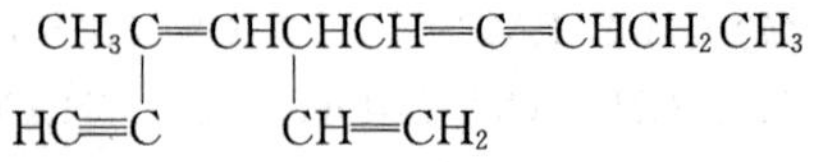

2-7　用系统命名法命名下列脂环族化合物：

(1) 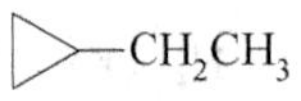 $-CH_2CH_3$　(2) $-CH{=}CHCH_2CH(CH_3)_2$　(3) CH_3

(4) CH_3 CH_3　(5) Cl　CH_3　C_2H_5　(6) CH_3　O　C_2H_5

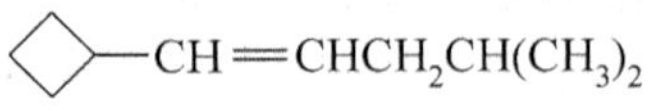

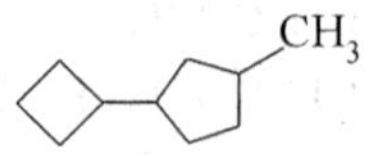

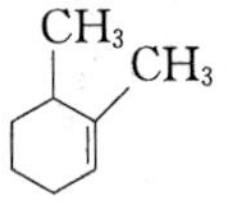

(7) O_2N　OH　$C\equiv CH$　(8) HO　HOOC　$CH{=}CH_2$　(9) C_2H_5　OH　OCH_3

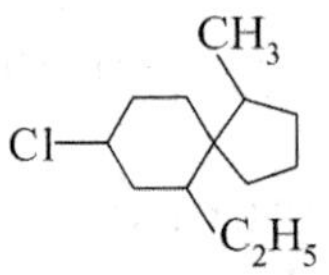

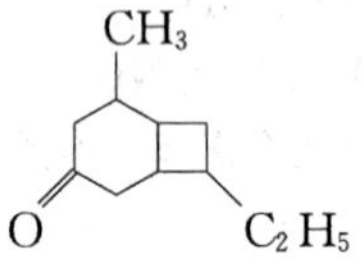

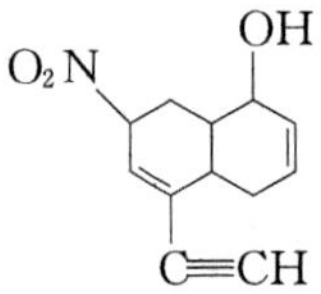

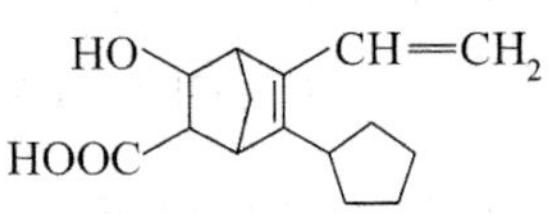

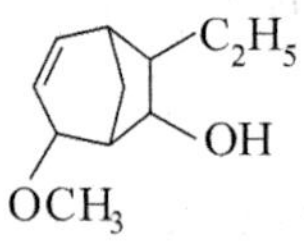

2-8　用系统命名法命名下列芳香族化合物：

(1) 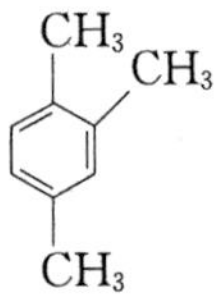 CH_3 CH_3 CH_3　(2) OH　Br　NO_2　(3) COOH　OH　Cl

(4) CHO　CH_3　OH　(5) SO_3H　NO_2　OH　(6) $CH_3CH_2CHCH_2C(CH_3)_3$

(7) CH_3O　$-CH{=}CHC\equiv CH$　(8) CH_3-　$-CH{=}CH-$　CH_3

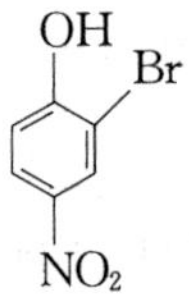

(9) HO　$-CH_2CHCH-$　Cl　Cl　CH_3　(10) CH_3-　$-CH_2-$　$-C_2H_5$　Br　COOH

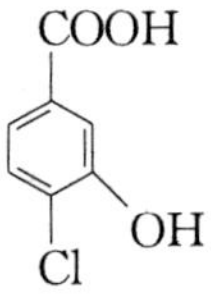

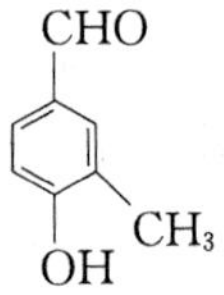

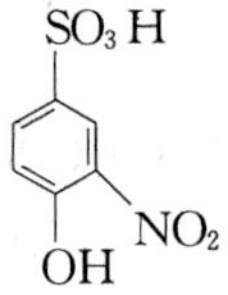

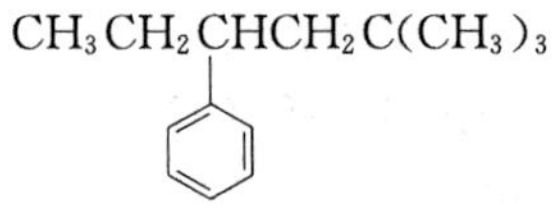

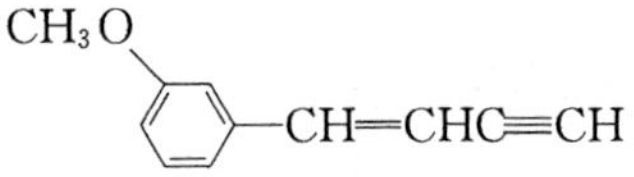

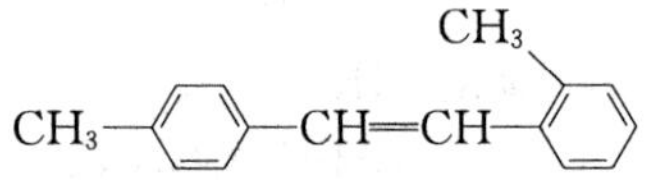

(11) HO　Cl　OCH_3　NO_2　$-CH(CH_3)_2$　(12) OH CH_3　CH_3

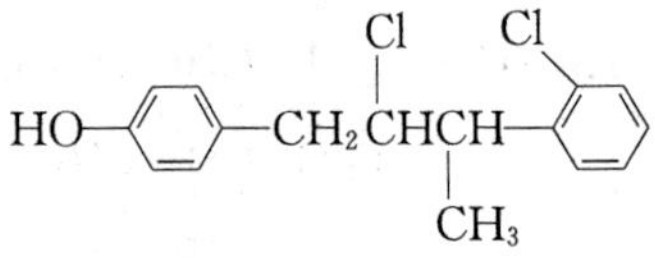

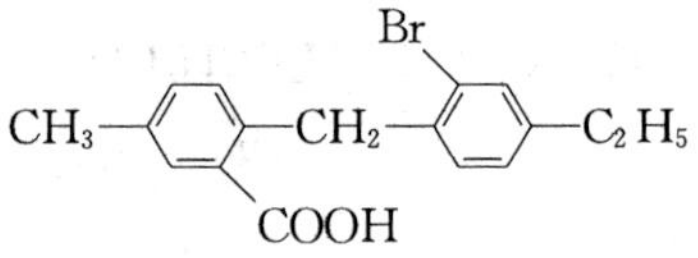

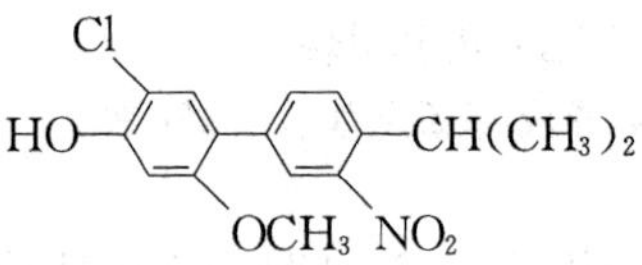

(13) CH_3　OH　COOH　(14) CHO　CH_3　OH

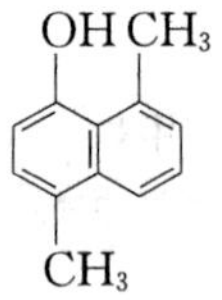

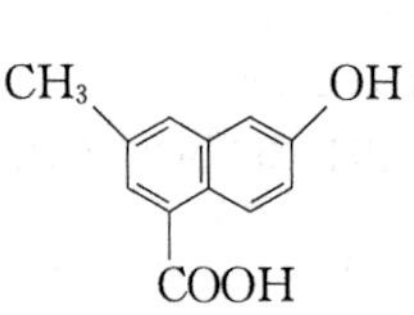

(15) Cl　SO_3H　NO_2　CHO　(16) HOOC　CH_2CH_3　OH

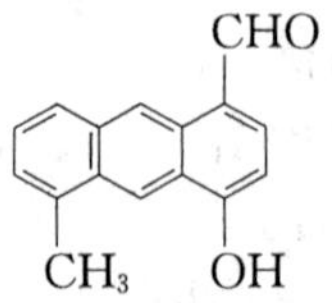

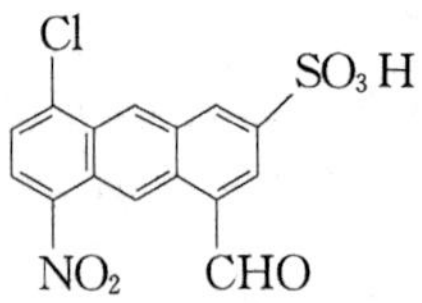

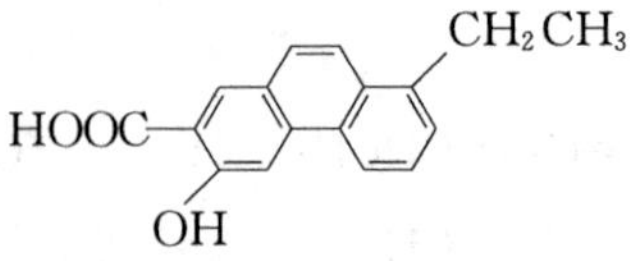

(17) 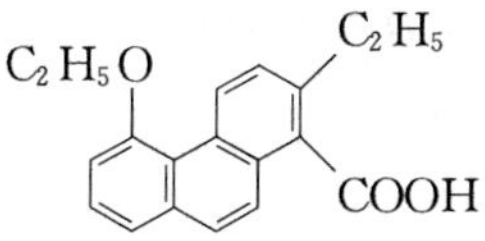 C_2H_5O C_2H_5 COOH

(18) 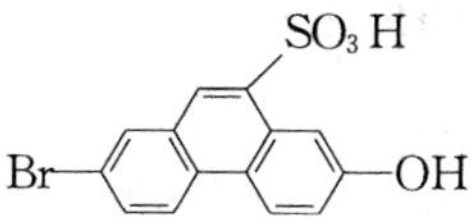 Br SO_3H OH

2-9 写出下列化合物的构造式：

(1) 3-甲基-3-乙基-4-异丙基庚烷 (2) 3-甲基-4-乙基-5-(1-甲基丙基)壬烷

(3) 2,3,5-三甲基-4-乙基-3-己烯 (4) 4-甲基-3-异丙基-1-戊炔

(5) 3-乙基-4-正丙基-1,3-己二烯-5-炔 (6) 3,5-二甲基-1-环己烯

(7) 1-甲基螺[4.5]-6-癸烯 (8) 7,7-二甲基二环[2.2.1]-2,5-庚二烯

(9) 对乙基环己基苯 (10) 2,2-二(对羟基苯基)丙烷

(11) 1,1′-联二萘 (12) 1-苯基-2-对甲苯基丙烯

2-10 用系统命名法命名下列化合物：

(1) $(CH_3)_3CCHClCH_3$ (2) $(CH_3)_2CHCCl_2CHBr_2$ (3) $CH_3CH=CHCH_2Cl$

(4) $CH\equiv CCClCHClCH_2Br$（C 上连 CH_3） (5) $CH_2=CC\equiv CBr$（C 上连 CH_3） (6) 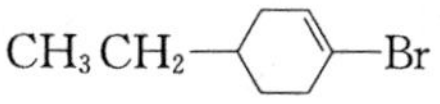 CH_3CH_2—⟨环己烯⟩—Br

(7) 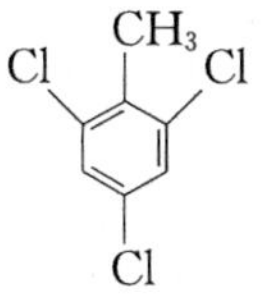 Cl CH_3 Cl Cl (8) 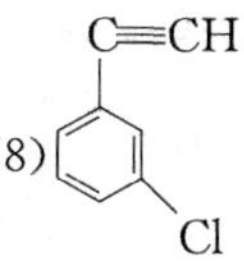 $C\equiv CH$ Cl (9) 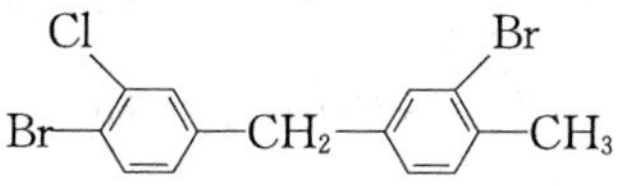 Br Cl CH_2 Br CH_3

2-11 用系统命名法命名下列化合物：

(1) $(CH_3)_3CCH_2CHCH_3$（CH 上连 OH） (2) $(CH_3)_2CCH_2CH=CHCH_2OH$（C 上连 OH）

(3) $CH_3CHCHCHCH_3$（依次连 Br、Cl、OH） (4) 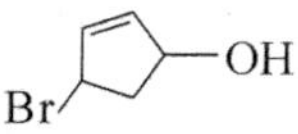 Br OH

(5) 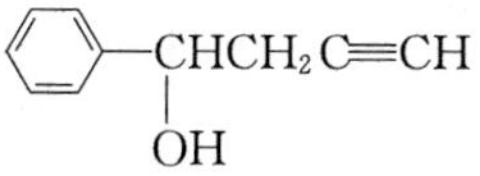 ⟨苯环⟩—$CHCH_2C\equiv CH$（CH 上连 OH） (6) 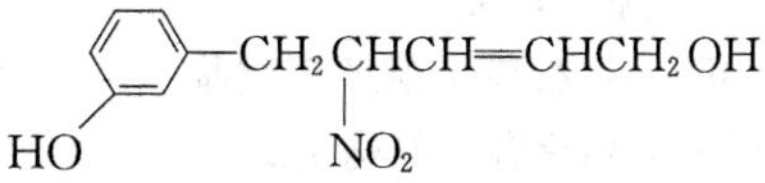 HO ⟨苯环⟩—$CH_2CHCH=CHCH_2OH$（CH 上连 NO_2）

(7) $CH_3CH_2OCH_2CH—CHCH_2CH_3$（两个 CH 上各连 CH_3） (8) $CH_3CHCH_2CHCH_3$（依次连 OCH_3、OH）

(9) $CH_3OCH_2C\equiv CCHCH_2Cl$（CH 上连 OH） (10) $C_2H_5OCH_2CHCHCH_2OH$（依次连 HO、OH）

(11) 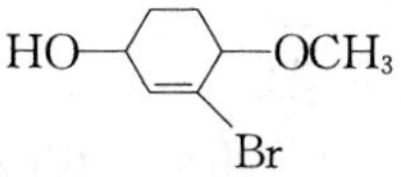 HO—⟨环己烯⟩—OCH_3 Br (12) $HOCH_2CH_2CHCH_2Cl$（CH 上连 CH_2CH_2OH）

2-12 用系统命名法命名下列化合物：

(1) $(CH_3)_3CCH_2CH(CH_3)CHO$ (2) $(CH_3)_2C=CHCH_2CH_2CHO$

(3) 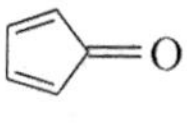 ⟨环戊二烯⟩=O (4) 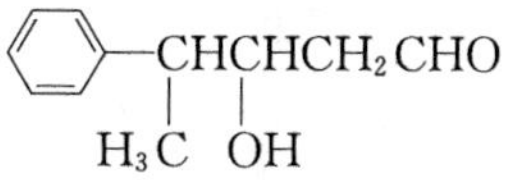 ⟨苯环⟩—$CHCHCH_2CHO$（依次连 H_3C、OH）

(5) 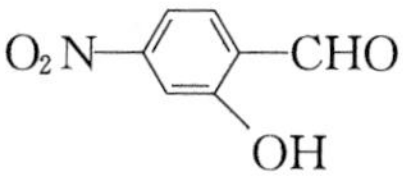 O_2N—⟨苯环⟩—CHO OH (6) 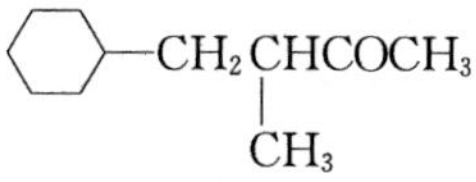 ⟨环己基⟩—$CH_2CHCOCH_3$（CH 上连 CH_3）

(7) $CH_3\underset{\underset{O}{\|}}{C}CH_2\underset{\underset{CH_3}{|}}{C}HCHO$

(8) $CH_3COCH_2CH{=}CH\underset{\underset{CH_3}{|}}{C}HCHO$

(9) (环状结构：HO—环丁烷螺环戊酮，Br 取代)

(10) $ClCH_2\overset{\overset{O}{\|}}{C}CH_2CH_2Br$

(11) $CH{\equiv}CCO\underset{\underset{CH_3}{|}}{C}{=}CHCH_3$

(12) $CH_3COCH_2CO\underset{\underset{CH{=}CH_2}{|}}{C}HC_2H_5$

2-13　用系统命名法命名下列化合物：

(1) $(CH_3)_2CH\underset{\underset{CH_3}{|}}{C}HCOOH$

(2) $HOOC\underset{\underset{C_2H_5}{|}}{C}HCH_2\underset{\underset{CH_3}{|}}{C}HCH_2COOH$

(3) $HOCH_2CH_2CHBrCOOH$

(4) $HOOCCH_2COCH_2CHO$

(5) C_2H_5—$C_6H_3(NO_2)$—COOH

(6) $C_2H_5O\underset{\underset{O}{\|}}{C}CH_2\underset{\underset{CH_3}{|}}{C}HCH_2COOH$

(7) C_6H_5—$CH{=}CHCOOC_2H_5$

(8) CH_3CH_2COO—C_6H_4—OCH_3

(9) $C_6H_4(Br)$—$CH_2\underset{\underset{Cl}{|}}{C}H$—$\underset{\underset{CH_3}{|}}{C}HCOCl$

(10) CH_3—$C_6H_3(NO_2)$—$CONHCH_3$

(11) $(CH_3)_3CCH_2CH_2CONH_2$

(12) $(CH_3OCH_2CO)_2O$

2-14　写出下列化合物的构造式：

(1) 3-(2-氯乙基)-1,4-二溴-2-戊烯

(2) 1-间乙基苯基-3-溴己烷

(3) 2,7-二甲基-3,5-辛二炔-2,7-二醇

(4) 3-甲基-5-甲氧基-1-庚烯

(5) 2-甲基-3-羟基戊醛

(6) 5-苯基-2-溴-3-庚酮

(7) 4-苯氧基环己烷甲酸

(8) 乙酰乙酸乙酯

(9) 3-氨甲酰基戊酰氯

(10) 5-硝基-2-萘乙酰胺

(11) *N*-甲基-*N*-乙基-4-溴苯甲酰胺

(12) 邻苯二甲酸酐

2-15　命名或写出下列化合物的构造式：

(1) $(CH_3)_3CCH_2NH_2$

(2) 环戊基—$N(CH_3)_2$

(3) $CH_3CH_2\underset{\underset{NHCH_3}{|}}{C}HCH_2CH_2CH(CH_3)_2$

(4) $CH_3NHCH_2CH_2CH_2OH$

(5) O_2N—C_6H_4—$NHCH_2$—C_6H_5

(6) H_2N—C_6H_4—NH—C_6H_5

(7) 5-氨基-2-萘磺酸

(8) *N*-甲基-2,4-二氨基苯胺

(9) 6-硝基-2′,6′-二氯-3-联苯甲酸

(10) 2,4-二甲基-4′-乙基-3′-硝基三苯甲烷

(11) 3-(1-甲基-8-氨基-2-萘基)丁酸甲酯

(12) α-萘乙酸

第 3 章　有机化合物的构造、构型和构象

3.1　脂肪烃的构造异构现象

脂肪烃包括烷烃、烯烃、炔烃和二烯烃等。

3.1.1　烷烃的构造异构现象

只有碳和氢两种元素组成的化合物称为碳氢化合物，简称烃。烃分子中只含有 C—C 单键和 C—H 单键者，称为饱和脂肪烃或烷烃。烷烃也称石蜡烃。

在烷烃分子中，四价的碳除和其他碳原子相连外均和氢原子相连。甲烷是仅含一个碳原子的最简单的烷烃，分子式为 CH_4，乙烷、丙烷分子式分别为 C_2H_6、C_3H_8，它们的构造式为

```
     H             H  H             H  H  H
     |             |  |             |  |  |
  H—C—H        H—C—C—H        H—C—C—C—H
     |             |  |             |  |  |
     H             H  H             H  H  H
    甲烷           乙烷              丙烷
```

甲烷中一个氢原子被甲基（—CH_3）取代可得乙烷。乙烷中一个氢原子被甲基取代可得丙烷。甲烷、乙烷、丙烷都是一个分子式对应一个构造式，不存在构造异构体。如果用甲基取代丙烷分子中一个氢原子可得到两个丁烷。这是因为丙烷分子中有两类不同的氢原子，甲基取代这两类不同氢原子就可得两种丁烷。以此类推，由丁烷得到的戊烷有三个构造异构体……这样烷烃随着碳原子数增加，其异构体数也迅速增多，如表 3-1 所示。

表 3-1　烷烃构造异构体数目

烷　烃	构造异构体数
己烷（C_6H_{14}）	5
庚烷（C_7H_{16}）	9
辛烷（C_8H_{18}）	18
壬烷（C_9H_{20}）	35
癸烷（$C_{10}H_{22}$）	75
十五烷（$C_{15}H_{32}$）	4347
二十烷（$C_{20}H_{42}$）	366 310

甲烷（CH_4）、乙烷（C_2H_6）、丙烷（C_3H_8）、丁烷（C_4H_{10}）等烷烃分子中，碳原子数目与氢原子数目之比 C ∶ H＝n ∶ $(2n+2)$（$n=1, 2, \cdots$），所以烷烃的通式为 C_nH_{2n+2}。从 CH_4、C_2H_5、…一系列烷烃分子式可看出，任两个烷烃分子间，其组成相差是 CH_2 或其整数倍。具有同一个通式、组成上相差只是 CH_2 或其整数倍的一系列化合物称作同系列。

同系列中各个化合物称为同系物。CH_2 称为同系列的系差。同系物具有相似的化学性质，其物理性质(如沸点、熔点等)随着碳原子数增加而呈现有规律性的变化。

烷烃从丁烷开始就存在构造异构体，而且随着碳原子数增加，异构体数目迅速增多。那么如何根据烷烃的分子式，写出它的所有构造异构体呢？烷烃构造异构体的产生是由于组成烷烃的碳的骨架不同(所谓碳骨架异构)造成的。碳可以组成直链，也可组成带有一个或几个相同或不相同支链的链状烃。例如，庚烷的分子式为 C_7H_{16}，可按照下面步骤写出它的构造异构体。

(1) 7 个碳可组成一条直链，即得 $CH_3CH_2CH_2CH_2CH_2CH_2CH_3$，庚烷。

(2) 减少一个碳(作为—CH_3)，6 个碳组成直链，—CH_3 处在 C^2 或 C^3 上，可得两个异构体：

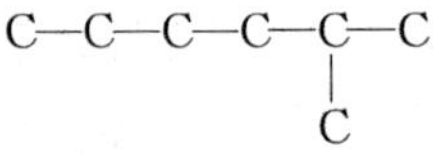

```
C—C—C—C—C—C        C—C—C—C—C—C
        |                  |
        C                  C
```

2-甲基己烷 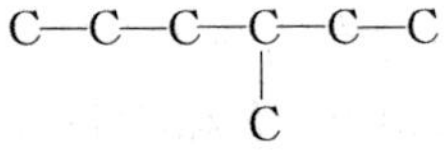　　　　3-甲基己烷

(3) 减少两个碳(可为两个—CH_3 或 CH_3CH_2—)，5 个碳组成直链，两个—CH_3 处在 C^2、C^3 上或 C^2、C^4 上或 C^2、C^2 上或 C^3、C^3 上，CH_3CH_2—处在 C^3 上，可得下面 5 个异构体：

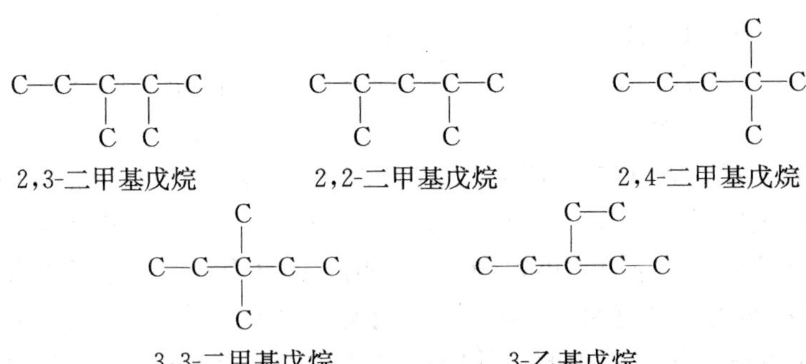

2,3-二甲基戊烷　　2,2-二甲基戊烷　　2,4-二甲基戊烷

3,3-二甲基戊烷　　3-乙基戊烷

(4) 减少三个碳原子(可为三个甲基)，4 个碳组成直链，三个甲基处在 C^2、C^2、C^3 位置上，可得一个异构体：

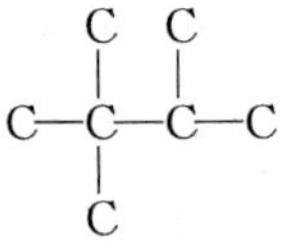

```
  C C
  | |
C—C—C—C
  |
  C
```

2,2,3-三甲基丁烷

所以分子式为 C_7H_{16} 的庚烷共有 9 个构造异构体。很显然这些异构体都是由于碳骨架不同引起的，因此它们都属于碳骨架异构。

3.1.2　烯烃的构造异构现象

烃分子中含有 C═C 双键者称为烯烃。烯烃和烷烃相比，分子中有一条 C═C 双键，因而少了两个氢原子，所以烯烃的通式为 C_nH_{2n}。乙烯(C_2H_4)、丙烯(C_3H_6)、丁烯(C_4H_8)、……这些具有相同通式的一系列化合物组成烯烃的同系列。同系列的各个烯烃称为同系物。两个同系物间的系差仍是 CH_2 或其整数倍。

烯烃分子从丁烯开始存在构造异构体。例如，丁烯分子式为 C_4H_8，可写出如下异构体：

```
                                                          CH3
                                                          |
CH3—CH2—CH═CH2          CH3CH═CH—CH3            CH3—C═CH2
   1-丁烯                    2-丁烯                2-甲基丙烯
```

从这可看出产生烯烃异构体的原因有两个：①碳骨架不同，即碳骨架异构；②双键位置不同，即官能团(双键是烯烃官能团)位置异构。所以相同碳原子数的烯烃构造异构体比烷烃多。丁烯的构造异构体有三个，而丁烷只有两个。

如何根据烯烃的分子式写出其构造异构体呢？完全可模仿烷烃异构体写出。先写出烯烃的碳骨架异构，再加进C═C双键的官能团位置异构。例如，分子式为 C_6H_{12} 的己烯，其异构体的写出可按照下面顺序进行。

(1) 写出 C_6H_{12} 的碳骨架异构体：

```
              C—C—C—C—C—C

          C                       C
          |                       |
    C—C—C—C—C               C—C—C—C—C

      C   C                       C
      |   |                       |
    C—C—C—C                 C—C—C—C
                                  |
                                  C
```

(2) 再加进C═C双键官能团的位置异构：

由 C—C—C—C—C—C 可得

```
C—C—C—C—C═C        C—C—C—C═C—C        C—C—C═C—C—C
   1-己烯              2-己烯              3-己烯
```

```
            C
            |
由  C—C—C—C—C  可得
```

```
         C              C                 C                C
         |              |                 |                |
C—C—C—C═C     C—C—C═C—C     C—C═C—C—C     C═C—C—C—C
2-甲基-1-戊烯   2-甲基-2-戊烯   4-甲基-2-戊烯   4-甲基-1-戊烯
```

```
        C
        |
由  C—C—C—C—C  可得
```

```
      C                  C                 C—C
      |                  |                 |
C—C—C—C═C          C—C—C═C—C          C—C—C═C
3-甲基-1-戊烯       3-甲基-2-戊烯       2-乙基-1-丁烯
```

```
      C   C
      |   |
由  C—C—C—C  可得
```

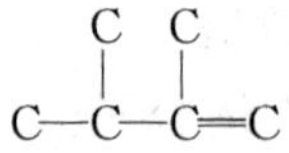

```
    C   C                         C   C
    |   |                         |   |
C—C—C═C                       C—C═C—C
2,3-二甲基-1-丁烯              2,3-二甲基-2-丁烯
```

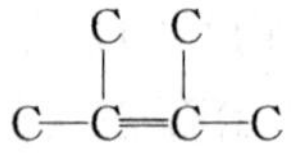

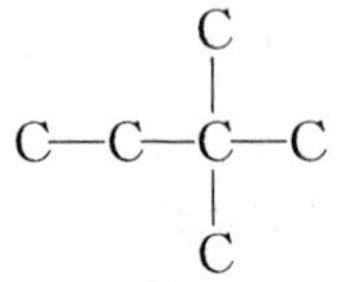

```
           C
           |
由  C—C—C—C  可得
           |
           C
```

```
          C
          |
    C═C—C—C
          |
          C
  3,3-二甲基-1-丁烯
```

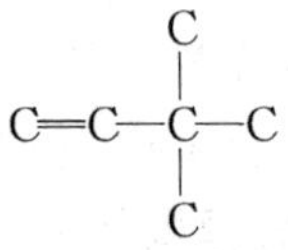

所以分子式为 C_6H_{12} 的己烯共有 13 个构造异构体，而分子式为 C_6H_{14} 的己烷只有 5 个异构体。

3.1.3　炔烃的构造异构现象

烃分子中含有 C≡C 叁键者称为炔烃。炔烃比烷烃分子少 4 个氢原子，所以炔烃的通式为 C_nH_{2n-2}。乙炔、丙炔、丁炔、……组成炔烃的同系列，系差为 CH_2。

从丁炔起就存在构造异构体。炔烃异构体的产生也是由碳骨架异构和 C≡C 叁键官能团位置异构引起的。所以，从炔烃的分子式写出它的构造异构体完全可仿照烯烃进行。

3.2　脂环烃的构造异构现象

烃分子中碳原子相互连接成碳环的称为脂环烃。脂环烃中只含 C—C 单键者称为环烷烃，含C═C双键者称为环烯烃、含 C≡C 叁键者称为环炔烃。

脂环烃根据组成环的碳原子数可分为三元脂环烃、四元脂环烃、五元脂环烃和六元脂环烃等。例如：

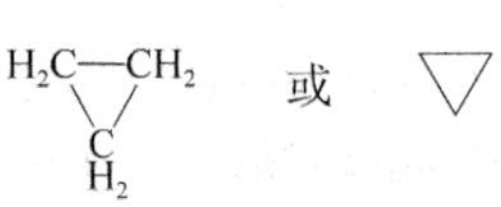

```
H2C—CH2                       H2
  \ /     或  ▽                C
   C                      H2C     CH2     或  ⬠
   H2                       |     |
                            C — C
                            H2  H2
环丙烷                                   环戊烷

        H2
        C
   H2C     CH
            ‖       或  (环)
   H2C     CH
        C
        H2         环己烯
```

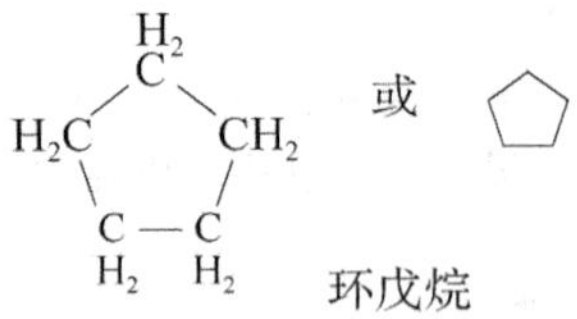

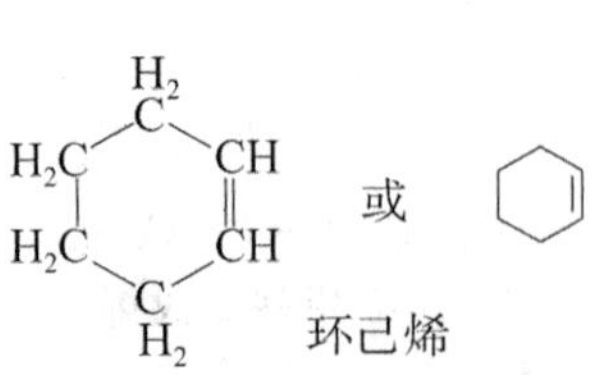

环烷烃分子的通式为 C_nH_{2n}，与烯烃的通式相同，所以环烷烃与烯烃互为构造异构体。另外，环烷烃分子间也存在构造异构体。例如，C_6H_{12} 的所有构造异构体有两类：烯

烃和环烷烃。

分子式为 C_6H_{12} 的烯烃的构造异构体，前面已介绍。

分子式为 C_6H_{12} 的环烷烃的构造异构体，可根据“环”由小到大列出如下：

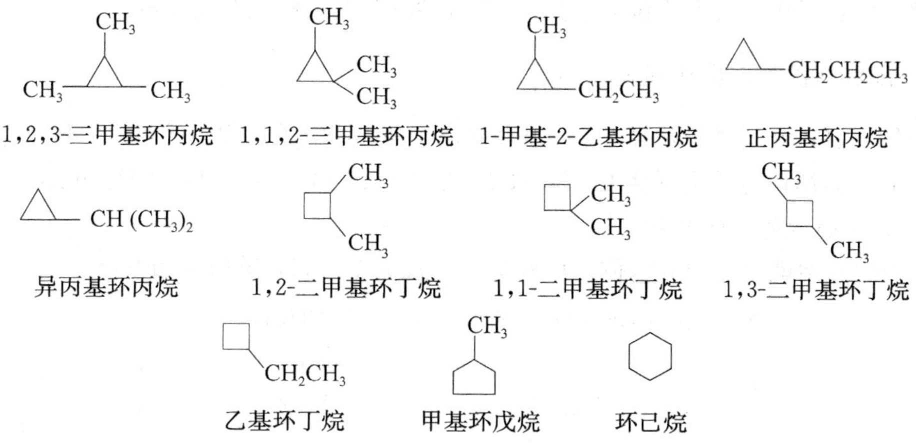

1,2,3-三甲基环丙烷　1,1,2-三甲基环丙烷　1-甲基-2-乙基环丙烷　正丙基环丙烷

异丙基环丙烷　1,2-二甲基环丁烷　1,1-二甲基环丁烷　1,3-二甲基环丁烷

乙基环丁烷　甲基环戊烷　环己烷

3.3 芳烃的构造异构现象

烃分子中含有苯环结构的称为芳香烃，简称芳烃，芳烃的通式为 C_nH_{2n-6}。C_6H_6、C_7H_8、C_8H_{10}、……组成芳烃同系列。

对于分子式为 C_8H_{10} 的芳烃，可写出如下构造异构体：

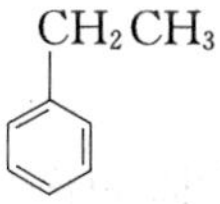

乙苯 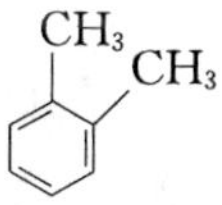　邻二甲苯 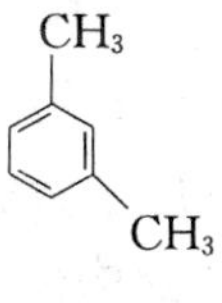　间二甲苯 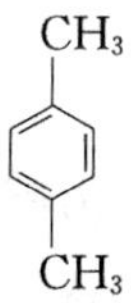　对二甲苯

这些构造异构体的产生，一方面是由于取代基不同，如乙苯和二甲苯；另一方面是由于两个取代基位置不同，如三个二甲苯。显然随着芳烃中碳原子数增加，异构体数目也增多。例如，C_9H_{12} 的芳烃的异构体为

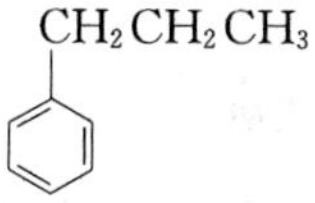

正丙基苯 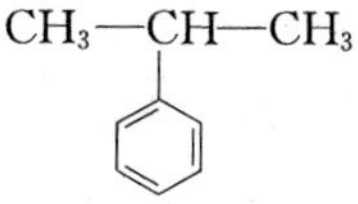　异丙基苯 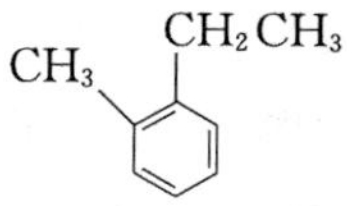　邻甲乙苯 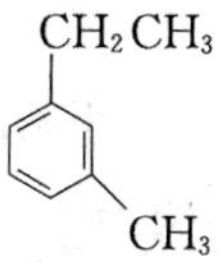　间甲乙苯

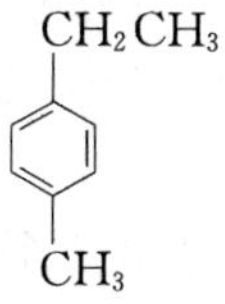

对甲乙苯 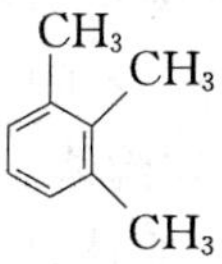　连三甲苯 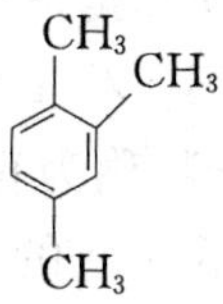　偏三甲苯 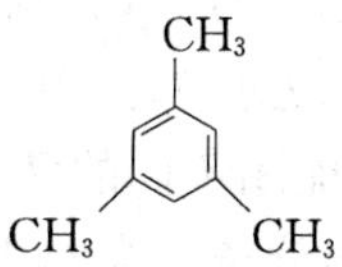　均三甲苯

3.4 脂肪烃含氧化合物的构造异构现象

脂肪烃含氧化合物主要包括三类:醇和醚、醛和酮、羧酸及其衍生物。

3.4.1 醇和醚的构造异构现象

烃分子中一个氢原子被羟基(—OH)取代生成的化合物,称为醇(R—OH)。烃的通式为 C_nH_{2n+2},所以醇的通式为 $C_nH_{2n+1}OH$ 或 $C_nH_{2n+2}O$。CH_3OH、C_2H_5OH、C_3H_7OH、C_4H_9OH、…组成醇的同系列。

从丙醇开始就有构造异构体。丙醇的分子式为 C_3H_8O,异构体如下:

$$CH_3CH_2CH_2—OH \qquad \underset{\displaystyle |\atop \displaystyle OH}{CH_3CHCH_3}$$

正丙醇 异丙醇

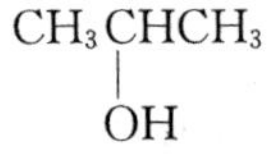

丁醇 $C_4H_{10}O$ 的构造异构体有

$$CH_3CH_2CH_2CH_2OH \qquad CH_3CH_2\underset{\displaystyle |\atop \displaystyle OH}{C}HCH_3$$

正丁醇 仲丁醇

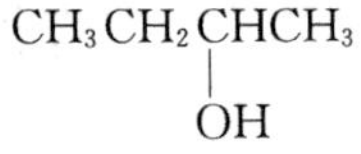

$$CH_3\underset{\displaystyle |\atop \displaystyle CH_3}{C}HCH_2OH \qquad CH_3—\overset{\displaystyle CH_3\atop \displaystyle |}{\underset{\displaystyle |\atop \displaystyle OH}{C}}—CH_3$$

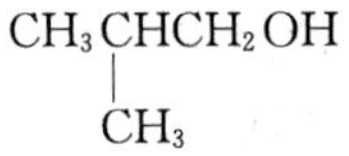

异丁醇 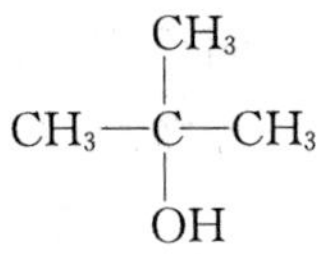 叔丁醇

显然,醇的异构体也随着碳原子数的增加而增多。醇的异构体的产生也是由碳骨架异构和官能团羟基(—OH)位置异构引起的。

醇分子中羟基氢原子被烃基取代生成的化合物称为醚。醚的通式为 $C_nH_{2n+2}O$。$CH_3OCH_3(C_2H_6O)$、$CH_3OCH_2CH_3(C_3H_8O)$、…组成醚的同系列。分子式为 $C_4H_{10}O$ 的醚的异构体有

$$CH_3OCH_2CH_2CH_3 \qquad CH_3O—\underset{\displaystyle |\atop \displaystyle CH_3}{C}HCH_3 \qquad CH_3CH_2OCH_2CH_3$$

甲基正丙基醚 甲基异丙基醚 乙醚

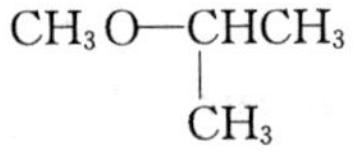

醚的异构体产生是由于醚键所处的位置不同和醚键所连接的两个烃基碳骨架异构引起的。

醚和醇的通式均为 $C_nH_{2n+2}O$,所以醇和醚又互为构造异构体。例如,C_2H_6O 既可写出 CH_3CH_2OH(乙醇),又可写出 CH_3OCH_3(甲醚)。乙醇和甲醚互为构造异构体。这种分子式相同,官能团不同的两类化合物称为官能团异构体。

如果要写出分子式为 $C_5H_{12}O$ 的所有的构造异构体,则既要写出 8 个醇的构造异构体,又要写出 6 个醚的构造异构体,所以 $C_5H_{12}O$ 分子的所有构造异构体为 14 个。

3.4.2　醛和酮的构造异构现象

分子中含有羰基($\gt C=O$)者称羰基化合物。羰基 $\gt C=O$ 中,一个化合价与烃基(R—)相连,另一个化合价与氢原子相连,即得化合物 R—CHO,这类化合物称为醛。羰基中两个化合价均与烃基相连,则得化合物 $R_2C=O$,这类化合物称为酮。但分子式为 C_3H_6O时,既可写成丙醛$CH_3-CH_2-CH=O$,又可写成丙酮CH_3COCH_3。显然,醛、酮互为构造异构体,具有相同的通式 $C_nH_{2n}O$。

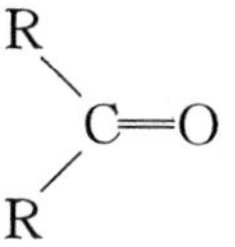

$n=1$　　CH_2O　　$H-CH=O$　甲醛

$n=2$　　C_2H_4O　　$CH_3-CH=O$　乙醛

$n=3$　　C_3H_6O　　$CH_3CH_2-CH=O$（丙醛）　　$CH_3-C(=O)-CH_3$（丙酮）

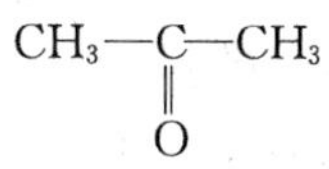

$n=4$　　C_4H_8O　　$CH_3CH_2CH_2CH=O$（正丁醛）　　$CH_3-CH(CH_3)-CH=O$（异丁醛）　　$CH_3-C(=O)-CH_2CH_3$（丁酮）

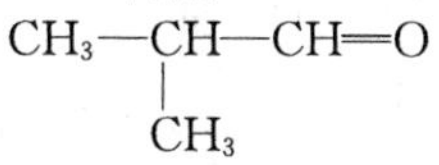

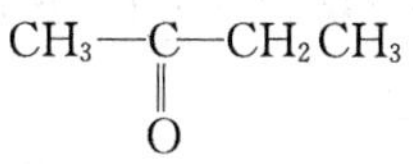

由此可看出:醛本身构造异构体的产生是由烃基碳骨架异构引起的;而酮本身构造异构体的产生是由羰基的位置不同和烃基碳骨架异构两种因素引起的。

3.4.3　羧酸和酯的构造异构现象

分子中含有羧基(—COOH)者,称为羧酸 RCOOH。羧酸中羧基上的氢原子被烃基取代的化合物称为酯 RCOOR′。羧酸和酯具有相同的通式$C_nH_{2n}O_2$,所以二者互为构造异构体。例如:

$n=1$　　$C_1H_2O_2$　　$H-C(=O)-OH$（甲酸）

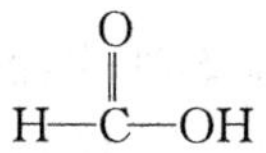

$n=2$　　$C_2H_4O_2$　　$CH_3-C(=O)-OH$（乙酸）　　$H-C(=O)-OCH_3$（甲酸甲酯）

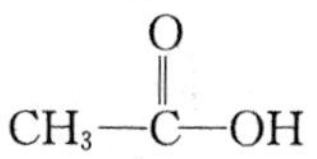

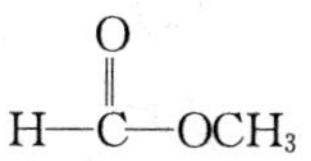

$n=3$　　$C_3H_6O_2$　　$CH_3CH_2C(=O)-OH$（丙酸）　　$H-C(=O)-OCH_2CH_3$（甲酸乙酯）　　$CH_3-C(=O)-OCH_3$（乙酸甲酯）

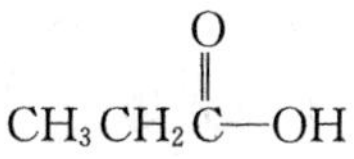

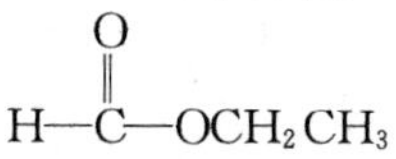

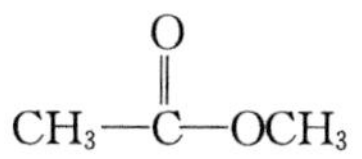

显然羧酸和酯构造异构体的产生都是由于烃基的碳骨架异构引起的。

以上介绍的均是分子式相同、分子构造(分子构造是指分子中原子间相互连接的顺序)不相同的化合物(分子式相同、分子构造不相同的化合物称为构造异构体),即互为构造异构体的化合物。

3.5　构型异构体

分子中原子在空间的排列称为分子构型。分子构造相同，分子构型不同的化合物称为构型异构体。构型异构体也称为立体异构体。构型异构体包括顺反异构体和对映异构体两类。

3.5.1　顺反异构体

1. 烯烃的顺反异构

烯烃分子中含有一个C═C双键，双键上的两个碳原子可连接 4 个相同的或不同的原子或基团，如abC═Cab、abC═Cac、abC═Ccd。由于两个碳原子和相连的 4 个原子或基团处在同一平面内，并且C═C双键不能绕键轴自由转动，使得与C═C双键相连的 4 个原子或基团在空间就有两种不同的排列，也就对应两种不同的构型，代表两种不同的化合物。两个相同的原子或基团在C═C双键同侧称为顺式，在异侧称为反式。例如$CH_3CH═CHCH_3$就有两种异构体：

```
CH3       CH3          CH3        H
   \     /                \      /
    C═C                    C═C
   /     \                /      \
  H       H              H        CH3
 顺-2-丁烯               反-2-丁烯
```

这种异构体称为顺反异构体。这种异构现象称为顺反异构现象。顺反异构体存在的条件是：双键碳原子上连接的必须是不相同的原子或基团。只要有一个碳原子连接的是相同的原子或基团，就没有顺反异构体。例如，aaC═Cab和aaC═Cbc都没有顺反异构体。

2. 顺反异构体的命名法

1）顺/反命名法

对于化合物abC═Cab和abC═Cac，常用顺/反命名法来命名。两个相同的原子或基团在C═C双键同侧称为顺式，在异侧称为反式。例如，2-戊烯$CH_3CH_2CH═CHCH_3$就有两种异构体，即顺-2-戊烯和反-2-戊烯。

```
CH3CH2      CH3        CH3CH2       H
      \    /                 \     /
       C═C                    C═C
      /    \                 /     \
     H      H               H       CH3
   顺-2-戊烯                反-2-戊烯
```

对于化合物abC═Ccd，显然不能用顺/反命名法来命名，只能采用 Z/E 命名法来命名。

2）Z/E 命名法

Z/E 命名法是按照原子或基团的次序规则进行命名的。优先的两个原子或基团位于C═C 双键同侧者称为 Z 式，位于C═C双键异侧者称为 E 式。例如

$CH_3CH_2CH{=}C(CH_3)CH_2CH_2CH_3$可写出如下两种异构体：

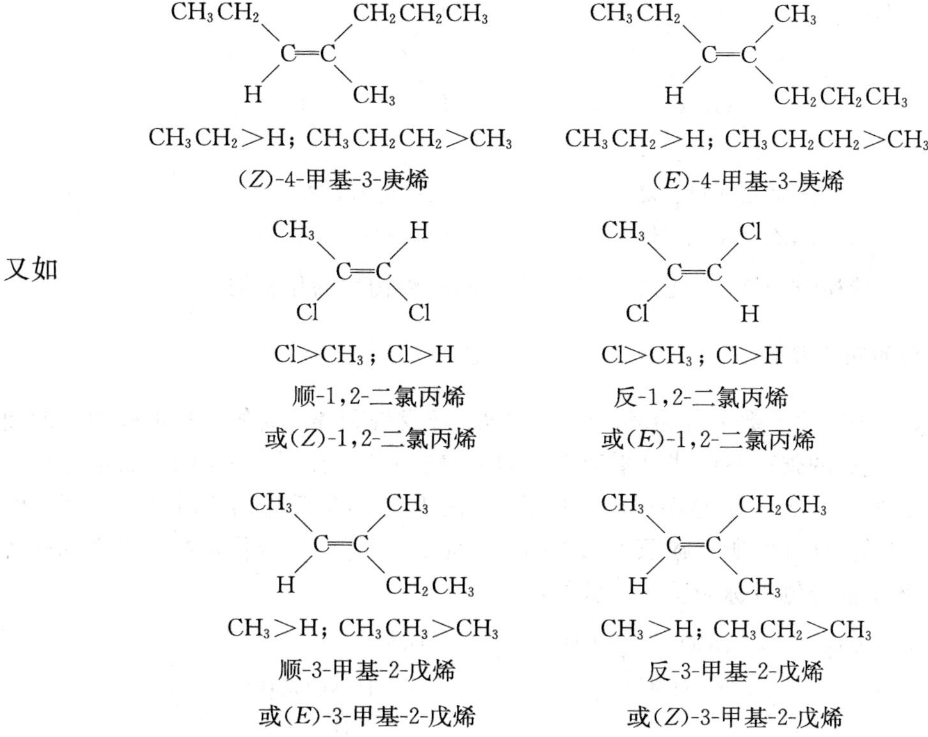

$CH_3CH_2>H$；$CH_3CH_2CH_2>CH_3$ (*Z*)-4-甲基-3-庚烯

$CH_3CH_2>H$；$CH_3CH_2CH_2>CH_3$ (*E*)-4-甲基-3-庚烯

又如

$Cl>CH_3$；$Cl>H$ 顺-1,2-二氯丙烯 或(*Z*)-1,2-二氯丙烯

$Cl>CH_3$；$Cl>H$ 反-1,2-二氯丙烯 或(*E*)-1,2-二氯丙烯

$CH_3>H$；$CH_3CH_3>CH_3$ 顺-3-甲基-2-戊烯 或(*E*)-3-甲基-2-戊烯

$CH_3>H$；$CH_3CH_2>CH_3$ 反-3-甲基-2-戊烯 或(*Z*)-3-甲基-2-戊烯

可见，顺/反与 *Z*/*E* 没有对应关系。

3. 共轭二烯烃的顺反异构体

烃分子含有两个C═C双键，并处于单双键交替状态者称为共轭二烯烃。例如：

$CH_2{=}CH{-}CH{=}CH_2$ 1,3-丁二烯

$CH_3{-}CH{=}CH{-}CH{=}CH{-}CH_3$ 2,4-己二烯

$CH_2{=}C(CH_3){-}CH{=}CH_2$ 2-甲基-1,3-丁二烯

$CH_3CH_2CH{=}CH{-}CH{=}CH{-}CH_3$ 2,4-庚二烯

上述共轭二烯烃只写出它们的构造式，下面写出它们的构型式，即标出每个C═C双键的构型并对构型进行命名。对于 2,4-己二烯，可写出如下 4 个顺反异构体：

反,反-2,4-己二烯 (*E*,*E*)-2,4-己二烯

顺,顺-2,4-己二烯 (*Z*,*Z*)-2,4-己二烯

反,顺-2,4-己二烯　　　　顺,反-2,4-己二烯

(E,Z)-2,4-己二烯　　　　(Z,E)-2,4-己二烯

(E,Z)-2,4-己二烯和(Z,E)-2,4-己二烯实际上是同一种构型的化合物。

4. 环烷烃的顺反异构

环烷烃按环中碳原子数可分为环丙烷、环丁烷、环戊烷和环己烷等。根据碳原子四面体构型,这些环烷烃的碳环不可能是平面形,即环上碳原子不在同一平面上,而是存在一定的碳环构象(见 3.6.2)。但是在讨论环烷烃二元取代物的顺反异构体时是假定环烷烃的碳环是平面形的,即环中所有碳原子都在同一平面上,这样两个取代基在环平面同侧者称为顺式,在环平面异侧者称为反式。例如:

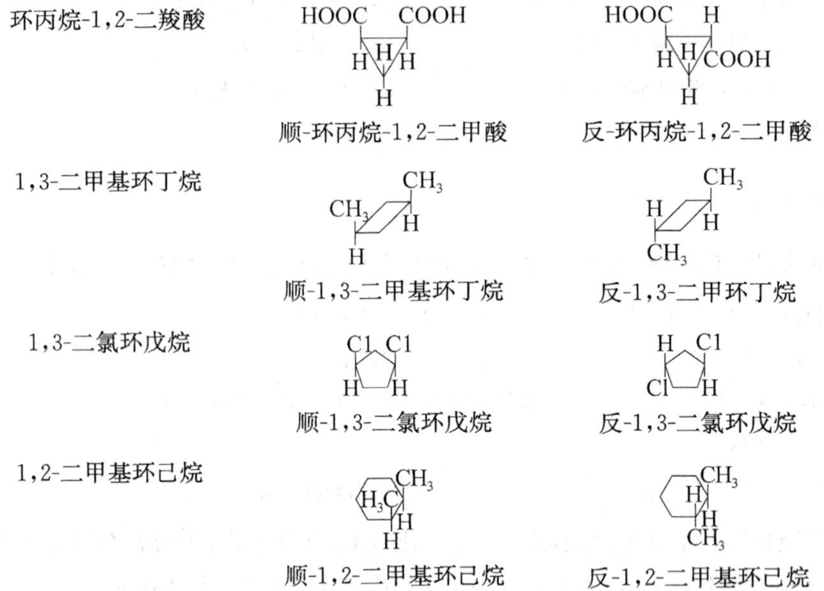

3.5.2　对映异构体

由于碳原子是四面体结构,因此有机化合物大多数具有立体构型。当碳原子与 4 个相同的原子或基团相连时,例如甲烷,其立体构型只有一种,不存在构型异构体。但当碳原子与 4 个不相同的原子或基团相连时,例如 α-羟基丙酸(俗名乳酸),就有两种构型异构体。这两种构型异构体可用球棍模型表示,见图 3-1。也可用四面体模型表示,见图 3-2。

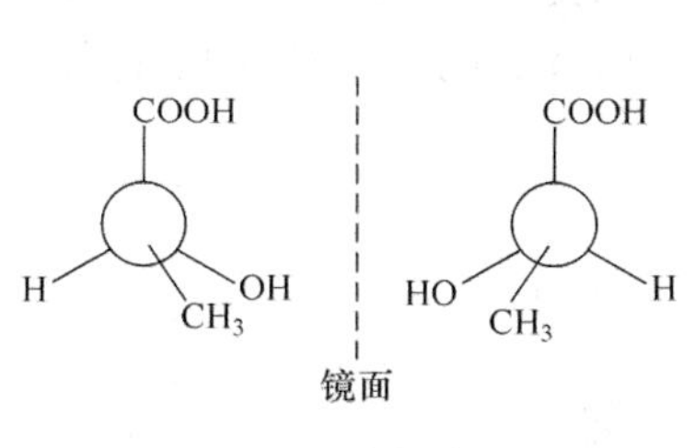

图 3-1 球棍模型

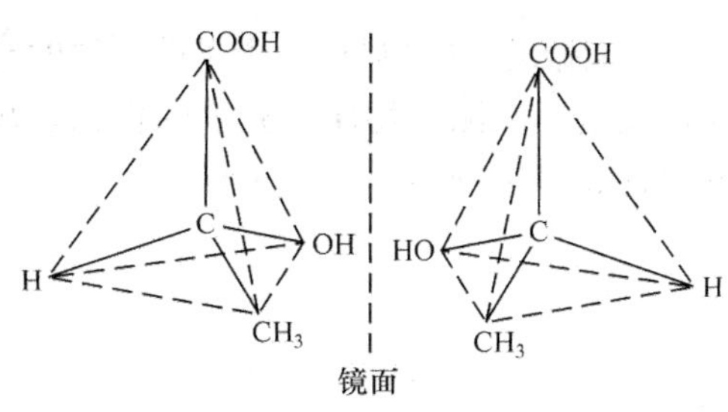

图 3-2 四面体模型

从乳酸的球棍模型或四面体模型的表示式可发现，两种异构体互为物像关系，即一个为物体，另一个则为它的镜像。犹如人的左右手，二者不能重合，这种互为“物像”关系的两个化合物称为“对映异构体”。研究对映异构体的构造时发现：在这类分子构造中都存在一个这样的碳原子，它分别与 4 个不相同的原子或基团相连，这种碳原子称为不对称碳原子，用 C^* 表示。含有不对称碳原子的分子称为不对称分子。在不对称分子中围绕不对称碳原子，4 个不相同的原子或基团在空间就有两种不同的排列（构型），对应于两种不同的化合物。这两种化合物彼此不能重合且互为物体与镜像关系，称为构型异构体或对映异构体，如 2-溴丁烷$CH_3CHBrCH_2CH_3$（图 3-3）等。

图 3-3 2-溴丁烷四面体模型

在研究对映异构体时，近年又引入了手性概念。因为人的右手和左手呈不能重合的物像关系，所以物像不重合的性质称为手性，物像不重合的分子称为手性分子；物像重合的性质称为非手性，物像重合的分子称为非手性分子。在引入手性概念后，具有历史意义的不对称碳原子的概念仍继续使用。只是将不对称碳原子称为手性碳原子或手性中心。现在已知大多数手性分子（或不对称分子）含有一个或多个手性碳原子（或手性中心），但也有手性分子不含有手性碳原子，所以产生手性分子的必要和充分条件是物像不重合。

手性分子（或不对称分子）的对映体，其物理性质如熔点、沸点、溶解度、密度等，都是相同的，其化学性质也是相同的，只是在特殊的手性环境下才表现出差异。所谓手性环境是指反应在手性溶剂中进行或与手性试剂起反应。但手性分子的对映体对偏振光的作用不同，一个可使偏振光左旋，另一个可使偏振光右旋，所以常用偏振光来检验手性分子的对映体。

1. 偏振光

光是一种电磁波，光波振动的方向与其传播方向垂直。图 3-4(a)表示一束光线朝着纸面直射过来，它包含各种波长、可在各个平面上振动的光线。图中每个双箭头代表与纸面垂直的平面。

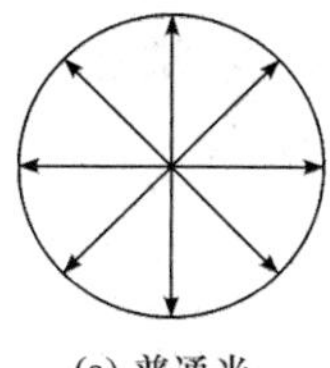

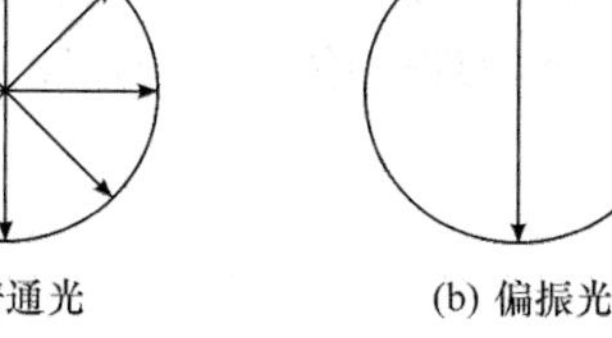

(a) 普通光 (b) 偏振光

图 3-4 普通光和平面偏振光示意图

把普通光通过偏振片——一种由方解石制成的尼科尔(Nicol)棱镜，只有在和棱镜晶轴平行的平面上振动的光线才能通过，在其他平面上振动的光线都被阻挡不能通过。所以通过这种棱镜的光线就只在一个平面振动，这种只在一个平面振动的光叫平面偏振光，简称偏振光[图 3-4(b)]。

旋光仪是用来测定物质旋光度的仪器。旋光仪是由光源、两个尼科尔棱镜和一个装液管组成，如图 3-5 所示。

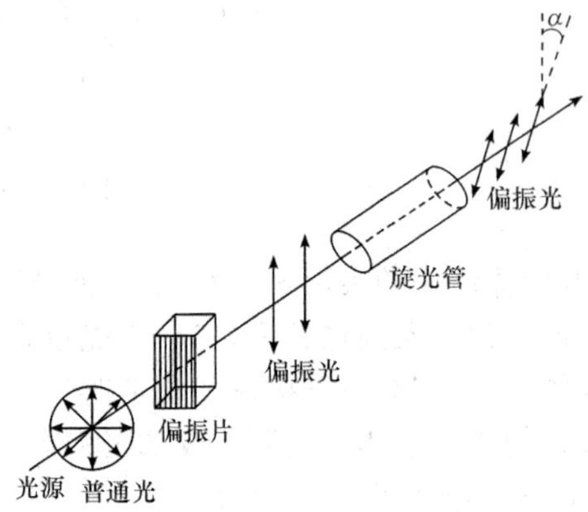

图 3-5　旋光仪

由光源发出的光经过第一个尼科尔棱镜（称为起偏镜）变成偏振光，通过空管或装有水、乙醇的装液管后，到达第二个尼科尔棱镜（称为检偏镜）。如果两个尼科尔棱镜轴平行，偏振光通过第二个尼科尔棱镜的光量最大。如果装液管中装有乳酸等旋光性物质，则在检偏镜后见到的光不是最亮而是有所减弱，只有当检偏镜向左或向右旋转某个角度后才能见到最亮的光。这是由于旋光性物质将偏振光的偏振面旋转了某个角度。旋转的角度可从刻度盘上读出。

偏振光通过旋光性物质时使偏振光的振动面旋转了一个角度，这个角度称为旋光物质的旋光度，常用 α 表示。测定旋光物质在溶液中的旋光度时，装液管的长度、溶液的浓度、溶剂、温度以及光源的波长都影响旋光度 α 的数值。当装液管的长度是 1dm、待测物质的浓度是 1g 溶质 ·（mL 溶液）$^{-1}$时，测得的旋光度称为比旋光度，常用[α]表示。比旋光度与旋光度的关系是

$$[\alpha]=\frac{\alpha}{l\times c}$$

式中，α 是旋光仪上测得的旋光度；l 是装液管的长度，单位为 dm；c 是溶液的浓度，单位为 g · mL^{-1}。

在用旋光仪测定物质的旋光度时常固定测定时的温度、光源的波长和溶剂，以消除它们的影响，这时可得恒定的比旋光度，用$[\alpha]_{\lambda}^{t}$表示。此外，常用(＋)表示右旋，(－)表示左旋。比旋光度不受装液管的长度和溶液浓度的影响，所以比旋光度像物质的熔点、沸点一样，作为旋光物质的一个物理常数，用来表示旋光物质的一个物理性质——旋光性。

若旋光性物质是液体，则比旋光度[α]的定义是

$$[\alpha]_{\lambda}^{t}=\frac{\alpha}{l\times\rho}$$

式中，l 是装液管的长度，单位为 dm；ρ 是液体的密度，单位为 g · cm^{-3}。

2. 手性和对称性

判断一个分子是否是手性分子的方法有两种：①用模型摆出分子构型和它的镜像，若物像不重合，则为手性分子，具有旋光性；若物像重合，不是手性分子也不具有旋光性。②分析分子中对称因素。若分子中既无对称面又无对称中心，一般为手性分子，具有旋光性；否则为非手性分子，不具有旋光性。

下面介绍一下分子的对称因素。

1）对称轴

通过分子作一直线，以这条直线为轴把分子旋转 360°/n 的角度，如果旋转后分子的形象相对于转动前的形象完全复原，则这条直线为该分子的 n 重对称轴，用 C_n 表示，n 表示分子绕轴旋转 360°中分子复原的次数。例如，水分子有一个二重轴，即水分子绕 C_2 轴转动 180°，分子形象与转动前的形象完全重合：

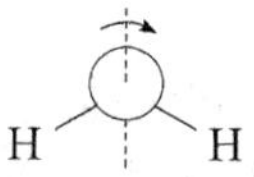

H H

又如，顺式和反式 1,2-二氯乙烯分子中有 C_2 轴，环丁烷分子中有 C_4 轴，苯分子中有C_6 轴。

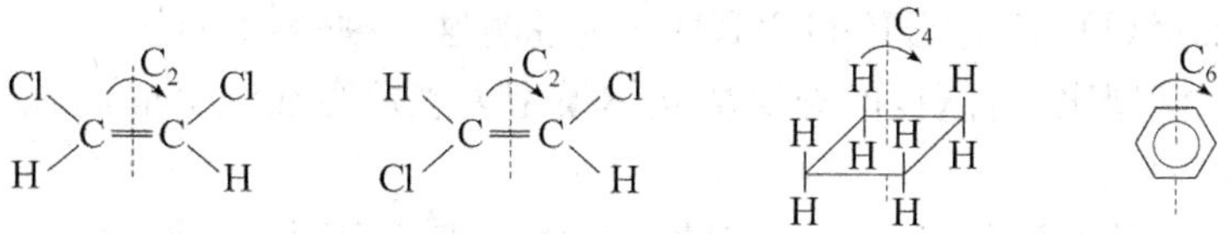

以上具有对称轴的分子，物像均重合，是非手性分子，不旋光。但(＋)-酒石酸和(－)-酒石酸分子中都有 C_2 轴，二者互为物像，不重合，是手性分子，旋光。

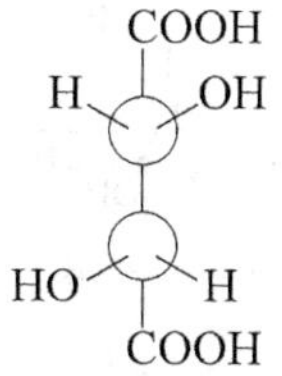

(+)-酒石酸 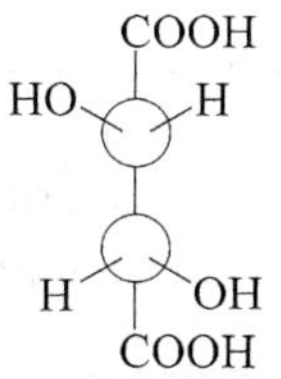 (-)-酒石酸

因此，分子中有无 C_n 轴不能用作判断分子是否为手性分子的依据。

2）对称面

如果用一个平面可把分子分成两部分，这两部分互为镜像，则该平面为该分子的对称面。例如，CH_2FCl、顺式和反式 1,2-二氯乙烯分子中都有对称面：

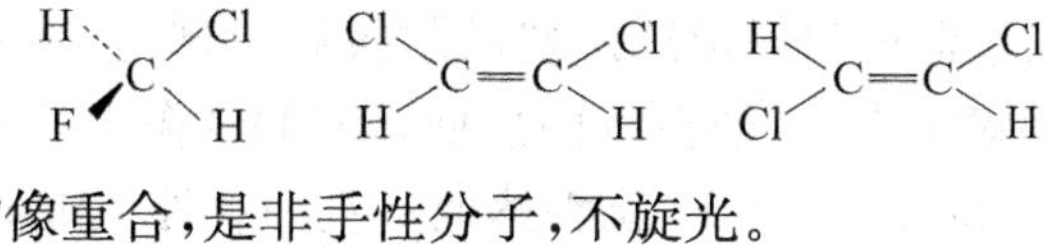

具有对称面的分子，物像重合，是非手性分子，不旋光。

3）对称中心

通过分子中心可引任一条直线，如果离中心相等距离遇到相同原子，则该中心为分子的对称中心。例如，反-1,2-二氯乙烯就有一个对称中心：

反-1,3-二氟-2,4-二氯环丁烷分子也有对称中心：

具有对称中心的分子，物像重合，是非手性分子，不旋光。

综上所述，检查一个分子，如果分子中既不存在对称面又不存在对称中心，则在一般情况下，该分子物像不重合，是手性分子，具有旋光性。

3. 手性分子构型表示法

构型是表示分子中原子或基团在空间的排列，手性分子构型是表示围绕手性中心(手性碳原子或不对称碳原子)4 个原子或基团在空间的排列。表示手性分子构型的方法有三种：模型、透视式和费歇尔(Fischer)投影式。

下面以甘油醛($HOCH_2CHOHCHO$)为例说明这三种表示方法。

(1) 模型。模型比较直观，但需要从立体模型去想象写在纸上面的式子，例如甘油醛分子的模型(图 3-6)。

(2) 透视式。甘油醛分子模型对应的透视式可表示为图 3-7 所示。

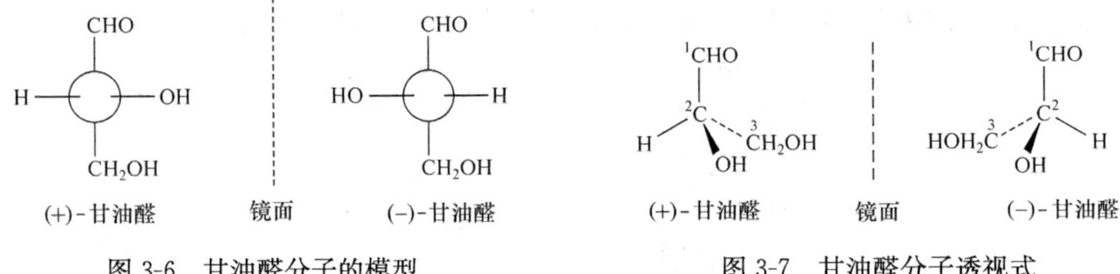

图 3-6　甘油醛分子的模型　　　　图 3-7　甘油醛分子透视式

在透视式中，手性碳原子 C^* 和以细实线与 C^* 原子相连的原子均在纸平面内，以虚线与 C^* 原子相连的原子在平面的后面，以楔实线的尖端与 C^* 原子相连的原子在平面的前面。

(3) 费歇尔投影式。将手性分子的立体模型投影到平面上，使之变成平面形式的一种国际上公认的方法，就是费歇尔投影法。费歇尔投影法规定：在对手性分子投影时，手性碳原子放在纸面内，将碳链直立，处在纸面后面，—CHO 向上，—CH_2OH 向下，二者等程度与纸面倾斜，这样，H 原子和—OH 就必然地一左一右处在纸面前面并等程度与纸面倾斜，把这种模型投影到纸面上即可得到平面投影式。图 3-8 所示为甘油醛的两个平面投影式。

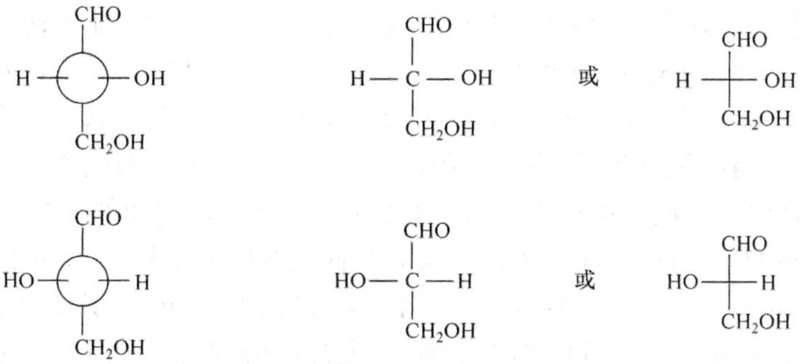

CHO
H—⊕—OH
CH_2OH

CHO
H — C — OH
CH_2OH

或

CHO
H —┼— OH
CH_2OH

CHO
HO—⊕—H
CH_2OH

CHO
HO— C —H
CH_2OH

或

CHO
HO—┼—H
CH_2OH

图 3-8　费歇尔投影式

关于费歇尔平面投影式，有如下几点需加以强调：

(1) 将一个手性分子模型用费歇尔投影法进行投影时，一定将碳链直立，C* 原子处在纸面内，两个直立的单键所连接的基团一上一下处在纸面的后面，而两个水平的单键所连接的基团一左一右地处在纸面的前面。这是一条最主要的规定。所以看到一个手性分子的平面投影式时，立即就可想象到竖线相连的基团在纸面的后面，而横线相连的基团在纸面的前面。

(2) 费歇尔投影式在纸面内转动 90°，得到的投影式不再是原来的化合物，而是其对映体；转动 180°，得到的投影式还是原来的化合物。例如：

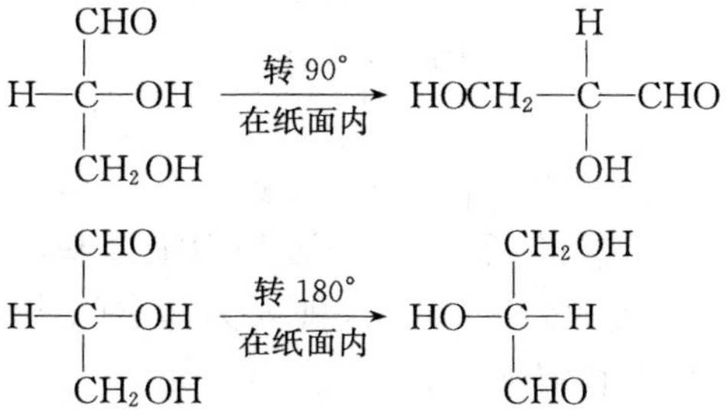

CHO
H—C—OH
CH_2OH
—转 90°，在纸面内→
H
$HOCH_2$—C—CHO
OH

CHO
H—C—OH
CH_2OH
—转 180°，在纸面内→
CH_2OH
HO—C—H
CHO

4. 手性化合物构型命名法

甘油醛($HOCH_2C^*HOHCHO$)含有一个手性中心，具有一对对映体，其分子模型、透视式和费歇尔投影式如下：

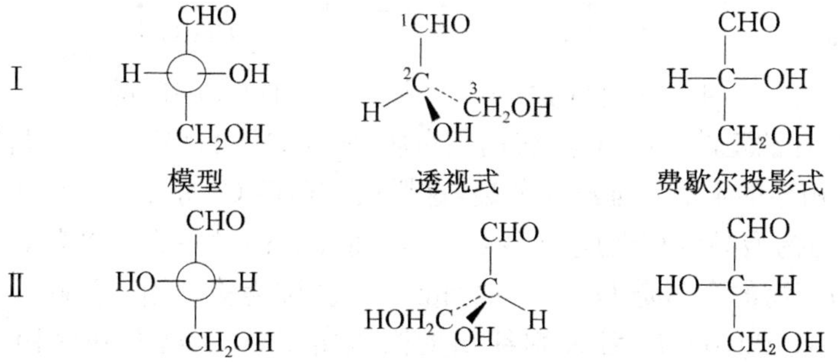

Ⅰ

CHO
H—⊕—OH
CH_2OH
模型

¹CHO
²C ³CH_2OH
H　OH
透视式

CHO
H—C—OH
CH_2OH
费歇尔投影式

Ⅱ

CHO
HO—⊕—H
CH_2OH

CHO
C
HOH_2C　H
OH

CHO
HO—C—H
CH_2OH

这对对映体都具有旋光性，一个可使偏振光偏振面向右旋转某个角度，是右旋体(+)-甘油醛；另一个为左旋体(−)-甘油醛。现在的问题是：(+)-甘油醛或(−)-甘油醛具有什么样的构型？是构型Ⅰ还是构型Ⅱ呢？也就是说如何确定这对对映体的构型呢？人们总希望将手性化合物的旋光方向和构型对应起来，即希望能确定右旋甘油醛（＋）-$CH_2OHCHOHCHO$对应某一种构型，而左旋甘油醛（－）-$CH_2OHCHOHCHO$对应另一种构型，但实际上是办不到的，因为构型和旋光方向是两个不同的概念。旋光方向是用旋光仪对手性化合物进行测定的结果，而构型是分子中原子在空间的排列。对分子构型的测定是很不容易的，到目前为止还无法从旋光方向上判断分子构型，但可假定某个旋光异构体具有某种构型，然后将其他旋光异构体与之进行关联以获得其构型。1906 年 A. M. Rosanoff 选用（＋）-甘油醛作为标准，指定其构型（费歇尔投影式）为

```
       CHO
        |
    H—C—OH
        |
       CH₂OH
```

D-（＋）-甘油醛

在这个指定的费歇尔投影式中，碳链被放在竖立的方向，醛基（—CHO）在上面，羟甲基（—CH_2OH）在下面，羟基（—OH）在 C^* 原子的右边，氢原子在 C^* 原子的左边，这样的构型称为 D 型（来自拉丁文 dexter，右）。于是就可将（＋）-甘油醛的全名（包括旋光方向和构型）写为 D-（＋）-甘油醛，它的对映体（－）-甘油醛定为 L 型（来自拉丁文 laevus，左），（－）-甘油醛的全名可写为 L-（－）-甘油醛。

```
        CHO
         |
   HO—C—H
         |
        CH₂OH
```

L-（－）-甘油醛

在对甘油醛构型（费歇尔投影式）的指定中，关键是指定羟基（—OH）的位置，羟基在 C^* 原子右边的为 D 型，在 C^* 左边的为 L 型。这种人为指定的构型，错对各占二分之一，因而将这种人为指定的构型称为相对构型。

有了这种相对构型后，许多手性化合物的构型就可以与相对构型 D-（＋）-甘油醛相关联。例如：

```
       CHO                          COOH
        |           [O]              |
    H—C—OH     ———————→      H—C—OH
        |          [HgO]             |
       CH₂OH                        CH₂OH

  D-(+)-甘油醛                  D-(-)-甘油酸
```

HgO 把 D-（＋）-甘油醛的—CHO基氧化成为羧基—COOH，得到（－）-甘油酸。在反应中与 C^* 原子直接相连的 4 个单键没有断裂，这样反应前后 C^* 原子的构型不会改变，所以产物（－）-甘油酸的构型必然和反应物 D-（＋）-甘油醛的构型一致。产物（－）-甘油酸的构型也是 D 型，即产物的全名是 D-（－）-甘油酸。这就称为构型相互关联。

1951 年，J. M. Bijvoet 应用 X 射线衍射法确定了（＋）-酒石酸的构型，进而推断出（＋）-甘油醛的构型。巧合的是（＋）-甘油醛的构型正是 Rosanoff 指定的构型——D 型。这样，不但 Rosanoff 指定的（＋）-甘油醛的构型不再是相对构型，而是绝对构型，而且所

有与(＋)-甘油醛相关联的手性化合物的构型都不再是相对构型，而是绝对构型了。

1) D/L 命名法

(＋)-甘油醛和它相关联的手性化合物的构型都是 D 型，它们的对映体的构型都是 L 型，这就是 D/L 命名法。其他不能与(＋)-甘油醛相关联的许多手性化合物，构型都不能用 D/L 命名法来命名，所以 D/L 命名法应用面是很窄的。不过 D/L 命名法在糖、氨基酸等类化合物中仍得到广泛的应用。一个采用更为广泛的确定手性化合物构型的方法就是 *R*/*S* 命法名。

2) *R*/*S* 命名法

该法的要点有两个：

(1) 按次序规则确定与手性碳原子相连的四个原子或基团的先后次序。

(2) 用分子的模型或透视式来设定分子的取向，即把次序规则中最小的基团(一般是氢原子)放在离观察者最远的位置，然后观察其余三个基团的排列，如果由大到小为顺时针方向的，则为 *R* 型(*R* 来自拉丁文 rectus，右)；如果由大到小为逆时针方向的，则为 *S* 型(*S* 来自拉丁文 sinister，左)。例如：

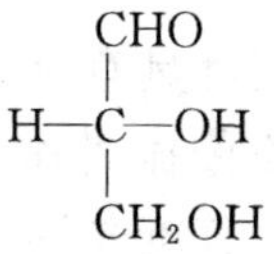

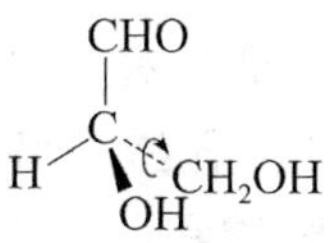

CHO
H—C—OH
CH_2OH

CHO
C
H　OH　CH_2OH
(*R*)

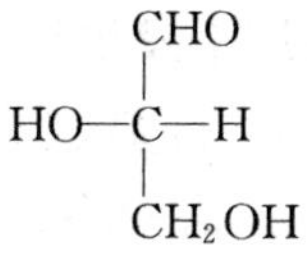

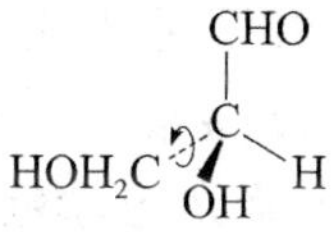

CHO
HO—C—H
CH_2OH

CHO
C
HOH_2C　OH　H
(*S*)

(3) 用费歇尔投影式来确定分子构型时可采用如下方法。有两种情况：第一，在费歇尔投影式中，如果最小基团(一般是氢原子)位于投影式的左面或右面，观察其余三个基团，由大到小的次序为顺时针时，投影式的构型为 *S* 型。为逆时针时，投影式的构型为 *R* 型。例如：

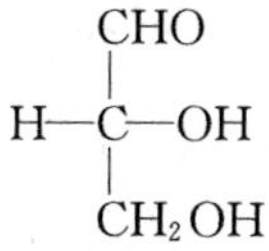

CHO
H—C—OH
CH_2OH
(*R*)

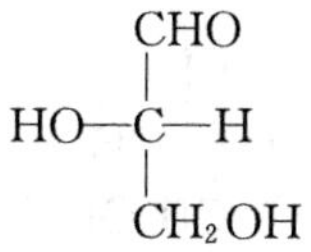

CHO
HO—C—H
CH_2OH
(*S*)

第二，在费歇尔投影式中如果最小基团(一般是氢原子)位于投影式的上面或下面，观察其余三个基团，由大到小的次序为顺时针时，投影式的构型即为 *R* 型；为逆时针时，投影式的构型为 *S* 型。例如：

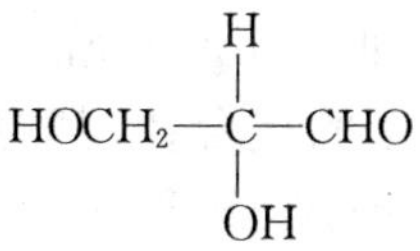

H
$HOCH_2$—C—CHO
OH
(*S*)

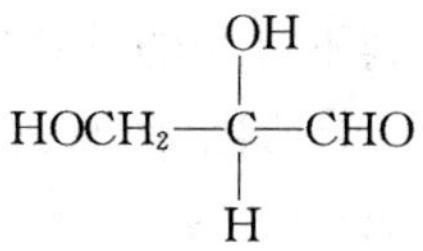

OH
$HOCH_2$—C—CHO
H
(*R*)

5. 含有一个手性碳原子的对映体

乳酸($CH_3CHOHCOOH$)是含有一个 C^* 原子的典型化合物。其构造式为

$$\begin{array}{c} H \\ | \\ CH_3—C^*—COOH \\ | \\ OH \end{array}$$

在乳酸中与 C^* 原子相连的 4 个原子或基团是 H、CH_3、OH 和 COOH。这 4 个原子或基团围绕 C^* 原子在空间的排列(构型)有两种,它们的费歇尔投影式是

$$\begin{array}{c} COOH \\ | \\ H—C—OH \\ | \\ CH_3 \end{array} \text{ 或 } \begin{array}{c} COOH \\ H—\!\!+\!\!—OH \\ CH_3 \end{array} \qquad \begin{array}{c} COOH \\ | \\ HO—C—H \\ | \\ CH_3 \end{array} \text{ 或 } \begin{array}{c} COOH \\ HO—\!\!+\!\!—H \\ CH_3 \end{array}$$

(*R*)-(—)-乳酸　　　　(*S*)-(+)-乳酸

D-(—)-乳酸　　　　L-(+)-乳酸

这两种构型异构体互为镜像,是一对对映体。它们都具有旋光性,一个可使偏振光振动面向右旋转,是右旋体,称为(+)-乳酸。另一个可使偏振光振动面向左旋转,是左旋体,称为(—)-乳酸。等量的(+)-乳酸和(—)-乳酸混合,其旋光性互相抵消,就成为不旋光的外消旋乳酸[(±)-乳酸]。实验发现:从肌肉得到的乳酸是右旋乳酸[(+)-乳酸],熔点为26℃,比旋光度$[\alpha]_D^{15}=+3.82°$。在左旋乳酸菌作用下发酵得到的乳酸为左旋乳酸[(—)-乳酸],熔点为 26℃,比旋光度$[\alpha]_D^{15}=-3.82°$。用一般乳酸菌发酵得到的乳酸或用化学反应合成得到的乳酸都是不旋光的,熔点为 18℃。这种不旋光的乳酸是由等量的(+)-乳酸和(—)-乳酸混合而成的产物。

总之,乳酸有三种形式:右旋乳酸(+)-乳酸、左旋乳酸(—)-乳酸和外消旋乳酸(±)-乳酸。

甘油醛 $HOCH_2C^*HOHCHO$ 也是含有一个 C^* 原子的化合物。围绕 C^* 原子,4 个原子或基团在空间不同的排列所形成的两个构型异构体的费歇尔投影式表示如下:

$$\begin{array}{c} CHO \\ | \\ H—C—OH \\ | \\ CH_2OH \end{array} \text{ 或 } \begin{array}{c} CHO \\ H—\!\!+\!\!—OH \\ CH_2OH \end{array} \qquad \begin{array}{c} CHO \\ | \\ HO—C—H \\ | \\ CH_2OH \end{array} \text{ 或 } \begin{array}{c} CHO \\ HO—\!\!+\!\!—H \\ CH_2OH \end{array}$$

D-(+)-甘油醛　　　　L-(—)-甘油醛

(*R*)-(+)-甘油醛　　　　(*S*)-(—)-甘油醛

这对构型异构体互为镜像,是一对对映体。它们都具有旋光性,一个是右旋体,称为右旋甘油醛[(+)-甘油醛];另一个是左旋体,称为左旋甘油醛[(—)-甘油醛],等量的(+)-甘油醛和(—)-甘油醛混合,得到不旋光的外消旋甘油醛,即(±)-甘油醛。

对于其他含有一个 C^* 原子的化合物,例如 Cabcd 型的化合物,都有两个旋光方向不同的异构体,一个为右旋体,另一个为左旋体,二者互为镜像,组成一对对映体。等量的右旋体和左旋体混合,组成一个不旋光的外消旋体。

$$\begin{array}{c} a \\ | \\ c-C-d \\ | \\ b \end{array} \quad 或 \quad \begin{array}{c} a \\ c \!+\! d \\ b \end{array} \qquad\qquad \begin{array}{c} a \\ | \\ d-C-c \\ | \\ b \end{array} \quad 或 \quad \begin{array}{c} a \\ d \!+\! c \\ b \end{array}$$

6. 含有两个不相同的手性碳原子的化合物

2,3-二氯戊烷（$CH_3CH_2CHClCHClCH_3$）、丁醛糖（2，3，4-三羟基丁醛）($HOCH_2CHOHCHOHCHO$)等都是含有两个不相同 C* 原子的化合物。

前面介绍了含有一个 C* 原子的化合物有两个构型异构体，那么含有两个 C* 原子的化合物有几个构型异构体呢？构型异构体的产生是由于围绕 C* 原子的 4 个原子或基团在空间的不同排列而引起的，每一种排列就是一种构型。以丁醛糖为例，看含有两个 C* 原子的化合物共有几种构型：

$\overset{4}{HOCH_2}$—$\overset{3}{C^*}$ HOH	—$\overset{2}{C^*}$ HOH	—$\overset{1}{CHO}$	构型异构
R	*R*		Ⅰ
S	*S*		Ⅱ
S	*R*		Ⅲ
R	*S*		Ⅳ

这就是说，C^{2*} 原子和 C^{3*} 原子构型同时都是 *R* 型或同时都是 *S* 型，或一个是 *R* 型一个是 *S* 型的情况共有 4 种，即有 4 种构型：

(1)——(2*R*,3*R*)　　(3)——(2*S*,3*R*)

(2)——(2*S*,3*S*)　　(4)——(2*R*,3*S*)

丁醛糖 4 种构型的模型和费歇尔投影式如图 3-9 所示。

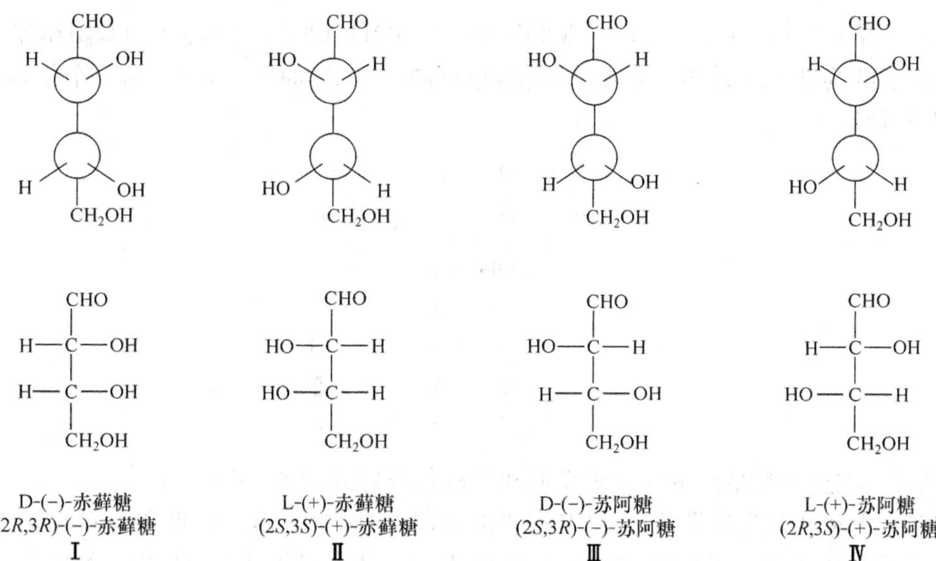

图 3-9 丁醛糖 4 种构型的模型和费歇尔投影式

在这4种构型异构体中，Ⅰ和Ⅱ互为物像，是一对对映体；Ⅲ和Ⅳ互为物像，是一对对映体。而Ⅰ与Ⅲ、Ⅰ与Ⅳ、Ⅱ与Ⅲ、Ⅱ与Ⅳ不是物像关系，不是对映体，它们是非对映体。

对于含有两个C*原子的化合物，它们的费歇尔投影式可用如下两种方法来完成。①用前述费歇尔投影式方法分别对每个C*原子进行投影：投影C^{2*}原子时，与C^{2*}原子直接相连的原子或基团是—CHO、—H、—OH、—$C^{3*}HOHCH_2OH$；投影C^{3*}原子时，直接与C^{3*}原子相连的原子或基团是—H、—OH、—CH_2OH、—$C^{2*}HOHCHO$。②将丁醛糖的碳链直立，使两个C*原子处在纸面内，—CHO向上，在纸面的后面，—CH_2OH向下，也在纸面的后面，而—H、—OH在纸面的前面，分处左右，然后向纸面投影即可得到上面的费歇尔投影式。

命名含有2个或2个以上C*原子的化合物时，根据费歇尔投影式，将碳链编号，依次确定每个C*原子的构型是*R*型还是*S*型，命名时用阿拉伯数字注明每个C*原子的编号，如(2*R*,3*R*)等。

含有一个C*原子的化合物有$2^1=2$个构型异构体，组成一对对映体。含有2个不相同C*原子的化合物有$2^2=4$个构型异构体，组成$2^2/2=2$对对映体。含有*n*个不相同C*原子的化合物有2^n个构型异构体，组成$2^n/2$对对映体。

7. 含有2个相同的手性碳原子的化合物

含有2个相同C*原子化合物的最典型的实例就是酒石酸，即2,3-二羟基丁二酸。其构造式为

```
        H    H
        |    |
HOOC—C*—C*—COOH
        |    |
        OH   OH
```

C^{2*}和C^{3*}原子都与—H、—OH、—COOH和—CHOHCOOH 4个原子和基团相连。这2个C*原子的构型可同时都是*R*型或*S*型，也可能一个C*原子是*R*型，另一个是*S*型，即有如下4种情况：

```
        H    H
        |    |
HOOC—C*—C*—COOH
        |    |
        OH   OH
        R    R        Ⅰ
        S    S        Ⅱ
        S    R        Ⅲ
        R    S        Ⅳ
```

酒石酸在这4种情况下的立体模型和费歇尔投影式如图3-10所示。

其中，Ⅰ和Ⅱ互为物像关系，二者不能重合，是一对对映体。而Ⅲ和Ⅳ看起来也是物像，但二者能够重合。将投影式Ⅲ在纸面转动180°就是投影式Ⅳ，所以Ⅲ和Ⅳ实际上是一种化合物。在这种化合物中，2个相同C*原子的构型相反，一个是*R*型，另一个是*S*

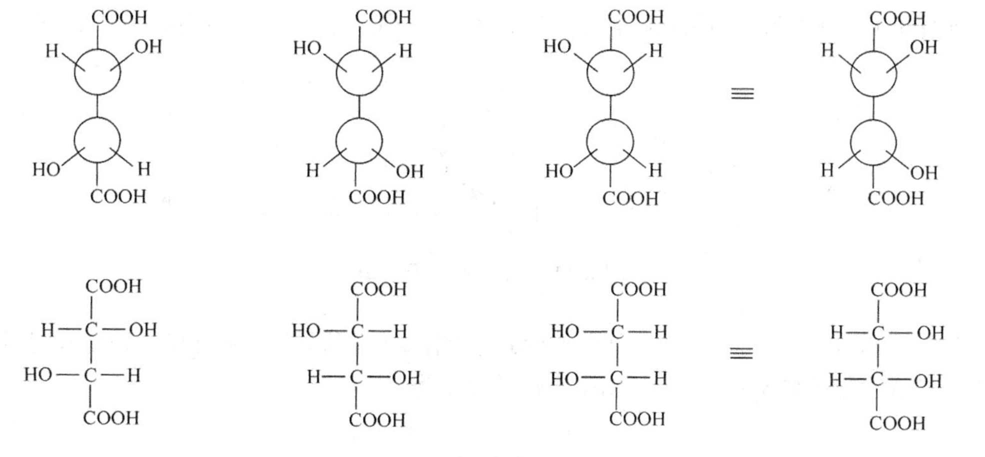

(+)-酒石酸
(2*R*,3*R*)-(+)-酒石酸
Ⅰ

(−)-酒石酸
(2*S*,3*S*)-(−)-酒石酸
Ⅱ

内消旋酒石酸
(2*S*,3*R*)-内消旋酒石酸
Ⅲ

内消旋酒石酸
(2*R*,3*S*)-内消旋酒石酸
Ⅳ

图 3-10 酒石酸的立体模型和费歇尔投影式

型，因而它们的旋光方向也相反，一个是右旋，另一个是左旋，旋光性在分子内抵消了，所以成为不旋光的内消旋体。内消旋体分子中一般存在对称因素——对称面。

酒石酸有 3 种构型异构体：(2*R*,3*R*)-(＋)-酒石酸、(2*S*,3*S*)-(－)-酒石酸和(2*S*,3*R*)或(2*R*,3*S*)-内消旋酒石酸。等量的(＋)-酒石酸和(－)-酒石酸混合成为不旋光的外消旋酒石酸(±)-酒石酸。内消旋酒石酸与(＋)-酒石酸或(－)-酒石酸都是非对映体。酒石酸的物理性质见表 3-2。

表 3-2 酒石酸的物理性质

名 称	熔 点	溶解度/[g·(100g 水)$^{-1}$](20℃)	$[\alpha]_D^{25}$(20%水溶液)
(＋)-酒石酸	170℃	139	＋12°
(－)-酒石酸	170℃	139	－12°
(±)-酒石酸	206℃	20.9	不旋光
内消旋酒石酸	140℃	125	不旋光

8. 不含手性碳原子的对映异构体

1) 丙二烯型化合物

丙二烯分子($H_2\overset{3}{C}=\overset{2}{C}=\overset{1}{C}H_2$)中，$C^1$ 和 C^3 原子成键时用的是 sp^2 杂化轨道，3 个 sp^2 杂化轨道在同一平面内，余下的 p 轨道垂直于这个平面。而 C^2 原子成键时用的是 sp 杂化轨道，余下的 2 个 p 轨道互相垂直且垂直于 2 条 sp 轨道所在的直线。由于 C^2 原子上 2 条 p 轨道互相垂直，C^2 原子的 p 轨道与 C^1 原子的 p 轨道和与 C^3 原子的 p 轨道形成的 2 个 π 键也必然在相互垂直的 2 个平面上。从乙烯分子结构（π 键所在的平面垂直于 2 个 C 原子和 4 个氢原子所在的平面），可想象到 C^1 原子和其相连的 2 个氢原子所在的平面一定垂直 C^1 原子与 C^2 原子 π 键所在的平面，C^3 原子和其相连的 2 个氢原子所在的平面

一定垂直于 C^3 原子与 C^2 原子间 π 键所在的平面。丙二烯的分子结构如图 3-11 所示。

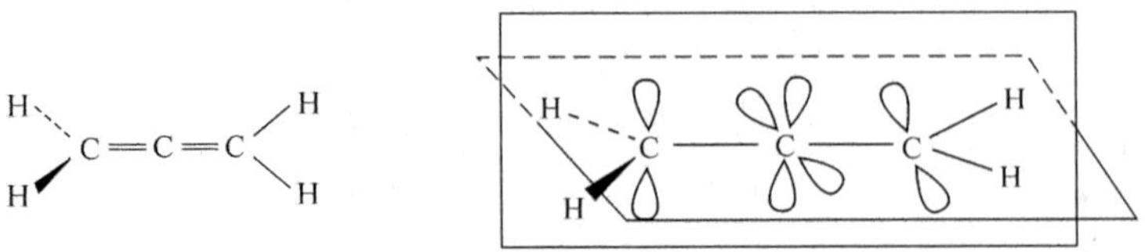

图 3-11　丙二烯分子结构

在丙二烯分子中，当 C^1 与 C^3 原子上分别带有 2 个不同的原子或基团如 a、b 时，即得丙二烯二取代衍生物abC=C=Cab，其分子构型为

在丙二烯二取代衍生物abC=C=Cab中，处在 C^1 原子上的取代基 a、b 和处在 C^3 原子上的取代基 a、b 不在同一平面内，而是在互相垂直的 2 个平面上，因此该分子物与像不重合，是个手性分子，可形成一对对映体。例如，1，3-二苯基-1，3-二（α-萘基）丙二烯：

分子中既无对称面也无对称中心，所以从分子对称性上也可判断它是手性分子。但是丙二烯二取代衍生物中，只要 C^1、C^3 中有一个 C 原子上带有两个相同的原子或基团，如 aaC=C=Cab，该分子的物与像重合，就不是手性分子。而且该分子中有一个对称面，也决定它不是手性分子。

2）联苯型化合物

联苯可看成苯分子中一个氢原子被苯基取代的产物。其分子构造式为

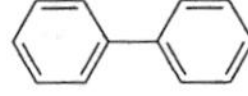

2 个苯环之间的单键是 σ 键，可以自由转动。由于 σ 键自由转动，2 个苯环间夹角可呈任意角度，只有当 2 个苯环间夹角为 0 即当 2 个苯环共平面时，才能形成包括 2 个苯环的共轭体系，分子才最稳定。所以，固态时联苯总是平面形分子。但是，如果联苯分子中邻位上的氢原子被体积足够大的原子或基团取代，由于 2 个苯环邻位上的取代基不能容纳在同一平面内，使 2 个苯环所在平面间有一定的角度，足够大的取代基也阻碍着两个苯环间 σ 键的自由转动。当两个苯环邻位上分别带有两个不同的取代基时，这时分子中既无对称面也无对称中心，是手性分子，物与像不重合，形成一对对映体。例如，6，6′-二硝基-2，2′-联苯二甲酸就是手性分子：

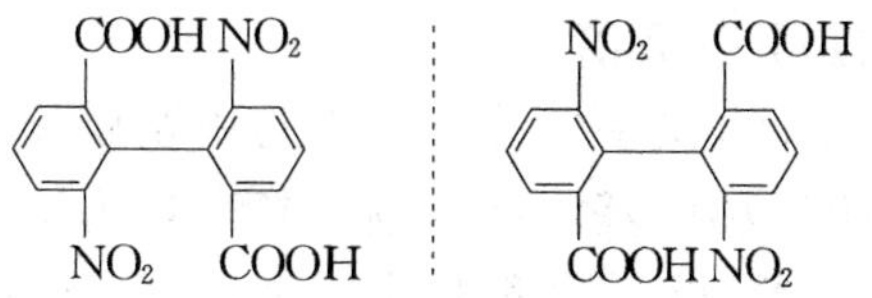

镜面

6,6′-二硝基-2,2′-联苯二甲酸的对映体

这种类型的分子还有 2,2′-二甲基-6,6′-二氨基联苯和 2,2′-联苯二磺酸等。

9. 不对称合成

乙醛与氢氰酸加成可生成 α-羟基丙腈。

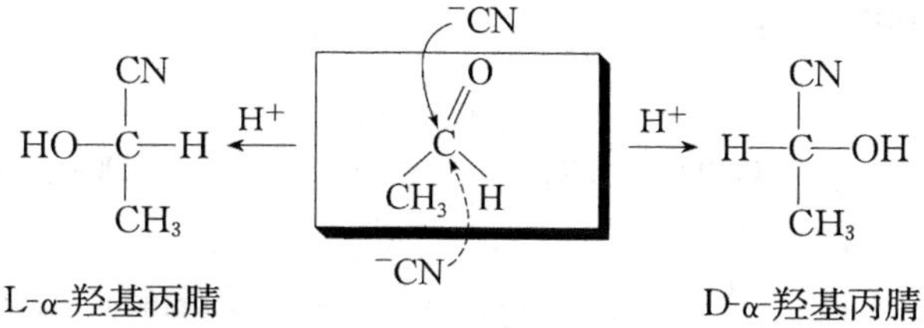

L-α-羟基丙腈 D-α-羟基丙腈

乙醛是个非手性分子,不具有旋光性。产物 α-羟基丙腈含有一个手性碳原子,是手性分子,应具有旋光性,但产物仍不旋光。其原因是产物包含等量D-α-羟基丙腈和 L-α-羟基丙腈的混合物,是个外消旋体,因而不具有旋光性。

乙醛的羰基是平面型,在进行反应时,CN^- 可从平面的上面或下面进攻羰基碳,而且概率相等,所以得到等量的构型相反、旋光方向不同的两种旋光异构体,即外消旋体。由此可得出一般规律:从非手性的化合物合成手性化合物时得到的总是外消旋体。

丙酮酸乙酯($CH_3COCOOC_2H_5$)是个非手性的化合物,用醇铝还原剂进行还原反应时,可将酮羰基还原成羟基,生成 α-羟基丙酸乙酯(乳酸乙酯):

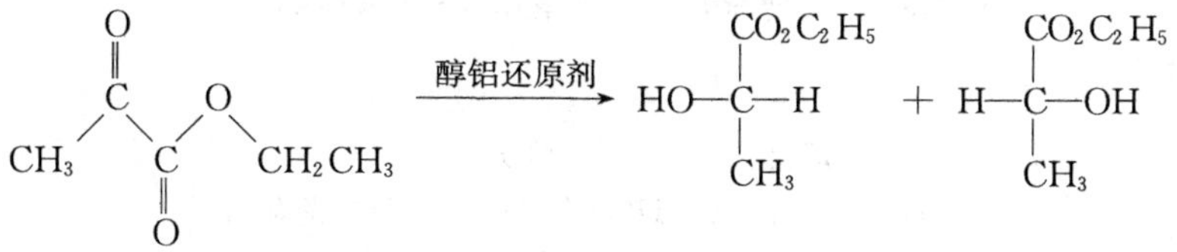

醇铝还原剂

乳酸乙酯是手性分子,应具有旋光性,但由于它是由非手性分子丙酮酸乙酯经还原得来的,因此得到的产物总是外消旋体,因而不旋光。

当反应物分子中已经有一个 C* 原子,再进行反应产生第二个 C* 原子时,情况就不同了,第二个 C* 原子的产生受第一个 C* 原子的影响,生成两个非对映体的旋光异构体,含量不同。例如,2-苯基丙醛与甲基碘化镁反应,生成两个非对映体的醇,两者含量比约为 2∶1。

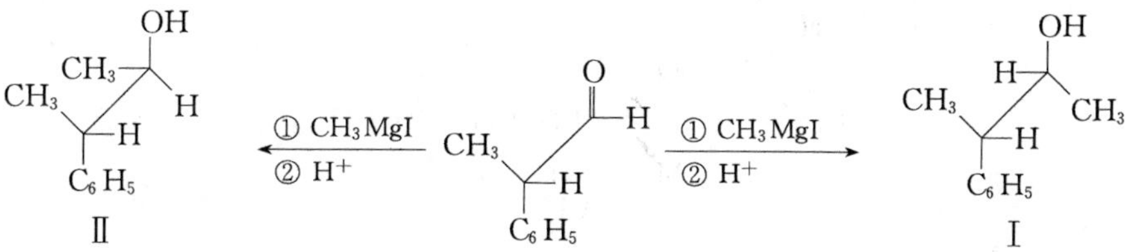

Ⅱ Ⅰ

(2*R*,3*S*)-3-苯基-2-丁醇 (2*S*,3*S*)-3-苯基-2-丁醇

旋光异构体Ⅰ占优势，其量约是Ⅱ的 2 倍。

2-苯基丙醛含有一个 C* 原子，是手性分子。当与甲基碘化镁进行反应时，最有利的构象是羰基处在两个较小基团氢和甲基中间，亲核试剂（CH_3MgI 中$\bar{C}H_3$）从立体阻碍较小的氢原子一侧进攻羰基碳原子，得到构型Ⅰ的产物，亲核试剂也可从立体阻碍较大的 CH_3 基一侧进攻，得到构型Ⅱ的产物。显然产物Ⅰ的量比Ⅱ多。这就是第一个 C* 原子的存在对产生第二个 C* 原子的影响。这种影响主要是立体效应。

丙酮酸乙酯是非手性的化合物，用醇铝还原剂进行还原反应时，得到等量的右旋乳酸乙酯和左旋乳酸乙酯的混合物，一种外消旋体。如果用丙酮酸与天然的左旋的薄荷醇进行酯化反应生成丙酮酸薄荷醇酯，再进行还原反应，这时从手性分子进行反应可得含量不等的非对映体。反应式如下：

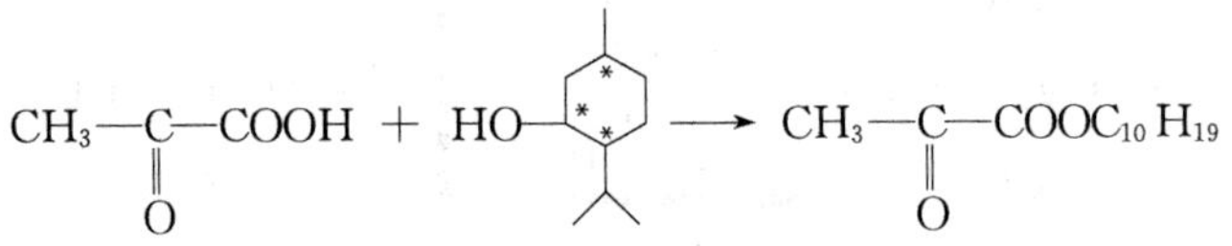

$CH_3—C(=O)—COOH$ + HO—(薄荷醇) ⟶ $CH_3—C(=O)—COOC_{10}H_{19}$

（—）-薄荷醇　（—）-丙酮酸薄荷醇酯

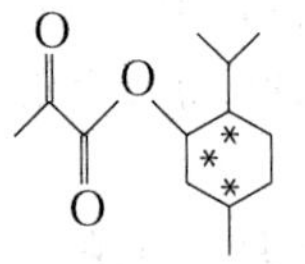

（—）-丙酮酸薄荷醇酯

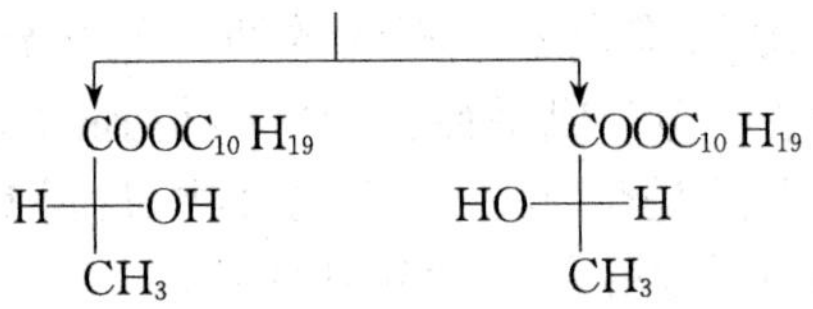

$COOC_{10}H_{19}$ / H—C—OH / CH_3　　$COOC_{10}H_{19}$ / HO—C—H / CH_3

（—）-乳酸-（—）-薄荷醇　（+）-乳酸-（—）-薄荷醇

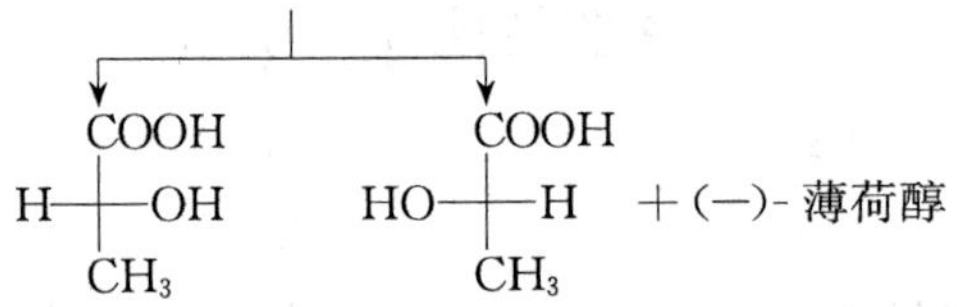

COOH / H—C—OH / CH_3　　COOH / HO—C—H / CH_3　+（—）-薄荷醇

（—）-乳酸（过量）　（+）-乳酸

（—）-丙酮酸薄荷醇酯分子中含有 3 个 C* 原子，其中和酯基氧相连的 C* 原子上的 3 个不同的原子或基团是 H—、—CH_2、>CH—CH(CH_3)$_2$。该 C* 原子对还原反应的途径起决定性作用。（—）-丙酮酸薄荷醇酯进行还原反应最有利的构象为

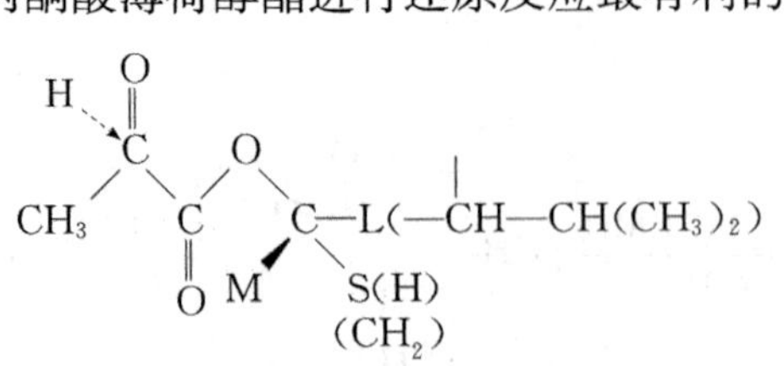

H ⇢ C(=O)(CH₃)—C(=O)—O—C—L(—CH—CH(CH_3)$_2$)，M，S(H)（CH_2）

氢就可从立体阻碍较少的酮羰基背面进攻，得到产量较多的 D-（—）-乳酸，也可从立体阻

碍较大的酮羰基的前面进攻得到产量较少的 L-(+)-乳酸。

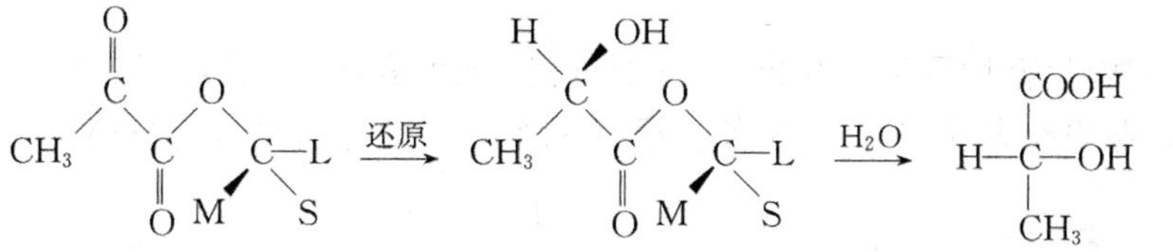

$$\underset{\substack{\text{M}\quad\text{S}}}{CH_3-\overset{O}{\overset{\|}{C}}-\underset{\underset{O}{\|}}{C}-O-C-L}\xrightarrow{\text{还原}}CH_3-\overset{H\quad OH}{C}-\underset{\underset{O}{\|}}{C}-O-C(M)(S)-L\xrightarrow{H_2O}H-\overset{COOH}{\underset{CH_3}{C}}-OH$$

D-(−)-乳酸
或L-(+)-乳酸

10. 外消旋体的拆分

以非手性化合物为原料进行合成，如果产物是手性分子，得到的也是等量的右旋体和左旋体组成的外消旋体。例如：

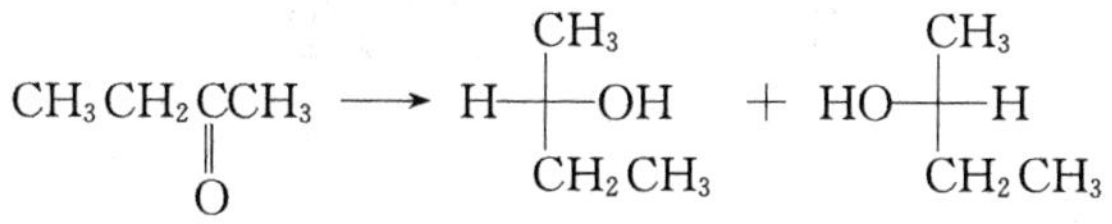

$$CH_3CH_2\underset{\underset{O}{\|}}{C}CH_3 \longrightarrow H-\overset{CH_3}{\underset{CH_2CH_3}{+}}-OH + HO-\overset{CH_3}{\underset{CH_2CH_3}{+}}-H$$

b. p. 99.5℃ 99.5℃
m. p. −114℃ −114℃

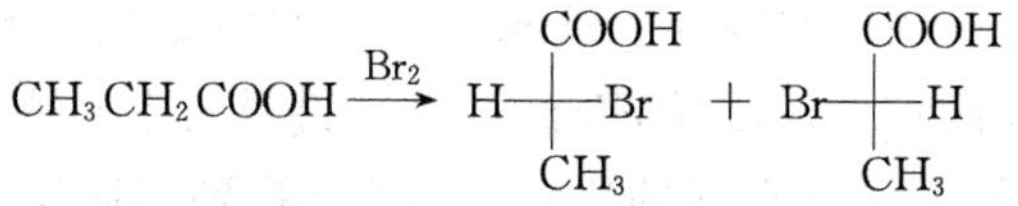

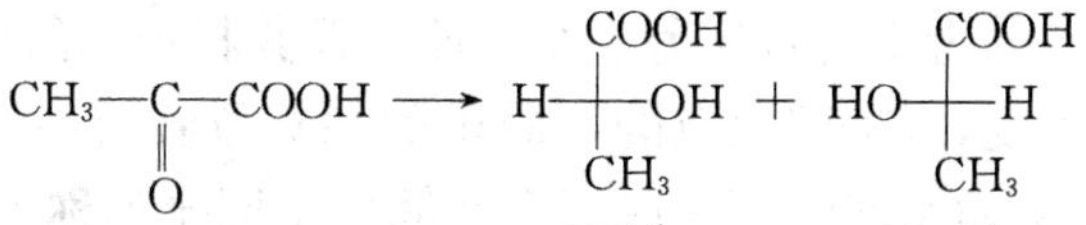

$$CH_3CH_2COOH\xrightarrow{Br_2}H-\overset{COOH}{\underset{CH_3}{+}}-Br + Br-\overset{COOH}{\underset{CH_3}{+}}-H$$

$$CH_3-\underset{\underset{O}{\|}}{C}-COOH \longrightarrow H-\overset{COOH}{\underset{CH_3}{+}}-OH + HO-\overset{COOH}{\underset{CH_3}{+}}-H$$

50% 50%

总之，从非手性化合物合成手性化合物得到的总是外消旋体。要想得到纯的右旋体或左旋体，除了采用上述的不对称合成法外，就是将外消旋体拆分。这种将外消旋体分开成右旋体和左旋体的过程称为外消旋体的拆分。因为在非手性环境中一种旋光化合物的右旋体和左旋体的物理性质(如沸点、熔点、溶解度等)相同，所以不能用一般的分离方法(如分馏、分步结晶等)把它们分开，而必须采用外消旋体拆分法。在外消旋体拆分的方法中，最常用的是化学方法。这种方法的基本原理：把两个对映体经过化学反应变成两个非对映体。由于非对映体的物理性质不同，可用一般的分离方法把它们分开。分开后，再把纯的非对映体转变成为原来的右旋体和左旋体。

为了拆分两个对映体，就要选择旋光性的试剂。由于自然界存在的旋光性试剂多是碱(如奎宁、马钱子碱等)和酸(如酒石酸、樟脑磺酸等)，因此被拆分的两个对映体多是酸和碱，以形成两个非对映体盐再进行分离。例如，对于由两个构型为 D-酸和 L-酸的对映体组成的外消旋体，就可选择自然界存在的旋光性的D-碱与之反应。

$$\left.\begin{array}{l}50\%\ \text{D-酸}\\50\%\ \text{L-酸}\end{array}\right\}+\text{D-碱}\longrightarrow\begin{array}{l}\text{D-酸-D-碱盐(Ⅰ)}\\\text{L-酸-D-碱盐(Ⅱ)}\end{array}$$

Ⅰ和Ⅱ是非对映体，可用结晶法分开，然后再用强碱处理，即可分别得到纯的D-酸和L-酸。

如果外消旋化合物既不是酸也不是碱，如醇，则可利用二元酸酐与之反应生成酯，留下一个羧基，再用旋光性的碱处理，使其生成两个非对映体盐再进行分离。

$$CH_3CH_2\underset{\displaystyle OH}{\underset{|}{C}}HCH_3 + \begin{matrix} CH_2—CO \\ | \\ CH_2—CO \end{matrix}\!\!>O \longrightarrow CH_3CH_2\overset{\displaystyle CH_3}{\overset{|}{C}}H—O—\overset{\displaystyle O}{\overset{\|}{C}}—\underset{\displaystyle CH_2—COOH}{\underset{|}{CH_2}}$$

(±)-酸

$$(\pm)\text{-酸}+(-)\text{-马钱子碱}\longrightarrow\begin{cases}(+)\text{-酸-}(-)\text{-碱盐}\\(-)\text{-酸-}(-)\text{-碱盐}\end{cases}\xrightarrow{\text{结晶分离}}\begin{cases}(+)\text{-酸-}(-)\text{-碱盐}\xrightarrow{HCl}(+)\text{-酸}\\(-)\text{-酸-}(-)\text{-碱盐}\xrightarrow{HCl}(-)\text{-酸}\end{cases}$$

3.6　分子的构象

3.6.1　烷烃分子的构象

1. 乙烷的构象

在乙烷($H_3C—CH_3$)分子中，连接两个碳原子之间的单键是σ键，当碳原子绕σ键的键轴转动时，对σ键的强度没有任何影响，因而认为σ键是可以自由转动的。但考虑到乙烷分子中两个碳原子上的氢原子在空间的排列时，就会看到当固定一个碳原子及其相连的氢原子在空间的位置(或称为排列)，让另一个碳原子及其相连的氢原子绕C—Cσ键转动，每转动一个无穷小的角度，两个碳原上的氢原子的相对位置就不同，在空间就有一种排列。这种由于绕单键转动而引起分子中原子在空间的不同排列称为构象。每一种排列相当于一种构象。转动的角度可以是无穷小的，排列也是无穷多的，所以乙烷分子的构象是无穷多的。在乙烷分子无穷多的构象中，有这样一种构象：两个碳原子上的氢原子相距最近，即两个甲基处在重叠的位置，这种构象称为重叠式构象。从重叠式构象出发，让前面的甲基保持不动，使后面的甲基绕C—C单键转动，当转到60°时，两个碳原子上的氢原子彼此相距最远，也就是两个甲基正好处在交叉位置，这种构象称为交叉式构象。继续使甲基绕C—C单键转动，当转动角度为120°、240°、360°时，构象为重叠式；当转动角度为180°、300°时，构象为交叉式。重叠式构象和交叉式构象是乙烷无穷多个构象中的两种极限情况。它们可用透视式和纽曼(Newman)投影式表示如下：

Ⅰ　重叠式　　Ⅱ　交叉式

乙烷分子的构象(透视式)

Ⅰ　重叠式　　Ⅱ　交叉式

乙烷分子的构象(纽曼投影式)

乙烷分子的纽曼投影式是这样得出的：拿着乙烷分子模型，眼睛对着C—C单键键轴看过去，后面的碳原子在纸面上用圆圈表示，从圆圈边上画三条直线分别与三个氢原子相连，表示三个 C—H 键；前面的碳原子用点表示在圆的中心，从点画三条直线分别与三个氢原子相连，也表示三个 C—H 键，这就绘出了乙烷的纽曼投影式。

在乙烷的重叠式构象中，两个碳原子上的氢原子相距最近，经计算约为 0.229nm，而氢原子的范德华半径为 0.12nm，两个氢原子核之间的距离小于两个氢原子范德华半径之和，因此在两个氢原子之间存在排斥力，这种排斥力称为扭转张力，它使乙烷重叠式构象能量最高，稳定性最小。而在乙烷的交叉式构象中，两个碳原子上的氢原子相距最远，根据计算约为 0.25nm，此类构象能量最低、稳定性最大。乙烷分子的其他构象，其能量都介于重叠式构象和交叉式构象之间，所以乙烷分子一般均以能量最低、稳定性最大的交叉式构象存在。重叠式构象与交叉式构象之间的能量之差约为 12.6kJ · mol^{-1}（图 3-12），所以乙烷分子绕 C—C 单键转动，从一个交叉式转到另一个交叉式必须经过重叠式，也就必须克服一个 12.6kJ · mol^{-1} 的能垒。从这种角度看，乙烷分子绕 C—C 单键的转动也不是自由的。不过在室温下，分子间的碰撞可产生约 84kJ · mol^{-1} 的能量，这种能量足以使分子“自由”转动。因此，不能分离这两种构象，只能说，在一定条件下两种构象按一定比例存在，最稳定的交叉式构象占优势。

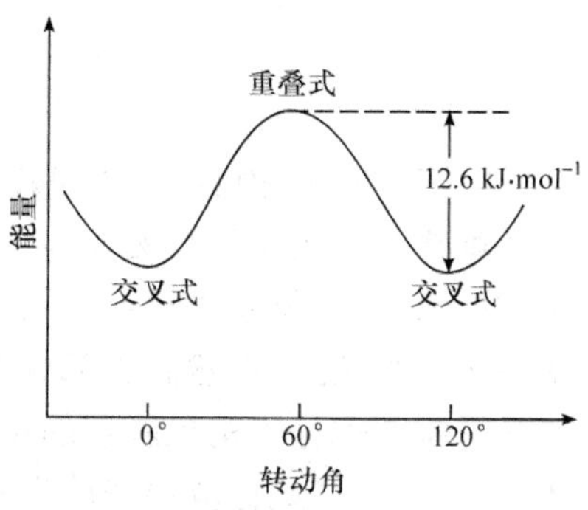

图 3-12 乙烷分子构象能量曲线图

2. 正丁烷构象

正丁烷（$\overset{1}{C}H_3\overset{2}{C}H_2—\overset{3}{C}H_2\overset{4}{C}H_3$）绕 $C^2—C^3$ σ 键键轴转动可产生无穷多个构象。在这无穷多个构象中最典型的是全重叠式、顺位交叉式、部分重叠式和反位交叉式 4 种。以下重点讨论这 4 种构象。

摆出正丁烷的反位交叉式构象，将反位交叉式中 C^2 绕 $C^2—C^3$σ 键键轴转动 60°、120°、180°、240°、300°和 360°，所得的构象可用透视式和纽曼投影式表示，如图 3-13 所示。

Ⅰ 反交叉式　Ⅱ 部分重叠式　Ⅲ 顺交叉式

Ⅳ 全重叠式　Ⅴ 顺交叉式　Ⅵ 部分重叠式

(a) 透视式

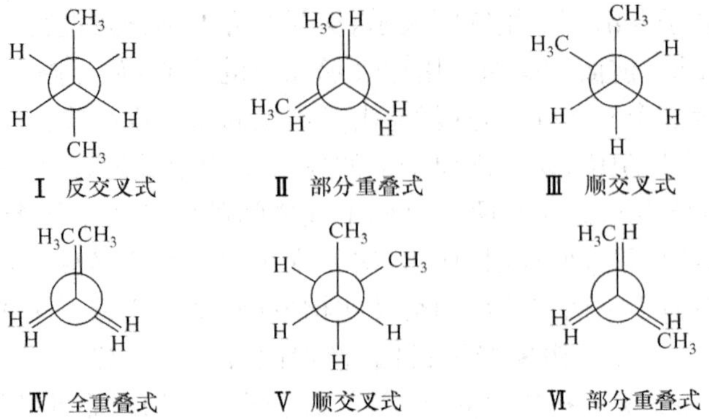

Ⅰ 反交叉式　　Ⅱ 部分重叠式　　Ⅲ 顺交叉式

Ⅳ 全重叠式　　Ⅴ 顺交叉式　　Ⅵ 部分重叠式

(b) 纽曼投影式

图 3-13　正丁烷分子构象

在图 3-13 的构象中：Ⅰ是反交叉式，Ⅱ和Ⅵ是部分重叠式，Ⅲ和Ⅴ是顺位交叉式，Ⅳ是全重叠式。在反位交叉式构象中，C^2 和 C^3 原子上的两个氢原子和甲基相距最远，氢原子与氢原子间、氢原子与甲基间、甲基与甲基间斥力最小，所以能量最低、稳定性最大。其次是顺位交叉式，再然后是部分重叠式。全重叠式能量最高，稳定性最小。

影响乙烷分子构象能量的是扭转张力，而影响正丁烷分子构象能量的除扭转张力外，还有立体张力(或称范德华斥力)。这是因为在正丁烷中与 C^2 和 C^3 两个碳原子相连的除 H 原子外，还有两个甲基—CH_3，甲基的范德华半径(0.20nm)比 H 原子的(0.12nm)大，从而导致在正丁烷分子构象中出现立体张力。由图 3-14 可看出这些构象之间的能量差值。

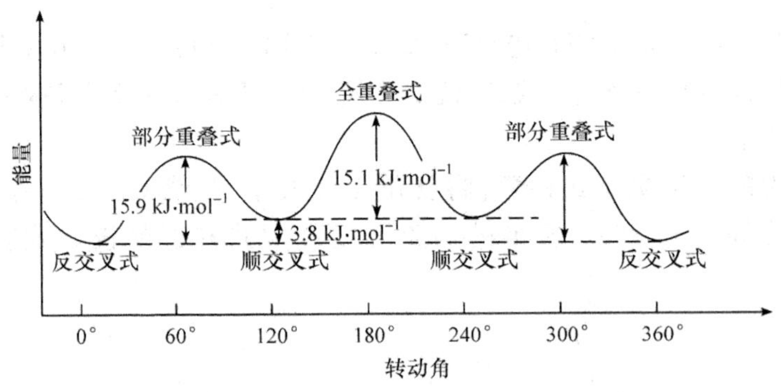

图 3-14　正丁烷分子不同构象能量曲线图

正丁烷构象异构体的转动能垒约为 $19kJ \cdot mol^{-1}$，常温时由于分子的热运动就能越过这个能垒从而使各种构象异构体迅速转变，因而这些构象异构体分离不出来，所以正丁烷是三种构象异构体(一个反位交叉式和两个顺位交叉式)的平衡混合物。常温时，正丁烷气体中反位交叉式构象异构体约占 72%，顺位交叉式构象异构体约占 28%。这就是说，对于一个正丁烷分子，在某一时刻处于反位交叉式，而在另一时刻处于顺位交叉式。在同一段时间内两者之比约为 72∶28。

3.6.2 环烷烃的构象

环丙烷、环丁烷、环戊烷和环己烷都是环烷烃，由于环的大小不同、稳定性不同而表现出不同的化学性质，因此研究这些环状化合物的构象是十分重要的。

1. 环丙烷、环丁烷和环戊烷的构象

环丙烷分子中三个碳原子在同一平面内形成正三角形，∠C—C—C 键角为 60°，显然比烷烃分子的正常键角 109.5°约小 50°。这说明碳原子形成环丙烷时，每条键必须向内弯曲(109°28′−60°)/2=24°44′，因而环丙烷是具有角张力的分子。为了减少这种角张力，而又保证三角形的形成，每个碳原子在用 sp^3 轨道重叠形成 C—C σ 键时，在 C—C σ 键键轴上不能形成最大程度的重叠，只能在 C—C σ 键键轴的外围进行较小的重叠形成弯曲的 σ 键，如图 3-15 所示，这样就可使∠C—C—C 键角由 60°增至 105.5°，比较接近碳原子的正常键角 109°28′，从而使角张力减少。但由于形成 C—C σ 键时，sp^3 与 sp^3 重叠得较少，分子仍不稳定，C—C σ 键容易断裂发生加成反应。

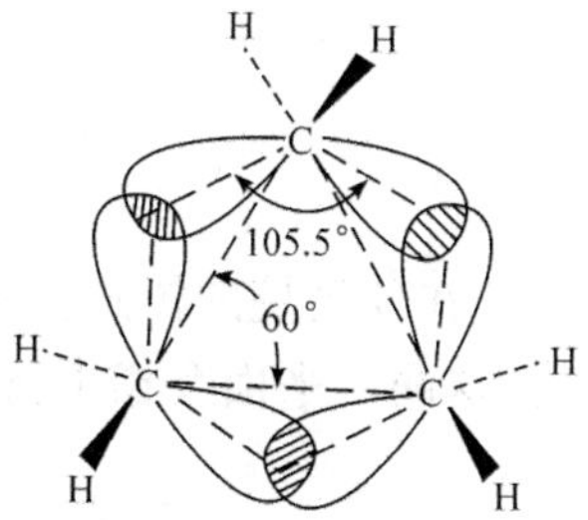

图 3-15 环丙烷分子中的 C—Cσ 键

环丁烷分子中 4 个碳原子如果都在同一平面内，则为正四边形结构，键角为 90°，任两个碳原子上的 C—H 键都处在重叠式位置，分子具有很高的能量。如果环丁烷分子中 4 个碳原子折叠成下列蝴蝶形结构，则碳原子键角虽略缩小为 88°，角张力有所增大，但任两个碳原子上的 C—H 键不再是重叠式，扭转张力有较大的减少，二者协调的结果反而使分子能量降低，稳定性增大，如图 3-16 所示。所以环丁烷的 4 个碳原子不在同一平面内，形成的是一个折叠环。sp^3 轨道也是采取弯曲重叠，形成弯曲键。

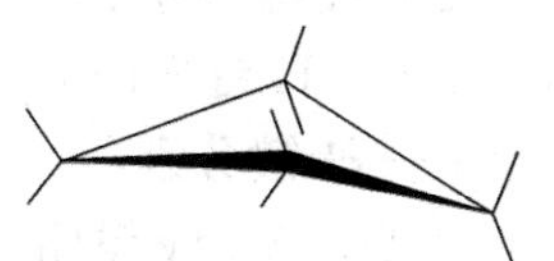
图 3-16 环丁烷的蝴蝶形构象

在环戊烷分子中如果 5 个碳原子在同一平面上，则为正五边形结构，碳原子间夹角为 108°，接近 109.5°，角张力很小。但这种构象的任两个碳原子上的 C—H 键都处在重叠式位置，扭转张力很大，体系能量很高，稳定性很小。为了减小扭转张力，环戊烷分子的环也不是平面形的，而是 4 个碳原子在同一平面上，另一个碳原子伸出这个平面之外，处在这个平面的上面或下面成为信封式构象，如图 3-17 所示。这种构象较平面形构象扭转张力减小，虽角张力有所增大，但减小的扭转张力足以抵消增大的角张力，所以环戊烷采取信封式构象，体系能量较低、稳定性较大，是处在能量极低位置的一个构象。

2. 环己烷构象

从环丁烷起所有环烷烃的碳环都不是平面形的，而是折叠形的。环己烷 6 个碳原子形成的折叠环有两种形式：椅式构象和船式构象。这是根据碳原子的正四面体结构和正四面体的正常键角为 109.5°得出的。

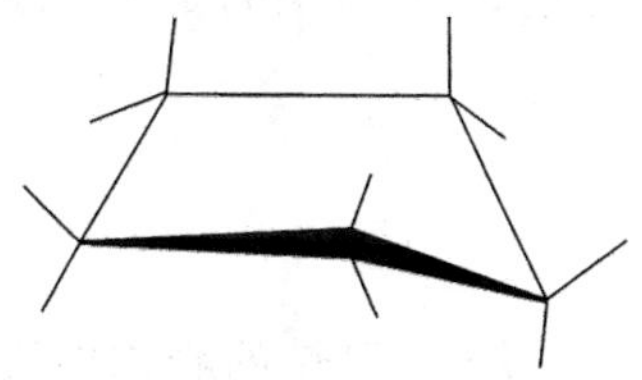
图 3-17 环戊烷的信封式构象

1) 环己烷的椅式构象

将环己烷分子中碳原子用阿拉伯数字标号，如下所示。如果使 C^2、C^3、C^5、C^6 处在同一平面内，使 C^1 和 C^4 分别处在这个平面的上面和下面，则分子像一把椅子，所以称为椅式构象：

C^1 可看成椅背、C^4 是椅腿，C^2、C^3、C^5 和 C^6 是椅面。由于 6 个碳原子是等同的，故每个碳原子可以等同地看作是处于椅背、椅腿或椅面位置上。在这种椅式构象中，碳的键角为 109.5°，所以没有角张力。所有相邻两个原子上的 C—H 键都处在交叉式位置，所以也没有扭转张力。因此，椅式构象是环己烷能量最低、最稳定的构象。椅式构象可用纽曼投影式表示，如图 3-18 所示。

图 3-18　环己烷椅式构象和纽曼投影式

在环己烷的椅式构象中，C^1、C^3 和 C^5 处在同一平面内，C^2、C^4 和 C^6 处在另一个平面内，这两个平面互相平行，有一根轴线垂直于这两个互相平行的平面。

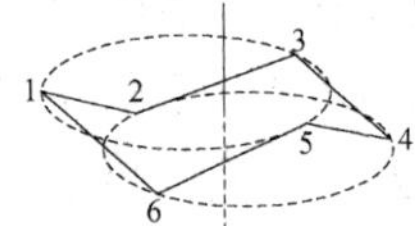

环己烷分子椅式构象中的 12 个 C—H 键可分为两类：一类是 6 个 C—H 键与分子中轴线平行，称为直立键或 a 键。其中，上边平面内的 3 个碳原子上的 3 个 C—H 键方向向上；下边平面内的 3 个碳原子上的 C—H 键方向向下。另一类是 6 个 C—H 键分别与 6 个 a 键成 109.5°角，粗略地看是处于水平位置，所以称为平伏键或 e 键。其中，3 个 e 键略往上伸，3 个 e 键略向下伸。

环己烷分子可由一个椅式构象翻转成为另一个椅式构象，结果碳原子上原来的 a 键变成 e 键，原来的 e 键变成 a 键。

2) 环己烷的船式构象

在环己烷分子中，如果使 C^2、C^3、C^5 和 C^6 4 个原子处在同一平面内，使 C^1 和 C^4 两个原子处在这个平面的上面，整个分子像一条小船，所以称为船式构象。C^1 和 C^4 一个是船头，另一个则是船尾，C^2、C^3、C^5 和 C^6 可以看作是船底。在环己烷的船式构象中，碳原子键角均是 109.5°，所以没有角张力，但是 C^2 和 C^3，C^5 和 C^6 上的 C—H 键处于重叠式位置，存在扭转张力，而且 C^1 和 C^4 上的两个“旗杆”氢原子间距离是 0.183nm，比两个氢原子的范德华半径之和(0.24nm)小很多，从而产生斥力。所以船式构象比椅式构象的能量高(约高 29.7kJ · mol^{-1})，处在能量极大值位置。这可从环己烷船式构象的纽曼投影式中看得很清楚。

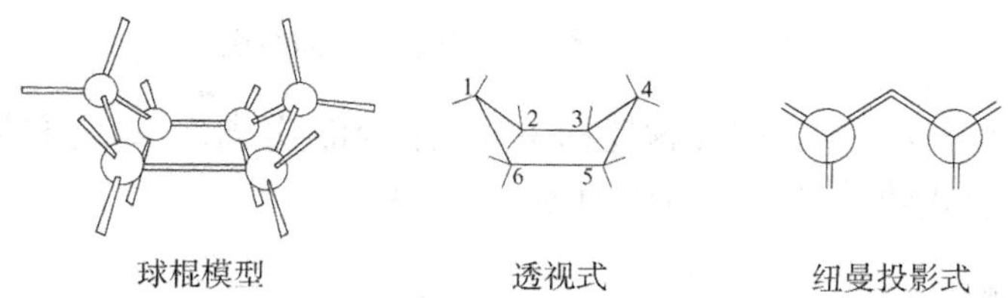

球棍模型　　透视式　　纽曼投影式

3）环己烷的其他构象

从环己烷的船式构象出发，一手握住 C^2 和 C^3 原子，另一手握住 C^5 和C^6原子，让 C^3 和 C^6 向下转，C^2 和 C^5 向上转，这时可看出 C^1 和 C^4 两个原子上的“旗杆”氢原子 H^1 和 H^4 斜着离开，而 C^3 和 C^6 上的两个氢原子 H_3 和 H_6 则互相靠近。当 H^1 和 H^4 的距离等于 H^3 和 H^6 的距离时，停止转动。这时得到的构象称为扭船式构象。

在扭船式构象中，C^1 和 C^4 原子上的“旗杆”氢原子间的立体张力已减到极小，而且 C^2 和 C^3，C^5 和 C^6 上的 C—H 键也偏离船式构象中的重叠式，从而使扭转张力减小。所以扭船式构象比船式构象能量低，是处在能量较小位置的一个构象，是一个构象异构体。

当船式通过扭转动作变成扭船式构象后，如果扭转动作继续进行下去，便达到一个新的船式构象，这时原来的 H^3 和 H^6 变成了“旗杆”氢原子。

从环己烷的椅式构象出发，一手握住 C^1、C^2 和 C^6 原子，另一手把 C^4 原子向上翻动，使 C^2、C^3、C^4、C^5 和 C^6 原子处在同一平面内，就得到了半椅式构象。半椅式构象具有角张力和扭转张力，是处在能量极大位置上的一个构象，不是构象异构体。

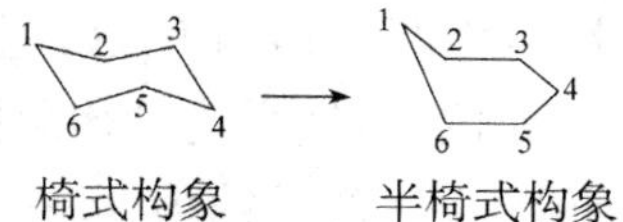

椅式构象　　半椅式构象

图 3-19 所示为环己烷各种构象的能量关系。从图中可看出从一个椅式构象转变成为另一个椅式构象所经过的不同极限情况以及它们的能量之间的关系。

由图 3-19 可见，环己烷的两个构象异构体——椅式构象和扭船式构象的能量差为 23kJ · mol^{-1}，而椅式构象和船式构象的能量差约为 30kJ · mol^{-1}，和半椅式构象的能量差为 46kJ · mol^{-1}。各种构象异构体之间的能垒不高，常温时分子的热运动就能够越过

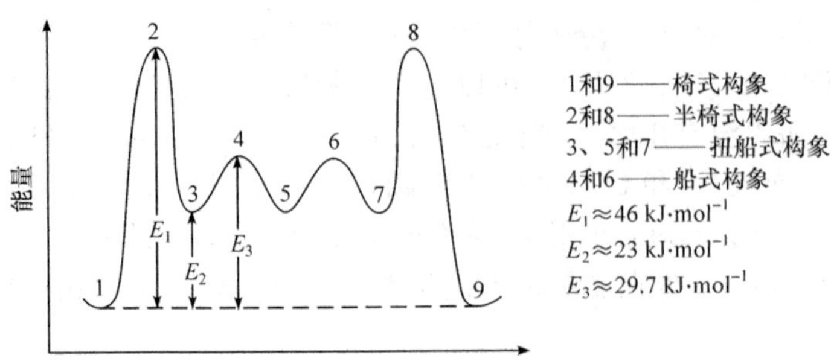

图 3-19　环己烷各种构象能量曲线图

能垒，使构象异构体互相转变，因此这些构象异构体无法分离出来，它们是个平衡混合物。常温时，椅式和扭船式两种异构体的比约为 10000 ∶ 1。

3.6.3　取代环己烷的构象

1. 一取代环己烷的构象

环己烷最稳定的构象为椅式构象，在常温时，环己烷均以椅式构象存在。在环己烷的椅式构象中有两类 C—H 键，平伏键（或 e 键）和直立键（或 a 键）。因而环己烷一取代物有两种可能构象：取代基在 e 键上；取代基在 a 键上。图 3-20 表示甲基环己烷的这两类构象。

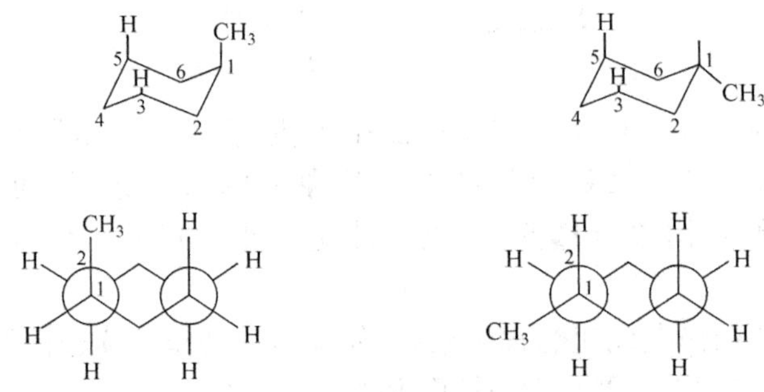

图 3-20　甲基环己烷的两种构象

在甲基环己烷构象中，如果甲基处在 a 键上，甲基与 C^3、C^5 上的氢发生相互作用即相互排斥，且甲基与相邻碳所连的碳架处于邻位交叉式位置，这就使得这种构象具有较高的能量，不稳定。如果甲基处在 e 键上，甲基不但与 C^3、C^5 上的氢不会发生相互作用，而且与相邻碳所连的碳架处于对位交叉式位置，使得这种构象能量较低，相对稳定。因此在甲基环己烷的构象中，甲基均连在 e 键上，其含量约为 95%。而且取代基越大，占据 e 键越明显。例如叔丁基环己烷，叔丁基处于 e 键的构象则为 99.9%以上。

2. 二取代环己烷的构象

环己烷的各种构象非常迅速地相互转变，所以在一定时间内，从“平均”角度来看，可将环己烷看作平面形的。这样二取代环己烷就存在顺反异构体：两个取代基在平面同侧者称为顺式；在平面异侧者称为反式。例如，1，2-二甲基环己烷就有如下两种异构体：

顺-1，2-二甲基环己烷　　　　反-1，2-二甲基环己烷

环己烷实际上不是平面形的，而是折叠式的，常以椅式构象存在。在环己烷椅式构象中，1、2 位 a 键处于反式；1、3 位 a 键处于顺式；1、4 位 a 键处于反式。所以，反-1，2-二甲基环己烷，两个甲基或者都在 a 键或者都在 e 键；顺-1，2-二甲基环己烷，一个甲基在 a 键另一个甲基在 e 键。反-1，3-二甲基环己烷，一个甲基在 a 键另一个甲基在 e 键；顺-1，3-二甲基环己烷，两个甲基或者都在 a 键或者都在 e 键。1，4-二甲基环己烷，顺/反位情况和 1，2-二甲基环己烷相同。其构象式如下：

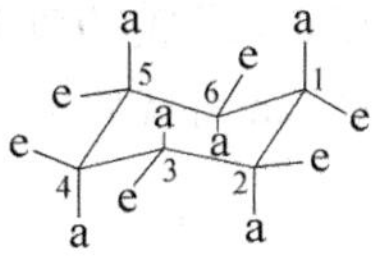

二取代环己烷不但有顺反异构体，还有对映异构体。现以二甲基环己烷为例讨论如下。

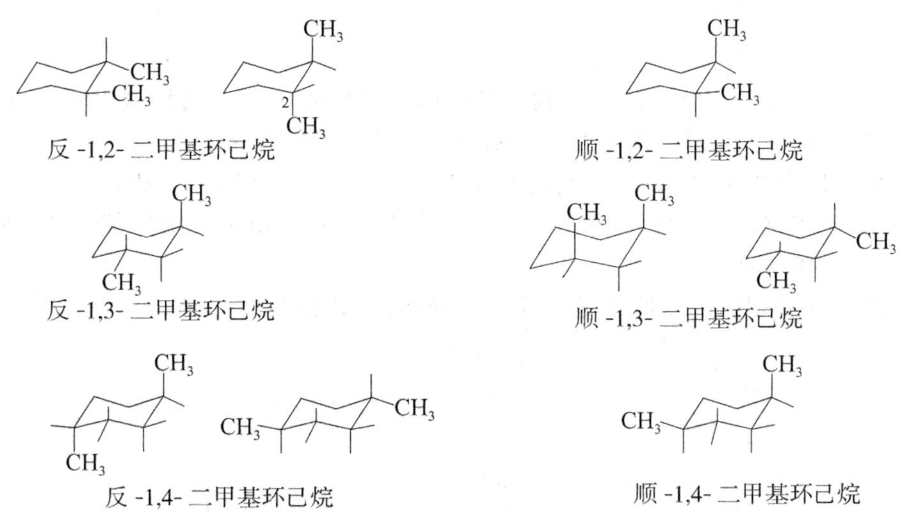

反 -1,2- 二甲基环己烷　　顺 -1,2- 二甲基环己烷

反 -1,3- 二甲基环己烷　　顺 -1,3- 二甲基环己烷

反 -1,4- 二甲基环己烷　　顺 -1,4- 二甲基环己烷

1）1，2-二甲基环己烷

（i）顺-1，2-二甲基环己烷 **1**，有两个构象异构体 **9** 和 **10**：

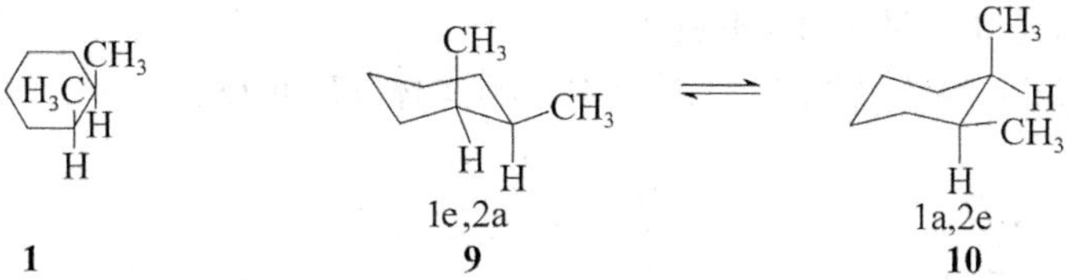

1e,2a　　1a,2e

1　　**9**　　**10**

9 和 **10** 中既无对称面也无对称中心，故为手性分子，具有旋光性。**9** 和 **10** 互为镜像，是一对对映体。这两个对映体的能量相同，稳定性相同，且各个构象异构体之间的能垒不

高，常温时通过环的翻转，两个异构体互相转变而得到等量的异构体，所以不旋光的顺-1，2-二甲基环己烷实际上是由等量的 **9** 和 **10** 组成的外消旋体。

(ii) 反-1,2-二甲基环己烷 **2**，有两个构象异构体 **11** 和 **12**：

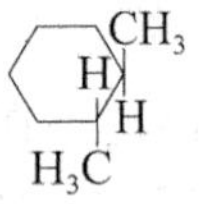

2 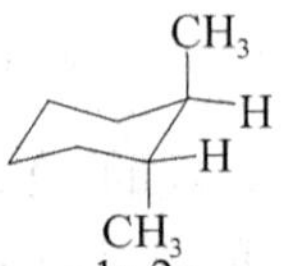　　1a,2a **11**　⇌　1e,2e **12**

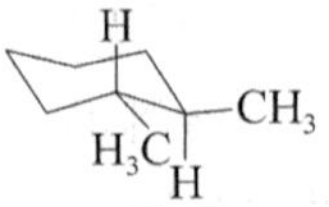

11 和 **12** 中既无对称面又无对称中心，都是手性分子，具有旋光性。二者可通过环的翻转互相转变。但二者不呈镜像关系，不是对映体。在 **11** 中两个甲基均在 a 键，**12** 中两个甲基均在 e 键，显然 **12** 较 **11** 能量低、稳定，所以 **12** 是占优势的构象，因此反-1,2-二甲基环己烷实际是 **12** 占优势的，由 **11** 和 **12** 组成的旋光性物质。

2 的对映体 **3** 也有两个构象异构体 **13** 和 **14**。**3** 实际上是 **13** 占优势，由 **13** 和 **14** 组成的旋光性物质：

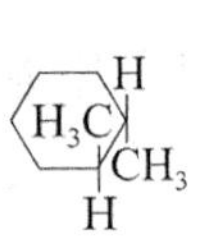

3 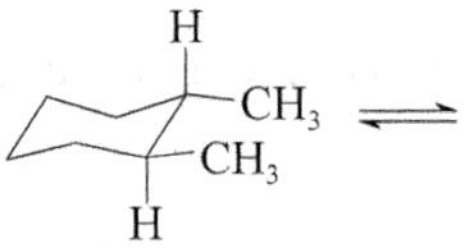　　1e,2e **13**　⇌　1a,2a **14**

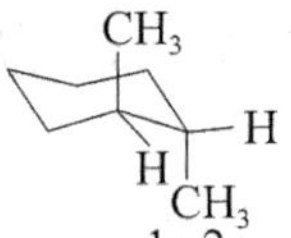

在反-1,2-二甲基环己烷的 4 个构象异构体中，**11** 和 **14** 是一对构型对映体，**12** 和 **13** 是另一对构型对映体。所以反-1,2-二甲基环己烷的外消旋体[由等量的 **2** 和 **3** 组成]是由等量的 **11** 和 **14** 及等量的 **12** 和 **13** 组成的外消旋体，其中 **12** 和 **13** 占优势。

反-1,2-二甲基环己烷(e、e 构象)比顺-1,2-二甲基环己烷(e、a 构象)能量低、稳定。

2) 1,3-二甲基环己烷

(i) 顺-1,3-二甲基环己烷 **4**，有两个构象异构体 **15** 和 **16**：

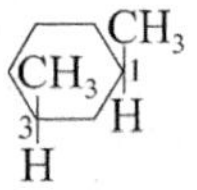

4 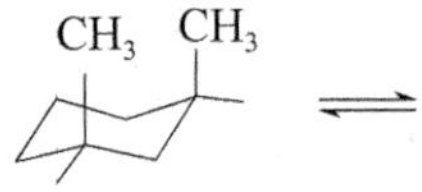　　1a,3a **15**　⇌　1e,3e **16**

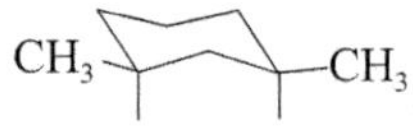

构象 **16** 两个甲基均在 e 键，能量较低，而构象 **15** 两个甲基均在 a 键，能量较高。显然 **16** 较 **15** 稳定，所以顺-1,3-二甲基环己烷两个甲基均在 e 键上。构象 **15** 和 **16** 中均有一个对称面，所以是非手性分子，不旋光。

(ii) 反-1,3-二甲基环己烷 **5**，有两个构象异构体 **17** 和 **18**：

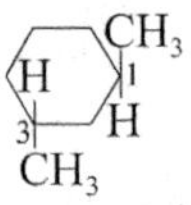

5 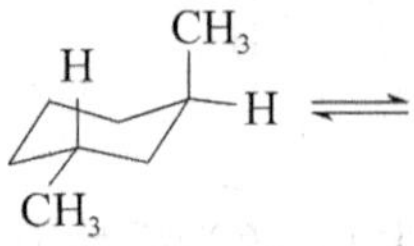　　1a,3e **17**　⇌　1e,3a **18**

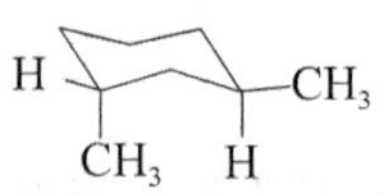

构象异构体 **17** 和 **18** 是一对对映体，构象分子中无对称面和对称中心，是手性分子，具有旋光性。在两个构象中均是一个甲基在 a 键，另一个甲基在 e 键，它们具有相同的能量，稳定性相同，组成外消旋体。

5 的对映体 **6** 构象异构体情况与 **5** 相同。

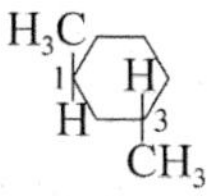

6

3) 1,4-二甲基环己烷

(i) 顺-1,4-二甲基环己烷 **7**，有两个构象异构体 **19** 和 **20**：

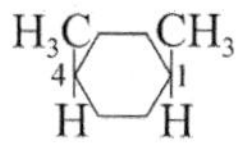

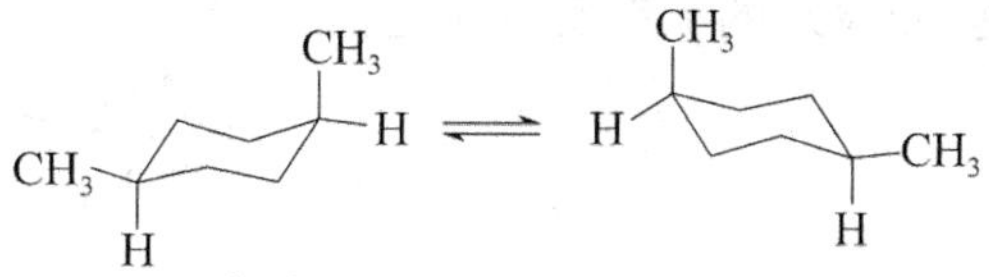

1a,4e　　1e,4a

7　**19**　**20**

构象异构体 **19** 和 **20** 实际上是等同的，所以顺-1,4-二甲基环己烷只有一个构象异构体 **19**。**19** 中有一个对称面，是非手性分子，不旋光。

(ii) 反-1,4-二甲基环己烷 **8**，有两个构象异构体 **21** 和 **22**：

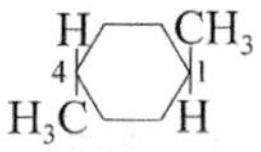

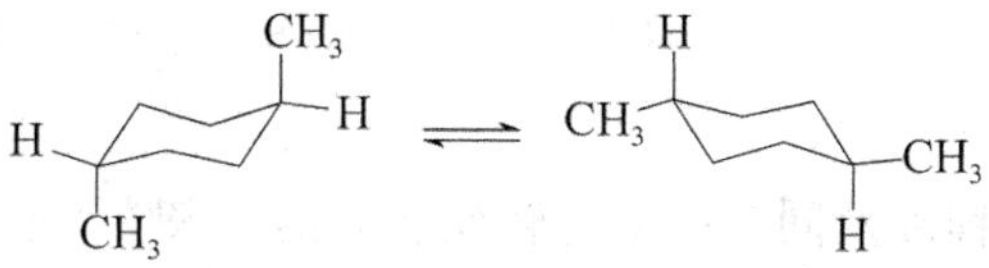

1a,4a　　1e,4e

8　**21**　**22**

构象异构体 **21** 和 **22** 可以相互转换，但二者不呈镜像关系，不是对映体。**21** 和 **22** 中都存在一个对称面，是非手性分子，不旋光。构象异构体 **22** 是 e、e 型，**21** 是 a、a 型，所以 **22** 比 **21** 稳定，**22** 是占优势的构象异构体。

3.6.4 二环烷烃的立体异构

二环烷烃最典型的例子是二环[4.4.0]癸烷(也称十氢萘)，其结构式如下：

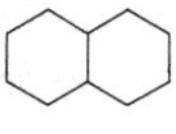

电子衍射实验证明，十氢萘是由两个椅式环己烷稠合而成的。当两个椅式环己烷用相邻的一个 e 键和一个 a 键稠合时(e a 稠合)，得到的是顺十氢萘。这时两个桥头碳上的氢原子处在环的同侧——顺式。当两个椅式环己烷用相邻的两个 e 键稠合时(e e 稠合)，得到的是反十氢萘。这时两个桥头碳上的氢原子处在环的两侧——反式。图 3-21、图 3-22 分别表示顺十氢萘和反十氢萘的构象式和平面式。

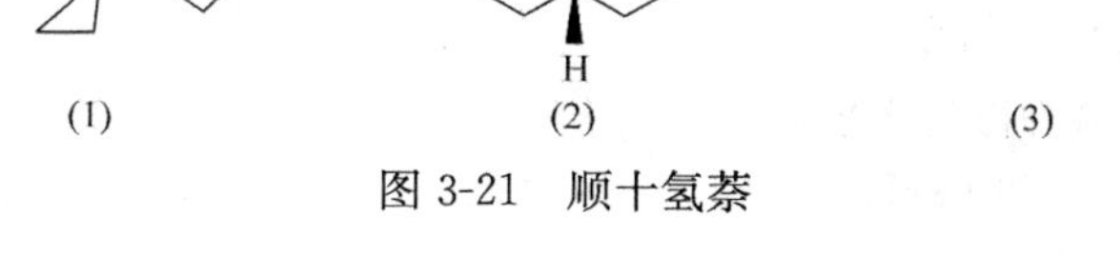

(1)　(2)　(3)

图 3-21 顺十氢萘

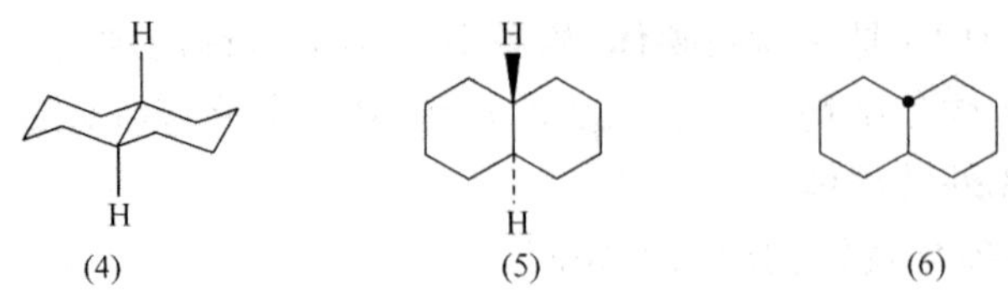

图 3-22　反十氢萘

在顺十氢萘平面式中，楔形线和黑点表示氢原子在纸面的上面，而在反十氢萘平面式中虚线表示氢原子在纸面的下面，没有黑点的则相当于虚线。

环己烷可通过翻转从一个椅式构象变到另一个椅式构象，在这个过程中碳原子上原来的 a 键变成 e 键，而原来的 e 键变成 a 键。

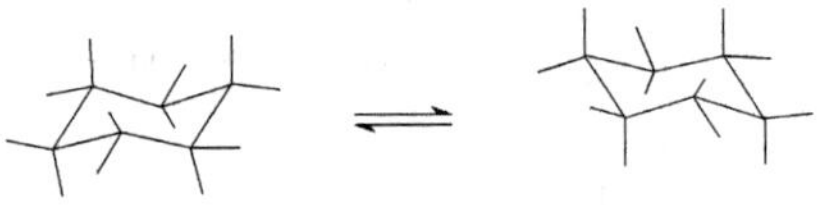

两种椅式构象的相互转变

由此可以想象，在顺十氢萘构象式中，两个环己烷的椅式构象可以从一个翻转成另一个，这时顺十氢萘就从一个构象翻转成另一个构象了。

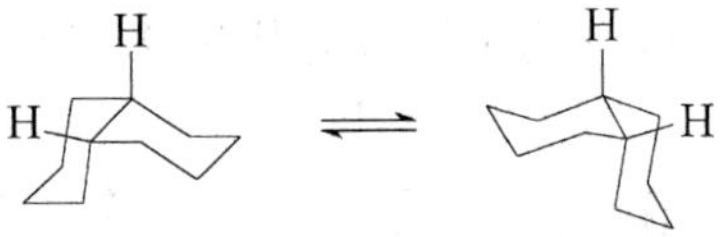

这种翻转过程涉及同时把 e 键转变成 a 键、a 键转变成 e 键，因而翻转前后顺十氢萘构象中两个椅式环己烷都是 e a 稠合。这种翻转能垒不高，得到的构象相同，因而在常温时，就可实现迅速相互转变。在顺十氢萘构象中，无对称面和对称中心，是个手性分子，具有旋光性。由于在常温时两个构象对映体可以相互转变，因而组成了不能拆分的外消旋体，故顺十氢萘不旋光。

在反十氢萘中，如果通过 C—C 单键的转动从一个构象转变成另一个构象，就把两个环己烷椅式构象的 e e 稠合变成了 a a 稠合。但两个环己烷椅式构象的 a a 稠合是不可能的，因此反十氢萘是不能翻转的，是刚性分子。反十氢萘分子有一个对称中心，不是手性分子，不旋光。

习　题

3-1　写出下列化合物中的一个 H 原子被一个 Cl 原子取代时可能生成的构造异构体：

(1) $CH_3CH_2CH_2CH_2CH_3$　　(2) $CH_2{=}CHCH_2CH_3$

(3) 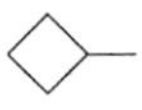 —CH_3　　(4) 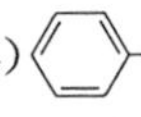 —CH_2CH_3

(5) $CH_3CHCH_2CHCH_2CHCH_3$（三个 CH 上各连一个 CH_3）

3-2　写出下列化合物的各种构造异构体：

(1) C_4H_9Br　　(2) C_5H_{10}

(3) $C_4H_{10}O$　　(4) C_4H_8O

(5) $C_4H_8O_2$　　(6) C_9H_{12}(含有苯环)

3-3　下列化合物是否有顺反异构体？若有，写出其顺反异构体。

(1) 环己烷$=CHC_2H_5$　　(2) 1,1-二溴环丁烷$-CH=C(CH_3)_2$

(3) 环丁烯$-Br$　　(4) $Cl-$环丁烷$-Cl$

(5) CH_3-环己烷$-CH=CHCH_3$　　(6) CH_3-环己烷$(-CH_3)(-CH_3)$

3-4　下列化合物是否有构型异构体？若有，写出所有可能的构型异构体并命名。

(1) $CH_2=CHCH(Cl)CH_3$　　(2) $CH_3CH_2CH=CHCH(CH_3)_2$

(3) $CH_3C(Br)=CHCH_3$　　(4) $ClCH=C(CH_3)-CH_2CH(Cl)CH_3$

(5) 环己烯$(-CH_3)(CH_3)$　　(6) 环己烷$(Cl)(-CH_3)(Br)$

3-5　下列化合物中，哪些有手性碳原子？(用 * 表示手性碳原子)

(1) $CH_3CHDC_2H_5$　　(2) $CH_3CH(Cl)CH_2CH_3$

(3) $ClCH_2CH(Cl)CH_2Cl$　　(4) $CH_3CH(CH_2CH_3)CH_2CH_3$

(5) $CH_3CH(C_6H_5)CH(CH_3)_2$　　(6) $CH_2=CHCH(CH_3)CH=CHCH_3$

(7) 环己烷$(-Cl)(-OH)$　　(8) 环己烷$(CH_3)(-CHO)(Br)$

3-6　用 R/S 标记下列化合物的构型：

(1) C上连 H、H_3C、OH、CH_2CH_3　　(2) COOH、Cl—+—H、CH_3

(3) C上连 OH、H、$CH(CH_3)_2$、$CH=CH_2$　　(4) 环丁基—C(CH_3)(CH_2CH_3)—环丙基

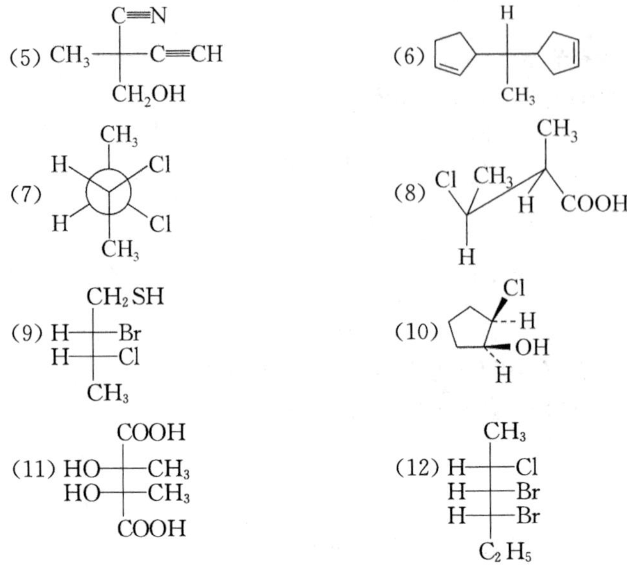

3-7　写出下列化合物的结构式：

(1) (*R*)-2-羟基丙酸　　(2) (*R*)-2,3-二羟基丙胺

(3) (*S*)-3-乙基-1-庚烯-5-炔　　(4) (*S*)-3-氰基环戊酮

(5) (3*R*,4*S*)-3-甲基-4-氯己烷　　(6) (1*S*,3*R*)-1-乙基-3-溴环戊烷

(7) 无光学活性的 1,3-二甲基环戊烷　　(8) 具光学活性的 1,2-二甲基环丁烷

3-8　将下列立体透视式改成费歇尔投影式，将费歇尔投影式改成立体透视式。

(1) 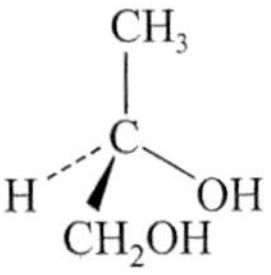 CH_3, C, H, OH, CH_2OH　　(2) 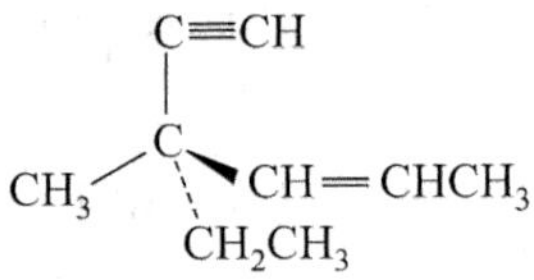 C≡CH, C, CH_3, CH═CHCH$_3$, CH_2CH_3

(3) Br, H, C—C, H, OH, HOH_2C, CH_3 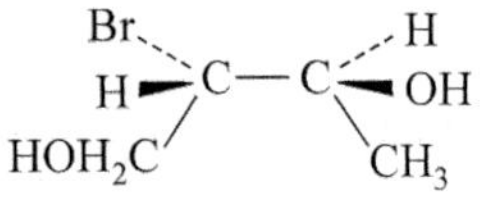　　(4) 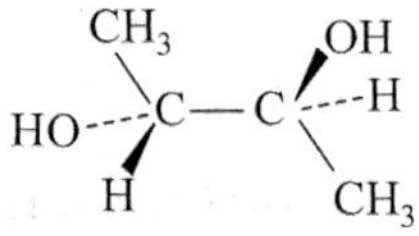 CH_3, OH, HO, C—C, H, H, CH_3

(5) 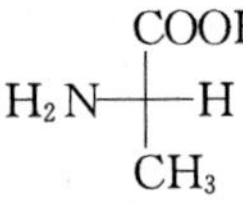 COOH, H_2N, H, CH_3　　(6) 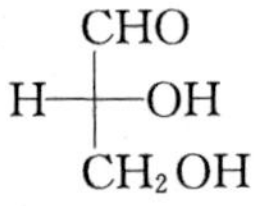 CHO, H, OH, CH_2OH

(7) 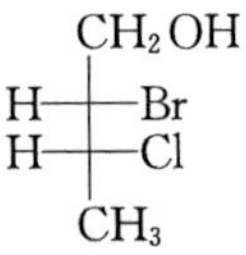 CH_2OH, H, Br, H, Cl, CH_3　　(8) 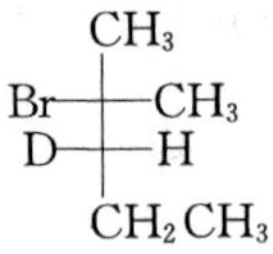 CH_3, Br, CH_3, D, H, CH_2CH_3

3-9　用费歇尔投影式写出 2-甲基-1,3-二溴丁烷的各异构体，并用 *R*/*S* 表明其构型。

3-10　试写出 2,2,3,4,5,5-六甲基己烷所有的旋光异构体，用费歇尔投影式表示，并用纽曼投影式表示出这些旋光异构体的能量最低的构象。

3-11　下列叙述是否正确？为什么？

(1) 具有手性碳原子的分子必定有旋光性。

(2) 有旋光性的分子必定具有手性碳原子。

(3) 具有 *S* 构型的化合物是左旋(－)的。

3-12 判别下列化合物之间的关系，哪些是同一化合物？哪些是对映体？哪些是非对映体？

(1) CH_3, H, Cl, Br（楔形式）　　CH_3, H, Br, Cl（楔形式）

(2) 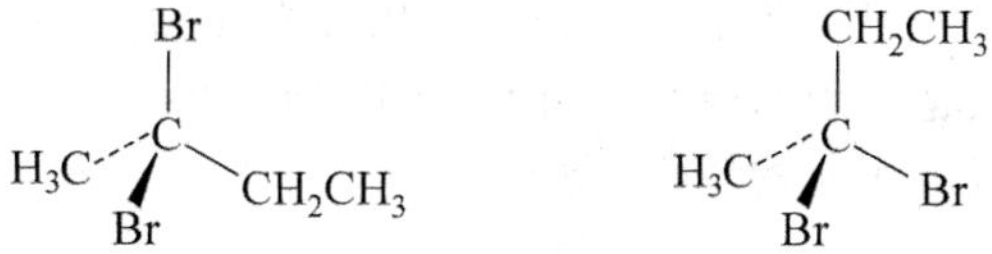 Br, H_3C, Br, CH_2CH_3（楔形式）　　CH_2CH_3, H_3C, Br, Br（楔形式）

(3) F, H—|—CHO, CH_3　　F, OHC—|—H, CH_3

(4) CHO, HO—|—H, CH_2OH　　OH, H—|—CHO, CH_2OH

(5) CH_3, H, Br, H, H, OH（纽曼式）　　CH_3, H, OH, H, H, Br（纽曼式）

(6)  CH_3, H, OH, CH_3, OH, H（楔形式）　　H, HO, CH_3, OH, CH_3, H（楔形式）

(7) CH_3, H—|—NH_2, H—|—OH, CH_3　　NH_2, H_3C—|—H, H_3C—|—OH, H

(8) H_3C, H, H, CH_3（环丙烷）　　H, CH_3, CH_3, H（环丙烷）

(9) CH_3, CH_3（椅式环己烷）　　H_3C, CH_3（椅式环己烷）

(10) Cl, H, Cl, H（环己烷）　　Cl, H, H, Cl（环己烷）

3-13 化合物 CH_3, H—|—OH, CH_2CH_3 与下面哪些结构相同？与哪些结构互为对映体？

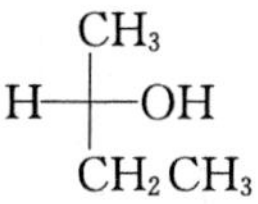

(1) 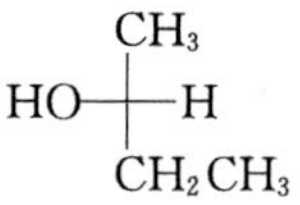 CH_3, HO—|—H, CH_2CH_3　　(2) H, CH_3—|—CH_2CH_3, OH

(3) OH, H, CH_3, H_3C, H, H（纽曼式）　　(4) 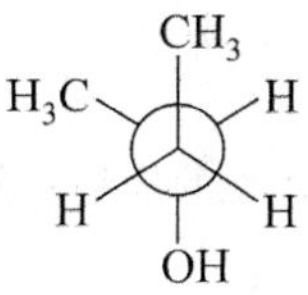 CH_3, H_3C, H, H, H, OH（纽曼式）

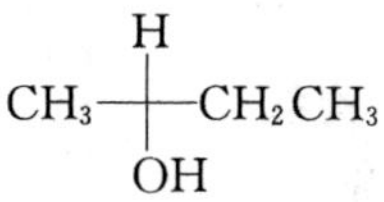

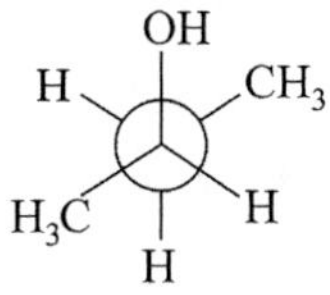

(5) 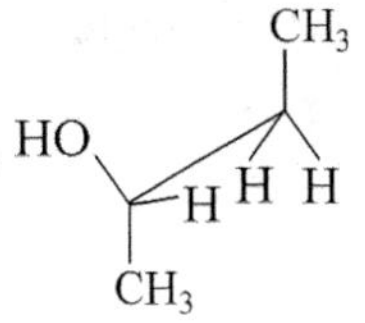 HO, CH_3, H, H H, CH_3　　(6) 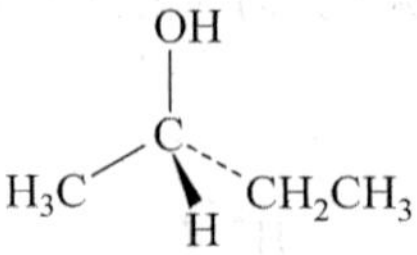 OH, C, H_3C, CH_2CH_3, H

3-14　假定观察到的(*S*)-(＋)-2-丁醇和(*R*)-(－)-2-丁醇的混合物的比旋光度$[\alpha]_D^{25}$为－6.76°，而(*S*)-(＋)-2-丁醇的$[\alpha]_D^{25}$为＋13.52°。该混合物中，两种丁醇的百分组成如何？

3-15　下列化合物中，各有几个手性碳原子？各有几个构型异构体？

(1) 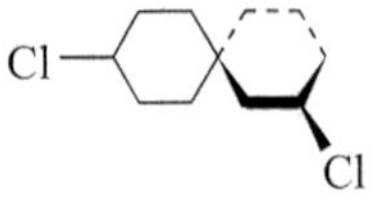 Cl, Cl　　(2) $CH_3CH{=}CH{-}CH(CH_3){-}CH{=}CH_2$

(3) 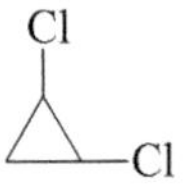 Cl, Cl　　(4) 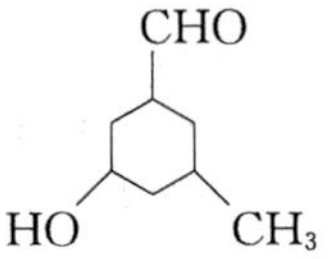 CHO, HO, CH_3

(5) 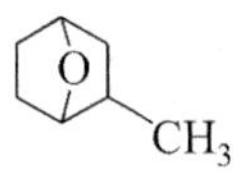 O, CH_3　　(6) 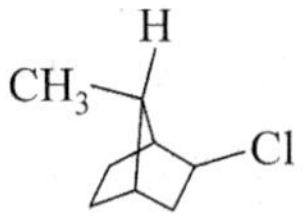 H, CH_3, Cl

(7) 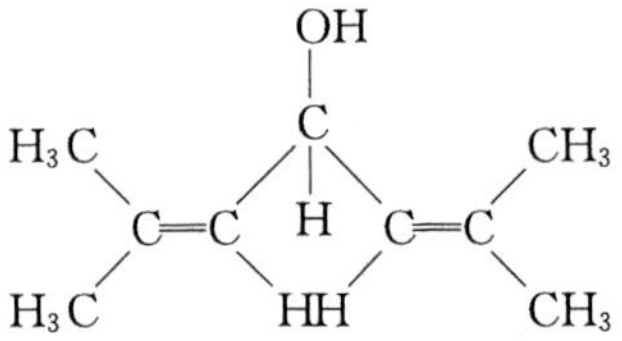 OH, C, H, H_3C, H_3C, C=C, H H, C=C, CH_3, CH_3　　(8) 薄荷醇 OH

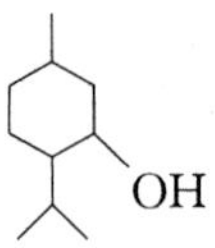

3-16　在 CH_3, H—2—Cl, H—3—Br, H—4—Cl, CH_3 分子中，C^2 和 C^4 的构型分别是 *S* 和 *R* 构型，对 C^3 而言，它所连接的 4 个基团不同，但分子却无旋光性，为什么？试写出该分子所有可能的构型异构体。

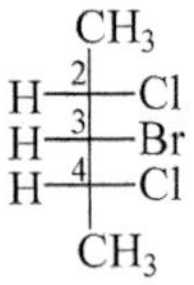

3-17　下列各化合物能否有对映体存在？

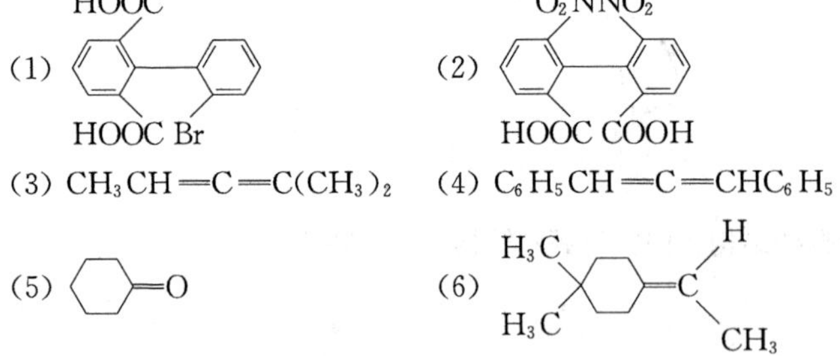

3-18　用纽曼投影式画出下列化合物的构象：

(1) 1,2-二溴乙烷最不稳定的构象

(2) 1,1,2,2-四溴乙烷最稳定的交叉式构象

(3) (2*R*,3*S*)-2,3-丁二醇的优势构象

(4) (1*R*,2*S*)-1,2-二氯-1,2-二苯基乙烷的优势构象

3-19　写出氯代环己醇的可能异构体。

3-20 写出下列化合物最稳定的构象式：

(1) 顺-和反-1-甲基-4-异丙基环己烷

(2) 顺-和反-1-叔丁基-4-溴环己烷

(3) 顺-1,3-二甲基-反-5-溴环己烷

(4) 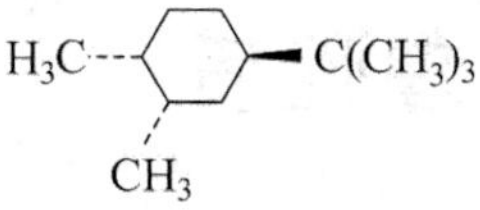 H_3C $C(CH_3)_3$ CH_3

(5) 1-甲基-1-正丙基环己烷

(6) 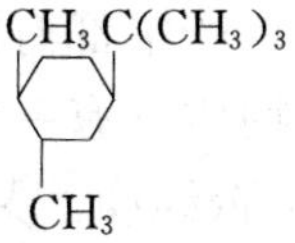 CH_3 $C(CH_3)_3$ CH_3

(7) 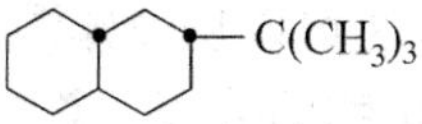 $C(CH_3)_3$

(8) 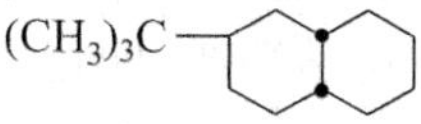 $(CH_3)_3C$

(9) 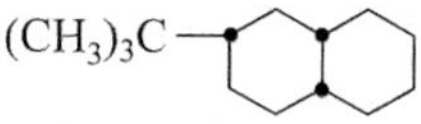 $(CH_3)_3C$

注：(7)、(8)、(9)中黑点表示靠近观察者的 H 的投影。

3-21 相对分子质量最低而有旋光性的烷烃有哪些？请用费歇尔投影式表示它们的构型。

3-22 某化合物($C_5H_{10}O$)没有光学活性，分子中含有两个甲基、一个羟基、一个环丙烷环，试推测该化合物可能的结构。

第 4 章　有机化合物的物理性质

有机化合物的物理性质一般包括沸点、熔点、溶解性、相对密度和折光率等。

有机化合物的物理性质非常重要，不论在实验室中还是在工业生产中都有广泛的应用。例如，沸点和熔点是纯物质最重要、最基本的两个物理常数，纯物质具有一定的沸点和熔点，因此根据沸点或熔点可以鉴定有机物，也可以判断有机物是否纯净。又如，不同的物质具有不同的沸点，根据它们沸点之间的差异，用精馏的方法可以从液体混合物中分离出纯的物质。另外，根据有机物溶解性的不同也可以实现有机物的分离。总之，不论在实验室中还是在工业生产中，在制备有机物时，运用的是它们的化学性质，即化学反应；而在分离、提纯、鉴定时，则必定要涉及它们的物理性质。

有机化合物的物理性质受分子间作用力影响。

4.1　分子间作用力

原子间通过化学键形成分子。分子间也有相互作用力，这种作用力虽然不大，比化学键能小 1 或 2 个数量级，但对物质的物理性质有着明显的影响。

分子间作用力通常包括色散力、静电力和氢键三种。

4.1.1　色散力

色散力即诱导偶极-诱导偶极间作用力。当非极性分子在一起时，非极性分子的偶极矩虽然为零，但是在分子中电荷的分配不是很均匀的，在运动中可以产生瞬时偶极矩，瞬时偶极矩之间的相互作用，称为色散力。这种分子间的作用力，只有在分子比较接近时才存在，其大小与分子的极化率（有多少分子极化）和分子的接触表面的大小有关。

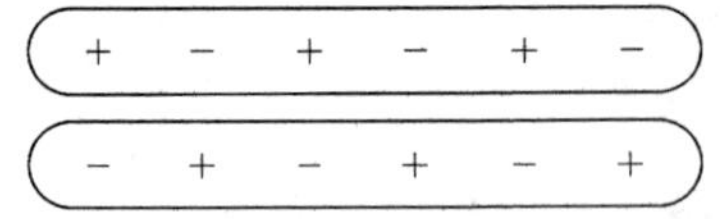

非偶极分子中瞬时偶极矩的相互吸引

色散力没有饱和性和方向性，在非极性分子之间存在，在极性分子之间也存在，对大多数分子来说，这种作用力是主要的。

4.1.2　静电力

静电力是指极性分子偶极矩间的相互作用力。一个极性分子的偶极正端与另一个极性分子的偶极负端之间有相互吸引作用。例如：

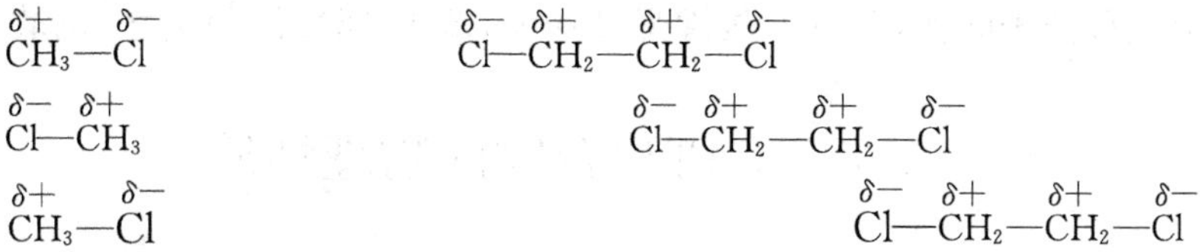

$\overset{\delta+}{CH_3}—\overset{\delta-}{Cl}$　　　　　$\overset{\delta-}{Cl}—\overset{\delta+}{CH_2}—\overset{\delta+}{CH_2}—\overset{\delta-}{Cl}$

$\overset{\delta-}{Cl}—\overset{\delta+}{CH_3}$　　　　　$\overset{\delta-}{Cl}—\overset{\delta+}{CH_2}—\overset{\delta+}{CH_2}—\overset{\delta-}{Cl}$

$\overset{\delta+}{CH_3}—\overset{\delta-}{Cl}$　　　　　$\overset{\delta-}{Cl}—\overset{\delta+}{CH_2}—\overset{\delta+}{CH_2}—\overset{\delta-}{Cl}$

可以分别简单地表示为

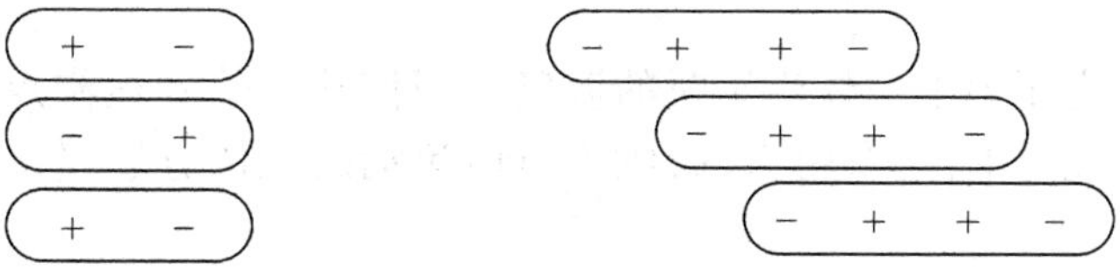

(+ −)　　　(− + + −)
(− +)　　　(− + + −)
(+ −)　　　(− + + −)

偶极-偶极的相互吸引

这种偶极-偶极的吸引作用，只存在于极性分子之间。

4.1.3 氢键

氢键可以属于偶极-偶极作用的一种，当氢原子与电负性很强、原子半径很小、负电荷比较集中的原子——F、O、N 相连时，因为这些原子吸电子能力很强，使氢原子带正电性。氢原子的半径很小，同时受与它相连的原子上电子的屏蔽作用也较小，它可以与另一个F、O、N 原子的非共用电子对产生静电的吸引作用而形成氢键：

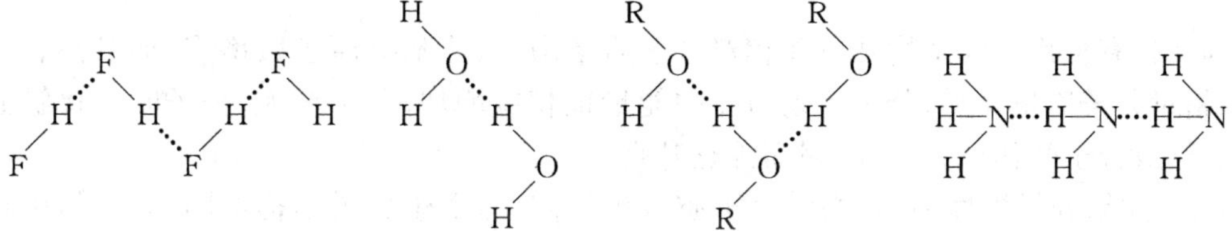

式中实线表示共价键，虚线表示氢键。因为氢原子很小，只能与两个负电性的原子结合，而且两个负电性的原子距离越远越好，所以氢键具有饱和性和方向性，键角大都接近于 180°。

分子用这种氢键结合在一起的，称为缔合体。能与氢原子形成氢键的主要是氟、氧和氮三种原子，氯和硫一般不易形成氢键，形成的氢键也很不稳定。

氢键对一个分子的物理及化学性质起着重要的作用：①分子间氢键能使沸点升高，也常使熔点升高；②如果在溶剂和溶质间形成氢键，溶解度会大幅度提高；③氢键几乎能改变所有光谱中的谱带位置；④分子内氢键能改变多种化学性质，如互变异构平衡中烯醇式的含量、分子的构象及反应速率等。

邻羟基苯甲醛与对羟基苯甲醛的不同点在于，邻羟基苯甲醛的两个官能团之间可形成分子内氢键，影响分子间氢键的形成，有较高的蒸气压；而对位取代物则形成分子间氢键，其蒸气压低，不随水蒸气蒸出，故可利用水蒸气蒸馏将邻位和对位的异构体分离。邻羟基苯甲醛及对羟基苯甲醛形成的氢键如下：

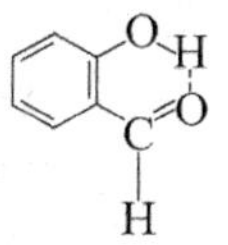

邻羟基苯甲醛（分子内氢键） 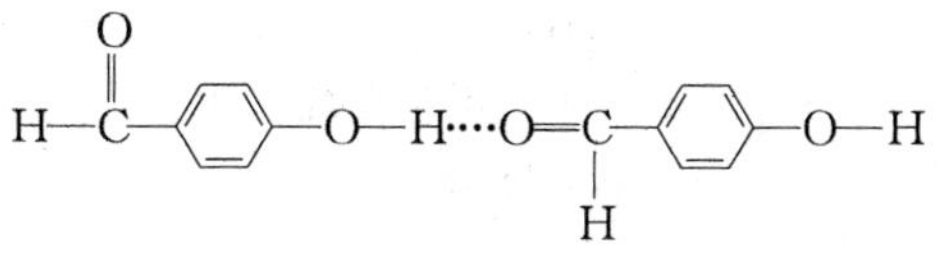　　　对羟基苯甲醛（分子间氢键）

在以上三种分子间作用力中，氢键强度最大，偶极-偶极作用次之，色散力最弱。

4.2　有机化合物的物理性质

4.2.1　有机化合物的沸点

沸点是指在一定压力下液体沸腾时的温度。当液体受热到达沸点时，分子的热运动大到足以克服液体分子间的作用力，而成为自由运动的气体分子（气体分子间作用力很小，可忽略不计）。

有机化合物的沸点高低主要决定于分子间的作用力，分子间作用力对沸点的影响大致可归纳为如下几点：

(1) 如果分子极性相同，则分子越大，分子间作用力越大，沸点越高，因而沸点随相对分子质量增大而升高。例如：

	CH_3Cl	CH_3CH_2Cl	$CH_3CH_2CH_2Cl$
b. p	−24℃	12.5℃	47℃
	CH_3OH	CH_3CH_2OH	$CH_3CH_2CH_2OH$
b. p.	65℃	78℃	97℃

显然，有机物中同系物沸点随相对分子质量增大（或随碳原子数增多）而升高。这是由于相对分子质量增加，分子运动所需的能量也相应增加；分子增大，分子间的接触面积增大，导致分子间作用力加强，因而沸点升高。

(2) 如果分子极性相同，相对分子质量也相同，但由于分子结构不同，分子间接触面积也不同，那么分子间接触面积大的，分子间作用力大，沸点也高。例如，正戊烷的沸点(36℃)比新戊烷的沸点(10℃)高，就是由于正戊烷分子间接触面积较大。同碳异构体中，直链异构体的沸点比支链异构体的高，并且支链越多，沸点越低。

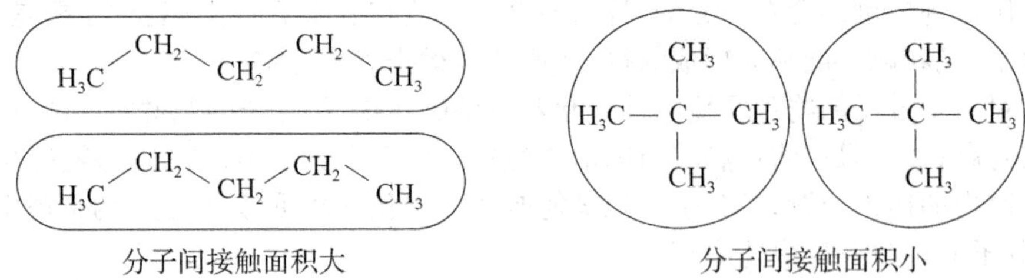

分子间接触面积大　　　　分子间接触面积小

下列三种化合物的沸点差异也证实了这一点：

	$H_3C—C(CH_3)_2—CH_2—CH(CH_3)—CH_3$	$CH_3CH(CH_3)(CH_2)_4CH_3$	$CH_3(CH_2)_6CH_3$
	2,2,4-三甲基戊烷	2-甲基庚烷	辛烷
b. p.	99℃	116℃	126℃

(3) 大多数有机分子是以共价键相结合的，其分子间作用力的大小与分子极性有关，

极性越大，偶极-偶极作用也越强，沸点越高。例如：

顺-1,2-二氯乙烯（Cl 与 Cl 同侧） b.p. 60.5℃；反-1,2-二氯乙烯（Cl 与 Cl 异侧） b.p. 47.7℃

	$CH_3CH_2NO_2$	$CH_3\overset{O}{\overset{\|}{C}}CH_2CH_3$	$CH_3(CH_2)_3CH_3$	$CH_3CH_2\overset{CH_3}{\overset{\|}{C}H}CH_3$
相对分子质量	75	72	72	72
b. p.	115℃	80℃	36℃	28℃

(4) 分子如果通过氢键结合成缔合体，断裂氢键需要能量，因此沸点明显升高。例如：

	$HOCH_2CH_2OH$	$CH_3CH_2CH_2OH$
相对分子质量	62	60
b. p.	197℃	97℃

	$CH_3\overset{O}{\overset{\|\|}{C}}NH_2$	$CH_3\overset{O}{\overset{\|\|}{C}}NHCH_3$	$CH_3\overset{O}{\overset{\|\|}{C}}N(CH_3)_2$
相对分子质量	59	73	87
b. p.	221℃	204℃	165℃

分子内氢键的形成可以减少氢键集聚物的生成，因而具有较低的沸点。例如：

	邻硝基苯酚（分子内氢键）	对硝基苯酚（NO_2，OH）	水杨醛（分子内氢键）	对羟基苯甲醛（CHO，OH）
b. p.	216℃	279℃	197℃	220℃

4.2.2 有机化合物的熔点

熔点是固体变为液体时的温度。在结晶的固体中，离子或分子以某种非常有规律的、对称的方式排列着。固体熔化时，晶格中的粒子从高度有规则的排列变成比较混乱的排列，当温度达到某一点时，粒子的热能大到足以克服把它们束缚在晶体中的作用力(称为晶格力)而熔化。

在离子型化合物的晶体中，正、负离子以非常有规则的方式交替排列着，每个离子都固定在一定的位置上，为强烈的静电力所吸引。要克服如此强烈的离子间的作用力需要很高的温度。因此，离子化合物具有较高的熔点。

有机化合物主要由共价键组成，绝大多数有机物属于非离子型化合物。在它们的晶体中，分子规则地排列，它们之间的作用力是分子间力，这些力比离子间的静电力小得多，不需要很高的温度就可以使它们熔化，变为排列不规律的液体分子。因此有机化合物的熔点比离子化合物的熔点低得多，最高也不超过 400℃。即使是离子型有机化合物，当温度达到 400℃以上时，热能已达到能使共价键断裂的程度，化合物发生分解，由物理变化转变为化学变化。

非离子型化合物的沸点与相对分子质量的大小、分子的极性和氢键等有关。对于熔点，不仅与上述这些因素有关，还与分子在晶格中排列的情况有关。一般来说，分子对称性高、排列比较整齐的，熔点也高。例如：

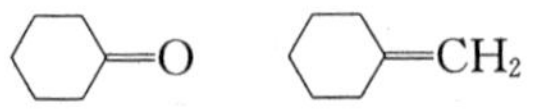

	环己酮（$=O$）	亚甲基环己烷（$=CH_2$）	
m. p.	−16℃	−107℃	
	CH_3CONH_2	$CH_3CONHCH_3$	$CH_3CON(CH_3)_2$
m. p.	82℃	28℃	−20℃
	$CH_3CH_2CONH_2$	CH_3CH_2COOH	$CH_3CH_2COOCH_3$
m. p.	79℃	−22℃	−73℃

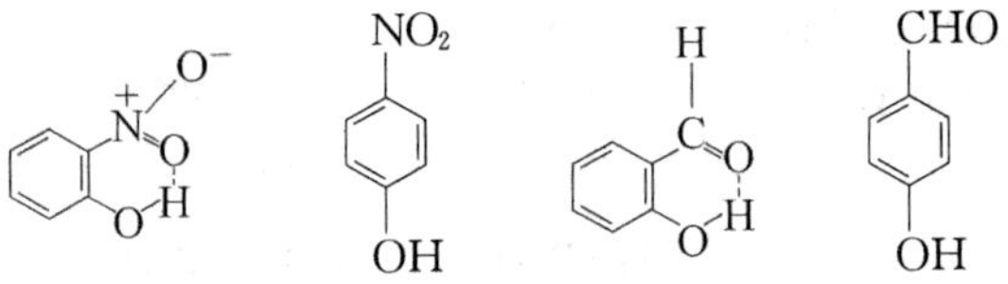

	邻硝基苯酚（分子内氢键）	对硝基苯酚（NO_2, OH）	邻羟基苯甲醛（分子内氢键）	对羟基苯甲醛（CHO, OH）
m. p.	45℃	114℃	−10℃	106℃

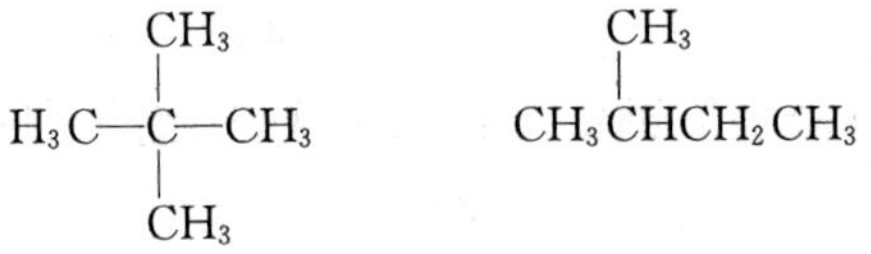

	$(CH_3)_3C—CH_3$（$H_3C—C(CH_3)_2—CH_3$）	$CH_3CH(CH_3)CH_2CH_3$
m. p.	−17℃	−160℃

4.2.3　有机化合物的物理状态

有机化合物沸点和熔点的高低决定了它们的物理状态。在常温常压(25℃，～0.1MPa 即 1atm)下，有机化合物的物理状态列于表 4-1。

表 4-1　有机化合物的物理状态

化合物	气 体	液 体	固 体
烷烃	C_1～C_4 直链	C_5～C_{17} 直链	≥C_{18}
烯烃	C_2～C_4	C_5～C_{18}	≥C_{19}
炔烃	C_2～C_4	C_5～C_{18}	≥C_{19}
芳烃		单环大多数为液体	多环及稠环大多为固体
卤代烃	CH_3Cl，CH_3CH_2Cl，CH_3Br	<C_{15}　一元卤烷	大于 C_{15} 卤烷
醇		C_1～C_{12}	≥C_{13}
醚	CH_3OCH_3　$CH_3—O—CH_2CH_3$	多数为液体	
酚			多数为固体
醛、酮	HCHO	<C_{12}	>C_{12}
羧酸		C_1～C_9	≥C_{10}
羧酸衍生物		低级	高级
硝基化合物		脂肪族	大部分芳香族
胺	CH_3NH_2　$(CH_3)_2NH$　$(CH_3)_3N$　$CH_3CH_2NH_2$	丙胺以上	高级胺

4.2.4 有机化合物的溶解性

化合物在不同的溶剂中溶解度是不相同的。

根据溶剂是否具有极性，可以把溶剂分为极性溶剂和非极性溶剂。溶剂的极性与介电常数 ε 相联系，$\varepsilon > 15$ 的溶剂是极性溶剂，$\varepsilon < 15$ 的溶剂是非极性溶剂。

根据溶剂分子是不是氢键给体，又可以把溶剂分为质子溶剂和非质子溶剂。溶剂分子中有可以作为氢键给体的O—H键或N—H键的，称为质子溶剂，没有的则称为非质子溶剂。质子溶剂分子中含有O—H键或N—H键，而氧原子和氮原子上又都带有孤对电子，所以质子溶剂既是氢键给体，又是氢键受体。

通常情况下，把溶剂分为如下四类：

- 溶剂
  - 极性溶剂
    - 极性质子溶剂　如 H_2O、$HCOOH$、CH_3OH、CH_3CH_2OH 等
    - 极性非质子溶剂　如 CH_3COCH_3、$HCON(CH_3)_2$、CH_3CN、CH_3SOCH_3 等
  - 非极性溶剂　如 CCl_4、n-C_6H_{14}、环己烷、苯、乙醚等

当溶质溶解于溶剂中时，原来被相同的溶质分子所包围的溶质分子进入到溶剂中后，变成被许多溶剂分子所包围的状态。也就是说，溶剂和溶质之间的分子间力取代了原来溶质的分子间力。当前者大于后者时，溶质分子在溶液中将比溶解前更稳定，这时溶解度就大；反之则溶解度减小。

对于非离子型化合物有一个经验规律——“相似的溶解相似的”，就是极性大的分子与极性大的分子相溶，极性弱的分子与极性弱的分子相溶。这个经验规律可以由分子间作用力来说明。例如甲烷和水，甲烷分子间只有弱的范德华引力，水分子间有较强的氢键吸引力，而甲烷与水之间只有很弱的吸引力，要拆开较强的氢键吸引力而代之以较弱的甲烷与水分子间的引力，非常困难，因此不易互溶。而甲烷与非极性溶剂如烃类、苯类、醚类、卤代烷等分子间的作用力相似，可以互溶。又如水与甲醇，均有活泼氢，可以形成氢键：

```
                          CH3
                          |
       CH3—O              O
            \          .·  \
             H    H         H    H
              ··.  /          ··.  /
                 O                O
                 |                |
                 H                H
```

水中的氢键与甲醇中的氢键可以互相代替，因此水和甲醇可以互溶，但当醇的相对分子质量逐渐增大时，分子中相似部分即羟基的成分相对逐渐减少，而不同部分即碳链的成分相对逐渐增加，这样水与醇的溶解度也逐渐减小。

有机化合物在水中的溶解性与有机物分子和水分子间能否形成氢键有密切关系。分子中不含亲水基团的有机物难溶于水或不溶于水，如烃、卤代烃等。分子中含有亲水基团的有机物，当其中憎水的烃基较小，例如只有 1～3 个碳原子时，易溶于水；随着憎水基团的增大，溶解度减小，当烃基增大到一定程度时，就不溶解于水了。例如，醇、醚、醛、酮、酸

和胺等随着碳原子数增多，在水中溶解度下降，如表 4-2 所示。

表 4-2　各类有机化合物的溶解性和挥发性

溶解性		化合物类型	挥发性	水蒸气蒸馏情况
溶于水	溶于乙醚	低相对分子质量的醇、醛、酮、酸、酯、胺、腈、酰氯	易挥发，许多化合物的 b. p. $<$ 100℃	除酰氯外，其他随水蒸气挥发
	不溶于乙醚	有机盐、铵盐、多羟基醇、多元酸、糖类、二元胺、羟基醛、羟基酮、羟基酸、氨基酸	不易挥发，一般不能用普通蒸馏法蒸出	不随水蒸气挥发
不溶于水	溶于 5% $NaHCO_3$ 溶液	$>C_5$ 的羧酸、强吸电子基团取代的酚	挥发性差	一般不随水蒸气挥发
	溶于 5% NaOH 溶液	酚类、磺酰伯胺、伯和仲硝基烷、酰亚胺、硫醇、硫酚	挥发性差，许多不能蒸馏	一般不随水蒸气挥发
	仅溶于 5% HCl 溶液	脂肪胺、芳胺(N 上不多于一个芳基，芳基上无强吸电子基团)、肼类	挥发性一般	许多可随水蒸气蒸出
	不溶于稀硫酸和稀碱的含氮、硫、磷化合物	硝基化合物、酰胺、偶氮和氧化偶氮化合物、磺酰仲胺、腈类、严硝酸酯、硫酸酯、磷酸酯、硝酸酯	挥发性较差，许多不能蒸馏	有些可随水蒸气蒸出
	溶于浓硫酸，但不含氮、硫、卤素	$>C_5$ 的醇、醛、酮、酯、不饱和化合物、多取代的芳烃	挥发性一般或较差	通常可随水蒸气挥发
	不溶于稀酸、稀碱和浓硫酸	脂肪族烃、芳香族烃及其卤素衍生物	有挥发性	可随水蒸气挥发

4.2.5　相对密度

相对密度是单位体积物质与同体积的水在一定温度时的质量比例。相对密度与物质在单位体积中的原子数目和原子的种类有关。单位体积中原子的数目与分子间的作用力有关，作用力大则分子靠得比较紧密。

例如，烷烃同系列中随分子的增大，相对密度略有增加，但均小于 1，比水轻。其原因是，一方面烷烃分子间的作用力比水小；另一方面氧原子比碳原子重。环烷烃分子骨架比较整齐，分子间排列比较紧密，所以相对密度也较高一些。

其他类有机化合物同系列中，同烷烃相似，相对密度随相对分子质量的增大而增加。

卤代烃中一氟代烷和一氯代烷的相对密度均小于 1，而一溴代烷和一碘代烷的相对密度均大于 1，多卤代烷的相对密度则随卤原子的数目增大而增大。

4.2.6　折光率

折光率是光线通过透明液体和空气时的光速比例。光线通过任何介质时的速度都比通过空气或真空要慢。这是因为光是一种电磁波，它通过介质时受到介质的电子干扰而速度减慢。折光率与分子的可极化性有关，折光率越大，表示分子的极化度越大。折光率与进入光的波长和温度有关，故需注明，常用 n_D^t 表示（n 代表折光率；t 表示温度；D 为常用的光源——钠光）。

卤代烷的折光率随卤素不同显示出明显的差异，1-卤戊烷的折光率如表 4-3 所示。

从表 4-3 中可以看到，卤代烷的折光率随卤原子的体积增大而增大，它反映了各系卤代烷极化度的变化。

表 4-3 卤戊烷的折光率

化合物	折光率 n_D^{20}	化合物	折光率 n_D^{20}
$CH_3(CH_2)_4F$	1.3562	$CH_3(CH_2)_4Br$	1.4444
$CH_3(CH_2)_4Cl$	1.4119	$CH_3(CH_2)_4I$	1.4955

4.2.7 常见有机化合物的物理性质和物理常数

1. 烷烃的物理性质(表 4-4)

在常温常压下，C_1～C_4 的直链烷烃为气体，C_5～C_{17} 的直链烷烃为液体，C_{18} 以及 C_{18} 以上的直链烷烃为固体。直链烷烃的沸点和熔点均随碳原子数增加而升高。烷烃极难溶于水，易溶于非极性和弱极性有机溶剂中。烷烃的相对密度(液态)小于 1。随碳原子数的增大，直链烷烃的相对密度逐渐增大。

表 4-4 部分烷烃的物理常数

名 称	分子式	沸点/℃	熔点/℃	相对密度 d_4^{20}	折光率 n_D^{20}
甲烷	CH_4	−161.6	−182.6	0.424	—
乙烷	C_2H_6	−88.6	−182.0	0.546	—
丙烷	C_3H_8	−42.2	−187.1	0.582	1.3397(沸点)
正丁烷	C_4H_{10}	−0.5	−138.0	0.579	1.3562(−15℃)
正戊烷	C_5H_{12}	36.1	−129.7	0.6263	1.3577
正己烷	C_6H_{14}	68.8	−95.3	0.6594	1.3750
正庚烷	C_7H_{16}	98.4	−90.5	0.6837	1.3877
正辛烷	C_8H_{18}	125.6	−56.8	0.7028	1.3976
正壬烷	C_9H_{20}	150.7	−53.7	0.7179	1.4056
正癸烷	$C_{10}H_{22}$	174.0	−29.7	0.7298	1.4120
正十一烷	$C_{11}H_{24}$	195.8	−25.6	0.7404	1.4190
正十二烷	$C_{12}H_{26}$	216.2	−9.7	0.7493	1.4219
正十三烷	$C_{13}H_{28}$	235.5	−6.0	0.7568	1.4255
正十四烷	$C_{14}H_{30}$	251.0	5.5	0.7636	1.4289
正十五烷	$C_{15}H_{32}$	268.0	10.0	0.7688	1.431(25℃)
正十六烷	$C_{16}H_{34}$	280.0	18.1	0.7749	1.4352
正十七烷	$C_{17}H_{36}$	303	22.0	0.7767	1.4360(25℃)
正十八烷	$C_{18}H_{38}$	303	28.0	0.7776	1.4367(28℃)
正十九烷	$C_{19}H_{40}$	309.7	32.0	0.7777	—
正二十烷	$C_{20}H_{42}$	309.7(1999.8Pa)	36.4	0.7797	1.4307(50℃)
正三十烷	$C_{30}H_{62}$	304(1999.8Pa)	66.0	0.7797	—
正一百烷	$C_{100}H_{202}$	—	115.2	—	—

2. 烯烃的物理性质(表 4-5)

在常温常压下,乙烯、丙烯和丁烯是气体。在直链 α-烯烃中,从 1-戊烯开始是液体,从 1-二十烯开始为固体。沸点、熔点及溶解性规律与烷烃非常相似。顺式异构体与反式异构体相比,有较高的沸点和较低的熔点。表 4-5 列出了部分烯烃的物理常数。

表 4-5　部分烯烃的物理常数

名　称	结构式	沸点/℃	熔点/℃	相对密度 d_4^{20}	折光率 n_D^{20}
乙烯	$CH_2=CH_2$	−103.9	−169.5	0.5699 (沸点时)	1.363 (−100℃)
丙烯	$CH_3CH=CH_2$	−47.7	−185.1	0.610 (沸点时)	1.3623 (沸点时)
1-丁烯	$CH_3CH_2CH=CH_2$	−6.47	<−190	0.6255 (沸点时)	1.3777 (−25℃)
(*Z*)-2-丁烯	$(CH_3)HC=CH(CH_3)$ (两个 CH_3 同侧)	3.5	−139.3	0.6213	
(*E*)-2-丁烯	$(CH_3)HC=CH(CH_3)$ (两个 CH_3 异侧)	0.9	−105.5	0.6042	
异丁烯	$(CH_3)_2C=CH_2$	−6.9	−140.8	0.631 (−10℃)	1.3796 (−25℃)
1-戊烯	$CH_3CH_2CH_2CH=CH_2$	30.1	−165.2	0.641	1.3715
(*Z*)-2-戊烯	$(CH_3)HC=CH(CH_2CH_3)$ (CH_3 与 CH_2CH_3 同侧)	37.0	−151.4	0.656	1.3822
(*E*)-2-戊烯	$(CH_3)HC=CH(CH_2CH_3)$ (CH_3 与 CH_2CH_3 异侧)	36.4	−140.2	0.649	1.3793
2-甲基-1-丁烯	$CH_3CH_2C(CH_3)=CH_2$	31.2	−137.6	0.650	1.3777
3-甲基-1-丁烯	$(CH_3)_2CHCH=CH_2$	20.1	−168.5	0.633 (15℃)	1.3640
1-己烯	$CH_3CH_2CH_2CH_2CH=CH_2$	63.5	−139.8	0.673	1.3877
1-庚烯	$CH_3(CH_2)_4CH=CH_2$	93.6	−119	0.697	1.3998
1-十八碳烯	$CH_3(CH_2)_{15}CH=CH_2$	179	17.5	0.791	1.4448
1-十九碳烯	$CH_3(CH_2)_{16}CH=CH_2$	177 (10mmHg)	21.5	0.7858	

3. 炔烃的物理性质

炔烃通常为非极性化合物,物理性质与烷烃、烯烃相似,炔烃的沸点通常比相同碳原子数的烷烃或烯烃高。表 4-6 列出了常见炔烃的物理常数。

表 4-6 常见炔烃的物理常数

名 称	构造式	沸点/℃	熔点/℃	相对密度 d_4^{20}
乙炔	$CH\equiv CH$	−83.4	−81.8(压力下)	0.618(沸点时)
丙炔	$CH_3C\equiv CH$	−23.3	−101.5	0.671(沸点时)
1-丁炔	$CH_3CH_2C\equiv CH$	8.5	−122.5	0.668(沸点时)
1-戊炔	$CH_3CH_2CH_2C\equiv CH$	39.7	−98	0.695
2-戊炔	$CH_3CH_2C\equiv CCH_3$	55.5	−101	0.7127(17.2℃)
3-甲基-1-丁炔	$(CH_3)_2CHC\equiv CH$	28～29(10kPa)		0.6854(0℃)
1-己炔	$CH_3(CH_2)_3C\equiv CH$	71.4	−124	0.719
1-庚炔	$CH_3(CH_2)_4C\equiv CH$	99.8	−80.9	0.733
1-十八碳炔	$CH_3(CH_2)_{15}C\equiv CH$	180(2kPa)	22.5	0.8696(0℃)

4. 芳烃的物理性质

芳烃为非极性化合物，易溶于有机溶剂，不溶于水，一般比水轻，沸点随相对分子质量升高而升高，在同分异构体中，通常对位异构体的熔点较高。表 4-7 列出了常见芳烃的物理常数。

表 4-7 常见芳烃的物理常数

化合物	沸点/℃	熔点/℃	化合物	沸点/℃	熔点/℃
苯	80	5.5	正丙苯	159	−99
甲苯	111	−95	联苯	255	70
邻二甲苯	144	−25	二苯甲烷	263	26
间二甲苯	139	−48	三苯甲烷	360	93
对二甲苯	138	13	苯乙烯	145	−31
六甲基苯	264	165	萘	218	80
乙苯	136	−95	蒽	254	217
异丙苯	152	−96	菲	340	101

5. 卤代烃的物理性质

一般卤代烃为液体，C_4 以下的氟代烷、C_2 以下的氯代烷和溴甲烷为气体，高级卤代烃为固体。不同卤原子的卤代烃中，如果烃基相同，则沸点由高到低的顺序为碘代烃＞溴代烃＞氯代烃。

氯代烃的沸点与相对分子质量相近的烷烃接近。一般，一氯代烃的相对密度小于 1，而一溴代烃和一碘代烃的相对密度均大于 1。卤代烃虽为极性有机化合物，但难溶于水，易溶于有机溶剂。表 4-8、表 4-9 为常见卤代烷的物理常数。

表 4-8　常见卤代烷的物理常数

RX* 名称	氟化物		氯化物		溴化物		碘化物	
	沸点/℃	相对密度 d_4^{20}	沸点/℃	相对密度 d_4^{20}	沸点/℃	相对密度 d_4^{20}	沸点/℃	相对密度 d_4^{20}
CH_3X	−78.4		−24.2		3.6		42.4	2.279
CH_3CH_2X	−37.7		12.3		33.4	1.440	72.3	1.933
$CH_3CH_2CH_2X$	−2.5		46.6	0.890	71.0	1.335	102.5	1.747
$CH_3CH(CH_3)X$	−9.4		34.8	0.850	59.4	1.310	89.5	1.705
$CH_3CH_2CH_2CH_2X$	32.5	0.779	78.4	0.884	101.6	1.276	130.5	1.617
$CH_3CH_2CH(CH_3)X$	25.3	0.766	68.3	0.871	91.2	1.258	120	1.595
$CH_3CH(CH_3)CH_2X$	25.1		68.8	0.875	91.4	1.261	121	1.605
$(CH_3)_3CX$	12.1		50.7	0.840	73.1	1.222	100(分解)	—
$CH_3CH_2CH_2CH_2CH_2X$			108	0.883	130	1.223	157	1.517
环己基-X			142.5	1.000	165			
CH_2X_2	−52		40	1.336	99	2.49	180(分解)	3.325
CHX_3	−83		61	1.489	15	2.89	升华	4.008
CX_4	−128		77	1.595	189.5	3.42	升华	4.32

* X 代表卤原子。

表 4-9　常见卤代芳烃化合物的物理常数

名　称	沸点/℃	熔点/℃	相对密度 d_4^{20}
氟苯	85	−41.9	1.025
氯苯	132	−45	1.106
溴苯	156	−30.5	1.495
碘苯	188.5	−31.5	1.832
邻氯甲苯	159.2	−36	1.032
间氯甲苯	162	−48	1.072
对氯甲苯	162.4	7.5	1.070
邻二氯苯	179.5	−17.2	1.306
对二氯苯	173.8	53	1.458
苯氯甲烷	179	−43	1.102
苯二氯甲烷	206	−16	1.256
苯三氯甲烷	221	−5	1.372
1-氯萘	259	−2.3	1.194

6. 醇的物理性质

C_{11}以下的一元醇为液体，C_{12}以上的直链醇为固体。由于醇可形成分子间氢键，故具有较高的沸点，其沸点比相对分子质量相近的烷烃高得多。醇在水中的溶解度较大，C_3以下的醇可与水混溶，多元醇具有更高的沸点和更好的水溶性。表4-10 列出了常见醇的物理常数。

表 4-10 常见醇的物理常数

名称	结构式	沸点/℃	熔点/℃	相对密度 d_4^{20}	溶解度/[g·(100g 水)$^{-1}$]
甲醇	CH_3OH	65.0	−97.8	0.7914	∞
乙醇	CH_3CH_2OH	78.5	−114.7	0.7893	∞
正丙醇	$CH_3CH_2CH_2OH$	97.4	−126.5	0.8035	∞
异丙醇	$CH_3CH(OH)CH_3$	82.4	−89.5	0.7855	∞
正丁醇	$CH_3CH_2CH_2CH_2OH$	117.3	−89.5	0.8098	8.0
仲丁醇	$CH_3CH_2CH(OH)CH_3$	99.5	−114.7	0.8063	12.5
异丁醇	$(CH_3)_2CHCH_2OH$	107.9	—	0.8021	11.1
叔丁醇	$(CH_3)_3COH$	82.2	25.5	0.7887	∞
正戊醇	$CH_3(CH_2)_4OH$	138	−79	0.8144	2.2
新戊醇	$(CH_3)_3CCH_2OH$	114	53	0.812	∞
正己醇	$CH_3(CH_2)_5OH$	158	−46.7	0.8136	0.7

7. 酚的物理性质

纯的酚及其同系物一般为无色结晶的固体，但通常因夹杂着酚的氧化产物而带有粉红色或红色。酚和醇相似，具有较高的熔点，在水中具有较好的溶解度。能够形成分子内氢键的酚，其熔点、沸点及在水中的溶解度相对较低。常见酚的物理常数见表4-11。

表 4-11 常见酚的物理常数

名称	沸点/℃	熔点/℃	溶解度/[g·(100g 水)$^{-1}$]
苯酚	181	43	7.6
邻甲苯酚	191	30	2.5
间甲苯酚	201	11	2.6
对甲苯酚	201	35.5	2.3
邻氯苯酚	173	9	2.8
间氯苯酚	214	33	2.6
对氯苯酚	217	43	2.7
邻硝基苯酚	214	45	0.2
间硝基苯酚	194(9332Pa)	96	1.4
对硝基苯酚	279(分解)	114	1.6
2,4-二硝基苯酚	分解	113	0.56
2,4,6-三硝基苯酚	分解(300℃爆炸)	172	1.40

续表

名　称	沸点/℃	熔点/℃	溶解度/[g·(100g 水)$^{-1}$]
邻苯二酚	245	105	45.1
间苯二酚	281	110	123
对苯二酚	286	170	8
1,2,3-苯三酚	309	133	62
1,2,4-苯三酚		140	易溶
1,3,5-苯三酚	升华	218	1
α-萘酚	279	94	难溶
β-萘酚	286	123	0.1

8. 醚的物理性质

常温时，甲醚和甲乙醚为气体，低相对分子质量的醚为液体。醚的沸点比相对分子质量相近的醇低得多。醚与水可形成氢键，在水中有一定的溶解度。表 4-12 为常见醚的物理常数。

表 4-12　常见醚的沸点和熔点

名　称	构造式	沸点/℃	熔点/℃
甲醚	CH_3OCH_3	−23	−138.5
甲乙醚	$CH_3OCH_2CH_3$	10.8	—
乙醚	$(CH_3CH_2)_2O$	34.5	−116.62
乙丙醚	$CH_3CH_2OCH_2CH_2CH_3$	63.6	−79
正丙醚	$(CH_3CH_2CH_2)_2O$	91	−122
异丙醚	$(CH_3)_2CHOCH(CH_3)_2$	68	−86
正丁醚	$(CH_3CH_2CH_2CH_2)_2O$	142	−65
环氧乙烷	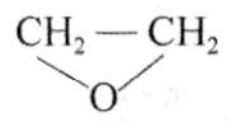 $CH_2—CH_2$ \ O / (三元环)	13.5	−111
四氢呋喃	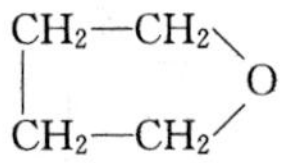 $CH_2—CH_2$, $CH_2—CH_2$, O (五元环)	67	−65
1,4-二氧六环	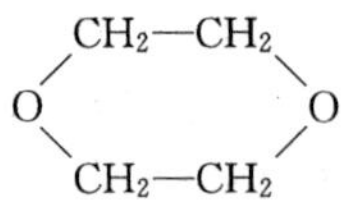 $CH_2—CH_2$, O, O, $CH_2—CH_2$ (六元环)	101	12

9. 醛和酮的物理性质

通常醛和酮的沸点比相对分子质量相近的烷烃、烯烃和醚高，而比醇低。低级醛酮由于与水能形成氢键，在水中有一定的溶解度，随着碳原子数的增加，在水中的溶解度降低。表 4-13 列出了常见醛、酮的物理常数。

表 4-13 常见醛及酮的物理常数

化合物	沸点/℃	熔点/℃	水中溶解度	相对密度 d_4^{20}
甲醛	−21	−92	∞	0.815(−20℃)
乙醛	21	−125	∞	0.7981(10℃)
丙醛	49	−81	很易溶	0.7966(25℃)
丁醛	76	−99	溶	0.8170
戊醛	102	−91.5	微溶	
己醛	128	−56	微溶	
丙酮	56.1	−95	∞	0.7899
丁酮	79.6	−86	很易溶	0.8054
2-戊酮	102	−78	溶	
3-戊酮	102	−42	溶	

10. 羧酸的物理性质

羧酸的沸点比相对分子质量相近的醇、醛和酮要高。C_4 以下的羧酸可以与水混溶，C_{12}以上的羧酸不溶于水。直链饱和一元酸的熔点随碳原子数目增加而呈锯齿状升高，含偶数碳原子的羧酸的熔点高于邻近的两个含奇数碳原子的羧酸，如表 4-14 所示。

表 4-14 一些羧酸的物理常数

名 称	熔点/℃	沸点/℃	溶解度/[g·(100mL 水)$^{-1}$]	名 称	熔点/℃	沸点/℃	溶解度/[g·(100mL 水)$^{-1}$]
甲酸	8.4	101	∞	十六酸	63		0.00072
乙酸	16.6	118	∞	十七酸	63		0.00029
丙酸	−21	141	∞	十八酸	72		0.00029
丁酸	−5	164	∞	顺-9-十八碳烯酸	16		不溶
戊酸	−34	186	4.97	顺,顺-9,12-十八碳二烯酸	−5		不溶
己酸	−3	205	0.968	顺,顺,顺-9,12,15-十八碳三烯酸	−11		不溶
庚酸	−8	223	0.244				
辛酸	17	239	0.068	乙二酸	189		9
壬酸	15	255	0.026	丙二酸	136		74
癸酸	32	270	0.015	丁二酸	185		6
十一酸	29	280	0.0093	戊二酸	98		64
十二酸	44	299	0.0055	己二酸	151		2
十三酸	42	312	0.0033	顺丁烯二酸	130.5		79
十四酸	54		0.0020	反丁烯二酸	302		0.7
十五酸	53		0.0015				

11. 羧酸衍生物的物理性质

酯的沸点比相对分子质量相近的醇和羧酸低，与醛酮相近。在水中的溶解度较小，能溶于有机溶剂，具有特殊的香味。

酰氯的沸点与相对分子质量相近的醛酮相似，不溶于水，遇水水解。

酸酐的沸点比相对分子质量相近的羧酸低，但比相应的羧酸高。

酰胺由于可形成分子间氢键，其沸点比相应的羧酸还高，当 N 上的氢被烷基取代时，则沸点降低，低相对分子质量的酰胺既能溶于水，又能溶于绝大多数的有机溶剂。表 4-15 为常见羧酸衍生物的沸点和熔点。

表 4-15　常见羧酸衍生物的沸点和熔点

化合物	沸点/℃	熔点/℃	化合物	沸点/℃	熔点/℃
乙酰氯	51	−112	甲酸乙酯	54	−80
乙酰溴	76.7		乙酸乙酯	77	−83
丙酰氯	80	−94	乙酸异戊酯	142	−78
正丁酰氯	102	−89	甲基丙烯酸甲酯	100	−50
乙酸酐	140	−73	甲酰胺	200(分解)	2.5
丙酸酐	169	−45	乙酰胺	221	82
丁二酸酐	261	119.6	丙酰胺	213	79
丁烯二酸酐	202	53	*N*,*N*-二甲基丙酰胺	153	
甲酸甲酯	32	−100	丁二酰亚胺	288	126

12. 胺的物理性质

脂肪族胺中甲胺、二甲胺、三甲胺和乙胺是气体，丙胺以上是液体，高级胺是固体。低级胺可溶于水，有鱼腥味；高级胺不溶于水，无味。伯、仲胺的沸点比相对分子质量相近的烷烃高，而叔胺则与烷烃相近。芳香胺大都具有臭味和毒性。表4-16、表 4-17 分别列出了常见脂肪胺和常见芳胺的物理常数。

表 4-16　常见脂肪胺的物理常数

名　称	结　构　式	沸点/℃	熔点/℃	相对密度 d_4^{20}	溶解度/[g·(100g 水)$^{-1}$]
甲胺	CH_3NH_2	−6.7	−92.5	0.7961(−10℃)	易溶
二甲胺	$(CH_3)_2NH$	7.3	−96	0.6604(0℃)	易溶
三甲胺	$(CH_3)_3N$	3.5	−124	0.7229(25℃)	易溶
乙胺	$CH_3CH_2NH_2$	16.6	−80.5	0.707(0℃)	∞
正丙胺	$CH_3CH_2CH_2NH_2$	48.7	−83.6	0.719	∞
正丁胺	$CH_3(CH_2)_3NH_2$	77.8	−50.6	0.740	易溶
正戊胺	$CH_3(CH_2)_4NH_2$	104	−55.0	0.752	溶
正己胺	$CH_3(CH_2)_5NH_2$	132.7	−19	0.71	溶
乙二胺	$H_2N(CH_2)_2NH_2$	117	8.5	0.899	∞
丁二胺	$H_2N(CH_2)_4NH_2$	158	27	0.877	易溶
己二胺	$H_2N(CH_2)_6NH_2$	196	40	—	易溶

表 4-17　常见芳胺的物理常数

名　称	沸点/℃	熔点/℃	相对密度 d_4^{20}
苯胺	184.4	−6	1.022
N-甲基苯胺	193	−57	0.986
N,*N*-二甲基苯胺	194	2.5	0.956
二苯胺	302	53	1.159
三苯胺	365	126.5	0.774(0℃)
联苯胺	401.7	128.7	1.250

续表

名　称	沸点/℃	熔点/℃	相对密度 d_4^{20}
邻苯二胺	257	103	
间苯二胺	284	63	1.139(5℃)
对苯二胺	267	140	
α-萘胺	301	50	1.131
β-萘胺	306	110.2	1.061(25℃)

13. *硝基化合物的物理性质*

脂肪族硝基化合物是无色而有香味的液体，易溶于醇和醚，难溶于水。大部分芳香族硝基化合物是淡黄色固体，有一些是液体，具有苦杏仁味。硝基化合物的相对密度都大于 1。多硝基化合物在受热时一般易分解而发生爆炸。芳香族硝基化合物都有毒性，不论从呼吸道或从皮肤表面吸入，都能造成慢性中毒。表 4-18 是常见芳香族硝基化合物的物理常数。

表 4-18　常见芳香族硝基化合物的物理常数

名　称	沸点/℃	熔点/℃	相对密度 d_4^{20}
硝基苯	210.8	5.7	1.203
邻二硝基苯	319(99192Pa)	118	1.565(17℃)
间二硝基苯	303(102658Pa)	89.8	1.571(0℃)
对二硝基苯	299(103591Pa)	174	1.625
1,3,5-三硝基苯	分解	122	1.688
邻硝基甲苯	222	−9.3(α), −4(β)	1.163
间硝基甲苯	231	16	1.157
对硝基甲苯	238.5	52	1.286
2,4-二硝基甲苯	300	70	1.521(15℃)
α-硝基萘	304	61	1.332

习　题

4-1　将下列各组化合物的沸点由大到小排序：

(1) A. $CH_3CH_2-C(CH_3)_2-CH_2CH_3$　　B. $CH_3(CH_2)_5CH_3$

C. $(CH_3)_2CH(CH_2)_4CH_3$　　D. $CH_3(CH_2)_3CH_3$

(2) A. $CH_3CH=CH_2$　　B. (Cl)HC=CH(Cl)（两个 Cl 在同侧）　　C. (Cl)HC=CH(Cl)（两个 Cl 在异侧）

(3) A. 3-甲基己醇　　B. 正己烷　　C. 正己醇

(4) A. 环己烷　　B. 2-甲基戊烷　　C. 正己烷

(5) A. 仲丁醇　　B. 正丁醇　　C. 1-氯丙烷

D. 2-甲基-2-丙醇　　E. 乙醚

(6) A. 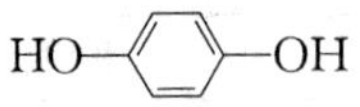 HO—⌬—OH　　B. 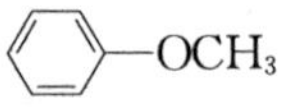 ⌬—OCH_3　　C. 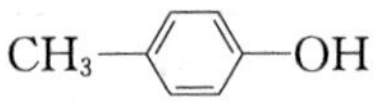 CH_3—⌬—OH

D. 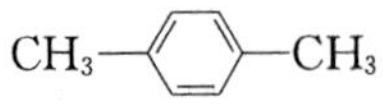 CH_3—⌬—CH_3

(7) A. 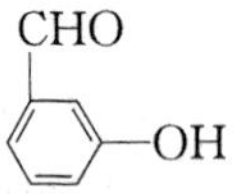 ⌬（CHO，—OH）　　B. 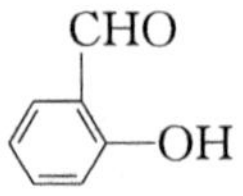 ⌬（CHO，—OH）　　C. 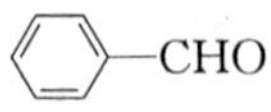 ⌬—CHO

(8) A. CH_3CH_2COOH　　B. $CH_3CH_2CH_2OH$

C. $CH_3CH_2CONH_2$　　D. CH_3CH_2CHO

(9) A. $CH_3(CH_2)_4COOH$　　B. $CH_3CH_2COOCH_2CH_2CH_3$

C. n-$C_6H_{13}OH$　　D. $CH_3CH_2CH_2OCH_2CH_2CH_3$

(10) A. $H_2NCH_2CH_2NH_2$　　B. $CH_3NHCH_2CH_3$

C. $CH_3CH_2CH_2NH_2$　　D. $(CH_3)_3N$

(11) A. CH_2—CH—CH_2（OH，OH，OCH_3）　　B. CH_2—CH—CH_2（OH，OH，OH）　　C. CH_2—CH—CH_2（OH，OCH_3，OH）

4-2　将下列各组化合物的熔点由大到小排序：

(1) A. $C(CH_3)_4$　　B. $CH_3CH_2CH_2CH_2CH_3$

C. $CH_3CHCH_2CH_3$（CH_3）　　D.  ⬡

(2) A. 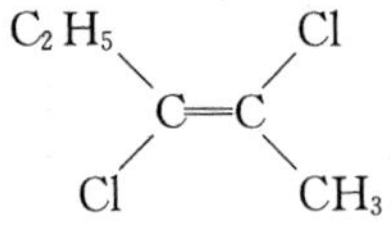 C_2H_5(Cl)C=C(Cl)CH_3　　B. 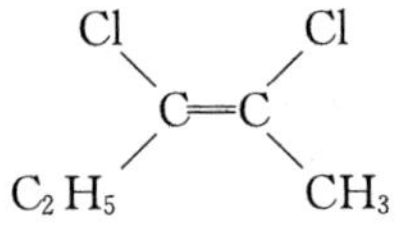 Cl(C_2H_5)C=C(Cl)CH_3

(3) A. CH_2—COOH，CH_2—COOH　　B. CH_2—COOH，CH_2—CH_2CH_3　　C. CH_2—CH_2OH，CH_2—CH_2CH_3

4-3　比较下列化合物的水溶性：

(1) A. $HOCH_2CHCH_2OH$（OH）　　B. $CH_3(CH_2)_3OH$　　C. $CH_2CH_2CH_2$（OH，OH）

(2) A. p-$CH_3PhCOOH$　　B. $PhCHCH_3$（OH）　　C. p-$HOPhCH_2OH$

D. p-HOPhEt　　E. $PhCH_2OCH_3$

(3) A. 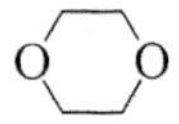 1,4-二氧六环（O⬡O）　　B. $C_2H_5OC_2H_5$　　C. $(CH_3)_3C$—O—$C(CH_3)_3$

D. $CH_3(CH_2)_3CH_3$

4-4　比较下列各组化合物的偶极矩：

(1) A. $CH_3CH_2CH_3$　　B. $CH_3CH{=}CH_2$　　C. CH_3CH_2Cl

(2) A. CH_2Cl_2　　B. CH_3Cl　　C. CH_4

(3) A. CH_3CH_2Cl　　B. $CH_2{=}CHCl$　　C. $CH{\equiv}CCl$

(4) A. 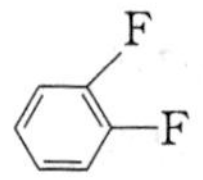 ⌬（F，—F，邻位）　　B.  F—⌬—F　　C. 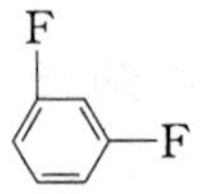 ⌬（F，—F，间位）

(5) A. $CH_3CH_2C{\equiv}CH$　　B. $CH_3CH_2CH{=}CH_2$　　C. n-C_4H_{10}

第 5 章　有机化合物的波谱

现今各种波谱仪器的功能越来越多，灵敏度越来越高。它们对品种数量繁多的有机化合物，无论是低分子化合物、大分子化合物或是高分子化合物的鉴定、测定、结构研究，以及性质研究等，都是有力的工具。对有机化合物来说，应用最普遍、最广泛的波谱分析方法是紫外吸收光谱法、红外吸收光谱法、核磁共振谱法和质谱法。这些波谱产生的基本原理及波谱特征，在有机化合物的结构方面提供的信息以及在有机化合物的合成、生产、研究方面的应用，对一个化学工作者来说是不可缺少的知识，也是从事这些方面工作经常要使用的工具。

5.1　紫外吸收光谱

5.1.1　紫外吸收光谱的基本原理

1. 紫外吸收光谱的产生

化合物分子内的电子运动，各原子核的相对振动和整个分子的转动，每一种运动状态都属于一定的能级。分子的总能量即被认为是这三种能量之和，用 E 来表示：

$$E = E_e + E_v + E_r \tag{5-1}$$

式中，E_e 为电子能量；E_v 为振动能量；E_r 为转动能量。分子吸收能量就会受到激发，从它的基态能级跃迁到较高激发态能级。按量子力学的观点，分子吸收的能量只能是等于两个能级的能量之差。此能量与光能有如下的关系：

$$\Delta E = E_2 - E_1 = h\nu = hc/\lambda \tag{5-2}$$

式中，ΔE 为两个能级的能量之差；E_2 为激发态的能量；E_1 为基态的能量；h 为普朗克常量；c 为光速；λ 为波长。式(5-2)说明：当某一波长的光能量正好等于分子某个能级跃迁所需的能量差时，即会被分子吸收，由此产生的吸收谱线称为吸收光谱。由于电子能级跃迁，吸收 200～400nm 波长的光，是在近紫外光区，由此产生的吸收光谱，称为紫外吸收光谱(ultraviolet absorption spectrum，简写为 UV)。电子能级能量差间隔最大，一般为 1～20eV(电子伏特)，而振动能级的能量差为 0.05～1eV，转动能级能量差小于 0.05eV。当电子能级跃迁时，不可避免地产生振动能级和转动能级的跃迁，因此电子跃迁形成的吸收谱带不仅包括电子跃迁的谱线，还包括振动能级和转动能级跃迁的谱线，形成许多谱线密集在一起的宽带。这就是紫外光谱都是大宽峰的原因。

2. 电子跃迁的类型

电子跃迁有 $\sigma\rightarrow\sigma^*$、$\pi\rightarrow\pi^*$、$n\rightarrow\sigma^*$ 和 $n\rightarrow\pi^*$ 四种类型。σ^*、π^* 分别为 σ 电子和 π 电

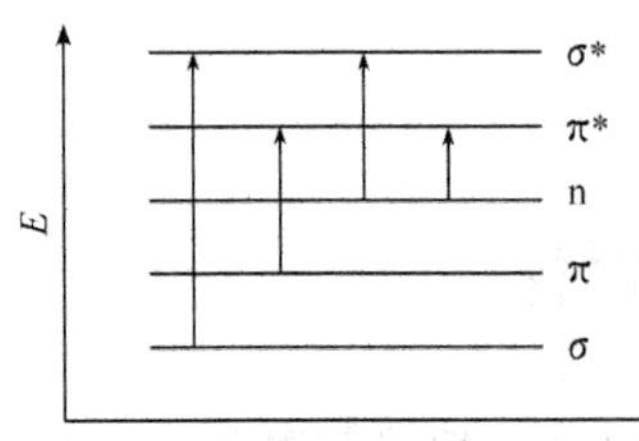

图 5-1　电子能级跃迁示意图

子的反键轨道。四种跃迁所需能量大小的顺序为 $\sigma\rightarrow\sigma^* > n\rightarrow\sigma^* > \pi\rightarrow\pi^* > n\rightarrow\pi^*$。电子能级跃迁的示意图如图 5-1 所示。

(1) $\sigma\rightarrow\sigma^*$ 跃迁。吸收波长在 200nm 以下的光，属远紫外区。例如，甲烷 $\lambda_{max}=125$nm，环丙烷 $\lambda_{max}=190$nm。一般的仪器设计是从 200nm 开始，对吸收在 200nm 以下的跃迁不能进行检测。

(2) $n\rightarrow\sigma^*$ 跃迁。吸收波长在 150～250nm 的光，部分属远紫外区。含有杂原子氧、氮、硫、卤素的饱和化合物有这类跃迁。吸收强度(摩尔吸光系数)ε 一般在 100～3000。

(3) $\pi\rightarrow\pi^*$ 跃迁。对非共轭体系，含独立双键的化合物，吸收波长范围靠近 200nm，仍在远紫外区。例如乙烯的 $\pi\rightarrow\pi^*$ 跃迁，$\lambda_{max}=165$nm，吸收强度很大，ε 为 10000。

对共轭体系，随共轭双键数目(n)的增加，吸收波长向长波移动，均在 200nm 以上，都在近紫外区。吸收强度也增大，ε 均在 10000 以上。

(4) $n\rightarrow\pi^*$ 跃迁。吸收波长在 285～300nm，吸收强度弱，ε 在 10～100。含有C═O、C═S、N═O、C═C—O$^-$ 基团的化合物有这类跃迁。

3. 紫外吸收光谱的表示方法

紫外吸收光谱图，如图 5-2，纵坐标表示吸收强度(A)、摩尔吸光系数(ε)或 lgε，横坐标表示波长(λ)，单位用纳米(nm)、毫微米(mμm)或埃(Å)。图中“2”为吸收谷或最小吸收，其波长用 λ_{min} 表示。“1”和“3”为吸收峰或最大吸收，其波长用 λ_{max} 表示。最大吸收时的摩尔吸光系数用 ε_{max} 表示。

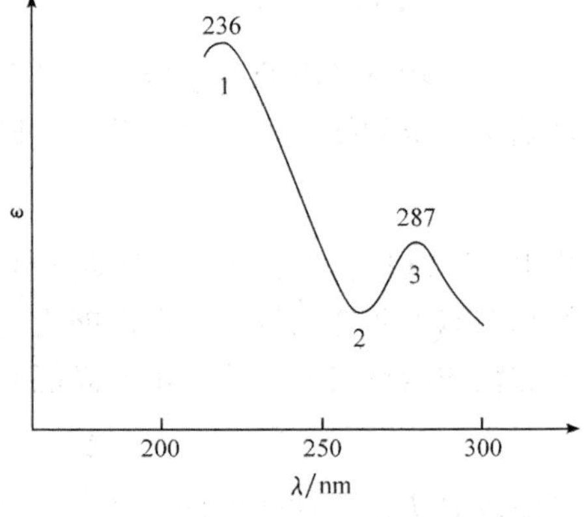

图 5-2　酚的紫外光谱(碱性溶液)

4. 紫外吸收光谱中的几个常用术语

(1) 生色团。在分子结构中能产生 $\pi\rightarrow\pi^*$、$n\rightarrow\pi^*$ 跃迁，导致在 200～1000nm 波长范围内产生吸收的基团，称为生色团。

(2) 助色团。在分子中可使吸收波长向长波方向移动，并使吸收强度增加的基团称为助色团。常见的助色团有—Cl、—Br、—I、—NH_2、—OH、—OR、—SH、—SR 等。

(3) 红移。由于分子中助色团的作用、共轭作用或溶剂改变等原因，使吸收峰向长波方向移动的现象，称红移。

(4) 蓝移。由于取代基、溶剂的影响，使吸收峰向短波方向移动的现象，称蓝移。

(5) 增色效应和减色效应。由于结构的变化或其他原因，使吸收强度增加的现象，称增色效应；吸收强度减弱的现象，称减色效应。

5. 吸收带的分类

在紫外吸收光谱中吸收带分为四类：

R 吸收带：来自 n→π* 跃迁产生的吸收带，摩尔吸光系数 ε<100。

K 吸收带：π→π* 跃迁产生的吸收带。共轭烯烃结构产生的 K 吸收带不受溶剂的影响。烯酮结构产生的 K 吸收带受溶剂的影响。

B 吸收带：芳香烃化合物的 π→π* 跃迁产生的吸收带，吸收波长位置在 230～270nm，在这个位置常出现多重峰，表现了芳环的精细结构。

E 吸收带：也是芳烃 π→π* 跃迁产生的吸收带，其位置在 184nm 和 204nm。在识别芳环时可用此带，也可不用此带。

5.1.2 有机化合物的紫外吸收光谱

1. 饱和有机化合物

饱和碳氢化合物只含有 σ 电子。由于 σ 电子跃迁的吸收波长范围在远紫外区(10～200nm)，在 200～1000nm 范围内不产生吸收峰，因此在紫外光谱分析中常用作溶剂。若饱和碳氢化合物上的氢原子被氮、氧、硫、卤素等杂原子基团取代，由于杂原子上有孤对 n 电子，可产生跃迁，使吸收峰向长波方向移动，致使有的化合物在 200～1000nm 也出现吸收峰，如碘甲烷：由于 n→σ* 跃迁，在 258nm 处出现吸收峰。

2. 烯烃

含独立双键的化合物的吸收峰在 200nm 波长以下，在共轭体系中，随共轭体系中双键数目(n)的增加，吸收峰向长波方向移动，吸收强度增加，如表 5-1 所示。

表 5-1 共轭烯烃紫外吸收波长与吸收强度

$H(CH=CH)_nH$	波长/nm	ε	$H(CH=CH)_nH$	波长/nm	ε
1	165	10000	5	335	118000(浅黄)
2	217	21000	8	415	210000(橙)
3	258	35000	11	470	185000(红)
4	296	52000	15	547	150000(紫)

对于共轭烯烃的 λ_{max}，可以利用伍德沃德(Woodward)规则(表 5-2)来进行计算，这是一个经验规律，是以 λ_{max} 217nm 为基本数据(或母体数据)，再根据以下的情况加上相应的波数计算而得。

表 5-2 共轭烯烃伍德沃德规则

二烯共轭体系母体值	217nm
增加值	
二烯体系在同一个环中	36nm
每一个烷基取代或环残余	5nm
任何环外双键	5nm
一个延伸双键	30nm
助色团 —O—CO—	0nm
—OR	6nm
—SR	30nm
—Cl，—Br	5nm
$—NR_2$	60nm

例 5-1　计算下列化合物的 λ_{max}。

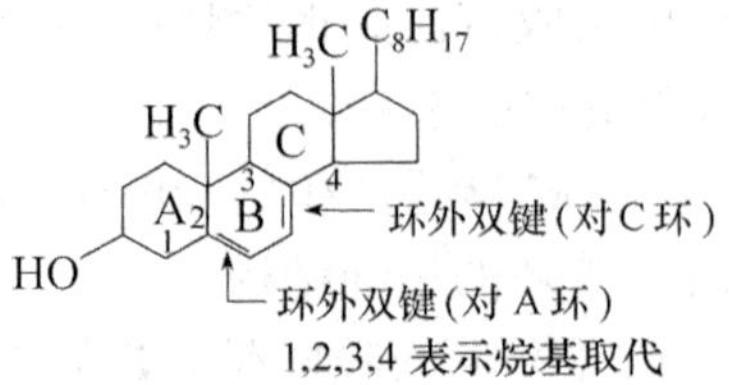

H_3C C_8H_{17}

H_3C

A 2 B C 3 4

HO 1

← 环外双键(对 C 环)

环外双键(对 A 环)

1,2,3,4 表示烷基取代

计算：母体		217
共轭二双键在同一环内		36
环外双键	(2×5)	10
烷基取代	(4×5)	20
λ_{max}(计算)		283nm
(实测)		282nm

注意：这个规则不适用于交叉共轭体系(如下所示)和芳香体系。

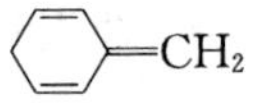

$=CH_2$

交叉共轭体系

3. 羰基化合物及其衍生物

1) 醛和酮

醛和酮的羰基含有一对 σ 电子和一对 π 电子，还含有两对未成键的 n 电子，可产生三种电子跃迁：

$n\rightarrow\pi^*$ 跃迁　270～300nm　ε=10～20　R 带

$n\rightarrow\sigma^*$ 跃迁　180nm

$\pi\rightarrow\pi^*$ 跃迁　160nm　不在仪器检测范围之内

2) 羧酸、羧酸酯、酰卤、酰胺

相对于醛或酮来说，这几类化合物的羰基都是由于助色团的存在而蓝移，如表 5-3 所示。

表 5-3　羧酸、羧酸酯、酰卤和酰胺的紫外吸收谱带

$CH_3CO—X$	溶　剂	λ_{max}/nm	ε_{max}
—H	蒸气	290	10
$—CH_3$	己烷	279	15
—OH	95%乙醇	272.5	19
—SH	95%乙醇	204	41
$—OCH_3$	环己烷	219	2200
$—OCOCH_3$	异辛烷	211	47
—Cl	异辛烷	225	40
—Br	正庚烷	240	40
—I	甲醇	205	100
$—NH_2$	正己烷	214	60

3) 不饱和羰基化合物

在双键与羰基共轭后,紫外吸收除 n→π* 跃迁的 R 带之外,还出现共轭双键π→π* 跃迁的 K 带。

π→π* 跃迁 吸收范围在 215～250nm(ε=10000～20000) K 带

n→π* 跃迁 310～330nm(原 270～300nm),红移了 15～45nm R 带

当共轭双键增长时,K 带和 R 带重叠,R 带不易观察到,有时出现肩峰。

4. 芳香族化合物

1) 苯

苯是环状共轭体系,在紫外光区有三个吸收带,分别为

E_1 带 吸收在 184nm(ε=60000,47000)

E_2 带 吸收在 204nm(ε=7400)

B 带 吸收在 256nm(ε=230)

这三个吸收带都是由 π→π* 跃迁产生的。B 带是芳香族化合物的特征吸收带,由 π→π* 跃迁与振动跃迁重叠而产生。在非极性溶剂中或以气态存在时,其吸收光谱出现清晰的精细的结构,即在 230～270nm 出现 7 个精细结构的峰,如图 5-3 所示。苯的同系物也有精细结构,但在极性溶剂中这些精细结构可能会消失或变得不明显。精细结构的出现是鉴定芳香族化合物的有用特征。

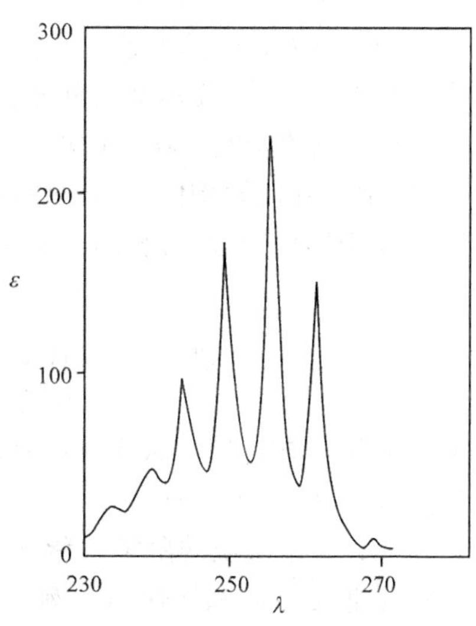

图 5-3 苯的紫外吸收光谱

2) 单取代苯

当苯环上有烷基取代时,B 带红移,E 带变化不大。助色团(—OH、—NH_2 等)引入苯环时,B 带增强,并影响精细结构的消失。不饱和取代基(如—CH═CH—、—CHO、—NO_2 等)与苯环相连时,B 带发生强的红移,并有致强效应。在 200～250nm 区域出现 K 带(ε_{max}>10000)。一些单取代苯的紫外吸收光谱数据见表 5-4。

表 5-4 一些单取代苯的紫外吸收光谱数据

取代基	E 带 λ_{max}/nm	ε_{max}	B 带 λ_{max}/nm	ε_{max}	溶 剂
—H	204	7400	254	204	2%甲醇水溶液
—CH_3	206.5	7000	261	225	2%甲醇水溶液
—OH	210.5	6200	270	1450	2%甲醇水溶液
—NH_2	230	8600	280	1430	2%甲醇水溶液
—CH═CH_2	244	12000	282	450	乙醇
—$COCH_3$	240	3000	278	1100	乙醇
—CHO	244	15000	280	1500	乙醇
—NO_2	252	10000	280	10000	己烷

3）稠环化合物吸收光谱

随着共轭环数目的增加，B 带和 E 带发生红移并有致强效应。

4）杂环化合物

饱和五元和六元杂环化合物的紫外吸收光谱的吸收峰位置，一般低于 200nm。不饱和杂环化合物在近紫外区同样有吸收。不饱和六元杂环化合物的紫外吸收光谱与相应的芳香化合物的紫外光谱类似。例如，吡啶的紫外光谱与苯的紫外光谱类似，只是吡啶的 B 带比苯的 B 带强，而吡啶的精细结构不如苯的明显。

5.1.3　紫外吸收光谱的应用

1. 在定性分析中的应用

由于紫外吸收光谱主要取决于分子中的发色团和助色团的特性，而不是整个分子的特性。因此，不能只用紫外吸收光谱来对有机化合物的分子结构下结论。但在有机化合物的定性分析中，紫外吸收光谱仍是一个有用的工具，下面简要介绍几方面的应用：

（1）对未知物的鉴定。其方法是将未知物与已知化合物在同样的条件下测定的紫外光谱相对照，或查找标准紫外光谱与之对照。二者谱图一致，则可能为同一化合物。

（2）结构测定。在结构测定中主要是确定分子中有无共轭体系，有什么样的共轭体系，或确定几何异构体，一般来说，反式异构体比顺式异构体的 λ_{max} 和 ε_{max} 都大。

互变异构现象的研究，如乙酰乙酸乙酯存在酮式和烯醇式两种互变异构体：

$$\underset{\text{酮式}}{CH_3-\overset{\overset{O}{\|}}{C}-CH_2-\overset{\overset{O}{\|}}{C}-OC_2H_5} \rightleftharpoons \underset{\text{烯醇式}}{CH_3-\overset{\overset{OH}{|}}{C}=CH-\overset{\overset{O}{\|}}{C}-OC_2H_5}$$

酮式异构体在近紫外区无强的吸收，烯醇式由于分子中有了共轭体系，故有强的吸收峰，λ_{max} 243nm（ε_{max} 16000）。

（3）微量杂质的鉴定。紫外吸收光谱的灵敏度较高，用于鉴定某些带发色团的微量杂质是非常方便和快速的。例如，要确定在环己烷中是否有微量芳烃存在，就可用紫外光谱鉴定。若在 250～280nm 处有吸收峰，即表明有芳烃存在。

2. 在定量分析中的应用

只要样品在适当的溶剂中在紫外光区有特征的吸收峰，就可以根据样品的吸收系数，测定已知浓度纯样品的吸收值和未知浓度样品的吸收值来计算出未知浓度样品的含量。其原理和方法与一般分光光度法一样。

5.2　红外吸收光谱

5.2.1　红外吸收光谱的基本原理

用 0.7～1000μm 连续波长的红外光照射样品，引起分子振动能级的跃迁，同时伴有转动能级的跃迁，由此产生的吸收曲线称为红外吸收光谱（infrared absorption spectrum,

简写为 IR),又称振动-转动光谱。绝大多数有机化合物和无机离子的振动能级跃迁所吸收的光波都在中红外区(波长 2.5～25μm 或波数 4000～400cm^{-1}),因此主要讨论这部分的吸收光谱。

1. 双原子分子和多原子分子的振动光谱

分子的红外吸收光谱主要是由振动能级跃迁而产生的。将双原子分子看成是两个小球中间用弹簧连接所组成的谐振子体系。根据胡克定律,可以得到振动频率为

$$\nu = \frac{1}{2\pi}\sqrt{\frac{k}{\mu}} \qquad \mu = \frac{m_1 m_2}{m_1 + m_2} \tag{5-3}$$

式中,ν 为振动频率;μ 为折合质量,单位为 g(克);m_1、m_2 分别为两原子的质量;k 为化学键的力常量(指两个原子由平衡位置伸长 1Å 后的恢复力),单位为 dyn · cm^{-1}(达因/厘米)。

为了使用方便,红外光谱中常用波数($\bar{\nu}$)代替频率(ν),它们的关系是 $\nu = c\bar{\nu}$,故式(5-3)可写成式(5-4):

$$\bar{\nu} = \frac{1}{2\pi c}\sqrt{\frac{k}{\mu}} = 1307\sqrt{\frac{k}{\mu}} \tag{5-4}$$

如果知道两个原子的质量和键的力常数,可以近似地计算振动的吸收频率。

多原子分子的振动形式很复杂,但可以将复杂的振动分解为许多简单的基本振动。分子的振动由各个简单的基本振动组合而成。基本振动的数目称为振动自由度,又称独立振动。每一个独立振动应当产生一个吸收带。由 n 个原子组成的分子中,每个原子的运动状态都可用三个自由度来描述。线型分子有 $3n-5$ 个振动自由度。非线型分子有 $3n-6$ 个振动自由度。但由于频率相同的峰出现在同一位置;有的振动没有偶极矩的变化,在红外光谱中不出现峰;仪器的分辨率不够高,频率相近的峰分不开;或者是仪器灵敏度低,一些较弱的峰观察不出来,因此实际观察到的峰数常小于基本振动的数目。

2. 分子振动的类型

有机化合物是多原子分子,其振动类型比较多,一般分为如下两大类。其振动模型以—CH_2—和—CH_3 为例,如图 5-4 所示。

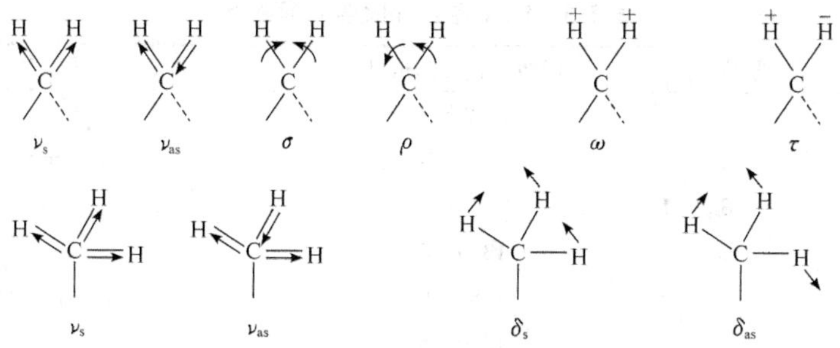

图 5-4 以—CH_2—和—CH_3 为例的各种振动

"+"表示运动方向垂直纸面向下,"—"表示运动方向垂直纸面向上

(1) 伸缩振动(stretching vibration),键长沿键轴方向发生周期性的伸长和缩短的变化,又可分为

对称伸缩振动(symmetric stretching vibration)　　简写 ν_s

不对称伸缩振动(asymmetric stretching vibration)　　简写 ν_{as}

(2) 弯曲振动(bending vibration)或变形振动(deformation vibration),简写为 δ,指原子垂直于键轴方向的运动。变形振动是一种使基团键角发生变化的振动,可分为

对称变形振动(symmetric deformation vibration)　　简写 δ_s

不对称变形振动(asymmetric deformation vibration)　　简写 δ_{as}

面内弯曲振动(in plane bending vibration)　　简写 β

面外弯曲振动(out of plane bending vibration)　　简写 γ

面内弯曲振动又分为剪式振动(scissoring vibration)　　简写 σ

面内摇摆(rocking vibration)　　简写 ρ

面外弯曲振动又分为面外摇摆(wagging vibration)　　简写 ω

面外扭曲(twisting vibration)　　简写 τ

除此之外,还有骨架振动,如烃中的碳链和芳香族中芳环等产生的振动。

3. 红外光谱的表示方法

红外光谱图,横坐标表示波长(λ)或波数(cm^{-1}),波长的单位是 μm(微米)、波数的单位是 cm^{-1}[波长与波数的互换关系式为 $\nu(cm^{-1})=10^4/\lambda(\mu m)$]。纵坐标表示透光率 T 或吸光度 A。两者的关系是 $A=\lg(1/T)$。

表示峰的强度时常采用:vs(很强)、s(强)、m(中)、w(弱)、vw(很弱)来描述。

5.2.2 几类有机化合物的红外吸收特征频率

1. 烃类

1) 饱和烃

饱和烃的红外光谱图主要是由 C—H 和碳骨架振动产生。这类化合物的吸收特征频率归纳于表 5-5 中。

表 5-5　饱和烃红外吸收特征频率

基　团	振动类型	吸收峰位置/cm^{-1}	强　度
$—CH_3$	ν_{as}	2962±10	m～s
	ν_s	2872±10	m
	δ_{as}	1450±20	m
	δ_s	1375±5	m～s
$—CH(CH_3)_2$		1385±5	m～s 双峰,两峰强度相等
		1370±5	
$—C(CH_3)_3$		1395±5	m～s 双峰,低波数峰是高波数峰的 2 倍
		1370±5	

续表

基 团	振动类型	吸收峰位置/cm^{-1}	强 度
—CH_2—	ν_{as}	2925±5	m～s
	ν_s	2853±5	m
	δ_{as}	1465±20	m
—$(CH_2)_n$—	ρ	$n\geqslant4$ 725～722	w～m 液样为单峰，固体样品分裂为双峰
		$n=3$ 729～726	w～m
		$n=2$ 743～734	w～m
		$n=1$ 785～770	w～m
⟩CH—	ν_s	2890±10	w
	δ_s	≈1340	w

图 5-5 为正辛烷的红外光谱图。2962～2853cm^{-1}为甲基、亚甲基的不对称伸缩振动和对称伸缩振动峰，1470cm^{-1}为甲基、亚甲基的不对称变形振动吸收峰，1380cm^{-1}为甲基的对称变形振动吸收峰，725cm^{-1}为亚甲基的面内摇摆振动吸收峰，$n>4$。

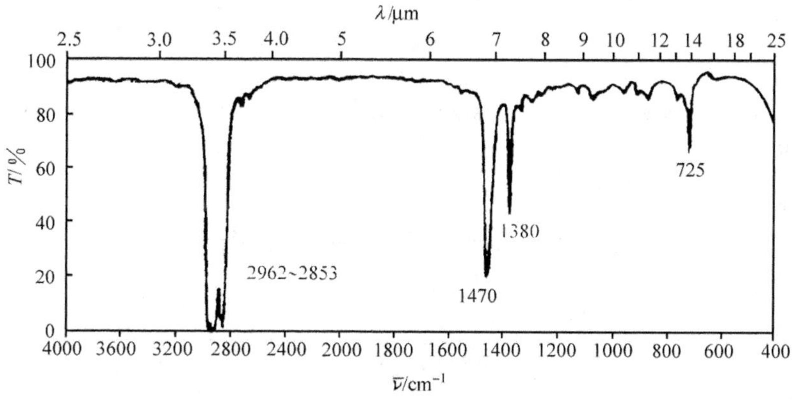

图 5-5 正辛烷的红外光谱图

饱和烃的红外光谱有几个特点：

(1) 在 3000～2800cm^{-1}区域是碳氢的伸缩振动，在仪器分辨率高的情况下，可以看到甲基、亚甲基的四个峰，即两个不对称伸缩和两个对称伸缩振动峰。在仪器分辨率低的情况下，由于峰重叠，有的成为两个峰，有的成为一个峰。

(2) 在碳氢的弯曲振动区，1375cm^{-1}是甲基的对称弯曲振动吸收峰。如果出现这个峰，则可证实甲基的存在。如果结构中有异丙基或叔丁基存在，1375cm^{-1}这个峰将发生裂分，异丙基显示几乎强度相等的两个峰，位置在 1385cm^{-1}和 1370cm^{-1}附近。叔丁基显示的峰在 1385cm^{-1}和 1365cm^{-1}附近，1365cm^{-1}峰的强度是 1385cm^{-1}峰强度的 2 倍。

(3) 当烃基中相连亚甲基—$(CH_2)_n$—的数目 $n\geqslant4$ 时，在红外光谱 722cm^{-1}处会出现吸收峰，液态或溶液样品出现单峰，固态样品此峰分裂为双峰。

(4) 个别环烷烃，如环丙烷的—CH_2—的C—H伸缩振动吸收峰，由于环张力大，往高波数方向移动，高过 3000cm^{-1}，出现在 3100～3070cm^{-1}。

2）烯烃

烯烃结构中含有双键。有关双键的特征频率是碳碳双键（C ═C）的伸缩振动和与双键相连的碳氢（═C—H）的伸缩振动和弯曲振动所产生的，具体数据见表 5-6。图 5-6 为 1-辛烯的红外光谱图。

表 5-6 烯烃红外吸收特征频率

烯烃类型	$\nu_{(=C-H)}$/cm^{-1}	$\nu_{(C=C)}$/cm^{-1}	$\delta_{(=C-H)}$/cm^{-1}	$\gamma_{(=C-H)}$/cm^{-1}
$(R)(H)C=C(H)(H)$	3085±10 m	1642±10 m	1415 m 1300	990±5 s 910±5 s
$(R)(R')C=C(H)(H)$	3090±20 m	1652±10 m	1415 m	890±5 s
$(R)(H)C=C(R')(H)$	3020±30 m	1647±20 w	1300	690±40 m
$(R)(H)C=C(H)(R')$	3020±30 m	1672±10 w	1410	970±10 s
$(R)(R'')C=C(R')(H)$	3030±30 w	1680±15 w～m	1345	815±25 m～s
$(R)(R'')C=C(R')(R''')$		1670±10 w		

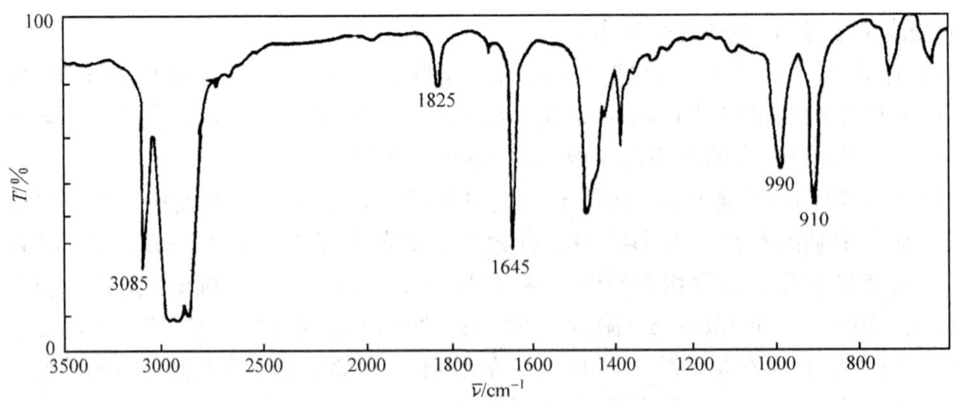

图 5-6 1-辛烯的红外光谱图

图 5-6 中，3085cm^{-1}为 $\nu_{(=C-H)}$；1645cm^{-1}为 $\nu_{(C=C)}$；990cm^{-1}和 910cm^{-1}为 $\gamma_{(=C-H)}$；1825cm^{-1}为 $\gamma_{(=C-H)}$的倍频峰。

从表 5-6 和图 5-6 看出，烯烃的特征谱带，主要是 3095～3000cm^{-1}、1695～1540cm^{-1}和 990～675cm^{-1}三个区域的谱带。如 1-辛烯的红外光谱图中，1645cm^{-1}峰确定了双键的存在，其相关峰 3085cm^{-1}峰进一步表明了双键的存在。990cm^{-1}和 910cm^{-1}两个强峰的出现，及在 1825cm^{-1}位置非平面摇摆振动倍频峰的出现，表明了这个烯烃是乙烯基型（R—CH═CH_2）。烯烃在 1415～1300cm^{-1}区域的面外变形振动谱带 $\delta_{(=C-H)}$由于峰弱，其位置易与其他峰重叠，在实际分析中，此吸收带无实用价值。

3）炔烃

炔烃分子中含有不饱和碳碳叁键 C≡C ，其主要的红外特征频率是碳碳叁键的伸缩振动，其位置在 2300～2100cm^{-1}区域。相关的特征频率是与叁键相连的碳上若有氢，则有碳氢伸缩振动和面外弯曲振动。如果碳碳叁键上的二取代基相等（R ═R′），则为非红外活性，在此炔烃的红外光谱图中就看不到碳碳叁键的伸缩振动峰。具体数据见表 5-7。实例见图 5-7。

表 5-7 炔烃的特征频率

基 团	振动类型	吸收峰位置/cm^{-1}	强 度
R—C≡C—H	$\nu_{(\equiv C-H)}$	3310～3210	m，峰尖锐
	$\gamma_{(\equiv C-H)}$	700～600	m～s
R—C≡CH	$\nu_{(C\equiv C)}$	2140～2100	w～m
R—C≡C—R′	$\nu_{(C\equiv C)}$	2260～2190	随分子对称性增加，强度减弱

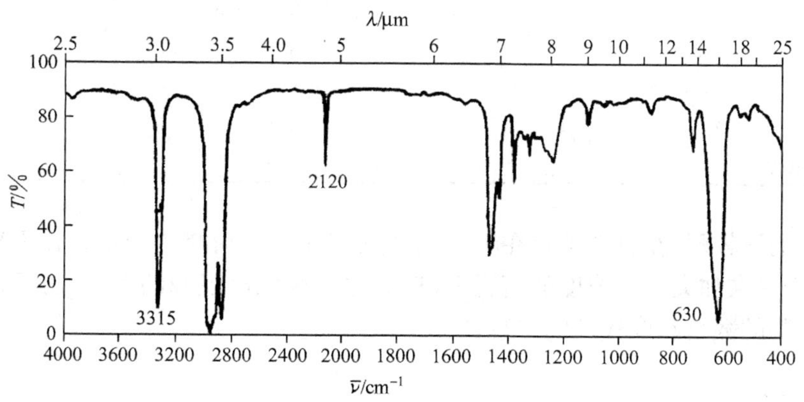

图 5-7 1-辛炔的红外光谱图

3315cm^{-1}为 $\nu_{(\equiv C-H)}$，2120cm^{-1}为 $\nu_{(C\equiv C)}$，630cm^{-1}为 $\gamma_{(\equiv C-H)}$

4）芳烃

芳烃的特征吸收主要是苯环上的碳氢键═C—H 和环上 C═C 键的振动引起的。特征频率列于表 5-8 中。

表 5-8　芳烃═C—H 键和 C═C 键的特征频率

基　团	振动类型	吸收位置/cm^{-1}	强　度
═C—H	$\nu_{(=C-H)}$	3100～3000	m
	$\delta_{(=C-H)}$	1225～1000	w
	$\gamma_{(=C-H)}$	1000～650	s
	$2\gamma_{(=C-H)}$	2000～1660	w
C═C	$\nu_{(C=C)}$	1650～1450	s

芳烃特征频率有五个区域。苯环的存在与否一般是根据 3100～3000cm^{-1} 区域苯环上碳氢伸缩振动的吸收峰和 1650～1450cm^{-1} 区域苯环骨架振动的吸收峰来判断的。苯环骨架振动产生的吸收峰是一组峰，一般出现的位置是在 1600cm^{-1}，1500cm^{-1}，1450cm^{-1}附近。表征苯环上取代基的位置，是以面外弯曲振动[$\gamma_{(C-H)}$ 1000～650cm^{-1}]和其倍频带[$2\gamma_{(C-H)}$ 2000～1650cm^{-1}]两个区域的吸收峰位置而定。面外弯曲振动的特征频率及取代情况见表 5-9。

表 5-9　取代苯 C—H 面外弯曲振动[$\gamma_{(C-H)}$]的特征频率

取代情况		特征频率/cm^{-1}	强　度
苯		670	vs
单取代		770～730 和 710～690	vs
二取代	邻位	～750	vs
	间位	810～750 和 710～690	vs
	对位	～800	vs
三取代	1,2,3-	780～760 和 745～705	vs
	1,2,4-	885～870 和 825～805	m
	1,3,5-	865～810 和 730～675	s
四取代	1,2,3,4-	～805	vs
	1,2,3,5-	～845	s
	1,2,4,5-	～865	m
五取代		～870	m

倍频带的峰较弱，在有羰基存在时会受到羰基伸缩振动峰的干扰。在无羰基存在的情况下，特别是在加大样品浓度的情况下，根据这个区域出现峰的图形，也可以用于判断苯环上取代基的数目和取代基的位置。

2. 醇和酚

醇和酚的结构中都含有羟基(—OH)，其红外光谱的吸收特征频率主要来自 O—H 键的伸缩振动、C—O 键的伸缩振动和 O—H 键的变形振动。羟基的伸缩振动对氢键非常敏感，当羟基处在游离态时，吸收峰在 3700～3500cm^{-1}，峰型尖锐。在通常情况下，醇和酚的羟基由于氢键的形成，分子处在缔合状态，使吸收峰往低波数移动，峰形变宽。这对鉴定羟基是否存在是很直观的。醇和酚的 C—O 键伸缩振动吸收带的位置是鉴别伯、仲、叔醇非常有用的谱带，具体数据见表 5-10。羟基的变形振动吸收位置在 1500～1300cm^{-1}，峰形宽而散。随溶液稀释，峰形变窄。这个吸收带在分析中实用价值不大。图 5-8 是正丁醇的红外光谱图。

表 5-10　醇和酚 O—H 和 C—O 的特征频率

基　团		振动类型	吸收位置/cm^{-1}	强　度
O—H	游离	$\nu_{(O-H)}$	3620～3590	m，稀溶液中，尖峰
	缔合		3250～3000	v，宽
	芳环邻位取代		3200～2500	m
C—O	伯醇	$\nu_{(C-O)}$	≈1050	s
	仲醇		≈1100	s
	叔醇		≈1150	s
	酚		≈1200	s

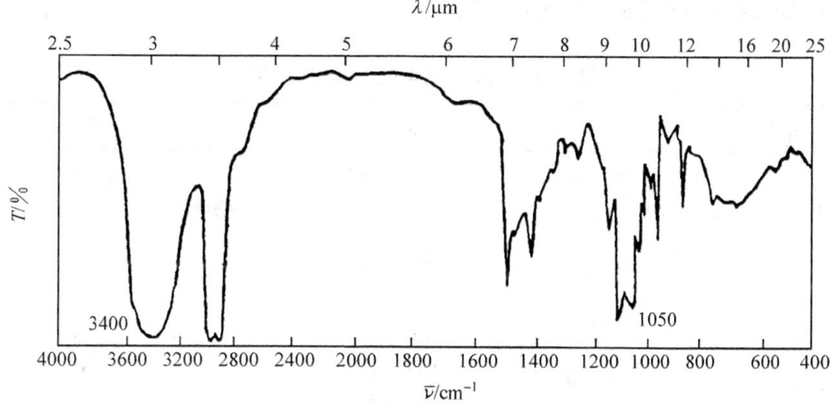

图 5-8　正丁醇的红外光谱图

3400cm^{-1}为 $\nu_{(O-H)}$，1050cm^{-1}为 $\nu_{(C-O)}$

3. 醚和环氧化合物

醚的结构特点是分子中含有 C—O—C 或 Ar—O—C 官能团。环氧化合物的结构含有$\underset{\diagdown O \diagup}{C—C}$官能团。脂肪族醚和脂环族醚最主要的特征频率是 C—O—C 的不对称伸缩振动，其位置在 1150～1060cm^{-1}范围。芳香醚和乙烯基醚 C—O—C 的不对称伸缩振动峰在 1275～1200cm^{-1}范围，峰都很强而且较宽。对称结构的醚由于分子的对称性，无 C—O—C 的对称伸缩振动峰。而芳基烷基醚或乙烯基烷基醚的对称伸缩振动峰出现在 1120～1020cm^{-1}范围，峰也强，但比不对称伸缩振动弱一些。环氧乙烷是三元环醚，其三元环醚基的振动吸收有三个峰，其位置在 1260～1240cm^{-1}、950～810cm^{-1}和 840～750cm^{-1}处，这三个峰作为三元环醚基存在的标志。醚和环氧化合物的特征频率列于表 5-11 中。

表 5-11　醚和环氧化合物的特征频率

基　团	振动类型	吸收位置/cm^{-1}	强　度
C—O—C 脂肪族醚和环醚	ν_{as}	1150～1060	vs，宽
芳香醚和乙烯基醚	ν_{as}	1275～1200	vs
	ν_{s}	1120～1020	s
环氧（C—C 经 O 成三元环）	$\nu_{(C—O)}$	1260～1240	m～s
	环振动	950～810	m
	环振动	840～750	m
C—H(氧环)	$\nu_{(C—H)}$	3050～2990	w

4. 羰基化合物

醛、酮、酸、酯、酐、酰卤和酰胺结构中都含有羰基（C═O）。这个官能团的伸缩振动峰是一个很强的峰，特征性很强，出现在 1900～1550cm^{-1}区域。化合物类别不同，其特征频率有所不同。具体数据列于表 5-12 中。

表 5-12　羰基化合物的特征频率

基　团	振动类型	吸收位置/cm^{-1}	强　度
醛 —C(═O)—H	$\nu_{(C═O)}$	1740～1720	s
	$\nu_{(C—H)}$	2900～2700	w 有两峰，在 2820cm^{-1}和 2720cm^{-1}
酮 >C═O	$\nu_{(C═O)}$	1720～1715	vs
酸 —C(═O)—OH	$\nu_{(C═O)}$	1760～1700	s
	$\nu_{(O—H)}$	3300～2500	m　峰很宽
	$\delta_{(O—H)}$	955～915	s
酯 —C(═O)—OR	$\nu_{(C═O)}$	1750～1735	s
	$\nu_{as(C—O—C)}$	1300～1150	s
	$\nu_{s(C—O—C)}$	1140～1030	s
酸酐 —C(═O)—O—C(═O)—	$\nu_{(C═O)}$	1860～1800	s } 两个峰
		1800～1750	s } 两个峰
	$\nu_{(C—O—C)}$	1170～1050	s
酰卤 —C(═O)—X	$\nu_{(C═O)}$	1800～1735	s
	$\nu_{(C—C(═O))}$	965～850	s
酰胺 —C(═O)—NH_2	$\nu_{(C═O)}$	1690～1650	s　酰胺Ⅰ带
	$\nu_{(N—H)}$	3500～3050	m
	$\delta_{(N—H)}$	1650～1620	m　酰胺Ⅱ带
	$\nu_{(C—N)}$	～1400	w　酰胺Ⅲ带
	$\gamma_{(N—H)}$	700	酰胺Ⅳ带

5. 含氮化合物

含氮化合物包括胺类、铵盐、氨基酸、硝基化合物、腈和异腈。

1) 胺和铵盐

胺和铵盐的特征吸收主要由 N—H 的伸缩振动和变形振动以及 C—N 的伸缩振动引起。其吸收位置及强度列于表 5-13 中。

表 5-13 胺和铵盐的红外吸收特征频率

基 团			振动类型	吸收位置/cm^{-1}	强 度
胺类	伯胺	$—NH_2$(游离)	ν_{as}	3550～3300	m
			ν_s	3450～3250	m
		(缔合)	ν_{as}	3400～3300	m
			ν_s	3300～3250	m
			δ	1640～1560	m～s
			γ	900～650	m,宽
		C—N	$\nu_{(脂肪)}$	1240～1020	w～m
			$\nu_{(芳胺)}$	1360～1250	s
	仲胺	—NH(游离)	ν	3350～3300	w
		(缔合)	ν	3460～3420	w
			δ	1650～1550	w
		C—N	ν	1190～1130	m～s
	叔胺	C—N	ν	1380～1040	m～s
铵盐	铵离子	$\overset{+}{N}H_4$	$\nu_{(N—H)}$	3300～3030	s,宽
	伯铵盐	$R\overset{+}{N}H_3$	$\nu_{(N—H)}$	～3000	m,宽
			合频振动	～2500	w,多峰,有时不出现
			δ_{as}	1600～1575	m
			δ_s	～1500	m
	仲铵盐	$R_2\overset{+}{N}H_2$	$\nu_{(N—H)}$	2700～2250	m～s,宽或较尖峰群
			合频振动	～2000	w
			δ_{as}	1600～1575	m～s
	叔铵盐	$R_3\overset{+}{N}H$	$\nu_{(N—H)}$	2700～2350	w～m

2) 硝基化合物和亚硝基化合物

硝基化合物的特征吸收峰主要是不对称和对称伸缩振动引起的两个强峰。

硝基化合物	$\nu_{as(NO_2)}$	1590～1500cm^{-1}	s
	$\nu_{s(NO_2)}$	1390～1250cm^{-1}	s
芳香族硝基化合物还有	$\nu_{(C—N)}$	870cm^{-1}	m
亚硝基化合物	$\nu_{(N═O)}$	1620～1488cm^{-1}	s

3）腈、异腈和异腈酸酯

其主要特征吸收是在 2300～2100cm^{-1} 区域，具体数据如下：

腈（脂肪）	$\nu_{(C\equiv N)}$	2260～2240cm^{-1}	s
（芳香）		2240～2222cm^{-1}	s，尖锐
异腈	$\nu_{(\overset{+}{N}\equiv\overset{-}{C})}$	2185～2100cm^{-1}	s
异腈酸酯	$\nu_{as(N=C=O)}$	2275～2240cm^{-1}	s，宽峰
	$\nu_{s(N=C=O)}$	1399～1370cm^{-1}	w

5.2.3　红外吸收光谱图的解析

各类化合物的红外吸收特征频率和峰形是直观快速解析光谱图的基础。首先要确定化合物含有什么官能团，这需要看红外光谱图在哪些波段有吸收峰以及峰的宽窄强弱等。一般将谱图分为 4000～1300cm^{-1} 特征频率区和 1300～400cm^{-1} 指纹区。因为官能团的特征吸收大多集中在特征频率区。"指纹区"如同人的指纹，每个化合物的吸收谱线都与其他不同，对确认化合物时很有用处。

解析谱图先从特征频率区入手。若在谱图的特征频率区的某些波段出现吸收峰，可以根据吸收峰的位置、峰的强弱，以及峰形初步确定可能有些什么基团。对照特征频表的数据，再在谱图中查找每一个初步确定的基团的其他振动吸收峰（相关峰）是否存在。如果存在，就可确定该基团存在，否则该基团不存在。

总结解析结果，确定存在的基团和基团之间的关系，提出可能的结构，再经过已知化合物的谱图或标准谱图验证。或者通过其他分析数据如物性常数、元素分析以及其他光谱（紫外、核磁共振或质谱等）的分析来验证，或综合分析确定化合物的结构。

例 5-1　一未知物，分子式为 C_7H_9N，红外光谱图如图 5-9，解析其结构。

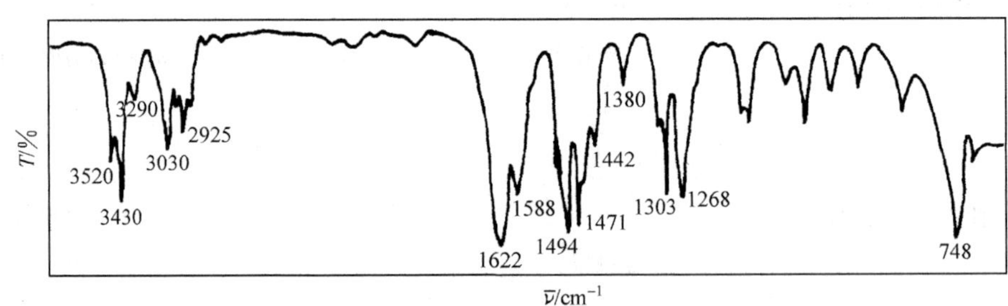

图 5-9　未知物的红外光谱图

解析　3520、3430、3290cm^{-1}是多个尖锐的峰，为 $\nu_{(N-H)}$，表示有氨基存在

1622cm^{-1}　是 $\delta_{(N-H)}$，表示是伯胺

1268cm^{-1}　强峰，是芳氨的 $\nu_{(C-N)}$，即氨基与苯环相连

3030cm^{-1}　是苯环，C—H 的伸缩振动

1588、1494，1471cm^{-1}　是苯环的骨架振动

748cm^{-1}　是苯环，C—H 的面外弯曲振动，芳环上有两个取代基，互在邻位

2925cm^{-1}　是 $\nu_{(C-H)}$

$1380cm^{-1}$ 是甲基 $\delta_{(C-H)}$，说明甲基存在

综合解析结果：此未知物有苯环、—NH_2 和—CH_3，两个基团与苯环相连，邻位取代。此化合物是邻甲苯胺，结构式如下，其化合物的元素组成 C_7H_9N 与题中的分子式相符。

NH_2

CH_3

5.3 核磁共振谱

5.3.1 核磁共振的基本原理

原子核是由带正电荷的质子和中子组成。实验证明，有些原子核有自旋现象。不同的原子核，自旋运动的情况不同，可以用核的自旋量子数 I 来描述。当原子核质量数为奇数时，I 为半整数，如 ^1H，^{13}C、^{19}F、^{29}Si 和 ^{31}P，$I=1/2$。本章主要讨论 ^1H 核磁共振谱。

自旋不为零的原子核，在无外加磁场的情况下，在空间取向是不规则的。当有外加磁场时，根据空间量子化规则，自旋量子数为 I 的原子核在磁场中只能有 $2I+1$ 个取向，可以用自旋磁量子数 m 来表示。每一个取向表示原子核的一个能级。^1H 核 $I=1/2$，则 $m=\pm1/2$，也就是说 ^1H 核在外加磁场中有两个取向。这两个取向表示两个能级，$m=+1/2$ 时，与磁场方向相同，能量较低，$E=-\mu H_0$；$m=-1/2$ 时，与磁场方向相反，能量较高，$E=\mu H_0$。如图 5-10 和图 5-11 所示，两个能级能量差为

$$\Delta E = 2\mu H_0 \qquad (5\text{-}5)$$

式中，μ 为磁矩，对于给定类型的核是一个常数；H_0 为外加磁场强度。

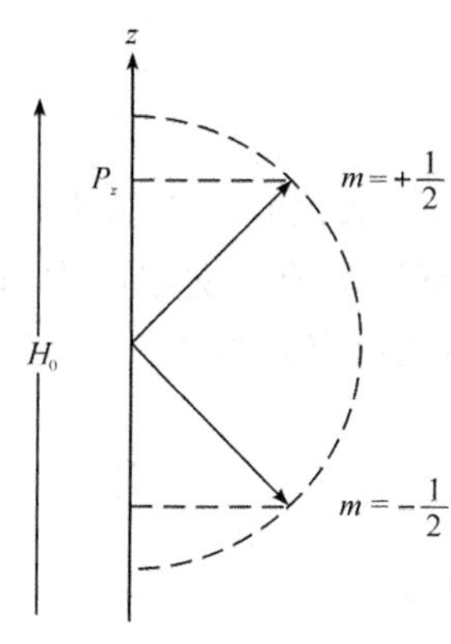

图 5-10 ^1H 核在磁场中的取向

P_z 是核自旋角动量在磁场方向 z 轴上投影的最大值

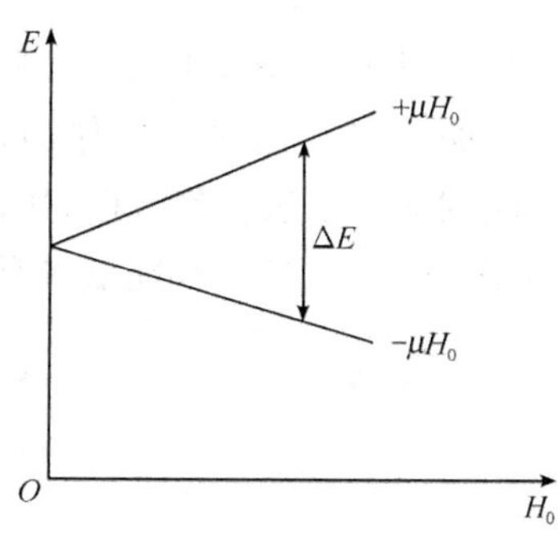

图 5-11 ^1H 核的能级图

在外加磁场中的 ^1H 核要从一个低能级跃迁到高能级必须要吸收两能级差的能量。这能量用电磁辐射来提供，$\Delta E=h\nu$，h 为普朗克常量。也就是说当电磁波的频率满足

$h\nu = \Delta E = 2\mu H_0$ 时，就发生低能级的核吸收电磁辐射能量跃迁到高能级。这种现象就是核磁共振(nuclear magnetic resonance，简写为 NMR)。

5.3.2　化学位移与有机化合物结构的关系

1. 化学位移的产生

氢核在 14092 G(高斯)的磁场中，将吸收频率为 60MHz(兆赫)电磁波而产生共振峰。但所有的氢核的共振峰将出现在谱图的同一位置，这对化合物结构的分析无意义。实验发现化合物结构中的氢原子所处的化学环境不同，吸收的频率稍有不同。也就是说，共振条件不同，峰的位置也就不同。峰与峰的差距就是化学位移。差距来源于氢核外围的电子在外加磁场的感应下，产生对抗磁场，这种屏蔽作用使原子核实受磁场稍有降低。

$$H_{实受} = H_0(1-\sigma) \tag{5-6}$$

式中，H 为原子核实受磁场强度；H_0 为外加磁场强度；σ 为屏蔽常数。

原子核实受磁场降低的程度各不相同，与各种氢核所处的化学环境有关，也就是与化学结构有关。由于频率差异很小，不能精确的测定出绝对值，都以相对值表示。一般以四甲基硅$(CH_3)_4Si$(简称 TMS)作为标准，其峰作为原点，测出各峰与原点之间的相对距离。这些相对距离用式(5-7)表示：

$$\delta = \frac{\nu_{样} - \nu_{标}}{\nu_{仪}} \times 10^6 \tag{5-7}$$

式中，δ 表示化学位移，由于这个数值很小，乘以 10^6 是为了使所得的数值易读。以 ppm 作为化学位移的单位。化学位移也可以用 τ 值来表示：

$$\tau = 10 - \delta \tag{5-8}$$

$(CH_3)_4Si$ 的屏蔽效应很高，吸收峰的位置在右边。一般化合物中氢核的吸收峰在它的左边。如$(CH_3)_4Si$ 的 δ 值作为零，其他氢核的 δ 值都是负值。文献中常将负号省略。当氢核周围的电子云密度大时，屏蔽作用大，化学位移向高场移(向右)。当电子云密度降低时，屏蔽减小，化学位移向低场移(向左)。

10	0　δ
低场	高场

2. 核磁共振谱

图 5-12 是乙酸乙酯的氢核磁共振谱图。横坐标为 δ 或 τ 表示峰的化学位移；纵坐标为吸收峰的强度，以积分曲线高度表示各峰的峰面积。J 表示偶合常数，单位是 cps(周/秒)或 Hz(赫)。

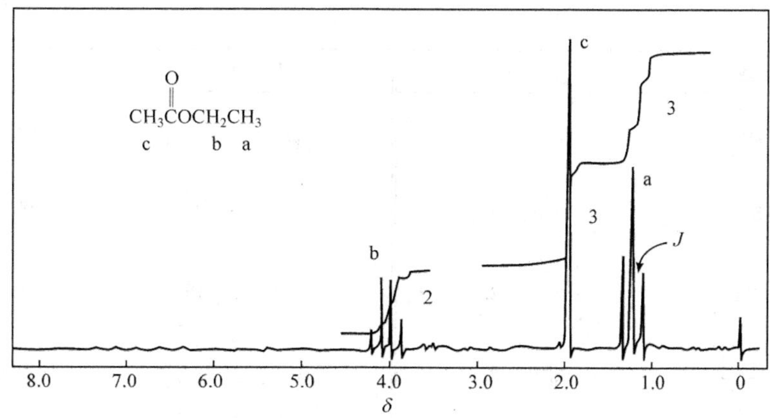

图 5-12 乙酸乙酯的氢核磁共振谱图

3. 溶剂

要得到分辨率高的谱图，对于固体样需采用溶剂溶解。作氢谱最好选择不含氢的溶剂以避免峰的干扰。常用的有 CCl_4 和重氢溶剂如 D_2O、$CDCl_3$ 等。

4. 各类质子的化学位移

各类质子的化学位移都有一定的范围。通过化学位移确定质子的类型，推导分子结构十分重要。下面分述几类质子的化学位移。

1）甲基、亚甲基、次亚甲基氢的化学位移

在饱和烃中甲基、亚甲基、次亚甲基氢的化学位移范围：$\delta_{CH_3}\approx0.9$、$\delta_{CH_2}\approx1.3$、$\delta_{CH}\approx1.5$。与各种基团相连的甲基的化学位移简单总结在表 5-14 中。

表 5-14 甲基的化学位移

甲基类型	δ	甲基类型	δ
$CH_3-C\lessgtr$	0.77～0.88	$CH_3-\overset{\vert}{\underset{\vert}{C}}-X^*$	1.49～1.88
$CH_3-\overset{\vert}{\underset{\vert}{C}}-C\lessgtr$	0.79～1.10	$CH_3-\overset{\vert}{C}=C\lessgtr$	1.59～2.14
$CH_3-\overset{\vert}{\underset{\vert}{C}}-N\lessgtr$	0.95～1.23	$CH_3-\overset{\vert}{C}=O$	1.95～2.68
$CH_3-\overset{\vert}{\underset{\vert}{C}}-\overset{\vert}{C}=O$	1.04～1.23	$CH_3-\overset{O}{\overset{\Vert}{C}}-O-$	1.97～2.11
$CH_3-\overset{\vert}{\underset{\vert}{C}}-Ph$	1.20～1.32	$CH_3-\overset{O}{\overset{\Vert}{C}}-C\lessgtr$	1.95～2.41
$CH_3-\overset{\vert}{\underset{\vert}{C}}-O-$	0.98～1.44	$CH_3-\overset{O}{\overset{\Vert}{C}}-\overset{\vert}{C}=\overset{\vert}{C}-$	2.06～2.31
$CH_3-\overset{\vert}{\underset{\vert}{C}}-S-$	1.23～1.53	$CH_3-\overset{O}{\overset{\Vert}{C}}-Ph$	2.45～2.68

续表

甲基类型	δ	甲基类型	δ
$CH_3—C\equiv$	1.83～2.12	$CH_3—N(—)—C(—)=O$	2.74～3.05
$CH_3—S—$	2.02～2.58	$CH_3—O—C\lessgtr$	3.24～3.47
$CH_3—Ph$	2.14～2.76	$CH_3—O—Ph$	3.61～3.86
$CH_3—N(—)—C\lessgtr$	2.12～2.34	$CH_3—O—C(—)=O$	3.57～3.96
$CH_3—N(—)—Ph$	2.71～3.10	CH_3X*	2.16～4.26

* X 代表卤素。

亚甲基和次甲基氢的峰不像甲基具有比较明显的特征，往往呈现出很复杂的峰形，有时甚至和别的峰相互重叠，不易辨认。亚甲基和次甲基的化学位移可参看表 5-15，也可以通过下面的经验公式计算：

$$\delta_{—CH_2—} = 1.25 + \sum\sigma \tag{5-9}$$

$$\delta_{>CH—} = 1.50 + \sum\sigma \tag{5-10}$$

式中，$\sum\sigma$ 是各种取代基对化学位移影响值的总和。各种取代基对化学位移影响的 σ 值列于表 5-16 中。

表 5-15　亚甲基和次甲基的化学位移(±0.3)

取代基	$—CH_2R$	$—CHR_2$	$—C—CH_2R$	$—C—CHR_2$
R—	1.3	1.4	1.3	1.4
—C=C—	1.9	2.2	1.3	1.5
—C≡C—	2.1	2.8	1.5	1.8
$R_2N(C=O)—$	2.2	2.4	1.5	1.8
RO(C=O)—	2.2	2.5	1.7	1.9
R(C=O)—	2.4	2.6	1.5	2.0
H(C=O)—	2.2	2.4	1.6	
N≡C—	2.4	2.9	1.6	2.0
I—	3.1	4.2	1.8	2.1
$R_2N—$	2.5	2.9	1.4	1.7
R—S—	2.5	3.0	1.6	1.9
Ph—	2.9	2.9	1.5	1.8
Ph(C=O)—	2.7	3.4	1.6	1.9

续表

取代基	—CH_2R	—CHR_2	—C—CH_2R	—C—CHR_2
Br—	3.3	3.6	1.8	1.9
R(C=O)—NH—	3.2	3.8	1.5	1.8
Ph—NH—	3.1	3.6	1.5	1.8
Cl—	3.6	4.0	1.8	2.0
R—O—	3.4	3.6	1.5	1.7
H—O—	3.5	3.9	1.5	1.7
R(C=O)—O—	4.2	5.1	1.6	1.8
Ph—O—	4.0	4.6	1.5	2.0
Ph(C=O)—O—	4.3	5.2	1.7	1.8
F—	4.4	4.8	1.8	1.9
NO_2—	4.4	4.5	2.0	3.0

表 5-16　各种取代基的 σ 值

取代基	σ	取代基	σ	取代基	σ
—R	0.0	—OH	1.7	—NO_2	3.0
—C=C—	0.8	—OR	1.5	—SR	1.0
—C≡C—	0.9	—OPh	2.3	—CHO	1.2
—Ph	1.3	—OCOR	2.7	—COR	1.2
—Cl	2.0	—OCOPh	2.9	—COOH	0.8
—Br	1.9	—NH_2	1.0	—COOR	0.7
—I	1.4	—NR_2	1.0	—CN	1.2

例如:计算 C_6H_5—CH_2—OH 中—CH_2—的化学位移

$$\delta=1.25+1.3+1.7=4.25(\text{实测 }4.41)$$

计算 CH_3—CH_2—CH(Cl)—CH_3 中 >C—H 的化学位移

$$\delta=1.50+0+2.0+0=3.5(\text{实测 }3.88)$$

2) 烯氢的化学位移

烯氢的化学位移值 δ 一般在 4.5～8。非共轭体系烯氢 δ 值在 4.5～5.9。乙烯型烯氢的化学位移可以用式(5-11)计算:

$$\begin{matrix} R_{同} & & R_{反} \\ & C=C & \\ H & & R_{顺} \end{matrix}$$

$$\delta_{C=C-H}=5.28+Z_{同}+Z_{顺}+Z_{反} \tag{5-11}$$

式中,Z 表示取代基对乙烯氢的影响。Z 的具体数值见表 5-17。

表 5-17　取代基对于烯氢的影响

取代基	$Z_{同}$	$Z_{顺}$	$Z_{反}$	取代基	$Z_{同}$	$Z_{顺}$	$Z_{反}$
—H	0	0	0	—CON<	1.37	0.93	0.35
—R	0.44	−0.26	−0.29	—COCl	1.10	1.41	0.99
—R(环)	0.71	−0.33	−0.30	—OR(R 饱和)	1.18	−1.06	−1.28
$—CH_2O—$、$—CH_2I$	0.67	−0.02	−0.07	—OR(R 共轭)	1.14	−0.65	−1.05
$—CH_2S—$	0.53	−0.15	−0.15	—OCOR	2.09	−0.40	−0.67
$—CH_2Cl$、$—CH_2Br$	0.72	0.12	0.07	—Ph	1.35	0.37	−0.10
$—CH_2N<$	0.66	−0.05	−0.23	—Br	1.04	0.40	0.55
—C≡C—	0.50	0.35	0.10	—Cl	1.00	0.19	0.03
—C≡N	0.23	0.78	0.58	—F	1.03	−0.89	−1.19
—C=C	0.98	−0.04	−0.21	$—NR_2$ (R 饱和)	0.69	−1.19	−1.31
—C=C(共轭)	1.26	0.08	−0.01	$—NR_2$ (R 共轭)	2.30	−0.73	−0.81
—C=O	1.10	1.13	0.81	—SR	1.00	−0.24	−0.04
—C=O(共轭)	1.06	1.01	0.95	$—SO_2—$	1.58	1.15	0.95
—COOH	1.00	1.35	0.74				
—COOH(共轭)	0.69	0.97	0.39				
—COOR	0.84	1.15	0.56				
—COOR(共轭)	0.68	1.02	0.33				
—CHO	1.03	0.97	1.21				

例 5-2　计算下列化合物中 H_a 和 H_b 的 δ 值。

$$\begin{array}{ccc} Ph & & H_a \\ & C{=}C & \\ H_b & & COOH \end{array}$$

计算　$\delta_{H_a}=5.28+1.00+0.37+0=6.65$(实测 6.64)

$\delta_{H_b}=5.28+1.35+1.35+0=7.98$(实测 7.83)

有的计算误差会大到 0.5,这是结构中共轭链的延长、立体位阻、环张力等因素影响的结果。

3) 芳氢的化学位移

芳氢的化学位移一般出现在 6.5～8.0。芳环上 6 个氢是等价质子,因而峰重叠在一起,是一个单峰。当有取代基存在时,就会影响各个氢的化学位移,使之发生变化。各个氢的化学位移可按式(5-12)计算:

$$\delta = 7.27 + \sum Z \tag{5-12}$$

式中,$\sum Z$ 表示所有取代基对芳氢的影响,具体数值见表 5-18。

表 5-18 取代基对于苯环芳氢的影响

取代基	$Z_{邻}$	$Z_{间}$	$Z_{对}$
$—NO_2$	−0.95	−0.17	−0.33
—CHO	−0.58	−0.21	−0.27
—COCl	−0.83	−0.16	−0.3
—COOH	−0.8	−0.14	−0.2
$—COOCH_3$	−0.74	−0.07	−0.20
$—COCH_3$	−0.64	−0.09	−0.30
—CN	−0.27	−0.11	−0.3
—Ph	−0.18	0.00	0.08
$—CCl_3$	−0.8	−0.2	−0.2
$—CHCl_2$	−0.1	−0.06	−0.1
$—CH_2Cl$	0.0	−0.01	0.0
$—CH_3$	0.17	0.09	0.18
$—CH_2CH_3$	0.15	0.06	0.18
$—CH(CH_3)_2$	0.14	0.09	0.18
$—C(CH_3)_3$	−0.01	0.10	0.24
$—CH_2OH$	0.1	0.1	0.1
$—CH_2NH_2$	0.0	0.0	0.0
—CH═CHR	−0.13	−0.03	−0.13
—F	0.30	0.02	0.22
—Cl	−0.02	0.06	0.04
—Br	−0.22	0.13	0.03
—I	−0.40	0.26	0.03
$—OCH_3$	0.43	0.09	0.37
$—OCOCH_3$	0.21	0.02	
—OH	0.50	0.14	0.4
$—OSO_2$-*p*-C_6H_4Me	0.26	0.05	
$—NH_2$	0.75	0.24	0.63
$—SCH_3$	0.03	0.0	
$—N(CH_3)_2$	0.60	0.10	0.62
$—NHCOCH_3$	−0.31	−0.06	

4）醛基氢的化学位移

醛基氢受到羰基的去屏蔽作用，化学位移出现在较低场，其范围一般为 9.0～10.5。

5）活泼氢的化学位移

活泼氢是指—OH、—COOH、$—NH_2$、—SH 等基团上的氢，它们的化学位移与溶剂、浓度和温度有很大的关系，往往不是固定在一个位置，见表 5-19。

表 5-19　活泼氢的化学位移*（溶剂 CCl_4 或 $CDCl_3$ 浓度 5%～10%）

化合物类型	δ	化合物类型	δ
醇	0.5～5.5	Ph—SH	3～4
酚(分子内缔合)	10.5～16	RSO_3H	11～12
其他酚	4～8	RNH_2, R_2NH	0.4～3.5
烯醇(分子内缔合)	15～19	$PhNH_2$, Ph_2NH, PhNHR	2.9～4.8
羧酸	10～13	$RCONH_2$, $PhCONH_2$	5～6.5
肟	7.4～10.2	RCONHR, PhCONHR	6～8.2
R—SH	0.9～2.5	RCONHPh, PhCONHPh	7.8～9.4

* 胺类加入三氟乙酸后，会发生较大的左移。

5.3.3　自旋偶合与自旋裂分

1. 自旋偶合与自旋裂分

从图 5-12 乙酸乙酯的 ^{1}H NMR 谱看出，c 甲基为单峰，而 a 甲基有三重峰，b 亚甲基有四重峰，这是由于 a 甲基和 b 亚甲基之间的氢核相互干扰引起的，这种相互干扰称自旋偶合。自旋偶合引起谱线增多的现象称自旋裂分。偶合是裂分的原因，裂分是偶合的结果。干扰强度的大小用偶合常数(或裂分常数)J 表示，单位是 cps、$c \cdot s^{-1}$(周・秒$^{-1}$)或 Hz(赫兹)。干扰的大小与外加磁场无关。

2. 自旋裂分的产生

先看乙基(CH_3—CH_2—)中 CH_2 对 CH_3 的影响。^{1}H 核在磁场中的两种取向分别用↑和↓来表示。CH_2 上 2 个氢有 3 种排列方式，产生 3 种局部磁场，使邻近 CH_3 峰裂分为三重峰，其高度为 1∶2∶1。

	↑↑		1
CH_2	↑↓	↓↑	2
	↓↓		1

同理，CH_3 的 3 个氢有 4 种排列方式，产生 4 种局部磁场，使邻位 CH_2 峰裂分为四重峰，峰的高度为 1∶3∶3∶1。

	↑↑↑			1
CH_3	↑↑↓	↑↓↑	↓↑↑	3
	↓↓↑	↓↑↓	↑↓↓	3
	↓↓↓			1

由上可见，自旋裂分有一定的规律，如上述亚甲基的邻位是甲基，有 3 个氢，则亚甲基峰裂分为四重峰；甲基邻位是亚甲基，有 2 个氢，则甲基峰裂分为三重峰，这称为 $n+1$ 规律。也就是说：某基团的氢有 n 个氢相邻时，将显示 $n+1$ 个峰。如果相邻的氢处在不同的环境中，如在一种环境有 n 个氢，在另一种环境有 n' 个氢，则分别显示$(n+1)$、$(n'+1)$个峰。如果这些不同环境的氢与某基团的氢的偶合常数相同时，则可把这些不同环境的

氢的总数认作 n，仍然按 $n+1$ 规律计算裂分的峰数目。按 $n+1$ 规律裂分的谱图称为一级谱图。一级谱图各峰的强度比也是有规律的，如表 5-20 所示。

表 5-20 一级谱图中峰数与强度比

相邻核数目	多重峰数	强度比
1	2	1∶1
2	3	1∶2∶1
3	4	1∶3∶3∶1
4	5	1∶4∶6∶4∶1
5	6	1∶5∶10∶10∶5∶1
6	7	1∶6∶15∶20∶15∶6∶1

$n+1$ 规律只有当 $J<\Delta\nu$ 时才能成立。J 和 $\Delta\nu$ 分别为相邻二基团上氢核之间的偶合常数与化学位移差。若 J 和 $\Delta\nu$ 相近到一定程度，或 $J>\Delta\nu$ 时就会出现复杂的峰群谱图，解析就很麻烦，需按自旋系统分类来加以解释。

原子核间的偶合是通过成键电子传递的。上述甲基与亚甲基是通过 3 个键传递的。通过两个键也可以传递。一般相隔 4 个单键的氢，偶合常数基本为零。但也有超过 3 个键的偶合，称远程偶合。

3. 偶合常数与结构的关系

偶合常数与外加磁场无关。与成键类型，如单键、双键、叁键，取代基的电负性和化合物的立体结构等有关。由此可以根据偶合常数的大小来确定被测化合物的分子结构。

1) 同碳氢的偶合常数(简写 $J_{同}$、^2J 或 J_{gem})

同碳氢(H—C—H)两氢核间的键数为 2，两者之间的偶合常数简称同碳偶合常数，一般为负值。

2) 邻位氢的偶合常数($J_{邻}$、J_{vic}或^3J)

饱和化合物相隔三个单键(H—C—C—H)的偶合常数称为邻位氢偶合常数，一般在 0～16cps。开链脂肪族化合物中由于 C—C 键自由旋转的平均化，^3J 为 7cps 左右。

3) 远程偶合

分子中超过三个键的 H 核之间的偶合称为远程偶合，多数由 π 电子传递偶合，故远程偶合通常存在于芳环、芳杂环、双键、叁键和环化合物中。远程偶合常数一般较小，在 0～3cps。

5.3.4 ^{1}H 核磁共振谱图的解析

在解析谱图上没有固定不变的步骤，一般解析谱图的思路如下：

看谱图中是否有溶剂峰。根据化学位移，初步确定峰归属于什么基团的氢。从给出的积分曲线，或积分数值来确定各种氢核的数目。根据峰的形状(包括峰的数目，宽与窄)和偶合常数确定基团与基团之间的相互关系。确定是否有活泼氢。可采用重氢交换等方法来辨认。综合以上各步的信息，推断出结构。

例 5-3　一个化合物的分子式为 $C_9H_{12}S$，^1H NMR 谱如图 5-13 所示。试推导其结构。

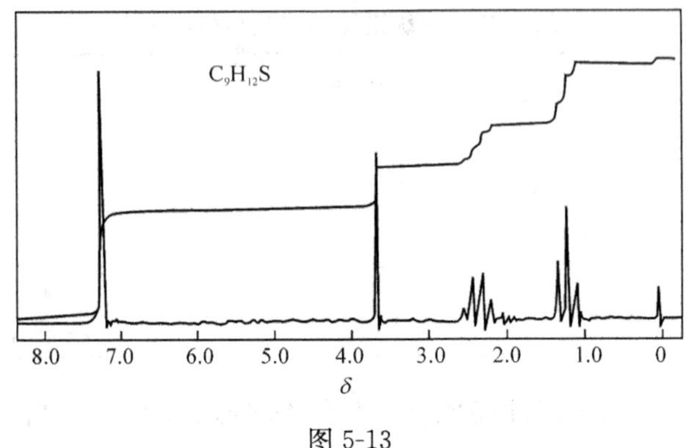

图 5-13

解

峰号	δ	峰重数	相对强度	结构单元
a	1.21	3	3	CH_3
b	2.4	4	2	—CH_2—S—
c	3.6	1	2	—CH_2—
d	7.25	1	5	苯环上的氢

根据谱图解析，得到 a 与 b 质子相互偶合，使 a 质子裂分为三重峰，b 质子裂分为四重峰，故说明 CH_3 与—CH_2—相邻。根据 b 质子的化学位移，查表 5-15，可知—CH_2—与 S 相连。c 的相对强度是 2，说明也是—CH_2—，是单峰，表明邻位上无氢。虽然从表 5-15 查不到它与什么基团相连，但可初步认为它一边与 S 相连，一边与苯环相连。d 是单峰，有 5 个氢，根据化学位移是芳氢的位置，表明是单取代。从以上分析可推出结构式为

$$\overset{d}{C_6H_5}-\overset{c}{CH_2}-S-\overset{b}{CH_2}-\overset{a}{CH_3}$$

验证　计算 c 质子的化学位移

$$\delta=1.25+1.3+1=3.55$$

从计算的结果可知，3.55 与实际的化学位移 3.6 非常接近，表明推断的结果正确。

这里举的实例是一级图谱，符合 $n+1$ 规律。但有许多图谱是属于二级图谱，峰形复杂，裂分峰的数目不服从 $n+1$ 规律，化学位移不一定在裂分峰的中心。解析起来非常复杂。目前也可采用一些适当的方法使谱图简化。一种方法是采用大磁场强度的仪器作图，可使一些二级谱图变成一级谱图。另一种方法是采用一些实验技术，如双照射(去偶)、NOE(nuclear overhauser effect)、位移试剂等。这些方法既能简化谱图，还能提供质子之间相互偶合的情况或空间的构型等，对结构的测定是非常有利的。

5.3.5　核磁共振谱的应用

核磁共振谱的应用广泛，在低分子化合物、金属络合物、大分子化合物、高聚物等方面

都有应用。它也是一个定性、定结构的有力工具。在测定未知复杂结构的化合物中，氢谱可以提供化合物中各种氢核的化学环境和数目，提供化合物中存在的官能团信息和化合物的构型、构象信息。碳谱可以提供化合物的骨架。它们能提供的各种数据和信息对结构的测定非常有价值。除此之外，核磁共振还用于金属络合物结构的研究、互变异构体的研究、共聚物中组成的测定、反应机理的研究等。

5.4 质 谱

5.4.1 质谱的形成及其表示方法

质谱(mass spectroscopy，简写 MS)：指化合物的分子离子和碎片离子按质荷比值由小到大排列而成的谱，主要是正离子谱。

质荷比：质量(m)与电荷数(z)之比。用 m/z 表示(曾经用 m/e 表示)，z 通常为 1。

质谱常用的表示方法是棒形图(图 5-14)和数据表(表 5-21)两种。

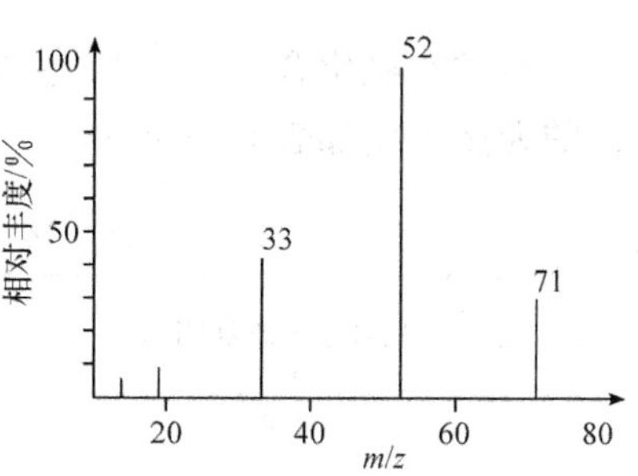

图 5-14 NF_3 的质谱(棒形图)

表 5-21 NF_3 的质谱(数据表)

m/z	相对丰度	m/z	相对丰度
14	5.2	52	100
19	8.4	53	0.4
33	36	71	30

棒形图：横坐标表示质荷比(m/z)。纵坐标表示离子的丰度，即离子的丰富程度。表示的方法有两种，一种称为相对丰度(relative abundance)，一种称为相对强度(relative intensity)。这两种名称含义都一样，都是将图中的最高峰定为基峰，并将基峰的高度定为 100，其余的峰都以基峰为准，按相对于基峰的百分数来表示。

质谱的形成：化合物的分子或原子在质谱仪器的离子源中，生成离子后，聚焦成束，经过质量分析器、检测器以及数据处理系统，即可得到质谱图或数据表。

离子源的种类较多，对有机化合物最基本最主要的是电子轰击型离子源(electron impact ion source，简称 EI 源)。有机化合物在此离子源中除可能得到分子离子外，还能得到许多碎片离子，对解析有机化合物的结构非常有用。标准谱图也积累最多。

5.4.2 主要的离子类型

在质谱中出现的离子主要有分子离子、同位素离子和碎片离子，是主要介绍的部分。

1. 分子离子

有机化合物的分子在 EI 源中离子化，首先丢失成键轨道或非成键轨道的一个电子成为带正电荷的离子，称为分子离子。由于分子离子上还有一个未成对的电子，又称奇电子离子，用 $M^{+\cdot}$、$M^{]+\cdot}$ 或 $[M]^{+\cdot}$ 表示。例如：

$$H_3C:CH_3 \xrightarrow{-e} H_3C\overset{+}{\cdot}CH_3 \text{ 或 } H_3C:CH_3^{]+\cdot}$$

$$R—\ddot{O}—H \xrightarrow{-e} R—\overset{+\cdot}{O}—H \text{ 或 } R—O—H^{]+\cdot}$$

多数化合物分子易失去一个电子而带正电荷，因而分子离子的质荷比值就相当于相对分子质量。分子离子在质谱图中相应的峰称为分子离子峰。分子离子峰在质谱图中有的出现，有的不出现，这主要取决于分子离子的稳定性。

2. 同位素离子

组成有机化合物的一些主要元素，如 C、H、N、O、S、Si、Cl 和 Br 等都具有同位素，它们的天然丰度如表 5-22 所示。

表 5-22 部分元素的同位素质量及天然丰度

元 素	相对原子质量(平均)	同位素	质 量	天然丰度/%	以轻同位素为 100 的相对丰度
H	1.00797	^{1}H	1.00783	99.985	100
		D	2.01410	0.015	0.016
C	12.0115	^{12}C	12.00000	98.89	100
		^{13}C	13.00386	1.108	1.12
N	14.0067	^{14}N	14.0031	99.64	100
		^{15}N	15.0001	0.36	0.38
O	15.9994	^{16}O	15.9949	99.74	100
		^{17}O	16.9991	0.04	0.04
		^{18}O	17.9992	0.20	0.20
Si	28.0086	^{28}Si	27.9769	92.20	100
		^{29}Si	28.9765	4.70	5.10
		^{30}Si	29.9738	3.10	3.35
S	32.064	^{32}S	31.9721	95.06	100
		^{33}S	32.97146	0.66	0.75
		^{34}S	33.96786	4.20	4.40
Cl	35.453	^{35}Cl	34.96885	75.54	100
		^{37}Cl	36.96590	24.6	32.5
Br	79.909	^{79}Br	78.9183	50.57	100
		^{81}Br	80.9163	49.43	98.0

在质谱仪器中出现的离子都是用同位素质量来计算。由于许多元素都具有两个以上的同位素，因而在质谱中出现的分子离子峰和碎片离子峰常伴有比其高 1、2、3、4、…个质量数的同位素峰。例如，甲烷分子中碳有同位素 ^{12}C 和 ^{13}C，氢也有同位素，由于氢的重同位素丰度很小，可以忽略不计，由此在甲烷质谱图的分子离子峰区有 m/z16(M)和 m/z17($M+1$)两个峰，丰度比为 98.9%∶1.1%。又如 CH_3Cl 的分子离子峰区会出现m/z 50∶m/z 52≈3∶1 两个峰。若分子中含有两个氯，在分子离子峰区会看到

$M:(M+2):(M+4)\approx 9:6:1$ 三个峰(M 表示相对分子质量)。不同数目的氯和溴同位素丰度比棒形图见图 5-15。

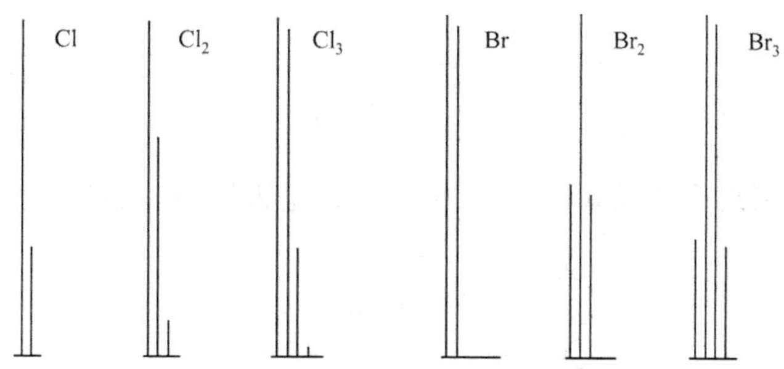

图 5-15 氯和溴同位素丰度比棒形图

3. *碎片离子*

在 EI 源中,分子受 70eV 电子轰击之后,生成的分子离子具有宽范围的热力学能值(0～20eV),过剩的热力学能会促使部分键发生断裂,形成或多或少的碎片离子。各种碎片离子的形成及丰度大小与结构有很大的关系。碎片离子往往代表分子中不同的部分。若将化合物的碎片离子拼凑起来,就可推测原分子的结构。碎片离子可由分子离子的简单断裂或复杂断裂而来。碎片离子还可以进一步断裂成更小的碎片离子。

(1) 简单断裂,指一个键的断裂。例如,丙烷生成分子离子后会进一步发生 C—C 键的断裂,生成乙基正离子和甲基自由基,或乙基自由基和甲基正离子:

$$CH_3CH_2 \overset{+}{\vdots} CH_3 \longrightarrow CH_3CH_2^+ + \cdot CH_3 \text{ 或 } CH_3CH_2\cdot + CH_3^+$$

简单断裂又分为均裂和异裂。用鱼钩"⌒"表示均裂,即成键上两个电子各转向一边。用弯箭头"↷"表示异裂,箭头所指两个电子转向同一边。例如,苯乙酮分子离子的断裂反应,第Ⅰ步是均裂,得到 m/z 105 正离子,丢失 $\cdot CH_3$。第Ⅱ步是异裂,正电荷保留在苯环上得到 m/z 77 正离子,丢失中性分子 CO。

$$C_6H_5-\overset{O^{+\cdot}}{\overset{\|}{C}}-CH_3 \xrightarrow{\text{I}} \underset{m/z\ 105}{C_6H_5-C\equiv O^+} + \dot{C}H_3$$

$$\xrightarrow{\text{II}} \underset{m/z\ 77}{C_6H_5^+} + CO$$

(2) 复杂断裂,指两个键以上的断裂或在断裂的同时发生分子内原子或基团的重排。下述几个典型的反应均为复杂断裂。

(i) 脂环族的逆第尔斯-阿尔德(Diels-Alder)反应,简称 RDA 反应。

这个反应发生在环己烯环上,两个键断裂,生成共轭二烯离子或单烯离子,丢失中性碎片。反应示例如下:

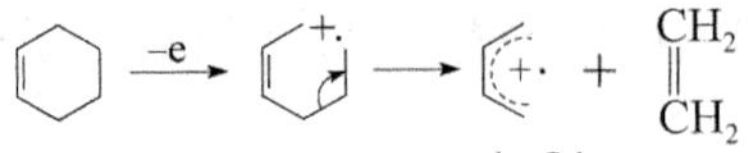

m/z 54

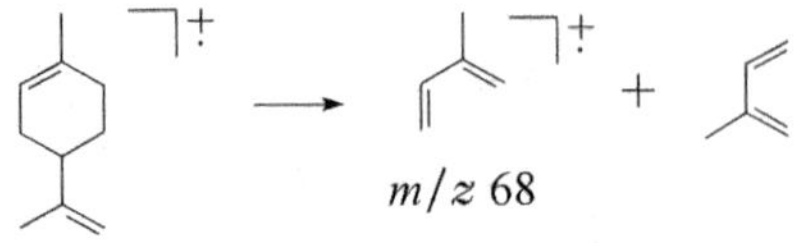

m/z 68

(ii) 功能团与氢结合的消除反应，反应的结果是丢失中性小分子。

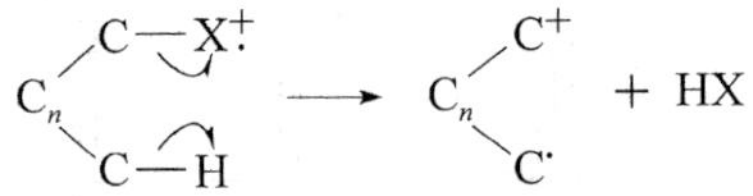

式中，$n=0,1,2,3,\cdots$；X=F，Cl，Br，I，OH，SH，$OCOCH_3$ 等。

(iii) 麦氏重排(McLafferty rearrangement)，其反应的通式如下：

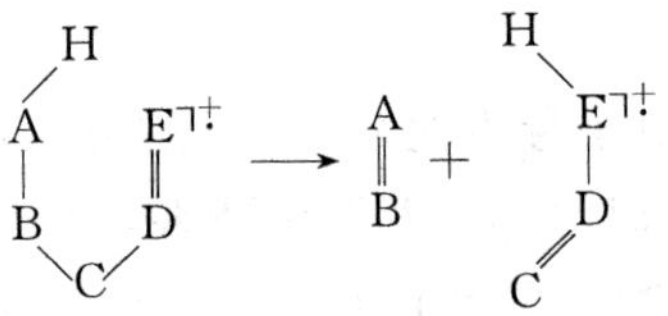

麦氏重排的条件是 E、D 原子间是双键，距离双键的 γ 位上有氢原子。实例：

链烯的麦氏重排

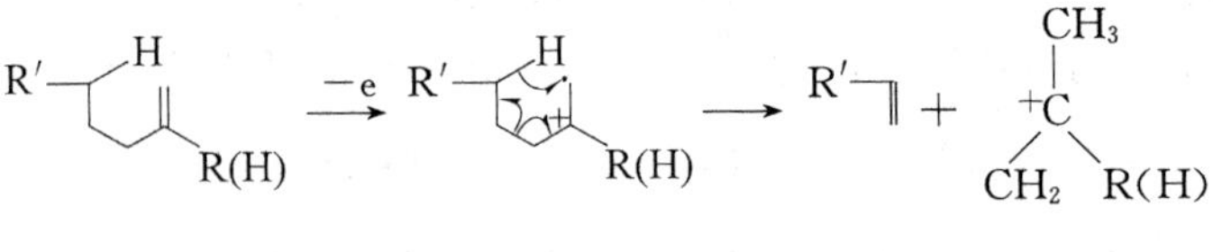

烷基芳基醚麦氏重排

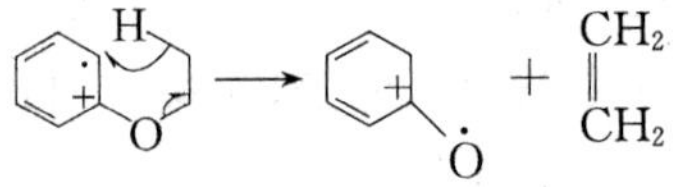

醛和酮的麦氏重排

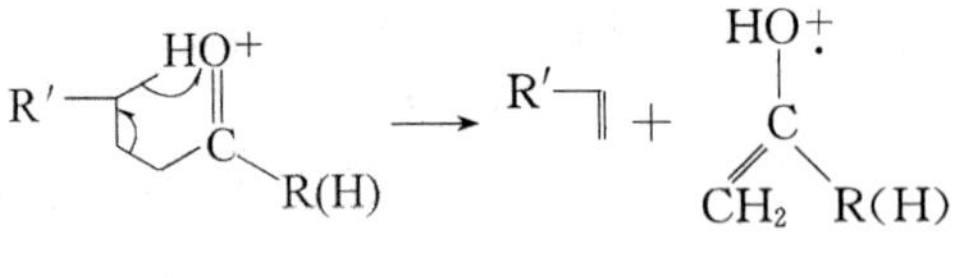

若与 D 相连的两个链都有 γ 氢，则能发生两次麦氏重排，第二次重排更容易发生。

(iv) 二氢重排，即两个氢发生转移的重排，如羧酸酯的重排：

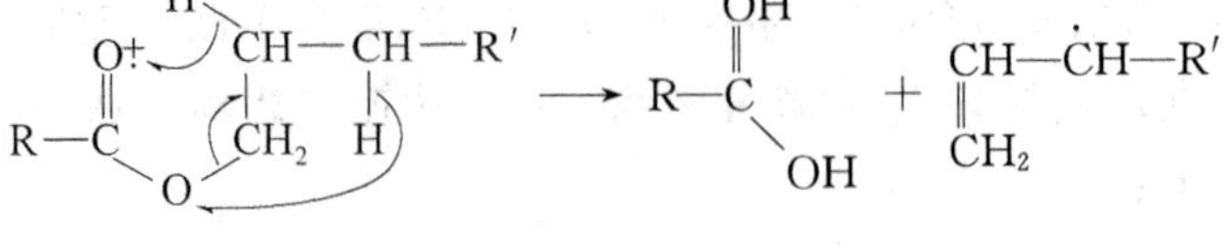

5.4.3 几类有机化合物的断裂方式

1. 烃类

1) 饱和烃

主要是C—C键的简单断裂和一些随机重排。

(1) 直链烷烃。以正癸烷为例，各个C—C键断裂的机会是相同的。因而从质谱图(图5-16)的低质量端往高质量端看，有 m/z 为15、29、43、57等峰。从高质量端往低质量端看，有 m/z 为 $M-15$、$M-29$、$M-43$、$M-57$ 等峰。相连两峰之间相差14个原子质量单位，表示差1个亚甲基(—CH_2—)。这些峰所表征的离子都是奇数质量偶数电子，以 $C_nH_{2n+1}^{\urcorner +}$ 来表示。一般是 $C_3 \sim C_6$ 离子较稳定，丰度较大。生成的碎片离子还会失去两个氢而成烯基，小两个原子质量单位，如 m/z 为27、41、55等离子。碳链越长，分子离子越不稳定，丰度越小，甚至不出现。

127 113 99 85 71 57 43 29 15

$CH_3-CH_2-CH_2-CH_2-CH_2-CH_2-CH_2-CH_2-CH_2-CH_3$

15 29 43 57 71 85 99 113 127

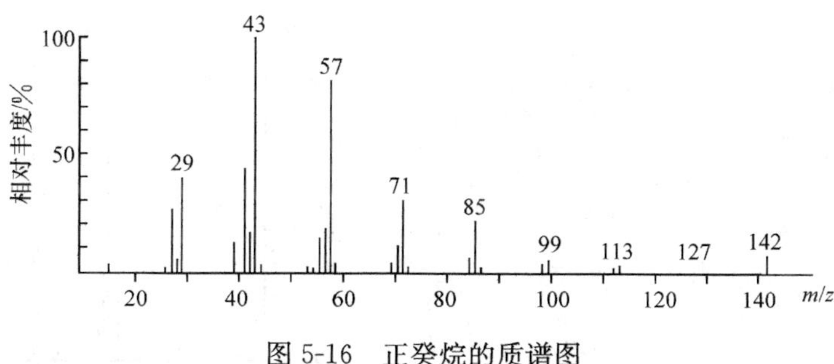

图5-16 正癸烷的质谱图

(2) 支链烷烃，断裂易发生在支链取代的位置上，优先失去最大烷基。分子离子峰小或不出现。例如，3-乙基己烷的质谱断裂，质谱图如图5-17所示。

85 43

$C_2H_5-\underset{\displaystyle C_2H_5}{\underset{|}{CH}}-C_3H_7$

29 71

$$\underset{m/z\ 114}{C_2H_5-\underset{\displaystyle C_2H_5}{\underset{|}{CH}}-C_3H_7^{\urcorner +}} \longrightarrow \underset{m/z\ 43}{C_3H_7^+} + C_2H_5-\underset{\displaystyle C_2H_5}{\underset{|}{CH}}\cdot \ \text{或}\ C_3H_7\cdot + \underset{m/z\ 71}{C_2H_5-\underset{\displaystyle C_2H_5}{\underset{|}{CH^+}}}$$

$$C_2H_5-\underset{\displaystyle C_2H_5}{\underset{|}{CH}}-C_3H_7^{\urcorner +} \longrightarrow \underset{m/z\ 29}{C_2H_5^+} + {}^{\cdot}\underset{\displaystyle C_2H_5}{\underset{|}{CH}}-C_3H_5 \ \text{或}\ {}^{\cdot}C_2H_5 + \underset{m/z\ 85}{{}^{+}\underset{\displaystyle C_2H_5}{\underset{|}{CH}}-C_3H_5}$$

$$CH_3-CH_2-\overset{+}{C}H(CH_3)-CH_2-CH_2 \ (\text{即 } CH_3-CH_2-\overset{+}{C}H-CH_2 \text{，支链 } CH_3-CH_2) \xrightarrow{*} CH_3-CH_2-\overset{+}{C}H-CH_3 + CH_2{=}CH_2$$

m/z 85　　　　　m/z 57

* 表示这一步甲基重排反应已被观察到的亚稳峰证明。

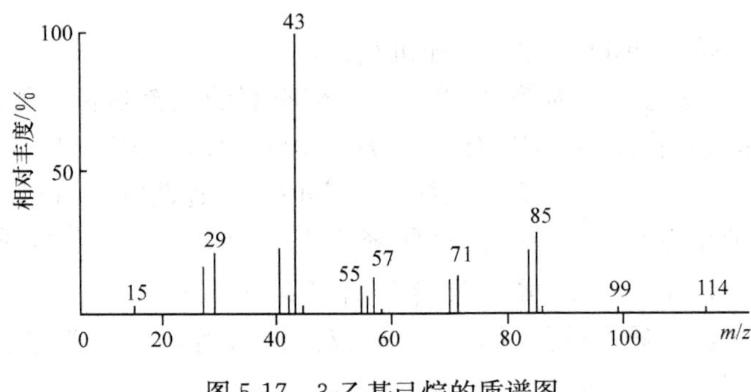

图 5-17　3-乙基己烷的质谱图

2）环烷烃

对取代环烷烃来说，质谱断裂可发生在环上，也可发生在取代基上或取代基的 α 位。例如，环己烷的质谱断裂，质谱图如图 5-18 所示。

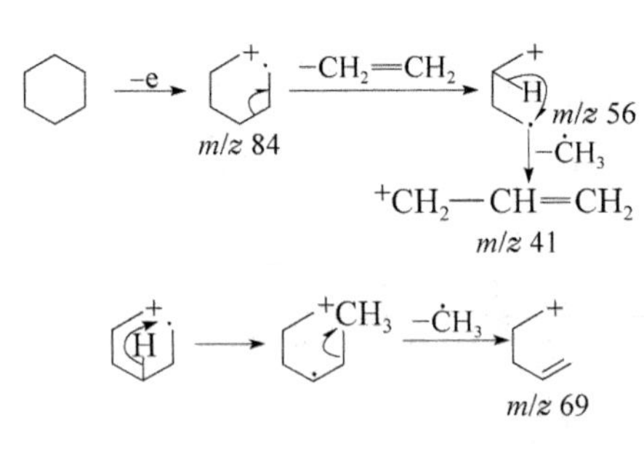

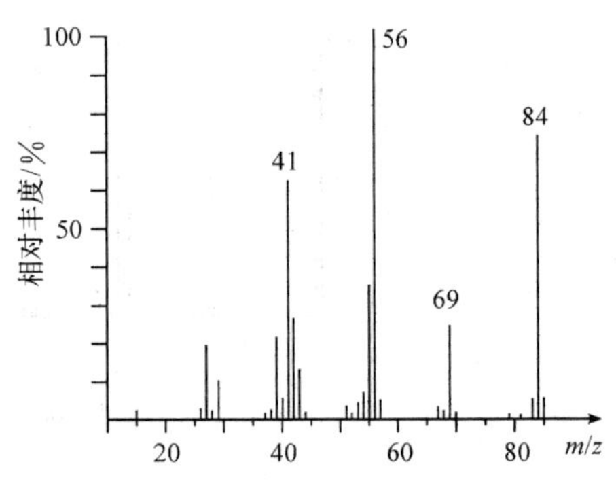

图 5-18　环己烷的质谱图

3）脂肪族烯烃

（1）单烯烃。在 70eV 下电离，以 C_nH_{2n-1} 离子占优势。随质量数增加，丰度逐渐衰弱。

（2）烯丙断裂。在双键的 β_{C-C} 键发生断裂，生成烯丙基正离子。

$$R-CH_2-\dot{C}H^{+}-CH_2 \longrightarrow R\cdot + CH_2{=}CH-\overset{+}{C}H_2$$

（3）麦氏重排。对双键来说，在离双键位置的 γ 碳上有氢时，则发生麦氏重排。

4）芳烃

（1）有烷基取代时，一般发生苄基断裂，得到较强的 m/z 91 离子峰。

（2）当取代基上有 γ 氢时，发生麦氏重排。

（3）芳环断裂可得到 m/z 为 39、51、52、63、64、65、74～77 中的部分离子。

例如，正丁基苯的质谱断裂，质谱图如图 5-19 所示。

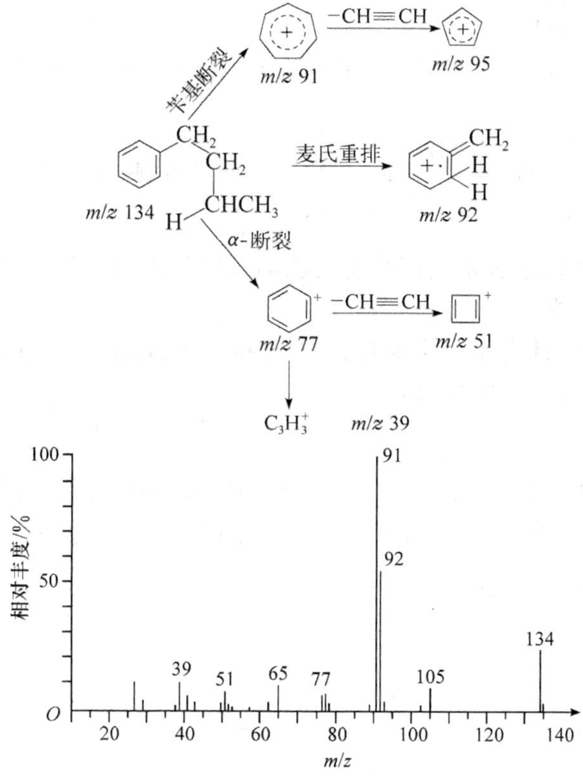

图 5-19 正丁基苯 EI-MS 图

2. 醇类

醇的分子离子峰很小，一般 5 个碳以上的分子离子峰几乎完全不出现。醇的断裂方式主要有简单断裂、失水和碎片离子重排三种。

1) 简单断裂

简单断裂主要是 α 断裂(指 R—C_α—Y 分子中，与奇电子原子邻接原子的键断裂)，形成偶数电子离子。除此之外也可能发生 β、γ、δ 断裂，但离子的丰度依次减小。

$$\underset{\delta}{CH_3 \wr} CH_2 \underset{\gamma}{\wr} CH_2 \underset{\beta}{\wr} CH_2 \underset{\alpha}{\wr} CH_2\text{—}OH$$

α 断裂可以失氢或失烷基，而以丢失大的烷基占优势。这种断裂得到 m/z 31、45、59 等离子。

$$R\text{—}CH_2\text{—}\underset{\underset{R'(H)}{|}}{CH}\text{—}\overset{+\cdot}{O}H \longrightarrow \underset{(H)}{R'}\text{—}CH\text{=}\overset{+}{O}H + R\text{—}CH_2\cdot$$

2) 失水

醇分子离子常发生 1,2 或 1,4 消除而失水，在质谱图中出现 $M-18$ 峰。

$$\text{R—CH(H)—CH}_2\text{—}\overset{+\cdot}{\text{O}}\text{H} \xrightarrow{-\text{H}_2\text{O}} \text{R—}\dot{\text{C}}\text{H—}\overset{+}{\text{C}}\text{H}_2 \text{ 或 } [\text{R—CH=CH}_2]^{+\cdot}$$

$$\text{R—CH(H)—CH}_2\text{—CH}_2\text{—CH}_2\text{—}\overset{+\cdot}{\text{O}}\text{H} \xrightarrow{-\text{H}_2\text{O}} \text{R—}\dot{\text{C}}\text{H—CH}_2\text{—CH}_2\text{—}\overset{+}{\text{C}}\text{H}_2 \text{ 或 } [\text{R—CH—CH}_2\text{—CH}_2\text{—CH}_2]^{+\cdot}(\text{环})$$

碳链在 4 个碳以上的醇，在失水的同时失去乙烯，得到 $M-46(M-18-28)$峰。

3）碎片离子的重排

当 α 断裂得到的碎片离子上带有比乙基大的 R 基团时，会发生氢的重排。由此，仲醇和叔醇都可以产生 m/z 31 离子峰：

$$\text{R—CH(H)—CH}_2\text{—}\overset{+}{\text{C}}(\text{OH})\text{—R}' \longrightarrow \text{H—}\overset{+}{\text{C}}(\ddot{\text{O}}\text{H})\text{—R}' \longleftrightarrow \text{H—C(}{=}\overset{+}{\text{O}}\text{H)—R}'$$

以 2-戊醇为例，其质谱图见图 5-20。

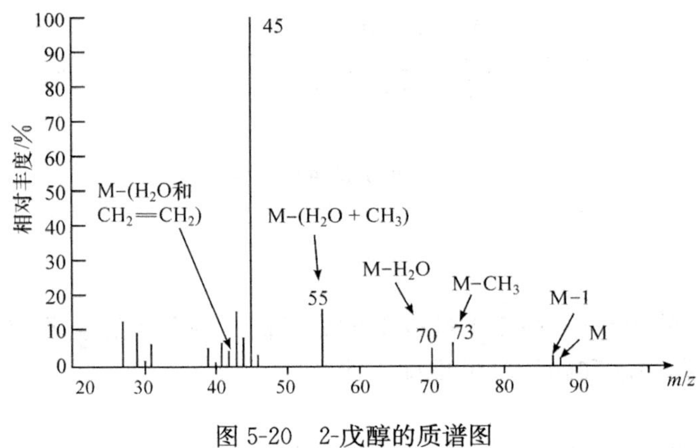

图 5-20　2-戊醇的质谱图

4）羧酸酯

（1）α 断裂

$$\text{R}\wr\text{C(=O)}\wr\text{OR}' \text{ 得 } \text{R}^+, \text{R—C}{\equiv}\overset{+}{\text{O}}, \overset{+}{\text{O}}{\equiv}\text{C—OR}', {}^+\text{OR}'$$

（2）麦氏重排

$$\text{RCH(H)—CH}_2\text{—CH}_2\text{—C(=}\text{O}^{+\cdot})\text{—OR(CH}_3) \longrightarrow \text{RCH=CH}_2 + \text{CH}_2\text{=C(}\overset{+\cdot}{\text{O}}\text{H)—OR(CH}_3)$$

m/z 74,88,102,…

(3) 某些酯的二氢重排

$$R(CH_3)-C(=O^{+\cdot})-O-CH_2-CH(H)-CH(H)-R \longrightarrow R(CH_3)-C(=\overset{+}{O}H)-OH + CH_2=CH-\dot{C}H-R$$

m/z 61,75,89,…

(4) 失酸

$$R-C(=O^{+\cdot})-O-CH_2-CHR(H) \longrightarrow R-C(=O)-OH + \overset{+}{C}HR-\dot{C}H_2$$

例如:丙酸正丁酯的质谱图如图 5-21 所示。

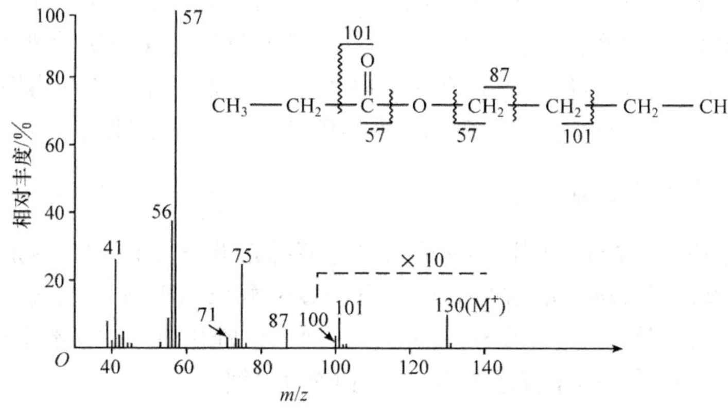

图 5-21 丙酸正丁酯的质谱图

5.4.4 质谱在有机化合物中的应用

质谱作为分析工具特点也很突出,可以测定微小的质量和质量差。测定质量的下限是一个原子质量单位,高分辨仪器可以区分两个质量差为几十万分之一原子质量单位的物质,如氮气(N_2:28.006147)和乙烯(C_2H_4:28.031299)。分析时样品用量可以小到微克级。质谱与色谱联机方面也是很成功的,在解决混合物的分离分析方面非常快速有效。由此,质谱的应用面很广,主要是测定化合物的相对分子质量、分子式和分子结构。以下着重介绍化合物相对分子质量的测定。

用质谱仪器测定相对分子质量可以达到既快速又准确,关键是要得到分子离子。这需要根据化合物选择适当的离子源,还要会在谱图上识别分子离子峰。现从如下两种情况进行讨论。

1. 在 EI 源电离的情况

不是所有的有机化合物在 EI 源电离都能得到分子离子峰。这给确定分子离子峰带来了困难。一般按如下方法来判断分子离子峰。

(1) 先将谱图中质量数最大的峰初步定为分子离子峰。但要注意,如果最高质量端有相连的质量数时，要注意丰度比，看是否有同位素峰存在。

(2) 利用氮规律来判断分子离子峰。

氮规律——含奇数个氮的有机化合物，其分子离子的质量必定是奇数。不含氮或含偶数个氮的有机化合物，其分子离子的质量必定是偶数。

利用氮规律来确定如上初定的分子离子峰是否正确是非常有用的。当然，最好先利用其他方法测定分子中是否含氮，如果有氮，又知氮原子的个数，对判断分子离子峰就更准确。某些情况下，已知分子离子峰，则利用氮规律来确定分子中是否含氮或含奇数还是偶数个氮。

(3) 用失去的碎片来检验初步确定的分子离子峰是否正确。一般情况下，$M-(4\sim13)$或$M-(20\sim25)$都属不合理丢失。因为有机化合物中最小的基团是CH_3(质量为15)，从分子离子丢失14质量单位的基团是极少见的，丢失(4～13)、(20～25)更是不可能的，没有基团等于这些质量。若出现了这种现象，表明有两种情况存在：一是初定的分子离子峰不正确，误将碎片峰当成分子离子峰；另一情况即是出现杂质的离子。

(4) 降低电子轰击的能量。一般常用的电子能量是70eV，为了获得明显的分子离子峰，可采用7～15eV，以减少分子离子的断裂，增强分子离子的丰度。

2. 采用其他离子源电离

为了直接测定分子离子，采用一些其他的电离源是非常方便的。目前用得较多的电离源有化学电离源(CI)、场解吸源(FD)、快原子轰击源(FAB)等。这些电离源共同的特点是给出的碎片离子峰少，分子离子峰多数以$(M+1)$峰出现，有的还伴有$M+23(M+Na)$或$M+39(M+K)$等峰，增强了对分子离子峰的识别。

习 题

5-1 下列化合物除$\sigma\rightarrow\sigma^*$跃迁外，还有什么跃迁？

(1) $CH_3-\overset{\overset{O}{\|}}{C}-CH_3$　　(2) $CH_2=CH-CH_2-CH_2-CH_3$

(3) $(CH_3)_2N-CH=CH_2$　　(4) $CH_2=CH-O-CH_3$

5-2 计算下面4种结构的λ_{max}：

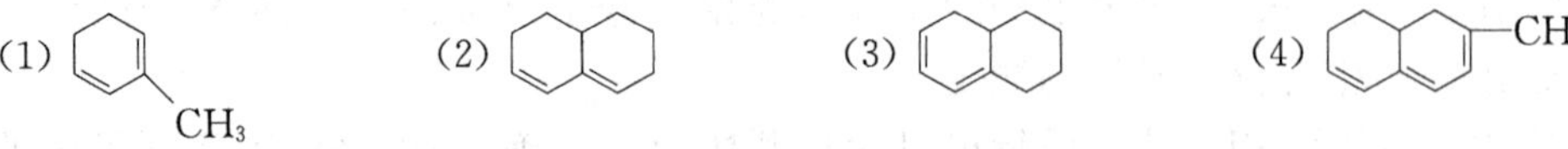

5-3 苯环在紫外光区有哪些吸收带？哪一个吸收带对判断是否是芳香族化合物最有用？

5-4 烷烃的红外光谱中有哪些振动的特征频率？可提供哪些结构信息？

5-5 根据红外光谱图哪些区域的吸收峰，能否判断可能有双键存在？从哪个区域的吸收峰可判断双键是否在末端？

5-6 2000～2400cm^{-1}，有哪些官能团的特征吸收频率出现？

5-7 图5-22、图5-23、图5-24和图5-25是4个化合物的红外谱图，这4个化合物是二丁胺、丙酸乙酯、丙酸酐和正癸酸。请分别说明各张谱图所对应的化合物，其依据是什么？并说明各化合物红外谱图的特征。

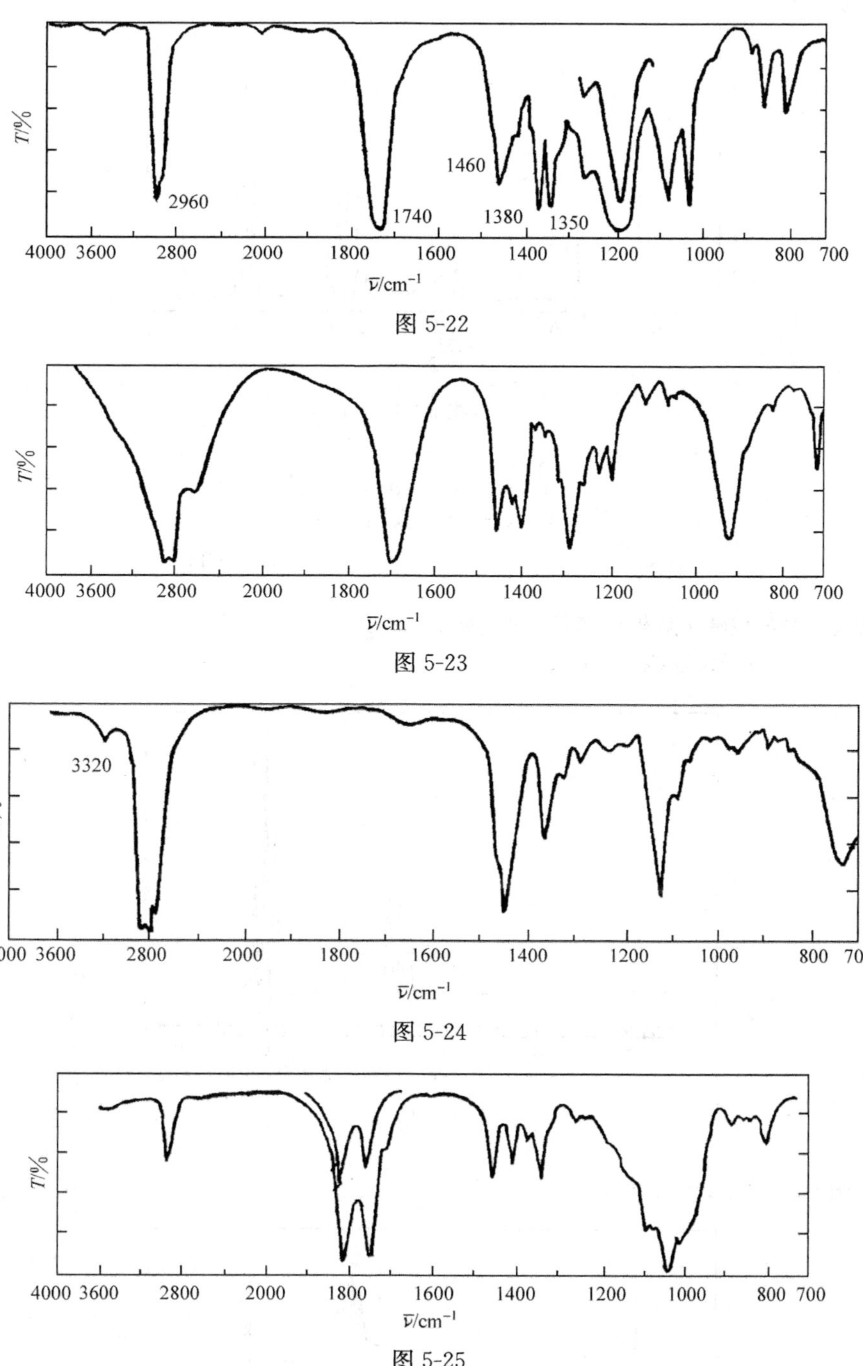

图 5-22

图 5-23

图 5-24

图 5-25

5-8 计算下列化合物中亚甲基和次甲基的化学位移：

(1) $CH_3—\underset{}{\overset{OH}{\overset{|}{C}}}H—CH_2—NH_2$　　(2) $HO—\overset{O}{\overset{\|}{C}}—CH_2—CH_2—CH_2—\overset{O}{\overset{\|}{C}}—OH$

5-9 化合物 A 的核磁共振谱如图 5-26 所示。利用查表和计算，将化合物各种质子的化学位移与核磁共振谱的数据对应起来。

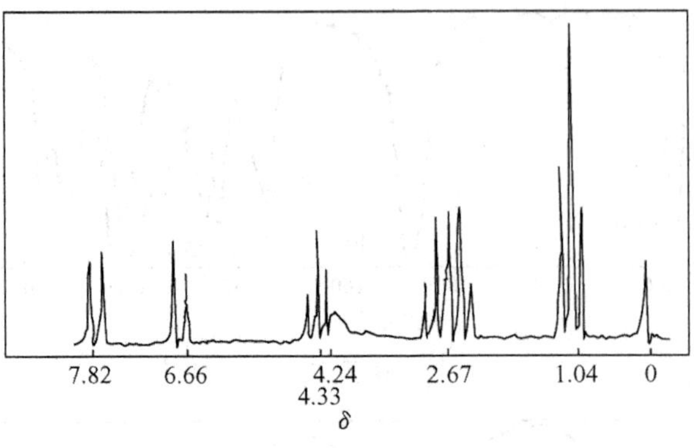

图 5-26

$$H_2N-C_6H_4-\overset{\displaystyle O}{\overset{\|}{C}}-O-CH_2-CH_2-N(CH_2-CH_3)_2$$

5-10　根据化合物的核磁共振谱图,解析各化合物的结构:

(1) 图 5-27,分子式为 $C_5H_{10}O$。

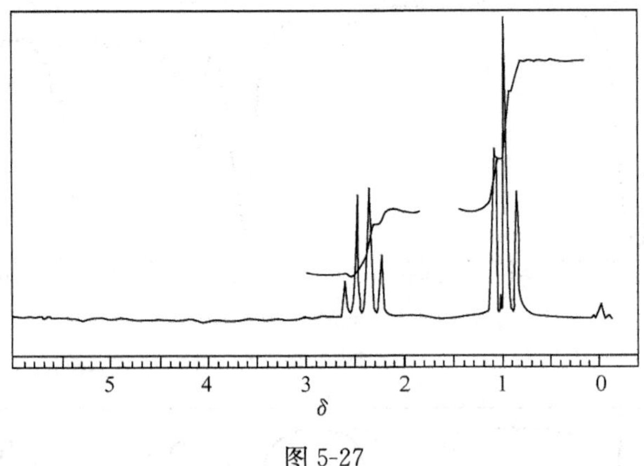

图 5-27

(2) 图 5-28,分子式为 C_9H_{12}。

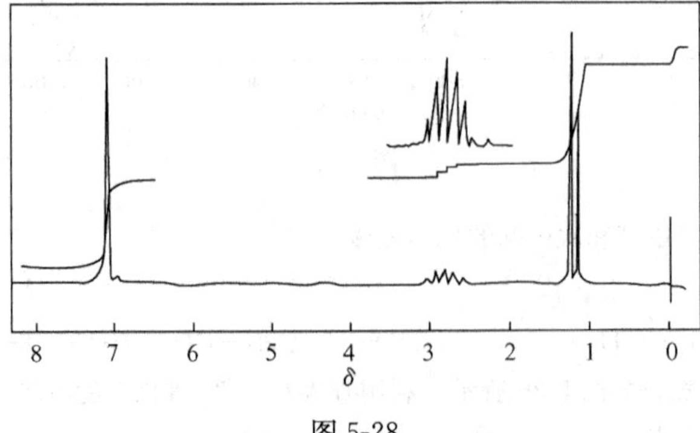

图 5-28

(3) 图 5-29，分子式为 $C_8H_{11}N$。

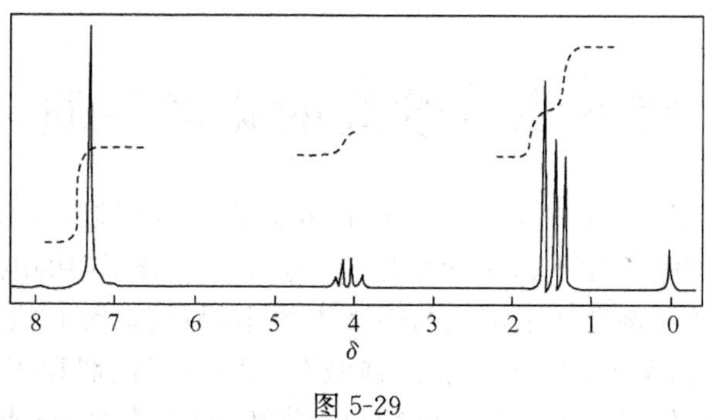

图 5-29

5-11 说明下述这些化学式的离子是奇数电子还是偶数电子：

C_2H_4　　C_2H_7O　　C_4H_9N　　C_7H_5ClBr　　C_6H_4OS　　C_3H_9SiO

5-12 下述这些化学式的离子都在质谱图的高质量端出现，判断哪些是分子离子。

C_6H_7　　C_3H_5O　　C_2H_5F　　$C_{10}H_{15}O$　　$C_3H_4N_2O_2$　　$C_3H_3N_3O_2S$

5-13 下列化合物中，哪些能发生麦氏重排？写出重排过程与产物的 m/z。

(1)　　(2)　　(3)

(4)　　(5) $CH_3—CH_2—CH_2—\overset{O}{\overset{\|}{C}}—O—CH_3$

5-14 推测下述几种化合物中哪些能够发生逆第尔斯-阿尔德型断裂，断裂后的碎片离子具有什么样的 m/z 值？

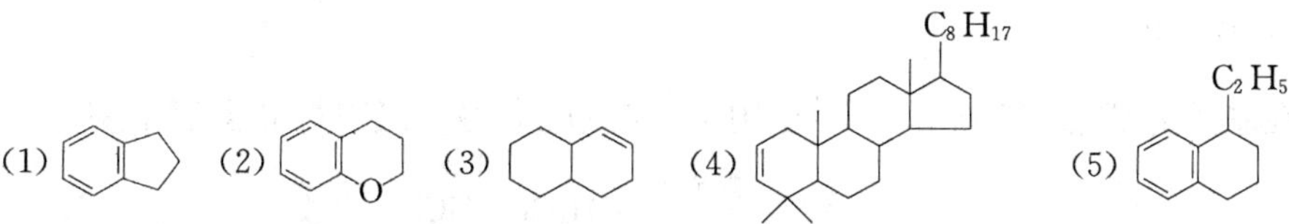

5-15 两个化合物 A、B 是同分异构体，不含氧。根据质谱图(图 5-30)推测它们的结构。

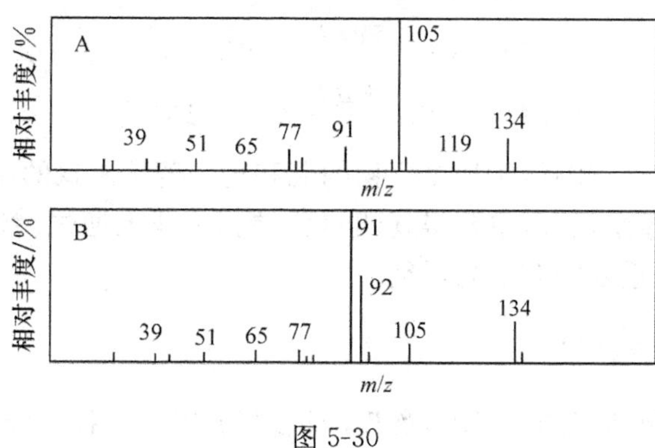

图 5-30

5-16 参照羧酸酯的质谱断裂方式，解释丙酸正丁酯质谱图(图 5-21)中 m/z 56、m/z 57 和 m/z 75 三个峰的由来并写出断裂反应式。

第 6 章　烷烃的化学性质

烷烃分子中只有 C—C σ键和 C—H σ键，断裂它们需要较高的能量，同时碳和氢的电负性差别很小(碳的电负性是 2.5，氢的电负性是 2.1)，分子中的电子云分布均匀，共价键极性很小，故对亲核试剂和亲电试剂的亲和力很小，与其他类有机物相比，烷烃的化学性质很不活泼。一般情况下，烷烃与强酸、强碱及常用的氧化剂和还原剂都不发生反应。当然，烷烃并不是在任何条件下与任何试剂都不发生反应，在光、热或引发剂作用下，烷烃可发生键均裂生成自由基，进行自由基链反应。

6.1　烷烃的取代反应

烷烃中的氢原子被其他原子或基团所取代的反应，称为烷烃的取代反应。

6.1.1　卤化反应

烷烃中的氢原子被卤素原子取代，这类反应称为烷烃的卤化反应。

卤化反应中，氟化反应过于剧烈，反应较难控制，碘化反应不易发生。卤化反应主要是氯化和溴化，因溴比较贵，因而比较有实用意义的是氯化反应。

1. 甲烷的氯化

甲烷在紫外光或热(250～400℃)作用下，与氯反应得一氯甲烷和多氯甲烷。

$$CH_4 + Cl_2 \xrightarrow{\text{热或光}} CH_3Cl + HCl$$

$$CH_3Cl + Cl_2 \xrightarrow{\text{热或光}} CH_2Cl_2 + HCl$$

$$CH_2Cl_2 + Cl_2 \xrightarrow{\text{热或光}} CHCl_3 + HCl$$

$$CHCl_3 + Cl_2 \xrightarrow{\text{热或光}} CCl_4 + HCl$$

因此，一般情况下得到的是 4 种氯化物的混和物。若控制氯的用量且甲烷过量，主要得到一氯甲烷。若用过量氯气，主要得到四氯化碳。工业上通过精馏，可使混合物分开。以上几个氯化物，均是重要的溶剂与试剂。

2. 甲烷氯化的反应机理

反应物转化为产物所经历的过程，称反应机理(或反应历程)，即反应物要经过的过渡态和中间体，包括哪些基元反应才能转变为产物。

研究有机反应机理的目的是要弄清楚反应发生的原因，找出反应的规律，以便指导有机合成。

甲烷的氯化反应是一个自由基的链反应，包括链引发、链传递和链终止三个阶段。

链引发：① $Cl_2 \xrightarrow{\text{热或光}} 2Cl\cdot$

链引发是氯分子高温离解成氯原子 Cl· 。

链传递：② $Cl\cdot + CH_4 \longrightarrow CH_3\cdot + HCl$

③ $CH_3\cdot + Cl_2 \longrightarrow CH_3Cl + Cl\cdot$

链传递包括②和③，反应②中 Cl· 原子碰到 CH_4 分子中的 H 原子生成 HCl 和 $CH_3\cdot$，而在反应③中 $CH_3\cdot$ 自由基碰到 Cl_2 分子生成 CH_3Cl 和 Cl· 原子，反复循环。

链终止：④ $Cl\cdot + Cl\cdot \longrightarrow Cl_2$

⑤ $CH_3\cdot + CH_3\cdot \longrightarrow CH_3CH_3$

⑥ $CH_3\cdot + Cl\cdot \longrightarrow CH_3Cl$

反应物浓度降低时，自由基彼此碰撞的机会加大，结合成分子，反应终止。

这种反应由于活性中间体是自由基，故称为自由基链反应。

甲烷氯化反应的反应热如下：

步① $Cl—Cl \longrightarrow 2Cl\cdot$

这步是吸热反应。吸收的热量等于 Cl—Cl 离解能 $242.7kJ\cdot mol^{-1}$。

$$\Delta H^{\ominus} = +242.7kJ\cdot mol^{-1}$$

步② $Cl\cdot + CH_3—H \longrightarrow CH_3\cdot + H—Cl$

断裂 CH_3—H 键吸热 $439.3kJ\cdot mol^{-1}$，生成 H—Cl 放热 $431.8kJ\cdot mol^{-1}$，净结果是吸热 $7.5kJ\cdot mol^{-1}$。

$$\begin{aligned}\Delta H^{\ominus} &= [(-431.8kJ\cdot mol^{-1}) - (-439.3)]kJ\cdot mol^{-1} \\ &= +7.5kJ\cdot mol^{-1}\end{aligned}$$

步③ $CH_3\cdot + Cl—Cl \longrightarrow CH_3—Cl + Cl\cdot$

断裂 Cl—Cl 键吸热 $242.7kJ\cdot mol^{-1}$，生成 CH_3—Cl 键放热 $355.6kJ\cdot mol^{-1}$，净结果放热 $-112.9kJ\cdot mol^{-1}$。

$$\begin{aligned}\Delta H^{\ominus} &= [(-355.6) - (-242.7)]kJ\cdot mol^{-1} \\ &= -112.9kJ\cdot mol^{-1}\end{aligned}$$

链传递步②和③相加，即是甲烷一氯代的结果：

$$CH_4 + Cl_2 \longrightarrow CH_3Cl + HCl \quad \Delta H^{\ominus} = -105.4kJ\cdot mol^{-1}$$

②+③是放热反应，共放热 $-105.4kJ\cdot mol^{-1}$，反应容易进行，其能量变化图见图 6-1。

在链传递反应②中，氯原子与 CH_4 分子接近，达到一定距离后，CH_3—H 键开始伸长，共价键开始断裂，同时在 H 和 Cl 之间开始形成新的共价键。同时，其他 C—H 键之间的键角也逐渐加大，体系的能量逐渐上升，到最大值后，随着 H—Cl 键逐渐成键，体系的能量开始降低，最后形成平面形的甲基自由基和 HCl。

$$H_3C—H + Cl\cdot \rightleftharpoons [H_3C\cdots H\cdots Cl]^{\neq} \rightleftharpoons H_3C\cdot + H—Cl$$

过渡态 活性中间体

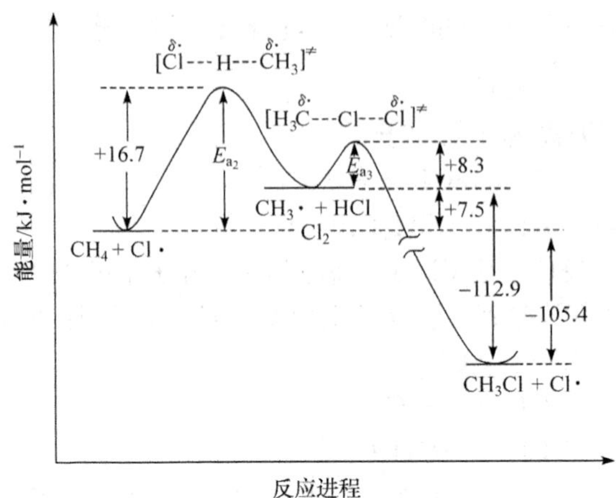

图 6-1　氯自由基与甲烷反应的能量-反应进程图

所以,步②虽然只需反应热+7.5kJ·mol^{-1},但分子需要+16.7kJ·mol^{-1}的活化能(E_{a_2})才能越过势能最高点,形成 CH_3· 和 HCl。步③是放热反应,但也需要活化能(E_{a_3})+8.3kJ·mol^{-1}才能越过第二个势能最高点,形成 CH_3Cl 和 Cl· 。步②的活化能比步③的大,因而步②反应速率慢,是决定链反应速率的一步。

步②中,氯原子若夺取的是 ClH_2C—H、Cl_2HC—H 和 Cl_3C—H 中的 H 原子,那么生成的产物是 CH_2Cl_2、$CHCl_3$ 和 CCl_4。由于氯原子夺取 CH_4、CH_3Cl、CH_2Cl_2 和 $CHCl_3$ 分子中的 H 原子的难易程度相差不大(其 C—H 键能分别为 439.3、422.2、414.2 和 400.8kJ·mol^{-1}),所以 CH_4 氯化的产物经常是 4 种氯代物的混合物。

3. 其他烷烃的氯化

丙烷及更高级的烷烃发生一氯化时,生成的氯烷一般是多种异构体,例如:

$$\overset{1}{C}H_3—\overset{2}{C}H(CH_3)—\overset{3}{C}H_2—\overset{4}{C}H_3 + Cl_2 \xrightarrow{300℃} (CH_3)_2CHCH_2CH_2Cl + CH_3CH(CH_2Cl)CH_2CH_3 + (CH_3)_2CHCH(Cl)CH_3 + (CH_3)_2C(Cl)CH_2CH_3$$

	Ⅰ	Ⅱ	Ⅲ	Ⅳ
产率	15%	30%	33%	22%
每个 H 被氯代的概率	$\frac{15}{3}$	$\frac{30}{6}$	$\frac{33}{2}$	$\frac{22}{1}$

4 种化合物在产物中的比例不同。以氯代物Ⅰ为例,它的 C^4 上有 3 个 1°H,每个 H 原子被 Cl 取代后均得到Ⅰ,因而 C^4 上的每个 1°H 被氯取代的相对概率为$\frac{15}{3}$。氯代物Ⅱ也是由 1°H 被氯化得来,每个 H 被取代的概率是$\frac{30}{6}$。以此类推,3 种 H 大致的氯代反应性为

$$3°H : 2°H : 1°H = 22 : 17 : 5$$

这 3 种 H 不同的反应性，实际上是反应速率的快慢，与活化能的大小有关，几种 H 被取代的活性中间体均为自由基，自由基的稳定性是 $(CH_3)_3C\cdot > (CH_3)_2CH\cdot > CH_3CH_2\cdot > CH_3\cdot$。活性中间体能量越低，越稳定，相应的形成它们的过渡态势能越低。过渡态势能低，则活化能小，反应速率快，外在表现为 3 种 H 的反应性的差异。

4. 溴化反应的高选择性

在烷烃的卤化反应中，氯的活泼性比溴大，但溴的选择性比氯大。例如：

$$(CH_3)_3CH \xrightarrow[h\nu,25℃]{Cl_2} \underset{37\%}{(CH_3)_3CCl} + \underset{63\%}{(CH_3)_2CHCH_2Cl}$$

$$(CH_3)_3CH \xrightarrow[h\nu,127℃]{Br_2} \underset{>99\%}{(CH_3)_3CBr} + \underset{\text{痕量}}{(CH_3)_2CHCH_2Br}$$

从上述反应可看出：异丁烷的氯化得到的是混合物，而异丁烷的溴化得到的几乎是唯一的产物。溴化反应具有如此高的选择性主要是由溴的不活泼性决定的。在一组相似的反应中，试剂的活泼性大，选择性差；试剂的活泼性小，选择性好。这是活泼性与选择性之间普遍存在的规律。

6.1.2 硝化反应

烷烃与硝酸进行气相(400～450℃)反应，生成硝基烷烃。这种直接生成硝基化合物的反应称为硝化反应。

烷烃进行气相硝化时，可发生 C—H 键的断裂，H 原子被硝基取代，生成硝基烷烃，同时也有 C—C 键的断裂，烷基被硝基取代，生成另几种小分子硝基烷烃，因而常得到的是多种硝基化合物的混和物。例如：

$$CH_3CH_2CH_3 \xrightarrow[420℃]{HNO_3} \underset{25\%}{CH_3CH_2CH_2NO_2} + \underset{40\%}{(CH_3)_2CHNO_2} + \underset{10\%}{CH_3CH_2NO_2} + \underset{25\%}{CH_3NO_2}$$

硝基烷烃在工业上是很有用的溶剂，用来溶解纤维素酯与合成树脂，也用作制备胺、羟胺、腈、醇、醛、酮和羧酸的原料。

6.1.3 磺化和氯磺化反应

烷烃在高温下与硫酸反应，生成烷基磺酸，称为磺化反应。例如：

$$(CH_3)_3C—H \xrightarrow{H_2SO_4\cdot SO_3} (CH_3)_3C—SO_3H$$

烷烃与 SO_2 和 Cl_2 在光照下发生反应，生成烷基磺酰氯 R—SO_2Cl，称为氯磺化反应，也称 Reed 反应。

$$RH + SO_2 + Cl_2 \xrightarrow[\text{室温}]{h\nu} R—SO_2Cl + HCl$$

烷基磺酰氯是活性很高的化合物，利用它可以生产烷基磺酸盐类表面活性剂，这是一类重要的精细化工产品，常用来制备液体洗涤剂，其生物降解性能好，并且可在酸性、碱性、中性或硬水中使用。

$$C_{12}H_{26}+SO_2Cl_2 \xrightarrow{-HCl} C_{12}H_{25}SO_2Cl \xrightarrow[H_2O]{NaOH} \underset{\text{十二烷基磺酸钠}}{C_{12}H_{25}SO_2ONa}$$

6.2　燃烧和氧化反应

烷烃与其他碳氢化合物一样，均有可燃性，在空气充足、燃烧完全时，生成 CO_2 和 H_2O，并放出大量的热。石油产品如汽油、煤油、柴油等用作燃料就是利用它们燃烧时放出的大量热。

$$C_nH_{2n+2}+\frac{3n+1}{2}O_2 \longrightarrow nCO_2+(n+1)H_2O+\text{热量}$$

低级烷烃的蒸气与空气混和达到一定的比例时，遇火焰或火花即迅速燃烧，短时间内放出大量的热，而不能迅速消散，同时产生的 CO_2 和水蒸气突然膨胀，从而产生剧烈的爆炸现象。例如，甲烷的爆炸极限是 5.3%～14%(体积分数)，即空气中甲烷的含量在这个范围之内，遇火即爆炸。矿井瓦斯爆炸即缘于此。

烷烃燃烧不完全时会产生一氧化碳。汽油在汽缸中很难完全燃烧，故汽车排放的废气中含有相当多的一氧化碳，造成空气污染。

燃烧是自由基反应，形成自由基需要相当多的活化能，故在一定温度下才能发生燃烧。

烷烃与氧在常温下不起反应，但在控制的条件下，用空气氧化烷烃可以生成醇、醛、酮和酸等含氧有机物。例如，石蜡(C_{20}～C_{30}的固态烃)在锰盐催化下，部分氧化生成复杂产物，经分离得到 C_{10}～C_{20} 的脂肪酸，可用作肥皂、表面活性剂等的原料。

$$R—CH_3 \xrightarrow[120\sim160℃]{\text{锰盐},O_2} RCH_2OH+RCHO+RCOOH+\cdots$$

$$R—CH_2CH_2—R' \xrightarrow{O_2} R—COOH+R'—COOH+H_2O$$

6.3　异构化反应

异构化反应是将烷烃从一个异构体转变成为另一个异构体的反应，可以将直链烷烃异构为支链烷烃。例如：

$$CH_3CH_2CH_2CH_3 \xrightarrow[\substack{95\sim150℃,\\ 1\sim2MPa}]{AlCl_3,HCl} (CH_3)_3CH \quad (90\%)$$

伴随着异构化，还常发生其他反应，如裂解和聚合，因此在异构化产物中还有许多副产物。

直链烷烃异构成带支链的烷烃，可以提高油品的辛烷值，改善油品的质量。

辛烷值是汽油抗爆性的表示单位，将抗爆震能力很差的直链烷烃正庚烷的“辛烷值”

定为 0，将基本无爆震的多支链烷烃异辛烷(2，2，4-三甲基戊烷)的"辛烷值"定为 100。在规定条件下，将汽油样品与标准燃料(异辛烷与正庚烷)相比较，若二者抗爆性相同，则标准燃料中异辛烷的体积分数即是该汽油的辛烷值。一般带支链的烷烃其"辛烷值"较大，抗爆震能力较好，即汽油的质量较优，烷烃通过异构化或裂化反应能提高产物的支链程度，也就提高了汽油质量。表 6-1 为常见烃的辛烷值。也常在汽油中添加甲基叔丁基醚来提高辛烷值。

表 6-1 烃的辛烷值

烃的种类	辛烷值	烃的种类	辛烷值
庚烷	0	苯	101
2-甲基庚烷	24	甲苯	110
2-甲基戊烷	71	2，2，3-三甲基戊烷	116
辛烷	−20	环戊烷	122
2-甲基丁烷	90	对二甲苯	128
2，2，4-三甲基戊烷	100		

6.4 裂化、裂解和脱氢反应

烷烃在隔绝空气下加热，发生 C—C 键和 C—H 键的断裂，生成相对分子质量较小的碳氢化合物，这一过程称为热裂化或热裂解。例如：

$$CH_3CH_2CH_2CH_3 \xrightarrow{\sim 500℃} \begin{cases} C_4H_8 + H_2 \\ CH_4 + CH_2{=}CHCH_3 \\ CH_3CH_3 + CH_2{=}CH_2 \end{cases}$$

高级烷烃热裂化时，碳链可以在任何一处断裂，加之反应过程中常伴有异构化、芳构化、环化、脱氢聚合等，因而产物是复杂的混和物。

石油工业中，热裂化通常在 500～600℃下进行，是石油炼制的一种成熟工艺，主要是为了裂化石油高沸点馏分以生产轻质油。裂解一般是在高于 700℃进行的一种深度裂化，其目的是得到低级烯烃——乙烯、丙烯及 1，3-丁二烯等。

在催化剂作用下，裂化石油高沸点馏分的过程称为催化裂化，此时反应可在较低温度下进行。此法在化工中主要用于生产乙烯、丙烯、丁烯。

高温裂化或裂解时，烷烃分子中 C—C 单键(键能 347kJ · mol^{-1})比 C—H 单键(键能 414kJ · mol^{-1})容易断裂，因此要使烷烃的高温脱氢变为主反应，就必须选用合适的催化剂。例如，制备 1，3-丁二烯的反应如下：

$$CH_3CH_2CH_2CH_3 \xrightarrow[-H_2]{\text{催化脱氢}} CH_3CH_2CH{=}CH_2 + CH_3CH{=}CHCH_3$$

$$\xrightarrow[-H_2]{\text{催化脱氢}} CH_2{=}CH{-}CH{=}CH_2$$

习　　题

6-1　某烷烃的相对分子质量为 114，在光照下与氯气反应，仅能生成一种一氯化产物，试推测其构造式。

6-2　以甲烷的溴化反应为例，讨论反应 $Br\cdot + CH_4 \longrightarrow \cdot CH_3 + HBr$ 中过渡态和 $\cdot CH_3$ 的状态。画出相应的能量-反应进程图。

6-3　甲烷和氯在高温或紫外光照射下的反应式如下：

$$H_3C—H + Cl—Cl \longrightarrow H_3C—Cl + H—Cl$$

(1) 计算反应热。

(2) 既然甲烷的氯化反应是放热反应，为什么要加热(或紫外光照射)才能发生反应？

6-4　甲烷在光照下进行氯化反应时，可以观察到下列现象，请解释。

(1) 将氯气先用光照，然后立即在黑暗中与甲烷混合，可得到氯化产物；

(2) 氯气经光照后，若在黑暗中放置一段时间再与甲烷混合，则不发生氯化反应；

(3) 将甲烷用光照后，在黑暗中与氯气混合不能发生氯化反应。

6-5　试根据各键的离解能说明为什么甲烷氯化时，不太可能按下述方式进行：

$$Cl_2 \xrightarrow{h\nu} Cl\cdot + Cl\cdot$$
$$Cl\cdot + CH_4 \longrightarrow CH_3Cl + H\cdot$$
$$H\cdot + Cl_2 \longrightarrow HCl + \cdot Cl$$
$$H\cdot + H\cdot \longrightarrow H_2$$

6-6　在室温光照下，烷烃和氯反应时，1°H、2°H 及 3°H 的相对反应活性比为 1∶4∶5，试预测2,2,4-三甲基戊烷和 Cl_2 反应时，可能生成的所有一氯代物的相对含量。

6-7　等物质的量的乙烷和甲烷的混合物与少量氯反应，得到的氯甲烷与氯乙烷的物质的量比为 1∶400，比较甲烷与乙烷中氢的相对反应活性。

6-8　比较下列自由基的稳定性：

(1) $CH_3CH_2\underset{\displaystyle CH_2CH_3}{\overset{}{C}}HCH_2\dot{C}H_2$　(2) $CH_3CH_2CH\dot{C}HCH_3$　(3) $CH_3CH_2\dot{C}CH_2CH_3$

（各结构中 CH_2CH_3 支链连在 CH_3CH_2 后的碳原子上）

6-9　甲烷和氯通常需要加热到 250℃以上才能反应，但加入微量的(0.02%)四乙基铅后，在 140℃就可以发生反应，试解释这一现象。(提示：Cl—Cl 键和 C—Pb 键的键能分别为 242.7kJ · mol^{-1} 和 205.0kJ · mol^{-1})

第 7 章　烯烃、炔烃、共轭二烯烃和脂环烃

7.1　烯烃的化学性质

烯烃的化学性质主要体现在官能团 C═C 双键上。在 C═C 双键中，一个是 σ 键，一个是 π 键。π 键的强度比 σ 键小，π 键在进行化学反应时容易断裂，并在双键 C 原子上加上两个原子或基团而转变为 σ 键：

$$\mathrm{>C{=}C<} \quad + \quad \mathrm{X{-}Y} \longrightarrow \mathrm{-\underset{X}{\overset{|}{\underset{|}{C}}}-\underset{Y}{\overset{|}{\underset{|}{C}}}-}$$

破坏一个 π 键　破坏一个 σ 键　生成两个 σ 键

因此，烯烃的典型反应是 C═C 双键的加成反应。

在烯烃分子中，形成 π 键的 π 电子不像 σ 电子那样集中在两个碳原子核之间，而是裸露在分子所在平面的上方和下方，从而有利于缺电子试剂(如正离子，或带一个单电子的试剂如自由基)的进攻。根据反应机理的不同，可以把烯烃的加成分为离子型的亲电加成及自由基加成两种，其中离子型的亲电加成是最常见的，也是最主要的加成反应。在某些情况下，烯烃也可以发生亲核加成反应。烯烃还易发生氧化反应等。

烯烃 C═C 双键的 α-氢原子受 C═C 双键的影响，容易发生自由基取代反应。

7.1.1　烯烃的离子型亲电加成反应

与烯烃发生亲电加成反应的试剂，常见的有卤素(Br_2、Cl_2)、无机酸(H_2SO_4、HCl、HBr、HI、HOCl、HOBr)、有机酸等。

1. 与酸性试剂的加成

无机酸和强的有机酸都较易和烯烃发生加成反应，而弱的酸如乙酸、水、醇等只有在强酸催化下，才能发生加成反应。

1) 加卤化氢——马尔科夫尼科夫(Markovnikov)规则

烯烃能与卤化氢(HCl、HBr 和 HI)加成，生成卤代烷。

$$\mathrm{>C{=}C<} + \mathrm{H{-}X} \longrightarrow \mathrm{-\underset{H}{\overset{|}{\underset{|}{C}}}-\underset{X}{\overset{|}{\underset{|}{C}}}-} \qquad (\mathrm{X{=}Cl, Br, I})$$

反应时把干燥的 HX 气体直接通入烯烃或烯烃的乙酸溶液中，溶剂乙酸既可溶解烯烃，也可溶解卤化氢。一般不用卤化氢水溶液(盐酸、氢溴酸和氢碘酸)，一则因为卤化氢水溶液活性较小，再则是为避免烯烃与水加成。

卤化氢的反应活性：

$$HI > HBr > HCl$$

烯烃的活性顺序：

$$(CH_3)_2C{=}CH_2 > \begin{cases} CH_3CH{=}CHCH_3 \\ CH_3CH_2CH{=}CH_2 \\ CH_3CH{=}CH_2 \end{cases} > CH_2{=}CH_2$$

例如：

$$CH_3CH_2CH{=}CHCH_2CH_3 + HBr \longrightarrow CH_3CH_2CH_2\underset{\underset{Br}{|}}{C}HCH_2CH_3$$

$$\text{1,2-二甲基环己烯}\ (H_3C,\ CH_3) + HBr \longrightarrow \text{产物（环上 H、}H_3C\text{；}CH_3\text{、Br）}\ (\pm)$$

(1) 马尔科夫尼科夫规则。卤化氢与不对称烯烃加成时，理论上有两种产物，例如：

$$CH_3{-}CH{=}CH_2 + HBr \longrightarrow \begin{cases} CH_3\underset{\underset{H}{|}}{C}H{-}\underset{\underset{Br}{|}}{C}H_2 & \text{I} \\ CH_3{-}\underset{\underset{Br}{|}}{C}H{-}\underset{\underset{H}{|}}{C}H_2 & \text{II} \end{cases}$$

实验发现，生成的产物是Ⅱ，即不对称烯烃与卤化氢加成时，卤化氢分子中的氢原子加在烯烃分子中含氢较多的双键 C 原子上，卤原子加在含氢较少的双键 C 原子上，这是 1868 年，俄国科学家马尔科夫尼科夫根据一些实验结果总结出的一条经验规则，称为马尔科夫尼科夫规则，简称马氏规则。加成产物与马氏规则一致的，称为马氏加成或正常加成，与马氏规则相反的，称为反马氏加成或反常加成。

根据马氏规则，除乙烯与卤化氢加成得一级卤代烷外，其余烯烃均得二级卤代烷或三级卤代烷。

马氏规则是总结了很多实验事实提出的经验规则，理论上可用电子效应来解释，HX 与烯烃加成首先形成碳正离子，碳正离子的稳定性直接关系到酸中 H^+ 加入到双键的位置，故先介绍碳正离子的稳定性。

(2) 碳正离子的稳定性。根据静电学定律——“带电体中电荷分散越广，体系越稳定”，碳正离子在缺电子碳上带正电荷，因此任何有利于分散该正电荷使之转移到碳正离子其他部分的结构因素，都能降低碳正离子的能量，增大碳正离子的稳定性。

对于烷基正离子 $(CH_3)_3C^+$，由于与带正电荷的缺电子碳相连的甲基是推电子的——推电子的诱导效应（+I）和推电子的超共轭效应（+C′），分散了正电荷，从而使碳正离子的稳定性增强，故烷基正离子的稳定性顺序是

$$CH_3{-}\overset{+}{\underset{\underset{CH_3}{|}}{C}}{-}CH_3 > CH_3{-}\overset{+}{\underset{\underset{CH_3}{|}}{C}}H > CH_3{-}\overset{+}{C}H_2 > \overset{+}{C}H_3$$

即

叔烷基正离子＞仲烷基正离子＞伯烷基正离子＞甲基正离子

(3) C═C 双键与卤化氢加成的反应机理。

C═C 双键与卤化氢的加成分两步进行：

$$\text{>C=C<} + \text{H—X} \xrightarrow[\text{慢}]{①} \text{—}\overset{+}{\text{C}}\text{—}\underset{\text{H}}{\underset{|}{\overset{|}{\text{C}}}}\text{—} + \text{:X}^-$$

$$\text{—}\overset{+}{\text{C}}\text{—}\underset{\text{H}}{\underset{|}{\overset{|}{\text{C}}}}\text{—} + \text{:X}^- \xrightarrow[\text{快}]{②} \text{—}\overset{\text{X}}{\overset{|}{\text{C}}}\text{—}\underset{\text{H}}{\underset{|}{\overset{|}{\text{C}}}}\text{—}$$

反应过程中的能量变化如图 7-1 所示。

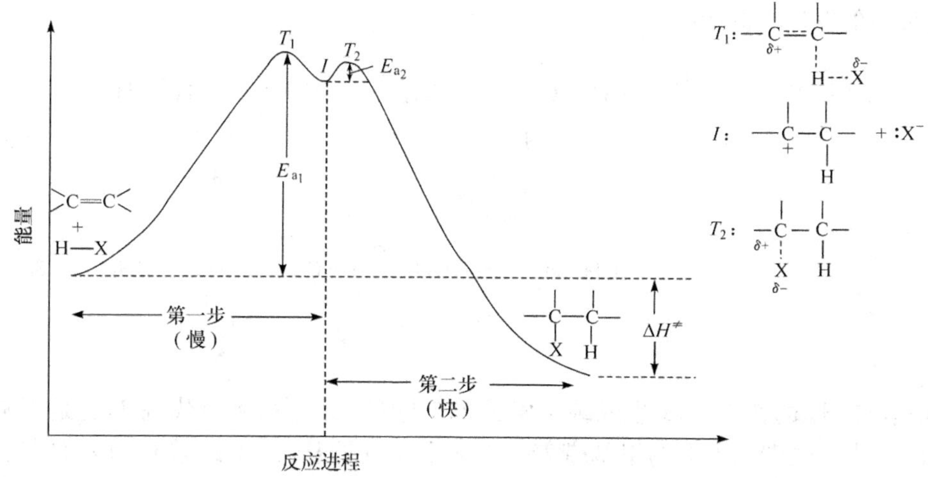

图 7-1 C═C 双键与 H—X 加成的能量-反应进程图

第一步是 C═C 与来自 H—X 中的 H^+ 加成，生成碳正离子和:X^-。这一步吸热较多，活化能高，反应慢(图 7-1)，因而是决定反应速率的步骤。第二步是碳正离子与:X^- 结合，生成卤烷，碳正离子活性很强，与:X^- 结合时，活化能低，反应快，放热较多。

C═C 双键亲电加成机理的确立，解释了加成反应的定位问题——马氏规则。丙烯与卤化氢的亲电加成机理的第一步(决定速率步骤)可生成两种不同的碳正离子Ⅰ和Ⅱ。

$$CH_3\text{—}CH\text{═}CH_2 \xrightarrow[HX]{\text{慢}} \begin{cases} CH_3\text{—}\underset{\text{H}}{\underset{|}{CH}}\text{—}\overset{+}{C}H_2 + \text{:X}^- \xrightarrow{\text{快}} CH_3\text{—}\underset{\text{H}}{\underset{|}{CH}}\text{—}\underset{\text{X}}{\underset{|}{CH_2}} \\ \text{Ⅰ} \quad 1^\circ\ C^+\text{，稳定性小} \\ CH_3\text{—}\overset{+}{C}H\text{—}\underset{\text{H}}{\underset{|}{CH_2}} + \text{:X}^- \xrightarrow{\text{快}} CH_3\text{—}\underset{\text{X}}{\underset{|}{CH}}\text{—}\underset{\text{H}}{\underset{|}{CH_2}} \\ \text{Ⅱ} \quad 2^\circ\ C^+\text{，稳定性大} \end{cases}$$

与伯烷基碳正离子Ⅰ相比，仲烷基碳正离子Ⅱ的能量低，稳定性大，从而导致反应的活化能较小，速率较大，优先生成。所以，其产物主要是 CH_3CHXCH_3，而 $CH_3CH_2CH_2X$ 较少。

C═C 双键亲电加成机理的确定,也解释了加成的速率问题,丙烯与卤化氢的加成比乙烯快,其原因是

$$CH_2=CH_2+H—X\xrightarrow{慢}\overset{+}{C}H_2—CH_2—H+X^-$$

$$CH_3—CH=CH_2+H—X\xrightarrow{慢}CH_3—\overset{+}{C}H—CH_3+X^-$$

丙烯与 H—X 加成生成的仲烷基碳正离子 $CH_3—\overset{+}{C}H—CH_3$ 比乙烯与 H—X 加成生成的伯烷基碳正离子 $\overset{+}{C}H_2—CH_3$ 能量低、稳定性大,生成时活化能小、反应速率快。因而与 H—X 加成时,丙烯比乙烯快。

(4) 重排反应。卤化氢与烯烃的加成反应,因有碳正离子形成,在某些情况下,伴随着重排反应的发生。例如:

$$\underset{\mathbf{1}}{(CH_3)_3C—CH=CH_2}\xrightarrow{H^+}\underset{\mathbf{2}}{(CH_3)_2\overset{2}{C}(CH_3)—\overset{1+}{C}H—CH_3}\xrightarrow{Cl^-}\underset{\mathbf{3}}{(CH_3)_2C(CH_3)—CH(Cl)—CH_3}\quad 17\%$$

$$\mathbf{2}\xrightarrow{甲基迁移重排}\underset{\mathbf{4}}{(CH_3)_2\overset{+}{C}—CH(CH_3)—CH_3}\xrightarrow{Cl^-}\underset{\mathbf{5}}{(CH_3)_2C(Cl)—CH(CH_3)—CH_3}\quad 83\%$$

首先,在 H^+ 的作用下,**1** 生成碳正离子 **2**,**2** 与 Cl^- 结合得到氯代烷 **3**,这是正常的加成产物。**2** 中 2 位碳原子上的甲基带着一对 σ 电子立即从 C^2 上迁移到相邻的带正电荷的缺电子的 C^1 上,生成新的碳正离子 **4**,这一步是碳正离子的重排。重排的原因是,重排后生成的 **4** 是一个叔碳正离子,比重排前的仲碳正离子 **2** 能量低、稳定性大,所以 **2** 重排生成 **4**,**4** 与 Cl^- 结合得到氯代烷 **5**,这是重排后的产物。

又如:

$$(CH_3)_2CH—CH=CH_2\xrightarrow{HCl}(CH_3)_2C(H)—\overset{+}{C}H—CH_3\xrightarrow{Cl^-}(CH_3)_2CHCH(Cl)CH_3\quad 40\%$$

$$\xrightarrow{负氢迁移\ 重排}(CH_3)_2\overset{+}{C}—CH_2CH_3\xrightarrow{Cl^-}(CH_3)_2C(Cl)CH_2CH_3\quad 60\%$$

对于碳正离子的重排,重排的推动力是重排后形成能量低、稳定性大的碳正离子,重排过程是与碳正离子相邻的碳原子上的氢或烃基带着一对 σ 电子迁移到碳正离子上,形成新的碳正离子。这种迁移也称为 1,2-迁移。1,2-迁移碳正离子重排常称为瓦格纳-米尔文(Wagner-Meerwein)重排。

2) 加 H_2SO_4

烯烃能与硫酸加成生成硫酸氢酯。硫酸氢酯难以从该溶液中分离出来。用水稀释，然后加热，硫酸氢酯就水解生成醇和硫酸。这是由烯烃制备醇的一种方法——烯烃间接水合法。

$$>C=C< + HO-\overset{\overset{O}{\|}}{\underset{\underset{O}{\|}}{S}}-OH \longrightarrow -\overset{|}{\underset{\underset{H}{|}}{C}}-\overset{|}{\underset{\underset{OSO_2OH}{|}}{C}}- \xrightarrow[\triangle]{H_2O} -\overset{|}{\underset{\underset{H}{|}}{C}}-\overset{|}{\underset{\underset{OH}{|}}{C}}-$$

硫酸氢酯

工业上生产乙醇、异丙醇等低级醇就是采用此法：

$$CH_2=CH_2 \xrightarrow{98\%H_2SO_4} CH_3CH_2OSO_2OH \xrightarrow[90℃]{H_2O} CH_3CH_2OH + H_2SO_4$$

硫酸氢乙酯

$$CH_3CH=CH_2 \xrightarrow{80\%H_2SO_4} CH_3\underset{\underset{OSO_2OH}{|}}{C}HCH_3 \xrightarrow[\triangle]{H_2O} CH_3\underset{\underset{OH}{|}}{C}HCH_3 + H_2SO_4$$

硫酸氢异丙酯

$$(CH_3)_2C=CH_2 \xrightarrow{63\%H_2SO_4} (CH_3)_3COSO_2OH \xrightarrow[\triangle]{H_2O} (CH_3)_3COH + H_2SO_4$$

硫酸氢叔丁酯

由上可以看出，与硫酸加成时，烯烃的活性顺序是

$$(CH_3)_2C=CH_2 > \begin{cases} CH_3CH=CHCH_3 \\ CH_3CH_2CH=CH_2 \\ CH_3CH=CH_2 \end{cases} > CH_2=CH_2$$

烯烃加硫酸是亲电加成，反应遵守马氏规则，其历程与加卤化氢相似。

3) 加水

在酸催化下，烯烃与水加成生成醇，这是工业上制备醇的方法，称烯烃直接水合法。

$$>C=C< + H_2O \xrightarrow{H^+} -\overset{|}{\underset{\underset{H}{|}}{C}}-\overset{|}{\underset{\underset{OH}{|}}{C}}-$$

$$CH_2=CH_2 + HOH \xrightarrow[250\sim300℃,7\sim8MPa]{H_3PO_4} CH_3-CH_2OH$$

不对称烯烃与水加成遵守马氏规则。

$$CH_3-CH=CH_2 + HOH \xrightarrow[195℃,2MPa]{H_3PO_4} CH_3-\underset{\underset{OH}{|}}{C}H-CH_3$$

由于乙烯、丙烯等来源充足，故工业上可用此法大量生产乙醇、异丙醇等。

2. 加卤素

烯烃容易与卤素进行加成反应，生成连二卤代烷，这是制备连二卤代烷的重要方法。氟太活泼，反应激烈，放出大量的热，使烯烃分解，所以反应需在特殊条件下进行。碘与烯烃不进行离子型加成。烯烃与卤素的加成主要是与氯和溴的加成：

$$\rangle C{=}C\langle + X_2 \longrightarrow -\overset{|}{\underset{X}{\underset{|}{C}}}-\overset{X}{\overset{|}{\underset{|}{C}}}-$$

(X=Cl,Br)

实验室中烯烃与溴的加成常用于检验 C=C 双键，把红棕色的溴-四氯化碳溶液(5%)滴加到烯烃或其溶液中，C=C 双键就与溴加成生成连二溴化物，而使溴的红棕色消失，这是检验 C=C 双键最常用的一个方法。

卤素的活性顺序是 $Cl_2>Br_2$。

烯烃的活性顺序是

$$(CH_3)_2C{=}C(CH_3)_2>(CH_3)_2C{=}CHCH_3>CH_3CH{=}CH_2>CH_2{=}CH_2$$

例如：

$$CH_2{=}CH_2+Cl_2 \xrightarrow[CH_2Cl-CH_2Cl]{FeCl_3,40℃} CH_2Cl-CH_2Cl \qquad (97\%)$$

$$CH_2Br-CH{=}CH_2+Br_2 \xrightarrow[CCl_4]{-5\sim0℃} CH_2Br-CHBr-CH_2Br \quad (96\%\sim98\%)$$

$$\text{环己烯} + Br_2 \xrightarrow[CCl_4]{-5℃} \text{(Br, H / H, Br 环己烷)} + \text{(H, Br / Br, H 环己烷)} \quad (\text{反式加成产物}95\%)$$

反应机理：

1）反应分两步

烯烃与溴在不同介质中反应，可得到不同的产物——混杂加成产物。例如：

$$CH_2{=}CH_2+Br_2 \begin{cases} \xrightarrow{H_2O} BrCH_2CH_2Br+BrCH_2CH_2OH \\ \xrightarrow{H_2O,Cl^-} BrCH_2CH_2Br+BrCH_2CH_2Cl+BrCH_2CH_2OH \\ \xrightarrow{CH_3OH} BrCH_2CH_2Br+BrCH_2CH_2OCH_3 \end{cases}$$

上述三个反应，反应速率相同，但产物的比例不同，而且每一个反应中均有 $BrCH_2CH_2Br$ 产生，说明 C=C 双键与 Br_2 的加成不可能是一步历程，而是分步历程。因为一步历程是不能生成混杂加成产物的。反应的第一步为 Br^+ 与 $CH_2{=}CH_2$ 的加成，生成碳正离子 $\overset{+}{C}H_2CH_2Br$，这是决定反应速率的一步；第二步是反应体系中各种负离子与碳正离子的结合，是快的一步。

$$CH_2=CH_2+\overset{\delta+}{Br}-\overset{\delta-}{Br} \xrightarrow[\text{慢}]{①} \underset{Br}{\underset{|}{C}H_2}-\overset{+}{C}H_2+Br^-$$

$$\underset{Br}{\underset{|}{C}H_2}-\overset{+}{C}H_2 \xrightarrow[\text{快}]{②} \begin{cases} \xrightarrow{+Br^-} \underset{Br}{\underset{|}{C}H_2}-\underset{Br}{\underset{|}{C}H_2} \\ \xrightarrow{+Cl^-} \underset{Br}{\underset{|}{C}H_2}-\underset{Cl}{\underset{|}{C}H_2} \\ \xrightarrow{H_2O} \underset{Br}{\underset{|}{C}H_2}-\underset{^+OH_2}{\underset{|}{C}H_2} \xrightarrow{-H^+} \underset{Br}{\underset{|}{C}H_2}-\underset{OH}{\underset{|}{C}H_2} \end{cases}$$

2）反式加成——立体选择性反应

碳正离子中间体解释了混杂加成，但解释不了反式加成。为了解释反式加成，提出了环溴鎓离子中间体机理。反应第一步，烯烃与被极化了的 Br_2 分子中带部分正电荷的溴原子接近，Br—Br σ 键异裂，形成环溴鎓离子和 Br^-。这是慢的一步，是亲电加成。生成的环溴鎓离子是一个环状结构——由溴原子的孤电子对所占轨道与碳正离子轨道重叠形成环溴鎓正离子。例如：

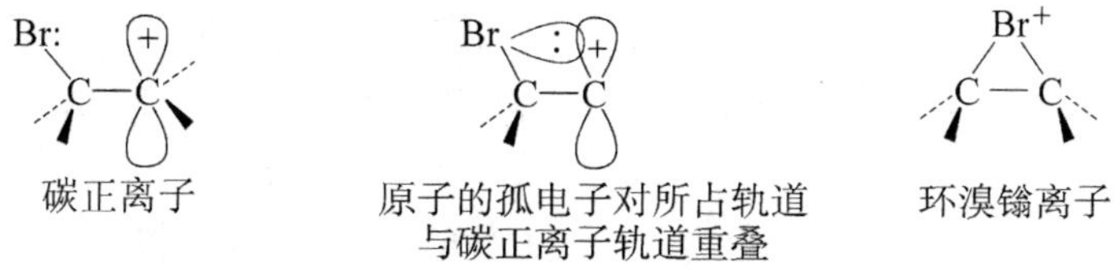

碳正离子　　原子的孤电子对所占轨道与碳正离子轨道重叠　　环溴鎓离子

三元环的存在既阻止 C—C 单键的转动，又迫使 Br^- 从远离 Br^+ 的方向即环中溴的背后进攻两个碳原子中的一个，这是快的一步。总的结果是 Br_2 的两个溴原子在烯烃平面的两边发生反应，得到反式加成的产物：

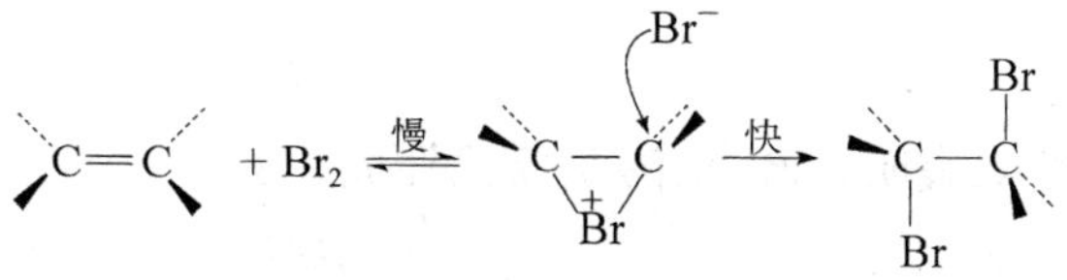

$$\mathrm{C{=}C} + Br_2 \underset{}{\overset{慢}{\rightleftharpoons}} \text{环溴鎓离子} \xrightarrow[Br^-]{快} \text{反式加成产物}$$

上述溴与烯烃的加成，是立体选择的反式加成反应。所谓立体选择性反应是指一个反应可能产生几个立体异构体，优先(但不是百分之百)得到其中一个立体异构体(或一对对映体)。

下面列举几个具体的反应实例：

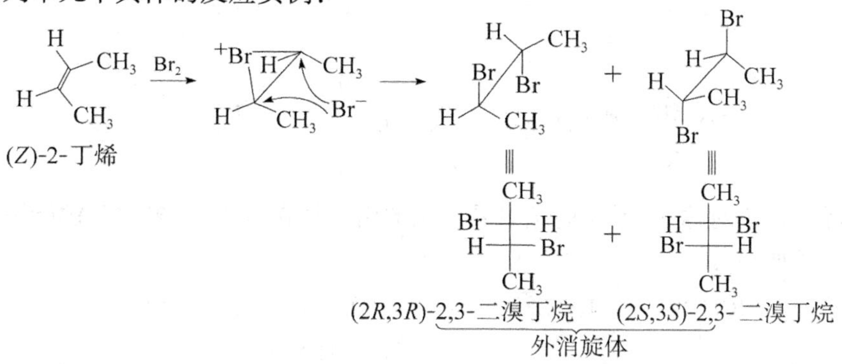

(Z)-2-丁烯 $\xrightarrow{Br_2}$ → (2R,3R)-2,3-二溴丁烷 + (2S,3S)-2,3-二溴丁烷

外消旋体

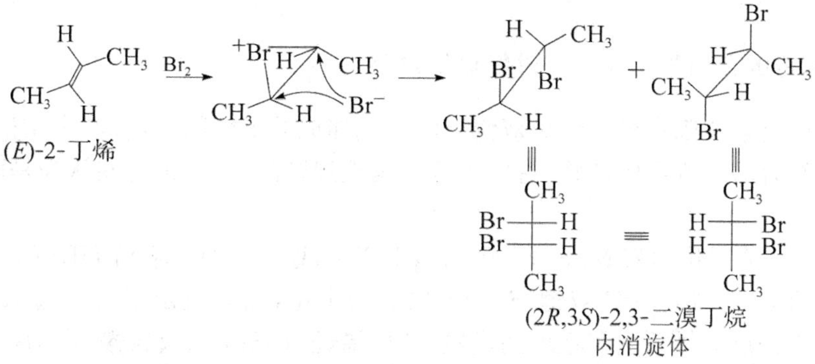

(E)-2-丁烯 $\xrightarrow{Br_2}$ → (2R,3S)-2,3-二溴丁烷

内消旋体

由于立体因素，反式加成这个事实更清楚地表明 C═C 双键与溴的加成不可能是一步机理，而必定是分步机理。

3. 加次卤酸

如果烯烃与氯或溴的加成是在水溶液或碱性水溶液中（而不是四氯化碳中）进行，这个反应的主要产物就不是连二卤代烷，而是 β-卤代醇：

$$>C{=}C< + X_2 + H_2O \longrightarrow -\underset{X}{\underset{|}{C}}-\overset{OH}{\overset{|}{C}}- + -\underset{X}{\underset{|}{C}}-\overset{X}{\overset{|}{C}}- + HX$$

主产物　　副产物

生成卤醇的反应相当于烯烃与次卤酸加成：

$$>C{=}C< + X{-}OH \longrightarrow -\underset{X}{\underset{|}{C}}-\overset{OH}{\overset{|}{C}}-$$

立体化学研究的结果表明，加次卤酸是反式加成。例如：

$$\text{环己烯} + Cl_2 + H_2O \longrightarrow \text{反-2-氯环己醇} + Cl^-$$

反应历程是首先生成环卤鎓离子，然后 OH^- 或 H_2O 再与环卤鎓离子反应：

$$>C{=}C< + X{-}X \longrightarrow \text{环卤鎓离子}(X^+) + X^-$$

$$\text{环卤鎓离子} + H_2O \xrightarrow{\text{背面进攻}} -\underset{X}{C}-\overset{\overset{+}{O}H_2}{C}- \xrightarrow{-H^+} -\underset{X}{C}-\overset{OH}{C}-$$

如果烯烃是不对称的，反应的结果是较正的卤素加在含 H 较多的双键碳原子上——马氏加成。例如：

$$(CH_3)_2C{=}CH_2 + Br{-}OH \longrightarrow (CH_3)_2\underset{HO}{\underset{|}{C}}-\underset{Br}{\underset{|}{CH_2}} \qquad (73\%)$$

7.1.2　烯烃的自由基加成——过氧化物效应

早期的化学文献中对 C═C 双键与溴化氢加成的定位问题，有许多互相矛盾的报道，有的得到符合马氏规则的产物，有的得到反马氏规则的产物，也有些认为是两种产物的混和物。

1933 年，美国化学家 M. S. Kharasch，对 $BrCH_2CH{=}CH_2$ 和 HBr 的加成反应进行了深入的研究，发现 C═C 双键与 HBr 加成的定位，完全决定于有无过氧化物的存在。如果仔细除去反应体系中存在着的过氧化物，烯烃与 HBr 加成较慢，产物符合马氏规则，如果不除去反应体系中存在着的少量过氧化物，烯烃与 HBr 加成较快，产物为反马氏加成。

$$BrCH_2—CH=CH_2 + HBr \xrightarrow[\text{较慢}]{\text{无过氧化物}} BrCH_2—\underset{Br}{\underset{|}{C}H}—\underset{H}{\underset{|}{C}H_2} \quad \text{马氏加成}$$

$$BrCH_2—CH=CH_2 + HBr \xrightarrow[\text{较快}]{\text{有过氧化物}} BrCH_2—CH_2—CH_2Br \quad \text{反马氏加成}$$

$$CH_2=C(CH_3)_2 + HBr \xrightarrow{\text{无过氧化物}} (CH_3)_3CBr \quad \text{马氏加成}$$

$$CH_2=C(CH_3)_2 + HBr \xrightarrow{\text{有过氧化物}} BrCH_2CH(CH_3)_2 \quad \text{反马氏加成}$$

Kharasch 等发现，这种反马氏加成是由于过氧化物的存在使试剂生成自由基引起的，故此种定位的改变称为过氧化物效应。烯烃与卤化氢、硫酸、水等加成时，只有溴化氢有过氧化物效应。

溴化氢与异丁烯的自由基加成反应机理如下：

链引发

$$RO—OR \xrightarrow{①} 2RO\cdot \qquad \Delta H^\ominus = 100\sim200\text{kJ}\cdot\text{mol}^{-1}$$

有机过氧化物

$$RO\cdot + H—Br \xrightarrow{②} RO—H + Br\cdot \qquad \Delta H^\ominus = -69.0\text{kJ}\cdot\text{mol}^{-1}$$

链传递

$$Br\cdot + (CH_3)_2C=CH_2 \xrightarrow{③} (CH_3)_2\dot{C}CH_2Br \qquad \Delta H^\ominus = -20.9\text{kJ}\cdot\text{mol}^{-1}$$

$$(CH_3)_2\dot{C}CH_2Br + H—Br \xrightarrow{④} (CH_3)_2CHCH_2Br + Br\cdot \qquad \Delta H^\ominus = -23.0\text{kJ}\cdot\text{mol}^{-1}$$

重复③和④，直到链终止。

链终止　　自由基 $\xrightarrow{⑤}$ 分子

在反应③中，Br· 与 C═C 双键加成生成的是自由基 $(CH_3)_2\dot{C}CH_2Br$，而不是 $(CH_3)_2CBr\dot{C}H_2$。这是因为烷基自由基的稳定性顺序为

叔 R· ＞仲 R· ＞伯 R· ＞$CH_3\cdot$

自由基 $(CH_3)_2\dot{C}CH_2Br$ 比 $(CH_3)_2CBr\dot{C}H_2$ 稳定，所以容易生成，因而加成产物是 $(CH_3)_2CHCH_2Br$ 而不是 $(CH_3)_3CBr$。

产物 $(CH_3)_2CHCH_2Br$ 是反马氏加成产物，由此可看出，反应中生成的活性中间体自由基的稳定性的大小是决定 C═C 双键自由基加成定位的一个主要因素。而在亲电加成中是氢先加上去，生成较稳定的碳正离子。因此自由基加成与亲电加成的位置恰好相反。

HCl 和 HI 都不进行上述自由基加成，原因是烯烃与 HBr 的自由基链反应中，链增长步骤是放热的，因此，反应链可以迅速增长：

$$RCH=CH_2 + Br\cdot \xrightarrow{③} R\dot{C}HCH_2Br \qquad \Delta H^\ominus = -37.7\text{kJ}\cdot\text{mol}^{-1}$$

$$R\dot{C}HCH_2Br + H—Br \xrightarrow{④} RCH_2CH_2Br + Br\cdot \qquad \Delta H^\ominus = -29.3\text{kJ}\cdot\text{mol}^{-1}$$

把溴换成碘或氯，链增长步骤的两个反应之一是吸热的：

$$\begin{cases} RCH_2=CH_2+I\cdot \xrightarrow{③} R\dot{C}HCH_2I & \Delta H^{\ominus}=+20.9kJ\cdot mol^{-1} \\ R\dot{C}HCH_2I+H-I \xrightarrow{④} RCH_2CH_2I+I\cdot & \Delta H^{\ominus}=-100.5kJ\cdot mol^{-1} \end{cases}$$

$$\begin{cases} RCH=CH_2+Cl\cdot \xrightarrow{③} R\dot{C}HCH_2Cl & \Delta H^{\ominus}=-92.1kJ\cdot mol^{-1} \\ R\dot{C}HCH_2Cl+H-Cl \xrightarrow{④} RCH_2CH_2Cl+Cl\cdot & \Delta H^{\ominus}=+33.5kJ\cdot mol^{-1} \end{cases}$$

吸热反应活化能高，速度慢，使反应链不能增长，所以只有烯烃与溴化氢的加成才有过氧化物效应。

利用烯烃加溴化氢的不同的反应条件，可以合成两种类型的溴代烷。

7.1.3　烯烃的亲核加成反应

C=C 双键的离子加成反应一般是亲电的，但是，如果双键碳原子上带有强的拉电子取代基，这些强的拉电子取代基能够稳定亲核加成生成的活性中间体——碳负离子，则 C=C 双键的离子加成就有可能从亲电的转变成为亲核的。例如，四氟乙烯难以与 HBr 发生亲电加成，但在乙醇钠的催化下，能迅速地与乙醇发生亲核加成：

$$CF_2=CF_2+C_2H_5OH \xrightarrow{C_2H_5ONa} C_2H_5OCF_2-CHF_2$$

亲核加成的反应机理为

$$CF_2=CF_2 \xrightarrow[\text{慢}]{C_2H_5O^-} C_2H_5O-CF_2-\ddot{C}F_2 \xrightarrow[\text{快}]{C_2H_5OH} C_2H_5O-CF_2-CHF_2+C_2H_5\bar{O}:$$

7.1.4　硼氢化-氧化反应

烯烃的硼氢化-氧化是实验室中由烯烃制备醇的另一类非常有用的方法，反应分两步：①硼氢化；②氧化。反应的结果相当于 C=C 双键与 H_2O 的顺式、反马氏加成：

$$R-CH=CH_2 \xrightarrow[\text{② 氧化}]{\text{① 硼氢化}} RCH_2CH_2OH \qquad \text{反马氏加成}$$

$$\text{1-甲基环己烯}(CH_3, H) \xrightarrow[\text{② 氧化}]{\text{① 硼氢化}} \text{环己醇}(H\ HO;\ CH_3\ H) \qquad \text{反马氏加成，顺式加成}$$

硼氢化反应中乙硼烷的无水四氢呋喃(THF)溶液是常用的试剂。因甲硼烷(BH_3)分子中，硼原子的价电子层是6个电子，而不是8个，不稳定，故甲硼烷不能独立存在。乙硼烷是能独立存在的最简单的硼烷，而在 THF 中，乙硼烷离解成甲硼烷的络合物：

$$B_2H_6+2\ \text{THF}(\ddot{O}) \longrightarrow 2\ \text{THF}\overset{+}{O}-\bar{B}H_3 \qquad (BH_3 \longrightarrow THF)$$

因而反应时实际上进行硼氢化的物种是以络合物形式存在的 BH_3。

烯烃的硼氢化通常是在醚中进行的，干醚、无水 THF，一缩二乙二醇二甲醚($CH_3OCH_2CH_2OCH_2CH_2OCH_3$)是常用的溶剂。

硼氢化反应发生时 BF_3 中的硼原子缺电子，是亲电中心，加到含氢较多(取代基较少)的双键碳原子上,氢则加到含氢较少的双键碳原子上,生成一烷基硼烷,一烷基硼烷中仍含 B—H 键,可以继续与烯烃发生亲电加成,直至最终生成三烷基硼烷:

$$RCH{=}CH_2 + H{-}BH_2 \xrightarrow{THF} RCH_2CH_2\overset{H}{\overset{|}{B}}H \xrightarrow{RCH{=}CH_2} (RCH_2CH_2)_2B{-}H \xrightarrow{RCH{=}CH_2} (RCH_2CH_2)_3B$$

如烯烃取代基空间位阻很大,可以分离得到一烷基、二烷基硼烷。

反应机理是经过四中心的过渡态:亲电的硼原子首先与烯烃Ⅰ中电子云密度较大(含氢较多,取代基较少)的 C^1 接近,形成Ⅱ,Ⅱ中硼原子得到部分负电荷,C^2 上具有部分正电荷,推电子的烷基 R 使Ⅱ稳定,此时得到部分电子的硼原子释放氢的倾向增加,形成四中心过渡态Ⅲ,然后进一步反应生成Ⅳ。

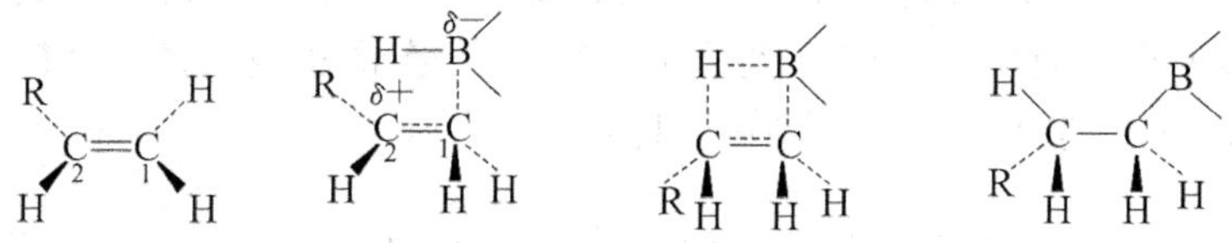

Ⅰ　　Ⅱ　　Ⅲ　　Ⅳ

这样的过渡态决定了硼烷与烯烃的加成是反马氏加成和顺式加成。

生成的三烷基硼烷通常不分离出来,而直接用 H_2O_2 的 NaOH 水溶液处理,使之氧化、水解生成醇,这一步称为氧化:

$$(RCH_2CH_2)_3B + 3H_2O_2 + 3NaOH \xrightarrow{氧化} 3RCH_2CH_2OH + Na_3BO_3 + 3H_2O$$

其反应机理如下:

有弱酸性的 H_2O_2 在碱性溶液中转变为它的共轭碱:

$$HO{-}OH + {}^{-}OH \rightleftharpoons HOO^{-} + H_2O$$

该共轭碱进攻缺电子的硼烷,生成的产物中含有较弱的 O—O 键,使 C 原子容易由硼转移到氧上:

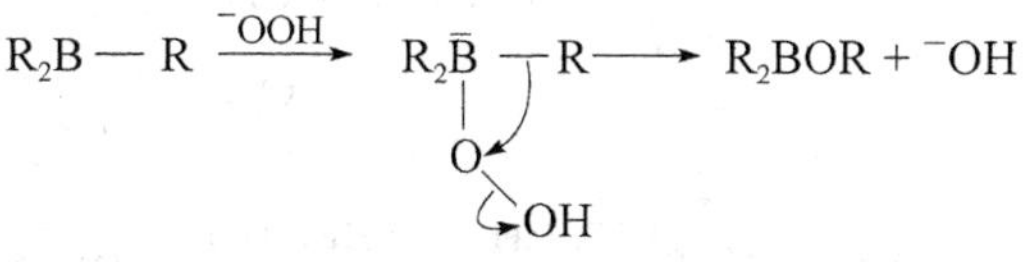

$$R_2B-R \xrightarrow{^{-}OOH} R_2\bar{B}(-O-OH)-R \longrightarrow R_2BOR + {}^{-}OH$$

上述过程再重复两次,就得硼酸酯。它经水解得醇和硼酸:

$$B(OR)_3 \xrightarrow{3H_2O} 3ROH + B(OH)_3$$

由于在整个反应过程中不出现碳正离子,所以 C═C 双键的硼氢化氧化不发生重排。

烯烃的硼氢化-氧化反应提供了一种制备醇的方法,而这些醇通常是不能用酸催化水化或羟汞化-脱汞(马氏加成)的方法制备的。例如:

$$CH_3(CH_2)_3CH{=}CH_2 \xrightarrow[②H_2O_2,HO^-]{①BH_3\text{-}THF} CH_3(CH_2)_3CH_2CH_2OH \quad (90\%)$$

$$(CH_3)_3CCH{=}CH_2 \xrightarrow[②H_2O_2,HO^-]{①BH_3\text{-}THF} (CH_3)_3CCH_2CH_2OH \quad (67\%)$$

$$(CH_3)_2C{=}CHCH_3 \xrightarrow[\text{②}H_2O_2,HO^-]{\text{①}BH_3\text{-}THF} (CH_3)_2CH\underset{\displaystyle OH}{\underset{|}{C}}HCH_3 \qquad (59\%)$$

$$\text{(1-甲基环戊烯, }CH_3\text{ H)} \xrightarrow[\text{②}H_2O_2,HO^-]{\text{①}BH_3\rightarrow THF} \text{(环戊烷, }CH_3\text{ H / H OH)} \qquad (86\%)$$

$$\text{(}CH_3\text{ 双环烯烃)} \xrightarrow[THF]{B_2H_6} \xrightarrow{H_2O_2,OH^-} \text{(}CH_3\text{, HO, H 双环醇)} \qquad \text{(有立体选择性)}$$

7.1.5　羟汞化-脱汞反应

烯烃的羟汞化-脱汞反应是实验室中从烯烃制备醇的又一种方法。反应分两步：第一步，烯烃与乙酸汞水溶液反应生成有机汞化合物——羟汞化；第二步，有机汞化合物中的 C—Hg 键被 $NaBH_4$ 还原为 C—H 键——脱汞。

$$\rangle C{=}C\langle + Hg(OCOCH_3)_2 + H_2O \xrightarrow{THF} -\underset{HO}{\overset{|}{\underset{|}{C}}}-\underset{HgOCOCH_3}{\overset{|}{\underset{|}{C}}}- \quad + CH_3COOH$$

$$-\underset{HO}{\overset{|}{\underset{|}{C}}}-\underset{HgOCOCH_3}{\overset{|}{\underset{|}{C}}}- \xrightarrow{NaBH_4} -\underset{HO}{\overset{|}{\underset{|}{C}}}-\underset{H}{\overset{|}{\underset{|}{C}}}-$$

反应的结果相当于 C═C 双键与 H_2O 的马氏加成。羟汞化-脱汞反应很快，一般不超过 1h，常温下即可进行，操作方便，两步反应可在同一容器中进行，产率较高，反应过程中不发生重排。例如：

$$CH_3CH_2CH_2CH{=}CH_2 \xrightarrow[THF,H_2O]{Hg(OCOCH_3)_2} CH_3CH_2CH_2\underset{OH}{\underset{|}{C}}H-\underset{HgOCOCH_3}{\underset{|}{C}}H_2$$

$$\xrightarrow[1h]{NaBH_4} CH_3CH_2CH_2\underset{OH}{\underset{|}{C}}HCH_3$$

$$(93\%)$$

$$(CH_3)_3C-CH{=}CH_2 \xrightarrow[\text{②}NaBH_4]{\text{①}Hg(OCOCH_3)_2,THF,H_2O} (CH_3)_3C-\underset{OH}{\underset{|}{C}}HCH_3$$

$$(94\%)$$

7.1.6　催化加氢反应

在催化剂铂、钯或雷尼(Raney)镍等的作用下，烯烃能与氢加成生成烷烃。反应式如下：

$$\rangle C{=}C\langle + H_2 \xrightarrow{\text{催化剂}} -\underset{H}{\overset{|}{\underset{|}{C}}}-\underset{H}{\overset{|}{\underset{|}{C}}}-$$

这是制备烷烃的一个重要方法。

含 C═C 双键的化合物的分子构造不同，选用的催化剂不同，反应的温度和压力变化的范围可以很大。有些反应可在常温、常压下进行，有些反应则需要在高温、高压下进行。

常用的非均相催化剂（铂黑、钯黑、雷尼镍）的反应性为 Pt>Pd>Ni。通常前二者被吸附在活性炭、氧化铝等惰性材料上使用。

催化加氢既可在气相进行，也可在液相进行。在液相进行时，实验室中常用乙醇作为溶剂，有时也可不用溶剂。

一般情况下，烯烃加氢主要为顺式加成，得到顺式产物。

一般认为烯烃还原反应是在催化剂表面进行的。烯烃的双键碳上取代基越多，空间阻碍使得烯烃越不容易吸附于催化剂表面，它的氢化反应就越慢。因此，烯烃的相对氢化速率为

乙烯 > 一元取代乙烯 > 二元取代乙烯 > 三元取代乙烯 > 四元取代乙烯

这样，就可在含有不同取代程度的烯烃分子中进行有选择的氢化。例如：

$$\text{苧烯} + H_2(1\text{mol}) \xrightarrow[C_2H_5OH]{PtO_2} \text{盖烯}\ (100\%)$$

苧烯　　盖烯

烯烃的加氢反应是定量的，可以通过测量氢气体积的方法确定烯烃的双键数目。

1mol 烯烃催化氢化生成烷烃时放出的热量，称为烯烃的氢化热。通过测定烯烃的氢化热，可以从实验上确定它们的相对稳定性，可参看表 1-10 列出的烯烃的氢化热。

从实验数据可知，在烯烃中双键碳上的甲基越多，催化氢化时放出的能量就越少，这个烯烃的稳定性就越大。因此，烯烃稳定性的顺序是

$$(CH_3)_2C{=}C(CH_3)_2 > (CH_3)_2C{=}CHCH_3 > (CH_3)_2C{=}CH_2 \sim CH_3CH{=}CHCH_3 > CH_3CH{=}CH_2 > CH_2{=}CH_2$$

这是由于连接在双键碳上的 C—H σ 键与 C═C 双键中的 π 键发生超共轭作用的结果。

在烯烃的顺反异构中，一般说来，顺式异构体氢化热较多，稳定性较小。这是因为在顺式异构体中，双键碳上的两个取代基距离较近，范德华斥力较大的缘故。

7.1.7　聚合反应——自身加成

聚合反应是烯烃的一种重要反应。在引发剂的作用下，烯烃中的 π 键打开，通过本身相互加成生成相对分子质量较大的化合物。反应如下所示：

$$n CH_2{=}CH{-}R \longrightarrow \left[CH_2{-}\underset{\large R}{\underset{|}{CH}} \right]_n$$

这样形成的产物称为聚合物，反应中的烯烃分子称为单体。

烯类单体的聚合大多属链聚合反应，根据反应过程中形成的活性中间体的种类，链反应又可分为自由基聚合和离子聚合等。

1. 自由基聚合

乙烯在自由基引发剂作用下聚合生成聚乙烯的反应就是自由基聚合。

$$nCH_2=CH_2 \xrightarrow[>100℃,\ >100MPa]{PhC(=O)-OOC(CH_3)_3} \left[CH_2CH_2\right]_n$$

其反应机理是自由基引发剂受热分解产生自由基(Ⅰ)，此自由基加到乙烯分子的双键上产生新的自由基(Ⅱ)，自由基(Ⅱ)再和乙烯分子反应，这样自由基不断传递下去，碳链不断增长，形成聚合物。生成的高分子自由基也会互相碰撞，一个高分子自由基可以同另一个互相结合，或从另一个高分子自由基夺取一个氢原子，产生一分子烷烃和一分子烯烃，这两种情况均使自由基消失，反应终止。

链引发　$RO-OR \longrightarrow 2RO\cdot$（Ⅰ）

$CH_2=CH_2+RO\cdot \longrightarrow ROCH_2CH_2\cdot$（Ⅱ）

链传递　$ROCH_2CH_2\cdot+CH_2=CH_2 \longrightarrow ROCH_2CH_2CH_2CH_2\cdot$

$\xrightarrow{CH_2=CH_2} \cdots \xrightarrow{CH_2=CH_2} RO[CH_2CH_2]_n\cdot$

链终止　$RO[CH_2CH_2]_n\cdot+RO[CH_2CH_2]_m\cdot \xrightarrow{\text{双基结合}} RO[CH_2CH_2]_{n+m}OR$

$RO[CH_2CH_2]_n\cdot+RO[CH_2CH_2]_m\cdot \xrightarrow{\text{双基歧化}}$

$RO[CH_2CH_2]_nH+RO[CH_2CH_2]_{m-1}CH=CH_2$

以有机过氧化物(如过苯甲酸叔丁酯)为引发剂，在100～250℃、100～300MPa压力下，乙烯聚合生成的聚乙烯，工业上通常称高压聚乙烯。高压聚乙烯平均相对分子质量约为25000，最高可达50000，熔点为105～110℃，密度较低，为0.910～0.925$g\cdot cm^{-3}$。高压聚乙烯又称低密度聚乙烯。

20世纪50年代，德国化学家齐格勒(K. Ziegler)和意大利化学家纳塔(G. Natta)发展了由三氯化钛或四氯化钛和三乙基铝组成的齐格勒-纳塔(Ziegler-Natta)催化剂，在齐格勒-纳塔催化剂作用下，乙烯在较低的压力和温度下可聚合生成聚乙烯，其性能与高压聚乙烯不同，工业上称低压聚乙烯。其反应机理属离子型聚合反应，也称定向聚合反应或配位络合聚合。反应式如下：

$$nCH_2=CH_2 \xrightarrow{\text{齐格勒-纳塔催化剂}} \left[CH_2-CH_2\right]_n \quad \text{低压聚乙烯}$$

低压聚乙烯平均相对分子质量一般小于350000，熔点约为125～135℃，密度较高，为0.941～0.965$g\cdot cm^{-3}$。低压聚乙烯又称高密度聚乙烯。

聚乙烯可加工成各种聚乙烯塑料制品，在工业、农业、国防上都有着广泛的应用。

2. 离子型聚合

如果聚合反应的活性中间体为碳离子(碳正离子或碳负离子)，则该类聚合反应称为离子型聚合反应。例如，异丁烯在酸性(如硫酸、$AlCl_3$或BF_3加微量水等)催化剂作用下可发生阳离子型聚合生成聚异丁烯：

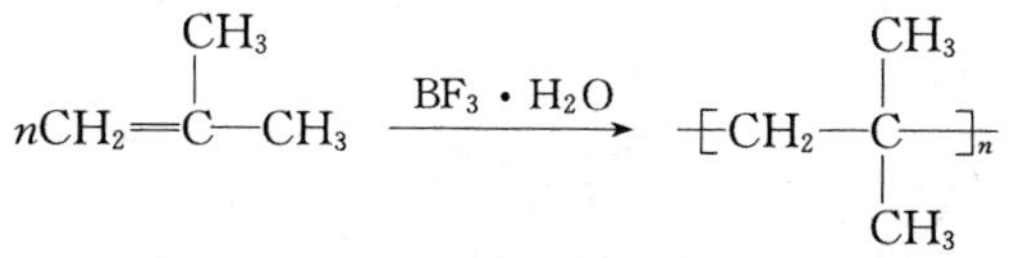

$$n\mathrm{CH_2{=}C(CH_3)-CH_3} \xrightarrow{\mathrm{BF_3 \cdot H_2O}} \mathrm{\left[CH_2-C(CH_3)_2\right]_n}$$

聚异丁烯是一种弹性体,可用作汽车内胎的原料。聚异丁烯常称为丁基橡胶。

苯乙烯在碱性催化剂(如 $NaNH_2$、RLi、RMgX、NaOH 等)作用下可发生阴离子型聚合反应,生成聚苯乙烯。

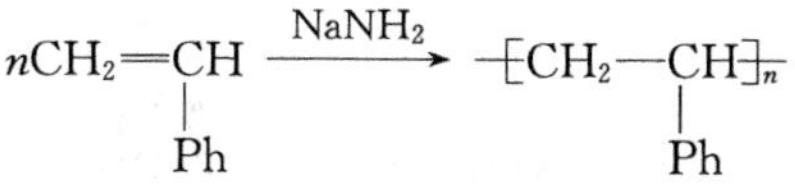

$$n\mathrm{CH_2{=}CH(Ph)} \xrightarrow{\mathrm{NaNH_2}} \mathrm{\left[CH_2-CH(Ph)\right]_n}$$

7.1.8 烯烃 C═C 双键的氧化反应

1. 有机过酸氧化

烯烃在有机过酸的作用下,生成环氧化物。

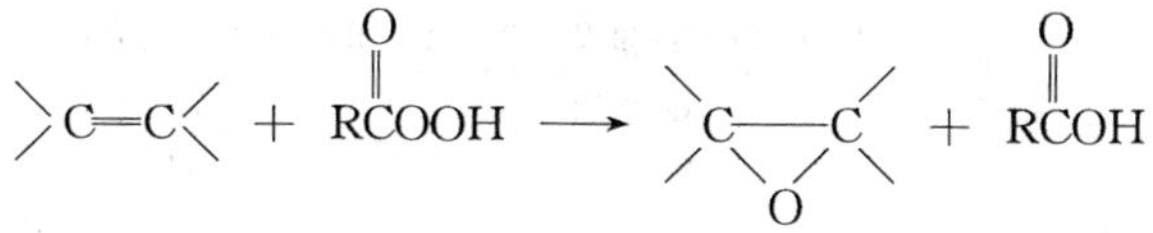

$$\mathrm{{>}C{=}C{<}} + \mathrm{RCOOOH} \longrightarrow \text{环氧化物} + \mathrm{RCOOH}$$

实验室中常用的过酸有过乙酸(CH_3CO_3H)、过苯甲酸($PhCO_3H$)和三氟过乙酸(CF_3CO_3H)等。

烯烃与过酸形成环氧化物的反应机理如下:

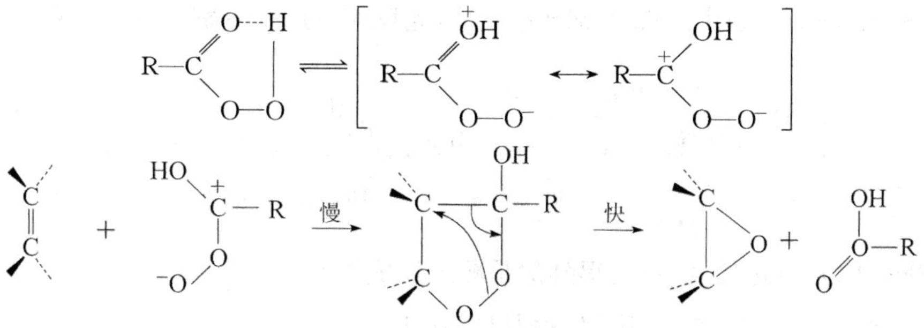

$$\mathrm{R-C(=O)-O-O-H} \rightleftharpoons \left[\mathrm{R-C(={\overset{+}{O}}H)-O-O^-} \longleftrightarrow \mathrm{R-\overset{+}{C}(OH)-O-O^-}\right]$$

$$\mathrm{{>}C{=}C{<}} + \mathrm{HO-\overset{+}{C}(R)-O-O^-} \xrightarrow{\text{慢}} \text{环状过渡态} \xrightarrow{\text{快}} \text{环氧化物} + \mathrm{R-O(OH)=O}$$

环氧化反应是顺式加成,环氧化物仍保留原来烯烃的构型。例如:

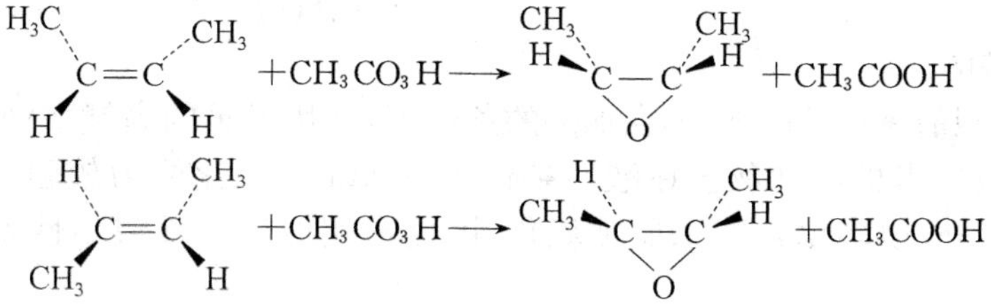

$$\text{顺-}\mathrm{H_3C(H)C{=}C(H)CH_3} + \mathrm{CH_3CO_3H} \longrightarrow \text{顺式环氧化物} + \mathrm{CH_3COOH}$$

$$\text{反-}\mathrm{H(CH_3)C{=}C(H)CH_3} + \mathrm{CH_3CO_3H} \longrightarrow \text{反式环氧化物} + \mathrm{CH_3COOH}$$

2. 烯烃与四氧化锇(OsO_4)的氧化反应

烯烃中的 C═C 双键在乙醚或四氢呋喃(THF)中与氧化剂四氧化锇作用后,经水解生成邻二醇：

$$\text{>C=C<} + OsO_4 \longrightarrow \text{锇酸酯(环状)} \xrightarrow{H_2O} \text{—C(OH)—C(OH)—} + (HO)_2OsO_2$$

由于形成锇酸酯时 C═C 双键的同侧与 OsO_4 分子的两个氧原子相连，故本反应为顺式二羟基化。例如：

$$\text{1,2-二甲基环戊烯} \xrightarrow[\text{②KOH,}H_2O]{\text{①}OsO_4\text{,}Et_2O} \text{顺-1,2-二甲基-1,2-环戊二醇}\ (70\%)$$

因 OsO_4 价格昂贵，降低成本的方法是只加入催化量的 OsO_4，与 H_2O_2 等氧化剂联用，先是 OsO_4 与烯烃反应，OsO_4 被还原成 OsO_3，OsO_3 与 H_2O_2 反应再产生 OsO_4，如此反复进行，直到完成反应。

$$\text{环己烯} \xrightarrow[\text{②水解}]{\text{①}H_2O_2\text{,}OsO_4\text{(催化量),}t\text{-BuOH}} \text{顺-1,2-环己二醇}$$

3. 烯烃与高锰酸钾的氧化反应

1）顺式羟基化

把冷的不过量的高锰酸钾的稀水溶液滴加到烯烃中，烯烃被氧化生成邻二醇，高锰酸钾的紫色褪去，同时还原生成棕色 MnO_2 沉淀，此反应可用来鉴别 C═C 双键：

$$\text{RHC=CHR} \xrightarrow{KMnO_4} \text{环状锰酸酯} \xrightarrow{H_2O} \text{RCH(OH)—CH(OH)R} + MnO_2\downarrow + KOH$$

这个反应同 OsO_4 氧化烯烃一样，得到的是顺式加成的邻二醇：

$$\text{环己烯} \xrightarrow[-20\sim-15^\circ C]{KMnO_4\text{,}C_2H_5OH\text{-}H_2O} \text{顺-1,2-环己二醇}\ (33\%)$$

2）氧化裂解

在比较剧烈的氧化条件下，如在加热的条件下，使用过量的高锰酸钾，可将烯烃氧化裂解为酮、酸或二者的混和物。在酸性条件下，$KMnO_4$ 氧化能力较强（Mn^{7+} 被还原为 Mn^{2+}），除烯烃外，很多化合物也能被氧化，因此常用碱性条件或中性条件下加热进行反应。

$$\text{R(R')C=C(R')R} \xrightarrow[\triangle]{KMnO_4\text{,}H_2O} \text{R—C(R')=O} + \text{O=C(R')—R}$$

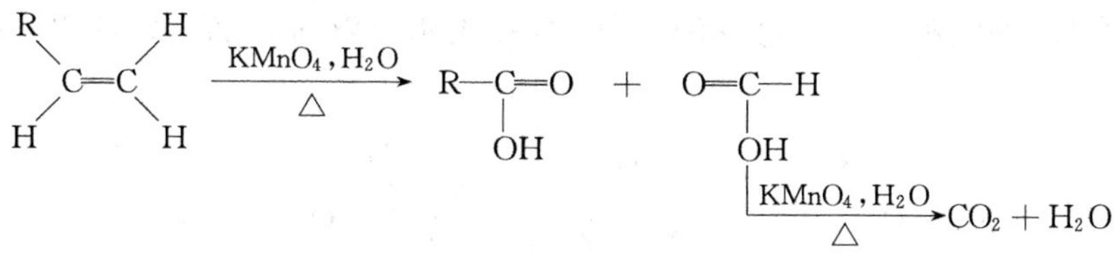

$$\begin{matrix} R & & H \\ & C{=}C & \\ H & & H \end{matrix} \xrightarrow[\triangle]{KMnO_4,H_2O} R{-}\underset{\displaystyle OH}{\underset{|}{C}}{=}O + O{=}\underset{\displaystyle OH}{\underset{|}{C}}{-}H$$

$$\xrightarrow[\triangle]{KMnO_4,H_2O} CO_2 + H_2O$$

例如：

$$CH_3CH_2CH{=}CH_2 \xrightarrow[HO^-]{KMnO_4,H_2O} CH_3CH_2COOH + CO_2 + H_2O$$

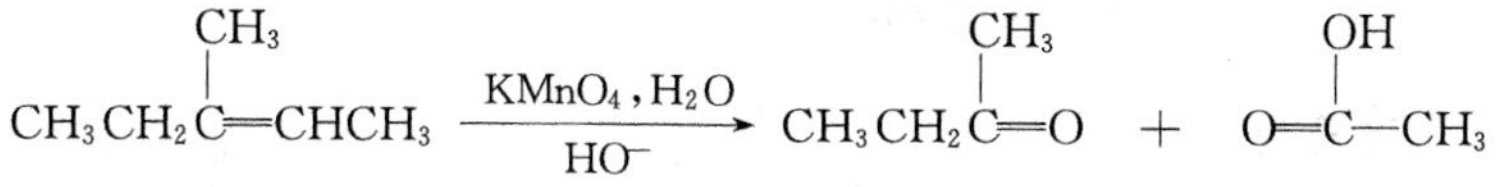

$$CH_3CH_2\overset{\displaystyle CH_3}{\overset{|}{C}}{=}CHCH_3 \xrightarrow[HO^-]{KMnO_4,H_2O} CH_3CH_2\overset{\displaystyle CH_3}{\overset{|}{C}}{=}O + O{=}\overset{\displaystyle OH}{\overset{|}{C}}{-}CH_3$$

以上反应可用于区别烯烃与饱和烃以及推测原烯烃的结构。把得到的酮、酸分子中的氧去掉，剩余部分用双键连接起来，即为原来的烯烃。

这种氧化裂解也可用于合成——合成羧酸。例如：

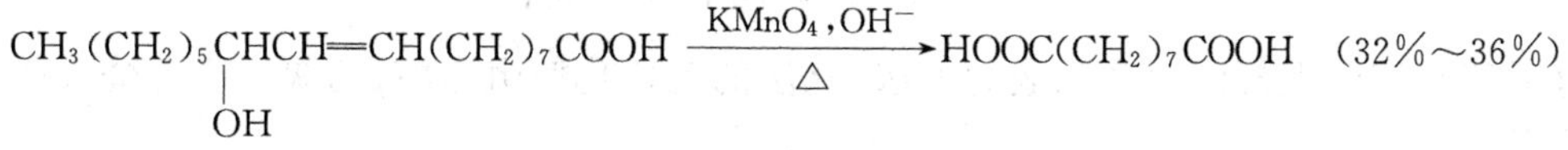

$$CH_3(CH_2)_5\underset{\displaystyle OH}{\underset{|}{C}}HCH{=}CH(CH_2)_7COOH \xrightarrow[\triangle]{KMnO_4,OH^-} HOOC(CH_2)_7COOH \quad (32\%\sim36\%)$$

蓖麻酸

$$CH_3(CH_2)_{10}CH{=}CH_2 \xrightarrow[\triangle]{KMnO_4} CH_3(CH_2)_{10}COOH \quad \text{月桂酸} \quad (84\%)$$

4. 烯烃与 $K_2Cr_2O_7$-H_2SO_4 的反应

烯烃中的 C＝C 双键可被氧化剂 $K_2Cr_2O_7$-H_2SO_4 氧化裂解成酮、酸或 CO_2，结果类似于 $KMnO_4$ 的氧化裂解。

5. 烯烃的臭氧解反应

将氧气通过臭氧发生器，在无声放电的作用下，可产生 6%～8%的臭氧。在低温下把含 6%～8%臭氧的氧气通入烯烃的 CCl_4 溶液中，C＝C 双键就迅速与臭氧加成，生成臭氧化物，经进一步处理，分解成醛、酮或二者的混合物，总的结果是烯烃的双键被氧化裂解。

臭氧共振结构如下：

$$O{=}\overset{+}{O}{-}\overset{-}{O} \longleftrightarrow \overset{+}{O}{-}O{-}\overset{-}{O} \longleftrightarrow \overset{-}{O}{-}O{-}\overset{+}{O}$$

臭氧与烯烃的加成过程如下：

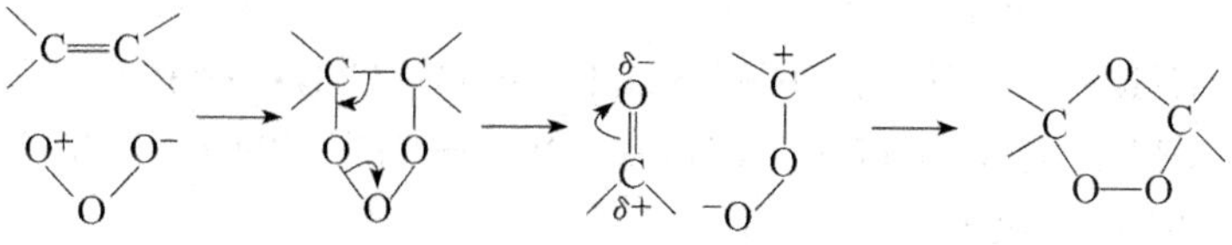

$$\gt C{=}C\lt + O^+{-}O{-}O^- \longrightarrow \text{分子臭氧化物} \longrightarrow \text{C—C键断裂} \longrightarrow \text{臭氧化物}$$

分子臭氧化物　　C—C键断裂　　臭氧化物

臭氧化物如用水或酸分解，得两个羰基化物及 H_2O_2，如有—CHO，则一部分被 H_2O_2

氧化为酸，得醛、酸混和物。为避免醛被氧化，在用水分解时常加入还原剂 Zn。反应式如下：

$$RCH{=}C(R')(R'') \xrightarrow{O_3} \text{(臭氧化物)} \xrightarrow[H_2O]{Zn} RC(H){=}O + O{=}C(R')(R'')$$

烯烃的臭氧解也可用来合成醛或酮。例如：

$$\text{环己烯} \xrightarrow[\text{②}Zn,H_2O]{\text{①}O_3} OHC(CH_2)_4CHO$$

6. 其他的氧化反应

工业上常用一些简单的烯烃由空气氧化来制备一些含氧的化工原料，反应的产物依催化剂、温度、压力的不同而定。例如：

$$CH_2=CH_2+\frac{1}{2}O_2 \xrightarrow[120\sim130℃,\ \sim0.3MPa]{PdCl_2\text{-}CuCl_2} CH_3CHO$$

这是近年来工业大规模生产乙醛的方法，此法的工业化使由乙醇、乙炔生产乙醛失去了工业意义。

又如：

$$CH_3CH{=}CH_2+\frac{1}{2}O_2 \xrightarrow[110℃,1MPa]{PdCl_2\text{-}CuCl_2} CH_3COCH_3$$

$$CH_2{=}CH_2+\frac{1}{2}O_2 \xrightarrow[250℃]{Ag} \text{环氧乙烷}$$

$$CH_2{=}CH_2+CH_3COOH+\frac{1}{2}O_2 \xrightarrow[\sim100℃,\sim1MPa]{PdCl_2\text{-}CuCl_2,CH_3COONa} CH_3COOCH{=}CH_2+H_2O$$

7.1.9　α-H 原子的反应

1. 取代反应

烯烃与卤素在室温可发生双键的亲电加成反应，但在高温条件下，则在双键的 α 位发生自由基取代反应，得到 α-卤代烯烃。例如：

$$CH_3{-}CH{=}CH_2+Cl_2 \xrightarrow[\text{室温}]{CCl_4} CH_3CHClCH_2Cl \qquad \text{亲电加成}$$

$$CH_3{-}CH{=}CH_2+Cl_2 \xrightarrow{500℃} CH_2{=}CH{-}CH_2Cl \qquad \text{自由基取代}$$

自由基取代，反应机理如下：

链引发　$Cl_2 \xrightarrow{\text{高温}} 2Cl\cdot$

链传递　$CH_2{=}CHCH_3+Cl\cdot \longrightarrow CH_2{=}CH{-}CH_2\cdot+HCl$

$CH_2{=}CH{-}CH_2\cdot+Cl_2 \longrightarrow CH_2{=}CH{-}CH_2Cl+Cl\cdot$

链终止　$2Cl\cdot \longrightarrow Cl_2$

$2CH_2{=}CHCH_2\cdot \longrightarrow CH_2{=}CHCH_2CH_2CH{=}CH_2$

$CH_2{=}CHCH_2\cdot+Cl\cdot \longrightarrow CH_2{=}CHCH_2Cl$

为什么卤素不与烯烃双键发生自由基加成呢？如果进行自由基加成，生成的自由基 $CH_3\dot{C}HCH_2Cl$ 不太稳定，反应是可逆的。若反应时 Cl_2 的浓度低，因 $CH_3\dot{C}HCH_2Cl$ 与 Cl_2 碰撞的机会少，很难进一步反应生成 $CH_3CHClCH_2Cl$。而进行自由基取代时生成的自由基 $CH_2=CHCH_2\cdot$ 因共轭效应稳定，因而 C—H σ 键的断裂是不可逆的，与 Cl_2 可进行后续的反应。

$$Cl\cdot + CH_3CH=CH_2 \rightleftharpoons CH_3\dot{C}HCH_2Cl \xrightarrow{Cl_2} CH_3CHClCH_2Cl + Cl\cdot$$

（自由基加成反应中间体）

$$Cl\cdot + CH_3CH=CH_2 \longrightarrow HCl + \dot{C}H_2CH=CH_2 \xrightarrow{Cl_2} ClCH_2CH=CH_2 + Cl\cdot$$

（自由基取代中间体）

因此烯烃的 α-H 卤化必须控制在高温、卤素低浓度。在实验室中如需在较低温度下进行 α-H 取代反应，可采用 *N*-溴代丁二酰亚胺（NBS 结构式：丁二酰亚胺环，N 上连 Br，两侧 C=O），简写 NBS）作溴化试剂。例如：

$$\text{环己烯} \xrightarrow[(C_6H_5COO)_2,\triangle]{NBS, CCl_4} \text{3-溴环己烯} + \text{丁二酰亚胺}$$

丁二酰亚胺

该反应首先是由 NBS 与体系中存在的极少量的酸或水作用，产生少量的溴：

$$\text{NBS} + HBr \longrightarrow \text{丁二酰亚胺} + Br_2$$

Br_2 在 $(C_6H_5COO)_2$ 作用下产生 $Br\cdot$：

链引发　$(C_6H_5COO)_2 \xrightarrow{\triangle} C_6H_5COO\cdot \xrightarrow{\text{自发分解}} C_6H_5\cdot + CO_2$

$C_6H_5\cdot + Br_2 \longrightarrow C_6H_5Br + Br\cdot$

链传递　环己烯 $+ Br\cdot \longrightarrow$ 环己烯基自由基 $\cdot + HBr$

环己烯基自由基 $\cdot + Br_2 \longrightarrow$ 3-溴环己烯 $+ Br\cdot$

$Br\cdot$ 进行自由基取代反应，反应中产生的 HBr 不断地再与 NBS 产生出 Br_2，维持反应的继续。

链终止　自由基结合成分子

有些不对称稀烃，经常得到混和物。例如：

$$CH_3CH_2CH=CH_2 \xrightarrow[CCl_4,\triangle]{NBS,(C_6H_5COO)_2} CH_3CHBrCH=CH_2 + CH_3CH=CHCH_2Br$$

2. 氧化反应

工业上以金属氧化物的混和物为催化剂，用空气氧化丙烯生成丙烯醛：

$$CH_2=CH—CH_3 + O_2 \xrightarrow[300\sim400℃, 0.2\sim0.3MPa]{\text{钼酸铋等}} CH_2=CH—CHO + H_2O$$

丙烯醛再进一步氧化则生成丙烯酸：

$$CH_2=CH-CHO+O_2 \xrightarrow[\text{催化剂}]{200\sim300℃} CH_2=CH-COOH$$

丙烯在氨的存在下进行氧化，则可生成丙烯腈：

$$CH_3-CH=CH_2+\frac{3}{2}O_2+NH_3 \xrightarrow[470\sim500℃]{\text{含铈的磷钼酸铋}} CH_2=CHCN+H_2O$$

这是目前工业上生产丙烯腈的方法，丙烯腈可用于合成纤维（腈纶）、ABS 工程塑料、丁腈橡胶等。

7.2　炔烃的化学性质

分子中含有 C≡C 叁键的脂肪烃，称炔烃。C≡C 叁键是炔烃的官能团，炔烃的化学性质主要表现在叁键上——加成、氧化、聚合等。炔氢有弱酸性，容易被取代。

7.2.1　加成反应

1. 亲电加成反应

炔烃的亲电加成在反应机理上与烯烃相似，反应的第一步是亲电试剂与 C≡C 叁键加成生成碳正离子，第二步是 C^+ 与亲核试剂结合成产物。

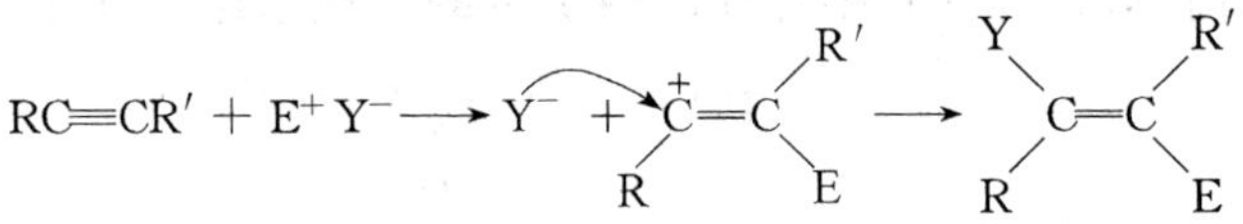

$$RC\equiv CR'+E^+Y^- \longrightarrow Y^- + \overset{+}{C}(R)=C(R')(E) \longrightarrow (Y)(R)C=C(R')(E)$$

生成的烯烃可以继续与亲电试剂发生亲电加成反应。由于在上式中生成的中间体是乙烯型 C^+ Ⅰ，其稳定性不如烷基 C^+ Ⅱ：

sp 杂化　　　　　　sp^2 杂化

$$-C(E)=\overset{+}{C}- \qquad -C(E)-\overset{+}{C}-$$

Ⅰ　　　　　　Ⅱ

因此炔烃的亲电加成反应比烯烃慢。不对称炔烃加成时，也遵守马氏规则。多数加成也是反式加成。同时和烯烃一样，在有机过氧化物存在下，炔烃也可以与 HBr 进行反马氏规则的自由基加成。

1）加卤化氢

炔烃与烯烃一样，可与卤化氢加成，并服从马氏规则。根据反应条件，可以加上一分子或两分子的卤化氢：

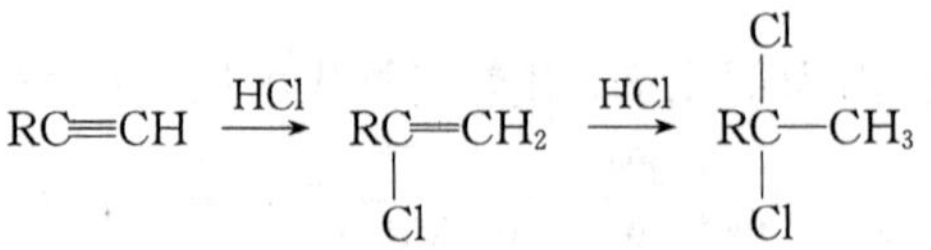

$$RC\equiv CH \xrightarrow{HCl} RC(Cl)=CH_2 \xrightarrow{HCl} RCCl_2-CH_3 \qquad \text{马氏加成}$$

反应可以控制在只加一分子卤化氢这一步。例如：

$$CH\equiv CCH_2CH_2CH_3 + HBr \xrightarrow[15^\circ C]{\text{无水 }FeBr_3} CH_3CH_2CH_2C(Br)=CH(H)$$

C≡C 叁键加 HX，通常为反式加成。例如：

$$CH_3CH_2C\equiv CCH_2CH_3 + HCl \xrightarrow[CH_3COOH,25^\circ C]{(CH_3)_4\overset{+}{N}Cl^-} \underset{(97\%)}{(CH_3CH_2)(Cl)C=C(H)(CH_2CH_3)}$$ 反式加成

与烯烃相似，在有机过氧化物存在下，炔烃也与 HBr 发生反马氏规则的自由基加成：

$$n\text{-}C_4H_9C\equiv CH + HBr \xrightarrow{\text{有机过氧化物}} n\text{-}C_4H_9CH=CHBr \quad (74\%)$$

2）加水

在无催化剂时，炔烃不与水反应，但在 $HgSO_4$-H_2SO_4 水溶液催化作用下，炔烃容易和水加成生成烯醇，烯醇很不稳定，很快异构化，重排生成稳定的羰基化合物。

$$-C\equiv C- + H_2O \xrightarrow[H_2O]{HgSO_4\text{-}H_2SO_4} \left[-\underset{H}{C}=\underset{OH}{C}- \right] \xrightarrow{\text{重排}} -CH_2-\underset{\|}{\overset{}{C}}(=O)-$$

炔烃与水的加成遵从马氏规则，因此除乙炔外，其他的炔烃和水的加成物都是酮。

$$CH\equiv CH + H_2O \xrightarrow[H_2O]{HgSO_4\text{-}H_2SO_4} \left[\underset{H}{HC}=\underset{OH}{CH} \right] \longrightarrow CH_3CHO$$

$$CH_3CH_2CH_2CH_2C\equiv CH + H_2O \xrightarrow[H_2O]{HgSO_4\text{-}H_2SO_4} CH_3CH_2CH_2CH_2COCH_3 \quad (80\%)$$

$$\text{1-乙炔基环己醇 }(C\equiv CH, OH) + H_2O \xrightarrow[H_2O]{Hg^{2+},H^+} \text{1-乙酰基环己醇 }(COCH_3, OH) \quad (65\% \sim 67\%)$$

3）加卤素

卤素与炔烃的加成反应一般比烯烃难，根据反应条件可加一分子或两分子氯或溴。反应较易控制在只加一分子卤素这一步。C≡C 叁键与一分子 Cl_2 或 Br_2 的加成，绝大多数是反式加成。例如：

$$CH_3C\equiv CCH_3 \xrightarrow[\text{乙醚}]{Br_2,\ -20^\circ C} (CH_3)(Br)C=C(Br)(CH_3) \quad (66\%)$$

$$CH_3C\equiv CCH_3 \xrightarrow{Br_2(\text{过量})} CH_3CBr_2CBr_2CH_3 \quad (95\%)$$

2. 亲核加成

烯烃一般不发生亲核加成，除非双键碳原子上连有很强的吸电子基。而炔烃，由于发生亲核加成反应产生的活性中间体，其稳定性大于烯烃发生亲核反应产生的活性中间体，故 C≡C 叁键发生亲核加成的活性比 C＝C 双键大。

（1）乙炔在碱催化下能与醇加成生成乙烯基型醚。

$$CH\equiv CH + H-O-C_2H_5 \xrightarrow[150\sim180^\circ C,\ 0.1\sim1.5MPa]{碱} CH_2=CHOCH_2CH_3$$

其亲核加成的反应机理为

$$C_2H_5OH + OH^- \rightleftharpoons C_2H_5O^- + H_2O$$

$$CH\equiv CH \xrightarrow[慢]{C_2H_5O^-} C_2H_5O-CH=\bar{C}H \xrightarrow[快]{C_2H_5OH} C_2H_5OCH=CH_2 + C_2H_5O^-$$

乙基乙烯基醚聚合后常用作黏合剂。

（2）乙炔在乙酸锌催化下与乙酸加成生成乙酸乙烯酯。

$$HC\equiv CH + CH_3COOH \xrightarrow[170\sim230^\circ C]{乙酸锌-活性炭} \underset{乙酸乙烯酯}{CH_3COO-CH=CH_2}$$

这是生产乙酸乙烯酯的老方法，工业上现已用乙烯代替乙炔，与乙酸、氧在钯催化下制备：

$$H_2C=CH_2 + CH_3COOH + \frac{1}{2}O_2 \xrightarrow[\sim100^\circ C,\ \sim2MPa]{PdCl_2-CuCl_2,\ CH_3COONa} CH_3COOCH=CH_2 + H_2O$$

乙酸乙烯酯是制造合成纤维“维纶”和聚乙烯醇的原料，后者广泛用于黏合剂和涂料工业。

3. 硼氢化

非末端炔烃的硼氢化可停留在含烯键的硼烷这一步：

$$C_2H_5-C\equiv C-C_2H_5 \xrightarrow[(CH_3OCH_2CH_2)_2O]{B_2H_6,\ 0^\circ C} \left[\begin{matrix} C_2H_5 & & C_2H_5 \\ & C=C & \\ H & & \end{matrix}\right]_3 B \qquad \text{I}$$

这一步与烯烃一样，是反马氏加成的，是顺式加成。硼氢化产物用乙酸处理，C—B 键断裂，H 取代了 B 原子，生成顺式烯烃，这是由非末端炔烃制备顺式烯烃的一种方法；若用 H_2O_2-NaOH 水溶液处理，则得烯醇，异构化后生成酮。

$$\text{I} \xrightarrow{CH_3COOH} \begin{matrix} C_2H_5 & & C_2H_5 \\ & C=C & \\ H & & H \end{matrix} \quad (68\%)$$

$$\text{I} \xrightarrow{H_2O_2-NaOH} \left[C_2H_5-\underset{H}{C}=\underset{OH}{C}-C_2H_5 \right] \longrightarrow CH_3CH_2CH_2COCH_2CH_3 \quad (62\%)$$

末端炔烃与位阻大的二取代硼烷加成，产物可停留在只加一分子硼烷后的含烯键硼烷，然后反应可得到烯烃或醛：

$$n\text{-}C_6H_{13}C\equiv CH + (CH_3-\overset{CH_3}{CH}-\overset{CH_3}{CH}-)_2BH \xrightarrow[(CH_3OCH_2CH_2)_2O]{0\sim10^\circ C}$$

$$n\text{-}C_6H_{13}\underset{|}{C}{=}\underset{|}{CH}\ \ \underset{|}{CH_3}\ \ \underset{|}{CH_3}$$
$$\text{H}\ \ \text{B}(\text{—CH—CH—}CH_3)_2 \begin{cases} \xrightarrow{CH_3COOH} n\text{-}C_6H_{13}CH{=}CH_2 \\ \xrightarrow[H_2O]{H_2O_2,\ HO^-} n\text{-}C_6H_{13}CH_2CHO \end{cases}$$

该反应可用来从末端炔烃制备 α-烯烃和醛，而炔烃的直接水合除乙炔得到乙醛外，其他炔烃得到的都是酮。例如：

$$C_6H_5\text{—}C{\equiv}CH \begin{cases} \xrightarrow[HgSO_4]{H_2O,\ H_2SO_4} C_6H_5\text{—}COCH_3 \\ \xrightarrow[\text{②}H_2O_2,\ OH^-]{\text{①}B_2H_6} C_6H_5\text{—}CH_2CHO \end{cases}$$

4. 催化加氢和还原

1) 催化加氢

在常用的催化剂如铂、钯或雷尼镍的作用下，炔烃和过量氢加成，生成烷烃。

$$\text{—C}{\equiv}\text{C— } + 2H_2 \xrightarrow{\text{催化剂}} \text{—}CH_2\text{—}CH_2\text{—}$$

但在林德拉(Lindlar)催化剂(钯附着于碳酸钙上，加入一些乙酸铅使钯钝化，活性降低)作用下，只加一分子氢得顺式加成产物——烯烃。例如：

$$CH_3CH_2C{\equiv}CCH_2CH_3 \xrightarrow[H_2]{\text{林德拉催化剂}} \overset{CH_3CH_2}{\underset{H}{}} C{=}C \overset{CH_2CH_3}{\underset{H}{}}$$

其他一些催化剂也有同样的作用，如克拉姆催化剂在钯/硫酸钡中加入喹啉使钯钝化或用硼氢化钠还原乙酸镍得到的 P-2 催化剂(又称 Brown 催化剂)等。

$$CH_3CH_2C{\equiv}CCH_2CH_3 \xrightarrow[H_2]{\text{P-2 催化剂}} \overset{CH_3CH_2}{\underset{H}{}} C{=}C \overset{CH_2CH_3}{\underset{H}{}} \qquad (97\%)$$

这些得到顺式烯烃的方法比炔烃经硼氢化，再经酸作用得到顺式烯烃的方法要简便。

2) 用碱金属(K、Na、Li)及液氨还原

炔烃还可被还原剂还原生成烯烃，例如金属钠在液氨中能把非末端炔烃还原成反式烯烃：

$$CH_3\text{—C}{\equiv}\text{C—}CH_3 + 2Na + 2NH_3 \xrightarrow{\text{液氨}} \overset{CH_3}{\underset{H}{}} C{=}C \overset{H}{\underset{CH_3}{}} + 2NaNH_2$$

强的金属氢化物还原剂 $LiAlH_4$ 也可将炔烃还原成反式烯烃：

$$CH_3CH_2C{\equiv}CCH_2CH_3 + LiAlH_4 \xrightarrow[138^\circ C]{THF} \overset{CH_3CH_2}{\underset{H}{}} C{=}C \overset{H}{\underset{CH_2CH_3}{}}$$

7.2.2 氧化反应

C≡C 叁键具有筒状电子云结构，比较稳定，氧化反应需要在比较剧烈的条件下进行，所以产物大多为叁键断裂产物，生成羧酸。常用的氧化剂有 O_3、$KMnO_4$、$K_2Cr_2O_7$ 等。

$$CH_3CH_2CH_2C{\equiv}CCH_2CH_3 \xrightarrow{O_3} \xrightarrow{H_2O} CH_3CH_2CH_2COOH + CH_3CH_2COOH$$

$$CH_3(CH_2)_7C{\equiv}C(CH_2)_7COOH \xrightarrow[HO^-]{KMnO_4} \xrightarrow{H^+} CH_3(CH_2)_7COOH + HOOC(CH_2)_7COOH$$

和烯烃氧化一样，可由所得产物的结构推知原炔烃的结构。

7.2.3 聚合反应

乙炔也能像烯烃一样发生聚合，但与烯烃不同的是，它一般不易聚合成高聚物，依反应条件的不同，可生成二聚、三聚和四聚物等。例如：

$$HC{\equiv}CH + HC{\equiv}CH \xrightarrow[NH_4Cl]{Cu_2Cl_2} \underset{\text{乙烯基乙炔}}{CH_2{=}CH{-}C{\equiv}CH}$$

$$\xrightarrow{HC{\equiv}CH} \underset{\text{二乙烯基乙炔}}{CH_2{=}CH{-}C{\equiv}C{-}CH{=}CH_2}$$

这个反应可以看作是乙炔的自身加成，即可以生成链状产物，也能生成环状产物。例如：

$$3HC{\equiv}CH \xrightarrow[60\sim70^\circ C,1.5MPa]{Ni(CO)_2 \cdot Ph_3P} \text{(苯)} \qquad (80\%)$$

$$4HC{\equiv}CH \xrightarrow[50^\circ C,1.5\sim2.0MPa]{Ni(CN)_2} \text{(环辛四烯)} \qquad (80\%)$$

7.2.4 末端炔烃分子中炔氢的反应

1. 炔氢的酸性

有机化合物中 C—H 键的电离是酸式电离：

$$R_3C{-}H \underset{}{\overset{K_a}{\rightleftharpoons}} R_3\bar{C} + H^+ \qquad pK_a = -\lg K_a$$

为了与含氧酸、氢卤酸等相区别，把这种酸称为含碳酸。乙烷、乙烯、乙炔作为含碳酸，其共轭碱为碳负离子，由于轨道杂化的不同，带负电荷的碳原子其轨道的 s 成分越多，吸引电子的能力越强，其 C^- 离子就越稳定，越不容易接受质子而成为共轭酸，其碱性越弱。因此烃负离子的碱性强弱顺序为

$$HC{\equiv}\bar{C}\!: \; < \; CH_2{=}\ddot{\bar{C}}H \; < \; H_3C{-}\ddot{\bar{C}}H_2$$

这样，其共轭酸——脂肪烃的酸性强弱顺序为

$$HC{\equiv}C{-}H > CH_2{=}CH{-}H > CH_3CH_2{-}H$$

以下给出几个化合物的酸性强度（pK_a）及其共轭碱的碱性强度（pK_b）：

酸	$CH_3CH_2—H$	$CH_2=CH—H$	$NH_2—H$	$CH\equiv C—H$	$C_2H_5O—H$	$HO—H$
pK_a	42	36.5	34	25	18	15.74

从左到右酸性增强

共轭碱	$CH_3\ddot{C}^{-}H_2$	$CH_2=\ddot{C}^{-}H$	$\ddot{N}^{-}H_2$	$CH\equiv\ddot{C}^{-}$	$C_2H_5\ddot{O}^{-}$	$H\ddot{O}^{-}$
pK_b	−28	−22.5	−20	−11	−4	−1.74

从左到右碱性降低

由以上可以看出，炔氢的酸性比 NH_3 强，但比水弱。因此末端炔烃可与 $NaNH_2$ 发生反应生成炔钠：

$$CH\equiv CH + NaNH_2 \xrightarrow[-33℃]{液氨} CH\equiv CNa + NH_3$$

$$RC\equiv CH + NaNH_2 \xrightarrow[-33℃]{液氨} RC\equiv CNa + NH_3$$

2. 乙炔的烷基化——炔烃的制备

乙炔钠作为一个强碱，又有很强的亲核性，它可与 RCH_2CH_2X 类型的伯卤代烷发生 S_N2 反应，生成烷基乙炔。例如：

$$HC\equiv CH \xrightarrow[-33℃]{NaNH_2,液氨} HC\equiv CNa \xrightarrow[液氨,-33℃]{n\text{-}C_4H_9Br} n\text{-}C_4H_9C\equiv CH \quad (89\%)$$

$$CH_3CH_2C\equiv CH \xrightarrow[-33℃]{NaNH_2,液氨} CH_3CH_2C\equiv CNa \xrightarrow[液氨,-33℃]{CH_3CH_2Br} C_2H_5C\equiv CC_2H_5$$

$$CH\equiv CH \xrightarrow[-33℃]{2NaNH_2,液氨} NaC\equiv CNa \xrightarrow[液氨,-33℃]{2CH_3CH_2CH_2Br} n\text{-}C_3H_7C\equiv CC_3H_7\text{-}n$$

$$2CH\equiv CH \xrightarrow[-33℃]{NaNH_2,液氨} 2CH\equiv CNa \xrightarrow[液氨,-33℃]{Br(CH_2)_4Br} HC\equiv C(CH_2)_4C\equiv CH$$

上述反应中，如果是仲卤烷、叔卤烷，则易发生消除反应，不能用于合成。

3. 炔银和炔亚铜的生成——末端炔烃的鉴定

末端炔烃分子中的炔氢可被 Ag^+ 或 Cu^+ 取代，生成炔银或炔亚铜沉淀。这一反应可用来鉴别 $—C\equiv C—H$ 基团。反应式如下：

$$CH\equiv CH + 2[Ag(NH_3)_2]NO_3 \longrightarrow \underset{乙炔银,白色}{AgC\equiv CAg\downarrow} + 2NH_4NO_3 + 2NH_3$$

$$CH\equiv CH + 2[Cu(NH_3)_2]Cl \longrightarrow \underset{乙炔亚铜,棕红色}{CuC\equiv CCu\downarrow} + 2NH_4Cl + 2NH_3$$

炔银（$RC\equiv CAg$）和炔亚铜（$RC\equiv CCu$）分子中的碳-金属键基本上是共价键，这与基本上是离子键的炔钠（$RC\equiv C^- Na^+$）不同。炔银和炔亚铜不与水反应，也不溶于水，但可被稀酸分解，重新生成末端炔烃，可利用这个性质在实验室中提纯末端炔烃。

炔银、炔亚铜潮湿时比较稳定，干燥时，因撞击、震动或受热会发生爆炸。实验后应立即用稀酸分解：

$$AgC\equiv CAg + 2HCl \longrightarrow CH\equiv CH + 2AgCl\downarrow$$

$$CuC\equiv CCu + 2HCl \longrightarrow CH\equiv CH + Cu_2Cl_2\downarrow$$

4. 氧化偶联

炔化亚铜用氧化剂(如空气等)氧化,可以偶联成为共轭二炔。例如:

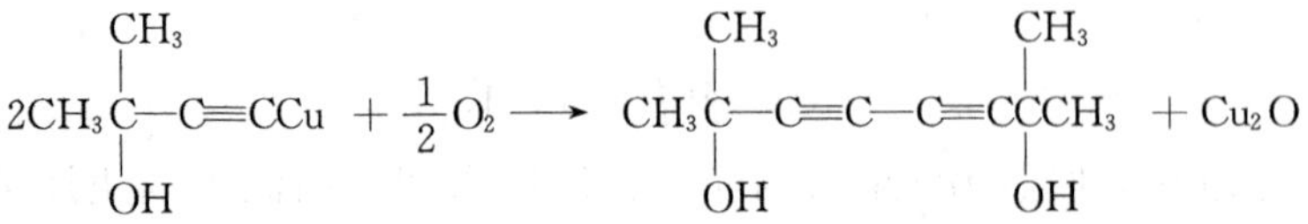

$$2CH_3\underset{OH}{\overset{CH_3}{\underset{|}{\overset{|}{C}}}}-C\equiv CCu + \frac{1}{2}O_2 \longrightarrow CH_3\underset{OH}{\overset{CH_3}{\underset{|}{\overset{|}{C}}}}-C\equiv C-C\equiv C\underset{OH}{\overset{CH_3}{\underset{|}{\overset{|}{C}}}}CH_3 + Cu_2O$$

这种共轭二炔也可用末端炔烃直接氧化得到。例如:

$$2RC\equiv CH \xrightarrow[CuCl,NH_3,CH_3OH]{O_2} RC\equiv C-C\equiv CR$$

$$2Ph-C\equiv CH \xrightarrow[CuCl,\text{吡啶}]{O_2} PhC\equiv C-C\equiv C-Ph \qquad (86\%)$$

7.3　共轭二烯烃的化学性质

脂肪烃分子中含有两个 C=C 双键的烯烃称为二烯烃。根据这两个 C=C 双键在分子中的相对位置,可将二烯烃分为三类:

(1) 累积二烯烃:两个双键连接在同一个碳原子上的二烯烃称为累积二烯烃。例如:

$$CH_2=C=CH_2 \qquad \overset{4}{C}H_3-\overset{3}{C}H=\overset{2}{C}=\overset{1}{C}H_2$$

丙二烯　　1,2-丁二烯

(2) 共轭二烯烃:两个双键被一个单键隔开的(双键和单键相互交替的)二烯烃称为共轭二烯烃。例如:

$$\overset{4}{C}H_2=\overset{3}{C}H-\overset{2}{C}H=\overset{1}{C}H_2 \qquad \overset{4}{C}H_2=\overset{3}{C}H-\underset{CH_3}{\underset{|}{\overset{2}{C}}}=\overset{1}{C}H_2$$

1,3-丁二烯　　2-甲基-1,3-丁二烯(异戊二烯)

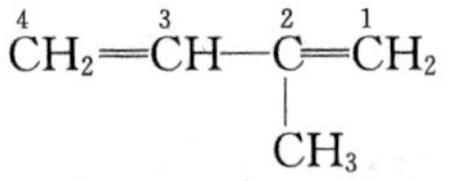

(3) 孤立二烯烃:两个双键被两个或两个以上单键隔开的二烯烃称为孤立二烯烃。例如:

$$\overset{5}{C}H_2=\overset{4}{C}H-\overset{3}{C}H_2-\overset{2}{C}H=\overset{1}{C}H_2 \qquad \overset{6}{C}H_3-\overset{5}{C}H=\overset{4}{C}H-\underset{CH_3}{\underset{|}{\overset{CH_3}{\overset{|}{\overset{3}{C}}}}}-\overset{2}{C}H=\overset{1}{C}H_2$$

1,4-戊二烯　　3,3-二甲基-1,4-己二烯

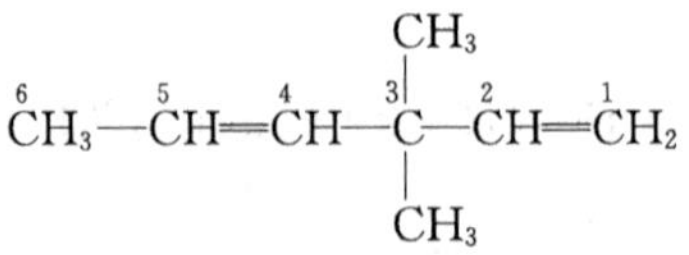

这里主要讨论共轭二烯烃。在其分子中,由于含共轭双键(C=C—C=C),因而在化学反应中表现出与隔离二烯烃不同的性质,主要表现在共轭双键的加成反应上。

共轭二烯烃和亲电试剂加成时有两种加成方式:一是试剂只和一个单独的双键加成,称为 1,2-加成;另一种是试剂加在共轭双烯两端的碳原子上,同时在中间的两个碳上生成一个新的双键,称为 1,4-加成。

$$>\overset{|}{C}_1=\overset{|}{C}_2-\overset{|}{C}_3=C_4< + X-Y \longrightarrow >C=\overset{|}{C}-\underset{X}{\overset{|}{C}}-\underset{Y}{\overset{|}{C}}- \quad (1,2\text{-加成})$$

$$>C_1=\overset{|}{C}_2-\overset{|}{C}_3=C_4< + X-Y \longrightarrow -\underset{X}{\overset{|}{C}}-\overset{|}{C}=\overset{|}{C}-\underset{Y}{\overset{|}{C}}- \quad (1,4\text{-加成})$$

发生 1,4-加成是由于共轭效应的存在,共轭体系以整体形式参与加成,这种加成也称为共轭加成。

1,2-加成产物和 1,4-加成产物的比例,取决于共轭二烯烃的构造,另外也受加成试剂、反应温度和溶剂等的影响。多数情况下,总可以得到两种不同的产物,且 1,4-加成产物通常是主要的。

下面介绍共轭二烯烃的几个典型反应。

7.3.1 共轭加成

1. 加卤素

1,3-丁二烯分子与一分子卤素(氯或溴)加成时,既生成 1,2-加成产物,又生成 1,4-加成产物。例如:

$$CH_2=CH-CH=CH_2 + Br_2 \xrightarrow{\text{冰醋酸}} \underset{30\%}{CH_2=CH-CHBrCH_2Br} + \underset{70\%}{BrCH_2CH=CHCH_2Br}$$

2. 加卤化氢

1,3-丁二烯分子与一分子卤化氢(氯化氢或溴化氢)加成时,既生成 1,2-加成产物,又生成 1,4-加成产物。例如:

$$CH_2=CH-CH=CH_2 + HCl \longrightarrow CH_3CHClCH=CH_2 + CH_3CH=CHCH_2Cl$$

1,2-加成产物与 1,4-加成产物的比例与反应温度有关。例如:

$$CH_2=CH-CH=CH_2+HBr \xrightarrow{\text{无过氧化物}} CH_2=CH-\underset{Br}{\underset{|}{CH}}-CH_3+\underset{Br}{\underset{|}{CH_2}}-CH=CH-CH_3$$

	1,2-加成产物	1,4-加成产物
−80℃	80%	20%
40℃	20%	80%

可以看出,低温反应时主要得到 1,2-加成产物;温度升高后主要得到 1,4-加成产物。

1,3-丁二烯与溴化氢加成的反应机理如下:

$$CH_2=CH-CH=CH_2 \xrightarrow[-Br^-]{HBr} \left[CH_2=CH-\overset{+}{C}H-\underset{H}{\underset{|}{CH_2}} \longleftrightarrow \overset{+}{C}H_2-CH=CH-\underset{H}{\underset{|}{CH_2}}\right]$$

$$\xrightarrow{+Br^-} \begin{cases} \xrightarrow{1,2\text{-加成}} CH_2=CH-\underset{Br}{\underset{|}{C}}HCH_3 \\ \xrightarrow{1,4\text{-加成}} \underset{Br}{\underset{|}{CH_2}}CH=CHCH_3 \end{cases}$$

图 7-2 是 1,3-丁二烯共轭加成的能量-反应进程图。从图中可以看出,1,2-加成和 1,4-加成是两个互相竞争的反应,它们加成的第一步是相同的,不同的是第二步,Br^- 与 C^2 结合的过渡态势能比 Br^- 与 C^4 结合的过渡态势能低,因此1,2-加成的反应速率快。低温时,1,2-加成产物生成的较多,1,2-加成产物是速率控制或动力学控制产物。温度较高时,1,2-加成产物和 1,4-加成产物最后以平衡存在,由于 1,4-加成产物分子中超共轭作用较强,能量较低、较稳定,所以 1,4-加成产物比率高,故 1,4-加成产物是平衡控制或热力学控制产物。

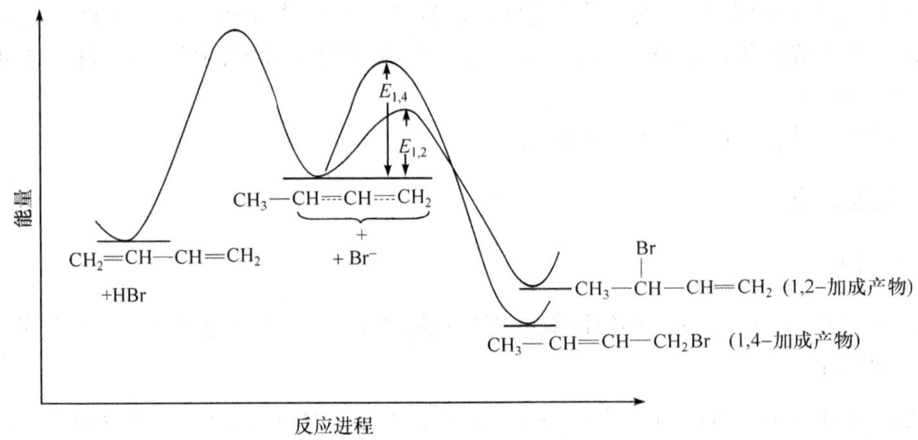

图 7-2　1,3-丁二烯共轭加成的能量-反应进程图

7.3.2　第尔斯-阿尔德反应——共轭二烯烃的 1,4-环加成反应

含 C═C—C═C 的共轭二烯烃与含 C═C 双键或 C≡C 叁键的化合物互相作用,可以发生 1,4-环加成反应,生成六元环状化合物,这类反应称为第尔斯-阿尔德反应,又称双烯合成。例如:

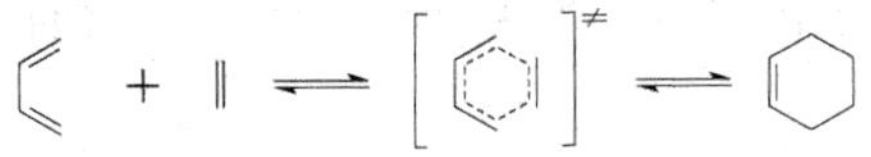

双烯体　亲双烯体　环状过渡态　　产物

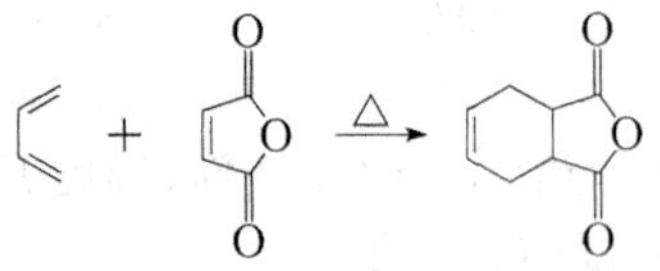

该产物是固体,可由此反应鉴定共轭二烯烃。

反应物中,提供 C═C—C═C 共轭 π 键的部分称为双烯体,另一部分提供不饱和键,称为亲双烯体。带有推电子取代基的双烯体和带有吸电子基的亲双烯体,有利于第尔斯-阿尔德反应。

反应的结果是在碳碳原子之间生成 2 个 σ 键，破坏 2 个 π 键，σ 键的键能比 π 键的大，所以从能量上看，反应是有利的。但是，大多数第尔斯-阿尔德反应是可逆的。第尔斯-阿尔德反应是一步完成的。反应时，反应物分子彼此靠近，互相作用，形成一个环状过渡态，然后逐渐转化为产物分子，即旧键的断裂和新键的生成是相互协调地在同一步骤中完成的。在反应过程中，没有活性中间体如碳正离子、碳负离子、自由基等产生，这种反应称为协同反应。

协同反应的机理要求双烯体必须以(*S*)-顺式构象与亲双烯体反应，而不能以(*S*)-反式构象与亲双烯体发生反应。

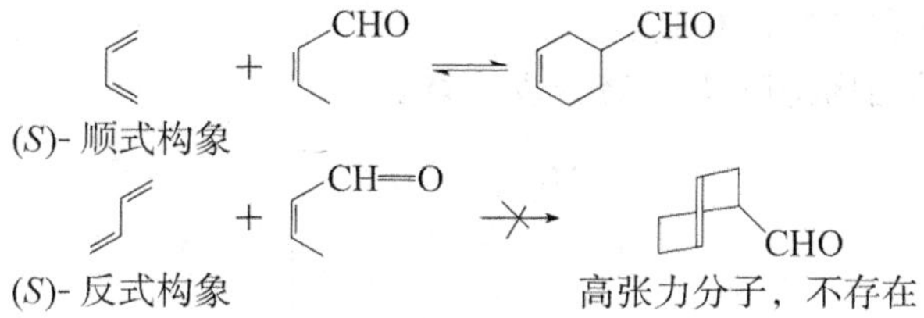

(*S*)-顺式构象 + CH₂=CH—CHO ⇌ 3-环己烯甲醛

(*S*)-反式构象 + CH₂=CH—CH=O —✗→ CHO 高张力分子，不存在

第尔斯-阿尔德反应有很强的区域选择性，当双烯体与亲双烯体上均有取代基时，可能产生两种不同的反应产物。实验证明：产物以两个取代基处于邻位或对位的占优势。例如：

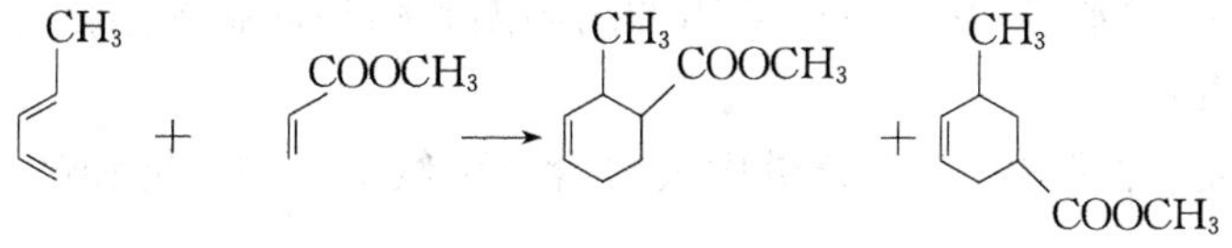

CH_3-丁二烯 + $CH_2{=}CHCOOCH_3$ → 邻位产物（CH_3, $COOCH_3$）61% + 间位产物（CH_3, $COOCH_3$）39%

邻位为主

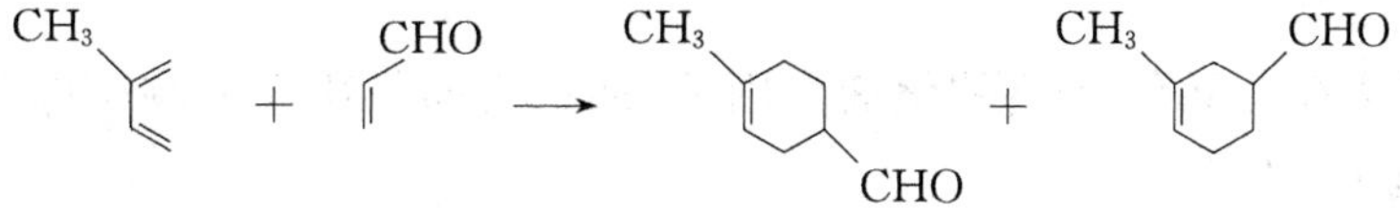

CH_3-丁二烯（2-位）+ $CH_2{=}CHCHO$ → 对位产物（CH_3, CHO）70% + 间位产物（CH_3, CHO）30%

对位为主

第尔斯-阿尔德反应是立体专一的顺式加成反应，亲双烯体的构型保留在加成产物中。这也进一步证明了反应是通过协同的方式一步完成的。

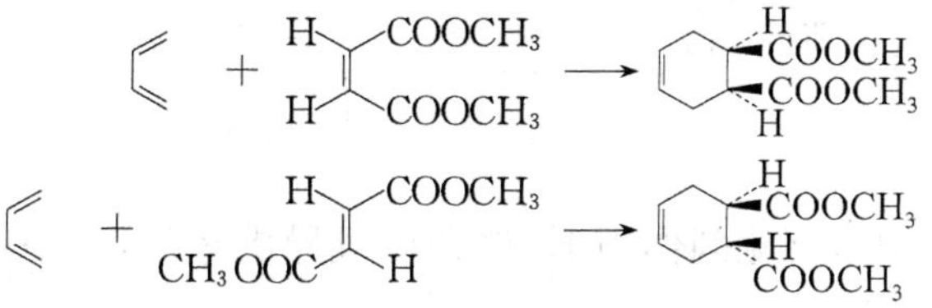

丁二烯 + 顺式 H(COOCH₃)C=C(COOCH₃)H → 顺式产物（H, $COOCH_3$; $COOCH_3$, H）

丁二烯 + 反式 H(COOCH₃)C=C(H)(CH_3OOC) → 反式产物（H, $COOCH_3$; H, $COOCH_3$）

当双烯体上有给电子基，而亲双烯体上有不饱和基团（如 $-\overset{O}{\overset{\|}{C}}-$、—COOH、—COOR、—C≡N、$-NO_2$）与 C═C 双键（或 C≡C 叁键）共轭时，生成的产物中，双烯体中的 C^2-C^3 键和该不饱和基处于连接平面的同侧——称为内型加成产物。例如：

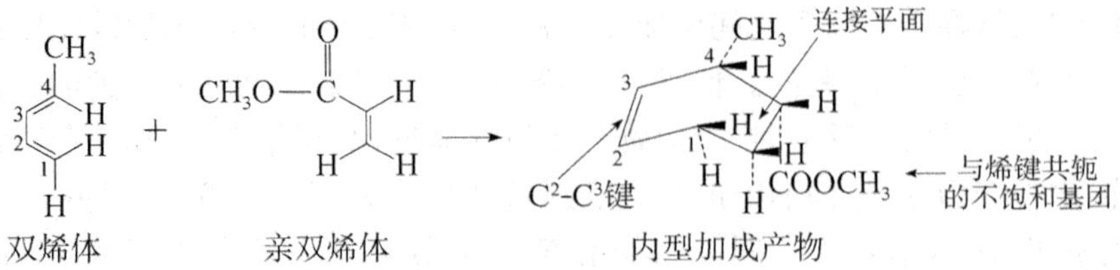

双烯体 + 亲双烯体 $\longrightarrow$ 内型加成产物

（图注：连接平面；C^2-C^3键；与烯键共轭的不饱和基团）

7.3.3　1,3-丁二烯和异戊二烯的聚合——合成橡胶

橡胶是具有高弹性的高分子化合物。20世纪初，世界上只有天然橡胶，主要来自于野生的或人工栽培的含橡胶的植物。

天然橡胶的化学结构是顺-1,4-聚异戊二烯：

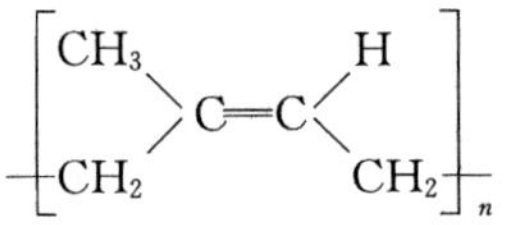

$$\left[CH_2-C(CH_3)=CH-CH_2 \right]_n \quad (\text{顺式})$$

研究清楚该结构为人工合成橡胶奠定了基础。合成橡胶种类很多，产量也远超过天然橡胶。若按用途可分为两类：一类是通用合成橡胶，如丁苯橡胶、顺丁橡胶、乙丙橡胶、异戊橡胶等，用来制备一般橡胶制品；另一类是特种合成橡胶，主要用于某种特殊条件，如耐油的各种密封环、输油管，在宇航中使用的耐高温和耐超低温的制件等。丁腈橡胶就是一种耐油的特种橡胶。

合成橡胶与天然橡胶相似，聚合链中大多含有可供交联的不饱和键，加工过程中需要硫化处理。

1. 顺丁橡胶

1,3-丁二烯在齐格勒-纳塔催化剂作用下，通过定向作用生成顺丁橡胶，其中顺-1,4-聚丁二烯的含量>94%。

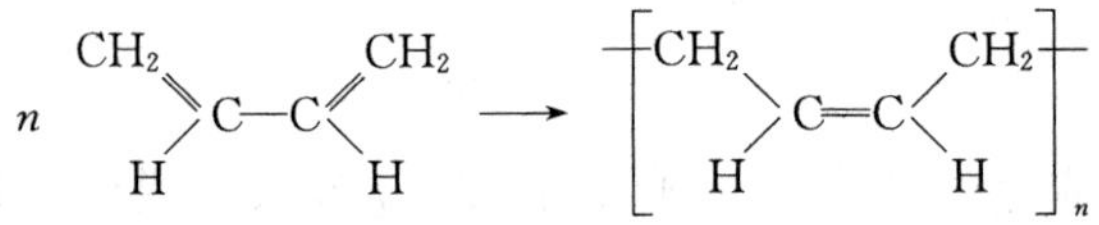

$$n\,CH_2=CH-CH=CH_2 \longrightarrow \left[CH_2-CH=CH-CH_2 \right]_n$$

顺-1,4-聚丁二烯

顺丁橡胶的主要用途制造轮胎。

2. 异戊橡胶

异戊二烯在齐格勒-纳塔催化剂作用下，聚合生成异戊橡胶，其中顺-1,4-聚异戊二烯的含量约为97%。

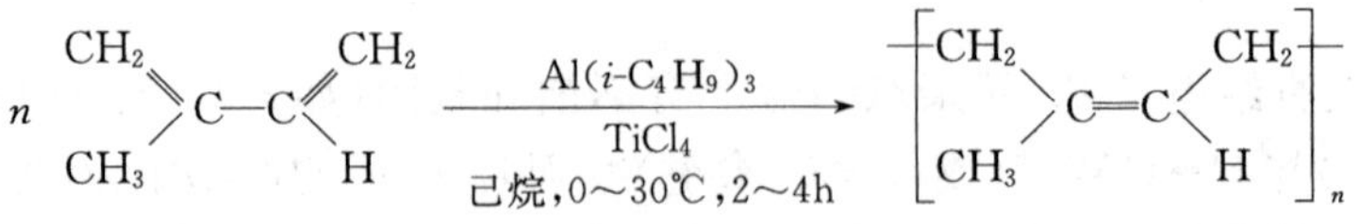

$$n\,CH_2=C(CH_3)-CH=CH_2 \xrightarrow[\text{己烷},0\sim30℃,2\sim4h]{Al(i\text{-}C_4H_9)_3,\ TiCl_4} \left[CH_2-C(CH_3)=CH-CH_2 \right]_n$$

顺-1,4-聚异戊二烯

异戊橡胶的分子结构与天然橡胶相同，化学、物理性能与天然橡胶相似，因此异戊橡胶又称为“合成天然橡胶”。

3. 氯丁橡胶

氯丁橡胶是由氯丁二烯用乳液聚合法生产：

$$n\,CH_2{=}CH{-}\underset{\underset{Cl}{|}}{C}{=}CH_2 \xrightarrow{\text{聚合}} {+}\!\!\!\![CH_2{-}CH{=}\underset{\underset{Cl}{|}}{C}{-}CH_2]\!\!\!\!{+}_n$$

聚-2-氯-1,3-丁二烯

氯丁橡胶综合性能较好，具有良好的耐油、耐化学腐蚀及耐热性，但耐寒性差。使用温度范围为－30～160℃，储存性也不好，主要用于做电线电缆材料，制造轮胎、输送带以及密封垫圈等。

4. 丁苯橡胶

1,3-丁二烯与苯乙烯共聚可制备丁苯橡胶：

$$nCH_2{=}CHCH{=}CH_2 + nCH_2{=}\underset{\underset{C_6H_5}{|}}{CH} \xrightarrow{\text{共聚}} {+}\!\!\!\![CH_2CH{=}CHCH_2{-}CH_2\underset{\underset{C_6H_5}{|}}{CH}]\!\!\!\!{+}_n$$

丁苯橡胶目前的产量约占合成橡胶产量的一半，是合成橡胶中最大的一个品种。它具有较好的综合性能，在耐腐、耐老化方面都优于天然橡胶，但总体性能仍比不上天然橡胶，主要用于制造轮胎、运输皮带、胶管、胶鞋、防腐衬里等。

5. 丁腈橡胶

1,3-丁二烯与丙烯腈在乳液中共聚而得丁腈橡胶：

$$nCH_2{=}CH{-}CH{=}CH_2 + nCH_2{=}\underset{\underset{CN}{|}}{CH} \longrightarrow {+}\!\!\!\![CH_2{-}CH{=}CHCH_2{-}CH_2\underset{\underset{CN}{|}}{CH}]\!\!\!\!{+}_n$$

丁腈橡胶具有优良的耐油、耐热性，但耐低温性差，主要用于制备耐油橡胶制品，如耐油垫圈、垫片、套管等。

7.4 脂环烃的化学性质

7.4.1 小环烷烃的化学性质

大环环烷烃的化学性质与链形烷烃相似，对一般试剂表现得不活泼，但在光照等条件下，易发生自由基取代反应，生成卤代环烷烃。但是，小环烷烃则与烷烃不同，分子不稳定，比较容易开环，发生加成反应，因此小环可以比作一个双键。不过，随环的增大，它的反应性能逐渐减弱。五元、六元环烷烃即使在相当强烈的条件下也不开环。环烷烃主要的反应如下。

1. 加成反应

1）催化加氢

在催化剂铂、钯或雷尼镍的作用下，环丙烷和环丁烷与氢发生开环加成，生成相应的烷烃。

$$\triangle + H_2 \xrightarrow[80℃]{\text{雷尼镍}} CH_3—CH_2CH_3$$

$$\triangleright—CH_2CH_3 + H_2 \xrightarrow{Pt} CH_3CH_2CH(CH_3)_2 \quad \text{（支链化合物比较稳定）}$$

$$\square + H_2 \xrightarrow[200℃]{\text{雷尼镍}} CH_3CH_2CH_2CH_3$$

而在上述条件下，环戊烷、环己烷、环庚烷并不反应。

2）加溴

环丙烷、环丁烷与溴发生开环加成反应。反应式如下：

$$\triangle + Br_2 \xrightarrow{\text{常温}} BrCH_2CH_2CH_2Br$$

$$\square + Br_2 \xrightarrow{\triangle} BrCH_2CH_2CH_2CH_2Br$$

而环戊烷、环己烷与溴并不发生上述反应。

3）加 HX

环丙烷可与溴化氢发生开环加成反应：

$$\triangle + HBr \longrightarrow CH_3CH_2CH_2Br$$

$$CH_3—\triangleleft + HBr \longrightarrow CH_3CH_2\underset{\substack{|\\Br}}{C}HCH_3$$

甲基环丙烷与 HBr 加成时，有两种可能的开环方式，分别形成活性中间体 $CH_3\overset{+}{C}HCH_2CH_3$和$(CH_3)_2CH—\overset{+}{C}H_2$，由于 2° C^+ 比 1° C^+稳定，所以 $CH_3CHBrCH_2CH_3$ 是主要产物。

而环丁烷、环戊烷、环己烷与 HBr 并不发生上述反应。

环丙烷和环丁烷可与 HI 发生开环加成反应：

$$\triangle + HI \longrightarrow CH_3CH_2CH_2I$$

$$CH_3—\triangleleft + HI \longrightarrow CH_3CHICH_2CH_3$$

$$\square + HI \longrightarrow CH_3CH_2CH_2CH_2I$$

而环戊烷、环己烷并不与 HI 发生上述反应。

从以上反应可看出，三元环的稳定性最小，最易发生开环反应；四元环次之；五元环、六元环以及更大的环，稳定性较大，不易发生开环反应。

2. 取代反应

五元环和五元环以上的环烷烃的化学性质与烷烃相似，在高温或光照下，可与卤素

(Cl_2 或 Br_2)发生自由基取代反应。由环烷烃所得产物比链烷烃简单。例如：

$$\text{环戊烷} + Cl_2 \xrightarrow{h\nu\text{或}\triangle} \text{环戊基}\text{—}Cl + HCl$$

$$\text{环戊烷} + Br_2 \xrightarrow{300℃} \text{环戊基}\text{—}Br + HBr$$

$$\text{环己烷} + Cl_2 \xrightarrow{h\nu\text{或}\triangle} \text{环己基}\text{—}Cl + HCl$$

3. 氧化反应

在常温下，环烷烃与一般氧化剂如 $KMnO_4$、O_3 等不起反应。因此，可利用 $KMnO_4$ 水溶液来区别烯烃与环烷烃。但与链烷烃一样，在加热条件下用强氧化剂或在催化剂存在下用空气直接氧化，环烷烃也能被氧化。氧化条件不同，得到不同的产物。例如：

$$\text{环己烷} + O_2 \xrightarrow[\triangle]{\text{环烷酸钴}} \text{环己基}\text{—}OH + \text{环己基}\text{=}O$$

$$\text{环己烷} + O_2 \xrightarrow[\triangle]{60\% HNO_3} HOOC(CH_2)_4COOH$$

这两个反应在工业生产中都有应用。环己酮是制备己内酰胺的原料，后者是合成纤维锦纶-6 的单体。己二酸是合成尼龙-66 的单体。

7.4.2 环的大小及其稳定性

1. 拜尔张力学说

为了解释各种环的稳定性及成环的难易，德国化学家拜尔(A. Baeyer)于 1885 年提出了张力学说。拜尔假设成环的碳原子都在同一平面内排成正多边形。在环中碳原子间的夹角并不一定是正常的四面体键角 109°28′，而是小于或大于 109°28′。拜尔认为环中碳原子间的夹角“偏离” 109°28′时，就会产生张力。“偏离”的程度越大，环的张力越大，稳定性也越小，也就越容易开环，生成开链化合物以解除这种张力；反过来，合成时也就越困难。

按拜尔理论，从环丙烷分子到环己烷分子，分子中成环碳原子之间的夹角应分别为 60°、90°、108°和 120°。与正四面体键角 109°28′偏离的差值分别是＋24°44′、＋9°44′、＋44′和－5°16′。

△	□	⬠	⬡
＋24°44′	＋9°44′	＋44′	－5°16′

环烷烃分子中键角与正四面体键角差值

可以看出，偏离的程度以环丙烷最大，其次是环丁烷，五元环基本上没有偏离。到了环己烷又出现一定偏离，因而三元环内部的张力应该最大，因而最不稳定，最易开环。环丁烷次之，而五元环比较稳定，六元环又不稳定，而更大些的环如环庚烷、环辛烷的稳定性也应是越来越小。

按拜尔的张力学说，应该五元环最稳定，六元环以上的化合物，角张力大，应该是不稳定的。但后来合成的一些大环化合物都是稳定的，这与张力学说不符合。

现在来看，拜尔张力学说，三元、四元小环由于存在角张力而易发生开环反应，是正确的，但其基本假定——所有成环原子在同一平面上，却是错误的。因为除三元环外，其他环均非平面形。六元环或更大的环，由于环不是平面形，或者没有张力，或者张力不大，因而非常稳定。

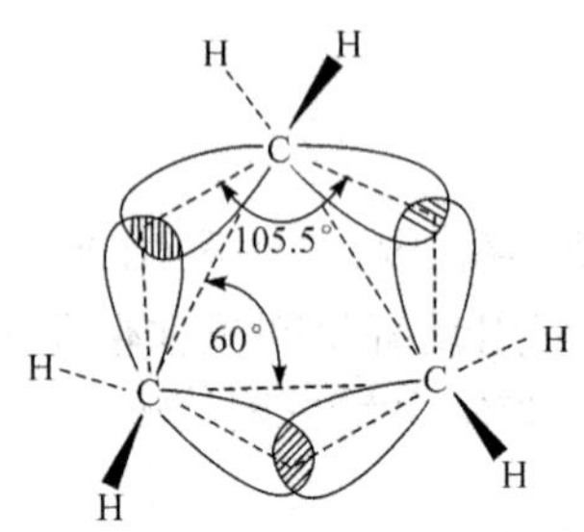

图 7-3　环丙烷分子中的 C—C σ 键

现代分子结构理论认为：原子之间形成共价键是由于成键原子轨道之间的重叠，而且重叠越多，形成的共价键越强，分子越稳定。在烷烃分子中每个碳原子都用 sp^3 杂化道与其他碳原子的 sp^3 杂化轨道或氢原子的 1s 轨道组成 C—C σ 键或C—H σ键，在这类分子中任意两条共价键的夹角都是 109°28′，这类分子是稳定的。而在环丙烷分子中(图 7-3)，每个碳原子用 sp^3 杂化轨道组成 C—C σ 键或 C—H σ 键，但由于三个碳原子组成三角形结构，使得 C—C—C 角为 60°而不是 109°28′，这样两个碳原子的 sp^3 杂化轨道重叠形成的 C—C σ 键都不能达到以“头顶头”方式的最大重叠。而只能以弯曲的方式重叠，形成的共价键比较弱，分子就不稳定。所以，环丙烷、环丁烷等小环化合物稳定性的降低，是由于在形成 C—C 键时，原子轨道重叠较少而产生的角张力造成的。

2. 燃烧热

1mol 有机化合物完全燃烧生成 CO_2 和 H_2O 时放出的热量，称为燃烧热。燃烧热的大小反映分子能量的高低，从而可以判断有机化合物的相对稳定性。

表 7-1 列出一些环烷烃的燃烧热。

表 7-1　一些环烷烃的燃烧热

名称	成环碳数	燃烧热/(kJ · mol^{-1})	—CH_2—的平均燃烧热/(kJ · mol^{-1})	名称	成环碳数	燃烧热/(kJ · mol^{-1})	—CH_2—的平均燃烧热/(kJ · mol^{-1})
环丙烷	3	2091	697	环辛烷	8	5310	664
环丁烷	4	2744	686	环壬烷	9	5981	665
环戊烷	5	3320	664	环癸烷	10	6636	664
环己烷	6	3951	659	环十五烷	15	9885	659
环庚烷	7	4637	662	开链烷烃			659

不同环烷烃所含碳、氢原子数目不等，它们的燃烧热不能直接比较。环烷烃中每个 CH_2 的燃烧热由环烷烃分子的燃烧热除以环内的碳原子数得到，而每个 CH_2 燃烧时，不管其在什么化合物中都生成 CO_2 和 H_2O，故可以由每个 CH_2 燃烧时放出的能量来比较分子的稳定性。

直链烷烃中一个 CH_2 的燃烧热为 659kJ · mol^{-1}，直链烷烃无张力，所以这个数值是无张力分子中的每个 CH_2 的燃烧热。环丙烷中的每个 CH_2 的燃烧热比该值大 38kJ ·

mol^{-1}，环丁烷中的每个 CH_2 燃烧热比该值大 27kJ · mol^{-1}，这就说明环丙烷和环丁烷的每个 CH_2 含有较多的能量。这个差值是环中每个 CH_2 的张力，该值乘以环内的碳原子数后即为环的张力能。

根据环的张力大小，可把环分为几类：小环（三元、四元环）化合物，张力很大；普通环和中环（五～十一元环）化合物，除环己烷无张力外，其他环都有张力，但张力很小；大环（十二环以上）化合物，几乎没有张力。

习　题

7-1　1-甲基环己烯与下列试剂反应，写出产物的结构式：

(1) Br_2/CCl_4　　(2) HBr/氯仿

(3) Br_2，H_2O　　(4) HBr/有机过氧化物

(5) H_2/Pd　　(6) 稀冷 $KMnO_4$

(7) ①B_2H_6/THF；② H_2O_2，OH^-　　(8) ①$Hg(OCOCH_3)_2$，H_2O；②$NaBH_4$

(9) ①O_3；②Zn，H_2O　　(10) Br_2，高温

(11) ①H_2SO_4；②H_2O

7-2　写出下列试剂分别与 1-丁炔和 2-丁炔反应的主要产物：

(1) 1mol HCl　　(2) 2mol HCl

(3) 1mol Br_2/CCl_4，0℃　　(4) 2mol Br_2

(5) H_2/Pd-$BaSO_4$，喹啉　　(6) 过量 H_2，Ni

(7) Na-液 NH_3　　(8) ①$NaNH_2$/液 NH_3；②C_2H_5Br

(9) $AgNO_3$ 的 NH_3 溶液　　(10) $HgSO_4$/稀 H_2SO_4

(11) 热的 $KMnO_4$ 溶液

7-3　完成下列反应：

(1) 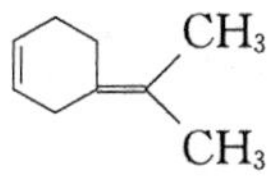 (CH₃)₂C= 环己烯 $+Br_2(1mol) \longrightarrow ?$

(2) 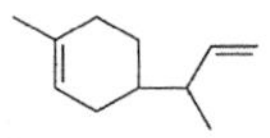 $+HCl(1mol) \longrightarrow ?$

(3) $CF_3CH{=}CH_2 + HBr \longrightarrow ?$

(4) $BrCH{=}CH_2 + HCl \longrightarrow ?$

(5) $CH_3OCH{=}CHCH_3 + HBr \longrightarrow ?$

(6) 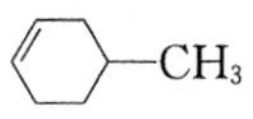 —CH_3 $+KMnO_4 \xrightarrow[\triangle]{H^+} ?$

(7) 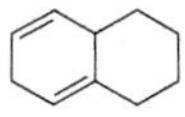 $\xrightarrow[②Zn, HCl]{①O_3} ?$

(8)  $+C_6H_5COOOH \longrightarrow ?$

(9) 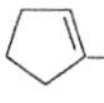 —C_6H_5 + (CO_3H, Cl) $\longrightarrow ?$

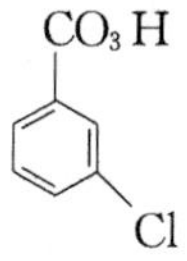

(10) $CH_3CH_2C\equiv CH \xrightarrow{Ag(NH_3)_2^+} ? \xrightarrow{HNO_3} ?$

(11) $CH_3CH_2CH_2C\equiv CH + NaNH_2 \longrightarrow ? \xrightarrow{n\text{-}C_3H_7Br} ? \xrightarrow[H_2SO_4]{HgSO_4} ?$

(12) $CH_3CH_2C\equiv CH \xrightarrow[Et_2O]{[(CH_3)_2CHCH(CH_3)]_2BH} ? \xrightarrow{CH_3COOH} ? \xrightarrow[HO^-]{冷、稀\ KMnO_4} ?$

(13) $CH_2=CH-CH_2-C\equiv CH \xrightarrow{HCl} ?$

(14) $CH_2=CH-CH_2-C\equiv CH \xrightarrow[Pd\text{-}CaCO_3/喹啉]{H_2} ?$

(15) $CH_2=CH-CH_2-C\equiv CH \xrightarrow{CrO_3} ?$

(16) $CH_2=CH-CH_2-C\equiv CH \xrightarrow[KOH]{CH_3CH_2OH} ?$

(17) △ —
- $\xrightarrow{H_2SO_4} ?$
- $\xrightarrow{HBr} ?$
- $\xrightarrow{Br_2} ?$
- $\xrightarrow[Ni, 120℃]{H_2} ?$

(18) 甲基环丙烷（CH_3 取代的△）—
- $\xrightarrow{HBr} ?$
- $\xrightarrow[有机过氧化物]{HBr} ?$

(19) 1,1,2-三甲基环丙烷（△ 上连 CH_3、CH_3、CH_3） $+ HCl \longrightarrow ?$

(20) 甲基环戊烷（⬠ 上连 CH_3） $+ Br_2 \xrightarrow{300℃} ?$

7-4　将下列烯烃与浓硫酸的反应活性大小排序：

(1) $CH_3CH_2CH=CH_2$　　(2) $CH_3CH=CHCH_3$

(3) $CH_2=CH_2$　　(4) $(CH_3)_2C=CH_2$

7-5　将下列化合物按照与 HBr 加成反应的相对活性大小排序：

(1) $CH_3CH=CHCH=CH_2$　　(2) $CH_2=CHCH_2CH_3$

(3) $CH_3CH=CHCH_3$　　(4) $CH_2=CHCH=CH_2$

(5) $CH_2=C(CH_3)-C(CH_3)=CH_2$

7-6　比较下列各组化合物的燃烧热大小：

(1) 双环[4.1.0]庚烷（六元环并三元环） 与 甲基环己烷（⬡ 上连 CH_3）

(2) 双环[2.1.0]戊烷（四元环并三元环） 与 螺[2.2]戊烷（两个三元环共用一个碳）

(3) 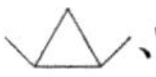 [structures] 、[structure] 与 [structure]

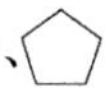

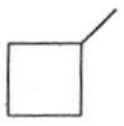

(4) 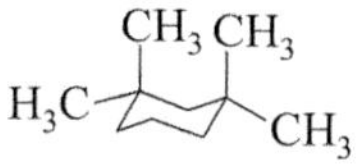 H_3C, CH_3, CH_3, CH_3 [structure] 与 CH_3, CH_3, CH_3 [structure]

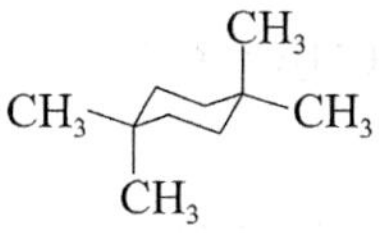

(5) 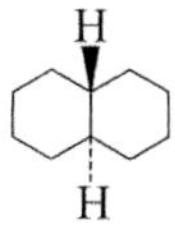 [structure] 与 [structure]

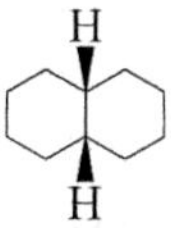

7-7 用简单的化学方法区别下列各组中的化合物：

(1) 环丙烷，丙烷，丙烯

(2) 1,1-二甲基环丙烷，环戊烷，环戊烯，1-戊炔

(3) $CH_3(CH_2)_4CH_3$，$CH_3(CH_2)_3C{\equiv}CH$，$CH_3(CH_2)_3CH{=}CH_2$

(4) $CH_3CH_2C{\equiv}CCH_3$，$CH_3(CH_2)_2C{\equiv}CH$，$CH_3CH{=}CHCH{=}CH_2$

(5)  [structure]，[structure]$=CH_2$

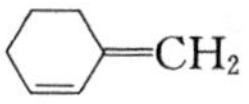

7-8 下列反应能否进行？如果能，请写出反应产物。

(1) 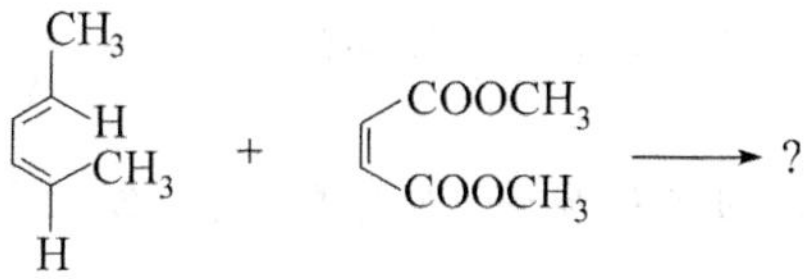 [diene with CH_3, H, CH_3, H] + [$COOCH_3$, $COOCH_3$] ⟶ ?

(2) 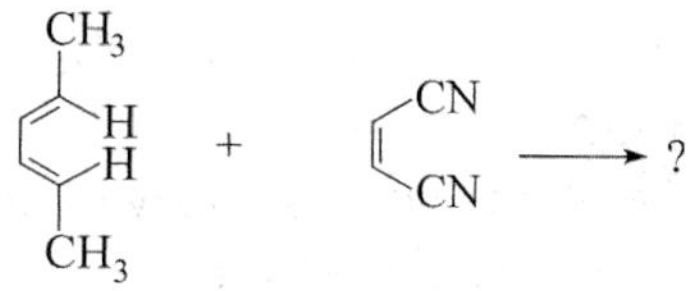 [diene with CH_3, H, H, CH_3] + [CN, CN] ⟶ ?

(3) [structure] + [$COOCH_3$] 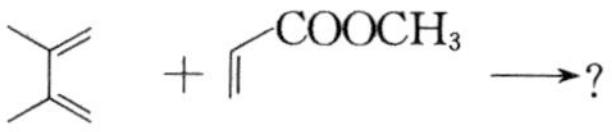 ⟶ ?

(4) 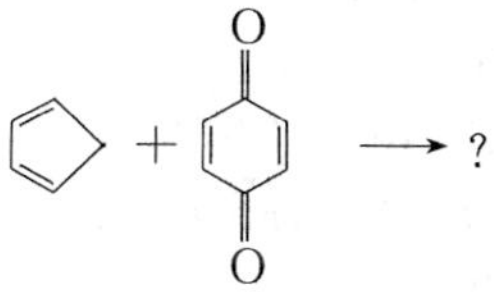 [structure] + [O, O] ⟶ ?

(5) 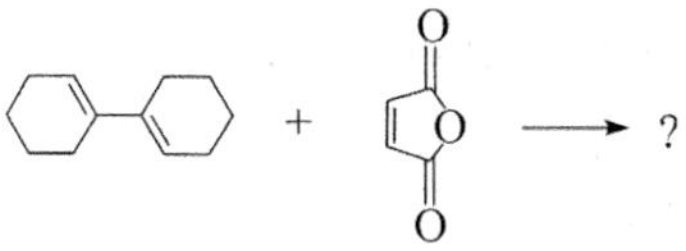 [structure] + [O, O, O] ⟶ ?

(6) 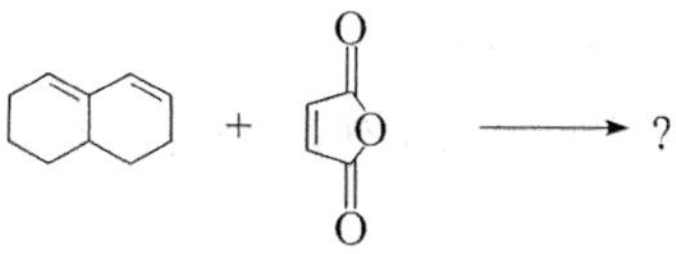 [structure] + [O, O, O] ⟶ ?

(7) 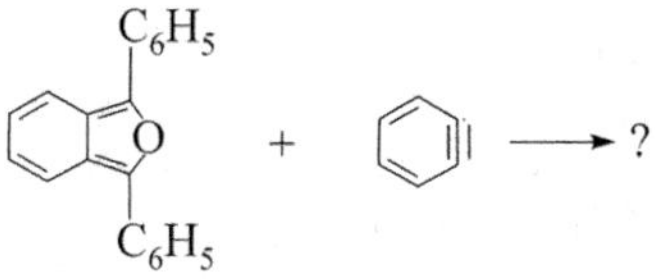 [C_6H_5, O, C_6H_5] + [structure] ⟶ ?

(8) 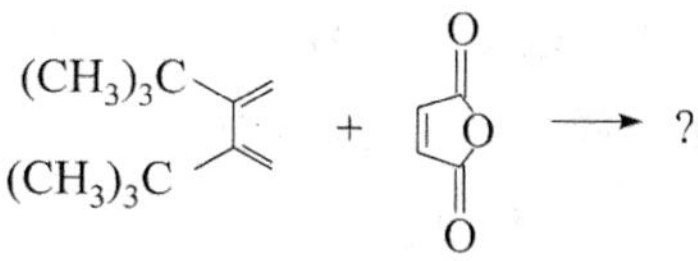 [$(CH_3)_3C$, $(CH_3)_3C$] + [O, O, O] ⟶ ?

7-9 2-丁炔与下列哪些试剂反应可以用于制备顺 2,3-二氘代-2-丁烯？

(1) HD/Pd 或 Ni (2) D_2/林德拉催化剂

(3) B_2D_6，然后 CH_3COOH (4) B_2D_6，然后 CH_3COOD

7-10 对下列反应提出相应的机理：

(1) $(CH_3)_3CCH{=}CH_2 + H_2O \xrightarrow{H^+} (CH_3)_3CCH(OH)CH_3 + (CH_3)_2C(OH)CH(CH_3)_2$

(2) $2CH_3C(CH_3){=}CH_2 \xrightarrow{H^+} CH_3C(CH_3)_2CH{=}C(CH_3)CH_3 + CH_3C(CH_3)_2CH_2C(CH_3){=}CH_2$

主要产物 次要产物

(3) 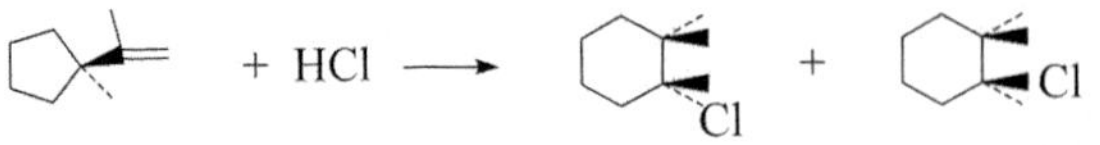 + HCl ⟶ Cl + Cl （外消旋体）

(4) 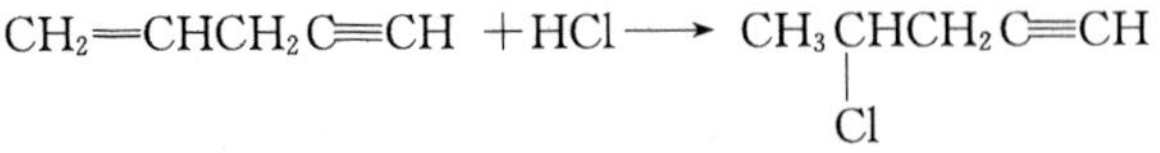 $CH_2{=}CHCH_2C{\equiv}CH + HCl \longrightarrow CH_3\underset{\displaystyle Cl}{\underset{|}{C}}HCH_2C{\equiv}CH$

(5) 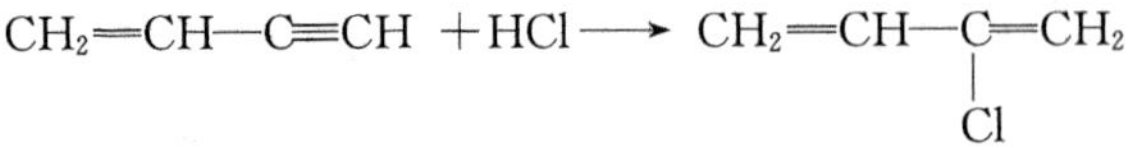 $CH_2{=}CH{-}C{\equiv}CH + HCl \longrightarrow CH_2{=}CH{-}\underset{\displaystyle Cl}{\underset{|}{C}}{=}CH_2$

7-11　试解释下列现象：

(1) 乙炔中的 C—H 键比乙烯、乙烷中的 C—H 键键能大，键长短，但酸性却强。

(2) 炔烃不但可以加一分子卤素，而且可以加两分子卤素，但却比烯烃加卤素困难，反应速率也小。

(3) 1,4-戊二烯 C^3 上的氢原子通常很容易发生自由基取代，这个碳原子上的氢的酸性比丙烯中甲基氢原子的酸性强。

(4) 1,3-环戊二烯与 HCl 加成反应得 3-氯环戊烯，而不是 4-氯环戊烯。

7-12　以丙烯为原料，选用必要的无机试剂制备下列化合物：

(1) 2-溴丙烷　　(2) 1-溴丙烷　　(3) 异丙醇

(4) 正丙醇　　(5) 1,2,3-三氯丙烷　　(6) 1,2-二溴-3-氯丙烷

(7) 聚丙烯腈

7-13　下面是三种由 $CH{\equiv}C{-}CH_3$ 合成 $CH_3CHClCH_3$ 的方法，哪种较为合理？为什么？

(1) ① H_2/林德拉催化剂；② HCl

(2) ① HCl；② H_2, Ni

(3) ① H_2(过量)/Ni；② Cl_2/光

7-14　以丙炔为原料，合成下列各化合物：

(1) $(CH_3)_2CHBr$　　(2) CH_3CH_2CHO

(3) $CH_3(CH_2)_4CH_3$　　(4) $CH_3C{\equiv}C(CH_2)_3C{\equiv}C{-}CH_3$

7-15　以乙炔为原料，合成下列化合物：

(1) $CH_3CH_2CH_2CH_2OH$　　(2) 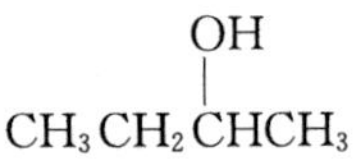 $CH_3CH_2\overset{\displaystyle OH}{\overset{|}{C}}HCH_3$

(3) CH_3CH_2 / CH_2CH_3 \ C=C / H　H（顺式）　　(4) 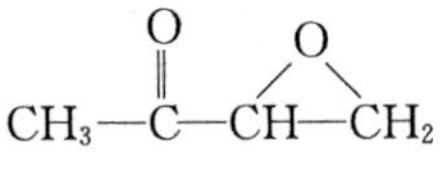 $CH_3{-}\overset{\displaystyle O}{\overset{\|}{C}}{-}CH{-}CH_2$（环氧，O 桥接 CH 与 CH_2）

(5) (2*R*,3*S*)-2,3-二羟基丁烷

7-16　利用第尔斯-阿尔德反应合成下列化合物：

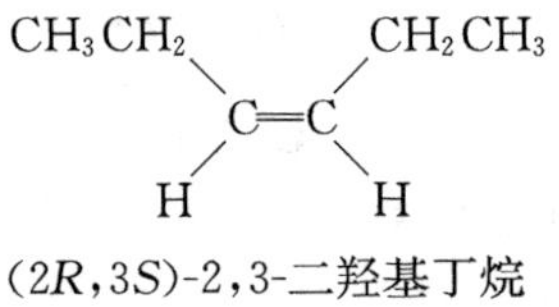

(1) 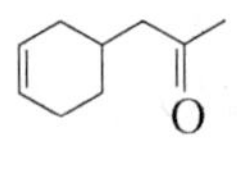 O　　(2) 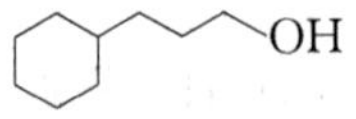 OH　　(3) 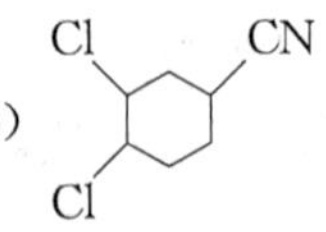 Cl, CN, Cl

(4) 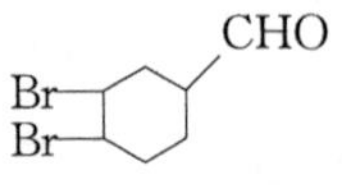 CHO, Br, Br　　(5) 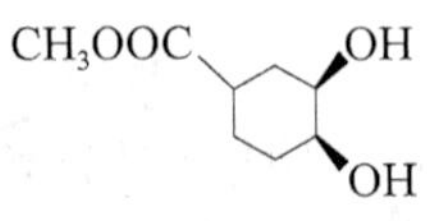 CH_3OOC, OH, OH　　(6) 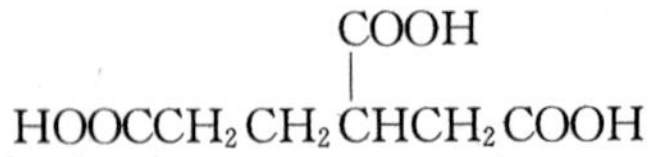 $HOOCCH_2CH_2\overset{\displaystyle COOH}{\overset{|}{C}}HCH_2COOH$

7-17　化合物 C_7H_{14} 经 $KMnO_4$ 氧化后的两个产物和臭氧化还原水解后的两个产物相同，试推测该化合物的构造式。

7-18　某化合物 A，吸收一分子氢气得到 B，B 的相对分子质量为 84，实验式为 C_6H_{12}。A 经臭氧解后生成单一产物 C(C 不含有—CHO 基团)，A 与 $KMnO_4$ 作用得到二醇 D，D 没有光学活性。推测 A～D 的构造式。

7-19　香叶烯 $C_{10}H_{16}$，是一个由月桂油中分离得到的萜烯，它吸收 3mol H_2 成为 $C_{10}H_{22}$，臭氧化还原水解可得到 1mol CH_3COCH_3、2mol HCHO 和 1mol $OHCCH_2CH_2COCHO$。试推测香叶烯的构造式。

7-20　某烃分子式为 C_6H_{10}，能使溴水褪色，能与水在硫酸汞盐存在下生成两种羰基化合物，但与硝酸银氨溶液无反应，试写出该烃的构造式及各步反应式。

7-21　有三个化合物 A、B、C，分子式均为 C_5H_8，它们都能使溴的四氯化碳溶液褪色。化合物 A 与 $AgNO_3$-NH_3 作用可生成沉淀，B、C 则不能；当用热的 $KMnO_4$ 氧化时，化合物 A 得到丁酸($CH_3CH_2CH_2COOH$)和 CO_2，化合物 B 得到乙酸和丙酸，化合物 C 得到戊二酸。试写出 A～C 的构造式及各步反应式。

7-22　某化合物 A，分子式为 C_8H_{12}，有光学活性，A 经催化氢化得到 B(C_8H_{18})，B 无光学活性，但 A 经 Lindlar 催化剂加氢得到 C(C_8H_{14})，C 有光学活性；A 与 Na/液 NH_3 反应得到 D，D 的分子式也为 C_8H_{14}，但没有光学活性。试推测 A～D 的构造式。

7-23　分子式为 C_7H_{10} 的某开链烃 A，可发生下列反应：A 经催化氢化可生成 3-乙基戊烷；A 与 $AgNO_3/NH_3$ 溶液反应可产生白色沉淀；A 在 $Pd/BaSO_4$ 作用下吸收 1mol H_2 生成化合物 B；B 可以与顺-丁烯二酸酐反应生成化合物 C。试推测 A～C 的构造式。

7-24　化合物 A 和 B 是组成为 C_6H_{12} 的两个同分异构体，在室温下均能使 Br_2-CCl_4 溶液褪色，而不被 $KMnO_4$ 氧化，其氢化产物都是 3-甲基戊烷，但 A 与 HI 反应主要得 3-甲基-3-碘戊烷，而 B 则得 3-甲基-2-碘戊烷。推测 A 和 B 的构造式。

第 8 章　芳香烃的化学性质

分子中含有苯环结构的烃称为芳烃。因芳烃最初取自具有芳香气味的物质，故又称芳香烃。

芳香族化合物是指苯和化学性质上类似于苯的化合物。

芳香性是苯和芳香族化合物所具有的共同的化学性质，即容易进行的苯环上的取代反应和难以进行的加成反应和氧化反应。在分子结构上，芳香性含义为苯环的高度不饱和性和异常的稳定性。

苯是芳烃和芳香族化合物的母体。早在 1825 年苯就是已知的化合物了。化学家对苯的性质的研究比其他有机化合物更多更深。

1865 年德国化学家凯库勒提出了苯的结构。凯库勒根据苯的分子式 C_6H_6 提出，苯分子中 6 个碳原子可连接成环，环上每个碳原子连接一个氢原子，这 6 个氢原子地位相等，环上每个碳原子余下一个价(因当时已知碳是四价的)可以“俩俩”彼此结合形成三条双键。苯的分子结构式便成为单双键交替的环状共轭体系。这就是苯的凯库勒结构式：

后来，化学家发现苯分子中并无单双键之分，苯的二元取代物也只有一种。苯的结构问题一直困扰着许多化学家。休克尔分子轨道理论给予了圆满解答(参见 1.3.2)。但目前文献和书刊上采用最多的仍是凯库勒结构式。有的书刊采用内部带有一个圆圈的正六边形表示苯的分子结构式：

芳烃按其分子构造分为三类。

单环芳烃：分子中只含有一个苯环结构的芳烃。例如：

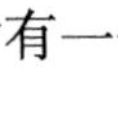

CH_3　CH_3　CH_3

苯 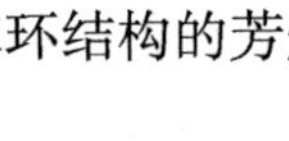　甲苯 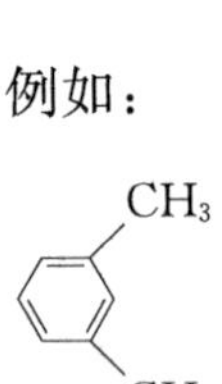　间二甲苯

多环芳烃：分子中含有两个或两个以上独立苯环的芳烃称为多环芳烃。例如：

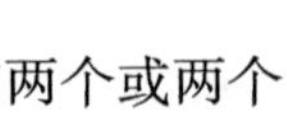

CH_2

联苯 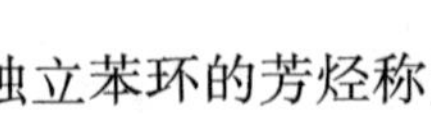　二苯甲烷

稠环芳烃：分子中含有两个或两个以上苯环通过共用两个相邻碳原子稠合而成的芳烃称为稠环芳烃。例如：

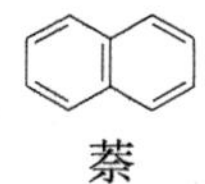

萘

8.1 单环芳烃的化学性质

8.1.1 苯环上的亲电取代反应

从电子云的观点来看,苯分子中两个“救生圈”形的 π 电子云屏蔽着苯环碳原子,不利于亲核试剂进攻,而有利于亲电试剂进攻,易发生亲电取代反应。如果苯环上没有吸电子基团使苯环上的电子云密度降低,苯环是不发生亲核取代反应的。

苯环上氢原子被取代的反应是苯、苯的同系物以及它们的衍生物最重要的化学反应,这些取代反应主要是硝化、卤化、磺化、烷基化和酰基化反应等。它们都是苯环上的亲电取代反应。

苯 —(浓 HNO_3,浓 H_2SO_4)→ C_6H_5—NO_2 (硝化反应)

苯 —(X_2,FeX_3)→ C_6H_5—X (卤化反应)

苯 —(浓 H_2SO_4 或发烟 H_2SO_4)→ C_6H_5—SO_3H (磺化反应)

苯 —(R—X,$AlCl_3$)→ C_6H_5—R (烷基化反应)

苯 —(R—C(=O)—X 或$(RCO)_2O$,$AlCl_3$)→ C_6H_5—C(=O)—R (酰基化反应)

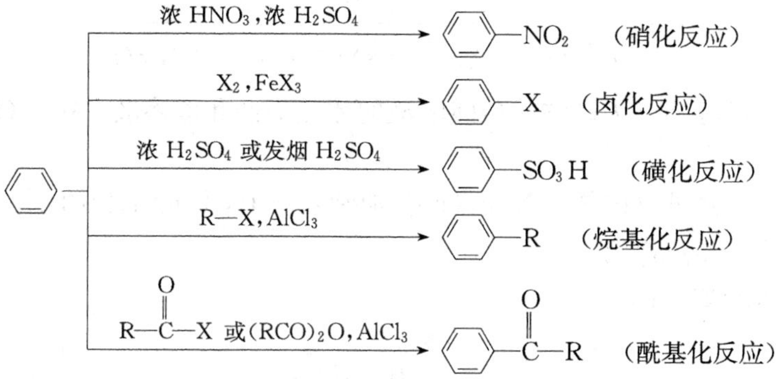

这些反应的反应机理大体相似,如下所示:

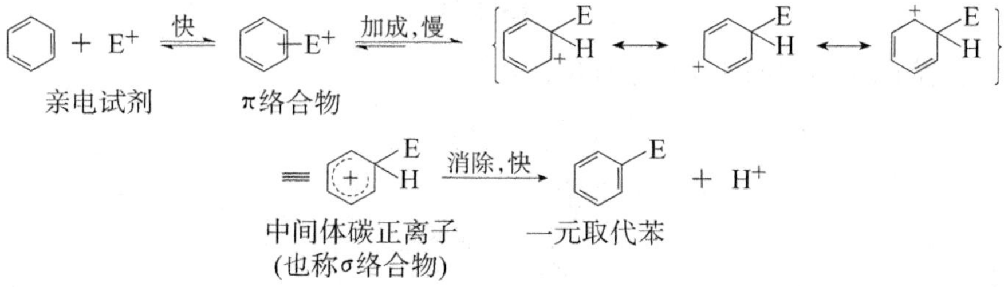

苯 + E^+ ⇌(快) [苯·E^+] ⇌(加成,慢) {三种碳正离子共振式(E、H 连于同一 sp³ 碳,+ 分别位于邻位、对位、邻位)}
亲电试剂 π络合物

═ 中间体碳正离子(环内带 +,E、H 连于同一碳)—(消除,快)→ C_6H_5—E + H^+
中间体碳正离子(也称σ络合物) 一元取代苯

1. 硝化反应

苯环上的氢原子被硝基取代生成硝基苯的反应,称为硝化反应。

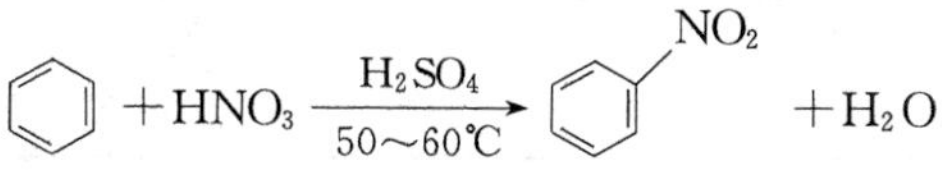

$$C_6H_6 + HNO_3 \xrightarrow[50\sim60℃]{H_2SO_4} C_6H_5NO_2 + H_2O$$

硝基苯继续硝化比苯困难,生成的产物主要是间位产物。

$$\text{C}_6\text{H}_5\text{NO}_2 \xrightarrow[95^{\circ}\text{C}]{\text{发烟 HNO}_3\text{，浓 H}_2\text{SO}_4} \text{C}_6\text{H}_4(\text{NO}_2)_2\ (\text{间位})$$

甲苯比苯容易硝化，主要产物是邻、对硝基甲苯。

$$\text{C}_6\text{H}_5\text{CH}_3 \xrightarrow[30^{\circ}\text{C}]{\text{浓 HNO}_3\text{，浓 H}_2\text{SO}_4} \text{邻-CH}_3\text{C}_6\text{H}_4\text{NO}_2 + \text{对-CH}_3\text{C}_6\text{H}_4\text{NO}_2$$

硝化反应是制备芳香族硝基化合物的主要方法。

在硝化反应中，硝酸(作为碱)在浓硫酸作用下，先被质子化，然后失水生成硝基正离子：

$$\text{HO—NO}_2 + \text{H}_2\text{SO}_4 \rightleftharpoons \text{H}_2\overset{+}{\text{O}}\text{—NO}_2 + \text{HSO}_4^-$$

$$\text{H}_2\overset{+}{\text{O}}\text{—NO}_2 \rightleftharpoons \text{H}_2\text{O} + \text{NO}_2^+$$

$$\text{H}_2\text{SO}_4 + \text{H}_2\text{O} \rightleftharpoons \text{H}_3\text{O}^+ + \text{HSO}_4^-$$

即

$$\text{HO—NO}_2 + 2\text{H}_2\text{SO}_4 \rightleftharpoons \text{NO}_2^+ + \text{H}_3\text{O}^+ + 2\text{HSO}_4^-$$

硝基正离子的存在已为硝酸的硫酸溶液的冰点降低和该溶液的拉曼(Raman)光谱等实验所证实。

硝化时，NO_2^+ 是进攻试剂。首先，NO_2^+ 加到苯环上，生成活性中间体 σ 络合物，接着 σ 络合物消去 H^+，生成产物。

硝化反应机理如下：

$$\text{C}_6\text{H}_6 + \text{NO}_2^+ \xrightarrow{\text{慢}} \sigma\text{络合物} \xrightarrow[-\text{H}^+]{\text{快}} \text{C}_6\text{H}_5\text{NO}_2$$

σ络合物

苯硝化时的能量-反应进程图见图 8-1。

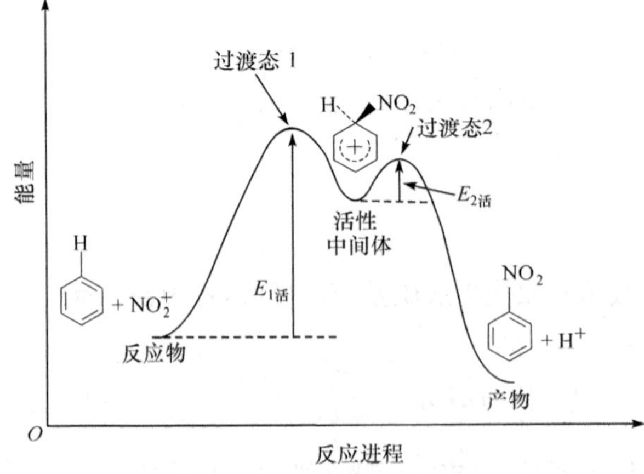

图 8-1　苯硝化时的能量-反应进程图

2. 卤化反应

苯环上氢原子被卤素取代生成卤苯的反应，称为卤化反应。

苯在铁或三卤化铁等的催化作用下，与卤素（Cl_2 或 Br_2）反应，生成氯苯或溴苯：

$$C_6H_6 + X_2 \xrightarrow{\text{Fe 或 FeX}_3} C_6H_5X + HX$$

（X=Cl，Br）

这是工业上和实验室中制备芳香族氯化物和溴化物的一种重要方法。例如：

$$C_6H_6 + Cl_2 \xrightarrow{FeCl_3} C_6H_5Cl + HCl$$

苯与氯反应时，首先生成 π 络合物。π 络合物在三氯化铁催化作用下转变成 σ 络合物，最后，在 $FeCl_3$ 作用下从 σ 络合物中失去一个 H^+，生成产物氯苯：

$$C_6H_6 + Cl_2 \xrightarrow{\text{快}} C_6H_6 \cdot Cl—Cl$$

$$C_6H_6 \cdot Cl—Cl \underset{}{\overset{FeCl_3\text{慢}}{\rightleftharpoons}} [C_6H_6Cl]^+ \ FeCl_4^- \xrightarrow{\text{快}} C_6H_5Cl + HCl + FeCl_3$$

3. 磺化反应

苯环上的氢原子被磺酸基（$—SO_3H$）取代的反应，称为磺化反应。苯的磺化反应为可逆反应。常用的磺化试剂是浓硫酸或发烟硫酸（H_2SO_4-SO_3）：

$$C_6H_6 + \text{浓 } H_2SO_4 \xrightarrow{110℃} C_6H_5SO_3H + H_2O$$

$$C_6H_6 + H_2SO_4(10\%\ SO_3) \xrightarrow{40℃} C_6H_5SO_3H$$

苯磺酸

对磺化反应机理，研究得不像硝化和卤化那么详细。磺化时，随着所用磺化试剂的不同，进攻试剂可能有所不同。进攻试剂一般认为是 SO_3 或其共轭酸 SO_3H^+。

$$2H_2SO_4 \rightleftharpoons H_3SO_4^+ + HSO_4^-$$

$$H_3SO_4^+ \rightleftharpoons H_2O + SO_3H^+$$

$$H_2O + SO_3H^+ \rightleftharpoons H_3O^+ + SO_3$$

即

$$2H_2SO_4 \rightleftharpoons H_3O^+ + SO_3 + HSO_4^-$$

在 SO_3 分子中，S 原子显正电性。磺化时 SO_3 以呈现正电性的 S 原子进攻苯环，其机理是

$$C_6H_6 + O=\overset{+}{S}(\to O^-)=O \underset{}{\overset{\text{慢}}{\rightleftharpoons}} [C_6H_6SO_3^-]^+ \underset{}{\overset{\text{快}}{\rightleftharpoons}} C_6H_5SO_3^- + H^+ \underset{}{\overset{\text{快}}{\rightleftharpoons}} C_6H_5SO_3H$$

σ络合物

与硝化和卤化不同，苯的磺化反应是可逆的。如果将苯磺酸和稀硫酸或盐酸在加压、加热条件下，或在磺化所得混合物中通入过热水蒸气，可以使苯磺酸发生水解反应而又变成苯。

4. Friedel-Crafts 反应

Friedel-Crafts 反应有烷基化反应和酰基化反应两类。

1) Friedel-Crafts 烷基化反应

在路易斯酸无水三氯化铝作用下，芳烃与氯烷（或溴烷）作用，芳环上氢被烷基取代生成烷基苯的反应称为烷基化反应。

$$\text{C}_6\text{H}_6 + \text{R—Cl} \xrightarrow{\text{无水 AlCl}_3} \text{C}_6\text{H}_5\text{—R} + \text{HCl}$$

常用的烷基化试剂有卤烷、醇、烯烃、环氧乙烷等。常用的路易斯酸催化剂有 $AlCl_3$、$FeCl_3$、BF_3、$ZnCl_2$、$SnCl_4$ 等。催化剂的活性顺序大致是

$$AlCl_3 > FeCl_3 > BF_3 > ZnCl_2 > SnCl_4$$

Friedel-Crafts 烷基化反应机理：

在卤烷 $R^{\delta+}—X^{\delta-}$ 分子中，与卤原子相连接的碳原子带有部分正电荷，是亲电的，但是，其正电性不够大，一般难以与苯环发生亲电反应，故苯环上的亲电取代需要有路易斯酸催化。路易斯酸的催化作用是通过络合 R—X 分子中的 X 原子，以增强与卤原子相连接的碳原子的正电性——亲电性，使之能够与苯环发生亲电取代反应。

如果 R—X 是叔卤烷，由于叔烷基正离子较易生成，进攻试剂是叔烷基碳正离子。例如：

$$\underset{\text{叔卤烷}}{R_3C—X} + AlX_3 \xrightleftharpoons{\text{快}} R_3C^+ \, AlX_4^-$$

$$\text{C}_6\text{H}_6 + R_3C^+ \, AlX_4^- \xrightleftharpoons{\text{慢}} [\text{C}_6\text{H}_6(\text{H})(\text{CR}_3)]^+ \, AlX_4 \xrightleftharpoons{\text{快}} \text{C}_6\text{H}_5\text{CR}_3 + HX + AlX_3$$

如果 R—X 是伯卤烷或仲卤烷，进攻试剂可能是个高度极化的络合物，极化程度取决于 R—X 的构造及所用路易斯酸的活性。

$$\underset{\text{仲卤烷}}{R_2CHX} + AlX_3 \xrightleftharpoons{\text{快}} R_2\overset{\delta+}{CH}\text{---}\overset{\delta-}{X}\text{---}AlX_3$$

$$\text{C}_6\text{H}_6 + R_2C\overset{\delta+}{H}\text{---}\overset{\delta-}{X}\text{---}AlX_3 \xrightleftharpoons{\text{慢}} [\text{C}_6\text{H}_6(\text{H})(\text{CHR}_2)]^+ \, AlX_4^- \xrightleftharpoons{\text{快}} \text{C}_6\text{H}_5\text{CHR}_2 + HX + AlX_3$$

$$\underset{\text{伯卤烷}}{RCH_2X} + AlX_3 \xrightleftharpoons{\text{快}} R\overset{\delta+}{CH_2}\text{---}\overset{\delta-}{X}\text{---}AlX_3$$

$$\text{C}_6\text{H}_6 + R\overset{\delta+}{CH_2}\text{---}\overset{\delta-}{X}\text{---}AlX_3 \xrightleftharpoons{\text{慢}} [\text{C}_6\text{H}_6(\text{H})(\text{CH}_2\text{R})]^+ \, AlX_4^- \xrightleftharpoons{\text{快}} \text{C}_6\text{H}_5\text{CH}_2\text{R} + HX + AlX_3$$

在反应中，由于 AlX_3 的作用，在络合物 R_2CH---X---AlX_3 或 RCH_2---X---AlX_3 中，与 X 相连接的碳原子的正电性显然比没有 AlX_3 时大，大到可以进攻苯环，与苯环发生亲电取代反应。

烷基化反应具有以下特点：

(1) 在烷基化反应中，引入的烷基常常发生重排。例如：

$$C_6H_6 + CH_3CH_2CH_2Cl \xrightarrow{\text{无水 } AlCl_3} \underset{30\%}{C_6H_5CH_2CH_2CH_3} + \underset{70\%}{C_6H_5CH(CH_3)_2}$$

$$C_6H_6 + CH_3-C(CH_3)_2-CH_2Cl \xrightarrow{\text{无水 } AlCl_3} C_6H_5-C(CH_3)_2-CH_2-CH_3$$

几乎完全是重排产物

$AlCl_3$ 是一个强路易斯酸，$(CH_3)_3CCH_2Cl$ 与 $AlCl_3$ 作用生成碳正离子 $(CH_3)_3C\overset{+}{C}H_2$，接着 $(CH_3)_3C\overset{+}{C}H_2$ 发生重排，生成更稳定的三级碳正离子 $CH_3CH_2\overset{+}{C}(CH_3)_2$，然后再进行烷基化反应，生成产物。

(2) 在烷基化反应时，常发生多烷基化反应。这是因为烷基是一个推电子的活化苯环的取代基，当苯环上引入了第一个烷基后，第二个烷基的引入比第一个要容易。

(3) 烷基化反应是可逆反应，在路易斯酸的催化下，烷基苯可以发生去烷基化反应。例如：

$$C_6H_6 \underset{}{\overset{CH_3I,\text{无水 } AlCl_3}{\rightleftharpoons}} C_6H_5CH_3 \overset{\text{无水 } AlCl_3}{\rightleftharpoons} C_6H_6 + C_6H_4(CH_3)_2$$

2) Friedel-Crafts 酰基化反应

芳烃在无水三氯化铝的催化下，与酰卤(RCOX)或酸酐(RCOOCOR)作用，苯环上氢原子被酰基取代，生成芳酮的反应称为 Friedel-Crafts 酰基化反应。

$$C_6H_6 + R-\overset{O}{\overset{\|}{C}}-X\ (\text{或 } R\overset{O}{\overset{\|}{C}}-O-\overset{O}{\overset{\|}{C}}-R) \xrightarrow{\text{无水 } AlCl_3} C_6H_5-\overset{O}{\overset{\|}{C}}-R + HX(RCOOH)$$

酰基化反应是制备芳酮的重要方法之一，也是制备烷基苯较好的方法之一。因为用锌汞齐还原芳酮(又称克莱门森还原)，羰基被还原成亚甲基，得到直链烷基苯。例如：

$$C_6H_6 + CH_3CH_2\overset{O}{\overset{\|}{C}}Cl \xrightarrow{\text{无水 } AlCl_3} C_6H_5COCH_2CH_3 \xrightarrow[HCl]{Zn\text{-}Hg} C_6H_5CH_2CH_2CH_3$$

$$C_6H_6 + \begin{matrix} CH_2-C(=O) \\ | \qquad\quad O \\ CH_2-C(=O) \end{matrix} \xrightarrow{\text{无水 } AlCl_3} C_6H_5COCH_2CH_2COOH \xrightarrow[HCl]{Zn\text{-}Hg} C_6H_5CH_2CH_2CH_2COOH$$

酰基化反应时，进攻的亲电试剂可能是酰基正离子或高度极化的络合物。

$$RCOCl + AlCl_3 \overset{快}{\rightleftharpoons} [R\overset{+}{C}{=}O]AlCl_4^-$$

酰基正离子

$$RCOCl + AlCl_3 \overset{快}{\rightleftharpoons} R\overset{\delta+}{C}(=O)\cdots\overset{\delta-}{Cl}\cdots AlCl_3 \quad 或 \quad R—\overset{\delta+}{C}(Cl){=}\overset{\delta-}{O}\cdots AlCl_3$$

高度极化的络合物

$$C_6H_6 + R—\overset{+}{C}{=}O \xrightarrow{慢} [C_6H_6(H)(COR)]^+ \xrightarrow[AlCl_3]{快} C_6H_5—C(=O)—R + HCl + AlCl_3$$

由于酰基是一个吸电子的钝化苯环的取代基，酰基化产物芳酮的活性比反应物芳烃小，因此一般不发生多酰基化。酰基化时，引入的酰基也不发生重排。

5. 氯甲基化反应

在无水氯化锌存在下，芳烃与甲醛及氯化氢作用，芳环上氢原子被氯甲基取代的反应，称为氯甲基化反应。例如：

$$C_6H_6 + HCHO + HCl \xrightarrow[60℃]{无水\ ZnCl_2} C_6H_5—CH_2Cl + H_2O$$

79%

反应机理：

$$H—\overset{O}{\overset{\|}{C}}—H \xrightarrow[快]{HCl} [(CH_2{=}\overset{+}{O}H)Cl^- \longleftrightarrow (H_2\overset{+}{C}—OH)Cl^-] \xrightarrow[慢]{C_6H_6} [C_6H_6(H)(CH_2OH)]^+$$

$$\xrightarrow{-H^+} C_6H_5CH_2OH \xrightarrow{Cl^-} C_6H_5CH_2Cl + HO^-$$

氯化苄上的氯十分活泼，因此—CH_2Cl 可进一步转化为—CH_2OH、—CHO、—CH_2CN、—CH_2COOH、—CH_2NH_2、—$CH_2N^+R_3Cl^-$ 等。例如：

$$C_6H_5—CH_2Cl \xrightarrow{NaOH} C_6H_5—CH_2OH \xrightarrow{[O]} C_6H_5—CHO$$

$$C_6H_5—CH_2Cl \xrightarrow{KCN} C_6H_5—CH_2CN \xrightarrow[水解]{H_3^+O} C_6H_5—CH_2COOH$$

$$C_6H_5—CH_2Cl \xrightarrow{NH_3} C_6H_5—CH_2NH_2$$

$$C_6H_5—CH_2Cl \xrightarrow{(CH_3CH_2)_3N} C_6H_5—CH_2\overset{+}{N}(CH_2CH_3)_3Cl^-$$

氯甲基化反应对于苯、烷基苯、烷氧基苯和稠环芳烃都是可实现的，但当苯环上有强吸电子基团时，产率很低甚至不反应。例如，硝基苯的氯甲基化反应产率极低，间二硝基苯一般不发生氯甲基化反应。

8.1.2　氧化反应

苯在 $KMnO_4$、$K_2Cr_2O_7$ 的酸性溶液中不发生氧化反应，但在高温和催化剂作用下，可被空气氧化，生成顺丁烯二酸酐：

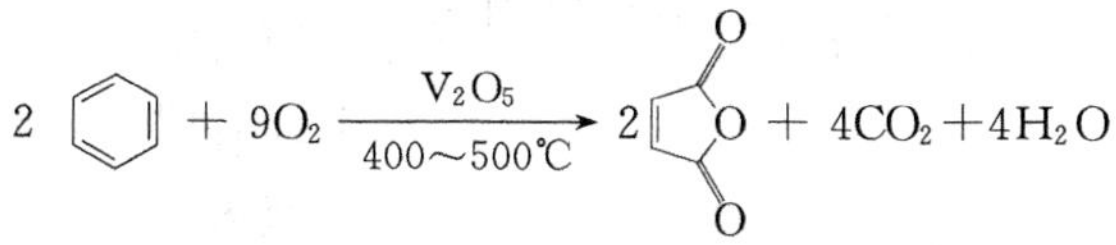

$$2\,C_6H_6 + 9O_2 \xrightarrow[400\sim500℃]{V_2O_5} 2\,(\text{顺丁烯二酸酐}) + 4CO_2 + 4H_2O$$

烷基苯比苯容易氧化。在强氧化剂如 $KMnO_4$、$K_2Cr_2O_7$、HNO_3 的氧化下，或在催化剂作用下，用空气或氧气氧化，烷基被氧化成羧基，而且不论烷基碳链的长短，只要有 α-H 存在，一般就被氧化生成苯甲酸。

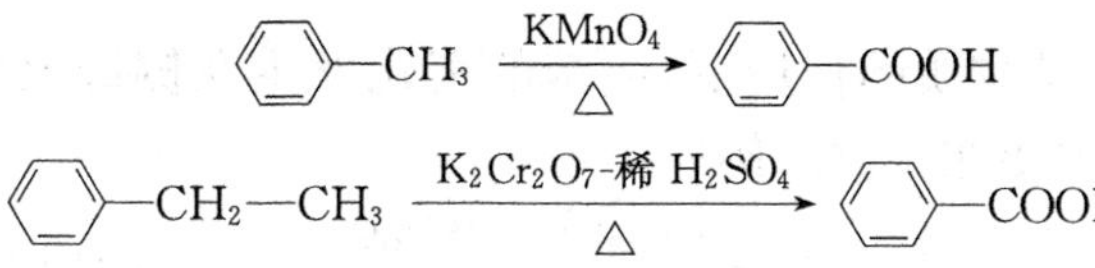

$$C_6H_5-CH_3 \xrightarrow[\triangle]{KMnO_4} C_6H_5-COOH$$

$$C_6H_5-CH_2-CH_3 \xrightarrow[\triangle]{K_2Cr_2O_7\text{-稀 }H_2SO_4} C_6H_5-COOH$$

8.1.3 加成反应

具有芳香性的芳环并不是不能发生加成反应，只不过是取代反应更易发生。在一定条件下，苯环是可以发生加成反应的。

1. 催化加氢

在催化剂 Pt、Pd 或雷尼镍的作用下，苯环能与氢加成。

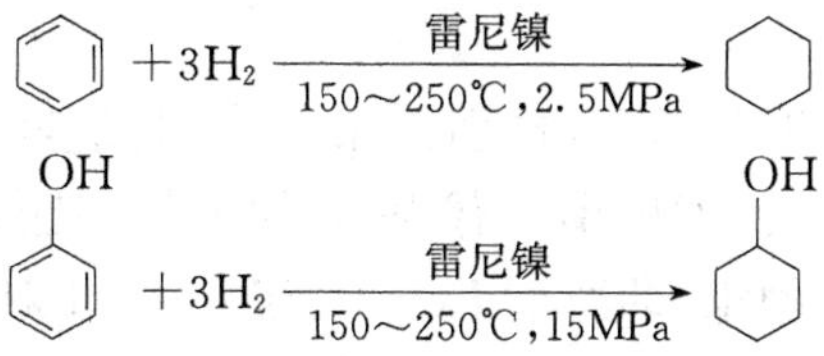

$$C_6H_6 + 3H_2 \xrightarrow[150\sim250℃,\ 2.5MPa]{\text{雷尼镍}} C_6H_{12}$$

$$C_6H_5OH + 3H_2 \xrightarrow[150\sim250℃,\ 15MPa]{\text{雷尼镍}} C_6H_{11}OH$$

这是工业上生产环己烷和环己醇的方法。

2. Birch 还原

金属钠在液氨-乙醇溶液中可把苯还原成为 1,4-环己二烯：

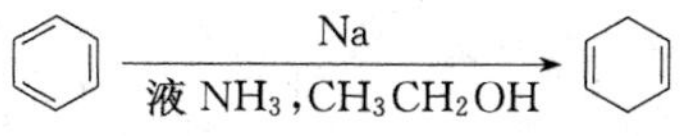

$$C_6H_6 \xrightarrow[\text{液 }NH_3,\ CH_3CH_2OH]{Na} C_6H_8$$

1,4-环己二烯

这类反应称为 Birch 还原。苯环上带有卤素、硝基、羰基时，可同时被还原。Birch 还原，可以用来合成一些用其他方法难以合成的化合物。例如：

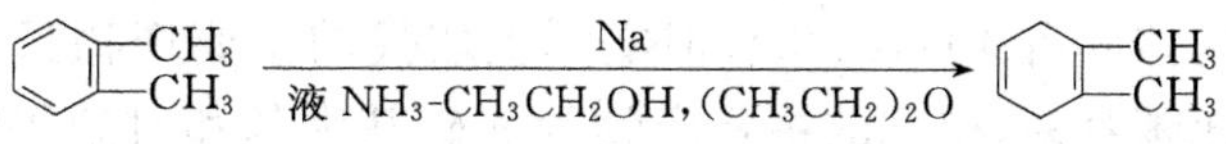

$$C_6H_4(CH_3)_2 \xrightarrow[\text{液 }NH_3\text{-}CH_3CH_2OH,\ (CH_3CH_2)_2O]{Na} C_6H_6(CH_3)_2$$

3. 加氯

在日光或紫外光照射下，苯能与氯加成，生成六氯代苯。

$$C_6H_6 + 3Cl_2 \xrightarrow{\text{日光或紫外光}} C_6H_6Cl_6$$

六氯化苯

六氯代苯 $C_6H_6Cl_6$ 俗名六六六，是一种大量使用的农用杀虫剂，由于严重污染环境已被禁止使用。

8.1.4　苯环侧链 α-H 的卤化反应

在光或能产生自由基物质的作用下，甲苯的卤化发生在侧链上而不是在芳环上。如果侧链较长，卤化反应主要在 α 位。例如：

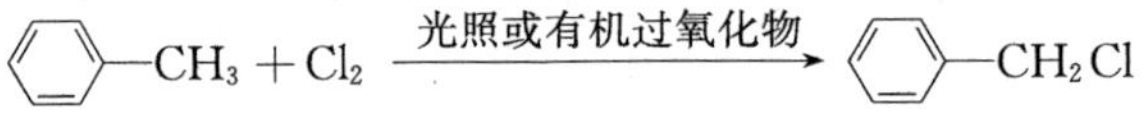

$$C_6H_5\text{—}CH_3 + Cl_2 \xrightarrow{\text{光照或有机过氧化物}} C_6H_5\text{—}CH_2Cl$$

苄基氯

$$C_6H_5\text{—}CH_2CH_3 + Cl_2 \xrightarrow{\text{光照或有机过氧化物}} C_6H_5\text{—}CHClCH_3$$

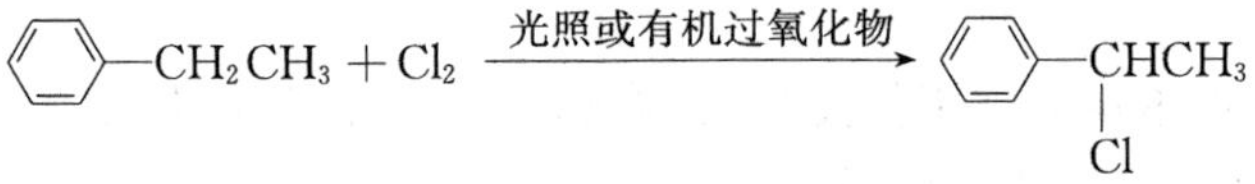

α-氯代乙苯

反应机理与丙烯中的 α-H 卤化一样，是自由基的取代反应(7.1.9 中 1)。

8.2　苯环上亲电取代反应定位规律

如果苯环上已经有一个取代基 Y，再引入第二个取代基时，将出现两个问题：①第二个取代基进入苯环上哪个位置，即所谓取代基 Y 的定位问题；②引入第二个取代基比引入第一个取代基是容易还是困难，即所谓 Ph—Y 与 Ph—H 对比反应的活性问题。

8.2.1　两类定位基

一取代苯再进行硝化反应时，硝基可进入原取代基的邻位、对位或间位，生成三种异构体。

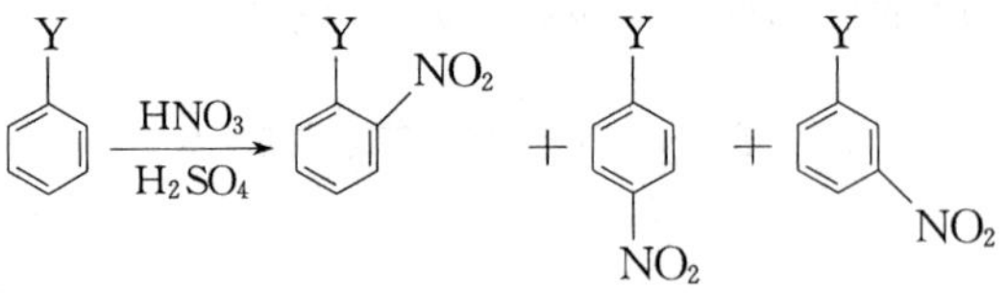

$$C_6H_5Y \xrightarrow[H_2SO_4]{HNO_3} o\text{-}YC_6H_4NO_2 + p\text{-}YC_6H_4NO_2 + m\text{-}YC_6H_4NO_2$$

一取代苯有两个邻位、两个间位和一个对位上的氢原子可被取代。如果这 5 个位置取代的机会是均等的，所得的取代产物中邻位异构体应占 40%(2/5)、对位异构体应占 20%(1/5)、间位异构体应占 40%(2/5)，但实际上取代的主要产物只有一种或两种。例如甲苯的硝化反应比苯容易，得到的主要产物为邻硝基甲苯和对硝基甲苯两种产物。硝基苯的硝化反应比苯困难，主要产物为间二硝基苯。其他一取代苯硝化反应的结果，列在表 8-1 中。从表 8-1 中数据可看出，前 7 个取代苯硝化产物主要是邻位和对位异构体，后 6 个取代苯硝化产物主要是间位异构体。可见，苯环上原有的取代基，对再进行的亲电取代反应，不仅影响反应的难易，也影响着第二取代基进入苯环的位置。这种影响称为取代基的定位效应。

表 8-1 Ph—Y 的硝化产物

Y	邻位/%	对位/%	(邻位+对位)/%	间位/%
OH	50～55	45～50	100	微量
$NHCOCH_3$	19	79	98	2
CH_3	58	38	96	4
F	12	88	100	微量
Cl	30	70	100	微量
Br	37	62	99	1
I	38	60	98	2
(H)	(40)	(20)	(60)	(40)*
NO_2	6.4	0.3	6.7	93.3
$^+N(CH_3)_3$	0	11	11	89
CN	—	—	19	81
COOH	19	1	20	80
SO_3H	21	7	28	72
CHO	—	—	28	72

* 如果亲电取代没有选择性，则从统计因素（Ph—Y 环上有 5 个可被取代的位置：2 个邻位、2 个间位、1 个对位）来看，产物应由 40%邻位、40%间位和 20%对位异构体组成。

根据许多实验结果，可以把苯环上的取代基按进行亲电取代反应时的定位效应大致分为两类：

第一类定位基——邻对位定位基，如$—O^-$、$—N(CH_3)_2$、$—NH_2$、—OH、$—OCH_3$、$—NHCOCH_3$、$—OCOCH_3$、—R、—Cl、—Br、—I、$—C_6H_5$ 等。这些定位基都是以单键和苯环相连，且直接和苯环相连的原子一般具有孤对电子或负电荷。这类定位基使新进入的取代基主要进入它的邻位和对位，活化苯环（卤素例外），使亲电取代反应更易进行。

第二类定位基——间位定位基，如$—\overset{+}{N}(CH_3)_3$、$—NO_2$、—CN、$—SO_3H$、—CHO、$—COCH_3$、—COOH、$—COOCH_3$、$—CONH_2$、$—\overset{+}{N}H_3$ 等。在这类定位基中与苯环直接相连的原子，一般具有双键或带正电荷。该定位基使新进入的取代基主要进入它的间位，钝化苯环，使亲电取代反应难以进行。

当苯与亲电试剂进行亲电取代反应时，首先亲电试剂与苯环大 π 电子云作用，生成 π 络合物。接着亲电试剂从苯环大 π 电子云中得到一对电子与苯环上一个碳原子形成 σ 键，生成 σ 络合物。

在 σ 络合物中，与亲电试剂相连的碳原子已由 sp^2 杂化轨道变成 sp^3 杂化轨道，环上相邻的碳原子上带有正电荷，原由 6 个碳原子、6 个 π 电子组成的闭合的共轭体系变成由 5 个碳原子、4 个 π 电子组成的缺电子共轭体系 π_5^4。所以，σ 络合物是一个能量高、不稳定的碳正离子活性中间体。

在苯的亲电取代反应中，σ 络合物的形成是整个反应中最慢的一步，是决定反应速率的一步。一旦 σ 络合物形成，很快就从 sp^3 杂化碳原子上失去一个质子，生成取代产物。在取代产物中恢复了苯环的共轭体系，使之稳定。

8.2.2　定位规则的理论解释

取代基的定位效应与取代基的诱导效应，共轭效应和超共轭效应等电子效应有关。在一取代苯的亲电取代反应中，决定反应速率的一步是碳正离子中间体（σ 络合物）的生成。取代基的电子效应主要看它对生成的碳正离子中间体稳定性影响如何。如果取代基的电子效应使生成的碳正离子中间体稳定性增加，那么生成该碳正离子中间体的活化能就小，碳正离子中间体就容易生成，亲电取代反应就比苯容易，该取代基就活化苯环。反之，如果取代基的电子效应使生成的碳正离子中间体稳定性降低，那么生成该碳正离子中间体活化能就大，碳正离子中间体就难以生成，亲电取代反应就比苯难，取代基的电子效应作用的结果是钝化苯环。

1. 邻、对位定位基对苯环的影响及其定位效应

现以甲基、羟基和氯原子为例说明。

1）甲基

甲苯比苯容易进行亲电取代反应的原因：甲基具有较弱的给电子的超共轭效应，使甲苯苯环上的电子云密度有所增加，有利于亲电试剂的进攻。

从 σ 络合物的稳定性来看，亲电试剂无论进攻甲基的邻位、对位还是间位，生成的三种 σ 络合物都比苯进行同样的反应所生成的 σ 络合物稳定。这是由于甲基给电子的结果，中和了环上部分正电荷，使环上的正电荷减少而稳定，因此甲苯比苯容易进行亲电取代反应。但亲电试剂进攻甲基的邻、对位与进攻间位相比，生成碳正离子的稳定性不同。

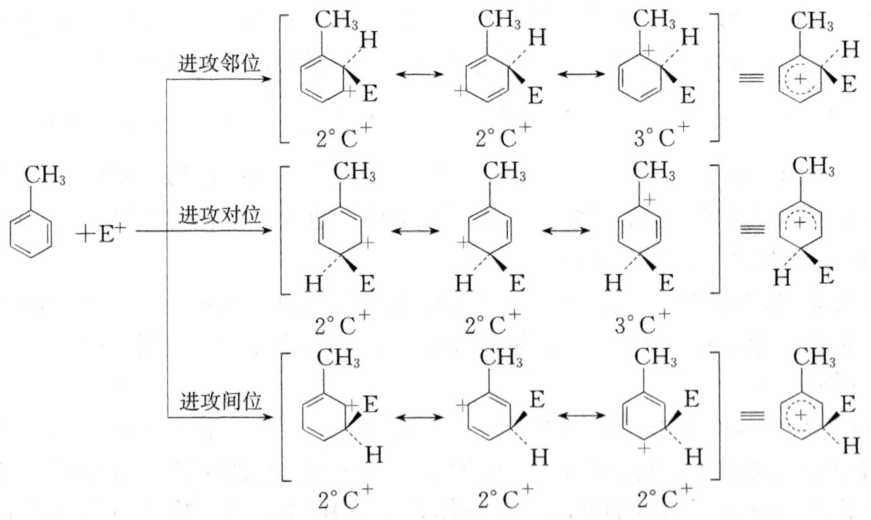

E^+ 作为亲电试剂，无论从甲基的邻位还是对位进攻苯环，在三种极限结构中，都有叔碳正离子，且带正电荷的碳原子与甲基直接相连，因此正电荷分散较好，有较低的能量，比较稳定，由于它的贡献大，邻、对位取代物容易生成；而进攻间位时生成的碳正离子，其三种共振结构都是仲碳正离子，而且带电荷的碳原子不与甲基直接相连，因此正电荷分散较

差、能量较高，较难形成(图 8-2)。

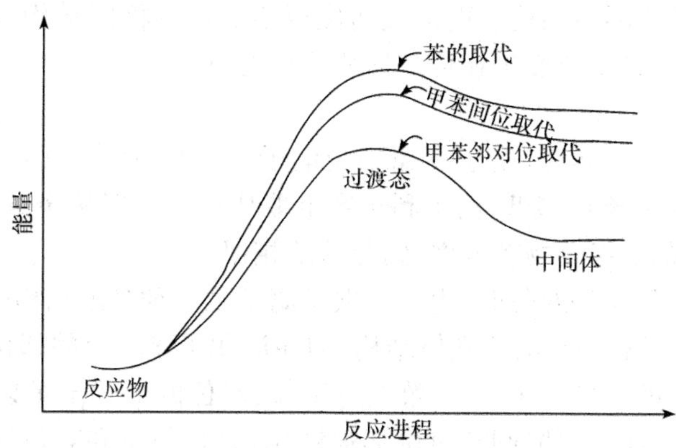

图 8-2 甲苯和苯亲电取代中的能量变化比较

总之，甲苯比苯容易进行亲电取代反应，其中邻、对位比间位更容易。

2) 羟基

羟基与苯环相连时，由于羟基氧原子的电负性比碳原子强，羟基吸引电子，使苯环上电子云密度降低(－I)，如Ⅰ。但由于氧原子直接与苯环相连，氧原子上的未共用电子对与苯环 π 电子形成 p-π 共轭体系，电子离域，使苯环上的电子云密度增高(＋C)，尤其是邻位和对位，如Ⅱ。

Ⅰ Ⅱ

在苯酚分子中，由于共轭效应(＋C)大于诱导效应(－I)，当苯环进行亲电取代反应时，不仅比苯容易进行，且反应主要发生在羟基的邻位和对位。

与甲基相似，通过考查 σ 络合物的稳定性，也可以得出同样的结论。当亲电试剂分别进攻酚羟基的邻、对位和间位时，可分别得到如下共振结构式：

进攻邻位 (ia) (ib) (ic) (id)

进攻对位 (iia) (iib) (iic) (iid)

进攻间位 (iiia) (iiib) (iiic)

在上述极限结构中，(id)和(iid)特别稳定。因为在这两种极限结构中，除氢原子外，每个原子都有完整的八隅体结构。而进攻间位得不到这种极限结构，因此苯酚的亲电取代反应比苯容易进行，且主要发生在羟基的邻位和对位。

3) 氯原子

氯原子与苯环直接相连时，由于氯原子吸电子诱导效应(－I)大于推电子共轭效应(＋C)，使苯环上电子云密度降低，而不利于亲电取代反应。但从亲电试剂进攻氯原子的邻、对和间位所生成的 σ 络合物来考虑，则与苯酚相似。

当进攻氯原子的邻位和对位时，生成的碳正离子是 4 种极限结构的共振杂化体，其中极限结构(id)和(iid)具有完整的八隅体结构，因而活化了苯环上的邻位和对位，对间位没有影响。又因氯原子的－I＞＋C，＋C 效应对于邻、对位的活化不足以补偿－I 效应对苯环的钝化，结果是与苯相比，邻、间和对位都被钝化，只是邻位和对位的钝化程度比较小，所以氯原子是一个钝化苯环的邻、对位定位基(图 8-3)。

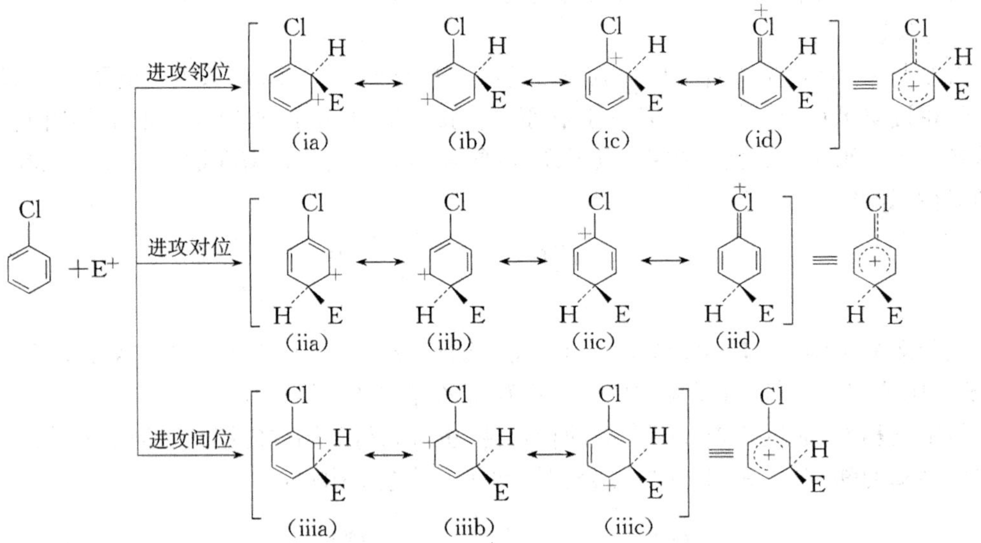

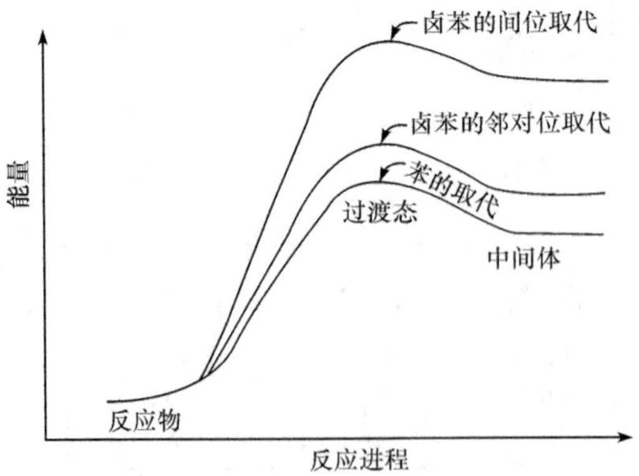

图 8-3　卤苯和苯亲电取代中能量变化比较

2. 间位定位基对苯环的影响及其定位效应

现以硝基苯为例来说明。当硝基与苯环直接相连时,由于氮原子和氧原子的电负性都比碳原子大,硝基是吸电子的取代基,硝基吸电子的结果,使苯环电子云密度降低(−I),如Ⅰ;同时硝基的 π 轨道与苯环的 π 轨道形成 π-π 共轭体系,吸电子的共轭效应也使苯环的电子云密度降低,尤其是硝基的邻位和对位,如Ⅱ。因此,硝基苯在进行亲电取代反应时,不仅比苯难于进行,而且主要得到间位产物。

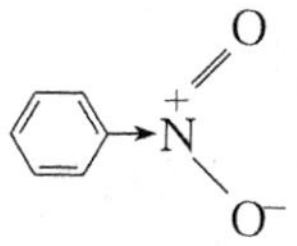

Ⅰ 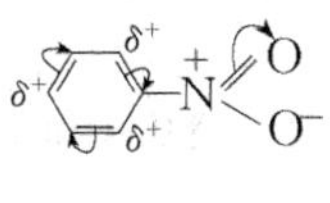 Ⅱ

从亲电试剂进攻硝基的邻、对位和间位所生成的 σ 络合物的稳定性考虑,也会得到同样的结论。

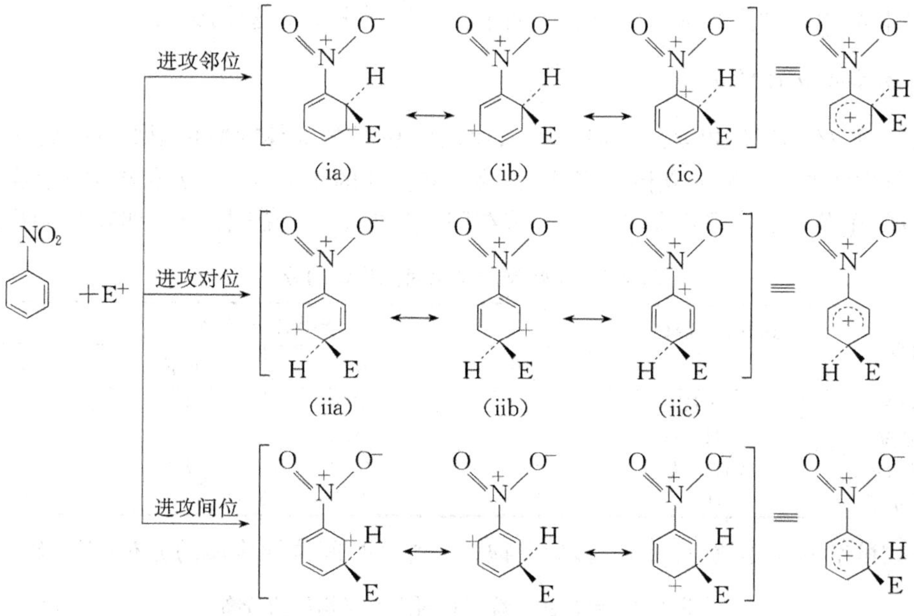

进攻邻位 (ia) (ib) (ic)

进攻对位 (iia) (iib) (iic)

进攻间位 (iiia) (iiib) (iiic)

在硝基苯的邻、对位和间位受到亲电试剂进攻时所形成的碳正离子中,每个碳正离子都是三种极限结构的共振杂化体。但(ic)和(iic)两种极限结构,其带有正电荷的碳原子都直接与强吸电基团硝基相连,正电荷更加集中,能量更高而不稳定,故更不易形成。碳正离子(iiia)、(iiib)和(iiic)三种极限结构,带电荷的碳原子都不直接与硝基相连,比前两种碳正离子稳定,能量较低而比较容易生成,因此,硝基苯的亲电取代反应主要发生在间位。但与苯进行的亲电取代反应所生成的碳正离子比,由于硝基的存在,环上的正电荷比较集中,故能量较高,而较难生成(图 8-4),因此,硝基苯比苯较难进行亲电取代反应。

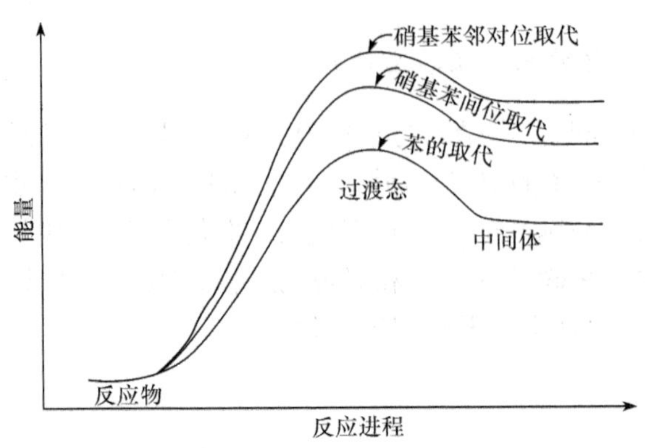

图 8-4　硝基苯和苯亲电取代中的能量变化比较

8.2.3　影响苯的二元取代产物异构体比例的因素

影响苯的二元取代产物异构体比例的因素除了第一个取代基的性质外，还有其他一些因素，如立体效应、反应温度、溶剂、催化剂等，它们对反应速率、试剂进攻的位置和邻、对、间位各异构体的产率都有影响。下面举几个例子来说明这些影响。

1. 立体效应的影响

除了原取代基 Y 的电子效应影响外，原取代基 Y 的立体效应也影响着生成邻位异构和对位异构体的量。Y 的立体效应越大，邻位异构体的量越少，对位异构体的量越多。

例如，甲苯、乙苯、异丙苯和叔丁基苯在同样条件下进行硝化，结果如表 8-2 所示。

表 8-2　一烷基苯硝化时异构体的分布

化合物	环上原有取代基（—R）	异构体分布/%			
		邻位	对位	间位	邻位/对位
甲苯	$—CH_3$	58.5	37.2	4.3	1.57
乙苯	$—CH_2CH_3$	45.0	48.5	6.5	0.92
异丙苯	$—CH(CH_3)_2$	30.0	62.3	7.7	0.48
叔丁苯	$—C(CH_3)_3$	15.8	72.7	11.5	0.22

进攻试剂的立体效应也同样影响产物——邻、对、间位异构体的分布（表 8-3）。

表 8-3　甲苯发生烷基化时产物异构体的分布

新引入基团	异构体分布/%		
	邻位	间位	对位
甲基	53.8	17.4	28.8
乙基	45.0	30.0	25.0
异丙基	37.5	29.8	32.7
叔丁基	0	7.0	93.0

2. 温度的影响

温度的变化，对于异构体的比例，也有一定的影响（表 8-4）。

表 8-4 甲苯在不同温度下的磺化反应

温度/℃	异构体分布/%		
	邻位	间位	对位
100	13	8	79
0	53	4	43

3. 催化剂的影响

催化剂不同，异构体的比例也不同(表 8-5)。

表 8-5 溴苯溴化时使用不同催化剂

催化剂	异构体分布/%		
	邻位	间位	对位
$AlCl_3$	8	30	62
$FeCl_3$	13	2	85

4. 试剂的影响

试剂不同，异构体的比例也有所不同。

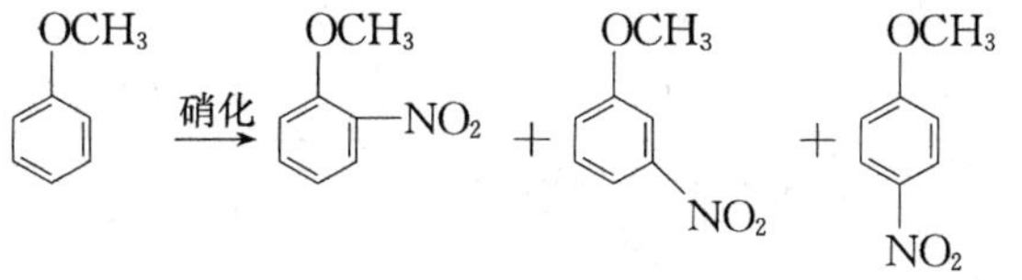

	苯甲醚 —硝化→ 邻硝基苯甲醚	+ 间硝基苯甲醚	+ 对硝基苯甲醚
HNO_3-H_2SO_4	31%	2%	67%
HNO_3-$(CH_3CO)_2O$	71%	1%	28%

8.2.4 二取代苯的定位规律

二取代苯在进行亲电取代反应时，具有以下定位规律：

(1) 当苯环上原有的两个取代基定位效应一致时，第三个取代基进入的位置由上述取代基的定位规则来决定。例如：

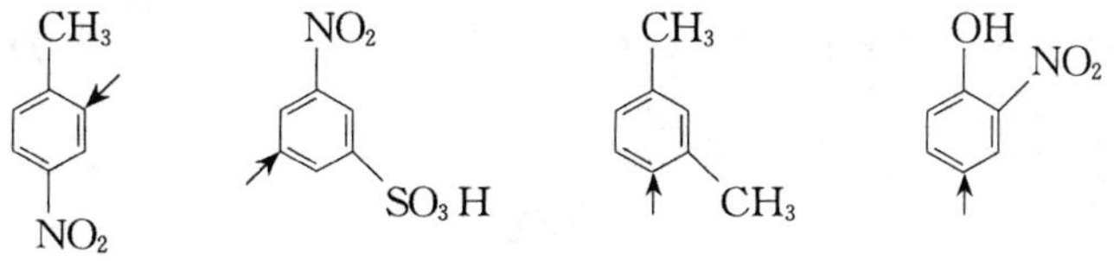

(2) 当苯环上原有的两个取代基定位效应不一致时，如果两个取代基都是活化基团，则较强的活化基团起控制作用。例如：

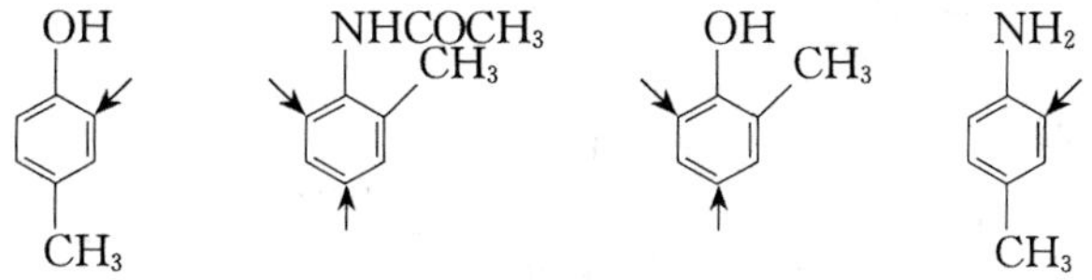

若这两个取代基一个是活化基团，另一个是钝化基团，则活化基团起控制作用。例如：

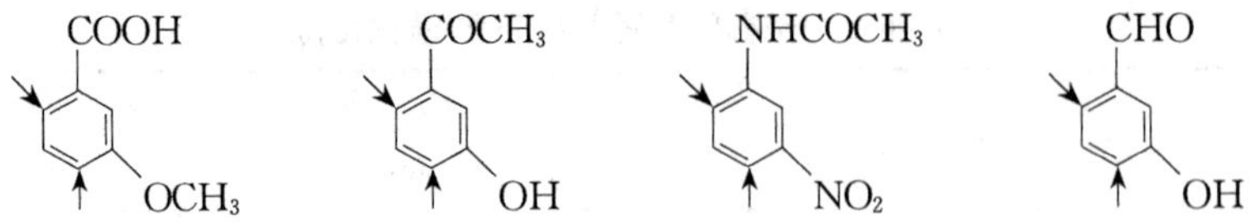

COOH　　COCH3　　NHCOCH3　　CHO
OCH3　　OH　　NO2　　OH

(3) 如果苯环上原有的两个取代基处于 1,3-位，由于立体效应，第三个取代基一般不进入 2 位。例如：

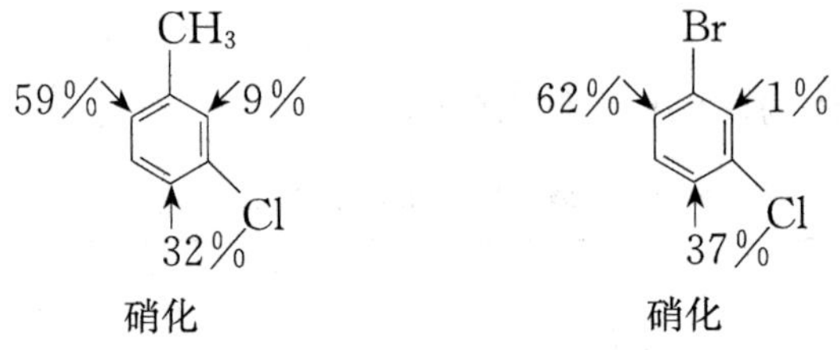

CH3　　Br
59%　9%　　62%　1%
Cl　　Cl
32%　　37%
硝化　　硝化

8.2.5 定位规律的应用

苯环上亲电取代反应定位规律对于合成苯的多取代衍生物，具有指导作用。这是因为合成苯的多取代衍生物，必须考虑取代基的定位效应，否则达不到预期的目的。例如：

1. 由苯合成邻、间、对硝基氯苯

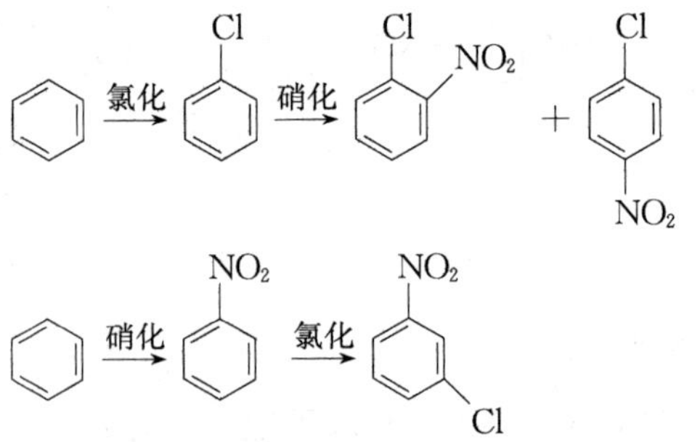

氯化　Cl　硝化　Cl　NO_2　+　Cl　NO_2

硝化　NO_2　氯化　NO_2　Cl

2. 由甲苯合成间位和对位硝基苯甲酸

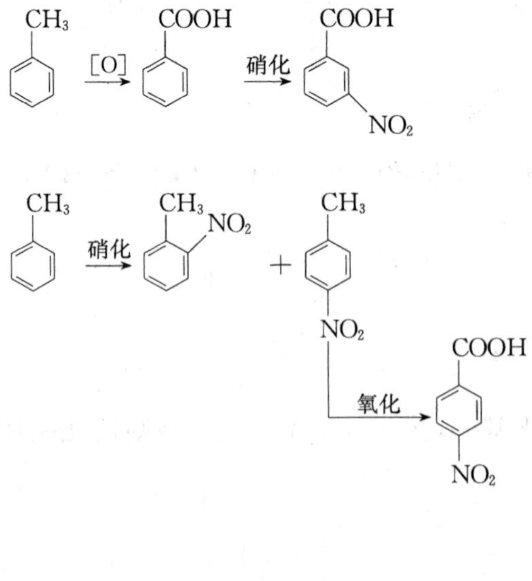

CH_3　[O]　COOH　硝化　COOH　NO_2

CH_3　硝化　CH_3　NO_2　+　CH_3　NO_2

氧化　COOH　NO_2

3. 由苯合成3-硝基-4-氯苯磺酸

$$\text{C}_6\text{H}_6 \xrightarrow{\text{氯化}} \text{C}_6\text{H}_5\text{Cl} \xrightarrow{\text{磺化}} p\text{-ClC}_6\text{H}_4\text{SO}_3\text{H} \xrightarrow{\text{硝化}} \text{3-NO}_2\text{-4-ClC}_6\text{H}_3\text{SO}_3\text{H}$$

8.3 多环芳烃

多环芳烃一般是指分子中含有两个或两个以上苯环结构的芳烃。多环芳烃根据苯环在分子中结合的方式不同，可分为多环芳烃和稠环芳烃两类。其中，以稠环芳烃较为重要。

8.3.1 三苯甲烷

三苯甲烷是一个重要的多环芳烃，为斜方叶状晶体，熔点92℃，是三苯甲烷类染料的母体，可由苯与氯仿反应得到。反应式如下：

$$3\,\text{C}_6\text{H}_6 + \text{CHCl}_3 \xrightarrow{\text{无水 AlCl}_3} \text{Ph}_3\text{CH}$$

三苯甲烷的C—H键与三个苯基形成σ-π共轭体系，氢原子显示出“酸性”，$\text{p}K_a=31.5$。在溶剂中三苯甲烷与钠反应生成血红色的三苯甲基钠，其中含有三苯甲基负离子。

$$(\text{C}_6\text{H}_5)_3\text{CH}+\text{Na}\longrightarrow(\text{C}_6\text{H}_5)_3\text{C}^-\,\text{Na}^+ + 1/2\text{H}_2$$

三苯甲烷氧化可以得到三苯甲醇，在硫酸作用下得三苯甲基正离子。

$$(\text{C}_6\text{H}_5)_3\text{CH}\xrightarrow{\text{O}_2}(\text{C}_6\text{H}_5)_3\text{COH}\xrightarrow{\text{H}_2\text{SO}_4}(\text{C}_6\text{H}_5)_3\text{C}\overset{+}{\text{O}}\text{H}_2\ \text{HSO}_4^- \xrightarrow{-\text{H}_2\text{O}}(\text{C}_6\text{H}_5)_3\text{C}^+$$

三苯甲基正离子比较稳定，可以同亲核性弱的负离子形成稳定的盐。在苯环的邻、对位再引入给电子基团，会使三苯甲基正离子更加稳定，就得到一类色泽鲜艳的染料——三苯甲烷类染料。

三苯基氯甲烷在苯溶液中与银粉（或锌粉）作用，得到黄色的三苯甲基自由基溶液。三苯甲基自由基是有机化学中发现的第一个自由基。

$$(\text{C}_6\text{H}_5)_3\text{CH}\xrightarrow{\text{Cl}_2}(\text{C}_6\text{H}_5)_3\text{C—Cl}$$

$$2(\text{C}_6\text{H}_5)_3\text{C—Cl}\xrightarrow{\text{Zn 粉}}2(\text{C}_6\text{H}_5)_3\text{C}\cdot+\text{ZnCl}_2$$

$$2(\text{C}_6\text{H}_5)_3\text{C}\cdot\begin{cases}\xrightarrow{\text{O}_2}\text{Ph}_3\text{C—O—O—CPh}_3\\ \xrightarrow{\text{Cl}_2}2\text{Ph}_3\text{C—Cl}\\ \xrightarrow{\text{Br}_2}2\text{Ph}_3\text{C—Br}\\ \xrightarrow{\text{I}_2}2\text{Ph}_3\text{C—I}\end{cases}$$

三苯甲基负离子、三苯甲基正离子和三苯甲基自由基比其他的碳负离子、正离子和自由基稳定。

8.3.2　联苯及其衍生物

联苯是两个苯环通过单键直接连接起来的二环芳烃。

联苯是无色晶体，熔点 70℃，沸点 255℃。因其沸点高和具有很好的热稳定性，所以用作热传导介质(热载体)。由 26.5%的联苯与 73.5%的二苯醚组成的低共熔混合物的熔点是 12℃，在 1MPa 压力下，加热到 400℃也不分解，是工业上性能优良的热载体。

1. 联苯的制备

工业上由苯蒸气通过红热的铁管脱氢制得联苯：

$$C_6H_5\text{—}H + H\text{—}C_6H_5 \xrightarrow[\text{铁管}]{700\sim800℃} C_6H_5\text{—}C_6H_5 + H_2$$

实验室可由碘苯与铜粉共热而制得：

$$2\,C_6H_5\text{—}I + 2Cu \xrightarrow{225℃} C_6H_5\text{—}C_6H_5 + 2CuI$$

2. 联苯的化学性质

联苯可以看作是苯的一个氢原子被苯基所取代，而苯基是邻对位定位基，所以联苯发生亲电取代反应时，取代基主要进入苯基的对位(由于空间位阻)，同时也有少量的邻位产物。例如：

$$C_6H_5\text{—}C_6H_5 \xrightarrow[\text{一元溴化}]{Br_2,Fe} C_6H_5\text{—}C_6H_4\text{—}Br \xrightarrow[\text{二元溴化}]{Br_2,Fe} Br\text{—}C_6H_4\text{—}C_6H_4\text{—}Br$$

硝化：

$$C_6H_5\text{—}C_6H_5 \xrightarrow{HNO_3,(CH_3CO)_2O} C_6H_5\text{—}C_6H_4\text{—}NO_2\ (\text{邻位}, O_2N)$$

$$C_6H_5\text{—}C_6H_5 \xrightarrow[\text{一元硝化}]{HNO_3,H_2SO_4} C_6H_5\text{—}C_6H_4\text{—}NO_2 \xrightarrow[\text{二元硝化}]{HNO_3,H_2SO_4} O_2N\text{—}C_6H_4\text{—}C_6H_4\text{—}NO_2$$

$$C_6H_5\text{—}C_6H_5 \xrightarrow[AlCl_3]{RCOCl} C_6H_5\text{—}C_6H_4\text{—}\overset{O}{\overset{\|}{C}}\text{—}R \xrightarrow[HCl]{Zn/Hg} C_6H_5\text{—}C_6H_4\text{—}CH_2R$$

$$C_6H_5\text{—}C_6H_5 \xrightarrow[AlCl_3]{\text{丁二酸酐}\ (CH_2CO)_2O} C_6H_5\text{—}C_6H_4\text{—}\overset{O}{\overset{\|}{C}}\text{—}CH_2\text{—}CH_2\text{—}\overset{O}{\overset{\|}{C}}\text{—}OH$$

$$\xrightarrow[HCl]{Zn/Hg} C_6H_5\text{—}C_6H_4\text{—}CH_2CH_2CH_2\overset{O}{\overset{\|}{C}}OH$$

$C_6H_5\text{—}C_6H_4\text{—}Y$ 的亲电取代反应定位规律：若 Y 是第一类定位基(活化苯环)，发生同环邻位取代（联苯—Y）；若 Y 是第二类定位基（钝化苯环），发生异环对位取代（→联苯—Y），因为邻位位阻大。

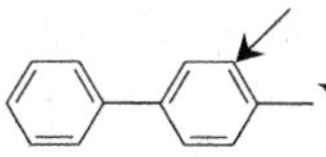

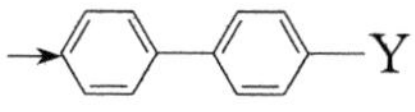

8.4 稠环芳烃及其衍生物

由两个或两个以上的苯环通过共用两个邻位碳原子稠合而成的芳烃称为稠环芳烃。简单的稠环芳烃如萘、蒽和菲是重要的化工产品，也是有机化工的基本原料，复杂的稠环芳烃如苯并菲、苯并蒽等，是有致癌活性和促进致癌的物质，这些稠环芳烃的衍生物也是如此。

8.4.1 萘的结构和性质

1. 萘的结构

萘的结构和苯的结构类似，也是一个平面分子。萘分子中每个碳原子的 sp^2 杂化轨道与相邻的碳原子的 sp^2 杂化轨道及氢原子的 1s 轨道重叠形成 σ 键。10 个碳原子都处在同一平面上，连接成两个稠合的六元环，8 个氢原子也在同一平面上。每个碳原子还有一个 p 轨道，这些轨道的对称轴互相平行，侧面相互重叠，形成了包含 10 个碳原子的大 π 键。萘具有 $255kJ \cdot mol^{-1}$ 的共振能（离域能）。图 8-5 为萘分子结构及其 π 分子的轨道示意图。

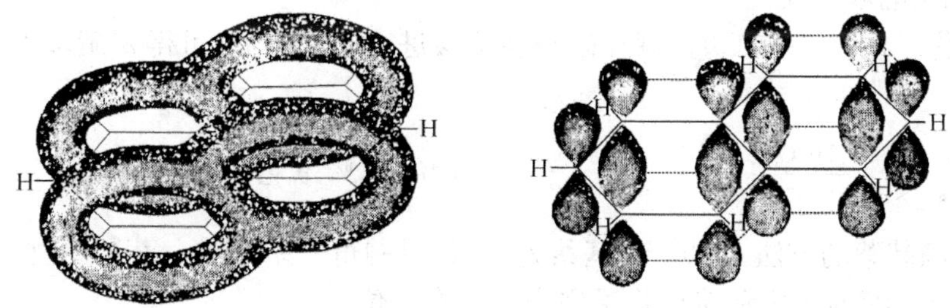

图 8-5 萘的 π 分子轨道示意图

经 X 射线衍射测定，萘分子中各碳碳键的键长并不完全相等，萘分子中各键的键长如下：

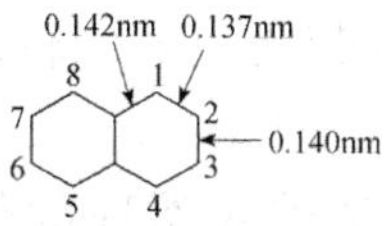

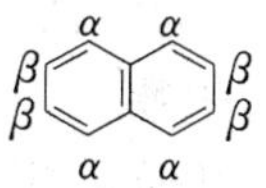

0.142nm 0.137nm 0.140nm
1 2 3 4 5 6 7 8
α α β β β β α α

萘分子中不仅各个键的键长有所不同，各碳原子的位置也不完全相同，其中 1、4、5、8 四个位置等同，称 α 位；2、3、6、7 四个位置等同，称 β 位。α 位电子云密度大些，β 位次之。α 位的活性大于 β 位。这些可从碳正离子的稳定性及其形成过渡态时的活化能高低予以解释。

当萘的 α 位被取代时，中间体碳正离子的结构可以用下列共振结构式来表示：

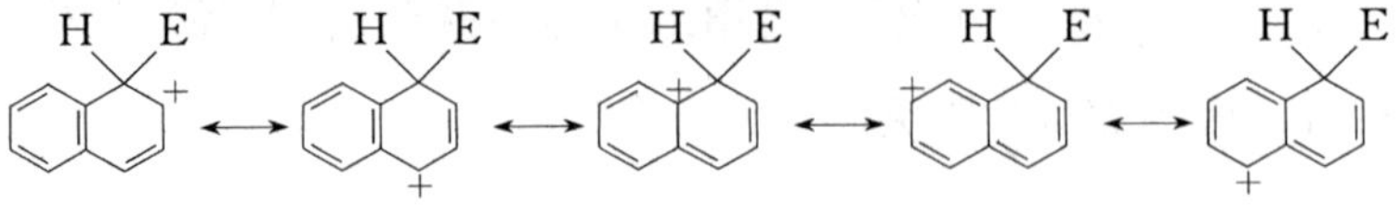

当萘的 β 位被取代时，中间体碳正离子的结构可以用下列共振结构式来表示：

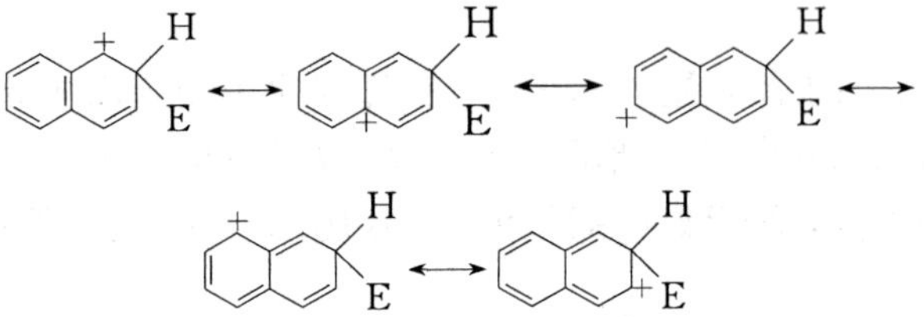

α 位取代时有两个共振式保持了一个苯环的结构，β 位取代时有一个共振式保持了一个苯环的结构，所以就整个共振杂化体来说，β 取代的能量高，因而 α 位的活性大于 β 位。

2. 萘的性质

萘是无色片状晶体，熔点 80℃，沸点 218℃，易升华。萘有特殊的气味，溶于乙醇、乙醚及苯中。萘是有机化工基础原料，它的许多衍生物是合成染料、农药和医药的重要的中间体。

萘的化学性质与苯相似。萘的共轭能为 254.8kJ · mol^{-1}，比两个单独苯环的共轭能的总和(2×150kJ · mol^{-1})低。因此，萘的稳定性比苯小，活泼性比苯大。

1) 一元亲电取代反应

(1) 硝化。在 30～60℃时，萘与硝酸和硫酸进行硝化反应，可得 α-硝基萘。

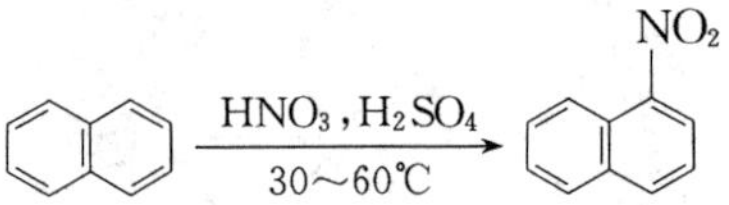

$\xrightarrow[30\sim60℃]{HNO_3, H_2SO_4}$ (NO_2)　(90%～95%，黄色针状结晶，熔点 61℃)

这是制备 α-硝基萘的方法。以 α-硝基萘为原料，可制得一系列的 α-萘衍生物。

(2) 卤化。萘的氯化和溴化几乎完全发生在 α 位。

$\xrightarrow[回流]{Br_2/Fe}$ (Br)　(72%～75%，无色液体，沸点 281℃)

α-溴萘

这是制备 α-溴萘和 α-氯萘的方法。以 α-溴萘为原料，通过格氏(Grignard)试剂的反应，可以制得一系列的 α-萘衍生物。

(3) 磺化。萘的磺化是可逆反应。磺酸基进入萘环的位置取决于反应温度。在 80℃，萘用浓硫酸磺化时几乎完全生成 α-萘磺酸。在这一温度下，磺化反应实际上是不可逆的，是动力学控制。由于萘 α 位的活性比 β 位的大，所以生成的绝大多数是 α-萘磺酸。在 160℃磺化时，生成的产物中 β-萘磺酸约占 80%，其余是 α-萘磺酸。这时磺化是可逆的，是热力学控制。

在α-萘磺酸分子中，体积相当大的磺酸基与第8位上的氢原子存在着较大的范德华斥力(立体张力)，所以与α-萘磺酸相比，β-萘磺酸的能量低、稳定性较大。

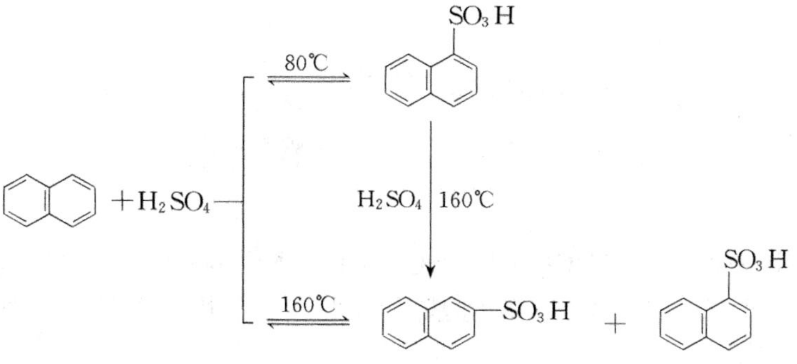

萘 $+H_2SO_4$ —— 80℃ ⇌ α-萘磺酸(SO_3H) —— H_2SO_4, 160℃ ↓

萘 $+H_2SO_4$ —— 160℃ ⇌ β-萘磺酸(SO_3H) + α-萘磺酸(SO_3H)

(β-萘磺酸 ~80%) (α-萘磺酸 ~20%)

立体张力较大 立体张力较小或无

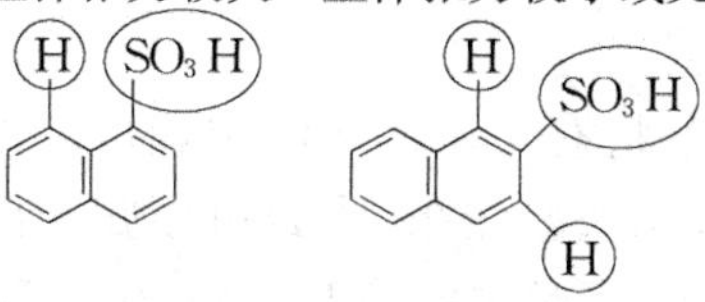

H SO_3H H SO_3H H

α-萘磺酸 β-萘磺酸

α-萘磺酸、β-萘磺酸在工业上可用来制备α-萘酚、β-萘酚及β-萘胺等一系列的萘衍生物。

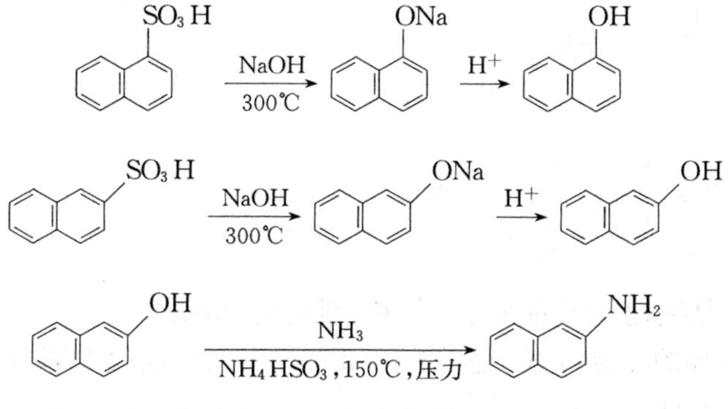

α-萘磺酸(SO_3H) $\xrightarrow[300℃]{NaOH}$ α-萘酚钠(ONa) $\xrightarrow{H^+}$ α-萘酚(OH) α-萘酚，无色针状晶体 m. p. 96℃，b. p. 279℃

β-萘磺酸(SO_3H) $\xrightarrow[300℃]{NaOH}$ β-萘酚钠(ONa) $\xrightarrow{H^+}$ β-萘酚(OH) β-萘酚，无色片状晶体 m. p. 113℃，b. p. 294℃

β-萘酚(OH) $\xrightarrow[NH_4HSO_3, 150℃, 压力]{NH_3}$ β-萘胺(NH_2) β-萘胺，无色片状晶体 m. p. 112℃，b. p. 306℃

用β-萘酚制β-萘胺的反应称为布赫尔(Bucherer)反应。

(4) Friedel-Crafts 酰基化反应。萘的酰基化反应通常得到α位和β位取代的混合物。产物中α位取代物和β位取代物的比例取决于反应条件。例如，在二硫化碳非极性溶剂中，主要得到α位取代产物；而在硝基苯中，则主要得到β位取代产物。

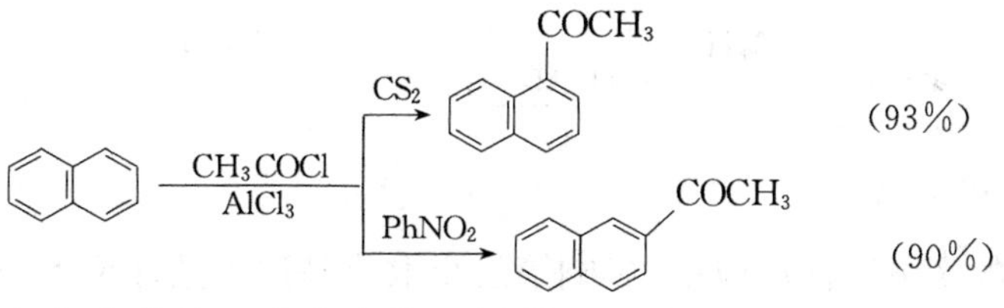

萘 $\xrightarrow[AlCl_3]{CH_3COCl}$ $\xrightarrow{CS_2}$ α-萘乙酮($COCH_3$) (93%)

萘 $\xrightarrow[AlCl_3]{CH_3COCl}$ $\xrightarrow{PhNO_2}$ β-萘乙酮($COCH_3$) (90%)

显然，酰基化为合成萘的β-取代产物又提供了一条途径。

(5) 氯甲基化反应。在无水氯化锌的催化下，萘与甲醛及浓盐酸反应时，主要产物是 α-氯甲基萘。

$$\text{萘} + HCHO + HCl \xrightarrow{ZnCl_2} \text{α-氯甲基萘}(CH_2Cl) + H_2O$$

α-氯甲基萘
(74%～77%)

α-氯甲基萘分子中的—CH_2Cl 基与 $PhCH_2Cl$ 分子中的—CH_2Cl 基一样，容易转变成—CH_2OH、—CH_2NH_2 和—CH_2CN 等基团，因此在 α-氯甲基萘的一系列衍生物的合成中有着重要的作用。

2) 萘环上亲电取代定位规律

当一取代萘再进行亲电取代时，新的基团既可进入已有取代基的环上(同环取代)，也可以进入另一个环上(异环取代)。

与一取代苯相比，一取代萘将有 7 个不同的位置可以被进一步取代，取代基的定位效应要比一取代苯复杂得多。根据实验结果，大致可以归纳出下列几条原则：

(1) 萘环上已有活化苯环的邻对位定位基，则发生同环取代。

如果第一个取代基处在 α 位(1 位)，则第二个取代基主要进入同环的另一个 α 位(4 位)；如果第一个取代基在 β 位，则第二个取代基主要进入同环的 α 位(1 位)。

$$\text{1-}CH_3\text{-萘} \xrightarrow{HNO_3} \text{1-}CH_3\text{-4-}NO_2\text{-萘} \quad (90\%)$$

$$\text{2-}CH_3\text{-萘} \xrightarrow{HNO_3} \text{2-}CH_3\text{-1-}NO_2\text{-萘} \quad (70\%\sim80\%)$$

(2) 萘环上第一个取代基是钝化苯环的间位定位基，则发生异环取代。

不论第一个取代基处在萘环的 α 位(1 位)还是 β 位(2 位)，第二个取代基都主要进入到异环的 α 位(5 位和 8 位)。例如：

$$\text{1-}NO_2\text{-萘} \xrightarrow{Fe, Br_2} \text{1-}NO_2\text{-5-Br-萘} + \text{1-}NO_2\text{-8-Br-萘}$$

$$\text{2-}SO_3H\text{-萘} \xrightarrow{HNO_3, H_2SO_4} \text{2-}SO_3H\text{-5-}NO_2\text{-萘}$$

在一取代萘的亲电取代反应中，影响第二个取代基进入萘环位置的因素较多，除原有的取代基外，亲电试剂、溶剂和温度也都有明显的影响。

3）氧化反应

萘比苯容易氧化，条件不同，得到的氧化产物不同。在乙酸溶液中，用铬酸酐氧化萘，制得 1,4-萘醌。在催化剂 V_2O_5 作用下，空气氧化萘可制得邻苯二甲酸酐。

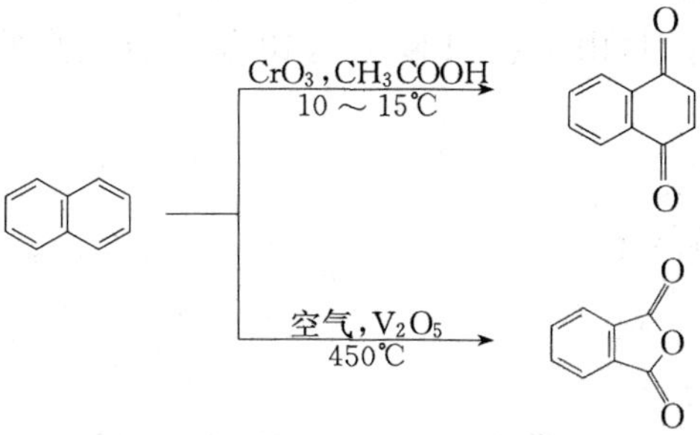

CrO_3，CH_3COOH 10～15℃ → 1,4-萘醌

空气，V_2O_5 450℃ → 邻苯二甲酸酐

由于萘环较易被氧化成萘醌，因此在合成上一般不能用像烷基苯侧链氧化制备苯甲酸的方法来制备萘甲酸。

在强烈的氧化条件下，电子云密度较大的苯环被氧化破裂。

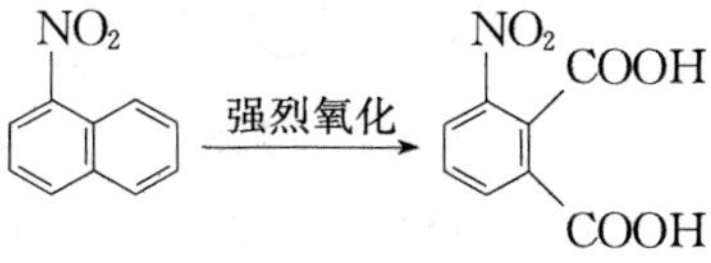

NO_2 强烈氧化 → NO_2 COOH COOH

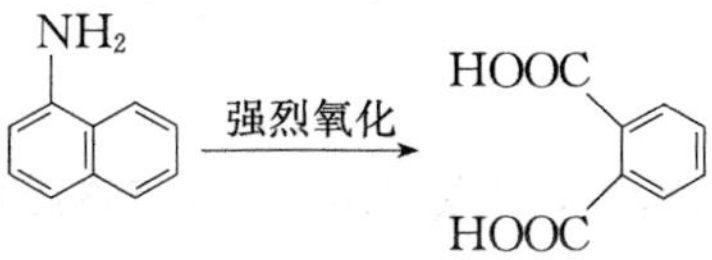

NH_2 强烈氧化 → HOOC HOOC

4）还原反应

萘比苯容易还原。反应条件不同，得到的还原产物不同。

用钠和乙醇可以使萘还原成 1,4-二氢化萘，但 1,4-二氢化萘不稳定，与乙醇钠的乙醇溶液一起加热，容易异构化，变成 1,2-二氢化萘。

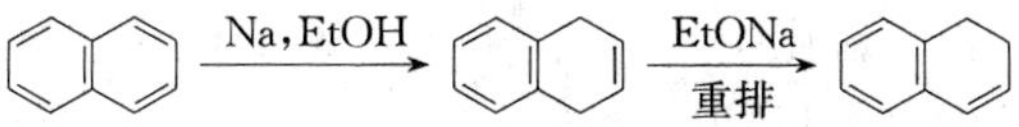

Na，EtOH → EtONa 重排 →

1,4-二氢化萘 1,2-二氢化萘

用钠和异戊醇使萘还原，反应在更高的温度下进行，得到 1,2,3,4-四氢化萘（简称四氢化萘）。

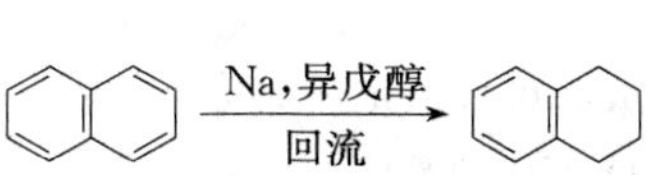

Na，异戊醇 回流 →

四氢化萘（液态，b. p. 270.2℃）

如果催化剂或反应条件不同，萘可以还原成四氢化萘或十氢化萘。

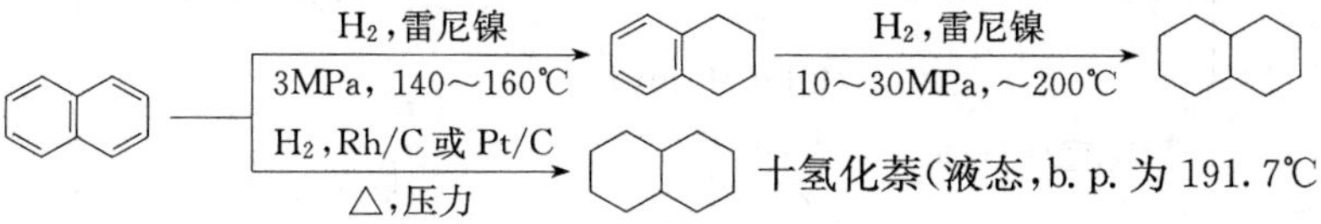

H_2，雷尼镍 3MPa，140～160℃ → H_2，雷尼镍 10～30MPa，～200℃ →

H_2，Rh/C 或 Pt/C △，压力 → 十氢化萘（液态，b. p. 为 191.7℃，常作为高沸点溶剂）

8.4.2　蒽和菲的性质

蒽和菲的分子式均为 $C_{14}H_{10}$，互为同分异构体，可以看成三个苯环稠合而成的稠环芳烃。但它们的共轭能都比苯的共轭能的 3 倍小得多，因而其稳定性比苯甚至比萘都小，因而比萘更易氧化或还原。反应时，由于蒽和菲的 9,10 位具有较高的活性，其反应主要发生在 9,10 位上。

0.139nm　0.142nm　0.136nm　0.144nm　0.139nm

蒽

0.135nm　0.137nm　0.141nm　0.138nm

菲

蒽中碳原子位置：1、4、5、8 位相同，称为 α 位；2、3、6、7 位相同，称为 β 位；9、10 位相同，称为 γ 位。

菲中碳原子位置：1、8 位，2、7 位，3、6 位，4、5 位，9、10 位相同。

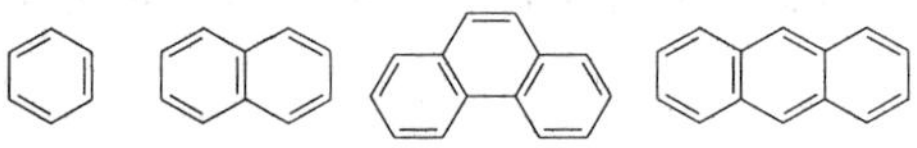

	苯	萘	菲	蒽
共振能/kJ · mol^{-1}	152	255	381	351
每个环的共振能/kJ · mol^{-1}	152	128	127	117
芳香性	——→减小			
活性	——→增加			

蒽为具有蓝色荧光的片状晶体，熔点 216℃，沸点 340℃，不溶于水，难溶于乙醇、乙醚，但溶于苯。

菲是无色晶体，熔点 100℃，沸点 340℃，不溶于水，溶于苯和乙醚中，呈蓝色荧光。蒽和菲的化学性质主要表现在以下几个方面：

1）氧化反应

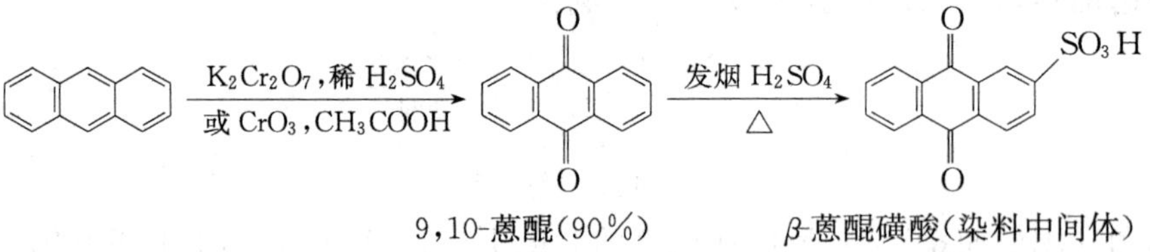

蒽 —（$K_2Cr_2O_7$，稀 H_2SO_4 或 CrO_3，CH_3COOH）→ 9,10-蒽醌(90%) —（发烟 H_2SO_4，△）→ β-蒽醌磺酸(染料中间体)

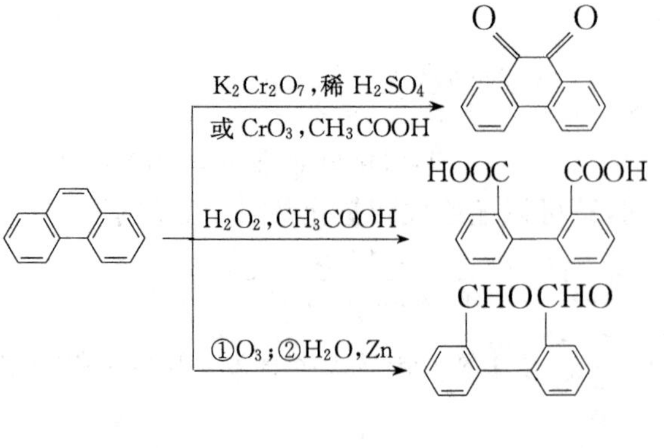

菲 —（$K_2Cr_2O_7$，稀 H_2SO_4 或 CrO_3，CH_3COOH）→ 9,10-菲醌(50%)

菲 —（H_2O_2，CH_3COOH）→ 2,2′-联苯二甲酸（HOOC、COOH）

菲 —（①O_3；②H_2O，Zn）→ 2,2′-联苯二甲醛（CHO、CHO）

2）加成反应

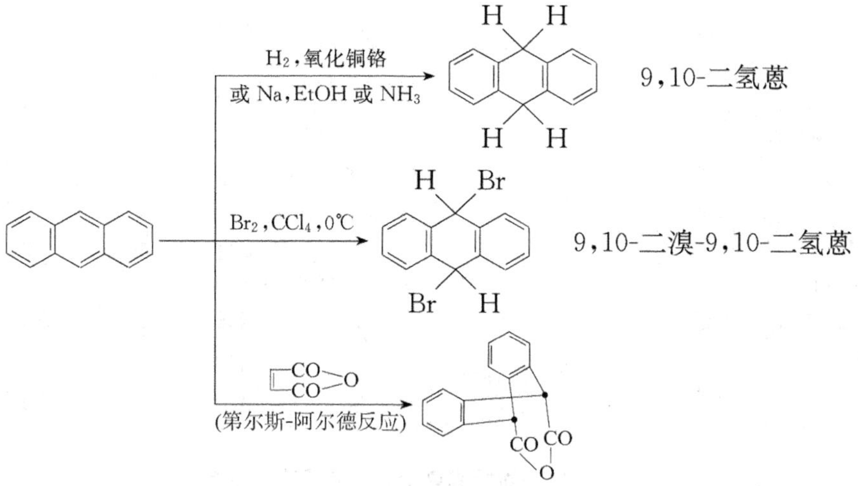

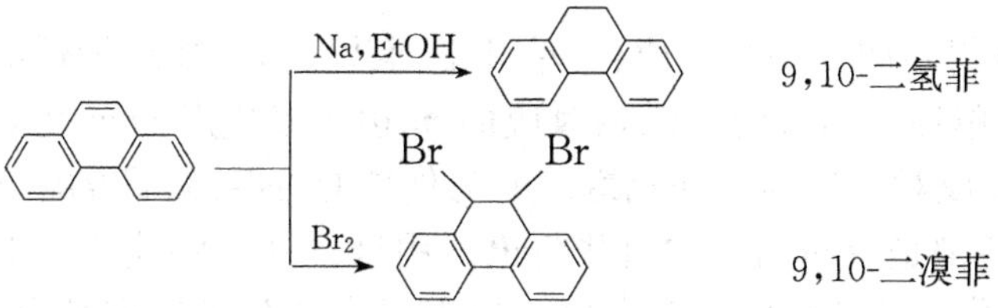

H H
H_2，氧化铜铬
或 Na，EtOH 或 NH_3
H H
9，10-二氢蒽
H Br
Br_2，CCl_4，0℃
Br H
9，10-二溴-9，10-二氢蒽
CO
CO O
(第尔斯-阿尔德反应)
CO CO
O

Na，EtOH
9，10-二氢菲
Br Br
Br_2
9，10-二溴菲

3）亲电取代反应

蒽、菲的亲电取代反应既可以发生在比较活泼的 9、10 位上，也可以发生在其他位置上。因此，除少数情况下，蒽、菲的亲电取代通常得到的是混合物。

8.5 芳 香 性

1. 休克尔规则——芳香性的一种判据

芳香性，在化学性质上，表现为亲电取代反应容易进行，而不易进行加成反应和氧化反应。在分子结构上表现为苯环特殊的稳定性。为了探索芳香族化合物这一结构特征，化学家们在理论上和合成上做了许多工作，其中最为成功的是$4n+2$规则。

1931 年，德国化学家休克尔（Hückel）用分子轨道理论研究单环平面共轭多烯时发现，如果这个体系环中的每个碳原子（sp^2 杂化）有一个 p 轨道，当这个体系的 π 电子数是 $4n+2(n=0,1,2,\cdots)$时，这个体系就像苯一样具有闭壳层结构的离域 π 电子，从而获得了较大的稳定性——芳香稳定性。这一规则称为休克尔规则，或称为 $4n+2$ 规则。

用休克尔分子轨道（HMO）理论处理单环平面共轭多烯时，得到的 π 分子轨道的数目、能级的分布以及基态的电子构型，见图 8-6。为了帮助记忆 HMO 的能级分布，提出了一种有趣的能够得到单环平面共轭多烯能级分布的方法。该方法是在一个半径为 $2|\beta|$ 的圆内，将单环平面共轭多烯（以 m 边正多边形表示）放入圆内，让一个顶点位于圆内最低点，其他顶点与圆相交。将这些交点向圆右边的垂直线投影，其投影点的垂直距离，便对应着单环平面共轭多烯的各个分子轨道的能级。圆心投影点对应着非键能级。

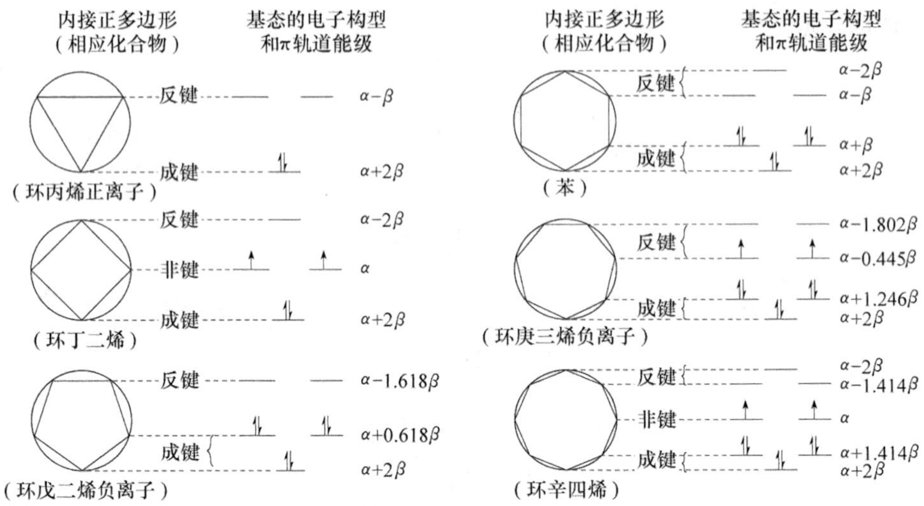

图 8-6　单环烯烃或离子的 π 分子轨道能级

从图 8-6 中可得到如下一些规律：①单环平面共轭多烯能级最低的轨道总是单一的，能值为 $\alpha+2\beta$。②单环平面共轭多烯相对应的 m 边正多边形的 m 为奇数时，最低能级之外的其他轨道都是成对出现的简并轨道。m 为偶数时，能级最高的轨道也是单一的，能值为 $\alpha-2\beta$，其他轨道都是成对出现的简并轨道。用这一规律阐述 $4n+2$ 规则：在每一分子中，能量相等的各分子轨道构成一个壳层。当壳层中各分子轨道被电子全充满时即构成闭壳层。闭壳层的电子结构是稳定的。单环平面共轭多烯，能级最低的轨道都是单一的，只需要两个电子即可充满该壳层。而其他壳层都是成对出现的简并轨道，要充满该壳层需要 4 个电子。所以只有 π 电子数满足 $4n+2(n=0,1,2,\cdots)$ 时，才能获得稳定的闭壳层结构，显示出体系的稳定性——芳香性。

2. 非苯芳烃

1）轮烯

单环共轭多烯称轮烯。例如：

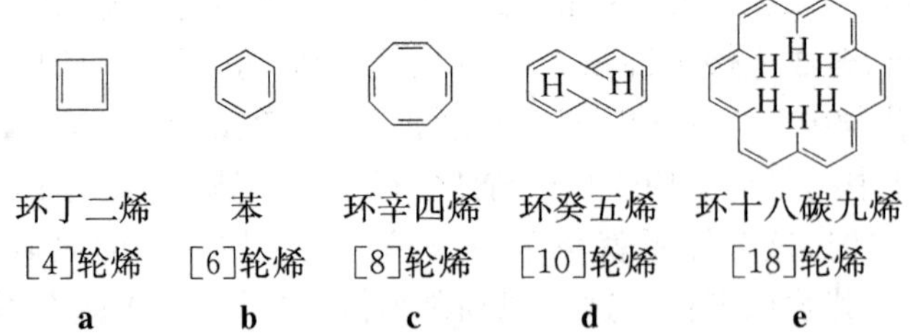

方括号中数字表示环碳原子数。

用休克尔规则判断这些化合物有无芳香性时，要看组成单环的所有碳原子是否在同一个平面内和 π 电子数是否为 4n+2 个。

a 和 **c** 显然无芳香性。**b** 和 **e** 都是平面形分子，π 电子数为 6 和 18，都具有芳香性。**d** 有 10 个 π 电子，但由于它环内两个氢原子的立体效应所产生的范德华斥力使整个分子不是平面形的，没有芳香性。

2）离子

离子是否具有芳香性，也可用休克尔规则来判断。

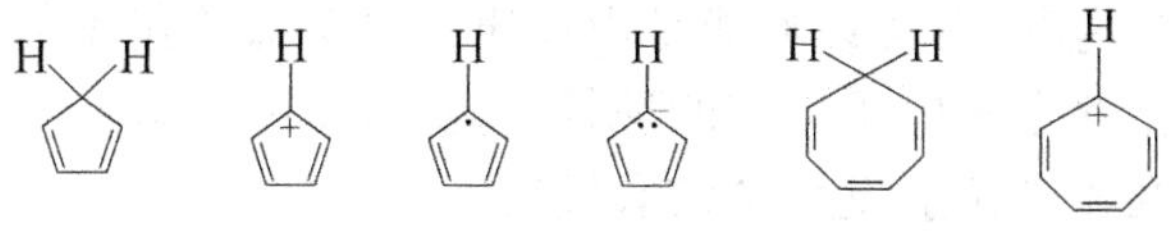

f　g　h　i　j　k

f、j 不是共轭体系，因为 f 中的 C^5 和 j 中的 C^7（sp^3 杂化）不参与共轭。g、h、i、k 都是环状共轭体系，π 电子数分别是 4、5、6、6，g、h 没有芳香性，i、k 具有芳香性。

由于 i 具有芳香性，稳定性被异常地增大，导致环戊二烯的酸性强度也异常高。

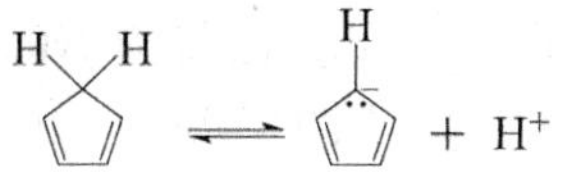

$+ H^+$　　$pK_a=16$（与水 $pK_a=15.74$ 相近）

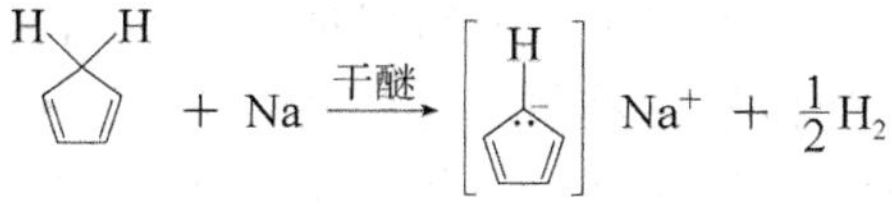

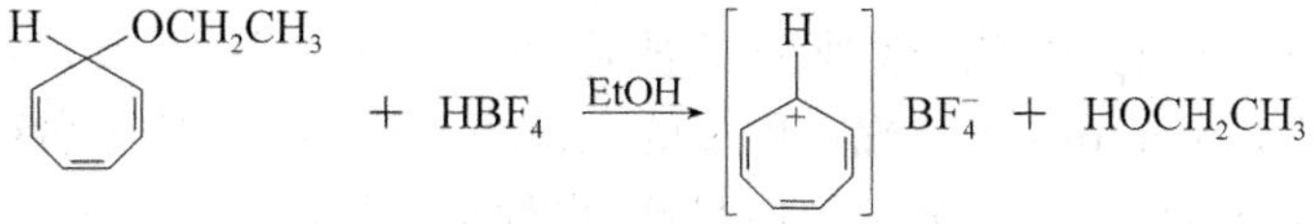

$+ Na \xrightarrow{\text{干醚}}$ $Na^+ + \frac{1}{2}H_2$

$+ HBF_4 \xrightarrow{EtOH}$ $BF_4^- + HOCH_2CH_3$

l

环庚三烯正离子 k 的氟硼酸盐 l 已被合成分离出来，可长期存放而不变质。

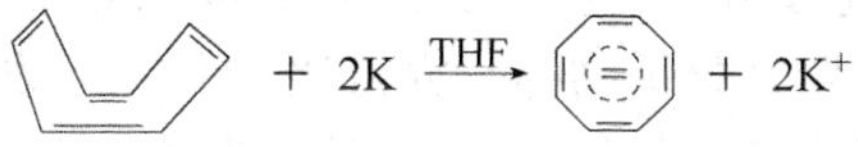

$+ 2K \xrightarrow{THF}$ $+ 2K^+$

c　无芳香性　　m　具有芳香性

环辛四烯 c 没有芳香性，而环辛四烯双负离子 m 是平面形，10 个电子，具有芳香性。m 由 c 在四氢呋喃中与金属钾反应制得。

3）稠环化合物

如果把休克尔规则应用到稠环化合物上，则是计算成环原子周围的(周边)π 电子数。

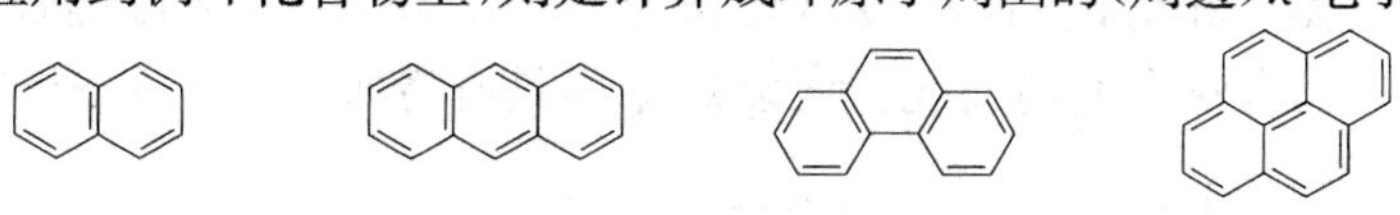

	n(萘)	o(蒽)	p(菲)	q(芘)
π 电子数	10	14	14	16
外围 π 电子数	10	14	14	14

n、o、p、q 都是平面形分子，外围 π 电子数符合 $4n+2$ 规则，所以均有芳香性。

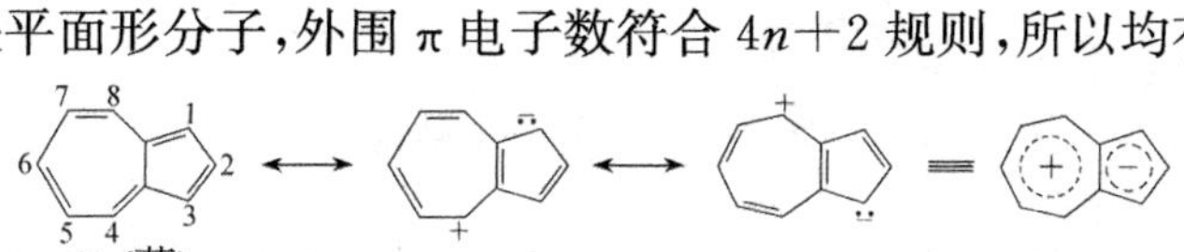

r (薁)

薁(yù)也称蓝烃 r，是由一个五元环和一个七元环稠合而成，其成环原子的外围 π 电子是 10 个，具有芳香性。

薁是一个烃，但是其偶极矩却反常大（μ=1.00）。这是由于在薁分子中环庚三烯带正电荷，环戊二烯带负电荷，薁可以看成是由环庚三烯正离子和环戊二烯负离子稠合而成的，每个环都有一个由 6 个 π 电子构成的环状共轭 π 键，因此薁具有芳香性。在 1,3 位上发生亲电取代反应，在 4,8 位上发生亲核取代反应。

这些没有苯环结构，但是有芳香性的环烃，称为非苯（型）芳烃。

8.6 足 球 烯

1985 年，英国的 H. W. Kroto 和美国的 R. E. Smalley 在美国 Rice 大学自制的仪器上进行一种实验。他们采用激光束轰击石墨使其气化，用 1MPa 压力的氦气产生超声波，使气化的碳原子通过一个小喷嘴进入真空膨胀，并迅速冷却产生新的碳分子。将这种分子用质谱仪测试，发现该分子是由 60 个碳组成的。那么这种分子的结构是怎样的呢？R. E. Smalley 百思不解。这时，他突然想起建筑师 Buckminster Fuller 设计建造的圆屋顶，于是拿起硬纸剪下 12 个正五边形和 20 个正六边形，拼成一个球体。在这种球体顶点上恰好是 60 个碳原子。因此，这种分子被称为 Bucky ball、Buckminster-Fullerenes、Buckminsterenes、Fullerenes 等。现在更多的人采用 Fullerenes 这个名称，译成中文为富勒（Fuller）烯（enes）。由于整个分子形似足球，也称足球烯（footballene）。

当 Kroto 发现足球烯时，实验室还不能合成出一定量的足球烯以供研究其化学性质之用。这时国内外许多杂志发表了一些有关足球烯量化计算的文章，从理论上探讨足球烯的性质。因而，有关足球烯的分子结构研究得比较多。足球烯分子式为 C_{60}，是由 12 个正五边形和 20 个正六边形构成的包括 32 个面的球形体。在这个球形体的 60 个顶点上，每个碳原子用近似 sp^2 杂化轨道与相邻碳原子的近似 sp^2 杂化轨道形成三个 σ 键，这三条 σ 键不是共平面的，键角近似为 116°。每个碳原子上还有一个 p 轨道，彼此重叠形成一条包括 60 个碳原子的大 π 键，因而在球形体内和体外都围绕着 π 电子云。由于 12 个正五边形完全被 20 个正六边形分开，双键处在正六边形上，而正五边形上无双键，所以 C_{60} 分子中键长是不相等的，正六边形键长为 0.140nm，正五边形键长为 0.146nm。量化计算表明，C_{60} 具有较大的离域能。所以足球烯具有芳香性。其分子结构如图 8-7 所示。

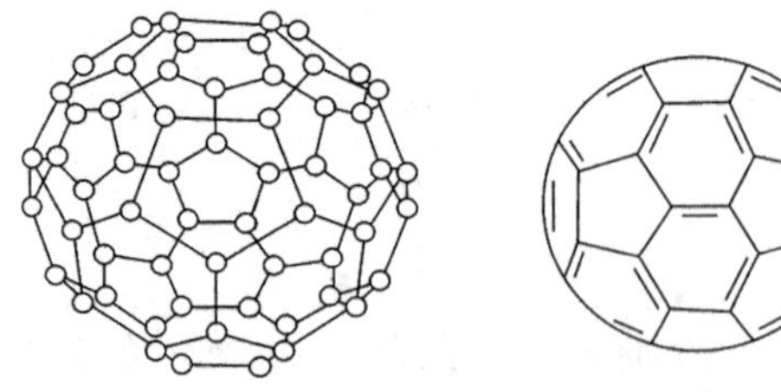

图 8-7　C_{60} 的分子结构

足球烯为棕黑色固体，不溶于水，在己烷、苯、甲苯等非极性溶剂中有一定溶解度。

足球烯是由碳一种元素组成的分子，其分子结构为一封闭的共轭体系，具有较大的共轭能，是一种稳定的分子。研究发现：足球烯不易发生取代反应，而易发生加成、氧化、还原等一系列反应。但由于产物的结构不易确定，给研究工作带来很大的困难。因此，需要在分析 C_{60} 产物结构测定等方面作进一步探索。

足球烯的发现为化学、材料科学等的研究开辟了新的领域。足球烯在超导方面的应用显示其潜在的应用价值。因而，足球烯的研究仍是国际上热门课题之一。

习　题

8-1　写出符合下列条件的芳香族化合物的结构式：

(1) C_8H_{10}，仅能生成一种一硝基化合物

(2) $C_6H_3Br_3$，能生成三种一硝基化合物

(3) $C_{10}H_{14}$，不能被强氧化剂氧化成芳香族羧酸

(4) $C_{10}H_{14}$，有 6 个可能的单溴代物，其中有两个一溴取代物可拆分成一对对映体，该化合物经氧化后生成一个酸性物质($C_8H_6O_4$)，后者只有一种单硝化产物($C_8H_5O_6N$)。

8-2　写出下列化合物一硝化时的主要产物(用箭头标明硝基进入位置)：

(1) 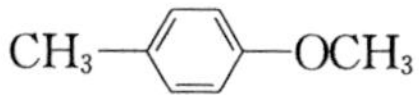 CH_3—⟨苯环⟩—OCH_3　　(2) CH_3—⟨苯环⟩—NO_2

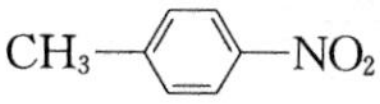

(3) 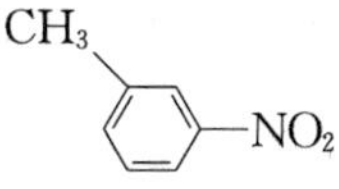 CH_3, NO_2　　(4) 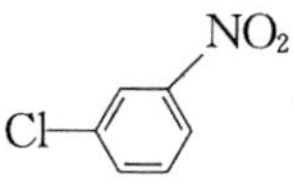 Cl, NO_2

(5) 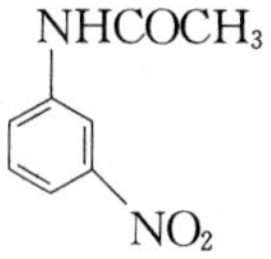 $NHCOCH_3$, NO_2　　(6) 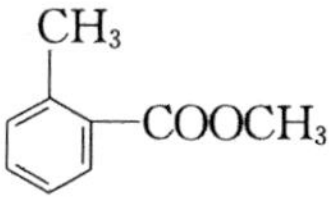 CH_3, $COOCH_3$

(7) 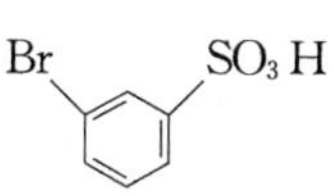 Br, SO_3H　　(8) 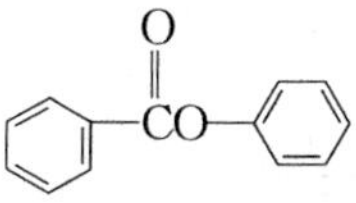 O, CO

(9) 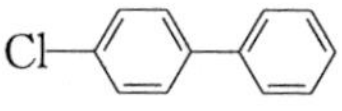 Cl　　(10) 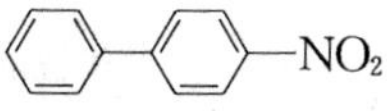 NO_2

(11) 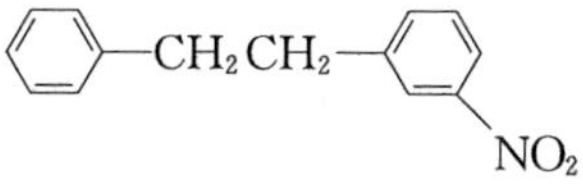 CH_2CH_2, NO_2　　(12)

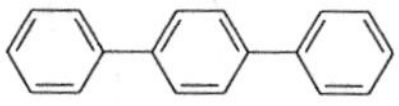

(13) 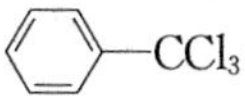 CCl_3　　(14) 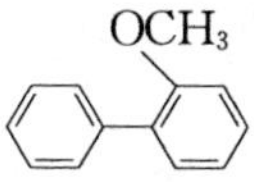 OCH_3

(15) 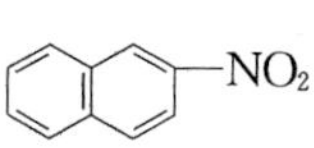 NO_2　　(16) 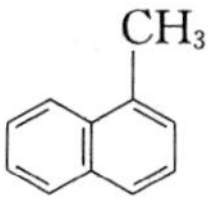 CH_3

(17) 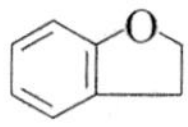 O　　(18) 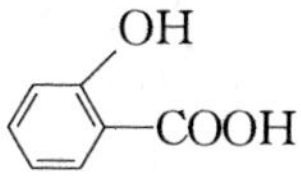 OH, COOH

8-3　写出苯、甲苯和硝基苯分别与下列试剂反应的主要产物：

(1) Cl_2/Fe　(2) $Cl_2/h\nu$　(3) HNO_3/H_2SO_4　(4) H_2SO_4/SO_3

(5) $CH_3CH=CH_2/H_2SO_4$　(6) $CH_3COCl/AlCl_3$　(7) $KMnO_4/H^+$

8-4　写出萘分别与下列试剂作用的主要产物：

(1) Cl_2/Fe　(2) HNO_3/H_2SO_4　(3) $H_2SO_4/80℃$　(4) $H_2SO_4/165℃$

(5) $CH_3CH=CH_2/H_2SO_4$　(6) $CH_3COCl/AlCl_3/CS_2$　(7) $O_2/V_2O_5/450℃$

(8) $CrO_3/CH_3COOH/15℃$

8-5　完成下列反应：

(1) 苯 + $ClCH_2CH(CH_3)CH_2CH_3 \xrightarrow{ZnCl_2}$?

(2) 苯—CH_3 + 环己烯 $\xrightarrow{AlCl_3}$?

(3) 苯 + 环戊基—OH $\xrightarrow{BF_3}$? $\xrightarrow[H^+]{KMnO_4}$?

(4) 苯—$CH_3 \xrightarrow[h\nu]{Cl_2}$? $\xrightarrow{CH_3C\equiv CNa}$? $\xrightarrow[林德拉催化剂]{H_2}$?

(5) 苯—$CH_3 \xrightarrow[ZnCl_2]{HCHO, HCl}$?

(6) 萘 + 丁二酸酐 $\xrightarrow{AlCl_3}$? + ?

(7) 蒽 $\xrightarrow[CH_3COOH]{CrO_3}$?

(8) 2-甲基萘 $\xrightarrow[H_2SO_4]{HNO_3}$?

(9) 1-硝基萘 $\xrightarrow[V_2O_5, 450℃]{O_2}$?

(10) 苯—$CH_2CH_2CH_3 \xrightarrow[h\nu]{Cl_2}$?

(11) CH_3O—苯—C≡C—苯 $\xrightarrow[H_2]{林德拉催化剂}$? $\xrightarrow{HBr}$?

(12) 苯 $\xrightarrow[AlCl_3]{CH_2=CH_2}$? $\xrightarrow[h\nu]{Cl_2}$? $\xrightarrow[AlCl_3]{C_6H_6}$?

(13) 苯—$CH_3 \xrightarrow[H_2SO_4]{SO_3}$? $\xrightarrow[Fe]{2Br_2}$? $\xrightarrow[\triangle]{H_3O^+}$? $\xrightarrow[H_2SO_4]{Na_2Cr_2O_7}$?

(14) 苯甲醚(OCH_3) + $CH_3CH_2Cl \xrightarrow{AlCl_3}$? $\xrightarrow{Cl_2, h\nu}$? $\xrightarrow{C_6H_6, AlCl_3}$? $\xrightarrow{HNO_3, H_2SO_4}$?

(15) 萘 $\xrightarrow{?}$ 1,4-萘醌 $\xrightarrow{1,3-丁二烯}$?

(16) ? + ? $\xrightarrow{AlCl_3}$ 苯—C(=O)—(3-硝基苯) $\xrightarrow{HNO_3, H_2SO_4}$?

(17) $C_6H_5COOC_6H_5 \xrightarrow[H_2SO_4]{HNO_3}$?

(18) $C_6H_5-C_6H_4-CF_3 \xrightarrow[H_2SO_4]{HNO_3}$?

8-6 下列反应有无错误？若有，予以改正。

(1) $C_6H_5-CH_2-C_6H_4-CF_3 \xrightarrow[H_2SO_4]{HNO_3} C_6H_5-CH_2-C_6H_3(NO_2)-CF_3$（$O_2N$ 位于 CH_2 的邻位）

(2) $C_6H_5-NO_2 + RX \xrightarrow{AlCl_3}$ m-$R-C_6H_4-NO_2$

(3) $C_6H_6 + 2CH_3COCl \xrightarrow{AlCl_3}$ m-$C_6H_4(COCH_3)_2$

(4) $C_6H_6 + ClCH=CH_2 \xrightarrow{AlCl_3} C_6H_5-CH=CH_2$

8-7 用化学方法区别下列化合物：

A. 甲基环丙烷（CH_3） B. 环己烷 C. 环己烯 D. 甲苯（CH_3）

8-8 将下列化合物按要求排序：

(1) 被氧化难易程度： A. C_6H_5-OH B. 萘 C. 苯 D. 甲苯（CH_3）

(2) 与 HBr 加成的活性：

A. $Ph-CH=CH_2$ B. p-$CH_3C_6H_4CH=CH_2$ C. p-$NO_2C_6H_4CH=CH_2$

(3) 酸性强弱： A. 环戊二烯（CH_2 离解出 H） B. 1,3-环己二烯（CH_2 离解出 H^+）

(4) 酸性强弱： A. 甲苯 B. 二苯甲烷 C. 三苯甲烷

(5) 亲电取代反应的活性大小：

① A. $C_6H_5-C_2H_5$ B. C_6H_5-COOH

C. $C_6H_5-NO_2$ D. C_6H_5-Cl

② A. $HOOC-C_6H_4-COOH$ B. $CH_3-C_6H_4-CH_3$ C. $H_3C-C_6H_4-COOH$

③ A. 1-硝基萘（NO_2） B. 1-甲基萘（CH_3） C. 1-萘酚（OH） D. 萘

8-9 根据休克尔规则判断下列化合物是否具有芳香性：

(1) 环辛四烯亚基环戊二烯 (2) 环辛三烯（CH_2，H H） (3) 环己二烯亚甲基（$=CH_2$） (4) 环戊二烯正离子（+）

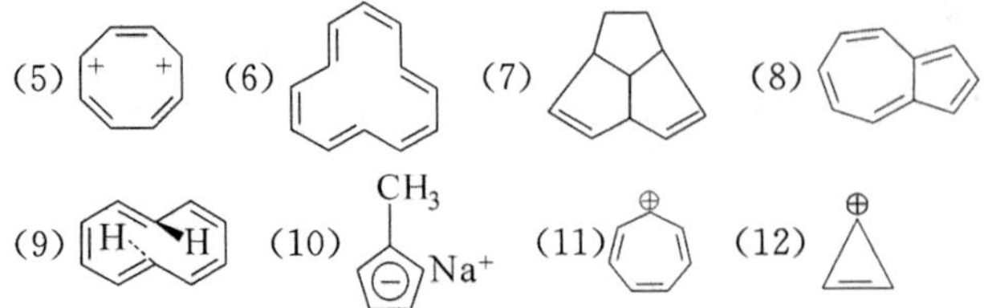

8-10　写出甲苯与 HNO_3/H_2SO_4 发生一硝化反应机理和甲苯与 $Cl_2/h\nu$ 反应机理。

8-11　用苯、甲苯及不超过 4 个碳的烯烃为原料合成下列化合物：

(1) 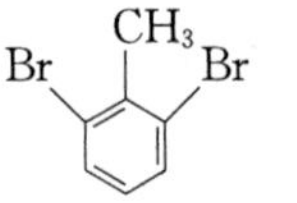 CH_3, Br, Br　(2) CH_2Cl, NO_2, Br　(3) Br, Br, Br, NO_2　(4) 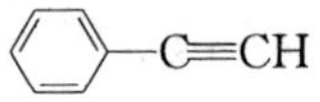 —C≡CH

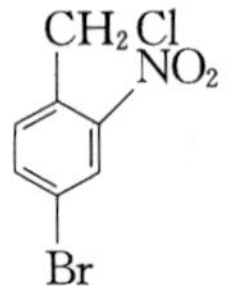

(5) 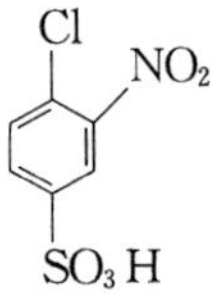 Cl, NO_2, SO_3H　(6) 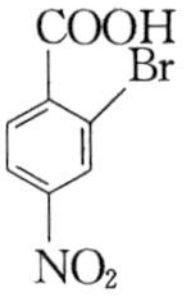 COOH, Br, NO_2　(7) 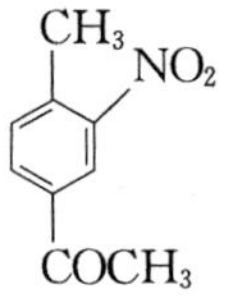 CH_3, NO_2, $COCH_3$

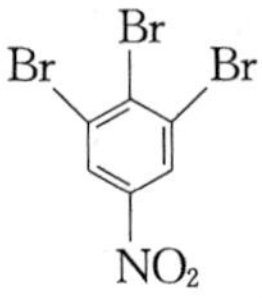

(8) 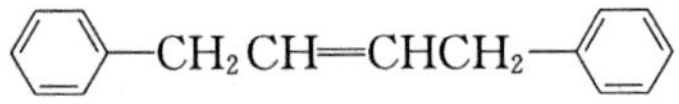 —CH_2CH=$CHCH_2$—

8-12　某不饱和烃 A，分子式为 C_9H_8，能与 Cu_2Cl_2 的氨溶液反应生成红色沉淀。A 催化加氢得 B（C_9H_{12}）。将 B 用酸性 $K_2Cr_2O_7$ 氧化得酸性化合物 C（$C_8H_6O_4$）。将化合物 C 加热得化合物 D（$C_8H_4O_3$）。若将化合物 A 和丁二烯作用则得一个不饱和化合物 E。将 E 催化脱氢得到 2-甲基联苯。写出 A～E 的结构式及各步反应式。

第 9 章　卤代烃的化学性质

卤代烃是烃分子中的氢原子被卤原子取代后的化合物。卤代烃可根据分子中卤原子所连接的烃基的类型分为脂肪族卤代烃和芳香族卤代烃。例如：

$CH_3CH(F)CH(CH_3)CH_3$	$CH_3CH(Cl)CH{=}CH_2$	C_6H_5Cl	$C_6H_5CH_2Cl$
2-甲基-3-氟丁烷（脂肪族卤代烃）	3-氯-1-丁烯（脂肪族卤代烃）	氯苯（芳香族卤代烃）	苄基氯（芳香族卤代烃）

可根据卤原子所连接的碳原子的种类不同而分为伯（一级）、仲（二级）、叔（三级）卤代烃。例如：

$CH_3CH_2CH_2CH_2I$	$CH_3CH(Br)CH_2CH_3$	$(CH_3)_3C{-}Br$
1-碘丁烷（伯卤代烷）	2-溴丁烷（仲卤代烷）	2-甲基-2-溴丙烷（叔卤代烷）

另外，根据卤代烃分子中所含卤原子的数目，分为一元卤代烃、二元卤代烃和三元卤代烃。二元以上卤代烃统称为多元卤代烃。例如：

CH_3Cl	CH_2Cl_2	$CHCl_3$
一氯甲烷（一元卤代烃）	二氯甲烷（二元卤代烃）	三氯甲烷（三元卤代烃）

9.1　卤代烃的亲核取代反应

9.1.1　亲核取代反应

在卤代烃分子中，由于卤原子的电负性比碳原子的大，因此碳卤键是一个极性共价键：$\overset{\delta+}{C}—\overset{\delta-}{X}$。在极性试剂作用下，碳卤键较易发生异裂，使卤原子被其他基团所取代，得到取代产物。反应时，亲核试剂进攻$\overset{\delta+}{C}—\overset{\delta-}{X}$键中带部分正电荷的碳原子，而 X^- 离去，生成取代产物。这种反应称为亲核取代反应(nucleophilic substitution reaction)，用 S_N 表示，反应可用下列通式表示：

$$Nu^- + \overset{\delta+}{R}—\overset{\delta-}{X} \longrightarrow R—Nu + X^-$$

其中，Nu^- 为亲核试剂；R—X 为反应底物；X^- 为离去基团。

连接不同类型碳原子上的卤素，进行亲核取代反应的难易程度不同：RI＞RBr＞RCl。

1. 饱和卤代烷的亲核取代反应

1）水解反应

卤代烷与水作用，卤原子被羟基(—OH)取代生成醇，该反应称卤代烷的水解反应。

$$R\text{-}X + H\text{-}\ddot{O}H \longrightarrow ROH + HX$$

在一般情况下，卤代烷水解进行得很慢，通常是将卤代烷与碱性水溶液共热而进行反应。例如：

$$C_5H_{11}Cl + NaOH \xrightarrow{H_2O} C_5H_{11}OH + NaCl$$

这是工业上生产戊醇的方法之一。戊醇是混合物，是很好的溶剂。

烯丙基卤、伯卤代烷很容易进行水解反应，叔卤代烷在碱性溶液中水解时得到的是消除产物——烯烃，而不是取代产物。

$$CH_2{=}CH{-}CH_2{-}Cl + H_2O \xrightarrow{\text{稀 }NaOH} CH_2{=}CH{-}CH_2OH$$

$$RCH_2{-}Cl + H_2O \xrightarrow{NaOH} R{-}CH_2{-}OH$$

$$(CH_3)_3CCl \xrightarrow{H_2O,NaOH} (CH_3)_2C{=}CH_2 + HCl$$

2）醇解反应

伯卤代烷与醇钠在相应的醇溶液反应，卤原子被烷氧基(R-O-)取代生成醚，此反应称为醇解反应。

$$R\text{-}X + Na\ddot{O}R' \xrightarrow{HOR'} R{-}O{-}R' + NaX$$

$$CH_3CH_2Br + NaOCH(CH_3)CH_2CH_3 \xrightarrow{CH_3CH(OH)CH_2CH_3} CH_3CH_2OCH(CH_3)CH_2CH_3 + NaBr$$

乙基仲丁基醚

这个反应称为威廉逊(Williamson)合成法，是制备混醚的方法。

这个反应中用的卤代烷是伯卤代烷。如果用叔卤代烷和醇钠作用，则主要发生消除反应得到烯烃。

3）氰解反应

卤代烷与氰化钠或氰化钾的醇溶液一起加热回流，生成腈。此反应称为氰解反应。

$$R\text{-}X + Na\text{-}CN \xrightarrow{\text{醇}} R{-}CN + NaX$$

这个反应，使分子中增加了一个碳原子，在有机合成中用来增长碳链。另外，氰基是重要的官能团，可转化为氨基或羧基等。

$$CH_3CH_2Br + NaCN \xrightarrow{\text{醇}} CH_3CH_2CN \begin{cases} \xrightarrow{H_2O,H^+} CH_3CH_2COOH \\ \xrightarrow{H_2,Pt} CH_3CH_2CH_2NH_2 \end{cases}$$

4）氨解反应

卤代烷与氨溶液共热生成胺的反应，称为氨解反应。氨溶液要过量，以减少生成的胺进一步与卤代烷反应。

$$R\text{-}X + H\text{-}\ddot{N}H_2(\text{过量}) \longrightarrow RNH_2 + HX$$

这个反应用于制备伯胺。

以上 4 种反应，可以看作是水、醇、氰化氢和氨分子中氢原子被烷基取代，称为烷基化反应，所以卤代烷常作为烷基化试剂。

5) 与硝酸银醇溶液的反应

卤代烷和硝酸银的醇溶液作用，可得硝酸酯和卤化银沉淀。

$$R—X + AgNO_3 \xrightarrow{\text{醇}} RONO_2 + AgX\downarrow$$

卤代烷与硝酸银反应的活性顺序如下：

RI>RBr>RCl　　叔卤烷>仲卤烷>伯卤烷

此反应可用于卤代烷的分析鉴定。叔卤烷生成 AgX 沉淀的速率最快，伯卤烷最慢，常需要加热。

6) 卤代烷与碘化钠的丙酮溶液反应

在丙酮溶液中，氯代烷、溴代烷分别与碘化钠反应，生成碘代烷。反应式如下：

$$R—X + NaI \xrightarrow{\text{丙酮}} R—I + NaX\downarrow \quad (X=Cl, Br)$$

NaI 溶于丙酮，而 NaCl、NaBr 不溶于丙酮，所以此反应用于实验室制备碘代烷、检验氯代烷和溴代烷。

卤代烷(RCl 和 RBr)的活性顺序为

伯卤烷>仲卤烷>叔卤烷

2. 不饱和卤代烃的亲核取代反应

不饱和卤代烃分子中的卤原子与碳碳双键的相对位置不同，发生亲核取代时也有很大差别。

1) 乙烯型卤代烃

卤原子直接与双键碳原子相连的卤代烯烃(RCH ═CHX)称为乙烯型卤代烃。例如氯乙烯(CH_2 ═CHCl)，分子中的氯原子不能被羟基、氨基或氰基所取代，即使在加热条件下也不和硝酸银的乙醇溶液发生亲核取代反应。这些特性是由于氯乙烯分子中双键和氯原子相互影响的结果。

氯乙烯分子中，氯原子的未共用电子对所处的 p 轨道与双键 π 轨道相互重叠，形成 p-π 共轭体系(3 原子 4 电子共轭体系，π_3^4)，如图 9-1 所示。电子离域的结果使键长部分平均化，C ═C 键稍增长(0.138nm，典型 C ═C 键长 0.134nm)，C—Cl 键缩短(0.172nm，一般 C—Cl 键长 0.177nm)；因为氯乙烯分子中 C—Cl 键重叠程度加大，电子云密度增加，C—Cl 键结合得更牢固，所以氯乙烯分子中的氯原子不活泼，不易发生亲核取代反应。

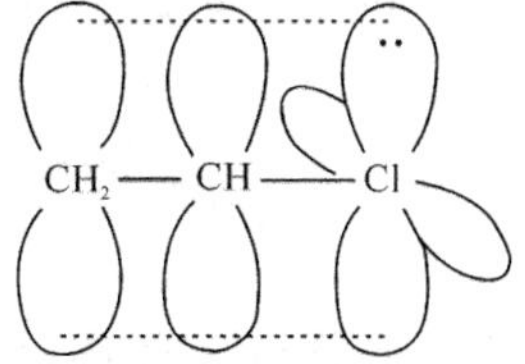

图 9-1 氯乙烯分子中的 p-π 共轭

2) 烯丙型卤代烃

卤原子与双键相隔一个碳原子的卤代烯烃(RCH ═CHCH$_2$X)称为烯丙型卤代烃。例如烯丙基氯(CH_2 ═CH—CH$_2$Cl)，分子中的氯原子比氯代烷分子中的氯原子还要活泼，很容易发生亲核取代反应。在室温下，就可和硝酸银的乙醇溶液发生反应，生成 AgCl 沉淀。

烯丙基氯的这种活泼性是因为氯离解后可以生成稳定的烯丙基正离子。下面是烯丙基氯水解反应机理：

$$CH_2=CH-CH_2Cl \longrightarrow [CH_2=CH-\overset{+}{C}H_2 \longleftrightarrow \overset{+}{C}H_2-CH=CH_2]+Cl^-$$

$$[CH_2=CH-\overset{+}{C}H_2 \longleftrightarrow \overset{+}{C}H_2-CH=CH_2] + OH^- \longrightarrow CH_2=CH_2-CH_2OH$$

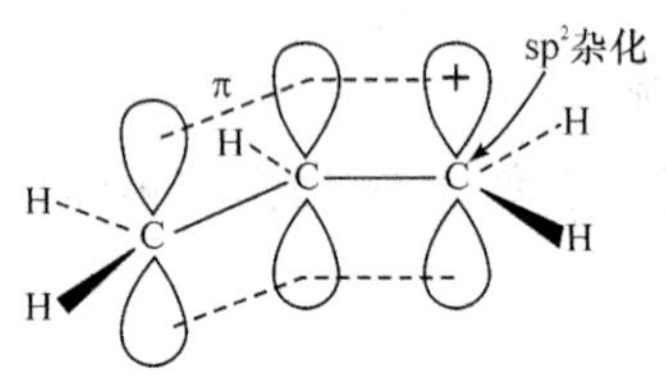

图 9-2　烯丙基正离子的 p-π 共轭

反应的第一步形成烯丙基正离子，它是缺电子的 p-π 共轭体系（3 原子 2 电子的共轭体系，π_3^2）。由于双键的 π 轨道与相邻碳原子上缺电子的空 p 轨道重叠，形成 p-π 共轭体系，如图 9-2。π 电子离域，正电荷不集中在一个碳原子上，正电荷得到分散，体系能量降低，烯丙基正离子较稳定。由于烯丙基氯容易离解成碳正离子和氯负离子，因而表现出氯原子的活泼性。

对于其他烯丙型的卤代烯烃，如 1-氯-2-戊烯，水解后则得到两种产物：

$$CH_3CH_2CH=CHCH_2Cl \longrightarrow CH_3CH_2\overset{\delta+}{C}H \text{---} CH \text{---} \overset{\delta+}{C}H_2 + Cl^-$$

$$CH_3CH_2\overset{\delta+}{C}H \text{---} CH \text{---} \overset{\delta+}{C}H_2 \;(\text{②}\ OH^-\ \text{①}) \begin{cases} \xrightarrow{\text{①}} CH_3CH_2CH=CHCH_2OH \\ \xrightarrow{\text{②}} CH_3CH_2CH(OH)CH=CH_2 \end{cases}$$

这种现象称为烯丙位重排。

3）孤立型卤代烯烃

卤原子与双键相隔两个或多个碳原子的卤代烯烃，称孤立型卤代烯烃［$RCH=CH(CH_2)_nX$, $n\geqslant 2$］。例如 $CH_2=CH_2CH_2CH_2Cl$，分子中卤原子的活泼性基本上和卤烷中的卤原子相同。

4）卤代芳烃

（1）卤原子直接连在苯环上。卤原子直接连在苯环上，卤原子较难发生亲核取代反应。以氯苯为例，若使氯苯水解，不但要加入催化剂，而且必须在很高的温度下才可进行。

$$C_6H_5Cl \xrightarrow[350\sim370℃]{NaOH/Cu} C_6H_5ONa \xrightarrow{H^+} C_6H_5OH$$

若卤代苯的环上连有较强的吸电子基时，尤其是连在卤原子的邻或对位时，C—X 键的极性增加，卤原子被亲核试剂取代变得容易。

$$p\text{-}O_2NC_6H_4Cl \xrightarrow[130℃]{Na_2CO_3,\ H_2O} p\text{-}O_2NC_6H_4ONa \xrightarrow[H_2O]{H^+} p\text{-}O_2NC_6H_4OH$$

$$\text{2,4-}(NO_2)_2C_6H_3Cl \xrightarrow[100℃]{Na_2CO_3, H_2O} \text{2,4-}(NO_2)_2C_6H_3ONa \xrightarrow[H_2O]{H^+} \text{2,4-}(NO_2)_2C_6H_3OH$$

(2) 卤原子连在芳环的侧链上。卤原子连在芳环的侧链 α 碳原子上，卤原子易于被亲核试剂取代。例如在室温下，就可与硝酸银的乙醇溶液作用，立刻出现 AgCl 沉淀。

$$C_6H_5CH_2Cl \xrightarrow{AgNO_3, 乙醇} C_6H_5CH_2ONO_2 + AgCl\downarrow$$

9.1.2 亲核取代反应机理

在上节讲述的卤代烷的水解、醇解、氰解和氨解反应都是亲核取代反应。例如溴丙烷的碱性水解：

$$HO^- + CH_3CH_2\overset{\delta+}{C}H_2\overset{\delta-}{Br} \longrightarrow CH_3CH_2OH + Br^-$$

溴丙烷分子中，溴的电负性较大，拉电子的能力较强，C、Br 间的共用电子偏向 Br 原子，使 Br 原子带有部分负电荷，与 Br 直接相连的 C 原子带有部分正电荷。HO^- 是亲核试剂，反应时 HO^- 进攻溴丙烷分子中带有部分正电荷的碳原子，溴原子带着共用电子对离去，最后生成 $CH_3CH_2CH_2OH$ 和 Br^-。这类反应称为亲核取代反应(nucleophilic substitution reaction)。在亲核取代反应中，溴丙烷称为底物，Br^- 称为离去基团(leaving group，以 L 表示)，HO^- 称为亲核试剂，亲核试剂可以是负离子或带有孤电子对的中性分子，如 HO^-、CN^-、:NH_3、H_2O:等。诸多实验证明，亲核取代反应有两种反应机理，即双分子机理 S_N2 和单分子机理 S_N1。

1. 双分子亲核取代反应(S_N2)机理

双分子亲核取代反应机理就是有两种分子参与了决定反应速率步骤的亲核取代反应，称为 S_N2。

溴甲烷在碱性溶液中进行水解，实验证明，水解的反应速率不仅与溴甲烷浓度成正比，也与碱的浓度成正比。

$$CH_3—Br + OH^- \longrightarrow CH_3OH + Br^-$$
$$v = k[CH_3Br][OH^-]$$

反应机理如下：

$$HO^- + CH_3—Br \longrightarrow \left[\overset{\delta-}{HO}\cdots CH_3 \cdots \overset{\delta-}{Br}\right]^{\neq} \longrightarrow HO—CH_3 + Br^-$$

反应物体系　　过渡态　　产物体系

S_N2 机理是一步完成的。反应是由亲核试剂 HO^- 进攻 $\overset{\delta+}{C}H_3—\overset{\delta-}{Br}$ 分子中带有部分

正电荷的 C 原子，由于电子效应和空间效应，亲核试剂是从离去基团 Br 原子的背面进攻 C 原子。在接近 C 原子过程中，逐渐形成 C—O 键，同时 C—Br 键由于受到 HO^- 进攻的影响而逐渐伸长和变弱，当 C—O 键还没有完全形成，C—Br 还没有完全断裂而达到能量最高点过渡态。在过渡态，中心 C 原子为 sp^2 杂化，中心 C 原子和 3 个 H 原子位于同一平面上，进攻试剂羟基 HO，中心 C 和离去基团 Br 在一条直线上（HO…C…Br），垂直于中心 C 原子所在的平面，羟基和溴分别位于平面的两侧。随着 C—O 键的形成，C—Br 键的断裂，体系的能量又逐渐降低，形成最后取代产物。中心 C 原子又恢复为 sp^3 杂化，四面体结构。产物甲醇的羟基不是连在原来溴原子的位置上，与溴甲烷的构型相反，就像雨伞被大风吹得向外翻转一样，这种翻转称为瓦尔登（Walden）反转。溴甲烷水解过程能量-反应进程曲线如图 9-3 所示。

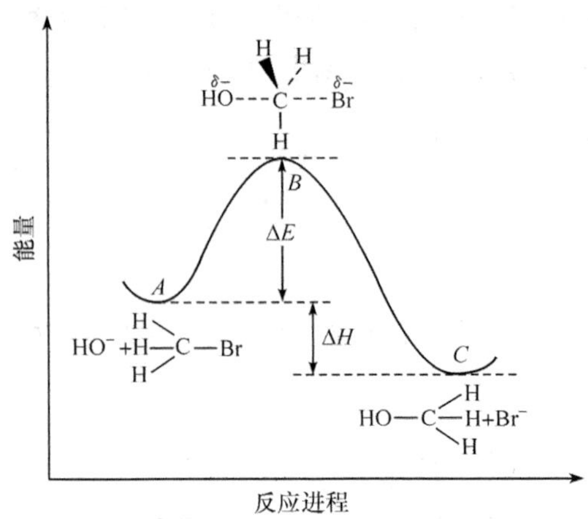

图 9-3　溴甲烷水解反应的能量-反应进程曲线

上述结果根据是：旋光性的(*R*)-2-碘辛烷与放射性同位素碘离子（$^{128}I^-$）在丙酮中进行碘交换反应。实验发现，当交换反应进行一半时，旋光已经消失，这是因为(*R*)-构型的反应物有一半转变成(*S*)-构型的生成物，*R*、*S* 组成外消旋体。故可知消旋化速率应是交换速率的 2 倍。这个事实说明，在交换反应中放射性同位素碘离子从碘原子所连接碳原子背面进攻，才引起手性碳原子构型的改变，从而得与反应物构型相反的生成物。反应式如下：

$$I^{*-} + \underset{(R)}{(CH_3)(H)(C_6H_{13})C\text{—}I} \xrightarrow{CH_3COCH_2} \underset{\text{过渡态}}{\left[\overset{\delta-}{I^*}\cdots C(CH_3)(H)(C_6H_{13})\cdots\overset{\delta-}{I}\right]^{\neq}} \longrightarrow \underset{(S)}{I^*\text{—}C(CH_3)(H)(C_6H_{13})} + I^-$$

综上所述，S_N2 反应的特点：反应是双分子的，反应速率即与反应物的浓度有关，又与亲核试剂的浓度有关；反应中新键的形成和旧键的断裂是同时完成的；产物的构型发生瓦尔登反转。

2. 单分子亲核取代反应（S_N1）机理

实验证明，叔丁基溴在碱性溶液中的水解速率，仅与叔丁基溴的浓度成正比，而与亲核试剂（OH^- 或 H_2O）浓度无关。

$$(CH_3)_3C\text{—}Br + \overline{O}H \longrightarrow (CH_3)_3C\text{—}OH + Br^-$$
$$v = k[(CH_3)_3C\text{—}Br]$$

因此，可以认为只有叔丁基溴参与了决定反应速率的步骤，确认该反应的机理：叔丁基溴首先离解为叔丁基正离子和溴负离子。

$$(CH_3)_3C—Br \xrightleftharpoons{慢} (CH_3)_3C^+ + Br^-$$

生成的$(CH_3)_3C^+$很快与亲核试剂^-OH结合，得到生成物。

$$(CH_3)_3C^+ + \overset{-}{O}H \xrightarrow{快} (CH_3)_3C—OH$$

图 9-4 为叔丁基溴水解反应的能量-反应进程图。

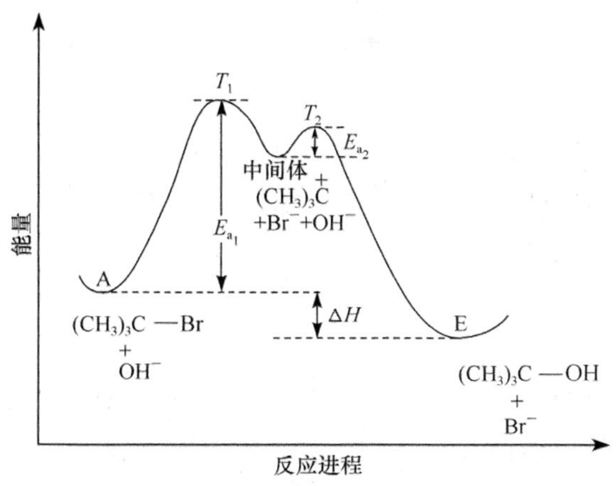

图 9-4 叔丁基溴水解反应的能量曲线

从图 9-4 可看出：反应是分两步进行的，第一步是$(CH_3)_3C—Br$分子解离，通过过渡态T_1生成中间体 3°碳正离子$(CH_3)_3C^+$和Br^-。碳正离子的生成这一步活化能(E_{a_1})是较高的，是慢的一步，控制反应速率的一步。中间体$(CH_3)_3C^+$活性很大，很容易发生第二步反应，即$(CH_3)_3C^+$立即与溶液中的亲核试剂HO^-结合，通过过渡态T_2生成产物$(CH_3)_3C—OH$。这一步是高活性的 3°碳正离子$(CH_3)_3C^+$与阴离子HO^-的结合，活化能(E_{a_2})很小，反应是快的一步。对S_N1反应来说，$E_{a_1} > E_{a_2}$，反应的速控步骤是中间体$(CH_3)_3C^+$的生成速率，决定整个反应速率。在决定反应速率的步骤中，发生共价键变化的只有一种分子，所以称为单分子反应机理。碳正离子越稳定，越可能发生S_N1反应。

S_N1反应的立体化学。由于反应的第一步形成中间体叔丁基碳正离子，中心 C 原子为sp^2杂化，具有平面三角形结构，C^+有一个空的 p 轨道，当亲核试剂如HO^-在第二步与C^+作用时，从平面两边进攻的机会均等。若与卤原子相连的 C 原子是手性的，则得到构型保持和构型反转两种产物，基本是外消旋体。

R^1 R^2 C^+ R^3 $:Nu^-$ ⟶ Nu—C(R^1)(R^2)(R^3) + (R^1)(R^2)(R^3)C—Nu

构型转化 构型保持

在S_N1反应中，由于有碳正离子生成，常伴有重排和消除产物出现。

$$CH_3-\underset{CH_3}{\overset{CH_3}{\underset{|}{\overset{|}{C}}}}-CH_2Br \xrightarrow[S_N2]{CH_3CH_2ONa} CH_3-\underset{CH_3}{\overset{CH_3}{\underset{|}{\overset{|}{C}}}}-CH_2OC_2H_5 + Br^-$$

$$\xrightarrow[S_N1]{CH_3CH_2OH} \underset{\text{重排产物}}{CH_3-\underset{OC_2H_5}{\overset{CH_3}{\underset{|}{\overset{|}{C}}}}-CH_2CH_3} + \underset{\text{消除产物}}{CH_3-\overset{CH_3}{\overset{|}{C}}=CH-CH_3}$$

重排反应机理如下：

$$CH_3-\underset{CH_3}{\overset{CH_3}{\underset{|}{\overset{|}{C}}}}-CH_2-Br \xrightarrow[-Br^-]{C_2H_5OH} \underset{1^\circ\ C^+}{CH_3-\underset{CH_3}{\overset{CH_3}{\underset{|}{\overset{|}{C}}}}-\overset{+}{C}H_2} \xrightarrow{\text{重排}}$$

$$\underset{3^\circ\ C^+}{CH_3-\underset{+}{\overset{CH_3}{\overset{|}{C}}}-CH_2-CH_3} \begin{cases} \xrightarrow{C_2H_5O^-} CH_3-\underset{OC_2H_5}{\overset{CH_3}{\underset{|}{\overset{|}{C}}}}-CH_2-CH_3 \\ \xrightarrow{-H^+} CH_3-\underset{CH_3}{\underset{|}{C}}=CH-CH_3 \end{cases}$$

综上所述，S_N1 反应的特点：反应是分两步进行的；反应速率只与卤代烷的浓度有关，与亲核试剂无关；反应过程有碳正离子活性中间体生成；当碳正离子连有三个不同基团时，产物基本上是外消旋体；常伴有重排和消除产物。

9.1.3 影响亲核取代反应机理的因素

卤代烷的亲核取代反应是非常重要反应。判断卤代烷与亲核试剂发生的 S_N 反应究竟是 S_N1 机理还是 S_N2 机理，要看卤代烷分子的结构、亲核试剂和离去基团的性质，以及溶剂性质等因素的影响如何而决定。

1. 烷基结构的影响

卤代烷的烷基构造对亲核取代反应的速率有明显的影响。一般来说，影响反应速率的因素有两个：一个是电子效应，另一个是空间效应。

1) 烷基的结构对 S_N2 的影响

将溴甲烷、溴乙烷、2-溴丙烷和 2-甲基-2-溴丙烷在极性较小的丙酮(无水)中与碘化钾反应，可生成相应的碘代烷。

$$R-Br + KI \xrightarrow{\text{丙酮}} R-I + KBr$$

实验证明，这些反应都是按 S_N2 机理进行的，其相对速率如下：

	CH_3-Br	CH_3CH_2-Br	$(CH_3)_2CH-Br$	$(CH_3)_3C-Br$
相对速率	150	1	0.01	0.001

从立体效应考虑，在 S_N2 反应历程中，亲核试剂是从离去基团的背面进攻中心碳原子的。从过渡态看出，α 碳原子上的烷基越多，对亲核试剂进攻的阻碍作用越大。过渡态的能量越高，反应的活化能越高，因而使反应进行越难，如图 9-5 所示。

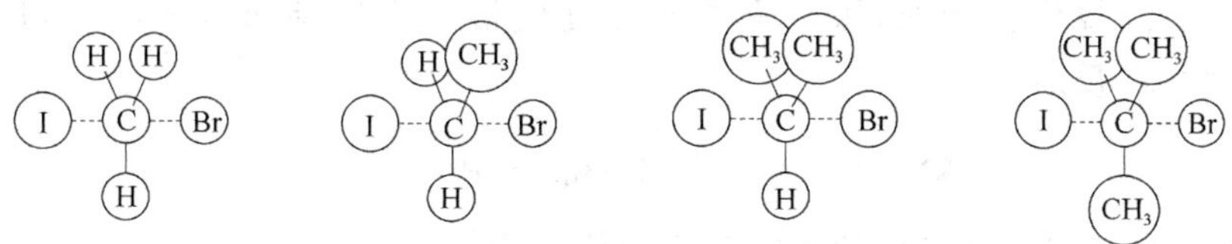

图 9-5 立体效应对 S_N2 的影响

卤代烷发生 S_N2 反应时，卤代烷的活性顺序是

卤甲烷＞伯卤烷＞仲卤烷＞叔卤烷

从电子效应考虑，α 碳上氢原子被烷基取代后，α 碳上电子云密度增加，也不利于亲核试剂进攻中心碳原子。若 β 碳原子上的氢被烷基取代，也能阻碍亲核试剂的进攻。例如：

$$R—Br + CH_3CH_2O^- \xrightarrow{\text{乙醇}} ROC_2H_5 + Br^-$$

反应随 R—Br 中 R 的不同，相对速率如下：

	CH_3CH_2Br	$CH_3CH_2CH_2Br$	$(CH_3)_2CHCH_2Br$	$(CH_3)_3C—CH_2Br$
相对速率	100	28	3	4.2×10^{-4}

2）烷基结构对 S_N1 的影响

如将上述四种卤烷——溴甲烷、溴乙烷、2-溴丙烷和 2-甲基-2-溴丙烷在极性较强的溶剂（如甲酸溶液）中水解，测得这些反应按 S_N1 机理进行的，相对速率如下：

$$R—Br + H_2O \xrightarrow{\text{甲酸}} ROH + HBr$$

	$(CH_3)_3C—Br$	$(CH_3)_2CH—Br$	$CH_3CH_2—Br$	$CH_3—Br$
相对速率	10^8	45	1.7	1.0
中间体	$(CH_3)_3C^+$	$(CH_3)_2CH^+$	$CH_3CH_2^+$	CH_3^+
	$3°\ C^+$	$2°\ C^+$	$1°\ C^+$	

由此可见，卤代烷发生 S_N1 反应的活性顺序是

叔卤烷＞仲卤烷＞伯卤烷＞卤甲烷

这是因为 S_N1 反应的速率控制步骤是碳正离子形成。碳正离子稳定性越大，越容易形成。由三类卤烷形成碳正离子稳定性次序为

$$(CH_3)_3C^+(3°\ C^+) > (CH_3)_2\overset{+}{C}H(2°\ C^+) > CH_3\overset{+}{C}H_2(1°\ C^+) > \overset{+}{C}H_3$$

烷基正离子越稳定，形成时活化能越小，反应速率越快。烷基正离子稳定性由电子效应和空间效应决定。$3°\ C^+$ 中，甲基推电子作用，使正电荷分散，稳定性增加。当叔卤烷离解为叔烷基正离子时，中心碳原子由 sp^3 杂化转变为 sp^2 杂化，取代基团间拥挤程度降低，有利于 $3°\ C^+$ 的形成。

从上述讨论中可以看出，卤代烷分子中的烷基结构对反应按照何种机理进行有很大影响。叔卤代烷易于失去卤原子而形成稳定的碳正离子，主要按 S_N1 机理进行；而伯卤

代烷则相反，主要按 S_N2 机理进行。仲卤代烷则处于两者之间，反应可同时按 S_N1 和 S_N2 两种机理进行。

在这里需要指出的是，伯卤代烷一般容易发生 S_N2 反应，但如果控制适当的反应条件，也会发生 S_N1 反应。例如，银或汞离子能促使伯卤代烷碳卤键的离解，形成碳正离子，使之发生 S_N1 反应。

$$RX + Ag^+ \rightleftharpoons \overset{\delta+}{R} \cdots X \cdots \overset{\delta+}{Ag} \rightleftharpoons R^+ + AgX\downarrow$$

在有机分析中，用 $AgNO_3$ 的乙醇溶液与伯卤代烷作用就属于 S_N1 反应。

叔卤代烷一般容易发生 S_N1 反应，但如果控制适当的反应条件，也会发生 S_N2 反应。例如，叔氯代烷（或叔溴代烷）与碘化钠的丙酮溶液反应，因为碘负离子很容易进攻与氯（或溴）连接的 α-碳原子，形成过渡态，使叔氯代烷（或叔溴代烷）发生 S_N2 反应。

烯丙型卤代烃，在卤素的 α-C 上带有苯环或双键，由于共轭效应的存在，此化合物表现得特别活泼。反应性介于 S_N1 和 S_N2 之间，而二苯卤代甲烷与三苯卤代甲烷则以 S_N1 机理进行反应。

实验表明，不论是 S_N2 反应还是 S_N1 反应，卤代烃的活性顺序都是

$$CH_2{=}CH{-}CH_2Cl > CH_3CH_2Cl, CH_2{=}CHCH_2CH_2Cl > CH_2{=}CH{-}Cl$$

如果卤原子是连接在桥环化合物的桥头碳原子上，而环又较小。例如：

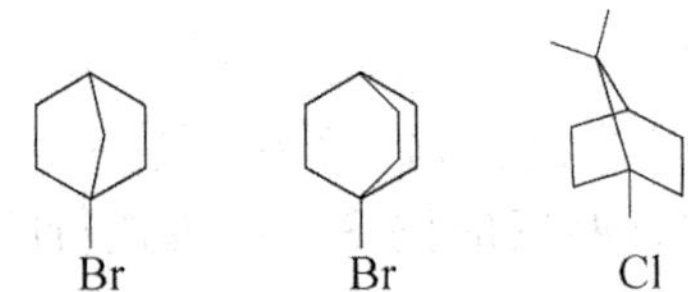

进行反应时，不论是 S_N2 还是 S_N1 反应都很困难。S_N1 反应不易形成 C^+（因 C^+ 是平面形构型），S_N2 反应不利于亲核试剂从背面进攻。

2. 离去基团对 S_N 反应的影响

在亲核取代反应中，不论是按 S_N1 机理还是 S_N2 机理进行，慢的一步都包括 C—X 键的断裂，即 X 为离去基团，离去基团不同，S_N1 和 S_N2 的反应速率也不同。

当卤代烷分子的烷基结构相同而卤原子不同时，卤代烷的反应次序为

$$RI > RBr > RCl。$$

因为无论在 S_N1 或 S_N2 中，都要把 C—X 键拉长削弱，最后发生异裂。从C—X键的离解能和可极化性大小来考虑，都可以得出符合上述次序的结论。实验证明也是如此。卤素中，I^- 是最好的离去基团，Br^- 其次，Cl^- 的离去能力最弱。例如，$(CH_3)_3C{-}X$ 在 80％乙醇中反应的相对速率如下：

$$(CH_3)_3C{-}X + H_2O \xrightarrow{C_2H_5OH} (CH_3)_3C{-}OH + HX$$

X	Cl	Br	I
相对速率	1.0	39	99

一般情况下，离去基团越容易离去，反应越易生成碳正离子中间体，该反应就越有利

于 S_N1 反应的进行。

好的离去基团就是 C—Y 键弱，Y^- 容易离去，如强酸的共轭碱——弱碱，$Y^- = I^-$、Br^-、Cl^- $CH_3-C_6H_4-SO_3^-$ 等。

差的离去基团就是 C—Y 键强，Y^- 不易离去，如弱酸的共轭碱——强碱，$Y^- = HO^-$、RO^-、H_2N^-、RHN^-、R_2N^- 等。

总之，离去基团的碱性越小，越易离去。

3. 亲核试剂对 S_N 反应的影响

对于 S_N1 反应，决定反应速率的一步是卤代烷的离解，而与亲核试剂无关，因此试剂的亲核性和浓度的改变，对 S_N1 反应速率无明显的影响，只改变反应产物。但在 S_N2 反应中，由于亲核试剂参与过渡态的形成，因此亲核试剂的亲核能力和浓度将会直接影响反应速率，亲核试剂的浓度越大，亲核能力越强，反应按 S_N2 机理进行的趋势就越大。

试剂的亲核性指的是亲核试剂本身的给电子中心与底物缺电子中心的亲和能力。试剂的亲核性越强，与底物中心碳的成键能力越大，反应的活泼性也就越高。

试剂亲核性受试剂的给电子性（碱性）和可极化性（变形性）两个因素制约。

同一周期的原子作为给电子中心时，亲核性与碱性强弱次序相同：

$$H_3N > H_2O \quad {}^-NH_2 > {}^-OH > {}^-F$$

$$C_2H_5O^- > HO^- > CH_3CO_2^- > C_2H_5OH > HOH > CH_3COOH$$

同一族的原子作为给电子中心时，变形性越大，亲核性越强，与碱性强弱次序相反：

$$I^- > Br^- > Cl^- > F^-; \quad HS^- > HO^-; \quad H_2S > H_2O; RS^- > RO^-; RSH > ROH$$

试剂的亲核性还与溶剂化效应有关。溶剂化效应就是溶剂分子与溶液中的离子或分子通过静电力结合，在极性大的溶剂中，离子由于溶剂化而被稳定。例如：卤负离子在质子型溶剂中，氟离子体积最小，负电荷集中，与质子型溶剂的溶剂化程度大，致使氟离子的亲核性最小。若在非质子型溶剂中进行 S_N2 反应，卤离子与溶剂分子不发生溶剂化作用，卤离子的电荷是裸露的，亲核性为 $F^- > Cl^- > Br^- > I^-$，与碱性强弱次序一致。

试剂的亲核性与试剂的体积大小有关，体积越大，位阻越大，亲核性减小：${}^-OCH_2CH_3 > {}^-OCH(CH_3)_2 > {}^-OC(CH_3)_3$。

4. 溶剂对亲核取代反应的影响

有机离子反应一般都是在溶液中进行的。与自由基反应相比，溶剂对离子反应的影响是很明显的。溶剂不但可以改变反应速率，而且可以改变反应机理和试剂的活性顺序。

极性大的溶剂具有较大的介电能力，也可使中性分子离解为离子。增加溶剂的极性能够加速卤代烷的离解，对 S_N1 反应有利。这是由于按 S_N1 机理形成中间体时，中间体的极性大于反应物，因此极性大的溶剂对中间体溶剂化的作用大于反应物，这样溶剂化释放的能量也大，所以离解能很快进行。但在 S_N2 反应中，增加溶剂的极性，一般对反应不利，因为按 S_N2 形成过渡态时，亲核试剂电荷比较集中，而过渡态的电荷比较分散，因此，增加溶剂极性，反而使极性大的亲核试剂溶剂化，而对 S_N2 过渡态的形成不利。

$$Nu^- + RX \longrightarrow [\overset{\delta-}{Nu}\cdots R\cdots \overset{\delta-}{X}]^{\neq} \longrightarrow NuR + X^-$$

9.2　卤代烃的消除反应

9.2.1　饱和卤代烃的消除反应

1. 脱卤化氢

卤代烷的氢氧化钠(或氢氧化钾)的乙醇溶液共热时,主要产物不是醇,而是卤代烷脱去一分子卤化氢生成不饱和烃,这种从分子中失去一个简单分子生成不饱和键的反应称为消除反应,用 E 表示。

$$\underset{\substack{| \quad\quad |\\ H \quad\quad X}}{R-CH-CH_2} + NaOH \xrightarrow[\triangle]{\text{醇}} RCH=CH_2 + NaX + H_2O$$

在碱的作用下,卤代烷易于消除 β-H 和卤原子,这种消除又称 β-消除反应。这种消除反应在有机合成上常作为在分子中引入不饱和键的方法。不同的卤代烷在相同的反应条件下发生消除反应的活性不同。例如:

$$(CH_3)_2CH-CH_2Br \xrightarrow[C_2H_5OH,55℃]{C_2H_5ONa} \underset{62\%}{(CH_3)_2C=CH_2} + \underset{38\%}{(CH_3)_2CHCH_2OC_2H_5}$$

$$(CH_3)_2CHBr \xrightarrow[C_2H_5OH,55℃]{C_2H_5ONa} \underset{80\%}{CH_3CH=CH_2} + \underset{20\%}{(CH_3)_2CHOC_2H_5}$$

$$(CH_3)_3CBr \xrightarrow[C_2H_5OH,55℃]{C_2H_5ONa} \underset{98\%}{(CH_3)_2C=CH_2} + \underset{2\%}{(CH_3)_3COC_2H_5}$$

可见卤代烷消除 HX 生成烯烃的反应活性次序如下:

3°卤代烷>2°卤代烷>1°卤代烷;　RI>RBr>RCl>RF

含有两个 β 氢原子的卤代烷进行消除反应脱去卤化氢时,将脱去哪一边的氢原子呢?实验证明:卤代烷在消除卤化氢时,氢原子主要是从含氢较少的 β 碳原子上脱去。这个规则称为札依采夫(Zaitsev)规则。例如:

$$CH_3-\underset{H}{\overset{\beta}{CH}}-\underset{Br}{CH}-\underset{H}{\overset{\beta'}{CH_2}} \xrightarrow[\text{乙醇}]{KOH} \underset{69\%}{CH_3-CH=CH-CH_3} + \underset{31\%}{CH_3CH_2CH=CH_2}$$

$$CH_3-\underset{H}{\overset{\beta}{CH}}-\underset{Br}{\overset{CH_3}{C}}-\underset{H}{\overset{\beta'}{CH_2}} \xrightarrow[\text{乙醇}]{KOH} \underset{71\%}{CH_3-CH=\overset{CH_3}{C}-CH_3} + \underset{29\%}{CH_3-CH_2-\overset{CH_3}{C}=CH_2}$$

从产物结构上看,双键碳上连有较多烷基的烯烃占主导地位,因为这样的烯烃较稳定(从 σ-π 超共轭解释)。总之,消除反应倾向于生成更稳定的烯烃。例如:

$$\underset{\text{Br}}{\underset{|}{\text{R—CH}}}\text{—}\underset{\text{H}}{\underset{|}{\text{CH}}}\text{—}\underset{\text{H}}{\underset{|}{\text{CH}}}\text{—}\underset{\text{Br}}{\underset{|}{\text{CH}}}\text{—R}' \xrightarrow[-2\text{HBr}]{\text{NaOH,EtOH}} \text{R—CH═CH—CH═CH—R}'$$

$$CH_2\text{═}CHCH_2\underset{\text{Br}}{\underset{|}{C}H}CH(CH_3)_2 \xrightarrow[-\text{HBr}]{\text{NaOH,EtOH}} \begin{cases} CH_2\text{═}CHCH\text{═}CHCH(CH_3)_2 & \text{主要产物} \\ CH_2\text{═}CHCH_2CH\text{═}C(CH_3)_2 & \text{次要产物} \end{cases}$$

另外,邻二卤代烷或偕二卤代烷脱去 2 分子 HX 可得炔烃。

$$\text{R—}\overset{\text{X}}{\underset{\text{X}}{\text{C}}}\text{—}\overset{\text{H}}{\underset{\text{H}}{\text{C}}}\text{—R}' \xrightarrow[-2\text{HX}]{\text{NaOH},CH_3CH_2OH} \text{R—C≡C—R}'$$

偕二卤烷

$$\text{R—}\underset{\text{H}}{\text{CH}}\text{—}\overset{\text{H}}{\underset{\text{X}}{\text{C}}}\text{—}\overset{\text{H}}{\underset{\text{X}}{\text{C}}}\text{—}\underset{\text{H}}{\text{CH}}\text{—R}' \xrightarrow[-2\text{HX}]{\text{NaOH}/CH_3CH_2OH} \begin{cases} \text{RCH═CHCH═CHR}' \\ RCH_2C\text{≡}CCH_2R' \end{cases}$$

在大多数情况下,卤烷的消除反应常和取代反应同时进行,而且相互竞争,究竟哪一种反应占优势,则与分子结构和反应条件有关。

2. 脱卤素

邻二卤代烷除了能发生脱卤化氢反应生成炔烃或较稳定的共轭二烯烃外,在锌粉(或镍粉)的存在下,也能脱去卤素生成烯烃。

$$\text{—}\underset{\text{X}}{\overset{|}{\text{C}}}\text{—}\underset{\text{X}}{\overset{|}{\text{C}}}\text{—} \xrightarrow[\triangle]{\text{Zn,乙醇}} \text{>C═C<} + ZnX_2 \quad (\text{X=Br,Cl})$$

脱卤素反应常用于分离、提纯烯烃。

$$\text{>C═C<} + Br_2 \longrightarrow \text{—}\underset{\text{Br}}{\overset{|}{\text{C}}}\text{—}\underset{\text{Br}}{\overset{|}{\text{C}}}\text{—} \xrightarrow[\triangle]{\text{Zn,乙醇}} \text{>C═C<} + ZnBr_2$$

9.2.2 不饱和卤代烃的消除反应

不饱和碳上卤原子由于与 π 轨道形成了稳定的共轭体系,所以不易消除,只有在强烈的条件下,才能消除 HX 生成炔烃。例如:

$$CH_3CH_2CH\text{═}CHBr \xrightarrow[\text{液 }NH_3]{NaNH_2} CH_3CH_2C\text{≡}CH + HBr$$

9.2.3 卤代烃消除反应机理

卤代烃在强碱作用下,易消除 β-H 和卤素 X,形成烯烃,所以卤代烷的消除反应又称为 β-消除反应。

$$\overset{\delta\delta+}{H}\downarrow \quad R—\underset{\beta}{C}H \rightarrow \underset{\alpha}{\overset{\delta+}{C}}H \rightarrow \overset{\delta-}{X}$$

消除反应(elimination reaction)用 E 表示，与亲核取代反应相似，也有双分子和单分子消除机理，双分子消除用 E2 表示，单分子消除用 E1 表示。

1. 双分子消除反应(E2)机理

1) E2 反应机理

双分子消除反应是碱进攻卤代烷的 β-H，同时 C—X 键开始发生异裂，在达到过渡态时，β 碳氢键和 α 碳卤键都达到高度的异裂状态，此时 β 碳和 α 碳之间已有部分双键的性质，而且这两个碳原子已有部分 sp^2 杂化的特性。这时反应体系处于最高能量状态，随着反应进一步进行，β-H 成为质子和试剂结合而脱去，同时分子中的卤原子在溶剂作用下带着一对电子离去，在 β 碳原子与 α 碳原子之间形成双键。

$$R—CH_2—CH_2—X + HO^- \longrightarrow \left[\begin{array}{c} H\overset{\delta-}{O}\cdots H \\ \vdots \\ R—CH\text{---}CH_2 \\ \vdots \\ X^{\delta-} \end{array}\right]^{\neq} \longrightarrow H_2O + R—CH═CH_2 + X^-$$

(X=Cl、Br、I)　　　　过渡态

由于 HO^- 既是碱又是亲核试剂，因此伴随 E2 反应还经常发生 S_N2 反应：

$$HO^- + \underset{H\ \ H}{\overset{RCH_2}{C}}—X \xrightarrow{慢} \left[\overset{\delta-}{HO}\cdots\underset{H\ \ H}{\overset{RCH_2}{C}}\cdots\overset{\delta-}{X}\right]^{\neq} \xrightarrow{快} HO—\underset{H\ \ H}{\overset{CH_2R}{C}} + X^-$$

如果 HO^- 夺取的是 RCH_2CH_2X 分子中的 β-H 原子，这时 HO^- 是一个碱，导致 E2 反应；如果 HO^- 进攻的是 RCH_2CH_2X 分子中 α-C 原子，这时 HO^- 是一个亲核试剂，导致 S_N2 反应。所以，E2 和 S_N2 反应经常是同时发生的互相平行、互相竞争的反应。

2) E2 反应的特点

E2 反应具有如下特点：

(1) E2 机理与 S_N2 机理相似，是一步完成的协同反应（β-H^+ 消除、X^- 离去和C═C形成同时完成）。

(2) E2 反应是双分子参与的二级反应。例如，伯卤代烷与 HO^- 反应消除 HX 的速率方程是 $v=k$[伯卤代烷][HO^-]，表明伯卤代烷和 HO^- 都参与慢的一步反应，也就是在慢的一步反应的过渡态中包括伯卤代烷和 HO^-。

(3) E2 反应的取向服从札依采夫规则。在多数情况下，卤代烷(X=Cl、Br、I)和碱的醇溶液进行消除时，主要生成双键碳上连有较多取代基的烯烃，这个规律叫札依采夫规则。例如：

$$CH_3CH_2—\underset{Br}{\overset{CH_3}{C}}—CH_3 \xrightarrow[E2]{C_2H_5ONa,\ C_2H_5OH} \underset{69\%}{CH_3CH═\overset{CH_3}{C}—CH_3} + \underset{31\%}{CH_3CH_2\overset{CH_3}{C}═CH_2}$$

由于强碱是与β-H相结合，不是进攻α-C，不存在S_N2机理中的那种空间位阻，当α-C上连有较多支链烷基时，对E2反应有利。多个支链烷基的存在对部分双键的形成有推动作用，不仅可以降低活化能，还可以使生成的烯烃获得更大程度的稳定。

(4) E2反应的立体化学——反式消除。对于E2反应，一般是立体专一的，进行反式消除。E2反应之所以具有立体专一性，是因为发生反应时，卤代烷是从它的邻位反式共平面构象消去卤化氢的——反式消除。也就是说，发生E2反应时，$H—C^{\beta}$键、$C^{\beta}—C^{\alpha}$键和$C^{\alpha}—X$键是在同一个平面内(共平面)，$H—C^{\beta}$键$C^{\alpha}—X$键处于对位交叉式构象(反式)，而HX是从相邻的(邻位)两个C原子——α碳和β碳上消去的。从邻位反式共平面构象消去HX生成的过渡态的能量较低、较稳定，因而容易生成，所以E2反应较易从邻位反式共平面构象发生：

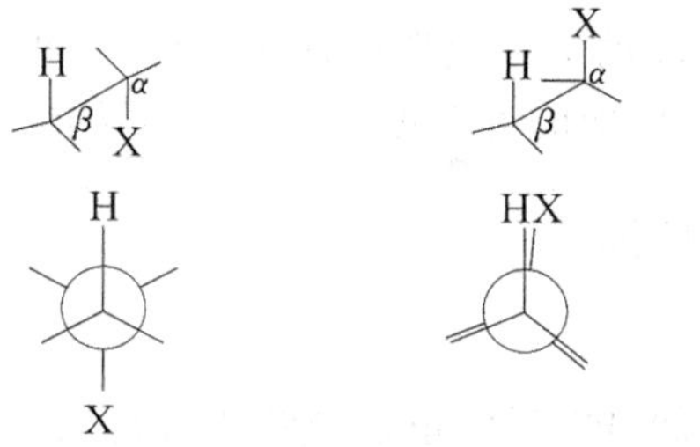

反式共平面
交叉式(能量低)

顺式共平面
重叠式(能量高)

例如，2-溴丁烷发生的E2反应如下：

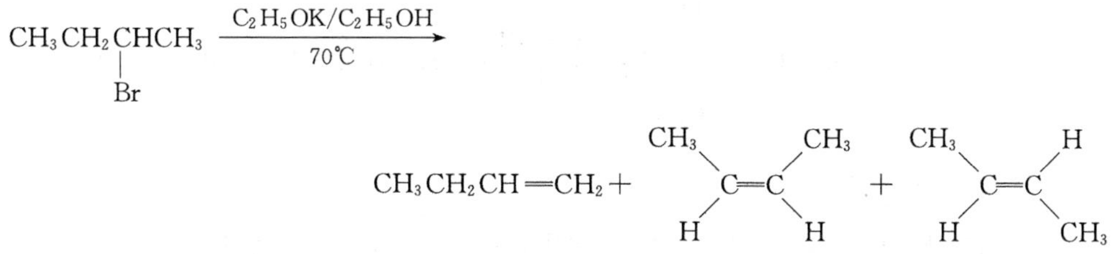

$$CH_3CH_2\underset{\displaystyle Br}{\underset{|}{C}}HCH_3 \xrightarrow[70℃]{C_2H_5OK/C_2H_5OH}$$

$$CH_3CH_2CH{=}CH_2 + (Z)\text{-}CH_3CH{=}CHCH_3 + (E)\text{-}CH_3CH{=}CHCH_3$$

(20%)　(Z)-2-丁烯(20%)　(E)-2-丁烯(60%)

用纽曼投影式表示为

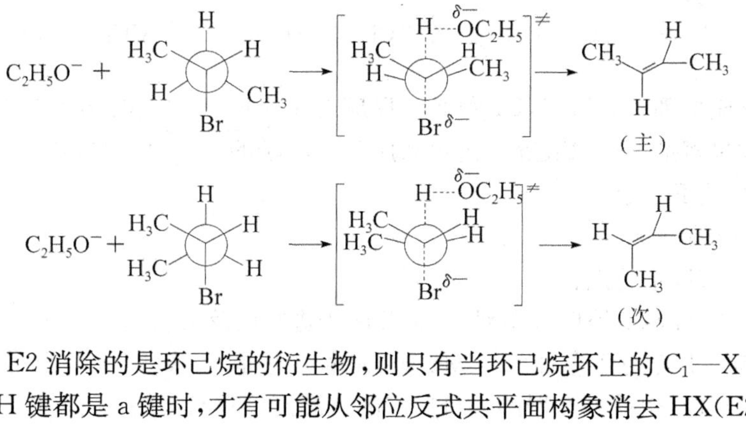

$$C_2H_5O^- + \text{(纽曼式：H, }H_3C\text{, H, H, }CH_3\text{, Br)} \longrightarrow \left[H\cdots\overset{\delta-}{O}C_2H_5 \ldots Br^{\delta-}\right]^{\neq} \longrightarrow (E)\text{-}CH_3CH{=}CHCH_3$$

(主)

$$C_2H_5O^- + \text{(纽曼式：H, }H_3C\text{, H, }H_3C\text{, H, Br)} \longrightarrow \left[H\cdots\overset{\delta-}{O}C_2H_5 \ldots Br^{\delta-}\right]^{\neq} \longrightarrow (Z)\text{-}CH_3CH{=}CHCH_3$$

(次)

如果发生E2消除的是环己烷的衍生物，则只有当环己烷环上的$C_1—X$键(X为离去基团)和$C_2—H$键都是a键时，才有可能从邻位反式共平面构象消去HX(E2)。a、e构象和e、e构象都难以发生E2消除。例如：

$$(CH_3)_3C\text{-环己基(顺, a-Br)} \xrightarrow[\text{较快}]{C_2H_5O^-,C_2H_5OH} (CH_3)_3C\text{-环己烯}\ (E2)$$

Ⅰ（顺）　　Ⅲ

$$(CH_3)_3C\text{-环己基(反, e-Br)} \xrightarrow[\text{较慢}]{C_2H_5O^-,C_2H_5OH} (CH_3)_3C\text{-环己烯} + (CH_3)_3C\text{-环己基-}OC_2H_5$$

Ⅱ（反）　　Ⅲ　　Ⅳ

化合物 $(CH_3)_3C$—⟨环己基⟩—Br 有顺、反两种异构体。顺式异构体Ⅰ中的离去基团 Br，处在 a 键上，容易发生 E2 消除生成Ⅲ；而反式异构体Ⅱ中的 Br 处在 e 键上，难以发生 E2 消除，从而发生 E1 和 S_N1，生成Ⅲ和Ⅳ。

2. 单分子消除反应(E1)机理

1) E1 反应机理

E1 反应和 S_N1 反应相似，E1 反应也是分两步进行的：第一步卤代烷分子在溶剂中先离解为碳正离子，第二步是在 β-C 上脱去一个质子，同时在 α 与 β 碳之间形成一个双键。反应过程如下：

$$CH_3-CH_2-\underset{CH_3}{\overset{Br}{C}}-CH_3 \xrightarrow[\text{慢}]{C_2H_5OH} CH_3CH_2\underset{CH_3}{\overset{+}{C}}-CH_3 + Br^-$$

$$CH_3\overset{H}{C}H-\overset{+}{C}(CH_3)_2 + C_2H_5OH \xrightarrow[\text{快}]{E1} CH_3CH{=}C(CH_3)_2 + C_2H_5\overset{+}{O}H_2$$

$$C_2H_5\overset{+}{O}H_2 \xrightarrow{\text{快}} C_2H_5OH + H^+$$

$$CH_3CH_2\overset{+}{C}(CH_3)_2 + C_2H_5OH \xrightarrow[\text{快}]{S_N1} CH_3CH_2\overset{H-\overset{+}{O}-C_2H_5}{C}(CH_3)_2 \xrightarrow[-H^+]{\text{快}} CH_3CH_2\overset{OC_2H_5}{C}(CH_3)_2$$

从以上反应机理可以看出，E1 和 S_N1 反应经常是同时发生的两个互相平行、互相竞争的反应。如果溶剂分子(如乙醇)进攻叔戊基正离子的 α-C 原子时，导致 S_N1 反应；夺取 β-H 原子时，导致 E1 反应。

2) E1 反应的特点

E1 反应具有以下特点：

(1) E1 反应与 S_N1 的反应相似，也是分两步进行的反应。

(2) E1 反应是单分子参加的一级反应，速率方程是 $v=k$[卤烷]，表明只有卤代烷参加了慢的一步反应，也就是在慢的一步反应的过渡态中只有卤烷。

(3) 只要烷基的构造允许，E1 反应伴随有重排反应。例如：

$$(CH_3)_3CCH_2Br \xrightarrow{C_2H_5OH} (CH_3)_3C\overset{+}{C}H_2 + Br^-$$
$$(1°\ C^+)$$

$$CH_3-\underset{CH_3}{\overset{CH_3}{\underset{|}{\overset{|}{C}}}}-\overset{+}{C}H_2 \xrightarrow{重排} CH_3-\underset{CH_3}{\underset{|}{\overset{+}{C}}}-CH_2-CH_3 \xrightarrow{-H^+} (CH_3)_2C{=}CHCH_3$$
$$(3°\ C^+)$$

(4) 对于 E1 反应，发生的是札依采夫消除。

(5) 对于 E1 反应，产物烯烃来自碳正离子消去 β-C 上的 H，而碳正离子是平面形的，所以 E1 反应没有立体专一性。

3. 影响消除/取代反应的因素

在卤代烷的反应中，消除反应常与亲核取代反应同时发生并相互竞争，亲核试剂既可以进攻 α 碳原子发生 S_N 反应，也可以夺取 β-氢原子发生 E 反应。消除产物和取代产物的比例受反应物结构、试剂、温度、溶剂等多种因素的影响，对影响消除反应和取代反应的各种因素的研究，为有机合成提供有效控制产物的依据，具有重要意义。

1) 卤代烷结构的影响

卤代烷的消除反应无论是按 E1 还是按 E2 机理进行，其活性顺序为

叔卤烷＞仲卤烷＞伯卤烷

因为对于 E1 反应，慢的一步即决定反应速率的一步，是生成碳正离子，而碳正离子的稳定性为 $3°\ C^+ > 2°\ C^+ > 1°\ C^+$。碳正离子越稳定，越易形成，E1 反应越快；对于 E2 反应，过渡态更似烯烃，而叔卤代烷生成的似烯烃的过渡态双键 C 上带有较多的烷基，似烯烃过渡态比仲卤代烷生成的要稳定，比伯卤代烷生成的更稳定，所以容易生成。

在通常采用的消除 HX 的反应条件下，即与浓的强碱乙醇溶液共热，卤代烷（伯、仲、叔）消去 HX 一般是 E2 反应。只有叔卤烷的溶剂解消除或叔卤烷和浓度非常低的碱消除，才发生 E1 反应。

对于双分子反应，卤代烷 α-C 原子上的支链增多，有利于消除，不利于取代。

E2 ——活性增强——→

伯卤代烷　仲卤代烷　叔卤代烷

S_N2 ←——活性增强——

原因：①卤代烷 α-C 上支链越多，对于进攻 α-C 原子的试剂产生的空间位阻越大，越不利于 S_N2 反应进行；②卤代烷 α-C 上的支链越多，对似烯烃过渡态的稳定作用越大，越有利于 E2 反应进行；③卤代烷 α-C 上支链越多，β-H 的数目也就随着增多，从统计因素来看，越有利于试剂进攻 β-H。

由于上述原因，当卤代烷与碱性较强的亲核试剂（如 HO^-、CN^-、NH_3 等）发生反应时，只有伯卤代烷能够较好地发生 S_N2 反应，生成取代产物。叔卤代烷一般不发生 S_N2 反应生成取代产物，而是发生 E2 反应生成消除产物——烯烃。例如：

$$CH_3CH_2CH_2CH_2Br \xrightarrow{CN^-} CH_3CH_2CH_2CH_2CN + Br^-$$

$$(CH_3)_3C—Cl \xrightarrow{CN^-} (CH_3)_2C=CH_2 + HCN + Cl^-$$

在应用 S_N2 反应进行合成时，必须注意这个事实。

2）离去基团的影响

离去基团对 E1 和 E2 的反应速率均有影响，好的离去基团相对来说对于 E1 反应更有利。

3）进攻试剂

进攻试剂对 E1 反应速率没有影响，但是影响 E2 反应速率。进攻试剂的碱性越强，浓度越大，E2 的反应速率越大。浓的强碱加速 E2 反应，促使反应从 E1 向 E2 转变。实际上，使用浓强碱进行消除反应，一般是 E2 反应。在实验室中，常用的强碱有 HO^-/H_2O、RO^-/ROH、NH_2^-/NH_3(液)。例如：

$$(CH_3)_3C—Br \xrightarrow{C_2H_5OH} (CH_3)_2C=CH_2 \quad (19\%, S_N>E)$$

$$(CH_3)_3C—Br \xrightarrow{2C_2H_5O^-/C_2H_5OH} (CH_3)_2C=CH_2 \quad (93\%, E>S_N)$$

消除反应，一般使用浓的强碱溶液。

进攻试剂的体积也影响着两类反应 E 与 S_N 之比。体积增大有利于消除，不利于取代。因此，为了进行消除反应，使用 $(CH_3)_3CO^-/(CH_3)_3COH$ 作进攻试剂比使用 $C_2H_5O^-/C_2H_5OH$ 好。立体效应是其中一个原因，体积较大的 $(CH_3)_3CO^-$ 进攻立体阻碍较大的 α-C(取代)要比夺取 β-H 原子(消除，立体阻碍小)困难得多。

4）溶剂

溶剂的性质影响 E1 和 E2 的反应速率。增大溶剂的极性明显地有利于 E1 反应。

对比消除与取代，增大溶剂的极性有利于取代，不利于消除；减小溶剂的极性有利于消除，不利于取代。所以为了进行消除，要选用极性较小的溶剂。对于羟基溶剂，乙醇要比水好。

5）温度

不论是单分子反应机理还是双分子反应机理，温度升高都有利于消除反应。因为消除反应需要断裂 C—H，形成过渡态，需较大的活化能。例如：

$$(CH_3)_3C—Br \xrightarrow{C_2H_5OH} (CH_3)_2C=CH_2$$

t=25℃	19%
55℃	28%

综上所述，对于一个给定的卤代烷，对比消除与取代，进攻试剂的碱性强、浓度大、溶剂的极性小、反应温度高，都有利于消除反应；反之则有利于取代。

9.3　卤代烃的其他反应

9.3.1　与金属的反应

卤代烃可以和一些金属元素(Li、Na、K、Mg、Zn、Cd、Al、Hg 等)作用，生成由金属原子与碳原子直接相连的化合物,称为金属有机化合物。

$$R—X+M \longrightarrow R—M—X \quad (M=Li,Na,K,Mg,Zn,Cd,Al,Hg)$$

金属有机化合物的结构特点是在分子中存在碳金属键。碳金属键中的碳原子是以带负电荷的形式存在的,因而金属有机化合物中的烃基具有较强的亲核性和碱性,在有机合成领域中应用比较广泛。

在金属有机化合物中,有机钠、有机钾非常活泼,在空气中立即燃烧爆炸;有机锂、有机镁和有机铝最为重要,性质比较温和;有机锌、镉、汞等在空气中较稳定,也有较多的应用,但要注意,一些重金属的有机化合物有很大的毒性。

1. 与镁反应——格利雅试剂的生成

卤代烃与金属镁在绝对乙醚(无水、无醇的乙醚)中反应,生成有机镁化物——烃基卤化镁,又称格利雅(Grignard)试剂(也称格氏试剂),用 RMgX 表示。

$$RX+Mg \xrightarrow{\text{干醚,隔绝空气}} RMgX$$

格利雅试剂溶于醚中,不需分离即可直接用于各种合成反应。格利雅试剂与乙醚络合生成稳定的溶剂化物:

$$(C_2H_5)_2O \rightarrow \underset{X}{\overset{R}{|}}\!\!Mg \leftarrow O(C_2H_5)_2$$

乙醚是此反应常用的溶剂,此外,四氢呋喃和其他醚均可用作溶剂。

卤代烷与镁的反应活性:RI>RBr>RCl。碘代烷贵,氯代烷活性较小,故实验室中常用溴代烷。例如:

$$CH_3I+Mg \xrightarrow{\text{干醚}} CH_3MgI \quad (95\%)$$

甲基碘化镁

$$CH_3CH_2Br+Mg \xrightarrow{\text{干醚}} CH_3CH_2MgBr \quad (97\%)$$

乙基溴化镁

$$(CH_3)_3CCl+Mg \xrightarrow{\text{干醚}} (CH_3)_3CMgCl \quad (80\%)$$

叔丁基氯化镁

合成烯丙基型和苄基型格氏试剂需较低的温度,因为这类卤代烷非常活泼,温度稍高,一旦有格氏试剂生成,就会与尚未反应的卤代烃发生偶合,因此在合成时要严格控制温度。但在合成乙烯型的格氏试剂时,要在较高的温度下进行,可用丁醚、戊醚或四氢呋喃代替乙醚:

$$H_2C=CHCl+Mg \xrightarrow{\text{THF}} H_2C=CHMgCl$$

格利雅试剂中存在着潜在的 R^-,它既是一个强碱,又是强的亲核试剂,因此可与正离子或与某些分子中具有部分正电荷的部位发生反应。

1）与活泼氢反应

格利雅试剂与活泼氢化合物[①]反应得到烷烃。

$$\overset{\delta-\ \delta+}{RMgX}\begin{cases}\xrightarrow{\overset{+\ -}{HOH}} RH + Mg(OH)X \\ \xrightarrow{R'\overset{\delta-\delta+}{OH}} RH + Mg(OR')X \\ \xrightarrow{\overset{\delta+\delta-}{HNH_2}} RH + Mg(NH_2)X \\ \xrightarrow{\overset{+\ -}{HX}} RH + MgX_2 \\ \xrightarrow{\overset{\delta+\delta-}{HC}\equiv CR'} RH + R'C\equiv CMgX\text{（炔基卤化镁）}\end{cases}$$

格利雅试剂与活泼氢化合物的反应是定量进行的。在有机分析中，常用一定数量的甲基碘化镁（CH_3MgI）和一定数量的含活泼氢化合物作用，根据生成甲烷的体积可以计算出活泼氢的数量。

2）与活泼卤代烃作用

格利雅试剂与活泼卤代烃如烯丙型、苄基型的卤代烃作用，发生偶合反应，生成烃：

$$CH_2=CHCH_2MgCl+ClCH_2CH=CH_2 \longrightarrow CH_2=CHCH_2-CH_2CH=CH_2+MgCl_2$$

3）与缺电子中心碳原子的反应

格氏试剂中的烃基是带有负电荷的强亲核试剂，可与醛、酮、酯、腈和 CO_2 等极性的双键或叁键发生加成反应，这在有机合成上被广泛用于合成醇、酮、酸等。例如：

$$\overset{\delta-\delta+}{RMgX} + \gt\overset{\delta+}{C}=\overset{\delta-}{O} \longrightarrow -\underset{R}{\underset{|}{\overset{|}{C}}}-O-MgX \xrightarrow[H^+]{H_2O} -\underset{R}{\underset{|}{\overset{|}{C}}}-OH \quad \text{醇}$$

$$R'-\overset{\delta+}{C}\equiv\overset{\delta-}{N} + \overset{\delta-\delta+}{RMgX} \longrightarrow R'-\underset{R}{\underset{|}{C}}=\underset{MgX}{\underset{|}{N}} \xrightarrow{H^+,H_2O} R'-\underset{R}{\underset{|}{C}}=O \quad \text{酮}$$

2. 与锂反应

卤代烃与金属锂在干醚中或其他惰性溶剂（石油醚、苯、环己烷等）中，在惰性气体的保护下，在较低温度时作用，就可以得到有机锂化物：

$$CH_3CH_2CH_2CH_2Br+2Li \xrightarrow[\text{石油醚}]{N_2,-10℃} \underset{\text{正丁基锂}}{CH_3CH_2CH_2CH_2Li}+LiBr$$

有机锂试剂比格利雅试剂的活性要大。常温时能够缓慢地与乙醚发生消除反应，使乙醚分解：

$$\overset{\delta-}{R}:\overset{\delta+}{Li}+H-CH_2-CH_2-OCH_2CH_3 \xrightarrow{\text{常温}} RH + CH_2=CH_2 + \overset{+\ -}{LiOCH_2CH_3}$$

所以有机锂试剂在醚中不能存放，生成后应立即进行下一步反应。有机锂试剂在正已烷

① 能够分解 CH_3MgI 使之生成 CH_4 的化合物称为活泼氢化合物或含活泼氢化合物，如水、醇、氨、酸等。

中则稳定得多，在氮气保护下，可存放较长时间。

活泼的烷基锂在乙醚或四氢呋喃溶液中与卤化亚铜反应，生成加合产物——二烷基铜锂，并且溶于醚中。

$$2RLi + CuX \xrightarrow{\text{乙醚}} R_2CuLi + LiX \quad (\text{R 为烷基、烯基、烯丙基、苯基})$$

二烷基铜锂是一个良好的亲核试剂，与伯卤代烃作用可以得到收率较高的烃。

$$R_2CuLi + R'X \xrightarrow{\text{醚}} R{-}R' + RCu + LiX$$

$$CH_3{-}C_6H_4{-}Br + (CH_2{=}C(CH_3){-})_2CuLi \longrightarrow CH_3{-}C_6H_4{-}C(CH_3){=}CH_2 + LiBr + CH_2{=}C(CH_3)Cu$$

80%

$$\text{Ph(H)C{=}C(H)Br} + (n\text{-}C_4H_9)_2CuLi \longrightarrow \text{Ph(H)C{=}C(H)}C_4H_9\text{-}n + n\text{-}C_4H_9Cu + LiBr$$

构型保持(71%)

氯代烃、溴代烃和碘代烃均可进行此反应，烃基可以是烷基、烯基、烯丙型基、苄基，反应物上带有的 C═O、COOH、COOR 和 $CONR_2$ 均不受影响，产率较高，广泛用于有机合成。

3. 与金属钠作用

卤烷与金属钠作用可生成有机钠化合物。

$$RX + 2Na \longrightarrow RNa + NaX$$

烷基钠形成后容易进一步与卤代烷反应生成烷烃，此反应称为伍尔兹(Wurtz)反应。

$$RNa + RX \longrightarrow R{-}R + NaX$$

因生成烷烃的产率比较低，故很少使用。但此反应制备芳烃则产率较高。

$$C_6H_5Br + CH_3(CH_2)_3Br + 2Na \xrightarrow[20℃]{\text{醚}} C_6H_5CH_2(CH_2)_2CH_3 + 2NaBr$$

9.3.2 还原反应

卤代烷中卤素可以被氢还原为烷。常用的还原剂是氢化铝锂($LiAlH_4$)，在乙醚或四氢呋喃(THF)等溶剂中进行。

$$CH_3(CH_2)_8CH_2Br \xrightarrow{LiAlH_4} CH_3(CH_2)_8CH_3$$

9.4 卤苯亲核取代反应机理

1. 加成-消除机理

$$C_6H_5{-}X + Nu^- \xrightarrow{\text{慢}} [C_6H_5(X)(Nu)]^- \xrightarrow{\text{快}} C_6H_5{-}Nu + X^-$$

卤苯的亲核取代过程是一个加成-消除的过程。亲核试剂 Nu^- 对苯环上 C—X 键上的碳原子先进行加成，此时不再是闭环的共轭体系，形成碳负离子，这一步反应速率较慢，是控速步骤，需要吸收较高的能量，一般需加热进行反应。然后，碳负离子脱去 X^-，恢复闭环共轭体系，这一步反应较快。

当苯环上有强吸电子基团时，对中间体碳负离子有稳定化作用，有利于亲核取代反应。

2. 消除-加成(苯炔)机理

氯苯在一般条件下不能进行亲核取代反应，但用强碱氨基钠($NaNH_2$)与氯苯作用可以生成苯胺。如果此反应用同位素 ^{14}C 跟踪实验，氯苯与氨基钠作用，在液氨中反应可以得到两种几乎等量的苯胺，一种是氨基连在 ^{14}C 上，另一种是氨基连在 ^{14}C 的邻位上：

Cl(*) $\xrightarrow[\text{液 } NH_3]{NaNH_2}$ NH_2(*) + (*) NH_2

此反应为消除-加成机理。

氯的吸电子作用使邻位的氢原子活性加大，即“酸性”加大，强碱与这个 H 结合成氨分子，使氯苯分子转变为氯苯负离子，然后脱去 Cl^- 形成苯炔。苯炔有两种方式与氨分子进行加成，生成等量的苯胺：

Cl, H + $\bar{N}H_2$ $\xrightarrow{-NH_3}$ Cl(*), − $\xrightarrow{-Cl^-}$ 苯炔(*)　（消除）

$\bar{N}H_2$ + 苯炔(*) ① → NH_2(*), − $\xrightarrow{NH_3}$ NH_2(*) + $\bar{N}H_2$

② → H_2N, (*−) $\xrightarrow{NH_3}$ H_2N, (*) + $\bar{N}H_2$　（加成）

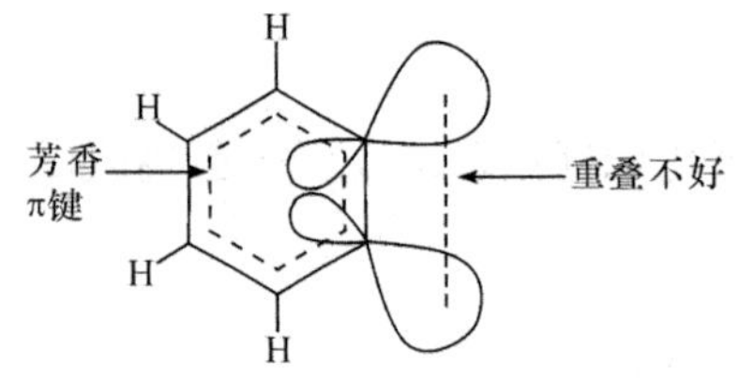

图 9-6　苯炔的结构

苯炔中含有一个特殊的碳碳叁键，苯炔键上碳原子仍然是 sp^2 杂化，由 sp^2 轨道微弱地重叠形成，在苯环之外并且与苯环 π 体系相互垂直，如图 9-6 所示。

苯炔中的叁键 sp^2 轨道重叠程度小，有较大的张力，不像乙炔的叁键有较大的稳定性，因此苯炔是一个高度活泼的活性中间体。

习　题

9-1　写出 1-溴丁烷与下列试剂反应的主要产物：

(1) NaOH 水溶液　(2) Mg，干醚　(3) (2) 的产物 + D_2O　(4) KOH/乙醇

(5) NaI,丙酮　　(6) NaCN　　(7) $CH_3C \equiv CNa$　　(8) $NaOOCCH_3$

(9) NH_3(过量)　　(10) $NaOCH_3$　　(11) 苯 + $AlCl_3$

(12) Na　　(13) $AgNO_3$,乙醇

9-2　完成下列反应方程式:

(1) $CH_3CH{=}CH_2$ $\xrightarrow{HBr}$? $\xrightarrow{NaCN}$?
　　$CH_3CH{=}CH_2$ $\xrightarrow[\text{过氧化物}]{HBr}$? $\xrightarrow{H_2O/KOH}$?
　　$CH_3CH{=}CH_2$ $\xrightarrow[500℃]{Cl_2}$? $\xrightarrow{Cl_2/H_2O}$?

(2) 环己烯 $+Cl_2 \longrightarrow$? $\xrightarrow[\triangle]{2KOH/ROH}$?

(3) 环戊烯 $\xrightarrow{NBS}$? $\xrightarrow[\text{丙酮}]{NaI}$?

(4) n-$C_3H_7Br \xrightarrow{Mg/\text{干醚}}$? $\xrightarrow{HC \equiv CCH_3}$? + ?

(5) 1-溴-1-甲基-4-(溴甲基)环己烷 $\xrightarrow[CH_3COCH_3]{NaI}$?

(6) 环己烷 $\xrightarrow[h\nu]{Cl_2}$? $\xrightarrow{\text{二异丁基铜锂}}$?

(7) $ClCH{=}CHCH_2Cl \xrightarrow[CH_3COOH]{CH_3COONa}$?

(8) $CH_3CH{=}CH_2 \xrightarrow{Cl_2}$? $\xrightarrow{2KOH,\text{醇}}$?

(9) C_6H_5—CH_2CH_3 $\xrightarrow{Cl_2/h\nu}$? $\xrightarrow[\triangle]{KOH/ROH}$? $\xrightarrow{Cl_2/CCl_4}$? $\xrightarrow[\triangle]{2KOH/ROH}$?

9-3　按要求回答下列各题:

(1) 下列异构体中,能进行 S_N2 反应,而无 E2 反应的是(　　)。

A. 对位 CH_2Br、C_2H_5 取代苯　　B. 对位 CH_2CH_2Br、CH_3 取代苯　　C. 对位 $CHBrCH_3$、CH_3 取代苯　　D. C_6H_5—$CH_2CH_2CH_2Br$

(2) 下列各组化合物与 $AgNO_3$ 的乙醇溶液反应速率快慢顺序为(　　)。

A. C_6H_5—CH_2CH_2Br　　B. C_6H_5—CH_2Br

C. C_6H_5—$CH(Br)$—CH_3　　D. C_6H_5—Br

(3) 下列化合物进行消除反应的难易顺序为(　　)。

A. 2-溴-2-甲基戊烷(键线式)　　B. 3-溴-2,4-二甲基戊烷(键线式)　　C. 1-溴-4-甲基戊烷(键线式)

(4) 下列化合物在 NaI 的 CH_3COCH_3 溶液中反应的快慢顺序为(　　)。

A. 3-溴-1-丙烯　　B. 溴乙烯　　C. 1-溴丁烷　　D. 2-溴丁烷

(5) 下列化合物在 2% $AgNO_3$ 的 EtOH 溶液中反应的快慢顺序为(　　)。

A. CH_3CH_2Cl　　B. $(CH_3)_2CHCl$　　C. $(CH_3)_3CCl$

(6) 下列化合物进行 S_N1 反应最快的是(　　)，最慢的是(　　)。

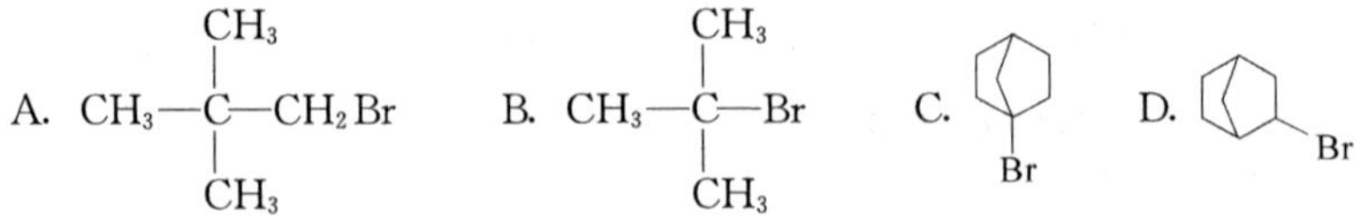

A. $CH_3-C(CH_3)_2-CH_2Br$　　B. $CH_3-C(CH_3)_2-Br$　　C. (桥头 Br 的双环化合物) Br　　D. (双环化合物) Br

(7) 下列化合物能与镁生成格氏试剂的是(　　)。

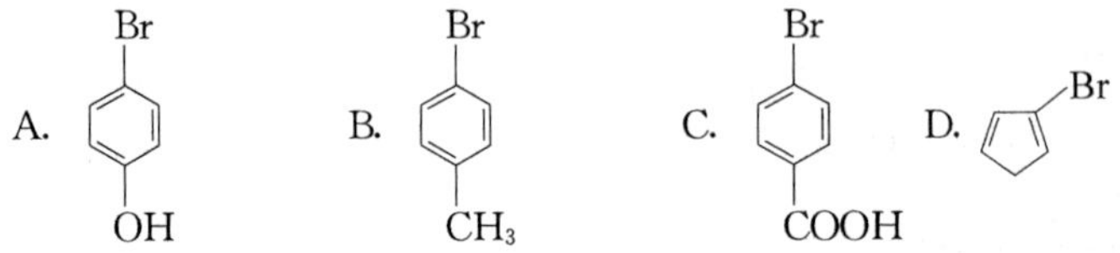

A. Br—C₆H₄—OH　　B. Br—C₆H₄—CH_3　　C. Br—C₆H₄—COOH　　D. (环戊二烯基) Br

(8) 将下列化合物按照 S_N2 反应活性次序大小排序(　　)。

A. 2-甲基-2-溴丁烷　　B. 2-甲基-3-溴丁烷

C. 1-溴戊烷　　D. 1-碘戊烷

(9) 下列化合物按 E2 消除，反应速率由快到慢的顺序是(　　)。

A. CH_3, Br, CH_3　　B. CH_3, Br, CH_3　　C. CH_3, Br, CH_3

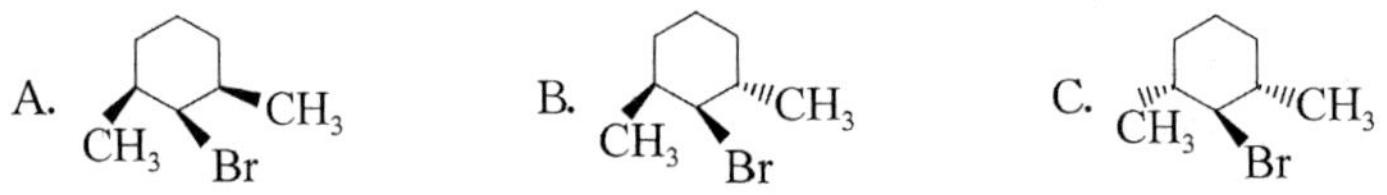

(10) 下列化合物按 E1 消除，反应速率由快到慢的顺序是(　　)。

A. $CHBrCH_3$—C₆H₄—NO_2　　B. $CHBrCH_3$—C₆H₄—OCH_3　　C. $CHBrCH_3$—C₆H₅

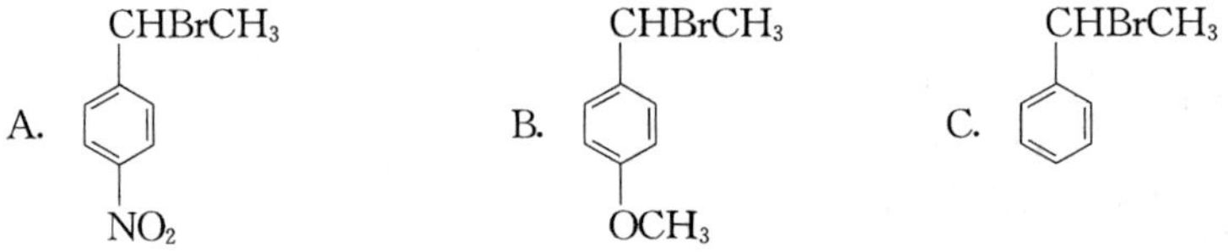

9-4　试比较下列化合物分别按 S_N2、S_N1、E2、E1 反应机理进行反应的速率：

(1) $CH_3CH_2CH_2CHClCH_3$　(2) $CH_3CH_2CCl(CH_3)_2$　(3) $CH_3CH_2CH_2CH_2CH_2Cl$

9-5　用简单的化学方法区别下列各组化合物：

(1) A. $CH_3CH=CHCl$　　B. $CH_2=CHCH_2Cl$　　C. $CH_3CH_2CH_2Cl$

(2) A. C₆H₅—CH_2Cl　　B. C₆H₅—CH_2CH_2Cl　　C. C₆H₅—Cl

(3) A. 1-碘丁烷　　B. 1-溴丁烷　　C. 1-氯丁烷

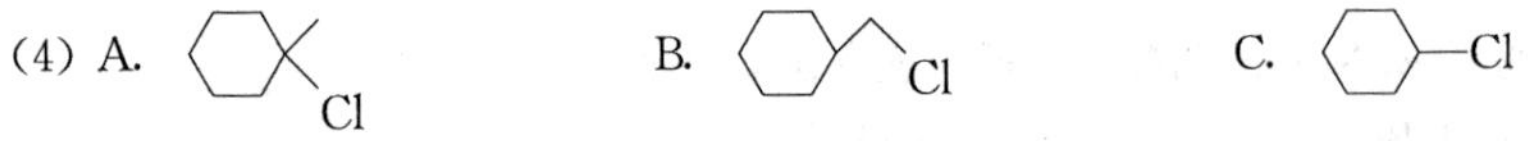

(4) A. (1-甲基-1-氯环己烷) Cl　　B. (环己基甲基氯) Cl　　C. (环己基)—Cl

9-6　在水/乙醇溶液中，卤代烷与氢氧化钠反应，哪些具有 S_N1 机理的特点？哪些具有 S_N2 机理的特点？

(1) 增加溶剂的含水量，反应速率明显加快；

(2) 产物发生瓦尔登反转；

(3) 有重排产物；

(4) 反应速率与离去基团的性质有关；

(5) 反应速率明显与亲核试剂的亲核性有关；

(6) 仲卤代烷反应速率小于叔卤代烷。

9-7　下列合成路线中有无错误？若有，请指出。

(1) $CH_3CH=CH_2+HOBr\longrightarrow CH_3CHBrCH_2OH\xrightarrow{Mg}\xrightarrow{HCHO}$

$\xrightarrow{H_3O^+}$ $HOCH_2CH(CH_3)CH_2OH$

(2) $CH_2=CHCH_2CH_3+Cl_2 \xrightarrow{>500℃} CH_2=CHCHClCH_3$

$\xrightarrow{KOH,EtOH} CH_2=C=CHCH_3$

(3) $(CH_3)_2C=CHCH_3+HCl \longrightarrow (CH_3)_2C(Cl)-CH_2CH_3 \xrightarrow{NaCN} (CH_3)_2C(CN)CH_2CH_3$

(4) $(CH_3)_2C=CH_2+HBr \xrightarrow{h\nu} (CH_3)_3C-Br \xrightarrow{CH_3ONa} (CH_3)_3C-OCH_3$

(5) $HC\equiv CH \xrightarrow{HCl,HgCl} CH_2=CHCl \xrightarrow{CH_3ONa} CH_2=CH-OCH_3$

9-8 写出 2,3-二氯丁烷在叔丁醇钠的叔丁醇溶液中进行消除反应，得到两个顺反异构体的反应机理。

9-9 下面所述各条件对于 S_N1 和 S_N2 的反应速率的增加是否有利？

(1) 增大反应物 R—Y 或亲核试剂的浓度；

(2) 增加溶剂的极性；

(3) 反应物 RY 的 α 碳上的烃基数目增加；

(4) 反应物 RY 的离去基(Y^-)的碱性增加；

(5) 亲核试剂的亲核性增加。

9-10 在 2-氯丁烷消除氯化氢的反应中，如何用构象分析解释 *trans*-2-丁烯与 *cis*-2-丁烯 6∶1 的生成比例？

9-11 请用立体结构写出下列两个反应的机理，并解释立体化学问题。

(1) 2-氯丁烷 (R) $\xrightarrow[CH_3COCH_3]{NaI}$ 2-碘丁烷 $\xrightarrow{NaOH,H_2O}$ 2-丁醇 (R)

(2) 2-氯丁烷 (R) $\xrightarrow{H_2O,OH^-}$ 2-丁醇 (R) + 2-丁醇 (S)

9-12 把下列基团按亲核性强弱排列成序：

(1) A. $C_2H_5O^-$　B. HO^-　C. $C_6H_5O^-$　D. CH_3COO^-

(2) A. R_3C^-　B. R_2N^-　C. RO^-　D. F^-

9-13 以下化合物能否用来制备格氏试剂？为什么？

(1) $ClCH_2CH_2CH_2OH$　(2) $BrCH_2CH_2COOH$　(3) $CH_3CH=CHCl$

(4) CH_3COCH_2Br　(5) 环戊基—Cl　(6) $HC\equiv CCH_2CH_2CH_2Br$

9-14 完成下列转化：

(1) 环戊基—CH_2Br ⟶ 环戊基—CH_2D

(2) 环丙基—CH_2OH ⟶ 环丙基—CH_2CH_3

(3) $CH_3CH=CH_2 \longrightarrow CH\equiv CCH_2OH$

(4) $CH_2=CHCH=CH_2 \longrightarrow NC(CH_2)_4CN$

(5) $CH_3CH(OH)CH_3 \longrightarrow CH_3CH_2CH_2Cl$

(6) $CH_3CH{=}CH_2 \longrightarrow CH_3C{\equiv}CCH_2CH_2CH_3$

(7) $C_6H_6 \longrightarrow C_6H_5CH(Cl)CH_2Cl$

(8) $C_6H_6 \longrightarrow Cl{-}C_6H_4{-}CH_2CH_2CN$ (对位)

(9) $CH{\equiv}CH \longrightarrow CH_3(CH_2)_4CHO, CH_3(CH_2)_3COCH_3$

9-15 有两种未知的同分异构体 A 和 B($C_6H_{11}Cl$)，不溶于浓 H_2SO_4，A 经脱 HCl 生成一种物质 C (C_6H_{10})，B 脱 HCl 生成分子式相同的两种物质 D(主要产物)和 E(次要产物)；C 经 $KMnO_4$ 氧化得 $HOOC(CH_2)_4COOH$。经相同条件氧化，D 生成 $CH_3CO(CH_2)_3COOH$，E 生成唯一有机物环戊酮。试写出 A～E 的构造式。

9-16 某化合物 A(C_7H_8)，单氯化时根据反应条件不同可以得到化合物 B、C 或 D，B 和 D 进一步氯化可生成相同的邻位化合物 E($C_7H_6Cl_2$)，E 与 KCN 作用，再水解可得化合物 F($C_8H_7O_2Cl$)。试推测 A～F 的构造式。

第 10 章　醇、酚和醚

醇、酚、醚可以看作是水分子中的氢原子被烃基取代的衍生物：水分子中一个氢原子被脂肪烃基或脂环烃基取代的为醇(R—OH)；被芳香烃基取代的为酚(Ar—OH)；水分子中两个氢原子都被烃基取代的化合物为醚(R—O—R，R—O—Ar，Ar—O—Ar)。

10.1　醇的化学性质

烃分子中饱和碳原子上的氢原子被羟基取代的化合物，称为醇。依分子中含羟基数目醇分为一元醇、二元醇、三元醇等，二元以上的醇统称为多元醇。例如：

CH_3CH_2OH	$HOCH_2CH_2OH$	$HOCH_2CHOHCH_2OH$
乙醇(一元醇)	乙二醇，俗称甘醇(二元醇)	丙三醇，俗称甘油(三元醇)

另外，根据羟基所连接的碳原子级数不同，又可以把醇分为一级醇(伯醇)、二级醇(仲醇)和三级醇(叔醇)。例如：

$CH_3CH_2CH_2CH_2OH$	$CH_3CH_2CHOHCH_3$	$(CH_3)_3C—OH$
正丁醇(伯醇)	2-丁醇或仲丁醇(仲醇)	叔丁醇(叔醇)

羟基与烯烃中的双键碳原子相连，称为烯醇。它很不稳定，很容易互变异构为醛或酮。

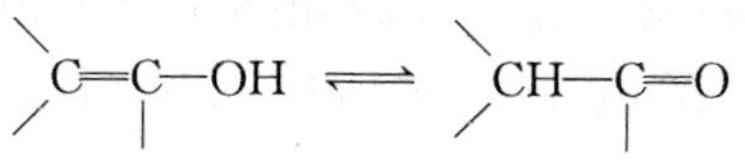

$$>C{=}C(-)—OH \rightleftharpoons >CH—C(-){=}O$$

如果一个 sp^3 杂化的碳原子与两个羟基相连，或既与羟基相连又与卤素相连时，这些化合物很不稳定，很容易脱水或脱卤化氢，变为羰基化合物。

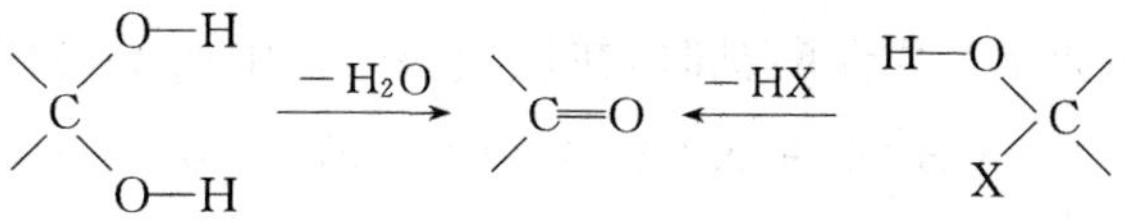

$$>C(O—H)(O—H) \xrightarrow{-H_2O} >C{=}O \xleftarrow{-HX} H—O—C(X)<$$

氧原子的核外电子排布为 $1s^2 2s^2 2p_x^2 2p_y^1 2p_z^1$。在醇分子中，羟基中的氧原子 sp^3 杂化，其中 2 个 sp^3 杂化轨道充满电子，形成了 2 对未成键电子，另外 2 个 sp^3 杂化轨道各含一个电子，分别与氢原子的 1s 轨道和碳原子的 sp^3 杂化轨道进行重叠，形成 O—H σ 键和 C—O σ 键。由于氧的电负性较大，醇分子中氧原子上的电子云密度较高，与之相连的碳、氢上的电子云密度较低，所以醇分子具有较强的极性。

醇中的羟基，又称为醇羟基，是醇的官能团，决定醇的主要化学性质。醇的反应一般涉及以下一种或几种共价键的断裂：

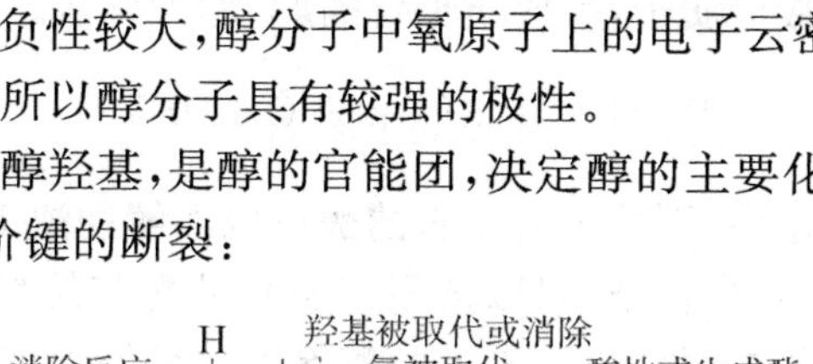

$$—\overset{H}{\underset{|}{C}}—\overset{|}{\underset{H}{C}}—O—H$$

消除反应（β-C—H 键断裂）；羟基被取代或消除（C—O 键断裂）；氢被取代——酸性或生成酯（O—H 键断裂）；氧化或脱氢（α-C—H 键断裂）

10.1.1　醇的酸碱性

与水一样，醇可以离解显酸性，但其离解常数比水小。另外，氧原子上有孤对电子存在，是一种路易斯碱。因此，醇与水相似，遇强碱显酸性，遇强酸显碱性。

1. 醇的酸性（醇盐的生成——醇中氧氢键断裂）

醇分子中的 O—H 键具有极性，氢原子带有部分正电荷，故醇具有酸性（$pK_a \approx 16$），可与活泼金属或其氢化物如 Na、K、Mg、Al、NaH 等反应放出氢气生成醇盐，与格氏试剂、炔钠反应置换出酸性比醇还弱的烃。

$$ROH + Na \longrightarrow R\bar{O}Na^+ + \frac{1}{2}H_2\uparrow$$

醇钠

$$2ROH + Mg \longrightarrow (RO)_2Mg + H_2\uparrow$$

醇镁

$$ROH + NaH \longrightarrow RONa + H_2\uparrow$$

$$ROH + R'MgX \longrightarrow Mg(OR)X + R'H$$

$$ROH + NaC\equiv CR' \longrightarrow RONa + R'C\equiv CH$$

由于烷基推电子，使醇中氧氢键断裂比水中的困难，并且烷氧负离子的稳定性比氢氧根负离子的差，所以醇的酸性比水弱。因此醇与活泼金属反应比较缓和。利用这一性质，在实验室中常用乙醇销毁多余的金属钠，而不致引起燃烧和爆炸。各类醇与金属钠反应的速率：甲醇 > 伯醇 > 仲醇 > 叔醇。

醇钠、醇钾、醇镁和醇铝等醇盐，作为强碱和强亲核试剂，是一类很有用的试剂，它们一般是用金属与醇反应得到。醇钠、醇钾的碱性比 NaOH、KOH 强，遇水即分解成氢氧化物和醇，存在下列平衡：

$$RONa + H_2O \rightleftharpoons NaOH + ROH$$

因此醇盐一般不能用 NaOH、KOH 与醇反应得到，除非能将可逆反应中的水去掉，使平衡向左移动。例如，工业生产中制醇钠时，在反应混合物中加苯，利用恒沸蒸馏将水带出。

$$CH_3OH + NaOH \rightleftharpoons CH_3ONa + H_2O$$

2. 醇的碱性

与水相似，醇分子中氧原子上带有孤对电子，是一个路易斯碱。但它是弱碱，只有在强酸如浓 H_2SO_4 中才能接受质子，生成质子化的醇，称为锌盐。

$$R\ddot{\underset{\cdot\cdot}{O}}H + H_2SO_4 \rightleftharpoons R\underset{H}{\overset{+}{O}}H\ HSO_4^-$$

锌盐溶解在浓 H_2SO_4 中，因此不溶于水的醇可以溶解在浓 H_2SO_4 中，就是由于生成了锌盐的缘故。利用醇的这个性质，可以把不溶于水的醇与烷烃、卤代烷区别开来，也可以把烷烃、卤代烷中含有的少量的不溶于水的醇除掉。另外，由于醇质子化后增加了碳氧键的极性，更有利于碳氧键的断裂，因此强酸是醇发生碳氧键断裂进行取代、消除反应有效的催化剂。

醇同样可以与路易斯酸反应，生成盐：

$$R-\ddot{O}H + ZnCl_2 \longrightarrow R-\overset{\delta+}{O}(-ZnCl_2^{\delta-})-H$$

另外，低级醇还可与某些无机盐形成络合物，这种络合物中的醇称结晶醇。例如：

$$4CH_3CH_2OH + CaCl_2 \longrightarrow CaCl_2 \cdot 4CH_3CH_2OH$$

因此不能用无水 $CaCl_2$ 作干燥剂除去醇中的水。

值得注意的是，与水相似，醇不能使 pH 试纸变色，是一类中性物质。

10.1.2　醇的亲核性——氧氢键断裂

醇分子中氧原子上具有孤对电子，除了具有碱性以外，还具有亲核性，作为亲核试剂可以发生一系列反应，结果发生醇中氧氢键断裂，得到产物。

1. 醇与无机含氧酸或其酰氯、有机羧酸或其衍生物反应生成酯

1）与无机含氧酸或其酰氯的反应

醇作为亲核试剂，与无机含氧酸或其酰氯反应，结果是无机含氧酸分子中的羟基或者其酰氯中的氯原子被醇中烃氧基取代，生成无机酸酯。例如：

CH_3O+H +

- $HO+NO_2 \overset{H^+}{\rightleftharpoons} H_2O + CH_3O-NO_2$　硝酸甲酯
- $HO+NO \overset{H^+}{\rightleftharpoons} H_2O + CH_3O-NO$　亚硝酸甲酯
- $HO+SO_2-OH \xrightarrow{-H_2O} CH_3O-SO_2-OH$　硫酸氢甲酯
- $Cl+SO_2-OH \xrightarrow{-HCl} CH_3OSO_2OH$
- $SO_3 \longrightarrow CH_3OSO_2OH$
- $POCl_3 \longrightarrow HCl + (CH_3O)_3PO$　磷酸三甲酯
- $Cl+SO_2-C_6H_4-CH_3 \xrightarrow[\text{或 } R_3N]{\text{吡啶}} HCl + CH_3O-SO_2-C_6H_4-CH_3$

（对甲苯磺酰氯 → 对甲苯磺酸甲酯）

CH_3O-SO_2-OH（及 CH_3OSO_2OH）$\xrightarrow[CH_3OH]{\triangle} (CH_3O)_2SO_2$　硫酸二甲酯

这类反应的机理以 $CH_3OH + HNO_3 \xrightarrow{H^+} H_2O + CH_3ONO_2$ 为例，说明如下：

$$CH_3\ddot{O}H + (HO)(^-O)\overset{+}{N}=O \xrightarrow{\text{亲核加成}} CH_3\overset{+}{O}(H)-N^+(OH)(O^-)-O^- \xrightarrow{\text{质子转移}} CH_3O-N^+(OH)_2-O^-$$

$$\xrightarrow[H^+]{\text{质子化}} CH_3O-\overset{+}{N}(OH)(\overset{+}{O}H_2)-O^- \xrightarrow{-H_2O,-H^+} CH_3O-\overset{+}{N}(=O)-O^-$$

无机酸酯和对甲苯磺酸酯中的酸部分是好的离去基团，而醇中的羟基不是好的离去基团，因此这类酯比醇更容易进行亲核取代反应。例如，硫酸二甲酯是一种很好的甲基化

试剂，可使羟基上的氢被甲基取代。但它有剧毒，使用时要小心。

$$(CH_3O)_2SO_2 + ROH \longrightarrow ROCH_3 + CH_3OSO_2OH$$

又如，磺酸酯可与 I^-、Br^-、Cl^- 等亲核试剂发生亲核取代反应，离去基团为磺酸根负离子：

$$CH_3-C_6H_4-SO_2-OR + NaI \xrightarrow{\text{丙酮}} RI + CH_3-C_6H_4-SO_2-O^- \ Na^+$$

该反应对于伯醇和仲醇的磺酸酯，主要按 S_N2 机理进行；对于叔醇的磺酸酯，不能进行 S_N2 反应，主要进行消除反应。

2）与羧酸及其衍生物的反应

醇作为亲核试剂，与羧酸及其衍生物进行酰基碳上的亲核取代反应，生成酯（见 12.1.2 中 3 和 12.3.1 中 2）。

2. 醇与醇分子间脱水生成醚

醇作为亲核试剂，与另外一分子醇进行饱和碳原子上的亲核取代反应，生成醚（见 10.1.4）。

3. 醇与醛、酮反应生成缩醛、缩酮

醇作为亲核试剂，与醛、酮反应，生成缩醛、缩酮（见 11.1.1 中 2）。

10.1.3　醇中羟基被卤素取代生成卤代烷——碳氧键断裂

醇分子中的羟基是一个差的离去基团，不能直接进行亲核取代反应。一般是将醇转变成无机酸酯或磺酸酯再进行亲核取代，或者在强酸存在下使醇变成鉡盐，把差的离去基团转换成较好的离去基团，使碳氧键容易发生断裂。

1. 与氢卤酸反应

醇与氢卤酸（HCl、HBr、HI）反应，结果醇羟基被卤素取代生成卤代烷。

$$R{+}OH + H{+}X \longrightarrow R-X + H_2O$$

卤素负离子的亲核能力为 $I^- > Br^- > Cl^-$，故氢卤酸的反应活性顺序为 HI>HBr>HCl。各类醇的反应活性顺序为烯丙醇、苯甲醇、叔醇>仲醇>伯醇。

氢碘酸是强酸，伯醇很容易与它反应；氢溴酸的酸性比氢碘酸弱，因此需要用 H_2SO_4 增强酸性，或者用 NaBr 和 H_2SO_4 代替氢溴酸，这是从伯醇制溴代烷常用的方法；浓盐酸的酸性更弱，需要用无水氯化锌与其混合使用，称为卢卡斯（Lucas）试剂，$ZnCl_2$ 是强的路易斯酸，其作用与质子酸类似。叔醇易反应，只需浓盐酸在室温振荡即可反应。例如：

$$CH_3CH_2CH_2CH_2OH \xrightarrow{\text{浓 HI},\triangle} CH_3CH_2CH_2CH_2I + H_2O$$

$$CH_3CH_2CH_2CH_2OH \xrightarrow[\triangle]{NaBr\text{-}H_2SO_4} CH_3CH_2CH_2CH_2Br + H_2O$$

$$CH_3CH_2CH_2CH_2OH \xrightarrow[\triangle]{\text{浓 HCl},ZnCl_2} CH_3CH_2CH_2CH_2Cl + H_2O$$

$$(CH_3)_3COH \xrightarrow{\text{浓 HCl,室温}} (CH_3)_3CCl + H_2O$$

$$PhCH_2OH \xrightarrow{\text{浓 HCl,}\triangle} PhCH_2Cl + H_2O$$

在室温下,卢卡斯试剂与伯、仲、叔醇反应的速率不同,利用这个性质可以鉴别三类醇。

伯醇 $RCH_2OH \xrightarrow[\text{室温}]{\text{浓 HCl,无水 }ZnCl_2}$ 不反应(加热后可反应) 不分层、不浑浊

仲醇 $R_2CHOH \xrightarrow[\text{室温}]{\text{浓 HCl,无水 }ZnCl_2}$ 反应慢 几分钟出现浑浊

叔醇 R_3COH

烯丙型醇 $\diagdown C{=}C{-}C{-}OH$

苯甲型醇 $C_6H_5{-}C{-}OH$

$\left.\right\} \xrightarrow[\text{室温}]{\text{浓 HCl,无水 }ZnCl_2}$ 反应快 立即变浑浊或分层

低级醇能溶解在卢卡斯试剂中,而卤代烃不溶。因此,醇一旦转化为卤代烃,在反应液中就会出现浑浊或分层的现象。

醇与氢卤酸的反应有两种方式,即双分子的亲核取代反应(S_N2)和单分子的亲核取代反应(S_N1)。在质子酸或路易斯酸(如 $ZnCl_2$)催化下,大多数伯醇按 S_N2 机理进行,大多数仲醇、叔醇、烯丙型醇和苯甲型醇按 S_N1 机理进行。

S_N2 机理:

$$R{-}OH \underset{}{\overset{H^+}{\rightleftharpoons}} R{-}\overset{+}{O}H_2 \xrightarrow{X^-} [\overset{\delta-}{X}\cdots R\cdots \overset{\delta+}{O}H_2]^{\neq} \longrightarrow X{-}R + H_2O$$

或者

$$R{-}OH + ZnCl_2 \rightleftharpoons R{-}\underset{H}{\overset{\delta+}{O}}{-}\overset{\delta-}{Z}nCl_2 \xrightarrow{Cl^-} \left[\overset{\delta-}{Cl}\cdots R\cdots \underset{H}{O}{-}\overset{\delta-}{Z}nCl_2\right]^{\neq}$$

$$\longrightarrow Cl{-}R + ZnCl_2(OH)^-$$

$$ZnCl_2(OH)^- \xrightarrow{H^+} ZnCl_2 + H_2O$$

S_N1 机理:

$$R{-}OH \overset{H^+}{\rightleftharpoons} R{-}\overset{+}{O}H_2 \overset{-H_2O}{\rightleftharpoons} R^+ \overset{X^-}{\rightleftharpoons} R{-}X$$

或者

$$R{-}OH + ZnCl_2 \rightleftharpoons R{-}\underset{H}{\overset{\delta+}{O}}{-}\overset{\delta-}{Z}nCl_2 \longrightarrow R^+ + ZnCl_2(OH^-)$$

$$R^+ \xrightarrow{Cl^-} R{-}Cl \qquad ZnCl_2(OH^-) \xrightarrow{H^+} ZnCl_2 + H_2O$$

在 S_N1 反应机理中,有碳正离子出现,因此在某些情况下,会有重排的产物生成。例如:

$$(CH_3)_3CH_2OH + HBr \xrightarrow{H^+} (CH_3)_2CBrCH_2CH_3\text{(主要产物)} + (CH_3)_3CH_2Br$$

$$(CH_3)_2CHCH(OH)CH_3 \xrightarrow[\triangle]{\text{浓 HBr}} (CH_3)_2CBrCH_2CH_3\text{(主要产物)} + (CH_3)_2CHCHBrCH_3$$

反应机理如下：

$$\underset{\mathbf{1}}{(CH_3)_2CHCH(OH)CH_3} \xrightarrow{H^+} \underset{\mathbf{2}}{(CH_3)_2CHCH(\overset{+}{O}H_2)CH_3} \xrightarrow{-H_2O} \underset{\mathbf{3}}{(CH_3)_2\overset{2}{C}H{-}\overset{+}{C^1}HCH_3}$$

$$\mathbf{3} \xrightarrow{Br^-} \underset{\mathbf{4}}{(CH_3)_2CHCHBrCH_3}$$

$$\mathbf{3} \xrightarrow{\text{重排}} \underset{\mathbf{5}}{(CH_3)_2\overset{+}{C}CH_2CH_3} \xrightarrow{Br^-} \underset{\mathbf{6}}{(CH_3)_2CBrCH_2CH_3}$$

首先，在酸的作用下，醇 **1** 质子化生成鎓盐 **2**，**2** 发生碳氧键断裂脱去一分子水形成碳正离子 **3**，碳正离子 **3** 与亲核试剂 Br^- 结合得到溴代烷 **4**，这是正常的取代产物。**3** 中 2 位碳上氢带着一对 σ 电子立即从 C^2 迁移到相邻的带正电荷的缺电子的 C^1 上，形成新的碳正离子 **5**，这一步是碳正离子的重排。重排的原因是，重排生成的 **5** 是一个叔碳正离子，比重排前的仲碳正离子 **3** 能量低、稳定性大，所以 **3** 重排生成 **5**。**5** 与 Br^- 结合得到溴代烷 **6**，这是重排后的产物。

2. 与卤化磷反应

醇与卤化磷反应生成卤代烷。

$$ROH + PX_3 \longrightarrow RX + P(OH)_3 \qquad (X = Br, I)$$
$$ROH + PX_5 \longrightarrow RX + POX_3 + HX \qquad (X = Cl)$$

伯醇与 PCl_3 作用，因有副产物亚磷酸酯生成，故氯代烷产率不高：

$$ROH + PCl_3 \longrightarrow (RO)_3P + HCl$$

因此从伯醇制取氯代烷时，一般采用 PCl_5；制备溴代烷用 PBr_3；制备碘代烷除用 PI_3 外，也可以用红磷和碘与醇一起加热反应。反应活性顺序如下：

叔醇 > 仲醇 > 伯醇；　$PI_3 > PBr_3 > PCl_3$；　$PI_5 > PBr_5 > PCl_5$

醇与卤化磷的反应，伯醇常按 S_N2 机理进行。例如：

$$CH_3CH_2{-}OH \xrightarrow{PI_3} I^- + CH_3CH_2{-}\overset{+}{O}H{-}PI_2 \longrightarrow \left[I\cdots C(CH_3)(H)(H)\cdots OH{-}PI_2 \right]^{\neq} \longrightarrow I{-}CH_2CH_3$$

烯丙醇和叔醇常按 S_N1 机理进行。例如：

$$(CH_3)_3COH + \ddot{P}X_3 \xrightarrow{-X^-} (CH_3)_3C\overset{+}{O}HPX_2 \xrightarrow{-HOPX_2} (CH_3)_3C^+ \xrightarrow{X^-} (CH_3)_3CX$$

仲醇则介于 S_N2 和 S_N1 机理之间。

3. 与氯化亚砜($SOCl_2$,亚硫酰氯,b. p. 79℃)反应

醇与氯化亚砜反应生成氯代烷。

$$ROH + SOCl_2 \xrightarrow{\triangle} RCl + SO_2\uparrow + HCl\uparrow$$

该反应不仅速率快、反应条件温和、产率高,而且反应后剩余试剂可回收,反应产生的 SO_2 和 HCl 都以气体形式离开反应体系,使产物易提纯,通常不发生重排。这是制氯代烷的一个好方法。反应机理如下:

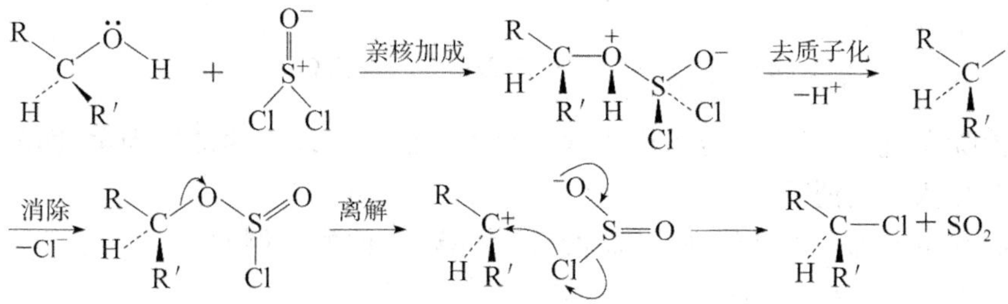

R(R′)(H)C—$\ddot{O}$—H + Cl_2S^+—O^- $\xrightarrow{\text{亲核加成}}$ R(R′)(H)C—$\overset{+}{O}$(H)—S(Cl)(Cl)—O^- $\xrightarrow[-H^+]{\text{去质子化}}$ R(R′)(H)C—O—S(Cl)(Cl)—O^-

$\xrightarrow[-Cl^-]{\text{消除}}$ R(R′)(H)C—O—S(=O)—Cl $\xrightarrow{\text{离解}}$ R(R′)(H)C^+ $^-$O—S(=O)—Cl $\longrightarrow$ R(R′)(H)C—Cl + SO_2

氯代亚硫酸酯　　　　紧密离子对

反应过程中,醇先进行亲核加成然后消除得到亲核取代的产物氯代亚硫酸酯,然后分解为紧密离子对,Cl^- 作为离去基团($\bar{O}$SOCl)中的一部分进攻碳正离子,得到构型保持的取代产物氯代烷。这种取代是在分子内进行的,所以称它为分子内亲核取代,用 S_Ni 表示(substitution nucleophilic internal),这种取代较少。经过反应,与羟基相连的碳原子构型保持不变,只是氯原子占据了羟基所在的位置。

但在醇和 $SOCl_2$ 的混合液中加入弱碱吡啶或叔胺,则不发生 S_Ni 反应,而是进行 S_N2 反应,得到构型发生反转的取代产物卤代烷。这是因为中间产物氯代亚硫酸酯以及反应中生成的 HCl 均可与碱反应生成下列产物:

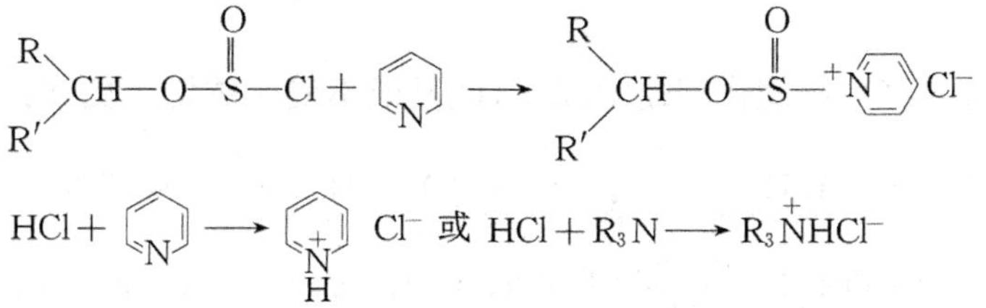

RR′CH—O—S(=O)—Cl + 吡啶 $\longrightarrow$ RR′CH—O—S(=O)—$\overset{+}{N}C_5H_5$ Cl^-

HCl + 吡啶 $\longrightarrow$ $C_5H_5\overset{+}{N}H$ Cl^- 或 $HCl + R_3N \longrightarrow R_3\overset{+}{N}HCl^-$

这些产物中均含有"自由"的 Cl^-,它从碳氧键的背面进攻碳原子,发生 S_N2 反应,结果使该碳原子的构型发生转化:

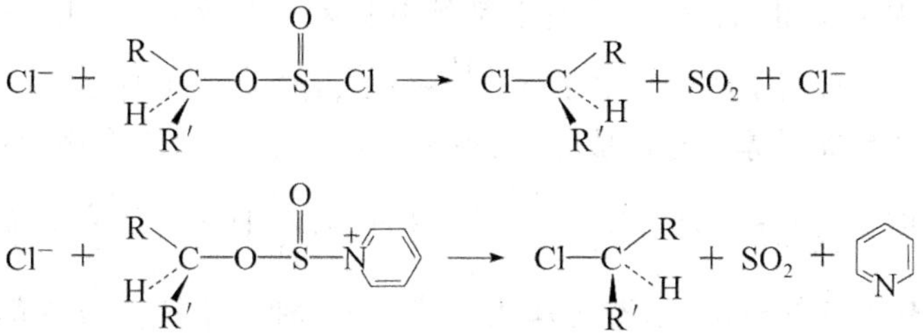

Cl^- + R(R′)(H)C—O—S(=O)—Cl $\longrightarrow$ Cl—C(R)(H)(R′) + SO_2 + Cl^-

Cl^- + R(R′)(H)C—O—S(=O)—$\overset{+}{N}C_5H_5$ $\longrightarrow$ Cl—C(R)(H)(R′) + SO_2 + 吡啶

10.1.4　酸催化醇脱水生成烯烃和醚

在催化剂如质子酸(浓 H_2SO_4、浓 H_3PO_4)、Al_2O_3 等的作用下,醇可以进行分子内脱水得到烯烃,也可以发生分子间脱水得到醚。高温有利于分子内脱水生成烯烃。例如:

$$CH_3CH_2OH \xrightarrow[170℃]{\text{浓 } H_2SO_4} CH_2{=}CH_2 + H_2O$$

$$2CH_3CH_2OH \xrightarrow[140 \sim 150℃]{\text{浓 } H_2SO_4} CH_3CH_2OCH_2CH_3 + H_2O$$

$$CH_3CH_2OH \xrightarrow[350 \sim 400℃]{Al_2O_3} CH_2{=}CH_2 + H_2O$$

$$2CH_3CH_2OH \xrightarrow[260℃]{Al_2O_3} CH_3CH_2OCH_2CH_3 + H_2O$$

与卤代烷消除卤化氢一样,醇分子内脱水产物以生成支链较多的烯烃为主,即醇脱水生成烯烃也符合札依采夫消除规则。

醇分子内脱水生成烯烃的活性顺序:叔醇 > 仲醇 > 伯醇。例如:

$$CH_3CH_2CH_2CH_2OH \xrightarrow[150℃]{75\%H_2SO_4} CH_3CH_2CH{=}CH_2 + CH_3CH{=}CHCH_3 \quad \text{(主要产物)}$$

$$CH_3CH_2CHOHCH_3 \xrightarrow[95℃]{60\%H_2SO_4} CH_3CH_2CH{=}CH_2 + CH_3CH{=}CHCH_3 \quad \text{(主要产物)}$$

$$(CH_3)_3C{-}OH \xrightarrow[90℃]{20\%H_2SO_4} (CH_3)_2C{=}CH_2$$

在酸存在下,醇分子内脱水生成烯烃是按 E1 机理进行的:

$$\underset{\text{H}\quad\text{OH}}{-\overset{|}{\underset{|}{C}}-\overset{|}{\underset{|}{C}}-} \xrightarrow[\text{快}]{H^+} \underset{\text{H}\quad{}^{+}\text{OH}_2}{-\overset{|}{\underset{|}{C}}-\overset{|}{\underset{|}{C}}-} \xrightarrow[\text{慢}]{-H_2O} \underset{\text{H}}{-\overset{|}{\underset{|}{C}}-\overset{|}{\underset{+}{C}}-} \xrightarrow[\text{快}]{-H^+} \gt C{=}C \lt$$

这是烯烃酸催化水合的逆过程,由于在反应过程中有碳正离子存在,所以可能会有重排产物生成。

工业上,常用 Al_2O_3 作催化剂使醇脱水,此反应不发生重排。例如:

$$(CH_3)_3CCHOHCH_3 \xrightarrow[350 \sim 400℃]{Al_2O_3} (CH_3)_3CCH{=}CH_2 \quad \text{(不发生重排)}$$

$$CH_3(CH_2)_5CHOHCH_3 \xrightarrow[350℃]{Al_2O_3} CH_3(CH_2)_4CH{=}CHCH_3 \quad \text{(遵守札依采夫规则)}$$

伯醇在酸的作用下,可以发生分子间脱水生成醚,反应按 S_N2 机理进行。由于仲醇和叔醇在酸存在下更易生成碳正离子,难以按 S_N2 机理进行反应,所以主要以 E1 机理进行消除反应,得到烯烃。但是,在实验室中制备甲基叔丁基醚时,可用硫酸脱水法合成:

$$(CH_3)_3COH + CH_3OH \xrightarrow{H^+} (CH_3)_3COCH_3 + H_2O$$

这是因为在酸催化下叔丁醇容易形成稳定的碳正离子,再与甲醇作用生成混醚:

$$(CH_3)_3COH \xrightarrow[-H_2O]{H^+} (CH_3)_3C^+ \xrightarrow{CH_3\ddot{O}H} (CH_3)_3C\overset{+}{\underset{H}{O}}CH_3 \xrightarrow{-H^+} (CH_3)_3COCH_3$$

甲基叔丁基醚具有优良的抗震性,对环境无污染,是一种无铅汽油抗震剂。

10.1.5 邻二醇酸催化脱水——频哪醇重排

在催化剂氧化铝作用下，于气相 420～470℃，2，3-二甲基-2，3-丁二醇(俗称频哪醇，pinacol)可以消去两分子水生成正常产物 2，3-二甲基-1，3-丁二烯；而在酸催化下，频哪醇则容易消去一分子水，生成的不是正常产物，而是重排产物甲基叔丁基酮(俗称频哪酮，pinacolone)：

$$CH_3-\underset{OH}{\overset{CH_3}{C}}-\underset{OH}{\overset{CH_3}{C}}-CH_3 \xrightarrow[420\sim470℃]{Al_2O_3} CH_2=\overset{CH_3}{C}-\overset{CH_3}{C}=CH_2 \quad (79\%\sim86\%)$$

$$CH_3-\underset{OH}{\overset{CH_3}{C}}-\underset{OH}{\overset{CH_3}{C}}-CH_3 \xrightarrow{H_2SO_4} (CH_3)_3CCOCH_3 + H_2O$$

在后一反应中显然发生了重排。这类邻二醇的重排称为频哪醇重排。机理如下：

$$(CH_3)_2\underset{OH}{C}-\underset{OH}{C}(CH_3)_2 \xrightarrow[-H_2O]{H^+} CH_3\underset{OH}{\overset{CH_3}{C}}-\overset{+}{C}(CH_3)_2 \quad \mathbf{1}$$

$$\xrightarrow{重排} \left[CH_3\underset{OH}{\overset{+}{C}}C(CH_3)_3 \longleftrightarrow CH_3\underset{{}^{+}OH}{\overset{}{\underset{\|}{C}}}C(CH_3)_3\right]_{\mathbf{2}} \xrightarrow{-H^+} CH_3\underset{O}{\underset{\|}{C}}C(CH_3)_3$$

在酸的作用下，频哪醇分子中的一个羟基质子化后脱水生成碳正离子 **1**，**1** 立即重排生成 **2**。重排的推动力是重排后生成的 **2** 由于共振获得了额外的稳定作用，能量比 **1** 低，虽然 **1** 已经是一个叔碳正离子。

对于构造不对称的邻二醇的重排，首先决定于邻二醇分子中的两个羟基哪个是离去基，然后决定于哪个基团是迁移基团。在构造不对称的邻二醇中，哪一个羟基被质子化后离去，这与离去后形成的碳正离子的稳定性有关，一般形成比较稳定的碳正离子的碳上的羟基被质子化。例如，下式中苯环与碳正离子共轭比较稳定，因此 C^1 形成碳正离子，由 C^2 上的氢迁移发生重排，得到主要产物。

$$Ph-\underset{HO}{\overset{Ph}{C^1}}-\underset{OH}{\overset{H}{C^2}}-H \xrightarrow{H^+} \begin{cases} Ph_2\overset{+}{C}-\underset{OH}{CH_2} \ \text{(能量低，稳定)} \xrightarrow{氢迁移重排} Ph_2CH\underset{O}{\underset{\|}{C}}-H \ \text{(主要产物)} \\ Ph_2\underset{OH}{C}-\overset{+}{C}H_2 \ \text{(能量高，不稳定)} \xrightarrow{苯迁移重排} Ph\underset{O}{\underset{\|}{C}}CH_2Ph \ \text{(次要产物)} \end{cases}$$

当形成的碳正离子相邻碳上两个烃基不同时，通常是能提供电子、稳定正电荷较多的烃基优先迁移。结果发现，烃基迁移的容易程度大致为苯基>烃基，但经常得到两种重排产物。例如：

$$CH_3-\underset{HO}{\overset{Ph}{C}}-\underset{OH}{\overset{Ph}{C}}-CH_3 \xrightarrow{H^+} CH_3-\underset{O}{\overset{}{C}}-\underset{Ph}{\overset{Ph}{C}}-CH_3 + Ph-\underset{O}{C}-\underset{CH_3}{\overset{Ph}{C}}-CH_3$$

主要产物 次要产物

对于频哪醇重排，当离去基团羟基与迁移基团烃基处于反式位置时，重排反应很快；否则，反应很慢。例如：

顺-1,2-二甲基-1,2-环己二醇 $\xrightarrow[\text{快}]{H^+}$ 2,2-二甲基环己酮

反-1,2-二甲基-1,2-环己二醇 $\xrightarrow[\text{慢}]{H^+}$ 1-甲基环戊基甲基酮（$CH_3C(=O)$-环戊基）

频哪醇重排是分子内重排，不发生交叉重排。重排时，迁移基团烃基的构型保持不变。

10.1.6 醇的氧化与脱氢

由于羟基的影响，醇分子中的 α-H 原子比较活泼，容易被氧化或脱氢。

1. 氧化反应

伯、仲、叔三类醇对于氧化剂的作用差异很大，得到的氧化产物也大不相同。常用的氧化剂为 $K_2Cr_2O_7$-H_2SO_4、$KMnO_4$ 或 HNO_3 等。

1）伯醇

伯醇氧化首先生成醛，由于醛比醇更容易被氧化，因此醛继续与氧化剂作用，最终得到羧酸。例如：

$$CH_3(CH_2)_6CH_2OH \xrightarrow[\triangle]{K_2Cr_2O_7\text{-}H_2SO_4} CH_3(CH_2)_6COOH$$

$$CH_3(CH_2)_3\underset{CH_2CH_3}{CH}CH_2OH \xrightarrow[\text{②}H^+]{\text{①}KMnO_4,HO^-} CH_3(CH_2)_3\underset{CH_2CH_3}{CH}COOH$$

$$ClCH_2CH_2CH_2OH \xrightarrow{\text{稀 } HNO_3} ClCH_2CH_2COOH$$

氧化剂 $K_2Cr_2O_7$-H_2SO_4、CrO_3-H_2SO_4 一般对碳碳双键和叁键无影响，$KMnO_4$-H_2SO_4、HNO_3 可以使碳碳不饱和键发生氧化断裂。

要使伯醇氧化反应停留在生成醛这一步，在反应时需及时将醛与氧化剂分开。常用的方法是在醛生成后，立即使醛从反应体系中离去。例如：

$$\underset{\text{b. p. 117.5℃}}{CH_3CH_2CH_2CH_2OH} \xrightarrow[\triangle]{K_2Cr_2O_7\text{-稀 }H_2SO_4} \underset{\text{b. p. 75.7℃}}{CH_3CH_2CH_2CHO} \quad (50\%)$$

$$\underset{\text{b. p. 113℃}}{(CH_3)_3CCH_2OH} \xrightarrow[\triangle]{K_2Cr_2O_7\text{-稀 }H_2SO_4} \underset{\text{b. p. 75℃}}{(CH_3)_3CCHO} \quad (80\%)$$

从伯醇制备醛的优异氧化剂是铬酐(CrO_3)的吡啶溶液——沙瑞特(Sarrett)试剂,它能高产率地将伯醇氧化成醛,并且对碳碳双键和叁键无影响。例如:

$$CH_3(CH_2)_6CH_2OH \xrightarrow{CrO_3\text{-吡啶}} CH_3(CH_2)_6CHO \quad (90\%)$$

$$PhCH{=}CHCH_2OH \xrightarrow{CrO_3\text{-吡啶}} PhCH{=}CHCHO$$

2) 仲醇

仲醇氧化生成酮,酮一般难以继续氧化,所以对氧化剂选择要求不高。常用的氧化剂为铬酸($K_2Cr_2O_7$-H_2SO_4)、$KMnO_4$、CrO_3-吡啶(沙瑞特试剂)。这个反应经常用来从仲醇制备酮。例如:

$$CH_3(CH_2)_5CHOHCH_3 \xrightarrow[\triangle]{K_2Cr_2O_7\text{-稀 }H_2SO_4} CH_3(CH_2)_5COCH_3 \quad (96\%)$$

$$\text{环己醇(}\bigcirc\text{—OH)} \xrightarrow{KMnO_4,HO^-,H_2O} \text{环己酮(}\bigcirc{=}O\text{)}$$

$$CH_3CHOHCH_2CH_2CH_3 \xrightarrow{CrO_3\text{-吡啶}} CH_3COCH_2CH_2CH_3$$

叔丁醇铝或异丙醇铝的丙酮(或丁酮或环己酮)溶液可以把仲醇氧化成酮,丙酮被还原成异丙醇。这种氧化法称为奥盆诺尔(Oppenauer)氧化法。该反应的特点是,只在醇和酮之间发生氢原子转移,而不涉及分子中的其他部分,因此对分子中的碳碳不饱和键没有影响。这是由一个不饱和仲醇制备不饱和酮的有效方法。奥盆诺尔氧化反应是可逆的,调节反应原料,可以改变反应方向。例如:

$$CH_3CH{=}CH\underset{}{\overset{OH}{\overset{|}{C}}}HCH_3 + CH_3\overset{O}{\overset{\|}{C}}CH_3 \xrightleftharpoons{Al[OC(CH_3)_3]_3} CH_3CH{=}CH\overset{O}{\overset{\|}{C}}CH_3 + CH_3\overset{OH}{\overset{|}{C}}HCH_3$$

奥盆诺尔氧化法也可以将伯醇氧化成相应的醛,但效果并不好。这是因为在强碱醇铝存在下,生成的醛易进行羟醛缩合反应。

环醇用 HNO_3 氧化,碳碳键断裂得到二元酸:

$$\text{环己醇(}\bigcirc\text{—OH)} \xrightarrow[55\sim60^\circ C]{50\%\ HNO_3,V_2O_5} \begin{matrix}CH_2CH_2COOH\\ CH_2CH_2COOH\end{matrix} \quad \text{己二酸}$$

3) 叔醇

叔醇无 α-H,很难被氧化。但在过于强烈的条件下,叔醇则可能发生氧化裂解,最后生成碳原子数较少的氧化产物。

醇的氧化反应除了用来制备醛、酮和羧酸外,在实验室中还可以根据产物性质不同用来区别伯、仲、叔三类醇。

2. 脱氢反应

伯醇或仲醇的蒸气在高温下通过活性铜或银等催化剂的表面时,可发生脱氢反应,分别生成醛或酮。例如:

$$R-\underset{H}{\overset{H}{\overset{|}{\underset{|}{C}}}}-\overset{H}{\overset{|}{O}} \xrightarrow[\triangle]{Cu} R-\underset{H}{\underset{|}{C}}{=}O + H_2$$

$$R-\overset{\overset{O-H}{|}}{\underset{\underset{R'}{|}}{C}}-H \xrightarrow[\triangle]{Cu} R-\underset{\underset{R'}{|}}{C}=O + H_2$$

$$CH_3CHOHCH_3 \xrightarrow[400\sim480℃]{Cu} CH_3COCH_3$$

这是工业上生产丙酮的一种方法。

叔醇无 α-H，不发生催化脱氢反应，而发生催化脱水反应生成烯烃。

3. 卤仿反应

具有 $CH_3CHOH—R$(R＝H 或烃基)构造特征的醇，可与卤素在 NaOH 水溶液中反应，生成羧酸和卤仿，称为卤仿反应(见 11.1.3 中 2)。

$$CH_3CHOHR + X_2 + NaOH \xrightarrow{H_2O} CH_3COR \xrightarrow[HO^-]{X_2} CX_3COR \xrightarrow{HO^-} RCOO^- + CHX_3$$

4. 邻二醇的氧化

1) 高碘酸氧化

邻二醇用高碘酸(HIO_4)氧化发生碳碳键断裂，醇变成醛。邻羟基醛酮也可以被 HIO_4 氧化断裂，醇变成醛，醛、酮变成羧酸。非邻位二醇不起反应。例如：

$$RCHOHCHOHR' + HIO_4 \longrightarrow RCHO + R'CHO + HIO_3 + H_2O$$

$$RCHOHCOR' + HIO_4 \longrightarrow RCHO + R'COOH + HIO_3$$

在反应混合物中加入 $AgNO_3$，根据是否有碘酸银的白色沉淀生成($Ag^+ + IO_3^- \longrightarrow AgIO_3\downarrow$)，可以判断反应是否进行。另外，该反应是定量进行的，可以通过测定生成醛的量或 IO_3^- 的量来进行定量分析。

2) 四乙酸铅氧化

四乙酸铅 $Pb(OCOCH_3)_4$ 也可氧化邻二醇，生成羰基化合物：

$$RCHOHCHOHR' \xrightarrow{Pb(OCOCH_3)_4} RCHO + R'CHO + Pb(OCOCH_3)_2 + 2CH_3COOH$$

$Pb(OCOCH_3)_4$ 溶于有机溶剂，不溶于水；而 HIO_4 溶于水，不溶于有机溶剂，因此它们在应用中可以相互补充。另外，$Pb(OCOCH_3)_4$ 可以氧化 α-羟基酸或 α-羰基酸，而 HIO_4 则不能：

$$RCHOHCOOH \xrightarrow{Pb(OCOCH_3)_4} RCHO + CO_2 + Pb(OCOCH_3)_2 + 2CH_3COOH$$

10.2　酚的化学性质

羟基直接与芳环相连的化合物称为酚(Ar—OH)。根据酚分子中芳环上羟基的数目，可分为一元酚和多元酚。

酚和醇分子中都含有羟基官能团，它们的性质有许多相似之处。但由于酚羟基和醇羟基在结构上的不同，它们的性质又有明显的差别。

氧原子核外电子排布为 $1s^2 2s^2 2p_x^2 2p_y^1 2p_z^1$。酚羟基中的氧原子处于 sp^2 杂化状态，三个 sp^2 杂化轨道中有两个各含一个电子，分别与氢原子的 1s 轨道、芳环中碳原子的 sp^2 杂化轨道重叠形成一个 O—H σ 键和一个 C—O σ 键，另外一个 sp^2 杂化轨道被一对孤对电子所占据。在 sp^2 杂化的氧原子上还有一个未杂化的 p 轨道，被另外一对孤对电子所占据，这个 p 轨道上的电子云可以与苯环的大 π 键电子云进行侧面重叠，形成 p-π 共轭体系(图 10-1)。酚羟基的这一结构特点与醇羟基有很大区别。酚羟基氧原子上的孤对电子能与苯环发生共轭，结果导致了氧氢之间的电子云进一步向氧转移，从而使氢离子容易离去，表现出比醇更强的酸性。共轭的结果使 C—O 键键能增强，因此酚中碳氧键很难断裂；酚虽然也有成醚成酯的性质，但酚羟基不能像醇羟基那样被卤素取代。在共轭体系中，氧的 p 电子云向苯环转移，增加了苯环上的电子云密度，一方面使酚的亲核性比醇弱，另一方面使酚容易发生芳环上的亲电取代反应。另外，酚比醇、苯更易被氧化。

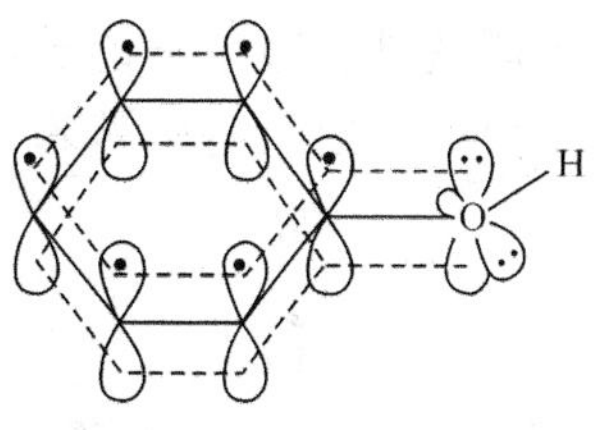

图 10-1 苯酚的 p-π 共轭

10.2.1 酸碱性

1. 酸性

酚具有弱酸性，酸性比醇强。以苯酚为例，其 $pK_a=10$，而环己醇的 $pK_a=18$。这是由于：一方面 p-π 共轭降低了酚羟基氧原子上的电子云密度，导致氧氢之间的电子云进一步向氧转移，因而使氢离子容易离去；另一方面酚电离后生成的芳氧负离子是几个极限结构的共振杂化体，芳氧负离子上的负电荷可以更好地离域而分散到整个共轭体系中，使共振杂化体得到稳定。而醇的负离子不发生离域，它是不稳定的，所以醇不易离解。

OH ⇌ H^+ + [O^- ↔ O^- ↔ O ↔ O ↔ O] ≡ [:O: $]^-$

酚的酸性比醇($pK_a=16\sim19$)、水($pK_a=15.7$)强，比碳酸($pK_a=6.35$)、羧酸($pK_a\approx5$)弱。酚能与 NaOH 水溶液反应生成可溶于水的酚钠：

$$\mathrm{PhOH} + \mathrm{NaOH} \xrightarrow{H_2O} \mathrm{Ph\bar{O}Na^+} + \mathrm{H_2O}$$

酚不能与 $NaHCO_3$、Na_2CO_3 反应。相反，向酚钠水溶液中通入 CO_2，可游离出酚：

$$\mathrm{Ph\bar{O}Na^+} + \mathrm{CO_2} + \mathrm{H_2O} \longrightarrow \mathrm{PhOH} + \mathrm{NaHCO_3}$$

利用以上性质可分离、提纯和鉴别酚。

酚分子中芳环上的取代基对其酸性强弱产生影响。吸电子取代基(如—NO_2、—X 等)使酚的酸性增强；推电子取代基(如—CH_3 等)使酚的酸性减弱。这是由于芳环上的吸电子取代基可以促使芳氧负离子氧上 p 电子向芳环离域，使负电荷得以充分分散，有利于负离子的稳定，因而促进了电离，增强酸性。而推电子基团增加了芳环上的电子云密度，阻止了芳氧负离子氧上的 p 电子向芳环离域，负电荷得不到充分分散，不利于负离子稳定，因而酸性减弱。例如，对硝基苯酚的酸性（$pK_a=7.15$）比苯酚（$pK_a=10$）强，这是由于硝基具有吸电子诱导效应和吸电子共轭效应，可使酚盐中氧上负电荷离域，从而使负离子更加稳定。对硝基苯氧负离子的共振结构式如下：

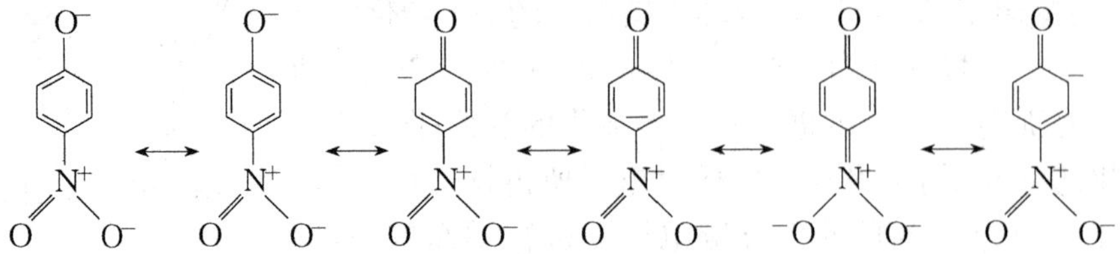

相同的取代基在芳环上与羟基所处的位置不同，对酚的酸性也有不同的影响。如果硝基位于羟基的邻位，负电荷也可以离域到硝基的氧上，使酸性增强，但由于邻硝基苯酚中存在分子内氢键，不利于氢离子电离，因此邻硝基苯酚的酸性（$pK_a=7.22$）比对硝基苯酚弱。硝基位于羟基的间位时，不能通过共轭效应使负电荷离域到硝基的氧上，只有吸电子诱导效应的影响，因此间硝基苯酚的酸性（$pK_a=8.39$）虽然比苯酚的强，但远不如邻硝基苯酚和对硝基苯酚的酸性强。

酚的芳环上吸电子取代基越多，酚的酸性越强。例如，2,4-二硝基苯酚的酸性（$pK_a=4.09$）与羧酸相当，而 2,4,6-三硝基苯酚为强酸（$pK_a=0.25$），与三氟乙酸的酸性相当。

除电子效应外，酚的芳环上取代基的空间效应有时也会影响酚的酸性。例如，2,4,6-三新戊基苯酚的酸性极弱，这可能是因为两个邻位的大基团阻碍了溶剂对酚羟基离解所起的溶剂化作用。

2. 碱性

酚具有弱酸性，但酸与碱是相对的，不是绝对的。当酚与强酸如浓 H_2SO_4 作用时，由于酚羟基氧原子上带有孤对电子，表现为碱性，是一种很弱的碱：

$$\mathrm{Ph\ddot{O}H} + \mathrm{H_2SO_4} \rightleftharpoons \mathrm{Ph\overset{+}{O}H_2\ HSO_4^-}\quad \text{鎓盐}$$

因此，难溶于水的酚能溶于浓 H_2SO_4。

10.2.2　酚羟基的酯化反应——酚酯的生成

由于酚羟基与芳环共轭降低了氧原子上的电子云密度，因此酚的亲核性比醇弱，酚的成酯反应比醇困难。

酚很难与羧酸直接发生酯化作用，而在酸（如 H_2SO_4、H_3PO_4）或碱（如吡啶、K_2CO_3）的催化下，可与酰氯或酸酐反应生成酯。例如：

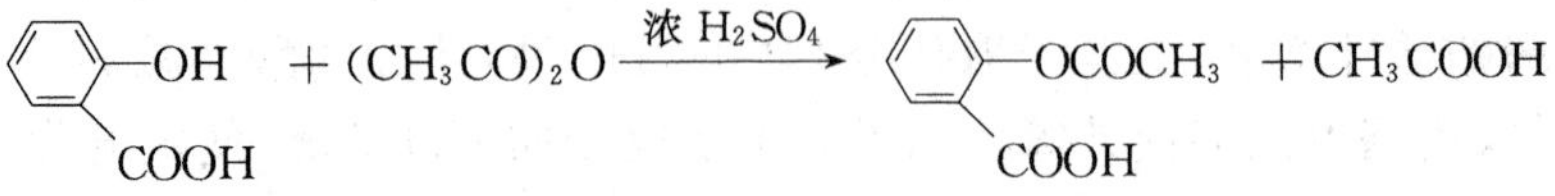

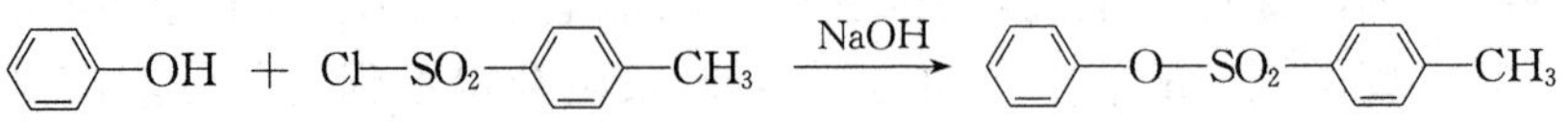

$$\mathrm{C_6H_5{-}OH + Cl{-}CO{-}C_6H_5 \xrightarrow{K_2CO_3} C_6H_5{-}O{-}CO{-}C_6H_5}$$

$$\text{(邻-COOH)}\mathrm{C_6H_4{-}OH + (CH_3CO)_2O \xrightarrow{浓\ H_2SO_4} (邻-COOH)C_6H_4{-}OCOCH_3 + CH_3COOH}$$

$$\mathrm{C_6H_5{-}OH + Cl{-}SO_2{-}C_6H_4{-}CH_3 \xrightarrow{NaOH} C_6H_5{-}O{-}SO_2{-}C_6H_4{-}CH_3}$$

在特殊的仪器中，也可以使酚直接和羧酸进行酯化。例如：

$$C_6H_5{-}OH + CH_3(CH_2)_4COOH \xrightarrow[\text{回流，分出水}]{\text{浓 }H_2SO_4\text{，甲苯}} C_6H_5{-}OCO(CH_2)_4CH_3$$

酚酯在 $AlCl_3$ 或 $ZnCl_2$ 等路易斯酸催化下加热，酰基转移到酚羟基的邻位或对位，生成邻或对羟基酮，这一反应称为弗利斯(Fries)重排。该反应常用于制备酚酮，但往往得到的是邻羟基芳酮和对羟基芳酮的混合物，如果反应在较低温度下进行，则主要得到对位产物，而在较高的温度下，主要得到邻位产物。

$$C_6H_5{-}OCOCH_3 \xrightarrow[25℃]{AlCl_3} CH_3CO{-}C_6H_4{-}OH\ (\text{对位})\quad (\text{主})$$

$$C_6H_5{-}OCOCH_3 \xrightarrow[165℃]{AlCl_3} o{-}HO{-}C_6H_4{-}COCH_3\quad (\text{主})$$

10.2.3 酚羟基的烃基化反应——生成芳基烃基醚

与醇相似，酚也能生成醚，但酚不能通过分子间脱水成醚。可利用 Williamson 合成法制备芳基烃基醚。例如：

$$PhOH \xrightarrow[H_2O]{CH_3CH_2Br,\ NaOH} PhOCH_2CH_3\quad (\text{苯乙醚，b. p. } 170℃)$$

$$o{-}C_6H_4(OH)_2 + CH_2Cl_2 \xrightarrow[DMSO]{NaOH} C_6H_4\lt{}^{O}_{O}\gt CH_2$$

$$2,4{-}Cl_2C_6H_3{-}OH + ClCH_2COOH \xrightarrow[H_2O]{NaOH} 2,4{-}Cl_2C_6H_3{-}OCH_2COONa \xrightarrow{H^+} 2,4{-}Cl_2C_6H_3{-}OCH_2COOH$$

2,4-二氯苯氧乙酸又称 2,4-D，是一种植物生长调节剂，也是一种除草剂。

此类反应是以芳氧负离子作为亲核试剂，与卤代烷进行 S_N2 反应，因此卤代烷最好为伯卤代烷。如果用仲卤代烷，则有部分发生消除反应生成烯烃；若采用叔卤代烷，则主要发生消除反应得到烯烃。

制备苯甲醚、苯乙醚也常用硫酸酯 $(CH_3O)_2SO_2$、$(CH_3CH_2O)_2SO_2$ 作为烷基化试剂。

$$C_6H_5{-}OH + (CH_3O)_2SO_2 \xrightarrow[H_2O]{NaOH} C_6H_5{-}OCH_3 + CH_3OSO_3Na + H_2O$$

苯甲醚(俗称茴香醚，b. p. 154℃)

制备芳甲醚的另外一种方法是酚与重氮甲烷反应。例如：

$$1,3,5{-}C_6H_3(OH)_3 \xrightarrow{CH_2N_2} 1,3,5{-}C_6H_3(OCH_3)_3$$

$$\text{β-萘酚} + \overset{-}{C}H_2-\overset{+}{N}\equiv N \xrightarrow{\text{醚}} \text{β-萘甲醚} + N_2$$

β-萘甲醚(m. p. 56℃)

二芳基醚的制备比较困难,因为卤代芳烃的卤素不活泼,很难与亲核试剂发生反应。但当卤原子的邻位或/和对位上有很强的吸电子基团存在时,卤原子被活化,发生芳香族的亲核取代反应比较容易。例如:

$$C_6H_5\bar{O}Na^+ + Br-C_6H_5 \xrightarrow[210℃]{Cu} C_6H_5-O-C_6H_5 + NaBr$$

$$C_6H_5\bar{O}Na^+ + Cl-C_6H_3(NO_2)-NO_2 \xrightarrow[\triangle]{K_2CO_3} C_6H_5-O-C_6H_3(NO_2)-NO_2$$

芳基烯丙基醚在高温下重排为邻烯丙基酚,这称为克莱森(Claisen)重排。

$$C_6H_5-O\overset{\alpha}{C}H_2\overset{\beta}{C}H{=}\overset{\gamma}{C}H_2 \xrightarrow{200℃} o\text{-}HOC_6H_4-\overset{\gamma}{C}H_2-\overset{\beta}{C}H{=}\overset{\alpha}{C}H_2$$

克莱森重排反应是协同反应,反应中不形成活性中间体,而在反应过程中通过电子迁移形成环状过渡态。烯丙基不仅发生重排,同时还发生异构化,γ-C 与苯环相连,碳碳双键发生迁移。反应机理如下:

$$\text{苯基烯丙基醚} \xrightarrow{200℃} [\text{环状过渡态}]^{\neq} \longrightarrow \text{6-烯丙基-2,4-环己二烯酮} \xrightarrow{\text{互变异构}} \text{邻烯丙基苯酚}$$

当芳基烯丙基醚两个邻位未被取代基占满时,克莱森重排主要得到邻位产物。若两个邻位都有取代时,则重排发生在对位,此时烯丙基发生重排,但不发生异构化。例如:

$$2,6\text{-}(CH_3)_2C_6H_3-O\overset{\alpha}{C}H_2\overset{\beta}{C}H{=}\overset{\gamma}{C}H_2 \xrightarrow{\triangle} 2,6\text{-}(CH_3)_2\text{-}4\text{-}(\overset{\alpha}{C}H_2\overset{\beta}{C}H{=}\overset{\gamma}{C}H_2)C_6H_2OH$$

反应机理如下:

$$\text{2,6-二甲基苯基烯丙基醚} \xrightarrow{\triangle} [\text{环状过渡态}]^{\neq} \longrightarrow \text{6-烯丙基-2,6-二甲基-2,4-环己二烯酮} \equiv \text{6-烯丙基-2,6-二甲基-2,4-环己二烯酮}$$

$$\longrightarrow [\text{环状过渡态}]^{\neq} \longrightarrow \text{4-H-4-}(\underset{\alpha}{C}H_2\underset{\beta}{C}H{=}\underset{\gamma}{C}H_2)\text{-2,6-二甲基-2,5-环己二烯酮} \longrightarrow \text{4-}(\underset{\alpha}{C}H_2\underset{\beta}{C}H{=}\underset{\gamma}{C}H_2)\text{-2,6-二甲基苯酚}$$

当芳基烯丙基醚的两个邻位和一个对位都有取代基时，不发生克莱森重排。

10.2.4 酚与 $FeCl_3$ 的显色反应

大多数酚及具有烯醇式构造的化合物能与 $FeCl_3$ 水溶液反应生成络合物。

$$6PhOH + FeCl_3 \longrightarrow [Fe(OPh)_6]^{3-} + 6H^+ + 3Cl^-$$

不同的络合物呈现不同的颜色，可以利用这个反应来鉴别酚或烯醇式构造的化合物。例如：

苯酚	甲基苯酚	邻苯二酚	间苯二酚	对苯二酚	1,2,4-苯三酚	1,2,3-苯三酚
蓝紫色	蓝色	绿色	深紫色	暗绿色	蓝绿色	淡棕红色

10.2.5 芳环上的取代反应

羟基是强的活化苯环的邻对位定位基。当酚羟基在碱的作用下变成芳氧负离子后，活化苯环的能力进一步提高。因此，酚，尤其是它的负离子，很容易在苯环上发生亲电取代。酚不仅在芳环上可发生一般芳烃的取代反应，如卤化、硝化、磺化、烷基化和酰基化等反应，而且还可以进行一些芳烃所不能发生的取代反应。

1. 卤化

酚很容易发生氯化和溴化反应，产物随反应条件不同而异。

在室温下，当苯酚与溴水反应时，立即定量生成 2,4,6-三溴苯酚白色沉淀。这个反应非常灵敏，可用于定性和定量分析苯酚。

$$C_6H_5OH + 3Br_2 \xrightarrow{H_2O} 2,4,6\text{-}Br_3C_6H_2OH \downarrow + 3HBr$$

在强酸溶液中，苯酚的溴化反应可停留在二元溴化一步，得到 2,4-二溴苯酚：

$$C_6H_5OH + Br_2 \xrightarrow[HBr]{H_2O} 2,4\text{-}Br_2C_6H_3OH + HBr$$

在非极性溶剂 CS_2 或 CCl_4 中，苯酚与 Br_2 反应则主要得到对溴苯酚：

$$C_6H_5OH + Br_2 \xrightarrow[0℃]{CS_2} p\text{-}BrC_6H_4OH(主) + o\text{-}BrC_6H_4OH(次)$$

虽然苯酚与不同的溴化试剂在不同的溶剂中反应，可以得到邻溴苯酚，但制备邻溴苯酚的较好方法为

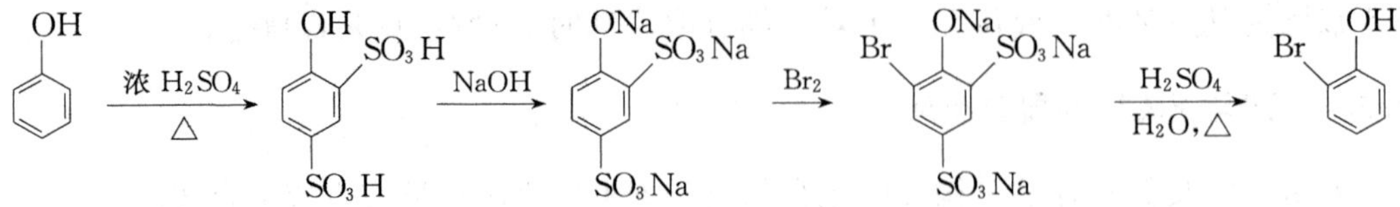

在弱碱性溶液中，苯酚与 Cl_2 反应得到2,4,6-三氯苯酚，在 $FeCl_3$ 存在下可进一步氯化成五氯苯酚，五氯苯酚是一种杀菌剂，也是一种防血吸虫病的药物。

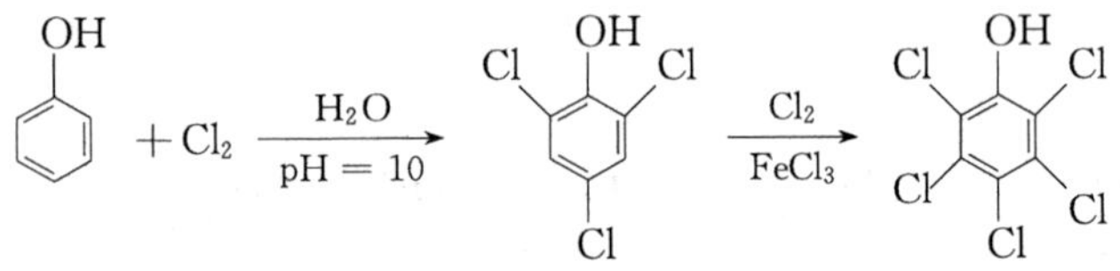

用不同溶剂、在不同温度下反应并控制 Cl_2 用量，可得到对氯苯酚、邻氯苯酚和2,4-二氯苯酚。例如：

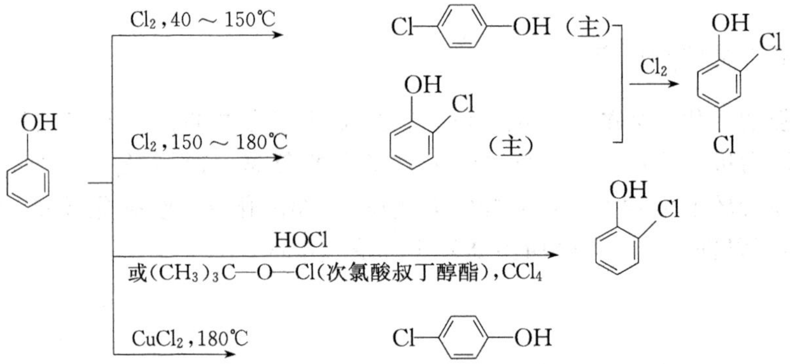

2. 磺化

酚的磺化反应在不同的温度下可得到不同的产物。

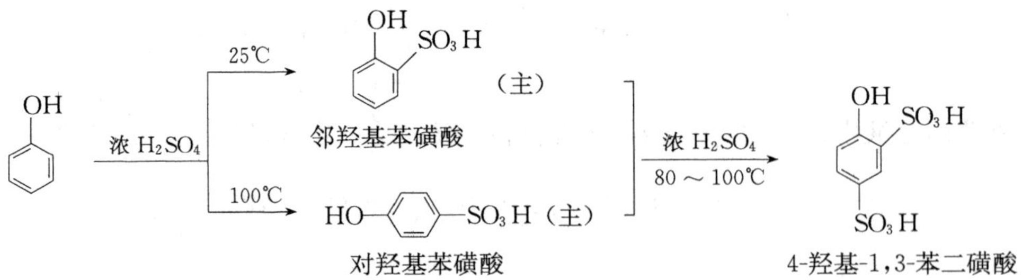

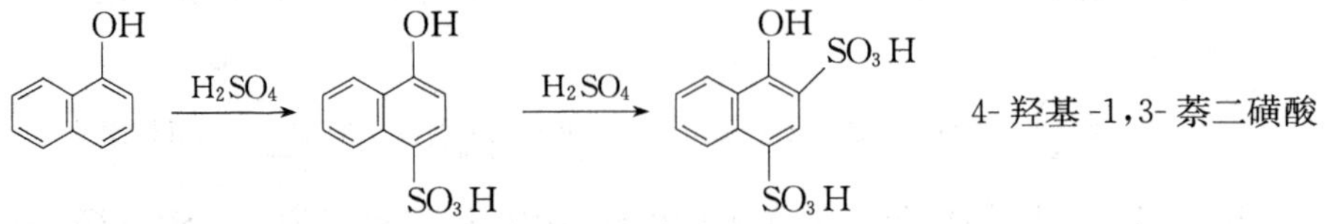

邻羟基苯磺酸

对羟基苯磺酸

4-羟基-1,3-苯二磺酸

4-羟基-1,3-萘二磺酸

磺化反应是可逆的，在稀 H_2SO_4 中回流即可除去磺酸基。

3. 硝化

苯酚在室温下用稀 HNO_3 硝化，生成邻硝基苯酚和对硝基苯酚。该反应可用于实验室制备邻硝基苯酚和对硝基苯酚。由于苯酚易被氧化，产率较低。

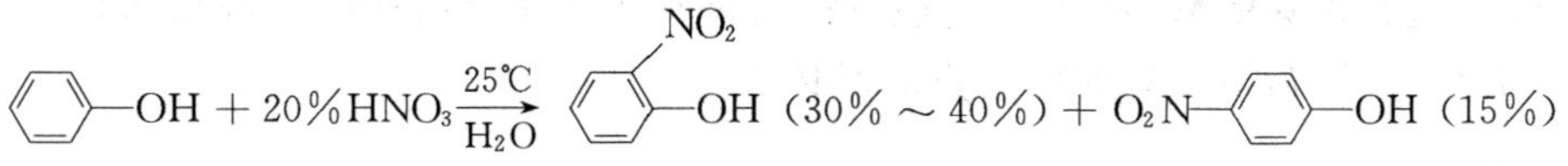

$$C_6H_5\text{—}OH + 20\%HNO_3 \xrightarrow[H_2O]{25℃} o\text{-}O_2N\text{—}C_6H_4\text{—}OH\ (30\% \sim 40\%) + O_2N\text{—}C_6H_4\text{—}OH\ (15\%)$$

邻硝基苯酚可形成分子内氢键，而对硝基苯酚则形成分子间氢键，故邻硝基苯酚沸点比对硝基苯酚低，用水蒸气蒸馏可先蒸出邻硝基苯酚。

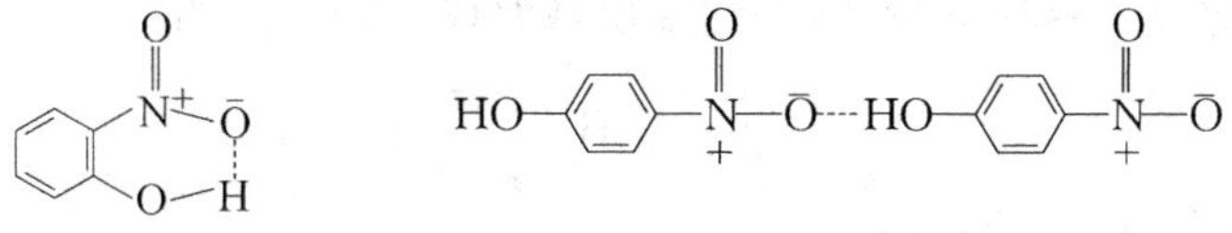

邻硝基苯酚(分子内氢键)　　　　对硝基苯酚(分子间氢键)

苯酚若用较浓的硝酸硝化，可得 2,4-二硝基苯酚，但产率很低。制备 2,4-二硝基苯酚最常用的方法是 2,4-二硝基氯苯的水解。

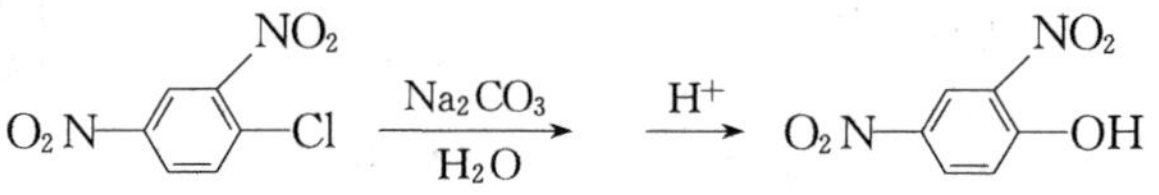

$$2,4\text{-}(O_2N)_2C_6H_3\text{—}Cl \xrightarrow[H_2O]{Na_2CO_3} \xrightarrow{H^+} 2,4\text{-}(O_2N)_2C_6H_3\text{—}OH$$

苯酚若用浓 HNO_3 直接硝化，可得 2,4,6-三硝基苯酚(苦味酸)，但产率很低，大部分苯酚在未硝化之前已经被氧化。为了获得多硝基酚，可先在苯酚分子中引入两个磺酸基，使苯环钝化，不易被氧化，然后再与浓 HNO_3 反应，在硝化的同时两个磺酸基团被硝基取代生成 2,4,6-三硝基苯酚。

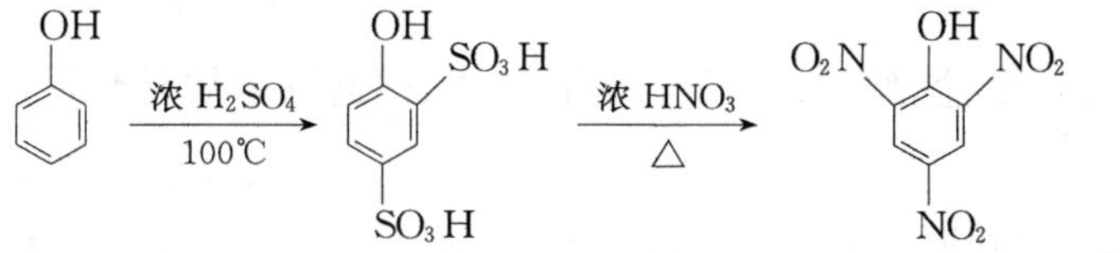

$$C_6H_5OH \xrightarrow[100℃]{浓\ H_2SO_4} 2,4\text{-}(HO_3S)_2C_6H_3OH \xrightarrow[\triangle]{浓\ HNO_3} 2,4,6\text{-}(O_2N)_3C_6H_2OH$$

(黄色晶体，m. p. 123℃)
(90%)

后一步反应的过程是亲电的硝基正离子进攻磺酸基所在的芳环碳原子，同时消除三氧化硫分子，具体过程如下：

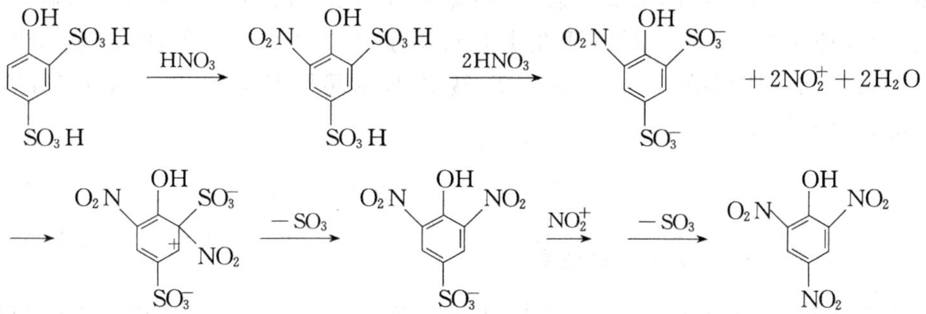

$$2,4\text{-}(HO_3S)_2C_6H_3OH \xrightarrow{HNO_3} 6\text{-}O_2N\text{-}2,4\text{-}(HO_3S)_2C_6H_2OH \xrightarrow{2HNO_3} 6\text{-}O_2N\text{-}2,4\text{-}(SO_3^-)_2C_6H_2OH + 2NO_2^+ + 2H_2O$$

$$\longrightarrow [\sigma\text{-complex}:\ 2\text{-}SO_3^-,\ 2\text{-}NO_2,\ +] \xrightarrow{-SO_3} 2,6\text{-}(O_2N)_2\text{-}4\text{-}SO_3^-C_6H_2OH \xrightarrow{NO_2^+} \xrightarrow{-SO_3} 2,4,6\text{-}(O_2N)_3C_6H_2OH$$

苦味酸的另外一种生产方法是硝化 2,4-二硝基苯酚。

$$\text{C}_6\text{H}_5\text{Cl} \xrightarrow[\text{浓 H}_2\text{SO}_4]{\text{浓 HNO}_3} \text{2,4-(NO}_2)_2\text{C}_6\text{H}_3\text{Cl} \xrightarrow[\text{②H}^+]{\text{①Na}_2\text{CO}_3\text{, H}_2\text{O}} \text{2,4-(NO}_2)_2\text{C}_6\text{H}_3\text{OH} \xrightarrow[\text{浓 H}_2\text{SO}_4]{\text{浓 HNO}_3} \text{2,4,6-(NO}_2)_3\text{C}_6\text{H}_2\text{OH}$$

苦味酸是有苦味的酸，有毒。它在有机分析中有着重要的应用，苦味酸可以与有机碱、稠环芳烃等反应，得到有明确熔点的晶体。

4. Friedel-Crafts 反应

1）烷基化反应

酚的烷基化反应容易进行，常得到多烷基取代产物。例如：

$$\text{C}_6\text{H}_5\text{OH} + 3(\text{CH}_3)_2\text{CHOH} \xrightarrow[25℃]{\text{HF}} \text{2,4,6-[CH(CH}_3)_2]_3\text{C}_6\text{H}_2\text{OH}$$

$$\text{4-CH}_3\text{C}_6\text{H}_4\text{OH} + 2(\text{CH}_3)_2\text{C}{=}\text{CH}_2 \xrightarrow{\text{H}_2\text{SO}_4} \text{2,6-[C(CH}_3)_3]_2\text{-4-CH}_3\text{C}_6\text{H}_2\text{OH}$$

4-甲基-2,6-二叔丁基苯酚（简称二六四抗氧剂）

选择体积较大的烷基化试剂或用弱的催化剂，可得到一取代产物。例如：

$$\text{C}_6\text{H}_5\text{OH} + \text{Ph}_3\text{C—Cl} \xrightarrow{\text{Cu}} \text{4-(CPh}_3)\text{C}_6\text{H}_4\text{OH} \qquad \text{C}_6\text{H}_5\text{OH} + (\text{CH}_3)_3\text{CCl} \xrightarrow{\text{HF}} \text{4-[C(CH}_3)_3]\text{C}_6\text{H}_4\text{OH}$$

由于酚能与 $AlCl_3$ 作用形成酚盐，使 $AlCl_3$ 失去催化能力，因此酚的烷基化反应一般不用 $AlCl_3$ 作催化剂。

$$\text{C}_6\text{H}_5\text{—}\ddot{\text{O}}\text{—H} + \text{AlCl}_3 \xrightarrow{-\text{HCl}} \left[\text{C}_6\text{H}_5\text{—}\ddot{\text{O}}\text{AlCl}_2 \longleftrightarrow \text{C}_6\text{H}_5\text{—}\overset{+}{\text{O}}{=}\text{Al}^-\text{Cl}_2\right]$$

2）酰基化反应

由于酚能与 $AlCl_3$ 作用形成酚盐，在酚盐中氧原子上的孤对电子离域到缺电子的铝原子上，使芳环在进行亲电取代时活性比酚低，因此在 $AlCl_3$ 作用下，酚的酰基化反应进行得较慢，并且需用较多的 $AlCl_3$。但升高温度，反应可顺利进行，一般得到邻酚酮和对酚酮的混合物。例如：

$$\text{C}_6\text{H}_5\text{OH} + \begin{matrix}\text{RCOCl}\\ \text{或(RCO)}_2\text{O}\end{matrix} \xrightarrow[\text{PhNO}_2\text{或 CS}_2]{\text{AlCl}_3} \xrightarrow[\text{H}_2\text{O}]{\text{H}^+} \text{2-(COR)C}_6\text{H}_4\text{OH} + \text{RCO—C}_6\text{H}_4\text{—OH}$$

由于酚的芳环上电子云密度较大，因此酚在弱的催化剂如 BF_3 作用下可以与羧酸直接发生酰基化反应，主要得到对位产物。例如：

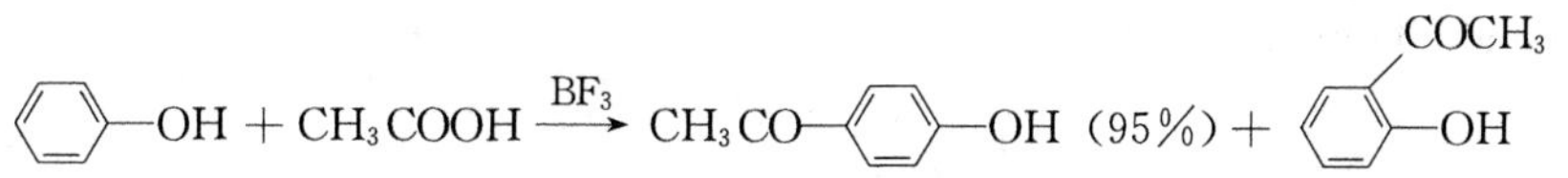

$$C_6H_5{-}OH + CH_3COOH \xrightarrow{BF_3} CH_3CO{-}C_6H_4{-}OH\ (95\%) + o\text{-}HO{-}C_6H_4{-}COCH_3$$

有些酚与羧酸直接反应时,酰基化反应产率较低,其中一个重要原因是生成酚酯。苯酚与邻苯二甲酸酐在浓 H_2SO_4 或无水 $ZnCl_2$ 的作用下不发生上述酰基化反应,而是两分子酚与酸酐进行缩合,脱去一分子水,生成酚酞。

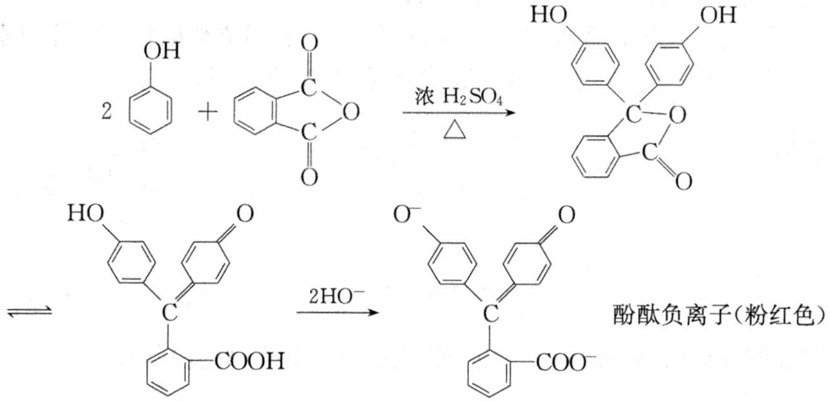

$$2\ C_6H_5OH + \text{邻苯二甲酸酐} \xrightarrow[\triangle]{\text{浓 } H_2SO_4} \text{酚酞(内酯式)} \rightleftharpoons \text{醌式(COOH)} \xrightarrow{2HO^-} \text{醌式(}O^-\text{, }COO^-\text{)}$$

酚酞负离子(粉红色)

酚酞是常用的酸碱指示剂,其溶液 pH<8.5 时为无色,当 pH>9 时,生成粉红色的共轭双负离子。在医药上,酚酞作为一种轻泻剂,用于治疗习惯性便秘。

间苯二酚在浓 H_2SO_4 或 $ZnCl_2$ 的作用下与邻苯二甲酸酐反应,生成荧光染料——荧光黄。反应式如下:

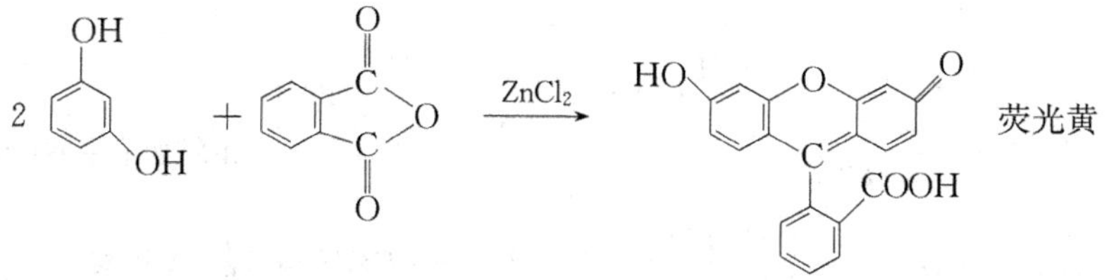

$$2\ \text{间苯二酚} + \text{邻苯二甲酸酐} \xrightarrow{ZnCl_2} \text{荧光黄}$$

荧光黄

5. 亚硝化反应

虽然亚硝基正离子($\overset{+}{N}O$)是较弱的亲电试剂,但仍能与酚进行亲电取代反应,生成对亚硝基苯酚和邻亚硝基苯酚。例如:

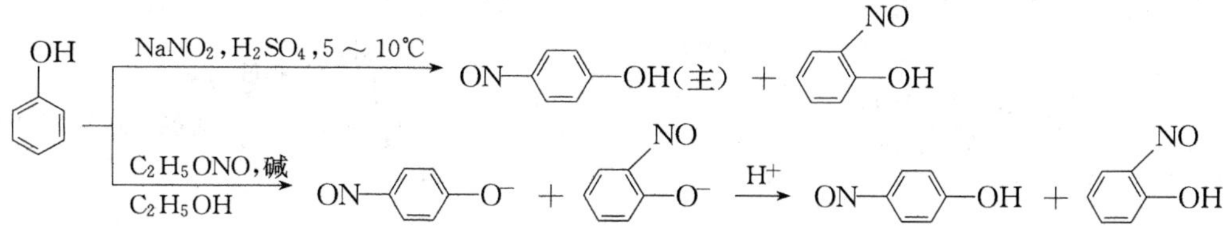

$$C_6H_5OH \xrightarrow{NaNO_2, H_2SO_4, 5\sim10℃} ON{-}C_6H_4{-}OH(\text{主}) + o\text{-}ON{-}C_6H_4{-}OH$$

$$C_6H_5OH \xrightarrow[C_2H_5OH]{C_2H_5ONO,\text{碱}} ON{-}C_6H_4{-}O^- + o\text{-}ON{-}C_6H_4{-}O^- \xrightarrow{H^+} ON{-}C_6H_4{-}OH + o\text{-}ON{-}C_6H_4{-}OH$$

6. 赖默-梯曼反应

在强碱如 NaOH 的作用下,酚与氯仿反应生成邻位及对位羟基芳醛的反应,称为赖默-梯曼(Reimer-Tiemann)反应。

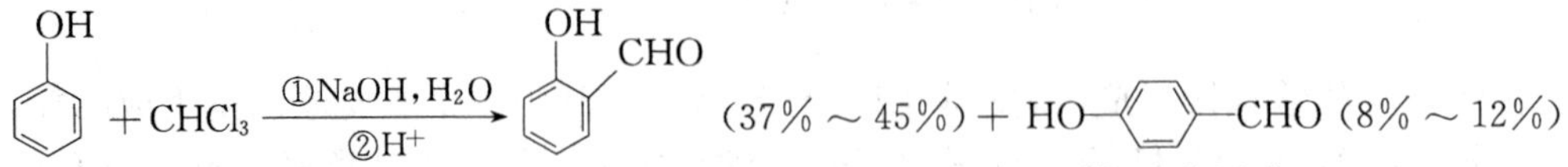

OH
+ $CHCl_3$ —①NaOH, H_2O / ②H^+→ OH CHO (37% ~ 45%) + HO—⟨苯环⟩—CHO (8% ~ 12%)

邻羟基苯甲醛(水杨醛)　　对羟基苯甲醛

这是工业上生产水杨醛的方法,产率一般较低。

在此反应中,醛基优先进入酚羟基的邻位,如果一个邻位被取代基占据,则醛基倾向于进入酚羟基的对位。苯环上有吸电子取代基时,对反应不利。

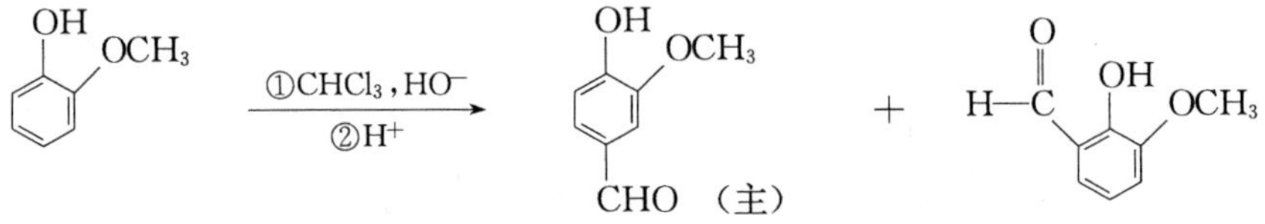

OH OCH_3 —①$CHCl_3$, HO^- / ②H^+→ OH OCH_3 CHO (主) + H—C(=O) OH OCH_3

香兰素(m. p. 81℃)　　邻香兰素(m. p. 45℃)

含有羟基的喹啉、吡咯、茚等杂环化合物也能进行赖默-梯曼反应。

7. 科尔柏-施密特反应

干燥的酚钠或酚钾与 CO_2 在高温高压下作用生成羟基苯甲酸的反应,称为科尔柏-施密特(Kolbe-Schmitt)反应。这是在酚的芳环上直接引入羧基的一种方法。不同的酚盐和反应温度对羧基进入芳环的位置有影响。例如:

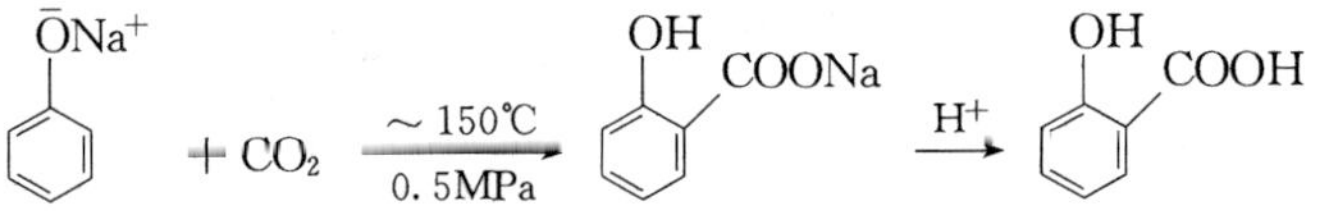

$\bar{O}Na^+$ + CO_2 —~150℃ / 0.5MPa→ OH COONa —H^+→ OH COOH 邻羟基苯甲酸(水杨酸)

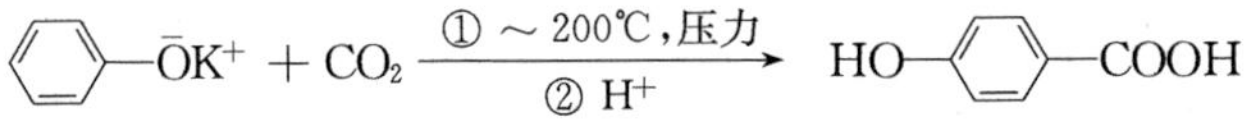

⟨苯环⟩—$\bar{O}K^+$ + CO_2 —① ~ 200℃,压力 / ② H^+→ HO—⟨苯环⟩—COOH 对羟基苯甲酸

这是工业上生产水杨酸和对羟基苯甲酸的方法。显然,钠盐及较低温度有利于邻位异构体的生成,而钾盐和较高温度有利于生成对位产物。

取代酚的盐在进行科尔柏-施密特反应时,取代基的性质对反应速率和产率都有影响,推电子基团有利于反应的进行,而吸电子基团不利于反应进行。例如:

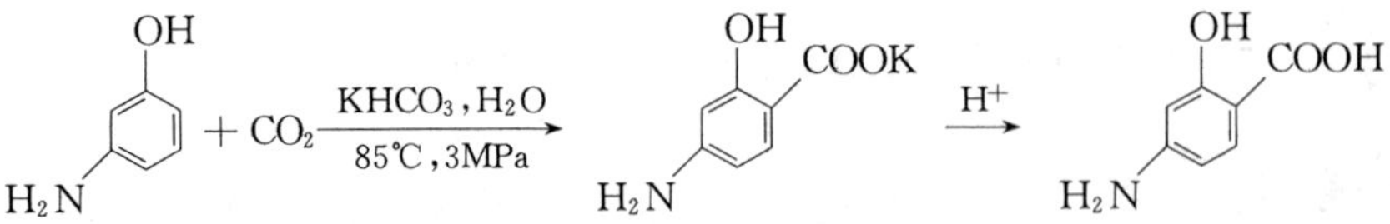

OH H_2N + CO_2 —$KHCO_3$, H_2O / 85℃, 3MPa→ OH COOK H_2N —H^+→ OH COOH H_2N 对氨基水杨酸(PAS)

8. 与甲醛缩合——酚醛树脂的合成

在酸或碱的作用下,苯酚与甲醛反应,首先在苯酚的邻对位上引入羟甲基,这些产物具有与苄醇类似的性质,可与酚进行烷基化反应。例如:

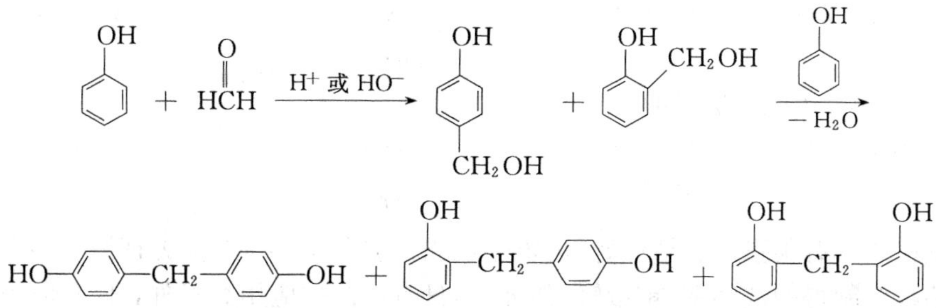

上述反应连续进行，可得到一种树脂状的高分子物质，称为酚醛树脂，其他酚（如甲酚、二甲酚等）、醛（如乙醛、糠醛等）也可缩合生成类似的酚醛树脂。

当所用原料的种类、酚与醛的比例以及催化剂的类型不同时，所得的酚醛树脂在结构和性质上明显不同，适合于不同的用途。例如，在酸性介质中过量的苯酚与甲醛反应，最后得到线型缩合产物，它受热可熔化，称为热塑性酚醛树脂。若在碱性介质中苯酚与过量的甲醛反应，可得到线型直至体型结构的缩合物，称为热固性酚醛树脂。

9．与丙酮缩合——双酚A及环氧树脂

在酸的催化作用下，苯酚与丙酮反应，结果两分子苯酚在羟基的对位与丙酮缩合，生成2,2-二(对羟基苯基)丙烷，俗称双酚A。

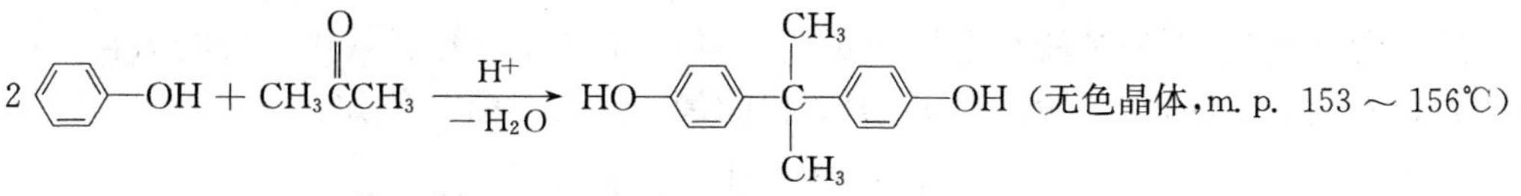

（无色晶体，m.p. 153～156℃）

双酚A是生产环氧树脂、聚碳酸酯、聚砜等的重要原料。在碱（如NaOH）的作用下，双酚A与环氧氯丙烷反应，可制得环氧树脂。反应的第一步是双酚A中的芳氧负离子与环氧氯丙烷发生亲核取代，然后再脱去Cl^-使环氧环再生。反应式如下：

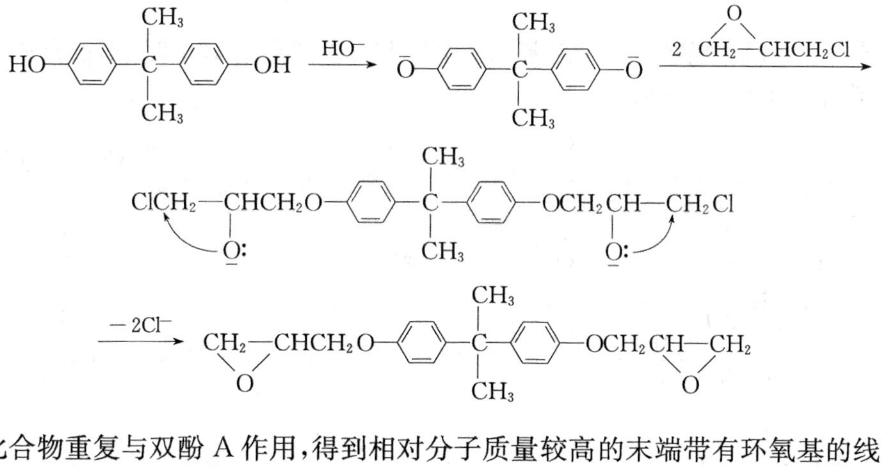

此化合物重复与双酚A作用，得到相对分子质量较高的末端带有环氧基的线型高分子化合物。这种线型结构的树脂用固化剂如乙二胺、间苯二胺、均苯四甲酸二酐等处理，则交联成体型（网状）结构的树脂：

$$\text{~~CH—CH}_2\text{(O)} + \text{CH}_2\text{—CH~~(O)} + \text{H}_2\text{N—CH}_2\text{CH}_2\text{—NH}_2 + \text{~~CH—CH}_2\text{(O)} + \text{CH}_2\text{—CH~~(O)} \longrightarrow (\text{~~CH(OH)—CH}_2)_2\text{NCH}_2\text{CH}_2\text{N(CH}_2\text{—CH(OH)~~})_2$$

环氧树脂具有很强的黏结性能，可牢固地黏合多种材料，俗称“万能胶”。用环氧树脂浸渍玻璃纤维制得的玻璃钢，重量轻、强度大，具有广泛的应用。另外，环氧树脂还可用于表面涂层、电气设备的封装剂以及层压材料等。

10. 布赫尔反应

萘酚在 $NaHSO_3$ 存在下与氨、伯胺或仲胺作用，转变为相应的萘胺。这一反应称为布赫尔(Bucherer)反应。该反应是可逆的，也可以把胺变成酚。

$$\beta\text{-萘酚(OH)} \xrightarrow[\text{H—NH}_2]{NaHSO_3} \beta\text{-萘胺(NH}_2)$$

用 α-萘酚同样可以制得 α-萘胺，但 α-萘胺常用 α-硝基萘还原法制备。

10.2.6　氧化反应

酚比醇易氧化，例如苯酚在空气中长期放置可被空气中的氧氧化。酚的氧化产物随氧化方式不同而不同，在一般情况下，酚氧化的最后产物是醌。例如：

$$C_6H_5\text{—OH} \xrightarrow{CrO_3\text{-}CH_3COOH} O\text{=}C_6H_4\text{=}O\ (\text{对苯醌})$$

$$2,3,6\text{-三甲基苯酚} \xrightarrow{Na_2Cr_2O_7\text{-}H_2SO_4} 2,3,6\text{-三甲基对苯醌}$$

当苯环上有两个羟基或一个羟基和一个氨基处在邻位或对位时，则很容易被氧化成醌，而且产率一般较高。例如：

$$\text{对苯二酚} \xrightarrow{Na_2Cr_2O_7\text{-}H_2SO_4} \text{对苯醌}\qquad 2,6\text{-二氯-4-氨基苯酚} \xrightarrow{Na_2Cr_2O_7\text{-}H_2SO_4} 2,6\text{-二氯对苯醌}$$

$$\text{邻苯二酚} \xrightarrow{Ag_2O} \text{邻苯醌}\qquad \text{邻氨基苯酚} \xrightarrow{Ag_2O} \text{邻苯醌}$$

10.2.7　还原反应

酚通过催化加氢，芳环被还原。例如：

$$\text{C}_6\text{H}_5\text{—OH} \xrightarrow{H_2, Ni} \text{C}_6\text{H}_{11}\text{—OH}$$

这是工业上生产环己醇的一种方法。

10.3 醚的化学性质

醚是水分子中的两个氢原子都被烃基取代的衍生物，醚也可以看作是醇或酚上羟基的氢被烃基取代所得到的化合物（R—O—R′、R—O—Ar、Ar—O—Ar′）。醚分子中的C—O—C键俗称醚键，是醚的官能团。醚分子中与氧相连的两个烃基相同时，称为单醚；两个烃基不同时称为混醚。碳和氧共同形成环状结构的称为环醚。醇与醚互为官能团异构体。

醚分子中，与氧相连的两个烃基是脂肪族烃基时，氧原子为 sp^3 杂化，两对孤对电子处于两个 sp^3 杂化轨道，醚键的键角接近 109.5°。例如，二甲醚分子中碳氧碳键角为 111.7°，碳氧键键长为 0.141nm。若在醚分子中与氧相连的两个烃基至少有一个是芳烃基时，氧原子为 sp^2 杂化，孤对电子所处的 p 轨道与苯环的 π 电子形成 p-π 共轭体系，醚键的键角接近 120°。例如，苯甲醚分子中醚键键角为 121°，$C_{环}$—O 键键长为 0.136nm，比二甲醚中的碳氧键短。

除三元与四元环醚外，醚键是相当稳定的，遇碱、氧化剂、还原剂一般不发生反应，所以在许多有机反应中用醚作溶剂。由于氧原子上含有孤对电子，因此可作为路易斯碱参与一些反应。

10.3.1 生成𬭩盐和络合物

与水、醇、酚相似，醚中氧原子上的孤对电子能接受强酸（如浓盐酸、浓 H_2SO_4 等）中的质子，生成𬭩盐：

$$R—\ddot{\underset{..}{O}}—R' + H_2SO_4 \longrightarrow R—\overset{H}{\underset{+}{O}}—R'HSO_4^-$$

醚由于形成𬭩盐可溶于浓强酸中，利用此性质可区别醚与烷烃和卤代烷。用冷水稀释𬭩盐溶液可以得到原来的醚，利用这一性质可分离提纯醚。

醚分子中氧原子上带有孤对电子，是一个路易斯碱，因此醚可以与缺电子的路易斯酸如 BF_3、$AlCl_3$、格氏试剂等形成络合物。例如：

$$(CH_3CH_2)_2\overset{+}{\underset{..}{O}}—\overset{-}{B}F_3 \quad 或 \quad (CH_3CH_2)_2O \rightarrow BF_3$$

$$(CH_3CH_2)_2\overset{+}{\underset{..}{O}}—\overset{-}{Al}Cl_3 \quad 或 \quad (CH_3CH_2)_2O \rightarrow AlCl_3$$

$$(CH_3CH_2)_2\ddot{O} \rightarrow \underset{X}{\overset{R}{Mg}} \leftarrow \ddot{O}(CH_2CH_3)_2$$

格氏试剂较易在醚如乙醚、四氢呋喃中生成，这也和醚与格氏试剂生成络合物而使之稳定有一定的关系。

10.3.2 醚键的断裂

醚与浓氢卤酸一起加热，发生碳氧键的断裂，生成卤代烷和醇。在过量酸的存在下，产生的醇也可转变为卤代烷。

$$R{-}O{-}R' + HX \xrightarrow{\triangle} R{-}X + R'{-}OH \xrightarrow{\text{过量 } HX} R'{-}X + H_2O$$

最常用的强酸为 HI 和 HBr，对于较易断裂的醚键如叔烷基醚、烯丙基醚等也可用盐酸或 H_2SO_4。在质子溶剂中，这些强酸的活性顺序为

$$HI > HBr > HCl、H_2SO_4$$

$$CH_3CH_2OCH_2CH_3 \xrightarrow{HI} CH_3CH_2I + CH_3CH_2OH \xrightarrow{\text{过量 } HI} 2CH_3CH_2I$$

$$\text{四氢呋喃} + HBr \longrightarrow HOCH_2CH_2CH_2CH_2Br \xrightarrow{\text{过量 } HBr} BrCH_2CH_2CH_2CH_2Br$$

$$\text{四氢呋喃} + HCl \xrightarrow{\text{无水 } ZnCl_2} HOCH_2CH_2CH_2CH_2Cl \xrightarrow{\text{过量 } HCl} ClCH_2CH_2CH_2CH_2Cl$$

由于芳环与氧原子上的孤对电子共轭，不易断裂，因此芳基烷基醚被 HI 分解时，只发生烷氧键断裂，不发生芳氧键断裂。二芳基醚与 HI 不反应。

$$C_6H_5{-}OCH_3 + HI \longrightarrow C_6H_5{-}OH + CH_3I$$

酚的烷基化反应和芳基烷基醚被 HI 分解的反应结合使用可以在反应中保护酚羟基。

醚键的断裂反应实质上是醚与强酸先形成鎓盐，增强碳氧键的极性，使碳氧键变弱，把醚中不易离去的基团变为容易离去的基团，然后根据醚中烃基构造的不同而发生 S_N2 或 S_N1 反应。

伯烷基醚发生 S_N2 反应。例如：

$$CH_3(CH_2)_3OCH_3 \xrightarrow[\text{质子化}]{HI} CH_3(CH_2)_3\overset{H}{\underset{+}{O}}{-}CH_3 + I^- \xrightarrow{S_N2} CH_3(CH_2)_3OH + CH_3I$$
$$CH_3(CH_2)_3OH \xrightarrow{HI} CH_3(CH_2)_3I$$

伯烷基醚与 HI 作用时，按 S_N2 机理进行反应，亲核试剂 I^- 优先进攻立体阻碍较小的烷基。因此对于甲基醚的反应优先得到碘甲烷，在有机分析中把反应混合物中的 CH_3I 蒸馏出来，通入 $AgNO_3$ 的醇溶液中，可根据生成 AgI 的量来测定分子中甲氧基的含量。这种方法称为蔡泽尔(Zeisel)测定法。

在酸催化醚键断裂的反应中，最常用的强酸是 HI。这是由于：①酸性 HI>HBr>HCl；②在强酸介质中，亲核性 $I^->Br^->Cl^-$。

叔烷基醚容易发生 S_N1 反应。例如：

$$(CH_3)_3COCH_3 \xrightarrow{H^+} (CH_3)_3C\overset{+}{\underset{H}{O}}CH_3 \longrightarrow (CH_3)_3C^+ + CH_3OH$$
$$(CH_3)_3C^+ \xrightarrow[S_N1]{I^-} (CH_3)_3CI \qquad (CH_3)_3C^+ \xrightarrow[E1]{-H^+} (CH_3)_2C{=}CH_2 \qquad CH_3OH \xrightarrow{HI} CH_3I$$

叔烷基醚键的断裂按 S_N1 机理进行，首先生成稳定性大的叔碳正离子，然后与亲核试剂结合生成卤代烷(S_N1)，或者消去 H^+ 生成烯烃(E1)。

叔烷基醚比只含有伯烷基和仲烷基的醚容易被酸断裂，叔烷基醚不仅能被 HI 断裂而且还可被 HCl 或 H_2SO_4 断裂。叔烷基醚发生醚键断裂时，不仅可进行取代反应，还可以进行消除反应生成烯烃。例如：

$$(CH_3)_3COCH_3 \xrightleftharpoons[\triangle]{\text{浓 } H_2SO_4} (CH_3)_2C=CH_2 + CH_3OH$$

因此，在有机合成中，可以利用异丁烯与醇反应生成叔丁基醚来保护醇羟基。例如：

$$HO(CH_2)_4Br + (CH_3)_2C=CH_2 \xrightarrow{H_2SO_4} (CH_3)_3CO(CH_2)_4Br \xrightarrow[\text{干醚}]{Mg} (CH_3)_3CO(CH_2)_4MgBr$$

$$\xrightarrow[\text{②}H^+, H_2O]{\text{①}CO_2} (CH_3)_3CO(CH_2)_4COOH \xrightarrow[\triangle]{H_2SO_4} HO(CH_2)_4COOH + (CH_3)_2C=CH_2$$

10.3.3 醚的自动氧化

醚对氧化剂是稳定的，但在放置过程中长期与空气接触或经光照，则醚分子中与氧原子相连的碳上（α-C）的碳氢键可被氧化，先生成氢过氧化醚，然后再进一步转变为过氧化醚。例如，乙醚的自动氧化过程为

$$CH_3CH_2OCH_2CH_3 \xrightarrow{O_2} \underset{\text{H—O—O}}{CH_3\underset{|}{C}HOCH_2CH_3} \xrightarrow{-CH_3CH_2OH} \underset{\cdot\text{O—O}}{CH_3\underset{|}{\dot{C}}H} \xrightarrow{\text{聚合}} \left[\underset{CH_3}{\underset{|}{C}H}\text{—O—O}\right]_n$$

氢过氧化乙醚　　　　过氧化醚

过氧化醚是爆炸性极强的高聚物，因此在蒸馏这类醚时，不要完全蒸完，以免过氧化物达到爆炸浓度而出现意外。通常在蒸馏以前，先用淀粉-KI 试纸检查有无过氧化物存在，如有过氧化物存在，KI 被氧化成 I_2 而使含淀粉的试纸变为蓝色或紫色。新配制的硫酸亚铁或亚硫酸钠水溶液可以除去过氧化物。为了防止过氧化物的形成，可在醚中加入抗氧剂，如锌粉、铁粉等。

10.3.4 芳香醚中烃氧基对芳环的影响

1. 芳香醚的亲电取代反应

烷氧基是中等活化苯环的邻对位定位基，因此芳香醚较易进行芳环上的亲电取代反应，主要得到邻、对位取代的产物。

2. 苯甲型醚的氢解反应

在催化剂 Pt 或 Pd 的作用下，苯甲型醚很容易被氢解，氢解时是苯甲基与氧相连的键断裂。例如：

$$C_6H_5\text{—O—}CH_2\text{—}C_6H_5 + H_2 \xrightarrow{Pd} C_6H_5\text{—OH} + CH_3\text{—}C_6H_5$$

凡杂原子与苯甲基相连，如苯甲型醇、羧酸苯甲酯、苯甲型胺、苯甲型卤等均易被氢解。反应式如下：

$$C_6H_5\text{—}\overset{|}{\underset{|}{C}}\text{—Z} \xrightarrow[Pd]{H_2} C_6H_5\text{—}\overset{|}{\underset{|}{C}}\text{—H} + \text{H—Z} \quad \left(Z = X, \text{O—}, \text{N}\!\langle\right)$$

10.4 环　醚

由碳原子与氧原子共同形成环状结构的醚称为环醚。例如：

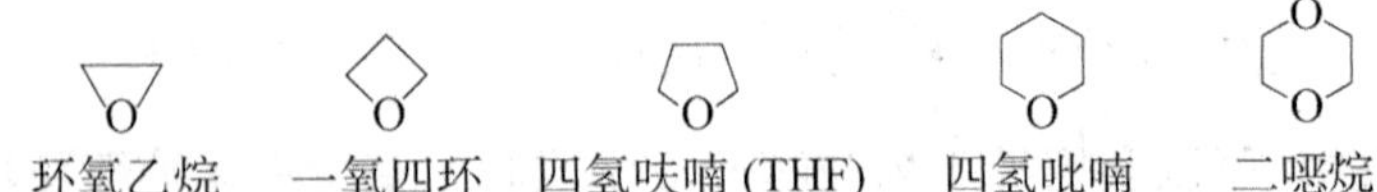

环醚的性质随环的大小不同而异，其中五元环醚和六元环醚性质比较稳定，具有一般醚的性质。三元环醚由于环有张力，容易发生开环反应。

10.4.1　三元环醚——环氧化合物

分子中含有由两个碳原子和一个氧原子组成的三元环的化合物是三元环醚，又称为环氧化合物。环氧化合物可以从烯烃氧化得到，所以又称其为氧化烯烃。环氧化合物中的环是一个杂环，杂环编号从杂原子开始。下面列出几个环氧化合物的结构和名称。

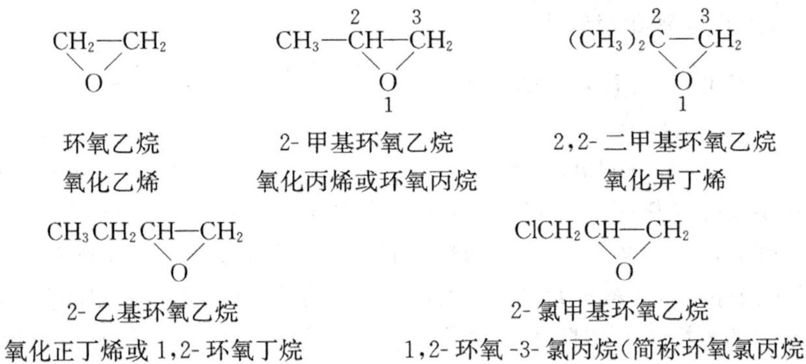

1. 环氧化合物的制备

1) 烯烃氧化

在工业上环氧乙烷是用乙烯催化氧化制得的。反应式如下：

$$CH_2{=}CH_2 + \frac{1}{2}O_2 \xrightarrow[250℃]{Ag} \underset{\backslash\ O\ /}{CH_2{-}CH_2}$$

用有机过氧酸氧化烯烃是制备其他环氧化合物最常用的方法。例如：

$$CH_3CH{=}CH_2 + CH_3\overset{O}{\overset{\|}{C}}{-}O{-}OH \longrightarrow CH_3\overset{O}{\overbrace{CH{-}CH_2}} + CH_3\overset{O}{\overset{\|}{C}}{-}OH$$

$$C_6H_5{-}CH{=}CH_2 + C_6H_5{-}\overset{O}{\overset{\|}{C}}{-}O{-}OH \longrightarrow C_6H_5{-}\overset{O}{\overbrace{CH{-}CH_2}} + C_6H_5{-}\overset{O}{\overset{\|}{C}}{-}OH$$

2) β-卤醇消除

制备环氧化合物的另外一种方法是用碱处理 β-卤醇，发生分子内 S_N2 反应，消除一分子卤化氢。例如：

$$R{-}CH{=}CH_2 \xrightarrow{Br_2,H_2O} R{-}\underset{OH}{\underset{|}{CH}}{-}\underset{Br}{\underset{|}{CH_2}} \xrightarrow[\triangle]{NaOH,H_2O} R{-}\underset{\backslash\ O\ /}{CH{-}CH_2}$$

$$\text{环己烯} \xrightarrow{HOCl} \text{反式-2-氯环己醇 (H, Cl / HO, H)} + \text{(Cl, H / H, OH)} \xrightarrow[-HCl]{NaOH,H_2O} \text{环氧环己烷}$$

$$CH_2{=}CHCH_2Cl \xrightarrow{Cl_2,H_2O} \left\{\begin{array}{l} ClCH_2\underset{\underset{OH}{|}}{C}HCH_2Cl \\ HOCH_2\underset{\underset{Cl}{|}}{C}HCH_2Cl \end{array}\right\} \xrightarrow[-HCl]{NaOH,H_2O} \underset{\diagdown O \diagup}{CH_2{-}CHCH_2Cl}$$

工业上环氧氯丙烷就是用这种方法生产的。

2. 环氧化合物的性质

环醚是属于比较不活泼的一类有机物，但环氧乙烷类衍生物由于三元环的张力，而容易与亲核试剂发生碳氧键断裂的开环反应，生成开链化合物以解除环的张力。

$$\underset{\diagdown O \diagup}{>C{-}C<} + HNu \longrightarrow -\underset{\underset{HO}{|}}{\overset{|}{C}}-\underset{\underset{Nu}{|}}{\overset{|}{C}}-$$

反应的结果是加成，其机理则是饱和碳原子上的亲核取代(S_N)反应。环氧化合物与弱亲核试剂的反应可被酸或碱所催化。

环氧化合物在酸催化下，可与 H_2O、ROH、ArOH、RCOOH、HX 等进行开环反应。酸催化时，根据环氧化合物构造可按 S_N2 或 S_N1 机理进行开环反应。

$$\underset{\diagdown O \diagup}{>C{-}C<} \overset{H^+}{\rightleftharpoons} \underset{\diagdown \underset{H}{\overset{+}{O}} \diagup}{>C{-}C<} \begin{cases} \xrightarrow[\text{背面进攻},S_N2]{Nu^-} -\underset{\underset{OH}{|}}{\overset{|}{C}}-\underset{|}{\overset{\overset{Nu}{|}}{C}}- \quad \text{反式加成} \\ \xrightarrow{S_N1} -\underset{\underset{HO}{|}}{\overset{|}{C}}-\overset{|}{\underset{+}{C}}- \xrightarrow{Nu^-} -\underset{\underset{HO}{|}}{\overset{|}{C}}-\underset{\underset{Nu}{|}}{\overset{|}{C}}- \end{cases}$$

对于不对称环氧乙烷的酸催化开环反应，亲核试剂主要与含氢较少的碳原子结合(S_N1 反应，由碳正离子稳定性决定)。例如：

$$\underset{\diagdown O \diagup}{(CH_3)_2C{-}CH_2} \xrightarrow[CH_3OH]{H^+} (CH_3)_2\underset{\underset{OCH_3}{|}}{C}-CH_2OH$$

碱催化下，环氧化合物可与 H_2O、ROH、ArOH、NH_3、RNH_2、R_2NH、RMgX 等进行开环加成反应。碱催化下的开环反应，首先是亲核试剂进攻环碳原子，进行 S_N2 反应，发生碳氧键断裂得到烷氧负离子，然后与质子结合得到产物。烷氧负离子可以作为新的亲核试剂再与环氧化合物作用，生成其他烷氧负离子，重复进行此反应可以得到相对分子质量更大的化合物。反应机理如下：

$$\underset{\diagdown O \diagup}{>C{-}C<} \xrightarrow[S_N2]{+Nu^-} -\underset{\underset{O^-}{|}}{\overset{|}{C}}-\underset{|}{\overset{\overset{Nu}{|}}{C}}- \xrightarrow{H^+} -\underset{\underset{HO}{|}}{\overset{|}{C}}-\underset{|}{\overset{\overset{Nu}{|}}{C}}-$$

$$\xrightarrow{\underset{\diagdown O \diagup}{>C{-}C<}} \bar{O}-\underset{|}{\overset{|}{C}}-\underset{|}{\overset{|}{C}}-O-\underset{|}{\overset{|}{C}}-\underset{|}{\overset{\overset{Nu}{|}}{C}}- \xrightarrow{H^+} HO-\underset{|}{\overset{|}{C}}-\underset{|}{\overset{|}{C}}-O-\underset{|}{\overset{|}{C}}-\underset{|}{\overset{|}{C}}-Nu$$

例如：

$$\underset{\text{O}}{CH_2—CH_2} \xrightarrow{HO^-} HOCH_2CH_2\bar{O} \xrightarrow[H_2O]{n\ \triangledown O} HOCH_2CH_2O(CH_2CH_2O)_nH \quad \text{聚乙二醇}$$

$$C_{12}H_{25}—C_6H_4—OH + n\underset{\text{O}}{CH_2—CH_2} \xrightarrow{HO^-} \xrightarrow{H_2O} C_{12}H_{25}—C_6H_4—O(CH_2CH_2O)_nH$$

聚乙二醇十二烷基苯醚

聚乙二醇十二烷基苯醚是一种表面活性剂，是常用洗涤剂的主要成分。

不对称环氧乙烷的碱催化开环反应，亲核试剂主要与含氢较多的碳原子结合。这是由于碱催化开环反应为 S_N2 反应，亲核试剂优先进攻空间阻碍小的碳原子。由于从背面进攻，该反应是反式加成。例如：

$$\underset{\text{O}}{(CH_3)_2C—CH_2} + CH_3OH \xrightarrow{CH_3\bar{O}Na^+} (CH_3)_2\overset{OH}{C}—CH_2OCH_3$$

环氧乙烷是最简单、最重要的环氧化合物，其主要化学性质如下：

环氧乙烷（$\triangledown O$）：无色、有毒，b.p.11℃，与水混溶

$$\xrightarrow[H^+\text{或碱}]{H_2O} \underset{HO\quad OH}{CH_2CH_2}\ \text{乙二醇(甘醇)}$$

$$\text{乙二醇} \xrightarrow{\triangledown O} HOCH_2CH_2OCH_2CH_2OH\ \text{一缩二乙二醇(二甘醇)} \xrightarrow{\triangledown O} HO(CH_2CH_2O)_3H\ \text{二缩三乙二醇(三甘醇)}$$

$$\text{乙二醇} \xrightarrow{H_2O_2,FeSO_4} HOCH_2CHO$$

$$\text{乙二醇} \xrightarrow{Ag,\text{空气}} HCOCHO$$

$$\xrightarrow[H^+\text{或碱}]{CH_3OH} \underset{HO\quad OCH_3}{CH_2CH_2}\ \text{乙二醇单甲醚} \xrightarrow[H^+]{\triangledown O} \underset{HO\quad OCH_2CH_2OCH_3}{CH_2CH_2}\ \text{二乙二醇单甲醚} \xrightarrow[H^+]{\triangledown O} H(OCH_2CH_2)_3OCH_3\ \text{三乙二醇单甲醚}$$

$$\xrightarrow{HX} HOCH_2CH_2X\quad (X=Cl,Br,I)\quad \beta\text{-卤醇}$$

$$\xrightarrow{HCN} HOCH_2CH_2CN$$

$$\xrightarrow{NH_3} HOCH_2CH_2NH_2 \xrightarrow{\triangledown O} HN(CH_2CH_2OH)_2 \xrightarrow{\triangledown O} N(CH_2CH_2OH)_3$$

β-羟基乙胺(一乙醇胺)　　二乙醇胺　　三乙醇胺

$$\xrightarrow{RMgX} RCH_2CH_2OMgX \xrightarrow{H^+,H_2O} RCH_2CH_2OH$$

$$\xrightarrow{LiAlH_4} (CH_3CH_2O)_4AlLi \xrightarrow{H_2O} CH_3CH_2OH$$

$$\xrightarrow{BH_3} (CH_3CH_2O)_3B \xrightarrow{H_2O} CH_3CH_2OH$$

10.4.2 其他环醚

1,4-环氧丁烷俗名四氢呋喃(THF，b.p. 67℃)，既无限溶解于水，又溶解于许多有机溶剂中，是一种应用广泛的溶剂。与乙醚相似，THF长期与空气接触也会生成爆炸性的

过氧化物，因此使用前要先检查是否有过氧化物存在。四氢呋喃是一个五元环醚，基本上没有环张力，具有一般醚的化学性质。

1,4-二氧六环又称二噁烷(dioxane，b. p. 101.5℃)，可与水及多种有机溶剂混溶，也是一种应用广泛的溶剂。1,4-二氧六环是六元环醚，没有环张力，它的稳定性与开链醚相似，具有一般醚的化学性质。

10.5 冠 醚

冠醚是乙二醇的环状聚合物，分子中具有 $CH_2—CH_2—O$ 的重复单元，它们的结构像王冠，所以称为冠醚。冠醚有其特有的命名方法——x-冠-y，“冠”代表冠醚这一类物质，x 是环中原子总数，y 是环中氧原子数。例如：

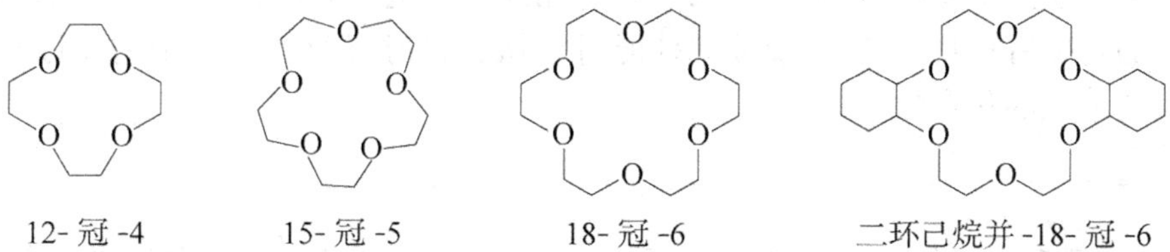

12-冠-4　15-冠-5　18-冠-6　二环己烷并-18-冠-6

10.5.1 冠醚的合成

冠醚的合成方法比较简单，一般用缩乙二醇与缩乙二醇的氯化物在碱的作用下进行亲核取代发生关环而得到。例如：

$$\xrightarrow[\triangle]{KOH}$$

$$+\ \begin{matrix} ClCH_2CH_2OCH_2CH_2Cl \\ ClCH_2CH_2OCH_2CH_2Cl \end{matrix}\ + \xrightarrow[丁醇]{NaOH}$$

二苯并-18-冠-6

10.5.2 冠醚的性质

在冠醚的环状结构中有空穴，并且由于氧原子上含有孤对电子可以和金属离子络合，因此空穴大小不同的冠醚可以和不同的金属离子络合。例如，12-冠-4 可以络合 Li^+，而不与 K^+ 络合；18-冠-6 可以络合 K^+，而不与 Li^+、Na^+ 络合。

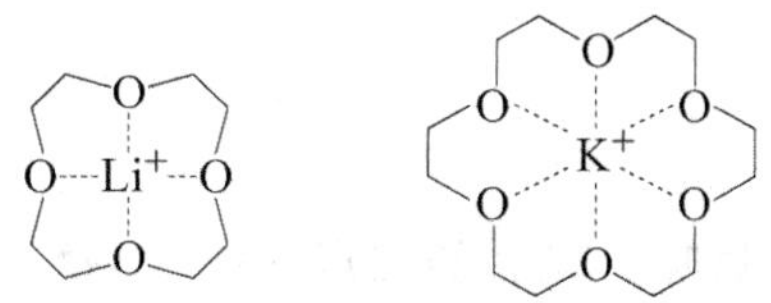

冠醚的这些性质，不仅可以用来分离金属离子，而且在有机合成中也很有用。例如，用 $KMnO_4$ 氧化环己烯，因两者不互溶使反应难以进行。当加入 18-冠-6 后，K^+ 与冠醚络合，与 MnO_4^- 形成离子对，溶于环己烯中，有利于氧化物与烯烃的接触，从而加快了反应的进行。

$$\text{环己烯} \xrightarrow[\text{18-冠-6}]{KMnO_4} HOOC(CH_2)_4COOH \quad (100\%)$$

冠醚有较大的毒性，使用时应小心，避免吸入其蒸气或与皮肤接触。另外，冠醚价格较贵，使用后难以回收，故在应用中受到一定限制。

10.6　硫醇、硫酚和硫醚

硫和氧同在元素周期表中的ⅥA 族，具有相同的价电子数，因此几乎所有含氧有机物都有对应的含硫有机物。硫醇、硫酚和硫醚可以认为是醇、酚、醚分子中的氧原子被硫原子代替后所形成的化合物。

10.6.1　命名

硫醇、硫酚和硫醚的命名分别与醇、酚、醚类似，只是在官能团名称前加一个“硫”字。例如：

CH_3SH 甲硫醇　　C_6H_5—SH 苯硫酚　　$C_2H_5SC_2H_5$ 乙硫醚

—SH 和—SR 作为取代基时，分别称为巯基(或氢硫基)和烷硫基。例如：

$$\underset{\text{2-巯基-1-丁醇}}{CH_3CH_2\underset{\displaystyle SH}{\underset{|}{C}}HCH_2OH} \qquad \underset{\text{2-甲基-3-甲硫基庚烷}}{CH_3\underset{\displaystyle CH_3}{\underset{|}{C}}H—\underset{\displaystyle SCH_3}{\underset{|}{C}}HCH_2CH_2CH_2CH_3}$$

10.6.2　物理性质

1. 硫醇的物理性质

在室温下，甲硫醇为气体，其他硫醇为液体或固体。由于巯基不能形成氢键，因此硫醇的沸点比相应醇的沸点低。例如：

	甲硫醇		甲醇	乙硫醇		乙醇
b. p.	5.9℃	<	64.7℃	37℃	<	78.3℃

由于硫醇难与水形成氢键，因此硫醇在水中的溶解度比相应的醇低得多。例如，乙硫醇在水中溶解度为 1.5g·$(100mL)^{-1}$，而乙醇可与水无限混溶。

低级硫醇有毒，有很臭的气味，人对它很敏感，因此常将痕量的乙硫醇加入到气体中，以便检查是否漏气。

2. 硫醚的物理性质

低级硫醚是无色液体，有臭味。硫醚的沸点比相应的醚的沸点高，因不能与水分子形成氢键而不溶于水。

10.6.3 化学性质

1. 硫醇、硫酚的酸性

硫化氢(H—SH)的酸性比水(H—OH)的强，类似地，硫醇的酸性比醇强，硫酚的酸性比酚强。这是由于硫的价电子在核外第三层，而氧的价电子在第二层，3p 轨道比 2p 轨道大，因此和氢的 1s 轨道只能小部分重叠，而且可极化性大，所以巯基中的氢比羟基中的氢更易解离，酸性更强。酚的酸性比醇强，类似地，硫酚的酸性比硫醇的强。

$$C_2H_5SH \quad (pK_a=9.5) \qquad C_2H_5OH \quad (pK_a=17)$$

$$C_6H_5\text{—}SH \quad (pK_a=7.8) \qquad C_6H_5\text{—}OH \quad (pK_a=10)$$

硫醇显弱酸性，可溶于稀 NaOH 溶液中。硫酚的酸性比碳酸强，可溶于 $NaHCO_3$ 溶液中：

$$RSH + NaOH \rightleftharpoons R\bar{S}Na^+ + H_2O$$

$$Ar\text{—}SH + NaHCO_3 \rightleftharpoons Ar\text{—}\bar{S}Na^+ + H_2O + CO_2$$

硫醇不仅能与碱金属形成硫醇盐，还可以与重金属离子如 Hg^{2+}、Pb^{2+}、Cu^{2+} 等形成不溶于水的硫醇盐：

$$2RSH + HgO \longrightarrow (RS)_2Hg\downarrow + H_2O$$

许多重金属盐能导致人体中毒，就是由于这些重金属盐与人体内某些酶中的巯基结合，使酶失去活性而丧失正常的生理作用。利用硫醇与重金属离子能形成稳定的不溶性盐的性质，可以向人体内注射含有巯基的化合物作为重金属盐中毒的解毒剂。医药上常用的是二巯基丙醇 $HSCH_2CH(SH)CH_2OH$，它可以夺取与体内酶结合的金属，生成更加稳定的络合物，而后从尿中排出体外。

2. 硫醇、硫酚和硫醚的氧化

硫醇、硫酚和硫醚容易被氧化，氧化反应发生在硫原子上。

硫醇、硫酚在比较缓和的氧化剂如 I_2-NaOH、H_2O_2、O_2 等作用下，可氧化成为二硫化物。例如：

$$2RSH + I_2 + 2NaOH \longrightarrow R\text{—}S\text{—}S\text{—}R + 2NaI + 2H_2O$$

这一反应是定量的，可用于测定巯基的含量。

二硫化物很易被还原剂如 Li-液氨或 Zn-CH_3COOH 等还原为硫醇。

$$R\text{—}S\text{—}S\text{—}R \xrightarrow{Zn-CH_3COOH} 2R\text{—}SH$$

在强氧化剂如 HNO_3、$KMnO_4$ 等的作用下，硫醇、硫酚和二硫化物可被氧化成磺酸，这是实验室中制备脂肪族磺酸的一种方法。

$$R\text{—}SH \xrightarrow{HNO_3\text{ 或 }KMnO_4} R\text{—}SO_3H$$

$$Ar\text{—}SH \xrightarrow{HNO_3\text{ 或 }KMnO_4} Ar\text{—}SO_3H$$

$$R—S—S—R \xrightarrow{HNO_3或KMnO_4} 2R—SO_3H$$

硫醚在常温时可被氧化剂如 HNO_3、H_2O_2 等氧化成亚砜；加热时，硫醚可被发烟硝酸、H_2O_2-冰醋酸、$KMnO_4$、有机过酸等氧化，生成砜。

$$\underset{硫醚}{R—S—R} \xrightarrow{[O]} \underset{亚砜}{R—\overset{\overset{O}{\|}}{S}—R} \xrightarrow{[O]} \underset{砜}{R—\overset{\overset{O}{\|}}{\underset{\underset{O}{\|}}{S}}—R}$$

二甲基亚砜（CH_3SOCH_3，简写为 DMSO），b. p. 189℃，是一种重要的有机溶剂，它可与水无限混溶，又可以溶解多种有机化合物和无机盐。

3. *硫醇、硫酚和硫醚的亲核性*

HS^- 的亲核性比 HO^- 强。类似地，硫醇、硫酚及其盐具有比相应的氧化物较强的亲核性，较易发生亲核取代反应。

HS^-、RSH、ArSH、RS^-、ArS^- 等可与卤代烷、磺酸酯、硫酸酯、质子化的醇等发生亲核取代反应，得到硫醇、硫醚。

$$RX + HS^- \longrightarrow RSH \quad 硫醇$$
$$RX + R'S^- \longrightarrow R—S—R' \quad 硫醚$$
$$RX + ArS^- \longrightarrow R—S—Ar \quad 硫醚$$

H_2S 可与酰氯、酸酐反应生成硫羟酸。类似地，硫醇可与酰氯、酸酐反应形成硫羟酸酯：

$$H_2S + (CH_3CO)_2O \longrightarrow \underset{乙硫羟酸}{CH_3CO—SH} + CHCOOH$$
$$H_2S + CH_3COCl \longrightarrow CH_3CO—SH + HCl$$
$$RSH + (CH_3CO)_2O \longrightarrow \underset{乙硫羟酸酯}{CH_3CO—SR} + CH_3COOH$$
$$RSH + CH_3COCl \longrightarrow CH_3CO—SR + HCl$$

硫醇和硫酚在碱性条件下，可与炔烃发生亲核加成反应，硫醇还可与含吸电子的烯烃进行亲核加成反应：

$$CH_3SH + CH_2═CHCN \xrightarrow[CH_3OH]{CH_3ONa} CH_3SCH_2CH_2CN$$

硫醚可与卤代烷进行反应，形成稳定的锍盐：

$$RSR + R'X \longrightarrow R_2\overset{+}{S}—R'X^-$$

锍盐也可与亲核试剂进行 S_N2 反应，使亲核试剂烷基化：

$$Br^- + CH_3—\overset{+}{S}(CH_3)_2 \xrightarrow{\triangle} CH_3Br + (CH_3)_2S$$

10.6.4　硫醇和硫醚的制备

1. *硫醇的制备*

实验室中常用卤代烷与硫脲反应制备硫醇：

$$RBr + H_2N\overset{\overset{S}{\|}}{C}NH_2 \longrightarrow H_2N-\overset{\overset{R-S}{|}}{C}=\overset{+}{N}H_2Br^- \xrightarrow{NaOH} RSH + H_2NCN + NaBr + H_2O$$

制备硫醇的另外一种方法是用卤代烷与过量的 NaSH 或 KSH 作用：

$$RX + KSH \xrightarrow{S_N2} RSH + KX$$

2. 硫醚的制备

单硫醚可以用 K_2S 与卤代烷等烷基化试剂进行亲核取代反应制取。例如：

$$2CH_3I + K_2S \longrightarrow CH_3-S-CH_3 + 2KI$$

$$2(CH_3O)_2SO_2 + K_2S \longrightarrow CH_3-S-CH_3 + 2CH_3OSO_3^-K^+$$

在碱性溶液中硫醇与卤代烷等烃基化试剂作用生成硫醚。这种合成方法类似于Williamson制醚法，既可以用来合成单硫醚，又可以合成混硫醚。例如：

$$CH_3CH_2SH + BrCH_2CH(CH_3)_2 \xrightarrow{HO^-} CH_3CH_2SCH_2CH(CH_3)_2$$

$$CH_3(CH_2)_3SH + CH_3CH_2OSO_2-C_6H_4-CH_3 \xrightarrow{HO^-} CH_3(CH_2)_3SCH_2CH_3 + CH_3-C_6H_4-SO_3H$$

习 题

10-1 写出正丙醇与下列试剂反应的主要产物：

(1) Na (2) Mg (3) NaH
(4) CH_3MgI (5) $CH_3C\equiv CNa$ (6) 冷浓 H_2SO_4
(7) $CH_3-C_6H_4-SO_2Cl$ (8) $(CH_3O)_2SO_2$ (9) CH_3COOH, H^+
(10) 浓 HCl+无水 $ZnCl_2$ (11) $NaBr, H_2SO_4$ (12) $P+I_2$
(13) PCl_5 (14) PBr_3 (15) $SOCl_2$
(16) 浓 H_2SO_4，加热(温度较低) (17) 浓 H_2SO_4，加热(温度较高)
(18) $K_2Cr_2O_7$，稀 H_2SO_4 (19) 过量 $KMnO_4$ (20) CrO_3·吡啶，CH_2Cl_2
(21) Cu，加热 (22) (1)的产物+C_2H_5Br
(23) (16)的产物+过量 HI (24) (8)的产物+HI

10-2 写出对甲苯酚与下列物质反应的主要产物：

(1) $NaOH, H_2O$ (2) CH_3COCl
(3) $CH_3COCl, AlCl_3$, 165℃ (4) $(CH_3CO)_2O$
(5) $CH_3CH_2CH_2OH$，浓 H_2SO_4 (6) $CH_3CH_2CH_2Br, NaOH$
(7) $(CH_3O)_2SO_2, NaOH$ (8) CH_2N_2
(9) $O_2N-C_6H_4-Cl, NaOH$ (10) $CH_2=CHCH_2Br, NaOH$
(11) (10)的产物，高温 (12) $FeCl_3, H_2O$
(13) Br_2, H_2O (14) 浓 H_2SO_4，△
(15) 稀 HNO_3 (16) $(CH_3)_2C=CH_2$，浓 H_2SO_4
(17) $CHCl_3, NaOH, H_2O$，然后 H^+ (18) (1)的产物，CO_2，150℃
(19) H_2, Ni

10-3　用简单的化学方法鉴别下列各组化合物：

(1) A. 1-戊醇　B. 2-戊醇　C. 3-戊醇　D. 2-甲基-2-丁醇

(2) A. 甲醇　B. 乙醇　C. 乙二醇　D. 2-氯乙醇

(3) A. $CH\equiv CCH_2CH_2OH$　B. $CH_2=CHCH_2CH_2OH$　C. $CH_3CH_2CH_2CH_2OH$

(4) A. 苯酚　B. 环己醇　C. 环己烷　D. 甲苯

(5) A. $PhCH_2CH_2OH$　B. $CH_3CH(OH)Ph$　C. 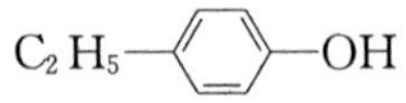 $C_2H_5-C_6H_4-OH$（对位）　D. $PhCH_2OCH_3$

(6) A. 正己烷　B. 1-溴丁烷　C. 正丁醇　D. 正丁醚　E. 苯酚

10-4　分离下列各组化合物：

(1) 环己烷、环己醇和苯酚

(2) 苯甲醇、邻硝基苯酚和对硝基苯酚

(3) 氯苯、苯甲醚和邻甲苯酚

10-5　写出下列反应的机理：

(1) $CH_3CH_2CH_2CH_2OH + HCl \xrightarrow{ZnCl_2} CH_3CH_2CH_2CH_2Cl$

(2) $(CH_3)_3COH + HCl \xrightarrow{ZnCl_2} (CH_3)_3C-Cl$

(3) $(CH_3)_3CCH(OH)CH_3 + HCl \longrightarrow (CH_3)_2CCl-CH(CH_3)_2$

(4) 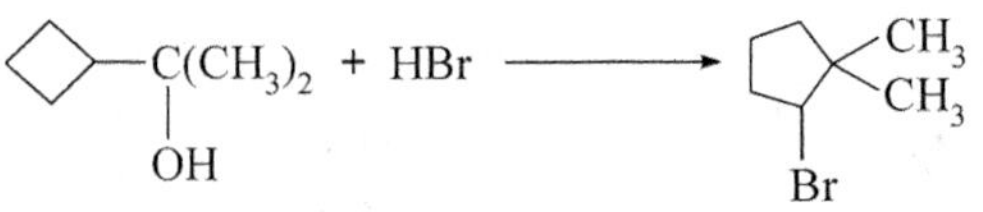 环丁基$-C(OH)(CH_3)_2 + HBr \longrightarrow$ 2-溴-1,1-二甲基环戊烷

(5) $(CH_3)_2C(OH)-CBr(CH_3)_2 \xrightarrow{Ag^+} (CH_3)_3C-CO-CH_3$

(6) 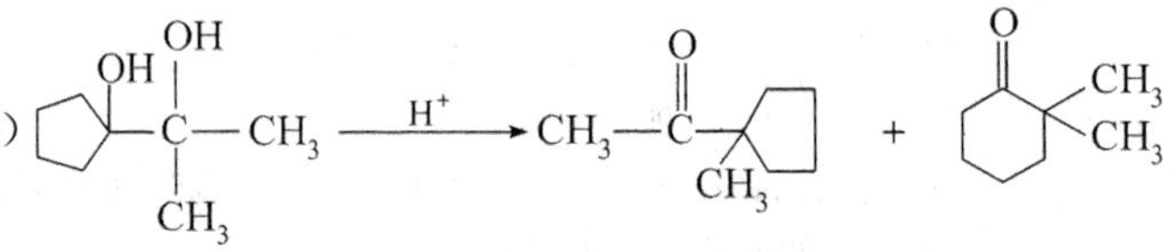 1-羟基环戊基$-C(OH)(CH_3)-CH_3 \xrightarrow{H^+} CH_3-CO-$(1-甲基环戊基) + 2,2-二甲基环己酮

(7) $(CH_3)_3COCH_3 + HBr \longrightarrow (CH_3)_3CBr + CH_3OH$

(8) 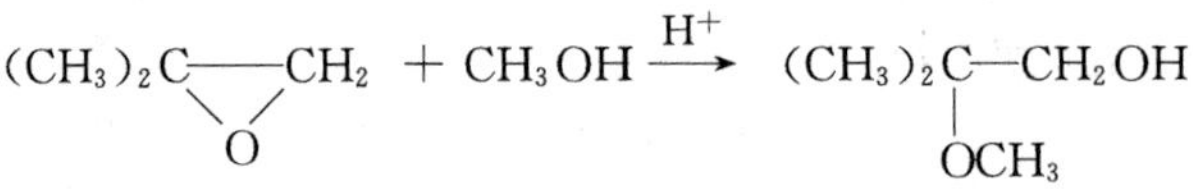 $(CH_3)_2C\overset{O}{—}CH_2$（环氧） $+ CH_3OH \xrightarrow{H^+} (CH_3)_2C(OCH_3)-CH_2OH$

(9) 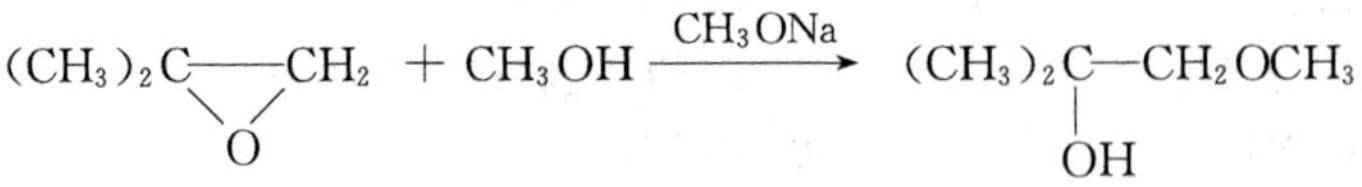 $(CH_3)_2C\overset{O}{—}CH_2$（环氧） $+ CH_3OH \xrightarrow{CH_3ONa} (CH_3)_2C(OH)-CH_2OCH_3$

(10) 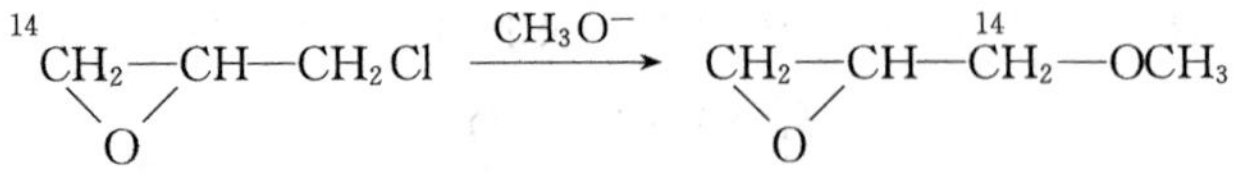 $\overset{14}{C}H_2\overset{O}{—}CH-CH_2Cl$（环氧） $\xrightarrow{CH_3O^-} CH_2\overset{O}{—}CH-\overset{14}{C}H_2-OCH_3$（环氧）

10-6　完成下列反应：

(1) $(CH_3)_3CCH(OH)CH_3 \xrightarrow{HBr} ?$

(2) 邻羟基苯乙醇（苯环上带 CH_2CH_2OH 和 OH）$\xrightarrow{HBr}$? $\xrightarrow[\triangle]{NaOH}$?

(3) C_2H_5—C(CH_3)(H)(OH)（楔形式） —— $\xrightarrow{SOCl_2}$?
—— $\xrightarrow[吡啶]{SOCl_2}$?

(4) C_6H_5—CH_2OH —— $\xrightarrow[\triangle]{KMnO_4, H_2O}$?
—— $\xrightarrow{?}$ C_6H_5—CHO

(5) $(C_2H_5)(CH_3)C$=$C(CH_3)(H)$ $\xrightarrow{CF_3CO_3H}$? $\xrightarrow[CH_3OH]{CH_3ONa}$?

(6) CH_3CH=$CHCH_2OH \xrightarrow{?} CH_3CH$=$CHCHO$

(7) 环己-2-烯-1-醇（—OH） $\xrightarrow{?}$ 环己-2-烯-1-酮（=O）

(8) 邻苯二酚（OH, OH） $\xrightarrow{Ag_2O}$?

(9) CH_2=$CH_2 \xrightarrow{Ag, O_2}$? $\xrightarrow[H^+]{C_2H_5OH}$?

(10) C_6H_5CH=$CH_2 \xrightarrow{C_6H_5CO_3H}$? $\xrightarrow{CH_3NH_2}$?

(11) 1-甲基环戊烯（—CH_3） $\xrightarrow[②H_2O_2, HO^-]{①B_2H_6\text{-}THF}$? $\xrightarrow[H_2SO_4]{CrO_3}$?

(12) $(CH_3)_3CCH$=$CH_2 \xrightarrow{H^+, H_2O}$? $\xrightarrow[\triangle]{Al_2O_3}$?

(13) $(CH_3)_3COH \xrightarrow{Na}$? $\xrightarrow{?} (CH_3)_3COCH_2CH_3$

(14) 苯 $+ CH_3CH$=$CH_2 \xrightarrow[\triangle]{AlCl_3}$? $\xrightarrow[\triangle]{浓\ H_2SO_4}$?

$\xrightarrow[②H^+]{①固体\ NaOH, \triangle}$? $\xrightarrow{NaOH}$? $\xrightarrow{CH_3CH=CHCH_2Br}$? $\xrightarrow{\triangle}$? $\xrightarrow[CCl_4]{Br_2}$?

(15) 萘 $\xrightarrow{?}$ 2-萘磺酸（—SO_3H） $\xrightarrow[熔融]{NaOH}$? $\xrightarrow[HOCH_2CH_2Cl]{NaOH}$?

(16) $CH_3CH_2CH(CH_3)OCH_3 + HI(1mol) \xrightarrow{\triangle}$? + ?

(17) 四氢呋喃（O） $\xrightarrow[\triangle]{HCl}$? $\xrightarrow[\triangle]{KCN}$?

(18) 双环[4.1.0]庚烷 $\xrightarrow{HBr}$? $\xrightarrow[\triangle]{NaOH, C_2H_5OH}$? $\xrightarrow{HOBr}$? $\xrightarrow{Ca(OH)_2}$?

(19) C_6H_5—OH $\xrightarrow{H_2, Pt}$? $\xrightarrow[\triangle]{浓\ H_2SO_4}$? $\xrightarrow{PhCO_3H}$? $\xrightarrow{HOCH_2CH_2OH, H^+}$?

(20) $Cl-C_6H_5 \xrightarrow{?} Cl-C_6H_3(NO_2)_2$（2,4-二硝基） $\xrightarrow[\text{②}H^+]{\text{①}NaOH, H_2O}$? $\xrightarrow[NaOH]{(CH_3O)_2SO_2}$?

10-7 排列顺序：

(1) 与金属钠反应的速率：

A. 甲醇　　B. 乙醇　　C. 叔丁醇　　D. 仲丁醇

(2) 与卢卡斯试剂反应的速率：

A. 正丁醇　　B. 叔丁醇　　C. 仲丁醇

(3) 与 HBr 水溶液反应的活性：

A. $C_6H_5-CH_2OH$　　B. $CH_3O-C_6H_4-CH_2OH$

C. $Cl-C_6H_4-CH_2OH$　　D. $O_2N-C_6H_4-CH_2OH$

(4) 脱水反应活性：

A. $CH_2{=}CHCHOHCH_3$　　B. $CH_3CH_2CHOHCH_3$

C. $Cl_3CCH_2CH_2CH_2OH$　　D. C_6H_5-OH

(5) 酸催化脱水反应活性：

A. $C_6H_5-CHOHCH_3$　　B. $CH_3-C_6H_4-CHOHCH_3$

C. $CH_3O-C_6H_4-CHOHCH_3$　　D. $O_2N-C_6H_4-CHOHCH_3$

(6) 酸性：

A. 邻硝基苯酚（$C_6H_4(NO_2)-OH$，NO_2 在邻位）　　B. 间硝基苯酚（$O_2N-C_6H_4-OH$，NO_2 在间位）

C. $CH_3-C_6H_4-OH$　　D. C_6H_5-OH

(7) 酸性：

A. $O_2N-C_6H_4-OH$　　B. C_6H_5-OH

C. H_2CO_3　　D. $C_6H_{11}-OH$（环己醇）

(8) 碱性：

A. $(CH_3)_3CO^-$　　B. CH_3O^-

C. $CH_2{=}CH^-$　　D. $CH_3CH_2^-$

(9) 亲核性：

A. $(CH_3)_3CO^-$　　B. HO^-

C. $CH_3CH_2CH_2CH_2O^-$　　D. PhO^-

(10) 亲核性：

A. $C_6H_5-O^-$　　B. $CH_3O-C_6H_4-O^-$

C. $O_2N-C_6H_4-O^-$　　D. $CH_3-C_6H_4-O^-$

10-8 以 C_2～C_4 的烯烃、苯、甲苯、萘为原料，合成下列化合物(无机试剂任选)：

(1) $CH_3CH_2CH_2CHO$　　(2) $CH_3COCH_2CH_3$

(3) $(CH_3)_2CHCOOH$　　(4) 环己酮（$C_6H_{10}{=}O$）

(5) 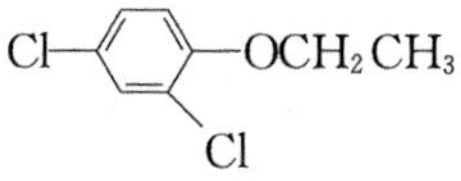 Cl—C₆H₃(Cl)—OCH_2CH_3 (2,4-二氯苯基乙基醚结构式)

(6) 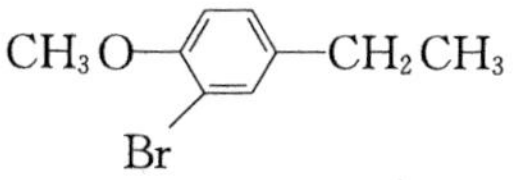 CH_3O—C₆H₃(Br)—CH_2CH_3 (结构式)

(7) $(CH_3CH_2CH_2CH_2)_2O$

(8) 二甘醇二乙醚

(9) 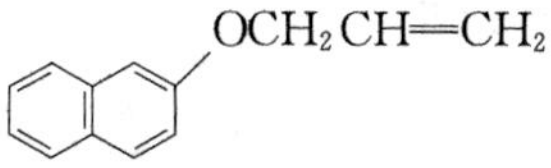 萘基—$OCH_2CH=CH_2$ (结构式)

(10) 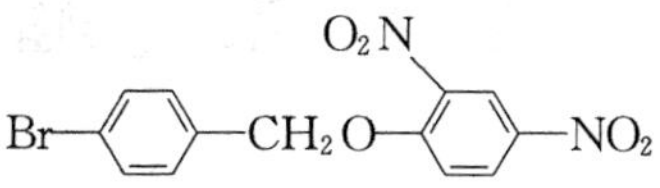 Br—C₆H₄—CH_2O—C₆H₃(O_2N)—NO_2 (结构式)

(11) 反-1,2-环己二醇

(12) 15-冠-5

10-9 化合物 A($C_5H_{12}O$)可以发生碘仿反应,A 与浓 H_2SO_4 共热则生成化合物 B(C_5H_{10}),B 的臭氧解产物为 C 和 D,C 为醛,D 为酮。试推测化合物 A~D 的构造式,并写出相关反应式。

10-10 中性化合物 A($C_8H_{16}O_2$),与 Na 反应放出 H_2,与 PBr_3 反应生成化合物 B($C_8H_{14}Br_2$),A 用 $KMnO_4$ 氧化生成 C($C_8H_{12}O_2$)。A 与浓 H_2SO_4 一起共热生成 D(C_8H_{12}),D 可使Br_2-CCl_4溶液和碱性 $KMnO_4$ 溶液褪色。D 在低温下与硫酸作用再水解,生成 A 的同分异构体 E,E 与浓 H_2SO_4 共热也生成 D,但 E 不能被 $KMnO_4$ 氧化。D 臭氧解产物为 2,5-己二酮和乙二醛。试写出 A~E 的构造式及相关反应式。

10-11 化合物 A(C_7H_8O),不与 Na 发生反应,但能与浓 HI 溶液反应生成 B 和 C。B 能溶于 NaOH 溶液,并且 B 与 $FeCl_3$ 水溶液作用生成有颜色的物质。C 能与 $AgNO_3$ 溶液作用,生成 AgI 沉淀。试写出 A~C 的构造式及相关反应式。

10-12 化合物 A($C_5H_{10}O$),不溶于水,与 Br_2-CCl_4 溶液、金属钠都不反应,在稀盐酸溶液中反应得化合物 B($C_5H_{12}O_2$),B 与等物质量的高碘酸反应得甲醛和化合物 C(C_4H_8O),C 可发生碘仿反应。试写出 A~C 的构造式及相关反应式。

10-13 化合物 A($C_4H_{10}O$),不与金属钠反应,其核磁共振氢谱数据为 δ 4.1(1H),七重峰;δ 3.1(3H),单峰;δ 1.55(6H),二重峰。红外光谱在 2000cm^{-1}以上仅显示出一个吸收带(2950cm^{-1})。试推测 A 的构造式。

第 11 章　醛、酮和醌

11.1　醛　和　酮

醛和酮分子中都含有羰基(carbonyl group)，统称为羰基化合物。

羰基所连的两个基团中至少有一个是氢原子的化合物为醛(aldehyde)：

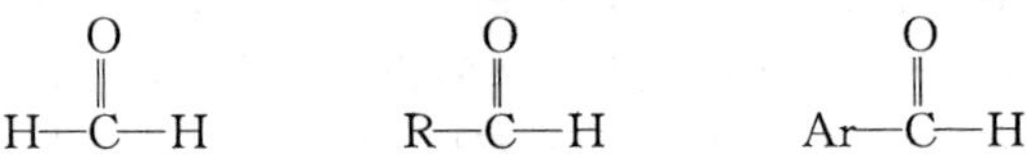

醛分子中的—CHO 称为醛基，是醛的官能团。

羰基与两个烃基相连的化合物为酮(ketone)：

$$\mathrm{R{-}\overset{\overset{\displaystyle O}{\|}}{C}{-}R'} \qquad \mathrm{R{-}\overset{\overset{\displaystyle O}{\|}}{C}{-}Ar} \qquad \mathrm{Ar{-}\overset{\overset{\displaystyle O}{\|}}{C}{-}Ar'}$$

酮分子中的羰基也称为酮基，是酮的官能团。对于酮，与羰基相连的两个烃基相同时，例如丙酮(CH_3COCH_3)和二苯甲酮(PhCOPh)，称为单酮；而与羰基相连的两个烃基不相同时，例如丁酮($CH_3COCH_2CH_3$)和苯乙酮($PhCOCH_3$)，称为混酮。

按照醛和酮分子中烃基是否饱和，可以将其分为饱和醛酮与不饱和醛酮；按照烃基是脂肪族的还是芳香族的，可将其分为脂肪族醛酮与芳香族醛酮；按照醛酮分子中所含羰基数目，可将其分为一元醛酮、二元醛酮等。

在醛和酮分子中，羰基碳为 sp^2 杂化，所形成的 3 个 sp^2 杂化轨道与其他原子形成 3 个 σ 键，位于同一平面上，键角为 120°；碳原子上还有一个未杂化的 p 轨道，与氧的 p 轨道"肩并肩"重叠，形成一个 π 键。因此，醛和酮分子中的羰基是由一个 σ 键和一个 π 键组成。

由于碳氧间电负性相差较大，因此碳氧间的电子并不是均等地被共享，特别是活动性较大的 π 电子被强烈地拉向电负性较大的氧原子，使氧原子明显地带有部分负电荷，而碳原子明显地带有部分正电荷。这可用共振式或下述 π 电子或 π 电子云偏移的形式表示：

$$\left[\ \gt C{=}O \longleftrightarrow \gt \overset{+}{C}{-}\overset{-}{O}\ \right] \qquad \gt \overset{\delta+}{C}{=}\overset{\delta-}{O} \quad \text{或}$$

因此，羰基上的碳氧双键属于极性共价键，醛与酮具有较大的偶极矩。

醛和酮的化学性质主要表现在羰基以及受羰基影响较大的 α-碳原子上。

11.1.1　醛、酮的亲核加成反应

醛酮分子中的羰基碳原子带有部分正电荷，它比带部分负电荷的氧原子的活性大，很容易受到亲核试剂的进攻，发生亲核加成反应。反应机理可表示如下：

$$Nu^{-} + \overset{\delta+}{C}=\overset{\delta-}{O} \xrightleftharpoons{①慢} Nu-C-O^{-} \xrightleftharpoons{②H^{+},快} Nu-C-OH$$

首先，亲核试剂进攻带部分正电荷的羰基碳，亲核试剂上的孤对电子与羰基碳原子成键，π 电子转移到氧原子上，同时羰基碳由 sp^2 杂化转化成为 sp^3 杂化，形成四面体结构的氧负离子，这是一步慢的反应。在此反应中，亲核试剂是从羰基所在平面的上面和下面机会均等地进攻羰基碳原子，接着带负电荷的氧与亲电试剂(通常为质子)结合，得到加成产物，这是快的一步反应。

醛和酮在进行羰基的亲核加成反应时，醛酮分子中的电子效应和空间效应影响着羰基的活性。从电子效应来看，羰基碳上带的正电荷越多，反应活性越高。因此，如果羰基碳原子上所连接的烷基多，由于烷基是推电子基团，导致羰基碳原子所带正电荷减少，不利于亲核试剂的进攻。从空间效应来看，羰基碳所连的烷基体积越大，越不利于亲核试剂对羰基碳的进攻。

从另外一个角度来看，第一步反应的过渡态是处在由平面三角形的羰基结构转变成正四面体的氧负离子的中间状态。在羰基的加成过程中，碳原子由 sp^2 杂化转化为 sp^3 杂化，即反应物是平面三角形结构，而产物是四面体结构。如果羰基碳上连有较大的烃基，增加了空间的"拥挤"程度，导致过渡态的空间位阻增大，能量升高，反应活化能升高，反应活性降低。另外，过渡态与中间体氧负离子的结构相似，因此，羰基碳原子上连接的烷基越多，烷基推电子作用使中间体氧负离子所带负电荷越多，能量越高，越不稳定，反应的活化能越高，反应活性越低。

对于芳香族的醛酮，由于芳环与羰基形成共轭体系，比较稳定，但在形成过渡态时，将破坏共轭体系，使能量升高，因而反应活化能较高，反应较慢。

由此看出，醛酮发生亲核加成反应的活性顺序是

$$HCHO > CH_3CHO > CH_3COCH_3 > CH_3COCH_2CH_3 > C_6H_5CHO > C_6H_5COCH_3$$

对于弱的亲核试剂，当有酸存在时，有利于亲核加成反应的进行。这是因为酸中的质子可以与醛酮中富电子的氧结合，形成质子化的羰基，结果 π 电子更加偏向氧原子一端，羰基碳上所带正电荷增多，更有利于亲核试剂对它的进攻。

$$C=\ddot{O} \xrightleftharpoons{H^{+}} \left[C=\overset{+}{\ddot{O}}H \longleftrightarrow \overset{+}{C}-\ddot{O}H \right] \xrightleftharpoons{Nu:^{-}} Nu-C-OH$$

在与羰基进行亲核加成反应的亲核试剂中，亲核原子可以是碳、氮、氧和硫等。下面分别介绍几种主要的羰基亲核加成反应。

1. 与含碳亲核试剂的加成

1) 与氢氰酸的加成

氰基负离子中的碳可以与醛和大多数酮的羰基发生亲核加成反应，生成 α-羟基腈，也称 α-氰醇。

$$C=O + HCN \rightleftharpoons C(OH)(CN)$$

1903 年,A. Lapworth 发现 HCN 与羰基化合物的加成明显地被碱催化,微量碱的加入不仅加速反应的进行,而且产率也能提高;如果在反应中加入酸,则反应进行得很慢。据此,Lapworth 提出 HCN 与羰基化合物的加成反应机理如下:

$$HCN + OH^- \xrightleftharpoons{快} CN^- + H_2O$$

$$>C{=}O + CN^- \xrightleftharpoons{慢} >C(O^-)(CN) \xrightleftharpoons{HCN,快} >C(OH)(CN) + CN^-$$

氢氰酸与羰基化合物的加成反应机理是历史上第一个被确认的反应机理。在此反应中,反应的速率控制步骤是氰基负离子对羰基碳的进攻。由于氢氰酸是一个弱酸,在水中的电离常数很小,如果加入少量碱,可以增加 CN^- 的浓度,从而促进反应的进行。如果加酸,H^+ 和羰基发生质子化作用,增加了羰基碳原子上所带的正电荷,对反应有利;但在酸性介质中,CN^- 的浓度很低,又不利于亲核试剂对羰基的进攻,使反应很难发生。总之,氢氰酸与羰基化合物的加成反应在弱碱性介质中进行得比较顺利,但碱性不能太强,这是由于在最后一步反应需要 H^+ 才能完成。

氢氰酸是一种剧毒的易挥发液体,因此在实验室中一般很少使用。常用的办法是将酸(如盐酸或硫酸)滴加到羰基化合物与氰化钠或氰化钾水溶液的混合物中,使产生的氢氰酸立刻反应。但在加酸时应注意控制溶液始终为弱碱性。

$$>C{=}O + KCN \xrightarrow[H_2O]{H_2SO_4} >C(OH)(CN)$$

α-羟基腈是一类重要的有机合成中间体。由于氰基可以转变成羧基和氨甲基,所以可以利用羰基化合物与 HCN 的加成产物来制备 α-羟基酸、α,β-不饱和酸和 β-羟基胺。例如:

$$CH_3CH_2\overset{O}{\overset{\|}{C}}CH_3 \xrightarrow{HCN} CH_3CH_2C(OH)(CH_3){-}CN$$

$$\xrightarrow{HCl,H_2O,\triangle} CH_3CH_2C(OH)(CH_3){-}COOH$$

$$\xrightarrow{浓\ H_2SO_4,\triangle} CH_3CH{=}C(CH_3){-}COOH$$

$$\xrightarrow{LiAlH_4} CH_3CH_2C(OH)(CH_3){-}CH_2NH_2$$

在工业上,有机玻璃(聚 α-甲基丙烯酸甲酯)的单体(α-甲基丙烯酸甲酯)就是通过 HCN 与丙酮的加成反应制得的。

$$(CH_3)_2C{=}O \xrightarrow{HCN} (CH_3)_2C(OH)(CN) \xrightarrow[\triangle]{H_2SO_4,CH_3OH} CH_2{=}C(CH_3){-}\overset{O}{\overset{\|}{C}}{-}OCH_3 \xrightarrow{聚合} {-}\!\!\left(CH_2{-}\underset{CH_3}{\overset{COOCH_3}{C}}\right)\!\!{-}_n$$

与此类似的一个反应，是羰基化合物与氯化铵、氰化钠反应，生成 α-氨基腈，经水解可以制备 α-氨基酸，这一反应称为斯特雷克尔(Strecker)反应：

$$\gt C{=}O + NH_4Cl + NaCN \longrightarrow \gt C(NH_2)(CN) \xrightarrow[H_2O]{H^+ 或 HO^-} \gt C(NH_2)(COOH)$$

α-氨基腈　　α-氨基酸

反应机理如下：

$$\gt C{=}O + NH_4^+ \rightleftharpoons \gt C{=}\overset{+}{O}H + \ddot{N}H_3 \rightleftharpoons -\underset{\overset{+}{N}H_3}{\overset{|}{C}}-OH \xrightarrow{-H^+} -\underset{NH_2}{\overset{|}{C}}-OH$$

$$\overset{H^+}{\rightleftharpoons} -\underset{:NH_2}{\overset{|}{C}}-\overset{+}{O}H_2 \overset{-H_2O}{\rightleftharpoons} \left[\gt \overset{+}{C}-NH_2 \longleftrightarrow \gt C{=}\overset{+}{N}H_2 \right] \overset{CN^-}{\rightleftharpoons} -\underset{CN}{\overset{|}{C}}-NH_2$$

2）与格氏试剂、有机锂试剂加成

格氏试剂或有机锂试剂与羰基加成，是制备醇的一种非常重要的方法。

$$\gt C{=}O + RMgX \xrightarrow[干醚]{慢} R-\overset{|}{\underset{|}{C}}-OMgX \xrightarrow[H^+,H_2O]{快} R-\overset{|}{\underset{|}{C}}-OH + Mg^{2+} + X^-$$

格氏试剂与甲醛反应得到比格氏试剂中的烃基多一个碳原子的伯醇；与其他的醛反应得到仲醇；与酮反应得到叔醇。

$$RMgX \begin{cases} \xrightarrow{①HCHO;②H^+,H_2O} RCH_2OH \\ \xrightarrow{①R'CHO;②H^+,H_2O} RR'CHOH \\ \xrightarrow{①R'COR'';②H^+,H_2O} RR'R''COH \end{cases}$$

若醛、酮或格氏试剂的烃基空间体积太大，反应将大大减慢，同时副反应增加。由于有机锂试剂的活性比格氏试剂大，因此当格氏试剂反应结果不好时，可以用有机锂试剂进行加成反应。例如：

$$(CH_3)_3C-\overset{O}{\overset{\|}{C}}-C(CH_3)_3 + (CH_3)_3CLi \xrightarrow[②H^+,H_2O]{①乙醚,-70℃} (CH_3)_3C-\underset{OH}{\overset{C(CH_3)_3}{C}}C(CH_3)_3$$

在醛和酮分子中，当 α-碳原子是一个手性碳时，这类羰基化合物的加成反应和还原反应(如 $LiAlH_4$ 的还原)将受到这个手性碳的影响。1952 年克拉姆(D. J. Cram)首先系统地研究了这一类反应，随后其他人也进行了大量工作，找出了其中的规律，称为克拉姆(Cram)规则。克拉姆规则可以用来预测主要产物。

为了说明克拉姆规则，现用纽曼投影式表示一个 α-碳原子是手性的羰基化合物的构型，其中 L、M 和 S 分别代表大、中和小三个基团。克拉姆规则指出：当亲核试剂(如 RMgX)或还原试剂(如 $LiAlH_4$)与醛或酮的羰基进行反应时，羰基总是处在中基团 M 和小基团 S 的中间，大的基团 L 与 R 重叠，试剂倾向于从羰基旁空间阻碍较小的基团 S 一侧接近羰基，得到主要产物 **i**，而 **ii** 是试剂从中等大小的基团 M 一侧接近分子，由于位阻较大，是次要产物。

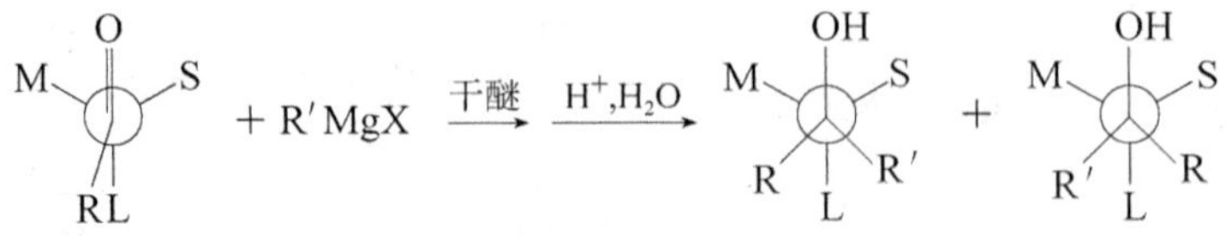

$$\text{M, S, L, R 纽曼投影式（C=O）} + R'MgX \xrightarrow{\text{干醚}} \xrightarrow{H^+, H_2O} \text{i（OH, M, S, R, R', L）} + \text{ii（OH, M, S, R', R, L）}$$

i 主要产物　　ii 次要产物

例如，(*R*)-2-苯基丙醛与 CH_3MgI 反应：

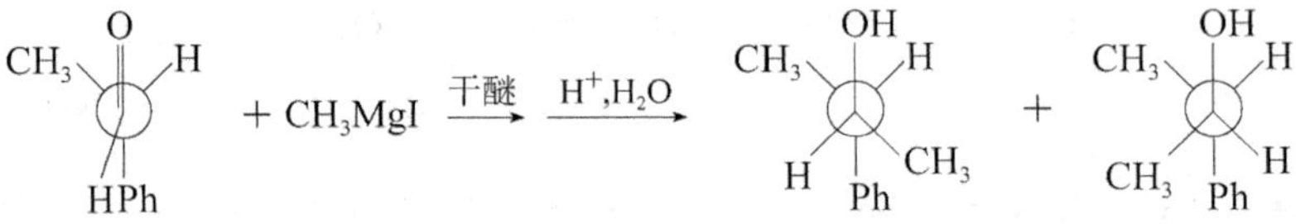

$$\text{(O; CH}_3\text{, H; H, Ph)} + CH_3MgI \xrightarrow{\text{干醚}} \xrightarrow{H^+, H_2O} \text{(OH; CH}_3\text{, H; H, CH}_3\text{, Ph)} + \text{(OH; CH}_3\text{, H; CH}_3\text{, H, Ph)}$$

主要产物　　次要产物

3) 和炔基负离子的加成

炔基负离子是一个强亲核试剂，与醛酮发生亲核加成反应，生成 α-炔醇：

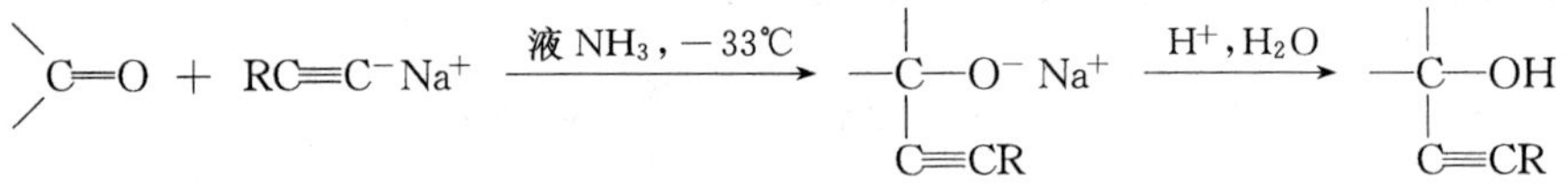

$$>C{=}O + RC{\equiv}C^-Na^+ \xrightarrow{\text{液 }NH_3,\,-33℃} -\underset{C\equiv CR}{\overset{|}{C}}-O^-\,Na^+ \xrightarrow{H^+, H_2O} -\underset{C\equiv CR}{\overset{|}{C}}-OH$$

例如：

$$\text{环己酮} + HC{\equiv}C^-Na^+ \xrightarrow[-33℃]{NH_3} \xrightarrow{H^+, H_2O} \text{1-乙炔基环己醇（OH, C≡CH）}$$

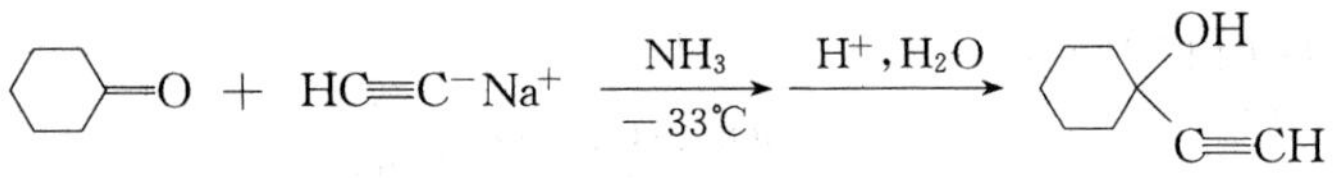

$$2HCHO + HC{\equiv}CH \xrightarrow{KOH} HOCH_2C{\equiv}CCH_2OH \xrightarrow[H_2]{\text{雷尼镍}} HOCH_2CH_2CH_2CH_2OH$$

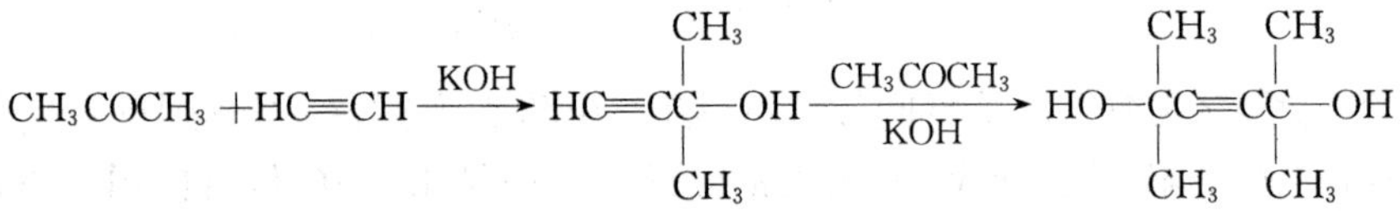

$$CH_3COCH_3 + HC{\equiv}CH \xrightarrow{KOH} HC{\equiv}C\underset{CH_3}{\overset{CH_3}{C}}-OH \xrightarrow[KOH]{CH_3COCH_3} HO-\underset{CH_3}{\overset{CH_3}{C}}C{\equiv}C\underset{CH_3}{\overset{CH_3}{C}}-OH$$

4) 雷佛马茨基反应

在金属锌的作用下，α-溴代羧酸酯与醛酮反应，生成 β-羟基羧酸酯的反应，称为雷佛马茨基(Reformatsky)反应。反应机理如下：

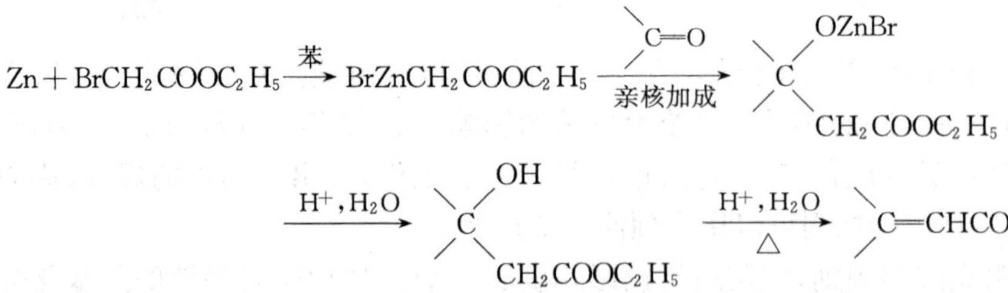

$$Zn + BrCH_2COOC_2H_5 \xrightarrow{\text{苯}} BrZnCH_2COOC_2H_5 \xrightarrow[\text{亲核加成}]{>C=O} >C<^{OZnBr}_{CH_2COOC_2H_5}$$

$$\xrightarrow{H^+, H_2O} >C<^{OH}_{CH_2COOC_2H_5} \xrightarrow[\triangle]{H^+, H_2O} >C{=}CHCOOH$$

β-羟基羧酸酯　　α,β-不饱和酸

β-羟基羧酸酯在进行酸性水解的同时可脱水，最后生成 α,β-不饱和酸，所以可以利用雷佛马茨基反应来制备 β-羟基羧酸酯和 α,β-不饱和酸。例如：

$$BrCH_2COOC_2H_5 + Zn + CH_3COCH_3 \xrightarrow{苯} \xrightarrow{H^+,H_2O} (CH_3)_2\underset{}{\overset{OH}{\overset{|}{C}}}CH_2COOC_2H_5$$

$$CH_3CHBrCOOC_2H_5 + Zn + CH_3CHO \longrightarrow \xrightarrow[\triangle]{H^+,H_2O} CH_3CH{=}CH(CH_3)COOH$$

雷佛马茨基反应所用的有机锌试剂的活性比格氏试剂小，它只能与醛和酮的羰基发生加成反应，不与酯基加成。因此，在此反应中，可以保证有机锌试剂只与醛酮反应而不与 α-溴代羧酸酯反应。

5）维悌希反应

醛和酮与维悌希(Wittig)试剂作用生成烯烃的反应，称为维悌希反应。

维悌希试剂通常是由三苯基膦与卤代烷反应制备的。反应分两步进行：Ph_3P 作为亲核试剂与卤代烷反应，生成鏻盐；在鏻盐中，α-H 原子因受带正电荷磷的影响而显弱酸性，可与强碱(如烷基锂)反应，生成维悌希试剂。反应式如下：

$$Ph_3\ddot{P} + \begin{matrix}R\\ \diagdown\\ CHX\\ \diagup\\ R'\end{matrix} \longrightarrow \underset{鏻盐}{Ph_3\overset{+}{P}CHR'RX^-} \xrightarrow[-n\text{-}BuH,\ -LiX]{n\text{-}BuLi} \underset{维悌希试剂}{[Ph_3\overset{+}{P}-\overset{\overline{..}}{C}RR' \longleftrightarrow Ph_3P{=}CRR']}$$

在维悌希试剂中存在着一个缺电子的磷原子(带正电荷)和一个多电子的碳原子(带负电荷)，具有这种结构的化合物称内鎓盐，也称叶立德(Ylide)，其中杂化原子可以是 N、P 或 S。当杂原子是磷时，称为磷内鎓盐或磷叶立德；当杂原子是硫时，称为硫内鎓盐或硫叶立德。

磷内鎓盐具有一定的碳负离子性质，可以与醛酮发生亲核加成反应，然后脱去三苯基氧膦，得到烯烃：

$$>C{=}O + Ph_3P{=}C< \longrightarrow >C{=}C< + Ph_3P{=}O$$

反应机理为

$$\overset{\delta-}{O}{=}\overset{\delta+}{C}< + RR'\overset{-}{C}-\overset{+}{P}Ph_3 \longrightarrow -\underset{RR'C-\overset{+}{P}Ph_3}{\underset{|}{C}}-O^- \longrightarrow -\underset{RR'C-PPh_3}{\underset{|}{C}}-O \longrightarrow >C{=}C<\begin{matrix}R\\R'\end{matrix} + Ph_3P{=}O$$

维悌希反应是制备烯烃的重要反应，得到的产物双键位置固定，不发生重排，但得到的烯烃为可能的顺反异构体的混合物。例如：

$$\text{(环己酮)}{=}O + Ph_3P{=}CH(CH_2)_4CH_3 \longrightarrow \text{(环己叉)}{=}CH(CH_2)_4CH_3 + Ph_3PO$$

硫内鎓盐通常是由二甲硫醚与卤代烷进行亲核取代反应，得锍盐；再与强碱反应制得。例如：

$$CH_3SCH_3 \xrightarrow{CH_3I} (CH_3)_2\overset{+}{S}CH_3I^- \xrightarrow{B:^-} [(CH_3)_2\overset{+}{S}-\overset{\overline{..}}{C}H_2 \longleftrightarrow (CH_3)_2S{=}CH_2] + I^-$$

硫内鎓盐与醛酮反应，得环氧化合物。例如：

$$C_6H_5-CHO + CH_2{=}S(CH_3)_2 \longrightarrow C_6H_5-\underset{\diagdown O \diagup}{CH-CH_2} + S(CH_3)_2$$

由于一系列维悌希试剂的开发及在有机合成中的重要应用，德国化学家维悌希因此荣获 1979 年诺贝尔化学奖。

6）与重氮甲烷反应

醛与 CH_2N_2 反应得到甲基酮；酮与 CH_2N_2 反应得到多一个碳原子的酮：

$$\mathrm{RCH(=O)} \xrightarrow{CH_2N_2} \mathrm{RC(=O)CH_3}$$

$$\mathrm{RC(=O)R'} \xrightarrow{CH_2N_2} \mathrm{RCH_2C(=O)R'} + \mathrm{RC(=O)CH_2R'}$$

反应机理如下：

$$\text{环己酮} + \ddot{C}H_2-\overset{+}{N}\equiv N \longrightarrow \text{(加成中间体 } O^-\text{, } CH_2-\overset{+}{N}\equiv N\text{)} \longrightarrow \text{环庚酮 (63\%)}$$

$$\longrightarrow \text{(加成中间体 } O^-\text{, } CH_2-\overset{+}{N}\equiv N\text{)} \longrightarrow \text{螺环氧化物 } O-CH_2 \text{ (15\%)}$$

2．与含氧亲核试剂的加成

1）加水

水作为亲核试剂与醛酮加成，形成水合物——同碳二元醇。水与羰基化合物的加成是可逆反应，从热力学上讲是很不利的，平衡大大偏向于反应物这一边。

$$\rangle C{=}O + H_2O \rightleftharpoons \rangle C(OH)_2$$

一般情况下，同碳二元醇是不稳定的，不能从水溶液中分离出来。只有低级醛，如甲醛和乙醛等，能在水溶液中生成较多的水合物，但不能把它分离出来，原因是它在分离过程中很容易失水。假若羰基碳原子上连有强的吸电子基团，如 Cl_3C—、RCO—、—CHO、—COOH、FCH_2—等基团，则羰基碳上正电性增强，可以与水形成稳定的水合物，而且可以从水溶液中分离出来。

$$Cl_3C{-}CHO + H_2O \longrightarrow Cl_3C{-}CH(OH)_2 \quad \text{三氯乙醛水合物}$$

醛酮的水合可以被酸或碱催化。酸催化反应机理为

$$\rangle C{=}O \underset{\text{快}}{\overset{+H^+}{\rightleftharpoons}} \left[\rangle C{=}\overset{+}{O}H \longleftrightarrow \rangle \overset{+}{C}{-}OH \right] \underset{\text{慢}}{\overset{+H_2O}{\rightleftharpoons}} \rangle C(OH)(\overset{+}{O}H_2) \underset{\text{快}}{\overset{-H^+}{\rightleftharpoons}} \rangle C(OH)_2$$

碱催化反应机理为

$$\rangle C{=}O \xrightleftharpoons{+HO^-,慢} \rangle C\langle^{O^-}_{OH} \xrightleftharpoons{+H_2O,快} \rangle C\langle^{OH}_{OH} + HO^-$$

2) 加醇

在酸性催化剂如对甲苯磺酸或干燥的氯化氢的作用下，醛与醇发生亲核加成反应，生成半缩醛，这是一个不稳定的中间产物，一般很难分离出来，它进一步与醇反应，最后生成缩醛：

$$\underset{醛}{\underset{H}{\rangle}C{=}O} + ROH \xrightleftharpoons{H^+} \underset{半缩醛(某醛缩一某醇)}{\left[\underset{H}{\rangle}C\langle^{OH}_{OR}\right]} \xrightleftharpoons{ROH,H^+} \underset{缩醛(某醛缩二某醇)}{\underset{H}{\rangle}C\langle^{OR}_{OR}} + H_2O$$

例如：

$$CH_3CHO + 2CH_3CH_2CH_2OH \xrightarrow{干HCl} \underset{乙醛缩二丙醇}{CH_3CH(OCH_2CH_2CH_3)_2} + H_2O$$

缩醛形成的机理经过醇对羰基的加成、酸催化脱水、加醇等步骤：

$$\rangle C{=}O \xrightleftharpoons[质子化]{H^+} \left[\rangle C{=}\overset{+}{O}H \longleftrightarrow \rangle \overset{+}{C}{-}OH\right] \xrightleftharpoons[亲核加成]{R'OH}$$

$$\rangle C\langle^{OH}_{\overset{+}{O}R'H} \xrightleftharpoons{去质子化} \underset{半缩醛,不稳定}{\rangle C\langle^{OH}_{OR'}} \xrightleftharpoons[质子化]{H^+} \rangle C\langle^{\overset{+}{O}H_2}_{OR'} \xrightleftharpoons[脱水]{-H_2O}$$

$$\left[\rangle \overset{+}{C}{-}OR' \longleftrightarrow \rangle C{=}\overset{+}{O}R'\right] \xrightleftharpoons{R'OH} \rangle C\langle^{OR'}_{\overset{+}{O}R'H} \xrightleftharpoons{-H^+} \rangle C\langle^{OR'}_{OR'}$$

即使用酸作催化剂，酮也很难与一元醇形成缩酮。某些二元醇，如 1,2-二元醇和 1,3-二元醇，在酸催化下可与酮反应生成缩酮。例如：

$$环己酮 + HOCH_2CH_2OH \xrightarrow[蒸出水]{CH_3-C_6H_4-SO_3H,苯} 环己酮缩乙二醇$$

形成缩酮的另一方法是在酸的催化作用下酮与原甲酸酯进行反应：

$$\underset{R'}{\overset{R}{\rangle}}C{=}O + \underset{原甲酸乙酯}{HC(OC_2H_5)_3} \xrightarrow{H^+} \underset{R'}{\overset{R}{\rangle}}C\langle^{OC_2H_5}_{OC_2H_5} + HCOOC_2H_5$$

醇与羰基的反应是可逆反应，在酸的存在下，缩醛或缩酮可以水解为原来的醛或酮。因此，在有机合成中常利用上述反应来保护羰基，尤其是醛基。例如，从 $BrCH_2CH_2CHO$ 合成 $CH_3C{\equiv}CCH_2CH_2CHO$ 时，就需要保护醛基：

$$BrCH_2CH_2CHO + \begin{matrix}HO{-}\\HO{-}\end{matrix}\rangle \xrightarrow{H^+} BrCH_2CH_2CH\langle^{O}_{O}\rangle \xrightarrow[S_N2]{CH_3C{\equiv}\bar{C}Na^+}$$

$$CH_3C{\equiv}CCH_2CH_2CH\langle\begin{smallmatrix}O\\O\end{smallmatrix}\rangle \xrightarrow[\text{水解}]{H^+,H_2O} CH_3C{\equiv}CCH_2CH_2CHO+HOCH_2CH_2CH_2OH$$

3. 与含硫亲核试剂的加成

1) 加硫醇

与醇类似，硫醇可以与醛酮的羰基反应，生成缩硫醛或缩硫酮。因为硫醇的亲核性比醇强，所以反应比醇更容易进行：

$$\begin{matrix}R\\R'\end{matrix}\!\!>C{=}O + \begin{matrix}HS\\HS\end{matrix}\!\!\rangle \xrightarrow{H^+,\text{室温}} \begin{matrix}R\\R'\end{matrix}\!\!>C\!<\!\begin{matrix}S\\S\end{matrix}\!\!\rangle + H_2O$$

1,3-丙二硫醇

缩硫酮难被酸水解，但在 $HgCl_2$ 的作用下，可水解为原来的羰基化合物：

$$\begin{matrix}CH_2{=}CHCH_2\\CH_3CH_2\end{matrix}\!\!>C\!<\!\begin{matrix}S\\S\end{matrix}\!\!\rangle \xrightarrow[H_2O]{HgCl_2,CH_3OH} CH_2{=}CHCH_2\overset{O}{\overset{\|}{C}}CH_2CH_3 + Hg\!<\!\begin{matrix}S\\S\end{matrix}\!\!\rangle$$

可以利用上述反应来保护羰基。

缩硫酮在雷尼镍的催化下可氢解生成烃：

$$\begin{matrix}R\\R'\end{matrix}\!\!>C\!<\!\begin{matrix}S\\S\end{matrix}\!\!\rangle \xrightarrow[H_2]{\text{雷尼镍}} RCH_2R' + NiS\downarrow + CH_3CH_2CH_3\uparrow$$

这是间接将羰基还原成亚甲基的一种方法，在有机合成中有一定的应用。

醛分子中带有部分正电荷的羰基碳原子，通过下列两个反应，可以转变成为带有部分负电荷的碳原子：

$$\begin{matrix}R\\H\end{matrix}\!\!>C{=}O + \begin{matrix}HS\\HS\end{matrix}\!\!\rangle \xrightarrow{H^+} \langle\begin{matrix}S\\S\end{matrix}\!\!>\!\!<\!\begin{matrix}R\\H\end{matrix} \xrightarrow[THF,\ -20℃]{CH_3CH_2CH_2CH_2Li} \langle\begin{matrix}S\\S\end{matrix}\!\!>\!\!<\!\begin{matrix}R\\Li\end{matrix}\ \text{有机锂化合物}$$

这个过程称为羰基的极性反转，或羰基的反应性反转。

在有机锂化合物中，与锂连接的碳带有部分负电荷，是一个潜在的碳负离子，可与亲电试剂（如卤代烷）发生反应，经 $HgCl_2$ 水解生成酮：

$$\langle\begin{matrix}S\\S\end{matrix}\!\!>\!\!<\!\begin{matrix}R\\Li\end{matrix} \xrightarrow{R'Br} \langle\begin{matrix}S\\S\end{matrix}\!\!>\!\!<\!\begin{matrix}R\\R'\end{matrix} \xrightarrow[H_2O]{HgCl_2,CH_3OH} R{-}\overset{O}{\overset{\|}{C}}{-}R' + \langle\begin{matrix}S\\S\end{matrix}\!\!>Hg$$

2) 与亚硫酸氢钠加成

醛、脂肪族甲基酮和少于8个碳原子的脂环酮与过量的饱和亚硫酸氢钠溶液发生亲核加成反应，生成 α-羟基磺酸钠白色沉淀。例如：

$$CH_3{-}\overset{O}{\overset{\|}{C}}H + NaHSO_3 \rightleftharpoons CH_3{-}\overset{OH}{\overset{|}{C}}H{-}SO_3Na\downarrow\quad \alpha\text{-羟基乙基磺酸钠}$$

反应机理如下：

$$HO-\overset{O}{\overset{\|}{S}}-O^- \rightleftharpoons {}^-O-\overset{O}{\overset{\|}{\ddot{S}}}-O^- + H^+$$

$$R(H)C=O + {}^-O-\overset{O}{\overset{\|}{\ddot{S}}}-O^- \overset{慢}{\rightleftharpoons} R(H)C(O^-)-SO_3^- \xrightleftharpoons{H^+,快} R(H)C(OH)-SO_3^- \underset{快}{\overset{Na^+}{\rightleftharpoons}} R(H)C(OH)SO_3^-Na^+$$

此反应的亲核试剂 HSO_3^- 比 CN^- 的体积大，所以在醛酮分子中与羰基相连的烃基空间体积对反应影响较大。

亚硫酸氢钠与醛酮的加成产物 α-羟基磺酸钠是无色晶体，易溶于水，但不溶于乙醚和饱和亚硫酸氢钠溶液。

由于醛和酮与亚硫酸氢钠的加成是可逆的，所以在加成物中，加入酸或碱来破坏 $NaHSO_3$ 可使加成物分解，得到原来的醛或酮。因此，这个反应可用来分离提纯某些羰基化合物：

$$R\overset{OH}{\overset{|}{C}}H-SO_3Na \rightleftharpoons R-\overset{O}{\overset{\|}{C}}H + NaHSO_3$$

$$NaHSO_3 + HCl \longrightarrow NaCl + SO_2 + H_2O$$

$$2NaHSO_3 + Na_2CO_3 \longrightarrow 2Na_2SO_3 + CO_2 + H_2O$$

将 α-羟基磺酸钠与等物质的量的 NaCN 或 KCN 反应，则磺酸基可被氰基取代，生成 α-羟基腈。这是由醛酮间接制备 α-羟基腈的很好方法。这样可以避免使用剧毒的 HCN，并且产率也比较高：

$$>C(OH)SO_3Na \rightleftharpoons >C=O + NaHSO_3 \xrightarrow{NaCN} >C(OH)CN + Na_2SO_3$$

这是由于 NaCN 与平衡体系中的 $NaHSO_3$ 发生反应，使平衡向右移动，同时产生 HCN，HCN 再与醛酮发生加成反应得到 α-羟基腈：

$$NaCN + NaHSO_3 \longrightarrow Na_2SO_3 + HCN$$

4. 与含氮亲核试剂的反应——与氨及其衍生物的缩合

1）与氨的反应

氨与醛酮反应，生成的是极不稳定的亚胺，它极容易水解为原来的醛酮和氨：

$$>C=O + NH_3 \rightleftharpoons >C(O^-)\overset{+}{N}H_3 \rightleftharpoons >C(OH)NH_2 \rightleftharpoons \underset{亚胺}{>C=NH} + H_2O$$

甲醛和氨反应，生成一个特殊的笼状化合物，称为六亚甲基四胺或乌洛托品。它的产生经过如下几个步骤：

$$CH_2=O + NH_3 \xrightleftharpoons{-H_2O} [H_2C=NH] \overset{三聚}{\rightleftharpoons} \text{(六氢三嗪 HN–NH–NH 环)} \xrightarrow[NH_3]{3CH_2O} \text{(六亚甲基四胺 N}_4\text{ 笼状结构)}$$

六亚甲基四胺是生产树脂及炸药不可缺少的一种原料，本身具有消毒作用。用硝酸硝化，生成爆炸能力极强的所谓旋风炸药，简称 RDX，这个反应产生三分子的甲醛和一分子的氨，可以反复使用。实际上是把环中的"桥"打断，同时在氮原子上发生硝化作用：

$$(CH_2)_6N_4 + 3HNO_3 \longrightarrow \underset{\text{RDX}}{\text{(环状三硝基三亚甲基三胺)}} + 3HCHO + NH_3$$

2）与伯胺和仲胺的反应

伯胺和仲胺作为亲核试剂均可与醛酮的羰基发生亲核加成反应，但是加成物一般很不稳定，马上进行下一步反应。

伯胺与醛酮的加成物失去一分子水，变为取代亚胺（又称席夫碱，Schiff base）。反应过程如下：

$$\underset{\text{醛或酮}}{>C{=}O} + \underset{\text{伯胺}}{H_2NR} \overset{\text{加成}}{\rightleftharpoons} >C(O^-)(\overset{+}{N}H_2R) \overset{\text{质子转移}}{\rightleftharpoons} \underset{\text{加成物}}{>C(OH)(NHR)} \overset{-H_2O}{\rightleftharpoons} \underset{\text{取代亚胺}}{>C{=}NR}$$

取代亚胺一般也不稳定，容易分解，但若碳氮双键的碳上或氮上连有至少一个芳基时，则是稳定的化合物，可以分离出来。例如：

$$PhCHO + H_2N{-}Ph \longrightarrow \underset{\text{苯亚甲基苯胺}}{PhCH{=}N{-}Ph}$$

取代亚胺在稀酸中水解，又得回原来的羰基化合物及胺，因此这也是保护羰基化合物的一种方法。

$$>C{=}NR \overset{H^+,H_2O}{\rightleftharpoons} >C{=}O + H_2NR$$

取代亚胺还原可得仲胺，因此在有机合成中常利用芳醛与伯胺作用生成的取代亚胺还原制备仲胺。

$$>C{=}NR \xrightarrow{H_2,Pt} >CH{-}NHR \quad \text{仲胺}$$

仲胺与醛酮的加成物也是不稳定的。一般来说，在同一个碳原子上有一个羟基和一个氨基的化合物，与一个碳上同时有两个羟基的化合物类似，平衡对产物是不利的。假若仲胺与一个 α-碳原子上有氢的羰基化合物反应，则加成物采取另一种脱水的方式生成烯胺。烯胺的结构特点：与氮原子相连的碳原子上有一个双键，这与含氧化合物中的烯醇式结构很相似。反应过程如下：

$$-\overset{H}{\underset{|}{\overset{|}{C}}}-\underset{|}{C}{=}O \overset{H^+}{\rightleftharpoons} -\overset{H}{\underset{|}{\overset{|}{C}}}-\underset{|}{C}{=}\overset{+}{O}H \overset{HNR_2}{\rightleftharpoons} -\overset{H}{\underset{|}{\overset{|}{C}}}-\overset{OH}{\underset{|}{\overset{|}{C}}}-\overset{+}{N}HR_2 \overset{-H^+}{\rightleftharpoons} \underset{\text{加成物}}{-\overset{H}{\underset{|}{\overset{|}{C}}}-\overset{OH}{\underset{|}{\overset{|}{C}}}-NR_2}$$

$$\xrightleftharpoons{H^+} -\overset{H}{\underset{|}{C}}-\overset{\overset{+}{O}H_2}{\underset{|}{C}}-\ddot{N}R_2 \xrightleftharpoons{-H_2O} -\overset{H}{\underset{|}{C}}-\underset{|}{C}=\overset{+}{N}R_2 \xrightleftharpoons{-H^+} >C=C<^{NR_2}$$

烯胺

此反应是一个可逆反应,要使反应完全,需将水从反应体系中分离出来。例如:

$$\text{环己酮} + \text{HN(四氢吡咯)} \xrightarrow[\text{蒸出水}]{CH_3-C_6H_4-SO_3H,\text{苯}} \text{N-(1-环己烯基)四氢吡咯}$$

在稀酸水溶液中,烯胺水解又得到羰基化合物和仲胺。

3) 与氨的衍生物的反应

许多氨的衍生物,用一般式 H_2N-Y 表示,可以和醛酮的羰基发生亲核加成反应,然后加成物脱水,得到缩合产物。反应过程如下:

$$>C=O + H_2NY \rightleftharpoons >C(O^-)(\overset{+}{N}H_2Y) \rightleftharpoons >C(OH)(NHY) \xrightleftharpoons{-H_2O} >C=NY$$

醛或酮　氨衍生物　加成物

式中,Y=—OH、—NH_2、—NH—C_6H_5、—NH—C_6H_3(2-NO_2)(4-NO_2)、—$NH\overset{O}{\overset{\|}{C}}NH_2$;相应的氨的衍生物分别为羟胺、肼、苯肼、2,4-二硝基苯肼和氨基脲;产物分别为肟、腙、苯腙、2,4-二硝基苯腙、缩氨脲等。例如:

$$(CH_3)_2C=O + H_2N-OH \rightleftharpoons (CH_3)_2C=N-OH$$

丙酮　羟胺　丙酮肟

$$CH_3CH=O + H_2N-NH_2 \rightleftharpoons CH_3CH=N-NH_2$$

乙醛　肼　乙醛腙

$$C_6H_{10}=O + H_2N-NH-C_6H_5 \rightleftharpoons C_6H_{10}=N-NH-C_6H_5$$

环己酮　苯肼　环己酮苯腙

$$C_6H_5-CH=O + H_2N-NH-C_6H_3(2\text{-}NO_2)(4\text{-}NO_2) \rightleftharpoons C_6H_5-CH=N-NH-C_6H_3(2\text{-}NO_2)(4\text{-}NO_2)$$

苯甲醛　2,4-二硝基苯肼　苯甲醛-2,4-二硝基苯腙

$$(CH_3CH_2)(CH_3)C=O + H_2N-NH-\overset{O}{\overset{\|}{C}}-NH_2 \rightleftharpoons (CH_3CH_2)(CH_3)C=N-NH-\overset{O}{\overset{\|}{C}}-NH_2$$

丁酮　氨基脲　丁酮缩氨脲

氨的衍生物与醛酮的缩合反应可被酸催化。酸催化反应机理如下:

$$>C=O \xrightleftharpoons[\text{①}]{H^+,\text{快}} \left[>C=\overset{+}{O}H \longleftrightarrow >\overset{+}{C}-OH \right] \xrightleftharpoons[\text{②}]{H_2\ddot{N}-Y,\text{慢}}$$

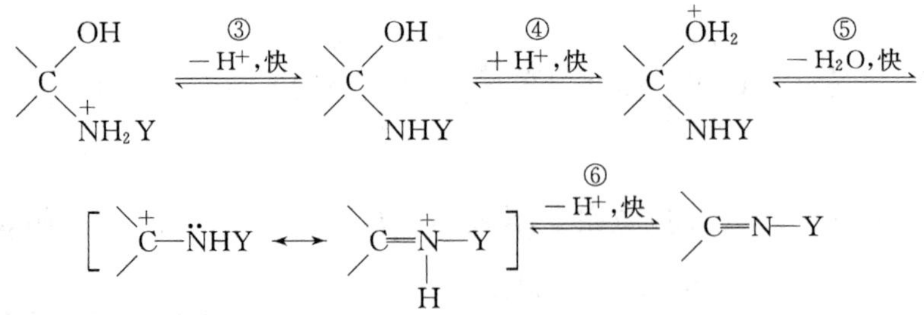

$$\rangle C(OH)(\overset{+}{N}H_2Y) \underset{}{\overset{③}{\underset{-H^+,快}{\rightleftharpoons}}} \rangle C(OH)(NHY) \overset{④}{\underset{+H^+,快}{\rightleftharpoons}} \rangle C(\overset{+}{O}H_2)(NHY) \overset{⑤}{\underset{-H_2O,快}{\rightleftharpoons}}$$

$$\left[\rangle\overset{+}{C}-\ddot{N}HY \longleftrightarrow \rangle C=\overset{+}{N}(H)-Y \right] \overset{⑥}{\underset{-H^+,快}{\rightleftharpoons}} \rangle C=N-Y$$

在上述反应机理中，反应②是慢的一步反应，决定整个反应速率。在反应①中，羰基氧原子质子化的结果是增强了羰基碳上所带的正电性，酸催化有利于反应②的进行，但是，溶液的酸性不能太强，否则亲核试剂 $H_2\ddot{N}-Y$ 会被质子化生成$H_3\overset{+}{N}-Y$，失去亲核能力，不能与醛酮发生亲核加成，即不能发生反应②。因此，为了使反应顺利进行，需要控制溶液的酸性，使溶液中既有一定数量的质子化的醛酮，又有一定数量的未质子化的试剂 $H_2\ddot{N}-Y$。

氨的衍生物与醛酮缩合得到的产物——肟、腙、苯腙、2，4-二硝基苯腙和缩氨脲这些化合物多半是具有一定熔点的晶体，所以经常用来定性分析醛酮。另外，氨的衍生物与醛酮的缩合反应是可逆的，缩合产物在稀酸中水解又可分别生成醛酮和氨的衍生物。所以可以利用这个反应来进行醛酮的分离和精制。

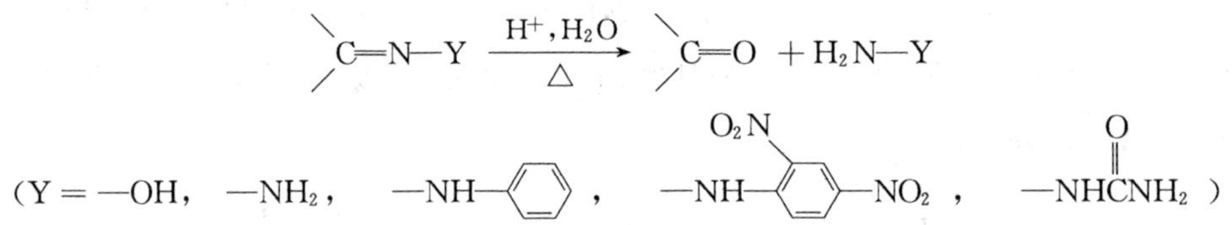

$$\rangle C=N-Y \xrightarrow[\triangle]{H^+,H_2O} \rangle C=O + H_2N-Y$$

$$(Y = -OH,\ -NH_2,\ -NH-C_6H_5,\ -NH-C_6H_3(2\text{-}NO_2)(4\text{-}NO_2),\ -NHCNH_2\ (\text{C}=O))$$

醛酮与羟胺反应，生成肟，下面就肟的结构和性质做简单介绍。

肟与亚硝基化合物存在互变异构：

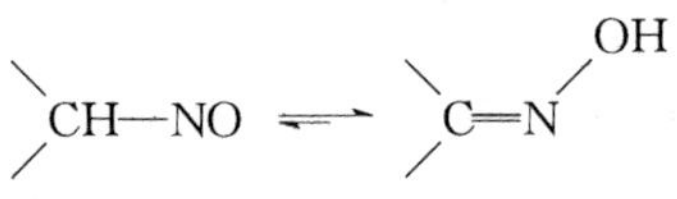

$$\underset{\text{亚硝基化合物}}{\rangle CH-NO} \rightleftharpoons \underset{\text{肟}}{\rangle C=N-OH}$$

对于亚硝基化合物，当与亚硝基相连的碳上无氢原子时是稳定的，如果有氢原子，平衡有利于肟。

肟有 *Z*、*E* 两种异构体，但经常得到一种异构体。*Z* 构型一般不稳定，容易转变成 *E* 构型。例如，(*Z*)-苯甲醛肟溶于醇后加一点酸就可变为(*E*)-苯甲醛肟，而(*E*)-苯甲醛肟不能用化学试剂转为 *Z* 构型，只有在光的作用下，才能转为(*Z*)-苯甲醛肟。

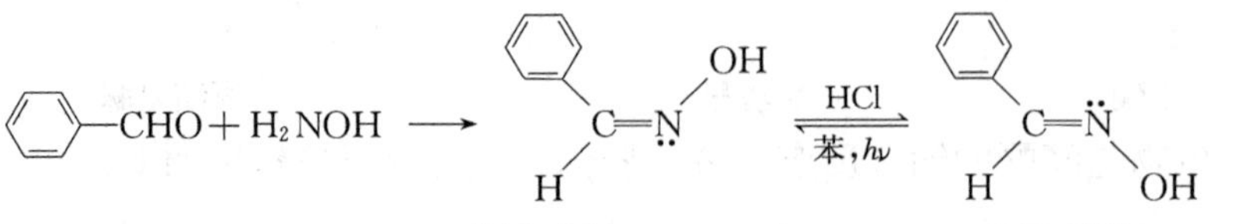

$$C_6H_5CHO + H_2NOH \longrightarrow \underset{(Z)\text{-苯甲醛肟(m. p. 35℃)}}{C_6H_5(H)C=\ddot{N}-OH} \underset{\text{苯},h\nu}{\overset{HCl}{\rightleftharpoons}} \underset{(E)\text{-苯甲醛肟(m. p. 132℃)}}{C_6H_5(H)C=\ddot{N}-OH}$$

肟在酸性试剂如 H_2SO_4、多聚磷酸、PCl_5、PCl_3、苯磺酰氯、亚硫酰氯等作用下，可发生重排反应，生成 *N*-取代酰胺，这一重排称为贝克曼(Beckmann)重排。反应机理如下：

$$\text{RR}'\text{C{=}N{-}OH} \xrightleftharpoons{H^+} \text{RR}'\text{C{=}N{-}}\overset{+}{\text{O}}\text{H}_2 \xrightarrow[\text{R}'\text{迁移}]{-H_2O} \left[\text{R{-}}\overset{+}{\text{C}}\text{{=}N{-}R}' \leftrightarrow \text{R{-}C{\equiv}}\overset{+}{\text{N}}\text{{-}R}'\right] \xrightarrow{H_2O}$$

$$\text{R{-}C(}\overset{+}{\text{O}}\text{H}_2\text{){=}N{-}R}' \xrightarrow{-H^+} \text{R{-}C(OH){=}N{-}R}' \xrightarrow{\text{互变异构}} \text{R{-}C(=O){-}NHR}' \quad N\text{-取代酰胺}$$

贝克曼重排具有以下特点：①酸催化，有利于—OH 离去；②离去基团 H_2O 与迁移基团 R′处于反式；③基团的离去与基团的迁移是同时进行的；④迁移基团的构型在迁移前后保持不变。

对于对称的酮肟，发生贝克曼重排后只得到一种酰胺；对于不对称的酮肟，由于有 *Z*，*E* 不同构型，重排后可以得到不同的酰胺。因此，根据重排后的产物酰胺的结构，可以推断原来酮肟的构型。例如：

$$(C_6H_5)(p\text{-}O_2NC_6H_4)C{=}N{-}OH \text{（OH 与对硝基苯基反式）} \xrightarrow{H^+} O_2N{-}C_6H_4{-}C(=O){-}NH{-}C_6H_5$$

$$(C_6H_5)(p\text{-}O_2NC_6H_4)C{=}N{-}OH \text{（OH 与苯基反式）} \xrightarrow{H^+} C_6H_5{-}C(=O){-}NH{-}C_6H_4{-}NO_2$$

贝克曼重排在工业上的一个重要应用是从环己酮肟重排合成 ε-己内酰胺。反应式如下：

$$\text{苯酚} \xrightarrow{H_2} \text{环己醇} \xrightarrow{[O]} \text{环己酮} \xrightarrow{H_2NOH} \text{环己酮肟（C=N—OH）} \xrightarrow{H^+} \text{C=N—}\overset{+}{\text{O}}\text{H}_2 \xrightarrow[\text{重排}]{-H_2O} \text{环状 }{+}\text{C{\equiv}N}$$

$$\text{苯} \xrightarrow{H_2} \text{环己烷} \xrightarrow{NO,Cl_2} \text{1-氯-1-亚硝基环己烷（Cl，NO）} \xrightarrow{Zn,\text{盐酸}} \text{环己酮肟}$$

$$\text{环状 }{+}\text{C{\equiv}N} \xrightarrow{H_2O \,|\, -H^+} \text{环状 C(OH){=}N} \xrightarrow{\text{互变异构}} \varepsilon\text{-己内酰胺（环状 C(=O)—NH）}$$

ε-己内酰胺为白色结晶或粉末，m. p. 68～70℃，b. p. 262.5℃，溶于水、乙醇和乙醚，是制造尼龙-6(又称卡普纶、耐纶-6 或锦纶)的原料。

$$n\ \text{己内酰胺} \xrightarrow{\text{开环聚合}} \left[\text{NH(CH}_2\text{)}_5\text{C(=O)}\right]_n \quad \text{聚己内酰胺(尼龙-6)}$$

11.1.2　醛、酮的氧化和还原反应

1. 醛和酮的氧化

醛和酮构造上的差异，在氧化反应中表现得特别突出。醛比酮容易被氧化。

1）土伦试剂和费林试剂氧化

硝酸银的氨水溶液称为土伦试剂，它可以把醛（包括脂肪族醛和芳香族醛）氧化成羧酸，与酮不发生反应。反应时，醛被氧化成羧酸，银离子被还原成银，形成银镜附着在管壁上，因此这个反应又称为银镜反应。例如：

$$CH_3CHO + 2[Ag(NH_3)_2]^+ + 3HO^- \xrightarrow{\triangle} CH_3COO^- + 2Ag\downarrow + 4NH_3 + 2H_2O$$

$$PhCHO + 2[Ag(NH_3)_2]^+ + 3HO^- \xrightarrow{\triangle} PhCOO^- + 2Ag\downarrow + 4NH_3 + 2H_2O$$

硫酸铜溶液（费林溶液Ⅰ）与酒石酸钾钠的氢氧化钠溶液（费林溶液Ⅱ）的混合溶液，称为费林试剂（使用时临时混合），是深蓝色的碱性铜络离子溶液。在反应中，Cu^{2+} 络离子被还原成砖红色的 Cu_2O 沉淀，蓝色消失，而醛被氧化成酸。其中脂肪醛氧化速度较快，芳香醛难被费林试剂氧化：

$$RCHO + 2Cu^{2+} + 5HO^- \xrightarrow{\triangle} RCOO^- + Cu_2O\downarrow + 3H_2O$$

弱氧化剂土伦试剂可以氧化醛，不论是脂肪醛还是芳香醛，而弱氧化剂费林试剂只氧化脂肪醛，酮与这两个试剂都不发生反应。因此，常用这两个试剂来鉴别脂肪醛、芳香醛和酮。

葡萄糖是多羟基醛，患糖尿病的人尿中含有较多的这种糖，在医院检查时，采用的就是费林试剂。

在有机合成中，有时也用这两种弱氧化剂选择性地氧化醛基。例如：

$$CH_3CH{=}CHCHO \xrightarrow[\text{②}H^+]{\text{①}AgNO_3,NH_3,H_2O} CH_3CH{=}CHCOOH$$

2）强氧化剂氧化

在强氧化剂如 $K_2Cr_2O_7$-稀 H_2SO_4、$KMnO_4$、CrO_3-H_2SO_4 和 HNO_3 等作用下，醛很容易被氧化成羧酸。例如：

$$CH_3CHO \xrightarrow{O_2,\text{催化剂}} CH_3COOH$$

$$CH_3CH_2CH_2CH_2CHO \xrightarrow[H_2SO_4]{KMnO_4} CH_3CH_2CH_2CH_2COOH$$

$$PhCH_2CHO \xrightarrow[\text{或冷的 }KMnO_4\text{ 稀溶液}]{CrO_3,H^+} PhCH_2COOH$$

反应条件不能太强烈，否则芳环侧链氧化得到苯甲酸。

在强烈氧化条件下，酮羰基和 α-碳原子之间会发生碳链断裂，生成碳原子数较少的氧化产物，无制备意义。

$$RCH_2-\overset{O}{\overset{\|}{C}}-CH_2R' \xrightarrow{[O]} \begin{cases} \xrightarrow{①} RCOOH + R'CH_2COOH \\ \xrightarrow{②} RCH_2COOH + R'COOH \end{cases}$$

但环己酮氧化可得到己二酸，是工业上一个重要制备方法。

$$\text{苯} \xrightarrow{H_2, Pt} \text{环己烷} \xrightarrow{[O]} \text{环己酮} \xrightarrow[\text{或 } K_2Cr_2O_7-H_2SO_4]{HNO_3} HOOC(CH_2)_4COOH$$

环戊酮氧化得到戊二酸也具有制备意义：

$$\text{环戊酮} \xrightarrow{HNO_3} HOOC(CH_2)_3COOH \quad \text{戊二酸}$$

3）拜尔-维利格反应

用有机过酸如过乙酸（CH_3COOOH）、过苯甲酸（PhCOOOH）、过三氟乙酸（CF_3COOOH）等可以把醛氧化成羧酸，把酮氧化成酯，该反应称为拜尔-维利格（Baeyer-Villiger）反应。

$$R-\overset{O}{\overset{\|}{C}}-H \xrightarrow{R'CO_3H} R-\overset{O}{\overset{\|}{C}}-O-H + R'COOH$$

$$-\overset{O}{\overset{\|}{C}}- \xrightarrow{R'CO_3H} -\overset{O}{\overset{\|}{C}}-O- + R'COOH$$

对称的酮进行拜尔-维利格反应只得到一种产物；不对称的酮，则得到两种产物；当使用环酮时，氧化产物是内酯。例如：

$$CH_3CH_2COCH_2CH_3 \xrightarrow[CH_2Cl_2]{CF_3CO_3H} CH_3CH_2COOCH_2CH_3$$

$$R-CO-R' \xrightarrow{CF_3CO_3H} R-CO-O-R' + R-O-CO-R'$$

$$\text{环己酮} + CH_3CO_3H \longrightarrow \text{ε-己内酯}$$

反应机理如下：

$$\begin{matrix}R\\ \end{matrix}\!\!>C=O + \ddot{O}(H)-O-\overset{O}{\overset{\|}{C}}-CF_3 \xrightleftharpoons{\text{羰基亲核加成，质子转移}} R(R')C(OH)-O-O-COCF_3$$

$$\xrightleftharpoons{H^+} R(R')C(OH)-O-O-\overset{+}{C}(OH)-CF_3 \xrightarrow{-CF_3COOH} R(R')C(\ddot{O}H)(\ddot{O}^+) \xrightarrow{\text{重排}} \begin{cases} \xrightarrow[-H^+]{R\text{基团迁移}} R'COOR \\ \xrightarrow[-H^+]{R'\text{基团迁移}} RCOOR' \end{cases}$$

这个反应既是一个氧化反应，又是一个重排反应，所以也称这个反应为拜尔-维利格重排。对于不对称酮，羰基两旁基团不同，两个基团均可迁移，但有一定的选择性，按迁移

能力由易到难的顺序是

$$R_3C— > R_2CH_2—, \text{环己基}— > Ph— > RCH_2— > CH_3—$$

迁移基团的构型在迁移时保持不变：

$$CH_3COCH_2CH(CH_3)_2 \xrightarrow{RCO_3H} CH_3COOCH_2CH(CH_3)_2 \quad （主产物）$$

$$CH_3CO—\text{环丙基} \xrightarrow{CF_3CO_3H} CH_3CO—O—\text{环丙基} \quad （主产物）$$

$$RCOAr \xrightarrow{R'CO_3H} R—CO—O—Ar + R'COOH$$

4) α-羟基醛酮的氧化

当醛、酮的 α-碳上连着羟基时，HIO_4 可以定量地把它氧化成为小分子的羧酸和羰基化合物：

$$R_1—\overset{O}{\overset{\|}{C}}—\underset{R_3}{\overset{OH}{C}}—R_2 \xrightarrow{HIO_4} R_1—\overset{O}{\overset{\|}{C}}—OH + R_2—\overset{O}{\overset{\|}{C}}—R_3$$

α-羟基酮也可以与土伦试剂反应，生成 α-二酮。反应式如下：

$$R—\overset{O}{\overset{\|}{C}}—\overset{OH}{\overset{|}{C}H}—R' \xrightarrow[H_2O]{[Ag(NH_3)_2]^+, HO^-} R—\overset{O}{\overset{\|}{C}}—\overset{O}{\overset{\|}{C}}—R' + Ag\downarrow$$

2. 醛和酮的还原

醛和酮可以被还原，在不同条件下，用不同的试剂还原可得到不同的产物。

1) 催化加氢还原

在金属催化剂如 Pt、Pd、Ni 存在下与 H_2 作用，醛酮中的羰基可以加上一分子氢，生成醇。醛加氢生成伯醇，酮加氢生成仲醇。

$$R—\overset{O}{\overset{\|}{C}}—H + H_2 \xrightarrow{Ni} R—\overset{OH}{\overset{|}{C}H}—H \qquad R—\overset{O}{\overset{\|}{C}}—R' + H_2 \xrightarrow{Ni} R—\overset{OH}{\overset{|}{C}H}—R'$$

如果醛、酮分子中含有碳碳双键、—C≡C—、—X（X 为卤素）、$—NO_2$、—CN、—COOR、$—CONH_2$、—COCl 等基团，它们同时也被还原。例如：

$$\text{环己烯基}—COCH_3 \xrightarrow[Ni]{H_2} \text{环己基}—CHOHCH_3 \qquad Br—\text{环己基}=O \xrightarrow[Ni]{H_2} \text{环己基}—OH$$

2) 络合金属氢化物还原

络合金属氢化物，如 $LiAlH_4$、$NaBH_4$，可以把醛和酮还原成相应的醇。

$LiAlH_4$ 非常活泼，遇到含有活泼氢的化合物，如 H_2O、ROH 等，会迅速分解，放出氢气。所以使用 $LiAlH_4$ 为还原剂时，不能用水、醇作溶剂，常用醚作溶剂。而 $NaBH_4$ 不与水、醇反应，所以水、醇均可作溶剂。

$LiAlH_4$ 还原能力比 $NaBH_4$ 强，与催化氢化相近。与催化加氢相比，$LiAlH_4$ 一般不能还原碳碳双键和叁键，但可以还原羧基(—COOH)，而催化氢化不能还原羧基。$NaBH_4$ 广泛用于还原醛、酮。

由于 $LiAlH_4$ 和 $NaBH_4$ 分子中的 4 个氢都是负性的，所以一分子的还原剂可以还原 4 分子的醛或酮。

$$4\ RR'C{=}O + LiAlH_4 \longrightarrow (RR'CHO)_4AlLi \xrightarrow{H_3O^+} 4\ RR'CH{-}OH$$

还原时，络合金属氢化物提供氢负离子（H^-）作为亲核试剂从羰基所在平面的上方和下方进攻羰基碳原子。机理大致如下：

$$\gt\overset{\delta+}{C}{=}\overset{\delta-}{O} + \overset{+}{Li}\ \overset{-}{Al}H_4 \xrightarrow{\text{亲核加成}} \gt C(H){-}O{-}\overset{-}{Al}H_3\,Li^+ \longrightarrow \longrightarrow$$

$$\longrightarrow (\gt CH{-}O)_4\overset{-}{Al}Li^+ \xrightarrow{4H_2O} \gt CH{-}OH + LiAl(OH)_4$$

不对称酮被还原生成仲醇时，形成一个手性碳，在非手性条件下，得到一对对映体。当用络合金属氢化物还原脂环酮时，生成不等量的两个异构体——立体选择反应。当羰基两旁的立体环境差不多时，主要生成较稳定的产物。例如：

位阻较大，对试剂进攻不利，但产物中羟基在平伏键，稳定

位阻较小，对试剂进攻有利，但产物中羟基在直立键，不稳定

$$4\text{-}(CH_3)_3C\text{-环己酮} \xrightarrow{LiAlH_4} \xrightarrow{H_3O^+} \text{OH（平伏键）} \ 88\% + \text{OH（直立键）}\ 12\%$$

$$2\text{-}CH_3\text{-环己酮} \xrightarrow{NaBH_4} \xrightarrow{H_3O^+} 69\% + 31\%$$

如果羰基两旁的立体环境相差较大，或进攻试剂的空间位阻太大，则还原剂主要从立体阻碍较小的一侧进攻羰基。例如：

$$\text{三甲基环己酮（}CH_3\text{ ② ; ①为主）} \xrightarrow{NaBH_4} \xrightarrow{H_3O^+} 64\% + 36\%$$

$$4\text{-}(CH_3)_3C\text{-环己酮（为主）} \xrightarrow{LiB(s\text{-}Bu)_3H} \xrightarrow{H_3O^+} 88\% + 12\%$$

当羰基和一个手性中心连接时，反应符合克拉姆规则。例如：

$$\xrightarrow{LiAlH_4} \xrightarrow{H_3O^+} \text{主要产物} + \text{次要产物}$$

主要产物　　次要产物

用烷氧基取代的氢化铝锂，反应活性降低。例如，$LiAlH_4$ 可以还原酯基（—COO—），而三（叔丁氧基）氢化铝锂不能还原酯基，但可以还原羰基。

$$CH_3COO-C_6H_{10}-COCH_3 \xrightarrow{LiAlH(OBu^t)_3} CH_3COO-C_6H_{10}-CHOHCH_3$$

另外，乙硼烷也能还原羰基化合物，生成醇。

$$\gt C{=}O + B_2H_6 \longrightarrow (\gt CH{-}O)_3B \xrightarrow{H_2O} 3\ \gt CH{-}OH + H_3BO_3$$

硼酸酯

有不饱和键也同时被还原。

3）活泼金属还原

活泼金属与有质子供给体的溶剂组成的还原体系，如 Na-CH_3CH_2OH、Fe-盐酸等，可以将醛还原成伯醇，酮还原成仲醇。

$$RCHO \xrightarrow{Fe,H^+} RCH_2OH$$

$$RCOR' \xrightarrow{Na,C_2H_5OH} RCHOHR'$$

在非质子溶剂中，比较活泼的金属，如 Na、Mg，可使酮发生还原二聚，生成频哪醇类化合物（HO—CRR′—CRR′—OH）。例如：

$$2\ CH_3COCH_3 \xrightarrow[\text{无水苯}]{Mg-Hg} \begin{matrix}(CH_3)_2C{-}O^- \\ | \\ (CH_3)_2C{-}O^-\end{matrix}\ Mg^{2+} \xrightarrow{H_2O} \begin{matrix}(CH_3)_2C{-}OH \\ | \\ (CH_3)_2C{-}OH\end{matrix}\quad \text{频哪醇}$$

反应时，首先金属原子的电子转移到酮分子的羰基碳上发生加成反应，产生负离子自由基，两个负离子自由基再结合成二醇的盐，水解后得到产物。

$$2\ \begin{matrix}R \\ \quad\backslash \\ C{=}O \\ / \\ R'\end{matrix} \xrightarrow{Mg} \begin{matrix}R' \\ | \\ R{-}\dot{C}{-}O^- \\ \\ R{-}\dot{C}{-}O^- \\ | \\ R'\end{matrix}\ Mg^{2+} \longrightarrow \begin{matrix}R' \\ | \\ R{-}C{-}O^- \\ | \\ R{-}C{-}O^- \\ | \\ R\end{matrix}\ Mg^{2+} \xrightarrow{H_2O} \begin{matrix}R' \\ | \\ R{-}C{-}OH \\ | \\ R{-}C{-}OH \\ | \\ R'\end{matrix}$$

醛通常不发生还原二聚。

4）米尔文-庞道夫还原

在异丙醇铝的催化下，异丙醇把醛还原成伯醇，把酮还原成仲醇，而自身被氧化成丙酮。这个反应称米尔文-庞道夫（Meerwein-Ponndorf）反应。例如：

$$\text{(环己烯酮)}{=}O + CH_3CHOHCH_3 \xrightleftharpoons{[(CH_3)_2CHO]_3Al} \text{(环己烯基)}{-}OH + CH_3COCH_3$$

该反应是可逆的，其逆反应为奥盆诺尔氧化。为使还原反应顺利进行，常将反应生成的丙酮蒸出。另外，该反应可以选择性地还原羰基，而不还原碳碳双键、—C≡C— 、C—X、—NO_2等。

5）Wolff-Kishner-黄鸣龙还原

在高沸点溶剂，如一缩二乙二醇（$HOCH_2CH_2OCH_2CH_2OH$，二甘醇）或二缩三乙二醇($HOCH_2CH_2OCH_2CH_2OCH_2CH_2OH$,三甘醇)中,将醛或酮、85%肼的水溶液和碱(如 NaOH、KOH 等)一起回流,羰基被还原成亚甲基,这个反应称为 Wolff-Kishner-黄鸣龙还原反应。

$$>C=O + H_2NNH_2(85\%\text{水溶液}) \xrightarrow[\text{三甘醇}]{KOH,200^\circ C} >CH_2 + N_2\uparrow + H_2O$$

反应时,羰基先与肼作用生成腙,然后腙在碱性、加热的条件下失去氮,结果羰基变成亚甲基。反应机理如下:

$$>C=O + H_2NNH_2 \xrightarrow{-H_2O} >C=NNH_2 \xrightarrow[-H_2O]{+HO^-}$$

$$\left[>C=N-\bar{\ddot{N}}H \longleftrightarrow >\bar{\ddot{C}}-N=NH \right] \xrightarrow[-HO^-]{+H_2O} H-\overset{|}{\underset{|}{C}}-N=NH$$

$$\xrightarrow[-H_2O]{+HO^-} H-\overset{|}{\underset{|}{C}}-N=\bar{\ddot{N}} \xrightarrow{-N_2} H-\overset{|}{\underset{|}{\bar{C}}}- \xrightarrow[-HO^-]{+H_2O} -CH_2-$$

最初,上述反应是由醛或酮与无水肼作用,然后在封管中再与乙醇钠(无水乙醇为溶剂)等强碱加热反应而完成的,称为 Wolff-Kishner 反应。1946 年,我国化学家黄鸣龙对此反应进行了改进。黄鸣龙改进法采用含水的肼和高沸点溶剂,使反应在常压进行,避免使用昂贵的无水肼和高压设备,更适合工业生产,而且副反应少,收率也好,所以现在常称为 Wolff-Kishner-黄鸣龙还原法。这种方法非常适用于脂环酮的还原。例如:

$$\text{环癸酮}(C_9H_{18}C=O) + H_2NNH_2 \cdot H_2O \xrightarrow[\text{三甘醇}]{NaOH,\triangle} \text{环癸烷} + N_2\uparrow + H_2O$$

6) 克莱门森(Clemmensen)还原

醛或酮与锌-汞齐和盐酸反应,羰基被还原成亚甲基,这一反应称为克莱门森还原。例如:

$$C_6H_5-\overset{O}{\overset{\|}{C}}CH_2CH_2COOH \xrightarrow[HCl]{Zn-Hg} C_6H_5-CH_2CH_2CH_2COOH$$

对于大脂环酮的克莱门森还原,在反应过程中环的骨架可能会发生改变。例如:

$$\text{环辛酮} \xrightarrow{Zn-Hg,HCl} \text{双环[3.3.0]辛烷}$$

Wolff-Kishner-黄鸣龙反应和克莱门森反应分别是在碱性和酸性介质中进行的,两者可以相互补充使用。对碱稳定对酸不稳定的化合物,用 Wolff-Kishner-黄鸣龙反应还原;而对酸稳定对碱不稳定的化合物,用克莱门森反应还原。

对酸碱敏感的化合物的羰基还原,可以通过硫代缩醛或硫代缩酮氢化裂解来实现羰基转化为亚甲基。

$$>C=O + HSCH_2CH_2SH \xrightarrow{H^+} >C\langle^{S-CH_2}_{S-CH_2} \xrightarrow[Ni]{H_2} -CH_2- + NiS + CH_3CH_3$$

3. 坎尼扎罗反应

无 α-H 原子的醛在浓碱(如 40%NaOH)溶液中发生歧化反应，一分子醛被氧化成羧酸，另一分子醛被还原成醇。这个反应称为坎尼扎罗反应。例如：

$$2HCHO \xrightarrow[\triangle]{\text{浓 NaOH}} HCOONa + CH_3OH$$

$$2(CH_3)_3CCHO \xrightarrow[\triangle]{\text{浓 NaOH}} (CH_3)_3CCOONa + (CH_3)_3CCH_2OH$$

$$2Ph—CHO \xrightarrow{\text{浓 KOH}} \xrightarrow{H_3O^+} Ph—COOH + Ph—CH_2OH$$

反应时，首先 HO^- 作为亲核试剂与羰基加成，然后反应中间体把 H^- 转移，进攻另外一分子的羰基。反应机理如下：

$$R—\overset{O}{\overset{\|}{C}}—H + \bar{O}H \longrightarrow R—\overset{O^-}{\overset{|}{\underset{OH}{\underset{|}{C}}}}—H \xrightarrow{R—\overset{O}{\overset{\|}{C}}—H} RCOOH + H—\overset{O^-}{\overset{|}{\underset{H}{\underset{|}{C}}}}—R$$

$$\longrightarrow RCOO^- + RCH_2OH \xrightarrow{H^+} RCOOH + RCH_2OH$$

不同分子间进行的坎尼扎罗反应称为交叉坎尼扎罗反应。因为甲醛在醛类中还原性能最强，所以在有甲醛参加的交叉坎尼扎罗反应中，总是甲醛被氧化成甲酸，另外的不含 α-H 原子的醛被还原成醇。例如：

$$C_6H_5CHO + HCHO \xrightarrow[\triangle]{HO^-} HCOO^- + C_6H_5CH_2OH$$

11.1.3　醛和酮的 α-H 反应

醛、酮分子中的 α-H 原子，由于受到羰基的影响，具有一定的活性。

1. α-H 的酸性及酮式与烯醇式互变异构

醛、酮分子中的 α-H，受到羰基吸电子诱导效应和吸电子共轭效应的影响，具有一定的弱酸性。例如：

	CH_3CHO	CH_3COCH_3	$PhCOCH_3$
pK_a	～17	～20	～16

醛、酮 α-H 的酸性比炔氢的酸性大，但比羧酸的酸性弱得多。

	烷烃分子中 R—H	CH≡C—H	$H—CH_2CHO$	有机羧酸
pK_a	～45	～25	～17	～4～5

醛、酮的 α-H 具有弱酸性，是因为 α-H 以 H^+ 离去后，形成的碳负离子的未共用电子对可与羰基上的 π 键发生共轭，从而分散碳负离子上的电荷，使其变得比较稳定的缘故。如果从共轭的观点来看，主要是由于生成的负离子被共振稳定，从而有利于 α-H 电离，增强酸性。

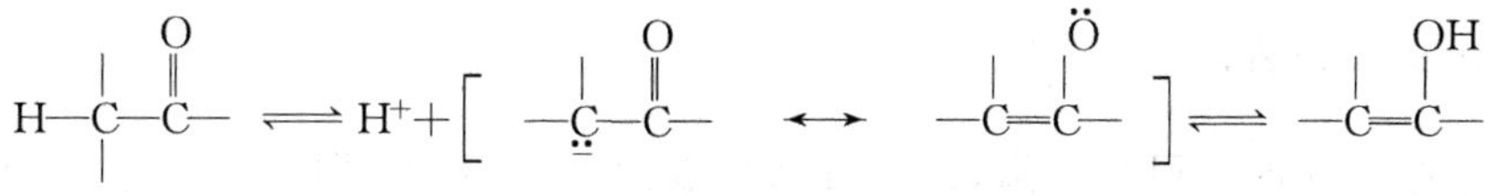

$$H-\overset{|}{\underset{|}{C}}-\overset{\overset{O}{\|}}{C}- \rightleftharpoons H^{+}+\left[\ -\overset{|}{\ddot{C}}-\overset{\overset{O}{\|}}{C}- \longleftrightarrow -\overset{|}{C}=\overset{\overset{\bar{\ddot{O}}}{|}}{C}-\ \right] \rightleftharpoons -\overset{|}{C}=\overset{\overset{OH}{|}}{C}-$$

酮　　碳负离子(酮式)　　烯醇负离子(烯醇式)　　烯醇

由于负电荷在电负性较大的原子上能量较低,比较稳定,所以烯醇负离子对共振结构的贡献较大。

在醛、酮 α-H 电离的逆反应中,负离子接受质子有两种可能:一种是碳负离子接受质子变成醛、酮;另一种是烯醇氧负离子接受质子变成烯醇,这样就产生了酮式与烯醇式的互变异构。因此,含有 α-H 原子的醛、酮,实际上是以酮式和烯醇式这两个互变异构体的形式,呈平衡存在的。对于一般的醛、酮,由于酮式比烯醇式稳定,所以在平衡体系中,烯醇式含量很少。例如:

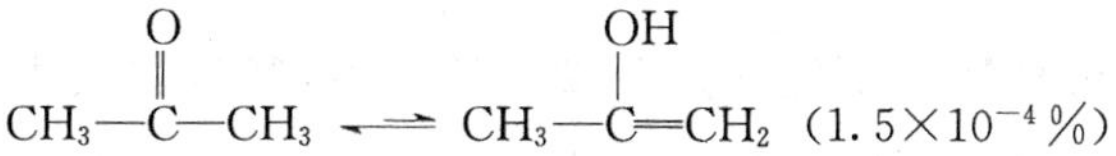

$$CH_3-\overset{\overset{O}{\|}}{C}-CH_3 \rightleftharpoons CH_3-\overset{\overset{OH}{|}}{C}=CH_2\ (1.5\times10^{-4}\%)$$

对于 β-二羰基化合物(两个羰基之间隔有一个饱和碳原子),由于烯醇式结构中的共轭效应和氢键,能量降低,因此稳定性增加,所以在平衡体系中含量较高。

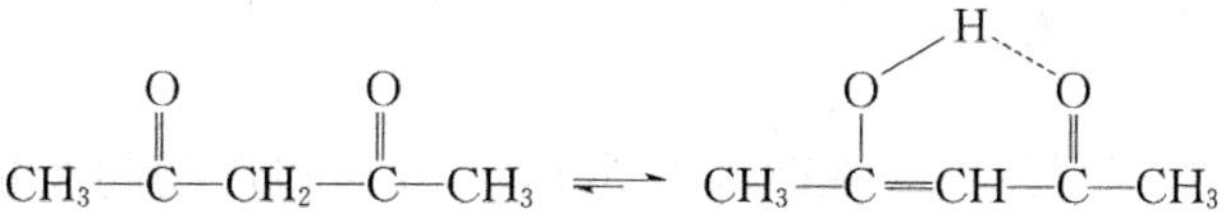

$$CH_3-\overset{\overset{O}{\|}}{C}-CH_2-\overset{\overset{O}{\|}}{C}-CH_3 \rightleftharpoons CH_3-\overset{\overset{O-H\cdots}{|}}{C}=CH-\overset{\overset{O}{\|}}{C}-CH_3$$

酮式(24%)　　烯醇式(76%)

酸和碱均可催化酮式与烯醇式之间的互变异构。

碱催化反应机理为

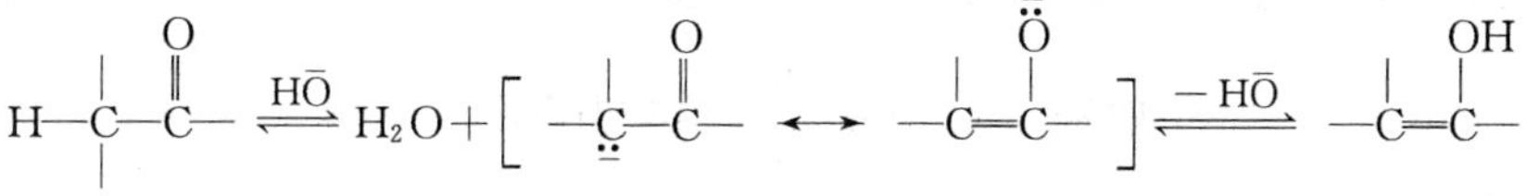

$$H-\overset{|}{\underset{|}{C}}-\overset{\overset{O}{\|}}{C}- \underset{}{\overset{H\bar{O}}{\rightleftharpoons}} H_2O+\left[\ -\overset{|}{\ddot{C}}-\overset{\overset{O}{\|}}{C}- \longleftrightarrow -\overset{|}{C}=\overset{\overset{\bar{\ddot{O}}}{|}}{C}-\ \right] \overset{-H\bar{O}}{\rightleftharpoons} -\overset{|}{C}=\overset{\overset{OH}{|}}{C}-$$

酸催化反应机理为

$$-\overset{\overset{H}{|}}{\underset{|}{C}}-\overset{\overset{O}{\|}}{C}- \overset{H^{+}}{\rightleftharpoons} -\overset{\overset{H}{|}}{\underset{|}{C}}-\overset{\overset{\overset{+}{O}H}{\|}}{C}- \overset{-H^{+}}{\rightleftharpoons} -\overset{|}{C}=\overset{\overset{OH}{|}}{C}-$$

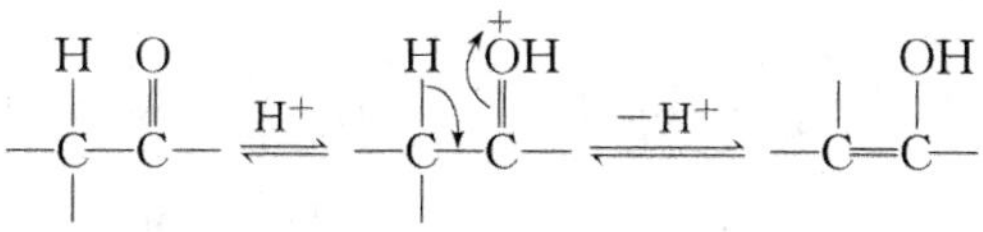

在醛、酮分子中,α-C 原子是手性碳时,具有旋光性的醛、酮在酸或碱作用下将会发生外消旋化,使旋光度逐渐减小,最后消失。例如:

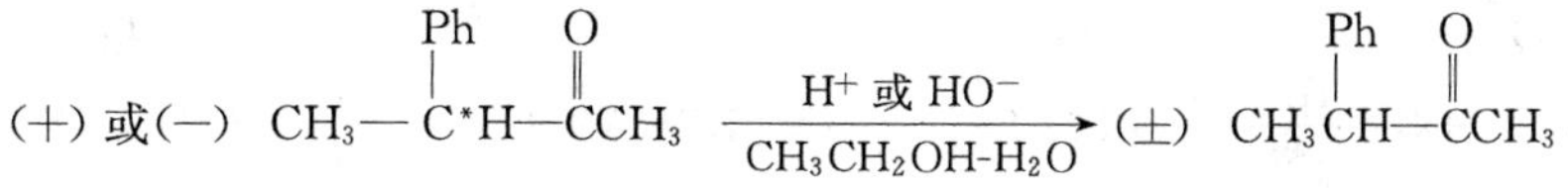

$$(+)\text{或}(-)\ CH_3-\overset{\overset{Ph}{|}}{C^{*}}H-\overset{\overset{O}{\|}}{C}CH_3 \xrightarrow[CH_3CH_2OH\text{-}H_2O]{H^{+}\text{或}HO^{-}} (\pm)\ CH_3\overset{\overset{Ph}{|}}{C}H-\overset{\overset{O}{\|}}{C}CH_3$$

酸催化外消旋化是通过非手性的烯醇式进行的。

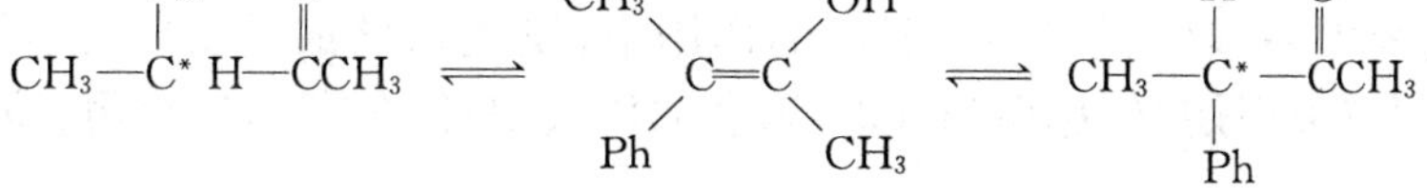

$$CH_3-\overset{\overset{Ph}{|}}{C^{*}}H-\overset{\overset{O}{\|}}{C}CH_3 \rightleftharpoons \underset{Ph}{\overset{CH_3}{}}\!\!>C=C<\!\!\underset{CH_3}{\overset{OH}{}} \rightleftharpoons CH_3-\overset{\overset{H}{|}}{\underset{\underset{Ph}{|}}{C^{*}}}-\overset{\overset{O}{\|}}{C}CH_3$$

(+)或(−)　　烯醇式(非手性)　　(±)

2. 卤化反应和卤仿反应

醛和酮的 α-H 原子可被卤素（氯、溴或碘）取代，生成 α-卤代醛、酮。这是制备 α-卤代羰基化合物的重要方法。例如：

$$CH_3COCH_3 + Br_2 \xrightarrow{CH_3COOH} CH_3COCH_2Br + HBr$$

$$\text{环己酮} + Cl_2 \xrightarrow{\triangle} \text{2-氯环己酮} + HCl$$

一卤代醛酮中的 α-H 可以继续被取代，生成二卤代、三卤代产物。例如：

$$CH_3CHO \xrightarrow[Cl_2]{H_2O} ClCH_2CHO \xrightarrow{Cl_2} Cl_2CHCHO \xrightarrow{Cl_2} Cl_3CCHO$$

醛酮的卤化反应可被酸碱所催化。在碱性条件下，醛酮先失去一个 α-H 原子生成烯醇负离子，然后与卤素加成，生成 α-卤代醛酮。

$$-\overset{O}{\overset{\|}{C}}-\underset{H}{\underset{|}{\overset{|}{C}}}- + OH^- \xrightarrow[\text{慢}]{-H_2O} \left[-\overset{O}{\overset{\|}{C}}-\overset{|}{\ddot{C}}- \longleftrightarrow -\overset{\bar{O}:}{\overset{|}{C}}=C\langle \right] \xrightleftharpoons{\overset{\delta+}{X}-\overset{\delta-}{X}} -\overset{O}{\overset{\|}{C}}-\underset{X}{\underset{|}{\overset{|}{C}}}- + X^-$$

由于卤素的吸电子诱导效应，在碱性条件下，一元卤代产物的卤化反应比醛、酮更容易，所以碱催化卤化很难控制在一元或二元卤化阶段，最后得到的是 α-H 原子都被取代的多卤代醛、酮。

对于具有 CH_3CO—构造的羰基化合物（乙醛和甲基酮），在碱性介质中的卤化反应总是先生成同碳三卤代羰基化合物（CX_3CO—）。例如：

$$RCH_2COCH_3 + 3X_2 \xrightarrow{HO^-} RCH_2COCX_3 + 3X^-$$

反应机理如下：

$$R\overset{H}{\overset{|}{C}}H-\overset{O}{\overset{\|}{C}}-\overset{H}{\overset{|}{C}}H_2 \xrightarrow[\text{慢}]{HO^-} RCH_2-\overset{O}{\overset{\|}{C}}-\ddot{C}H_2 \xrightarrow[\text{快}]{X_2} RCH_2\overset{O}{\overset{\|}{C}}CH_2X + X^-$$

$$RCH_2\overset{O}{\overset{\|}{C}}CH_2X \xrightarrow[\text{慢}]{HO^-} \left[RCH_2\overset{O}{\overset{\|}{C}}\ddot{C}HX \longleftrightarrow RCH_2\overset{O^-}{\overset{|}{C}}=CHX \right] \xrightarrow[\text{快}]{X_2} RCH_2\overset{O}{\overset{\|}{C}}CHX_2 + X^-$$

$$RCH_2\overset{O}{\overset{\|}{C}}CHX_2 \xrightarrow[\text{慢}]{HO^-} \left[RCH_2\overset{O}{\overset{\|}{C}}\ddot{C}X_2 \longleftrightarrow RCH_2\overset{O^-}{\overset{|}{C}}=CX_2 \right] \xrightarrow[\text{快}]{X_2} RCH_2\overset{O}{\overset{\|}{C}}CX_3 + X^-$$

在生成的同碳三卤代羰基化合物分子中，由于三卤甲基强烈的吸电子诱导效应，使羰基碳所带正电荷增多，以至于在碱 HO^- 的作用下，发生亲核加成反应，然后消去 $\bar{C}X_3$ 负离子，最后得到三卤甲烷（俗称卤仿，$CHCl_3$、$CHBr_3$、CHI_3 分别称为氯仿、溴仿和碘仿）和羧酸盐。

$$\mathrm{R\overset{O}{\overset{\|}{C}}CX_3 + H\bar{O}\!: \longrightarrow R\underset{OH}{\overset{O^-}{C}}{-}\bar{C}X_3 \longrightarrow R\overset{O}{\overset{\|}{C}}OH + \bar{C}X_3 \longrightarrow RCOO^- + CHX_3}$$

因此，构造为 $RCOCH_3$ 的化合物——乙醛（R＝H）和甲基酮（R＝烃基）与卤素的碱溶液或次卤酸盐溶液作用，最后生成卤仿和羧酸盐。

$$\mathrm{RCOCH_3 + 3X_2 + 4HO^- \longrightarrow RCOO^- + CHX_3 + 3X^- + 3H_2O}$$

这个反应称为卤仿反应。

在卤仿反应条件下，卤素碱溶液中的次卤酸盐可以把乙醇氧化成为乙醛，把具有 $CH_3CH(OH)$—构造的仲醇氧化成甲基酮。

$$\mathrm{CH_3CH(OH)—(H\ 或\ R) + X_2 + 2HO^- \longrightarrow CH_3CO—(H\ 或\ R) + 2X^- + 2H_2O}$$

所以，构造为 CH_3CO—的醛酮和构造为 $CH_3CH(OH)$—的醇均可发生卤仿反应。

卤仿反应可用来从 $RCOCH_3$ 或 $RCHOHCH_3$ 制备少一个碳原子的羧酸。例如：

$$\triangleright\!\!-\mathrm{COCH_3} \xrightarrow{\mathrm{Br_2, HO^-, H_2O}} \triangleright\!\!-\mathrm{COO^-} \xrightarrow{\mathrm{H^+}} \triangleright\!\!-\mathrm{COOH}$$

$$\mathrm{(CH_3)_3CCOCH_3 \xrightarrow[HO^-, H_2O]{NaOCl} (CH_3)_3CCOONa \xrightarrow{H^+} (CH_3)_3CCOOH}$$

碘仿是不溶于水的黄色固体，具有特殊气味。如果反应中有碘仿生成，现象非常明显。因此碘仿反应常用于定性鉴定。

醛、酮的卤化也可被酸催化。

$$\mathrm{—\overset{O}{\overset{\|}{C}}—\underset{H}{\overset{|}{C}}— \underset{快}{\overset{+H^+}{\rightleftharpoons}} —\overset{\overset{+}{O}H}{\overset{\|}{C}}—\underset{H}{\overset{|}{C}}— \underset{慢}{\overset{-H^+}{\rightleftharpoons}} —\overset{:OH}{\overset{|}{C}}{=}C\langle \xrightleftharpoons{\overset{\delta+}{X}—\overset{\delta-}{X},\ -X^-} —\overset{^+OH}{\overset{\|}{C}}—\overset{|}{\underset{|}{C}}—X \underset{快}{\overset{-H^+}{\rightleftharpoons}} —\overset{O}{\overset{\|}{C}}—\overset{|}{\underset{|}{C}}—X}$$

与碱催化不同，酸催化较易控制在一元卤代。这是因为卤原子的吸电子诱导作用，使羰基上氧原子的电子云密度有所下降，不利于与质子结合再转化成为烯醇式构造，因此难以再与卤素反应。

3. 缩合反应

含有 α-H 原子的醛、酮，在碱的作用下进行反应，结果一个分子中的 α-H 原子加到另一个分子的羰基氧原子，其余部分加成羰基碳原子上，生成 β-羟基醛、酮。这是具有 α-H 原子的醛酮的一个普遍反应，称为羟醛缩合反应：

$$\mathrm{R—\overset{H}{\overset{|}{C}}HCHO + RCH_2CH{=}O \xrightarrow{HO^-} RCH_2\overset{HO}{\overset{|}{C}}H\overset{R}{\overset{|}{C}}HCHO} \quad \beta\text{-羟基醛}$$

例如：

$$\mathrm{CH_3CH{=}O + H—CH_2CH{=}O \xrightarrow{HO^-} CH_3\overset{OH}{\overset{|}{C}}H—CH_2CH{=}O}$$

碱催化羟醛缩合反应机理如下：

$$RCH_2CHO \underset{\text{快}}{\overset{+HO^-, -H_2O}{\rightleftharpoons}} [\,R\ddot{C}H—CH═O \longleftrightarrow RCH═CH—\bar{O}:\,]$$

$$\underset{\text{慢}}{\overset{\text{亲核加成}\;+O═CHCH_2R}{\rightleftharpoons}} \begin{matrix} CHO\;O^- \\ |\quad\;\; | \\ RCH—CHCH_2R \end{matrix} \underset{\text{快}}{\overset{+H_2O, -HO^-}{\rightleftharpoons}} \begin{matrix} CHO\;OH \\ |\quad\;\; | \\ RCH—CHCH_2R \end{matrix}$$

由于酮的 α-H 酸性较醛的 α-H 酸性弱，特别是酮羰基周围空间位阻比较大，因此酮的羟醛缩合反应要比醛困难一些。

羟醛缩合反应的产物 β-羟基醛、酮容易脱水生成 α,β-不饱和醛、酮，这是制备 α,β-不饱和羰基化合物的一种方法。例如：

$$2CH_3CH_2CH_2CH═O \xrightarrow[80\sim100℃]{NaOH} CH_3CH_2CH_2CH═\underset{}{\overset{CH_2CH_3}{\overset{|}{C}}}CHO$$

$$2CH_3\overset{O}{\overset{\|}{C}}CH_3 \overset{HO^-}{\rightleftharpoons} (CH_3)_2\overset{OH}{\overset{|}{C}}CH_2\overset{O}{\overset{\|}{C}}CH_3 \xrightarrow[-H_2O]{H_3PO_4,\triangle} (CH_3)_2C═CH—\overset{O}{\overset{\|}{C}}CH_3$$

如果发生羟醛缩合的是两个不相同的含有 α-H 原子的醛酮，生成的产物有 4 种，产率都不高，在有机合成中没有意义。但是，如果一个分子中含 α-H 原子，另一个分子中无 α-H 原子，则它们之间发生交叉羟醛缩合反应的产物就减少到两种。如果控制好反应条件，可用于制备。例如：

$$HCHO + CH_3CHO \xrightarrow[\triangle]{\text{稀}\,HO^-} CH_2═CH—CHO$$

又如，工业上以甲醛和乙醛为原料制备季戊四醇，反应式为

$$CH_3CHO + 4CH_2═O \xrightarrow[55\sim65℃]{Ca(OH)_2} C(CH_2OH)_4 + (HCOO)_2Ca$$

反应首先是乙醛分子中的三个 α-H 原子与三分子甲醛发生交叉羟醛缩合反应，生成三羟甲基乙醛；然后三羟甲基乙醛和甲醛在碱的作用下发生交叉的歧化反应，生成季戊四醇和甲酸钙。

$$3CH_2O + CH_3CHO \xrightarrow[55\sim65℃]{Ca(OH)_2} (HOCH_2)_3CCHO \xrightarrow[55\sim65℃]{CH_2O, Ca(OH)_2} C(CH_2OH)_4 + (HCOO)_2Ca$$

含有 α-H 原子的醛、酮与芳醛之间的交叉缩合反应，生成芳基取代的 α,β-不饱和醛酮，这一反应称为 Claisen-Schmidt 反应。例如：

$$PhCHO + CH_3CHO \xrightarrow{\text{稀}\,HO^-} Ph\overset{OH}{\overset{|}{C}H}CH_2CHO \xrightarrow{-H_2O} PhCH═CHCHO \quad \text{肉桂醛}$$

$$PhCHO + CH_3COCH_3 \xrightarrow[\triangle]{HO^-} Ph—CH═CHCOCH_3 \quad \text{苯亚甲基丙酮}$$

适当构造的二羰基化合物，可发生分子内交叉羟醛缩合反应，生成环状 α,β-不饱和羰基化合物。例如：

$$\text{(环己烯)} \xrightarrow{\text{臭氧解}} \begin{matrix} CH_2CH_2CHO \\ | \\ CH_2CH_2CHO \end{matrix} \xrightarrow[\triangle]{\text{稀}\,HO^-} \text{(2-羟基环戊基甲醛)} \xrightarrow{-H_2O} \text{(环戊烯-1-甲醛)}$$

$$CH_3\overset{O}{\overset{\|}{C}}CH_2CH_2\overset{O}{\overset{\|}{C}}CH_3 \xrightarrow[\triangle]{HO^-} \text{(3-甲基环戊-2-烯酮)}$$

11.1.4 α,β-不饱和醛酮的反应

α,β-不饱和醛酮分子中同时含有碳碳双键和羰基,具有这两个官能团的特征反应。例如,碳碳双键可以与 HX、X_2 等进行亲电加成,可以发生加氢、氧化裂解等反应,另外羰基还可以进行亲核加成。由于α,β-不饱和醛酮分子中碳碳双键和羰基处于共轭状态,这两个官能团的相互影响不仅使各自的化学性质有不同程度的改变,而且还表现出某些特性。

α,β-不饱和醛酮可以发生 1,4-加成。另外,由于羰基是一个强吸电子基团,使碳碳双键的亲电加成活性降低,另一方面却使碳碳双键对亲核试剂加成的活性增加。

1. 亲电加成

羰基强吸电子作用,结果不仅使α,β-不饱和醛酮中碳碳双键的亲电加成活性降低,而且还控制着亲电加成的取向。亲电试剂如质子酸、次卤酸等与α,β-不饱和醛酮中的碳碳双键发生反马氏加成。例如:

$$CH_2{=}CH{-}CHO + HCl(g) \xrightarrow{-10℃} ClCH_2CH_2CHO$$

$$\text{2-环己烯酮} + HBr \longrightarrow \text{3-溴环己酮（Br 在 3 位，H 在 2 位）}$$

2. 亲核加成

α,β-不饱和醛酮分子中 1,2-之间的碳氧双键和 3,4-之间的碳碳双键形成一个共轭体系,使羰基碳原子缺电子性有所下降,同时β-碳原子显示一定的缺电子性。因此,当亲核试剂与α,β-不饱和醛酮进行加成反应时,可以发生两种不同方式的加成,得到两种不同的加成产物。

$$\underset{4\ \ \ 3\ \ \ 2\ \ \ 1}{>C{=}C{-}C{=}O} \xrightarrow{HNu} \begin{cases} \xrightarrow{1,2\text{-加成}} >C{=}C{-}C(OH)(Nu) \\ \xrightarrow[\text{(共轭加成)}]{1,4\text{-加成}} -C(Nu){-}C{=}C{-}OH \xrightarrow{\text{互变异构}} -C(Nu){-}C(H){-}C{=}O \end{cases}$$

1,4-加成(也称为共轭加成)总的结果是在碳碳双键上发生加成,生成羰基化合物。反应机理如下:

$$Nu^- + >C{=}C{-}C{=}O \longrightarrow \left[-C(Nu){-}\ddot{C}^-{-}C{=}O \longleftrightarrow -C(Nu){-}C{=}C{-}\bar{\ddot{O}} \right]$$

$$\downarrow H^+ \qquad\qquad \downarrow H^+$$

$$-C(Nu){-}C(H){-}C{=}O \xleftarrow{\text{互变异构}} -C(Nu){-}C{=}C{-}OH$$

亲核试剂和 α,β-不饱和醛酮的结构对亲核加成方式有影响。例如：

$$PhCH{=}CHCOCH_3 \xrightarrow[\text{②}H^+,H_2O]{\text{①}RMgBr} PhCH{=}CH\underset{R}{\overset{CH_3}{C}}{-}OH + \underset{R}{PhCH}{-}\underset{H}{CHCOCH_3}$$

	1,2-加成产物	1,4-加成产物
$R=C_2H_5-$	40%	60%
C_6H_5-	88%	12%

这是由于在 4 位上有苯环存在，亲核试剂空间体积增大，不利于 1,4-加成。

格氏试剂对 α,β-不饱和醛主要为 1,2-加成，对 α,β-不饱和酮则有1,2-和1,4-加成两种方式，而且羰基周围空间阻碍越大，1,4-加成产物越多。例如：

$$PhCH{=}CHCOR \xrightarrow[\text{②}H^+,H_2O]{\text{①}C_2H_5MgBr} PhCH{=}CH\underset{C_2H_5}{\overset{R}{C}}{-}OH + \underset{C_2H_5}{PhCH}CH_2COR$$

R=	1,2-加成产物	1,4-加成产物
H—	100%	0
CH_3-	40%	60%
C_2H_5-	29%	71%
$(CH_3)_2CH-$	0	100%

3. 还原反应

1）催化氢化

在 α,β-不饱和醛酮中，碳碳双键比羰基容易被催化氢化。因此 α,β-不饱和醛酮可以加上一分子氢，得到醛或酮，也可以加上两分子氢，得到醇。例如：

$$PhCH{=}CHCHO \xrightarrow[Ni]{H_2} PhCH_2CH_2CHO \xrightarrow{H_2,Ni} PhCH_2CH_2CH_2OH$$

2）络合金属氢化物还原

$LiAlH_4$ 可以还原 α,β-不饱和醛、酮中的羰基，与羰基共轭的双键不受影响。例如：

$$\text{环己-2-烯酮}{=}O \xrightarrow{LiAlH_4} \xrightarrow{H_2O} \text{环己-2-烯基}{-}OH$$

$NaBH_4$ 不仅可以还原 α,β-不饱和醛酮中的羰基，而且还可以同时部分还原双键，得到混合物。例如：

$$\text{环己-2-烯酮}{=}O \xrightarrow[C_2H_5OH]{NaBH_4} \underset{59\%}{\text{环己-2-烯基}{-}OH} + \underset{41\%}{\text{环己基}{-}OH}$$

在还原过程中，$NaBH_4$ 提供“H^-”，C_2H_5OH 提供“H^+”。反应机理如下：

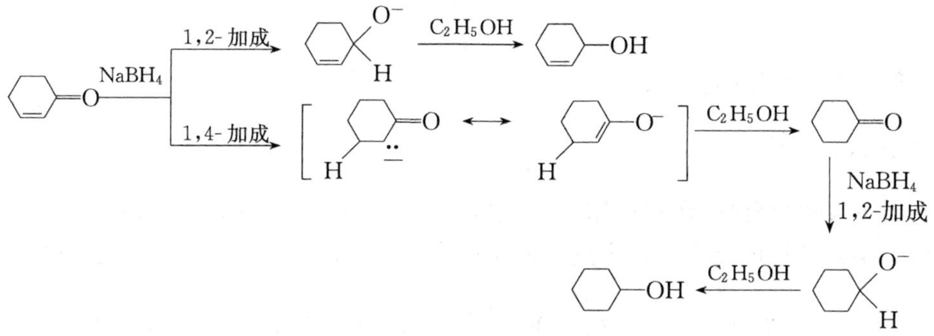

1,2-加成 $\xrightarrow{C_2H_5OH}$ OH
NaBH4
1,4-加成 $\xrightarrow{C_2H_5OH}$ O
NaBH4 1,2-加成
OH $\xleftarrow{C_2H_5OH}$

3) Li(Na,K)-NH_3(l)还原

在液氨中碱金属可还原 α,β-不饱和醛酮分子中的双键，生成醛或酮。例如：

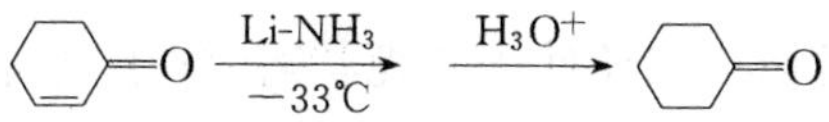

$$\xrightarrow[-33℃]{Li\text{-}NH_3} \xrightarrow{H_3O^+}$$

若还原剂过量，醛酮可继续被还原得到醇。

4. 缩合反应

在 α,β-不饱和醛、酮分子中，由于羰基吸电子的作用和共轭体系的存在，使 γ-碳原子上的氢具有一定的“酸性”。在碱的作用下，可以发生羟醛缩合反应。例如：

$$CH_3CH{=}CHCHO + \overset{\gamma}{C}H_3\overset{\beta}{C}H{=}\overset{\alpha}{C}HCHO \xrightarrow[\triangle]{HO^-} CH_3CH{=}CHCH{=}\overset{\gamma}{C}H\overset{\beta}{C}H{=}\overset{\alpha}{C}HCHO$$

可以看出，在醛、酮的羰基旁加入一个或多个 —CH═CH— ，反应不仅可以在共轭体系的两头发生，而且和共轭体系相连的两个基团，也保持着没有加入 —CH═CH— 时同样的关系。例如，通式A+CH═CH+_nB 中，$n=0$ 和 $n=1,2,3$ 时，A 和 B 的关系是一样的。这个规则称为插烯规则。

根据插烯规则，2-丁烯醛($CH_3CH{=}CHCHO$)中的甲基与乙醛(CH_3CHO)中的甲基具有同样的活泼性。例如：

$$PhCHO + CH_3CHO \xrightarrow[\triangle]{HO^-} PhCH{=}CHCHO$$

$$PhCHO + CH_3CH{=}CHCHO \xrightarrow[\triangle]{HO^-} PhCH{=}CHCH{=}CHCHO$$

对于无活泼氢的 α,β-不饱和醛、酮，在碱中可以与含有活泼氢的醛、酮进行交叉羟醛缩合反应。例如：

$$C_6H_5CH{=}CHCHO + CH_3CH{=}CHCHO \xrightarrow[\triangle]{HO^-} C_6H_5CH{=}CHCH{=}CHCH{=}CHCHO$$

5. 第尔斯-阿尔德反应

α,β-不饱和醛酮作为亲双烯体可以与共轭双烯发生第尔斯-阿尔德环加成反应，形成六元环。例如：

$$\text{1,3-丁二烯} + CH_2{=}CH{-}CHO \xrightarrow{\triangle} \text{3-环己烯-1-甲醛 (CHO)}$$

产物中保留着亲双烯体的构型。

6. 迈克尔加成反应

含有活泼氢的化合物,在碱作用下形成碳负离子。这个碳负离子可以和α,β-不饱和醛酮进行 1,4-亲核加成反应。这个反应属于迈克尔加成反应(参见 12.4.5)。例如:

$$CH_3COCH_3 + CH_2{=}CHCHO \xrightarrow{\text{稀 } HO^-} CH_3COCH_2CH_2CH_2CHO$$

11.1.5　芳香族醛酮的反应

芳香族醛酮分子中的羰基与苯环处于共轭状态,除了具有羰基的特征反应外,在苯环上还可以进行亲电取代反应。此外,还具有某些特性。

1. 芳醛的缩合反应

1) 佩金反应

芳醛与含有 α-H 的酸酐在酸酐相应的羧酸盐的催化下发生反应,生成芳基取代的α,β-不饱和羧酸。这一反应称为佩金反应。例如:

$$PhCHO + (CH_3CO)_2O \xrightarrow[\text{②}H_2O]{\text{①}CH_3COOK,\triangle} \underset{\text{肉桂酸}}{PhCH{=}CHCOOH} + CH_3COOH$$

佩金反应的机理:含有 α-H 的酸酐在碱性催化剂作用下先生成一个酸酐负离子,酸酐负离子作为亲核试剂与芳醛发生亲核加成,生成 β-羟基酸酐,然后脱水和水解,生成芳基取代的 α,β-不饱和酸。

$$(CH_3CO)_2O \underset{-CH_3COOH}{\overset{CH_3COOK}{\rightleftharpoons}} CH_3COOCO\ddot{C}H_2K^+ \xrightarrow{PhC(=O){-}H} PhC(O^-K^+)(H)CH_2COCCH_3\ (\text{两个 C=O})$$

$$\xrightarrow[-CH_3COOK]{+CH_3COOH} PhCH(OH)CH_2C(=O)OC(=O)CH_3 \xrightarrow[\text{② 水解}]{\text{①}-H_2O} PhCH{=}CHCOOH + CH_3COOH$$

2) 安息香缩合

在 CN^- 的催化下,两分子苯甲醛相互作用生成苯基苯甲酰基甲醇(俗称安息香)。这一反应称为安息香缩合。

$$2\ C_6H_5{-}CHO \xrightarrow{CN^-} C_6H_5{-}CH(OH){-}C(=O){-}C_6H_5 \quad \text{安息香}$$

安息香氧化可得二苯基乙二酮(黄色晶体,m. p. 95℃):

$$C_6H_5CH(OH)COC_6H_5 \xrightarrow{HNO_3} C_6H_5COCOC_6H_5$$

二苯基乙二酮也可由苯基苄基酮氧化制得：

$$C_6H_5COCH_2C_6H_5 \xrightarrow{SeO_2} C_6H_5COCOC_6H_5$$

二苯基乙二酮与强碱共热，生成二苯基乙醇酸或其衍生物，这个反应也称为二苯基乙醇酸重排。

$$C_6H_5COCOC_6H_5 \xrightarrow[\triangle]{KOH\text{-}CH_3CH_2OH} \xrightarrow{H_3\overset{+}{O}} (C_6H_5)_2C(OH)COOH$$

$$C_6H_5COCOC_6H_5 \xrightarrow{CH_3ONa,\ CH_3OH} (C_6H_5)_2C(OH)COOCH_3$$

二苯基乙醇酸重排反应机理如下：

$$PhCOCOPh \xrightarrow[\text{亲核加成}]{CH_3O^-} PhCO\text{—}C(O^-)(Ph)OCH_3 \xrightarrow{\text{重排}} Ph_2C(O^-)\text{—}COCH_3 \xrightarrow[-CH_3O^-]{CH_3OH} Ph_2C(OH)COOCH_3$$

2. 芳环上的亲电取代

羰基是钝化苯环的间位定位基，因此，芳醛和芳酮的亲电取代主要发生在间位，并且比苯困难。例如：

$$C_6H_5COCH_3 \xrightarrow[<10^\circ C]{HNO_3,\ H_2SO_4} m\text{-}O_2NC_6H_4COCH_3$$

芳醛和芳酮不发生 Friedel-Crafts 烷基化和酰基化反应。

11.2 醌

醌(quinone)是指分子中含有环己二烯二酮结构的化合物。

有机化合物分子中醌型结构有两种：结构单元为（邻位二亚甲基环己二烯结构单元）的，称为邻醌型结构；结构单元为（对位二亚甲基环己二烯结构单元）的，称为对醌型结构。不存在间位醌型结构。

醌是按芳香族化合物的衍生物来命名的。由苯得到的醌称为苯醌，由萘得到的醌称为萘醌，由蒽得到的醌称为蒽醌，由菲得到的醌称为菲醌。醌中虽然存在共轭体系，但不具有芳环的结构，因而没有芳香性。

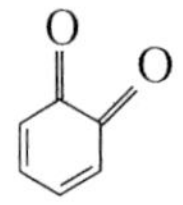

1,2-苯醌(邻苯醌) 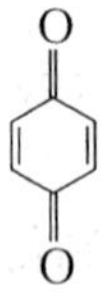　1,4-苯醌(对苯醌) 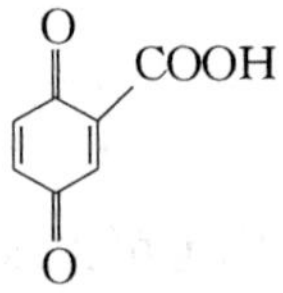　1,4-苯醌-2-羧酸

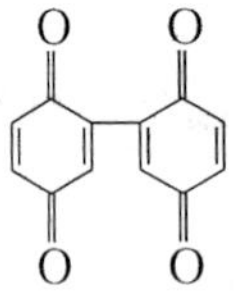

2,2′-联对苯醌 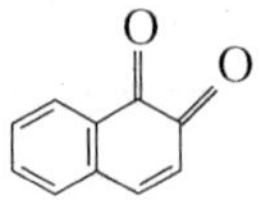　1,2-萘醌(β-萘醌) 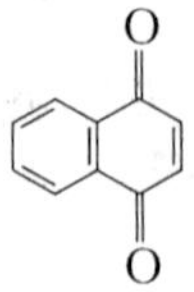　1,4-萘醌(α-萘醌)

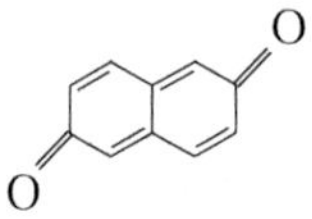

2,6-萘醌 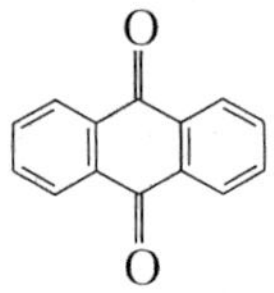　9,10-蒽醌 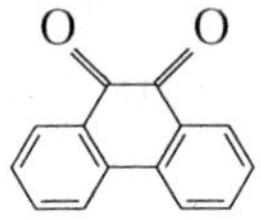　9,10-菲醌

11.2.1 苯醌

苯醌有两个异构体——邻苯醌和对苯醌,它们可由相应的二元酚氧化制得。

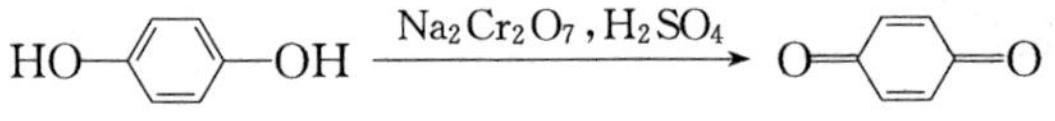

$$\text{HO—C}_6\text{H}_4\text{—OH} \xrightarrow{Na_2Cr_2O_7, H_2SO_4} \text{O=C}_6\text{H}_4\text{=O}$$

对苯醌也可由苯胺氧化制得。

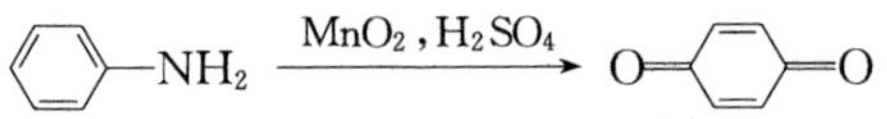

$$\text{C}_6\text{H}_5\text{—NH}_2 \xrightarrow{MnO_2, H_2SO_4} \text{O=C}_6\text{H}_4\text{=O}$$

苯醌分子中具有 α,β-不饱和酮的构造,具有 α,β-不饱和酮的性质。苯醌既能与亲电试剂又能与亲核试剂加成,并且可以进行共轭加成。此外,苯醌还能被还原。

1. *碳碳双键的加成*

1) 加卤素

对苯醌与 Cl_2 或 Br_2 的加成发生在碳碳双键上,是亲电加成。

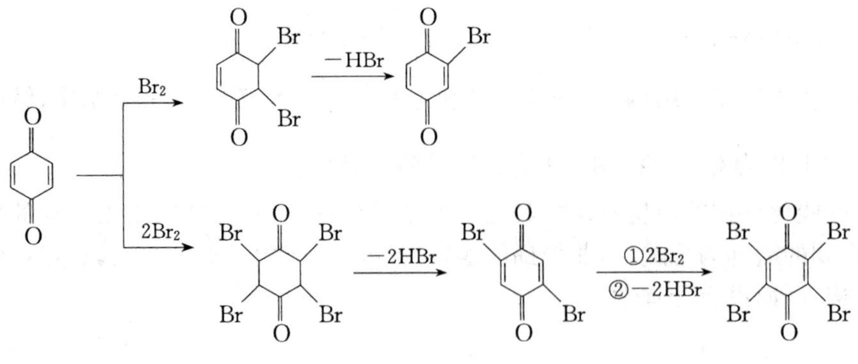

(对苯醌 $\xrightarrow{Br_2}$ 5,6-二溴-环己-2-烯-1,4-二酮 $\xrightarrow{-HBr}$ 2-溴-1,4-苯醌;对苯醌 $\xrightarrow{2Br_2}$ 2,3,5,6-四溴环己烷-1,4-二酮 $\xrightarrow{-2HBr}$ 2,5-二溴-1,4-苯醌 $\xrightarrow[\text{②}-2HBr]{\text{①}2Br_2}$ 四溴-1,4-苯醌)

2）第尔斯-阿尔德环加成反应

对苯醌作为非常好的亲双烯体，很容易与共轭双烯发生第尔斯-阿尔德环加成反应。例如：

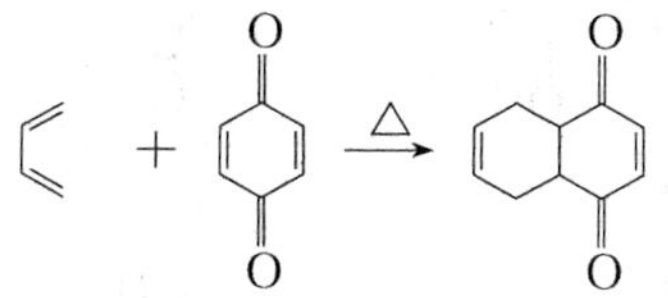

△

2. 羰基加成

1）与格氏试剂的加成

对苯醌与一分子的格氏试剂反应，生成醌醇。在酸性条件下，醌醇重排成烃基取代的对苯二酚。

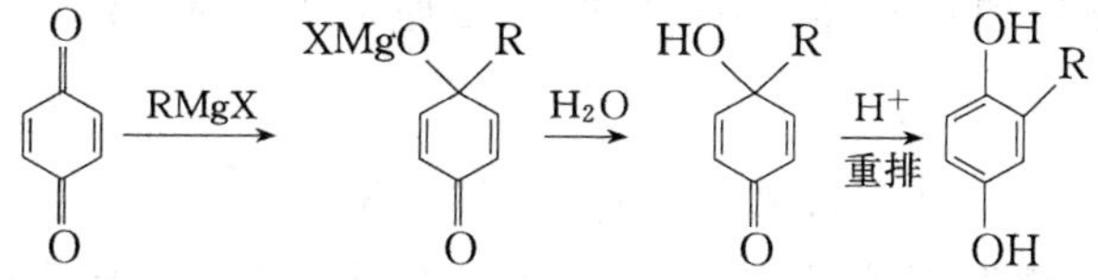

RMgX　H_2O　H^+ 重排

重排反应机理如下：

H^+　重排　$-H^+$

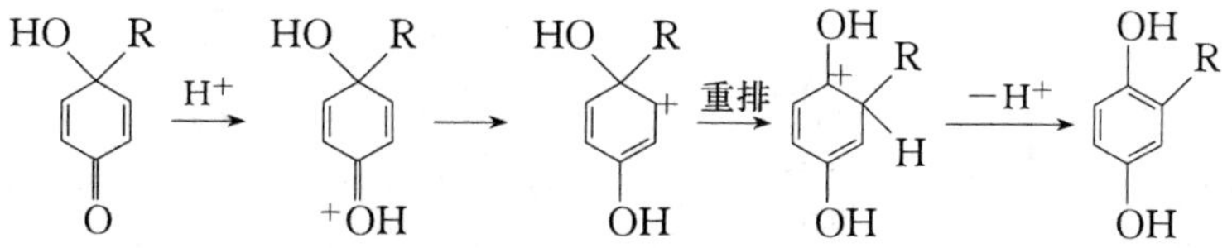

2）与氨衍生物的缩合反应

对苯醌分子中的羰基可与氨的衍生物发生缩合反应，这是醛酮的典型反应。例如：

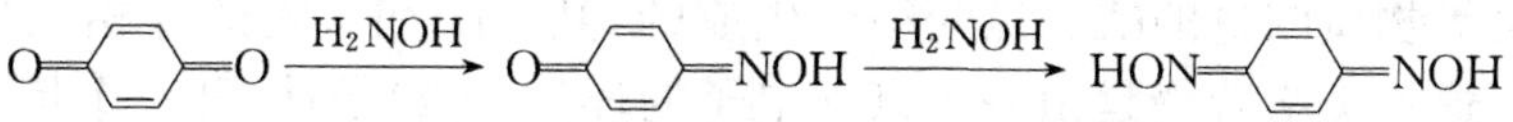

O=⟨⟩=O $\xrightarrow{H_2NOH}$ O=⟨⟩=NOH $\xrightarrow{H_2NOH}$ HON=⟨⟩=NOH

对苯醌单肟　对苯醌二肟

对苯醌单肟与由苯酚和亚硝酸作用得到的对亚硝基苯酚是互变异构体，在溶液中主要以对苯醌单肟的形式存在。

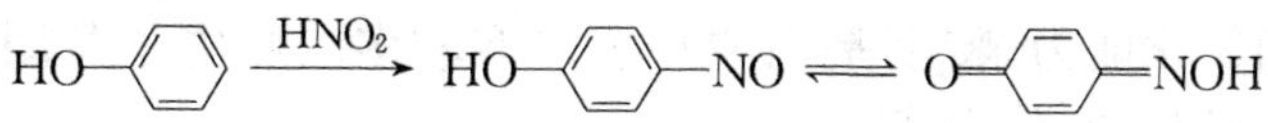

HO-⟨⟩ $\xrightarrow{HNO_2}$ HO-⟨⟩-NO ⇌ O=⟨⟩=NOH

3. 共轭加成

对苯醌可与氢卤酸、氢氰酸和胺发生1,4-加成，生成1,4-苯二酚的衍生物。例如：

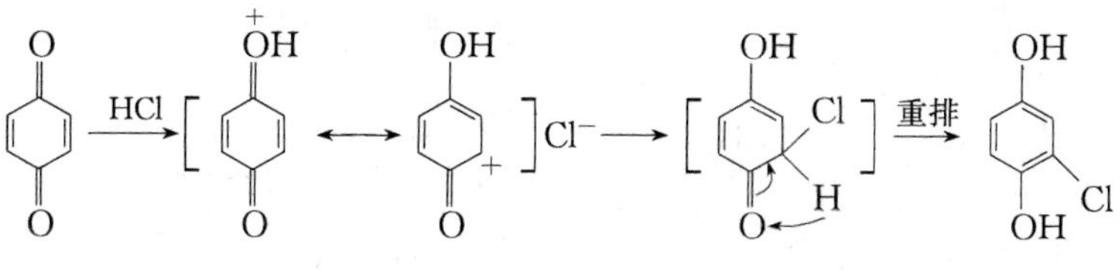

HCl　Cl^-　重排

2-氯-1,4-苯二酚经氧化后还可以与HCl加成。重复反应，最终可得到2,3,5,6-四氯-

1,4-苯醌(黄色片状晶体,m. p. 90℃)。

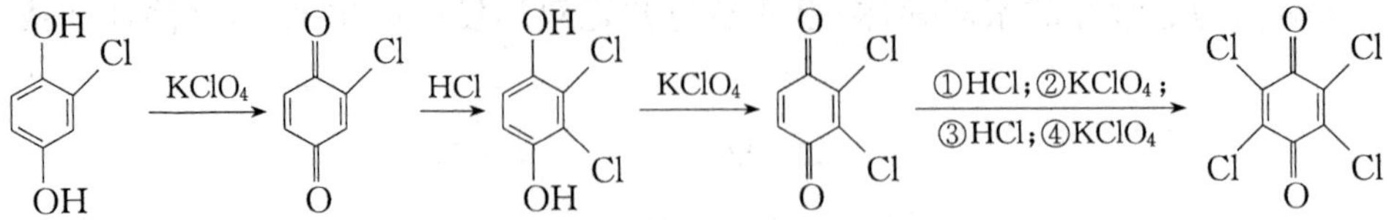

又如:

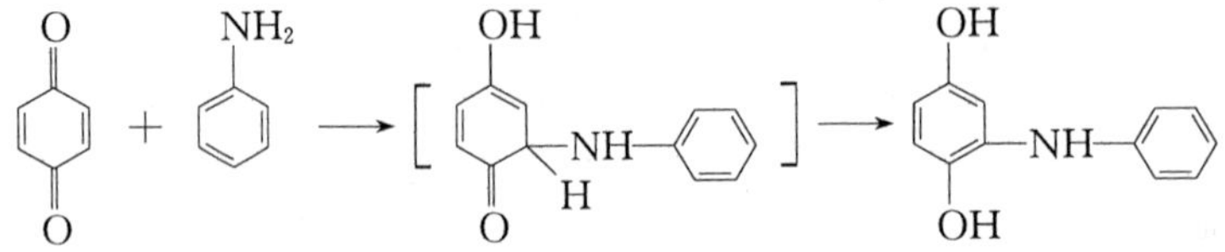

4. 还原反应

对苯醌很容易被还原成对苯二酚(氢醌),还原剂可以是 H_2S、HI、$Na_2S_2O_3$、$FeCl_2$、Fe/H_2O 等。

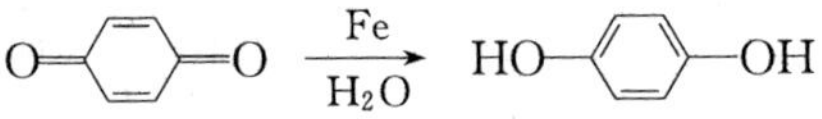

对苯醌与对苯二酚可形成分子电荷转移络合物,称为醌氢醌(深绿色晶体,m. p. 171℃)。生成醌氢醌的反应可用于定性鉴定对苯醌或对苯二酚。

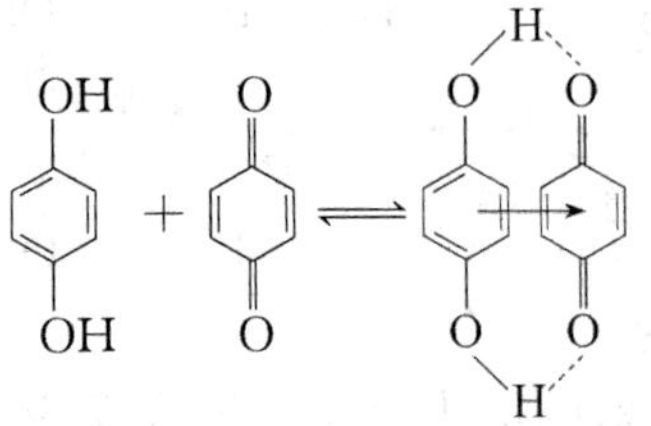

醌氢醌是等物质的量的醌和氢醌络合生成的,其中醌和氢醌的环相互平行并交替重叠地排列着。这一类络合物是由一个富 π 电子的环(电子给予体)和一个带有强吸电子而缺少 π 电子的环(电子接受体),通过静电吸引在一起组成的,所以称为电子给予体-电子接受体络合物,或称为电荷转移络合物。在醌氢醌络合物中,醌是电子受体,氢醌是电子给体。

醌具有一定的氧化能力,特别是当醌环上连有较多的吸电子基团时,其氧化能力增强,可作为脱氢试剂用于有机合成。例如:

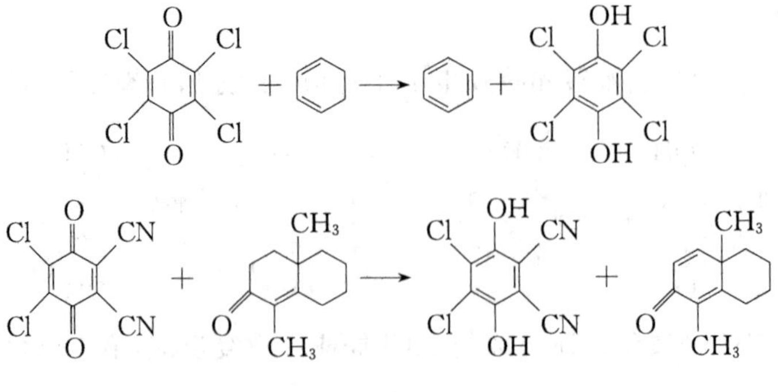

11.2.2 萘醌

萘醌有 1,2-萘醌、1,4-萘醌和 2,6-萘醌三种异构体。萘醌具有与苯醌类似的化学性质。1,4-萘醌为黄色固体,m. p. 125℃,可由萘氧化得到。

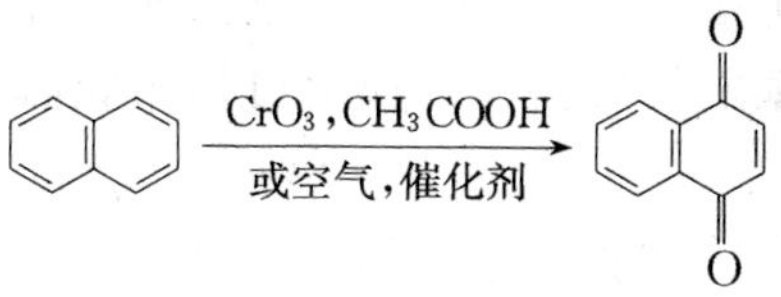

O
CrO_3,CH_3COOH
或空气,催化剂
O

11.2.3 蒽醌

已知存在的蒽醌有 1,2-蒽醌、1,4-蒽醌和 9,10-蒽醌三种异构体,其中最重要的是 9,10-蒽醌。9,10-蒽醌可由蒽氧化或苯与邻苯二甲酸酐发生酰基化反应然后脱水制得。

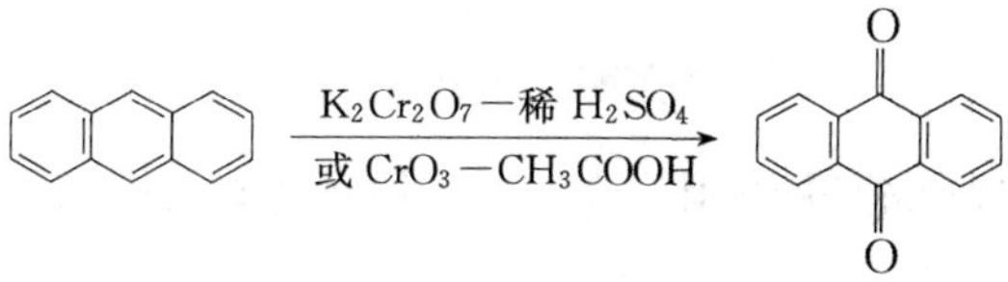

O
$K_2Cr_2O_7$—稀 H_2SO_4
或 CrO_3-CH_3COOH
O

9,10-蒽醌
(淡黄色晶体,m. p. 285℃)

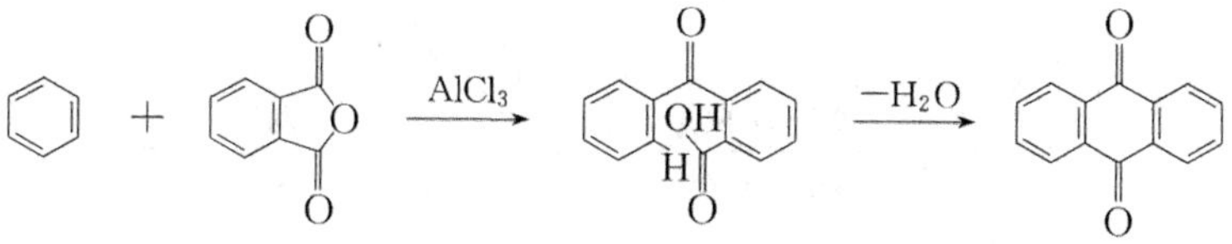

O
O
O
$AlCl_3$
O
OH
H
O
$-H_2O$
O
O

邻苯甲酰苯甲酸

1. 还原反应

蒽醌比较稳定,不易被氧化,不被弱还原剂还原。在锌和氢氧化钠或在保险粉($Na_2S_2O_4$)的碱溶液中,9,10-蒽醌被还原成 9,10-二羟基蒽的钠盐,溶于碱性溶液中呈血红色。9,10-二羟基蒽的钠盐在酸性条件下转化为 9,10-二羟基蒽,它容易被空气氧化成蒽醌。这个性质可用来鉴别、分离和提纯蒽醌。

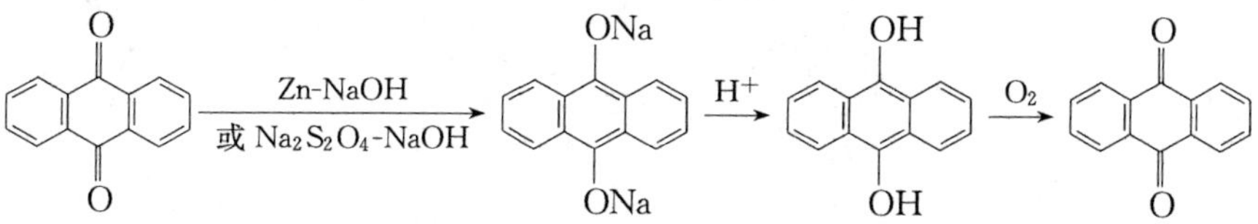

O
Zn-NaOH
或 $Na_2S_2O_4$-NaOH
O
ONa
ONa
H^+
OH
OH
O_2
O
O

9,10-蒽醌经过克莱门森还原,生成 9,10-二氢化蒽。反应式如下:

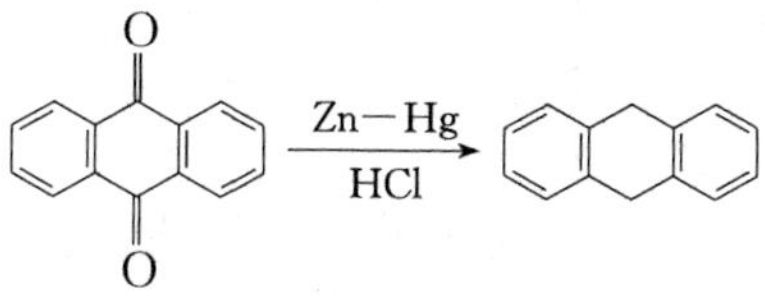

O
Zn—Hg
HCl
O

蒽醌的硫酸溶液能使糖类化合物呈蓝绿色,用于糖类化合物的定性检验和定量分析。

2. 苯环上的亲电取代

蒽醌分子中的两个羰基使两个苯环钝化，不易发生芳环上的亲电取代反应。例如，9，10-蒽醌不发生 Friedel-Crafts 反应，很难用浓 H_2SO_4 磺化，但与发烟硫酸作用，可磺化生成 β-蒽醌磺酸，进一步磺化可生成 2，6-和 2，7-蒽醌二磺酸。β-蒽醌磺酸是重要的染料中间体，而 2，6-和 2，7-蒽醌二磺酸的钠盐在工业上可作为脱硫催化剂。

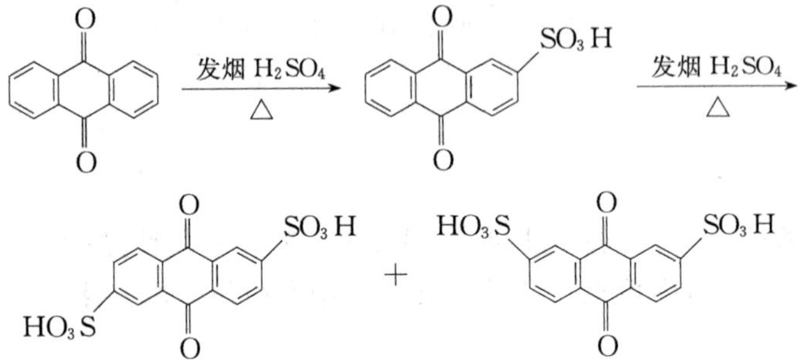

2，6-蒽醌二磺酸　　　　2，7-蒽醌二磺酸

在 $HgSO_4$ 催化下，9，10-蒽醌与发烟硫酸作用先生成 α-蒽醌磺酸，继续磺化则得到 1，5-和 1，8-蒽醌二磺酸。

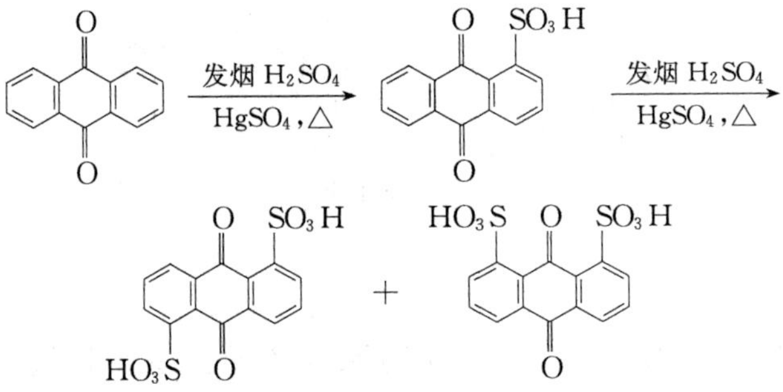

1，5-蒽醌二磺酸　　　　1，8-蒽醌二磺酸

蒽醌磺酸分子中的磺酸基团很活泼，可以被氨基、卤素、羟基等取代。例如：

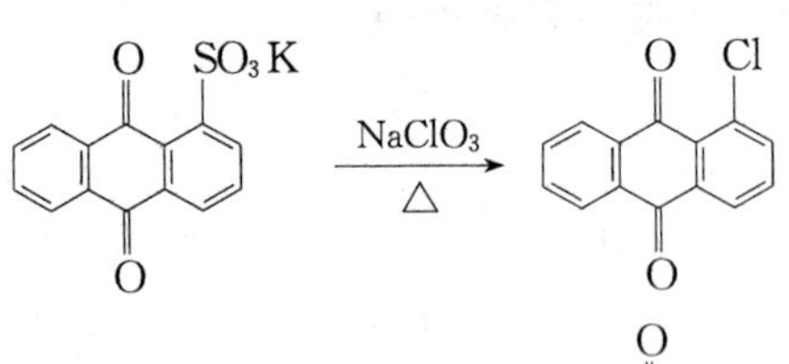

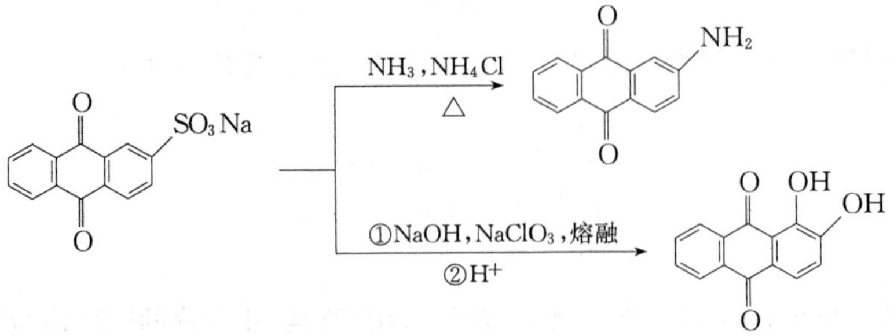

1,2-二羟基-9,10-蒽醌又称茜素,红色针状晶体,m. p. 289℃,为最早人工合成的天然染料。

习 题

11-1 写出苯甲醛与下列试剂反应的主要产物:

(1) HCN, HO^-
(2) C_2H_5MgBr,干醚,然后 H_3O^+
(3) $n\text{-}C_4H_9Li$,然后 H_3O^+
(4) $CH_3C\equiv CNa$,液 NH_3,然后 H_3O^+
(5) $BrCH_2COOC_2H_5$,Zn,苯,然后 H_3O^+
(6) $Ph_3P{=}CHCH_2CH_3$
(7) CH_2N_2
(8) C_2H_5OH,干燥 HCl
(9) 饱和 $NaHSO_3$ 溶液
(10) NH_2OH
(11) 苯肼
(12) 2,4-二硝基苯肼
(13) 氨基脲
(14) 苯胺
(15) 土伦试剂
(16) 费林试剂
(17) $KMnO_4, H_2SO_4$
(18) CH_3CO_3H
(19) $LiAlH_4$,然后 H_3O^+
(20) $NaBH_4$
(21) 浓 NaOH
(22) CH_2O,浓 NaOH
(23) CH_3CHO,稀 NaOH
(24) $(CH_3CO)_2O, CH_3COOK$
(25) HNO_3, H_2SO_4,10℃
(26) $Al[OCH(CH_3)_2]_3, (CH_3)_2CHOH$

11-2 写出苯乙酮与下列试剂反应的主要产物:

(1) HCN, HO^-
(2) C_6H_5MgBr,然后 H_3O^+
(3) $CH_3C\equiv CNa$,然后 H_3O^+
(4) $BrCH_2COOC_2H_5$,Zn,然后 H_3O^+
(5) $Ph_3P{=}CH_2$
(6) $HOCH_2CH_2OH$,干燥 HCl
(7) $HSCH_2CH_2SH, H^+$
(8) 饱和 $NaHSO_3$ 溶液
(9) $H_2N{-}NH_2$
(10) $C_6H_5NHNH_2$
(11) 土伦试剂
(12) CF_3CO_3H
(13) $NaBH_4$
(14) Na,C_2H_5OH
(15) Mg-Hg,无水苯,然后 H_3O^+
(16) Zn-Hg,HCl
(17) NH_2NH_2,KOH,三甘醇
(18) Br_2, CH_3COOH
(19) I_2,NaOH
(20) 稀 OH^-
(21) HNO_3, H_2SO_4,10℃

11-3 写出 2-丁烯醛与下列试剂反应的主要产物:

(1) HBr
(2) H_2,Ni
(3) $LiAlH_4$,乙醚,然后 H_3O^+
(4) $NaBH_4, C_2H_5OH$,然后 H_2O
(5) Li,液 NH_3,然后 H_3O^+
(6) Br_2, CCl_4
(7) HCN
(8) 饱和 $NaHSO_3$ 溶液
(9) $KMnO_4, H_2SO_4$
(10) 稀 NaOH
(11) 1,3-丁二烯
(12) C_2H_5OH,干燥 HCl

11-4 写出对苯醌与下列试剂反应的主要产物:

(1) $2Br_2$
(2) (环戊二烯结构式)
(3) CH_3MgI,干醚,然后 H_3O^+
(4) H_2NOH
(5) HCl
(6) $C_6H_5NH_2$

(7) CH_3OH　　(8) HCN　　(9) Fe,H_2O

11-5　用简单的化学方法鉴别下列各组化合物：

(1) A. 戊醛　B. 2-戊酮　C. 3-戊酮　D. 环己酮

(2) A. 2-己酮　B. 3-己酮　C. 己二醛　D. 5-己酮醛

(3) A. 苯甲醛　B. 苯乙醛　C. 苯乙酮　D. 苯基丙酮

(4) A. 甲醛　B. 乙醛　C. 丙酮　D. 正丙醇

(5) A. 丙酮　B. 2,4-戊二酮　C. 苯甲醇　D. 苯酚

(6) A. 1-溴丁烷　B. 1-丁醇　C. 2-丁醇　D. 叔丁醇　E. 丁醛　F. 丁酮　G. 正丁醚

11-6　分离下列各组化合物：

(1) 丁醛、3-戊酮和正丁醇

(2) 苯酚、环己酮和正丁醚

(3) 对甲苯酚、对甲基苯甲醛和对羟基苯甲酸

11-7　下列化合物哪些能发生碘仿反应？哪些能顺利地与饱和 $NaHSO_3$ 溶液加成？哪些能发生银镜反应？哪些能发生羟醛缩合反应？哪些能发生坎尼札罗反应？哪些能与费林试剂作用？

(1) $CH_3CHOHCH_2CH_2CH_3$　(2) CH_3CH_2CHO　(3) $CH_3CH_2CH_2OH$

(4) CH_3COCH_3　(5) $C_6H_5CH(OH)CH_3$　(6) $C_6H_5COCH_3$

(7) $CH_3COCH_2CH_2COCH_3$　(8) 环己酮　(9) CH_3CHO

(10) $C_6H_5CH_2CHO$　(11) $C_6H_5CH_2CH_2OH$　(12) C_6H_5CHO

11-8　写出下列反应的机理：

(1) $CH_3COCH_2CH_3 + HOCH_2CH_2OH \xrightarrow{H^+}$ (CH$_3$)(C$_2$H$_5$)C< 1,3-二氧戊环 $+ H_2O$

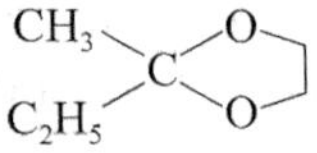

(2) $HOCH_2CH_2CH_2CHO + C_2H_5OH \xrightarrow{干 HCl}$ 2-乙氧基四氢呋喃（环上 O，取代基 OC_2H_5） $+ H_2O$

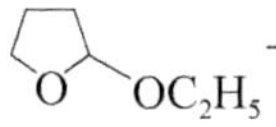

(3) $C_6H_5CHO + H_2N—NH_2 \xrightarrow{H^+} C_6H_5CH{=}N—NH_2 + H_2O$

(4) $(CH_3)(Ph)C{=}N—OH \xrightarrow{H_2SO_4} CH_3CONHPh$

(5) $PhCHO + HCHO \xrightarrow{浓 NaOH} PhCH_2OH + HCOONa$

(6) $PhCOCCH_3 \xrightarrow{I_2,NaOH} PhCOONa + CHI_3$

(7) $\underset{CH_2CH_2CHO}{\overset{CH_2CH_2CHO}{|}} \xrightarrow[\triangle]{稀 OH^-}$ 环戊烯—CHO

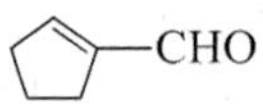

(8) $CH_3COCH_2CH_2CH_2Cl \xrightarrow{KOH} CH_3CO—$▷（环丙基）

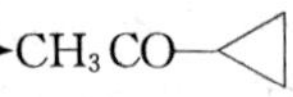

11-9　完成下列反应：

(1) $CH_3CH_2CH{=}CH_2 \xrightarrow{?} CH_3CH_2\overset{OH}{\overset{|}{C}}HCH_3 \xrightarrow[H_2SO_4]{KMnO_4}$? —— $\xrightarrow[NaOH]{Br_2}$? ；$\xrightarrow[CH_3COOH]{Br_2}$?

(2) $CH_3C\equiv CH \xrightarrow[H_2SO_4]{HgSO_4} ? \xrightarrow{C_2H_5MgBr} ? \xrightarrow{H_3O^+} ? \xrightarrow{HBr} ?$

(3) $CH_2{=}CH_2 \xrightarrow[O_2]{PdCl_2\text{-}CuCl_2} ? \xrightarrow[\triangle]{\text{稀 }NaOH} ? \xrightarrow[\triangle]{H_2,Ni} ? \xrightarrow{SOCl_2} ? \xrightarrow[\text{干醚}]{Mg} ? \xrightarrow{\text{环氧乙烷}} ? \xrightarrow{H_3O^+} ?$

(4) $CH_3CH{=}CH_2 \xrightarrow[O_2,\triangle]{PdCl_2\text{-}CuCl_2} ? \xrightarrow[\text{②}H_3O^+]{\text{①}CH_3C\equiv CNa;} ? \xrightarrow[H_2]{\text{林德拉催化剂}} ?$

(5) $PhOH \xrightarrow[Ni]{H_2} ? \xrightarrow[H_2SO_4]{K_2Cr_2O_7} ? \xrightarrow{2CH_3SH} ? \xrightarrow[Ni]{H_2} ?$

(6) $PhCHO+CH_3CHO \xrightarrow[\triangle]{\text{稀 }NaOH} ? \xrightarrow[\text{干 }HCl]{HOCH_2CH_2OH} ? \xrightarrow[Ni]{H_2} ? \xrightarrow{H^+,H_2O} ?$

(7) 4-甲基环己酮 (CH_3—C$_6$H$_9$=O) $\xrightarrow{NH_2OH} ? \xrightarrow{PCl_5} ?$

(8) $(CH_3)_2CHCHO \xrightarrow[CH_3COOH]{Br_2} ? \xrightarrow[\text{干 }HCl]{2CH_3OH} ? \xrightarrow[\text{干醚}]{Mg} ? \xrightarrow{(CH_3)_2CHCHO} ? \xrightarrow{H_3O^+} ?$

(9) $2CH_3COCH_3 \xrightarrow[\text{②}H_2O]{\text{①}Mg\text{-}Hg;} ? \xrightarrow[\triangle]{H^+} ? \xrightarrow{?} (CH_3)_3CCOOH+CHBr_3$

(10) $PhOH \xrightarrow{NaOH,C_2H_5Br} ? \xrightarrow[AlCl_3]{CH_3CH_2CH_2COCl} ? \xrightarrow[HCl]{Zn\text{-}Hg} ?$

(11) $CH_3COCH_2CH_2COCH_3 \xrightarrow[\triangle]{\text{稀 }NaOH} ? \xrightarrow{HBr} ?$

(12) 2-甲基环己酮 $\xrightarrow{1mol\ Br_2,CH_3COOH,H_2O} ?$

　　　2-甲基环己酮 $\xrightarrow{2mol\ Br_2,OH^-} ?$

(13) $CH_3COCH_2CH_2CHO \xrightarrow{1mol\ HCN} ? \xrightarrow[\triangle]{H_3O^+} ?$

(14) 环戊酮 $\xrightarrow{C_6H_5CO_3H} ? \xrightarrow[\triangle]{NaOH} ? \xrightarrow{H_3O^+} ?$

(15) 苯 + 丁二酸酐 $\xrightarrow{AlCl_3} ? \xrightarrow[HCl]{Zn\text{-}Hg} ? \xrightarrow[\triangle]{H_2SO_4} ? \xrightarrow[\text{干醚}]{C_2H_5MgI} \xrightarrow{H_3O^+} ?$

(16) $CH_3CH_2CH_2OH \xrightarrow{CrO_3\cdot\text{吡啶}} ? \xrightarrow[OH^-]{3CH_2O} ?$

(17) $PhOH \xrightarrow{K_2Cr_2O_7\text{-}H_2SO_4} ? \xrightarrow[\text{干醚}]{CH_3MgI} \xrightarrow{H_2O} ? \xrightarrow[\text{重排}]{H^+} ?$

(18) 萘 $\xrightarrow[CH_3COOH]{CrO_3} ? \xrightarrow{Br_2} ? \xrightarrow[\triangle]{NaOH} ?$

　　　└ $\xrightarrow{HCl} ? \xrightarrow{KClO_4} ? \xrightarrow{HCl} ?$

11-10　排列顺序：

(1) 亲核加成反应活性：

A. CH_3CHO　　B. CF_3CHO　　C. CH_3COCH_3　　D. $CH_3COC_2H_5$

(2) 与 HCN 加成反应活性：

A. $ClCH_2CHO$　　B. FCH_2CHO　　C. CH_3CH_2CHO　　D. CH_2═CHCHO

（3）与 HCN 加成反应活性：

A. C_6H_5CHO　　B. 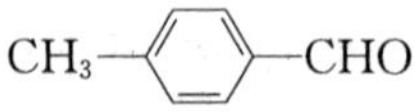 CH_3—C_6H_4—CHO（对位）

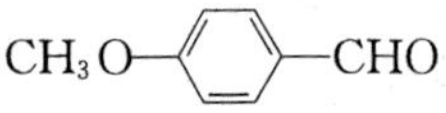

C. CH_3O—C_6H_4—CHO（对位）　　D. 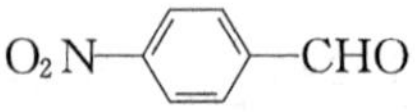 O_2N—C_6H_4—CHO（对位）

（4）与饱和 $NaHSO_3$ 溶液反应活性：

A. $ClCH_2CHO$　　B. $ClCH_2COCH_3$

C. PhCHO　　D. $PhCOCH_3$

（5）酸性：

A. CH_3CHO　　B. CH_3COCH_3

C. $CH_3COCH_2COCH_3$　　D. $PhCOCH_2COCH_3$

（6）烯醇式含量：

A. $CH_3COCH_2CH_3$　　B. $CH_3COCH_2COCH_3$

C. $CH_3COCH_2COOC_2H_5$　　D.  $CH_3COCH(COCH_3)COCH_3$

（7）烯醇式含量：

A. 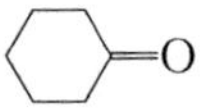 环己酮（═O）　B. 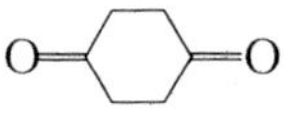 1,4-环己二酮（O═ ═O）　C. 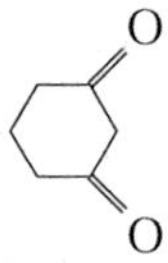 1,3-环己二酮（O, O）　D. 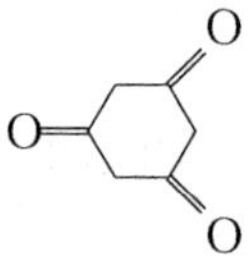 1,3,5-环己三酮（O, O═, O）

（8）稳定性：

A. 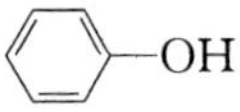 苯酚（—OH）　B. 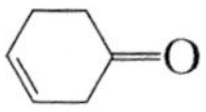 环己烯酮（═O）　C. 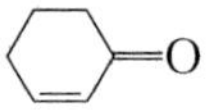 环己烯酮（═O）　D. 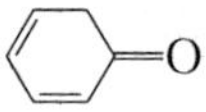 环己二烯酮（═O）

11-11　以 C_2～C_4 的烯烃、苯、甲苯为原料合成下列化合物（无机试剂任选）：

（1）$CH_3CH_2CH_2C(Br)(CH_3)CH_2CH_3$

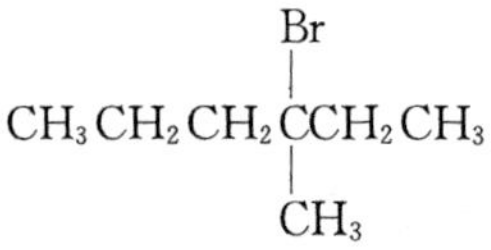

（2）C_6H_5—$CH_2COCH_2CH_3$

（3）CH_3CH_2CH—$C(CH_3)$(环氧，O 桥连)—CH(—O—CH₂CH₂—O—，缩醛环)

（4）$(CH_3)_2C$═$C(CH_3)CH_2CH_3$

（5）2-乙基环己醇（C_2H_5，—OH）

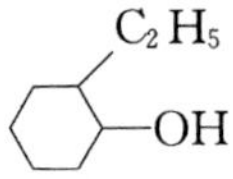

（6）$OHCCH_2CH_2CH_2CH_2CHO$

（7）CH_2═$C(CH_3)$—$C(CH_3)$═CH_2

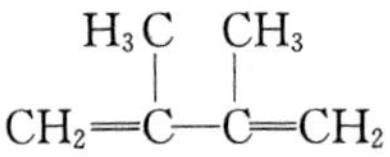

（8）CH_3O—C_6H_4—CH═CH—C(═O)—C_6H_4—NO_2（间位）

（9）环己烯基—CH_2OCH_2CH═CH_2

（10）CH_2═$C(CH_3)$—CH═CH—$C(CH_3)$═CH_2

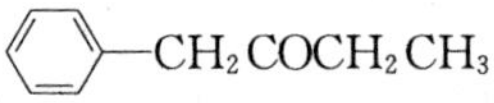

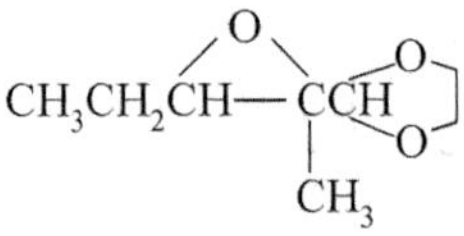

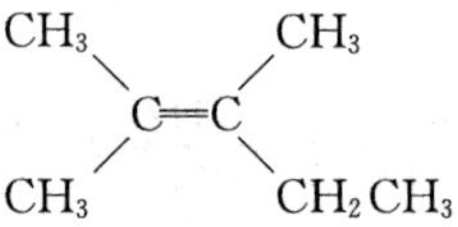

（11）苯环：$CH_2CH_2COCH_3$，Cl（邻位），NO_2（对位）

（12）苯环：OCH_2CH_3，$CH(OH)CH_2CH_2CH_3$（邻位），CH_2CH_3（对位）

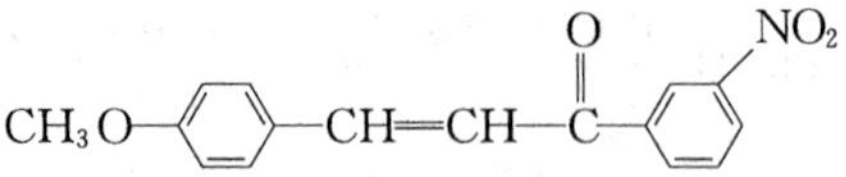

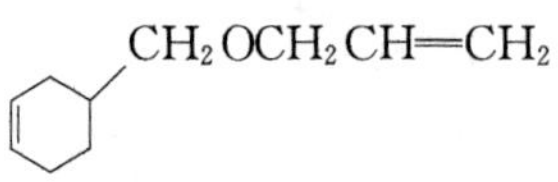

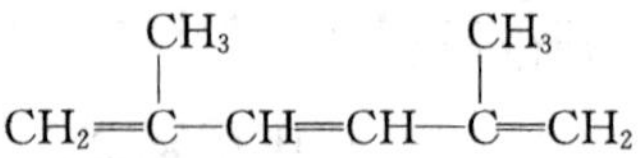

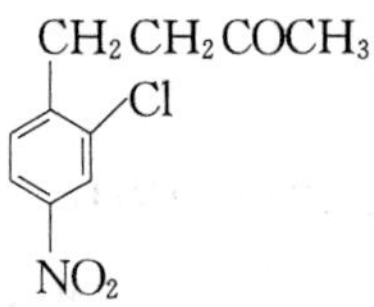

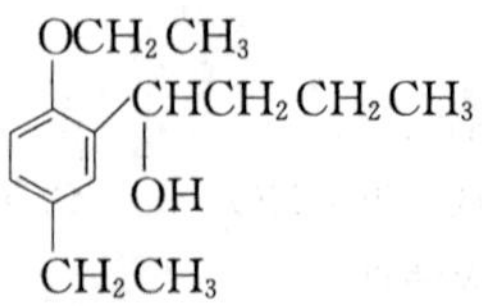

(13) 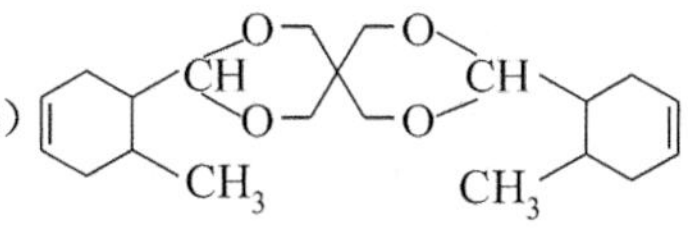 [structure: bis-acetal of 6-methylcyclohex-3-enyl CH with pentaerythritol: O, CH, O, O, CH, O, CH_3, CH_3]　(14) 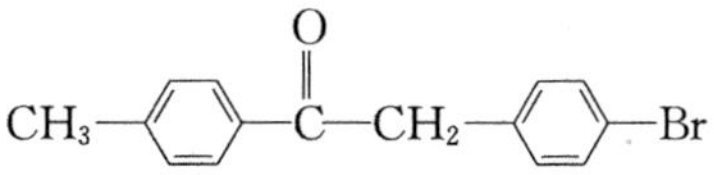 $CH_3-C_6H_4-\overset{O}{\overset{\|}{C}}-CH_2-C_6H_4-Br$

11-12 化合物 A($C_8H_{14}O$),可使溴水迅速褪色,也可以与苯肼反应。A 经 $KMnO_4$ 氧化生成一分子丙酮及另一化合物 B。B 具有酸性,与 NaClO 反应生成一分子氯仿和一分子丁二酸。试写出 A、B 的构造式及相关反应式。

11-13 化合物 A($C_7H_{12}O$),能与苯肼反应,也能发生碘仿反应。A 经催化加氢得 B($C_7H_{14}O$),B 与浓 H_2SO_4 共热得 C(C_7H_{12}),C 无顺反异构,C 用冷的中性 $KMnO_4$ 氧化得D($C_7H_{14}O_2$),D 与 I_2-NaOH 溶液反应得碘仿和化合物 E($C_6H_{10}O_3$)。试推测 A～E 的构造式并写出相应的反应式。

11-14 化合物 A($C_6H_{12}O$)与羟胺有反应,A 与土伦试剂、饱和 $NaHSO_3$ 溶液均无反应。A 催化加氢得 B($C_6H_{14}O$),B 与浓 H_2SO_4 共热生成 C(C_6H_{12}),C 经臭氧化分解生成分子式为 C_3H_6O 的两种化合物 D 和 E。D 有碘仿反应而无银镜反应,E 有银镜反应而无碘仿反应。试写出 A～E 的构造式及相关的反应式。

11-15 化合物 A($C_8H_{14}O$)能使 Br_2-CCl_4 溶液褪色,并能和苯肼作用,但不与土伦试剂作用。A 经臭氧解生成 B($C_5H_8O_2$)和 C(C_3H_6O)。B 能与土伦试剂作用,而且可与羟氨反应生成二肟,当 B 与 I_2-NaOH 作用再经酸化,可生成碘仿和 D($C_4H_6O_4$)。D 加热后放出 CO_2 生成丙酸,C 的 IR 谱在 1700cm^{-1} 附近有强吸收峰,^1H NMR 谱只有一组单峰。试推测 A～D 的构造式并写出相应的反应式。

11-16 化合物 A($C_9H_{10}O$)不能起碘仿反应,其 IR 谱在 1690cm^{-1} 处有一强吸收峰,^1H NMR 谱数据如下:δ 7.7(5H),多重峰;δ 3.0(2H),四重峰;δ 1.2(3H),三重峰。推断 A 的结构。化合物 B 为 A 的异构体,能起碘仿反应,其 IR 谱在 1705cm^{-1} 处有一强吸收峰。^1H NMR谱数据如下:δ 7.1(5H),多重峰;δ 3.5(2H),单峰;δ 2.0(3H),单峰。推断 B 的结构。

第 12 章　羧酸及其衍生物

12.1 羧　　酸

羧酸分子中含有官能团羧基(—COOH)。羧基中的碳原子成键时是用三个 sp^2 杂化轨道分别与烃基中的碳原子(或氢原子)、羟基和羰基中的氧原子相结合,形成三个 σ 键,这三个 σ 键在同一个平面上。碳原子中未参与杂化的 p 轨道与羰基中氧原子的 p 轨道进行“肩并肩”重叠形成一个 π 键。

羧基可以看作是由羰基和羟基连接在同一个碳原子上而形成的。但是由于两者之间的相互影响,羧基中的羰基和羟基与醛、酮的羰基和醇的羟基在性质上有明显的差异,羧基的性质不是两者性质的简单加和,而是具有自己独特的性质。

羧基中羰基的 π 键与羟基氧上的一对未共用电子存在着 p-π 共轭作用,其共轭结构和共振式表示如下:

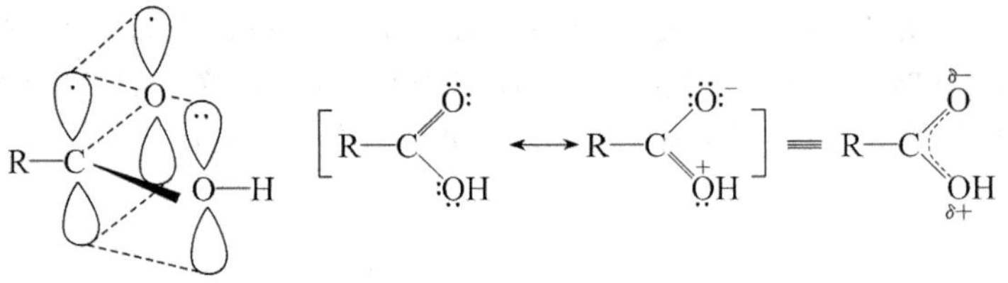

另外,羧酸分子中的 α-碳氢键与羧基之间还存在着 σ-π 超共轭作用。

由于电子效应的影响,羧基中 C═O 键要比醛、酮中的 C═O 键长,正如共振式表示的,它不是双键,而是介于单、双键之间;同样羧基中 C—O 键要比醇、醚中的 C—O 键短,正如共振式表示的,它不是单键,而是介于单、双键之间。在化学性质方面,羧基中羰基碳上所带正电荷要比醛、酮的羰基碳上带的正电荷少,因此羧酸中羰基碳原子的亲核加成反应活性远比醛、酮低;同时,羧酸中羟基被取代的反应活性也不如醇。羧酸 α-H 的活性也比醛、酮分子中 α-H 的活性低,但羧基中 O—H 键的极性比醇中 O—H 键的极性大大增加,羧基中 O—H 键容易电离,羧酸具有明显的酸性。

羧酸分子中键的断裂方式不同,可发生不同的反应。羧酸的化学性质主要表现在官能团羧基以及受羧基影响的 α-碳原子上。其化学性质可简要表示如下:

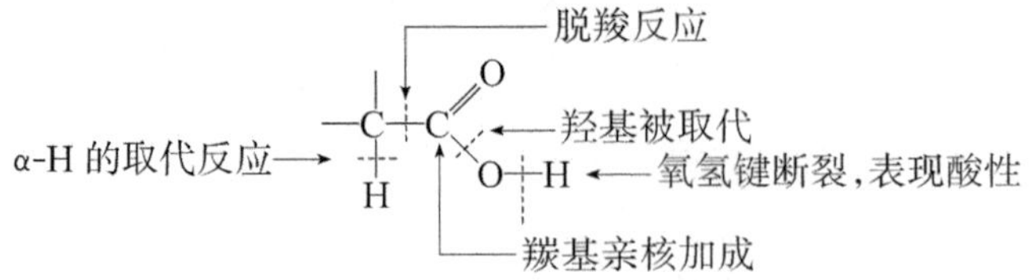

脱羧反应

羟基被取代

α-H 的取代反应

氧氢键断裂,表现酸性

羰基亲核加成

12.1.1 羧酸的酸性和成盐反应

羧酸具有明显的酸性，其水溶液可使蓝色石蕊试纸变红。这是由于在水溶液中，羧基中 O—H 键发生断裂，离解出氢离子。

$$RCOOH + H_2O \rightleftharpoons RCOO^- + H_3O^+$$

一般羧酸的 pK_a 值在 3～5，相对于无机酸如 HCl、H_2SO_4 等，羧酸为弱酸，但比碳酸($pK_a=6$)、苯酚($pK_a=10.00$)和甲醇($pK_a=15.9$)的酸性都强。羧酸比醇的酸性强，这可以从以下两个方面得到解释：一方面，从氧氢键电离能来看，羧酸的电离能(如乙酸为 $1448kJ \cdot mol^{-1}$)明显比醇(如乙醇电离能为 $1586kJ \cdot mol^{-1}$)低，因此羧酸比醇容易电离；另一方面，从电离后生成的氧负离子的稳定性来看，醇的烷氧基负离子由于不存在共振，负电荷集中在氧原子上，而羧酸根负离子由于存在以下共振，具有 2 个能量相等的共振结构式，负电荷平均分布在 2 个氧原子上，并且 2 个碳氧键是等同的，键长一样：

$$\left[-C\begin{matrix} \diagup\!\!\!\!{=}O \\ \diagdown O^- \end{matrix} \longleftrightarrow -C\begin{matrix} \diagup O^- \\ \diagdown\!\!\!\!{=}O \end{matrix} \right] \equiv -C\begin{matrix} \diagup\!\!\!\!{\cdots}O^{\frac{1}{2}-} \\ \diagdown\!\!\!\!{\cdots}O^{\frac{1}{2}-} \end{matrix}$$

所以羧酸根负离子的稳定性要比烷氧负离子大得多。

取代羧酸的酸性受取代基性质(推电子或吸电子)的影响，吸电子取代基有利于羧酸根负离子中负电荷的进一步分散，增加其稳定性，酸性增大；而推电子取代基会使其负电荷相对集中，增强了吸引质子的能力，稳定性下降，酸性减弱。例如，下列化合物酸性顺序为

$$CH_3CH_2COOH < CH_3COOH < ClCH_2COOH < Cl_2CHCOOH < Cl_3CCOOH$$

这是由于甲基推电子诱导效应和氯原子吸电子诱导效应的影响所致。又如酸性：

$$CH_3CH_2CHClCOOH > CH_3CHClCH_2COOH > Cl(CH_2)_3COOH > CH_3(CH_2)_2COOH$$

这是由于氯原子吸电子诱导效应随碳链增长而减弱的缘故。

脂肪族二元羧酸中有两个可以电离的氢，所以有两个酸性常数 pK_{a_1} 和 pK_{a_2}：

$$HOOC(CH_2)_nCOOH \xrightleftharpoons{K_{a_1}} HOOC(CH_2)_nCOO^- + H^+$$

$$HOOC(CH_2)_nCOO^- \xrightleftharpoons{K_{a_2}} {}^-OOC(CH_2)_nCOO^- + H^+$$

二元酸的 pK_{a_1} 比相应的一元酸如乙酸、丙酸和丁酸的小，这是由于羧基吸电子诱导效应的结果。第一个羧基电离后，变成羧酸根负离子，具有推电子效应，使第二个羧基电离比较困难，因此 $pK_{a_1} < pK_{a_2}$。这种差别随着两个羧基距离的增大而减小。例如：

	$HO\overset{O}{\overset{\|}{C}}-\overset{O}{\overset{\|}{C}}OH$	$HO\overset{O}{\overset{\|}{C}}CH_2\overset{O}{\overset{\|}{C}}OH$	$HO\overset{O}{\overset{\|}{C}}(CH_2)_2\overset{O}{\overset{\|}{C}}OH$	$HO\overset{O}{\overset{\|}{C}}(CH_2)_3\overset{O}{\overset{\|}{C}}OH$
pK_{a_1}	1.27	2.85	4.21	4.43
pK_{a_2}	4.27	5.70	5.64	5.41

在丁烯二酸的顺反两个异构体中，虽然都是 $pK_{a_1}<pK_{a_2}$，但是对于 pK_{a_1} 而言，是顺式<反式；而对于 pK_{a_2} 来说，却是顺式>反式：

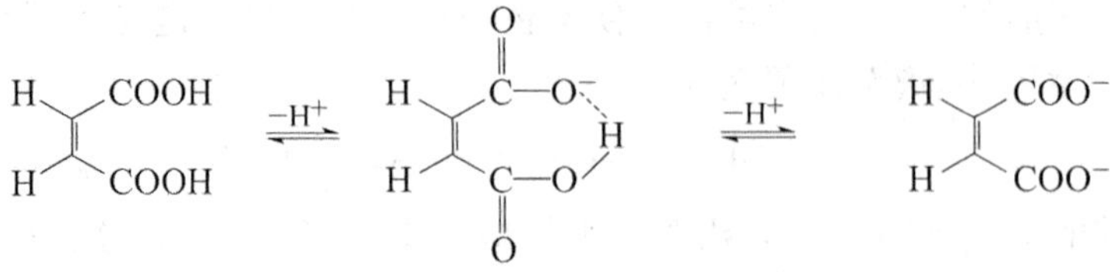

顺丁烯二酸（HC(COOH)=CH(COOH)）$\underset{}{\overset{-H^+}{\rightleftharpoons}}$ 分子内氢键稳定的单负离子 $\overset{-H^+}{\rightleftharpoons}$ HC(COO$^-$)=CH(COO$^-$)

$pK_{a_1}=1.92$　　$pK_{a_2}=6.59$

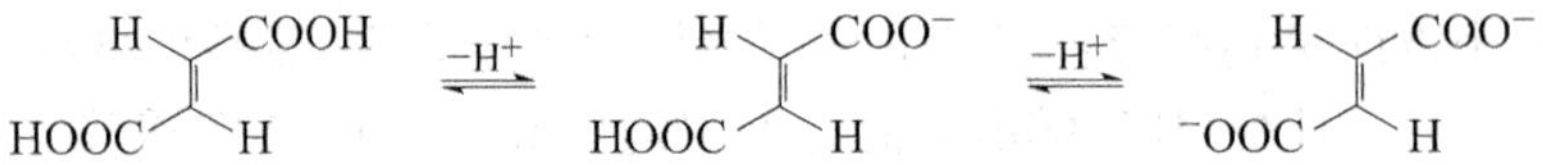

反丁烯二酸（HOOC—CH=CH—COOH）$\overset{-H^+}{\rightleftharpoons}$ HOOC—CH=CH—COO$^-$ $\overset{-H^+}{\rightleftharpoons}$ $^-$OOC—CH=CH—COO$^-$

$pK_{a_1}=3.03$　　$pK_{a_2}=4.54$

这是由于顺丁烯二酸可通过分子内氢键的形成来稳定一级电离生成的羧酸根负离子，使顺式的 pK_{a_1} 比反式的小；但又由于氢键的形成使第二个质子不易离解，并且二级电离后两个负电荷同时在双键同侧，有相互排斥作用，故顺式的 pK_{a_2} 较反式的大。

在芳香族羧酸中，苯环与羧基连接时，由于苯环的推电子效应(+I，+C)使苯甲酸的酸性比甲酸弱；但由于在生成苯甲酸根后，苯环对此负离子的稳定作用，使苯甲酸的酸性比乙酸、丙酸和环己烷羧酸强：

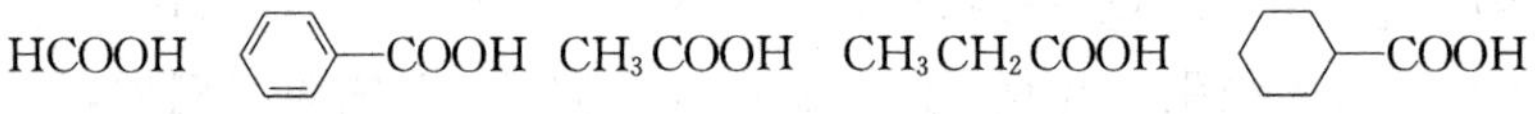

	HCOOH	C_6H_5—COOH	CH_3COOH	CH_3CH_2COOH	C_6H_{11}—COOH
pK_a	3.77	4.17	4.76	4.84	4.87

对于取代的芳香族羧酸，由于取代基不仅存在诱导效应，同时还存在共轭效应，若取代基在邻位，还有空间因素的影响，因此影响其酸性的因素比较复杂。但对于大部分取代基来说，一般还是吸电子取代基增强酸性，给电子取代基降低酸性。例如：

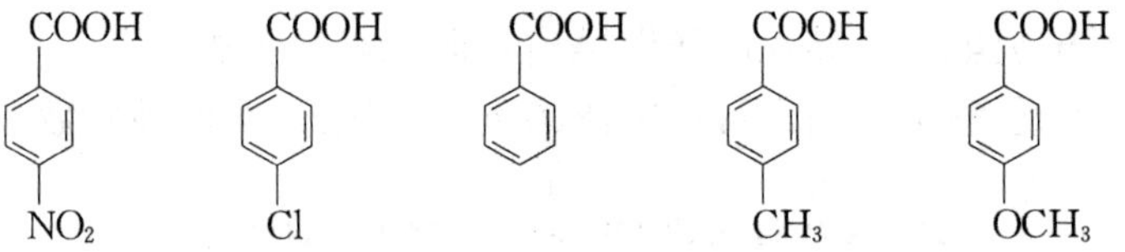

	对硝基苯甲酸（NO_2）	对氯苯甲酸（Cl）	苯甲酸	对甲基苯甲酸（CH_3）	对甲氧基苯甲酸（OCH_3）
pK_a	3.42	3.97	4.17	4.38	4.47

羧酸可以与 NaOH、Na_2CO_3、$NaHCO_3$ 等作用生成羧酸盐：

$$RCOOH + NaOH \longrightarrow RCOONa + H_2O$$
$$RCOOH + Na_2CO_3 \longrightarrow RCOONa + CO_2 + H_2O$$

羧酸盐具有盐的一般性质，不能挥发。羧酸的钾、钠和铵盐溶于水，羧酸的重金属盐不溶于水。羧酸的钠盐与无机强酸作用又可游离出羧酸：

$$RCOONa + HCl \longrightarrow RCOOH + NaCl$$

可利用这一性质来分离和提纯羧酸。

羧酸盐作为亲核试剂可以与卤代烷反应生成酯，这只适合于伯卤代烷与羧酸盐的反应，仲卤代烷和叔卤代烷在反应过程中发生消除反应生成烯烃：

$$PhCOO^- Na^+ + ClCH_2Ph \xrightarrow[110℃,1h]{三乙胺} PhCOOCH_2Ph$$

$$CH_2=CCH_2COOAg + ClCH_3 \longrightarrow CH_2=CCH_2COOCH_3 + AgCl\downarrow$$

羧酸的钠盐作为亲核试剂也可以与酰氯反应生成酸酐：

$$RCOO^- Na^+ + Cl—COR' \longrightarrow RCOOCOR'$$

12.1.2 羧酸羧基中的羟基被取代——羧酸衍生物的生成

羧酸羧基中的羟基被卤原子（X＝Cl，Br）、酰氧基（RCOO—）、烷氧基（RO—）和氨基（$—NH_2$）或取代氨基（—NHR、—NRR′）取代，分别生成酰卤、酸酐、酯和酰胺，统称为羧酸衍生物。

$$R—\overset{\overset{\displaystyle O}{\|}}{C}—OH \longrightarrow \begin{cases} R—CO—X & 酰卤 \\ R—CO—O—CO—R & 酸酐 \\ R—CO—OR & 酯 \\ R—CO—N\Big< & 酰胺 \end{cases}$$

1. 酰卤的生成

羧酸与三氯化磷（PCl_3）、五氯化磷（PCl_5）或氯化亚砜（亚硫酰氯 $SOCl_2$）反应时，羧基中的羟基被氯原子取代生成酰氯：

$$3RCOOH + PCl_3(b.p.\ 75℃) \longrightarrow 3RCOCl + P(OH)_3$$

$$RCOOH + PCl_5 \longrightarrow RCOCl + POCl_3(b.p.\ 105℃) + HCl$$

$$RCOOH + SOCl_2(b.p.\ 76℃) \longrightarrow RCOCl + HCl\uparrow + SO_2\uparrow$$

例如：

$$3CH_3COOH + PCl_3 \longrightarrow 3CH_3COCl + H_3PO_3$$

$$PhCOOH + PCl_5 \longrightarrow PhCOCl + POCl_3 + HCl$$

产物可用蒸馏方法来提纯，因此应根据原料和产物沸点的差别来选择适当的试剂。

2. 酸酐的生成

饱和一元酸在脱水剂，如 P_2O_5、低级羧酸酐存在下加热，两分子羧酸分子间脱水生成酸酐：

$$R—\overset{\overset{\displaystyle O}{\|}}{C}—O\boxed{—H + HO}—\overset{\overset{\displaystyle O}{\|}}{C}—R \xrightarrow[\triangle]{P_2O_5} R—\overset{\overset{\displaystyle O}{\|}}{C}—O—\overset{\overset{\displaystyle O}{\|}}{C}—R + H_2O$$

工业上常用乙酐作为脱水剂，在反应过程中不断蒸出乙酸：

$$2RCOOH + (CH_3CO)_2O \overset{\triangle}{\rightleftharpoons} (RCO)_2O + 2CH_3COOH$$

乙酐是由乙烯酮制得的。反应式如下：

$$\left.\begin{array}{l} CH_3COOH \xrightarrow{-H_2O} \\ CH_3COCH_3 \xrightarrow{-CH_4} \end{array}\right\} \longrightarrow CH_2{=}C{=}O \xrightarrow{CH_3COOH} CH_3\overset{O}{\overset{\|}{C}}{-}O{-}\overset{O}{\overset{\|}{C}}CH_3$$

甲酸一般不发生分子间脱水生成酐，但在浓 H_2SO_4 中加热，则分解生成CO和 H_2O，可用来制取高纯度的CO：

$$HCOOH \xrightarrow[\triangle]{浓\ H_2SO_4} H_2O + CO$$

3. 酯的生成

羧酸和醇在酸(如 H_2SO_4、苯磺酸等)催化下生成酯和水的反应，称为酯化反应：

$$RCOOH + HOR' \overset{H^+}{\rightleftharpoons} RCOOR' + H_2O$$

酯化反应是一个可逆反应(逆反应为酯的水解)，当反应进行到一定程度时，达到平衡。催化剂的作用是加速反应达到平衡。平衡常数为

$$K=\frac{[RCOOR'][H_2O]}{[RCOOH][R'OH]}$$

为了提高酯的产率，需要把平衡向生成酯的方向移动，一种方法是在反应过程中不断地从反应体系中除去水或分出酯，另一种方法是增加反应物之一的浓度。

酯化反应中，羧酸是提供羟基还是提供氢呢？为了解决这一问题，曾使用同位素标记的 ^{18}O 的伯醇和仲醇与羧酸反应，结果发现生成的酯中含有 ^{18}O，而生成的水中不含有 ^{18}O，这就表明，在伯醇和仲醇与羧酸反应时，是由羧酸提供羟基：

$$RCOOH + H{-}\overset{18}{O}R' \rightleftharpoons RCO\overset{18}{O}R' + H_2O$$

上述酯化反应的机理：在酸的作用下，羧酸中的羰基发生质子化生成 **1**，使羰基碳原子带有更多的正电性，从而使醇容易进行亲核加成，生成一个四面体结构的中间体 **2**，然后 **2** 发生质子转移生成 **3**，**3** 脱水得到 **4**，**4** 去质子后生成酯：

$$R{-}\overset{O}{\overset{\|}{C}}{-}OH \xrightleftharpoons{H^+,质子化} R{-}\overset{\overset{+}{O}H}{\overset{\|}{C}}{-}OH\ (\mathbf{1}) \xrightleftharpoons{H\ddot{O}R',亲核加成} \underset{R\quad\ \overset{+}{O}R'H}{\overset{HO\quad OH}{C}}\ (\mathbf{2}) \xrightleftharpoons{质子转移}$$

$$\underset{R\quad OR'}{\overset{HO\quad \overset{+}{O}H_2}{C}}\ (\mathbf{3}) \xrightleftharpoons{-H_2O,消除} \left[R\underset{+}{\overset{OH}{\overset{|}{C}}}{-}OR' \longleftrightarrow R\overset{\overset{+}{O}H}{\overset{\|}{C}}{-}OR' \right] (\mathbf{4}) \xrightleftharpoons{-H^+,去质子} R{-}\overset{O}{\overset{\|}{C}}OR'$$

羧酸与伯醇、仲醇酯化时，绝大多数属于这个反应机理。不同的羧酸和醇按此机理进行酯化反应的活性一般有如下的顺序：

羧酸　$HCOOH > CH_3COOH > RCH_2COOH > R_2CHCOOH > R_3CCOOH$

醇　$CH_3OH > RCH_2OH > R_2CHOH > R_3COH$

这是因为，不论是羧酸还是醇中烃基体积增大，均不利于亲核试剂醇进攻羧酸中羰基碳原子，从而减小了反应速率。芳香族羧酸的酯化反应要比脂肪族的困难一些。

羧酸与叔醇的酯化与伯醇和仲醇的情况不同，反应是羧酸提供氢，醇提供羟基：

$$R'-\overset{\overset{\large O}{\|}}{C}-O-\boxed{H + H\overset{18}{O}}-CR_3 \xrightleftharpoons{H^+} R'-\overset{\overset{\large O}{\|}}{C}-OCR_3 + H_2O^{18}$$

这是由于在酸的作用下，叔醇容易形成碳正离子，碳正离子和羧酸结合生成质子化的酯，然后脱去质子生成酯：

$$R_3COH \xrightleftharpoons{H^+} R_3\overset{+}{C}OH_2 \xrightleftharpoons{-H_2O} R_3C^+ \xrightleftharpoons{R'COOH} R'CO\overset{H}{\underset{+}{O}}CR_3 \xrightleftharpoons{-H^+} R'COOCR_3$$

碳正离子很容易脱水生成烯烃，因此羧酸与叔醇的酯化反应产率一般很低，所以叔醇的酯一般不用直接酯化的方法制备。

4. 酰胺的生成

羧酸与氨或伯胺、仲胺反应，生成羧酸铵，铵盐受热后分子内脱水生成酰胺：

$$RCOOH + H-N\langle \longrightarrow R-C(=O)-\overset{-}{O}\overset{+}{N}H_2\langle \xrightarrow{\triangle} RCON\langle + H_2O$$

例如：

$$CH_3(CH_2)_2COOH + NH_3 \longrightarrow CH_3(CH_2)_2CO\overset{-}{O}\overset{+}{N}H_4 \xrightarrow[-H_2O]{\triangle} CH_3(CH_2)_2CONH_2$$

$$HO-C_6H_4-NH_2 + CH_3COOH \xrightarrow[\triangle]{-H_2O} HO-C_6H_4-NHCOCH_3$$ （对羟基乙酰苯胺，"扑热息痛"）

$$nH_2N(CH_2)_6NH_2 + nHO\overset{\overset{\large O}{\|}}{C}(CH_2)_4\overset{\overset{\large O}{\|}}{C}OH \xrightarrow[\triangle]{-H_2O} \left[NH(CH_2)_6NH\overset{\overset{\large O}{\|}}{C}(CH_2)_4\overset{\overset{\large O}{\|}}{C}\right]_n$$

尼龙-66（又称锦纶-66）

羧酸铵热解生成酰胺的反应机理为

$$RCO\overset{-}{O}\overset{+}{N}H_2\langle \rightleftharpoons R-\overset{\overset{\large O}{\|}}{C}-OH + H\ddot{N}\langle \xrightleftharpoons{\text{亲核加成}} R-\overset{O^-}{\underset{HO}{C}}-\overset{+}{N}H\langle$$

$$\xrightleftharpoons{\text{质子转移}} R-\overset{O^-}{\underset{^+OH_2}{C}}-N\langle \xrightleftharpoons{-H_2O,\text{消除}} R-\overset{\overset{\large O}{\|}}{C}-N\langle$$

12.1.3 还原反应

羧酸很难被还原，但 $LiAlH_4$ 能顺利地把羧酸直接还原为伯醇：

$$RCOOH \xrightarrow[\text{干醚}]{LiAlH_4} \xrightarrow[H^+]{H_2O} RCH_2OH$$

例如：

$$(CH_3)_3CCOOH \xrightarrow[\text{干醚}]{LiAlH_4} \xrightarrow{H_3O^+} (CH_3)_3CCH_2OH$$

乙硼烷也可将羧酸还原为伯醇。例如：

$$O_2N\text{—}C_6H_4\text{—}COOH \xrightarrow[THF]{B_2H_6} \xrightarrow{H_2O} O_2N\text{—}C_6H_4\text{—}CH_2OH$$

12.1.4　脱羧反应

1. 脱羧成烃

大多数羧酸或它的盐受热后可以发生脱羧反应。例如：

$$CH_3COONa + NaOH \xrightarrow[\triangle]{CaO} CH_4 + Na_2CO_3$$

在羧酸的 α-C 上带有吸电子基如硝基、卤素、羰基、氰基等，容易脱羧。例如：

$$Cl_3CCOONa \xrightarrow[50℃]{H_2O} CHCl_3 + CO_2$$

$$CH_3COCH_2COOH \xrightarrow{\triangle} CH_3COCH_3 + CO_2$$

芳香族羧酸的脱羧反应比脂肪族羧酸容易，特别是在邻、对位有吸电子基团的芳酸特别容易脱羧。例如：

$$2,4,6\text{-}(O_2N)_3C_6H_2COOH \xrightarrow[\triangle]{H_2O} 1,3,5\text{-}(O_2N)_3C_6H_3$$

2. 脱羧卤化

1）亨斯狄克反应

羧酸与 Ag_2O 反应得羧酸的银盐，在无水 CCl_4 中与 Br_2 或 I_2 反应，失去 CO_2，生成比羧酸少一个碳原子的溴代烷或碘代烷。此反应称为亨斯狄克(Hunsdiecker)反应。

$$RCOOH + Ag_2O \longrightarrow RCOOAg \xrightarrow[CCl_4]{Br_2} RBr + CO_2 + AgBr$$

由于该反应制备无水羧酸银比较麻烦，Cristol 对此反应进行了改进，直接用羧酸与红色氧化汞、Br_2 在 CCl_4 中反应：

$$2RCOOH + HgO + 2Br_2 \xrightarrow{CCl_4} 2RBr + HgBr_2 + 2CO_2 + H_2O$$

2）科奇反应

用四乙酸铅、金属卤化物（锂、钾、钙的卤化物）和羧酸反应，脱羧卤化得到比羧酸少一个碳原子的卤代烷，这个反应称为科奇(Kochi)反应：

$$RCOOH + Pb(OCOCH_3)_4 + LiCl \longrightarrow RCl + CH_3COOLi + Pb(OCOCH_3)_2 + CH_3COOH + CO_2$$

科奇反应方法简便、便宜，对一级、二级和三级卤代烷产率均很好。

12.1.5 二元羧酸受热后的变化

由于二元羧酸两个羧基的位置不同，在受热时可能发生不同的反应，有的脱羧、有的脱水、有的同时脱水脱羧。例如：

$$HOOCCOOH \xrightarrow[\text{或 } H_2SO_4,100℃]{160\sim180℃} HCOOH + CO_2 \quad \text{脱羧}$$

$$HCOOH \xrightarrow{\triangle} CO + H_2O$$

$$HOOCCH_2COOH \xrightarrow{140\sim160℃} CH_3COOH + CO_2 \quad \text{脱羧}$$

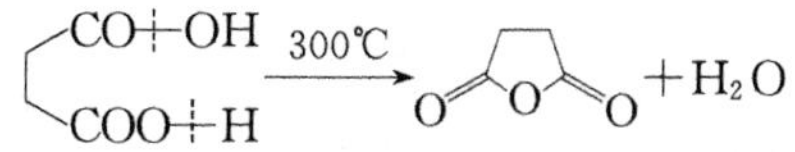

丁二酸 $\xrightarrow{300℃}$ 丁二酸酐 $+ H_2O$ 脱水

戊二酸 $\xrightarrow{300℃}$ 戊二酸酐 $+ H_2O$ 脱水

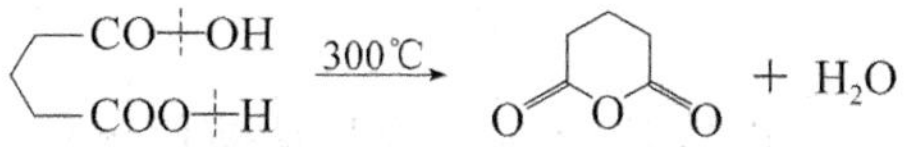

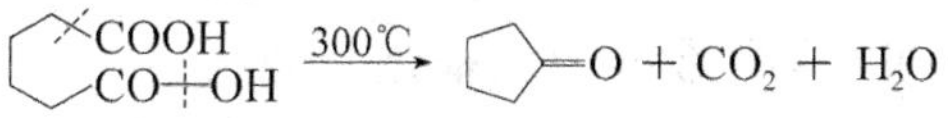

己二酸 $\xrightarrow{300℃}$ 环戊酮 $+ CO_2 + H_2O$ 脱水脱羧

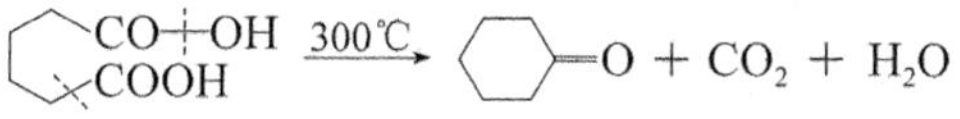

庚二酸 $\xrightarrow{300℃}$ 环己酮 $+ CO_2 + H_2O$ 脱水脱羧

庚二酸以上的二元酸，在高温时发生分子间的脱水，形成高分子的酸酐，不形成大于六元的环状化合物。芳香族二元酸也能进行上述反应。例如：

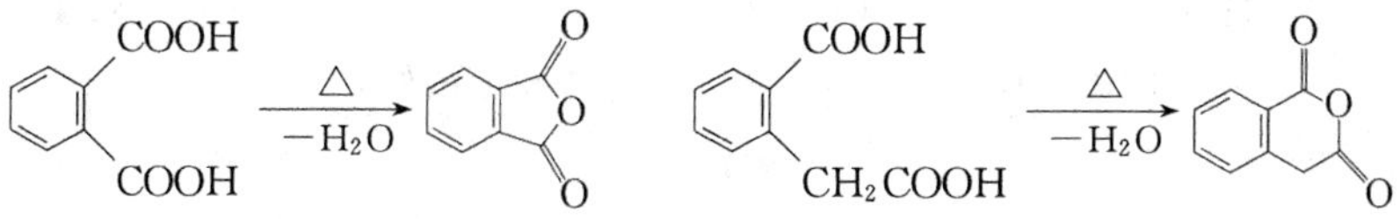

邻苯二甲酸 $\xrightarrow[-H_2O]{\triangle}$ 邻苯二甲酸酐；邻羧基苯乙酸（CH_2COOH, COOH）$\xrightarrow[-H_2O]{\triangle}$ 高邻苯二甲酸酐

根据以上反应，可以得出一个结论：在有机反应中有成环可能时，一般倾向于形成张力较小的五元或六元环，这称为布兰(Blanc)规则。这是布兰(G. Blanc)在用各种二元酸和乙酸酐加热时得到的结果。

12.1.6 羧酸 α-H 的卤化反应

羧酸分子中的 α-H 由于受到羧基的影响，具有一定的活性，但不如醛酮的α-H活性高，这是由于羧基中碳原子与羟基共轭，减少了碳原子的正电性，从而减弱了 α-H 的活泼性。在催化剂如红磷、PCl_3 或 PBr_3 等存在下，卤素(Cl_2、Br_2)与羧酸作用，羧酸中的 α-H 可以顺利地被卤素取代，得到 α-卤代酸。控制卤素用量，可得到一元或多元卤代酸：

$$RCH_2COOH \xrightarrow[P]{X_2(Cl_2,Br_2)} RCHXCOOH \xrightarrow[P]{X_2} RCX_2COOH$$

这个反应称为黑尔-福尔哈德-泽林斯基(Hell-Volhard-Zelinsky)反应。例如：

$$CH_3COOH \xrightarrow[P]{Cl_2} ClCH_2COOH \xrightarrow[Cl_2]{\triangle} Cl_2CHCOOH \xrightarrow[Cl_2]{\triangle} Cl_3CCOOH$$

反应机理为

$$2P + 3X_2 \longrightarrow 2PX_3$$

$$RCH_2\overset{O}{\overset{\|}{C}}OH \xrightarrow{PX_3} RCH_2\overset{O}{\overset{\|}{C}}-X \rightleftharpoons RCH=\overset{OH}{\overset{|}{C}}-X \xrightarrow[-X^-]{X-X} R\overset{X}{\overset{|}{C}H}-\overset{\overset{+}{O}H}{\overset{\|}{C}}-X$$

$$\xrightleftharpoons{-H^+} R\overset{X}{\overset{|}{C}H}-\overset{O}{\overset{\|}{C}}-X \xrightarrow{RCH_2COOH} R\overset{X}{\overset{|}{C}}HCOOH + RCH_2\overset{O}{\overset{\|}{C}}-X$$

三卤化磷的作用是将羧酸变成酰卤，因为酰卤的 α-H 比羧酸的 α-H 活泼，有更大的倾向生成烯醇式异构体，易受卤素正离子进攻发生亲电加成，生成 α-卤代酰卤。由于使用的催化剂是催化量的，因此 α-卤代酰卤也是少量的，它与羧酸进行交换反应，生成 α-卤代酸和酰卤，酰卤再循环反应下去直至反应完成。

12.1.7　芳香族羧酸芳环上的亲电取代反应

对于芳香族羧酸，分子中的苯环可以发生环上亲电取代反应。羧基是钝化苯环的间位定位基，因此芳酸可以进行卤化、硝化和磺化反应，很难进行烷基化和酰基化反应。例如：

$$C_6H_5COOH \xrightarrow{FeBr_3} m\text{-}BrC_6H_4COOH$$

$$C_6H_5COOH \xrightarrow[\triangle]{HNO_3\text{-}H_2SO_4} m\text{-}O_2NC_6H_4COOH \xrightarrow[\triangle]{\text{发烟 } HNO_3\text{-}H_2SO_4} 3,5\text{-}(O_2N)_2C_6H_3COOH$$

$$C_6H_5COOH \xrightarrow{H_2SO_4, SO_3} m\text{-}HO_3SC_6H_4COOH$$

12.2　取代羧酸

12.2.1　卤代酸

1. 卤代酸的合成

1）α-卤代酸的合成

用黑尔-福尔哈德-泽林斯基反应可得到 α-卤代酸。反应式如下：

$$RCH_2COOH \xrightarrow[P]{X_2} RCHXCOOH$$

2）β-卤代酸的合成

β-卤代酸可用 α,β-不饱和酸与 HX 加成得到。

$$RCH=CHCOOH + HX \longrightarrow RCHXCH_2COOH$$

3）γ-卤代酸和δ-卤代酸等的合成

由二元酸单酯经亨斯狄克（Hunsdiecker）反应制卤代酸酯，卤代酸酯水解得相应卤代酸。

$$ROOC(CH_2)_nCOOH \xrightarrow[KOH]{AgNO_3} ROOC(CH_2)_nCOOAg$$

$$\xrightarrow[CCl_4]{Br_2} ROOC(CH_2)_nBr \xrightarrow[H_2O]{H^+} HOOC(CH_2)_nBr$$

2. 卤代酸的化学性质

1）α-卤代酸

α-卤代酸发生卤代烷的亲核取代反应和消除反应，可以制备α-取代羧酸和α,β-不饱和羧酸，还可以用来制取丙二酸及其衍生物。

α-卤代酸 RCH(X)COOH：

$$\xrightarrow[②H^+]{①HO^-,H_2O;} RCHOHCOOH \quad \alpha\text{-羟基酸}$$

$$\xrightarrow[②NH_3;③H^+]{①NaOH\ 中和;} RCH(NH_2)COOH \quad \alpha\text{-氨基酸}$$

$$\xrightarrow[②NaCN;③H^+]{①NaOH\ 中和;} RCH(COOH)(CN) \ (\alpha\text{-氰基酸}) \xrightarrow[\triangle]{H^+,H_2O} RCH(COOH)_2 \ (\text{烷基取代丙二酸})$$

$$\xrightarrow{HO^-,-HX} R'CH{=}CHCOOH \quad \alpha,\beta\text{-不饱和酸}$$

2）β-卤代酸

含有α-H的β-卤代酸在碱的作用下，发生消除反应，生成α,β-不饱和酸。

$$RCHXCH_2COOH \xrightarrow{NaOH,H_2O} RCH{=}CHCOONa \xrightarrow{H^+} RCH{=}CHCOOH$$

无α-H的β-卤代酸，在碱的作用下，可以水解为β-羟基酸，也可以形成β-内酯。例如：

$$(CH_3)_2C(CH_2X)-\overset{O}{\overset{\|}{C}}-OH \xrightarrow{NaOH,H_2O} (CH_3)_2C(COONa)(CH_2OH) \quad \text{在水中}$$

$$(CH_3)_2C(CH_2X)-\overset{O}{\overset{\|}{C}}-OH \xrightarrow{NaOH,CCl_4} \beta\text{-内酯（3,3-二甲基环丁内酯）} \quad \text{在 } CCl_4 \text{ 中}$$

3）γ-卤代酸和δ-卤代酸

γ-与δ-卤代酸先与等物质的量的碱发生酸碱反应，形成羧酸盐，然后再发生S_N2反应形成内酯。

γ-卤代酸与等物质的量的碱作用形成γ-内酯，用热碱处理水解得到γ-羟基酸盐。如果将γ-羟基酸盐酸化，又可得到γ-内酯。

$$ClCH_2CH_2CH_2COOH \xrightarrow[H_2O]{Na_2CO_3} ClCH_2CH_2CH_2COO^-Na^+$$

$$\xrightarrow{S_N2} \gamma\text{-丁内酯} \underset{H^+}{\overset{NaOH,H_2O,\triangle}{\rightleftharpoons}} HOCH_2CH_2CH_2COONa\ (\gamma\text{-羟基酸盐})$$

δ-卤代酸与等物质的量的碱作用，形成 δ-内酯。δ-内酯在室温放置即可开环，生成 δ-羟基酸盐。

$$ClCH_2CH_2CH_2CH_2COOH \xrightarrow[H_2O]{NaOH} ClCH_2CH_2CH_2CH_2COO^-Na^+$$

$$\xrightarrow{S_N2} \delta\text{-戊内酯} \xrightarrow{NaOH,H_2O} HOCH_2CH_2CH_2CH_2COONa\ (\delta\text{-羟基酸盐})$$

4) ε-卤代酸

ε-卤代酸在碱中发生水解反应得到 ε-羟基酸盐，酸化后形成 ε-羟基酸。

$$\underset{\varepsilon\text{-溴代己酸}}{BrCH_2CH_2CH_2CH_2CH_2COOH} \xrightarrow[H_2O]{NaOH} \xrightarrow{H^+} \underset{\varepsilon\text{-羟基己酸}}{HOCH_2CH_2CH_2CH_2CH_2COOH}$$

12.2.2　羟基酸

1. 羟基酸的合成

羟基酸可通过在含羟基的化合物分子中引入羧基或在羧酸分子中引入羟基的方法来制备。

1) α-羟基酸的合成

(1) α-羟基腈水解。α-羟基酸可以由羰基化合物与 HCN 加成得 α-羟基腈，然后水解得到。

$$>C=O + HCN \longrightarrow >C(OH)CN \xrightarrow{H^+,H_2O} >C(OH)COOH$$

例如：

$$CH_3\overset{O}{\overset{\|}{C}}CH_2CH_3 + HCN \longrightarrow CH_3\underset{CN}{\overset{OH}{C}}CH_2CH_3 \xrightarrow{H^+,H_2O} CH_3\underset{COOH}{\overset{OH}{C}}CH_2CH_3$$

$$PhCHO + HCN \longrightarrow Ph\overset{OH}{C}H{-}CN \xrightarrow[100℃]{浓\ HCl} Ph\overset{OH}{C}H{-}COOH$$

(2) α-卤代酸水解。α-羟基酸也可由 α-卤代酸水解得到。

$$ClCH_2COOH \xrightarrow[HO^-]{H_2O} HOCH_2COOH + HCl$$

具有光活性的 α-卤代酸在不同条件下反应，可得不同构型的产物。例如：

$$(S)\text{-2-溴丙酸} \xrightarrow[S_N2]{\text{浓 NaOH}} \left[\overset{\delta-}{HO}\cdots C \cdots \overset{\delta-}{Br} \right]^{\neq} \longrightarrow (R)\text{-乳酸盐}$$

$$(S)\text{-2-溴丙酸} \xrightarrow[\text{分子内 } S_N2]{\text{稀 NaOH,}Ag_2O} (R)\text{-}\alpha\text{-丙内酯} \xrightarrow{HO^-} [\;]^{\neq} \longrightarrow (S)\text{-乳酸盐}$$

2）β-羟基酸的合成

（1）β-羟基腈水解。β-羟基酸可以由 β-羟基腈水解得到，β-羟基腈可以由烯烃与次氯酸加成后再与 KCN 作用而得。

$$RCH{=}CH_2 \xrightarrow{HOCl} RCHOHCH_2Cl \xrightarrow{KCN} RCHOHCH_2CN \xrightarrow{H^+,H_2O} RCHOHCH_2COOH$$

（2）Reformatsky 反应。α-卤代羧酸酯与锌形成有机锌化合物，再与醛、酮发生加成反应，得到 β-羟基羧酸酯，将酯水解得 β-羟基酸。例如：

$$BrCH_2COOC_2H_5 + Zn \longrightarrow BrZnCH_2COOC_2H_5 \xrightarrow{>C=O} >C(CH_2COOC_2H_5)(OZnBr)$$

$$\xrightarrow{H^+,H_2O} >C(CH_2COOC_2H_5)(OH) \xrightarrow{H_2O} >C(CH_2COOH)(OH)$$

3）ω-羟基酸的合成

将二元酸的单酯分子中酯基还原为羟基，可得到 ω-羟基酸。

$$HOOC(CH_2)_nCOOC_2H_5 \xrightarrow[\text{或 } NaBH_4]{Na\text{-}C_2H_5OH} \xrightarrow{H_3O^+} HOOC(CH_2)_nCH_2OH$$

2. 羟基酸的性质

由于羟基酸分子中含有羟基和羧基，这两个基团都能分别与水形成氢键，因此羟基酸在水中的溶解度比相应的醇和羧酸都大，低级羟基酸可与水混溶。羟基酸的熔点也比相应的羧酸高。

羟基酸兼有羟基和羧基的性质，并由于羟基和羧基两个官能团的相互影响而具有一些特殊的性质。

1）酸性

在羟基酸分子中，由于羟基的吸电子诱导效应，使羟基酸的酸性增强，羟基离羧基距离越近，酸性越强。例如：

	$HOCH_2COOH$		CH_3COOH	$CH_3CHOHCOOH$		$HOCH_2CH_2COOH$		CH_3CH_2COOH
pK_a	3.85	<	4.76	3.86	<	4.51	<	4.87

邻羟基苯甲酸的酸性比苯甲酸强，主要是由于羟基处于羧基邻位时，可形成分子内氢键，有利于羧酸根负离子稳定，因而酸性增加。

$$\text{p}K_a \quad \text{(邻羟基苯甲酸)}\ 2.98 < \text{(苯甲酸)}\ 4.17$$

$$\text{邻羟基苯甲酸} + H_2O \rightleftharpoons \text{邻羟基苯甲酸根(分子内氢键, O}^{\frac{1}{2}-}\text{)} + H_3O^+$$

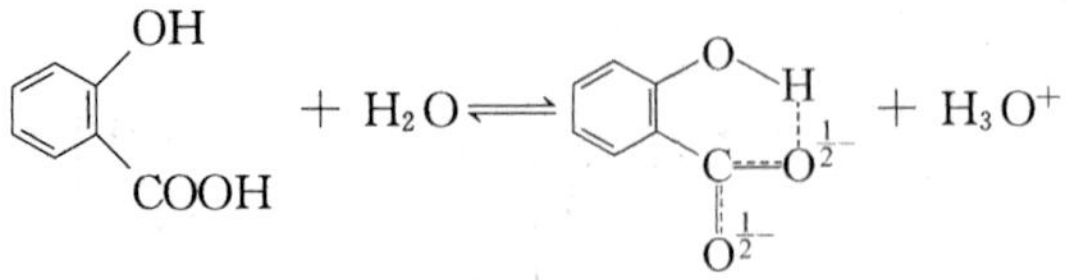

2）脱水反应

羟基酸受热或与脱水剂共热脱水时，由于羟基和羧基的相对位置不同，脱水反应的产物也不同。

α-羟基酸受热时，两分子间的羧基与羟基相互酯化脱水，生成交酯。

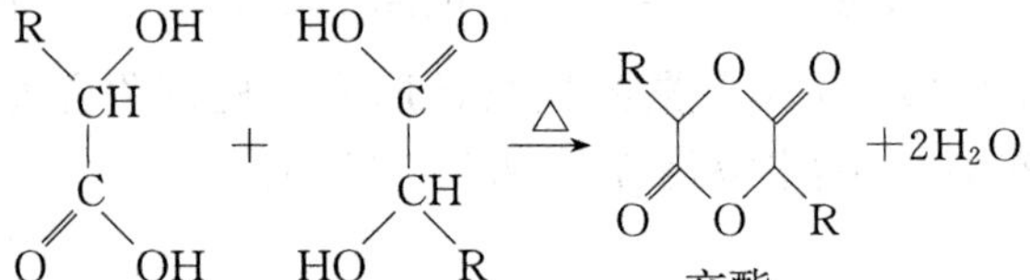

$$2\,\text{RCH(OH)COOH} \xrightarrow{\triangle} \text{交酯} + 2H_2O$$

交酯

β-羟基酸受热时，发生分子内脱水生成α,β-不饱和酸。

$$RCHOHCH_2COOH \xrightarrow[\triangle]{\text{稀}\ H^+\ \text{或稀}\ HO^-} RCH{=}CHCOOH + H_2O$$

γ-和δ-羟基酸很容易发生分子内脱水生成五元环和六元环的内酯。

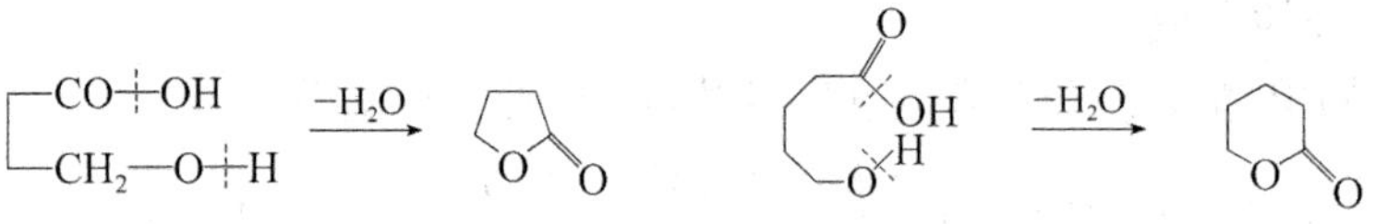

$$\gamma\text{-羟基酸} \xrightarrow{-H_2O} \gamma\text{-丁内酯} \qquad \delta\text{-羟基酸} \xrightarrow{-H_2O} \delta\text{-戊内酯}$$

γ-羟基酸　γ-丁内酯　δ-羟基酸　δ-戊内酯

羟基和羧基相隔5个或5个以上碳原子的羟基酸，受热后发生分子间的酯化脱水，生成链状结构的聚酯。

$$m\text{HO(CH}_2)_n\text{COOH} \longrightarrow \text{H}\!\left[\text{O(CH}_2)_n\text{CO}\right]_m\text{OH} + (m-1)H_2O$$
$$(n \geqslant 5)$$

3）氧化和分解反应

α-羟基酸和β-羟基酸与$KMnO_4$共热氧化，可生成α-酮酸和β-酮酸，此产物在氧化体系中不稳定，易脱羧转变成醛、酮或羧酸。

$$RCHOHCOOH \xrightarrow{KMnO_4} RCOCOOH \xrightarrow{-CO_2} RCHO \xrightarrow{KMnO_4} RCOOH$$

$$RCHOHCH_2COOH \xrightarrow{KMnO_4} RCOCH_2COOH \xrightarrow{-CO_2} RCOCH_3$$

α-羟基酸用浓H_2SO_4加热处理，发生分解，生成醛或酮及CO和H_2O。

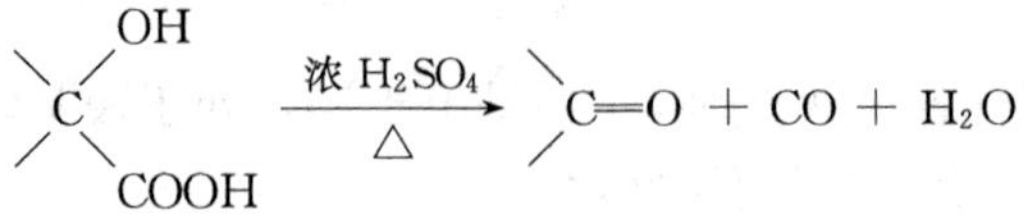

$$\text{>C(OH)COOH} \xrightarrow[\triangle]{\text{浓}\ H_2SO_4} \text{>C=O} + CO + H_2O$$

α-羟基酸用稀 H_2SO_4 或盐酸加热处理，则分解为醛或酮和甲酸：

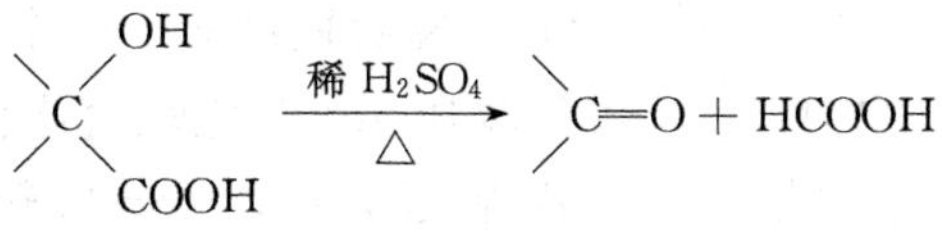

$$\gt C(OH)COOH \xrightarrow[\triangle]{\text{稀 } H_2SO_4} \gt C{=}O + HCOOH$$

此反应在有机合成上可用来使碳链缩短，从高级羧酸经 α-溴代、水解，然后分解来合成少一个碳原子的高级醛。例如：

$$RCH_2COOH \xrightarrow[P]{Br_2} RCHBrCOOH \xrightarrow[H_2O]{HO^-} RCHOHCOOH \xrightarrow[\triangle]{\text{稀 } H_2SO_4} RCHO + HCOOH$$

12.3 羧酸衍生物

羧酸羧基中的羟基被卤素（—X）、酰氧基（—OCOR′）、烷氧基（—OR′）、氨基（—NH_2）或烷氨基（—NHR′或—NR_2'）置换后产生酰卤（RCOX）、酸酐（RCOOCOR′）、酯（RCOOR′）和酰胺（$RCONH_2$、RCONHR′或 $RCONR_2'$）。习惯上把这些化合物称为羧酸衍生物。这些化合物中都有酰基（RCO—），所以它们又统称为酰基化合物。它们的结构与羧酸相似，可用通式表示如下：

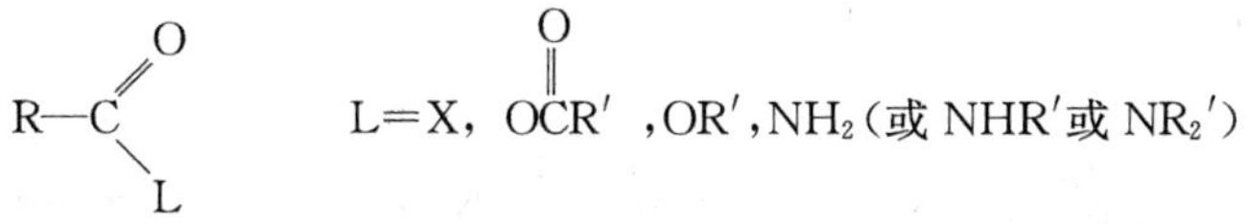

$$R{-}C({=}O){-}L \qquad L = X,\ \overset{O}{\overset{\|}{OCR'}},\ OR',\ NH_2(\text{或 } NHR' \text{或 } NR_2')$$

其中，酰基碳原子为 sp^2 杂化，形成平面型结构。由于 L 中的 X、O 及 N 原子上均具有未共用电子对，它们所处的 p 轨道可以和酰基中的 π 键形成 p-π 共轭体系。其共轭结构与共振式表示如下：

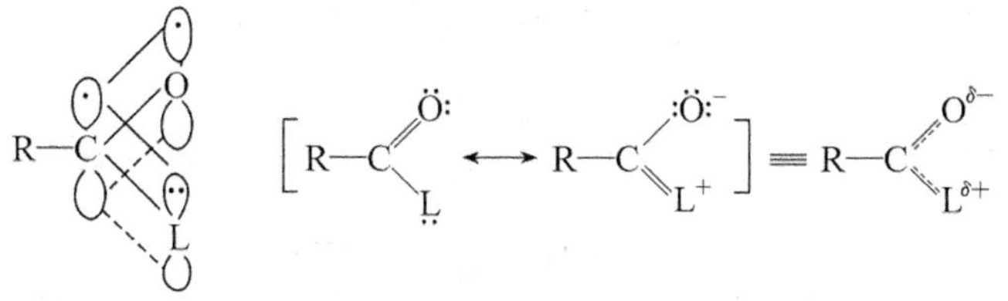

$$\left[R{-}C({=}\ddot{O}{:}){-}\ddot{L} \longleftrightarrow R{-}C({-}{:}\ddot{O}{:}^-){=}L^+\right] \equiv R{-}C(\cdots O^{\delta-})\cdots L^{\delta+}$$

在羧酸衍生物的分子结构中，由于 L 基团不同，因此它们发生共轭效应的程度是不相同的，由强到弱的顺序为

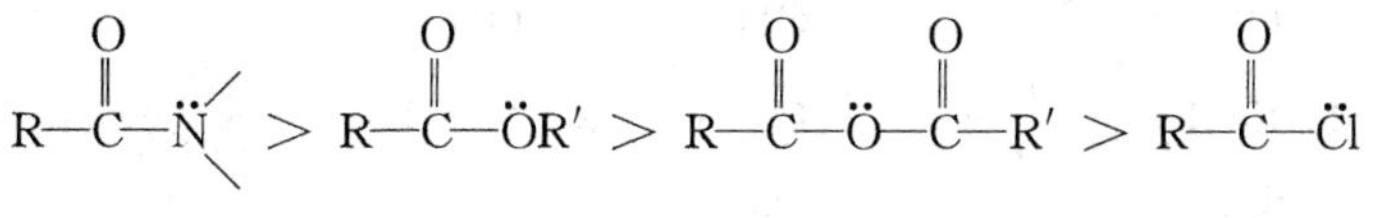

$$R{-}\overset{O}{\overset{\|}{C}}{-}\ddot{N}\lt > R{-}\overset{O}{\overset{\|}{C}}{-}\ddot{O}R' > R{-}\overset{O}{\overset{\|}{C}}{-}\ddot{O}{-}\overset{O}{\overset{\|}{C}}{-}R' > R{-}\overset{O}{\overset{\|}{C}}{-}\ddot{C}l$$

这符合—$\ddot{N}\lt$ > —$\ddot{O}$R > —OCOR′ > Cl 的给电子共轭效应顺序。这种共轭效应强弱程度可以从它们的物理和化学性质表现出来。例如，从稳定性来看，羧酸衍生物的稳定性顺序为

$$RCOO^- > RCONH_2 > RCOOR' > RCOOCOR' > RCOCl$$

从键长来看，酰胺分子中 C—N 键比胺中 C—N 键短许多。一个原因是由于酰胺中 C—N 键的碳用 sp^2 杂化轨道，与胺中 C—N 键的碳用 sp^3 杂化轨道比较，C_{sp^2} 杂化轨道中 s 成分较多，故键长较短；另一个原因就是因为羰基与氨基共轭效应较强，因此键长缩短许多。而酰氯中的 C—Cl 键和氯代烃中的 C—Cl 键的键长基本相同，这是因为氯有较强的电负性，在酰氯中主要表现为强的吸电子诱导效应，而与羰基的共轭效应很弱。

羧酸衍生物的化学性质主要表现为酰基碳上的亲核取代反应、还原反应和涉及 α-H 的反应等。

12.3.1　羧酸衍生物酰基碳上的亲核取代反应

羧酸衍生物的典型反应为酰基碳上的亲核取代反应。羧酸衍生物都可以与水、醇、氨等反应，结果在这些亲核试剂分子中引入了酰基。这类反应可以用通式表示如下：

$$RCOL + HNu \longrightarrow RCONu + HL$$

反应机理是，首先亲核试剂进攻羧酸衍生物中的酰基碳原子，发生亲核加成，形成一个具有四面体结构的中间体，然后中间体消除一个基团，生成另外一种酰基化合物，得到取代产物。

在中性溶液中：

$$R{-}\overset{O}{\overset{\|}{C}}{-}L \xrightarrow[\text{亲核加成}]{H\ddot{N}u} R{-}\underset{HNu^+}{\underset{|}{\overset{O^-}{\overset{|}{C}}}}{-}L \xrightarrow{\text{质子转移}} R{-}\underset{Nu}{\underset{|}{\overset{O^-}{\overset{|}{C}}}}{-}\overset{+}{L}H \xrightarrow[\text{消除}]{-HL} R{-}\overset{O}{\overset{\|}{C}}{-}Nu$$

在碱性溶液中：

$$R{-}\overset{O}{\overset{\|}{C}}{-}L + Nu^- \xrightarrow{\text{亲核加成}} R{-}\underset{Nu}{\underset{|}{\overset{O^-}{\overset{|}{C}}}}{-}L \xrightarrow{\text{消除}} R{-}\overset{O}{\overset{\|}{C}}{-}Nu + L^-$$

在酸性溶液中：

$$R{-}\overset{O}{\overset{\|}{C}}{-}L + H^+ \xrightarrow{\text{质子化}} \left[R{-}\overset{\overset{+}{O}H}{\overset{\|}{C}}{-}L \longleftrightarrow R{-}\underset{+}{\overset{OH}{\overset{|}{C}}}{-}L \right] \xrightarrow[\text{亲核加成}]{HNu} R{-}\underset{HNu^+}{\underset{|}{\overset{OH}{\overset{|}{C}}}}{-}L$$

$$\xrightarrow{\text{质子转移}} R{-}\underset{Nu}{\underset{|}{\overset{OH}{\overset{|}{C}}}}{-}\overset{+}{L}H \xrightarrow[\text{消除}]{-HL} \left[R{-}\underset{Nu}{\underset{|}{\overset{OH}{\overset{|}{C^+}}}} \longleftrightarrow R{-}\overset{\overset{+}{O}H}{\overset{\|}{C}}{-}Nu \right] \xrightarrow[\text{去质子化}]{-H^+} R{-}\overset{O}{\overset{\|}{C}}{-}Nu$$

对于羧酸衍生物，第一步发生亲核加成反应的活性取决于酰基碳原子所带正电性的多少（电子效应）和酰基碳所连基团空间体积的大小（空间效应）。当酰基碳原子所连基团有吸电子性能时，酰基碳原子所带正电性增加，有利于亲核试剂进攻酰基碳原子发生加成，同时吸电子基团的存在能够稳定加成后所形成的中间体，从而有利于加成。在羧酸衍

生物中，L 给电子共轭效应的顺序为

$$-O^- > -NH_2 > -OR' \sim -OH > -OCOR' > -Cl$$

L 吸电子诱导效应的顺序为

$$-NH_2, -OR' < -OCOR' < -Cl$$

因此酰基碳上所带正电性多少的顺序为

$$RCOO^- < RCONH_2 < RCOOR' < RCOOCOR' < RCOCl$$

羧酸衍生物与亲核试剂加成后生成的四面体中间体在进行消除时，反应活性决定于离去基团本身的结构。亲核性越强的基团越不容易离去，离去后稳定性越大的基团越容易离去。离去基团的稳定性与碱性有关，碱性越强的基团，稳定性越差，越不容易离去。羧酸衍生物离去基团的碱性顺序为

$$:\bar{N}H_2 > :OR^- > :OH^- > :\bar{O}COR > :Cl^-$$
$$NH_3 > ROH \sim H_2O > RCOOH > HCl$$

因此，从以上方面可以推断，不同的羧酸衍生物发生酰基碳上的亲核取代反应，即亲核加成-消除反应的活性顺序为

$$RCOCl > RCOOCOR' > RCOOR' > RCONH_2 > RCOO^-$$

比较羧酸衍生物酰基碳上的亲核取代反应与醛、酮羰基的亲核加成反应，这两类反应的第一步是相同的，都是亲核试剂进攻羰基碳原子生成四面体中间体。

酰基碳上的亲核取代为

$$R-\overset{\overset{O}{\|}}{C}-L+\ddot{N}u^- \xrightarrow[\text{①}]{\text{亲核加成}} R-\underset{\underset{Nu}{|}}{\overset{\overset{O^-}{|}}{C}}-L \xrightarrow[\text{②}]{\text{消除}} R-\overset{\overset{O}{\|}}{C}-Nu+\ddot{L}^-$$

醛、酮羰基的亲核加成：

$$R-\overset{\overset{O}{\|}}{C}-H(\text{或 }R')+\ddot{N}u^- \xrightarrow[\text{①}]{\text{亲核加成}} R-\underset{\underset{Nu}{|}}{\overset{\overset{O^-}{|}}{C}}-H(\text{或 }R') \xrightarrow[\text{②}]{\text{质子化}} R-\underset{\underset{Nu}{|}}{\overset{\overset{OH}{|}}{C}}-H(\text{或 }R')$$

不同的是第二步。羧酸衍生物形成的四面体中间体有一个较易离去的基团 L，结果第二步是离去基以负离子的形式离去，发生消除，生成取代产物。而在醛酮形成的四面体中间体中，没有好的离去基，结果第二步是质子化生成加成产物。对于醛和酮，如果要发生亲核取代，那么第二步则为离去基以 $\ddot{H}^-$（醛中的氢）或 $\ddot{R}^-$ 的形式离去。而 $\ddot{H}^-$ 和 $\ddot{R}^-$ 是极强的碱，极不稳定，很难离去，结果是发生质子化生成加成产物。

1. 羧酸衍生物的水解反应

羧酸衍生物发生水解反应生成羧酸。

$$RCOX + H_2O \longrightarrow RCOOH + HCl$$
$$RCOOCOR' + H_2O \longrightarrow RCOOH + R'COOH$$

$$RCOOR' + H_2O \xrightarrow{H^+ 或 HO^-} RCOOH + R'OH$$

$$RCONH_2 + H_2O \xrightarrow{H^+ 或 HO^-} RCOOH + NH_3$$

根据羧酸衍生物水解反应的产物，可推测羧酸衍生物的结构。

由于酰卤和酸酐稳定性较差，同时离去基团离去后形成的负离子 X^- 和 $RCOO^-$ 的碱性很弱，所以很容易发生水解反应。低级的酰卤和酸酐与水反应剧烈。随着相对分子质量的增大，在水中溶解度降低，与水反应逐渐减慢。必要时，可采用加入合适的溶剂(如四氢呋喃、二氧六环)使成均相、加热或加入酸碱催化剂的方法，以加速反应进行。

而酯和酰胺由于稳定性较好，亲核试剂水的亲核性又弱，且 RO^-、NH_2^- 碱性很强，因此，酯和酰胺水解比酰卤和酸酐困难，需要用强酸或强碱催化。酯在强碱作用下水解时，亲核试剂是 HO^- 而不是 H_2O，亲核性增强，因而提高了反应速率。同时，在碱存在下酯水解得到的羧酸和碱作用生成羧酸盐，由于羧酸盐不能和醇发生酯化反应，因此反应变为不可逆，使酯的碱催化水解反应完全。

酯的碱催化水解一般是酰氧键断裂双分子机理：

$$RCOR'(\text{C}{=}\text{O}) \underset{}{\overset{HO^-}{\underset{亲核加成}{\rightleftharpoons}}} R{-}\underset{OH}{\overset{O^-}{C}}{-}OR' \xrightarrow{消除} RCOH(\text{C}{=}\text{O}) + R'\ddot{O}^- \xrightarrow{酸碱反应} RCO^-(\text{C}{=}\text{O}) + R'OH$$

该机理的实验依据：①酯的碱催化水解动力学是二级反应，$v=k$[酯][HO^-]，表明一个酯分子和一个 HO^- 参与反应——该反应为双分子机理。在此反应中，碱不仅是催化剂，而且是试剂，因此碱的用量要比酯的用量(物质的量)多；②用同位素方法研究，在 $^{18}OH^-$ 存在的情况下，乙酸戊酯水解，结果得到的羧酸负离子中有 ^{18}O，而戊醇中没有 ^{18}O，这说明水解是酰氧键断裂而不是烷氧键断裂。

$$CH_3{-}\overset{O}{\overset{\|}{C}}{+}O{-}(CH_2)_4CH_3 + {}^{18}OH^- \longrightarrow CH_3{-}\overset{O}{\overset{\|}{C}}{-}{}^{18}O^- + HO(CH_2)_4CH_3$$

在油脂工业中，常用碱(NaOH)来水解油脂，产物为甘油和高级脂肪酸钠。高级脂肪酸钠加工成型后就是肥皂，所以通常把酯的碱性水解反应称为皂化反应(见 13. 1. 2 中 1)。

酯水解也可在酸性条件下进行：

$$RCOOR' + H_2O \overset{H^+}{\rightleftharpoons} RCOOH + HOR'$$

酯的酸催化水解是典型的可逆反应，它的逆反应是羧酸的酸催化酯化反应。

一般情况下，酸催化一级醇、二级醇的酯水解是酰氧键断裂双分子机理：

$$R{-}\overset{O}{\overset{\|}{C}}{-}OR' \underset{质子化}{\overset{H^+}{\rightleftharpoons}} R{-}\overset{\overset{+}{O}H}{\overset{\|}{C}}{-}OR' \underset{亲核加成}{\overset{H_2O}{\rightleftharpoons}} R{-}\underset{\overset{+}{O}H_2}{\overset{OH}{C}}{-}OR'$$

$$\underset{质子转移}{\rightleftharpoons} R{-}\underset{OH}{\overset{OH}{C}}{-}\overset{+}{O}(H)R' \underset{消除}{\overset{-R'OH}{\rightleftharpoons}} R{-}\overset{\overset{+}{O}H}{\overset{\|}{C}}{-}OH \underset{去质子化}{\overset{-H^+}{\rightleftharpoons}} R\overset{O}{\overset{\|}{C}}OH$$

对于能形成稳定的碳正离子的三级醇的酯，在酸催化水解反应中是烷氧键断裂单分子机理：

$$RCO(O)C(CH_3)_3 \xrightleftharpoons{H^+} R\overset{\overset{+}{O}H}{\overset{\|}{C}}-O-C(CH_3)_3 \rightleftharpoons R-\overset{OH}{\overset{|}{C}}=O + \overset{+}{C}(CH_3)_3$$

$$\overset{+}{C}(CH_3)_3 + H_2O \rightleftharpoons H_2\overset{+}{O}C(CH_3)_3 \rightleftharpoons H^+ + HOC(CH_3)_3$$

该机理可以用同位素实验得到证实：

$$CH_3\overset{O}{\overset{\|}{C}}-\overset{18}{O}C(CH_3)_3 + H_2O \xrightleftharpoons{H^+} CH_3-\overset{^{18}O}{\overset{\|}{C}}-OH + HO-C(CH_3)_3$$

酰胺的水解反应要比其他羧酸衍生物的水解困难，需要强酸、强碱以及长时间的回流，才能水解为酸和氨(或胺)。反应机理与酯的水解反应机理相同。

有些酰胺，空间位阻较大，较难水解，如果用亚硝酸处理，可以在室温水解得到羧酸。例如：

$$(CH_3)_3CCONH_2 + HNO_2 \xrightarrow[35℃]{H_2SO_4,H_2O} (CH_3)_3CCOOH$$

反应机理如下：

$$RCONH_2 \xrightarrow{HNO_2} RCO-\overset{+}{N}\equiv N \xrightarrow{-N_2} R\overset{+}{C}O \xrightarrow{+H_2O} RCO-\overset{+}{O}H_2 \xrightleftharpoons{-H^+} RCOOH$$

2. 醇解反应

羧酸衍生物与醇反应得到酯。反应式如下：

$$RCOX + HOR'' \longrightarrow RCOOR'' + HX$$

$$RCOOCOR + HOR'' \longrightarrow RCOOR'' + RCOOH$$

$$RCOOR' + HOR'' \xrightleftharpoons{H^+ 或 HO^-} RCOOR'' + R'OH$$

$$RCONH_2 + HOR'' \xrightarrow{H^+} RCOOR'' + NH_3$$

酰氯和酸酐很容易与醇、酚反应得到酯。例如：

$$CH_3CH_2COCl + HOC(CH_3)_3 \xrightarrow{Et_3N} CH_3CH_2COOC(CH_3)_3 + (CH_3CH_2)_3\overset{+}{N}HCl^-$$

$$(CH_3)_3CCOCl + HO-C_6H_5 \xrightarrow{吡啶} (CH_3)_3CCOO-C_6H_5 + 吡啶\cdot HCl$$

$$CH_3\overset{O}{\overset{\|}{C}}O\overset{O}{\overset{\|}{C}}CH_3 + \text{水杨酸} \xrightarrow{H_3PO_4} \text{乙酰水杨酸} + CH_3COOH$$

水杨酸 乙酰水杨酸

$$\text{丁二酸酐} + HOC_2H_5 \longrightarrow \text{丁二酸单乙酯} \xrightarrow{C_2H_5OH,H^+} \text{丁二酸二乙酯}$$

丁二酸酐 丁二酸单乙酯 丁二酸二乙酯

酯的醇解反应又得到新的酯和新的醇，这一反应又称为酯交换反应。这一反应需要在酸（氯化氢、H_2SO_4 或对甲苯磺酸）或碱（烷氧负离子）催化下进行，反应机理与酯的酸催化或碱催化水解机理类似。反应是可逆的，反应时，使其中一个反应物过量或从反应体系中不断除去某一产物，可使平衡向右移动，使酯交换反应趋于完全。酯交换反应常用于将一个低沸点醇的酯转化为高沸点醇的酯。例如：

$$CH_2{=}CHCOOCH_3 + n\text{-}C_4H_9OH \xrightarrow{\text{对甲苯磺酸}} CH_2{=}CHCOOC_4H_9^n + CH_3OH\uparrow$$

酰胺与醇的反应在强酸下进行，生成酯和铵盐。由于铵盐是稳定的，所以该反应是不可逆的。

$$CH_2{=}CHCONH_2 + C_2H_5OH \xrightarrow{H^+} CH_2{=}CHCOOC_2H_5 + NH_4^+$$

3. 氨（胺）解反应

羧酸衍生物与氨（NH_3）、一级胺（RNH_2）、二级胺（R_2NH）反应，生成相应的酰胺。反应式如下：

$$RCOX + H{-}N\langle \longrightarrow RCON\langle + HX$$

$$RCOOCOR + H{-}N\langle \longrightarrow RCON\langle + RCOOH$$

$$RCOOR' + H{-}N\langle \longrightarrow RCON\langle + R'OH$$

$$RCONH_2 + H{-}N\langle \longrightarrow RCON\langle + NH_3$$

酰氯与氨、伯胺、仲胺作用生成酰胺和铵盐。为减少反应物胺的消耗，可在碱性条件下进行，常用 NaOH、吡啶、三乙胺、二甲苯胺等。例如：

$$C_6H_5{-}COCl + (CH_3CH_2)_2NH \xrightarrow{NaOH,\ H_2O} C_6H_5{-}CO{-}N(CH_2CH_3)_2$$

酸酐与胺反应，主要用于伯胺和仲胺的乙酰化，可以在中性条件下或用少量酸、碱催化。例如：

$$C_6H_5{-}NHCH_3 + (CH_3CO)_2O \xrightarrow{H_2SO_4} C_6H_5{-}N(CH_3){-}COCH_3 + CH_3COOH$$

$$(CH_3CO)_2O + CH_3CH_2CH_2NH_2 \xrightarrow{\text{吡啶}} CH_3CONHCH_2CH_2CH_3 + C_5H_5N\cdot CH_3COOH$$

环状酸酐如邻苯二甲酸酐、丁二酸酐与 NH_3 反应，可以开环得到酰胺酸。

$$\text{邻苯二甲酸酐} \xrightarrow{NH_3} o\text{-}C_6H_4(CONH_2)(COO^-\overset{+}{N}H_4) \xrightarrow{H^+} o\text{-}C_6H_4(CONH_2)(COOH)$$

邻苯二甲酰胺酸

邻苯二甲酸酐、丁二酸酐与氨(或胺)在高温下反应,可以得到酰亚胺。

$$\text{邻苯二甲酸酐} \xrightarrow[300^\circ C]{NH_3} \text{邻苯二甲酰亚胺} \qquad \text{丁二酸酐} + NH_3 \xrightarrow{300^\circ C} \text{丁二酰亚胺}$$

邻苯二甲酰亚胺　　　　丁二酰亚胺

酰亚胺分子中氮上的氢由于两个酰基吸电子的作用而具有弱酸性,在碱性溶液中可以成盐。丁二酰亚胺及邻苯二甲酰亚胺的盐是一个亲核试剂,可与伯卤代烷发生 S_N2 反应,产物经水解得到伯胺,可用于伯胺的合成。这种制备纯伯胺的方法称为 Gabriel 合成法。例如:

$$\text{邻苯二甲酰亚胺(NH)} \xrightarrow{KOH} \text{N}^-K^+ \xrightarrow{RBr} \text{NR} \xrightarrow[H_2O,\triangle]{NaOH} C_6H_4(COONa)_2 + RNH_2$$

酰亚胺可以与 Br_2 反应。例如:

$$\text{丁二酰亚胺(N—H)} + Br_2 \longrightarrow \text{N—Br} + HBr$$

N-溴代丁二酰亚胺(简写为 NBS)是一个重要的溴化试剂,用于烯类化合物和苯甲型化合物的 α-位溴代。例如:

$$\text{环己烯} + \text{NBS(N—Br)} \xrightarrow[CCl_4,\triangle]{(C_6H_5COO)_2} \text{3-溴环己烯(—Br)} + \text{丁二酰亚胺(N—H)}$$

$$\text{3-溴环己烯(—Br)} \xrightarrow[CCl_4,\triangle]{NBS,(C_6H_5COO)_2} \text{Br—环己烯—Br}$$

$$C_6H_5—CH_3 \xrightarrow[CCl_4,\triangle]{NBS,(C_6H_5COO)_2} C_6H_5—CH_2Br$$

酯与氨、一级胺和二级胺反应得到酰胺和醇。例如:

$$CH_3CH_2CH(OH)COOC_2H_5 + NH_3 \xrightarrow{H_2O} CH_3CH_2CH(OH)C(O)—NH_2 + C_2H_5OH$$

$$o\text{-}HOC_6H_4COOCH_3 + H_2NCH_2CH_2OH \longrightarrow o\text{-}HOC_6H_4CONHCH_2CH_2OH + CH_3OH$$

肼和羟胺也能与酯发生反应。反应式如下:

$$RCOOC_2H_5 + NH_2—NH_2 \longrightarrow RCONHNH_2 + C_2H_5OH$$

酰肼

$$RCOOC_2H_5 + NH_2OH \cdot HCl \longrightarrow RCONHOH + C_2H_5OH + HCl$$

N-羟基酰胺

酰胺与氨(胺)发生胺交换反应。例如：

$$CH_3CONH_2 + CH_3NH_2 \cdot HCl \xrightarrow{\triangle} CH_3CONHCH_3 + NH_4Cl$$

所以酰胺的胺解反应可用来制备 *N*-取代酰胺。

4. 羧酸衍生物与羧酸发生交换反应

羧酸衍生物可与羧酸发生交换反应。例如：

$$C_6H_5COCl + CH_3COOH \xrightarrow{\triangle} C_6H_5COOH + CH_3COCl\uparrow$$

此反应是由高沸点酰氯制低沸点酰氯的好方法。

$$CH_3COOCOCH_3 + 2C_6H_5COOH \xrightarrow{\triangle} (C_6H_5CO)_2O + 2CH_3COOH$$

此反应可用低沸点酸酐制高沸点酸酐。

$$C_2H_5OOC(CH_2)_4COOC_2H_5 + HOOC(CH_2)_4COOH \xrightarrow{H^+} 2\,HOOC(CH_2)_4COOC_2H_5$$

这是制备纯净的二元酸单酯简便易行的方法。

酰胺与羧酸在高温下可发生交换反应，反应是可逆的。常利用酰胺或尿素与羧酸反应制酰胺。

$$H_2NCONH_2 + HOOCR \xrightarrow{\triangle} RCONH_2 + CO_2 + NH_3$$

12.3.2　羧酸衍生物的还原反应

1. 酰氯的还原

1) 催化氢化

催化氢化可以将酰氯还原成一级醇。

$$RCOCl + H_2 \xrightarrow{Pd} RCH_2OH$$

在钯催化剂中加入少量的硫-喹啉以减低活性，用这种部分中毒的催化剂可将酰氯还原成醛，而不至于进一步还原成醇。

$$R-\overset{\overset{O}{\|}}{C}-Cl \xrightarrow[\text{S-喹啉}]{H_2,Pd\text{-}BaSO_4} R-\overset{\overset{O}{\|}}{C}-H$$

这种方法称为罗森蒙德(Rosenmund)还原法。如果反应物分子中有硝基、卤素、酯基等基团，不被还原。

2) 络合金属氢化物还原

$LiAlH_4$ 和 $NaBH_4$ 都可以将酰氯还原成一级醇。$LiAlH_4$ 中的氢可以被一个、两个、三个烷氧基取代。例如：

$$LiAlH_4 + 2CH_3CH_2OH \xrightarrow{\text{醚}} 2H_2 + LiAlH_2(OC_2H_5)_2 \quad \text{二乙氧基氢化铝锂}$$

$$LiAlH_4 + 3t\text{-}BuOH \xrightarrow{\text{醚}} 3H_2 + LiAlH(OBu^t)_3 \quad \text{三叔丁氧基氢化铝锂}$$

由于烷氧基大小不同以及取代程度不同,这些试剂的活性也不同。烷氧基取代越多,反应越困难,还原反应活性越弱,因而反应的选择性增强。例如,三叔丁氧基氢化铝锂可以将酰氯还原为醛,它与醛酮反应很慢,而与硝基、酯基和氰基不反应。

$$O_2N\text{—}C_6H_4\text{—}CO\text{—}Cl \xrightarrow{LiAlH(OBu^t)_3} O_2N\text{—}C_6H_4\text{—}CHO + LiCl + Al(OBu^t)_3$$

2. 酯的还原

1) 酯的催化氢化

在催化剂的作用下,酯可以被氢解为两分子醇:

$$RCOOR' + H_2 \xrightarrow[\triangle,\text{压力}]{Cu/Cr\text{催化剂}} RCH_2OH + R'OH$$

这个反应在工业上常被用于高级脂肪酸酯制备高级脂肪醇。高级脂肪酸酯中的双键同时被饱和,但苯环在氢解过程中保持不变。

2) 用络合金属氢化物还原

$LiAlH_4$ 可以将酯还原成一级醇。例如:

$$PhCH_2COOC_2H_5 \xrightarrow[\text{乙醚}]{LiAlH_4} \xrightarrow{H_2O} PhCH_2CH_2OH + C_2H_5OH$$

3) 用金属钠-醇还原

用金属钠-醇还原酯得一级醇,称为玻沃-布兰(Bouveault-Blanc)还原,此还原法双键不受影响。

$$CH_3CH{=}CHCH_2COOC_2H_5 \xrightarrow[\triangle]{Na\text{-}C_2H_5OH} CH_3CH{=}CHCH_2CH_2OH + C_2H_5OH$$

3. 酰胺的还原

1) 催化氢化

在高温高压下催化氢化酰胺,得到胺。

$$RCONH_2 \xrightarrow[\triangle,\text{压力}]{H_2,Cu/Cr\text{催化剂}} RCH_2NH_2$$

2) 用络合金属氢化物还原

一级酰胺 $RCONH_2$ 可以被 $LiAlH_4$ 还原为一级胺 RCH_2NH_2,二级酰胺 $RCONHR'$ 可以被 $LiAlH_4$ 还原为二级胺 RCH_2NHR'。例如:

$$PhCH_2CONH_2 \xrightarrow[\text{乙醚}]{LiAlH_4} \xrightarrow{H_2O} PhCH_2CH_2NH_2$$

$$CH_3CONHPh \xrightarrow[\text{乙醚}]{LiAlH_4} \xrightarrow{H_2O} CH_3CH_2NHPh$$

反应时,首先是强碱性的 $LiAlH_4$ 和弱酸性的酰胺氮上的氢反应生成盐 **i** 和 AlH_3,放出氢气;然后 AlH_3 与 **i** 进行加成,形成中间物 **ii**;**ii** 再发生消除反应得到 **iii**;**iii** 与另外一分子

$LiAlH_4$ 再进一步还原，水解得到胺。

$$RCONH_2 + LiAlH_4 \rightleftharpoons RCO\bar{N}HLi^+ + AlH_3 + H_2$$
i

$$RC(=O)-\bar{N}HLi^+ + AlH_3 \longrightarrow RC(H)(OAlH_2)-\overset{+}{N}HLi \xrightarrow{-H_2Al\bar{O}Li^+} RC(H)=NH \xrightarrow[\text{② } H_2O]{\text{① } LiAlH_4} RCH_2NH_2$$
ii　　**iii**

三级酰胺与过量 $LiAlH_4$ 反应，可得三级胺。如果在反应时小心控制 $LiAlH_4$ 不过量，最后水解可以得到醛，但产率一般不高。三乙氧基氢化铝锂和二乙氧基氢化铝锂可以把三级酰胺还原为醛，产率较高。例如：

$$CH_3CH_2CH_2CON(CH_3)_2 \xrightarrow[\text{②}H_2O]{\text{①}LiAlH(OCH_2CH_3)_3} CH_3CH_2CH_2CHO + (CH_3)_2NH$$

$$Cl-C_6H_4-CON(CH_3)_2 \xrightarrow[\text{②}H_2O]{\text{①}LiAlH_2(OCH_2CH_3)_2\text{，乙醚}} Cl-C_6H_4-CHO$$

12.3.3　羧酸衍生物与有机金属化合物的反应

有机金属化合物作为强亲核试剂，可以与羧酸衍生物发生酰基碳上的亲核取代反应，生成酮。有的有机金属化合物还可进一步与酮反应得到叔醇，而且反应不可逆。

1. 酰氯与有机金属化合物反应

1）与格氏试剂、有机锂试剂的反应

格氏试剂、有机锂试剂与酰氯反应首先生成酮，在过量格氏试剂或有机锂试剂作用下，酮很容易进一步反应得到叔醇。例如：

$$(CH_3)_2CHC(=O)Cl + CH_3MgI \longrightarrow \left[(CH_3)_2CH-C(OMgI)(CH_3)-Cl\right]$$

$$\xrightarrow{-MgClI} (CH_3)_2CHC(=O)CH_3 \xrightarrow[\text{②}H_3O^+]{\text{①}CH_3MgI} (CH_3)_2CHC(OH)(CH_3)_2$$

酰氯比酮更容易与格氏试剂或有机锂试剂反应，因此如果在低温下反应并控制格氏试剂的用量，可以得到酮。例如：

$$CH_3COCl + CH_3(CH_2)_3MgCl \xrightarrow{-70℃} CH_3CO(CH_2)_3CH_3$$

另外，对有空间阻碍的反应物酰氯或格氏试剂，反应也可以停在生成酮一步。例如：

$$(CH_3)_2CHCOCl + (CH_3)_3CMgCl \xrightarrow{\text{干醚}} (CH_3)_2CHCOC(CH_3)_3$$

2）与有机镉化合物反应

有机镉化合物反应活性较低，可以与酰氯反应生成酮，与酮反应很慢，与酯不反应。因此，可用有机镉化合物与酰氯反应合成酮。例如：

$$C_2H_5OOC(CH_2)_4COCl + (CH_3CH_2)_2Cd \longrightarrow C_2H_5OOC(CH_2)_4COCH_2CH_3$$

3）与二烃基铜锂反应

二烃基铜锂比格氏试剂反应活性低，可以与酰氯、醛反应，与酮反应很慢，在低温下不与酯、腈、卤代烷反应。因此，这个试剂常用于由酰氯合成酮。

$$RCOCl + R'_2CuLi \xrightarrow{\text{乙醚}} RCOR'$$

例如：

$$(CH_3CH{=}CH\rightarrow_2 CuLi + (CH_3)_2CHCH_2COCl \xrightarrow{\text{乙醚}} (CH_3)_2CHCH_2COCH{=}CHCH_3$$

2. 酸酐与格氏试剂、有机锂试剂反应

在低温下控制格氏试剂、有机锂试剂用量，可以使之与酸酐反应得到酮：

$$CH_3\overset{O}{\overset{\|}{C}}O\overset{O}{\overset{\|}{C}}CH_3 + n\text{-}C_4H_9MgBr \xrightarrow{-82℃} \left[CH_3-\underset{C_4H_9^n}{\overset{OMgBr}{C}}-O-\overset{O}{\overset{\|}{C}}CH_3 \right] \xrightarrow[H^+]{H_2O} CH_3\overset{O}{\overset{\|}{C}}-C_4H_9^n$$

$$\text{(丁二酸酐)} + CH_3CH_2MgBr \longrightarrow \left[\text{(2-OMgBr-2-}CH_2CH_3\text{-五元环内酯)} \right] \xrightarrow[H^+]{H_2O} CH_3CH_2\overset{O}{\overset{\|}{C}}CH_2CH_2\overset{O}{\overset{\|}{C}}OH$$

酸酐与过量格氏试剂或有机锂试剂作用，最后生成三级醇。例如：

$$CH_3COOCOCH_3 \xrightarrow{CH_3MgI} CH_3COCH_3 \xrightarrow[\text{②}H_2O,H^+]{\text{①}CH_3MgI} (CH_3)_3C-OH$$

3. 酯与有机金属化合物反应

甲酸酯与格氏试剂反应，先生成醛，醛进一步反应得到有两个相同烃基的二级醇。其他羧酸酯与格氏试剂反应生成酮，酮进一步与格氏试剂反应得到有两个相同烃基的三级醇。由于醛和酮比酯更容易与格氏试剂反应，因此酯与格氏试剂的反应一般不会停留在生成醛或酮的阶段，最后得到的是醇。

$$H\overset{O}{\overset{\|}{C}}OC_2H_5 + RMgX \xrightarrow{\text{醚}} H-\overset{O}{\overset{\|}{C}}-R \xrightarrow[\text{②}H_3O^+]{\text{①}RMgX} R\overset{OH}{\overset{|}{C}}HR$$

$$R\overset{O}{\overset{\|}{C}}OC_2H_5 + R'MgX \xrightarrow{\text{醚}} R\overset{O}{\overset{\|}{C}}R' \xrightarrow[\text{②}H_3O^+]{\text{①}R'MgX} R-\underset{R'}{\overset{OH}{C}}-R'$$

有机锂化合物与格氏试剂一样，与酯反应得到醇。

4. 酰胺与有机金属化合物反应

酰胺也能与有机金属化合物反应，但消耗有机金属化合物较多，一般不用于有机合成。

$$(CH_3)_3C-\overset{O}{\overset{\|}{C}}-NH_2 + n\text{-}C_4H_9MgBr \longrightarrow (CH_3)_3C-\overset{O}{\overset{\|}{C}}-NHMgBr$$

$$\xrightarrow{n\text{-}C_4H_9MgBr}\left[(CH_3)_3C-\underset{C_4H_9^n}{\overset{OMgBr}{C}}-NHMgBr\right]\xrightarrow{H_2O}(CH_3)_3C-\overset{O}{\overset{\|}{C}}-C_4H_9^n$$

12.3.4　羧酸衍生物 α-H 的反应

1. 酰卤的 α-H 卤化反应

由于酰卤中卤素的吸电子效应，使酰卤的 α-H 活泼，比较容易形成烯醇，然后烯醇与卤素反应，生成 α-卤代酰卤。

$$RCH_2\overset{O}{\overset{\|}{C}}-Br \rightleftharpoons RCH=\overset{OH}{C}-Br \xrightarrow{Br-Br} RCHBr\overset{\overset{+}{O}H}{\overset{\|}{C}}-Br \xrightleftharpoons{-H^+} RCHBr\overset{O}{\overset{\|}{C}}-Br$$

例如：

$$\begin{matrix}CH_2CH_2COOC_2H_5\\|\\CH_2CH_2COOH\end{matrix}\xrightarrow{SOCl_2}\begin{matrix}CH_2CH_2COOC_2H_5\\|\\CH_2CH_2COCl\end{matrix}\xrightarrow{Br_2}\begin{matrix}CH_2CH_2COOC_2H_5\\|\\CH_2CHBrCOCl\end{matrix}$$

可以看出，酰卤的 α-H 比简单酯的 α-H 更活泼。

2. 酯的 α-H 反应

1) 在强碱作用下，酯的 α 位与醛酮、酰卤和卤代烷的反应

由于受酯基吸电子作用的影响，酯分子中的 α-H 具有活性。在强碱的作用下，酯中的 α-H 被夺取，形成负离子，这是一个好的亲核试剂，可以与醛酮发生亲核加成反应形成 β-羟基酯，可以与酰氯发生酰基碳上的亲核取代反应形成 β-酮酯，还可以与卤代烷发生饱和碳上的亲核取代反应使酯的 α 位烷基化。常用的强碱有二异丙基胺锂 $[(CH_3)_2CH]_2N^-Li^+$（简称 LDA）和异丙基环己基胺锂 $C_6H_{11}-\bar{N}CH(CH_3)_2Li^+$。例如：

$$CH_3\overset{O}{\overset{\|}{C}}OC(CH_3)_3\xrightarrow[THF,-78^\circ C]{LDA}\left[Li^+\ \ddot{C}H_2\overset{O}{\overset{\|}{C}}OC(CH_3)_3 \longleftrightarrow CH_2=C\begin{matrix}O^-Li^+\\OC(CH_3)_3\end{matrix}\right]$$

$$\xrightarrow[②H_3O^+]{①\text{环戊酮}} \text{1-羟基环戊基}-CH_2COOC(CH_3)_3$$

$$CH_3COOC_2H_5\xrightarrow[THF,-78^\circ C]{LDA}\xrightarrow[②\ H_3O^+]{①\ CH_3CH_2COCl}CH_3CH_2COCH_2COOC_2H_5$$

$$CH_3CH_2CH_2COOC_2H_5 \xrightarrow[THF, -78^\circ C]{LDA} \xrightarrow[②H_2O]{①CH_3CH_2I} (CH_3CH_2)_2CHCOOC_2H_5$$

2）克莱森(Claisen)酯缩合反应

(1) 克莱森酯缩合反应及机理。含有 α-H 的酯在碱性试剂的作用下，与另外一分子酯失去一分子醇，得到 β-酮酯(或称 β-氧代酯、β-羰基酯)，该反应称为克莱森酯缩合反应。例如：

$$CH_3\overset{O}{\overset{\|}{C}}\text{-}OC_2H_5 + H\text{-}CH_2\overset{O}{\overset{\|}{C}}OC_2H_5 \xrightarrow[②H^+]{①EtONa, EtOH} CH_3\overset{O}{\overset{\|}{C}}CH_2\overset{O}{\overset{\|}{C}}OC_2H_5 + C_2H_5OH$$

乙酰乙酸乙酯

$$RCH_2\overset{O}{\overset{\|}{C}}\text{-}OC_2H_5 + H\text{-}\underset{R}{\underset{|}{C}}H\overset{O}{\overset{\|}{C}}OC_2H_5 \xrightarrow[②H^+]{①C_2H_5ONa} RCH_2\overset{O}{\overset{\|}{C}}\underset{R}{\underset{|}{C}}H\overset{O}{\overset{\|}{C}}OC_2H_5 + C_2H_5OH$$

反应机理如下：

第一步，乙氧基负离子夺取酯中 α-H，发生酸碱反应：

$$RCH_2COC_2H_5 + C_2H_5O^- \rightleftharpoons R\overset{\cdot\cdot}{\bar{C}}HCOC_2H_5 + C_2H_5OH$$

较弱的酸($pK_a \approx 24$)　较弱的碱　较强的碱　较强的酸($pK_a \approx 18$)

在这一平衡体系中，羧酸酯形成的负离子浓度非常低。

第二步，羧酸酯形成的负离子进攻另外一分子酯的羰基碳原子，发生亲核取代反应，生成 β-酮酯：

$$RCH_2\overset{O}{\overset{\|}{C}}OC_2H_5 + R\overset{\cdot\cdot}{\bar{C}}H\overset{O}{\overset{\|}{C}}OC_2H_5 \xrightarrow{\text{亲核加成}} RCH_2\overset{O^-}{\overset{|}{C}}OC_2H_5\ (\text{C 上连 } RCH\overset{O}{\overset{\|}{C}}OC_2H_5) \xrightleftharpoons[\text{消除}]{-C_2H_5O^-} RCH_2\overset{O}{\overset{\|}{C}}\underset{R}{\underset{|}{C}}H\overset{O}{\overset{\|}{C}}OC_2H_5$$

第三步，β-酮酯与乙氧基负离子发生酸碱反应：

$$RCH_2CO\underset{R}{\underset{|}{C}}HCOOC_2H_5 + C_2H_5O^- \rightleftharpoons RCH_2CO\underset{R}{\underset{|}{\overset{\cdot\cdot}{\bar{C}}}}COOC_2H_5 + C_2H_5OH$$

较强的酸($pK_a \approx 11$)　较强的碱　较弱的碱　较弱的酸($pK_a \approx 18$)

这是关键的一步，这一平衡有利于反应向产物方向进行。另外，在反应时不断蒸出产物乙醇，更使整个反应向右进行。

第四步，酸化，使第三步生成的 β-酮酯负离子质子化，生成 β-酮酯：

$$RCH_2CO\underset{R}{\underset{|}{\overset{\cdot\cdot}{\bar{C}}}}COOC_2H_5 \xrightarrow{H^+} RCH_2CO\underset{R}{\underset{|}{C}}HCOOC_2H_5$$

当酯中只含有一个 α-H 时，不能用醇钠使其发生酯缩合反应。这是因为，一方面，只含有一个 α-H 的酯由于烃基的推电子诱导效应使 α-H 酸性减弱，需要更强的碱才能把酯变为负离子；另一方面，根据上面的酯缩合反应机理，只有一个α-H的酯不能进行第三步反应，因为不具有这一步反应所需要的酸性氢原子，而这一步反应却是平衡有利于β-酮酯生成的，是保证反应顺利进行的关键步骤。如果使用更强的碱，如用三苯甲基钠，就可顺利地进行酯缩合反应。例如：

$$(CH_3)_2CHCOOC_2H_5 \xrightarrow[(C_2H_5)_2O]{(C_6H_5)_3C^-Na^+} (CH_3)_2\ddot{C}^-COOC_2H_5Na^+$$

$$\xrightarrow{(CH_3)_2CHCOOC_2H_5} (CH_3)_2CH\underset{\underset{(CH_3)_2CCOOC_2H_5}{|}}{\overset{O^-Na^+}{\overset{|}{C}}}OC_2H_5 \xrightarrow{-C_2H_5O^-} (CH_3)_2CH\overset{O}{\overset{\|}{C}}-\underset{\underset{CH_3}{|}}{\overset{CH_3}{\overset{|}{C}}}-\overset{O}{\overset{\|}{C}}OC_2H_5$$

$$\xrightarrow[-(C_6H_5)_3CH]{(C_6H_5)_3C^-Na^+} (CH_3)_2\overset{Na^+}{\ddot{C}^-}-\overset{O}{\overset{\|}{C}}C(CH_3)_2\overset{O}{\overset{\|}{C}}OC_2H_5 \xrightarrow{H^+} (CH_3)_2CH\overset{O}{\overset{\|}{C}}C(CH_3)_2\overset{O}{\overset{\|}{C}}OC_2H_5$$

因此，在进行克莱森酯缩合反应时，首先必须选择一种强度适当的碱，其次要考虑反应时使用的溶剂。一般使用的强碱有醇钠、钠、氢化钠或氢化钾、三苯甲基钠、LDA等，常用的溶剂是非质子溶剂，如醚、苯、DMF等。

克莱森酯缩合反应是可逆的，因此，β-酮酯在碱的催化下可与一分子醇进行克莱森酯缩合反应的逆反应，分解为两分子酯(醇解)：

$$CH_3COCH_2COOC_2H_5 + C_2H_5OH \xrightarrow[180℃]{C_2H_5ONa} 2CH_3COOC_2H_5$$

反应机理为

$$CH_3\overset{O}{\overset{\|}{C}}CH_2\overset{O}{\overset{\|}{C}}OC_2H_5 + C_2H_5O^- \rightleftharpoons CH_3\underset{\underset{OC_2H_5}{|}}{\overset{O^-}{\overset{|}{C}}}-CH_2\overset{O}{\overset{\|}{C}}OC_2H_5$$

$$\rightleftharpoons CH_3COOC_2H_5 + \ddot{C}^-H_2COOC_2H_5 \xrightarrow{C_2H_5OH} 2CH_3COOC_2H_5 + C_2H_5O^-$$

克莱森酯缩合反应及其逆反应在合成上具有重要作用。

(2) 交叉的克莱森酯缩合反应。如果用两种不同的含α-H的酯进行克莱森酯缩合反应，生成的产物有4种。

$$RCH_2\overset{O}{\overset{\|}{C}}OC_2H_5 + R'CH_2\overset{O}{\overset{\|}{C}}OC_2H_5 \xrightarrow[②H^+]{①C_2H_5O^-} \left\{\begin{array}{l} RCH_2\overset{O}{\overset{\|}{C}}\underset{\underset{R}{|}}{C}H\overset{O}{\overset{\|}{C}}OC_2H_5 + R'CH_2\overset{O}{\overset{\|}{C}}\underset{\underset{R'}{|}}{C}H\overset{O}{\overset{\|}{C}}OC_2H_5 \\ RCH_2\overset{O}{\overset{\|}{C}}\underset{\underset{R'}{|}}{C}H\overset{O}{\overset{\|}{C}}OC_2H_5 + R'CH_2\overset{O}{\overset{\|}{C}}\underset{\underset{R}{|}}{C}H\overset{O}{\overset{\|}{C}}OC_2H_5 \end{array}\right.$$

由于产物复杂，分离困难，在制备上无实用价值。但是当选用一个有α-H的酯与另一个无α-H的酯如甲酸酯、苯甲酸酯、草酸酯、碳酸酯等进行缩合反应时，生成的产物就减少到两种，若控制好反应条件，就可以使交叉克莱森酯缩合产物成为主产物，这个反应就可以用于制备上。

$$\mathrm{HCOC_2H_5} \ (\text{C}{=}\text{O}) + \mathrm{CH_3COC_2H_5} \xrightarrow[\text{②}H^+]{\text{①}C_2H_5O^-} \mathrm{HCCH_2COC_2H_5} + \mathrm{CH_3CCH_2COC_2H_5}$$

甲酰基乙酸乙酯(79%)

甲酰基乙酸乙酯很活泼，发生分子间羟醛缩合反应，得到均苯三甲酸乙酯：

$$3\,\mathrm{HCOCH_2COOC_2H_5} \xrightarrow{-3H_2O} \text{1,3,5-}\mathrm{C_6H_3(COOC_2H_5)_3}$$

又如：

$$\mathrm{HCOOC_2H_5} + \mathrm{C_6H_5CH_2COOC_2H_5} \xrightarrow[\text{②}H^+]{\text{①}CH_3ONa} \mathrm{HCOCH(Ph)COOC_2H_5} \quad (70\%)$$

$$\mathrm{C_6H_5COOC_2H_5} + \mathrm{CH_3CH_2COOC_2H_5} \xrightarrow[\text{②}H^+]{\text{①}NaH} \mathrm{C_6H_5COCH(CH_3)COOC_2H_5} \quad (56\%)$$

草酸酯分子中一个酯基的吸电子诱导效应，增加了另一个酯羰基的亲电性，比较容易和其他酯发生交叉缩合反应。例如：

$$\begin{matrix}\mathrm{COOC_2H_5}\\ |\\ \mathrm{COOC_2H_5}\end{matrix} + \mathrm{C_{17}H_{35}COOC_2H_5} \xrightarrow[\text{②}H^+]{\text{①}C_2H_5O^-} \begin{matrix}\mathrm{C_{16}H_{33}CHCOOC_2H_5}\\ |\\ \mathrm{COCOOC_2H_5}\end{matrix}$$

草酸酯的缩合产物具有 α-酮酯基团，受热时可失去一分子 CO，生成取代的丙二酸酯。例如：

$$\mathrm{PhCH_2COOC_2H_5} + \begin{matrix}\mathrm{COOC_2H_5}\\ |\\ \mathrm{COOC_2H_5}\end{matrix} \xrightarrow[\text{②}H^+]{\text{①}C_2H_5O^-} \begin{matrix}\mathrm{COCOOC_2H_5}\\ |\\ \mathrm{PhCHCOOC_2H_5}\end{matrix} \xrightarrow[-CO]{175^{\circ}C} \begin{matrix}\mathrm{COOC_2H_5}\\ |\\ \mathrm{PhCHCOOC_2H_5}\end{matrix}$$

草酸酯缩合后的产物，还可用来合成 α-羰基酸。例如：

$$\begin{matrix}\mathrm{RCHCOOC_2H_5}\\ |\\ \mathrm{COCOOC_2H_5}\end{matrix} \xrightarrow{H_2O} \left[\begin{matrix}\mathrm{RCHCOOH}\\ |\\ \mathrm{COCOOH}\end{matrix}\right] \xrightarrow{-CO_2} \mathrm{RCH_2\overset{O}{\overset{\|}{C}}COOH}$$

碳酸二乙酯可以与含 α-H 的酯进行交叉克莱森酯缩合反应，合成取代丙二酸酯。

$$\mathrm{C_2H_5O\overset{O}{\overset{\|}{C}}OC_2H_5} + \mathrm{RCH_2\overset{O}{\overset{\|}{C}}OC_2H_5} \xrightarrow[\text{②}H^+]{\text{①}C_2H_5ONa} \mathrm{RCH(COOC_2H_5)_2}$$

(3) 分子内酯缩合反应——迪克曼(Dieckmann)缩合。当己二酸二酯和庚二酸二酯与强碱一起作用时，结果发生分子内的克莱森酯缩合反应得到环状的酯缩合产物——五元、六元环状的 β-酮酯。

$$CH_2CH(COOC_2H_5)\text{—}H \;/\; CH_2CH_2C(=O)\text{—}OC_2H_5 \xrightarrow[\text{② } H^+]{\text{① } CH_3CH_2ONa} \text{2-乙氧羰基环戊酮}(COOC_2H_5,\ =O)$$

$$CH_2\text{—}CH(CH_3)\text{—}C(=O)\text{—}OC_2H_5 \;/\; CH_2 \;/\; CH_2\text{—}CH(H)\text{—}COOC_2H_5 \xrightarrow[\text{② } H^+]{\text{① NaH}} \text{环己酮}(CH_3,\ =O,\ COOC_2H_5)$$

(4) 酯与酮的缩合反应。当将酯与酮一起用强碱处理时，由酮形成的负离子与酯进行酰基碳上的亲核取代反应，发生与克莱森酯缩合相似的反应，结果酯提供烷氧基，酮提供 α-H 失去一分子醇，生成 β-二酮。例如：

$$CH_3CO\text{—}OC_2H_5 + H\text{—}CH_2\text{—}COCH_3 \xrightarrow[\text{②}H^+]{\text{①NaH}} CH_3COCH_2COCH_3 + C_2H_5OH$$

$$\text{环己酮} + C_2H_5O\text{—}\overset{O}{\overset{\|}{C}}\text{—}\overset{O}{\overset{\|}{C}}\text{—}OC_2H_5 \xrightarrow[\text{②}H^+]{\text{①}NaNH_2} \text{2-(环己酮基)}\text{—}\overset{O}{\overset{\|}{C}}\text{—}\overset{O}{\overset{\|}{C}}OC_2H_5 + C_2H_5OH$$

这是由于酮 α-H 的酸性($pK_a \approx 20$)比酯的 α-H 的酸性($pK_a \approx 25$)大得多的缘故。在强碱的作用下，酮比酯更容易失去质子，形成负离子。

不对称的酮与酯发生交叉缩合反应时，酮中酸性大的 α-H 优先反应。例如：

$$CH_3CH_2CH_2\overset{O}{\overset{\|}{C}}OC_2H_5 + CH_3\overset{O}{\overset{\|}{C}}CH_2CH_3 \xrightarrow[\text{②}H^+]{\text{①}NaNH_2} CH_3CH_2CH_2\overset{O}{\overset{\|}{C}}CH_2\overset{O}{\overset{\|}{C}}CH_2CH_3$$

$$\text{(链状酮酯：}C(=O)CH_2\text{—}H \cdots C(=O)OC_2H_5) \xrightarrow[\text{②}H^+]{\text{①}C_2H_5ONa} \text{1,3-环己二酮} + C_2H_5OH$$

12.3.5 酯的高温消除反应

酯在高温(400～500℃)进行裂解，发生消除反应，生成烯烃及相应的羧酸。这是合成烯烃的一种方法。例如：

$$CH_3COOCH_2CH_2CH_2CH_3 \xrightarrow{500℃} CH_2{=}CHCH_2CH_3 + CH_3COOH$$

该反应产生烯的双键不会转移，无重排反应发生。而醇在酸催化下脱水生成烯烃，在反应中可能发生双键转移，得到重排产物。

该反应机理是协同反应，通过六中心环状过渡态进行。

$$CH_3C(=O)O\text{—}C\text{—}C\text{—}H \longrightarrow [\text{六中心环状过渡态}] \longrightarrow CH_3C(=O)OH + C{=}C$$

这是一个分子内通过环状过渡态的消除反应，分子的构象处于重叠式，被消除的酰氧基与β-H 是同时离开的，并处于同侧，是顺式消除。

如果羧酸酯有两种β-H，可以得到两种消除产物，其中以酸性大、位阻小的β-H被消除为主要产物。例如：

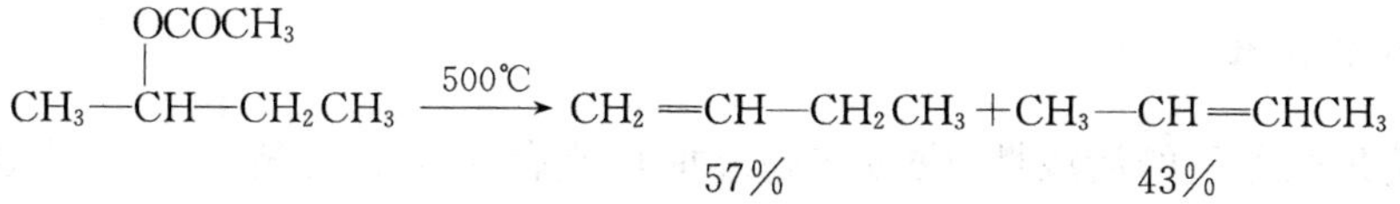

$$\underset{\substack{|\\ \text{OCOCH}_3}}{\text{CH}_3\text{—CH—CH}_2\text{CH}_3} \xrightarrow{500℃} \underset{57\%}{\text{CH}_2\text{=CH—CH}_2\text{CH}_3} + \underset{43\%}{\text{CH}_3\text{—CH=CHCH}_3}$$

如果被消除的β-H 有两个，以大的基团处于反式为主。例如：

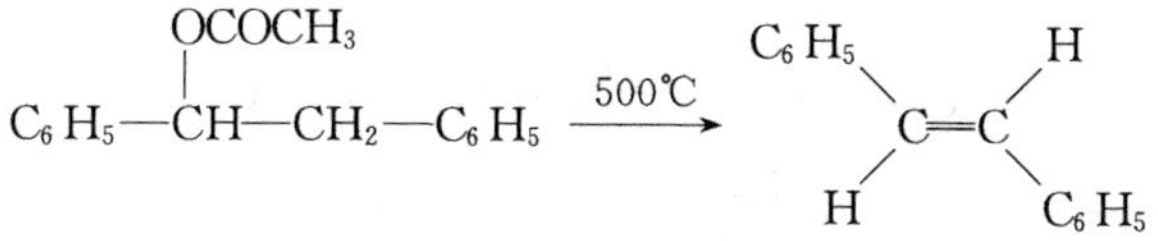

$$\text{C}_6\text{H}_5\text{—CH(OCOCH}_3\text{)—CH}_2\text{—C}_6\text{H}_5 \xrightarrow{500℃} (\text{C}_6\text{H}_5)\text{HC=CH}(\text{C}_6\text{H}_5)\ (\text{反式})$$

因为部分重叠式构象(i)比全重叠式构象(ii)稳定，因此构象(i)比(ii)多，(i)顺式消除得反式产物。

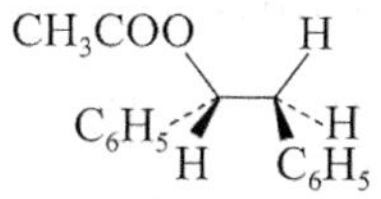

(i) 部分重叠式构象（CH_3COO、H、C_6H_5、H / H、C_6H_5）

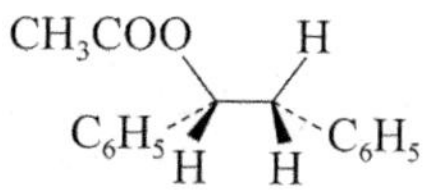

(ii) 全重叠式构象（CH_3COO、H、C_6H_5、H / H、C_6H_5）

12.3.6 酰卤的活性及与钠盐的反应

在羧酸衍生物中，酰卤的反应活性最高。它除了可以发生前述的亲核取代反应以外，还可以与弱亲核试剂如羧酸盐、过氧化钠发生亲核取代反应。

酰卤与羧酸盐反应得到酸酐，可以利用这一反应来制备不对称酸酐。

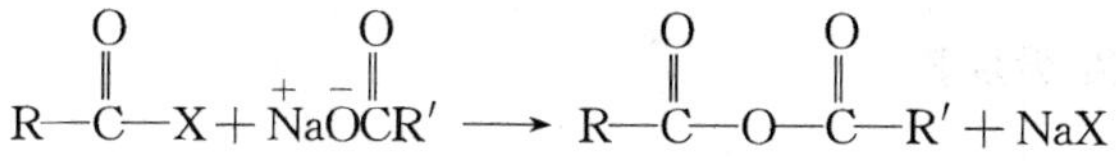

$$\text{R—}\overset{\text{O}}{\overset{\|}{\text{C}}}\text{—X} + \overset{+}{\text{Na}}\overset{-}{\text{O}}\overset{\text{O}}{\overset{\|}{\text{C}}}\text{R}' \longrightarrow \text{R—}\overset{\text{O}}{\overset{\|}{\text{C}}}\text{—O—}\overset{\text{O}}{\overset{\|}{\text{C}}}\text{—R}' + \text{NaX}$$

酰卤与过氧化钠反应得到一类很重要的有机过氧化物，这可以作为自由基反应的引发剂。例如：

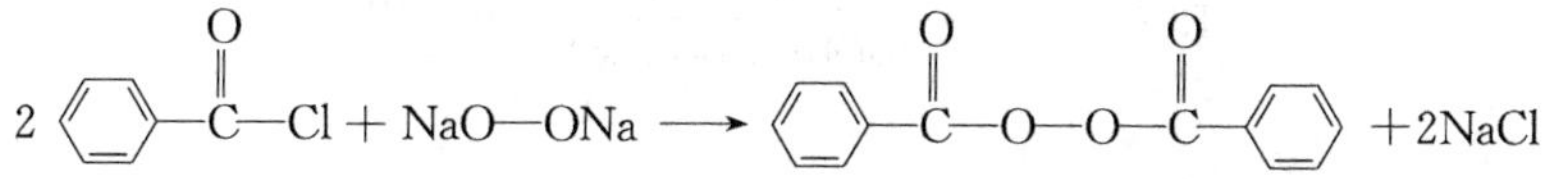

$$2\,\text{C}_6\text{H}_5\text{—}\overset{\text{O}}{\overset{\|}{\text{C}}}\text{—Cl} + \text{NaO—ONa} \longrightarrow \text{C}_6\text{H}_5\text{—}\overset{\text{O}}{\overset{\|}{\text{C}}}\text{—O—O—}\overset{\text{O}}{\overset{\|}{\text{C}}}\text{—C}_6\text{H}_5 + 2\text{NaCl}$$

过氧化苯甲酰(简称 BPO)

12.3.7 酰胺的酸碱性及脱水反应

1. 酰胺的酸碱性

由于酰胺分子中酰基吸电子的结果，使酰胺的碱性比氨明显减弱，而氮上氢的酸性比NH_3强，与醇相近。酰胺是中性物质，但与强酸如浓H_2SO_4相遇，质子与酰胺羰基上的氧结合成𬭩盐，生成质子化的酰胺，表现碱性；用强碱如醇钠、$NaNH_2$处理，得到酰胺盐，表现酸性。

$$R-\overset{\overset{O}{\|}}{C}-NH_2 + H_2SO_4 \rightleftharpoons [\ R-\overset{\overset{\overset{+}{O}H}{\|}}{C}-NH_2\ ]HSO_4^-$$

$$RCONH_2 + NaNH_2 \rightleftharpoons RCO\overset{-}{\ddot{N}}HNa^+ + NH_3$$

2. 酰胺的脱水

由于酰胺氮上氢的活泼性，酰胺在高温加热或有强吸水剂 P_2O_5、$POCl_3$、$SOCl_2$ 等存在下，可以发生分子内脱水生成腈。这是实验室中制备腈的一种方法：

$$R-C(=O)NH_2 \xrightarrow[\triangle]{P_2O_5} R-C\equiv N + H_2O$$

例如：

$$CH_3CH_2COOH + NH_3 \xrightarrow{200℃} CH_3CH_2CONH_2 \xrightarrow[H_3PO_4\text{-}Al_2O_3]{450℃} CH_3CH_2C\equiv N$$

$$HOOC(CH_2)_4COOH \xrightarrow[\text{磷酸三丁酯}]{NH_3,220 \sim 240℃} H_4\overset{+}{N}\overset{-}{O}OC(CH_2)_4CO\overset{-}{O}\overset{+}{N}H_4$$

$$\xrightarrow{-H_2O} \begin{matrix} CH_2CH_2CONH_2 \\ | \\ CH_2CH_2CONH_2 \end{matrix} \xrightarrow{P_2O_5} \begin{matrix} CH_2CH_2C\equiv N \\ | \\ CH_2CH_2C\equiv N \end{matrix} \xrightarrow[\text{雷尼镍}]{H_2} \begin{matrix} CH_2CH_2CH_2NH_2 \\ | \\ CH_2CH_2CH_2NH_2 \end{matrix}$$

在酸或碱的催化下，酰胺水解生成羧酸和铵盐或羧酸盐和氨，因此羧酸、酰胺和腈有下列转化关系：

$$RCOOH + NH_3 \longrightarrow RCOONH_4 \underset{+H_2O}{\overset{-H_2O}{\rightleftharpoons}} RCONH_2 \underset{+H_2O}{\overset{-H_2O}{\rightleftharpoons}} RC\equiv N$$

12.3.8　霍夫曼酰胺降级反应

一级酰胺用 Cl_2 或 Br_2 在碱性溶液中处理或用 NaOCl、NaOBr 处理得到比一级酰胺少一个碳原子的伯胺。这个反应称为霍夫曼(Hofmann)酰胺降级反应。

$$RCONH_2 \xrightarrow[\text{或 NaOBr 或 } Br_2\text{-NaOH}]{NaOCl \text{ 或 } Cl_2\text{-NaOH}} R-NH_2$$

反应机理如下：

$$R\overset{\overset{O}{\|}}{C}NH_2 \underset{\text{酸碱反应}}{\overset{HO^-,-H_2O}{\rightleftharpoons}} R\overset{\overset{O}{\|}}{C}\overset{-}{\ddot{N}}H \overset{Cl_2,-Cl^-}{\rightleftharpoons} \underset{N\text{-卤代酰胺}}{R\overset{\overset{O}{\|}}{C}NHCl} \underset{\text{酸碱反应}}{\overset{HO^-,-H_2O}{\rightleftharpoons}}$$

$$\underset{N\text{-氯代酰胺负离子}}{R\overset{\overset{O}{\|}}{C}\overset{-}{\ddot{N}}-Cl} \underset{\text{消除}}{\overset{-Cl^-}{\rightleftharpoons}} \underset{\text{氮烯}}{R-\overset{\overset{O}{\|}}{C}-\ddot{N}:} \xrightarrow{\text{重排}} \underset{\text{异氰酸酯}}{R-\ddot{N}=C=O}$$

$$\xrightarrow[\text{水解}]{H_2O} \underset{N\text{-取代氨基甲酸}}{RNH\overset{\overset{O}{\|}}{C}OH} \xrightarrow[\text{脱羧}]{2HO^-} R-NH_2 + CO_3^{2-} + H_2O$$

重排的推动力是异氰酸酯的能量比氮烯低，稳定性较大。这不仅是由于异氰酸酯比氮烯多一个共价键，而且是由于氮烯中氮的价电子层只有 6 个电子，是一个缺电子氮，而异氰酸酯中氮原子的价电子层已经达到了 8 个电子。

霍夫曼重排是分子内重排，不生成交叉产物，重排时迁移基团烃基的构型保持不变。

12.4 β-二羰基化合物

12.4.1 β-二羰基化合物的构造特点和分类

凡是分子中两个羰基被一个饱和碳原子隔开，即具有—$COCH_2CO$—基本构造的化合物，统称为 1,3-二羰基化合物或 β-二羰基化合物。这两个羰基可以是酮羰基，也可以是羧酸或酯中的羰基。因此，β-二羰基化合物分为以下几类：

β-二羰基化合物：
- β-二酮 如 $CH_3COCH_2COCH_3$（2,4-戊二酮）
- β-酮酸及其酯 如 $CH_3COCH_2COOC_2H_5$（乙酰乙酸乙酯）
- β-二元酸及其酯 如 $CH_2(COOC_2H_5)_2$（丙二酸二乙酯）

β-二羰基化合物具有处于两个羰基之间的活性亚甲基，这个亚甲基上的氢原子具有较大的酸性（$pK_a \approx 10 \sim 14$），在碱的作用下易形成碳负离子。碳负离子是一个很好的亲核试剂，可以与卤代烷发生饱和碳上的亲核取代反应，还可以与酰氯发生酰基碳上的亲核取代反应，在 β-二羰基化合物的分子中引入新的基团。因此 β-二羰基化合物是重要的有机合成试剂。

本节主要讨论乙酰乙酸乙酯和丙二酸二乙酯的合成、性质及在合成中的应用。

12.4.2 乙酰乙酸乙酯

1. 乙酰乙酸乙酯的合成

在实验室中乙酰乙酸乙酯是利用克莱森酯缩合反应制备的，这是合成 β-酮酯的主要方法：

$$2CH_3COOC_2H_5 \xrightarrow[\text{②}H^+]{\text{①}CH_3CH_2ONa} CH_3COCH_2COOC_2H_5 + C_2H_5OH$$

在工业上乙酰乙酸乙酯是由乙烯酮的二聚体经过醇解得到的：

$$\underset{\text{乙烯酮}}{CH_2{=}C{=}O} \xrightarrow{\text{二聚}} \begin{array}{l} CH_2{=}C{-}O \\ \quad\;\; | \qquad | \\ \quad\; CH_2{-}C{=}O \end{array} \xrightarrow{(CH_3)_3COH} CH_3COCH_2COOC(CH_3)_3$$

$$\downarrow C_2H_5OH$$

$$\begin{array}{l} CH_2{=}C{-}O^- \\ \quad\;\; | \\ \quad\; CH_2{-}C{=}O \\ \qquad\quad\;\; | \\ \qquad\;\; H\overset{+}{O}C_2H_5 \end{array} \longrightarrow \begin{array}{l} CH_2{=}C{-}OH \\ \quad\;\; | \\ \quad\; CH_2{-}C{=}O \\ \qquad\quad\;\; | \\ \qquad\;\; OC_2H_5 \end{array} \longrightarrow CH_3COCH_2COOC_2H_5$$

2. 乙酰乙酸乙酯的互变异构

乙酰乙酸乙酯是由酮式和烯醇式两个异构体组成的。在室温下，这两个异构体之间相互转变很快，达到平衡时，酮式含量为 92.5%，烯醇式含量为 7.5%。乙酰乙酸乙酯中烯醇式含量要大大高于一般醛、酮、酯中的烯醇式含量，这与乙酰乙酸乙酯的烯醇式结构中存在分子内氢键而形成六元环结构和存在共轭体系有关。

$$\underset{\text{酮式(92.5\%)}}{CH_3-\overset{\overset{\displaystyle O}{\|}}{C}-CH_2-\overset{\overset{\displaystyle O}{\|}}{C}OC_2H_5} \xrightleftharpoons{\text{室温}} CH_3-C(O-H\cdots O{=})=CH-C-OC_2H_5 \quad \text{烯醇式(7.5\%)}$$

在室温下，这个平衡体系彼此转变得很快，所以表现为一个化合物。但在低温(−78℃)时，乙酰乙酸乙酯酮式及烯醇式二者互变的速率很慢，在适当的条件下，可以把两者分开。

乙酰乙酸乙酯中的酮式和烯醇式结构可以通过实验得到证实。

$$CH_3\overset{\overset{\displaystyle O}{\|}}{C}CH_2\overset{\overset{\displaystyle O}{\|}}{C}OC_2H_5 \xrightarrow{H_2N-OH} CH_3\overset{\overset{\displaystyle N-OH}{\|}}{C}-CH_2COOC_2H_5$$

$$CH_3\overset{\overset{\displaystyle O}{\|}}{C}CH_2\overset{\overset{\displaystyle O}{\|}}{C}OC_2H_5 \xrightarrow{H_2N-NHC_6H_5} CH_3\overset{\overset{\displaystyle N-NHC_6H_5}{\|}}{C}CH_2COOC_2H_5$$

说明乙酰乙酸乙酯中有酮式构造

$$\Updownarrow$$

$$CH_3-\overset{\overset{\displaystyle OH}{|}}{C}=CH\overset{\overset{\displaystyle O}{\|}}{C}OC_2H_5 \xrightarrow{PCl_5} CH_3-\overset{\overset{\displaystyle Cl}{|}}{C}=CH-\overset{\overset{\displaystyle O}{\|}}{C}OC_2H_5$$

$$CH_3-\overset{\overset{\displaystyle OH}{|}}{C}=CH\overset{\overset{\displaystyle O}{\|}}{C}OC_2H_5 \xrightarrow{CH_3COCl} CH_3-\overset{\overset{\displaystyle OCOCH_3}{|}}{C}=CH-\overset{\overset{\displaystyle O}{\|}}{C}OC_2H_5$$

说明有羟基存在

$$CH_3-\overset{\overset{\displaystyle OH}{|}}{C}=CH\overset{\overset{\displaystyle O}{\|}}{C}OC_2H_5 \xrightarrow{Br_2/CCl_4} CH_3-\underset{\underset{\displaystyle Br}{|}}{\overset{\overset{\displaystyle OH}{|}}{C}}-\underset{\underset{\displaystyle Br}{|}}{C}H-\overset{\overset{\displaystyle O}{\|}}{C}OC_2H_5 \quad \text{说明有双键存在}$$

$$CH_3-\overset{\overset{\displaystyle OH}{|}}{C}=CH\overset{\overset{\displaystyle O}{\|}}{C}OC_2H_5 \xrightarrow{FeCl_3} \text{紫红色} \quad \text{说明存在烯醇式构造}$$

3. 乙酰乙酸乙酯的化学性质

1) 酸性

乙酰乙酸乙酯中亚甲基质子具有明显的酸性，在强碱作用下容易生成负碳离子，由于负电荷可以离域在两个羰基之间，所以比较稳定。

$$\underset{pK_a\approx 11}{CH_3\overset{\overset{\displaystyle O}{\|}}{C}CH_2\overset{\overset{\displaystyle O}{\|}}{C}OC_2H_5} + C_2H_5O^- \longrightarrow \underset{pK_a\approx 18}{C_2H_5OH} + CH_3\overset{\overset{\displaystyle O^{\delta-}}{\|}}{C}\overset{\delta-}{=\!=}CH\overset{\overset{\displaystyle O^{\delta-}}{|}}{=\!=}COC_2H_5$$

$$\equiv\left[CH_3\overset{\overset{\displaystyle O}{\|}}{C}\ddot{\overset{-}{C}}H\overset{\overset{\displaystyle O}{\|}}{C}OC_2H_5 \longleftrightarrow CH_3\overset{\overset{\displaystyle O^-}{|}}{C}=CH\overset{\overset{\displaystyle O}{\|}}{C}OC_2H_5 \longleftrightarrow CH_3\overset{\overset{\displaystyle O}{\|}}{C}CH=\overset{\overset{\displaystyle O^-}{|}}{C}OC_2H_5\right]$$

乙酰乙酸乙酯在强碱作用下，生成的碳负离子是强亲核试剂，可以与卤代烃、酰卤发生亲核取代反应，在亚甲基上引入烷基或酰基。

(1) 烷基化反应。

$$CH_3\overset{O}{\overset{\|}{C}}CH_2\overset{O}{\overset{\|}{C}}OC_2H_5 \xrightarrow[-C_2H_5OH]{C_2H_5\bar{O}Na^+} [CH_3\overset{O}{\overset{\|}{C}}\overset{-}{\ddot{C}}H\overset{O}{\overset{\|}{C}}OC_2H_5]Na^+ \xrightarrow[-NaX]{RX} CH_3\overset{O}{\overset{\|}{C}}CHR\overset{O}{\overset{\|}{C}}OC_2H_5$$

一烷基取代的乙酰乙酸乙酯中亚甲基上还有一个氢原子，它的酸性比乙酰乙酸乙酯弱，在更强的碱作用下可以发生第二次烷基化。

$$CH_3\overset{O}{\overset{\|}{C}}\underset{R}{\underset{|}{C}}H\overset{O}{\overset{\|}{C}}OC_2H_5 \xrightarrow[-(CH_3)_3COH]{(CH_3)_3CO^-K^+} [CH_3\overset{O}{\overset{\|}{C}}\underset{R}{\underset{|}{\overset{-}{\ddot{C}}}}\overset{O}{\overset{\|}{C}}OC_2H_5]K^+ \xrightarrow[-KX]{R'X} CH_3\overset{O}{\overset{\|}{C}}-\underset{R}{\underset{|}{\overset{R'}{\overset{|}{C}}}}-\overset{O}{\overset{\|}{C}}OC_2H_5$$

由于烷基化反应是 S_N2 机理，所以用伯卤代烷、烯丙基卤、苄基卤产率较高，仲卤代烷产率较低，叔卤代烷发生消除反应得到烯烃。

(2) 酰基化反应。

当乙酰乙酸乙酯负离子与酰卤或酸酐反应时，得到酰基化产物。为了避免酰卤或酸酐被醇解，这个反应一般是用非质子极性溶剂如 DMF、DMSO 而不用醇，强碱用 NaH 而不是醇钠。

$$CH_3\overset{O}{\overset{\|}{C}}CH_2\overset{O}{\overset{\|}{C}}OC_2H_5 \xrightarrow[DMF]{NaH} [CH_3\overset{O}{\overset{\|}{C}}\overset{-}{\ddot{C}}H\overset{O}{\overset{\|}{C}}OC_2H_5]Na^+ \xrightarrow{RCOCl} CH_3\overset{O}{\overset{\|}{C}}CH\begin{matrix} \diagup COOC_2H_5 \\ \diagdown COR \end{matrix}$$

乙酰乙酸乙酯在碱的作用下形成的负离子，负电荷可以在碳上也可以在氧上，因此具有两个反应活性中心。在一般情况下，除主要生成碳烷基化或酰基化产物外，还产生少量相应的氧烷基化或酰基化产物。

2) 乙酰乙酸乙酯皂化后脱羧——乙酰乙酸乙酯酮式分解

乙酰乙酸乙酯在碱性条件下水解，酸化后生成 β-酮酸——乙酰乙酸，由于在羧基的 α-C 上有一个吸电子的酰基，因此它很容易脱羧，在加热情况下放出 CO_2，生成丙酮，这一过程称为乙酰乙酸乙酯的酮式分解。

$$CH_3COCH_2COOC_2H_5 \xrightarrow{\text{稀 } NaOH, H_2O, \triangle} CH_3COCH_2COOH \xrightarrow[-CO_2]{\triangle} CH_3COCH_3$$

β-酮酸的脱羧反应机理，一般认为是经过一个六元环的过渡态。

$$\underset{CH_3}{}\overset{O}{\overset{\|}{C}}\underset{CH_2}{}\overset{O-H}{C}=O \longrightarrow \left[\begin{matrix} O\cdots H\cdots O \\ \| \quad\quad \| \\ C \quad\quad C=O \\ CH_3 \; CH_2 \end{matrix} \right]^{\neq} \xrightarrow{-CO_2} \underset{CH_3}{}\overset{O-H}{\overset{|}{C}}=CH_2 \longrightarrow CH_3\overset{O}{\overset{\|}{C}}CH_3$$

3) 乙酰乙酸乙酯酸式分解

用浓的强碱溶液和乙酰乙酸乙酯同时加热，然后酸化，得到的主要产物是两个酸，所以称为酸式分解：

$$CH_3COCH_2COOC_2H_5 \xrightarrow{\text{浓 NaOH}} \xrightarrow{H^+} CH_3COOH + CH_3COOH + C_2H_5OH$$

反应机理如下：

$$CH_3\overset{O}{\overset{\|}{C}}CH_2\overset{O}{\overset{\|}{C}}OC_2H_5 \underset{}{\overset{HO^-}{\underset{\text{亲核加成}}{\rightleftharpoons}}} CH_3\overset{O^-}{\overset{|}{\underset{OH}{\underset{|}{C}}}}-CH_2\overset{O}{\overset{\|}{C}}OC_2H_5 \overset{\text{消除}}{\rightleftharpoons} CH_3\overset{O}{\overset{\|}{\underset{OH}{\underset{|}{C}}}} + CH_2=\overset{O^-}{\overset{|}{C}}OC_2H_5$$

$$\rightleftharpoons$$

$$2CH_3\overset{O}{\overset{\|}{C}}OH \xleftarrow{H^+} \underset{\text{乙酸乙酯水解}}{\xleftarrow{HO^-}} CH_3\overset{O}{\overset{\|}{C}}O^- + CH_3\overset{O}{\overset{\|}{C}}OC_2H_5 \rightleftharpoons CH_3\overset{O}{\overset{\|}{C}}O^- + CH_2=\overset{OH}{\overset{|}{C}}OC_2H_5$$

对于酰化的乙酰乙酸乙酯，容易用碱分解，脱去乙酰基得到新的 β-酮酯：

$$\begin{matrix} CH_3CO \\ \quad\diagdown \\ \quad\quad CH\overset{O}{\overset{\|}{C}}OC_2H_5 \\ \quad\diagup \\ RCO \end{matrix} \xrightarrow[NH_4Cl]{NH_3, H_2O} R\overset{O}{\overset{\|}{C}}CH_2\overset{O}{\overset{\|}{C}}OC_2H_5 + CH_3COO^-$$

4）乙酰乙酸乙酯的 γ-烷基化及 γ-酰基化

一分子乙酰乙酸乙酯在两分子强碱如 KNH_2、$NaNH_2$、NaH、RLi 等作用下，形成共轭稳定的双负离子，再与一分子卤代烷或酰氯反应，可在 γ 位烷基化、酰基化，而不是在 α 位。这与 γ-H 酸性不如 α-H 的强有关，因此 γ 负碳离子亲核性较强，所以在 γ 位发生反应。一取代后剩余的 α 负碳离子可加 NH_4Cl 中和：

$$\underset{\gamma}{CH_3}\overset{O}{\overset{\|}{\underset{\beta}{C}}}\underset{\alpha}{CH_2}\overset{O}{\overset{\|}{C}}OC_2H_5 \xrightarrow[\text{液 } NH_3]{2NaNH_2} \left[\overset{-}{\ddot{C}}H_2\overset{O}{\overset{\|}{C}}\overset{-}{\ddot{C}}H\overset{O}{\overset{\|}{C}}OC_2H_5 \longleftrightarrow CH_2=\overset{O^-}{\overset{|}{C}}CH=\overset{O^-}{\overset{|}{C}}OC_2H_5\right]2Na^+$$

$$\xrightarrow[\text{液 } NH_3]{R-X} RCH_2CO\overset{-}{\ddot{C}}HCOOC_2H_5 \xrightarrow{NH_4Cl} RCH_2COCH_2COOC_2H_5$$

如果双负离子与两分子卤代烷或酰氯反应，则 γ 位与 α 位均可发生烷基化及酰基化反应。

4. 乙酰乙酸乙酯在有机合成中的应用

乙酰乙酸乙酯所进行的烷基化、酰基化、酮式分解、酸式分解等一系列反应在合成上的应用，称为乙酰乙酸乙酯合成法。乙酰乙酸乙酯是合成取代丙酮最常用的试剂。

1）一烷基取代丙酮的合成

乙酰乙酸乙酯进行一次烷基化反应得到一烷基取代的乙酰乙酸乙酯，然后用稀 NaOH 溶液水解，酸化反应混合物，加热脱羧得到一取代丙酮。

$$CH_3COCH_2COOC_2H_5 \xrightarrow[\text{②}R-X]{\text{①}C_2H_5ONa/CH_3CH_2OH} CH_3COCHRCOOC_2H_5 \xrightarrow[H_2O]{NaOH}$$

$$CH_3COCHRCOO^- \xrightarrow{H^+} CH_3COCHRCOOH \xrightarrow[-CO_2]{\triangle} CH_3COCH_2R$$

2）α,α-二烷基取代丙酮的合成

二次烷基化的乙酰乙酸乙酯，经酮式分解得到α,α-二取代丙酮。例如：

$$CH_3COCH_2COOC_2H_5 \xrightarrow[②CH_3CH_2CH_2Br]{①C_2H_5ONa/C_2H_5OH} CH_3COCH(CH_2CH_2CH_3)COOC_2H_5 \xrightarrow[②CH_3CH_2Br]{①(CH_3)_3COK/(CH_3)_3COH}$$

$$CH_3COC(CH_2CH_3)(CH_2CH_2CH_3)—COOC_2H_5 \xrightarrow[②H^+;③\triangle,-CO_2]{①稀\ NaOH,H_2O;} CH_3\overset{O}{\overset{\|}{C}}CH(CH_2CH_3)(CH_2CH_2CH_3)$$

3）β-二酮的合成

酰基化的乙酰乙酸乙酯经酮式分解，得到β-二酮，这是合成β-二酮的一种方法。

$$CH_3\overset{O}{\overset{\|}{C}}CH_2\overset{O}{\overset{\|}{C}}OC_2H_5 \xrightarrow[DMF]{NaH} CH_3\overset{O}{\overset{\|}{C}}\ddot{\bar{C}}H\overset{O}{\overset{\|}{C}}OC_2H_5\ Na^+$$

$$\xrightarrow{RCOCl\ 或(RCO)_2O} CH_3COCH(COR)COOC_2H_5 \xrightarrow[②H^+;③\triangle,-CO_2]{①稀\ NaOH,H_2O;} CH_3COCH_2COR$$

4）γ-二酮的合成

如果是以α-卤代酮来进行乙酰乙酸乙酯的烷基化反应，产物经酮式分解得到γ-二酮。这是合成γ-二酮的一种方法。

$$CH_3\overset{O}{\overset{\|}{C}}CH_2\overset{O}{\overset{\|}{C}}OC_2H_5 \xrightarrow[②BrCH_2COR]{①EtONa/EtOH} CH_3\overset{O}{\overset{\|}{C}}CH(CH_2COR)\overset{O}{\overset{\|}{C}}OC_2H_5 \xrightarrow[②H^+;③\triangle,-CO_2]{①稀\ NaOH,H_2O;} CH_3\overset{O}{\overset{\|}{C}}CH_2CH_2\overset{O}{\overset{\|}{C}}R$$

5）γ-酮酸的合成

如果用α-卤代羧酸酯进行乙酰乙酸乙酯的烷基化反应，产物再经酮式分解得到γ-酮酸。这是合成γ-酮酸的一种方法。

$$CH_3\overset{O}{\overset{\|}{C}}CH_2\overset{O}{\overset{\|}{C}}OC_2H_5 \xrightarrow[②BrCH_2CO_2C_2H_5]{①EtONa/EtOH} CH_3\overset{O}{\overset{\|}{C}}CH(CH_2CO_2C_2H_5)\overset{O}{\overset{\|}{C}}OC_2H_5 \xrightarrow[②H^+;③\triangle,-CO_2]{①稀\ HO^-,H_2O;} CH_3\overset{O}{\overset{\|}{C}}CH_2CH_2\overset{O}{\overset{\|}{C}}OH$$

12.4.3 丙二酸二乙酯

1. 丙二酸二乙酯的合成

丙二酸二乙酯可以经过以下反应制备：

$$CH_3COOH \xrightarrow[P]{Cl_2} ClCH_2COOH \xrightarrow{NaOH} ClCH_2COO^-\ Na^+$$

$$\xrightarrow{NaCN} N\equiv CCH_2COO^-\ Na^+ \xrightarrow[H_2SO_4]{2C_2H_5OH} CH_2(COOC_2H_5)_2$$

2. 丙二酸二乙酯的性质及在有机合成中的应用

丙二酸二乙酯与乙酰乙酸乙酯的性质是相似的。丙二酸二乙酯分子中亚甲基上的质子也具有酸性，但比乙酰乙酸乙酯中亚甲基质子酸性弱。与强碱作用也形成碳负离子，碳负离子作为强亲核试剂也可以与卤代烷或酰氯发生亲核取代反应，得到烷基取代的丙二酸二乙酯或酰基取代的丙二酸二乙酯。

$$CH_2(COOC_2H_5)_2 \xrightarrow[C_2H_5OH]{C_2H_5ONa} \overset{+}{Na}\,\overset{-}{\ddot{C}}H(COOC_2H_5)_2 \xrightarrow{RX} RCH(COOC_2H_5)_2$$

$$CH_2(COOC_2H_5)_2 \xrightarrow[\text{无水乙醚}]{(C_2H_5O)_2Mg} \overset{-}{\ddot{C}}H(COOC_2H_5)_2 \xrightarrow{RCOCl} R\overset{O}{\overset{\|}{C}}CH(COOC_2H_5)_2$$

丙二酸二乙酯的烷基化、酰基化、水解、脱羧等一系列反应在有机合成中的应用，称为丙二酸二乙酯合成法。这是制备取代乙酸最有效的方法。

1）一取代乙酸和二取代乙酸的合成

$$RCH(COOC_2H_5)_2 \xrightarrow[\triangle]{H^+,H_2O} RCH(COOH)_2 \xrightarrow[-CO_2]{\triangle} RCH_2COOH$$

$$RCH(COOC_2H_5)_2 \xrightarrow{①C_2H_5ONa/C_2H_5OH\text{ 或 }(CH_3)_3COK/(CH_3)_3COH\quad ②R'X} RR'C(COOC_2H_5)_2$$

$$RR'C(COOC_2H_5)_2 \xrightarrow[\triangle]{H^+,H_2O} RR'C(COOH)_2 \xrightarrow[-CO_2]{\triangle} RR'CHCOOH$$

2）二元酸的合成

将 1mol 二卤烷和 2mol 丙二酸二乙酯的碳负离子反应，产物再经水解、脱羧，就得到二元酸。

$$2\overset{+}{Na}\overset{-}{\ddot{C}}H(COOC_2H_5)_2 + X\text{-}(CH_2)_n\text{-}X \longrightarrow (C_2H_5OOC)_2CH\text{-}(CH_2)_n\text{-}CH(COOC_2H_5)_2 \xrightarrow[②\triangle]{①H^+,H_2O} HOOCCH_2\text{-}(CH_2)_n\text{-}CH_2COOH$$

$n = 0; X = I$

$n = 1,2,\cdots; X = Cl,Br,I$

如果用卤代羧酸酯作为烃基化试剂和丙二酸二乙酯的碳负离子反应，产物再经皂化、酸化、脱羧也可以合成二元酸。

$$\overset{+}{Na}\overset{-}{\ddot{C}}H(COOC_2H_5)_2 \xrightarrow{RX} RCH(COOC_2H_5)_2 \xrightarrow[R'CHBrCOOC_2H_5]{C_2H_5ONa} RC(COOC_2H_5)_2\text{-}R'CHCOOC_2H_5 \xrightarrow{①HO^-,H_2O\ ②H^+} RC(COOH)_2\text{-}R'CHCOOH \xrightarrow{\triangle,-CO_2} RCHCOOH\text{-}R'CHCOOH$$

α,α′-二烷基取代丁二酸

$$\overset{+}{Na}\overset{-}{\ddot{C}}H(COOC_2H_5)_2 \xrightarrow[\beta\text{-卤代羧酸酯}]{RCHBrCH_2COOC_2H_5} CH(COOC_2H_5)_2\text{-}RCHCH_2COOC_2H_5 \xrightarrow{①HO^-,H_2O\ ②H^+\ ③\triangle} CH_2COOH\text{-}RCHCH_2COOH$$

β-烷基取代戊二酸

$$\overset{+}{Na}\overset{-}{\ddot{C}}H(COOC_2H_5)_2 \xrightarrow[\alpha\text{-卤代羧酸脂}]{RCHBrCOOC_2H_5} CH(COOC_2H_5)_2\text{-}RCHCOOC_2H_5 \xrightarrow{①HO^-,H_2O\ ②H^+\ ③\triangle} CH_2COOH\text{-}RCHCOOH$$

α-烷基取代丁二酸

3）三元、四元、五元和六元脂环羧酸的合成

用 1mol 醇钠处理丙二酸二乙酯，然后与 1mol 二卤代烷反应得到的卤代烷基丙二酸酯，接着再用 1mol 强碱处理，使之发生分子内烷基化，成环得到三元、四元、五元和六元脂环化合物。

$$\overset{+}{Na}\overset{-}{\ddot{C}}H(COOC_2H_5)_2 + X\text{-}(CH_2)_n\text{-}X \xrightarrow{-NaX} X\text{-}(CH_2)_n\text{-}CH(COOC_2H_5)_2 \xrightarrow[C_2H_5OH]{C_2H_5ONa} X\text{-}(CH_2)_n\text{-}\overset{-}{\ddot{C}}(COOC_2H_5)_2$$

$n=2,3,4,5$
X=Cl,Br,I

$$\xrightarrow[-X^-]{\text{分子内 } S_N2} (CH_2)_n C(COOC_2H_5)_2 \xrightarrow[\text{②}H^+;\text{③}\triangle,-CO_2]{\text{①}HO^-,H_2O;} (CH_2)_n CH\text{—}COOH$$

4）合成 β-酮酯或酮

酰基取代的丙二酸二乙酯进行酮式分解得到 β-酮酯或酮。这里的酮式分解不采用稀碱水解，因为碱会使酰基脱掉，但可以用酸水解，并控制仅水解一个酯基，然后脱羧可得到 β-酮酯；若 2 个酯基都水解，经脱羧则得到酮。

$$RCOCH(COOC_2H_5)_2 \xrightarrow{H^+,H_2O} RCOCH(COOH)(COOC_2H_5) \xrightarrow{\triangle,-CO_2} RCOCH_2COOC_2H_5$$

$$RCOCH(COOC_2H_5)_2 \xrightarrow{H^+,\ H_2O} RCOCH(COOH)_2 \xrightarrow{\triangle,-2CO_2} RCOCH_3$$

12.4.4 诺文葛耳缩合反应

在弱碱性催化剂如氨或胺的催化下，醛酮与含有活泼亚甲基的化合物发生反应失去一分子水，这类缩合反应称为诺文葛耳(Knoevenagel)缩合反应。

$$\underset{H(R')}{\overset{R}{\ }}C{=}O + H_2C(G)(G') \xrightarrow{\text{弱碱}} \underset{H(R')}{\overset{R}{\ }}C{=}C(G)(G') + H_2O$$

G,G′=—CHO,RCO,—COOR,—COOH,—CN,—NO_2 等吸电子基团。例如：

$$(CH_3)_2CHCH_2CH{=}O + H_2C(COOC_2H_5)_2 \xrightarrow[\triangle,-H_2O]{\text{哌啶}} (CH_3)_2CHCH_2CH{=}C(COOC_2H_5)_2$$

$$Cl\text{-}C_6H_4\text{-}CH{=}O + H_2C(COCH_3)(COOC_2H_5) \xrightarrow[\triangle,-H_2O]{(C_2H_5)_2NH} Cl\text{-}C_6H_4\text{-}CH{=}C(COCH_3)(COOC_2H_5)$$

$$\text{呋喃-}CH{=}O + CH_2(CN)_2 \xrightarrow[0^\circ C]{PhCH_2NH_2} \text{呋喃-}CH{=}C(CN)_2 + H_2O$$

$$PhCHO + CH_2(COOH)_2 \xrightarrow[\triangle,-H_2O]{\text{吡啶}} PhCH{=}C(COOH)_2 \xrightarrow[-CO_2]{\triangle} PhCH{=}CHCOOH$$

诺文葛耳缩合反应常用来合成 α,β-不饱和酸。

这类反应的机理与羟醛缩合类似，用一般式表示如下：

$$\underset{G'}{\overset{G}{CH_2}} \xrightarrow[\text{酸碱反应}]{\bar{B},\,-HB} \ddot{\bar{C}}H\begin{matrix}G\\G'\end{matrix} \xrightarrow[\text{亲核加成}]{R(R')C{=}O} R-\overset{O^-}{\underset{HC(G)(G')}{C}}-R' \xrightarrow[\text{酸碱反应}]{HB,\,-\bar{B}:} R-\overset{OH}{\underset{R'}{C}}-CH\begin{matrix}G\\G'\end{matrix}$$

$$\xrightarrow[\text{酸碱反应}]{\bar{B}:,\,-HB} R-\overset{OH}{\underset{R'}{C}}-\ddot{\bar{C}}\begin{matrix}G\\G'\end{matrix} \xrightarrow{\text{消除反应}} \begin{matrix}R\\R'\end{matrix}C{=}C\begin{matrix}G\\G'\end{matrix} + HO^- \xrightarrow{HB} H_2O + B{:}^-$$

诺文葛耳缩合反应仅需要催化量的碱，醛和酮都可以进行这类反应，但醛比酮的产率高得多。

12.4.5　迈克尔加成反应

α,β-不饱和羰基化合物和来自活泼亚甲基化合物的碳负离子发生 1，4-加成（共轭加成）反应，称为迈克尔（Michael）加成反应。反应的结果总是碳负离子加到 α,β-不饱和羰基化合物的 β-C 原子上，而 α-C 原子上则加上一个 H^+。例如：

$$CH_2{=}CHCOOC_2H_5 + CH_3COCH_2COOC_2H_5 \xrightarrow[C_2H_5OH]{C_2H_5ONa} \underset{CH_3COCHCOOC_2H_5}{\overset{CH_2CH_2COOC_2H_5}{|}}$$

$$\text{(环己-2-烯酮)}{=}O + CH_2(COOC_2H_5)_2 \xrightarrow[C_2H_5OH]{C_2H_5ONa} \text{(3-取代环己酮)}{=}O,\ \text{3-位}-CH(COOC_2H_5)_2$$

$$CH_2{=}CHCOCH_3 + CH_3COCH_2COOC_2H_5 \xrightarrow[C_2H_5OH]{C_2H_5ONa} \underset{CH_3COCHCOOC_2H_5}{\overset{CH_2CH_2COCH_3}{|}}$$

其反应机理如下：

$$CH_3COCH_2COOC_2H_5 \xrightarrow[\text{夺取质子}]{C_2H_5ONa} CH_3CO\ddot{\bar{C}}HCOOC_2H_5 \xrightarrow[\text{共轭加成}]{CH_2{=}CHCOCH_3}$$

$$\begin{matrix}CH_3CO\\C_2H_5OOC\end{matrix}CHCH_2CH{=}\overset{O^-}{C}-CH_3 \xrightarrow[\text{夺取质子}]{C_2H_5OH,\,-C_2H_5O^-}$$

$$\underset{\text{烯醇式}}{\begin{matrix}CH_3CO\\C_2H_5OOC\end{matrix}CHCH_2CH{=}\overset{OH}{C}-CH_3} \xrightleftharpoons{\text{互变异构}} \underset{\text{酮式}}{\begin{matrix}CH_3CO\\C_2H_5OOC\end{matrix}CHCH_2CH_2COCH_3}$$

α,β-不饱和羰基化合物与乙酰乙酸乙酯或丙二酸二乙酯进行迈克尔加成反应，加成产物经水解、脱羧可以得到 1，5-二羰基化合物。因此迈克尔加成反应是合成 1，5-二羰基化合物的有效方法。例如：

$$\begin{matrix}CH_2CH_2COOC_2H_5\\ |\\ CH_3COCHCOOC_2H_5\end{matrix} \xrightarrow[\text{水解}]{H_3O^+} \begin{matrix}CH_2CH_2COOH\\ |\\ CH_3COCHCOOH\end{matrix} \xrightarrow[-CO_2]{\triangle} \overset{5}{C}H_3\overset{4}{C}O\overset{3}{C}H_2\overset{2}{C}H_2\overset{1}{C}H_2COOH$$

$$\text{3-[}CH(COOC_2H_5)_2\text{]环己酮} \xrightarrow[\triangle]{H_3O^+} \text{3-(}CH_2COOH\text{)环己酮}$$

迈克尔加成反应的另一个重要用途是在一个六元环系上再加上4个碳原子,形成一个二并六元环的环系,称为Robinson增环反应。例如,在碱性催化剂作用下,使甲基乙烯基酮与一个具有活泼氢的环酮先发生迈克尔加成,生成1,5-二酮,然后再使之发生分子内的羟醛缩合,生成一个新的六元环。

$$CH_2{=}CH\overset{O}{\overset{\|}{C}}CH_3 + \text{环己酮} \xrightarrow{NaNH_2} \text{2-(3-氧代丁基)环己酮} \xrightarrow{NaNH_2} \text{八氢萘酮}$$

$$CH_2{=}CH\overset{O}{\overset{\|}{C}}CH_3 + \text{2-甲基环己酮} \xrightarrow{C_2H_5ONa} \text{2-甲基-2-(}CH_2CH_2\overset{O}{\overset{\|}{C}}CH_3\text{)环己酮} \xrightarrow[H_2O]{NaOH} \text{羟基酮(OH, CH}_3\text{)} \xrightarrow[\triangle]{H^+} \text{甲基八氢萘酮}$$

$$CH_2{=}CH\overset{O}{\overset{\|}{C}}CH_3 + \text{2-甲基-1,3-环己二酮} \xrightarrow[CH_3OH]{KOH} \text{2-甲基-2-(}CH_2CH_2\overset{O}{\overset{\|}{C}}CH_3\text{)-1,3-环己二酮} \xrightarrow{\text{四氢吡咯}} \text{甲基六氢萘二酮}$$

实验表明,不对称酮的加成主要发生在带有甲基的碳原子上。

迈克尔反应范围很广,包括各种亲核的碳负离子(给体)和亲电的共轭体系(受体)之间的反应。碳负离子的给体除了乙酰乙酸乙酯、丙二酸二乙酯以外,还可以是氰基乙酸酯、醛酮或硝基烷等,而受体除α,β-不饱和醛、酮、酯以外,还可以是α,β-不饱和酰胺、α,β-不饱和腈甚至α,β-不饱和硝基化合物等。例如:

$$\begin{matrix}CH_3COCH_2COCH_3\\ +\\ CH_2{=}CHC{\equiv}N\end{matrix} \xrightarrow{(CH_3CH_2)_3N} \begin{matrix}CH_3COCHCOCH_3\\ |\\ CH_2CH_2CN\end{matrix} \xrightarrow{CH_2{=}CHCN} \begin{matrix} & O\ \ CH_2CH_2CN\\ & \|\quad\ \ |\\ & CH_3C{-}C{-}COCH_3\\ & |\\ & CH_2CH_2CN\end{matrix}$$

$$(CH_3)_2CHNO_2 + CH_2{=}CH\overset{O}{\overset{\|}{C}}OCH_3 \xrightarrow{R_4N^+\,OH^-} (CH_3)_2\overset{NO_2}{\overset{|}{C}}CH_2CH_2\overset{O}{\overset{\|}{C}}OCH_3$$

$$CH_3CHO + CH_2{=}CHC{\equiv}N \xrightarrow{HO^-} OHCCH_2{-}CH_2CH_2C{\equiv}N$$

$$C_6H_5{-}\underset{CH_2CH_3}{\underset{|}{C}}HCN + CH_2{=}CHC{\equiv}N \xrightarrow[CH_3OH]{KOH} C_6H_5{-}\underset{CH_2CH_3}{\underset{|}{\overset{CN}{\overset{|}{C}}}}{-}CH_2CH_2C{\equiv}N$$

由丙烯腈与碳负离子给体之间所发生的迈克尔反应,能使碳负离子给体α-C上的氢原子被氰乙基取代,所以这类反应也称为氰乙基化反应。

习　题

12-1　写出正丁酸与下列试剂反应的主要产物：

(1) $NaHCO_3$　　(2) $SOCl_2$,△
(3) $(CH_3CO)_2O$,△　　(4) C_2H_5OH,少量浓 H_2SO_4,△
(5) NH_3,△　　(6) $LiAlH_4$,干醚,然后 H_3O^+
(7) B_2H_6-THF,然后 H_2O　　(8) HgO,Br_2,△
(9) 催化量 P,Cl_2,△　　(10) PBr_3,△
(11) P_2O_5,△　　(12) $Pb(OCOCH_3)_4$,KBr,△

12-2　写出苯甲酸与下列试剂反应的主要产物,不发生反应的,则注明无反应：

(1) NaOH,H_2O　　(2) Na_2CO_3,H_2O
(3) $NaHCO_3$,H_2O　　(4) $Ca(OH)_2$,H_2O
(5) $NH_3\cdot H_2O$　　(6) NH_3,高温
(7) $CH_3CH_2CH_2OH$,少量浓 H_2SO_4,△　　(8) $(CH_3CO)_2O$,△
(9) P_2O_5,△　　(10) $LiAlH_4$,THF,然后 H_3O^+
(11) $NaBH_4$,C_2H_5OH　　(12) 热 $KMnO_4$ 溶液
(13) PBr_3,△　　(14) PCl_5,△
(15) $SOCl_2$,△　　(16) Br_2,Fe,△
(17) 浓 HNO_3-浓 H_2SO_4,△　　(18) $H_2SO_4\cdot SO_3$,△
(19) CH_3CH_2Cl,$AlCl_3$　　(20) CH_3COCl,$AlCl_3$

12-3　写出丙酰氯与下列试剂反应的主要产物：

(1) H_2O,△　　(2) C_2H_5OH,△
(3) C_6H_5OH,△　　(4) CH_3NH_2,△
(5) $C_6H_5NH_2$,△　　(6) H_2,Pd
(7) H_2,Pd/$BaSO_4$, S-喹啉　　(8) $2CH_3CH_2MgBr$,干醚,然后 H_3O^+
(9) $(C_2H_5)_2Cd$　　(10) $(CH_3CH_2CH_2)_2CuLi$,乙醚
(11) CH_3COONa,△　　(12) $1/2Na_2O_2$

12-4　写出丁二酸酐与下列试剂反应的主要产物：

(1) H_2O,△　　(2) C_2H_5OH,浓 H_2SO_4,△
(3) NH_3,然后 H^+　　(4) NH_3,300℃
(5) n-C_4H_9MgBr,干醚,低温,然后 H_3O^+　　(6) $2C_2H_5MgI$,干醚,然后 H_3O^+

12-5　写出丙酸乙酯与下列试剂反应的主要产物：

(1) H_2O,H^+,△　　(2) H_2O,HO^-,△,然后 H^+
(3) 过量 CH_3OH,浓 H_2SO_4,△　　(4) $CH_3CH_2NH_2$,△
(5) $NH_2OH\cdot HCl$　　(6) H_2,Cu/Cr 催化剂,△,加压
(7) $LiAlH_4$,乙醚,然后 H_3O^+　　(8) Na,C_2H_5OH,△
(9) CH_3MgI,干醚,然后 H_3O^+　　(10) n-C_4H_9Li,然后 H_3O^+
(11) $HCOOC_2H_5$,C_2H_5ONa,C_2H_5OH,然后 H_3O^+　　(12) 500℃
(13) $C_2H_5OCOOC_2H_5$,C_2H_5ONa,C_2H_5OH,然后 H_3O^+
(14) CH_3COCH_3,NaH,然后 H_3O^+

(15) $(COOC_2H_5)_2$，C_2H_5ONa，C_2H_5OH，然后 H_3O^+

(16) $C_6H_5COOC_2H_5$，C_2H_5ONa，C_2H_5OH，然后 H_3O^+

12-6 写出苯甲酰胺与下列试剂反应的主要产物：

(1) $H_2O, H^+, \triangle$　　(2) $H_2O, HO^-, \triangle$

(3) $C_2H_5OH, H^+, \triangle$　　(4) $LiAlH_4$，乙醚，然后 H_3O^+

(5) $P_2O_5, \triangle$　　(6) $Cl_2, NaOH, \triangle$

12-7 用简单的化学方法鉴别下列各组化合物：

(1) A. 甲酸 B. 丙酸 C. 丙二酸 D. 丙烯酸

(2) A. 丙酸 B. 丙酰氯 C. 丙酸乙酯 D. 丙酰胺

(3) A. 丙酸乙酯 B. 乙酸丙酯 C. 丙烯酸甲酯 D. 乙酰乙酸乙酯

(4) A. 乙酰乙酸乙酯 B. 丙二酸二乙酯 C. 2,2-二甲基-3-丁酮酸乙酯 D. 苯甲酰乙酸乙酯

(5) A. 乙醇 B. 乙醚 C. 乙醛 D. 乙酸

(6) A. 水杨酸 B. 苯甲酸 C. 苯酚 D. 苯甲醚

12-8 分离下列各组化合物：

(1) 丁酸、丁酸乙酯和乙酰乙酸乙酯

(2) 苯甲酸、苯酚、正丁醚和环己酮

(3) 水杨酸、水杨酸甲酯、苯甲醛和苯甲醚

(4) α-萘甲酸、α-萘酚、α-萘甲醇和萘

12-9 写出下列反应的机理：

(1) $H\overset{18}{O}CH_2CH_2CH_2CH_2COOH \xrightleftharpoons{H^+}$ (δ-戊内酯，环氧为 O^{18}) $+ H_2O$

(2) $CH_3COOC(CH_3)_3 + H_2\overset{18}{O} \xrightleftharpoons{H^+} CH_3COOH + (CH_3)_3C\overset{18}{O}H$

(3) $PhCH_2COOH \xrightarrow{红磷, Br_2} PhCHBrCOOH$

(4) $2CH_3COOC_2H_5 \xrightarrow[②H^+]{①C_2H_5ONa, C_2H_5OH} CH_3COCH_2COOC_2H_5$

(5) $PhCOOC_2H_5 + CH_3COOC_2H_5 \xrightarrow[②H^+]{①C_2H_5ONa, C_2H_5OH} PhCOCH_2COOC_2H_5$

(6) $C_2H_5O\overset{O}{\overset{\|}{C}}CH(CH_3)CH_2CH_2CH_2\overset{O}{\overset{\|}{C}}OC_2H_5 \xrightarrow[②H^+]{①C_2H_5ONa, C_2H_5OH}$ 2-甲基-5-乙氧羰基环戊酮（CH_3、$COOC_2H_5$ 分别位于羰基两侧）

(7) $CH_3\overset{O}{\overset{\|}{C}}CH_2CH_2CH_2COOC_2H_5 \xrightarrow[②H^+]{①C_2H_5ONa, C_2H_5OH}$ 1,3-环己二酮

(8) $CH_2(COOC_2H_5)_2 \xrightarrow[C_2H_5OH]{C_2H_5ONa} \xrightarrow{环氧乙烷}$ α-乙氧羰基-γ-丁内酯（—$COOC_2H_5$）

(9) $(CH_3)_2CHCH_2CONH_2 \xrightarrow{Br_2, NaOH} (CH_3)_2CHCH_2NH_2$

(10) 环己基—$CONH_2 \xrightarrow[CH_3ONa, CH_3OH]{Br_2}$ 环己基—$NHCOOCH_3$

12-10 完成下列反应：

(1) $CH_3CH_2CH{=}CH_2 \xrightarrow[\triangle]{KMnO_4} ? \xrightarrow{SOCl_2} ? \xrightarrow{CH_3COONa} ?$

(2) $PhCH_2COOH \xrightarrow{?} PhCHClCOOH \xrightarrow[浓\ H_2SO_4]{C_2H_5OH} ?$

(3) $HOOCCH_2CH(CH_3)CH_2COOH \xrightarrow{300℃} ? \xrightarrow{CH_3OH} ? \xrightarrow{SOCl_2} ?$

(4) $PhCH_3 \xrightarrow{?} PhCOOH \xrightarrow{NaOH} ? \xrightarrow{?} PhCOOCH_2Ph$

(5) $(CH_3)_2CHCH_2OH \xrightarrow[\triangle]{KMnO_4} ? \xrightarrow{PCl_5} ? \xrightarrow{NH_3} ? \xrightarrow{P_2O_5} ?$

(6) $PhOH \xrightarrow{H_2,Pt} ? \xrightarrow{HNO_3} ? \xrightarrow{300℃} ? \xrightarrow[②H_3O^+]{①CH_3CH_2MgBr} ?$

(7) 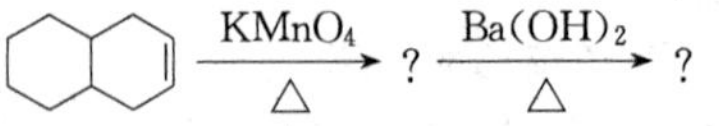 [1,2,3,4,4a,5,8,8a-八氢萘结构式] $\xrightarrow[\triangle]{KMnO_4} ? \xrightarrow[\triangle]{Ba(OH)_2} ?$

(8) $CH_2=CH_2 \xrightarrow{Br_2} ? \xrightarrow{2NaCN} ? \xrightarrow{H_3O^+} ? \xrightarrow{300℃} ? \xrightarrow[高温]{NH_3} ? \xrightarrow{Br_2} ? \xrightarrow{环己烯} ?$

(9) $PhCHO+(CH_3CO)_2O \xrightarrow[\triangle]{CH_3COONa} ? \xrightarrow{HBr} ? \xrightarrow[H_2O,\triangle]{NaOH} ?$

(10) 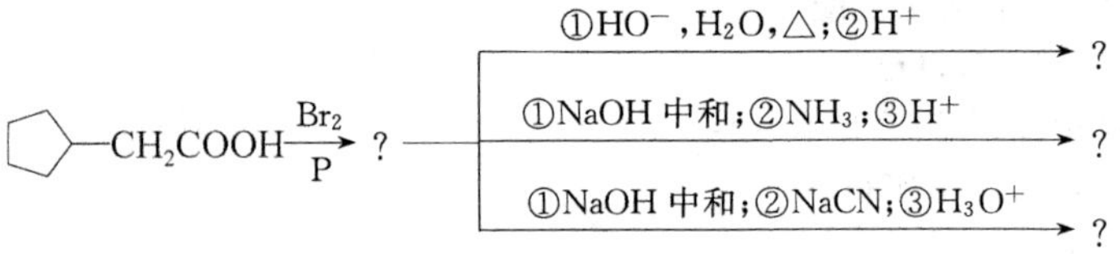 [环戊基]$-CH_2COOH \xrightarrow[P]{Br_2} ?$ —
- $\xrightarrow{①HO^-,H_2O,\triangle;②H^+} ?$
- $\xrightarrow{①NaOH 中和;②NH_3;③H^+} ?$
- $\xrightarrow{①NaOH 中和;②NaCN;③H_3O^+} ?$

(11) $CH_2(CH_2COOH)_2 \xrightarrow[浓\ H_2SO_4]{C_2H_5OH} ? \xrightarrow[KOH]{AgNO_3} ? \xrightarrow[CCl_4]{Br_2} ? \xrightarrow[\triangle]{H_3O^+} ? \xrightarrow{Na_2CO_3,H_2O} ?$

(12) 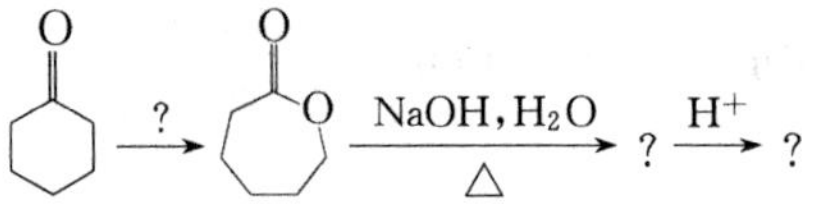 [环己酮结构式] $\xrightarrow{?}$ [己内酯(七元环内酯)结构式] $\xrightarrow[\triangle]{NaOH,H_2O} ? \xrightarrow{H^+} ?$

(13) $PhCH_3 \xrightarrow[h\nu]{2Cl_2} ? \xrightarrow{HO^-,H_2O} ? \xrightarrow{HCN} ? \xrightarrow{H_3O^+} ? \xrightarrow{\triangle} ?$

(14) 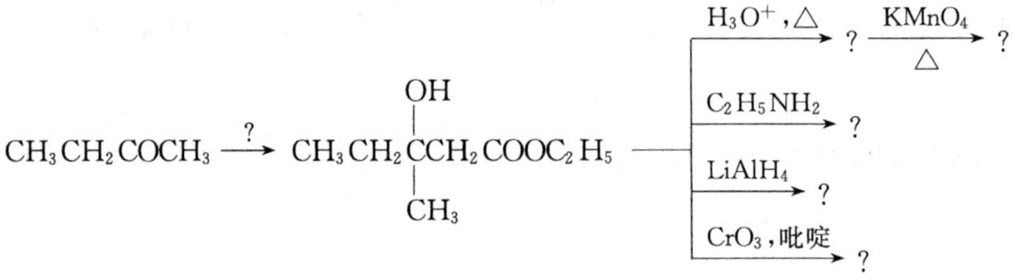 $CH_3CH_2COCH_3 \xrightarrow{?} CH_3CH_2C(OH)(CH_3)CH_2COOC_2H_5$ —
- $\xrightarrow{H_3O^+,\triangle} ? \xrightarrow[\triangle]{KMnO_4} ?$
- $\xrightarrow{C_2H_5NH_2} ?$
- $\xrightarrow{LiAlH_4} ?$
- $\xrightarrow{CrO_3,吡啶} ?$

(15) 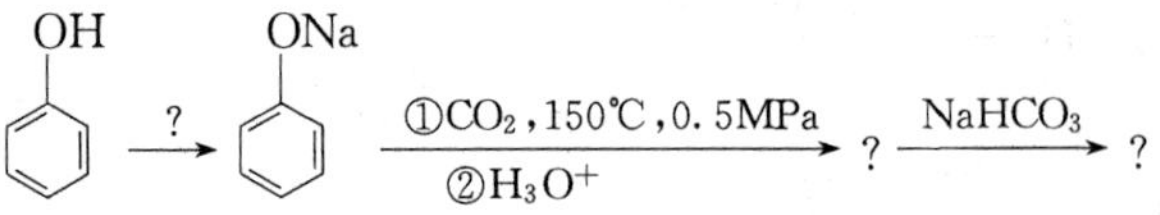 [苯酚结构式(OH)] $\xrightarrow{?}$ [苯酚钠结构式(ONa)] $\xrightarrow[②H_3O^+]{①CO_2,150℃,0.5MPa} ? \xrightarrow{NaHCO_3} ?$

(16) 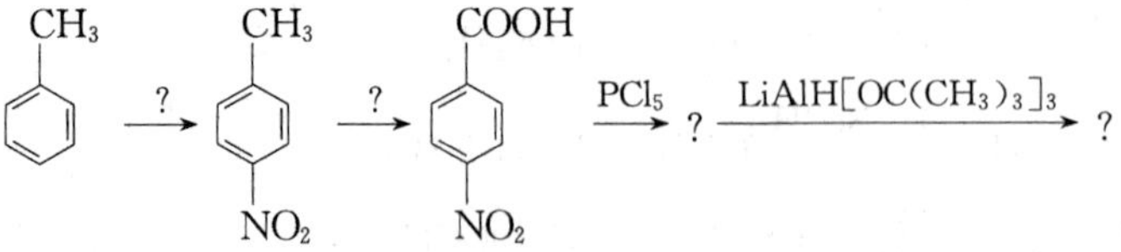 [甲苯结构式(CH_3)] $\xrightarrow{?}$ [对硝基甲苯结构式(CH_3, NO_2)] $\xrightarrow{?}$ [对硝基苯甲酸结构式(COOH, NO_2)] $\xrightarrow{PCl_5} ? \xrightarrow{LiAlH[OC(CH_3)_3]_3} ?$

(17) $CH_3CH_2CONH_2 \xrightarrow{NaClO} ? \xrightarrow{CH_3CH_2COCl} ? \xrightarrow[②H_3O^+]{①LiAlH_4} ? \xrightarrow{C_6H_5COCl} ?$

(18) $CH_3COOC_2H_5 \xrightarrow{2C_6H_5MgBr} ? \xrightarrow{H_3O^+} ? \xrightarrow{?} CH_3CClPh_2$

(19) $CH_3CH_2CH_2COOC_2H_5 \xrightarrow[-78℃]{LDA, THF} \xrightarrow[②H_2O]{①CH_3COCl}$?

(20) $\begin{matrix} CH_2{=}C{-}O \\ | \quad\quad | \\ CH_2{-}C{=}O \end{matrix} \xrightarrow{C_2H_5OH}$? $\xrightarrow[(CH_3)_2CHBr]{C_2H_5ONa}$? $\xrightarrow[C_2H_5Br]{C_2H_5ONa}$? $\xrightarrow[②H^+ ③\triangle]{①稀 NaOH, H_2O}$?

(21) $2CH_3COOC_2H_5 \xrightarrow[②H^+]{①C_2H_5ONa}$? $\xrightarrow[DMF]{NaH} \xrightarrow{(CH_3)_2CHCOCl}$? $\xrightarrow[②H^+ ③\triangle]{①稀 NaOH, H_2O}$?

(22) $CH_3COOH \xrightarrow[P]{Cl_2}$? $\xrightarrow[②NaCN]{①NaOH 中和}$? $\xrightarrow[H_2SO_4]{2C_2H_5OH}$? $\xrightarrow[(C_2H_5)_2NH]{O_2N{-}C_6H_4{-}CHO}$?

(23) PhCHO+ ? $\xrightarrow[\triangle]{HO^-} PhCH{=}CHCOCH_3 \xrightarrow[C_2H_5ONa, C_2H_5OH]{CH_3COCH_2COOC_2H_5}$?

(24) $CH_3COOC_2H_5 + CH_3COCH_2CH_3 \xrightarrow[②H^+]{①NaNH_2}$? $\xrightarrow[(C_2H_5)_3N]{2CH_2{=}CHCN}$?

12-11 把下列各组化合物按酸性强弱排列成序：

(1) A. CH_3COOH B. FCH_2COOH C. $ClCH_2COOH$ D. CH_3OCH_2COOH

(2) A. $CH_3CHFCOOH$ B. $CH_3CHBrCOOH$ C. $BrCH_2CH_2COOH$
D. $CH_3CHClCOOH$

(3) A. 顺丁烯二酸 B. 丁二酸 C. $(CH_3)_3CCOOH$ D. CH_3CH_2COOH

(4) A. 邻羟基苯甲酸 B. 间羟基苯甲酸 C. 对羟基苯甲酸 D. 苯酚

(5) A. 邻硝基苯甲酸 B. 间硝基苯甲酸 C. 对硝基苯甲酸 D. 苯甲酸

(6) A. 对甲氧基苯甲酸 B. 对氯苯甲酸 C. 苯甲酸 D. 苯酚

(7) A. 乙二酸 B. 乙酸 C. 苯甲酸 D. 丙二酸

(8) A. CH_3COOH B. C_6H_5OH C. C_2H_5OH D. $CH{\equiv}CH$

(9) A. 苯乙酸 B. 苯酚 C. 碳酸 D. 对甲苯酚

(10) A. $CH_3COCH_2COCH_3$ B. $CH_2(COOC_2H_5)_2$ C. $CH_3COCH_2COOC_2H_5$

(11) A. $CH_3CH_2C(={}^+OH)Br$ B. $CH_3CH_2C(={}^+OH)OC_2H_5$ C. $CH_3CH_2C(={}^+OH)NH_2$ D. $CH_3CH_2C(={}^+OH)CH_3$

12-12 把下列各组化合物按碱性强弱排列成序：

(1) A. CH_3CONH_2 B. $CH_3CONHCH_3$ C. $CH_3CONHC_6H_5$ D. 邻苯二甲酰亚胺

(2) A. CH_3CONH_2 B. $CH_3CON(CH_3)_2$ C. NH_3 D. 丁二酰亚胺

(3) A. $HOCH_2COO^-$ B. $H_3\overset{+}{N}CH_2COO^-$ C. $HSCH_2COO^-$

(4) A. $PhCO\overset{..}{\bar{C}}HCOCF_3$ B. $PhCO\overset{..}{\bar{C}}HCOCH_3$ C. $CH_3CO\overset{..}{\bar{C}}HCOCH_3$

(5) A. $CH_3CH_2COO^-$ B. PhO^- C. $CH_3CH_2O^-$ D. $(CH_3)_3CO^-$
E. $CH{\equiv}C^-$ F. $CH_3CH_2^-$ G. $CH_2{=}CH^-$

12-13 写出下列化合物加热后生成的主要产物：

(1) α-羟基己酸 (2) β-羟基己酸 (3) γ-羟基己酸
(4) δ-羟基己酸 (5) ε-羟基己酸 (6) 草酸(乙二酸)
(7) 乙基丙二酸 (8) 邻苯二甲酸 (9) 戊二酸
(10) 己二酸 (11) 庚二酸 (12) 3-氧代庚二酸

12-14 把下列各组化合物按反应活性大小排列成序：

(1) 与丙酸酯化：

A. CH_3CH_2OH　B. CH_3OH　C. $CH_3CH_2CH_2OH$　D. $(CH_3)_2CHCH_2OH$

(2) 与苯乙醇酯化：

A. CH_3COOH　B. $(CH_3)_2CHCOOH$　C. $CH_3CH_2CH_2COOH$　D. $(CH_3)_3CCOOH$

(3) 与乙醇酯化：

A. CH_3—C_6H_4—COOH（对甲基苯甲酸）　B. 2,4-二甲基苯甲酸（CH_3 位于 COOH 邻位及对位）

C. C_6H_5—COOH　D. 2,4,6-三甲基苯甲酸（两个 CH_3 位于 COOH 邻位，一个位于对位）

(4) 碱水解：

A. CH_3COO—C_6H_5　B. CH_3COO—C_6H_4—NO_2

C. CH_3COO—C_6H_4—CH_3　D. CH_3COO—C_6H_4—Cl

(5) 碱水解：

A. $(CH_3)_3CCOOCH_3$　B. CH_3COOCH_3

C. $(CH_3)_2CHCOOCH_3$　D. $CH_3CH_2COOCH_3$

(6) 与甲醇反应：

A. $CH_3CH_2COOC_2H_5$　B. CH_3CH_2COCl

C. $CH_3CH_2CONH_2$　D. $(CH_3CH_2CO)_2O$

(7) α-碳上溴化：

A. 丙酸乙酯　B. 丙酰氯　C. 丙酸　D. 丙酮

(8) 烯醇化反应：

A. $(CH_3CO)_2CHCOOC_2H_5$　B. $CH_3COCH_2COOC_2H_5$

C. $CH_3COCH_2COCH_3$　D. $CH_3COCH(C_2H_5)COOC_2H_5$

E. $CH_3COC_2H_5$　F. $CH_3COOC_2H_5$

12-15　把乙酰乙酸乙酯作为原料之一合成下列化合物：

(1) 2-庚酮　(2) 甲基仲丁基酮

(3) 苯甲酰丙酮　(4) $CH_3CH(OH)CH(CH_2OH)CHOHCH_2CH_2CH_3$（即 $CH_3CHCHCH_2OH$，其中第一个 CH 上连 HO，第二个 CH 上连 $CHOHCH_2CH_2CH_3$）

(5) CH_3O—C_6H_4—$CHOHCH_2CH_2CHOHCH_3$

(6) $CH_3COCH_2CH_2COCH_3$　(7) 环戊基—$COCH_3$

(8) 1,2-二乙酰基环己烷（环己烷相邻碳上各连一个 $COCH_3$）　(9) $(CH_3CH_2)_2CHCOOH$

(10) $CH_3CH_2CH_2CH{=}CHCOOH$　(11) $CH_3\overset{O}{\overset{\|}{C}}CH(CH(CH_3)_2)CH_2CH_2\overset{O}{\overset{\|}{C}}CH_3$

(12) C_2H_5OOC、O、OCH_3（环己烯酮结构式：2-乙氧羰基-3-苯基-5-(4-甲氧基苯基)环己-5-烯-1-酮）

12-16　把丙二酸二乙酯作为原料之一合成下列化合物：

(1) 2-乙基戊酸　　(2) 庚二酸

(3) 3-乙基戊二酸　　(4) 2-苯基丁二酸

(5) 2-乙基-3-丙基丁二酸　　(6) 环丙烷甲酸

(7) HOOC—C_6H_{10}—COOH（1,4-环己烷二甲酸）　　(8) $(CH_3)_3CCOCH_2CH_2COOH$

(9) $(CH_3)_2CHCH_2COCH_2COOC_2H_5$　　(10) $CH_3COCH_2C(CH_3)_2CH_2COOH$

12-17　以 C_2～C_4 的烯烃、苯、甲苯为原料合成下列化合物(无机试剂任选)：

(1) $CH_3CH_2CH_2CH_2COOH$　　(2) $CH_3CHOHCH_2COOH$

(3) CH_3—C_6H_4—CHOHCOOH　　(4) $CH_3CH_2CH_2CH_2$—C_6H_4—$COOC_2H_5$

(5) C_6H_5—$CH(COOC_2H_5)_2$　　(6) 环戊烯基—CH_2CH_3

(7)

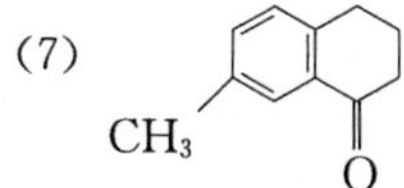

(8) O_2N—C_6H_4—C(=O)—C_6H_4—OCH_2CH_3

(9) $(CH_3CH_2)_2C(CH_3)CONH_2$　　(10) $CH_3CH_2CH(CH(OH)CH_3)COOC_2H_5$

(11) C_6H_5—C(=O)—O—C(=O)CH_2CH_3　　(12) $(CH_3)_2CHCH_2CH(C_2H_5)COBr$

12-18　化合物 A($C_4H_8O_3$)可以与 Na_2CO_3 水溶液反应，放出 CO_2。A 受热后反应生成化合物 B($C_4H_6O_2$)，B 可以使 Br_2-CCl_4 溶液褪色。A 被 $KMnO_4$ 氧化生成 C($C_4H_6O_3$)。C 受热后放出 CO_2 气体，生成 D(C_3H_6O)。D 可以发生碘仿反应。根据以上实验事实推测 A～D 的构造，并写出每步反应式。

12-19　化合物 A 含有 C、H、O、N 四种元素，溶于水，不溶于乙醚。A 受热后失去一分子水生成化合物 B，B 与 NaOH 水溶液回流反应，放出有气味的气体，残余物酸化后得到一种不含氮的酸性物质 C。C 与 $LiAlH_4$ 反应生成的物质 D 与浓 H_2SO_4 共热，得到一个烯烃 E，E 的相对分子质量为 56。E 经臭氧分解后得到一个醛 F 和一个酮 G。根据以上实验结果推断化合物 A～G 的构造，并写出各步反应式。

12-20　化合物 A($C_{10}H_{12}$)经臭氧分解生成化合物 B(C_3H_6O)和 C(C_7H_6O)，B 不与硝酸银的氨溶液反应，C 则反应，酸化后生成化合物 D($C_7H_6O_2$)。D 与 PCl_3 反应生成 E，E 与氨作用生成 F(C_7H_7NO)。F 在 NaOH 水溶液中与 Br_2 反应，生成化合物 G(C_6H_7N)。G 为一弱碱，其 pK_b 值远大于甲胺。写出化合物 A～G 的构造式及相关反应式。

12-21　化合物 A($C_{15}H_{16}O_2$)，不与 2,4-二硝基苯肼反应，但用 $K_2Cr_2O_7$-H_2SO_4 氧化可得化合物 B($C_{15}H_{12}O_4$)。B 加热后得化合物 C($C_{14}H_{12}O_2$)。C 的 IR 数据为：3300～2500cm^{-1} 强、宽；1700cm^{-1}强；1650～1450cm^{-1}中强；920cm^{-1}强；730cm^{-1}强；698cm^{-1}强。核磁共振氢谱数据为：δ 7.30(10H)单峰；δ 5.1(1H)单峰；δ 8.12(1H)单峰。试确定化合物 A、B、C 的构造式。

第 13 章 油脂和碳水化合物

油脂、碳水化合物和蛋白质是人类食物的三大组成部分，广泛存在于自然界。它们是有机化合物的一个重要来源。本章介绍油脂和碳水化合物。蛋白质将在另外章节介绍。

13.1 油 脂

13.1.1 油脂的组成和构造

油脂是油和脂肪的简称。一般在室温是液体的称为油，如豆油、花生油和桐油等。在室温是固体或半固体的称为脂肪，如牛油、猪油等。油脂的化学组成均是高级脂肪酸和甘油形成的酯，即高级脂肪酸甘油酯。其分子构造式为

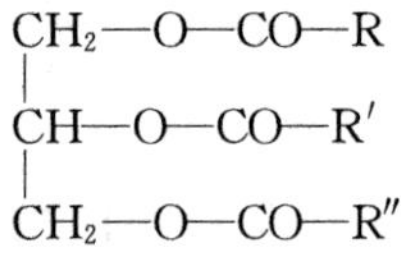

$$\begin{array}{l} CH_2—O—CO—R \\ | \\ CH—O—CO—R' \\ | \\ CH_2—O—CO—R'' \end{array}$$

三种高级脂肪酸可以是相同或不相同的，一般是含有 10 个碳以上的偶数碳原子的羧酸。常见的饱和酸有

$CH_3(CH_2)_{10}COOH$ 十二酸(月桂酸)，m. p. 44℃

$CH_3(CH_2)_{12}COOH$ 十四酸(豆蔻酸)，m. p. 54.4℃

$CH_3(CH_2)_{14}COOH$ 十六酸(软脂酸)，m. p. 63℃

$CH_3(CH_2)_{16}COOH$ 十八酸(硬脂酸)，m. p. 70℃

常见的不饱和酸有

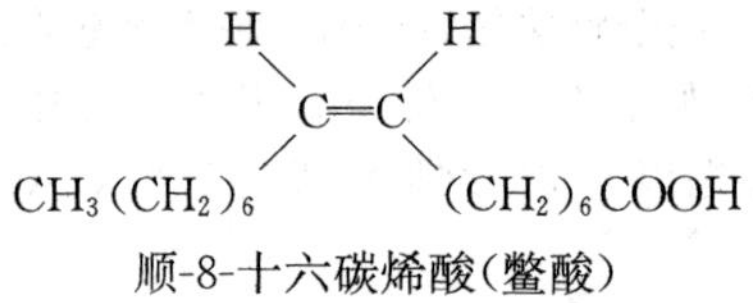

$$\begin{array}{ccc} H & & H \\ & C{=}C & \\ CH_3(CH_2)_6 & & (CH_2)_6COOH \end{array}$$

顺-8-十六碳烯酸(鳖酸)

$$\begin{array}{ccc} H & & H \\ & C{=}C & \\ CH_3(CH_2)_7 & & (CH_2)_7COOH \end{array}$$

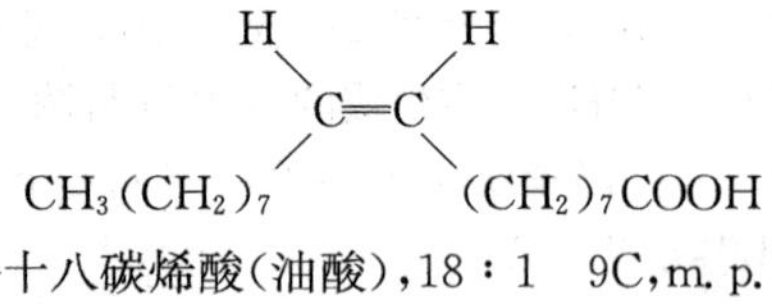

顺-9-十八碳烯酸(油酸)，18∶1 9C，m. p. 13℃

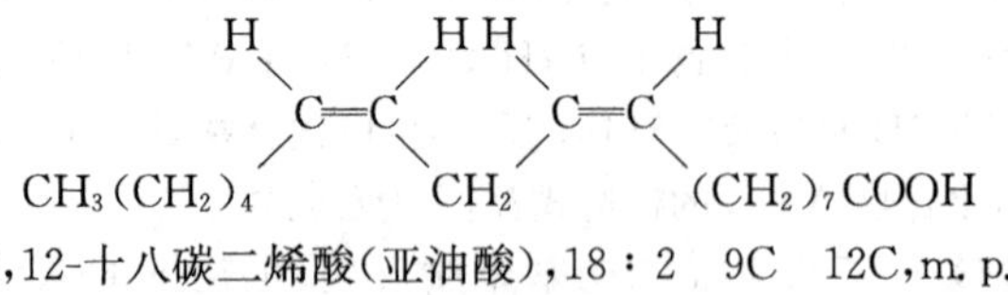

$$\begin{array}{ccccc} H & & H\ H & & H \\ & C{=}C & & C{=}C & \\ CH_3(CH_2)_4 & & CH_2 & & (CH_2)_7COOH \end{array}$$

顺，顺-9，12-十八碳二烯酸(亚油酸)，18∶2 9C 12C，m. p. −5℃

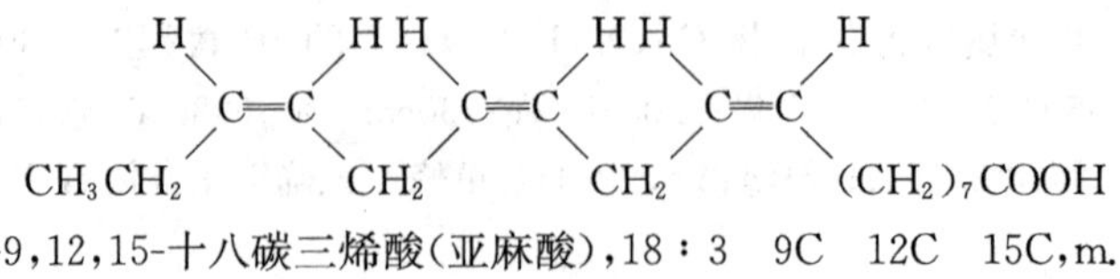

$$\begin{array}{ccccccc} H & & H\ H & & H\ H & & H \\ & C{=}C & & C{=}C & & C{=}C & \\ CH_3CH_2 & & CH_2 & & CH_2 & & (CH_2)_7COOH \end{array}$$

顺，顺，顺-9，12，15-十八碳三烯酸(亚麻酸)，18∶3 9C 12C 15C，m. p. −11℃

$$\begin{array}{c} \text{H} \quad\quad\quad \text{H}\ \ \text{H} \quad\quad\quad \text{H}\ \text{H} \quad\quad\quad \text{H}\ \text{H} \quad\quad\quad \text{H} \\ \text{C}{=}\text{C} \quad\quad \text{C}{=}\text{C} \quad\quad \text{C}{=}\text{C} \quad\quad \text{C}{=}\text{C} \\ CH_3(CH_2)_4 \quad\quad CH_2 \quad\quad CH_2 \quad\quad CH_2 \quad\quad (CH_2)_3COOH \end{array}$$

顺,顺,顺,顺-5,8,11,14-二十碳四烯酸(花生油酸),20∶4 5C 8C 11C 14C,m. p. −49.5℃

此处,代号常用来代表不饱和羧酸的碳原子数及双键的数目和位置。例如亚油酸代号为18∶2 9C 12C,表示是一个18C的酸,"2"代表两个双键,"9C"代表顺式双键在C^9与C^{10}之间,12C代表顺式双键在C^{12}与C^{13}之间。

此外,还有少量的羟基不饱和酸和环氧酸。

$$\underset{\substack{|\\ OH}}{CH_3(CH_2)_5CH}CH_2CH{=}CH(CH_2)_7COOH$$

蓖麻油酸

$$CH_3(CH_2)_4\underset{\diagdown\ O\ \diagup}{CH{-}CH}CH_2CH{=}CH(CH_2)_7COOH$$

12,13-环氧油酸

油和脂肪二者之间的差别在于油的分子组成中以不饱和酸和相对分子质量较低的酸较多,而脂肪中以饱和的相对分子质量较高的酸较多。一些常见油脂的组成、皂化值及碘值见表13-1。

表13-1 一些常见油脂的组成、皂化值及碘值

分类	油脂名称	皂化值	碘值	脂肪酸的组成/%						
				十四酸	十六酸	十八酸	顺-9-十六碳烯酸	顺-9-十八碳烯酸	顺,顺-9,12-十八碳二烯酸	其他酸
脂肪	椰子油	250～260	8～10	17～20	4～10	1～5		2～10	0～2	45～51 十二酸
	棕榈油	196～210	48～58	1～3	34～43	3～6		38～40	5～11	
	奶油	216～235	26～45	7～9	23～26	10～13	5	30～40	4～5	3～4 丁酸 2C_{20}～C_{22} 不饱和酸
	猪油	193～200	46～66	1～2	28～30	12～18	1～3	41～48	6～7	
	牛油	190～200	31～47	2～3	24～32	14～32	1～3	35～48	2～4	
不干性油	蓖麻油	176～187	81～90		0～1			0～9	3～7	80～92 蓖麻酸
	橄榄油	185～200	74～94	0～1	5～15	1～4	0～1	69～84	4～12	
	花生油	185～195	83～98		6～9	2～6	0～1	50～70	13～26	2～5 二十酸
半干性油	棉籽油	191～196	103～115	0～2	19～24	1～2	0～2	23～33	40～48	
	鲸脂油	188～194	110～150	4～6	11～18	2～4	13～18	33～38		11～20 C_{20}不饱和酸
干性油	大豆油	189～194	124～136	0～1	6～10	2～4		21～29	50～59	4～8 亚麻酸
	亚麻油	189～196	170～240		4～7	2～5		9～38	50～59	25～58 亚麻酸
	桐油	189～195	160～170				4～16	3～43	0～1	74～91 桐油酸

13.1.2 油脂的性质和应用

1. 油脂的性质

油脂的相对密度为0.9～0.95，不溶于水，而溶于烃类、氯仿、四氯化碳等有机溶剂。天然油脂是一个混合物，兼有一般酯和C═C双键的化学性质。

1）皂化和皂化值

油脂和氢氧化钠溶液共热，则发生水解反应，生成甘油和高级脂肪酸钠。

$$\begin{array}{l} CH_2-O-COR \\ | \\ CH-O-COR' \\ | \\ CH_2-O-COR'' \end{array} + NaOH \longrightarrow \begin{array}{l} CH_2-OH \\ | \\ CH-OH \\ | \\ CH_2-OH \end{array} + \begin{array}{l} RCOONa \\ R'COONa \\ R''COONa \end{array}$$

高级脂肪酸钠加工成型后就是肥皂，因此常把油脂在碱性溶液中的水解反应称为皂化反应，后来推广到凡是酯的碱性水解反应都称皂化反应。油脂的皂化反应，在工业上用来制造肥皂，同时得到副产物甘油。

由于油脂的组成不同，组成中的脂肪酸相对分子质量也不相同，因此，不同油脂皂化时所需要的碱的量各不相同。1g油脂皂化时所需要的氢氧化钾的质量（单位：mg）叫做皂化值。从皂化值可大致了解油脂的平均相对分子质量。皂化值越大，油脂的平均相对分子质量越小。

2）高级脂肪酸和脂肪醇的来源

油脂在碱性条件下与甲醇（或乙醇）反应，生成高级脂肪酸甲酯（或乙酯）和丙三醇（甘油），这类反应称酯交换反应。

$$\begin{array}{l} CH_2-O-COR \\ | \\ CH-O-COR' \\ | \\ CH_2-O-COR'' \end{array} + CH_3OH \xrightarrow{\text{碱}} \begin{array}{l} CH_2-OH \\ | \\ CH-OH \\ | \\ CH_2-OH \end{array} + \begin{array}{l} RCOOCH_3 \\ R'COOCH_3 \\ R''COOCH_3 \end{array}$$

油脂与甲醇（或乙醇）进行酯交换反应可得到混合的高级脂肪酸甲酯或乙酯。将混合酯进行分馏可得到纯度超过90％的各种脂肪酸酯。将这种纯的酯进行水解反应可得各种纯的高级脂肪酸，这是纯的C_{10}～C_{18}脂肪酸的主要来源。混合的或纯的高级脂肪酸酯用催化氢化或化学还原法还原可得到高级脂肪醇。

$$RCOOCH_3 \longrightarrow RCOOH + CH_3OH$$

$$CH_3(CH_2)_{10}COOC_2H_5 \xrightarrow[\triangle]{Na+C_2H_5OH} CH_3(CH_2)_{10}CH_2OH + CH_3CH_2OH$$

也可用油脂直接进行催化加氢得到高级脂肪醇和甘油。

$$\begin{array}{l} CH_2-OCOR \\ | \\ CH-OCOR' \\ | \\ CH_2-OCOR'' \end{array} + H_2 \xrightarrow[280\sim360^{\circ}C,\ 20MPa]{\text{铜铬氧化物}} \begin{array}{l} CH_2-OH \\ | \\ CH-OH \\ | \\ CH_2-OH \end{array} + \begin{array}{l} RCH_2OH \\ R'CH_2OH \\ R''CH_2OH \end{array}$$

3）加成反应

油脂分子中含有不饱和脂肪酸，其中的C═C双键可与氢或卤素发生加成反应。例如在催化剂雷尼镍作用下，在约 200℃时，将氢气通入油中，油中C═C双键与氢气发生加成，使液体的油转变为固体脂肪状物质，这种反应称为油脂的氢化反应或油脂的硬化反应。工业上常利用这种反应把植物油转变成人造脂肪（或称硬化油）。油脂分子中的C═C双键也可与卤素发生加成。根据加成反应中所需的卤素量来测定油脂的不饱和程度。例如，用 100g 油脂和碘发生加成时所需碘的质量（单位：g）作为碘值。利用碘值来表示油脂的不饱和程度。碘值越大，油脂的不饱和程度越大。但是实际测定油脂的碘值时，用的不是碘而是 ICl 或 IBr，因为碘与C═C双键加成很困难。其反应是

$$HgCl_2 + 2I_2 \longrightarrow HgI_2 + 2ICl$$

$$CH_3(CH_2)_7CH{=}CH(CH_2)_7COOH + ICl \longrightarrow CH_3(CH_2)_7\underset{\displaystyle I}{\underset{|}{C}}H{-}\underset{\displaystyle Cl}{\underset{|}{C}}H(CH_2)_7COOH$$

4）油脂的干化

油脂长时间放置在空气中，容易发生腐败变质产生难闻的臭味。这是油脂受空气中的氧或微生物作用，发生水解、氧化等一系列反应，生成挥发性的醛、酮、酸等混合物的缘故。

但有些油，如桐油在空气中可生成一层硬而有弹性的薄膜，这种现象称为油的干化。具有这种性质的油称为干性油。桐油就是一种典型的干性油，广泛用在油漆工业上。桐油之所以有这种特性，是由其分子构造所决定的。桐油的主要组成是桐油酸甘油酯。桐油酸是十八碳三烯酸。其中的三个C═C双键处于共轭状态，其分子构造式为

$$CH_3(CH_2)_3CH{=}CH{-}CH{=}CH{-}CH{=}CH(CH_2)_7COOH$$

由于三个C═C双键的共轭，使共轭双键两边的亚甲基受到三个共轭双键的影响而变得非常活泼，很容易和空气中的氧发生自动氧化形成自由基，自由基自行结合形成一层高分子膜。

亚麻油也是一种干性油。其分子组成为亚麻酸甘油酯。亚麻酸也是含有三个C═C双键的十八碳三烯酸，因而可作为干性油用在油漆工业上。但由于三个C═C双键不处于共轭状态，这种油和空气接触虽也能与空气中氧发生自动氧化反应，但氧化速率较慢，形成的膜比较软，不是好的干性油。

2. 油脂的应用

油脂是人类食物中不可缺少的营养成分。食物中的脂肪在人体内被氧化时，单位质量所放出的能量（约 45kJ · g^{-1}）最高，超出蛋白质和碳水化合物所放出能量（二者均为

19.2kJ · g^{-1})的一倍以上，所以人类在生命的长河中要控制脂肪的用量，以保持人类的健康。油脂在工业上也有广泛的应用。由油脂得到的高级脂肪酸和高级醇都是洗涤工业、化妆品工业的重要原料。

13.1.3　蜡

蜡广泛地存在于自然界动植物体内，主要成分是高级脂肪酸和高级一元醇所组成的酯。例如，蜂蜡的主要成分是软脂酸蜂蜡酯($C_{15}H_{31}COOC_{30}H_{61}$)，鲸蜡的主要成分是软脂酸鲸蜡酯($C_{15}H_{31}COOC_{16}H_{33}$)，白蜡的主要成分是蜡酸蜡酯($C_{25}H_{51}COOC_{26}H_{53}$)。习惯上把一切油腻的可熔的(熔点一般在36～100℃)蜡状固体称为蜡，把来源于矿物例如石油中的蜡称为石蜡。石蜡的组分是长链烷烃，与来自动植物体内的蜡在组分上完全不同。

13.1.4　磷脂

油脂是高级脂肪酸甘油酯，广泛存在于动植物体内，分子构造为三酰化甘油。在动植物体内还存在一种和油脂类似的物质称为类脂，类脂的母体结构是二酰化甘油磷酸酯。

$$
\begin{array}{l}
CH_2-O-\overset{\overset{O}{\|}}{C}-R \\
|\qquad\quad \overset{O}{\|} \\
CH-O-C-R' \\
| \\
CH_2-O-\underset{\underset{O}{\|}}{C}-R''
\end{array}
\qquad
\begin{array}{l}
CH_2-O-\overset{\overset{O}{\|}}{C}-R \\
|\qquad\quad \overset{O}{\|} \\
CH-O-C-R' \\
|\qquad\quad \overset{O}{\|} \\
CH_2-O-\underset{\underset{OH}{|}}{P}-OH
\end{array}
$$

三酰化甘油　　　二酰化甘油磷酸酯

存在于植物的种子、蛋黄及脑子中的类脂是由二酰化甘油磷酸酯衍生出来的二取代的磷酸酯，如乙醇胺磷酸甘油酯和胆碱磷酸甘油酯，其分子构造式分别为

$$
\begin{array}{l}
RCOO-CH_2 \\
\qquad\quad | \\
R'COO-CH \qquad \overset{O}{\|} \\
\qquad\quad | \\
\qquad\quad CH_2-O-\underset{|}{P}-OH \\
\qquad\qquad\qquad\quad O-CH_2-CH_2-NH_2
\end{array}
$$

乙醇胺磷酸甘油酯(α-脑磷脂)

$$
\begin{array}{l}
RCOO-CH_2 \\
\qquad\quad | \\
R'COO-CH \qquad \overset{O}{\|} \\
\qquad\quad | \\
\qquad\quad CH_2-O-\underset{|}{P}-OH \\
\qquad\qquad\qquad\quad O-CH_2-CH_2-N(CH_3)_2
\end{array}
$$

胆碱磷酸甘油酯(α-卵磷脂)

这些类脂物质都含有磷，所以称为磷脂。在磷脂分子中，磷上的—OH 表现酸性，而分子中的氨基表现碱性，因而磷脂是个偶极离子。

$$\begin{array}{l}
\mathrm{RCOO{-}CH_2} \\
\mathrm{R'COO{-}CH} \qquad\qquad \mathrm{O} \\
\qquad\qquad\ \ \mathrm{CH_2{-}O{-}P{-}O^-} \\
\qquad\qquad\qquad\qquad\ \ \mathrm{O{-}CH_2CH_2{-}\overset{+}{N}H_3}
\end{array}$$

α-脑磷脂

$$\begin{array}{l}
\mathrm{RCOO{-}CH_2} \\
\mathrm{R'COO{-}CH} \qquad\qquad \mathrm{O} \\
\qquad\qquad\ \ \mathrm{CH_2{-}O{-}P{-}O^-} \\
\qquad\qquad\qquad\qquad\ \ \mathrm{O{-}CH_2CH_2{-}\overset{+}{N}H(CH_3)_2}
\end{array}$$

α-卵磷脂

在 α-卵磷脂、α-脑磷脂中的酰基都是相应的 16 个碳以上的高级脂肪酸，如硬脂酸、软脂酸、油酸、亚油酸等。由于这类分子是偶极离子，所以这类分子就分为两个部分：一部分是长链的非极性的烃基，是疏水部分；另一部分是两性离子（$\mathrm{{}^-O{-}\underset{O^-}{\overset{O}{\overset{\|}{P}}}{-}OCH_2CH_2{-}\overset{+}{N}H_3}$），是亲水部分。因此磷脂的结构和肥皂的结构类似。在水中，磷脂排成两列，亲水的极性基团指向水面，疏水性基团受水的排斥而聚集在一起，尾尾相连，形成磷脂的双分子层，如图 13-1 所示。

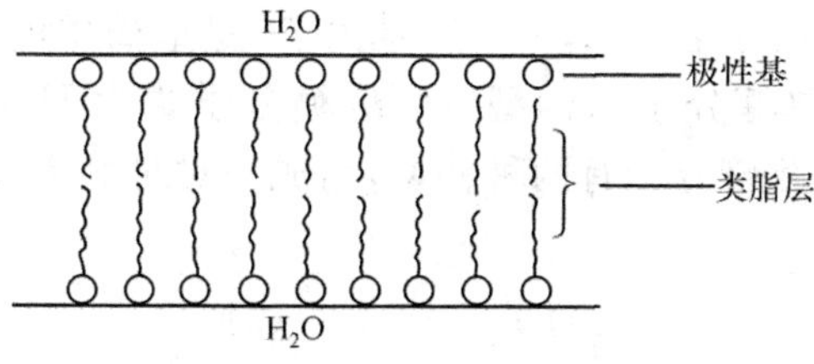

图 13-1 磷脂双分子层横切面

磷脂存在于一切细胞的细胞膜中，是生物体的基本结构要素。磷脂在细胞中就是以双分子层形式存在的，它们构成的壁不仅包住了细胞，而且非常有选择地控制着各种物质——营养物、废物、激素等的进出。

13.2 碳水化合物

碳水化合物是由 C、H、O 三种元素组成的化合物。分子中氢和氧的比例为2∶1，和水分子相同，因此可将碳水化合物的通式写成 $C_n(H_2O)_m$（n、m 均为正整数，二者可以相同，也可以不同）。例如，葡萄糖的分子式为 $C_6H_{12}O_6$，可表示为$C_6(H_2O)_6$；蔗糖分子式为 $C_{12}H_{22}O_{11}$ 可表示为 $C_{12}(H_2O)_{11}$。后来发现，这种表示并不确切，因为这类化合物并不是由碳和水结合而成的。而且有一些化合物，如鼠李糖（$C_6H_{12}O_5$），分子式虽不符合通式 $C_n(H_2O)_m$，但构造和性质与这类化合物相同。也有另一类化合物，如甲醛（CH_2O）、乙酸（$C_2H_4O_2$），分子式虽符合通式 $C_n(H_2O)_m$，但构造和性质与碳水化合物完全不同。因此，碳水化合物这一名称，不能准确地表示这类化合物，只是历史留下来的，至今仍然沿用而已。准确地说，碳水化合物是一类多羟基醛、多羟基酮，或能水解成这些醛和酮的化合物。

碳水化合物也称为糖，它分为单糖、低聚糖和多糖三类。

(1) 单糖。不能水解成简单化合物的碳水化合物，称为单糖，如葡萄糖、果糖、木糖、核糖和 2-脱氧核糖。

(2) 低聚糖。能够水解成两个或几个单糖的碳水化合物，称为低聚糖，如蔗糖。

(3) 多糖。能够水解成许多单糖分子的碳水化合物，称为多糖，如淀粉、纤维素等。

13.2.1　单糖

单糖可进一步分类。分子中含有醛基的称为醛糖，根据醛糖分子中的碳原子数目可分为丙醛糖、丁醛糖、戊醛糖和己醛糖等。单糖分子中含有酮基的称酮糖，如戊酮糖、己酮糖等。

单糖中最重要的是己醛糖（葡萄糖）和 2-己酮糖（果糖）。

1. 几种重要的单糖

1) 丙醛糖

丙醛糖俗名叫甘油醛，学名为 2，3-二羟基丙醛，是最简单的一个糖。它的重要性在于用它作为标准来确定单糖分子的构型。丙醛糖分子式为 $HOCH_2CHOHCHO$。分子中有一个手性碳原子，因此该分子有两种构型，组成一对对映体或立体异构体。其费歇尔投影式表示如下：

CHO
H—┼—OH
CH_2OH
D-(+)-甘油醛　　CHO
HO—┼—H
CH_2OH
L-(−)-甘油醛

单糖是多羟基醛或多羟基酮，分子中有多个手性碳原子，是具有旋光性的化合物。对于糖类化合物一般要知道它们的旋光性（包括旋光度和旋光方向）和分子构型。旋光性可通过旋光仪直接测出，而单糖的分子构型就是以 D-(+)-甘油醛作为标准来确定的。具体方法：对于一个单糖分子，首先寻找离羰基最远的手性碳原子，然后将该手性碳原子的构型与 D-(+)-甘油醛的构型进行比较，构型相同者，即为 D 型；构型不同者，则为 L 型。例如：

```
                         CHO                    CHO
                         |                      |
                      H—C—OH                 H—C—OH
                         |                      |
      CHO             H—C—OH                HO—C—H
      |                  |                      |
   H—C—OH             H—C—OH                 H—C—OH
      |                  |                      |
      CH2OH              CH2OH               H—C—OH
                                                |
                                                CH2OH
D-(＋)-甘油醛        D-(－)-核糖          D-(＋)-葡萄糖
```

```
                                                CHO
                                                |
                         CHO                 H—C—OH
                         |                      |
                      H—C—OH                 H—C—OH
      CHO                |                      |
      |              HO—C—H                 HO—C—H
  HO—C—H                 |                      |
      |              HO—C—H                 HO—C—H
      CH2OH              |                      |
                         CH2OH                  CH2OH
L-(－)-甘油醛        L-(＋)-阿拉伯糖       L-(－)-甘露糖
```

由以上例子可以看出，构型与旋光之间没有必然联系，即 D 型不一定是右旋的，同样，L 型不一定是左旋的。

2）葡萄糖

（1）开链式结构。葡萄糖是己醛糖，己醛糖的分子式为 $C_6H_{12}O_6$，构造式是

$$HOCH_2\overset{*}{C}HOH\overset{*}{C}HOH\overset{*}{C}HOH\overset{*}{C}HOHCHO$$

分子中有 4 个手性碳原子，共有 $2^4=16$ 个立体异构体。葡萄糖是 16 个立体异构体中的一个。经实验证明，从自然界得到的葡萄糖是D-(＋)-葡萄糖。其分子模型和费歇尔投影式如下：

```
     CHO                  CHO                  CHO
  H   ○   OH          H►C◄OH              H——+——OH
 HO   ○   H          HO►C◄H              HO——+——H
  H   ○   OH    ＝     H►C◄OH       ＝     H——+——OH
  H   ○   OH          H►C◄OH              H——+——OH
     CH2OH                CH2OH                CH2OH
D-(+)-葡萄糖                              D-(+)-葡萄糖
   模型                                   费歇尔投影式
```

用上面的模型和费歇尔投影式表示的葡萄糖分子构型称为开链式结构。D-(＋)-葡萄糖以开链式结构存在极少，主要以氧环式结构存在。

（2）氧环式结构。实验发现，D-(＋)-葡萄糖有两种晶体：一种晶体的熔点是 146℃，新配制的水溶液的比旋光度是＋112°；另一种晶体的熔点是 150℃，新配制的水溶液的比

旋光度是＋19°。当这两种晶体的水溶液放置一段时间后，比旋光度都由原来的数值逐渐变为＋52.7°。这种比旋光度随时间而改变的现象，称为变旋光现象。

D-(＋)-葡萄糖有两种熔点不同的晶体，又存在变旋光现象。这些用 D-(＋)-葡萄糖的开链式是无法解释的。可以想象，当 D-(＋)-葡萄糖 C^5 上的—OH 与同分子的—CHO 形成半缩醛时，可得一种包含氧原子的六元环的氧环式结构，并产生一个新的手性碳原子，得到两个构型异构体(图 13-2)。这种氧环式结构称哈沃斯式。常用来表示单糖五元或六元氧环式结构的构型式。

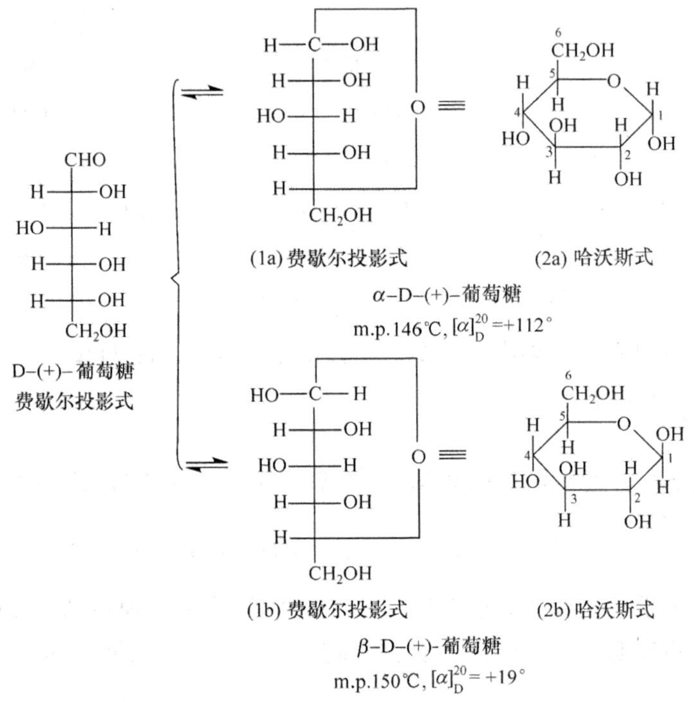

图 13-2　D-(＋)-葡萄糖 δ-氧环式

从图 13-2 可看出，D-(＋)-葡萄糖分子中，C^5(也可用希腊字母编号 δ)上的羟基与醛基—CHO相加形成半缩醛，新形成的手性碳原子(半缩醛碳原子)称苷原子，它所连接的羟基(半缩醛羟基)称为苷羟基。在哈沃斯表示式中，苷羟基与决定构型的 C^5 上的羟甲基($HOCH_2$—)在环平面两侧者称为 α 型，即 α-D-(＋)-葡萄糖；处在环平面同侧者称为 β-D-(＋)-葡萄糖。从这里可看出，一个开链式可以形成两个氧环式，得 α，β 两个异构体。这两个异构体之间的差别，仅仅在于第一个新形成的手性碳原子的构型不同，而其他手性碳原子的构型完全相同，这种异构体称为差向异构体。对于 α-D-(＋)-葡萄糖和 β-D-(＋)-葡萄糖两个差向异构体来说，构型不同的手性碳原子处在第一位，所以又称异头物，苷原子称为异头碳。

从图 13-2 可直观地看出，D-(＋)-葡萄糖的费歇尔投影式转变成氧环的费歇尔投影式(1a 和 1b)。在下面的图示中可形象地理解如何由费歇尔投影式转变为哈沃斯式的。

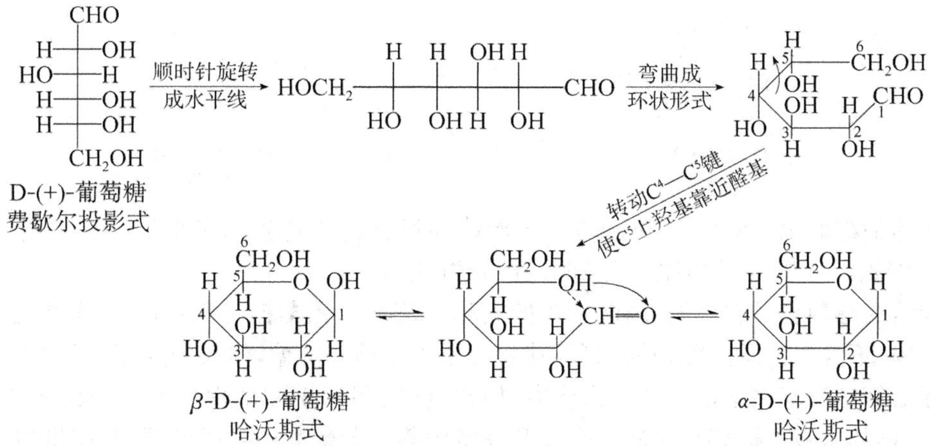

D-(+)-葡萄糖
费歇尔投影式

顺时针旋转成水平线

弯曲成环状形式

转动$C^4—C^5$键使C^5上羟基靠近醛基

β-D-(+)-葡萄糖
哈沃斯式

α-D-(+)-葡萄糖
哈沃斯式

D-(+)-葡萄糖的哈沃斯式的形成

葡萄糖δ-氧环式结构中的氧环式骨架与吡喃环相似，因此，把葡萄糖δ-氧环式结构称为吡喃葡萄糖，所以有α-D-(＋)-吡喃葡萄糖和β-D-(＋)-吡喃葡萄糖。结构式如下：

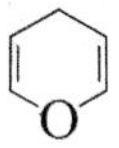

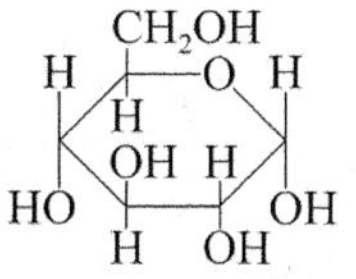

α-D-(+)-吡喃葡萄糖
m.p.146℃，$[\alpha]_D^{20}=+112°$

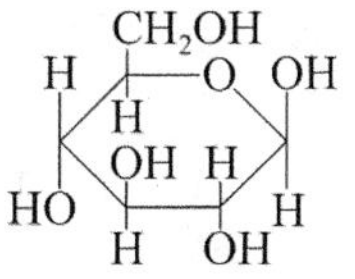

β-D-(+)-吡喃葡萄糖
m.p.150℃，$[\alpha]_D^{20}=+19°$

α-D-(＋)-吡喃葡萄糖和β-D-(＋)-吡喃葡萄糖水溶液放置后，两种异构体可通过开链式相互转变，比旋光度也随之改变达到恒定值，即变旋光现象。达到平衡时，开链式极少(<0.01%)，氧环式吡喃葡萄糖大于99%。其中α-D-(＋)-吡喃葡萄糖占36.3%，β-D-(＋)-吡喃葡萄糖占63.6%。说明β-异构体比α-异构体稳定，含量多。

(3) 构象。D-(＋)-吡喃葡萄糖氧环式结构中的六元环与环己烷相似，只是氧环式中的一个氧原子代替了环己烷中的一个CH_2，所以可以用环己烷的构象近似表示吡喃葡萄糖中氧环式的构象，其稳定构象也是椅式。在β-D-(＋)-吡喃葡萄糖的椅式构象中，所有较大基团(—OH，—CH_2OH)都在e键上，而在α-D-(＋)-吡喃葡萄糖的椅式构象中，则苷羟基处在a键上。所以，β-D-(＋)-吡喃葡萄糖比α-D-(＋)-吡喃葡萄糖稳定。

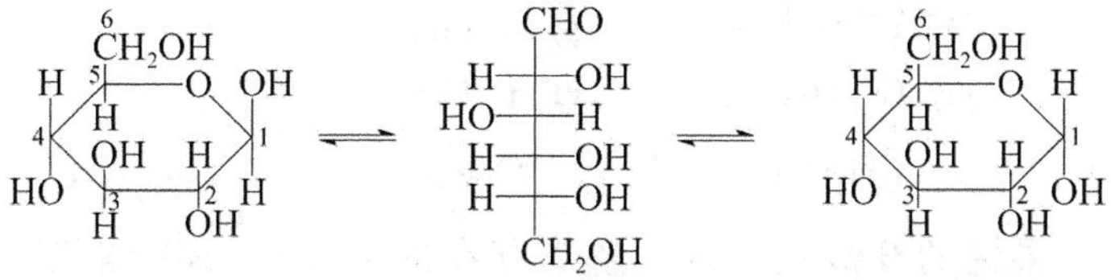

β-D-(+)-葡萄糖
哈沃斯式

D-(+)-葡萄糖
费歇尔投影式

α-D-(+)-葡萄糖
哈沃斯式

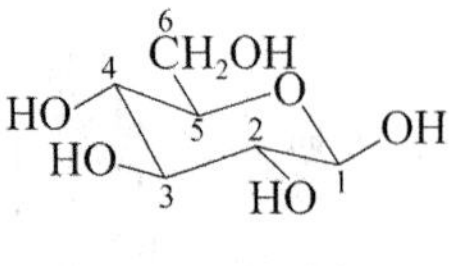

β-D-(+)-葡萄糖构象　　α-D-(+)-葡萄糖构象

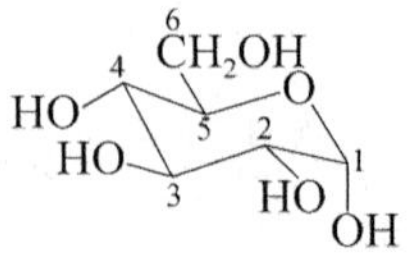

在葡萄糖的水溶液中，α 和 β 两种异构体通过开链式达到动态平衡。在平衡体系中 β-异构体约占 64%，α-异构体约占 36%，则开链式极少。

天然的葡萄糖是右旋的，因此葡萄糖又称右旋糖。葡萄糖是无色晶体，易溶于水，稍溶于乙醇，不溶于乙醚。葡萄糖味甜，其甜度小于果糖和蔗糖，但大于麦芽糖和乳糖。

葡萄糖广泛存在于植物和动物体中，如在葡萄、甜水果和植物的种子、根、茎、叶和花中，在动物的血液、淋巴液、骨髓液中以及蜂蜜中等。葡萄糖还可通过蔗糖、淀粉和纤维素的水解得到。

葡萄糖在医药上用作营养剂，是生产葡萄糖酸钙和维生素 C 的原料。维生素 C 又称为抗坏血酸，其分子构型是

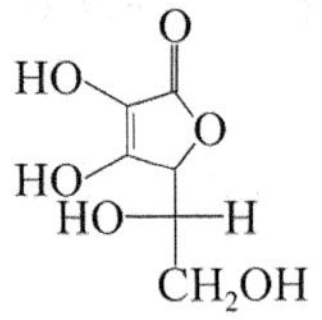

L-抗坏血酸（维生素 C）

3）果糖

果糖是 2-己酮糖。2-己酮糖的分子式也是 $C_6H_{12}O_6$，构造式为

$$HOCH_2\overset{*}{C}HOH\overset{*}{C}HOH\overset{*}{C}HOHCOCH_2OH$$

分子中有三个手性碳原子，因此有 $2^3=8$ 个立体异构体，果糖是其中的一个。天然果糖是左旋的，即(－)-果糖。在(－)-果糖分子中离羰基最远的 C^* 的构型与D-(＋)-甘油醛的构型相同。所以，(－)-果糖的构型属 D 型，称为 D-(－)-果糖。其构型可用费歇尔投影式表示如下：

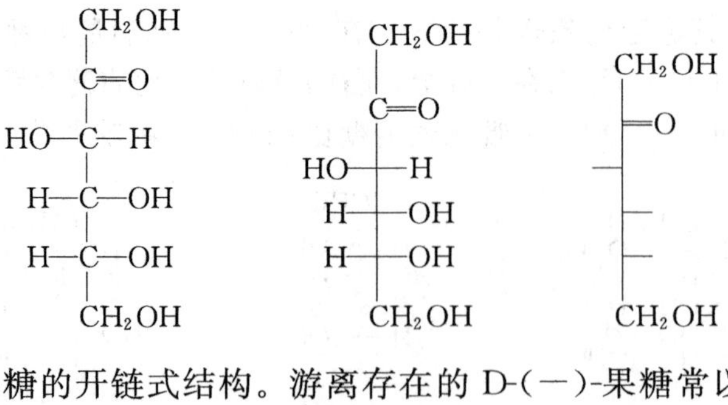

这是 D-(－)-果糖的开链式结构。游离存在的 D-(－)-果糖常以氧环式结构存在。D-(－)-果糖的氧环式有两类：一类是 C^6 上羟基(—OH)与酮基形成半缩酮，这样形成的氧环式是六元环(δ-氧环式)，称为 D-(－)-吡喃果糖。它也存在 α-D-(－)-吡喃果糖和 β-

D-(—)-吡喃果糖两种；另一类是 C^5 上羟基(—OH)与酮基形成半缩酮，这样形成的氧环式是五元环(γ-氧环式)，其氧环式骨架与呋喃环(O)相似，称为 D-(—)-呋喃果糖。D-(—)-呋喃果糖也有 α-D-(—)-呋喃果糖和 β-D-(—)-呋喃果糖两种。

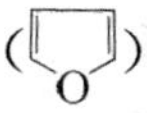

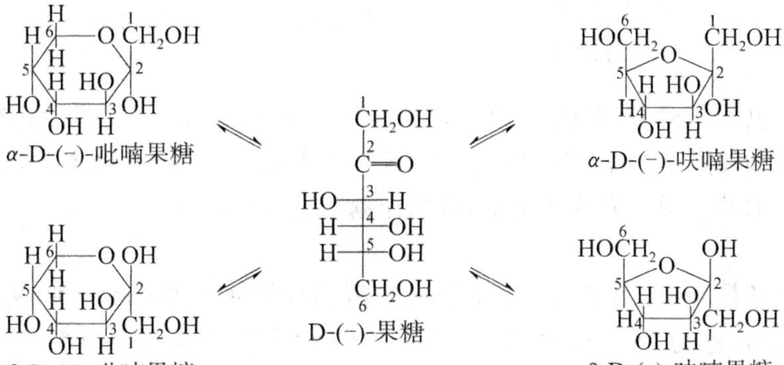

α-D-(−)-吡喃果糖

α-D-(−)-呋喃果糖

D-(−)-果糖

β-D-(−)-吡喃果糖

β-D-(−)-呋喃果糖

所以在 D-(—)-果糖水溶液中既存在少量的开链式，也存在 δ-氧环式[α-D-(—)-吡喃果糖和 β-D-(—)-吡喃果糖]和 γ-氧环式[α-D-(—)-呋喃果糖和 β-D-(—)-呋喃果糖]，这五种通过开链式形成平衡混合物。

α 和 β-D-(—)-吡喃果糖的构象式表示如下：

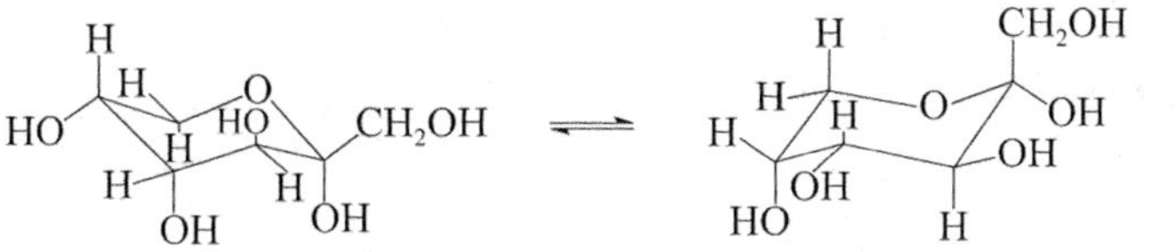

α-D-(−)-吡喃果糖

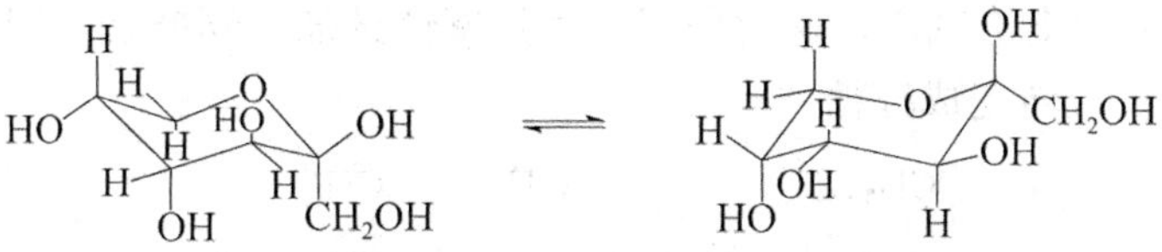

β-D-(−)-吡喃果糖

天然果糖是左旋的，又称左旋糖，是无色晶体，熔点 104℃(分解)，d_4^{20} 1.60，易溶于水、吡啶，可溶于乙醇[1g·(15mL 乙醇)$^{-1}$]，不溶于乙醚。果糖味甜，甜度是蔗糖的 1.5 倍，是糖类中最甜的糖。果糖广泛存在于蜂蜜、水果和植物的种子中。果糖可用作食物和营养剂。

4) 木糖

木糖是戊醛糖。戊醛糖的分子式是 $C_5H_{10}O_5$，构造式是

$$HOCH_2\overset{*}{C}HOH\overset{*}{C}HOH\overset{*}{C}HOHCHO$$

分子中有三个手性碳原子，有 $2^3=8$ 个立体异构体，木糖是其中的一个。木糖是右旋糖，即(+)-木糖。木糖分子中离醛基最远的 C^* 的构象与 D-(+)-甘油醛相同，所以(+)-木糖的构型为 D 型，称为 D-(+)-木糖。其构型可用费歇尔投影式表示如下：

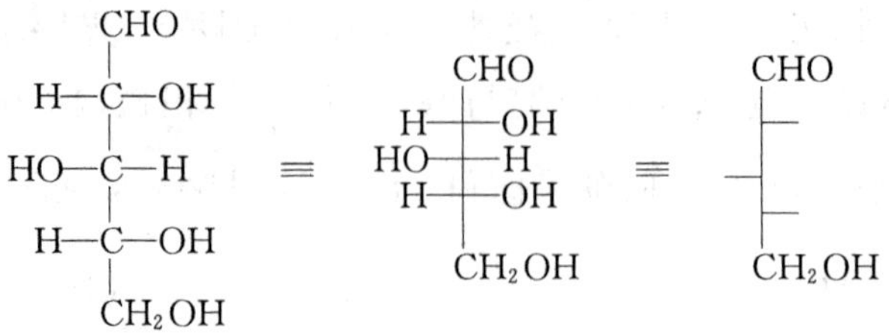

```
        CHO
         |
     H—C—OH                CHO              CHO
         |               H——┼——OH            |—
    HO—C—H      ≡       HO——┼——H     ≡      —|
         |               H——┼——OH            |—
     H—C—OH                 |                |
         |                CH2OH            CH2OH
       CH2OH
```

木糖是白色结晶粉末，熔点 144℃，d_4^{20} 1.525，溶于水和乙醇。木糖以多糖形式存在于玉米芯、棉籽壳、谷类秸秆中，用 8%左右的硫酸处理这些原料，可得木糖，这是生产木糖的主要方法。木糖可用于染色和制革，也用作糖尿病人的甜料。

5）核糖

天然的核糖是晶体，熔点 87℃。核糖是戊醛糖异构体中重要的一种，构型为 D 型，旋光方向是左旋的，称为 D-(－)-核糖。D-(－)-核糖 C^2 上的羟基去掉氧原子后称为 2-脱氧-D-核糖。它们都是核酸的重要组成部分。这两种核糖均以 β-D-呋喃环结构形式存在。

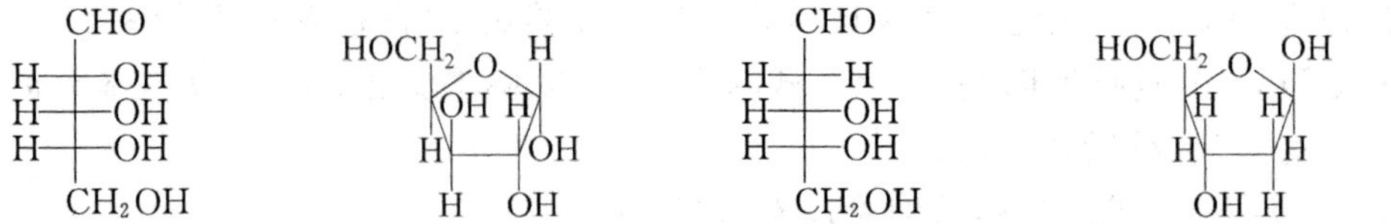

D-(－)-核糖　β-D-(＋)-呋喃核糖　2-脱氧-D-核糖　β-2-脱氧-D-呋喃核糖

2. 单糖的化学性质

1）氧化反应

单糖能被许多氧化剂氧化，氧化剂不同，氧化产物也不同。醛糖比酮糖更易被氧化。

(1) 费林试剂和土伦试剂。这两种试剂都是碱性试剂。酮糖是 α-羟酮。在碱性水溶液中通过异构化反应转变成醛糖：

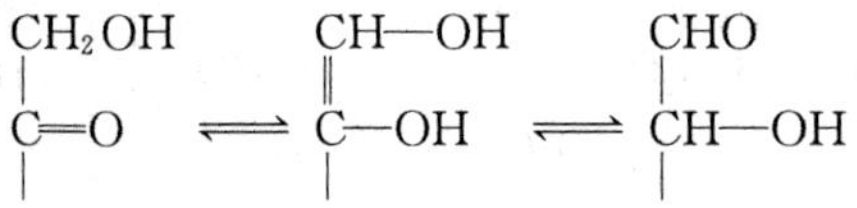

$$\begin{array}{c}CH_2OH\\|\\C{=}O\\|\end{array} \rightleftharpoons \begin{array}{c}CH{-}OH\\\|\\C{-}OH\\|\end{array} \rightleftharpoons \begin{array}{c}CHO\\|\\CH{-}OH\\|\end{array}$$

所以这两个试剂都能氧化醛糖和酮糖：

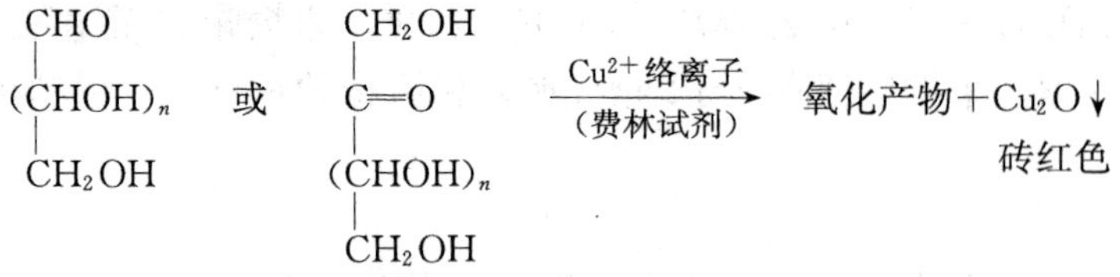

$$\underset{\text{醛糖}}{\begin{array}{c}CHO\\|\\(CHOH)_n\\|\\CH_2OH\end{array}}\ \text{或}\ \underset{\text{酮糖}}{\begin{array}{c}CH_2OH\\|\\C{=}O\\|\\(CHOH)_n\\|\\CH_2OH\end{array}} \xrightarrow[\text{(费林试剂)}]{Cu^{2+}\text{络离子}} \text{氧化产物} + \underset{\text{砖红色}}{Cu_2O\downarrow}$$

费林试剂和醛糖或酮糖反应时，Cu^{2+} 络离子的蓝色消失，产生砖红色 Cu_2O 沉淀。此反应常用来鉴别单糖和测定糖尿病患者尿中糖分的含量。

土伦试剂和葡萄糖反应，生成的银附着在玻璃制品上，使玻璃器皿上镀上银，所以该反应在工业上用于玻璃器皿镀银。

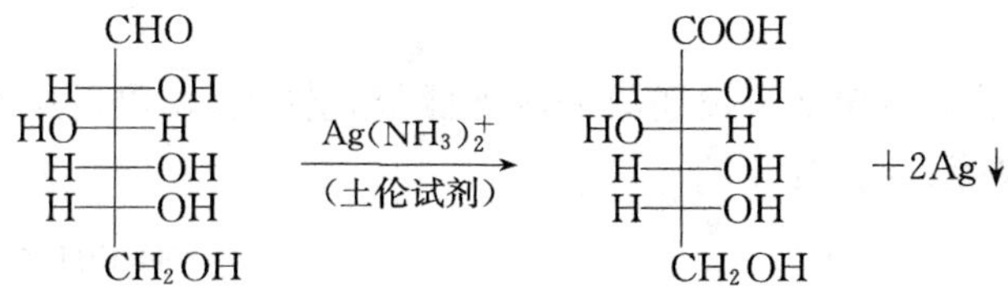

费林试剂或土伦试剂能氧化醛糖或酮糖,或者说醛糖或酮糖能还原费林试剂或土伦试剂,所以常称醛糖或酮糖为还原糖。具有半缩醛基或半缩酮基的糖也是还原糖。缩醛或缩酮的糖不能还原费林试剂或土伦试剂,称为非还原糖。

用费林试剂或土伦试剂氧化醛糖或酮糖时,一般得到的产物为混合物,因而没有制备价值。

(2) 溴水。溴水是一种酸性试剂,它不会引起醛糖和酮糖的互变异构,由酮糖转变为醛糖,所以溴水只能氧化醛糖,不能氧化酮糖。

$$\begin{array}{c} CHO \\ H-\!\!\!-\!\!\!-OH \\ HO-\!\!\!-\!\!\!-H \\ H-\!\!\!-\!\!\!-OH \\ H-\!\!\!-\!\!\!-OH \\ CH_2OH \end{array} \xrightarrow[H_2O]{Br_2} \begin{array}{c} COOH \\ H-\!\!\!-\!\!\!-OH \\ HO-\!\!\!-\!\!\!-H \\ H-\!\!\!-\!\!\!-OH \\ H-\!\!\!-\!\!\!-OH \\ CH_2OH \end{array}$$

D-(+)-葡萄糖 D-葡萄糖酸

常用溴水氧化醛糖或酮糖的反应来区分醛糖和酮糖。

(3) 硝酸。硝酸是强氧化剂,用它来氧化醛糖时,既可使—CHO氧化,也可使一级醇(伯醇)羟基氧化,生成二元酸。

$$\begin{array}{c} CHO \\ H-\!\!\!-\!\!\!-OH \\ HO-\!\!\!-\!\!\!-H \\ H-\!\!\!-\!\!\!-OH \\ H-\!\!\!-\!\!\!-OH \\ CH_2OH \end{array} \xrightarrow{HNO_3} \begin{array}{c} COOH \\ H-\!\!\!-\!\!\!-OH \\ HO-\!\!\!-\!\!\!-H \\ H-\!\!\!-\!\!\!-OH \\ H-\!\!\!-\!\!\!-OH \\ COOH \end{array}$$

D-(+)-葡萄糖 D-(+)-葡萄糖二酸

(4) 高碘酸。醛糖和酮糖分子中含有多个 α-二醇,含有 α-羟基醛或 α-羟基酮,很容易被高碘酸氧化,发生碳碳键断裂,生成醛、酮和酸。例如:

$$\begin{array}{c} H-C=O \\ \cdots\cdots \\ H-\!\!\!-\!\!\!-OH \\ HO-\!\!\!-\!\!\!-H \\ H-\!\!\!-\!\!\!-OH \\ H-\!\!\!-\!\!\!-OH \\ \cdots\cdots \\ CH_2OH \end{array} \xrightarrow{2HIO_4} \begin{array}{c} H-C=O \\ HO-\!\!\!-\!\!\!-H \\ H-\!\!\!-\!\!\!-OH \\ H-C=O \end{array} + HCOOH + HCHO$$

$$\begin{array}{c} H-C=O \\ \cdots\cdots \\ HO-\!\!\!-\!\!\!-H \\ H-\!\!\!-\!\!\!-OH \\ \cdots\cdots \\ H-C=O \end{array} \xrightarrow{2HIO_4} \begin{array}{c} H-C=O \\ \cdots\cdots \\ O=C-H \end{array} + 2HCOOH$$

$$\xrightarrow{HIO_4} 2HCOOH$$

2）还原反应

醛糖或酮糖分子中的羰基可被还原剂例如硼氢化钠还原，也可用催化加氢法还原，常用的催化剂为铂、镍等。例如：

$$\begin{array}{c} CHO \\ H-\!\!\!+\!\!\!-OH \\ HO-\!\!\!+\!\!\!-H \\ H-\!\!\!+\!\!\!-OH \\ H-\!\!\!+\!\!\!-OH \\ CH_2OH \\ \text{D-(+)-葡萄糖} \end{array} \xrightarrow[\text{或 } H_2\text{,Ni,加压,}\triangle]{NaBH_4} \begin{array}{c} CH_2OH \\ H-\!\!\!+\!\!\!-OH \\ HO-\!\!\!+\!\!\!-H \\ H-\!\!\!+\!\!\!-OH \\ H-\!\!\!+\!\!\!-OH \\ CH_2OH \\ \text{山梨糖醇} \end{array}$$

山梨糖醇为无毒、无臭、无色晶体，是合成维生素 C 和表面活性剂的重要原料。

3）生成糖脎

醛糖、酮糖分子中的羰基和苯肼作用生成腙，当用 3mol 的苯肼与 1mol 的醛糖或酮糖反应时，则在 C^1 和 C^2 处都生成腙，这种双腙称为脎。例如：

$$\begin{array}{c} CHO \\ H-\!\!\!+\!\!\!-OH \\ HO-\!\!\!+\!\!\!-H \\ H-\!\!\!+\!\!\!-OH \\ H-\!\!\!+\!\!\!-OH \\ CH_2OH \\ \text{D-(+)-葡萄糖} \end{array} \xrightarrow{3C_6H_5NHNH_2} \begin{array}{c} CH{=}NNHC_6H_5 \\ | \\ C{=}NNHC_6H_5 \\ HO-\!\!\!+\!\!\!-H \\ H-\!\!\!+\!\!\!-OH \\ H-\!\!\!+\!\!\!-OH \\ CH_2OH \\ \text{D-葡萄糖脎} \end{array}$$

$$\begin{array}{c} CH_2OH \\ | \\ C{=}O \\ HO-\!\!\!+\!\!\!-H \\ H-\!\!\!+\!\!\!-OH \\ H-\!\!\!+\!\!\!-OH \\ CH_2OH \\ \text{D-(−)-果糖} \end{array} \xrightarrow{3C_6H_5NHNH_2} \begin{array}{c} CH{=}NNHC_6H_5 \\ | \\ C{=}NNHC_6H_5 \\ HO-\!\!\!+\!\!\!-H \\ H-\!\!\!+\!\!\!-OH \\ H-\!\!\!+\!\!\!-OH \\ CH_2OH \\ \text{D-果糖脎} \end{array}$$

不同的糖生成不同的脎，即使生成相同的脎，如上述的葡萄糖和果糖生成的脎是相同的，但它们析出脎的时间也不相同，因此可利用生成脎的反应鉴别糖。

苯肼只和醛糖或酮糖的 C^1 和 C^2 上的羰基反应生成脎，因此 C^3、C^4 和 C^5 构型相同的己糖，都生成相同的脎，这可用来确定糖的构型。例如：

$$\begin{array}{c} CHO \\ H-\!\!\!+\!\!\!-OH \\ HO-\!\!\!+\!\!\!-H \\ H-\!\!\!+\!\!\!-OH \\ H-\!\!\!+\!\!\!-OH \\ CH_2OH \\ \text{D-(+)-葡萄糖} \end{array} \xrightarrow{3C_6H_5NHNH_2} \begin{array}{c} CH{=}NNHC_6H_5 \\ | \\ C{=}NNHC_6H_5 \\ HO-\!\!\!+\!\!\!-H \\ H-\!\!\!+\!\!\!-OH \\ H-\!\!\!+\!\!\!-OH \\ CH_2OH \\ \text{D-葡萄糖脎} \end{array} \xleftarrow{3C_6H_5NHNH_2} \begin{array}{c} CHO \\ HO-\!\!\!+\!\!\!-H \\ HO-\!\!\!+\!\!\!-H \\ H-\!\!\!+\!\!\!-OH \\ H-\!\!\!+\!\!\!-OH \\ CH_2OH \\ \text{D-(+)-甘露糖} \end{array}$$

从上述反应可看出，如果已知这两个糖中的任何一个糖的构型，则另一个糖的构型即可确定。

糖脎是黄色难溶于水的晶体，有固定的熔点，不同的脎有不同的晶型。

4）生成醚和酯

D-（＋）-葡萄糖的氧环式结构中有两类羟基即苷羟基（或称半缩醛羟基）和醇羟基。这两类羟基在变成醚时反应条件完全不同。在酸性条件下，D-（＋）-吡喃葡萄糖的苷羟基可与甲醇或高碳醇反应，生成甲醚（甲苷）或烷基醚（烷基糖苷）。醇羟基在酸性条件下不与醇反应，只有在碱性条件下才与醇反应生成醚。两种不同的羟基生成的醚的性质也不相同，烷基苷经酸性水解重新转变成原来的醇和半缩醛（或半缩酮），而醇羟基生成的醚在酸性条件下则不发生水解反应。

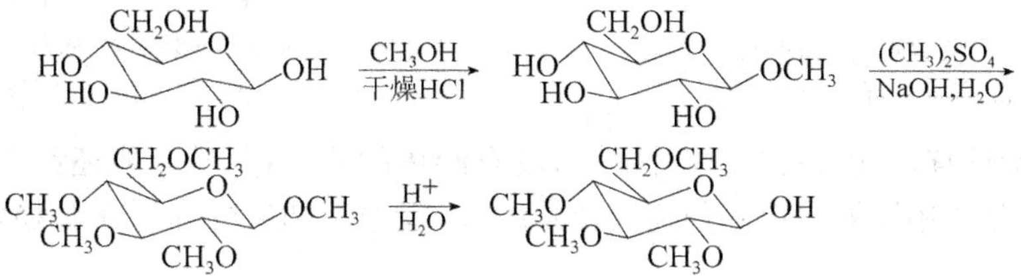

$\xrightarrow[\text{干燥HCl}]{CH_3OH}$ $\xrightarrow[NaOH, H_2O]{(CH_3)_2SO_4}$ $\xrightarrow[H_2O]{H^+}$

苷羟基和醇羟基在碱性条件下都可与乙酐或乙酰氯反应生成葡萄糖五乙酸酯。

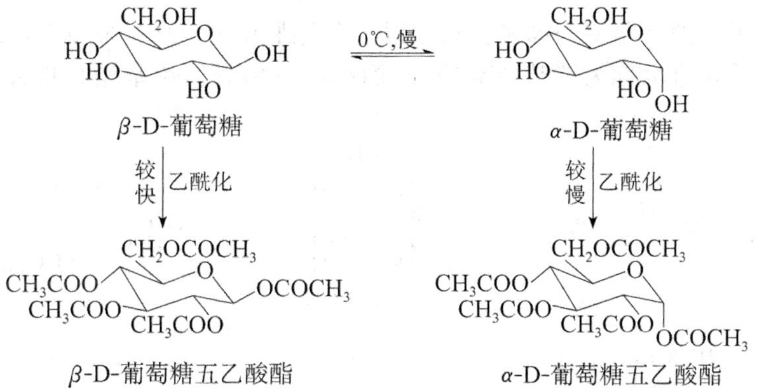

β-D-葡萄糖 $\xrightleftharpoons{0℃,慢}$ α-D-葡萄糖

β-D-葡萄糖 —较快，乙酰化→ β-D-葡萄糖五乙酸酯

α-D-葡萄糖 —较慢，乙酰化→ α-D-葡萄糖五乙酸酯

在低温（如 0℃）、碱性（如吡啶）条件下，葡萄糖乙酰化反应的速率比 α，β 异构体之间互变速率大，所以给出相应的葡萄糖五乙酸酯。但在较高温度时，两种异构体互变速率增大，而 β-异构体乙酰化反应速率比 α-异构体大，所以 β-葡萄糖五乙酸酯为主要产物。

13.2.2 糖苷

葡萄糖分子中的苷羟基（半缩醛羟基）与另一单糖分子中的苷羟基（或醇羟基）或脂肪醇中的羟基在酸催化下失水生成的化合物称为葡萄糖苷，简称苷，也称配糖体。

1. 甲基葡萄糖苷（甲苷）

D-（＋）-葡萄糖在氯化氢催化作用下与甲醇反应则生成甲基-D-（＋）-葡萄糖苷。由于葡萄糖苷羟基有 α、β 两种构型，所以就有甲基-α-葡萄糖苷和甲基-β-葡萄糖苷两种构型。

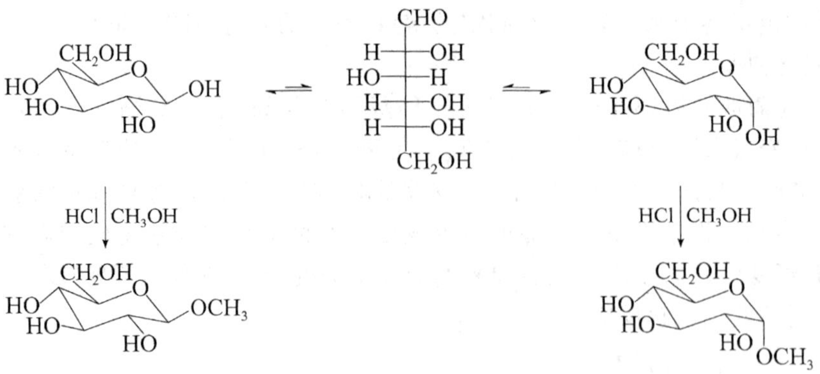

甲基-β-D-(+)-葡萄糖苷　m.p.107℃，$[\alpha]_D^{25}=-33°$

甲基-α-D-(+)-葡萄糖苷　m.p.165℃，$[\alpha]_D^{25}=+158°$

甲基葡萄糖苷，不能再转变成开链式，没有游离的醛基存在，不能还原费林试剂和土伦试剂，所以是非还原糖。甲基葡萄糖苷是缩醛，在中性和碱性介质中是稳定的，也无变旋光现象。

2. 烷基葡萄糖多苷

葡萄糖分子中的苷羟基与高碳醇（C_8 以上的脂肪醇）分子中的羟基在酸催化剂的作用下失水形成的化合物称为烷基葡萄糖苷，简称烷基糖苷。烷基糖苷也存在 α 和 β 两种异构体。

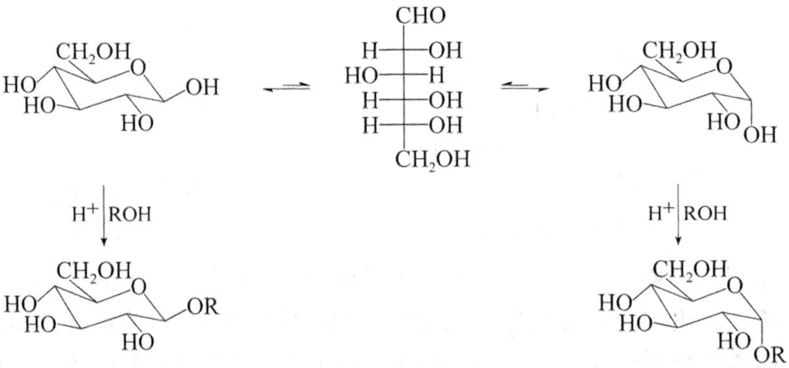

烷基-β-葡萄糖苷　　烷基-α-葡萄糖苷

在葡萄糖分子与高碳醇分子反应生成烷基葡萄糖苷时，葡萄糖分子中苷羟基也可与其他葡萄糖分子中的苷羟基或醇羟基反应生成二聚、三聚、……、多聚葡萄糖。这些多聚葡萄糖中的苷羟基再与高碳醇中的羟基反应可生成烷基二聚、三聚、……、多聚葡萄糖苷，总称烷基多聚葡萄糖苷，简称烷基多苷(alkyl polyglycosides，缩写为 APG)。

烷基多苷是一类复杂混合物的总称，既包含 α 和 β 两种构象异构体，也包含葡萄糖不同聚合度的糖苷。可用如下通式表示：

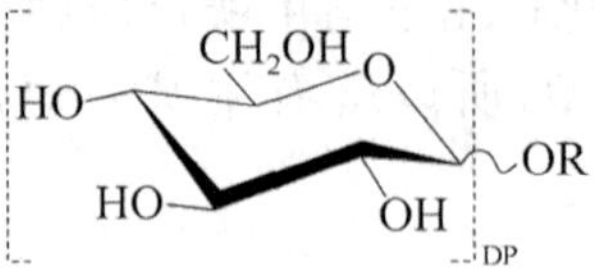

式中,DP 为葡萄糖的平均聚合度;R 为 C_8 以上的烷基。

APG 是个复杂的混合物,一般为白色粉末,没有确定的熔点,从软化点到流动点有一个较宽的熔程,具有吸潮性,微溶于水,不溶于一般的有机溶剂。一些 APG 的物理性质见表 13-2。

表 13-2 C_8～C_{18} 葡萄糖苷的物理性质

化合物	相对分子质量	色 泽	形 状	软化点/℃	分解点/℃
n-C_8 糖苷	292.37	白色	粉末	55	268
n-C_{10} 糖苷	320.43	白色	粉末	62	290
n-C_{12} 糖苷	348.48	白色	粉末	75	285
n-C_{14} 糖苷	376.53	白色	粉末	75	289
n-C_{16} 糖苷	404.59	白色	粉末	78	277
n-C_{18} 糖苷	432.64	白色	粉末	85	290
2-乙基己基糖苷	292.37	浅黄色	油状		268
2-戊基壬基糖苷	376.53	浅黄色	油状		289

烷基糖苷是由两部分组成的:一部分是糖的残基(糖去掉半缩醛羟基);另一部分是配基(醇中烷氧基)。糖的残基和配基所连接的键称为苷键。糖的残基结构中有多个亲水的羟基,所以整个残基是亲水基团,决定烷基糖苷在水中的溶解性。配基是憎水的烃基,是不溶于水的。随着烃基碳原子数的增加,烷基糖苷在水中的溶解度减小。烷基糖苷的这种结构决定着烷基糖苷的性质和实际应用。例如,正辛基葡萄糖单苷和正癸基葡萄糖单苷是溶解于水的,而正十二烷基葡萄糖单苷、正十四烷基葡萄糖单苷以及更高碳烷基葡萄糖单苷是不溶解于水的。这就是说,在葡萄糖相同聚合度下,随着憎水的烃基碳原子数增加,烷基多苷在水中的溶解度减小。而在烃基一定时,随着葡萄糖聚合度的增加,烷基多苷在水中的溶解度增加。例如,十二烷基葡萄糖单苷不溶于水,而十二烷基葡萄糖二苷即十二烷基麦芽糖苷溶解于水。

烷基多苷是 20 世纪 90 年代发展起来的一种新型的非离子表面活性剂,具有表面张力小、去脂肪能力强、配伍性好等特点。其主要原料是自然界再生速率快的动植物,产品性能温和,对人体无毒、无刺激性,完全为生物降解,所以是一类环保型的绿色产品,是 21 世纪大力发展的一种新产品。

烷基多苷的合成,目前主要采用以下两种方法:

(1) 直接法。在酸催化下,葡萄糖直接和高碳脂肪醇(一般是 C_8 以上的醇)反应生成烷基糖苷。

$$\text{葡萄糖(CH}_2\text{OH, OH, HO, OH; 1-OH)} + R\text{—OH} \xrightarrow{H^+} \text{烷基葡萄糖苷(1-OR)} + H_2O$$

(2) 两步法。首先,在酸催化下葡萄糖与低碳醇(常用的是正丁醇)反应生成低碳糖苷(如丁基糖苷),低碳糖苷再与高碳醇进行缩醛交换反应,生成高碳糖苷。

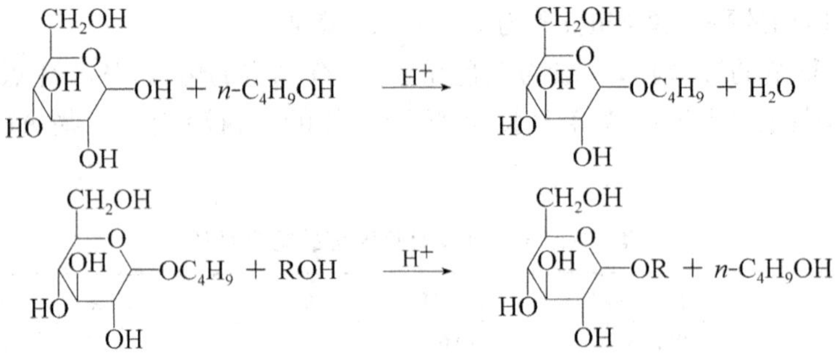

$$\text{(葡萄糖吡喃环)}-OH + n\text{-}C_4H_9OH \xrightarrow{H^+} \text{(葡萄糖吡喃环)}-OC_4H_9 + H_2O$$

$$\text{(葡萄糖吡喃环)}-OC_4H_9 + ROH \xrightarrow{H^+} \text{(葡萄糖吡喃环)}-OR + n\text{-}C_4H_9OH$$

13.2.3　二糖

二糖可看成是一个单糖分子中的苷羟基与另一单糖分子中的苷羟基或醇羟基脱去一分子水后形成的化合物。在自然界存在的二糖中，构成二糖的单糖主要是己醛糖——葡萄糖和己酮糖——果糖。最重要的二糖有蔗糖、麦芽糖和纤维二糖等。

1. *蔗糖*

蔗糖分子式为 $C_{12}H_{22}O_{11}$，是无色晶体，熔点 180℃，$[\alpha]_D^{20}$ +66.5°，易溶于水，是常用的食糖，来源于甘蔗和甜菜。

实验发现：①一分子蔗糖在酸或酶的催化下，可水解成一分子 D-(+)-葡萄糖和一分子 D-(−)-果糖。这说明蔗糖是由等量的 D-葡萄糖和 D-果糖失水的产物。②蔗糖不能与苯肼作用生成脎或腙，无变旋光现象，不能还原费林试剂和土伦试剂。这说明蔗糖是由 D-葡萄糖的苷羟基和 D-果糖的苷羟基失水后的产物，在蔗糖分子中无苷羟基存在，不能由氧环式转变成开链式，故不能表现出上述醛基的典型反应。③蔗糖既能被麦芽酶水解，又能被转化酶水解，说明蔗糖既是 α-D-葡萄糖苷，也是 β-D-果糖苷。因为麦芽酶只能水解 α-D-葡萄糖苷，转化酶只能水解 β-D-果糖苷。根据以上实验结果可得出蔗糖的结构式是

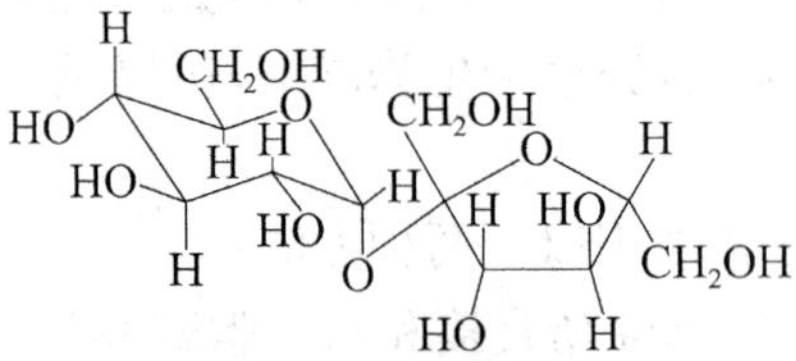

(+)-蔗糖

α-D-吡喃葡萄糖基-β-D-呋喃果糖或 β-D-呋喃果糖基-α-D-吡喃葡萄糖

在酸或酶的催化作用下，蔗糖（$[\alpha]_D^{20}$ +66.5°）可水解成 D-(+)-葡萄糖和D-(−)-果糖。因为左旋的果糖的比旋光度（$[\alpha]_D^{20}$ −92.4°）比右旋的葡萄糖的比旋光度（$[\alpha]_D^{20}$ +52.5°）大，所以蔗糖在水解过程中，溶液的旋光性逐渐由右旋变为左旋。这种水解前后比旋光度发生转变的反应，称为糖的转化反应。蔗糖水解转化成葡萄糖和果糖的混合物称为转化糖。

$$\underset{\text{蔗糖}\ [\alpha]_D^{20}+66.5^\circ}{C_{12}H_{22}O_{11}} + H_2O \xrightarrow{H^+} \underset{\text{D-(+)-葡萄糖}\ [\alpha]_D^{20}+52.5^\circ}{C_6H_{12}O_6} + \underset{\text{D-(−)-果糖}\ [\alpha]_D^{20}-92.4^\circ}{C_6H_{12}O_6}$$

转化糖$[\alpha]_D^{20}-20^\circ$

2. 麦芽糖

在酸或淀粉酶的催化作用下，淀粉水解可得到麦芽糖。麦芽糖分子式为$C_{12}H_{22}O_{11}$，白色晶体，易溶于水，熔点160～165℃。

麦芽糖能与苯肼作用生成脎，能被溴水氧化生成一元酸，能还原费林试剂和土伦试剂。这些都说明麦芽糖分子中含有一个半缩醛羟基。麦芽糖在酸催化下可水解生成两分子D-葡萄糖，说明麦芽糖是由两个葡萄糖分子脱水形成的。麦芽糖能被α-葡萄糖苷酶水解，但不能被β-葡萄糖苷酶水解，说明麦芽糖中一个D-葡萄糖苷羟基的构型为α型。综上所述，可写出麦芽糖的分子构象式如下：

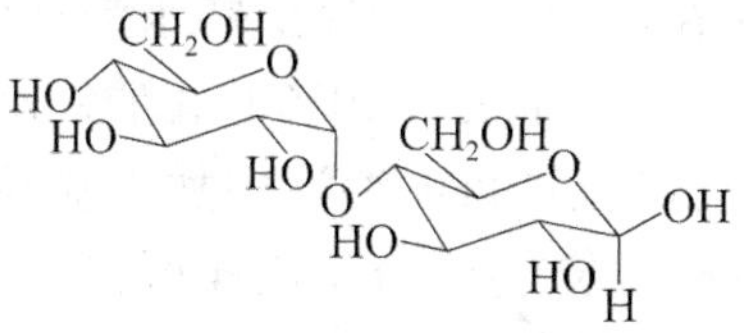

D-麦芽糖(β-异头物)
4-*O*-(α-D-吡喃葡萄糖基)
-β-D-吡喃葡萄糖苷

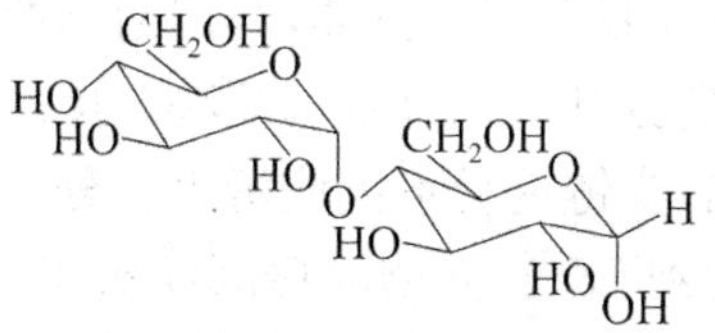

D-麦芽糖(α-异头物)
4-*O*-(α-D-吡喃葡萄糖基)
-α-D-吡喃葡萄糖苷

麦芽糖的α-异头物的$[\alpha]_D^{20}+168^\circ$，β-异头物的$[\alpha]_D^{20}+112^\circ$，在水溶液中经变旋光达到平衡后，混合物的$[\alpha]_D^{20}+136^\circ$。

3. 纤维二糖

纤维素部分水解可得到纤维二糖，分子式为$C_{12}H_{22}O_{11}$，白色晶体，熔点225℃，易溶于水，是右旋糖。

纤维二糖和麦芽糖的化学性质相似。纤维二糖能与苯肼作用生成脎，能还原费林试剂和土伦试剂，是还原糖。纤维二糖经水解也得两分子D-(+)-葡萄糖。但不同的是，纤维二糖能被β-葡萄糖苷酶水解，而不能被α-葡萄糖苷酶水解。这表明纤维二糖分子中的苷键是β而不是α。纤维二糖的结构式是

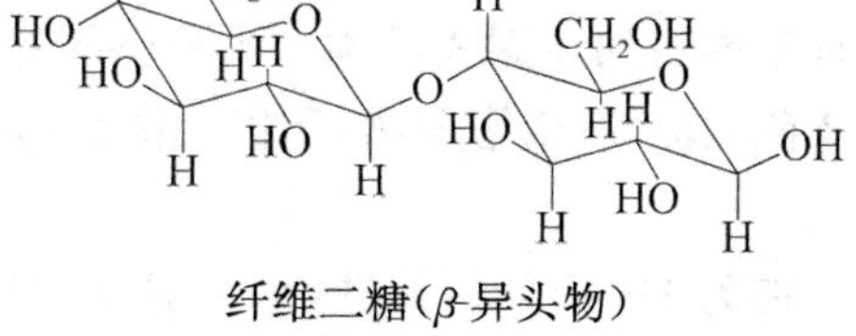

纤维二糖(β-异头物)
4-*O*-(β-D-吡喃葡萄糖基)-β-D-吡喃葡萄糖苷

13.2.4　多糖

由多个单糖分子通过苷键结合而成的天然高分子化合物称为多糖。多糖末端虽然含有苷羟基，但因相对分子质量太大，苷羟基所占比例极小，因此无还原性。自然界存在的最主要的多糖是淀粉和纤维素。

1. 淀粉

淀粉的分子式是$(C_6H_{10}O_5)_n$，存在于植物的种子、茎和块根中，是人类的三大食物来源之一。淀粉是无色、无味、无臭的粒状物。不溶于一般的有机溶剂，无还原性。淀粉在酸催化剂作用下水解依次生成糊精、麦芽糖和异麦芽糖，最终产物为D-(+)-葡萄糖。

$$\underset{\text{淀粉}}{(C_6H_{10}O_5)_n} \xrightarrow{H^+, H_2O} \underset{\text{糊精}(m<n)}{(C_6H_{10}O_5)_m} \xrightarrow{H^+, H_2O} \underset{\text{麦芽糖和异麦芽糖}}{C_{12}H_{22}O_{11}} \xrightarrow{H^+, H_2O} \underset{\text{D-(+)-葡萄糖}}{C_6H_{12}O_6}$$

淀粉由直链淀粉和支链淀粉组成，直链淀粉约占20%，支链淀粉约占80%，可用多种方法将这两种淀粉分开。例如，利用两类淀粉在不同浓度的硫酸镁水溶液中的沉淀速率不同，可将它们分开——分步沉淀法。操作：将淀粉加入到10%的硫酸镁水溶液中，直链淀粉沉淀析出，支链淀粉不沉淀析出。分离出沉淀后，再向溶液中加入硫酸镁，使溶液中硫酸镁浓度达到13%，支链淀粉沉淀析出，分离出支链淀粉。这样可将直链淀粉和支链淀粉分开，分离效率约90%，产品纯度约90%。

1）直链淀粉

将直链淀粉在稀酸中进行水解时所得到的唯一二糖是(+)-麦芽糖，继续水解得到的唯一单糖是D-(+)-葡萄糖。因此，可以认为，直链淀粉是由许多D-(+)-葡萄糖通过α-1,4-苷键连接而成的。其结构式如下：

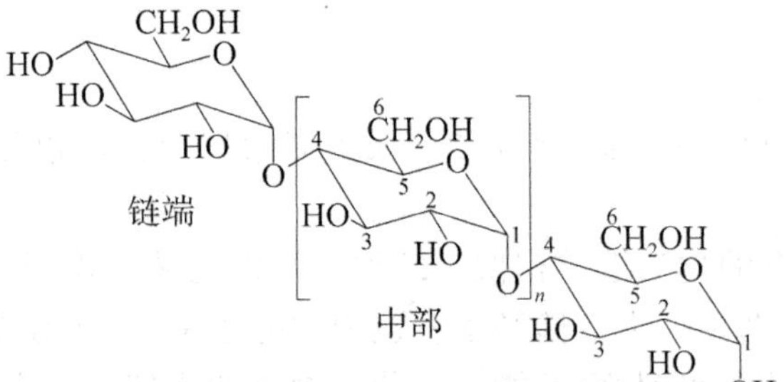

直链淀粉结构

因此，直链淀粉可认为是由100～400个葡萄糖单元组成的线型聚合物。这些线型链以螺旋形式盘绕起来形成紧密堆集的线圈式结构。水分子不易接近，故不溶于水，而碘分子易插入其通道中形成深蓝色的淀粉-碘络合物，所以直链淀粉遇碘呈深蓝色。

2）支链淀粉

支链淀粉水解时最终产物为D-(+)-葡萄糖，但部分水解时，其产物除D-(+)-葡萄糖外，还有麦芽糖和异麦芽糖。这说明支链淀粉和直链淀粉一样，链中葡萄糖单元也是通

过 α-1,4-苷键连接的。但是,由于异麦芽糖是由两个 D-葡萄糖单元通过 α-1,6-苷键连接而成的,因此,支链淀粉链中除了以 α-1,4-苷键连接外,还有以 α-1,6-苷键连接的。支链淀粉结构如下:

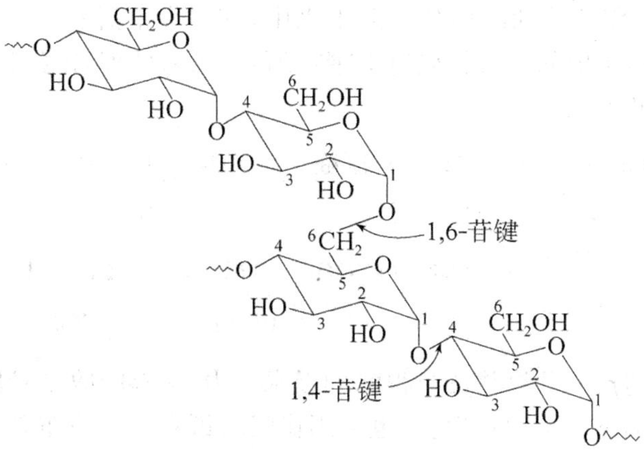

1,6-苷键

1,4-苷键

支链淀粉结构

支链淀粉分子呈树枝状,容易与水接近,吸水后膨胀成糊状,能溶于水。支链淀粉遇碘呈紫色。

3) 淀粉的改性

改变淀粉分子中某些 D-吡喃葡萄糖基单元的化学结构,称为淀粉的改性。淀粉经水解、糊精化或用化学试剂处理都能使之改性。将淀粉与化学试剂作用得到的产物,称为淀粉的衍生物。

(1) 二醛淀粉。高碘酸及其钠盐氧化淀粉时,淀粉分子中葡萄糖单元的 C^2 和 C^3 上的羟基被氧化成醛基,C^2—C^3 键断裂,生成二醛淀粉。这是一种高度专一性反应。

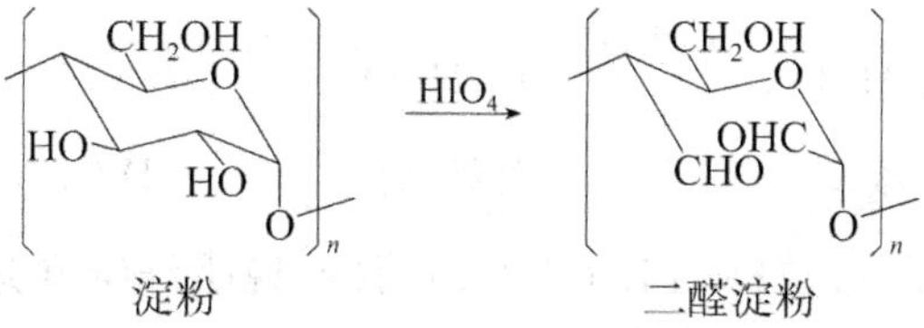

$\xrightarrow{HIO_4}$

淀粉　　　　二醛淀粉

工业上生产二醛淀粉的条件为 pH 1.0~1.2,反应温度 35~40℃,高碘酸和淀粉的物质的量之比为 1.0~1.2,反应时间约 18h,醛基含量大于 90%,收率为 98%。

二醛淀粉在造纸工业上用来制造吸水纸,在皮革工业上用作鞣料,在医疗上用于辅助治疗尿毒症等。

(2) 羧甲基淀粉。在氢氧化钠的作用下,淀粉与氯乙酸钠反应生成羧甲基淀粉钠。这是一种双分子亲核取代反应,反应式如下:

$$\text{淀粉—OH} + NaOH \longrightarrow \text{淀粉—}O^- Na^+ + H_2O$$

$$\text{淀粉—}O^- Na^+ + ClCH_2COONa \longrightarrow \text{淀粉—O—}CH_2COONa + NaCl$$

羧甲基取代反应主要发生在淀粉分子中葡萄糖基单元的 C^2 和 C^3 原子上。因为葡萄糖基单元上最多有 3 个可被取代的羟基,其取代度的最大值为 3。取代度是指每个葡萄糖基中羟基被取代的平均值。羧甲基取代反应既可在水介质中进行,主要用来制备低取代度产品，也可在非水介质(如异丙醇、丙酮和乙醇)中进行，主要用来制备高取代度产品。

羧甲基淀粉钠用在食品工业中作为增稠剂、稳定剂和保鲜剂。在纺织工业上作为上浆剂和印花色浆增黏剂等。

(3) 接枝淀粉。将淀粉和丙烯腈分散于水中，在引发剂过氧化氢和硫酸亚铁铵的作用下，进行接枝共聚，生成的共聚物侧链上带有氰基，用碱处理，得到分子内含有氨甲酰基(酰胺基)和羧基的共聚物。

$$\text{淀粉—OH} + m\,CH_2{=}\underset{\displaystyle CN}{\underset{|}{CH}} \longrightarrow \text{淀粉—O}\!\left[CH_2-\underset{\displaystyle CN}{\underset{|}{CH}}\right]_x\!\left[CH_2-\underset{\displaystyle CN}{\underset{|}{CH}}\right]_y H$$

$$\xrightarrow{H_2O,\,NaOH} \text{淀粉—O}\!\left[CH_2-\underset{\displaystyle CONH_2}{\underset{|}{CH}}\right]_x\!\left[CH_2-\underset{\displaystyle COONa}{\underset{|}{CH}}\right]_y H$$

淀粉和丙烯腈的接枝共聚物具有很强的吸水能力(能够吸收本身质量 1000 倍以上的水)，可使种子在干旱条件下发芽生长，也可用作吸水纸和小孩尿布等。

2. 纤维素

纤维素的分子式为$(C_6H_{10}O_5)_n$，n 为 500～5000，相对分子质量比淀粉大很多。纤维素是由很多单糖通过苷键连接而成的天然高分子化合物。在自然界分布很广，是木材和棉花的主要成分。棉花中含纤维素为 92%～95%，木材中含纤维素为 41%～53%。纤维素是人类生活中不可缺少的物质。

纤维素无色、无味、无臭，不溶于水，也不溶于一般的有机溶剂，没有还原性。

纤维素水解比淀粉困难，一般需要在浓酸或在稀酸加压下进行。其部分水解产物为纤维二糖，最后水解产物为 D-(+)-葡萄糖。

$$\underset{\text{纤维素}}{(C_6H_{10}O_5)_n} \xrightarrow[H^+]{H_2O} \underset{\text{纤维二糖}}{C_{12}H_{22}O_{11}} \xrightarrow[H^+]{H_2O} \underset{\text{D-(+)-葡萄糖}}{C_6H_{12}O_6}$$

纤维素水解时生成纤维二糖和 D-(+)-葡萄糖，说明纤维素是由D-(+)-葡萄糖单元通过 β-1，4-苷键连接而成的，其结构如下：

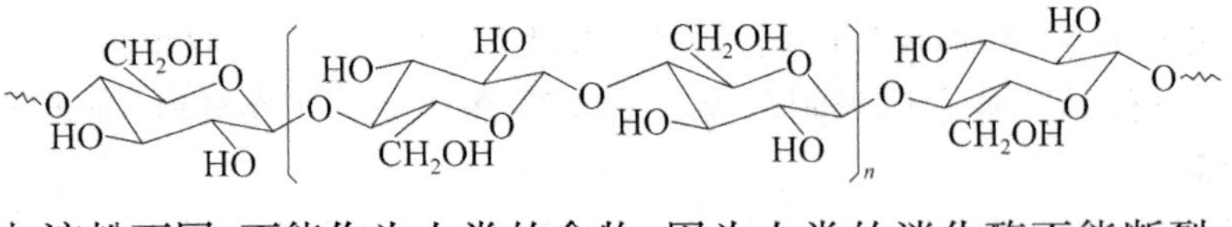

纤维素与淀粉不同，不能作为人类的食物，因为人类的消化酶不能断裂 β-1，4-苷键。而牛等反刍动物由于消化道中存在能断裂 β-1，4-苷键的 β-葡萄糖苷酶，所以纤维素(如草和木材等)可作为这类动物的食物。

纤维分子中每个葡萄糖单元上都存在三个羟基，所以纤维素具有醇的性质，可发生醚化、酯化等反应。

1) 硝酸纤维素

用浓硝酸和浓硫酸处理纤维素，则生成硝酸纤维素酯。

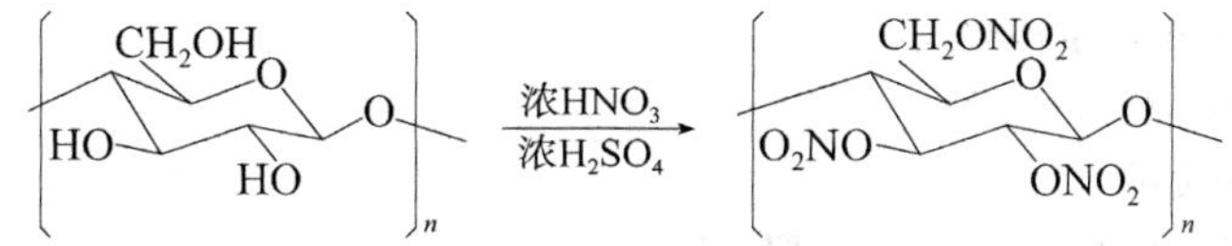
CH₂OH
O
O
HO
HO
n
浓HNO₃
浓H₂SO₄
CH₂ONO₂
O
O
O₂NO
ONO₂
n

反应条件不同，硝化程度不同，产物的性质和应用也不同。含氮量在11%左右的硝化纤维素酯称胶棉，不溶于水，易燃，无爆炸性，用于制造喷漆和赛璐珞等。含氮量在13%左右的硝化纤维素酯称火棉，不溶于水，易燃，有爆炸性，用于制造无烟火药等。

2）醋酸纤维素酯

在硫酸催化剂作用下，纤维素与乙酸酐反应生成醋酸纤维素酯。

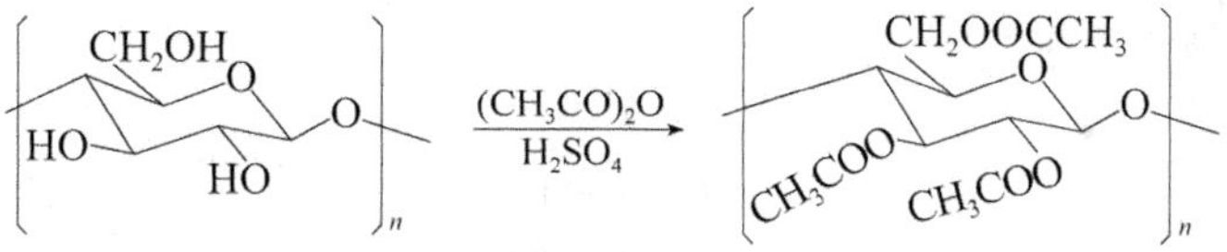
CH₂OH
O
O
HO
HO
n
(CH₃CO)₂O
H₂SO₄
CH₂OOCCH₃
O
O
CH₃COO
CH₃COO
n

三醋酸纤维素酯部分水解可得二醋酸纤维素酯。二醋酸纤维素酯溶于丙酮，不易燃烧，主要用于制造胶片片基。

3）纤维素醚

在氢氧化钠作用下，纤维素与卤代烷反应生成纤维素醚。例如，纤维素与碘甲烷或硫酸二甲酯在氢氧化钠作用下进行反应生成纤维素甲醚等。在氢氧化钠作用下，纤维素与氯乙酸钠反应生成羧甲基纤维素钠。

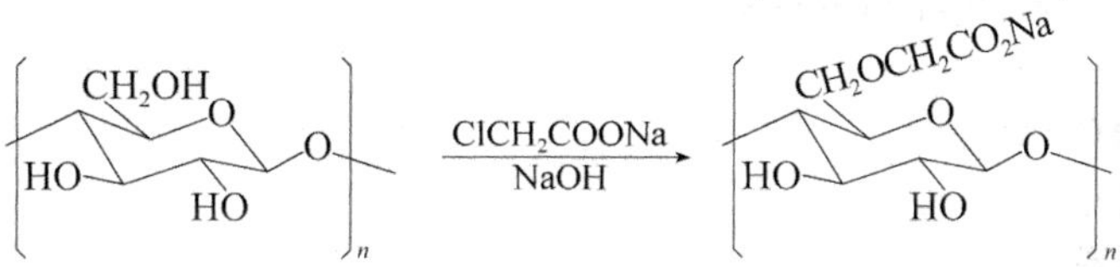
CH₂OH
O
O
HO
HO
n
ClCH₂COONa
NaOH
CH₂OCH₂CO₂Na
O
O
HO
HO
n

羧甲基纤维素是纤维素醚的一种，通常使用的是其钠盐，它是白色粉末，吸水性很强，易溶于水，与水形成黏性的胶状物质，常用在石油钻井中作为泥浆稳定剂等。

习　题

13-1　从肉豆蔻中得到的三肉豆蔻精是一种白色结晶的酯，m. p. 54～55℃，是肉豆蔻的主要成分，将它与热的NaOH溶液一起加热，则以很高的收率得到唯一的脂肪酸——肉豆蔻酸（十四烷酸），m. p. 52～53℃。写出三肉豆蔻精的构造式。

13-2　写出戊醛糖的所有立体异构体的费歇尔投影式，并用R/S表示其手性碳原子的构型。

13-3　写出下列化合物的哈沃斯式（吡喃式）：

（1）

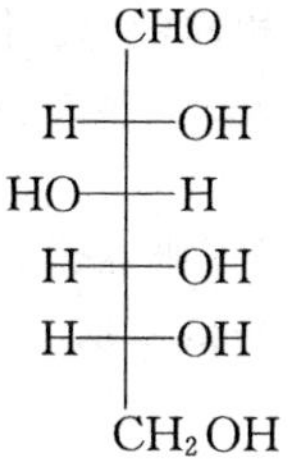
CHO
H
OH
HO
H
H
OH
H
OH
CH₂OH

（2）

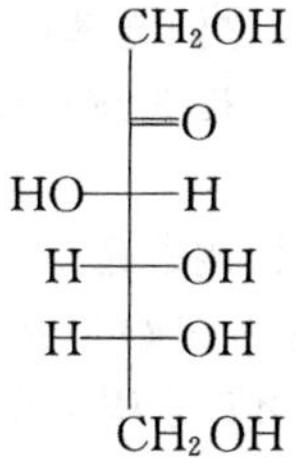
CH₂OH
O
HO
H
H
OH
H
OH
CH₂OH

（3）α-D-吡喃糖和α-L-吡喃木糖

13-4　写出下列化合物的稳定构象式：

(1) β-D-吡喃葡萄糖

(2) β-L-吡喃葡萄糖

13-5　写出 D-葡萄糖与下列试剂反应的主要产物：

(1) NH_2OH　(2) $PhNHNH_2$　(3) Br_2, H_2O　(4) HNO_3

(5) HIO_4　(6) 乙酐　(7) PhCOCl/吡啶　(8) CH_3OH/HCl

(9) CH_3OH/HCl，然后$(CH_3)_2SO_4/NaOH$　(10) (9)的产物用稀 HCl 处理

(11) (10)反应后再强氧化　(12) H_2/Ni

(13) $NaBH_4$　(14) HCN，H_2O/H^+

13-6　三个单糖和过量的苯肼作用后，得到同样晶型的脎。其中一个的费歇尔投影式如下，写出其他两个异构体的费歇尔投影式。

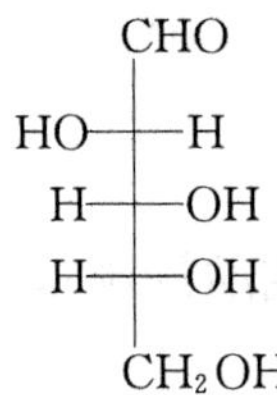

13-7　醛糖与苯肼反应成脎，与费林试剂作用显正反应(有 Cu_2O 砖红色沉淀生成)，表现为典型的醛基性质，但与典型的醛试剂饱和 $NaHSO_3$ 溶液不显正反应，试解释之。

13-8　用化学方法鉴别下列各组化合物：

(1) 甲基-D-吡喃葡萄糖苷，2-*O*-甲基-D-吡喃葡萄糖和 3-*O*-甲基-D-吡喃葡萄糖

(2) 甲基-D-吡喃葡萄糖苷和麦芽糖

(3) D-葡萄糖和果糖

(4) D-葡萄糖和己六醇

(5) 蔗糖和麦芽糖

(6) 蔗糖和淀粉

13-9　下列哪些碳水化合物有还原性？

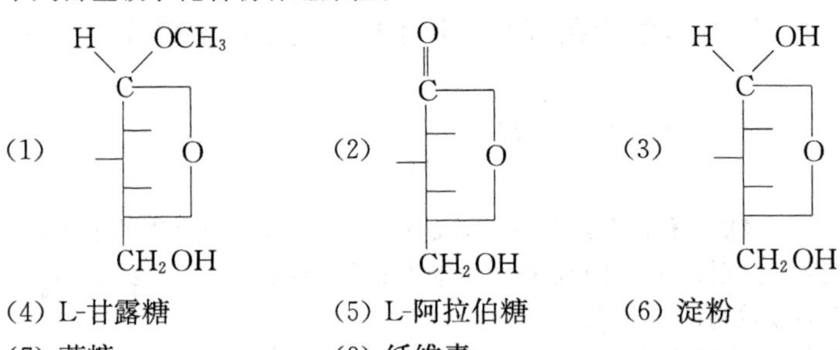

(4) L-甘露糖　(5) L-阿拉伯糖　(6) 淀粉

(7) 蔗糖　(8) 纤维素

13-10　已知 5-羟基-2-庚酮以两种环状半缩醛形式存在，写出这两种结构，判断哪一个较稳定。

13-11　化合物 A 和 B 是两种有旋光性的丁醛糖，它们与苯肼作用能生成相同的脎。化合物 A 被 HNO_3 氧化生成的四碳二元酸有旋光性，而 B 被 HNO_3 氧化生成的四碳二元酸无旋光性。试写出 A 和 B 的构造式。

13-12　某二糖分子式为 $C_{12}H_{22}O_{11}$，可还原费林溶液，用 β-葡萄苷酶水解为两分子吡喃葡萄糖。若将此二糖甲基化后再水解，则得到等量的 2,3,4,6-四-*O*-甲基-D-吡喃葡萄糖和 2,3,4-三-*O*-甲基-D-吡喃葡萄糖。试推测该二糖的结构，并写出其稳定构象式。

第 14 章 有机含氮化合物

分子中含有氮元素的有机化合物，称为有机含氮化合物，主要包括：硝基化合物、胺、腈、异腈(胩)、异氰酸酯、重氮化合物、偶氮化合物等。下面分别介绍这些化合物。

14.1 硝基化合物分类和结构

硝基化合物分为脂肪族硝基化合物和芳香族硝基化合物两类。

脂肪族硝基化合物：脂肪烃分子中一个或几个氢原子被硝基($—NO_2$)取代的产物，称为脂肪族硝基化合物，可用通式 $R—NO_2$ 表示。例如：

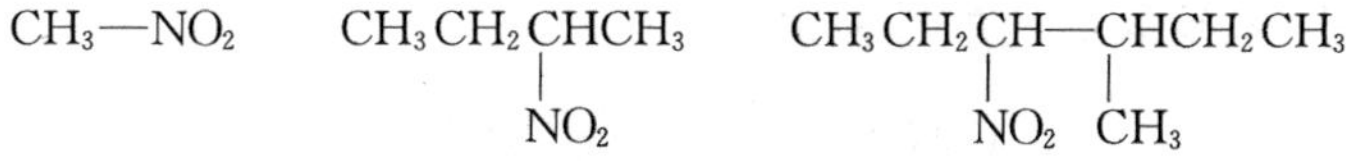

$CH_3—NO_2$　　$CH_3CH_2CH(NO_2)CH_3$　　$CH_3CH_2CH(NO_2)—CH(CH_3)CH_2CH_3$

硝基甲烷　　2-硝基丁烷　　3-甲基-4-硝基己烷

芳香族硝基化合物：芳烃分子中芳环上一个或几个氢原子被硝基($—NO_2$)取代的产物，称为芳香族硝基化合物，可用通式 $Ar—NO_2$ 表示。例如：

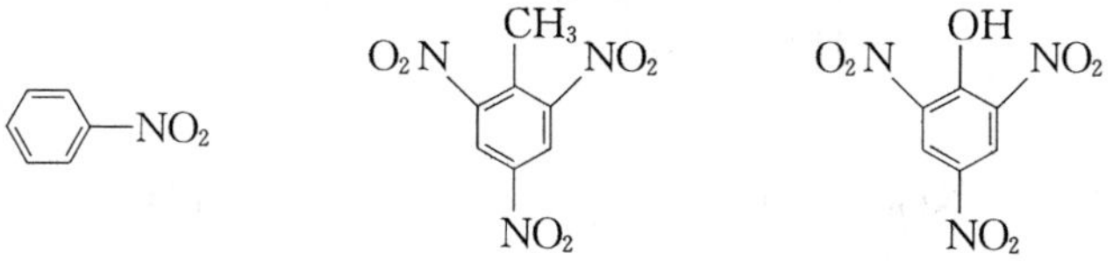

硝基苯　　2,4,6-三硝基甲苯(TNT)　　2,4,6-三硝基苯酚

硝基化合物与亚硝酸酯，互为同分异构体。

$R—NO_2$　　$Ar—NO_2$　　$R—O—N{=}O$　　$Ar—O—N{=}O$

硝基化合物　　亚硝酸酯

硝基化合物中，氮原子的电子基态构型为 $1s^2 2s^2 2p^3$，因此，氮原子构成化学键时用的是 sp^2 杂化轨道。它用两个 sp^2 杂化轨道与氧原子形成 σ 键，另一个 sp^2 杂化轨道与碳原子形成 σ 键。未参加杂化的 p 轨道，与两个氧原子的 p 轨道互相重叠形成包括 3 个原子、4 个电子在内的共轭 π 键。

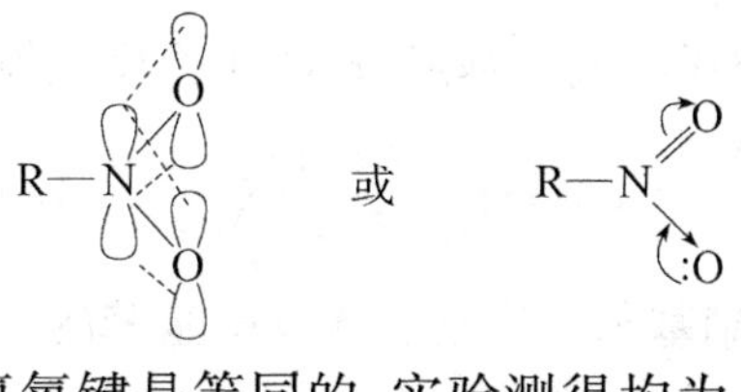

R—N(O)(O)　　或　　R—N(=O)(:O)

因此，硝基结构中两个氮氧键是等同的，实验测得均为 0.121nm。由于等同的氮氧键，硝基化合物也可用共振结构式表示。

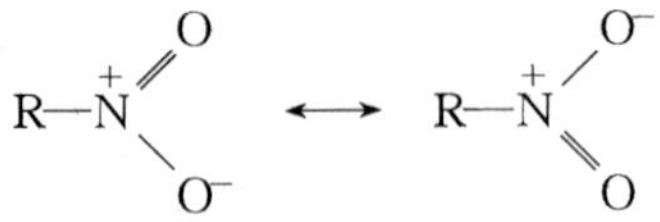

$$R-\overset{+}{N}\begin{matrix}\nearrow O \\ \searrow O^-\end{matrix} \longleftrightarrow R-\overset{+}{N}\begin{matrix}\nearrow O^- \\ \searrow O\end{matrix}$$

在芳香族硝基化合物中，氮原子上的 p 轨道，氧原子上的 p 轨道与苯环上的 p 轨道形成一个更大的共轭 π 键。

14.2　硝基化合物的化学性质

14.2.1　还原反应

硝基容易被还原。反应条件及介质对还原反应影响很大。

1. 在酸性介质中还原

在较强的还原剂作用下，硝基直接被还原成氨基。常用的还原剂是金属加酸，金属用铁、锌或锡，酸用盐酸、硫酸或乙酸等。例如：

$$C_6H_5NO_2 \xrightarrow{Fe+HCl} C_6H_5NH_2$$

该还原反应的机理如下：

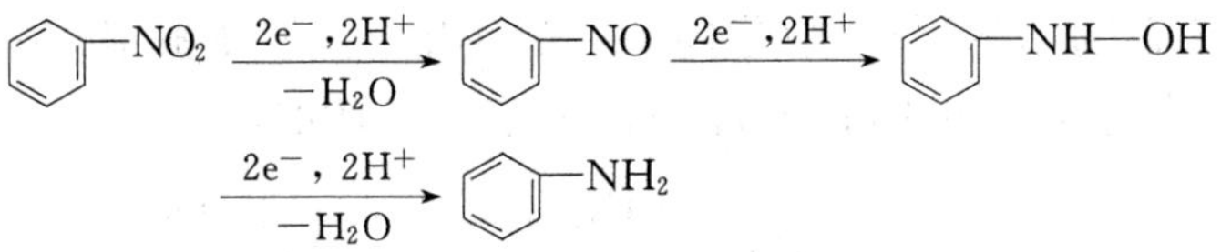

$$C_6H_5-NO_2 \xrightarrow[-H_2O]{2e^-, 2H^+} C_6H_5-NO \xrightarrow{2e^-, 2H^+} C_6H_5-NH-OH \xrightarrow[-H_2O]{2e^-, 2H^+} C_6H_5-NH_2$$

又如：

$$C_6H_5NO_2 \xrightarrow{Br_2, FeBr_3} m\text{-}BrC_6H_4NO_2 \xrightarrow{Fe, HCl} m\text{-}BrC_6H_4NH_2$$

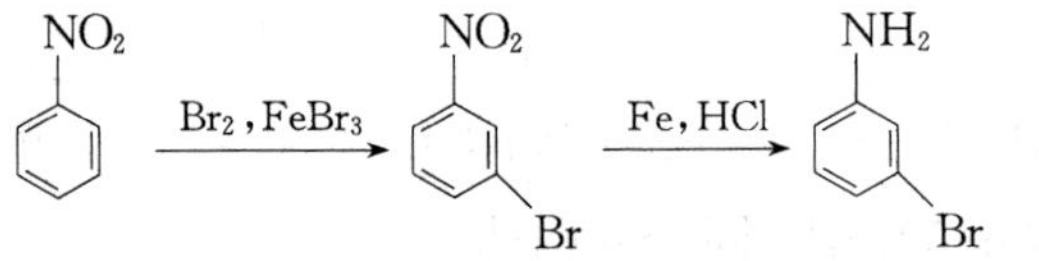

当苯环上有易被还原的羰基时，可选用氯化亚锡和浓盐酸作还原剂。例如：

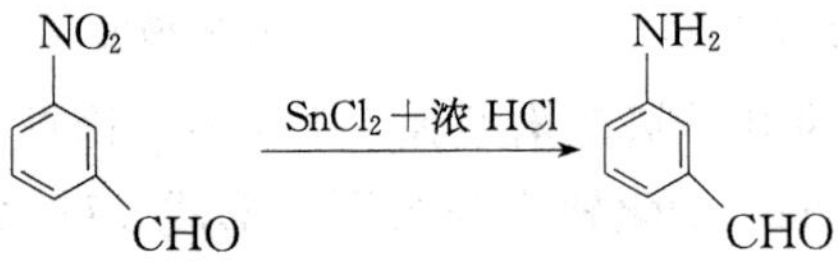

$$m\text{-}O_2NC_6H_4CHO \xrightarrow{SnCl_2+浓\ HCl} m\text{-}H_2NC_6H_4CHO$$

2. 在中性介质中还原

在中性介质中，硝基苯被还原成苯基羟胺，即还原反应停止在苯基羟胺阶段。

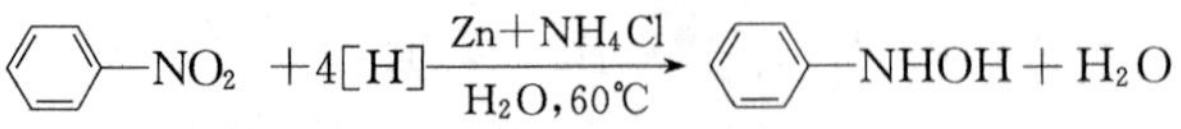

$$C_6H_5-NO_2 + 4[H] \xrightarrow[H_2O, 60℃]{Zn+NH_4Cl} C_6H_5-NHOH + H_2O$$

苯基羟胺可被氧化成亚硝基苯。这是制备亚硝基苯的一种方法。

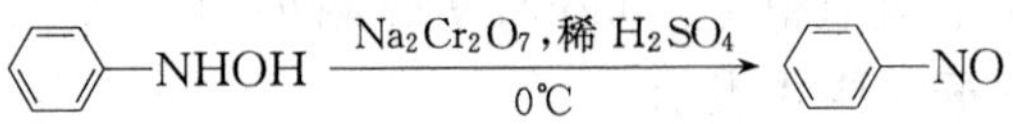

$$C_6H_5-NHOH \xrightarrow[0℃]{Na_2Cr_2O_7, 稀\ H_2SO_4} C_6H_5-NO$$

3. 在碱性介质中还原

硝基苯在碱性条件下进行还原反应，得到双分子缩合产物。

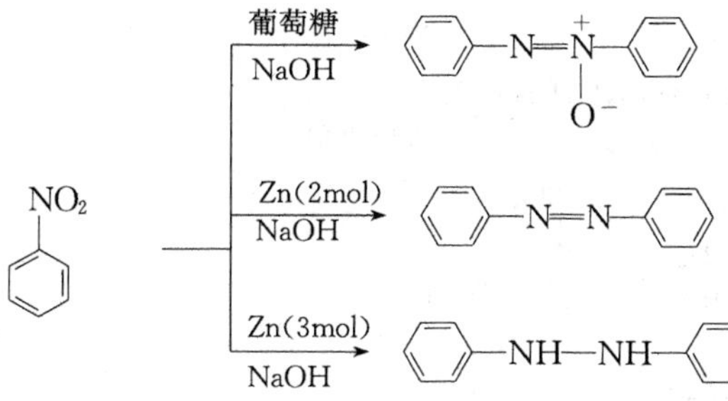

$$C_6H_5NO_2 \xrightarrow[NaOH]{葡萄糖} C_6H_5-N=\overset{+}{N}(O^-)-C_6H_5 \quad 氧化偶氮苯（黄色，m.p. 36℃）$$

$$C_6H_5NO_2 \xrightarrow[NaOH]{Zn(2mol)} C_6H_5-N=N-C_6H_5 \quad 偶氮苯（橘红色，m.p. 68℃）$$

$$C_6H_5NO_2 \xrightarrow[NaOH]{Zn(3mol)} C_6H_5-NH-NH-C_6H_5 \quad 氢化偶氮苯（无色，m.p. 126℃）$$

氢化偶氮苯可进一步还原成苯胺，但在酸性条件下氢化偶氮苯可重排成联苯胺。

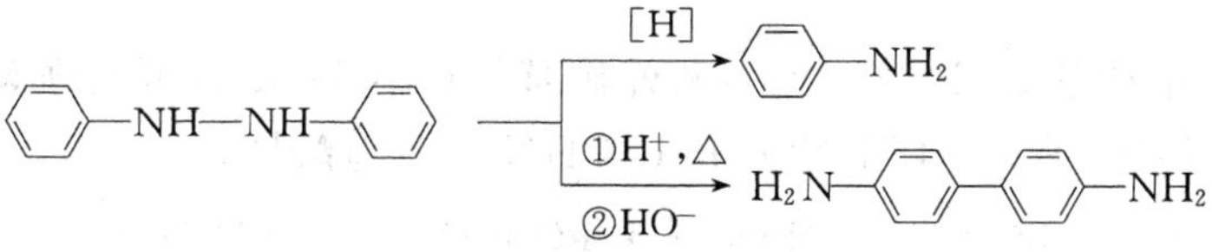

$$C_6H_5-NH-NH-C_6H_5 \xrightarrow{[H]} C_6H_5-NH_2$$

$$C_6H_5-NH-NH-C_6H_5 \xrightarrow[②HO^-]{①H^+,\triangle} H_2N-C_6H_4-C_6H_4-NH_2$$

4. 芳香族多硝基化合物的选择性还原

多硝基芳烃在 Na_2S_x、NH_4SH、$(NH_4)_2S$、$(NH_4)_2S_x$ 等硫化物还原剂的作用下，用计算量的试剂可以进行部分还原。例如：

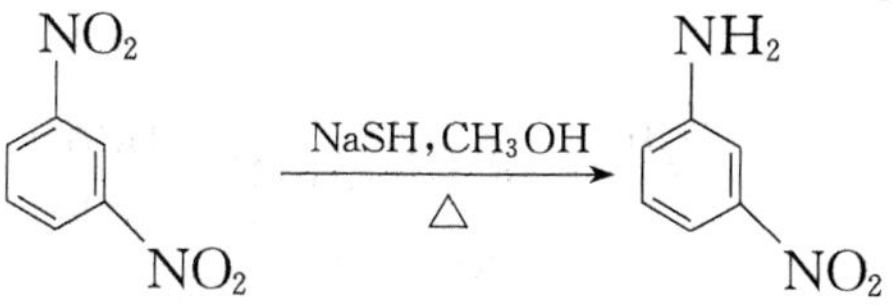

$$m\text{-}C_6H_4(NO_2)_2 \xrightarrow[\triangle]{NaSH,CH_3OH} m\text{-}NH_2C_6H_4NO_2$$

这是实验室或工业上制备间硝基苯胺的方法。

5. 催化加氢

用催化氢化法还原硝基，环境污染少，常用的催化剂为 Ni、Pt、Pd 等，其中工业上常用雷尼镍或铜在加压下氢化，反应是在中性条件下进行。因此对带有在酸性或碱性条件下易水解基团的化合物，可用此法还原。

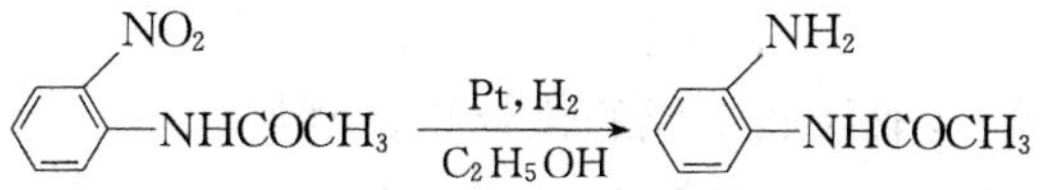

$$o\text{-}O_2NC_6H_4NHCOCH_3 \xrightarrow[C_2H_5OH]{Pt,H_2} o\text{-}H_2NC_6H_4NHCOCH_3 \qquad (90\%)$$

14.2.2 芳香族硝基化合物芳环上的亲电取代反应

硝基是强吸电子的间位定位基，使苯环钝化，不易进行亲电取代反应。例如，硝基苯不发生烷基化和酰基化反应。在激烈条件下可发生卤化、硝化和磺化反应，生成间位产物。例如：

$$C_6H_5NO_2 \xrightarrow[135\sim145℃]{Br_2,Fe} m\text{-}BrC_6H_4NO_2$$

$$C_6H_5NO_2 \xrightarrow[95℃]{发烟\ HNO_3,浓\ H_2SO_4} m\text{-}C_6H_4(NO_2)_2$$

$$C_6H_5NO_2 \xrightarrow[110℃]{发烟\ H_2SO_4} m\text{-}HO_3SC_6H_4NO_2$$

14.2.3　伯硝基烷和仲硝基烷的 α-H 反应

1. 成盐反应

具有 α-H 的伯硝基烷（RCH_2NO_2）和仲硝基烷（R_2CHNO_2）可与强碱反应，生成盐，而溶于强碱水溶液中，所以 RCH_2NO_2 和 R_2CHNO_2 具有酸性。

$$RCH_2NO_2 + NaOH \longrightarrow [RCHNO_2]^- Na^+ + H_2O$$

$$R_2CHNO_2 + NaOH \longrightarrow [R_2CNO_2]^- Na^+ + H_2O$$

2. 与羰基化合物的缩合反应

伯硝基烷或仲硝基烷中的 α-H，可与醛、酮分子中的羰基进行缩合反应，生成硝基醇，这是制备硝基醇的一种方法。

$$HCHO + RCH_2NO_2 \xrightarrow{^-OH} RCH(NO_2)-CH_2OH \xrightarrow[^-OH]{HCHO} RC(NO_2)(CH_2OH)-CH_2OH$$

$$HCHO + R_2CH-NO_2 \xrightarrow{^-OH} R_2C(NO_2)-CH_2OH$$

$$CH_3-\underset{\underset{O}{\|}}{C}-CH_3 + C_6H_5CH_2NO_2 \xrightarrow{^-OH} C_6H_5\underset{\underset{NO_2}{|}}{C}H-\underset{\underset{OH}{|}}{C}(CH_3)_2$$

14.3　胺分子结构

胺是指氨分子中氢原子被烃基取代而生成的化合物。例如：

RNH_2	R_2NH	R_3N
伯胺	仲胺	叔胺

胺分子中氮原子的基态电子层结构为 $1s^22s^22p^3$，因而在胺分子中氮原子成键时采用 sp^3 杂化轨道，三个 sp^3 杂化轨道分别与氢原子和/或碳原子形成三条 σ 键，孤对电子占据另一个 sp^3 杂化轨道。因而胺分子构型呈棱锥形结构。氨、甲胺和三甲胺结构如下：

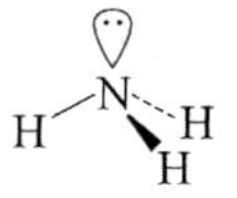

氨 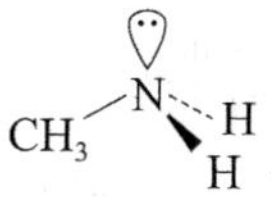　　甲胺 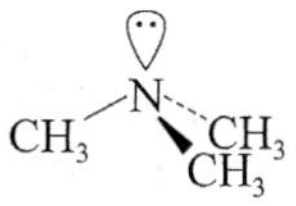　　三甲胺

当胺分子中氮原子连接三个不同的基团时，若将孤对电子占据的轨道看成是第四个"取代基"，它就是个手性分子，有一对对映体。例如：

但这对对映体没有分离得到，原因是这一对对映体之间的相互转化即构型反转所需活化能很低，约为 25kJ · mol^{-1}，在常温就以每秒 $10^3 \sim 10^5$ 次的速率进行构型反转，因而无法分离得到它们中的任一个对映体。对映体构型相互转化，是通过平面过渡态进行的，这时氮原子采用 sp^2 杂化轨道，孤对电子处在 p 轨道上：

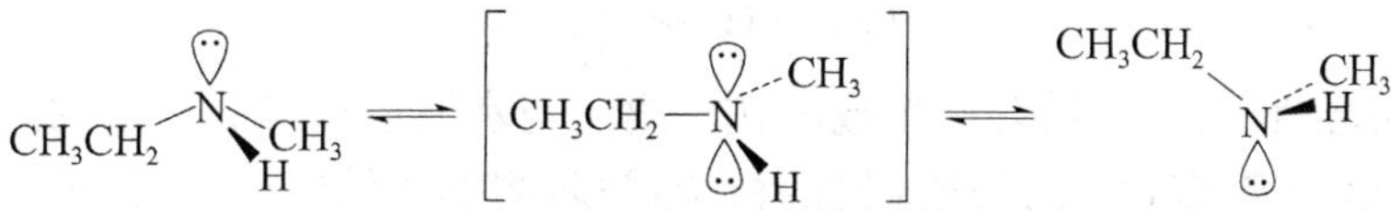

胺的对映体及其相互转化

当氮原子用 4 个 sp^3 杂化轨道形成季铵盐分子时，如果 4 个基团不相同，就可得到具有旋光性的一对对映体，而这种对映体不可能相互转化，可通过分离得到其中的任一个异构体：

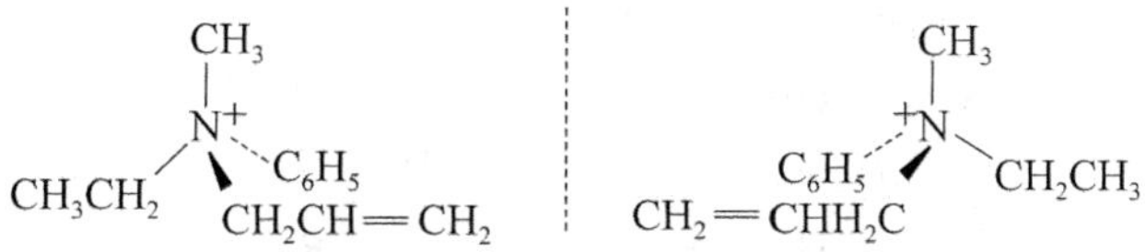

14.4 胺的化学性质

14.4.1 碱性

胺与氨相似，都具有碱性，这是由于氮原子上的未共用电子对能与质子结合，形成带正电荷铵离子的缘故：

$$NH_3 + H^+ \rightleftharpoons \overset{+}{N}H_4$$

$$R\text{—}NH_2 + H^+ \rightleftharpoons R\text{—}\overset{+}{N}H_3$$

因此，当胺溶解于水时，就从水中夺取质子，形成如下离子反应：

$$\underset{\text{碱}}{R\text{—}NH_2} + H_2O \rightleftharpoons \underset{\text{共轭酸}}{R\text{—}\overset{+}{N}H_3} + {}^-OH$$

胺的碱性强度可用胺的水溶液的碱离解常数 K_b 或其对数的负值 pK_b 来表示。

$$K_b=\frac{[R\overset{+}{N}H_3][^-OH]}{[RNH_2][H_2O]}=\frac{[R\overset{+}{N}H_3][^-OH]}{[RNH_2]}$$

$$pK_b=-\lg K_b$$

K_b 或 pK_b 可反映胺与质子结合的能力，即胺碱性强弱。K_b 越大或 pK_b 越小，说明胺与质子结合能力越强，即胺的碱性越强。

脂肪胺碱性比氨强。由于烷基是供电子基团，应该说胺中烷基越多碱性越强，但事实并非如此。在水溶液中，实验测得一些脂肪胺的 pK_b 却如表 14-1 所示。

表 14-1　水溶液中某些脂肪胺的 pK_b

物　质	NH_3	$CH_3CH_2CH_2CH_2NH_2$	$(CH_3CH_2CH_2CH_2)_2NH$	$(CH_3CH_2CH_2CH_2)_3N$
pK_b	4.76	3.39	2.72	4.13

烷基推电子诱导效应增大了胺分子氮原子上的电荷密度，有利于与质子结合，碱性增强。烷基越多，碱性越强，所以脂肪胺碱性强弱次序应是

$$R_3N>R_2NH>RNH_2>NH_3$$

同时，考虑到胺与质子结合后生成的铵正离子与水通过氢键而产生的溶剂化效应，胺分子中氮原子上氢越多，与水形成氢键的机会越多，溶剂化效应越大，铵正离子越稳定，胺的碱性越强，所以有

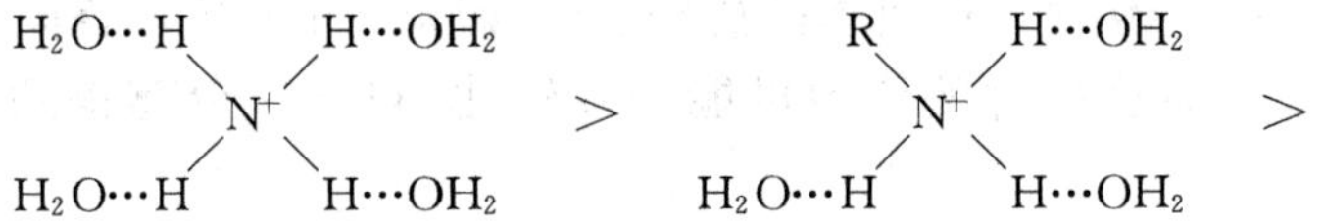

H₂O···H、H···OH₂、H₂O···H、H···OH₂ 围绕 N^+（4 个氢键）＞ R、H···OH₂、H₂O···H、H···OH₂ 围绕 N^+（3 个氢键）＞

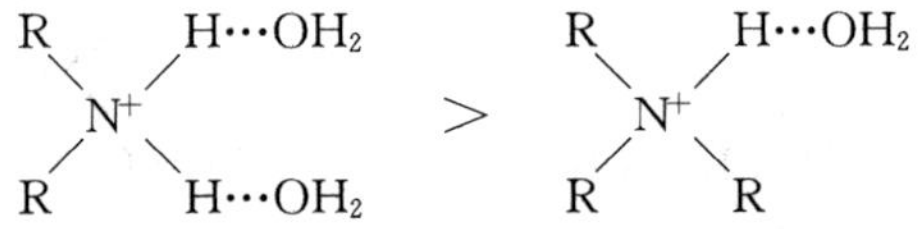

R、H···OH₂、R、H···OH₂ 围绕 N^+（2 个氢键）＞ R、H···OH₂、R、R 围绕 N^+（1 个氢键）

综合胺分子中烷基推电子诱导效应和溶剂化效应的结果，在水溶液中胺的碱性强弱次序即为

$$R_2NH>RNH_2>R_3N>NH_3$$

对于芳香胺来说，有以下规律：

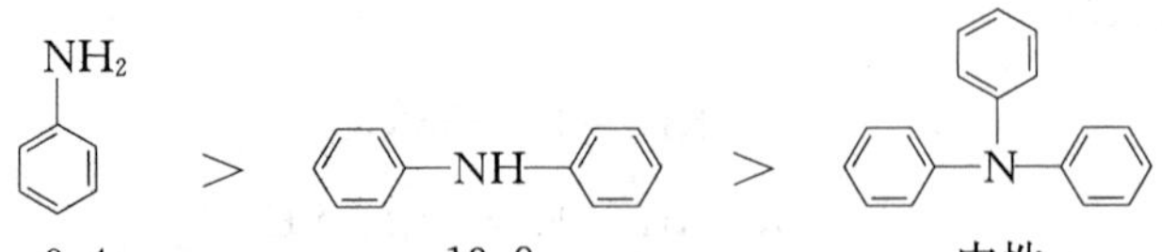

$C_6H_5NH_2$ ＞ C_6H_5—NH—C_6H_5 ＞ $(C_6H_5)_3N$

pK_b　9.4　　13.8　　中性

芳胺的碱性比氨弱，这是由于苯胺分子中氮原子上的未共用电子对与苯环的 π 电子组成共轭体系，发生电子的离域，使氮原子上的电子云密度部分地移向苯环，从而降低了氮原子上的电子云密度，因此与质子结合的能力减弱，碱性减弱。显然，在二苯胺、三苯胺分子中，氮原子上的孤对电子参与两个和三个苯环的共轭，氮原子上电子云密度降低得更

多,因而碱性也更弱。在苯胺分子中,在它的邻位或/和对位带有供电子的取代基,如—OH、—OR、$—NH_2$、—NHR、$—CH_3$等时,则碱性增强;带有吸电子的取代基,如—Cl、$—NO_2$等时,则碱性减弱。例如:

	对羟基苯胺(NH_2, OH)	对甲基苯胺(NH_2, CH_3)	苯胺(NH_2)	对氯苯胺(NH_2, Cl)	对硝基苯胺(NH_2, NO_2)
pK_b	8.5	8.9	9.4	10.02	13.0

利用胺的弱碱性可以在混合物中分离胺。当在含有胺在内的混合物中加入稀酸时,胺变成铵盐溶解到水相中,将水相分离后,再向水相中加入碱(如 NaOH),当水溶液被调成碱性的时候,胺游离出,分离过程如下:

含胺的混合物(乙醚溶液) $\xrightarrow{H^+/H_2O}$ 醚层 → 不纯物;水层 → 铵盐 $\xrightarrow{OH^-,醚}$ 醚 → 胺;水 → 不纯物

又如,分离苄醇、间甲苯酚和苄胺的方法如下:

$C_6H_5CH_2OH$、间甲苯酚(OH, CH_3)、$C_6H_5CH_2NH_2$ $\xrightarrow[H_2O]{HCl}$

油层 → $C_5H_5CH_2OH$、间甲苯酚 $\xrightarrow[水]{NaOH}$ 油层 → $C_6H_5CH_2OH$;水层 → 间甲苯酚钠(ONa, CH_3) $\xrightarrow[H_2O]{HCl}$ 间甲苯酚(OH, CH_3)

水层 → $C_6H_5CH_2NH_2 \cdot HCl \xrightarrow[水]{NaOH} C_6H_5CH_2NH_2$(析出油层)

14.4.2 烃基化反应

脂肪胺或芳香胺都可以与烃基化试剂(如卤代烃)进行烃基化反应,生成伯胺、仲胺、叔胺和最终产物季铵盐:

$$RCH_2X \xrightarrow{NH_3} RCH_2\overset{+}{N}H_3X^- \xrightarrow{NaOH} RCH_2NH_2 \xrightarrow{RCH_2X} (RCH_2)_2\overset{+}{N}H_2X^- \xrightarrow{NaOH}$$

$$(RCH_2)_2NH \xrightarrow{RCH_2X} (RCH_2)_3\overset{+}{N}HX^- \xrightarrow{NaOH} (RCH_2)_3N \xrightarrow{RCH_2X} (RCH_2)_4\overset{+}{N}X^-$$

例如:

$$C_6H_5NH_2 \xrightarrow[-HI]{CH_3I} C_6H_5NHCH_3 \xrightarrow[-HI]{CH_3I} C_6H_5N(CH_3)_2 \xrightarrow{CH_3I} C_6H_5\overset{+}{N}(CH_3)_3I^-$$

工业上应用便宜的甲醇代替碘甲烷来制备 *N*-甲基苯胺和 *N*,*N*-二甲基苯胺:

$$Ph—NH_2 + CH_3OH \xrightarrow[220℃,3\sim4MPa]{H_2SO_4} Ph—NHCH_3 + H_2O$$

$$Ph—NH_2 + CH_3OH(过量) \xrightarrow[220℃,3\sim4MPa]{H_2SO_4} Ph—N(CH_3)_2 + H_2O$$

叔卤代烃与氨容易发生消除反应，生成烯烃。

14.4.3　酰基化反应

伯胺和仲胺，氮原子上都有氢原子，能与酰基化试剂（酰氯或酸酐）反应，生成酰胺。例如：

$$CH_3COCl + 2CH_3CH_2NH_2 \longrightarrow CH_3CONHCH_2CH_3 + CH_3CH_2\overset{+}{N}H_3Cl^-$$

$$CH_3COCl + 2(CH_3CH_2)_2NH \longrightarrow CH_3CON(CH_2CH_3)_2 + (CH_3CH_2)_2\overset{+}{N}H_3Cl^-$$

脂肪族酰胺或芳香族酰胺在酸或碱催化下都可水解成原来的胺。

酰胺多数是具有一定熔点的固体，可通过熔点的测定来推断出原来的胺，所以胺的酰基化反应可用来鉴定伯胺或仲胺。叔胺不能进行酰基化反应，可用来从伯、仲、叔胺中分离出叔胺。

芳胺的酰基化反应，在有机合成上常用来保护氨基，以防止在反应过程中氨基被氧化。例如：

$$p\text{-}CH_3C_6H_4NH_2 \xrightarrow{CH_3COCl} p\text{-}CH_3C_6H_4NHCOCH_3 \xrightarrow{[O]} p\text{-}HOOCC_6H_4NHCOCH_3 \xrightarrow{H_2O} p\text{-}HOOCC_6H_4NH_2$$

$$C_6H_5NH_2 \xrightarrow{CH_3COCl} C_6H_5NHCOCH_3 \xrightarrow[CH_3COOH]{HNO_3,H_2SO_4} p\text{-}O_2NC_6H_4NHCOCH_3 \xrightarrow{OH^-} p\text{-}O_2NC_6H_4NH_2$$

14.4.4　磺酰化反应

同酰基化反应相同，胺与磺酰化试剂（如苯磺酰氯、对甲苯磺酰氯）反应，则生成相应的磺酰胺。因为伯胺生成的磺酰胺可溶于碱中，仲胺生成的磺酰胺不能溶于碱中，叔胺不发生磺酰化反应，因此利用此反应可分离及鉴定三类胺。磺酰氯称兴斯堡（Hinsberg）试剂，用此试剂分离三类胺的实验称兴斯堡试验。

RNH_2、R_2NH、R_3N ＋ $C_6H_5SO_2Cl$：

$$RNH_2 \xrightarrow{NaOH} C_6H_5SO_2NHR \xrightarrow{NaOH} C_6H_5SO_2NRNa^+ \text{（溶解）}$$

$$R_2NH \xrightarrow{NaOH} C_6H_5SO_2NR_2 \text{（不溶于 NaOH 溶液）}$$

$$R_3N \xrightarrow{NaOH} \text{不反应}$$

14.4.5　与亚硝酸的反应

脂肪族伯胺与亚硝酸（常用亚硝酸钠与盐酸或硫酸）可进行重氮化反应，生成重氮盐。重氮盐极不稳定，一旦生成就自动进行分解，生成碳正离子，并放出氮气。由碳正离子再进行一系列反应，生成烯、醇等各种复杂产物。例如：

$$CH_3CH_2CH_2{-}NH_2 \xrightarrow{HCl+NaNO_2} CH_3CH_2CH_2{-}\overset{+}{N}{\equiv}NCl^-$$

$$CH_3CH_2CH_2-\overset{+}{N}\equiv N \longrightarrow CH_3CH_2\overset{+}{C}H_2 + N_2\uparrow$$

$$CH_3CH_2\overset{+}{C}H_2 - \begin{cases} \xrightarrow{H_2O} CH_3CH_2CH_2OH \\ \xrightarrow{Cl^-} CH_3CH_2CH_2-Cl \\ \xrightarrow{-H^+} CH_3CH{=}CH_2 \\ \xrightarrow{\text{重排}} CH_3\overset{+}{C}HCH_3 \longrightarrow CH_3\underset{}{\overset{OH}{|}}{C}HCH_3 + CH_3\overset{Cl}{|}{C}HCH_3 \end{cases}$$

所以脂肪族伯胺与亚硝酸的反应在有机合成上没有意义。

芳香族伯胺也可与亚硝酸进行重氮化反应，生成重氮盐。芳香族伯胺生成的重氮盐比脂肪族重氮盐稳定。在有机合成上具有重要的用途。例如：

$$C_6H_5-NH_2 + NaNO_2 + HCl \xrightarrow{0\sim5℃} C_6H_5-\overset{+}{N}\equiv NCl^- + NaCl + H_2O$$

脂肪族仲胺和芳香族仲胺与亚硝酸反应都生成不溶于水的黄色油状液体或固体——*N*-亚硝基胺。

$$R_2NH + NaNO_2 + HCl \longrightarrow R_2N-NO + NaCl + H_2O$$

$$C_6H_5-NHCH_3 + NaNO_2 + HCl \xrightarrow{8℃} C_6H_5-\underset{\large NO}{\underset{|}{N}}-CH_3$$

N-亚硝基-*N*-甲基苯胺

脂肪族叔胺与亚硝酸没有反应，因为氮上没有可供取代的氢。芳香族叔胺与亚硝酸的反应发生在苯环上，生成对位取代产物。例如：

$$(CH_3)_2N-C_6H_5 \xrightarrow[8℃]{NaNO_2+HCl} (CH_3)_2N-C_6H_4-NO$$

对亚硝基-*N*,*N*-二甲基苯胺

可用各类胺与亚硝酸的反应来鉴别伯、仲、叔三类胺。

14.4.6 氧化反应

脂肪胺容易被氧化。伯胺氧化产物复杂，无制备价值。仲胺虽可用过氧化氢氧化成羟胺，但产率很低。叔胺可用过氧化氢或过乙酸氧化成氧化叔胺。

$$R_3N + H_2O_2 \longrightarrow R_3\overset{+}{N}-O^- + H_2O$$

氧化叔胺的构型为四面体，氮原子在四面体中心，三个取代基和氧在四面体的四个顶点。当三个取代基不相同时，这类氧化叔胺为手性分子，具有旋光性，组成一对对映体。例如：

(对映体结构式：O^-、^+N、C_6H_5、C_2H_5、CH_3 与 ^-O、N^+、C_2H_5、H_3C、C_6H_5)

这对对映体已被拆分得到。

芳胺也容易被氧化。苯胺放置在空气中，由于被氧化，由无色逐渐变成黄色、棕色，至红棕色。苯胺用二氧化锰-稀硫酸或重铬酸钾-稀硫酸氧化,生成对苯醌。

$$C_6H_5NH_2 \xrightarrow{MnO_2\text{-稀 }H_2SO_4} O{=}C_6H_4{=}O$$

若用过氧化氢或过氧乙酸氧化 N,N-二甲基苯胺,则得氧化叔胺。

$$C_6H_5N(CH_3)_2 \xrightarrow[\text{或 }CH_3CO_3H]{H_2O_2} C_6H_5\overset{+}{N}(\bar{O})(CH_3)_2$$

14.4.7 芳环上的亲电取代反应

氨基是很强的邻对位定位基,在邻、对位上容易发生亲电取代反应。

1. 卤化

苯胺与卤素的反应很快。例如,将溴水滴加到苯胺水溶液中立即生成 2,4,6-三溴苯胺沉淀,因为 2,4,6-三溴苯胺的碱性很弱,在水溶液中不能与氢溴酸成盐,所以生成白色沉淀。此反应可用于苯胺的检验和定量分析。

$$C_6H_5NH_2 + 3Br_2 \xrightarrow{H_2O} 2,4,6\text{-}Br_3C_6H_2NH_2\downarrow + 3HBr \quad 100\%$$

若要得到一元取代物,则需将氨基酰化成乙酰氨基以降低其活化能力。卤化时,几乎全部得到对位产物。例如:

$$C_6H_5NH_2 \xrightarrow{(CH_3CO)_2O} C_6H_5NHCOCH_3 \xrightarrow{Br_2} p\text{-}BrC_6H_4NHCOCH_3 \xrightarrow[H^+]{H_2O} p\text{-}BrC_6H_4NH_2$$

2. 硝化

苯胺硝化时,因硝酸有氧化作用,故有氧化产物生成。通常可将苯胺溶于浓硫酸中生成铵盐,再硝化,得间硝基苯胺。

$$C_6H_5NH_2 \xrightarrow{\text{浓 }H_2SO_4} C_6H_5\overset{+}{N}H_3 \xrightarrow{HNO_3} m\text{-}O_2NC_6H_4\overset{+}{N}H_3 \xrightarrow{\bar{O}H} m\text{-}O_2NC_6H_4NH_2$$

将苯胺酰化生成乙酰苯胺,再硝化,基本上得到对位产物——对硝基乙酰苯胺,在 H^+ 或 OH^- 条件下去掉乙酰基,得到硝基苯胺。

$$C_6H_5NH_2 \xrightarrow{CH_3COCl} C_6H_5NHCOCH_3 \xrightarrow[H_2SO_4]{HNO_3} p\text{-}O_2NC_6H_4NHCOCH_3 \xrightarrow[H^+\text{或 }\bar{O}H]{H_2O} p\text{-}O_2NC_6H_4NH_2$$

3. 磺化

苯胺与浓硫酸作用，生成苯胺硫酸氢盐。将该盐加热到 180～190℃，则得对氨基苯磺酸。对氨基苯磺酸为白色固体。分子内含有碱性氨基和酸性磺酸基，所以它常以内盐形式存在。

$$C_6H_5NH_2 \xrightarrow{\text{浓 } H_2SO_4} C_6H_5\overset{+}{N}H_3HSO_4^- \xrightarrow{180\sim190℃} p\text{-}H_2N\text{-}C_6H_4\text{-}SO_3H \longrightarrow p\text{-}H_3\overset{+}{N}\text{-}C_6H_4\text{-}SO_3^-$$

$$H_2N\text{-}C_6H_4\text{-}SO_3H \rightleftharpoons H_3\overset{+}{N}\text{-}C_6H_4\text{-}SO_3^-$$

内盐

14.5 季铵盐和季铵碱

14.5.1 季铵盐

氯化铵(NH_4Cl)分子中 4 个氢原子完全被烷基取代所生成的化合物 $R_4\overset{+}{N}\overset{-}{Cl}$称季铵盐。

季铵盐通常是由叔胺与卤代烃进行加热反应而制得的。

$$R_3N+R—X \xrightarrow{\triangle} R_4\overset{+}{N}X^-$$

$$(CH_3)_3N+n\text{-}C_{16}H_{33}Br \xrightarrow{\triangle} n\text{-}C_{16}H_{33}\overset{+}{N}(CH_3)_3Br^-$$

季铵盐是白色固体，熔点高。季铵盐分子中氮原子以 4 个 sp^3 杂化轨道与 4 个烃基形成 4 个 N—Cσ 键。因此，氮原子无氢原子与之相连。由于伯、仲、叔胺的盐分子中氮原子上都有氢原子与之相连，所以，季铵盐与伯、仲、叔胺盐的不同之处在于：伯、仲、叔胺的盐与碱作用，可游离出胺，而季铵盐与碱作用，不能游离出胺而是生成季铵碱。

$$R_3\overset{+}{N}HCl^- +KOH \longrightarrow R_3N+KCl+H_2O$$

$$R_4\overset{+}{N}HCl^- +KOH \rightleftharpoons R_4\overset{+}{N}\overset{-}{O}H+KCl$$

季铵盐与碱作用时，如果是在醇溶液中进行，则生成的 KCl 由于在醇中溶解度很小而沉淀出来，使平衡右移，生成季铵碱的醇溶液。如果季铵盐与氢氧化银(湿 Ag_2O)反应，则由于生成氯化银沉淀使反应不可逆而顺利地生成季铵碱。例如：

$$R_4\overset{+}{N}Cl^- +AgOH \longrightarrow R_4\overset{+}{N}\overset{-}{O}H+AgCl\downarrow$$

反应完成后，过滤出 AgCl 沉淀，蒸干滤液，析出季铵碱固体。

季铵盐是离子型化合物，在水中和有机溶剂中都有一定的溶解性，因此常用来作为相转移催化剂从水相转移到有机相中。常用的相转移催化剂有：

$$(CH_3CH_2CH_2CH_2)_4\overset{+}{N}Cl^- \qquad C_6H_5CH_2\overset{+}{N}(CH_3)_3Cl^-$$

四丁基氯化铵　　　　三甲基苄基氯化铵

季铵盐是一类主要的阳离子表面活性剂，可强烈地吸附在细菌表面，损害控制细胞渗透性的原子渍膜，从而导致细菌的死亡，因此季铵盐是一类高效的杀菌剂，常用的代表是 $C_{12}H_{25}\overset{+}{N}(CH_3)_2CH_2PhBr^-$

14.5.2　季铵碱

季铵碱是强碱，其碱性与氢氧化钾、氢氧化钠相当，易潮解，溶于水，常用作吸收 CO_2 的试剂。

季铵碱有一个重要的反应就是热分解反应。

1. $(CH_3)_4\overset{+-}{N}OH$ 的热分解

$$(CH_3)_4\overset{+-}{N}OH \xrightarrow{\triangle} (CH_3)_3N + CH_3OH$$

$$HO^- \quad CH_3-\overset{+}{N}(CH_3)_3 \xrightarrow{S_N2} CH_3OH + (CH_3)_3N$$

与季铵碱氮原子相连的烃基上无 β-氢原子，这种季铵碱热分解反应为 S_N2 反应，如上例的 $(CH_3)_4\overset{+-}{N}OH$ 分解产物为 $(CH_3)_3N$ 和 CH_3OH。

2. $CH_3CH_2\overset{+}{N}(CH_3)_3\overset{-}{O}H$ 的热分解

$$CH_3CH_2\overset{+}{N}(CH_3)_3\overset{-}{O}H \xrightarrow{\triangle} CH_2=CH_2 + N(CH_3)_3 + H_2O$$

$$HO^- \quad H-\underset{H}{\overset{H}{C}}-\underset{\overset{+}{N}(CH_3)_3}{\overset{H}{C}}-H \xrightarrow[E2]{\triangle} CH_2=CH_2 + N(CH_3)_3 + H_2O$$

与季铵碱氮原子相连的烃基上有 β-氢原子，这种季铵碱的热分解反应为 E2 反应。

3. 氢氧化三甲基仲丁基铵的热分解

$$\underset{OH^-}{CH_3\overset{H}{C}H}-\underset{\overset{+}{N}(CH_3)_3}{CH}-\overset{H}{C}H_2 \xrightarrow{\triangle} \underset{5\%}{CH_3CH=CH-CH_3} + \underset{95\%}{CH_3CH_2CH=CH_2} + N(CH_3)_3 + H_2O$$

$$HO^- \quad H^\beta \quad {}^\beta H \quad {}^-OH$$

$$CH_3-\overset{H^\beta}{C}H-\underset{\overset{+}{N}(CH_3)_3}{CH}-\overset{{}^\beta H}{C}H_2 \xrightarrow{\triangle} \underset{5\%}{CH_3-CH=CH-CH_3} + \underset{95\%}{CH_3CH_2CH=CH_2} + N(CH_3)_3 + H_2O$$

与季铵碱氮原子相连的烃基上含有不同的 β-氢原子时，消除反应主要从含氢较多的碳原子上消去氢原子，即形成双键碳上取代基较少的烯烃，这类消除反应属于霍夫曼消除。该原因是在 $\overset{4}{C}H_3—\overset{3}{C}H(H^{\beta_3})—\overset{2}{C}H(\overset{+}{N}(CH_3)_3)—\overset{1}{C}H_2(H^{\beta_1})$ 分子中有两类 β-H，即β_1-H和 β_3-H。反应过程是碱(^-OH)进攻 β_1-H 和 β_3-H，产生的过渡态分别是

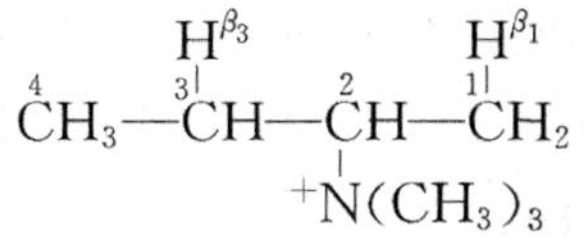

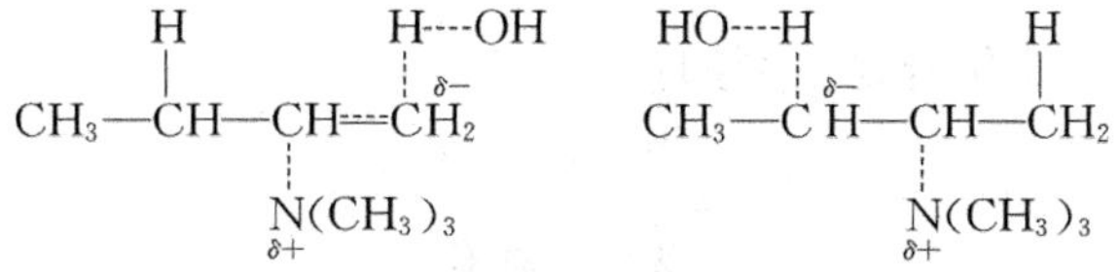

$$CH_3—CH(H)—CH(\overset{\delta+}{N}(CH_3)_3)\cdots\overset{\delta-}{C}H_2\cdots H\cdots OH \qquad CH_3—\overset{\delta-}{C}H(\cdots H\cdots OH)—CH(\overset{\delta+}{N}(CH_3)_3)—CH_2(H)$$

1 **2**

$N(CH_3)_3$ 不是好的离去基团，不易离去。当 C^β—H 断裂时，C—N 键还未断裂，这时在过渡态势必产生碳负离子。在过渡态 **1** 产生的碳负离子比 **2** 的稳定，所以过渡态 **1** 容易形成，生成的产物就多。

季铵碱的热分解反应常用来测定胺的结构。用过量的碘甲烷使胺彻底甲基化，转变为季铵盐，再用 AgOH 处理季铵盐使之生成季铵碱，加热使季铵碱分解，生成叔胺和烯烃。根据生成烯烃的结构，可推断原来胺的结构。例如：

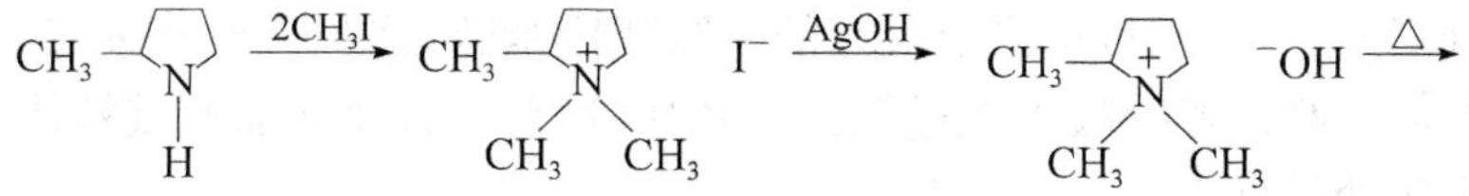

$$\text{2-甲基吡咯烷(N-H)} \xrightarrow{2CH_3I} \text{2-甲基-1,1-二甲基吡咯烷鎓}\ I^- \xrightarrow{AgOH} \text{2-甲基-1,1-二甲基吡咯烷鎓}\ ^-OH \xrightarrow{\triangle}$$

$$CH_2=CHCH_2CH_2CH_2N(CH_3)_2 \xrightarrow{CH_3I} CH_2=CHCH_2CH_2CH_2\overset{+}{N}(CH_3)_3I^- \xrightarrow{AgOH}$$

$$CH_2=CHCH_2CH_2CH_2\overset{+}{N}(CH_3)_3^-OH \xrightarrow{\triangle} CH_2=CHCH_2CH=CH_2+N(CH_3)_3+H_2O$$

$$\text{3-甲基吡咯烷(N-H)} \xrightarrow{2CH_3I} \text{3-甲基-1,1-二甲基吡咯烷鎓}\ I^- \xrightarrow{AgOH} \text{3-甲基-1,1-二甲基吡咯烷鎓}\ OH^- \xrightarrow{\triangle} CH_2=CHCH(CH_3)CH_2N(CH_3)_2$$

$$\xrightarrow{CH_3I} CH_2=CHCH(CH_3)CH_2\overset{+}{N}(CH_3)_3I^- \xrightarrow{AgOH} CH_2=CHCH(CH_3)CH_2\overset{+}{N}(CH_3)_3\overset{-}{O}H$$

$$\xrightarrow{\triangle} CH_2=CH—C(CH_3)=CH_2+N(CH_3)_3+H_2O$$

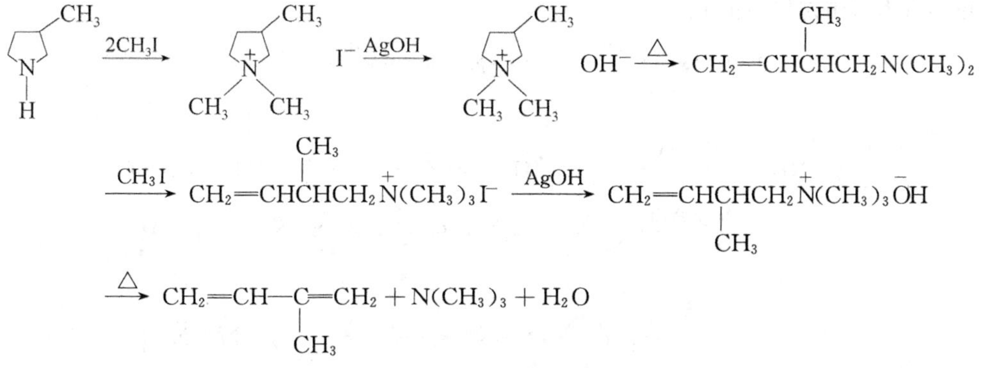

14.6 重氮和偶氮化合物

基团 —N═N— 中的两个氮原子直接和烃基碳原子相连的化合物，称为偶氮化合物。例如：

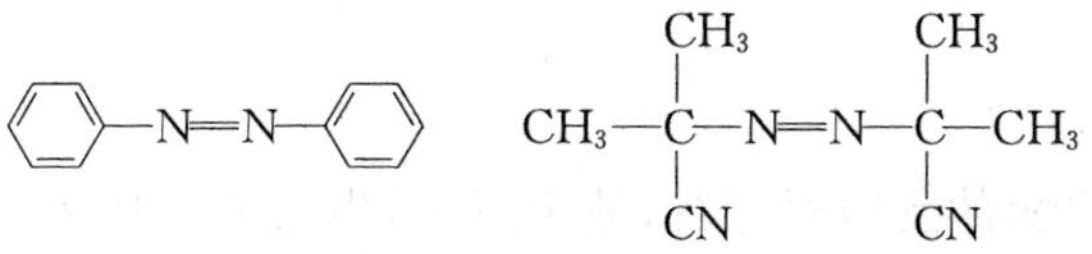

$$C_6H_5—N=N—C_6H_5 \qquad CH_3—C(CH_3)(CN)—N=N—C(CH_3)(CN)—CH_3$$

偶氮苯　　偶氮二异丁腈

基团 —N═N— 中的一个氮原子直接和碳原子相连，另一个氮原子和其他原子相连，这样的化合物称重氮化合物。例如：

$$C_6H_5—N═N—NH—C_6H_5$$

苯重氮氨基苯

重氮盐是另一类重氮化合物。例如：

$$C_6H_5—\overset{+}{N}≡NCl^-$$

氯化重氮苯

14.6.1　重氮盐的制备——重氮化反应

芳伯胺，例如苯胺，在 0～5℃的低温下，在过量的强酸(盐酸或硫酸)溶液中与亚硝酸钠反应，生成重氮盐。这种反应称重氮化反应。

$$C_6H_5—NH_2 + NaNO_2 + 2HCl \xrightarrow{0\sim5℃} C_6H_5—\overset{+}{N}≡NCl^- + NaCl + H_2O$$

进行重氮化反应时，必须在 0～5℃的低温下进行，因为温度升高会使重氮盐分解。强酸(盐酸或硫酸)必须过量，使未反应完的苯胺变成苯胺盐酸盐(或苯胺硫酸氢盐)，避免苯胺与重氮盐的偶联。亚硝酸不能过量，因为它的过量一方面会加速重氮盐的分解，另一方面会干扰重氮盐的反应。

重氮盐溶于水而不溶于有机溶剂。重氮盐在水溶液中是比较稳定的，但放置时间长也会分解。干燥的重氮盐不稳定，受热或震动会爆炸。

重氮化反应的机理如下：

$$HO—\ddot{N}═O \xrightarrow{H^+} H—\overset{+}{O}(H)—\ddot{N}═O \xrightarrow{-H_2O} {}^{+}\ddot{N}═O$$

$$C_6H_5—\ddot{N}H_2 \xrightarrow{{}^{+}\ddot{N}═O} C_6H_5—\overset{+}{\ddot{N}}H_2—\ddot{N}═O \xrightarrow{-H^+} C_6H_5—\ddot{N}H—\ddot{N}═O$$

$$\underset{}{\overset{互变异构}{\rightleftharpoons}} C_6H_5—\ddot{N}═\ddot{N}—OH \xrightarrow{H^+} C_6H_5—\ddot{N}═\ddot{N}—\overset{+}{O}(H)—H$$

$$\xrightarrow{-H_2O} \left[C_6H_5—\ddot{N}═\ddot{N}^+ \longleftrightarrow C_6H_5—\overset{+}{N}≡\ddot{N} \right]$$

14.6.2　重氮盐的反应和在合成上的应用

重氮盐溶于水，在水溶液中在低温(0～5℃)下是稳定存在的。但是重氮盐又是一类很活泼的化合物，在 0℃或较高温度下重氮盐可发生一系列的反应，生成许多重要的化合物。重氮盐的反应分为两类：失去氮的反应和保存氮的反应。

1. 失去氮的反应

重氮盐在进行失去氮的反应时分解，放出氮气，生成苯正离子或苯自由基。这种活性中间体再与某些原子或基团结合得到取代产物。具体的操作和反应如下：

$$\underset{\text{芳香族硝基化合物}}{Ar—H \xrightarrow{\text{硝化}} Ar—NO_2} \xrightarrow{\text{还原}} \underset{\text{芳胺}}{Ar—NH_2} \xrightarrow{\text{重氮化}} \underset{\text{重氮盐}}{Ar—\overset{+}{N}\equiv NCl^-}（\text{或 } Ar—\overset{+}{N_2}Cl^-）$$

$$Ar—\overset{+}{N_2} \begin{cases} \xrightarrow{CuCl-HCl} Ar—Cl \\ \xrightarrow{CuBr-HBr} Ar—Br \\ \xrightarrow{KI} Ar—I \\ \xrightarrow{HBF_4} Ar—F \\ \xrightarrow{CuCN-KCN} Ar—CN \\ \xrightarrow{H_2SO_4, H_2O} Ar—OH \\ \xrightarrow{H_3PO_2} Ar—H \end{cases}$$

这是在芳烃苯环上引入 Cl、Br、I、CN、H 和 OH 的一个最好的方法。几乎所有芳香族伯胺都可通过重氮盐进行这类反应，合成出的产物有的很难直接通过在苯环上的亲电取代反应得到，因而在芳香族化合物的合成上具有十分重要的价值。下面分别介绍这类反应。

1）重氮基被卤素取代

苯胺进行重氮化反应生成重氮盐，将重氮盐的水溶液和碘化钾一起加热，重氮基很容易被碘取代生成碘苯。

$$C_6H_5—NH_2 \xrightarrow{NaNO_2 + HCl} C_6H_5—\overset{+}{N_2}Cl^- \xrightarrow[25℃]{KI} C_6H_5—I$$

碘苯很难由苯直接碘化生成。

在催化剂氯化亚铜作用下，重氮盐在盐酸溶液中加热，重氮基被氯取代，生成氯化物。例如：

$$CH_3—C_6H_4—NH_2 \xrightarrow[0\sim5℃]{NaNO_2 + HCl} CH_3—C_6H_4—\overset{+}{N_2}Cl^- \xrightarrow[\triangle]{CuCl-HCl} CH_3—C_6H_4—Cl$$

使用溴化亚铜为催化剂，将重氮盐在氢溴酸溶液中加热，则重氮基被溴取代，生成溴化物。例如：

$$o\text{-}CH_3C_6H_4NH_2 \xrightarrow[0\sim5℃]{NaNO_2 + HBr} o\text{-}CH_3C_6H_4\overset{+}{N_2}Br^- \xrightarrow[\triangle]{CuBr-HBr} o\text{-}CH_3C_6H_4Br$$

重氮基被氯和溴取代的反应称为桑德迈尔(Sandmeyer)反应。将氟硼酸加到重氮盐溶液中，则生成氟硼酸重氮盐，氟硼酸重氮盐加热分解，即得氟化物。

$$C_6H_5NH_2 \xrightarrow{NaNO_2 + HCl} C_6H_5\overset{+}{N_2}Cl^- \xrightarrow{HBF_4} C_6H_5\overset{+}{N_2}\overset{-}{B}F_4 \xrightarrow{\triangle} C_6H_5F$$

2）重氮基被氰基取代

将重氮盐和氰化亚铜-氰化钾一起加热，则重氮基被氰基取代。氰基水解可得酸。例如：

$$\text{C}_6\text{H}_5\text{CH}_3 \xrightarrow{\text{硝化}} p\text{-CH}_3\text{C}_6\text{H}_4\text{NO}_2 \xrightarrow{\text{还原}} p\text{-CH}_3\text{C}_6\text{H}_4\text{NH}_2 \xrightarrow[0\sim5℃]{\text{NaNO}_2+\text{HCl}} p\text{-CH}_3\text{C}_6\text{H}_4\overset{+}{\text{N}}_2\text{Cl}^- \xrightarrow[\triangle]{\text{CuCN}-\text{KCN}} p\text{-CH}_3\text{C}_6\text{H}_4\text{CN}$$

$$\xrightarrow[\triangle]{\text{H}_3\text{O}^+} p\text{-CH}_3\text{C}_6\text{H}_4\text{COOH}$$

由于该反应也是在亚铜盐催化下进行的，所以也是桑德迈尔反应。

3）重氮基被羟基取代

将重氮硫酸盐水溶液加热，则重氮盐分解，放出氮气，生成酚。例如：

$$\text{C}_6\text{H}_5-\overset{+}{\text{N}}_2\text{HSO}_4 \xrightarrow[\triangle]{\text{H}_2\text{SO}_4,\text{H}_2\text{O}} \text{C}_6\text{H}_5-\text{OH}+\text{N}_2\uparrow+\text{H}_2\text{SO}_4$$

反应分两步进行：①重氮盐分解，放出氮气，生成苯正离子。这是慢的一步，决定反应的速率；②生成的苯正离子和反应体系的亲核试剂如 H_2O 等反应生成酚。

$$\text{C}_6\text{H}_5-\overset{+}{\text{N}}\equiv\text{N} \xrightleftharpoons{-\text{N}_2} \text{C}_6\text{H}_5^+ \xrightleftharpoons{+\text{H}_2\text{O}} \text{C}_6\text{H}_5-\overset{+}{\text{O}}\text{H}_2 \xrightarrow{-\text{H}^+} \text{C}_6\text{H}_5-\text{OH}$$

如果反应体系还有其他亲核试剂，例如 Cl^- 等便有氯苯产生。

$$\text{C}_6\text{H}_5^+ \xrightarrow{\text{Cl}^-} \text{C}_6\text{H}_5-\text{Cl}$$

另一方面，生成的酚很容易与未完全水解的重氮盐发生偶联反应。

$$\text{C}_6\text{H}_5-\overset{+}{\text{N}}\equiv\text{N} \longleftrightarrow \text{C}_6\text{H}_5-\text{N}=\text{N}^+ \xrightarrow{\text{C}_6\text{H}_5-\text{OH}} \text{C}_6\text{H}_5-\text{N}=\text{N}-\text{C}_6\text{H}_4-\text{OH}$$

采用重氮硫酸盐可使重氮盐水解更迅速更彻底，这样就可避免或减少偶联反应的发生。

重氮基被羟基取代的反应，在芳香族化合物的合成上可得到许多重要的化合物。例如：

$$m\text{-NO}_2\text{C}_6\text{H}_4\text{NH}_2 \xrightarrow[0\sim5℃]{\text{NaNO}_2+\text{H}_2\text{SO}_4} m\text{-NO}_2\text{C}_6\text{H}_4\overset{+}{\text{N}}_2\text{HSO}_4^- \xrightarrow[160℃]{\text{H}_2\text{SO}_4,\text{H}_2\text{O}} m\text{-NO}_2\text{C}_6\text{H}_4\text{OH}$$

$$\text{2-Br-4-CH}_3\text{C}_6\text{H}_3\text{NH}_2 \xrightarrow[0\sim5℃]{\text{NaNO}_2+\text{H}_2\text{SO}_4} \text{2-Br-4-CH}_3\text{C}_6\text{H}_3\overset{+}{\text{N}}_2\text{HSO}_4^- \xrightarrow[\triangle]{\text{H}_2\text{SO}_4,\text{H}_2\text{O}} \text{2-Br-4-CH}_3\text{C}_6\text{H}_3\text{OH}$$

4）重氮基被氢原子取代

重氮盐的水溶液，在还原剂次磷酸或乙醇作用下，重氮盐被还原，放出氮气，重氮基被氢原子取代。

$$\text{Ar}-\overset{+}{\text{N}}_2\text{HSO}_4^- + \text{H}_3\text{PO}_2 + \text{H}_2\text{O} \longrightarrow \text{Ar}-\text{H} + \text{H}_3\text{PO}_3 + \text{N}_2\uparrow + \text{H}_2\text{SO}_4$$

$$\text{Ar}-\overset{+}{\text{N}}_2\text{HSO}_4^- + \text{CH}_3\text{CH}_2\text{OH} \longrightarrow \text{Ar}-\text{H} + \text{CH}_3\text{CHO} + \text{N}_2\uparrow + \text{H}_2\text{SO}_4$$

重氮基被氢原子取代是一个很有用的反应。例如：

$$C_6H_5NH_2 \xrightarrow{3Br_2} \text{2,4,6-}Br_3C_6H_2NH_2 \xrightarrow[0\sim5℃]{NaNO_2+H_2SO_4} \text{2,4,6-}Br_3C_6H_2\overset{+}{N_2}HSO_4^- \xrightarrow[H_2O]{H_3PO_2} \text{1,3,5-}Br_3C_6H_3$$

$$\text{4-}CH_2CH_2CH_3\text{-2-}Br\text{-}C_6H_3NH_2 \xrightarrow[0\sim5℃]{NaNO_2+H_2SO_4} \text{4-}CH_2CH_2CH_3\text{-2-}Br\text{-}C_6H_3\overset{+}{N_2}HSO_4^- \xrightarrow[H_2O]{H_3PO_2} \text{3-}Br\text{-}C_6H_4CH_2CH_2CH_3$$

这些化合物通过苯环上直接进行亲电取代反应是合成不出来的。

2. 保留氮的反应

重氮盐在进行反应时，不分解，仍连接在苯环上。反应发生在重氮基上，包括两类反应：重氮基的还原反应和偶联反应。

1）重氮基的还原反应

在还原剂亚硫酸钠、氯化亚锡-盐酸等的作用下，重氮盐被还原成苯肼，这是实验室和工业上制备苯肼的一种方法。

$$C_6H_5\overset{+}{N}{\equiv}NCl^- \xrightarrow[60\sim70℃]{Na_2SO_3} C_6H_5NHNHSO_3^-Na^+$$

$$\xrightarrow[100℃]{HCl} C_6H_5NH{-}\overset{+}{N}H_3Cl^- \xrightarrow{^-OH} C_6H_5NHNH_2$$

苯肼是无色油状液体，沸点 243℃，溶于水，有毒，具有还原性，在空气中被氧化成棕色。苯肼是个碱，$pK_b=8.80$，与酸反应生成盐。

$$C_6H_5NHNH_2 + HCl \longrightarrow C_6H_5NH\overset{+}{N}H_3Cl^-$$

苯肼在实验室用来鉴定醛、酮，在工业上是制造染料和医药的主要原料。

2）偶联反应

重氮盐是个亲电试剂，能与带有强的邻对位定位基[如—OH、—$N(CH_3)_2$]的苯环进行亲电取代反应，生成偶氮化合物。这类反应称偶联反应。

(1) 与酚偶联。在弱碱性溶液中，重氮盐与苯酚进行偶联反应，生成偶氮化合物。由于重氮盐正离子体积较大，反应主要发生在对位。只有当对位已被其他取代基占据时，偶联反应才发生在邻位。例如：

$$C_6H_5\overset{+}{N}{\equiv}NCl^- + C_6H_5OH \xrightarrow{^-OH} C_6H_5N{=}N{-}C_6H_4{-}OH$$

对羟基偶氮苯

$$C_6H_5\overset{+}{N}{\equiv}NCl^- + \text{4-}CH_3C_6H_4OH \longrightarrow C_6H_5N{=}N{-}(\text{2-}OH\text{-5-}CH_3C_6H_3)$$

偶联反应之所以在弱碱性条件下进行，是因为酚是个弱酸，与碱作用生成酚盐，在酚盐中氧负离子与苯环形成共轭体系。共轭效应的结果，使邻位、对位电荷密度增大，有利于重氮正离子的进攻，从而有利于偶联反应的进行。

$$C_6H_5-OH + NaOH \longrightarrow C_6H_5-O^- Na^+ + H_2O$$

但在强碱性溶液中，重氮正离子可与$^-$OH 反应，使偶联不能发生。

$$\left[C_6H_5-\overset{+}{N}\equiv N \longleftrightarrow C_6H_5-N=\overset{+}{N} \right] \underset{H^+}{\overset{^-OH}{\rightleftharpoons}} C_6H_5-N=N-OH \underset{H^+}{\overset{^-OH}{\rightleftharpoons}} C_6H_5-N=N-O^-$$

(2) 与芳胺偶联。在弱酸性或中性溶液中，重氮盐与芳叔胺耦合，生成偶氮化合物。例如：

$$\left[C_6H_5-\overset{+}{N}\equiv N \longleftrightarrow C_6H_5-N=\overset{+}{N} \right] + C_6H_5-N(CH_3)_2 \xrightarrow{CH_3COOH,H_2O} C_6H_5-N=N-C_6H_4-N(CH_3)_2$$

对二甲氨基偶氮苯

偶联反应仍主要发生在对位。

在强酸性溶液中，芳叔胺由于形成铵盐，而使偶联反应难以发生。

在弱酸性或中性溶液中，重氮盐与芳伯胺或芳仲胺偶联，这时偶联发生在氮上，生成苯重氮氨基苯。

$$\left[C_6H_5-\overset{+}{N}\equiv N \longleftrightarrow C_6H_5-N=\overset{+}{N} \right] + C_6H_5-NH_2 \longrightarrow C_6H_5-N=N-NH-C_6H_5$$

苯重氮氨基苯

生成的苯重氮氨基苯与苯胺盐酸盐一起加热，则重氮氨基苯发生重排生成对氨基偶氮苯。

$$C_6H_5-N=N-NH-C_6H_5 \xrightarrow[PhNH_2,30\sim45℃]{Ph\overset{+}{N}H_3Cl} C_6H_5-N=N-C_6H_4-NH_2$$

对氨基偶氮苯

实验证明，苯重氮氨基苯的重排，是分子间重排，其重排机理为

$$C_6H_5-N=N-NH-C_6H_5 \xrightarrow[①]{H^+} C_6H_5-N=N-\overset{+}{N}H(H)-C_6H_5$$

$$\xrightarrow{②} C_6H_5-N=\overset{+}{N} \xrightarrow[③]{H_2N-C_6H_5} C_6H_5-N=N-\overset{+}{C_6H_5}(H)-NH_2$$

$$\xrightarrow[④]{-H^+} C_6H_5-N=N-C_6H_4-NH_2$$

如果在重排时，加入邻甲苯胺，则在产物中除有对氨基偶氮苯外，还有 3-甲基-4-氨基偶氮苯。

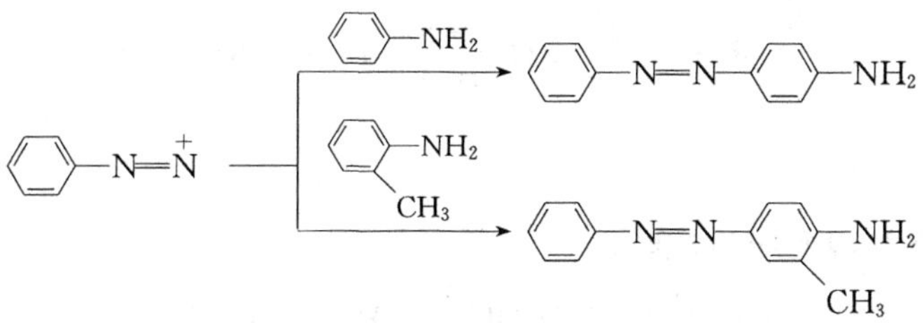

$$C_6H_5-N=\overset{+}{N} \longrightarrow \begin{cases} \xrightarrow{C_6H_5-NH_2} C_6H_5-N=N-C_6H_4-NH_2 \\ \xrightarrow{o\text{-}CH_3C_6H_4-NH_2} C_6H_5-N=N-C_6H_3(CH_3)-NH_2 \end{cases}$$

甲基橙是个常用的指示剂，在 pH<3.1 的酸性溶液中呈红色，在 pH>4.4 的溶液中呈黄色。它是通过偶联反应得到的。

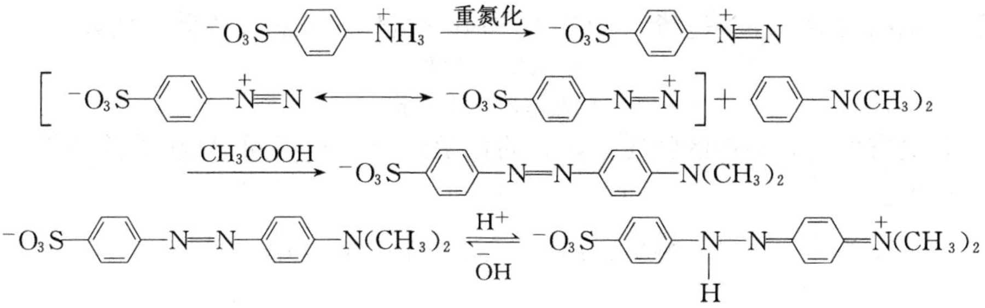

$$^{-}O_3S-C_6H_4-\overset{+}{N}H_3 \xrightarrow{\text{重氮化}} {}^{-}O_3S-C_6H_4-\overset{+}{N}\equiv N$$

$$\left[{}^{-}O_3S-C_6H_4-\overset{+}{N}\equiv N \longleftrightarrow {}^{-}O_3S-C_6H_4-N=\overset{+}{N}\right]+C_6H_5-N(CH_3)_2$$

$$\xrightarrow{CH_3COOH} {}^{-}O_3S-C_6H_4-N=N-C_6H_4-N(CH_3)_2$$

$$\underset{\text{pH>4.4，黄色}}{{}^{-}O_3S-C_6H_4-N=N-C_6H_4-N(CH_3)_2} \underset{^{-}OH}{\overset{H^+}{\rightleftharpoons}} \underset{\text{pH<3.1，红色}}{{}^{-}O_3S-C_6H_4-\underset{H}{N}-N=C_6H_4=\overset{+}{N}(CH_3)_2}$$

偶联反应主要用来合成偶氮染料。

14.7 腈、异腈和异氰酸酯

14.7.1 腈的化学性质

腈相当于氢氰酸分子中氢原子被烃基取代的产物。例如：

CH_3-CN	$CH_3-CH(CH_3)-CN$	$CH_2=CH-CN$
乙腈	异丁腈	丙烯腈

低级腈是无色液体，高级腈是固体。乙腈溶于水，丁腈以上者不溶于水。纯的腈没有毒性，而异腈毒性很大。但腈中总含少量的异腈，而使腈带有毒性。

腈的化学性质主要表现在氰基(—CN)上。

1. 还原反应

腈的还原反应，可用催化氢化，也可用化学还原剂来完成。常用的催化剂是雷尼镍(需高温、高压)、铂或钯(常温、低压)。常用的化学还原剂是氢化铝锂、醇钠。

$$R-C\equiv N \xrightarrow{[H]} R-CH_2-NH_2$$

2. 水解反应

腈在酸或碱催化作用下完全水解生成酸。在过氧化氢存在下，在碱性溶液中腈部分水解生成酰胺。

$$R-C\equiv N+H_2O \xrightarrow{H^+\text{或}^{-}OH} R-COOH$$

$$R—C\equiv N+H_2O \xrightarrow[H_2O_2]{NaOH} R—CONH_2$$

3. 醇解反应

腈在酸催化下与醇反应生成酯。

$$R—C\equiv N+C_2H_5OH \xrightarrow{H^+} R—COOC_2H_5$$

14.7.2　异腈

异腈的结构为 R—NC，是腈 R—CN 的构造异构体。异腈又称胩。例如：

$$CH_3CH_2—NC$$

异氰基乙烷或乙胩

异腈是具有恶臭和剧毒的物质。异腈的化学性质与腈不同，只在酸性条件下水解生成伯胺和甲酸。

$$R—NC+2H_2O \xrightarrow[\triangle]{H^+} R—NH_2+HCOOH$$

14.7.3　异氰酸酯

异氰酸酯的结构为 R—N═C═O 或 Ar—N═C═O。例如：

$$\underset{\displaystyle |\atop CH_3}{CH_3CH}—CH_2—N═C═O$$

异氰酸异丁酯

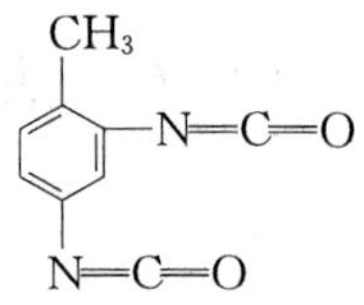

（甲苯环：1-位 CH_3，2-位 —N═C═O，4-位 N═C═O）

甲苯-2,4-二异氰酸酯

异氰酸酯很容易与一些含有活泼氢的化合物，如水、醇、酚、羧酸、氨或胺等反应。例如：

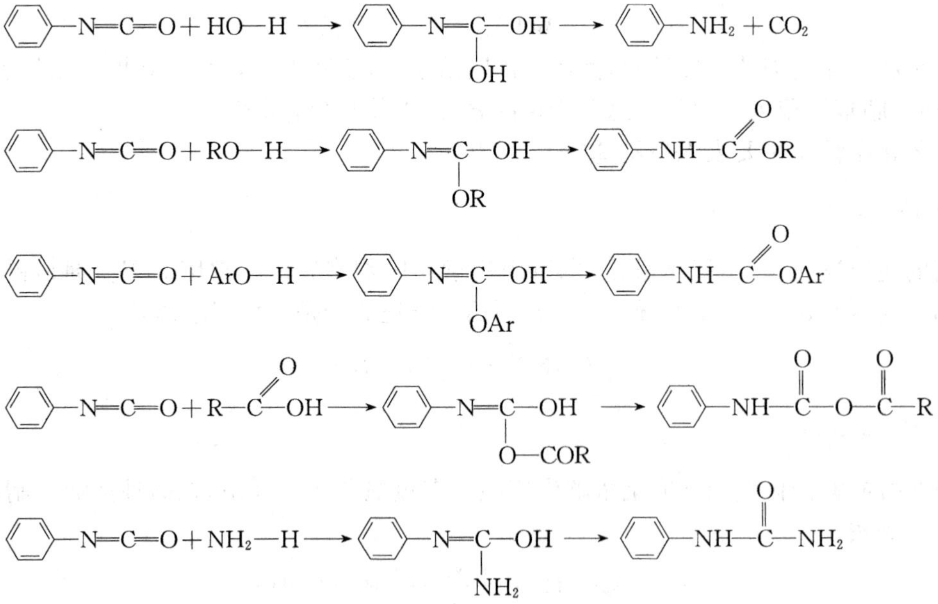

$$C_6H_5—N═C═O+HO—H \longrightarrow C_6H_5—N═C(OH)—OH \longrightarrow C_6H_5—NH_2+CO_2$$

$$C_6H_5—N═C═O+RO—H \longrightarrow C_6H_5—N═C(OR)—OH \longrightarrow C_6H_5—NH—C(═O)—OR$$

$$C_6H_5—N═C═O+ArO—H \longrightarrow C_6H_5—N═C(OAr)—OH \longrightarrow C_6H_5—NH—C(═O)—OAr$$

$$C_6H_5—N═C═O+R—C(═O)—OH \longrightarrow C_6H_5—N═C(O—COR)—OH \longrightarrow C_6H_5—NH—C(═O)—O—C(═O)—R$$

$$C_6H_5—N═C═O+NH_2—H \longrightarrow C_6H_5—N═C(NH_2)—OH \longrightarrow C_6H_5—NH—C(═O)—NH_2$$

$$\text{C}_6\text{H}_5\text{—N=C=O} + \text{R—NH—H} \longrightarrow \text{C}_6\text{H}_5\text{—N=C(—OH)—NH—R} \longrightarrow \text{C}_6\text{H}_5\text{—NH—C(=O)—NHR}$$

若用甲苯-2,4-二异氰酸酯与二元醇反应，则生成聚氨基甲酸酯，它可用来制造工程塑料、涂料等。

习 题

14-1 比较下列各组化合物的碱性：

(1) A. NH_3 B. $CH_3CH_2NH_2$ C. $PhNH_2$ D. Ph_2NH

(2) A. $PhNH_2$ B. 对氯苯胺（4-Cl-$C_6H_4NH_2$） C. 对甲氧基苯胺（4-OCH_3-$C_6H_4NH_2$） D. 对硝基苯胺（4-NO_2-$C_6H_4NH_2$） E. 2,4-二硝基苯胺（2,4-$(NO_2)_2C_6H_3NH_2$）

(3) A. $PhNH_2$ B. $PhNHCOCH_3$ C. N-R 邻苯二甲酰亚胺 D. $(CH_3)_3\overset{+}{N}\overset{-}{O}H$

(4) A. $PhNH_2$ B. 环己胺（C_6H_{11}—NH_2） C. N-甲基环己胺（C_6H_{11}—$NHCH_3$） D. 间氯苯胺（3-Cl-$C_6H_4NH_2$）

E. $Ph\overset{+}{N}H_3$

14-2 试用化学方法鉴别下列各组化合物：

(1) A. $CH_3CH_2NH_2$ B. $(CH_3CH_2)_2NH$ C. $(CH_3CH_2)_3N$

(2) A. C_6H_5—NH_2 B. C_6H_5—OH C. C_6H_{11}—OH D. C_6H_{11}—NH_2

14-3 用化学方法提纯下列化合物：

(1) 苯胺中含有少量硝基苯 (2) 乙酰苯胺中含有少量苯胺

14-4 完成下列反应式：

(1) $C_6H_5\text{—}CH_2Br \xrightarrow{NaCN} ? \xrightarrow[\text{②}H_2O]{\text{①}LiAlH_4} ? \xrightarrow{(CH_3CO)_2O} ?$

(2) $CH_3NO_2 + HCHO(\text{过量}) \xrightarrow{OH^-} ?$

(3) $O_2N\text{—}C_6H_3Cl\text{—}Cl$（2,4-二氯硝基苯，Cl 位于硝基对位及邻位相应位置）$+ NaOCH_3 \xrightarrow[\triangle]{CH_3OH} ?$

(4) $C_6H_5\text{—}CH_3 \xrightarrow[h\nu]{Cl_2} ? \xrightarrow{NaCN} ? \xrightarrow[\text{②}H_2O/H^+]{\text{①}CH_3MgX} ?$

(5) $CH_3\text{—}C_6H_4\text{—}NH_2 + 2CH_3OH \xrightarrow[\triangle]{\text{加压}} ?$

(6) $HO\text{—}C_6H_4\text{—}NH_2 + 2(CH_3CO)_2O \longrightarrow ?$

(7) 邻苯二甲酸酐 $+ 2NH_3 \cdot H_2O \longrightarrow ? \xrightarrow[NaOH]{Br_2} ? \xrightarrow[0℃]{NaNO_2, HCl} ? \xrightarrow{CuCl} ?$

(8) N-甲基哌啶 $+ CH_3I$ 过量 $\longrightarrow ? \xrightarrow[H_2O]{Ag_2O} ? \xrightarrow{\triangle} ?$

(9) $HO_3S-C_6H_4-NH_2 \xrightarrow[0℃]{NaNO_2, H_2SO_4} ? \xrightarrow[pH=9]{HO-C_6H_4-C_6H_4-OH} ?$

(10) 间二硝基苯 $\xrightarrow{Na_2S} ?$

(11) $C_6H_5-NH_2 +$ 1-氯-2,4-二硝基苯 $\longrightarrow ?$

(12) $\left[C_6H_5-CH_2CH_2\overset{}{N}(CH_3)_2(CH_2CH_3) \right]^+ OH^- \xrightarrow{\triangle} ?$

(13) $\left[(CH_3)_2CHCH_2N(CH_3)_2(CH_2CH_2CH_3) \right]^+ OH^- \xrightarrow{\triangle} ?$

14-5　完成下列反应：

(1) $CH_2 = CH_2 \xrightarrow[H_2O]{Cl_2} ? \xrightarrow{Ca(OH)_2} ? \xrightarrow{HOCH_2CH_2OH} ? \xrightarrow{SOCl_2} ?$

$\xrightarrow{2NH(CH_2COONa)_2} ? \xrightarrow{?} \begin{array}{l} CH_2OCH_2CH_2N(CH_2COOH)_2 \\ | \\ CH_2OCH_2CH_2N(CH_2COOH)_2 \end{array}$

(2) $CH_3CH = CH_2 \xrightarrow{?} ClCH_2CH = CH_2 \xrightarrow{?} ClCH_2CHClCH_2Cl$

$\xrightarrow{?} ClCH_2CCl = CH_2 \xrightarrow{?} CH_2 = CClCH_2\overset{+}{N}(CH_3)_3Cl^-$

(3) 苯 $\xrightarrow[H_2SO_4]{HNO_3} ? \xrightarrow{Fe, HCl} ? \xrightarrow{?} \xrightarrow{?}$ 4-乙酰氨基苯磺酸（$NHCOCH_3$，SO_3H）

$\xrightarrow{HNO_3} ? \xrightarrow[\triangle]{?}$ 邻硝基苯胺（NH_2，NO_2）$\xrightarrow{Fe, HCl} ?$

14-6　完成下列合成：

(1) 甲苯（CH_3）$\longrightarrow$ 间硝基甲苯（CH_3，NO_2）

(2) NO_2-苯 ⟶ $N(CH_3)_2$ / NH_2（对位取代苯）

(3) CH_3-苯 ⟶ CH_3, CN, O_2N（取代苯）

(4) 苯-OH ⟶ H_2N, HO-苯-$COOCH_3$

(5) CH_3-环戊酮(=O) ⟶ CH_3-环戊烷(OH)(CH_2NH_2)

(6) Cl-苯-CH_3 ⟶ Cl-苯-NH_2

14-7 用苯、甲苯及 C_4 以下的有机化合物为原料合成下列化合物：

(1) 苯-$CH_2CHCH_2CH_3$（CH 上连 NH_2）

(2) NH_2, NH_2, CH_3—CH—NH_2（取代苯）

(3) Br, NH_2, Br, $CH(CH_3)_2$（取代苯）

(4) Br, CH_3-苯-N=N-苯(HO)(NHCOCH$_3$)

(5) CH_3CONH-苯-N=N-苯(HO)(CH_3)

14-8 对下列反应提出可能的反应机理：

(1) 邻苯二甲酸酐 + $CH_3OOCCH_2CHCOOCH_3$（CH 上连 NH_2） ⟶ 邻苯二甲酰亚胺-N—$CHCH_2COOCH_3$（CH 上连 $COOCH_3$）

(2) H_3C-环己烷(OH)(CH_2—NH_2) $\xrightarrow[\text{低温}]{NaNO_2,HCl}$ H_3C-环庚酮(=O)

14-9 某碱性化合物 A(C_4H_9N)，经臭氧化再水解得到的产物中有一种是甲醛。A 经催化加氢得 B($C_4H_{11}N$)。B 也可由戊酰胺和溴的氢氧化钠溶液反应得到。A 和过量的碘甲烷作用能生成盐 C，其分子式为 $C_7H_{16}N^+I^-$。该盐和湿的氧化银反应并加热分解得到 D(C_4H_6)。D 和丁炔二酸二甲酯加热反应得 E($C_{10}H_{12}O_4$)。E 在钯存在下脱氢生成邻苯二甲酸二甲酯。试推测化合物 A～E 的结构，并写出各步反应式。

第 15 章　杂环化合物

在某些环状有机化合物分子中，成环原子除碳原子外还有其他的原子，如氧、硫、氮等，除碳原子以外的成环原子被称为杂原子，由杂原子和碳原子组成的环状化合物称为杂环化合物。据统计，在现今已知的有机化合物中，杂环化合物的数量占总数的 65%以上。同时，随着杂环化合物数目的迅速增加，其种类也越来越复杂。例如，植物光合作用和动物输送氧过程中所必需的叶绿素和血红素等都是杂环化合物。因此，杂环化合物在理论研究和实际应用方面都有非常重要的意义。

15.1　杂环化合物的分类和命名

15.1.1　杂环化合物的分类

杂环可简单地分为非芳香性杂环和芳香性杂环两大类。非芳香性杂环化合物具有与相应脂肪族化合物相似的性质，如环氧乙烷、δ-戊内酯、ε-己内酰胺和丁二酸酐等。

本章讨论的杂环化合物，主要是指环为平面型，π 电子数符合 $4n+2$ 规则，有一定程度芳香性的杂环化合物，即芳香杂环化合物。这类杂环化合物，根据环的大小主要有五元杂环和六元杂环；根据环的多少可分为单杂环（含一个环）及稠杂环（含多个环）；根据所含杂原子的种类和数目，又可分为若干类别。

15.1.2　杂环化合物的命名

杂环化合物种类繁多，命名比较复杂，国外常用习惯名称。我国目前采用音译法对杂环化合物进行命名。

音译法的命名原则如下：

对于杂环化合物的母体，按照英文名称的音译，选用同音汉字，再加上“口”旁以表示环状化合物。例如：

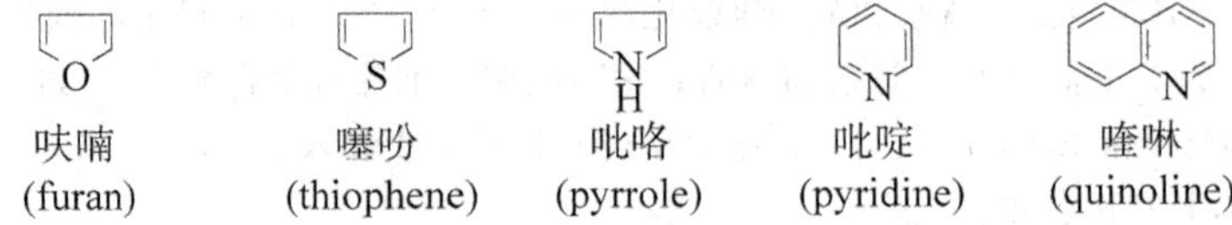

对于环上的取代基，按如下原则进行编号：

(1) 通常从杂原子开始，将杂原子编为 1 号，依次为 2，3，…，或与杂原子相邻的碳原子编为 α，依次为 β，γ，…。

(2) 当环上含有两个或两个以上的杂原子时，应使杂原子所在的位次数字为最小，当环上有不同的杂原子时，按 O→S→N 的次序编号。

(3) 当环上连有不同的取代基时，编号时根据顺序规则及最低系列原则。下面举例说明：

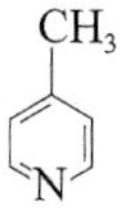

4-甲基吡啶　2-乙酰基吡咯　5-硝基-2-呋喃甲醛　4-甲基咪唑 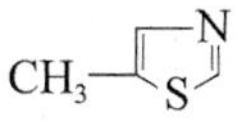　5-甲基噻唑

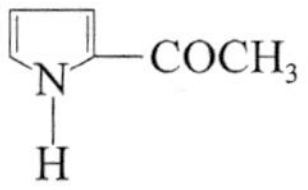

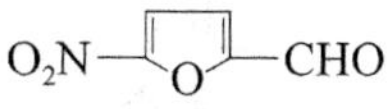

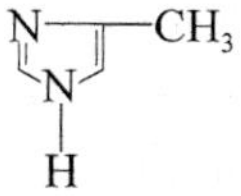

γ-甲基吡啶　α-乙酰基吡咯　α'-硝基-α-呋喃甲醛

(4) 稠杂环的编号，一般和稠环芳烃相同，但少数稠杂环另有一套编号顺序。例如：

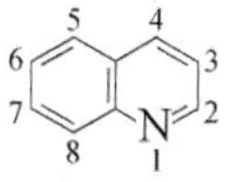

喹啉 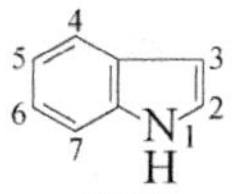　吲哚 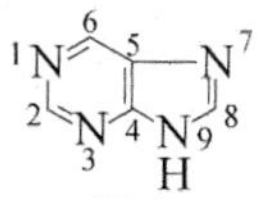　嘌呤 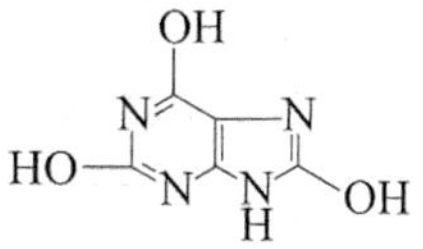　2,6,8-三羟基嘌呤(尿酸)

现将一些重要的杂环化合物的分类和名称列于表 15-1。

表 15-1　主要杂环化合物的分类和名称

分类			英文名称	结构式	译音名称	系统名称
五元杂环化合物	含一个杂原子	单环	furan	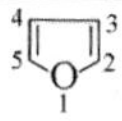	呋喃	氧(杂)茂
			thiophene		噻吩	硫(杂)茂
			pyrrole		吡咯	氮(杂)茂
		二环	benzofuran	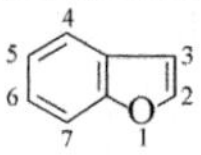	苯并呋喃	氧茚
			benzothiophene	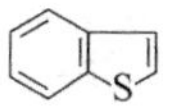	苯并噻吩	硫茚
			indole	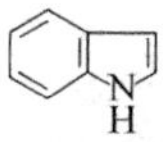	吲哚	氮茚
		三环	dibenzofuran	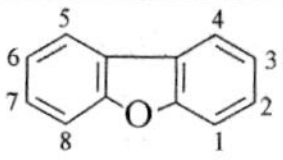	二苯并呋喃	氧芴
			dibenzothiophene	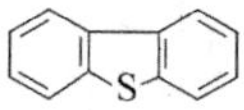	二苯并噻吩	硫芴
			carbazole	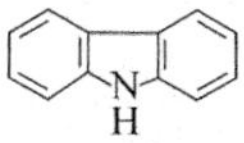	咔唑	氮芴

续表

分类			英文名称	结构式	译音名称	系统名称
五元杂环化合物	含两个杂原子	单环	oxazole	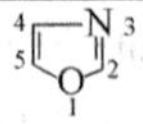	噁唑	1,3-氧氮茂
			thiazole		噻唑	1,3-硫氮茂
			pyrazole		吡唑	1,2-二氮茂
			imidazole		咪唑	1,3-二氮茂
		二环	benzoxazole	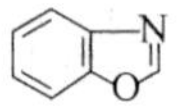	苯并噁唑	1,3-氧氮茚
			benzothiazole	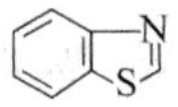	苯并噻唑	1,3-硫氮茚
			bexzopyrazole	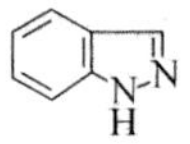	苯并吡唑	1,2-二氮茚
			benzoimidazole	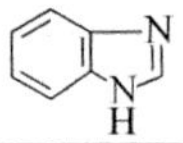	苯并咪唑	1,3-二氮茚
六元杂环化合物	含一个杂原子	单环	pyridine		吡啶	氮苯
		二环	quinoline	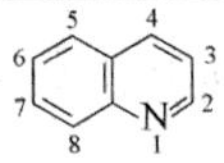	喹啉	氮萘
			isoquinoline	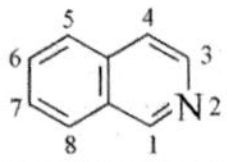	异喹啉	异氮萘
		三环	acridine	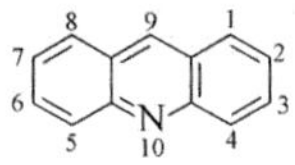	吖啶	(夹)氮蒽
	含两个杂原子	单环	pyridazine	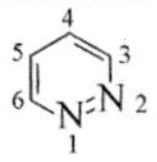	哒嗪	1,2-二氮苯
			pyrimidine	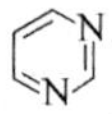	嘧啶	1,3-二氮苯
			pyrazine	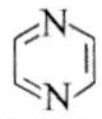	吡嗪	1,4-二氮苯
六元杂环化合物	含两个杂原子	二环	cinnoline	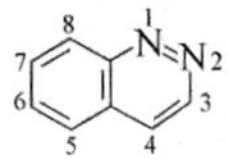	噌啉	1,2-二氮萘
			quinazoline	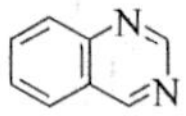	喹唑啉	1,3-二氮萘
			quinoxaline	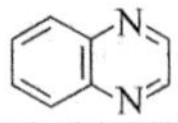	喹喔啉	1,4-二氮萘
		三环	phenazine	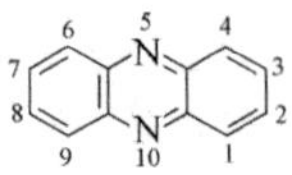	吩嗪	(夹)二氮蒽
	含两个以上杂原子	二环	purine	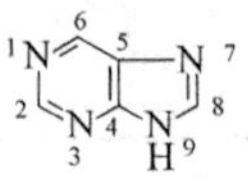	嘌呤	1,3,7,9-四氮茚

15.2 五元杂环化合物

五元杂环化合物中最常见的也是最重要的有呋喃、噻吩、吡咯及其苯并衍生物。根据物理性质和共振能，这些杂环化合物具有不同程度的芳香性。在这些杂环化合物中，6 个 π 电子分布在 5 个原子上，因此是“多电子的”共轭 π 键，化学性质与苯胺和苯酚相似。

15.2.1 呋喃、噻吩和吡咯

呋喃及其衍生物存在于自然界中，在低沸点的松木焦油中含有一定量的呋喃和 2-甲基呋喃。自 1920 年起，人们对米糠、玉米芯、燕麦壳等进行酸性水解，得到了呋喃的重要衍生物——糠醛，目前糠醛是许多呋喃化合物的基本来源。

呋喃　　糠醛（—CHO）

噻吩是一种沸点为 84℃的液体，存在于煤焦油中。噻吩的物理性质与苯类似，噻吩的同系物几乎和相应的苯的同系物具有相同的沸点。例如：

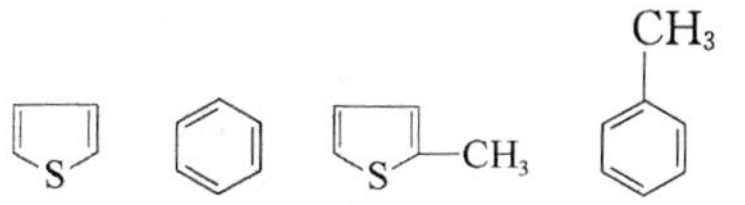

噻吩	苯	2-甲基噻吩（—CH_3）	甲苯（CH_3）
b. p. 84℃	80℃	112.5℃	110.6℃

吡咯是一种液体，沸点 129℃，暴露在空气中时颜色变暗。吡咯及其同系物存在于骨焦油、页岩油及煤焦油中。吡咯环结构存在于血红素、叶绿素、维生素 B_{12} 以及胆汁色素等相关的天然产物中，与这些天然存在的复杂分子有关的吡咯的合成，至今仍然是一个很活跃的研究领域。

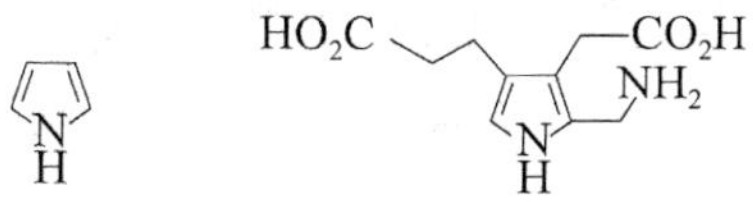

吡咯（N—H）　　胆色素原（HO_2C，CO_2H，NH_2，N—H）

1. 呋喃、噻吩、吡咯的合成

1）呋喃的合成

工业上采用糠醛和水蒸气在气相下通过 $ZnO\text{-}Cr_2O_3\text{-}MnO_2$ 催化剂，加热到 400～415℃，糠醛脱去羰基而生成呋喃，收率可达 90%。

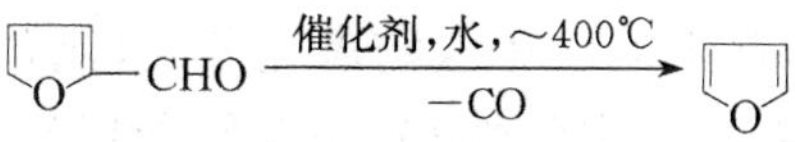

$$\text{糠醛(—CHO)} \xrightarrow[-CO]{\text{催化剂，水，}\sim 400^\circ C} \text{呋喃}$$

而糠醛可由玉米芯与稀 H_2SO_4(5%)加热得到。

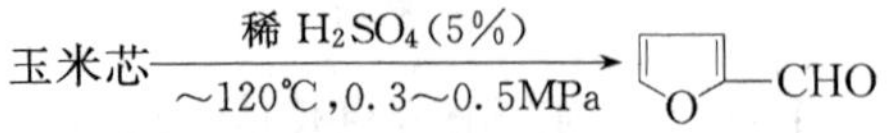

$$\text{玉米芯} \xrightarrow[\sim 120^\circ\text{C},\ 0.3\sim 0.5\text{MPa}]{\text{稀 } H_2SO_4(5\%)} \text{糠醛(2-呋喃甲醛)}\ (\text{呋喃环}-CHO)$$

2）噻吩的合成

工业上噻吩可由丁烷和硫的气相混合物迅速通过 600～650℃的反应器(接触时间 0.07～1s)，然后迅速冷却而制得。

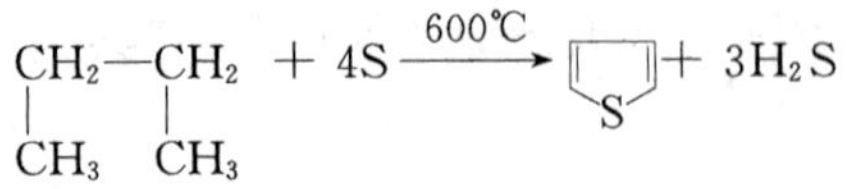

$$CH_3CH_2CH_2CH_3 + 4S \xrightarrow{600^\circ\text{C}} \text{噻吩} + 3H_2S$$

3）吡咯的合成

工业上用 Al_2O_3 为催化剂，将呋喃和氨在气相中反应制得吡咯。

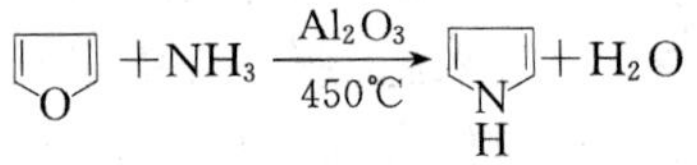

$$\text{呋喃} + NH_3 \xrightarrow[450^\circ\text{C}]{Al_2O_3} \text{吡咯} + H_2O$$

2. 呋喃、噻吩和吡咯的结构

呋喃、噻吩和吡咯在结构上都符合 Hückel 的 $4n+2$ 规则，即环上原子都共平面，彼此以 σ 键相连接，4 个碳原子各有一个电子在 p 轨道上，杂原子有两个电子在 p 轨道上，这些 p 轨道垂直于 σ 键所在的平面，相互重叠形成大 π 键——闭合的共轭体系，如下所示：

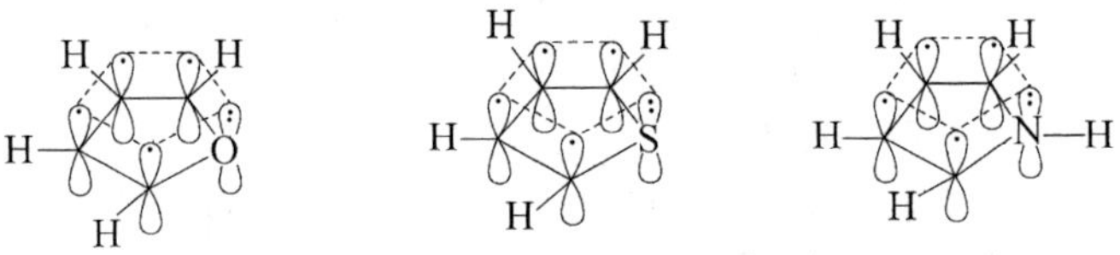

呋喃　　噻吩　　吡咯

因此，这些五元杂环都具有芳香性，分子中的键长数据如下：

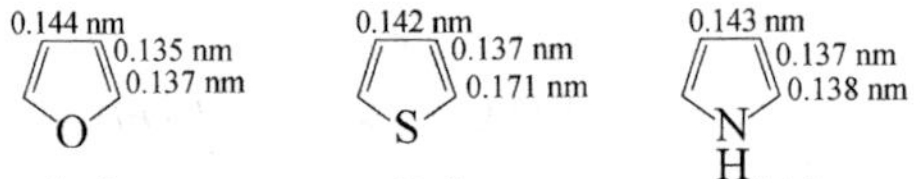

呋喃：0.144 nm，0.135 nm，0.137 nm
噻吩：0.142 nm，0.137 nm，0.171 nm
吡咯：0.143 nm，0.137 nm，0.138 nm

已知典型的键长数据为

C—C	0.154nm	C—O	0.143nm	C—S	0.182nm	C—N	0.147nm
C═C	0.134nm	C═O	0.122nm	C═S	0.160nm	C═N	0.128nm

由此可见：

(1) 五元杂环分子中的键长有一定程度的平均化，但不像苯那样完全平均化，因此芳香性较苯差，有一定程度的不饱和性及环的不稳定性；

(2) 杂原子有给电子性，环上的电子云密度比苯高，比苯性质活泼、更易发生亲电取代反应，尤其容易发生在 α 位；由于电负性 O>N>S，所以环上电子云密度的大小顺序为噻吩>吡咯>呋喃。

核磁共振谱的测定表明，环上氢的核磁共振信号都出现在低场，这也是它们具有芳香性的标志。

呋喃 α-H $\delta=7.42$ β-H $\delta=6.37$

噻吩 α-H $\delta=7.30$ β-H $\delta=7.10$

吡咯 α-H $\delta=6.68$ β-H $\delta=6.22$

3. 呋喃、噻吩和吡咯的化学性质

如前所述，呋喃、噻吩和吡咯都具有芳香性，但比苯活泼，更易发生亲电取代反应，进攻试剂主要进入 α 位，同时它们也有一定的不饱和性，如容易进行加成反应等。

1) 亲电取代反应

以呋喃为例，在较为缓和的反应条件或试剂的作用下，就可发生一系列的亲电取代反应。

Cl_2，-40℃ → 2-呋喃基—Cl + HCl

Br_2，25℃ → 2-呋喃基—Br + HBr

CH_3COONO_2，$-5\sim30$℃ → 2-呋喃基—NO_2 + CH_3COOH

吡啶N^+—SO_3^-，$ClCH_2CH_2Cl$ → 2-呋喃基—SO_3^- 吡啶$\overset{+}{N}$H →(HCl) 2-呋喃基—SO_3H

$(CH_3)_2C{=}CH_2$，$ZnCl_2$ → 2-呋喃基—$C(CH_3)_3$

$(CH_3CO)_2O$，$SnCl_4$ → 2-呋喃基— $COCH_3$ + CH_3COOH

五元杂环的亲电取代反应也有一定的定位规律，现以噻吩为例，说明如下：

(1) 当 α 位上有邻对位定位基(X)时，亲电试剂(E)主要进入 5 位，3 位次之。

2-X-噻吩 + E^+ → 5-E-2-X-噻吩（主） + 3-E-2-X-噻吩（次）

(2) 当 α 位上有间位定位基(Y)时，则 E 主要进入 4 位，少量进入 5 位。

2-Y-噻吩 + E^+ → 4-E-2-Y-噻吩（主） + 5-E-2-Y-噻吩（次）

(3) 当 β 位有邻对位定位基(X)时，E 主要进入 2 位，少量进入 5 位。

3-X-噻吩 + E^+ → 2-E-3-X-噻吩（主） + 5-E-3-X-噻吩（次）

(4) 当 β 位有间位定位基(Y)时，E 主要进入 5 位，若 5 位被占，则进入 4 位，而不进入 2 位。

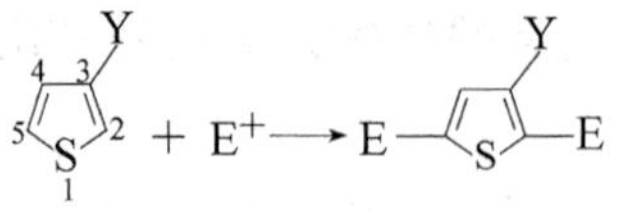

$$\text{3-Y-噻吩} + E^+ \longrightarrow \text{2,5-二-E-3-Y-噻吩}$$

2）加成反应

呋喃的离域能较小，环的稳定性较低，可以看作是1，3-二烯，具有共轭双烯的性质，可以发生双烯合成类型的反应。吡咯也能发生类似反应。

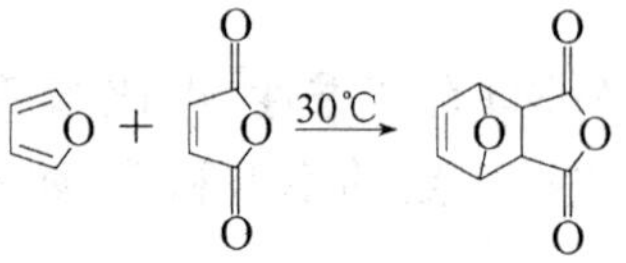

$$\text{呋喃} + \text{顺丁烯二酸酐} \xrightarrow{30℃} \text{加成产物}$$

呋喃、噻吩、吡咯均可进行催化氢化反应，失去芳香性而得到饱和杂环化合物。呋喃与吡咯可用一般催化剂还原，噻吩能使催化剂中毒，需使用特殊催化剂。

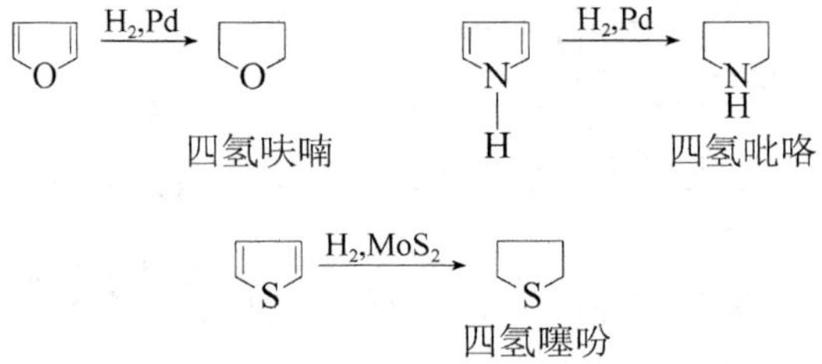

$$\text{呋喃} \xrightarrow{H_2,Pd} \text{四氢呋喃} \qquad \text{吡咯} \xrightarrow{H_2,Pd} \text{四氢吡咯}$$

$$\text{噻吩} \xrightarrow{H_2,MoS_2} \text{四氢噻吩}$$

四氢呋喃是五元环醚，沸点65℃，是一种优良的溶剂及重要的化工原料，如通过开环反应可以制备己二胺及己二酸等。

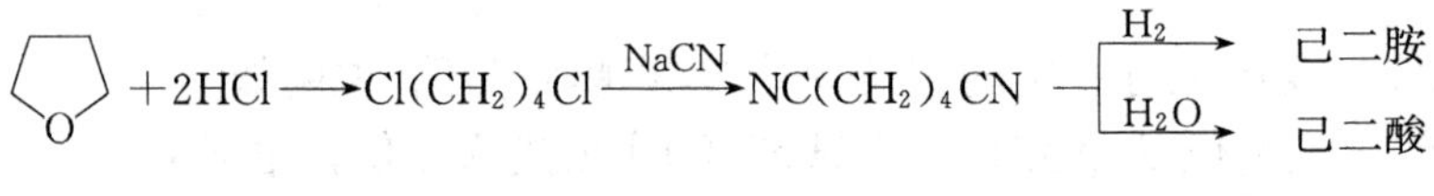

$$\text{四氢呋喃} + 2HCl \longrightarrow Cl(CH_2)_4Cl \xrightarrow{NaCN} NC(CH_2)_4CN \begin{cases} \xrightarrow{H_2} \text{己二胺} \\ \xrightarrow{H_2O} \text{己二酸} \end{cases}$$

四氢噻吩具有硫醚的性质，易被氧化成亚砜和砜。

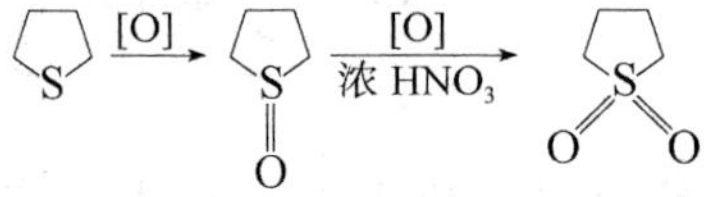

$$\text{四氢噻吩} \xrightarrow{[O]} \text{四氢噻吩亚砜}(S{=}O) \xrightarrow[\text{浓 } HNO_3]{[O]} \text{四氢噻吩砜}(O{=}S{=}O)$$

4. 重要的呋喃、噻吩、吡咯衍生物

1）糠醛

糠醛学名为α-呋喃甲醛，最初从米糠与稀酸共热制得，因此称糠醛。目前除米糠外，凡是含有多缩戊糖的其他农副产品如花生壳、棉籽壳、甘蔗渣、高粱秆等均可在稀酸作用下制得糠醛。

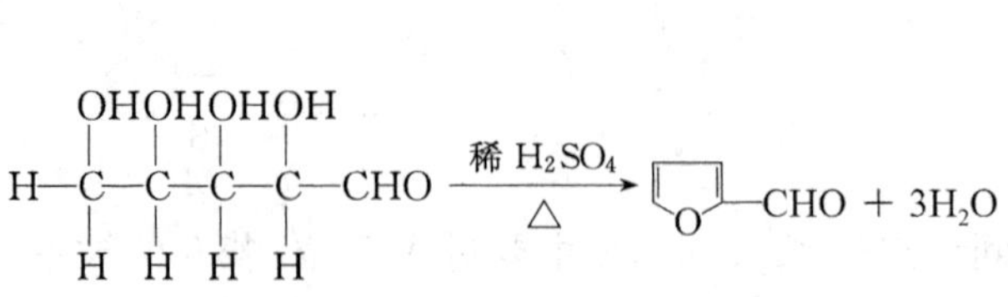

$$\underset{\text{木糖}}{H-\overset{OH}{\underset{H}{C}}-\overset{OH}{\underset{H}{C}}-\overset{OH}{\underset{H}{C}}-\overset{OH}{\underset{H}{C}}-CHO} \xrightarrow[\triangle]{\text{稀 } H_2SO_4} \underset{\text{糠醛}}{\text{呋喃-2-}CHO} + 3H_2O$$

纯糠醛为无色液体，熔点－36.5℃，沸点162℃，相对密度1.1598，可溶于水，能与醇、醚混溶。在酸性或铁离子催化下易被空气氧化而使颜色逐渐变深，依次为黄色、棕色和黑褐色树脂状。

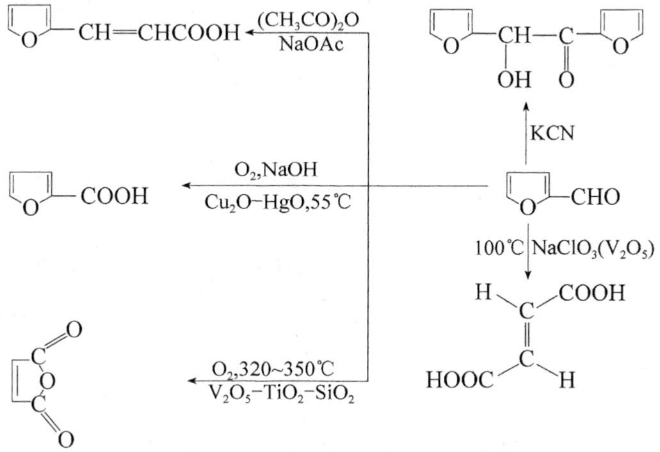

呋喃基—CH═CHCOOH ←[$(CH_3CO)_2O$, NaOAc]— 呋喃基—CHO

呋喃基—CHO —[KCN]→ 呋喃基—CH(OH)—C(═O)—呋喃基

呋喃基—CHO —[O_2,NaOH; Cu_2O–HgO,55℃]→ 呋喃基—COOH

呋喃基—CHO —[100℃, $NaClO_3(V_2O_5)$]→ HOOC—CH═CH—COOH（H、COOH 与 HOOC、H 反式）

呋喃基—CHO —[O_2,320~350℃; V_2O_5–TiO_2–SiO_2]→ 顺丁烯二酸酐

糠醛是一种没有 α-H 的醛，其化学性质与苯甲醛相似，可还原得糠醇和四氢糠醇，也可发生坎尼扎罗反应、安息香缩合、佩金反应等。

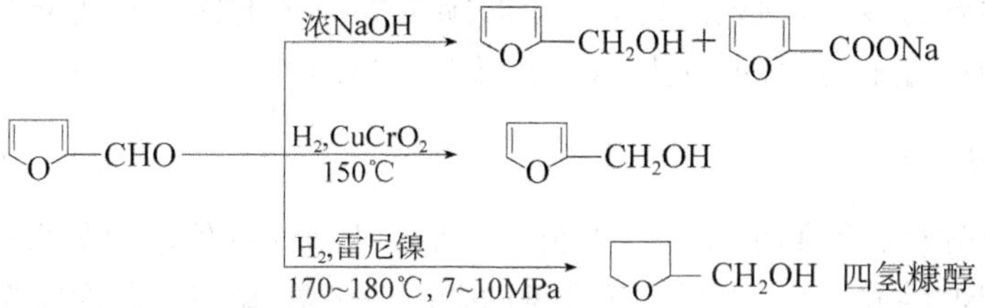

呋喃基—CHO —[浓NaOH]→ 呋喃基—CH_2OH + 呋喃基—COONa

呋喃基—CHO —[H_2,$CuCrO_2$; 150℃]→ 呋喃基—CH_2OH

呋喃基—CHO —[H_2,雷尼镍; 170~180℃, 7~10MPa]→ 四氢呋喃基—CH_2OH　四氢糠醇

糠醛与苯胺盐酸盐发生颜色反应，形成红紫色的戊二烯醛衍生物Ⅰ。此物质可用于棉毛、丝类的染色，也可用于少量糠醛的鉴别。

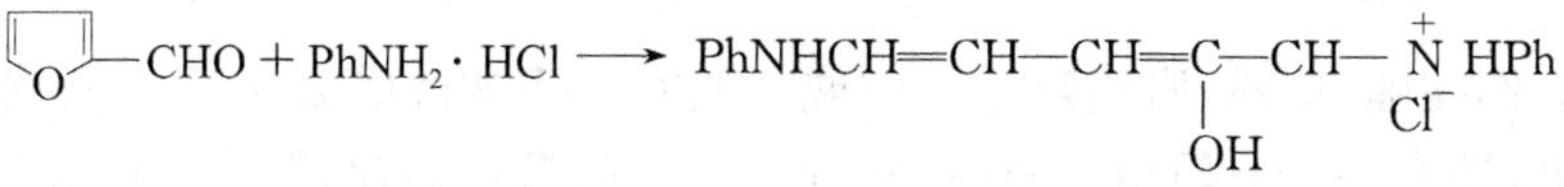

呋喃基—CHO + $PhNH_2 \cdot HCl$ ⟶ PhNHCH═CH—CH═C(OH)—CH═$\overset{+}{N}$HPh Cl^-

Ⅰ

糠醛是许多有机化合物的良好溶剂，常用于精制润滑油，提炼油脂，溶解硝酸纤维素酯，分离丁二烯等。它也是有机合成的重要原料，与苯酚缩聚，可生成类似电木的酚糠醛树脂，用于电绝缘性塑料。由糠醛制得的糠酸、糠醇、四氢糠醇也是有用的化工产品。

2）重要的吡咯衍生物

吡咯的衍生物在自然界分布很广。植物中的叶绿素和动物体中的血红素都是吡咯的衍生物。

叶绿素和血红素的基本结构是由4个吡咯环的 α 碳原子通过4个次甲基（—CH═）相连而成的共轭体系，又称为卟吩环，其取代物称为卟啉。

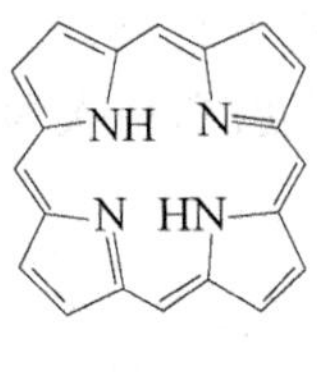

卟吩 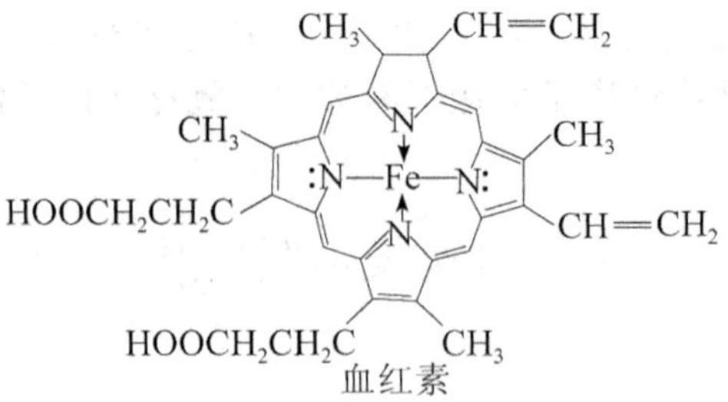　　血红素

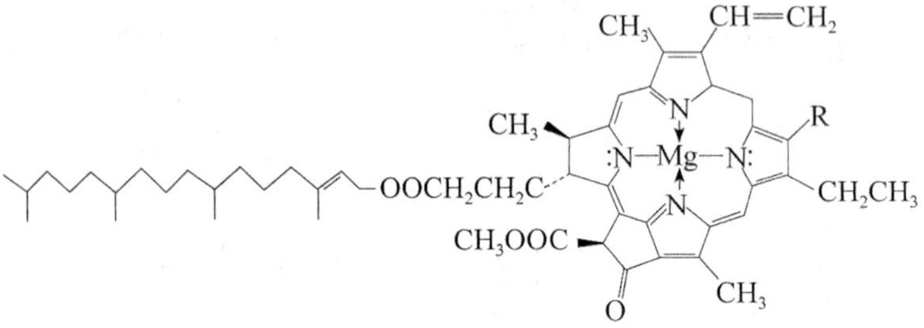

叶绿素(R=CH_3,叶绿素a;R=CHO,叶绿素b)

15.2.2　唑

五元杂环中含有多个杂原子,其中一个必须是氮原子的体系称为唑(azole)。根据环中两个杂原子的位置不同,又可分为 1,2-唑与 1,3-唑两类。

1. 唑的结构和命名

环中有多种杂原子存在时,杂原子按价数先小后大。相同价数的杂原子,按杂原子原子序数先后列出,小的在前,大的在后。最常见的杂原子为氧、硫、氮,其次序为氧→硫→氮。

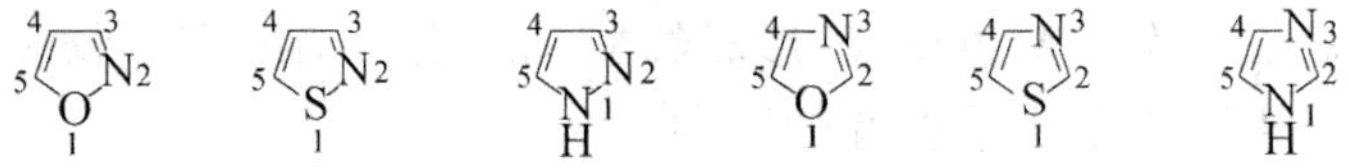

唑可以看作呋喃、噻吩、吡咯环上 2 位或 3 位的 CH 被换成氮原子,这个氮原子以 sp^2 杂化轨道成键,还有一个 p 轨道中有一个 p 电子占据,参加共轭,符合 $4n+2$ 规则,故或多或少具有一些芳香性。另外氮上还有一对电子,因此具有碱性,但碱性比一般的胺弱。

2. 唑的化学性质

1) 唑的碱性

唑的 N 原子上有一对电子,可以与质子结合,但这一对电子 s 成分较多,靠近核,故碱性较弱。

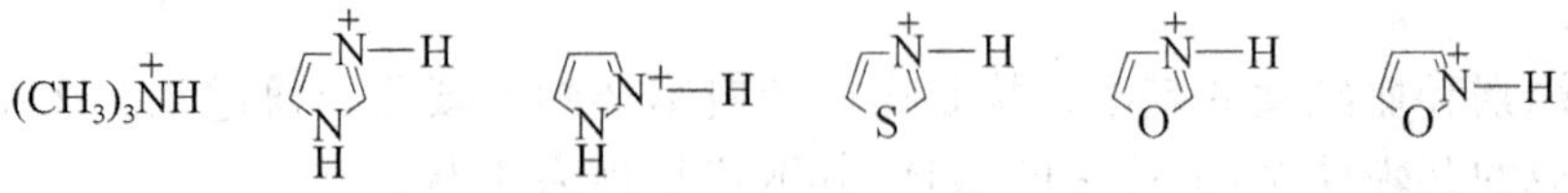

	$(CH_3)_3\overset{+}{N}H$	咪唑鎓	吡唑鎓	噻唑鎓	噁唑鎓	异噁唑鎓
pK_a	10	7.0	2.5	2.4	1.3	−2.0

2）亲电取代反应

唑可以发生亲电取代反应，由于氮原子的电负性比碳大，环上电子云密度与呋喃、噻吩、吡咯比较相对较低，因此亲电取代的反应性较呋喃、噻吩、吡咯弱。例如：

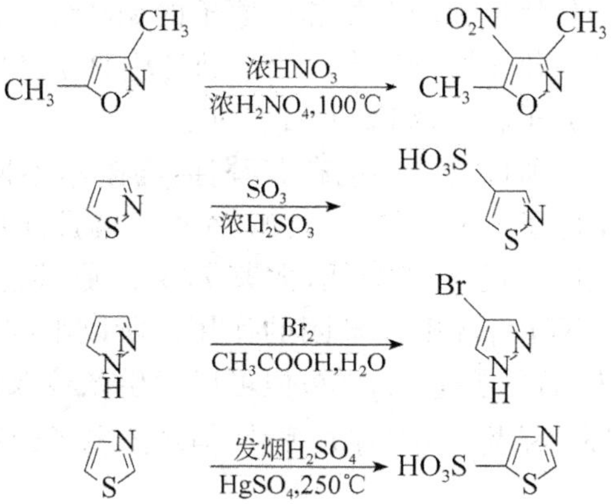

从上列反应可以看到，1，2-唑的亲电取代反应在 C^4 位发生，而 1，3-唑主要在 C^5 位发生。

3）唑的氮上烷基化反应

唑的氮上可以进行烷基化。例如：

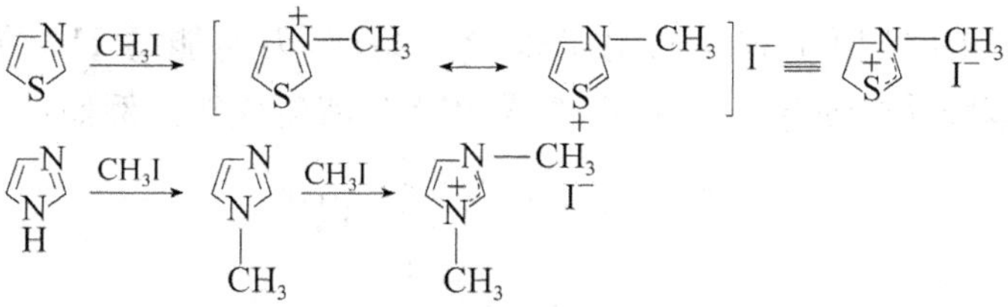

15.3 六元杂环化合物

15.3.1 吡啶

吡啶存在于煤焦油及页岩油中，和它一起存在的还有各种简单的烷基吡啶，其中较为重要的是 α、β、γ 三种甲基吡啶。

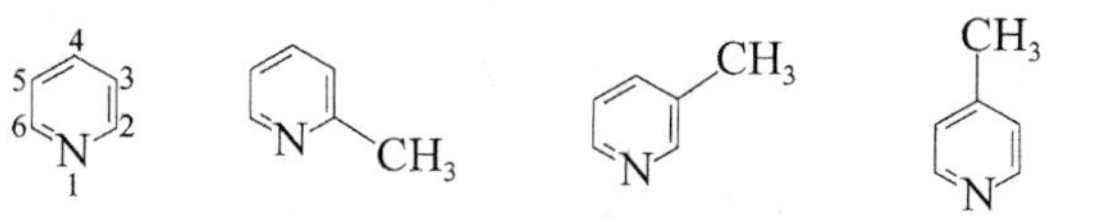

吡啶　α-甲基吡啶 2-甲基吡啶　β-甲基吡啶 3-甲基吡啶　γ-甲基吡啶 4-甲基吡啶

工业上吡啶大多是从煤焦油中提取，将煤焦油分馏出的轻油部分用硫酸处理，则吡啶生成硫酸盐而溶解，再用碱中和，吡啶即游离出来，然后再蒸馏精制而得。吡啶是无色而有特殊臭味的液体，沸点 115℃，相对密度 0.982，与水混溶，是有机合成中常用的溶剂。

1. 吡啶的结构

吡啶的结构和苯很相似，只是苯中的一个 CH 被氮原子代替，这个氮原子以它的 sp^2 杂化轨道和两个相邻碳原子的 sp^2 杂化轨道重叠形成两个 σ 键。环上每个原子均有一个 p 轨道垂直于环的平面，组成闭合的 π 电子分子轨道，如图 15-1 所示。

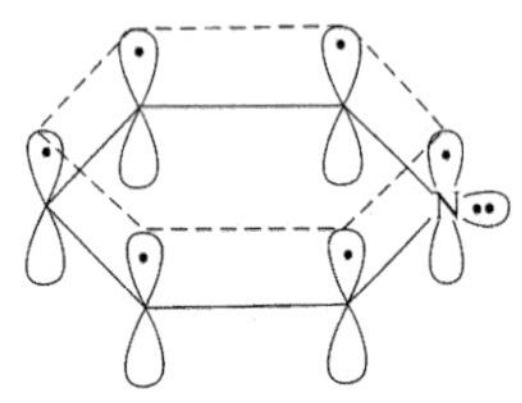

图 15-1　吡啶的 π 电子分子轨道

所以吡啶环也有芳香性，与吡咯不同，吡啶氮上的一对未共享电子(sp^2)不参与共轭，而由于氮原子的吸电子诱导效应，使环上电子的密度降低，尤其 α、γ 位更甚，类似于苯环上所连接的 $-NO_2$ 等吸电子基团的作用。所以吡啶的亲电取代反应较苯要难，且主要进入 β 位；但可以发生亲核取代反应，主要进入 α 位及 γ 位。综合五元、六元杂环的结构，虽都有芳香性，但环上电子云密度的大小顺序为

$$\text{(S)} > \text{(NH)} > \text{(O)} > \text{(benzene)} > \text{(N)}$$

2. 吡啶的化学性质

1) 弱碱性与亲核性

由于吡啶环上的 N 原子有一对电子未参与共轭，因而能与 H^+ 结合，具有弱碱性($pK_b=8.8$)，较苯胺碱性强($pK_b=9.3$)，容易和无机酸生成盐。例如：

$$\text{(N)} + HCl \longrightarrow \text{(}\overset{+}{N}H\text{)}\ Cl^-$$

吡啶也可以和一系列路易斯酸生成酸碱络合物。例如：

$$\text{(N)} + SO_3 \longrightarrow \text{(}\overset{+}{N}-SO_3^-\text{)}$$

吡啶也能与卤代烷或酰氯作用生成盐，后者是良好的酰化剂。例如：

$$\text{(N)} + CH_3I \longrightarrow \text{(}\overset{+}{N}-CH_3\text{)}\ I^-$$

$$\text{(N)} + C_6H_5COCl \longrightarrow \text{(}\overset{+}{N}-COC_6H_5\text{)}\ Cl^-$$

2) 取代反应

由于吡啶分子中的氮有吸电子的诱导效应，使环上电子云密度降低，因此亲电取代反应比苯难(类似于硝基苯)，且主要发生在 β 位上。环上的烷基化及酰基化反应则不能发

生。例如：

$$\text{吡啶}\xrightarrow{Br_2,300℃}\text{3-溴吡啶}\xrightarrow{Br_2}\text{3,5-二溴吡啶}$$

$$\text{吡啶}\xrightarrow[300℃]{HNO_3,H_2SO_4}\text{3-硝基吡啶}$$

$$\text{吡啶}\xrightarrow{H_2SO_4,350℃}\text{3-吡啶磺酸}\ (-SO_3H)$$

但是吡啶却较易与强的亲核试剂进行亲核取代反应，主要生成 α-取代物。

$$\text{吡啶}\xrightarrow{NaNH_2}\text{2-}NHNa\text{吡啶}\xrightarrow{H_2O}\text{2-}NH_2\text{吡啶}$$

$$\text{吡啶}\xrightarrow[②H_2O]{①C_6H_5Li}\text{2-}C_6H_5\text{吡啶}$$

如果在吡啶环的 α 或 γ 位上带有易离去基团，如 Cl^- 等，亲核取代反应更易进行。

$$\text{2-氯吡啶}\xrightarrow{KOH}\text{2-}OH\text{吡啶}+KCl$$

$$\text{2-氯吡啶}\xrightarrow{CH_3ONa,CH_3OH}\text{2-}OCH_3\text{吡啶}$$

$$\text{2-氯吡啶}\xrightarrow[ZnCl_2,220℃]{NH_3}\text{2-}NH_2\text{吡啶}+HCl$$

3）氧化与还原

吡啶的氮原子上可以用 H_2O_2 或过氧酸进行氧化，生成吡啶-N-氧化物，后者能在 γ 位上硝化，经还原后得 γ-硝基吡啶。

$$\text{吡啶}\xrightarrow{H_2O_2}\xrightarrow[H_2SO_4,\triangle]{\text{发烟 }HNO_3}\text{4-}NO_2\text{吡啶-}N^+\text{-}O^-\xrightarrow[\triangle]{PCl_3}\text{4-}NO_2\text{吡啶}+POCl_3$$

吡啶环较苯环稳定，不易被氧化剂氧化，但甲基吡啶的侧链容易被氧化成相应的吡啶甲酸。例如：

$$\text{3-}CH_3\text{吡啶}\xrightarrow[\triangle]{KMnO_4,OH^-}\text{3-}COOH\text{吡啶}$$

β-吡啶甲酸（烟酸）

吡啶经催化氢化或用 C_2H_5OH+Na 还原，可得六氢吡啶。

$$\text{吡啶}+3H_2\xrightarrow[CH_3COOH]{Pt}\text{六氢吡啶}\ (NH)$$

六氢吡啶的性质与脂肪族仲胺相似，能与水互溶，常用作溶剂及有机合成原料。

15.3.2　二嗪

1. 结构与命名

含有两个氮原子的六元杂环体系称为二嗪。两个氮原子在环系中可以有三个异构体。

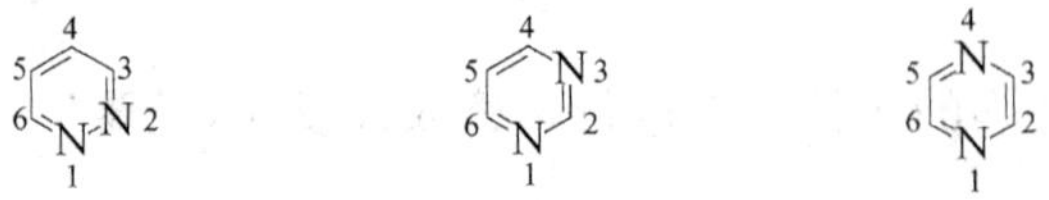

哒嗪(pyridazine)
b. p. 205℃

嘧啶(pyrimidine)
m. p. 20～23℃

吡嗪(pyrazine)
m. p. 53～55℃

2. 化学性质

1）质子化

二嗪环上有两个氮原子，一个氮原子质子化后，第二个氮原子很难再质子化。二嗪的共轭酸的 pK_a 在 0.6～2.3，比吡啶(pK_a=5.17)的碱性还弱，可能是第二个氮对质子化的氮正离子的诱导效应与共轭效应，使质子化的氮正离子不稳定，质子易于离去，故碱性较低。

2）烷基化

二嗪与卤代烷通常形成单四级铵盐。例如：

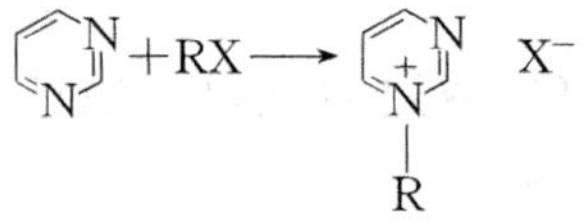

$$+RX \longrightarrow \quad X^-$$

3）亲电取代反应

二嗪环上有两个氮，与吡啶比较，环更稳定，不易发生亲电取代反应。例如，硝化、磺化反应很难进行，但可发生卤化反应。例如：

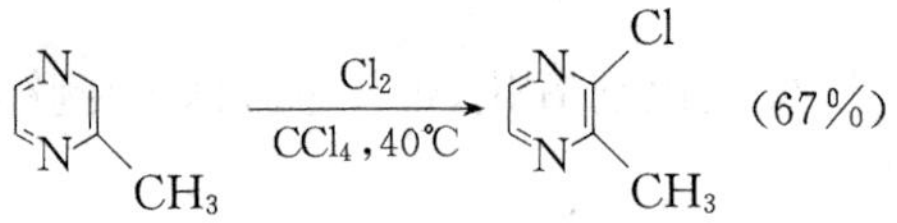

$$\xrightarrow[CCl_4,40℃]{Cl_2} \quad (67\%)$$

如环上有活化基—NH_2、—OH、—R，则硝化、磺化、重氮偶合等亲电取代反应较易进行。例如：

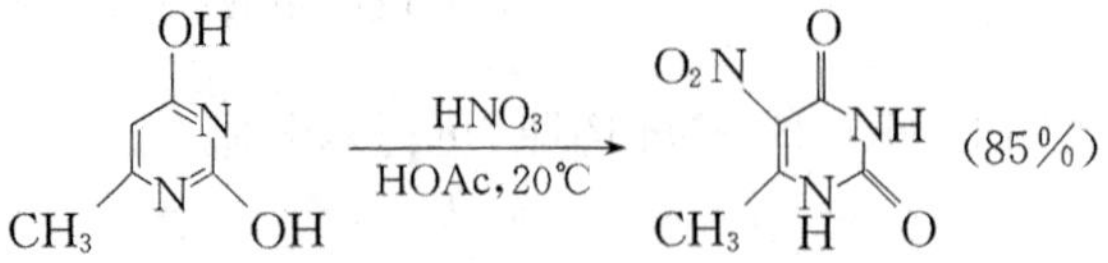

$$\xrightarrow[HOAc,20℃]{HNO_3} \quad (85\%)$$

4）亲核取代反应

二嗪可以与亲核试剂发生反应。例如，吡嗪或嘧啶与氨基钠反应可以引入氨基，但如用氨基取代环上的卤素，反应更易进行。

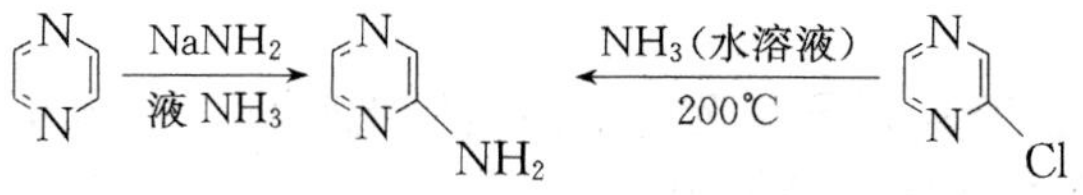

吡嗪 $\xrightarrow[\text{液 }NH_3]{NaNH_2}$ 2-氨基吡嗪 $\xleftarrow[200℃]{NH_3(\text{水溶液})}$ 2-氯吡嗪

15.4 苯并呋喃、苯并噻吩、吲哚

15.4.1 结构与命名

苯与呋喃、噻吩和吡咯共用两个碳原子而成的苯并体系，称为苯并呋喃、苯并噻吩和吲哚。

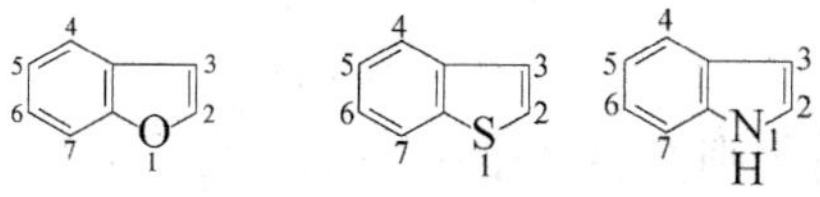

苯并呋喃	苯并噻吩	吲哚
b. p. 173～175℃	b. p. 221℃	m. p. 52℃

15.4.2 化学性质

五元杂环与苯并合后，仍具有芳香性，但亲电反应的活性比未并合的五元杂环低，而比苯高，故亲电取代反应在杂环上进行。例如：

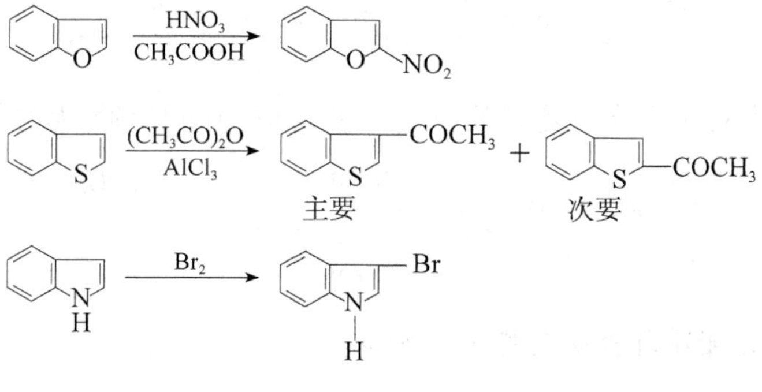

苯并呋喃 $\xrightarrow[CH_3COOH]{HNO_3}$ 2-硝基苯并呋喃（NO_2）

苯并噻吩 $\xrightarrow[AlCl_3]{(CH_3CO)_2O}$ 3-乙酰基苯并噻吩（$COCH_3$，主要）+ 2-乙酰基苯并噻吩（$COCH_3$，次要）

吲哚 $\xrightarrow{Br_2}$ 3-溴吲哚（Br）

15.5 喹啉与异喹啉

苯与吡啶共用两个碳原子形成的苯并体系为喹啉和异喹啉，结构如下：

喹啉	异喹啉
(quinoline)	(isoquinoline)
b. p. 238℃	m. p. 26.5℃，b. p. 243℃

喹啉是无色液体，具有恶臭，存在于煤焦油和骨油中，是很有用的高沸点溶剂及医药

中间体。

喹啉是苯并吡啶，由于氮原子的吸电子性质使吡啶环上的电子云密度比苯环要小，因此亲电取代通常发生在苯环的 α 位。例如：

喹啉 —(浓 HNO_3，浓 H_2SO_4，0℃)→ 5-硝基喹啉 + 8-硝基喹啉

喹啉 —(浓 H_2SO_4，220℃)→ 8-喹啉磺酸 + 5-喹啉磺酸

喹啉的 N-氧化物的硝化则发生在吡啶环的 γ 位上：

喹啉 N-氧化物 —(HNO_3，H_2SO_4，△)→ 4-硝基喹啉 N-氧化物

喹啉的亲核取代反应主要发生在吡啶环的 α 位。例如：

喹啉 $+NaNH_2$ —(①二甲苯，100℃ ②H_2O)→ 2-氨基喹啉（$-NH_2$）

喹啉发生氧化反应时，苯环容易破裂，进一步反应，则 α 位的羧基容易脱羧。

喹啉 —($KMnO_4$，H_2O，100℃)→ 2,3-吡啶二甲酸（COOH，COOH）—(△)→ 3-吡啶甲酸（COOH）$+CO_2$

喹啉加氢还原，吡啶环容易被加氢。例如：

喹啉 —($5molH_2$，Pt 或 Sn+HCl 或 Na+C_2H_5OH)→ 十氢喹啉

异喹啉是喹啉的同分异构体，碱性（$pK_b=8.6$）比喹啉（$pK_b=9.1$）强，这是因为异喹啉相当于苄胺的衍生物，而喹啉可认为是苯胺的衍生物。

异喹啉的化学性质与喹啉类似，如可以发生亲电取代、亲核取代及氧化反应等，反应产物也符合一般的反应规律。

15.6 嘌　　呤

嘌呤是由一个咪唑环和一个嘧啶环稠合而成的一类化合物，环中有 4 个氮原子。

嘌呤是下列两个互变异构体形成的平衡体系，平衡主要在 9H-嘌呤一边。

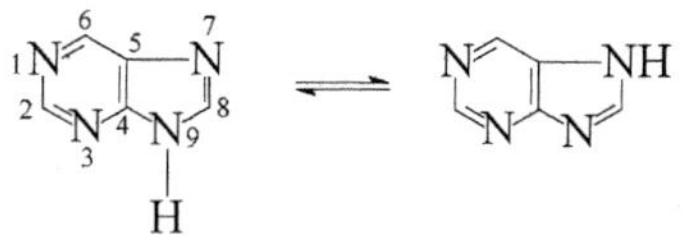

9H-嘌呤　　　　7H-嘌呤

嘌呤本身并不存在于自然界，但它的羟基和氨基衍生物在自然界分布很广。例如，腺嘌呤、咖啡碱、鸟嘌呤、尿酸等分子中都有嘌呤环。

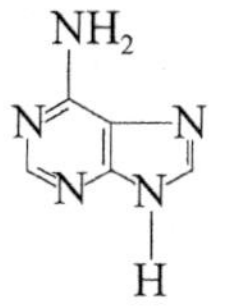

腺嘌呤 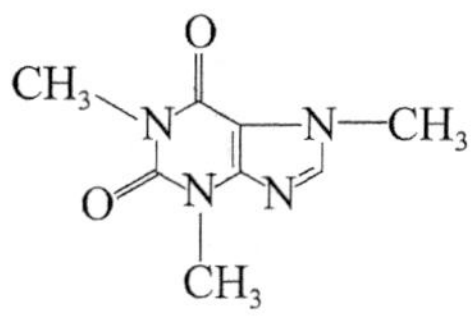　　咖啡碱 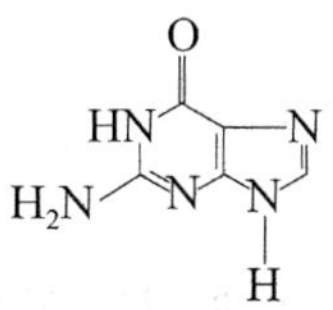　　鸟嘌呤 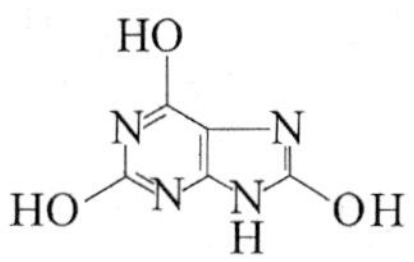　　尿酸

习　　题

15-1　命名下列化合物：

(1) 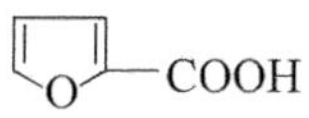 2-呋喃甲酸（—COOH）　(2) N-甲基吡咯（N—CH_3）　(3) 吡啶-2,3-二甲酸（—COOH，—COOH）　(4) 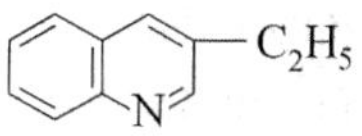 3-乙基喹啉（—C_2H_5）

(5) 喹啉-5-磺酸（SO_3H）　(6) 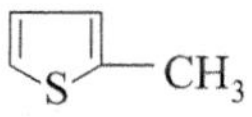 2-甲基噻吩（—CH_3）　(7) 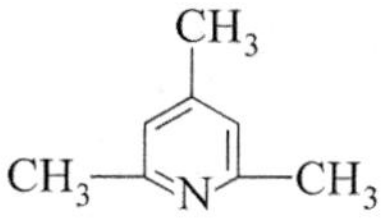 2,4,6-三甲基吡啶（CH_3，CH_3，CH_3）　(8) 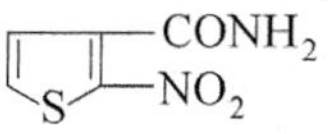 噻吩（—$CONH_2$，—NO_2）

15-2　解释下列实验事实：

(1) 呋喃、噻吩和吡咯比苯更容易进行亲电取代反应。

(2) 呋喃、噻吩和吡咯的亲电取代反应主要发生在 α 位。

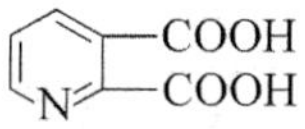

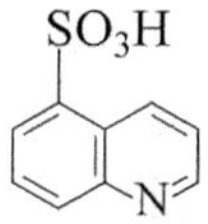

15-3　写出下列反应的主要产物：

(1) 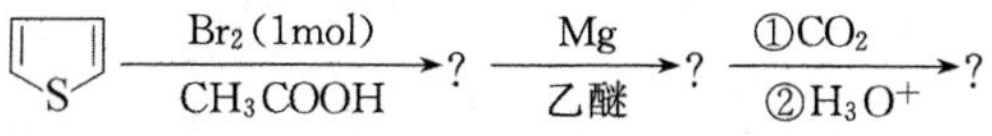 噻吩 $\xrightarrow[CH_3COOH]{Br_2(1mol)}$? $\xrightarrow[\text{乙醚}]{Mg}$? $\xrightarrow[②H_3O^+]{①CO_2}$?

(2) 3-甲基吡啶（—CH_3） $\xrightarrow{KMnO_4}$? $\xrightarrow{SOCl_2}$? $\xrightarrow{NH_3}$? $\xrightarrow[NaOH]{Br_2}$?

(3) 吡啶 $\xrightarrow[H_2SO_4]{HNO_3}$? $\xrightarrow{Fe+HCl}$? $\xrightarrow[HCl]{NaNO_2}$? $\xrightarrow[\text{稀 }NaOH]{C_6H_5OH}$?

(4) 糠醛（—CHO） $+CH_3CHO$ $\xrightarrow[\triangle]{\text{稀 }OH^-}$? $\xrightarrow[80℃]{H_2,Ni}$?

(5) 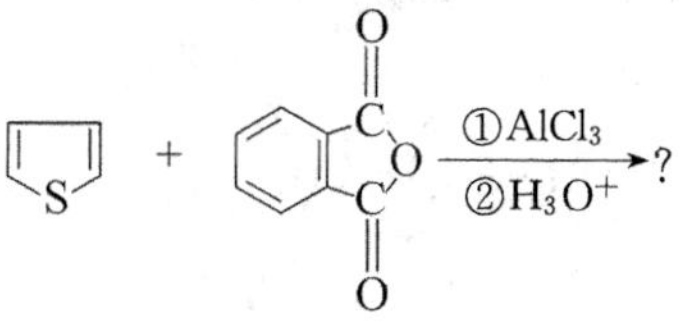 噻吩 + 邻苯二甲酸酐 $\xrightarrow[②H_3O^+]{①AlCl_3}$?

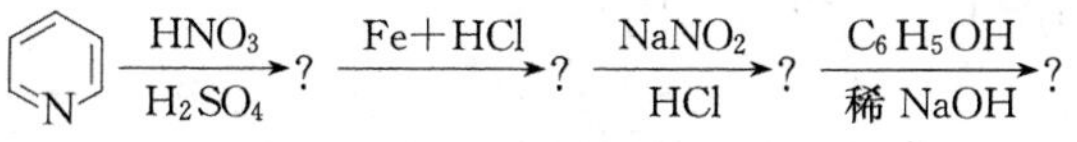

(6)  糠醛 —CHO $\xrightarrow{\text{浓 NaOH}}$? + ?

(7) 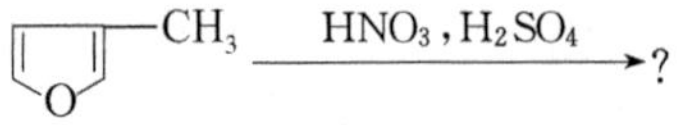 —CH_3 $\xrightarrow{HNO_3, H_2SO_4}$?

(8) 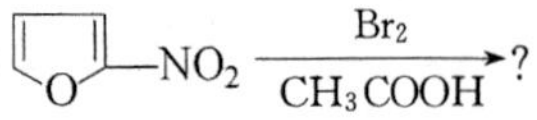 —NO_2 $\xrightarrow[CH_3COOH]{Br_2}$?

15-4　按碱性大小将下列各组化合物排列：

(1) 甲胺、苯胺、氨、吡咯、喹啉、吡啶

(2) 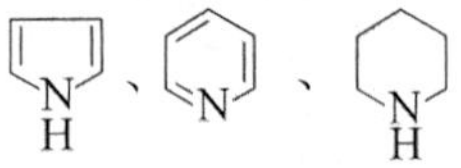 吡咯、吡啶、六氢吡啶

(3) 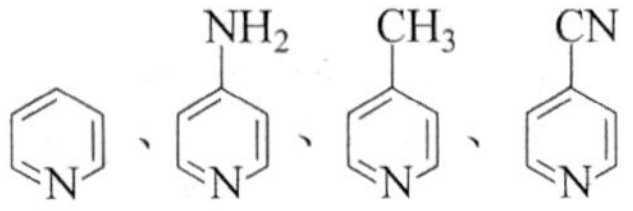 吡啶、4-氨基吡啶(NH_2)、4-甲基吡啶(CH_3)、4-氰基吡啶(CN)

15-5　用合理的方法除去下列化合物中的少量杂质：

(1) 苯中少量的噻吩

(2) 甲苯中少量的吡啶

(3) 吡啶中少量的六氢吡啶

15-6　用化学方法区别下列各组化合物：

(1) 噻吩和苯

(2) 呋喃甲醛和苯甲醛

(3) 呋喃和四氢呋喃

(4) 吡啶和 α-甲基吡啶

15-7　完成下列转化：

(1) 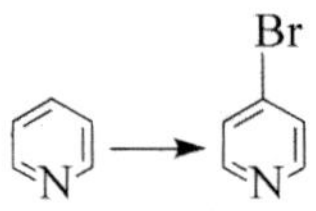 吡啶 ⟶ 4-溴吡啶 (Br)

(2) 呋喃—CHO ⟶ O_2N—呋喃—CHO

(3) 3-甲基吡啶 (—CH_3) ⟶ —$CON(C_2H_5)_2$

(4) 吡啶 ⟶ —CH_2COOH

(5) 噻吩 ⟶ —COOH

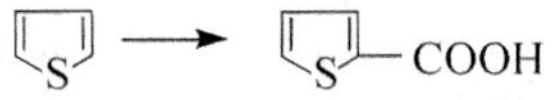

(6) 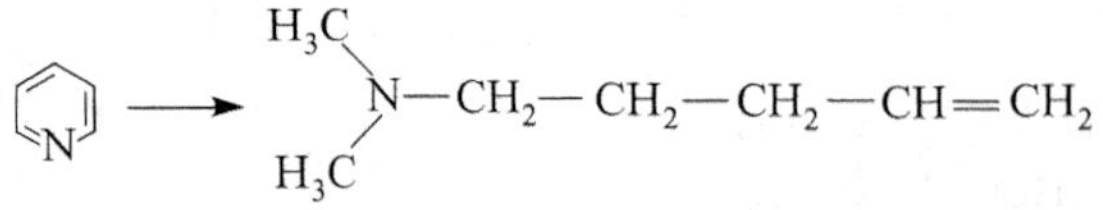 吡啶 ⟶ $(H_3C)_2N—CH_2—CH_2—CH_2—CH=CH_2$

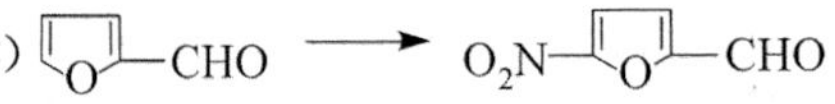

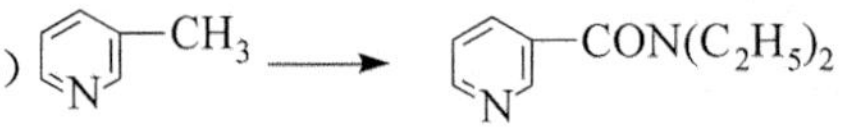

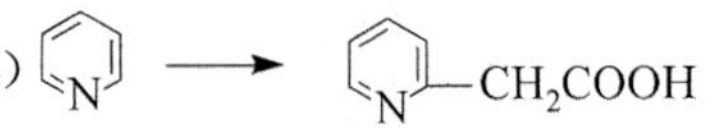

15-8　计算下述各化合物中共轭 π 电子的数目，并指出哪些具有芳香性。

(1)  吡咯 (N—H)　(2)  呋喃 (O)　(3)  咪唑 (N, N—H)　(4)  吡唑 (N, N—H)　(5) 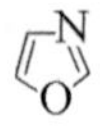 噁唑 (N, O)　(6) 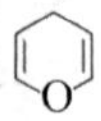 吡喃 (O)

(7) 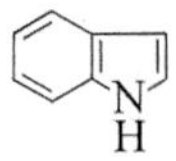 吲哚 (N—H)　(8) 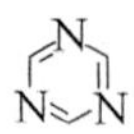 1,3,5-三嗪 (N, N, N)　(9) 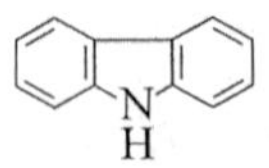 咔唑 (N—H)　(10) 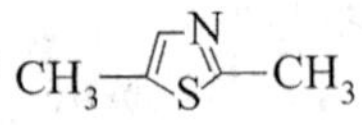 CH_3—噻唑 (N, S)—CH_3

15-9　指出下列反应的机理：

$$\text{PhC(=O)NHCH}_2\text{C(=O)Ph} \underset{}{\overset{H^+}{\rightleftharpoons}} \text{2,5-二苯基噁唑 (Ph–oxazole–Ph)}$$

15-10 左液碱 A($C_8H_{15}NO$)是存在于古柯植物中的一种生物碱，不溶于 NaOH 而能溶于 HCl，与苯磺酰氯生成盐，与苯肼能生成相应的苯腙，与 I_2-NaOH 作用生成黄色沉淀和一种羧酸 B，B 的分子式为 $C_7H_{13}NO_2$，后者被 CrO_3 强烈氧化，则变为左液酸C($C_6H_{11}NO_2$)，C 为 *N*-取代-*α*-氢化吡咯甲酸。试推测 A、B 和 C 的结构式并写出相关反应式。

第 16 章 氨基酸、蛋白质、核酸、萜类和甾族化合物

16.1 氨基酸的分类、结构和命名

分子中含有氨基和羧基者称氨基酸。如果以羧酸为母体，以氨基作为取代基，氨基酸就可看作氨基取代羧酸碳链上氢原子后的化合物。根据氨基取代羧酸碳链上氢的位置不同，氨基酸可分为 α-氨基酸、β-氨基酸、γ-氨基酸等。自然界中已发现的氨基酸大多数为 α-氨基酸。蛋白质是人类生命活动中不可缺少的物质，是由约 20 种 α-氨基酸通过分子间的酰胺键而构成的高聚物——聚酰胺，因此 α-氨基酸是构成蛋白质的基石。

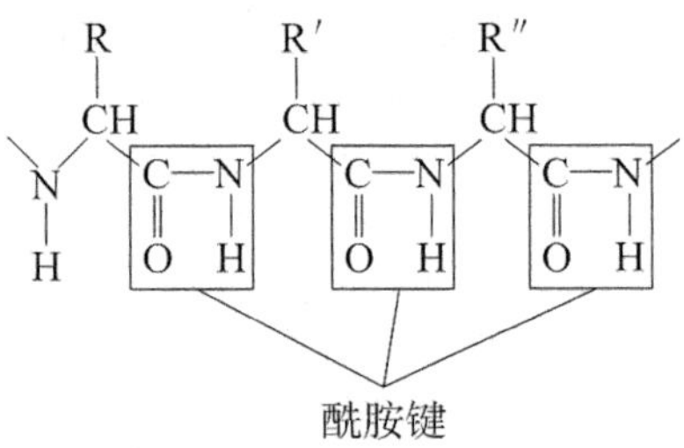

蛋白质的部分结构

组成蛋白质的 20 余种 α-氨基酸，除甘氨酸——α-氨基乙酸外，其余的 α-氨基酸分子中都含有手性碳原子，都是手性分子。其一对对映体可用费歇尔投影式表示如下：

$$
\begin{array}{c}
COOH \\
| \\
H—C—NH_2 \\
| \\
R
\end{array}
\qquad
\begin{array}{c}
COOH \\
| \\
H_2N—C—H \\
| \\
R
\end{array}
$$

D-α-氨基酸　　L-α-氨基酸

α-氨基酸的构型常用 D/L 标记法来命名，而具体确定 α-氨基酸构型时是采用与甘油醛构型相关联的方法，与 L-甘油醛构型相同者即为 L-α-氨基酸。

蛋白质水解得到的 α-氨基酸的构型都是 L-型，即都是 L-α-氨基酸。它们的结构、名称、缩写符号、熔点、溶解度和等电点(IP)如表 16-1 所示。

表 16-1　氨基酸的名称、结构和物理性质

中文名称	英文名称	缩写	结构	分解点/℃	等电点(IP)	溶解度(25℃)/[g·(100mL 水)$^{-1}$]
中性氨基酸						
甘氨酸	glycine	Gly	H_2NCH_2COOH	233	5.97	25
丙氨酸	alanine	Ala	$CH_3CH(NH_2)COOH$	297	6.00	16.7

续表

中文名称	英文名称	缩写	结构	分解点/℃	等电点(IP)	溶解度(25℃)/[g·(100mL水)$^{-1}$]
缬氨酸	valine	Val	$(CH_3)_2CHCH(NH_2)COOH$	315	5.97	8.9
亮氨酸	leucine	Leu	$(CH_3)_2CHCH_2CH(NH_2)COOH$	293	5.98	2.4
异亮氨酸	isoleucine	Ile	$C_2H_5CH(CH_3)CH(NH_2)COOH$	284	6.02	4.1
苯丙氨酸	phenylalanine	Phe	$C_6H_5CH_2CH(NH_2)COOH$	283	5.48	3.0
天冬酰胺	asparagine	Asn	$H_2NCOCH_2CH(NH_2)COOH$	234	5.41	3.5
谷酰胺	glutamine	Gln	$H_2NCOCH_2CH_2CH(NH_2)COOH$	185	5.70	3.7
半胱氨酸	cysteine	Cys	$HSCH_2CH(NH_2)COOH$	—	5.02	—
胱氨酸	cystine	Cys-Cys	$S—CH_2CH(NH_2)COOH$ | $S—CH_2CH(NH_2)COOH$	258	5.06	—
苏氨酸	threonine	Thr	$CH_3CH(OH)CH(NH_2)COOH$	225	6.50	易溶
蛋氨酸	methionine	Met	$CH_3SCH_2CH_2CH(NH_2)COOH$	280	5.06	3.4
色氨酸	tryptophan	Try	(吲哚环，N—H)—$CH_2CH(NH_2)COOH$	289	5.88	1.1
脯氨酸	proline	Pro	(吡咯烷环，N—H)—COOH	220	6.30	162
丝氨酸	serine	Ser	$HOCH_2CH(NH_2)COOH$	228	5.68	5.0
酪氨酸	tyrosine	Tyr	$HOC_6H_4CH_2CH(NH_2)COOH$	342	5.67	0.04
羟基脯氨酸	hydroxyproline	Hyp	HO—(吡咯烷环，N)—COOH	270	6.33	—
酸性氨基酸						
天门冬氨酸	aspartic acid	Asp	$HOOCCH_2CH(NH_2)COOH$	270	2.98	0.54
谷氨酸	glutamic acid	Glu	$HOOCCH_2CH_2CH(NH_2)COOH$	247	3.22	0.86
碱性氨基酸						
赖氨酸	lysine	Lys	$H_2N(CH_2)_4CH(NH_2)COOH$	225	9.74	易溶
精氨酸	arginine	Arg	$H_2NC(=NH)—NH(CH_2)_3CH(NH_2)COOH$	244	10.76	15
组氨酸	histidine	His	(咪唑环，N、NH)—$CH_2CH(NH_2)COOH$	287	7.59	4.2

$$\begin{array}{c} CHO \\ | \\ HO—C—H \\ | \\ CH_2OH \end{array} \qquad \begin{array}{c} COOH \\ | \\ H_2N—C—H \\ | \\ R \end{array}$$

L-甘油醛　　L-α-氨基酸

从表 16-1 中可看出:甘氨酸等 α-氨基酸,分子中的氨基数和羧基数相等,这类氨基酸属于中性氨基酸。当然氨基的碱性和羧基的酸性不是恰好相等的,因而也不是真正中性的。谷氨酸和天门冬氨酸分子中羧基数大于氨基数,它们属于酸性氨基酸。而赖氨酸、精氨酸和组氨酸分子中的氨基数大于羧基数,这类氨基酸属于碱性的氨基酸。

自然界中存在的 α-氨基酸一般是根据其来源或性质来命名的。氨基酸的系统命名,是把羧酸作为母体,氨基作为取代基来命名的。例如:

$$\underset{\text{CH}_3}{\underset{|}{\text{CH}_3\text{—CH}}}\text{—CH}_2\text{—}\underset{\text{NH}_2}{\underset{|}{\text{CH}}}\text{—COOH} \qquad \text{HOOCCH}_2\text{CH}_2\underset{\text{NH}_2}{\underset{|}{\text{CH}}}\text{COOH}$$

4-甲基-2-氨基戊酸　　2-氨基-戊二酸

亮氨酸　　谷氨酸

16.2　氨基酸的化学性质

16.2.1　偶极离子和等电点

天然存在的氨基酸是 L-α-氨基酸,常用通式 L-α-RCH(NH_2)COOH 表示。在这种结构式中,存在碱性的氨基(—NH_2)和酸性的羧基(—COOH),所以氨基酸既可以与酸(如盐酸)作用生成铵盐,也可以与碱(如氢氧化钠)作用生成羧酸盐。

$$\text{H}_2\text{N—}\underset{\text{R}}{\underset{|}{\text{CH}}}\text{—COOH} + \text{HCl} \longrightarrow \text{H}_3\overset{+}{\text{N}}\text{—}\underset{\text{R}}{\underset{|}{\text{CH}}}\text{—COOHCl}^-$$

$$\text{H}_2\text{N—}\underset{\text{R}}{\underset{|}{\text{CH}}}\text{—COOH} + \text{NaOH} \longrightarrow \text{H}_2\text{N—}\underset{\text{R}}{\underset{|}{\text{CH}}}\text{—COO}^-\text{Na}^+$$

在氨基酸分子内的氨基和羧基也可相互作用生成分子内既含有正离子(—$\overset{+}{N}H_3$)又含有负离子(—COO^-)的内盐。其结构式是

$$\text{H}_3\overset{+}{\text{N}}\text{—}\overset{\text{R}}{\overset{|}{\text{CH}}}\text{—COO}^-$$

这种内盐称两性离子或偶极离子。

氨基酸主要以偶极离子形式存在,所以氨基酸晶体熔点高(均在 200℃以上),极性大,不溶于苯、乙醚等有机溶剂,在水中有一定的溶解度。

以偶极离子存在的氨基酸。其水溶液既可以与 H^+ 结合生成正离子,又可以给出 H^+ 生成负离子。氨基酸在水溶液中,形成如下的电离平衡体系:

$$\text{HO}^- + \text{H}_3\overset{+}{\text{N}}\text{—}\underset{\text{R}}{\underset{|}{\text{CH}}}\text{—COOH} \underset{-\text{H}_2\text{O}}{\overset{\text{H}_2\text{O}}{\rightleftharpoons}} \text{H}_3\overset{+}{\text{N}}\text{—}\underset{\text{R}}{\underset{|}{\text{CH}}}\text{—COO}^- \underset{-\text{H}_2\text{O}}{\overset{\text{H}_2\text{O}}{\rightleftharpoons}} \text{H}_2\text{N—}\underset{\text{R}}{\underset{|}{\text{CH}}}\text{—COO}^- + \text{H}_3\overset{+}{\text{O}}$$

所以氨基酸水溶液,主要以正离子、负离子和偶极离子三种形式存在。测得氨基酸的酸度

常数 K_a,实际上代表的是氨基酸中铵离子的酸性强度,测得的碱性强度 K_b,代表的是氨基酸中羧酸根负离子的碱性强度。这就是说,以偶极离子形式存在的氨基酸,酸性基团是—$\overset{+}{N}H_3$,碱性基团是—COO^-。

由于—COO^-负离子结合 H^+ 能力与—$\overset{+}{N}H_3$ 正离子给出 H^+ 的能力不完全相同,所以在氨基酸水溶液中,氨基酸正离子与负离子的量是不相等的。也就是中性氨基酸的水溶液 pH 不等于 7。一般略小于 7 即负离子略多一些。在这个体系中可加一些酸,以增加氨基酸正离子。如果加入酸的量适量,可使负离子和正离子的量相等。这时溶液的 pH 就是该氨基酸的等电点。

氨基酸的等电点不是中性点。氨基酸在等电点时,由于正离子和负离子的量恰好相等,在电场中观察不到氨基酸向阴极或阳极的移动。氨基酸在等电点时,两性离子(或称偶极离子)浓度最大,在水中的溶解度最小。由于不同的氨基酸具有不同的等电点,所以可利用调节等电点,将某一种氨基酸从其混合物中分离出来。

16.2.2 氨基的酰化反应

氨基酸分子中含有氨基,能发生氨基的反应。在多肽合成中最典型的、最有使用价值的氨基的反应,是氨基的酰化反应。

氨基酸的氨基能与酰氯或酸酐反应生成 *N*-酰基氨基酸。例如:

$$H_2N-\underset{}{\overset{R}{\overset{|}{C}}}H-COOH \xrightarrow[\text{或}(CH_3CO)_2O]{CH_3COCl} CH_3\overset{O}{\overset{\|}{C}}-NH-\overset{R}{\overset{|}{C}}H-COOH$$

在多肽和蛋白质的合成中,需要将一种氨基酸的羧基和另一种氨基酸的氨基反应生成二肽或多肽。在这类合成中,为了避免同一种氨基酸的氨基与羧基反应,常通过酰化反应将氨基保护起来,以保证一种氨基酸的羧基(氨基已被保护)只与另一种氨基酸的氨基(氨基未被保护)反应生成二肽。在这类合成中保护氨基常用的酰化试剂有两种:氯甲酸苄酯和氯甲酸叔丁酯。

$$\underset{\text{氯甲酸苄酯}}{Cl-\overset{O}{\overset{\|}{C}}-OCH_2Ph} + H_2N-\overset{R}{\overset{|}{C}}H-COOH \longrightarrow PhCH_2O-\overset{O}{\overset{\|}{C}}-NH-\overset{R}{\overset{|}{C}}H-COOH$$

$$\underset{\text{氯甲酸叔丁酯}}{Cl-\overset{O}{\overset{\|}{C}}OC(CH_3)_3} + H_2N-\overset{R}{\overset{|}{C}}H-COOH \longrightarrow (CH_3)_3CO-\overset{O}{\overset{\|}{C}}-NH-\overset{R}{\overset{|}{C}}H-COOH$$

这类酰化试剂容易引入,而当二肽形成后又容易脱去。重要的是在脱去该酰化剂时,对已形成的酰胺键没有影响。

16.2.3 羧基的反应

氨基酸分子中含有羧基,能进行羧基所特有的反应,如生成酰氯和酯的反应等。

氨基酸能与五氯化磷或亚硫酰氯反应生成酰氯,与醇反应生成酯。

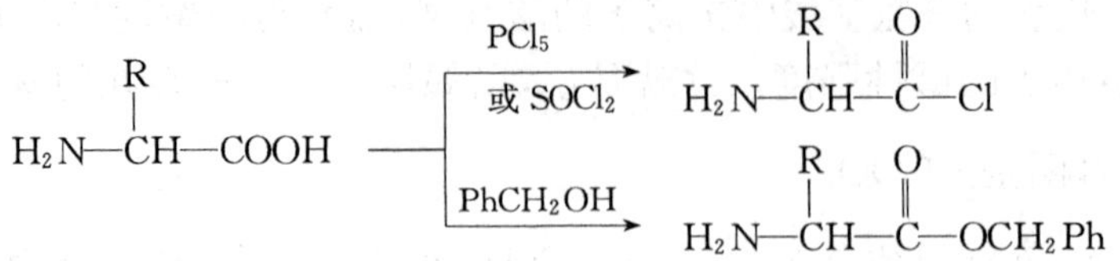

$$H_2N-\underset{R}{CH}-COOH \xrightarrow{PCl_5 \text{ 或 } SOCl_2} H_2N-\underset{R}{CH}-\overset{O}{\overset{\|}{C}}-Cl$$

$$H_2N-\underset{R}{CH}-COOH \xrightarrow{PhCH_2OH} H_2N-\underset{R}{CH}-\overset{O}{\overset{\|}{C}}-OCH_2Ph$$

氨基酰氯的形成在多肽的合成中用来活化羧基，而酯的形成是用来保护羧基。

16.2.4 与茚三酮的反应

茚三酮和水合茚三酮的结构式如下：

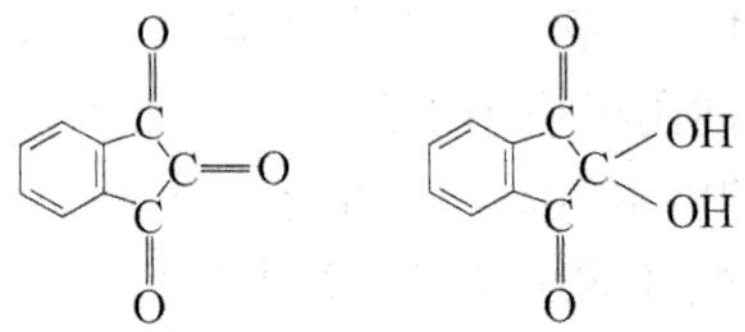

茚三酮 水合茚三酮

α-氨基酸与水合茚三酮一起加热，则生成蓝紫色物质。反应非常灵敏，是鉴别α-氨基酸的常用方法。β-氨基酸、γ-氨基酸不发生这个反应，但伯胺、氨和铵盐等能发生这个反应。

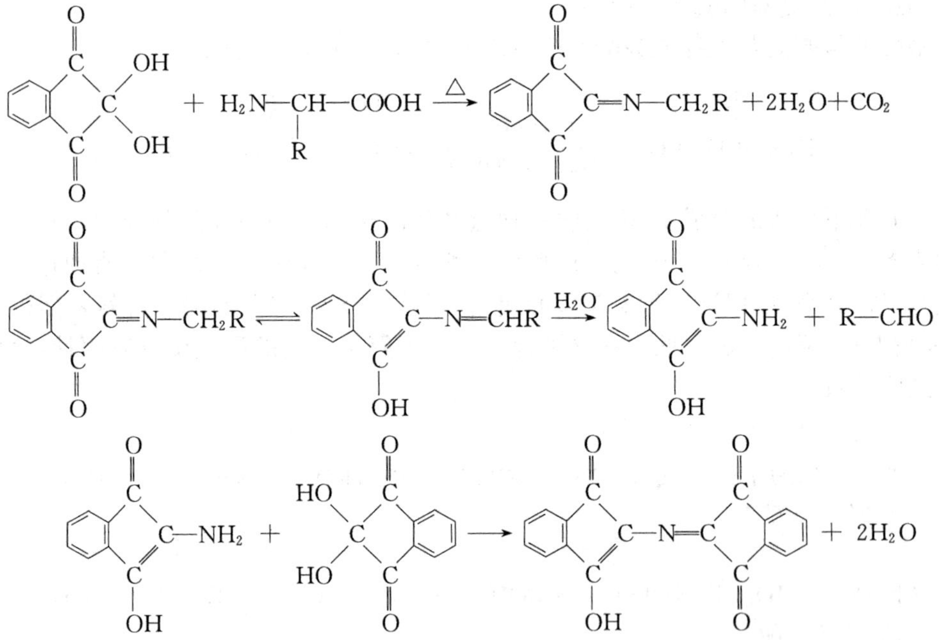

$$\text{水合茚三酮} + H_2N-\underset{R}{CH}-COOH \xrightarrow{\triangle} \text{(茚满二酮)}C{=}N-CH_2R + 2H_2O + CO_2$$

$$C{=}N-CH_2R \rightleftharpoons C-N{=}CHR \xrightarrow{H_2O} C-NH_2 + R-CHO$$

$$C-NH_2 + \text{水合茚三酮} \longrightarrow C-N{=}C + 2H_2O$$

蓝紫色

16.3 多 肽

16.3.1 多肽的结构和命名

一个氨基酸的羧基和另一个氨基酸的氨基失水形成的化合物称为肽。其中形成的酰胺键称肽键。两个氨基酸失水形成的化合物称二肽。肽也是个两性离子。

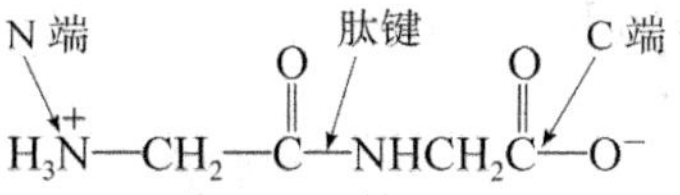

$$\overset{+}{H_3N}-CH_2-\overset{O}{\overset{\|}{C}}-NHCH_2\overset{O}{\overset{\|}{C}}-O^-$$

N 端　肽键　C 端

甘氨酰-甘氨酸

当两个不同的氨基酸形成二肽时，有两种不同结构的产物。例如，由甘氨酸和丙氨酸形成的二肽就有如下两种不同的结构：

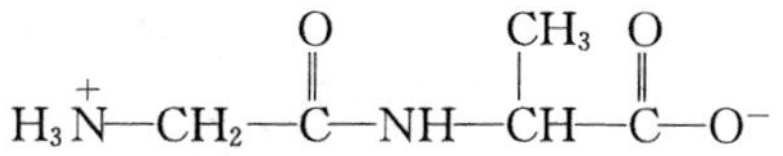

$$H_3\overset{+}{N}-CH_2-\overset{O}{\overset{\|}{C}}-NH-\overset{CH_3}{\overset{|}{C}H}-\overset{O}{\overset{\|}{C}}-O^-$$

甘氨酰-丙氨酸

$$H_3\overset{+}{N}-\overset{CH_3}{\overset{|}{C}H}-\overset{O}{\overset{\|}{C}}-NH-CH_2-\overset{O}{\overset{\|}{C}}-O^-$$

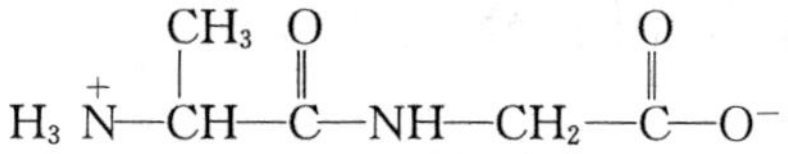

丙氨酰-甘氨酸

三个不同的氨基酸可形成 6 种不同结构的肽。显然随着氨基酸数目的增加，形成肽的数目也大大增多。四肽就有 24 种，六肽就有 720 种。这中间不包括同一种氨基酸形成的肽。

在肽分子链中带有游离—$\overset{+}{N}H_3$端的，称 N-端，带有游离—COO^-端的，称 C-端。多肽命名时就是以含 C-端的氨基酸为母体，把其他氨基酸均改成氨基酰。这样在对肽分子进行命名时，按肽分子链中顺序将各氨基酰从左至右依次写在母体氨基酸名称的前面，即得肽分子的名称。例如，前面介绍的由甘氨酸和丙氨酸形成的两种二肽化合物的命名。又如三肽化合物的命名：

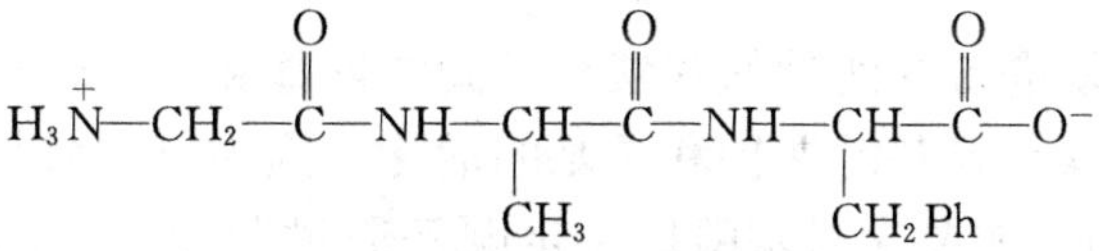

$$H_3\overset{+}{N}-CH_2-\overset{O}{\overset{\|}{C}}-NH-\underset{CH_3}{\underset{|}{C}H}-\overset{O}{\overset{\|}{C}}-NH-\underset{CH_2Ph}{\underset{|}{C}H}-\overset{O}{\overset{\|}{C}}-O^-$$

甘氨酰丙氨酰苯丙氨酸

上面的命名也可简称为甘-丙-苯，或用英文缩写符号 Gly-Ala-Phe 表示。

多肽和蛋白质都是氨基酸分子间的氨基和羧基失水而形成的聚酰胺化合物。它们都存在于动、植物体中。它们的区别在于相对分子质量不同，相对分子质量小于10000 的称为多肽，大于 10000 的称为蛋白质。当蛋白质部分水解时，不同的酰胺键(或称为肽键)都可发生断裂，生成多种肽的混合物，所以可认为多肽是蛋白质的水解产物。但有些肽不是蛋白质的水解产物，而是本来就存在于动、植物体中的天然产物。例如，存在于兔体中的 Delta 促睡眠肽就是一种九肽物质。其分子结构为

色氨酰	丙氨酰	甘氨酰	甘氨酰	天冬氨酰	丙氨酰	丝氨酰	甘氨酰	谷氨酸
Try	—Ala	—Gly	—Gly	—Asp	—Ala	—Ser	—Gly	—Glu

在多肽和蛋白质分子结构中，最具有特色的是分子中的 C—N 键(肽键)和相邻的 C═O 键形成的共轭 π 键。在这种 p-π 共轭中由于 C═O π 键的 π 电子和 N 原子上的 p 电子对的相互作用，使 C—N 间具有双键成分，一方面降低了氮原子上的电荷密度，使

氨基碱性减小，另一方面阻碍了 C—N 键的自由转动。这对多肽和蛋白质的三维空间结构有重要的影响。肽键的结构如下：

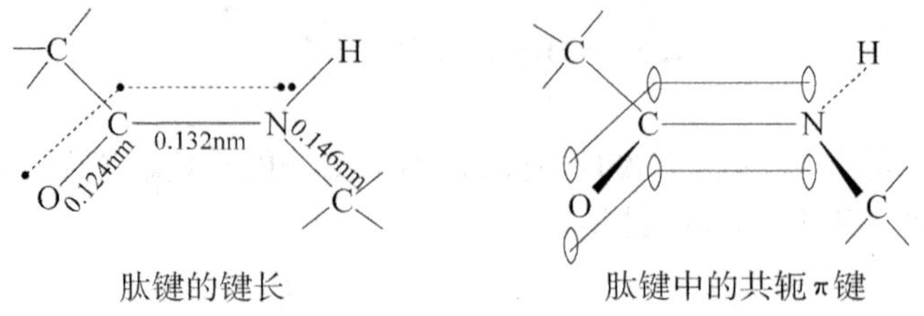

肽键的键长　　肽键中的共轭π键

肽键的结构

在多肽分子中，由肽键相连的重复单位 $\leftarrow$NH—CHR—CO$\rightarrow$ 称为氨基酸残基或残基，可根据分子中残基数目来命名多肽分子。

16.3.2　多肽的合成

多肽和蛋白质存在于动、植物体中，具有特殊的生理效能，是生命不可缺少的物质。将具有旋光性的氨基酸按一定顺序通过酰胺键连接起来，形成具有与天然产物相同生理活性的化合物，这就是多肽的合成。例如，1953 年合成的催产素是由 8 个氨基酸组成的，存在于垂体后叶腺中，具有促进子宫收缩和促进乳汁分泌的作用。

```
甘 — 亮 — 脯 —半胱— 精 — 谷 — 异亮 — 酪 —半胱
              |                            |
              S————————————————————————————S
```

催产素

1965 年，我国科学工作者在世界上率先合成在生理活性上与天然产物基本相同的牛胰岛素。

多肽的合成是重复进行的两种氨基酸分子间的氨基和羧基失水形成酰胺键(肽键)的缩合反应。其关键步骤是氨基的保护和羧基的活化。因为氨基酸是含有氨基和羧基的双官能团化合物，多肽的合成要求氨基酸按一定顺序通过肽键连接起来。即要求某一种氨基酸的氨基只能与另一种氨基酸的羧基失水形成酰胺键(肽键)，而不能相反，或同一种氨基酸的羧基和氨基失水形成肽键。要做到这点，必须对一种氨基酸的氨基进行保护使其不能进行酰化反应，而对其羧基进行活化使其更易进行酰化反应。

1. 氨基的保护

保护氨基的试剂常用的有两个：氯甲酸苄酯和氯甲酸叔丁酯(或碳酸二叔丁酯)。例如，合成丙-甘二肽，可用氯甲酸苄酯与丙氨酸反应生成苯甲氧羰基丙氨酸，使丙氨酸的氨基保护起来，将苯甲氧羰基丙氨酸变成酰氯再和甘氨酸反应，这样就可实现将丙氨酸、甘氨酸通过肽键按丙-甘顺序连接起来的目的。反应式如下：

$$PhCH_2O\overset{\overset{O}{\|}}{C}—Cl + H_3\overset{+}{N}—\underset{}{\overset{\overset{CH_3}{|}}{CH}}—COO^- \xrightarrow{NaOH} PhCH_2O—\overset{\overset{O}{\|}}{C}—NH—\overset{\overset{CH_3}{|}}{CH}—COO^-Na^+ \xrightarrow{H^+}$$

$$PhCH_2O—\overset{\overset{O}{\|}}{C}—NH—\overset{\overset{CH_3}{|}}{CH}—COOH \xrightarrow{SOCl_2} PhCH_2O—\overset{\overset{O}{\|}}{C}—NH—\overset{\overset{CH_3}{|}}{CH}—\overset{\overset{O}{\|}}{C}—Cl \xrightarrow{H_3\overset{+}{N}CH_2COO^-}$$

$$\mathrm{PhCH_2O{-}\overset{\overset{O}{\|}}{C}{-}NH{-}\overset{\overset{CH_3}{|}}{CH}{-}\overset{\overset{O}{\|}}{C}{-}NH{-}CH_2{-}COO^-} \xrightarrow{H^+} \mathrm{PhCH_2O{-}\overset{\overset{O}{\|}}{C}{-}NH{-}\overset{\overset{CH_3}{|}}{CH}{-}\overset{\overset{O}{\|}}{C}{-}NH{-}CH_2{-}COOH}$$

将上面生成的产物用催化氢化法进行氢解，可将苯甲氧羰基除去，而二肽分子中酰胺键不变，便得到丙-甘二肽。

$$\mathrm{PhCH_2{-}O{-}\overset{\overset{O}{\|}}{C}{-}NH{-}\underset{\underset{CH_3}{|}}{CH}{-}\overset{\overset{O}{\|}}{C}{-}NH{-}CH_2COOH}$$

$$\xrightarrow[\mathrm{Pd-C}]{\mathrm{H_2}} \mathrm{H_3\overset{+}{N}{-}\underset{\underset{CH_3}{|}}{CH}{-}\overset{\overset{O}{\|}}{C}{-}NH{-}CH_2{-}COO^-} + \mathrm{PhCH_3} + \mathrm{CO_2}$$

保护基 $\mathrm{PhCH_2O{-}\overset{\overset{O}{\|}}{C}{-}}$（苯甲氧羰基），因其结构和命名太长，书写不方便，习惯上用Z-代表。这样对上面合成的中间物可写成：

Z-丙-甘　或　Z-Ala-Gly

氯甲酸叔丁酯是另一个常用的在多肽合成中保护氨基的化合物。其结构式为 $\mathrm{(CH_3)_3CO{-}\overset{\overset{O}{\|}}{C}{-}Cl}$，习惯上用英文缩写名BOC-代表叔丁氧羰基 $\mathrm{(CH_3)_3CO{-}\overset{\overset{O}{\|}}{C}{-}}$。

2. 羧基的活化

活化羧基常用的方法是将羧基转变成酰氯、酯或酸酐。因为在这些羧酸衍生物中羰基碳正电荷增加，有利于具有亲核性氨基的进攻。例如，将氨基已被保护的氨基酸与氯甲酸乙酯反应，可得到混酐，能使另一个氨基酸酰化，生成肽键。

$$\mathrm{Z{-}NH{-}\underset{\underset{R}{|}}{CH}{-}\overset{\overset{O}{\|}}{C}OH} + \mathrm{Cl{-}\overset{\overset{O}{\|}}{C}{-}OC_2H_5} \xrightarrow{\mathrm{(C_2H_5)_3N}} \mathrm{Z{-}NH{-}\underset{\underset{R}{|}}{CH}{-}\overset{\overset{O}{\|}}{C}{-}O{-}\overset{\overset{O}{\|}}{C}{-}OC_2H_5}$$

$$\mathrm{Z{-}NH{-}\overset{\overset{R}{|}}{CH}{-}\overset{\overset{O}{\|}}{C}{-}O{-}\overset{\overset{O}{\|}}{C}{-}OC_2H_5} \xrightarrow{\mathrm{H_3N{-}\overset{\overset{R'}{|}}{CH}{-}COO^-}} \mathrm{Z{-}NH{-}\overset{\overset{R}{|}}{CH}{-}\overset{\overset{O}{\|}}{C}{-}NH{-}\overset{\overset{R'}{|}}{CH}{-}COOH} + \mathrm{CO_2} + \mathrm{C_2H_5OH}$$

活化氨基酸羧基的另一个重要的化合物是 N,N'-二环己基碳化二亚胺（N,N'-dicyclohexylcarbodiimide，简称DCC）。该化合物具有累积双键，中心碳容易被亲核试剂进攻。与氨基酸的羧基反应，生成具有很大活泼性的酰基中间体。该中间体与另一个氨基酸的氨基反应,形成肽键。

$$(CH_3)_3CO-\overset{O}{\overset{\|}{C}}-Cl + H_2N-\overset{R}{\overset{|}{C}H}-COOH \longrightarrow (CH_3)_3CO-\overset{O}{\overset{\|}{C}}-NH-\overset{R}{\overset{|}{C}H}COOH$$

$$\xrightarrow{C_6H_{11}-N{=}C{=}N-C_6H_{11}} (CH_3)_3CO-\overset{O}{\overset{\|}{C}}-NH-\overset{R}{\overset{|}{C}H}-\overset{O}{\overset{\|}{C}}-O-\underset{N-C_6H_{11}}{\underset{\|}{\overset{NH-C_6H_{11}}{\overset{|}{C}}}}$$

$$\xrightarrow{H_2\ddot{N}-\overset{R'}{\overset{|}{C}H}-\overset{O}{\overset{\|}{C}}-OCH_2Ph} (CH_3)_3CO-\overset{O}{\overset{\|}{C}}-NH-\overset{R}{\overset{|}{C}H}-\underset{O^-}{\underset{|}{\overset{\overset{+}{N}H_2-\overset{R'}{\overset{|}{C}H}-\overset{O}{\overset{\|}{C}}-OCH_2Ph}{\overset{|}{C}}}}-O-\underset{N-C_6H_{11}}{\underset{\|}{C}}-NH-C_6H_{11}$$

$$\xrightarrow[\text{②消除}]{\text{①}H^+\text{迁移}} C_6H_{11}-NH\overset{O}{\overset{\|}{C}}NH-C_6H_{11} + (CH_3)_3CO\overset{O}{\overset{\|}{C}}NH\overset{R}{\overset{|}{C}H}-\overset{O}{\overset{\|}{C}}NH\overset{R'}{\overset{|}{C}H}-\overset{O}{\overset{\|}{C}}OCH_2Ph$$

该反应在常温下进行,产率较高,中间体不需要分离。

3. 多肽合成实施方法

前面介绍了在进行肽的合成时常用的氨基保护试剂和羧基活化方法。下面将以具体实例介绍进行肽的合成时的两种方法。

1) 经典合成法

以甘-亮二肽合成为例加以说明。

(1) 氨基的保护。

$$PhCH_2O-\overset{O}{\overset{\|}{C}}-Cl + H_3\overset{+}{N}CH_2COO^- \longrightarrow PhCH_2O-\overset{O}{\overset{\|}{C}}-NHCH_2COOH$$

(2) 羧基的活化。

$$Z\text{-}NHCH_2COOH + SOCl_2 \longrightarrow Z\text{-}NHCH_2\overset{O}{\overset{\|}{C}}-Cl$$

(3) 氨基酸的连接形成肽键。

$$Z\text{-}NHCH_2\overset{O}{\overset{\|}{C}}Cl + H_3\overset{+}{N}\underset{(CH_3)_2CHCH_2}{\underset{|}{C}H}COO^- \longrightarrow Z\text{-}NHCH_2\overset{O}{\overset{\|}{C}}NH\underset{(CH_3)_2CHCH_2}{\underset{|}{C}H}COOH$$

(4) 除去保护基,生成甘-亮二肽。

$$Z\text{-}NHCH_2\overset{O}{\overset{\|}{C}}NH\underset{(CH_3)_2CHCH_2}{\underset{|}{C}H}COOH \xrightarrow{H_2/Pd} H_3\overset{+}{N}CH_2\overset{O}{\overset{\|}{C}}NH\underset{(CH_3)_2CHCH_2}{\underset{|}{C}H}COO^- + PhCH_3 + CO_2$$

这种方法可重复进行。每循环一次增加一个氨基酸残基,直至得到需要的肽。1953

年，就是利用这种方法合成了九肽——激素催产素。这种肽的经典合成法，在合成许多具有生理活性的多肽上取得过令人印象深刻的成功。但在新肽的合成时，每一次循环即每增加一个氨基酸的残基都经历一次分离、提纯过程，费时费力而且产物的产率节节减少，所以这种方法实际上不适用于长链多肽化合物的合成。

2）固相合成法

1963 年，美国化学家 Merrifield 在 *J. Am. Chem. Soc.* 杂志上发表论文，详细地阐述了合成肽的新方法——固相合成法。该方法使肽的合成有了革命性的突破。固相合成法的基本原理是：选择一个带有官能团 $—CH_2—Cl$ 的微珠型网状聚苯乙烯——二乙烯基苯树脂作为载体，这个载体被溶剂所溶胀形成具有流动性的凝胶，凝胶可看成不溶于溶剂的固相，肽的合成就是在这种固相基体内进行的。首先将氨基已被保护的氨基酸与树脂上的官能团 $—CH_2—Cl$ 反应，形成苯甲酯挂在树脂上。其次，除去保护基，使其与另一个氨基已被保护的氨基酸在活化羧基的试剂 DCC 作用下反应，生成一个氨基被保护的二肽。用 HBr-HOAc 处理，除去保护基得到二肽。重复上述反应，待所有的氨基酸都依次连接上后，用溴化氢和三氟乙酸处理，把肽链从树脂上分裂下来。在这种合成中，生成的肽是挂在树脂上的，是不溶解的，在每次反应后，只需将杂质洗去，而将挂在树脂的肽分离出来。这样就省去了许多分离、提纯的步骤。整个合成过程和操作步骤可图示如下：

$$\text{P—C}_6\text{H}_5\ \text{（聚苯乙烯-二乙烯苯树脂）}$$

$$\downarrow \begin{matrix}CH_3OCH_2Cl\\SnCl_4\end{matrix}\quad \text{在树脂上引进氯甲基—}CH_2Cl$$

$$\text{P—C}_6\text{H}_4\text{—CH}_2\text{Cl}$$

$$\downarrow \begin{matrix}\text{Z-NHCHRCOOH}\\\text{DCC}\end{matrix}\quad \text{将氨基保护羧基活化氨基酸连接到树脂上}$$

$$\text{P—C}_6\text{H}_4\text{—CH}_2\text{—O—}\overset{\overset{\Large O}{\|}}{C}\text{—}\overset{\overset{\Large R}{|}}{CH}\text{—NH—Z}$$

$$\downarrow \text{HBr/CH}_3\text{COOH}\quad \text{洗涤提纯，除去保护基}$$

$$\text{P—C}_6\text{H}_4\text{—CH}_2\text{—O—}\overset{\overset{\Large O}{\|}}{C}\text{—}\overset{\overset{\Large R}{|}}{CH}\text{—NH}_2$$

$$\downarrow \begin{matrix}\text{Z-NHCHR}'\text{COOH}\\\text{DCC}\end{matrix}\quad \text{加入氨基保护，羧基活化的氨基酸}$$

$$\text{P—C}_6\text{H}_4\text{—CH}_2\text{—O—}\overset{\overset{\Large O}{\|}}{C}\text{—}\overset{\overset{\Large R}{|}}{CH}\text{—NH—}\overset{\overset{\Large O}{\|}}{C}\text{—}\overset{\overset{\Large R'}{|}}{CH}\text{—NH—Z}$$

$$\downarrow \text{HBr/CH}_3\text{COOH}\quad \text{洗涤，提纯除去保护基}$$

$$\text{P—C}_6\text{H}_4\text{—CH}_2\text{—O—}\overset{\overset{\Large O}{\|}}{C}\text{—}\overset{\overset{\Large R}{|}}{CH}\text{—NH—}\overset{\overset{\Large O}{\|}}{C}\text{—}\overset{\overset{\Large R'}{|}}{CH}\text{—NH}$$

$$\downarrow \text{HBr/CF}_3\text{COOH}\quad \text{与树脂脱离生成二肽}$$

$$\text{P—C}_6\text{H}_4\text{—CH}_2\text{—Br} + {}^{-}\text{O—}\underset{\underset{\Large O}{\|}}{C}\text{—}\underset{\underset{\Large R}{|}}{CH}\text{—NH—}\underset{\underset{\Large O}{\|}}{C}\text{—}\underset{\underset{\Large R'}{|}}{CH}\text{—}\overset{+}{N}\text{H}_3$$

重复上述过程可形成三肽、四肽、……产物。

该法有以下优点：

(1) 在肽的全部合成过程中，可通过加入过量的试剂和单体原料促使反应进行完全，所以每步反应产率较高。

(2) 由于每步的产物都挂在固相载体上，而未反应物和副产物都在溶液中，所以很容易通过简单的过滤和洗涤将这些杂质除去。

(3) 由于以上两种原因，全部反应过程操作简便，节省时间。

Merrifield 已将这种合成方法自动化，研制出了“蛋白质合成仪”。采用这种仪器，仅用六个星期，就合成了由 124 个氨基酸残基组成的核糖核酸酶。为此，他于 1984 年获得诺贝尔化学奖。

16.3.3 组合合成

1963 年，Merrifield 提出了使用取代的二乙烯苯(约 2%)和苯乙烯共聚物树脂作为固相载体来合成多肽的方法。由于该合成技术对多肽的合成有了较大的突破，被认为是有机合成的一种变革(见 16.3.2)。到 20 世纪 80 年代中期，利用 Merrifield 固相合成方法，合成了许多多肽，使得固相合成技术得到很好的开发和完善。但用这种技术只能合成一条肽链。要想合成出众多的肽链，仍需花费相当长的时间。由于对蛋白质-蛋白质识别情况研究的需要，要求方便快捷地制备出数百个多肽，这就必须开发新的合成技术。在这种背景下，一个多快好省的组合合成技术诞生了。所谓组合合成就是在一个反应器内使用相同的反应条件同时制备出多种多肽。在这里只简单地介绍 R. A. Houghten 于 1985 年提出的网袋内多肽合成法和 A. Furka 于 1988 年提出的“混合均分”合成法。

1. 网袋内多肽合成法

1985 年，Houghten 为了在相同反应条件下能同时合成多条肽，提出了网袋内多肽合成法。其基本内容如下：

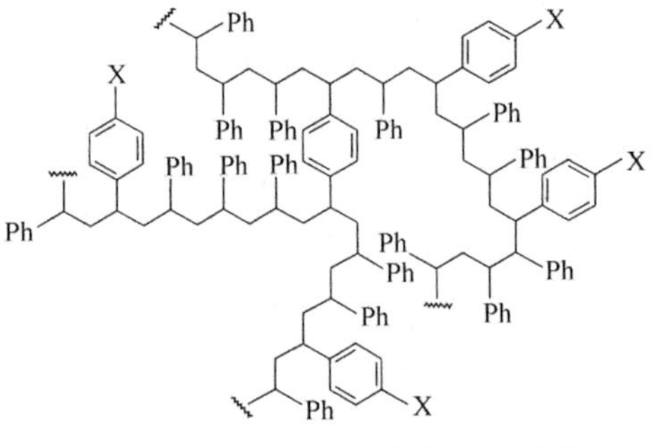

图 16-1 聚苯乙烯的内部分子结构

(1) 选用聚丙烯膜作成网袋，为了能使溶剂和可溶性试剂自由地进入，而树脂珠又不漏出，膜的网眼为 74μm。网袋内装满树脂珠，该树脂珠是用含有 2%二乙烯苯交联的聚苯乙烯凝胶状高聚物(聚苯乙烯的内部分子结构见图 16-1)，且在高聚物苯环上带有氯甲基，常把这种树脂称为 Merrifield 树脂，形象地用 ●—⟨C₆H₄⟩—CH_2Cl 来表示。将装满树脂珠的袋子标以记号密封好。根据需要可做成几十个这种袋子，每个袋内都装满 Merrifield 树脂。

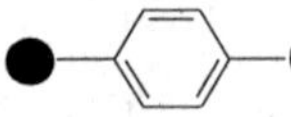

(2) 选用许多不同的，用 Boc 将氨基保护了的氨基酸负离子($^{-}O-\underset{\underset{O}{\|}}{C}-\underset{\underset{R}{|}}{CH}-NHBoc$)，

与 Merrifield 树脂中的氯进行亲核取代反应，将用 Boc 保护的氨基酸连到树脂上。反应式如下：

$$●\!-\!\langle\bigcirc\rangle\!-\!CH_2Cl + {}^{-}O\!-\!\underset{\underset{O}{\|}}{C}\!-\!\underset{\underset{R}{|}}{C}HNHBoc \longrightarrow ●\!-\!\langle\bigcirc\rangle\!-\!CH_2O\underset{\underset{O}{\|}}{C}\!-\!\underset{\underset{R}{|}}{C}HNHBor$$

这样，每个袋内的 Merrifield 树脂都分别连上不同的氨基被保护的氨基酸。

(3) 将这些袋子集中，统一进行脱去保护基、洗涤和中和的步骤。再将这些袋子分成几组，准备和不同的氨基酸进行接肽反应。

(4) 根据需要可设计几个反应条件不同的反应器。所谓反应条件不同是指接肽反应的氨基酸不同。

(5) 将每组袋子分别放入不同的反应器中，在 DCC 作用下进行接肽反应生成二肽。

(6) 重复上述步骤，将所有袋子集中，统一进行脱除保护基、洗涤和中和步骤，再将袋子分成几组放入不同的反应器中进行接肽反应，生成三肽、四肽等。

(7) 用 HF/苯甲醚试剂，使用专门设计的同时处理 20 个袋子的装置将多肽从树脂珠上切下，从而同时得到几十种多肽。

使用这种网袋内多肽合成方法，在 4 周时间里就制备出 260 个多肽，明显地改善了合成效率，被认为是组合合成的典型范例。

2. "混合均分"合成法

"混合均分"合成法由 A. Furka 在 1988 年提出，并在 1988～1991 年得以发展。由于该法提供了快速高效地生成巨大数目的多肽和其他有机化合物的途径，所以自问世以来，受到许多科学家的欢迎。这进一步使该法得以开发和完善。

"混合均分"合成法主要内容是：

(1) 选择 Merrifield 树脂作为固相载体。将一定数量的这种载体分成相等的几部分，每一部分都独自与用 Boc 基保护了 N-端的氨基酸或其他单体原料进行偶联反应，将不同的用 Boc 基保护了 N-端的氨基酸连接到载体上。

(2) 这些连有不同氨基酸的树脂载体通过脱保护基、洗涤和中和步骤后合并，经彻底混合均匀后再分成相等的几部分。

(3) 每一部分独自与 N-端被 Boc 基保护的氨基酸(一般是第 1 步有几种氨基酸，以后就用几种)进行接肽等一系列反应生成二肽混合物。

(4) 重复上述步骤，可得三肽混合物、四肽混合物和多肽混合物。现以 Merrifield 树脂为固相载体，在这种载体上，A、B、C 三种氨基酸运用"混合均分"合成法生成三肽混合物的程序如图 16-2 所示(图中小黑圆"●"表示 Merrifield 树脂)。

从图 16-2 可看出：运用"混合均分"合成程序，由 A、B、C 三种氨基酸合成了三组混合物，每组包括 9 个三肽，共计 27 个三肽。对三组三肽混合物的活性进行测试，任何给定活性的混合物都可揭示其中活性化合物的结构，从而发现最好的化合物。

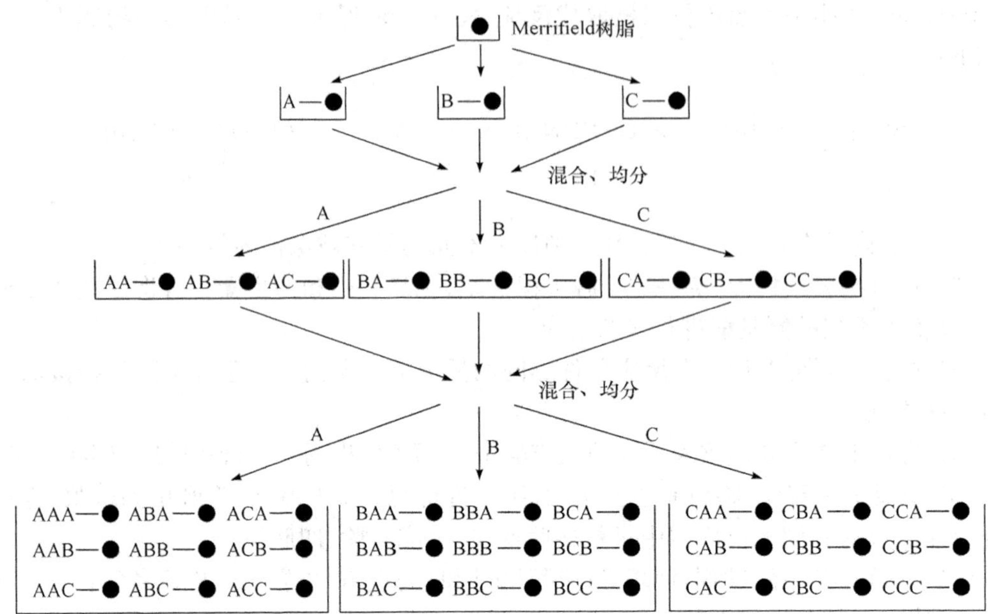

图 16-2　“混合均分”合成法合成程序

16.4　蛋　白　质

蛋白质是由 20 种左右氨基酸通过酰胺键(肽键)连接而成的聚酰胺类高分子化合物，相对分子质量从 1 万到数千万。蛋白质分为两大类:纤维状蛋白质和球状蛋白质。

纤维状蛋白质:分子像一条线,且倾向于排列成纤维状,不溶于水。纤维状蛋白质是动物组织的主要结构材料,如皮肤、头发、指甲、羊毛和羽毛中的角蛋白等。

球状蛋白质:分子链折叠成近乎球形,分子在进行折叠时,分子中的憎水部分向里聚集在一起。亲水基团倾向于分布在表面上,因此球形蛋白质易溶于水(由于分子很大,这些溶液呈胶状)。球状蛋白质具有维护和调节生命过程中各种有关功能的作用。由球状蛋白质构成的有酶、激素、血红蛋白等。

蛋白质又常根据化学组成分为单纯蛋白质和结合蛋白质,根据功能分为活性蛋白质和非活性蛋白质。

16.4.1　蛋白质的结构

1. 一级结构

蛋白质的结构是非常复杂的。自然界中组成蛋白质的氨基酸有 20 种左右。由这 20 种左右氨基酸出发,根据氨基酸的种类、数目和排列顺序的不同,可组成不同的蛋白质。所以研究蛋白质的结构,首先要知道组成这种蛋白质的氨基酸的种类、数目和排列顺序,这就是蛋白质的初级结构或一级结构。

2. 二级结构

蛋白质是由肽链构成的。在各种蛋白质分子中除侧链带有不同取代基外，主链都是由酰胺键组成的肽链构成的。在肽链中主链上的碳氮键具有双键特征，不能自由旋转。这样在肽链中相对于具有双键特征的碳氮键，就存在顺反构型异构体。由于肽链中与C═N 键相连的基团体积较大，所以肽链的构型均是以反式存在：

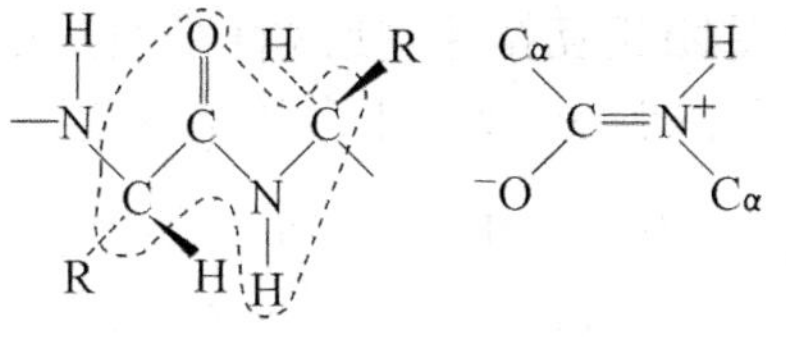

肽链的平面结构　　反式构型

但是肽键的氮和碳上的其他以单键相连的基团是可以自由转动的，因此肽链可以有多种构象异构体。

由于肽键中羰基上的氧能与氨基上的氢形成氢键，而使肽链排列成两种构象，即 α-螺旋形构象和 β-折叠形构象。这就是蛋白质的二级结构。

(1) α-螺旋形构象。许多天然蛋白质中，由于氨基酸侧链 R 基比较大，不利于每条肽链用氢键与相邻两条肽链相联结，这时每条肽链可用不同部位之间的氢键而使肽链盘成螺旋形。这就是 α-螺旋形构象(图 16-3)。例如，X 射线衍射实验表明，α-角蛋白的每条肽链都盘成螺旋形。

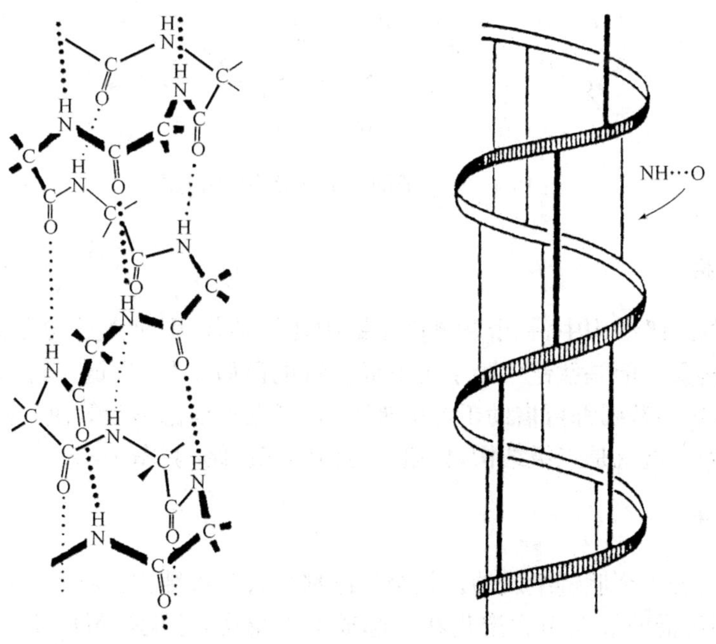

图 16-3　蛋白质 α-螺旋形构象示意图

(2) β-折叠形构象。可以这样来考虑，一个肽链完全伸展呈平面锯齿形排列时，肽链中侧链上的 R 基沿肽链呈反式排列：

如果 R 基比较小或中等，每条肽链就可通过氢键与相邻的肽链相连，形成平面片层结构。但由于两条肽链间 R 基团相互排斥，使这种平面片层结构转变成为折叠形结构，这就是 β-折叠形构象(图 16-4)。例如，丝心蛋白的结构就是 β-折叠形构象。

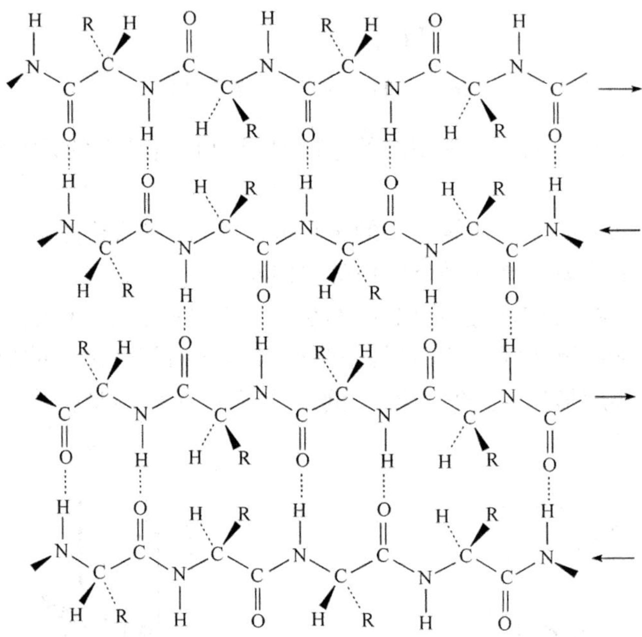

图 16-4　蛋白质的 β-折叠形构象示意图

3. 三级结构

在蛋白质的二级结构中，一个肽链由于链中氢键的作用，使整个分子绕成螺旋形，这就是 α-螺旋形构象。但是肽链中除了可形成氢键的酰胺键外，侧链上还含有羟基、巯基、羧基及氨基等，这些基团都可借助于静电吸引力、氢键和范德华力等使 α-螺旋形构象之间按一定构象排列。这就是三级结构，如肌红蛋白的三级结构(图 16-5)。

4. 四级结构

蛋白质是由若干个肽链组成的。每个肽链都具有三级结构。具有三级结构的肽链称为亚基，亚基间可借助静电引力聚集在一起成为聚集态，这就是蛋白质的四级结构。例如，马血红蛋白的四级结构是由四个亚基构成的，每一个亚基由一条螺旋链和一个血红素构成(图 16-6)。

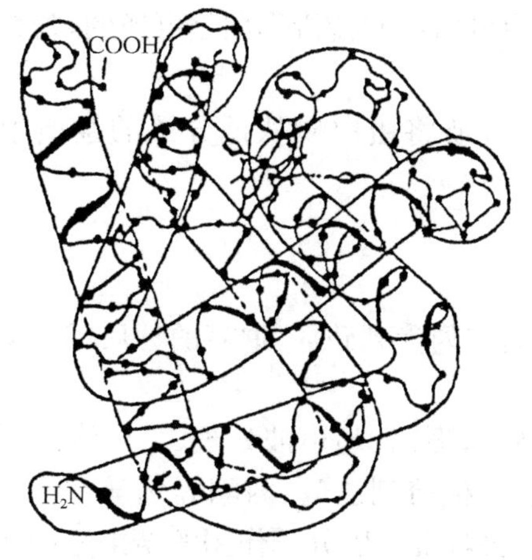

图 16-5 肌红蛋白的三级结构

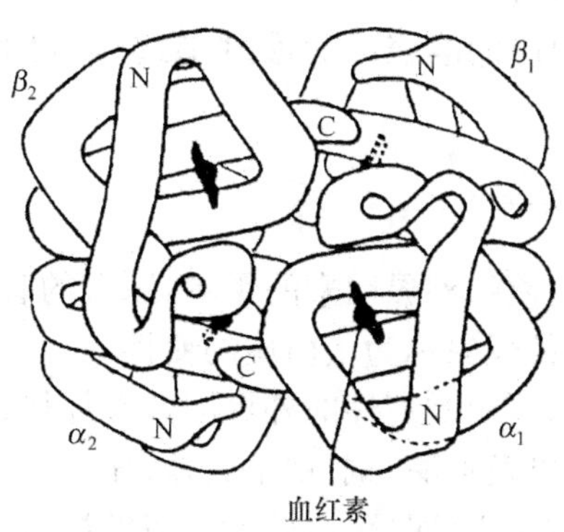

图 16-6 马血红蛋白的四级结构示意图

16.4.2 蛋白质的性质

1. 偶极离子和等电点

蛋白质是多种氨基酸按一定顺序以肽键相连的高分子化合物。在蛋白质分子的 C 端是 COO^- 负离子，N 端是 $\overset{+}{N}H_3$ 正离子，因此蛋白质分子也是偶极离子。组成蛋白质的氨基酸有三类：中性氨基酸、酸性氨基酸和碱性氨基酸。例如，赖氨酸、精氨酸和组氨酸分子中氨基多于羧基，是碱性氨基酸，在溶液中呈碱性电离。谷氨酸和天门冬氨酸分子中的羧基多于氨基，是酸性氨基酸，在溶液中呈酸性电离。此外，还有些氨基酸分子中含有巯基(—SH)或羟基(—OH)等，对溶液的酸、碱性都有一定影响，所以蛋白质的电离情况比氨基酸复杂得多。但是蛋白质在强碱性溶液中仍以负离子存在，而在强酸性溶液中以正离子存在，所以蛋白质也有等电点。不同的蛋白质具有不同的等电点。在等电点时，正离子和负离子的量相等，在电场中不发生迁移，蛋白质在水中的溶解度最小，容易析出。利用这些性质可分离蛋白质。

2. 蛋白质溶液

纤维状蛋白质是不溶于水的，球状蛋白质是溶于水的。但是由于蛋白质分子很大，球状蛋白质的水溶液是呈胶状的。由于蛋白质分子表面具有—$\overset{+}{N}H_3$、—COO^-、—OH、—SH、—CONH—等亲水基团，所以它们都能与水形成氢键，吸附水分子。这样，每一个蛋白质分子的表面都被水层包围着，从而增强了蛋白质溶液的稳定性。但是，如果在蛋白质溶液中加入脱水剂除去水层，结果蛋白质分子会凝集而从溶液中析出。如果改变溶液的 pH，使其达到等电点，蛋白质分子也会从溶液中沉淀出来，所以蛋白质溶液的稳定性是有条件的、相对的。

许多无机盐，如硫酸铵、硫酸镁等加入到蛋白质溶液中，蛋白质就从溶液中沉淀出来，这种作用称为盐析。盐析作用对所有的蛋白质溶液都是存在的，即用浓的无机盐都会使蛋白质从溶液中沉淀出来。但不同的蛋白质从溶液中沉淀出来所需无机盐的最低浓度是不同的。利用这一性质可分离不同的蛋白质，因为蛋白质的盐析作用是可逆的，盐析出来的蛋白质可再溶于水，不影响其性质。

蛋白质的溶胶不能透过半透膜，可利用这一性质将蛋白质从低分子的杂质中分离出来。

3. 变性

蛋白质受外界因素的影响，原有的有序的空间排列受到破坏，原有的性质部分或全部丧失，这种现象称为蛋白质的变性。

影响蛋白质变性的外界因素有加热、干燥、高压、振荡、超声波处理、X 射线照射等物理方法，以及加酸、碱、重金属盐、尿素、三氯乙酸、有机溶剂乙醇、丙酮等化学方法。这些方法影响最大的是蛋白质的二级结构。即这些方法对蛋白质分子作用的结果是破坏了蛋白质肽链中或肽链间的氢键，使蛋白质的性质发生了根本的变化。例如，蛋白质的溶解度降低，黏度增大和生物活性消失等。

4. 水解

蛋白质在酸、碱或水解酶的催化作用下，可发生水解反应，使蛋白质中的肽键断裂生成多肽、二肽，最后生成 α-氨基酸。可用 van Slyke 测定自由氨基的方法判断水解是否完全。当水解完全时，自由氨基氮是恒定的。

5. 显色反应

蛋白质分子中不同的氨基酸和不同的氨基酸残基（ —CO—NH— ）可与不同的试剂产生显著的显色反应，可用这些反应定性或定量地鉴定蛋白质。

1）茚三酮反应

茚三酮水合物与 α-氨基酸一起加热时可生成蓝紫色物质，因此蛋白质与茚三酮也有此显色反应。

2）黄色反应

带有苯环氨基酸的蛋白质遇到浓硝酸后即变成黄色，这是这类蛋白质的黄色反应。例如，苯丙氨酸、酪氨酸和色氨酸分子中都有苯环，当蛋白质肽链中带有这类氨基酸时，遇浓硝酸都变成黄色，显然是由于在苯环上发生硝化反应而生成硝基化合物。

3）双缩脲反应

在多肽或蛋白质的氢氧化钠溶液中，加入少量稀硫酸铜溶液时，溶液变成紫色或粉红色。这种反应称双缩脲反应。

16.5 核　　酸

核酸是从细胞核中分离得到的一种生物高分子化合物，因具有酸性，故称核酸。核酸不仅存在于细胞核中，也存在于细胞质中，特别是在细胞质的质粒中核酸含量丰富。核酸是以核蛋白的形式存在于细胞中的，核蛋白是由核酸和蛋白质结合而成的。如果将核蛋白进行水解,可得蛋白质和核酸。核酸用稀酸或稀碱进行水解,先生成核苷酸,核苷酸继续水解可得到核苷和磷酸,核苷再水解得到戊糖和杂环碱:

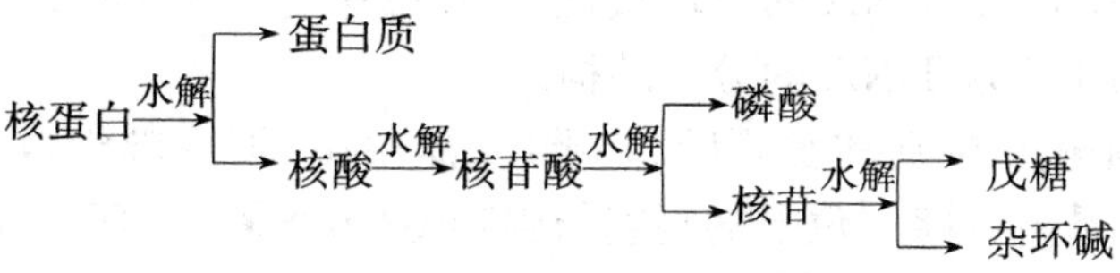

核蛋白 →(水解) 蛋白质 + 核酸;核酸 →(水解) 核苷酸 →(水解) 磷酸 + 核苷;核苷 →(水解) 戊糖 + 杂环碱

从这里即可看出核酸的组成。

核酸分为两类:一类存在于细胞质中的核酸称为核糖核酸(ribonucleic acid,简写 RNA),另一类存在于细胞核中的核酸称为脱氧核糖核酸(deoxyribonucleic acid,简写 DNA)。

将核糖核酸和脱氧核糖核酸分别进行彻底水解,可得到如下化合物:

核糖核酸(RNA)彻底水解产物为核糖,磷酸,杂环碱是腺嘌呤、鸟嘌呤、胞嘧啶、尿嘧啶。

脱氧核糖核酸(DNA)彻底水解产物为脱氧核糖,磷酸,杂环碱是腺嘌呤、鸟嘌呤、胞嘧啶、胸腺嘧啶。

可见核酸中杂环碱都是嘌呤和嘧啶的衍生物。它们的结构式如下:

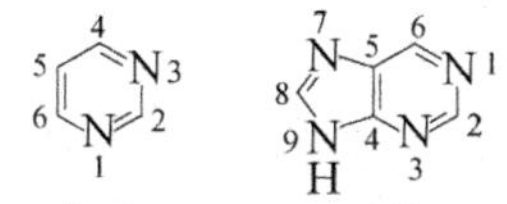

嘧啶　嘌呤

嘧啶的衍生物有尿嘧啶、胞嘧啶和胸腺嘧啶:

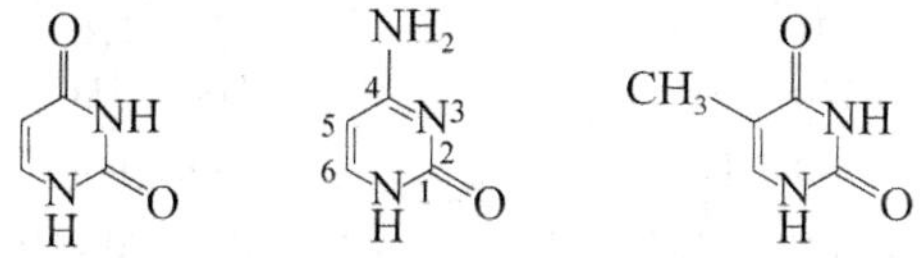

尿嘧啶　胞嘧啶　胸腺嘧啶

嘌呤的衍生物有腺嘌呤和鸟嘌呤:

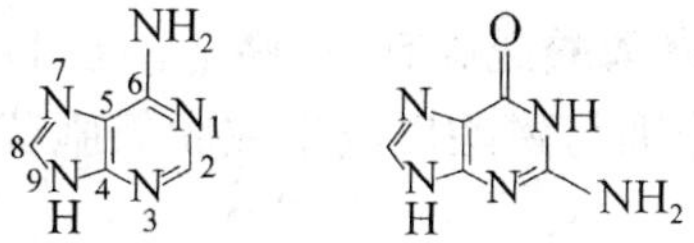

腺嘌呤　鸟嘌呤

核酸中的核糖和脱氧核糖都是 D-戊醛糖,其开链式和氧环式结构为

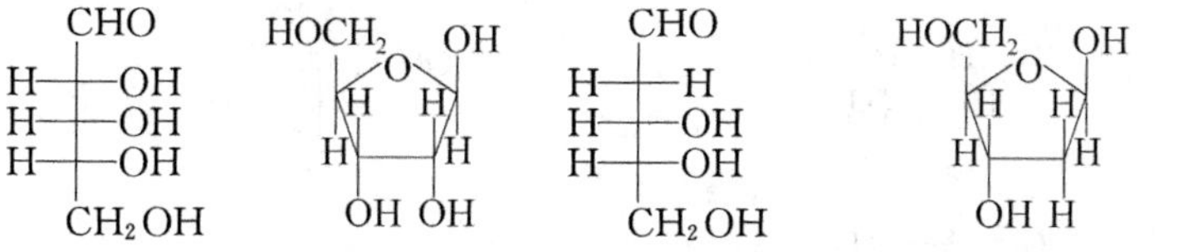

D-(−)-核糖　β-D-呋喃核糖　2-脱氧-D-核糖　β-2-脱氧-D-呋喃核糖

16.5.1 核苷和核苷酸

核酸是由许多个核苷酸聚合而成的,因此核酸又称为多核苷酸。核苷酸是由核苷和

磷酸形成的酯，即由核苷中核糖(或脱氧核糖)3′、5′位上的羟基分别与磷酸形成的酯。而核苷则由核糖或脱氧核糖与杂环碱组成。了解了核酸、核苷酸、核苷、核糖和杂环碱之间的关系，加上组成 RNA 和 DNA 的杂环碱，就很容易写出组成 RNA 和 DNA 的核苷和核苷酸，进而可写出 RNA 和 DNA 的分子结构。

RNA 的核苷是核糖分别和腺嘌呤、鸟嘌呤、胞嘧啶、尿嘧啶组成的。X 射线分析证实，RNA 中的核苷是由核糖 1′位上的羟基与腺嘌呤(或鸟嘌呤)环上 9 位或胞嘧啶(或尿嘧啶)环上 1 位氮原子上的氢失水而形成的。

胞嘧啶核苷(胞苷)　　腺嘌呤核苷(腺苷)

DNA 中的核苷则是脱氧核糖分别与腺嘌呤、鸟嘌呤、胞嘧啶和胸腺嘧啶构成的，形成对应的脱氧核苷。例如：

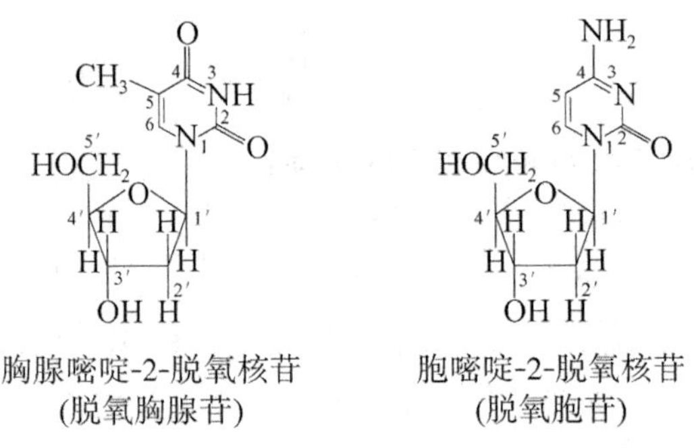

胸腺嘧啶-2-脱氧核苷(脱氧胸腺苷)　　胞嘧啶-2-脱氧核苷(脱氧胞苷)

核苷酸是由核苷与磷酸生成的酯。例如，在 RNA 的腺苷上核糖上的 3′或 5′位上的羟基可分别与磷酸生成腺苷-3′-磷酸或腺苷-5′-磷酸。在 DNA 的胞嘧啶-2-脱氧核苷上核糖中的 3′或 5′位上的羟基可分别与磷酸反应生成脱氧胞苷-3′-磷酸或脱氧胞苷-5′-磷酸。

腺苷-3′-磷酸(3-腺嘌呤核苷酸)(腺苷酸)　　腺苷-5′-磷酸(5-腺嘌呤核苷酸)

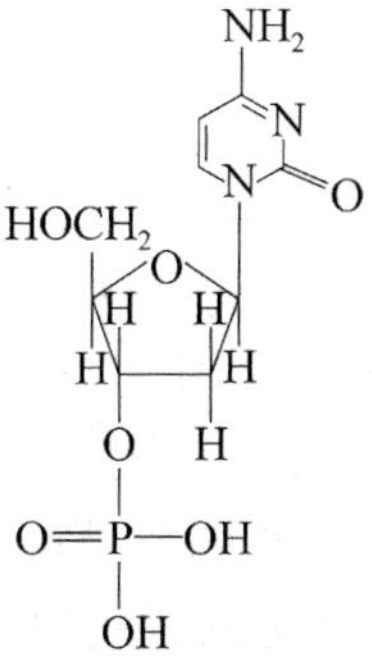

脱氧胞苷-3′-磷酸 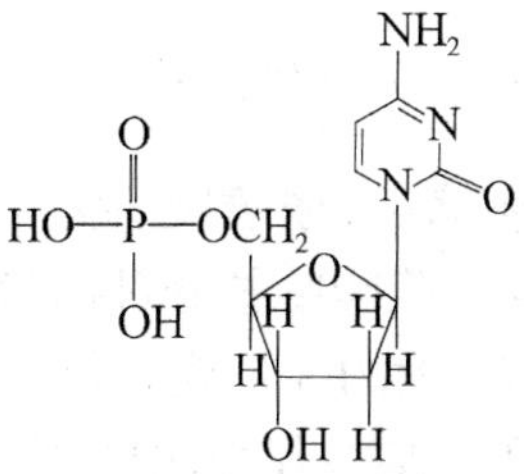　　　　脱氧胞苷-5′-磷酸

16.5.2 核酸的结构

核酸分为两类即脱氧核糖核酸(常用 DNA 表示)和核糖核酸(常用 RNA 表示)。

1. DNA 分子结构——一级结构

(1) 脱氧核糖分别和胞嘧啶、胸腺嘧啶、腺嘌呤、鸟嘌呤形成 4 个核苷，即胞嘧啶-2-脱氧核苷(脱氧胞苷)、胸腺嘧啶-2-脱氧核苷(脱氧胸腺苷)、腺嘌呤-2-脱氧核苷(脱氧腺苷)、鸟嘌呤-2-脱氧核苷(脱氧鸟苷)。

(2) 4 个核苷中糖基上的 3′位或 5′位上的羟基与磷酸作用生成脱氧核糖磷酸酯(核苷酸)。生成的 4 个核苷酸是胞嘧啶核苷酸、胸腺嘧啶核苷酸、腺嘌呤核苷酸和鸟嘌呤核苷酸。

(3) 一个核苷酸的脱氧核糖基 5′位上的磷酸与另一个核苷酸的脱氧核糖基 3′位上的羟基通过形成的磷酸二酯键将二者连接起来。这种磷酸二酯键是核酸结构中具有特色的部分，常用符号 C-3′-O-P-O-C-5′表示。DNA 分子部分一级结构如图 16-7。

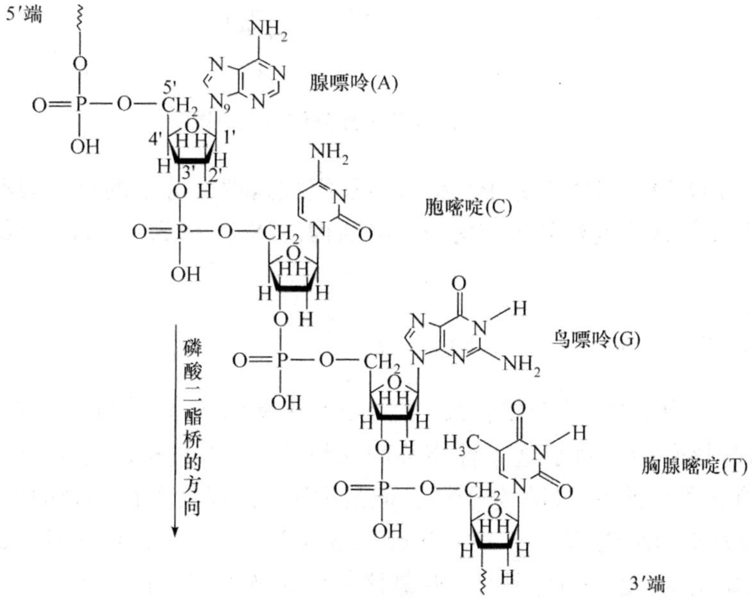

5′端　腺嘌呤(A)　胞嘧啶(C)　鸟嘌呤(G)　胸腺嘧啶(T)　磷酸二酯桥的方向　3′端

图 16-7　DNA 分子部分结构示意图

2. RNA 分子结构——一级结构

(1) 核糖分别和胞嘧啶、尿嘧啶、腺嘌呤和鸟嘌呤形成 4 个核苷，即胞嘧啶核苷(胞苷)、尿嘧啶核苷(尿苷)、腺嘌呤核苷(腺苷)和鸟嘌呤核苷(鸟苷)。

(2) 4 个核苷中糖基上的 3′位或 5′位上的羟基与磷酸作用，生成核糖磷酸酯(核苷酸)。生成的 4 个核苷酸是胞嘧啶核苷酸、尿嘧啶核苷酸、腺嘌呤核苷酸和鸟嘌呤核苷酸。

(3) 一个核苷酸核糖基 5′位上的磷酸与另一个核苷酸的核糖基 3′位上的羟基通过形成的磷酸二酯键将二者连接起来。分子中的磷酸二酯键也常用符号C-3′-O-P-O-C-5′表示。RNA 分子部分一级结构如图 16-8。

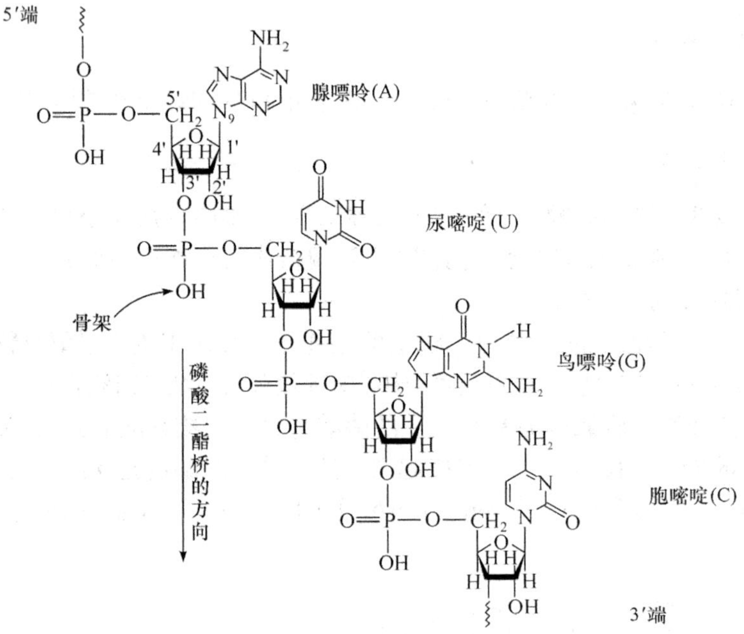

图 16-8　RNA 分子部分结构示意图

前面讨论的 DNA 和 RNA 分子结构只涉及组成这两个分子的核苷酸种类和排列顺序(或称碱基顺序)，常称这种分子结构为一级结构。DNA 和 RNA 的一级结构决定了它们的基本性质。

3. DNA 的二级结构

组成 DNA 分子链的有 4 个核苷酸，它们是胞嘧啶核苷酸、胸腺嘧啶核苷酸、腺嘌呤核苷酸和鸟嘌呤核苷酸。由于这 4 种核苷酸在组成 DNA 分子时有多种可能的排列顺序，因而也就有多种可能的 DNA 分子链。但是 DNA 是以两条链结合的形式存在的，通过 X 射线衍射分析的研究，Watson 和 Crick 提出 DNA 分子中的两条链是通过氢键结合在一起的双螺旋结构(图 16-9)，即两条脱氧核糖核酸链以同一轴线按右旋相对盘绕成双螺旋结构，链上的碱基裹在双螺旋的内部，每两个碱基以氢键的形式形成一层阶梯。两条链上的碱基之间存在着构造互补性，腺嘌呤与胸腺嘧啶成对，形成两条氢键，鸟嘌呤与胞嘧啶成对，形成三条氢键，称为碱基对，这种碱基对称为互补碱基。

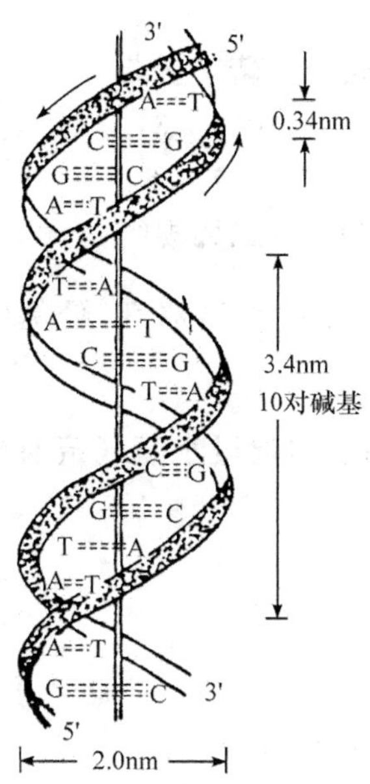

图 16-9 DNA 双螺旋二级结构示意图

脱氧核糖 脱氧核糖 T┄A 脱氧核糖 脱氧核糖 C┄G

胸腺嘧啶 (T) 腺嘌呤 (A) 胞嘧啶 (C) 鸟嘌呤 (G)

4. RNA 的二级结构

RNA 不同于 DNA，其差别如下：①RNA 是以单链、而不是以双螺旋形式存在；②RNA 分子链中的糖基是核糖，而不是 DNA 中的脱氧核糖；③RNA 中以尿嘧啶代替 DNA 中的胸腺嘧啶。

RNA 的二级结构比较复杂，已知部分还很少。

16.6 萜类化合物

萜类化合物是指由两个或多个异戊二烯碳骨架组成的化合物。异戊二烯碳骨架组成萜类化合物时，都是通过两个或多个异戊二烯的头-尾相连完成的。

$$\underset{头}{CH_2}=\overset{CH_3}{\overset{|}{C}}-CH=\underset{尾}{CH_2}$$

异戊二烯相连成链所组成的萜称开链萜。异戊二烯相连成环所组成的萜称环状萜。根据萜类分子中所包含的异戊二烯结构单位的数目，可将萜类化合物分为单萜、倍半萜、二萜、三萜等：

	单萜	倍半萜	二萜	三萜
碳原子数	10	15	20	30
异戊二烯单位	2	3	4	6

萜类化合物这种结构特征称为异戊二烯规则。

萜类化合物分子中一般都含有 C═C 双键、羟基(—OH)、羰基($>$C═O)、羧基(—COOH)等。

萜类化合物广泛存在于植物内，可通过水蒸气蒸馏或溶剂萃取得到。萜类化合物一般具有较大的挥发性和芳香气味。

常见的萜类化合物如下：

开链萜

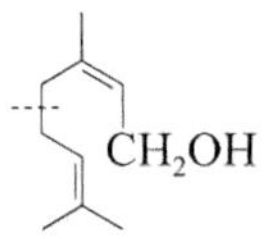

CH_2OH　　CH_2OH

橙花醇 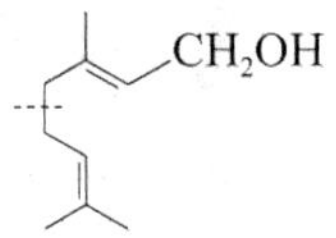　　香叶醇

环状萜

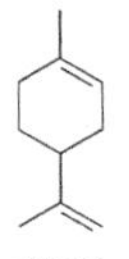

苧烯 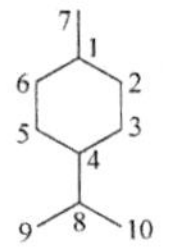　　对䓝烷 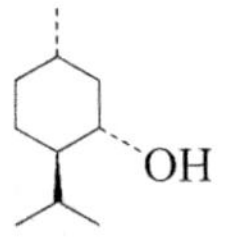　　薄荷醇 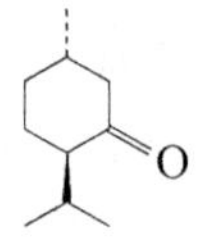　　薄荷酮

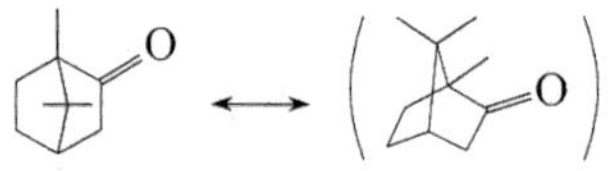

樟脑(莰酮) 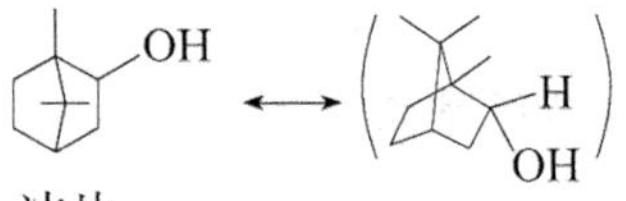　　冰片

二萜

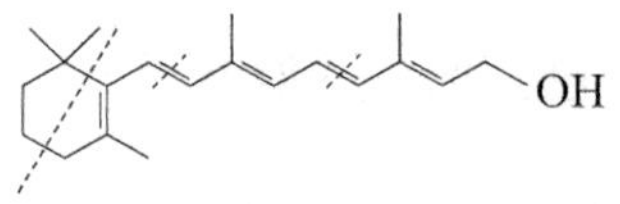

OH

萜类化合物由于易挥发和具有芳香味，所以在化妆品和医药等工业上有很大的用途。例如：

(1) 橙花醇，一种单萜醇，是香叶醇的反式异构体，存在于橙花油和玫瑰油中，无色液体，具有玫瑰和橙花的香气，其香味比香叶醇柔和、优雅，是一种贵重的香料。

(2) 香叶醇，一种单萜醇，是橙花醇的顺式异构体，存在于香叶油、香茅油、玫瑰油等中，是无色或淡黄色液体，有玫瑰的香味，主要用作香皂的香精。

(3) 薄荷醇，又称薄荷脑，是一种单萜醇，存在于薄荷油中，是无色透明晶体，具有杀菌和防腐作用，常用于制造清凉油、止痛药以及用作制造牙膏、糖果、饮料的香料。

（4）樟脑，一种环状萜酮，存在于樟脑油中，是无色或白色晶体，有樟木气味和辛辣味道，在常温易升华，所以常用作防蛀剂和防腐剂等。

（5）维生素 A，一种二萜醇，存在于蛋黄和鱼肝油中，是油溶性的黄色晶体，是动物生长所必需的物质。鱼肝油和胡萝卜素（在人体内转化为维生素 A）所制成的制剂可用来防治儿童发育不良、干眼症、夜盲症等。

16.7 甾族化合物

在自然界动植物体内，发现有一类化合物分子中都包含由 4 个环组成的碳骨架：

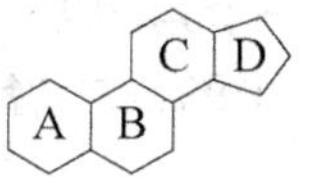

这 4 个环组成的碳骨架可被看成是由全氢化菲与环戊烷稠合而成，所以可以称为环戊烷并全氢化菲：

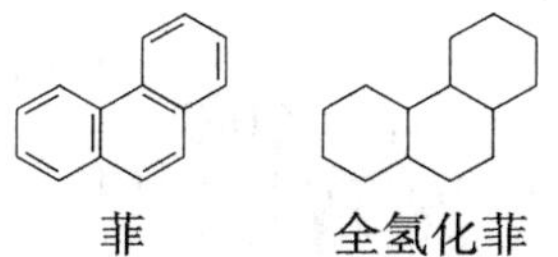

菲　　全氢化菲

分子中含有环戊烷并全氢化菲碳环骨架的化合物称为甾族化合物，所以甾族化合物可用如下结构通式表示：

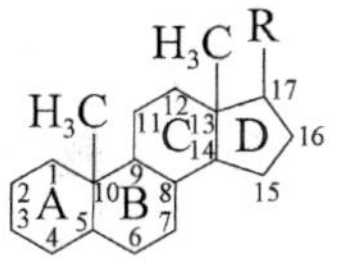

甾族化合物

甾族化合物分子中 4 个环可用 A、B、C、D 表示，环中碳原子位次编号如上所示。在 10 位和 13 位上的两个甲基称为角甲基，在 17 位上的 R 基因化合物不同而不同。

甾族化合物种类很多，最常见的是胆甾醇，通常称为胆固醇。其构造式为

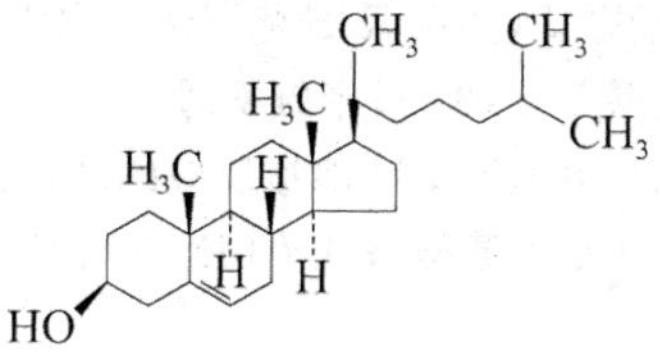

胆甾醇最早是从胆石中提取得到的，是一种无色或微黄色晶体。它以游离状态或酯的形式存在于人体或动物体内，尤其是在脑和脊髓中，当血液中胆固醇含量过高时，便会引起血管硬化及高血压等症状。

性激素是另一类甾族化合物，有雄性激素和雌性激素，它们是决定性特征的物质。其重要的代表物有

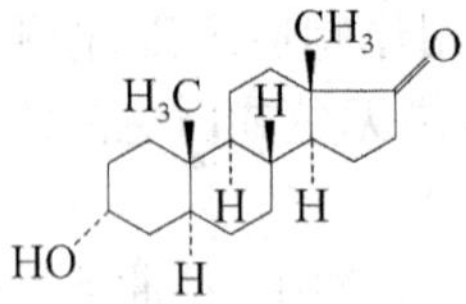

雄酮激素 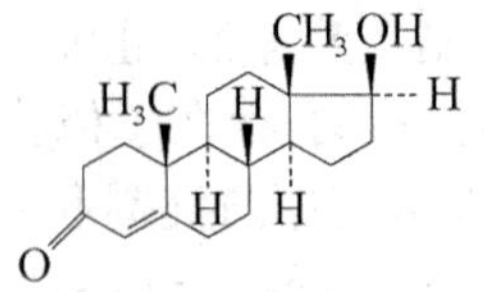　　　　睾丸酮激素

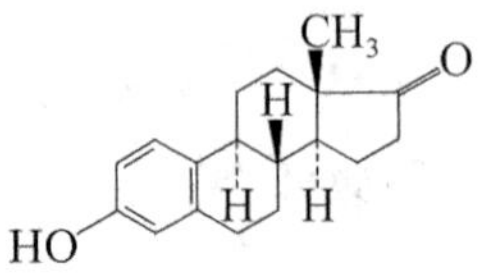

雌酮激素 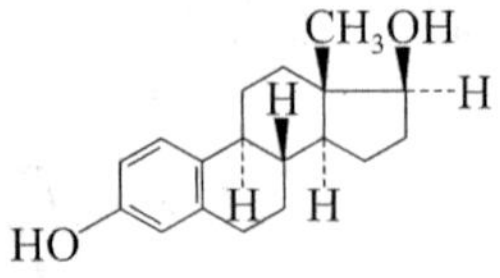　　　　雌二醇激素

从结构上讲，雄酮激素在 10 位有一个角甲基，A 环是饱和的，是一个仲醇；而雌酮激素在 10 位无角甲基，A 环是苯环，是一个酚。二者结构上的这一差异决定了动物的两性差别。

激素存在于动物的卵巢、胎盘、睾丸或尿中，含量极少，但却有非常强的生理活性。

可的松是一种肾上腺皮质激素，可用来治疗关节炎等疾病。其结构为

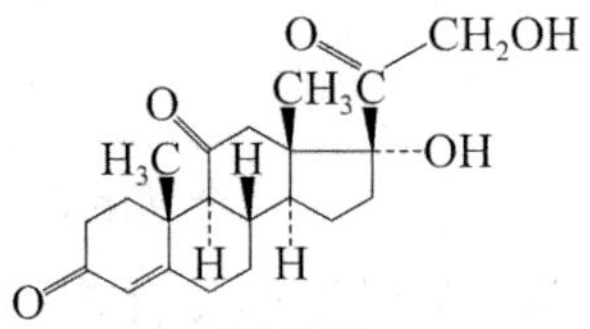

可的松

该化合物已可合成得到。

习　题

16-1　用 R/S 标记法给出下列 α-氨基酸的系统名称：

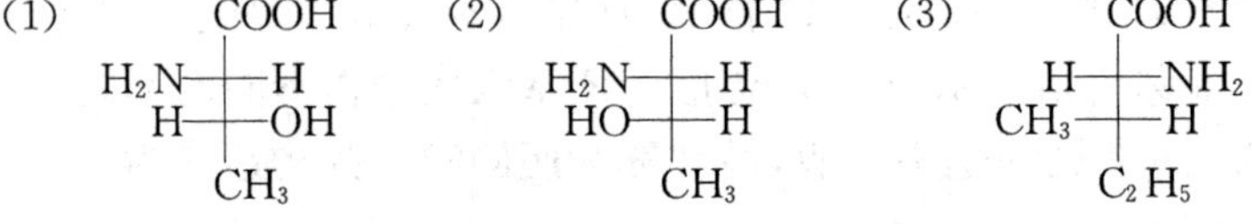

16-2　写出下列 α-氨基酸的费歇尔投影式，并用 R/S 标记法给出它们的构型：

(1) L-丙氨酸　(2) L-丝氨酸　(3) L-半胱氨酸

16-3　指出下列氨基酸分别与过量的 HCl、NaOH 溶液反应的产物：

(1) 脯氨酸　(2) 谷氨酸　(3) 苏氨酸　(4) 色氨酸

16-4　写出下列反应的产物：

(1) 天门冬氨酸＋热的 NaOH 溶液

(2) 酪氨酸＋溴水

(3) 脯氨酸＋碘甲烷(过量)

(4) 谷氨酸＋1mol $NaHCO_3$

(5) 丙氨酸＋$NaNO_2$＋HCl

(6) 甘氨酸＋CH_3CH_2OH＋H^+

16-5　写出下列化合物于 pH＝2、7 和 12 时，在水溶液中占优势的结构。

(1) 异亮氨酸　(2) 赖氨酸　(3) 天门冬氨酸　(4) 赖氨酰甘氨酸

16-6　写出含有 Ala、Gly 和 Phe 三种氨基酸的三肽的所有可能结构式。

16-7　一种五肽经部分水解生成下列三种三肽，试推测该五肽的结构。

Gly—Glu—Arg　　Glu—Arg—Gly　　Arg—Gly—Phe

16-8　一个多肽的分子式可表示如下：

Arg, Cys, Glu, Gly_2, Leu, Phe_2, Try, Val

将这个多肽部分水解后能生成下列三肽：

Val—Cys—Gly＋Gly—Phe—Phe＋Glu—Arg—Gly＋Try—Leu—Val＋Gly—Glu—Arg

试写出这个多肽的氨基酸连接顺序。

16-9　写出用 Merrifield 固相合成法合成 Phe—Ala—Leu 的有关步骤。

16-10　血管舒缓激肽是一个九肽，由下列氨基酸组成：两个精氨酸、一个甘氨酸、两个苯丙氨酸、三个脯氨酸和一个丝氨酸。应用 2,4-二硝基氟苯和酸肽酶水解，发现两个末端残基都是精氨酸；血管舒缓激肽部分酸性水解时，得到下列的二肽和三肽：

Phe—Ser＋Pro—Gly—Phe＋Pro—Pro＋Ser—Pro—Phe＋Phe—Arg＋Arg—Pro

写出血管舒缓激肽氨基酸的结合顺序。

16-11　DNA 和 RNA 在结构上有什么主要的区别?

第 17 章　有机化合物的来源和合成

17.1　石　　油

石油的组成非常复杂，主要是烃类的混合物，包括烷烃、环烷烃和芳香烃，其中的碳原子数目从 1～50 不等。

从地下开采出来的石油称原油，因地域不同、组成不同，所含杂质不同而出现不同的状态和色泽，稀的像清水，稠的像浆糊。色泽从无色透明到白色、黄色、淡黄绿、棕黄、暗绿、褐色和黑色等。例如，新疆的原油呈棕黄色，玉门的原油呈暗绿色，俄罗斯巴库的原油呈浅蓝色。

从地下开采出的原油一般不能直接用作石油化工原料，而需要经过一系列的加工处理使之生成各种石油产品，通常把这一过程称为石油的炼制或炼油。

17.1.1　石油的炼制和石油产品

从地下开采出来的石油一般都带有水和无机盐，所以在进行石油炼制时，必须先进行脱水和脱盐。

石油炼制的第一步是进行常压蒸馏，即在常压下加热已脱水和脱盐的原油。根据原油中不同组分的沸点不同，可将原油分为炼厂气、汽油、煤油、柴油和重油，得到不同的石油产品。

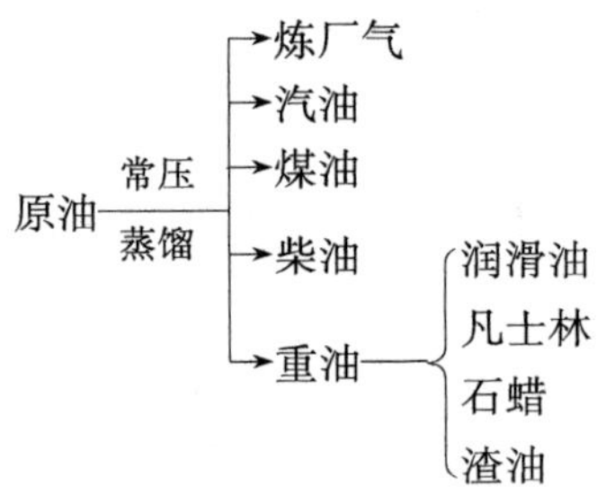

1. 三种气体

1) 天然气

蕴藏在地层内的可燃性气体称为天然气。天然气主要成分是甲烷，还有乙烷、丙烷、丁烷以及二氧化碳和硫化氢等。只包含甲烷和乙烷的天然气称为干气，包含甲烷、乙烷、丙烷、丁烷和高级烷烃的天然气称为湿气。

2) 油田气

与原油共生的天然气称油田气，伴随着开采石油从油井中喷出来，主要成分为甲烷、乙烷等低级烷烃。

3）炼厂气

原油在炼油厂加工成各种石油产品时所产生的气体称为炼厂气。炼厂气的组成见表17-1。

表 17-1　炼厂气的组成

气　体	体积分数/%	气　体	体积分数/%
氢气	12.4	丙烷	6.2
甲烷	44.8	丙烯	1.8
乙烷	22.6	$\geqslant C_4$ 的烷烃和烯烃	2.4
乙烯	9.5		

2. 轻油

轻油一般包括 $C_3 \sim C_{12}$ 的烃类。其沸点范围从初馏点到 280℃。轻油可细分为拔头油（直馏汽油 60℃以前的初馏分）、石脑油（直馏汽油 150～190℃的馏分）、汽油、溶剂汽油的抽余油（重整油中抽提出芳烃后剩下的部分，包括 $C_6 \sim C_8$ 的烷烃）。

3. 煤油和柴油

原油进行常压蒸馏时，一般把 130～300℃的馏分称为煤油，包括 $C_{11} \sim C_{16}$ 烷烃。而200～400℃的馏分称为柴油。柴油又分为轻柴油和重柴油。沸程在250～400℃的馏分称重柴油。此外，还有一种减压柴油，即对原油进行减压蒸馏所得 370～440℃的馏分。

4. 重油

从原油中蒸出汽油、煤油和柴油后剩余下来的部分称为重油。重油的沸程为 350～525℃。重油进行减压蒸馏可得润滑油（包括 $C_{16} \sim C_{20}$ 的烷烃、环烷烃）、凡士林、石蜡（包括 $C_{20} \sim C_{30}$ 的烷烃）和渣油（包括 $C_{30} \sim C_{40}$ 的更高级的烷烃）。

17.1.2　石油烃的裂解——乙烯、丙烯、丁二烯的制备

天然气、油田气、炼厂气、石脑油、柴油和原油等的主要成分是烃，因此常称之为石油烃。把石油烃中任何一个作为起始原料，在 750℃以上进行裂解反应，都可产生气体产物和液体产物。例如，石脑油在 750～830℃进行裂解反应，得到表 17-2 中的产物。

表 17-2　石脑油裂解产物和产率

气体产物	产率/%	气体产物	产率/%	液体产物	产率/%
氢气	1.0	丙烯	14.6	汽油	20.9
甲烷	15.5	丙烷	0.8	燃料油	4.6
乙烯	29.8	丁二烯	4.1		
乙烷	4.0	丁烯和丁烷	4.7		

由表 17-2 可以看出，一个石油化工厂，每年裂解 100 万吨石脑油可生产约 30 万吨乙

烯、14.5 万吨丙烯和 4 万吨丁二烯。因为石脑油是炼油厂加工原油所获得的一种油品，而石脑油的收率一般不超过原油量的 10%，所以 100 万吨的石脑油需要炼油厂加工原油约 1000 万吨。显然，石脑油的量受炼油厂加工原油的能力限制。为了摆脱石油化工厂生产乙烯等化工原料对炼油厂的依赖，发展了以原油为原料裂解生产乙烯的方法。但由于原油的组成较石脑油复杂，裂解技术要求较高，投资较大，产物也很复杂，所以一般不采用。世界上许多国家大都采用组成简单的炼厂气或以乙烷、丙烷、石脑油或柴油为原料来裂解生产乙烯等。

无论采用哪种原料进行裂解，所得裂解气其组成都包括：氢、乙烯、乙烷、乙炔、丙烯、丙烷、丙炔、丁烯、丁二烯、丁烷、少量的戊烯、戊烷、环戊二烯以及水蒸气、硫化物、一氧化碳、氮气、氧气等。从这种组成复杂的裂解气中，将乙烯、丙烯、丁二烯分离出来，作为基础原料，可合成出成千上万种石油化学产品。因为裂解气中除少量的 C_5 组分外都是沸点很低的气体，分离它们都是采用深度冷冻分离法（简称深冷分离法）。即将裂解气深度冷却至 −100℃以下，这时除氢、甲烷外，都变成了液体。除去氢、甲烷后再利用余下物的沸点差别将它们一个一个地分开，可获得很纯的乙烯、丙烯和丁二烯。一般说来，物质的沸点与外界压力有关。当压力增大时，沸点会随着升高，所以为了使冷却温度不致过低，深冷分离法常在加压下进行。

17.1.3　苯、甲苯和二甲苯的制备

1. 从焦炉气和煤焦油中分离

将煤放在炼焦炉内隔绝空气加热到 950～1050℃，煤即分解生成固体、液体和气体。这个过程称为煤的干馏。

固体产物是焦炭。焦炭主要用来冶炼钢铁。在有机化学工业上可用来制备乙炔。因为焦炭与生石灰加热到 2500～3000℃即生成碳化钙，俗名电石，电石与水反应即生成乙炔。不过此法耗电量大，污染环境，已不再采用。

$$CaO + 3C \xrightarrow{2500\sim3000℃} CaC_2 + CO$$

$$CaC_2 + 2H_2O \longrightarrow CH\equiv CH + Ca(OH)_2$$

液体产物是呈黑色黏稠的液体，称煤焦油。煤焦油是组成复杂的混合物，煤焦油可分馏成许多馏分，各馏分的组成可参见表 17-3。

表 17-3　煤焦油各馏分的组成

馏分名称	沸点范围/℃	主要成分	含量/%
轻油	<170	苯、甲苯、二甲苯等	0.4～0.8
酚油	170～210	苯酚、甲苯酚、二甲酚、均四甲苯、萘等	1.0～2.5
萘油	210～230	萘、甲基萘 、二甲基萘等	10～13
洗油	230～300	联苯、芴、苊等	4.5～6.5
蒽油	300～360	蒽、菲、䓛	20～27
沥青	>360	沥青、游离炭	54～56

气体产物称焦炉气，从中也可分离出苯、甲苯、二甲苯等。

所以，煤是苯、甲苯和二甲苯的一个来源。但煤焦油产率只相当于煤的3%，煤焦油内各种芳烃的粗产率仅相当于煤的0.3%左右。1t煤中仅可取得1kg苯，2.5kg萘等。显然这远远满足不了化学工业对芳烃的需要。20世纪40年代，一些国家把目光转向如何从石油中获取更多的芳烃的研究，并获得成功。

2. 石油烃的铂重整——芳构化反应

石油烃的 C_6～C_8 馏分，在铂催化剂的作用下，约在500℃、3MPa压力下进行脱氢、环化、异构化等反应，可生成苯、甲苯、二甲苯和乙苯等芳烃。常把链状烷烃裂解、异构化、关环、扩环等反应称为重整。因为重整是在铂催化剂作用下进行的，所以称为铂重整。而把脂肪族六元环化合物在铂等催化剂作用下加热脱氢生成芳香族化合物的反应称为芳构化反应。所以由石油烃 C_6～C_8 馏分，即己烷～辛烷，生成芳烃——苯、甲苯、二甲苯和乙苯的反应，包括铂重整和芳构化两类反应。

石油烃的铂重整和芳构化反应是工业上获得苯、甲苯、二甲苯和乙苯等芳烃的一个重要方法。其主要反应如下：

1）环烷烃脱氢生成芳烃

$$\text{环己烷} \xrightarrow{Pt} \text{苯} + 3H_2$$

$$\text{甲基环己烷} \xrightarrow{Pt} \text{甲苯} + 3H_2$$

2）环烷烃异构化脱氢生成芳烃

$$\text{甲基环戊烷} \xrightarrow{\text{异构化}} \text{环己烷} \longrightarrow \text{苯} + 3H_2$$

$$\text{1,2-二甲基环戊烷} \xrightarrow{\text{异构化}} \text{甲基环己烷} \longrightarrow \text{甲苯} + 3H_2$$

3）烷烃脱氢环化后芳构化生成芳烃

$$CH_3(CH_2)_4CH_3 \xrightarrow{\text{环化}} \text{环己烷} \longrightarrow \text{苯} + 3H_2$$

$$CH_3(CH_2)_5CH_3 \xrightarrow{\text{环化}} \text{甲基环己烷} \longrightarrow \text{甲苯} + 3H_2$$

$$CH_3(CH_2)_6CH_3 \longrightarrow \text{二甲基环己烷} + \text{乙基环己烷} \longrightarrow \text{二甲苯} + \text{乙苯} + H_2$$

3. 苯、甲苯和二甲苯的分离

1）溶剂抽提

由石油烃经铂重整和芳构化得到的芳烃中含有烷烃等杂质，因沸点相近，很难用蒸馏方法将它们分开,常采用溶剂抽提法将它们分离。通常采用二乙二醇醚、*N*,*N*-二甲基甲酰胺等溶剂将芳烃溶解,因烷烃不溶解,这样可将它们分离。除去烷烃后,得到的是苯、甲苯和二甲苯的混合物。

2) 蒸馏

用溶剂抽提后得到的苯、甲苯和二甲苯的混合物,由于苯(b. p. 80℃)、甲苯(b. p. 111℃)、二甲苯(邻二甲苯 b. p. 144℃,间二甲苯 b. p. 139℃,对二甲苯 b. p. 138℃)的沸点相差较大,因此用蒸馏法很容易将它们分离。蒸馏法依次蒸出苯、甲苯,余下的是三种二甲苯的混合物。

3) 三种二甲苯的分离

由于邻二甲苯(b. p. 144℃)的沸点与间二甲苯(b. p. 139℃)和对二甲苯(b. p. 138℃)的沸点相差5～6℃,因此用蒸馏法可将邻二甲苯分离出来。而间二甲苯、对二甲苯沸点相差1℃,用蒸馏方法很难分开,一般采用冷冻结晶法或吸附法将二者分离。

(1) 冷冻结晶法。间二甲苯熔点−48℃,对二甲苯熔点13℃,如果将这两种混合物冷却到13℃以下,对二甲苯就会呈固体析出,而间二甲苯仍呈液体,通过过滤可将对二甲苯分离出来,间二甲苯仍留在母液中,这就是冷冻结晶法。用此法仅能回收60%～65%的对二甲苯。

(2) 吸附法。选择一种固体吸附剂对间二甲苯和对二甲苯进行吸附,由于吸附剂对这两种二甲苯吸附能力不同,对二甲苯被吸附,间二甲苯不被吸咐,可将二者分开。把被吸附在固体吸附剂上的对二甲苯洗下来,再通过蒸馏可得到对二甲苯。用吸附法可回收95%的对二甲苯。

17.1.4　萘的制备

萘最早由煤焦油中提取得到,现在主要来自石油。石油烃经铂重整、蒸馏后的残余物中含有多量的甲基萘。甲基萘在催化剂钴钼的作用下,在580～760℃高温,脱去甲基得到萘。

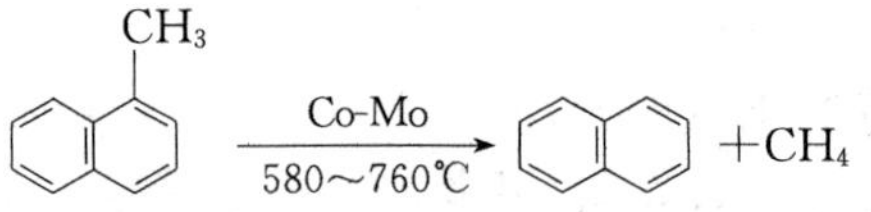

$$\text{(CH}_3\text{)} \xrightarrow[580\sim760℃]{\text{Co-Mo}} \quad +CH_4$$

通过以上方法可获得石油化学工业的8种基础原料:三烯(乙烯、丙烯、丁二烯),三苯(苯、甲苯、二甲苯),一炔(乙炔),一萘(萘)。由这8种基础原料可合成出成千上万种石油化学产品。

17.2　煤

17.2.1　煤的形成和分类

煤是由植物遗体经过生物化学和物理化学作用,演变而成的沉积矿物,蕴藏在地层之中。根据成煤植物和生成条件的不同,煤主要分为两类,即腐植煤和腐泥煤。

由高等植物演变而成的煤称为腐植煤。它是自然界分布最广，蕴藏量最大，用途最广的煤。近代的煤炭合理利用及其化学加工主要是建立在腐植煤基础上的。根据煤化程度的不同，腐植煤可分为四类：泥炭、褐煤、烟煤和无烟煤。它们的主要特征见表17-4。

表 17-4 四大类腐植煤的主要特征

特 征	煤 种			
	泥炭	褐煤	烟煤	无烟煤
颜色	棕褐色为主	从褐色到黑褐色	黑色	灰黑色
光泽	无	大多数较暗	有一定光泽	有金属光泽
外部条带	有原始植物残骸	条带不明显	呈条带状	无明显条带
燃烧现象	有烟	有烟	多烟	无烟
水分	很大量	大量	不多	不多
密度	最低	较高	更高	最高
硬度	很低	有一定硬度	较高	最高
化学组成	含有糖类、植物残骸、腐植酸（从无到有）	不含糖类、植物残骸、有腐植酸（从多到少）	无腐植酸，为腐殖质	
NaOH 溶液染色		极黑	不染色	
稀硝酸溶液染色		鲜黄色到红褐色	不染色	

由低等植物和少量浮游生物形成的煤称为腐泥煤，包括藻煤和胶泥煤等。

腐植煤和腐泥煤二者主要特征见表 17-5。

表 17-5 腐植煤与腐泥煤的主要特征

特 征	腐植煤	腐泥煤
颜色	褐色和黑色，多数为黑色	多数为褐色
光泽	光亮者居多	暗
用火柴点火	不燃烧	燃烧，有沥青气味
氢含量/%	一般<6	一般>6
低温干馏焦油产率/%	一般<20	一般>25

人们通常所讲的煤就是腐植煤。

17.2.2 煤的组成和结构

1. 煤的组成

煤是由有机物和无机物两部分组成。有机物主要是由碳、氢、氧、氮、硫等元素组成的复杂的高分子化合物，是煤的主要组成部分，也是煤碳加工利用的主要对象。无机物包括矿物质和水分。矿物质一般由各种硅酸盐矿物、碳酸盐矿物、硫酸盐矿物、金属硫化物矿物和硫酸亚铁矿物等组成,含量的变化范围很大,为 2%～40%。其化学组成极为复杂,包含的元素达 60 种以上,几乎包含了地球上所有的元素。

植物是成煤的重要的原始物质。植物的种类不同,其含有的有机物组分也不同,导致成煤的煤质的元素组成有很大的不同。

高等植物是指有根、茎、叶等器官的分化,能形成高大的乔木具有粗壮的根和茎的植物。其组成则以纤维,半纤维素和木质素为主。低等植物是由单细胞或多细胞构成的丝状和片状的植物体,没有根、茎、叶等器官的分化,如细菌和藻类。其主要组成为蛋白质、碳水化合物、脂肪等。

若成煤的原始物质主要是植物的根、茎等木质纤维素组织,则煤的氢含量就比较低。如果是由含脂类化合物多的角质层、木栓层、树脂、孢粉所形成的煤,则其氢含量就高。若由藻类形成的煤其氢含量就更高。

煤和石油等液体烃类主要差别在于煤的 H/C 比石油原油、汽油低很多,比沥青低一些。因此,要使煤液化转变为石油原油等需要深度加氢,这需要复杂的工艺和设备,也需要较大的资金投入。现将煤和液体烃类有代表性的组成列于表17-6 中。

表 17-6　煤和液体烃类有代表性的组成

元　素	无烟煤	中挥发分烟煤	高挥发分烟煤	褐　煤	煤焦油沥青	甲　苯	石油原油	汽　油	甲　烷
C	93.7	88.4	80.3	72.7	87.43	91.3	83.87	86	75
H	2.4	5.0	5.5	4.2	6.5	8.7	11.14	14	25
O	2.4	4.1	11.1	21.3	3.5				
N	0.9	1.7	1.9	1.2	2.2		0.2		
S	0.6	0.8	1.2	0.6	0.37		1.0		
H/C	0.31	0.68	0.82	0.86	0.9	1.14	1.76	1.94	4

2. 煤的结构

根据煤的物理性质和化学性质,可知煤的主体结构是三维空间的聚合物结构。该聚合物不是由均一的单体聚合而成,而是由许多结构相似但又不完全相同的“结构单元”通过桥键联结而成。

“结构单元”通常分为两部分即核心和外围。

“结构单元”核心为缩合芳香环。“结构单元”的外围为烷基侧链,例如甲基,乙基,丙基等,和官能团例如酚羟基,羰基等。氧、硫、氮原子还分别以醚键、杂环、巯基、硫醚、噻吩、吡啶、吡咯、胺基、亚胺基等形式存在。

“结构单元”之间的桥键通常为—CH_2—、—CH_2—CH_2—、—O—等。

由于煤的特别的复杂性,多样性和不均一性,对其确切的“结构单元”尚不清楚,为了描述其结构情况,常采用若干“结构参数”如芳香度,环缩合度指数等来综合性地描述“结构单元”的平均结构特征。

由于至今无法分离出或鉴定出构成煤的全部化合物，因此难以确切了解煤的分子结构。

3. 煤的化学结构模型

煤的化学结构模型是根据求得的煤结构参数进行推断和假设提出来的。至今已提出来的模型有数十个，反映了各个时期对煤结构的认识水平。美国 Wiser 提出的煤的化学结构模型被认为是比较全面、合理的模型，基本上反映了煤化学结构研究的新进展，可以解释煤的热解、加氢、氧化和水解等许多化学反应，故在文献上被引用最多。

图 17-1 是经过平均化和平面化后的烟煤的结构示意图。从图 17-1 中可看出，作为煤的结构单元的缩合芳环的环数有多有少，有的芳环上还有氧、氮、硫等杂原子，结构单元之间的桥键为碳碳键、碳氧键、碳硫键等。

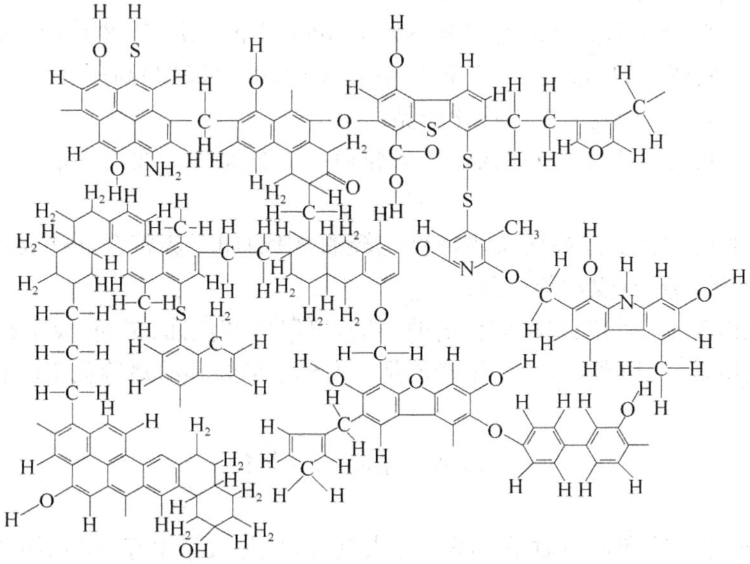

图 17-1 烟煤的结构示意图

17.2.3 煤变油——煤的加氢液化

煤和石油在组成、化学结构和性质上有很大的不同。石油是烃的混合物，相对分子质量为几百，石油中的 H/C 原子比很高，从 4(甲烷)到 1.76(石油原油)。室温下为油脂状液体。煤是以“缩合芳环为主体的带有烷基侧链和多种官能团”的“结构单元”通过桥键联结而成的聚合物。其相对分子质量尚未确定，一般认为是数千，煤中的 H/C 原子比很低，从 0.3(无烟煤)到 0.86(褐煤)。室温下为黑色固体。二者的差别意味着要使固体的煤转化为液体油，必须破坏煤的结构使成为类似油的小分子，同时增加小分子中的 H/C 原子比，使其和油中的 H/C 原子比相近似。煤的加氢和同时发生的热裂可实现煤的转化。煤加氢是在高温(420～470℃)、高压(6～30MPa)下进行的。在高温煤结构中的化学键断裂成为小的基团，加氢可使小的基团变成稳定的小分子。加氢可使芳环变成环烷烃，在高温进一步热裂变成小分子。在整个加氢反应中可提高产品中的 H/C 原子比。所以在煤转化成液体油的过程中，充足的加氢是成功的关键。

一般认为煤加氢，热裂反应为自由基反应。煤在热分解过程中生成了自由基，这些自由基从供氢溶剂中取得氢而生成比煤相对分子质量小的产品：

$$\text{煤} \xrightarrow[\text{降解}]{\text{加热}} \text{R}\cdot$$

$$\text{R}\cdot + \text{H(供氢溶剂)} \longrightarrow \text{RH}$$

当供氢溶剂不足时，自由基碎片可重新结合生成半焦：

$$\text{R}\cdot + \text{R}\cdot \xrightarrow{\text{缩聚}} \text{R—R(半焦)}$$

煤加氢液化生产过程分为 4 个步骤：

(1) 煤浆制备。煤经过干燥，粉碎至小于 0.1mm 以下，与溶剂，催化剂一起制成煤浆。

(2) 反应。将煤浆打入高压反应釜中，在高温(420～470℃)高压(6～30MPa)下进行加氢反应，生产以液态烃类为主的液化产品。

(3) 分离。将反应生成的液态油，气态烃和残渣分离开。取出重油作为循环溶剂制煤浆用。

(4) 液化油提质加工。根据需要将液化轻油，中油加工成符合环保要求和产品质量标准的汽油、柴油和航空煤油等成品。

煤的液化由于采用的工艺和催化剂的不同，可以生产汽油、柴油、液化石油气、喷气燃料，可提取苯、甲苯、二甲苯，也可以生产乙烯、丙烯、α-烯烃和石蜡等化工原料和产品。

17.3　油　　脂

油脂、碳水化合物和蛋白质是人类的三大食物，也是人类生存所必不可缺的物质。油脂来源充足、再生快，由它生产出的产品易被生物降解，对环境无污染，是 21 世纪生产医药用品、化妆用品、洗涤用品等理想的原料。

油脂的组成为多种高级羧酸的甘油酯。各类油脂组成中的高级脂肪酸是不同的，它们都是偶数碳的酸，从丁酸到二十二酸，其中有饱和脂肪酸、不饱和脂肪酸。将不同的油脂进行水解或皂化反应，可得到多种高级脂肪酸。将不同的油脂进行催化加氢，可得到多种高级醇，所以油脂是工业上制备高级羧酸和高级醇的主要原料。

17.3.1　十二酸、十四酸和十二醇、十四醇

椰子油是 C_8～C_{18} 高级脂肪酸的甘油酯，其中十二酸含量为 45%～51%，十四酸含量为 17%～20%，所以工业上常以椰子油为原料，生产十二酸、十四酸和十二醇、十四醇。

将椰子油、水和催化剂加入高压釜中，在约 250℃、5MPa 压力下进行水解，即可得到

高级脂肪酸和甘油。

$$\begin{array}{l}CH_2OCOR\\|\\CHOCOR'\\|\\CH_2OCOR''\end{array} + H_2O \xrightarrow[\sim 250℃,\ 5MPa]{催化剂} \begin{array}{l}CH_3(CH_2)_{10}COOH(45\%\sim51\%)\\CH_3(CH_2)_{12}COOH(17\%\sim20\%)\end{array} + \begin{array}{l}CH_2—OH\\|\\CH—OH\\|\\CH_2—OH\end{array}$$

椰子油

这是工业上生产十二酸和十四酸的方法。

十二酸为白色针状结晶，熔点 44℃，沸点 225℃(100mmHg)。十四酸为白色蜡状结晶，熔点 54.4℃，沸点 326.2℃，可用蒸馏方法将十二酸分离出来。所以市场出售多为十二酸和十四酸的混合物，也有较纯的十二酸和十四酸出售。

将椰子油在铜-铬催化剂作用下，在 300℃、约 13MPa 压力下加氢，可得到含量约 15%的 C_8～C_{10}醇、70%的 C_{12}～C_{14}醇、12%的 C_{16}～C_{18}醇。

$$\begin{array}{l}CH_2OCOR\\|\\CHOCOR'\\|\\CH_2OCOR''\end{array} + H_2 \xrightarrow[300℃,\ \sim13MPa]{Cu\text{-}Cr} \begin{array}{ll}CH_3(CH_2)_{6\sim8}CH_2OH & (15\%)\\CH_3(CH_2)_{10\sim12}CH_2OH & (70\%)\\CH_3(CH_2)_{14\sim16}CH_2OH & (12\%)\end{array} + \begin{array}{l}CH_2—OH\\|\\CH—OH\\|\\CH_2—OH\end{array}$$

这是工业上生产十二醇和十四醇的方法。

17.3.2 十六酸和十六醇

十六酸又称棕榈酸或软脂酸，是白色鳞片固体，熔点 63～64℃，沸点 351.5℃(100mmHg)，只在棕榈油(含量约为 40%)和乌桕油(含量约为 60%)中含量较高，所以工业上常用棕榈油或乌桕油进行水解反应来生产十六酸。

$$\begin{array}{l}CH_2OCOR\\|\\CHOCOR'\\|\\CH_2OCOR''\end{array} + H_2O \longrightarrow \begin{array}{ll}CH_3(CH_2)_{14}COOH & (34\%\sim43\%)\\CH_3(CH_2)_7CH{=}CH(CH_2)_7COOH & (38\%\sim40\%)\\\vdots & \end{array} + \begin{array}{l}CH_2—OH\\|\\CH—OH\\|\\CH_2—OH\end{array}$$

棕榈油

将水解产物经分馏和压榨分离不饱和酸(油酸)后，重结晶即可得到十六酸。

十六醇又称鲸蜡醇或棕榈醇，白色结晶，熔点 50℃，沸点 344℃，最早由鲸蜡皂化反应制得。

$$CH_3(CH_2)_{14}COOC_{16}H_{33} \xrightarrow[H_2O]{NaOH} CH_3(CH_2)_{14}COONa + CH_3(CH_2)_{14}CH_2OH$$

鲸蜡

工业上用油脂(如棕榈油)还原得到。

17.4 有机合成

在前面已经介绍了许多官能团的化学性质(或称官能团反应)，例如烯烃 C═C 双键的性质，卤代烃的 C—Cl 键的性质，醛酮的 $\rangle C{=}O$ 键的性质等。利用这些典型的官能团性质进行有机反应或称官能团反应，就可合成出许多重要的有机化合物。这个过程就称有机合成。例如，在前节中介绍过的，从石油化工厂得到的 8 种基础原料(三烯、三苯、一炔、一萘)出发，进行有机合成可得到众多的、具有特殊性能的物质。下面以简要的形式列出以乙烯、丙烯、丁二烯和苯为起始原料，进行合成时所得到的主要产物。

17.4.1　以烯烃和苯为原料的合成

1. 以乙烯、丙烯、丁二烯和苯为起始原料进行合成的反应简式

1) 以乙烯为原料的合成

$CH_2{=}CH_2$ —

$\xrightarrow[\text{雷尼镍}]{H_2} CH_3CH_3$

$\xrightarrow{Br_2\text{-}CCl_4} BrCH_2CH_2Br$

$\xrightarrow{HBr\text{-}HOAc} CH_3CH_2Br$

$\xrightarrow{98\%H_2SO_4} CH_3CH_2OSO_3H \xrightarrow{H_2O} CH_3CH_2OH$

$\xrightarrow{H_2O,\text{磷酸-硅藻土}} CH_3CH_2OH$

$\xrightarrow{HOCl} \underset{OH}{CH_2}{-}\underset{Cl}{CH_2}$

$\xrightarrow[\text{二甘醇二甲醚}]{B_2H_6} (CH_3CH_2)_3B \xrightarrow[H_2O]{H_2O_2,NaOH} CH_3CH_2OH$

$\xrightarrow{O_2,PdCl_2\text{-}CuCl_2} CH_3CHO$

$\xrightarrow[PdCl_2\text{-}CuCl_2,CH_3COONa]{O_2,CH_3COOH} CH_3COOCH{=}CH_2$

$\xrightarrow[125^\circ C]{O_2,Ag} CH_2{-}CH_2$ (环氧，O 桥连两个 CH_2)

$\xrightarrow[\sim 200^\circ C,150\sim 160MPa]{PhC(=O){-}O{-}OC(CH_3)_3} {+}CH_2{-}CH_2{+}_n$　高压聚乙烯(低密度聚乙烯)

$\xrightarrow[60\sim 75^\circ C,\text{常压}]{Al(CH_2CH_3)_3\text{-}TiCl_4} {+}CH_2{-}CH_2{+}_n$　低压聚乙烯(高密度聚乙烯)

$\xrightarrow[\sim 40^\circ C]{Cl_2/FeCl_3} \underset{Cl}{CH_2}{-}\underset{Cl}{CH_2} \xrightarrow[\sim 500^\circ C]{-HCl} CH_2{=}CHCl \xrightarrow{\text{聚合}} {+}CH_2{-}\underset{Cl}{CH}{+}_n$

2）以丙烯为原料的合成

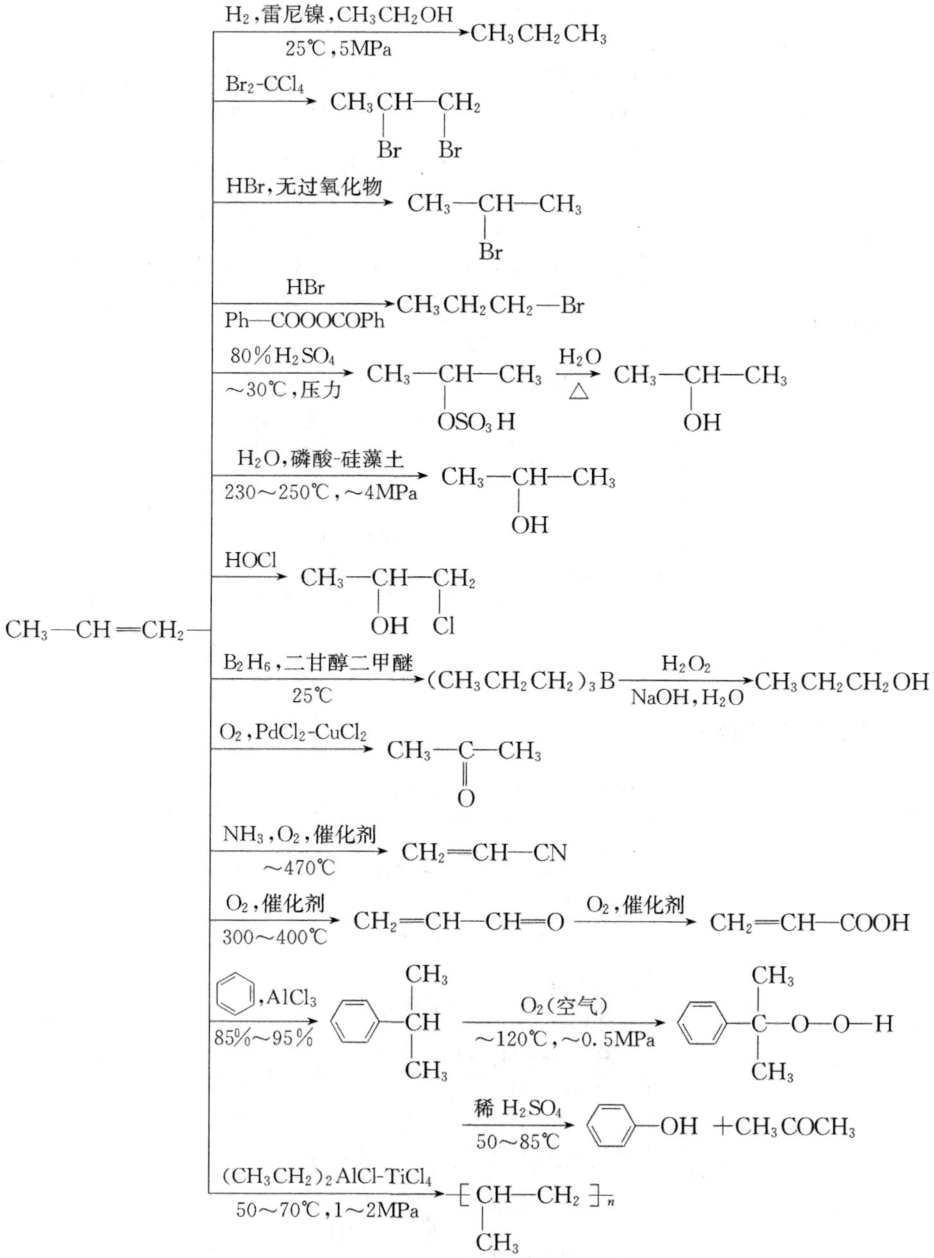

$CH_3-CH=CH_2$ —

$\xrightarrow[25℃,5MPa]{H_2,雷尼镍,CH_3CH_2OH} CH_3CH_2CH_3$

$\xrightarrow{Br_2\text{-}CCl_4} CH_3CH(Br)-CH_2Br$

$\xrightarrow{HBr,无过氧化物} CH_3-CH(Br)-CH_3$

$\xrightarrow[Ph-COOOCOPh]{HBr} CH_3CH_2CH_2-Br$

$\xrightarrow[\sim30℃,压力]{80\%H_2SO_4} CH_3-CH(OSO_3H)-CH_3 \xrightarrow[\triangle]{H_2O} CH_3-CH(OH)-CH_3$

$\xrightarrow[230\sim250℃,\sim4MPa]{H_2O,磷酸\text{-}硅藻土} CH_3-CH(OH)-CH_3$

$\xrightarrow{HOCl} CH_3-CH(OH)-CH_2Cl$

$\xrightarrow[25℃]{B_2H_6,二甘醇二甲醚} (CH_3CH_2CH_2)_3B \xrightarrow[NaOH,H_2O]{H_2O_2} CH_3CH_2CH_2OH$

$\xrightarrow{O_2,PdCl_2\text{-}CuCl_2} CH_3-C(=O)-CH_3$

$\xrightarrow[\sim470℃]{NH_3,O_2,催化剂} CH_2=CH-CN$

$\xrightarrow[300\sim400℃]{O_2,催化剂} CH_2=CH-CH=O \xrightarrow{O_2,催化剂} CH_2=CH-COOH$

$\xrightarrow[85\%\sim95\%]{C_6H_6,AlCl_3} C_6H_5-CH(CH_3)_2 \xrightarrow[\sim120℃,\sim0.5MPa]{O_2(空气)} C_6H_5-C(CH_3)_2-O-O-H$

$\xrightarrow[50\sim85℃]{稀\ H_2SO_4} C_6H_5-OH + CH_3COCH_3$

$\xrightarrow[50\sim70℃,1\sim2MPa]{(CH_3CH_2)_2AlCl\text{-}TiCl_4} \text{-}[CH(CH_3)-CH_2]_n\text{-}$

3）以丁二烯为原料的合成

$CH_2{=}CH{-}CH{=}CH_2$ —

- $\xrightarrow{Na+CH_3CH_2OH}$ $CH_3{-}CH{=}CH{-}CH_3$
- $\xrightarrow{H_2,雷尼镍}$ $CH_2{=}CH{-}CH_2CH_3$ + $CH_3{-}CH{=}CH{-}CH_3$ $\xrightarrow[雷尼镍]{H_2}$ $CH_3CH_2CH_2CH_3$
- $\xrightarrow[-15℃]{Br_2,CS_2}$ $CH_2Br{-}CH{=}CH{-}CH_2Br$ + $CH_2Br{-}CHBr{-}CH_2{=}CH_2$
- $\xrightarrow[-80℃]{HBr}$ $CH_2{=}CH{-}CHBr{-}CH_3$ + $CH_2Br{-}CH{=}CH{-}CH_2H$
- $\xrightarrow[165℃,\sim 90MPa]{CH_2{=}CH_2}$ 环己烯
- $\xrightarrow{CH_3CH_2AlCl_2\text{-}TiCl_4}$ $\left[CH_2{-}C(H){=}C(H){-}CH_2\right]_n$（顺式）
  顺丁橡胶
- $\xrightarrow[过氧化物]{PhCH{=}CH_2}$ $\left[CH_2{-}CH{=}CH{-}CH_2{-}CH(Ph){-}CH_2\right]_n$
  丁苯橡胶

4）以苯为原料的合成

苯 —

- $\xrightarrow[50\sim60℃]{HNO_3\text{-}H_2SO_4}$ $C_6H_5{-}NO_2$ $+H_2O$
- $\xrightarrow{Cl_2(Br_2),Fe}$ $C_6H_5{-}Cl(Br)$ $+HCl(HBr)$
- $\xrightarrow[70\sim80℃]{浓\ H_2SO_4}$ $C_6H_5{-}SO_3H$
- $\xrightarrow[AlCl_3]{CH_3CH_2Cl}$ $C_6H_5{-}CH_2CH_3$
- $\xrightarrow[90\%\sim100\%]{CH_3CH{=}CH_2,AlCl_3}$ $C_6H_5{-}CH(CH_3)_2$
- $\xrightarrow{RCOCl 或 (RCO)_2O}$ $C_6H_5{-}C(=O){-}R$
- $\xrightarrow[无水\ ZnCl_2,\sim60℃]{\frac{1}{3}(CH_2O)_3,HCl}$ $C_6H_5{-}CH_2{-}Cl$
- $\xrightarrow{H_2,雷尼镍}$ 环己烷
- $\xrightarrow[400\sim500℃]{O_2,V_2O_5}$ 顺丁烯二酸酐（$CH{-}C(=O)$ / $\Vert$ $\;\;O$ / $CH{-}C(=O)$）

可看出，从 8 种基础原料出发，通过烯烃 C═C 双键的亲电加成反应和芳环上的亲电取代反应等，合成出了许多涉及人们日常生活的用品。下面举例详细说明。

2. 合成示例

1) 聚乙烯的生产

由乙烯聚合反应得到的聚乙烯，常温时为无毒、无味、乳白色半透明物质，有高压聚乙烯(又称低密度聚乙烯)和低压聚乙烯(又称高密度聚乙烯)之分。高压聚乙烯平均相对分子质量为 25000 左右，最高可达 50000，熔点为 105～110℃，密度约为 0.92g · cm^{-3}，较柔软。低压聚乙烯平均相对分子质量一般小于 350000，熔点为 125～135℃，密度约为 0.94g · cm^{-3}，较硬。由聚乙烯制成的塑料制品在世界塑料总产量中占首位。聚乙烯塑料制品例如薄膜、管件、电线、电缆、电工部件等绝缘材料和食品容器等在工业、农业、国防以及家庭中都得到广泛的应用。但由于这种产品不能生物降解，所以它的大量生产和应用正造成很大的环境污染。

2) 环氧乙烷

乙烯在 Ag 催化剂作用下，用氧或空气氧化，可生成环氧乙烷，是一种非常重要的有机化工原料。它与乙二醇作用可生成乙二醇环氧乙烷加成物 $HOCH_2CH_2O{+}CH_2CH_2O{+}_nH$。与高碳醇(一般为十二醇至十八醇)作用，可生成脂肪醇聚氧乙烯醚 $RO{+}CH_2CH_2O{+}_nH$。它与烷基酚反应可生成烷基酚聚氧乙烯醚 $R-C_6H_4-O{+}CH_2CH_2O{+}_nH$。

$$CH_2{=}CH_2 + O_2 \xrightarrow{Ag} \underset{\text{(环氧, O 桥)}}{CH_2-CH_2} \xrightarrow[\sim200℃,1.5MPa]{H_2O} \underset{OH\quad OH}{CH_2-CH_2}$$

$$HOCH_2CH_2OH + n\,CH_2-CH_2(\text{O 桥}) \xrightarrow{^-OH} HOCH_2CH_2O{+}CH_2CH_2O{+}_nH$$

乙二醇环氧乙烷加成物

$$ROH + n\,CH_2-CH_2(\text{O 桥}) \xrightarrow{OH} RO{+}CH_2CH_2O{+}_nH$$

脂肪醇聚氧乙烯醚

(ROH 一般为十二醇至十八醇)

$$R-C_6H_4-OH + n\,CH_2-CH_2(\text{O 桥}) \xrightarrow{^-OH} R-C_6H_4-O{+}CH_2CH_2O{+}_nH$$

烷基酚聚氧乙烯醚

这三类化合物都是非离子型表面活性剂，在洗涤、分散、乳化和杀菌等方面得到了广泛的应用。

3) 苯酚和丙酮的生产

苯和丙烯在催化剂 $AlCl_3$ 作用下，于 85～95℃进行反应生成异丙苯。异丙苯用空气中的氧进行氧化，生成氢过氧化异丙苯。后者在稀硫酸催化下进行重排，可得苯酚和丙酮。

$$C_6H_6 + CH_3-CH{=}CH_2 \xrightarrow[85\sim95℃]{AlCl_3} C_6H_5-\underset{CH_3}{\overset{CH_3}{C}}-H$$

异丙苯

$$C_6H_5-CH(CH_3)_2 + O_2(\text{空气}) \xrightarrow[\sim 0.5MPa]{\sim 120℃} C_6H_5-C(CH_3)_2-O-OH$$

氢过氧化异丙苯

$$C_6H_5-C(CH_3)_2-O-O-H \xrightarrow[50\sim 85℃]{\text{稀 } H_2SO_4} C_6H_5OH + CH_3-\underset{\underset{O}{\|}}{C}-CH_3$$

苯酚和丙酮都是重要的化工原料。苯酚与甲醛进行缩合反应可生成高聚物——酚醛树脂。由酚醛树脂进行加工可制成体型(网状)热固性酚醛塑料,俗称电木。电木具有较好的电绝缘性和耐酸性,常用来制造电灯开关等。

丙酮和氢氰酸作用可生成丙酮氰醇。丙酮氰醇在硫酸催化下与甲醇作用,即发生水解,酯化和脱水等反应,最后生成甲基丙烯酸甲酯。

$$CH_3-\underset{\underset{O}{\|}}{C}-CH_3 + HCN \xrightarrow{^-OH} CH_3-\underset{OH}{\overset{CH_3}{C}}-CN \xrightarrow{CH_3OH,H_2SO_4} CH_2=\underset{CH_3}{C}-\overset{\overset{O}{\|}}{C}-OCH_3$$

甲基丙烯酸甲酯进行聚合反应可生成聚甲基丙烯酸甲酯,即有机玻璃。

$$CH_2=\overset{CH_3}{C}-COOCH_3 \longrightarrow \left[CH_2-\underset{COOCH_3}{\overset{CH_3}{C}} \right]_n$$

在酸催化下,两分子苯酚与丙酮缩合失去一分子水,生成 2,2-二对羟苯基丙酮,俗名双酚 A。

$$HO-C_6H_4 + CH_3-\overset{\overset{O}{\|}}{C}-CH_3 + C_6H_5-OH \xrightarrow[40℃]{H^+} HO-C_6H_4-\underset{CH_3}{\overset{CH_3}{C}}-C_6H_4-OH + H_2O$$

双酚A

在碱催化下双酚 A 与环氧氯丙烷反应可制成环氧树脂。它具有很强的粘接性,可用作金属和非金属材料的粘接剂,俗称万能胶。

4) 尼龙-6 和尼龙-66

苯在催化剂雷尼镍作用下与氢加成,可生成环己烷。

$$C_6H_6 + H_2 \xrightarrow[150\sim 250℃,2.5MPa]{\text{雷尼镍}} C_6H_{12}$$

环己烷在催化剂环烷酸钴作用下,在 124～140℃、～2MPa 压力下,通入空气进行氧化,首先生成环己醇和环己酮的混合物,再将环己醇在催化剂 $CuCr_2O_4$ 作用下,于 200℃进行脱氧即得环己酮。

$$C_6H_{12} \xrightarrow[124\sim 140℃,\sim 2MPa]{\text{空气,环烷酸钴}} C_6H_{11}OH + C_6H_{10}O$$

$$\text{环己醇} \xrightarrow[200℃]{CuCr_2O_4} \text{环己酮}$$

如果将环己烷氧化生成的环己醇和环己酮的混合物，不经分离，再用 60%的硝酸，在钒酸铵催化下进一步氧化，可生成己二酸。

$$\text{环己醇} + \text{环己酮} \xrightarrow[NH_4VO_3]{60\%\ HNO_3} HOOC(CH_2)_4COOH$$

(1) 尼龙-6 的合成。环己酮在常压、60～90℃与硫酸羟胺反应，再用氨中和硫酸，即得到环己酮肟。

$$\text{环己酮} \xrightarrow[②NH_3 \cdot H_2O]{①H_2NOH \cdot \frac{1}{2}H_2SO_4} \text{环己酮肟}$$

环己酮肟在发烟硫酸作用下，在 100～120℃进行贝克曼重排，即得到 ε-己内酰胺。其反应过程是

$$\text{环己酮肟} \xrightarrow{H^+} \text{C=N—}\overset{+}{O}H_2 \xrightarrow{\text{重排}} \overset{+}{C}{=}N\ (\text{七元环}) \xrightarrow[H_2O]{H^+} \text{HO—C=N}\ (\text{七元环}) \longrightarrow \text{O=C—N}\ (\text{七元环})$$

己内酰胺

ε-己内酰胺在硫酸或三氯化磷等催化剂作用下可开环聚合，生成聚己内酰胺。

$$n\ \text{己内酰胺} \xrightarrow{H_2SO_4} \left[NH(CH_2)_5\overset{O}{\overset{\|}{C}}\right]_n$$

聚己内酰胺

聚己内酰胺俗称锦纶-6 或尼龙-6，大量用作合成纤维，用来制造袜类、针织品、混纺织物等，也可用作工程塑料，用来制造机械强度高、耐磨性好、耐腐蚀的各种机械、化学和电气零件等。

(2) 尼龙-66 的合成。己二酸在 220～280℃通入氨气生成铵盐，铵盐在脱水剂磷酸三丁酯作用下失水生成己二酰胺，再进一步失水生成己二腈。己二腈在雷尼镍作用下，在压力下，80～90℃加氢即得己二胺。

$$HOOC(CH_2)_4COOH + NH_3 \xrightarrow{220\sim280℃} H_4\overset{+}{N}\overset{-}{O}—\overset{O}{\overset{\|}{C}}(CH_2)_4\overset{O}{\overset{\|}{C}}—\overset{-}{O}\overset{+}{N}H_4$$

$$H_4\overset{+}{N}\overset{-}{O}—\overset{O}{\overset{\|}{C}}(CH_2)_4\overset{O}{\overset{\|}{C}}—\overset{-}{O}\overset{+}{N}H_4 \xrightarrow{\text{磷酸二丁酯}} H_2N—\overset{O}{\overset{\|}{C}}(CH_2)_4\overset{O}{\overset{\|}{C}}—NH_2 + H_2O$$

$$H_2N—\overset{O}{\overset{\|}{C}}(CH_2)_4\overset{O}{\overset{\|}{C}}—NH_2 \xrightarrow{-H_2O} NC(CH_2)_4CN$$

$$NC(CH_2)_4CN + H_2 \xrightarrow[80\sim90℃]{\text{雷尼镍}} H_2N—CH_2(CH_2)_4CH_2—NH_2$$

己二胺是无色片状晶体，熔点 42℃，沸点 204℃，微溶于水，易溶于乙醇、乙醚、苯等有

机溶剂。己二胺与己二酸作用生成铵盐，铵盐在 270℃、1MPa 下失水缩聚生成线形聚酰胺。

$$HO\overset{O}{\overset{\|}{C}}(CH_2)_4\overset{O}{\overset{\|}{C}}—OH + H_2N(CH_2)_6NH_2 \longrightarrow \overset{-}{O}—\overset{O}{\overset{\|}{C}}(CH_2)_4\overset{O}{\overset{\|}{C}}—\overset{-}{O}\,\overset{+}{N}H_3(CH_2)_6\overset{+}{N}H_3$$

$$n\,\overset{-}{O}\overset{O}{\overset{\|}{C}}(CH_2)_4\overset{O}{\overset{\|}{C}}\overset{-}{O}\,\overset{+}{N}H_3(CH_2)_6\overset{+}{N}H_3 \xrightarrow[1MPa]{270℃} \left[\overset{O}{\overset{\|}{C}}(CH_2)_4\overset{O}{\overset{\|}{C}}—NH(CH_2)_6NH\right]_n + 2nH_2O$$

由 6 个碳的二元酸和 6 个碳的二元胺生成的聚酰胺称为尼龙-66，又称为耐纶-66，常用作纤维、制作服装、家庭装饰物等，也可用作塑料，制作机械、汽车、化学和电气装置的零件等。

5）涤纶的合成

在乙酸溶液中，以乙酸钴-乙酸锰为催化剂，四溴乙烷为助催化剂，在 221～225℃、2.5～3.0MPa 压力下，用空气氧化对二甲苯即可得到对苯二甲酸。

$$CH_3—C_6H_4—CH_3 + O_2(空气) \xrightarrow[221\sim225℃,2.5\sim3.0MPa]{催化剂} HOOC—C_6H_4—COOH$$

对苯二甲酸与乙二醇在酸催化下，可形成对苯二甲酸乙二醇酯。

$$HOOC—C_6H_4—COOH \xrightarrow[H^+]{HOCH_2CH_2OH} HOCH_2CH_2OOC—C_6H_4—COOH$$

$$\xrightarrow[H^+]{HOCH_2CH_2OH} HOCH_2CH_2OOC—C_6H_4—COOCH_2CH_2OH$$

工业上也常用对苯二甲酸在硫酸催化下与甲醇反应，生成对苯二甲酸二甲酯(此产物的生成可用来提纯对苯二甲酸)。然后将生成的对苯二甲酸二甲酯在乙酸锌催化下，在 180～190℃与乙二醇进行酯交换反应，而得到对苯二甲酸乙二醇酯。

$$HOOC—C_6H_4—COOH + 2CH_3OH \xrightarrow[-2H_2O]{H_2SO_4,回流} CH_3OOC—C_6H_4—COOCH_3$$

$$\xrightarrow[乙酸锌,180\sim190℃]{2HOCH_2CH_2OH} HOCH_2CH_2O—\overset{O}{\overset{\|}{C}}—C_6H_4—\overset{O}{\overset{\|}{C}}—OCH_2CH_2OH + 2CH_3OH$$

对苯二甲酸乙二醇酯在催化剂 Sb_2O_3、$(CH_3COO)_2Zn$、$CoCl_2$ 作用下，在稳定剂 $(C_6H_5O)_3P$ 存在下进行缩聚反应，可得到聚对苯二甲酸乙二醇酯——聚酯。

$$nHOCH_2CH_2O—\overset{O}{\overset{\|}{C}}—C_6H_4—\overset{O}{\overset{\|}{C}}—OCH_2CH_2OH \xrightarrow{催化剂}$$

$$HOCH_2CH_2—O\left[\overset{O}{\overset{\|}{C}}—C_6H_4—\overset{O}{\overset{\|}{C}}—OCH_2CH_2—O\right]_nH + (n-1)HOCH_2CH_2OH$$

聚酯主要用作纤维，称聚酯纤维，我国称之为涤纶。由于性能优良，在我国得到广泛的应用，不仅用于服装也可用于装饰。聚酯也可作为薄膜和塑料制品，如制成磁带、磁卡等。

6）邻苯二甲酸酐的合成

在催化剂五氧化二钒的作用下，在约 450℃、用空气氧化邻二甲苯，便可制得邻苯二甲酸酐。

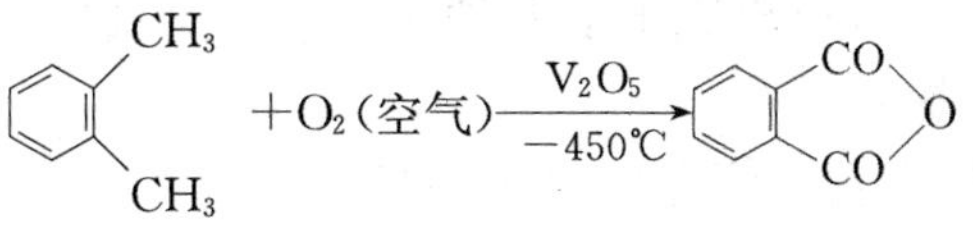

$$C_6H_4(CH_3)_2 + O_2(\text{空气}) \xrightarrow[\text{450℃}]{V_2O_5} C_6H_4(CO)_2O$$

在催化剂 V_2O_5-K_2SO_4 作用下，在 385～390℃、用空气氧化萘，也可制得邻苯二甲酸酐。

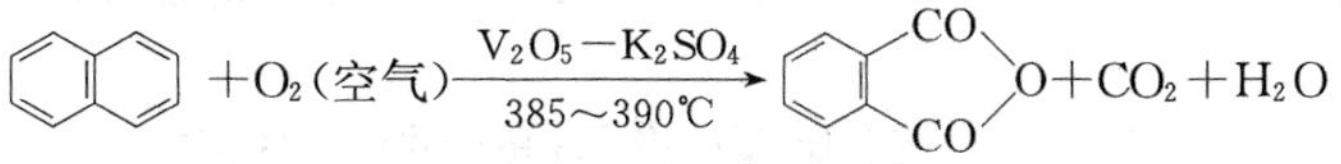

$$C_{10}H_8 + O_2(\text{空气}) \xrightarrow[\text{385～390℃}]{V_2O_5-K_2SO_4} C_6H_4(CO)_2O + CO_2 + H_2O$$

邻苯二甲酸酐是无色固体，熔点 131℃，容易升华成针形结晶，最大的用处是合成增塑剂。例如，在硫酸催化作用下，邻苯二甲酸酐与 2-乙基-1-己醇作用可制得邻苯二甲酸二辛酯。

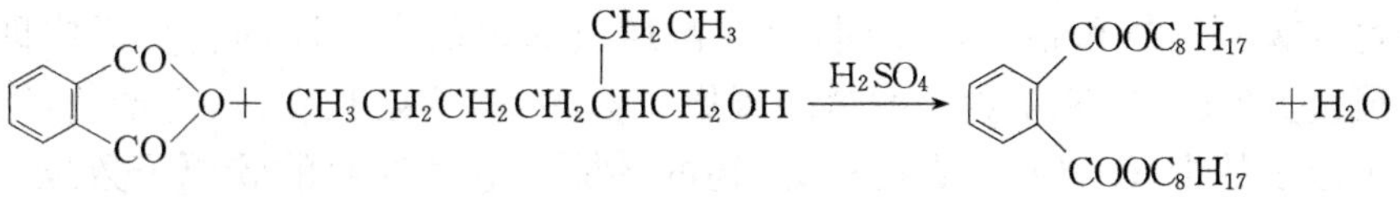

$$C_6H_4(CO)_2O + CH_3CH_2CH_2CH_2CH(CH_2CH_3)CH_2OH \xrightarrow{H_2SO_4} C_6H_4(COOC_8H_{17})_2 + H_2O$$

邻苯二甲酸二辛酯是聚氯乙烯常用的增塑剂。

以上介绍了从几个基础原料出发，通过有机合成所得到的几种重要的化工产品，这些产品目前仍被广泛应用。

17.4.2 14 种基本有机原料

从石油中得到的 8 种基础原料：三烯（乙烯、丙烯、丁二烯）、三苯（苯、甲苯、二甲苯）、乙炔和萘都是烃类，而烃是有机化合物的母体，所以烃分子中氢被其他原子或原子团取代后又可得到许多种有机化合物，其中代表不同类型、最为典型的有 14 种，它们在有机合成中经常作原料使用，所以常将这 14 种有机化合物称为基本有机原料。

甲醇：液体，沸点 64.5℃，熔点－97℃

甲醛：气体，沸点－19.2℃

乙醇：液体，沸点 78.1℃，熔点－144.1℃

乙醛：液体，沸点 20.8℃，熔点－121℃

乙酸：液体，沸点 118.1℃，熔点 16.6℃

环氧乙烷：气体，沸点 10.7℃，熔点－111.3℃

环氧氯丙烷：液体，沸点 116.1℃，熔点－57.2℃

甘油：液体，沸点 290℃，熔点 17.0℃

异丙醇：液体，沸点 82.4℃，熔点－89.5℃

丁醇：液体，沸点 117.3℃，熔点－89.5℃

丙酮：液体，沸点 56.2℃，熔点－94.9℃

辛醇：液体，沸点 195℃，熔点－15℃

苯酚：固体，沸点 182℃，熔点 40.8℃

苯酐：固体，沸点 284℃，熔点 130.8℃

这 14 种化合物作为有机合成的基本有机原料，都是从 8 种基础原料得到的。从 14 种基本有机原料出发，又可合成出成千上万种化工产品。在学习掌握有机合成的思路和方法时，首先必须熟练掌握：

(1) 从 8 种基础原料出发都能合成出哪些产品。

(2) 从 14 种基本有机原料出发都能合成出哪些产品。

掌握了这些，就能全面地运用各类官能团反应进行有机合成，就能在脑海中形成许多条有机合成路线。一旦需要就可从中选择出一条或若干条来完成有机合成。

17.5 各种官能团形成的方法

有机化合物（除了烷烃）大多是含有一种或多种官能团的化合物。有机合成就是从具有某种官能团的化合物通过官能团反应，合成出具有另一种官能团的化合物。如果起始原料和产物的碳原子数和碳架都相同，那只需通过简单的官能团的转变反应即可合成。一般的情况：①产物的碳原子数比原料的碳原子数多，需要增长碳链；②产物的碳原子数比原料的碳原子数少，需要减少碳链；③产物的碳原子数和原料的碳原子数虽然相同，但碳架结构不同这就需要在合成中利用重排反应，来达到所需要的碳架结构。

在有机合成中，除了考虑目标化合物的碳架结构要求外，还要考虑在适当部位所要引入的官能团的特性。因为碳骨架的增长、减少或改变都是通过官能团的反应来完成的。在一类合成中总是伴随着原有官能团的消失，新官能团的产生。官能团是有机分子进行反应的中心、变化的中心。掌握官能团的形成方法和在合成中的运用是十分必要的。

17.5.1 C═C 双键的形成方法

1. 醇脱水

在催化剂（H_2SO_4 或 Al_2O_3）作用下，醇进行分子内脱水形成 C═C 双键。

$$R-CH_2-CH_2-OH \xrightarrow[\triangle]{\text{催化剂}} R-CH=CH_2+H_2O$$

$$CH_3CH_2CH_2-\underset{\underset{OH}{|}}{CH}-CH_3 \longrightarrow \begin{cases} CH_3CH_2CH=CHCH_3 & (80\%) \\ CH_3CH_2CH_2CH=CH_2 & (20\%) \end{cases}$$

$$CH_3CH_2-\overset{\overset{CH_3}{|}}{\underset{\underset{OH}{|}}{C}}-CH_3 \longrightarrow \underset{86\%}{CH_3CH=\overset{\overset{CH_3}{|}}{C}HCH_3} + \underset{14\%}{CH_3CH_2\overset{\overset{CH_3}{|}}{C}=CH_2}$$

仲醇、叔醇脱水方向符合札依采夫规则。

2. 卤烷脱卤化氢

卤烷与强碱醇溶液共热，则脱去一分子卤代氢形成 C═C 双键。

$$CH_3CH_2CH_2CH_2—Br \xrightarrow[\triangle]{NaOH,乙醇溶液} CH_3CH_2CH=CH_2+NaBr+H_2O$$

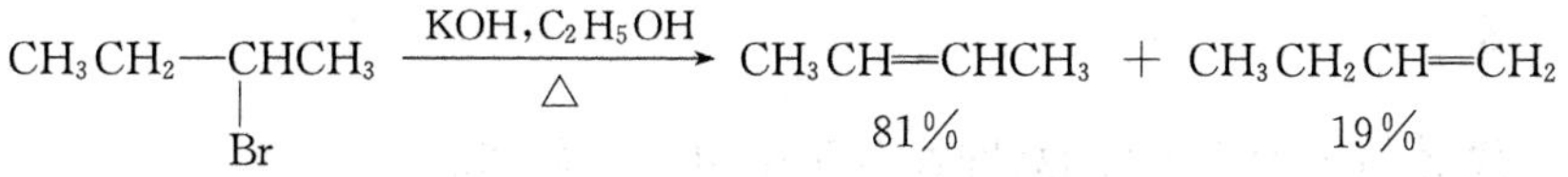

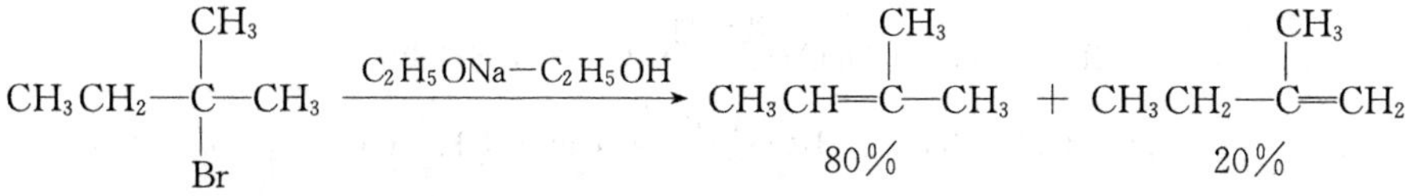

$$CH_3CH_2—CH(Br)CH_3 \xrightarrow[\triangle]{KOH,C_2H_5OH} \underset{81\%}{CH_3CH=CHCH_3} + \underset{19\%}{CH_3CH_2CH=CH_2}$$

$$CH_3CH_2—C(CH_3)(Br)—CH_3 \xrightarrow{C_2H_5ONa-C_2H_5OH} \underset{80\%}{CH_3CH=C(CH_3)—CH_3} + \underset{20\%}{CH_3CH_2—C(CH_3)=CH_2}$$

仲卤烷和叔卤烷脱卤化氢方向符合札依采夫规则。

3. 连二卤烷脱卤素

连二卤烷在金属锌或镁的作用下,可脱去卤素形成 C=C 双键。

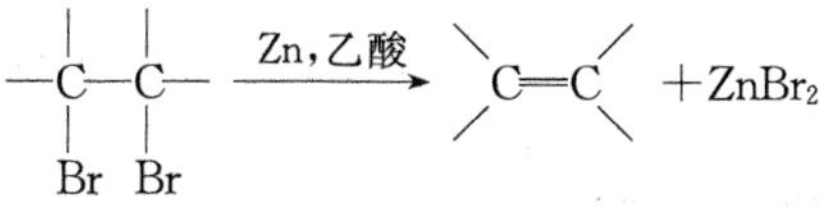

$$—C(Br)—C(Br)— \xrightarrow{Zn,乙酸} >C=C< +ZnBr_2$$

17.5.2 C≡C 叁键的形成方法

1. 二卤烷消除卤化氢

邻二卤烷或同碳二卤烷与过量的强碱共热,则失去两分子卤代氢形成 C≡C 叁键。

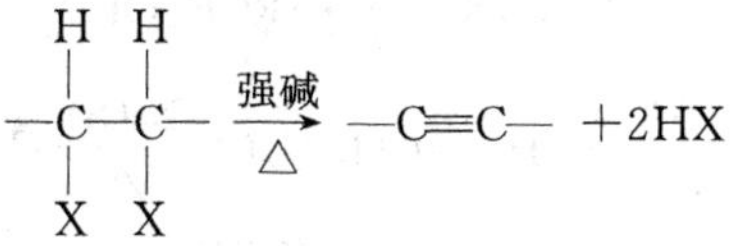

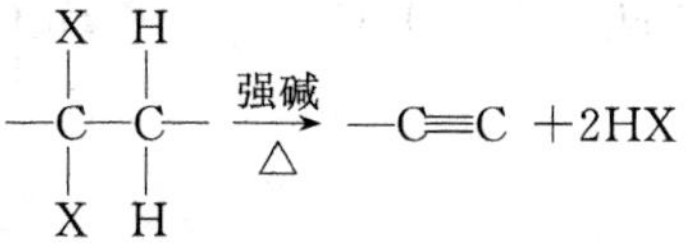

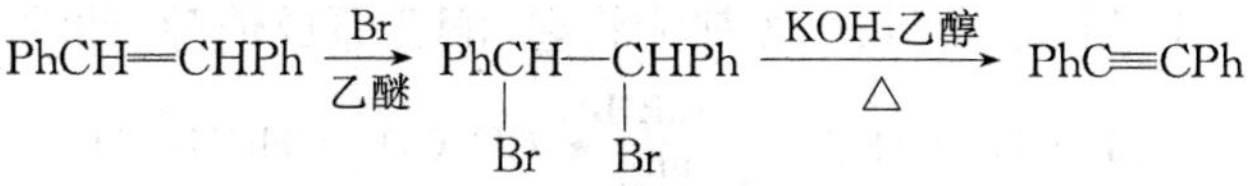

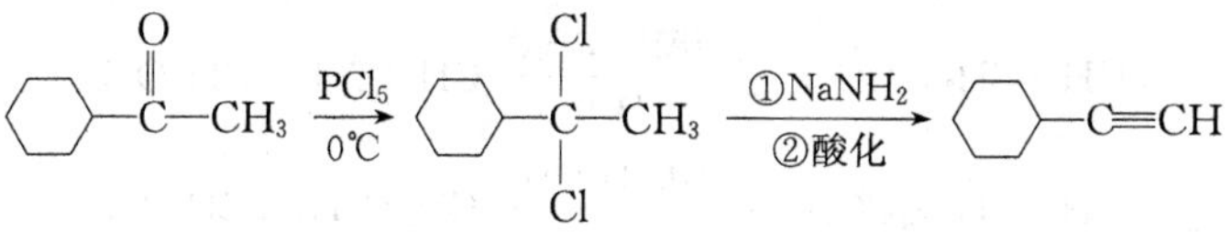

$$—C(H)(X)—C(H)(X)— \xrightarrow[\triangle]{强碱} —C≡C— +2HX$$

$$—C(X)(X)—C(H)(H)— \xrightarrow[\triangle]{强碱} —C≡C +2HX$$

$$PhCH=CHPh \xrightarrow[乙醚]{Br} PhCH(Br)—CH(Br)Ph \xrightarrow[\triangle]{KOH-乙醇} PhC≡CPh$$

$$C_6H_{11}—C(=O)—CH_3 \xrightarrow[0℃]{PCl_5} C_6H_{11}—C(Cl)_2—CH_3 \xrightarrow[②酸化]{①NaNH_2} C_6H_{11}—C≡CH$$

2. 乙炔的烷基化

$$CH≡CH \xrightarrow[-33℃]{NaNH_2-液 NH_3} CH≡CNa \xrightarrow{伯 R—X} CH≡C—R$$

$$R—C≡CH \xrightarrow[-33℃]{NaNH_2-液 NH_3} R—C≡CNa \xrightarrow{伯 R'—X} R—C≡C—R'$$

17.5.3　分子中引入羟基的方法

1. 烯烃的水合

在酸催化下，烯烃与水加成生成醇，即在分子中引入了羟基。

$$CH_2{=}CH_2 + H_2O \xrightarrow{\text{催化剂}} CH_3{-}CH_2OH$$

$$CH_3{-}CH{=}CH_2 + H_2O \xrightarrow{\text{催化剂}} CH_3{-}\underset{\substack{|\\ OH}}{CH}{-}CH_3$$

不对称烯烃与水加成是马尔科夫尼科夫加成。

2. 烯烃的羟汞化——脱汞反应

$$R{-}CH{=}CH_2 + H_2O \xrightarrow{\text{羟汞化-脱汞}} R{-}\underset{\substack{|\\ OH}}{CH}{-}CH_3$$

3. 烯烃的硼氢化——氧化反应

$$R{-}CH{=}CH_2 \xrightarrow[\text{②氧化}]{\text{①硼氢化}} R{-}CH_2{-}CH_2OH \quad \text{（反马尔科夫尼科夫加成）}$$

4. 卤代烃的水解

$$RCH_2X \xrightarrow[\triangle]{NaOH} RCH_2OH$$

$$CH_2{=}CHCH_3 \xrightarrow[500℃]{Cl_2} CH_2{=}CHCH_2Cl \xrightarrow[\triangle]{NaOH} CH_2{=}CHCH_2OH$$

$$C_5H_{12} \xrightarrow{Cl_2} C_5H_{11}Cl \xrightarrow[\triangle]{NaOH} C_5H_{11}OH$$

5. 醛、酮、酸或酯的还原

还原剂 $NaBH_4$、$LiAlH_4$ 或 Na＋醇都能将醛、酮还原成伯醇、仲醇。

$$CH_3CH{=}CHCHO \xrightarrow[\text{甲醇}]{NaBH_4} CH_3CH{=}CHCH_2OH$$

$$CH_3(CH_2)_5CHO \xrightarrow[\text{②}H^+,H_2O]{\text{①}LiAlH_4,\text{干醚}} CH_3(CH_2)_5CH_2OH$$

$$CH_3(CH_2)_4\underset{\substack{\|\\ O}}{C}CH_3 \xrightarrow{Na,C_2H_5OH} CH_3(CH_2)_4\underset{\substack{|\\ OH}}{CH}CH_3$$

化学还原剂不能还原 C＝C 双键，但催化加氢可将 C＝O 双键和 C＝C 双键同时还原。

$$CH_3{-}CH{=}CH{-}CH{=}O \xrightarrow[\text{催化剂}]{H_2} CH_3CH_2CH_2CH_2OH$$

$LiAlH_4$ 也常用来还原酸及酯。

$$(CH_3)_3CCOOH \xrightarrow[②H^+,H_2O]{①LiAlH_4,干醚} (CH_3)_3CCH_2OH$$

$$CH_3CH{=}CHCH_2COOCH_3 \xrightarrow[②H^+,H_2O]{①LiAlH_4,干醚} CH_3CH{=}CHCH_2CH_2OH$$

6. 格氏试剂合成法

伯、仲、叔卤代烃与金属镁作用可生成相应的烃基卤代镁——格氏试剂。后者与醛、酮反应生成伯、仲、叔醇。

$$R—X + Mg \longrightarrow R—MgX$$

$$C_6H_5OH \xrightarrow[120\sim200℃,\ 1\sim2MPa]{H_2,Ni} C_6H_{11}OH \xrightarrow{PCl_3} C_6H_{11}—Cl \xrightarrow{Mg} C_6H_{11}—MgCl$$

$$\xrightarrow{CH_2O} C_6H_{11}—CH_2OMgCl \xrightarrow{H^+,H_2O} C_6H_{11}—CH_2OH$$

$$C_6H_6 \xrightarrow[FeBr_3]{Br_2} C_6H_5—Br \xrightarrow{Mg} C_6H_5—MgBr \xrightarrow{环氧乙烷} C_6H_5—CH_2CH_2OMgBr$$

$$\xrightarrow{H^+,H_2O} C_6H_5—CH_2CH_2OH$$

$$(CH_3)_2CHMgBr + CH_3CHO \longrightarrow (CH_3)_2CHCH(OMgBr)CH_3 \xrightarrow{H^+,H_2O} (CH_3)_2CHCH(OH)CH_3$$

$$CH_3CH_2CH_2CH_2MgBr \xrightarrow[②\ H_3O^+]{①CH_3COCH_3} CH_3CH_2CH_2CH_2C(OH)(CH_3)_2$$

17.5.4 C—Cl 键的形成方法

1. 由醇出发

醇能与许多试剂反应形成 C—Cl 键,即生成卤代烃。例如:

$$(CH_3)_3COH + HCl \xrightarrow{25℃} (CH_3)_3CCl + H_2O$$

$$CH_3CH_2CH_2CH_2OH + HBr(浓) \xrightarrow[回流]{H_2SO_4} CH_3CH_2CH_2CH_2Br + H_2O$$

$$CH_3CH_2CH_2CH_2OH + SOCl_2 \xrightarrow{回流} CH_3CH_2CH_2CH_2Cl + SO_2 + HCl$$

$$C_6H_{11}—OH \xrightarrow{PBr_3} C_6H_{11}—Br$$

2. 由烃出发

$$CH_2{=}CH—CH_3 + Cl_2 \xrightarrow{\sim500℃} CH_2{=}CH—CH_2—Cl + HCl$$

$$C_6H_5—CH_3 + Cl_2 \xrightarrow{h\nu} C_6H_5—CH_2—Cl + HCl$$

$$CH_2{=}CH_2 + Cl_2 \longrightarrow CH_2Cl—CH_2Cl$$

$$CH_2{=}CH{-}CH_3 + HBr \xrightarrow{\text{无过氧化物}} CH_3CHBrCH_3$$

$$CH_3{-}CH{=}CH_2 + HBr \xrightarrow{\text{过氧化物}} CH_3CH_2CH_2{-}Br$$

3. 卤素交换

$$CH_2{=}CH{-}CH_2{-}Cl + NaI \xrightarrow{\text{丙酮}} CH_2{=}CH{-}CH_2{-}I + NaCl\downarrow$$

氯代烷在丙酮中与碘化钠反应，生成碘代烷和不溶于丙酮的氯代钠。

17.5.5 羰基的形成方法

1. 羰基合成

在八羰基二钴$[Co(CO)_4]_2$催化剂作用下，在～170℃，～25MPa 的条件下，α-烯烃与一氧化碳和氢反应生成多一个碳原子的醛，这个反应称烯烃的羰基合成。

$$CH_3{-}CH{=}CH_2 + CO + H_2 \xrightarrow[\sim 170^\circ C,\ \sim 25MPa]{[Co(CO)_4]_2} CH_3CH_2CH_2CHO + CH_3\underset{}{\overset{CH_3}{\overset{|}{C}}}HCHO$$

这是形成 $\diagdown C{=}O$ 的一种工业方法。

2. 醇的氧化

伯醇、仲醇可被氧化剂氧化，生成醛、酮。

$$(CH_3)_3CCH_2OH \xrightarrow[\triangle]{K_2Cr_2O_7\text{-稀 }H_2SO_4} (CH_3)_3CCHO$$

$$CH_3(CH_2)_5\underset{OH}{\underset{|}{C}}HCH_3 \xrightarrow[\triangle]{K_2Cr_2O_7\text{-稀 }H_2SO_4} CH_3(CH_2)_5\underset{O}{\underset{\|}{C}}CH_3$$

3. 羧酸衍生物的还原

$$(CH_3)_3C{-}\underset{O}{\underset{\|}{C}}{-}Cl \xrightarrow[\text{二乙二醇二甲醚},-78^\circ C]{LiAlH(OBu\text{-}t)_3} \xrightarrow{\text{酸化}} (CH_3)_3\overset{O}{\overset{\|}{C}}{-}H$$

4. 芳环的酰化反应

芳烃的芳环在催化剂无水三氯化铝的作用下，与酰氯或酸酐进行酰基化反应，则在芳环上引进了羰基。

$$C_6H_6 + R{-}\overset{O}{\overset{\|}{C}}{-}Cl \xrightarrow{AlCl_3} C_6H_5{-}\overset{O}{\overset{\|}{C}}{-}R$$

$$C_6H_6 + C_6H_5{-}\overset{O}{\overset{\|}{C}}{-}Cl \xrightarrow{AlCl_3} C_6H_5{-}\overset{O}{\overset{\|}{C}}{-}C_6H_5$$

17.5.6 羧基的形成方法

1. 腈的水解

伯卤烷与氰化钠反应，生成腈。腈在酸性或碱性条件下进行水解反应生成羧酸。例如：

$$CH_3(CH_2)_3Br \xrightarrow{NaCN} CH_3(CH_2)_3CN \xrightarrow[②H^+]{①H_2O,NaOH} CH_3(CH_2)_3COOH$$

2. 伯醇或醛的氧化

氧化剂 $K_2Cr_2O_7$-H_2SO_4 或 $KMnO_4$ 可将伯醇或醛氧化成羧酸。例如：

$$CH_3CH_2CH_2OH \xrightarrow[H_2SO_4]{K_2CrO_7} CH_3CH_2COOH$$

$$CH_3(CH_2)_3\underset{\underset{CH_2CH_3}{|}}{C}HCH_2OH \xrightarrow[②H^+]{①KMnO_4,NaOH} CH_3(CH_2)_3\underset{\underset{CH_2CH_3}{|}}{C}HCOOH$$

3. 格氏试剂与 CO_2 反应

$$(CH_3)_3C{-}Cl \xrightarrow{Mg} (CH_3)_3C{-}MgCl \xrightarrow{O{=}C{=}O} (CH_3)_3C{-}\overset{\overset{O}{\|}}{C}{-}OMgCl$$

$$\xrightarrow{H_2O,H^+} (CH_3)_3C{-}\overset{\overset{O}{\|}}{C}{-}OH$$

$$C_6H_5{-}Br \xrightarrow{Mg} C_6H_5{-}MgBr \xrightarrow{O{=}C{=}O} C_6H_5{-}\overset{\overset{O}{\|}}{C}{-}OMgBr$$

$$\xrightarrow{H_2O,H^+} C_6H_5{-}COOH$$

以上介绍了在分子中引入重键、羟基、C—X 键、$>C{=}O$ 、—COOH 的方法。这些方法在前面的有关章节中作过详细的讲述。在这里较集中地进行介绍，目的是在进行有机合成时，如果遇到在分子中需要引入上述某个官能团的情况时，就可从引入这种官能团的多种方法中选择出正确的方法。

17.6 有机合成路线的选择

从原料合成所需结构的化合物，一般可设计多条合成路线。原料不同，反应步骤不同，合成路线也就不同。有时相同的原料也可通过不同的合成路线，得到同一种结构的化合物。所以，从多条合成路线中选择一条较好的合成路线，是进行有机合成时首先必须考虑的问题。选择合成路线的一般原则：①原料容易得到。一般可考虑从 8 种基础原料和 14 种基本有机原料中得到。②反应步骤少，操作方便。③产率高，副反应少。这些原则看起来简单,但选择得准确是很不容易的。这就要求对有机官能团反应和反应机理有较全面的了解。

从原料到目标化合物一般可遵循的路线有:①官能团间的转换;②碳骨架的增长、缩短或成环;③立体构型的产生。下面较详细地介绍这些反应。

17.6.1 官能团间的转换反应

全部有机反应就是官能团反应。利用各类官能团反应,实现官能团间的转换,完成从原料到产物的合成。最重要的官能团如下:

(1) 碳碳双键(C═C)和碳碳叁键(C≡C)。利用它们与许多试剂的加成反应,在分子中引入所需要的官能团,得到合成产物。

(2) 在 R—X 中的 C—X 键。官能团为 X 原子,X 原子所连接的碳原子带部分正电荷($R—\overset{\delta+}{C}H_2 \rightarrow \overset{\delta-}{X}$),所以 X 原子较易被一些亲核试剂如—OH、—OR、—CN 等所取代,生成取代产物。在 R—X 中 X 原子可与分子中 β-C 原子上的氢脱去一分子 HX,生成烯烃,实现了 C═C 双键与 R—X 中 X 原子官能团间的相互转换。R—X 与金属镁反应生成烷基卤代镁 R—MgX,是一类重要的合成试剂。它的重要性在于 R—X 中 R 基带部分正电荷,是亲电的,与其反应的是亲核试剂。而在 R—MgX 中 R 基带负电荷,是亲核的,与其反应的是亲电试剂。所以R—MgX可与醛、酮、酯等分子中的羰基(>C═O)发生亲核加成反应,生成许多重要的化合物。

(3) 羟基。醇分子中羟基可与 HX、PX_3、PX_5、$SOCl_2$ 等反应,生成 R—X。醇脱水生成烯烃,醇羟基被氧化生成醛或酮。通过以上羟基的典型反应,实现了羟基与卤原子、C═C 双键和羰基官能团间的转换,合成了许多化合物。

(4) 羰基。醛、酮分子的羰基与 HC≡N、NaC≡CH、R—MgX、$H_2N—OH$ 等亲核试剂反应可生成仲醇、叔醇等许多重要的化合物。羰基的还原可生成与醛、酮相同结构的醇,实现羰基与羟基的转换。醛分子的羰基很容易被氧化生成酸。

以上几个官能团反应,在一般条件下是很容易实现的,因而经常用在有机合成上。

17.6.2 增长碳链反应

增长碳链是有机合成中经常遇到的一类反应。增长碳链最有效的方法是伯卤烷的亲核取代反应、羰基的亲核加成等。

1. 伯卤烷的亲核取代反应

伯卤烷可以与一些亲核试剂进行亲核取代反应,使碳链增长,如 NaC≡N、NaC≡CH、$\overset{+}{Na}\,\overset{-}{C}H(CO_2C_2H_5)_2$、$CH_3—CO\overset{-}{C}HCOOC_2H_5$ 等。例如:

$$R—X + NaC{\equiv}N \longrightarrow R—C{\equiv}N$$

$$R—X + NaC{\equiv}CH \longrightarrow R—C{\equiv}CH$$

$$CH_2(CO_2C_2H_5)_2 \xrightarrow{NaOC_2H_5} \overset{-}{C}H(CO_2C_2H_5)_2 \xrightarrow[S_N]{R—X} R—CH(CO_2C_2H_5)_2$$

$$\xrightarrow[\text{②}H^+]{\text{①}\overset{-}{O}H, H_2O} R\text{—}CH(COOH)_2 \xrightarrow[-CO_2]{\triangle} R\text{—}CH_2COOH$$

$$CH_3\text{—}\overset{\overset{\displaystyle O}{\|}}{C}\text{—}CH_2\text{—}CO_2C_2H_5 \xrightarrow{NaOC_2H_5} CH_3\text{—}\overset{\overset{\displaystyle O}{\|}}{C}\text{—}\overset{-}{C}H\text{—}CO_2C_2H_5$$

$$\xrightarrow[S_N]{R\text{—}X} CH_3\text{—}\overset{\overset{\displaystyle O}{\|}}{C}\text{—}\overset{\overset{\displaystyle R}{|}}{C}H\text{—}CO_2C_2H_5 \xrightarrow[\text{②}H^+]{\text{①}^-OH, H_2O} CH_3\text{—}\overset{\overset{\displaystyle O}{\|}}{C}\text{—}\overset{\overset{\displaystyle R}{|}}{C}H\text{—}COOH$$

$$\xrightarrow[-CO_2]{\triangle} CH_3\text{—}\overset{\overset{\displaystyle O}{\|}}{C}\text{—}CH_2\text{—}R \xrightarrow[\text{②酸化}]{\text{①}HO^-, Br_2, H_2O} R\text{—}CH_2\text{—}COOH$$

2. 碳负离子与羰基的亲核加成反应

格氏试剂 R—MgX 中的 R 基带负电荷；醛或酮中 α-H 在强碱(如 NaOH)条件下易电离使 α-C 带负电荷；含有 α-H 的酯如乙酸乙酯，在强碱(如 $NaOC_2H_5$)条件下 α-C 上也带有负电荷。这些带有负电荷的碳负离子是亲核试剂，容易与醛、酮、酯等分子中的羰基进行亲核加成反应，形成新的碳-碳键，增长碳链。例如：

$$R\text{—}X \xrightarrow{Mg} R\text{—}MgX \xrightarrow{CH_2\text{═}O} RCH_2\text{—}OMgX \xrightarrow[H_2O]{H^+} R\text{—}CH_2OH$$

$$R\text{—}MgX + CO_2 \longrightarrow R\text{—}COOMgX \xrightarrow{H^+, H_2O} R\text{—}COOH$$

$$R\text{—}MgX + \underset{\diagdown O \diagup}{CH_2\text{—}CH_2} \longrightarrow R\text{—}CH_2CH_2\text{—}OMgX \xrightarrow[H_2O]{H^+} R\text{—}CH_2\text{—}CH_2\text{—}OH$$

$$R\text{—}MgX + R'\text{—}CHO \longrightarrow R\text{—}\underset{\underset{\displaystyle R'}{|}}{C}H\text{—}OMgX \xrightarrow[H_2O]{H^+} R\text{—}\underset{\underset{\displaystyle OH}{|}}{C}H\text{—}R'$$

$$R\text{—}\underset{\underset{\displaystyle R'(H)}{|}}{C}\text{═}O + HCN \xrightarrow{^-OH} R\text{—}\overset{\overset{\displaystyle OH}{|}}{\underset{\underset{\displaystyle R'(H)}{|}}{C}}\text{—}CN \xrightarrow[H_2O]{H^+} R\text{—}\overset{\overset{\displaystyle OH}{|}}{\underset{\underset{\displaystyle R'(H)}{|}}{C}}\text{—}COOH$$

$$R\text{—}\underset{\underset{\displaystyle R'(H)}{|}}{C}\text{═}O + NaC\equiv CH \longrightarrow R\text{—}\overset{\overset{\displaystyle ONa}{|}}{\underset{\underset{\displaystyle R'(H)}{|}}{C}}\text{—}C\equiv CH \xrightarrow{H^+} R\text{—}\overset{\overset{\displaystyle OH}{|}}{\underset{\underset{\displaystyle R'(H)}{|}}{C}}\text{—}C\equiv CH$$

$$CH_3\text{—}CHO \xrightarrow{^-OH} \overset{-}{C}H_2\text{—}CHO \xrightarrow{CH_3CHO} CH_3\text{—}\underset{\underset{\displaystyle O^-}{|}}{C}H\text{—}CH_2CHO \xrightarrow{H^+} CH_3\text{—}\underset{\underset{\displaystyle OH}{|}}{C}HCH_2CHO$$

$$\xrightarrow[\triangle]{-H_2O} CH_3\text{—}CH\text{═}CH\text{—}CHO$$

$$CH_3\text{—}COOC_2H_5 \xrightarrow[C_2H_5OH]{C_2H_5ONa} \overset{-}{C}H_2\text{—}COOC_2H_5 \xrightarrow[\text{②}H^+]{\text{①}CH_3COOC_2H_5} CH_3COCH_2CO_2C_2H_5$$

17.6.3 缩短碳链反应

缩短碳链也是在有机合成中经常遇到的。烯烃 C ═C 双键氧化断键、甲基酮的碘仿反应、酰胺的霍夫曼降级反应、羧酸的脱羧反应等都是有效的缩短碳链的方法。例如：

$$R—CH═CH—R' \xrightarrow[②Zn,H_2O]{①O_3} R—CHO+R'—CHO$$

$$R—CH═CH—R' \xrightarrow{KMnO_4} R—COOH+R'COOH$$

$$R—COOH+NH_3 \longrightarrow R—\overset{O}{\overset{\|}{C}}—ONH_4 \xrightarrow[\triangle]{-H_2O} R—\overset{O}{\overset{\|}{C}}—NH_2$$

$$\xrightarrow{NaOCl} R—NH_2+CO_2+NaCl$$

$$R—\overset{O}{\overset{\|}{C}}—CH_3 +I_2+NaOH \longrightarrow R—COONa+CHI_3$$

$$R—COOAg+X_2 \longrightarrow R—X+AgX+CO_2$$

17.6.4 成环反应

在 8 种基础原料和 14 种基本有机原料中，除了苯环外其余都不含有环状化合物，所以在合成的产物中含有碳环时，就必须应用链状化合物的成环反应。对于小环如三元环、四元环等常用 γ-氯代酸酯或 δ-氯代酸酯在碱性（如 NaOH）条件下进行分子内的亲核取代反应制得。例如：

$$\underset{\gamma\text{-氯丁酸甲酯}}{Cl—CH_2CH_2CH_2—COOCH_3} \xrightarrow{NaOH} \triangleright—COOCH_3$$

$$\underset{\delta\text{-氯戊酸甲酯}}{Cl—CH_2CH_2CH_2CH_2—COOCH_3} \xrightarrow{NaOH} \diamond—COOCH_3$$

也可用 1，2-二溴乙烷或 1，3-二溴丙烷与丙二酸二乙酯先进行分子间亲核取代反应，再进行分子内亲核取代来制备。

$$Br—CH_2CH_2—Br+CH_2(CO_2C_2H_5)_2 \xrightarrow[CH_3CH_2OH]{CH_3CH_2ONa} Br—CH_2CH_2CH(CO_2C_2H_5)_2$$

$$\xrightarrow[CH_3CH_2OH]{CH_3CH_2ONa} \triangleright\!<\begin{matrix}COOC_2H_5\\COOC_2H_5\end{matrix} \xrightarrow[②H^+,\triangle,-CO_2]{①HO^-,H_2O,\triangle} \triangleright—COOH$$

$$BrCH_2CH_2CH_2Br+CH_2(CO_2C_2H_5)_2 \xrightarrow[CH_3CH_2OH]{CH_3CH_2ONa} BrCH_2CH_2CH_2CH(CO_2C_2H_5)_2$$

$$\xrightarrow[CH_3CH_2OH]{CH_3CH_2ONa} \diamond\!<\begin{matrix}CO_2C_2H_5\\CO_2C_2H_5\end{matrix} \xrightarrow[②H^+,\triangle,-CO_2]{①HO^-,H_2O,\triangle} \diamond—COOH$$

对于五元环、六元环等常用第尔斯-阿尔德反应或分子内羟醛缩合反应等来合成。例如：

$$CH_3—\overset{O}{\overset{\|}{C}}—CH_2CH_2CH_2CH_2—\overset{O}{\overset{\|}{C}}—CH_3 \xrightarrow{KOH,H_2O} \text{(1-乙酰基-2-甲基环戊烯: 环戊烯环上带 }CH_3\text{ 和 }—\overset{}{C}(=O)—CH_3\text{)}$$

$$\text{丁二烯} + CH_2{=}CH-CHO \xrightarrow[100℃]{\text{苯}} \text{3-环己烯甲醛}$$

$$\text{丁二烯} + \text{顺-}CH_3O_2C-CH{=}CH-CO_2CH_3 \xrightarrow{150℃} \text{顺-4-环己烯-1,2-二甲酸二甲酯}$$

17.6.5 立体构型的控制

炔烃的部分氢化、烯烃和环己烯的加成反应,都是用来产生立体构型的方法。例如,C≡C 叁键用林德拉催化剂进行部分催化氢化,得到顺式烯烃,而用 Na/液NH_3进行部分还原,得到反式烯烃。

$$R-C{\equiv}C-R' + H_2 \xrightarrow{\text{林德拉催化剂}} \text{顺式 } (H)(R)C{=}C(H)(R')$$

$$R-C{\equiv}C-R' \xrightarrow[-33℃]{Na/\text{液 }NH_3} \text{反式 } (R)(H)C{=}C(H)(R')$$

烯烃与溴的加成是反式加成,例如顺-2-丁烯加溴得到的是一对对映体。

$$\text{顺-2-丁烯} + Br_2 \longrightarrow (2R,3R)\text{-2,3-二溴丁烷} + (2S,3S)\text{-2,3-二溴丁烷}$$

烯烃用冷的稀的 $KMnO_4$ 进行氧化,则得顺式羟基化产物。而用过酸进行氧化,则得反式羟基化产物。

$$\text{环己烯} \xrightarrow{\text{冷的稀的 }KMnO_4} \text{顺-1,2-环己二醇}$$

$$\text{环己烯} \xrightarrow[\text{②水解}]{\text{①}CH_3CO_3H} \text{反-1,2-环己二醇}$$

17.7 合成方法举例

例 17-1 以 C_4 以下的醇为原料,合成 $\overset{5}{C}H_3-\overset{4}{C}H(CH_3)-\overset{3}{C}H{=}\overset{2}{C}(CH_3)-\overset{1}{C}H_3$。

解析 这是烯烃,双键在 C^2、C^3 间。烯可由醇失水得到。醇羟基在 C^2 或 C^3 位置下均可,即

$$\left.\begin{array}{c} CH_3-\underset{CH_3}{\underset{|}{CH}}-CH_2-\overset{OH}{\overset{|}{\underset{CH_3}{\underset{|}{C}}}}-CH_3 \\ \text{I} \\ CH_3-\underset{CH_3}{\underset{|}{CH}}-\underset{OH}{\underset{|}{CH}}-\underset{CH_3}{\underset{|}{CH}}-CH_3 \\ \text{II} \end{array}\right\} \xrightarrow{-H_2O} CH_3-\underset{CH_3}{\underset{|}{CH}}-CH=\underset{CH_3}{\underset{|}{C}}-CH_3$$

Ⅰ可由如下步骤合成得到：

$$CH_3-\overset{CH_3}{\overset{|}{CH}}-CH_2OH \xrightarrow{PBr_3} CH_3-\overset{CH_3}{\overset{|}{CH}}-CH_2-Br \xrightarrow{Mg} CH_3-\overset{CH_3}{\overset{|}{CH}}-CH_2MgBr$$

$$CH_3-\underset{OH}{\underset{|}{CH}}-CH_3 \xrightarrow{KMnO_4} CH_3-\underset{O}{\underset{\|}{C}}-CH_3$$

$$CH_3-\overset{CH_3}{\overset{|}{CH}}-CH_2MgBr + CH_3-\underset{O}{\underset{\|}{C}}-CH_3 \longrightarrow CH_3-\overset{CH_3}{\overset{|}{CH}}-CH_2-\overset{CH_3}{\overset{|}{\underset{OMgBr}{\underset{|}{C}}}}-CH_3$$

$$\xrightarrow{H_2O} CH_3-\overset{CH_3}{\overset{|}{CH}}-CH_2-\overset{CH_3}{\overset{|}{\underset{OH}{\underset{|}{C}}}}-CH_3 \xrightarrow{-H_2O} CH_3-\overset{CH_3}{\overset{|}{CH}}-CH=\overset{CH_3}{\overset{|}{C}}-CH_3$$

Ⅱ可由如下步骤合成得到：

$$CH_3-\overset{CH_3}{\overset{|}{CH}}-CH_2OH \longrightarrow CH_3-\overset{CH_3}{\overset{|}{CH}}-CH=O$$

$$CH_3-\overset{CH_3}{\overset{|}{CH}}-OH \xrightarrow{PBr_3} CH_3-\overset{CH_3}{\overset{|}{CH}}-Br \xrightarrow{Mg} CH_3-\overset{CH_3}{\overset{|}{CH}}-MgBr$$

$$CH_3-\overset{CH_3}{\overset{|}{CH}}-MgBr + CH_3-\overset{CH_3}{\overset{|}{CH}}-CHO \longrightarrow CH_3-\overset{CH_3}{\overset{|}{CH}}-\underset{OMgBr}{\underset{|}{CH}}-\overset{CH_3}{\overset{|}{CH}}-CH_3$$

$$\xrightarrow{H_2O} CH_3-\overset{CH_3}{\overset{|}{CH}}-\underset{OH}{\underset{|}{CH}}-\overset{CH_3}{\overset{|}{CH}}-CH_3 \xrightarrow{-H_2O} CH_3-\overset{CH_3}{\overset{|}{CH}}-CH=\overset{CH_3}{\overset{|}{C}}-CH_3$$

例 17-2　由 C_4 以下的醇为原料，合成 $CH_3-\overset{CH_3}{\overset{|}{C}}HCH_2CH_2COOH$。

解析　羧基—COOH 可由醇或醛氧化得到，也可由—C≡N 基水解得到，因而产物可由如下两个化合物得到：

$$CH_3-\underset{}{\overset{CH_3}{\overset{|}{C}H}}-CH_2CH_2-CH_2OH \ (\text{I}) \xrightarrow{K_2Cr_2O_7-H_2SO_4} CH_3-\overset{CH_3}{\overset{|}{C}H}CH_2CH_2COOH$$

$$CH_3-\overset{CH_3}{\overset{|}{C}H}-CH_2CH_2-C\equiv N \ (\text{II}) \xrightarrow{H_2O,H^+} CH_3-\overset{CH_3}{\overset{|}{C}H}CH_2CH_2COOH$$

Ⅰ的合成步骤如下：

$$CH_3-\overset{CH_3}{\overset{|}{C}H}-CH_2-OH \xrightarrow{PBr_3} CH_3-\overset{CH_3}{\overset{|}{C}H}-CH_2-Br \xrightarrow{Mg} CH_3-\overset{CH_3}{\overset{|}{C}H}-CH_2-MgBr$$

$$CH_3-CH_2-OH \xrightarrow[170℃]{H_2SO_4} CH_2=CH_2 \xrightarrow[\substack{280\sim300℃\\1\sim2MPa}]{O_2,Ag} \underset{\diagdown O \diagup}{CH_2-CH_2}$$

$$CH_3-\overset{CH_3}{\overset{|}{C}H}-CH_2-MgBr + \underset{\diagdown O \diagup}{CH_2-CH_2} \longrightarrow$$

$$CH_3-\overset{CH_3}{\overset{|}{C}H}-CH_2-CH_2-CH_2-OMgBr \longrightarrow CH_3-\overset{CH_3}{\overset{|}{C}H}CH_2CH_2CH_2-OH$$

$$\xrightarrow{K_2Cr_2O_7\text{-稀 }H_2SO_4} CH_3-\overset{CH_3}{\overset{|}{C}H}-CH_2CH_2-COOH$$

Ⅱ的合成步骤如下：

$$CH_3-\overset{CH_3}{\overset{|}{C}H}-OH \xrightarrow{PBr_3} CH_3-\overset{CH_3}{\overset{|}{C}H}-Br \xrightarrow{Mg} CH_3-\overset{CH_3}{\overset{|}{C}H}-MgBr$$

$$\xrightarrow{\overset{O}{CH_2-CH_2}} CH_3-\overset{CH_3}{\overset{|}{C}H}-CH_2CH_2-OMgBr \xrightarrow{H_2O} CH_3-\overset{CH_3}{\overset{|}{C}H}-CH_2CH_2-OH$$

$$\xrightarrow{PBr_3} CH_3-\overset{CH_3}{\overset{|}{C}H}-CH_2CH_2-Br \xrightarrow{NaCN} CH_3-\overset{CH_3}{\overset{|}{C}H}-CH_2CH_2-CN$$

$$\xrightarrow{H_2O,H^+} CH_3-\underset{CH_3}{\underset{|}{C}H}-CH_2CH_2-COOH$$

思考 请根据例 17-2 合成思路，以 C_4 以下的醇为原料，合成下列物质：

$$(CH_3)_2CHCH_2CH_2\underset{OH}{\underset{|}{C}H}CH(CH_3)_2$$

例 17-3 以 $CH_3\overset{O}{\overset{\|}{C}}CH_2CH_2COOH$ 为原料，合成 $CH_3\overset{O}{\overset{\|}{C}}CH_2CH_2CH_2OH$。

解析 看起来很简单，只需将分子中羧基还原成羟基就行了。但无论用化学还原还是催化氢化，还原羧基的同时羰基也被还原。在这种情况下，就需先将羰基保护起来，再还原羧基。当羧基还原成羟基后，再将保护基团除去。保护的醛羰基最常用的试剂是用甲醇或乙醇，在酸性条件下它们与醛形成二甲缩醛或二乙缩醛。保护酮的羰基最常用的试剂是乙二醇，它与酮形成环缩酮。

$$CH_3-\overset{O}{\overset{\|}{C}}-CH_2CH_2-COOH \xrightarrow[H^+]{\underset{OH\quad OH}{CH_2-CH_2}} CH_3-\underset{\text{(O-CH}_2\text{-CH}_2\text{-O 环)}}{C}-CH_2CH_2-COOH$$

$$\xrightarrow{LiAlH_4} CH_3-\underset{\text{(O-CH}_2\text{-CH}_2\text{-O 环)}}{C}-CH_2CH_2-CH_2OH \xrightarrow{H_3O^+} CH_3-\overset{O}{\overset{\|}{C}}-CH_2CH_2CH_2OH$$

例 17-4　由 $BrCH_2CH_2CH_2OH$ 合成 $HOCH_2CH_2CH_2-\overset{CH_3}{\underset{CH_3}{C}}-OH$ 。

解析　将羟基保护起来，然后才能与 Mg 反应生成格氏试剂，再与丙酮反应，得到目标产物。

保护羟基常用二氢吡喃（二氢吡喃结构式），它与羟基反应形成缩醛。

$$HOCH_2CH_2CH_2Br \xrightarrow{\text{二氢吡喃}} \text{THP}-OCH_2CH_2CH_2Br \xrightarrow{Mg} \text{THP}-OCH_2CH_2CH_2MgBr$$

$$\xrightarrow{CH_3COCH_3} \text{THP}-OCH_2CH_2CH_2-\overset{CH_3}{\underset{CH_3}{C}}-OMgBr \xrightarrow{H_3O^+} HOCH_2CH_2CH_2-\overset{CH_3}{\underset{CH_3}{C}}-OH$$

例 17-5　由 $H_2NCH_2CH_2CHO$ 合成 $H_2NCH_2CH_2COOH$。

解析　氨基也是个活泼基团，具有碱性和亲核性，又有弱酸性，特别容易被氧化剂氧化和分解格氏试剂，所以常需要被保护。保护氨基的方法，是用酸酐或酰氯进行酰化。

从反应物到产物只需将—CHO 氧化成—COOH 即可。但无论用什么方法氧化—CHO，氨基都被氧化，所以必须将氨基保护起来后，再氧化—CHO，最后除去保护基，得到目标产物。

$$H_2NCH_2CH_2CHO \xrightarrow{(CH_3CO)_2O} CH_3-\overset{O}{\overset{\|}{C}}-NHCH_2CH_2CHO$$

$$\xrightarrow[\text{②}H^+,H_2O]{\text{①}KMnO_4} CH_3-\overset{O}{\overset{\|}{C}}-NHCH_2CH_2COOH \xrightarrow[\triangle]{H_2O,H^+} H_2NCH_2CH_2COOH$$

例 17-6　合成 $\underset{H}{\overset{CH_3CH_2}{\ }}C=C\underset{H}{\overset{CH_2CH_2OH}{\ }}$ 。

解析　这是顺-3-己烯-1-醇，显然应由 $CH_3CH_2C\equiv CCH_2CH_2OH$ 加氢得到。C≡C 叁键加氢时，方式不同得到的产物也不同。用 Na+液氨还原得到的是反式产物，而用林德拉催化剂或 P-2 催化剂氢化得到的是顺式产物。

所以上述化合物的合成可设计如下：

$$CH\equiv CH \xrightarrow{NaNH_2} \xrightarrow{CH_3CH_2Br} CH_3CH_2C\equiv CH \xrightarrow{NaNH_2} CH_3CH_2C\equiv CNa$$

$$\xrightarrow{\text{环氧乙烷 } (CH_2-CH_2, O)} CH_3CH_2C\equiv CCH_2CH_2OH \xrightarrow[\text{P-2 催化剂}]{H_2} (CH_3CH_2)(H)C{=}C(CH_2CH_2OH)(H)$$

习 题

17-1 由苯及必要的无机试剂合成 $C_6H_5-\overset{O}{\overset{\|}{C}}-CH_2-CH_2-CH_2-CH_2-COOH$。

17-2 由甲苯和乙烯及必要的无机试剂合成 $C_6H_5-CH_2CH_2CH_2\overset{OH}{\overset{|}{C}}HCH_2CH_2CH_2-C_6H_5$。

17-3 由乙烯、丙烯、1,3-丁二烯及必要的无机试剂合成 环己烯基$-CH_2CH_2COOH$。

17-4 由乙炔、异丁烯及必要的无机试剂合成 $(CH_3)_2CHCH_2COCH_2CH_2CH(CH_3)_2$。

17-5 合成 $CH_3COCH_2CH_2CH=CH_2$（注意要保护羰基）。

17-6 由苯及 3 个碳以下（含 3 个碳）的有机物合成 $C_6H_5-O-CH_2-CH_2CH_2CH=CH_2$。

17-7 由苯及必要的无机试剂合成 苯基环己烯。

17-8 用丙二酸二乙酯法合成 2,2-二甲基-5-苯基-1,3-二氧六环（$-C_6H_5$）。

17-9 由苯、乙烯及必要的无机试剂合成 $C_6H_5-\underset{CH_3}{\overset{OH}{C}}-COOC_2H_5$。

17-10 由 1-丁烯及必要的无机试剂合成 $CH_3CH_2CH(CHO)CH(OH)CH_2CH_3$。

17-11 由苯及必要试剂合成（通过酯缩合反应）2-氧代环戊烷甲酸乙酯（$-COOC_2H_5$）。

17-12 由乙烯合成 2-甲基-3-羟基戊酸（利用 Reformatsky 反应）。

17-13 由苯、甲苯及必要试剂合成 6-对甲苯基-6-己酮酸。

17-14 由乙烯及必要无机试剂合成 3-甲基-2-戊烯。

17-15 由苯、丙烯及必要无机试剂合成 3-溴正丙苯。

17-16　由甲苯及必要试剂合成 1,2-二苯乙烯。

17-17　由乙炔及必要试剂合成 $CH_3CH_2CH_2CH=CHCH_2CH_2CH_3$。

17-18　由乙烯及必要试剂合成 $CH_3CH_2CH(CH_3)COOC_2H_5$。

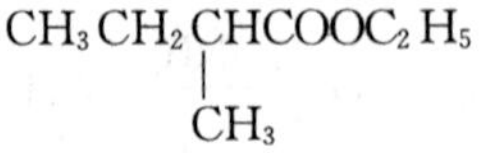

17-19　由 C_6H_6 合成 $C_6H_5-N=N-C_6H_4-N(CH_3)_2$。

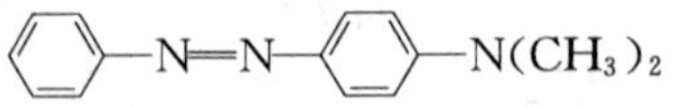

17-20　由苯、甲苯、4 个碳以下(含 4 个碳)的烯烃及必要无机试剂合成下列化合物:

(1) 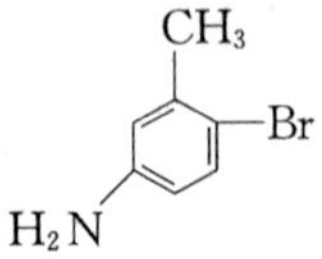 2-溴-5-氨基甲苯（CH_3、Br、H_2N 取代的苯环）

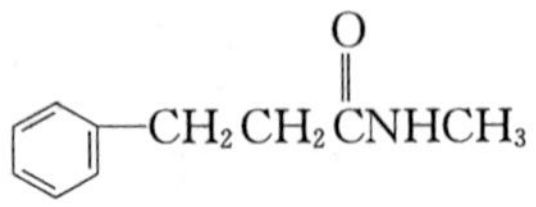

(2) $C_6H_5-CH_2CH_2CONHCH_3$

(3) $C_6H_5-N=N-C_6H_3(Br)-CH(CH_3)_2$

(4) 2,6-二溴苯酚（OH、Br、Br 取代的苯环）

(5) $(CH_3)_2CH-C_6H_4-CH(CH_3)COOH$

(6) $CH_3CO(CH_2)_4COCH_3$

(7) 2-乙氧基蒽醌（OC_2H_5）

(8) $CH_3CH(OH)C(C_2H_5)(CH_2CH_2CH_3)-CH_2OH$

(9) $C_6H_5-CH_2-C(OH)(C_6H_4CH_3)(C_6H_4CH(CH_3)_2)$

(10) 2-甲氧基-5-乙基苯甲酸（OCH_3、COOH、C_2H_5）

(11) 1-甲基-2-溴-1,2,3,4-四氢萘（CH_3、Br）

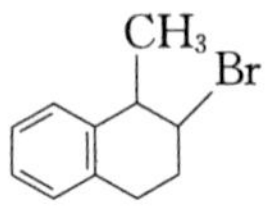

(12) 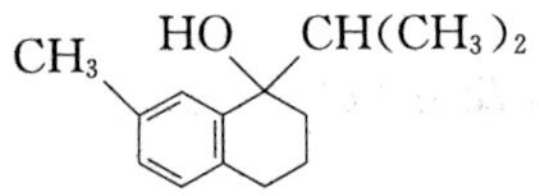 7-甲基-1-异丙基-1,2,3,4-四氢-1-萘酚（CH_3、HO、$CH(CH_3)_2$）

(13) 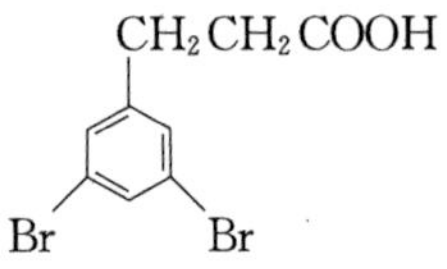 3,5-二溴苯丙酸（CH_2CH_2COOH、Br、Br）

(14) 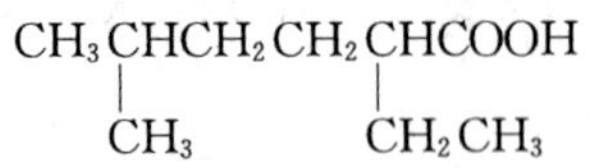 $CH_3CH(CH_3)CH_2CH_2CH(CH_2CH_3)COOH$

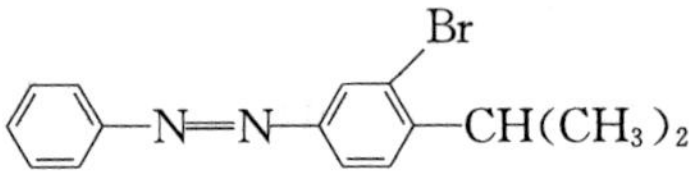

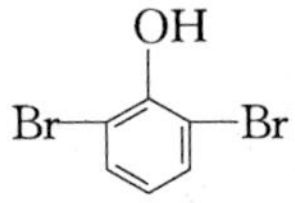

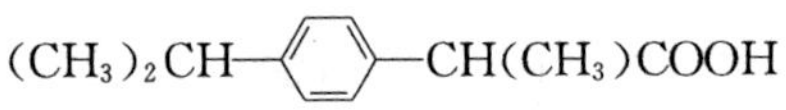

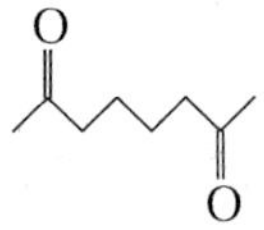

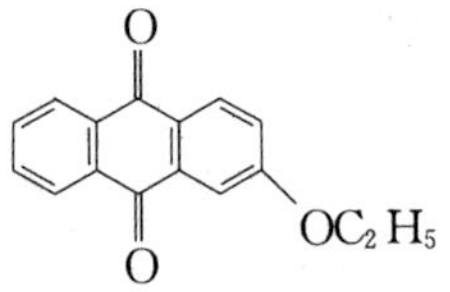

(15) 2-乙基-1-己醇

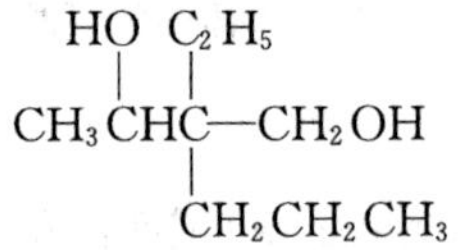

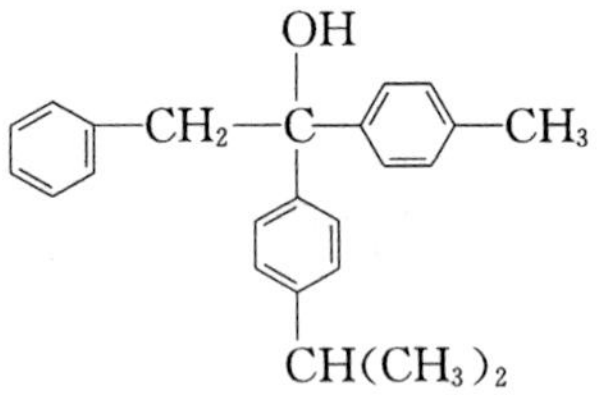

(16) 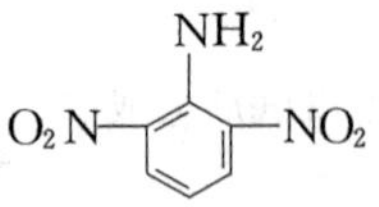 2,6-二硝基苯胺（NH_2、O_2N、NO_2）

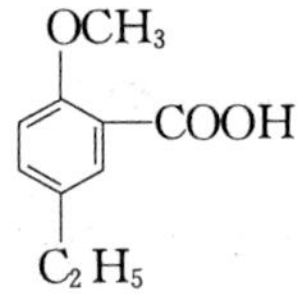

(17) 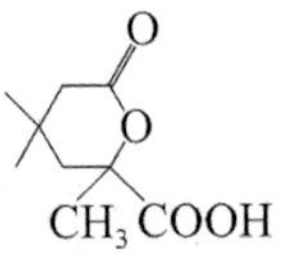 内酯（O、O、CH_3、COOH）

(18) 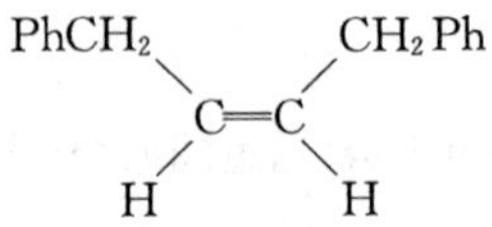 顺式 $PhCH_2CH=CHCH_2Ph$（PhCH₂ 与 CH₂Ph 同侧，H 与 H 同侧）

(19) 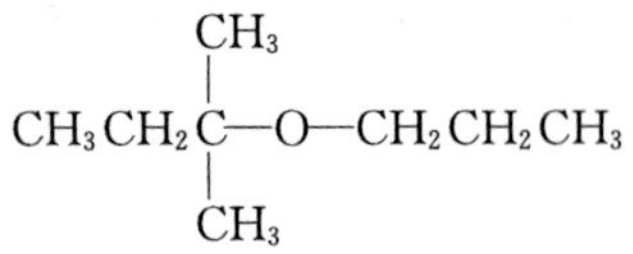 $CH_3CH_2C(CH_3)_2-O-CH_2CH_2CH_3$

(20) 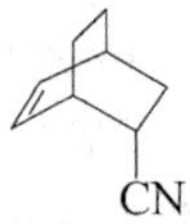 双环[2.2.2]辛烯腈（CN）

(21)

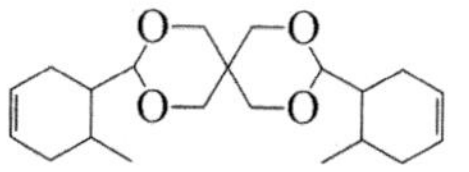

(22)

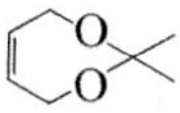

(23)

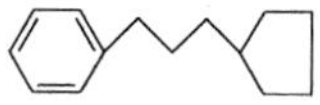

(24) $CH_3C(=O)-(CH_2)_4-C(=O)-CH_3$

(25) 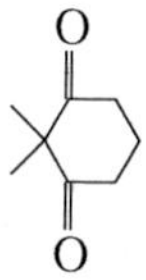 （迈克尔加成）

(26) 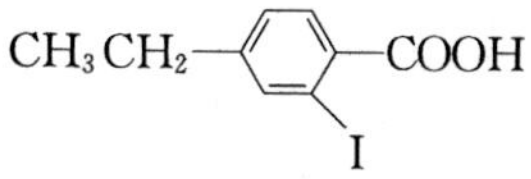 $CH_3CH_2-C_6H_3(I)-COOH$

(27)

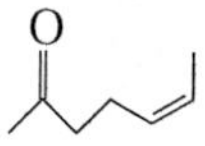

(28) $(CH_3)_2CHCH_2CH_2CH(OH)CH(CH_3)_2$

(29) 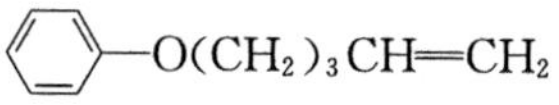 $C_6H_5-O(CH_2)_3CH{=}CH_2$

(30)  $C_6H_5-CO(CH_2)_4COOH$